FINAL | PROFESSIONAL ENGINEER MACHINE

KB126568

기계기술사

에듀인컴 지음
서 창 희 감수

PROFESSIONAL ENGINEER

이 책의 구성

- 제1장 목형 · 주형 · 주조
- 제2장 소성가공
- 제3장 강의 열처리
- 제4장 용접(溶接)
- 제5장 측정기, 수기가공, 판금
- 제6장 적삭가공(切削加工)
- 제7장 Milling가공, Gear가공, 연삭가공
- 제8장 기타 가공, 수치제어공작기계
- 제9장 기계공정설계
- 제10장 산업기계설비
- 부 록 기출문제 분석 / 과년도출제문제 / 면접문제

예문사

책머리에서

2012년 기계분야 기술사 시험에서 기계제작기술사와 기계공정설계기술사가 "기계기술사"로 통합되었다. 통합되기 전에도 이 두 가지 기술사는 어려운 시험 중 하나였는데, 기계기술사로 통합됨으로써 수험생들은 시험 준비에 더 많은 어려움을 겪게 되었다.
"기계기술사"는 다른 기계분야 기술사 시험과는 달리 대학의 "기계공작법", "기계재료", "공작기계"와 "기계공정설계" 과목으로 수험생들에게 익숙한 시험이라 할 수 있다. 그러나 시험의 범위가 좁기 때문에 문제의 난이도가 높고, 기계설계나 재료역학 분야에서도 조금씩 출제되기 때문에 시험 준비에 더 많은 어려움을 겪고 있다.

이 책은 기존의 기술사 수험서들의 문제풀이 방식에서 탈피하여 기초부터 체계적으로 정리하여 처음 기술사를 준비하는 수험생들뿐만 아니라, 변리사나 공무원시험을 준비하는 수험생들에게도 도움이 되도록 구성하였다.
먼저, 수험생들이 이해하기 쉽도록 그림과 표를 많이 첨가하여 변형된 문제에 대처할 수 있도록 하였고, 각 과목에서 자주 나오는 중요 부분은 문제풀이를 추가하였으며, 각 장에서 중요한 부분에는 별(★) 표시로 수험생들이 보다 쉽게 중요사항을 정리할 수 있도록 하였다.

이 책의 각 장별 특징은 다음과 같다.

제1장 목형 · 주형 · 주조

기계제작의 기본이 되는 목형제작, 주형제작 그리고 주조에 관한 내용으로 이 장에서는 목형 제작 시 고려사항, 주조결함, Fe-C상태도, 인베스트먼트 주조법 등이 시험에 자주 출제되고 있다.

제2장 소성가공

소성가공은 금속이나 합금에 소성변형을 주어 가공하는 방법이다. 옵셋단조의 3원칙, 제관(Pipe Making), 인발에 영향을 미치는 것, 스프링 백 등이 자주 출제되고 있다.

제3장 강의 열처리

탄소강의 기계적 성질을 개선하기 위하여 열처리를 한다. 열처리의 종류, 철강의 조직, 담금질 균열, 질화법 등이 출제되고 있다.

제4장 용접

금속재료를 열이나 압력 등을 가해서 접합시키는 것을 용접이라 하는데, 본장에서는 테르밋용접, 열영향부(HAZ), 용접잔류응력, 특수용접, 비파괴검사(NDT) 등이 출제되고 있다.

제5장 측정기, 수기가공, 판금

주로 측정기 분야에서 자주 출제되고 있으며 측정의 오차, 아베의 원리, 한계게이지, 평면거칠기 측정이 출제되고 있다.

제6장 절삭가공

절삭이론에서는 칩의 종류 및 발생원리, 공구수명, 절삭유 등이, 선반가공에서는 선반의 부속장치, 테이퍼 작업, 나사절삭작업이 출제되고 있고 드릴가공의 종류, 셰이퍼의 급속귀환기구 등이 출제되고 있다.

제7장 밀링가공, 기어가공, 연삭가공

밀링가공에서는 커터의 종류, 분할법, 밀링커터의 절삭방향이, 기어가공에서는 기어의 치형, 기어가공, 연삭가공에서는 숫돌바퀴의 구성, 숫돌의 표시방법, 연삭숫돌의 수정, 센터리스 연삭기 등이 자주 출제되고 있다.

제8장 기타 가공, 수치제어공작기계

정밀입자가공에서는 래핑, 슈퍼피니싱, 액체호닝이, 특수가공에서는 방전가공, 초음파가공, 전해가공, 전해연삭, 전해연마, 숏피닝, 레이저 가공이 출제되고 있다. 수치제어 공작기계에서는 FMS, CIMS, 서보기구의 제어방식이 출제되고 있다.

제9장 기계공정설계

기계공정설계분야는 제조공정설계, 제품설계, 제조공정설계와 생산기술, 금형설계, 치공구설계, 작업공정기술이 출제되고 있다. 이 분야는 통합되기 전 기계공정설계기술사 분야에 해당된다.

제10장 산업기계설비

기계공학의 기초가 되는 기본이론과 기어설계, 자동화, 소음진동 및 유압기기에 대하여 정리하였다.

기존에 출판된 "기계제작기술사" 책을 수정 및 보완하여 이 책을 준비하게 되었습니다. 오랫동안 기술사 시험을 준비하면서 정리한 자료를 다시 고르고 다듬었지만, 여전히 미흡한 부분이 있습니다. 이에 대해서는 겸손한 자세로 독자 여러분의 애정 어린 충고를 수용해 계속 보완해나갈 것을 약속드리며, 끝으로 본서가 완성되기까지 많은 도움을 주신 예문사와 사랑하는 가족에게 감사의 뜻을 전합니다.

저자 일동

국가기술자격시험안내

Professional Engineer Machine

Ⅰ. 자격검정절차안내

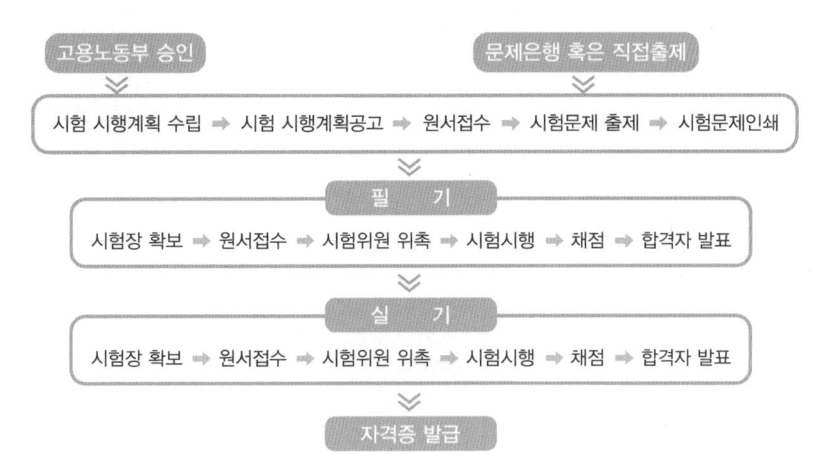

1 필기원서접수	Q-net을 통한 인터넷 원서접수 필기접수 기간 내 수험원서 인터넷 제출 사진(6개월 이내에 촬영한 3.5cm×4.5cm, 120×160픽셀 사진파일jpg), 수수료 전자 결제 시험 장소 본인선택(선착순)
2 필기시험	수험표, 신분증, 필기구(흑색 사인펜 등) 지참
3 합격자발표	Q-net을 통한 합격확인(마이페이지 등) 응시자격 제한종목(기술사, 기능장, 기사, 산업기사, 서비스 분야 일부종목)은 사전에 공지한 시행계획 내 응시자격 서류제출 기간 이내에 반드시 응시자격 서류를 제출하여야 함
4 실기원서접수	실기접수기간 내 수험원서 인터넷(www.Q-net.or.kr) 제출 사진(6개월 이내에 촬영한 3.5cm×4.5cm픽셀 사진파일jpg, 수수료(정액) 시험일시, 장소 본인 선택(선착순)
5 실기시험	수험표, 신분증, 필기구 지참
6 최종합격자발표	Q-net을 통한 합격확인(마이페이지 등)
7 자격증 발급	(인터넷)공인인증 등을 통한 발급, 택배가능 (방문수령)사진(6개월 이내에 촬영한 3.5cm×4.5cm 사진) 및 신분확인서류

Ⅱ. 응시자격 조건체계

기술사
기사 취득 후 + 실무경력 4년
산업기사 취득 후 + 실무경력 5년
기능사 취득 후 + 실무경력 7년
4년제 대졸(관련학과) + 실무경력 6년
동일 및 유사 직무분야의
다른 종목 기술사 등급 취득자

기능장
산업기사(기능사) 취득 후 + 기능대
기능장 과정 이수
산업기사 등급 이상 취득 후
+ 실무경력 5년
기능사 취득 후 + 실무경력 7년
실무경력 9년 등
동일 및 유사 직무분야의
다른 종목 기능장 등급 취득자

기사
산업기사 취득 후 + 실무경력 1년
기능사 취득 후 + 실무경력 3년
대졸(관련학과)
2년제 전문대졸(관련학과) + 실무경력 2년
3년제 전문대졸(관련학과) + 실무경력 1년
실무경력 4년 등
동일 및 유사 직무분야의
다른 종목 기사 등급 이상 취득자

산업기사
기능사 취득 후 + 실무경력 1년
대졸(관련학과)
전문대졸(관련학과)
실무경력 2년 등
동일 및 유사 직무분야의
다른 종목 산업기사 등급 이상 취득자

기능사
자격제한 없음

Ⅲ. 검정기준 및 방법

(1) 검정기준

자격등급	검정기준
기술사	해당 국가기술자격의 종목에 관한 고도의 전문지식과 실무경험에 입각한 계획 · 연구 · 설계 · 분석 · 조사 · 시험 · 시공 · 감리 · 평가 · 진단 · 사업관리 · 기술관리 등의 업무를 수행할 수 있는 능력 보유
기능장	해당 국가기술자격의 종목에 관한 최상급 숙련기능을 가지고 산업현장에서 작업관리, 소속 기능인력의 지도 및 감독, 현장훈련, 경영자와 기능인력을 유기적으로 연계시켜 주는 현장관리 등의 업무를 수행할 수 있는 능력 보유
기 사	해당 국가기술자격의 종목에 관한 공학적 기술이론 지식을 가지고 설계, 시공, 분석 등의 업무를 수행할 수 있는 능력 보유
산업기사	해당 국가기술자격의 종목에 관한 기술기초이론지식 또는 숙련기능을 바탕으로 복합적인 기능업무를 수행할 수 있는 능력 보유
기능사	해당 국가기술자격의 종목에 관한 숙련기능을 가지고 제작 · 제조 · 조작 · 운전 · 보수 · 정비 · 채취 · 검사 또는 직업관리 및 이에 관련되는 업무를 수행할 수 있는 능력 보유

(2) 검정방법

자격등급	검정기준	
	필기시험	면접시험 또는 실기시험
기술사	단답형 또는 주관식 논문형 (100점 만점에 60점 이상)	구술형 면접시험 (100점 만점에 60점 이상)
기능장	객관식 4지택일형(60문항) (100점 만점에 60점 이상)	작업형 실기시험 (100점 만점에 60점 이상)
기 사	객관식 4지택일형(과목당 20문항) 과목당 40점 이상 전 과목 평균 60점 이상	작업형 실기시험 (100점 만점에 60점 이상)
산업기사	객관식 4지택일형(과목당 20문항) 과목당 40점 이상 전 과목 평균 60점 이상	작업형 실기시험 (100점 만점에 60점 이상)
기능사	객관식 4지택일형(60문항) (100점 만점에 60점 이상)	작업형 실기시험 (100점 만점에 60점 이상)

Ⅳ. 응시자격

등 급	응 시 자 격
기술사	다음 각 호의 어느 하나에 해당하는 사람 • 기사 자격을 취득한 후 응시하려는 종목이 속하는 직무분야(고용노동부령으로 정하는 유사 직무분야를 포함한다. 이하 "동일 및 유사 직무분야"라 한다)에서 4년 이상 실무에 종사한 사람 • 산업기사 자격을 취득한 후 응시하려는 종목이 속하는 동일 및 유사 직무분야에서 5년 이상 실무에 종사한 사람 • 기능사 자격을 취득한 후 응시하려는 종목이 속하는 동일 및 유사 직무분야에서 7년 이상 실무에 종사한 사람 • 응시하려는 종목과 관련된 학과로서 고용노동부장관이 정하는 학과(이하 "관련학과"라 한다)의 대학졸업자 등으로서 졸업 후 응시하려는 종목이 속하는 동일 및 유사 직무분야에서 6년 이상 실무에 종사한 사람 • 응시하려는 종목이 속하는 동일 및 유사 직무분야의 다른 종목의 기술사 등급의 자격을 취득한 사람 • 3년제 전문대학 관련학과 졸업자 등으로서 졸업 후 응시하려는 종목이 속하는 동일 및 유사 직무분야에서 7년 이상실무에 종사한 사람 • 2년제 전문대학 관련학과 졸업자 등으로서 졸업 후 응시하려는 종목이 속하는 동일 및 유사 직무분야에서 8년 이상 실무에 종사한 사람 • 국가기술자격의 종목별로 기사의 수준에 해당하는 교육훈련을 실시하는 기관 중 고용노동부령으로 정하는 교육훈련기관의 기술훈련과정(이하 "기사 수준 기술훈련과정"이라 한다) 이수자로서 이수 후 응시하려는 종목이 속하는 동일 및 유사 직무분야에서 6년 이상 실무에 종사한 사람 • 국가기술자격의 종목별로 산업기사의 수준에 해당하는 교육훈련을 실시하는 기관 중 고용노동부령으로 정하는 교육훈련기관의 기술훈련과정(이하 "산업기사 수준 기술훈련과정"이라 한다) 이수자로서 이수 후 동일 및 유사 직무분야에서 8년 이상 실무에 종사한 사람 • 응시하려는 종목이 속하는 동일 및 유사 직무분야에서 9년 이상 실무에 종사한 사람 • 외국에서 동일한 종목에 해당하는 자격을 취득한 사람

[비고]

1. "졸업자 등"이란 「초ㆍ중등교육법」 및 「고등교육법」에 따른 학교를 졸업한 사람 및 이와 같은 수준 이상의 학력이 있다고 인정되는 사람을 말한다. 다만, 대학(산업대학 등 수업연한이 4년 이상인 학교를 포함한다. 이하 "대학 등"이라 한다) 및 대학원을 수료한 사람으로서 관련 학위를 취득하지 못한 사람은 "대학졸업자 등"으로 보고, 대학 등의 전 과정의 2분의 1 이상을 마친 사람은 "2년제 전문대학졸업자 등"으로 본다.
2. "졸업예정자"란 국가기술자격 검정의 필기시험일(필기시험이 없거나 면제되는 경우에는 실기시험의 수험원서 접수마감일을 말한다. 이하 같다) 현재 「초ㆍ중등교육법」 및 「고등교육법」에 따라 정해진 학년 중 최종 학년에 재학 중인 사람을 말한다. 다만, 「학점인정 등에 관한 법률」 제7조에 따라 106학점 이상을 인정받은 사람(「학점인정 등에 관한 법률」에 따라 인정받은 학점 중 「고등교육법」 제2조제1호부터 제6호까지의 규정에 따른 대학 재학 중 취득한 학점을 전환하여 인정받은 학점 외의 학점이 18학점 이상 포함되어야 한다)은 대학졸업예정자로 보고, 81학점 이상을 인정받은 사람은 3년제 대학졸업예정자로 보며, 41학점 이상을 인정받은 사람은 2년제 대학졸업예정자로 본다.
3. 「고등교육법」 제50조의2에 따른 전공심화과정의 학사학위를 취득한 사람은 대학졸업자로 보고, 그 졸업예정자는 대학졸업예정자로 본다.
4. "이수자"란 기사 수준 기술훈련과정 또는 산업기사 수준 기술훈련과정을 마친 사람을 말한다.
5. "이수예정자"란 국가기술자격검정의 필기시험일 또는 최초 시험일 현재 기사 수준 기술훈련과정 또는 산업기사 수준 기술훈련과정에서 각 과정의 2분의 1을 초과하여 교육훈련을 받고 있는 사람을 말한다.

Ⅴ. 국가자격종목별 상세정보

(1) 진로 및 전망

기계제작공정은 소재를 유용하고 유익한 제품으로 변형시키는 과정으로 생산성 및 생산 비용과 밀접히 연관된다. 따라서 기계분야의 경쟁력을 강화하기 위해서는 철저하게 기술적으로 경제적인 방법을 선택할 필요가 있다. 이런 이유로 기계제작 및 생산에 관한 공학이론을 바탕으로 공정설계, 기계 및 생산 기술과 관련된 직무를 수행할 수 있는 지식과 실무경험을 겸비한 기술인 양성이 필요하게 되었다.

(2) 변천과정

<table>
<tr><th>'74.10.16
대통령령
제7283호</th><th>'79.01.06
대통령령
제9278호</th><th>'91.10.31
대통령령
제13494호</th><th>'10.12.13
고용노동부령
제11호</th><th>현재</th></tr>
<tr><td>기계기술사
(기계공작및공작기계)</td><td>기계기술사
(기계공작및공작기계)</td><td rowspan="2">기계제작기술사</td><td rowspan="3">기계기술사</td><td rowspan="3">기계기술사</td></tr>
<tr><td>기계기술사(정밀기계)</td><td>기계기술사(정밀기계)</td></tr>
<tr><td></td><td>기계기술사(기계공정설계)</td><td>기계공정설계기술사</td></tr>
</table>

(3) 종목별 검정현황

종목명	연도	필기			실기		
		응시	합격	합격률(%)	응시	합격	합격률(%)
기계기술사	2021	31	8	25.8%	21	9	42.9%
기계기술사	2020	35	16	45.7%	24	8	33.3%
기계기술사	2019	42	15	35.7%	22	11	50%
기계기술사	2018	47	8	17%	10	1	10%
기계기술사	2017	44	3	68%	9	7	77.8%
기계기술사	2016	46	8	17.4%	8	2	25%
기계기술사	2015	48	1	2.1%	2	2	100%
기계기술사	2014	41	1	2.4%	4	3	75%
기계기술사	2013	35	3	8.6%	6	2	33.3%
기계기술사	2012	48	1	2.1%	9	3	33.3%
소계		417	64	15.3%	115	48	41.7%

CONTENTS

Professional Engineer Machine

INDEX

Professional Engineer Machine

제1장 목형 · 주형 · 주조

제2장 소성가공

제1절 소성이론

INDEX

제2절 단조가공

제3절 압연(Rolling)가공

제4절 압출가공(Extrusion)과 제관가공(Pipe Making)

제3장 강의 열처리

제3절 Arc 용접과 용접결함 및 시험

제6장 절삭가공(切削加工)

제1절 절삭이론

제2절 선반가공

제3절 Drill 가공과 Boring 가공

제9장 기계공정설계

제1절 기계공정설계의 개요

제2절 제품설계기술

INDEX

제6절 치공구 설계기술

제7절 작업공정기술

제10장 산업기계설비

제1절 응력과 변형률

제2절 **재료의 정역학**

제3절 **기어전동장치**

제4절 **자동화**

제5절 **소음진동**

제6절 설계 및 제도분야

제7절 Computer 활용 및 Control 분야

제8절 유압제어밸브

제9절 유압회로와 그 응용

■ 부 록

제 01 장

목형 · 주형 · 주조

제1절 목형(모형)

1 목형의 일반사항

1. 목형의 재료

1) 목형의 구비조건

(1) 잘 건조되어 수분, 수지가 적고 수축이 적을 것
(2) 재질이 균일해서 변형이 없을 것
(3) 가공이 용이하고 가공면이 고울 것
(4) 적당한 강도와 경도를 가져서 파손이나 마모되지 않을 것
(5) 가격이 쌀 것

2) 목재의 조직

(1) 백재(Sap Wood)

백신 또는 변재라 하며 수피에 가까이 있음

(2) 심재(Heart Wood)

적심이라고 하며 중앙을 수심이라고 한다.

(3) 연륜(Annual Ring)

나이테 부분으로 형성

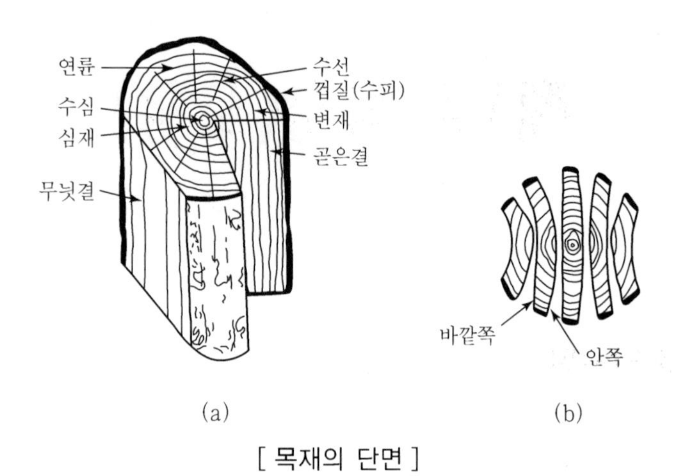

[목재의 단면]

3) 목재의 수축

침엽수보다 활엽수가 수축이 크며, 또 심재보다 백재가 수축이 크다.

(1) 목재의 수축의 크기

연륜(나이테 방향) > 연수방향 > 섬유(수선)방향

(2) 목재의 수축방지

겨울에 벌채할 것

4) 목재의 제재(製材)법

(1) 곧은결 널(Edge Grain)

팽창수축이 적고, 가공면이 아름다움

(2) 무늿결 널(Flat Grain)

곡면이 되기 쉬우나, 제재가 용이하고 재료량도 많게 된다.

(3) 옹이결

특수장식용으로 이용된다.

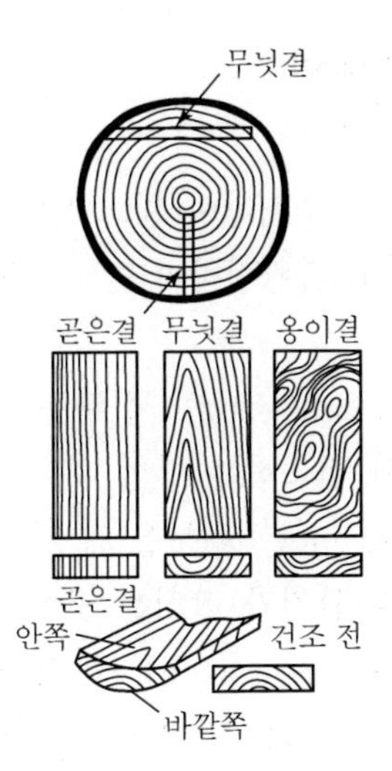

[목재의 제재법]

5) 목재의 건조

벌채한 생나무는 30~40%가 수분을 함유하고 있어 수축, 변형이 생기므로 건조하여 사용한다. 건조하면 부패, 충해의 방지, 강도의 증대, 중량을 경감할 수 있다.

① 자연건조법 : 야적법, 가옥적법

② 인공건조법 : 열기건조법, 침재법, 자재법, 증재법, 진공건조법, 훈재법, 전기건조법, 약제건조법

(1) 자연건조법(Natural Seasoning)

① 특징

㉠ 통풍이 잘되는 곳에 정(井)자로 쌓거나 어긋나게 세워 대기온도에 의한 수액과 수분을 제거하는 방법으로 건조기간이 2~5년이 걸리며 충분한 건조에는 10년이 걸린다.

㉡ 연재는 10%, 경재는 17%의 수분이 제거되고 건조 후 광택과 경도는 감소되지 않으나 긴 시일을 요하므로 균열이 생기기 쉽다.

② 종류

㉠ 야적법 : 환목 또는 큰 목재에 이용

㉡ 가옥적법 : 판재 또는 할(割)재에 이용

(2) 인공건조법(Artificial Seasoning)★

① 특징

㉠ 자연건조법에 비해 건조시간이 짧고 많은 양의 수분을 제거할 수 있다.

㉡ 건조가 균일하지 않고 불완전하며 변색이 되거나 재질에 해를 주는 경우가 있다.

② 종류

㉠ 열기건조법(Hot Air Seasoning) : 실내공기를 70℃ 정도까지 가열해서 송풍기로 목재 사이에 보내어 건조하는 방법

㉡ 침재법(Water Seasoning) : 원목을 약 2주간 수침(水浸)시켜 수액과 수분을 치환시킨 후에 공기의 환기가 잘되는 곳에서 건조시키는 방법(균열방지)

㉢ 자재법(Boiling Water Seasoning) : 목재를 용기에 넣고 수증기로 내부의 수액을 축출한 후에 건조시키는 방법으로 조작 및 설비가 비교적 간단하고 수축과 변형이 적고 건조가 빠르나 다소 강도가 떨어지는 결점이 있다.

㉣ 증재법(Steam Seasoning) : 가열된 증기를 이용하여 건조하는 방법

㉤ 진공건조법(Vacuum Seasoning) : 진공상태에서 건조하며 열원은 Gas에 의한 가열 혹은 고주파로 가열장치를 이용한다.

㉥ 훈재법(Smoking Seasoning) : 배기 Gas 혹은 연소 Gas로 건조하는 방법

㉦ 전기건조법(Electric Heat Seasoning) : 공기 중에서 전기저항열 혹은 고주파열로 건조하는 방법

㉧ 약제건조법(Chemical Seasoning) : KCl, 산성백토, H_2SO_4 등과 같은 흡습성이 강한 건조제를 밀폐된 건조실에 목재와 함께 넣고 건조하는 방법이며 대량의 처리에는 부적당하나 소량의 중요한 목재의 처리에 적당하다.

6) 목재의 균열

목재를 자연건조법에 의해 건조하면 계절의 변동에 따라 균열이 생기기 쉽다.

(1) 심할, 윤할, 측할

일반기후에서 발생한다.

(2) 성할

폭동 및 엄동이 원인이 되어 발생한다.

(3) 전상할

벌채 시에 나무가 서로 부딪쳐 발생한다.

7) 목재의 방부법

(1) 도포법

표면에 Paint나 Creosote Oil을 도포 또는 주입하는 방법

(2) 침투법

염화아연, 승홍, 유산동 등의 수용액 혹은 Creosote에 목재를 몇 시간 내지 며칠 간 침지한 것으로서 가열하면 더욱 깊게 침투된다.

(3) 자비법

방부제를 끓여 부분적으로 침입시키는 방법

(4) 충진법

방부제를 목재에 구멍을 파고 넣는 방법

8) 재료의 접합 및 도장

(1) 접합

① 못, 나사못, Clamp에 의한 접합
② 목재를 서로 짜맞추는 접합
③ 접착제(아교)를 사용하는 접합 : 아교는 60℃ 정도에서 녹여서 사용하며 접착 후 건조시간 4~6시간 고정된 상태를 유지해야 한다.

(2) 도장

조형할 때에 습기가 목형에 스미는 것을 방지하며 주물사와 분리가 잘되도록 하는 역할을 한다.

9) 재료의 규격표시

(1) 1사이(1才)

단면 한치의 각재로서 길이 12尺(3.636m)의 재적(材積)

(2) 1석

10 입방척으로 0.278m^{3}에 해당된다.

(3) 1평

판재의 6척평방의 면적

10) 목재의 기계적 성질

(1) 인장강도는 압축강도보다 크고 전단강도는 극히 작다.

(2) 목재의 넓이 방향의 강도가 길이방향의 강도에 비하여 극히 작다.

11) 목형용 재료

미송, 나왕, 소나무, 이깔나무, 벚나무, 박달나무, 회화나무, 전나무

12) 목재의 장단점

(1) 장점

① 공작이 쉽다.

② 가볍고 취급이 편리하다.

③ 수리나 개조하기 쉽다.

④ 값이 싸다.

(2) 단점

① 조직이 불균일하다.

② 변형이 잘 일어나며 파손되기 쉽다.

③ 수축에 의한 치수가 변한다.

2. 목형의 종류

모형은 소요 형상의 주물을 만들기 위하여 각종 재료로 만든 원형이며, 일반적으로 목재로 되어 있으므로 목형이라고 불리고 있다. 금속과 비금속으로 되어 있어 통칭하여 모형이라고 한다. 모형은 주물의 기본이 되는 것이므로 좋은 주물을 제작하려면 먼저 정확하고 쉽게 조형할 수 있는 모형을 만들어야 한다.

1) 현형(Solid Pattern)

(1) 특징

① 제작할 제품과 같은 모양의 모형

② 수축여유, 가공여유를 첨가한 모형

(2) 종류

① 단체목형 : 목형을 단일체로 제작, 간단한 형상

② 분할목형 : 목형을 2개로 분할제작, 조형이 쉽고 주형을 쉽게 빼낼 수 있다. 단체목형과 조립목형의 중간형태

③ 조립목형 : 분할형보다 많은 편으로 제작, 복잡한 형상

(3) 현형에서의 주물중량 계산식

주물의 체적에 대한 수축률은 길이방향의 수축률(ϕ)의 3배이다.

$$W_m = \frac{W_p}{S_p}(1-3\phi)S_m \rightarrow \ W_m \fallingdotseq \frac{W_p}{S_p}S_m$$

여기서, W_m, S_m : 주물의 중량 및 비중

W_p, S_p : 목형의 중량 및 비중

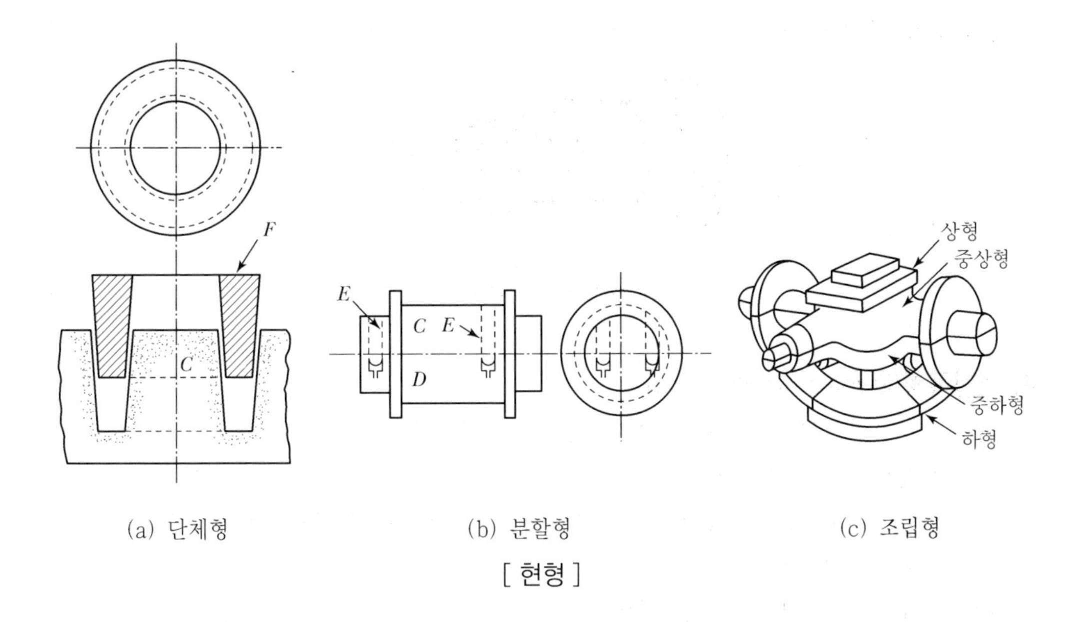

(a) 단체형 (b) 분할형 (c) 조립형

[현형]

2) 부분목형(Section Pattern)

(1) 특징

모형이 크고 대칭형상, 제작비가 저렴하고 제작 소요시간이 적다. 정밀한 주형제작이 어렵다.

(2) 용도

대형기어, 프로펠러 등의 제작

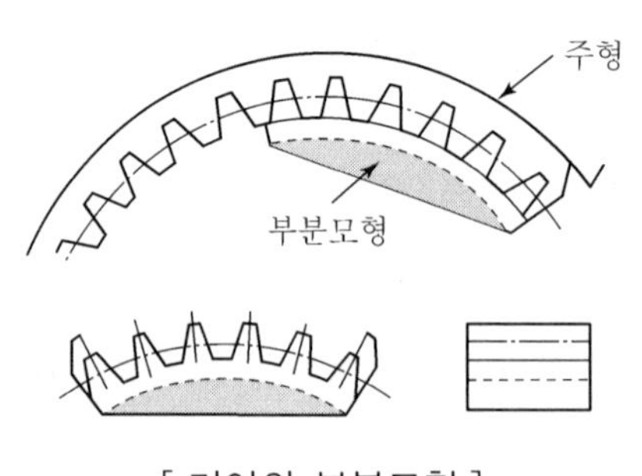

[기어의 부분모형]

3) 골격목형(Skelecton Pattern)

(1) 주조품의 수량이 적고 그 형상이 클 때에 사용, 재료와 가공비의 절약

(2) 대형 파이프, 대형주물, 곡관에 사용

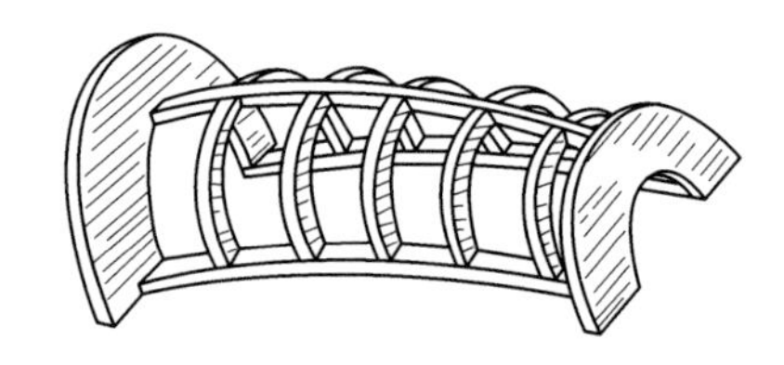

[기어의 골격모형]

4) 회전목형(Sweeping Pattern)

(1) 주물이 하나의 축을 중심으로 한 회전체가 되어 있을 때 회전축을 포함한 단면의 반을 판으로 만든 목형

(2) 주물이 대형 또는 제작 개수가 적을 경우에 유리하나 주형제작에 시간을 요하기 때문에 주형 작업이 곤란하다.

(3) 풀리 및 회전체, 기어, 종 등에 사용

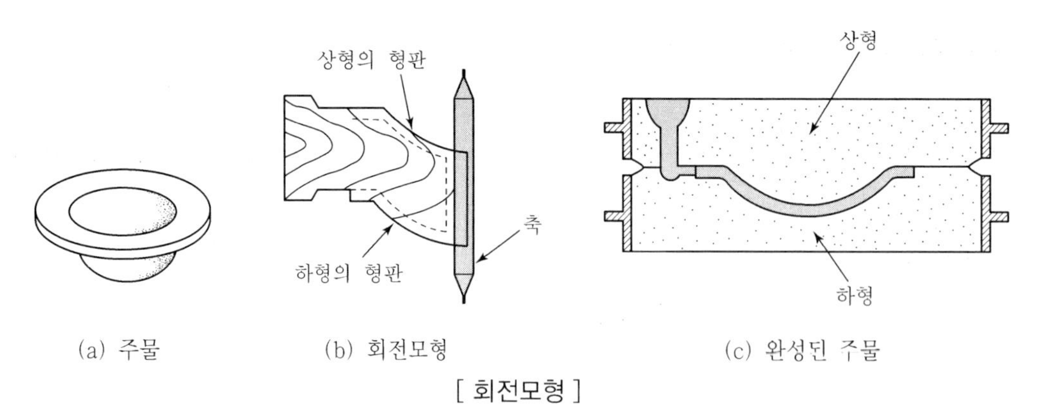

[회전모형]

5) 고르게(긁기형) 목형(Strickle Pattern)

(1) 주물의 단면이 일정하고 길며 제품수량이 적을 때 유리하다.

(2) 제작비가 저렴하며 가늘고 긴 굽은 파이프 제작이 용이하고, 긁기판과 안내판을 사용한다.

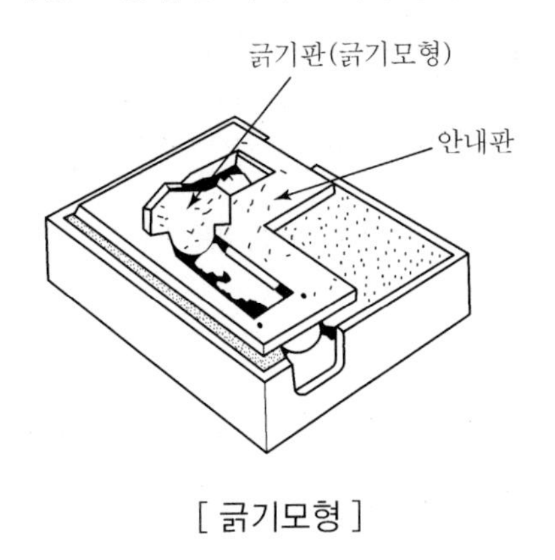

[긁기모형]

6) 코어목형(Core Pattern)

(1) 코어(Core)

주물 제품에 중공 부분이 있을 때에 이것에 해당하는 모래주형이다.

(2) 코어목형

코어를 만드는 목형

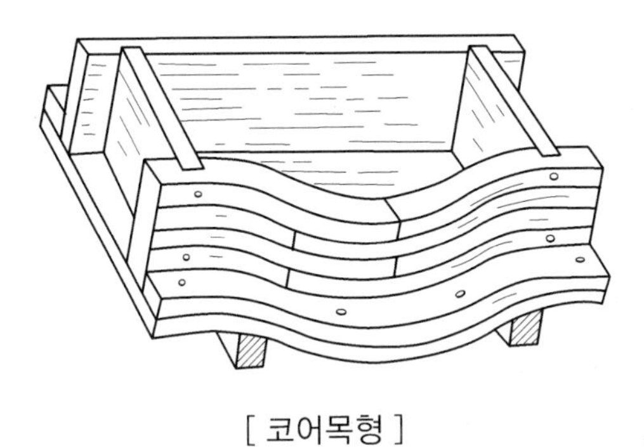

[코어목형]

7) 매치 플레이트(Match Plate)

소형의 주물을 대량 생산하고자 할 때 1개의 판에 여러 개의 모형을 붙여 여러 개의 주형을 동시에 제작할 수 있는 것. 한쪽 면에만 모형을 붙인 것은 Pattern Plate라 하며, 주로 기계 조형에 많이 사용한다.

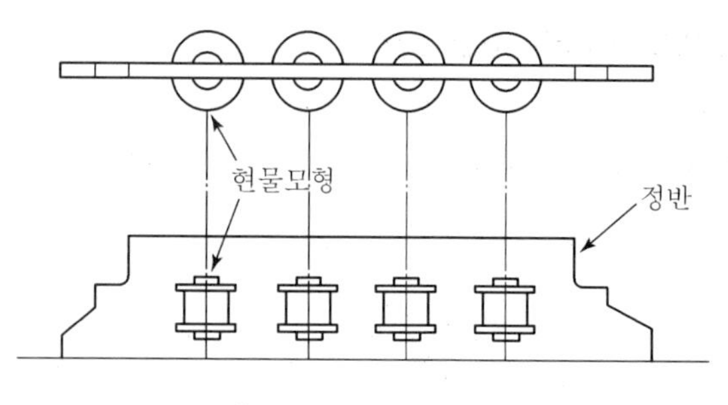

[매치 플레이트]

8) 잔형(Loose Piece)

주형에서 뽑기 곤란한 목형 부분만을 별도로 만들어 두었다가 이것을 조립하여 주형을 제작할 때 목형은 먼저 뽑고 잔형은 주형 속에 남겨두었다가 다시 뽑는 것이다.

3. 재료에 따른 모형의 종류

1) 목형

(1) 목재를 이용한 모형

(2) 비교적 적은 수의 주물 주조에 적당하다. 크기나 모형에 관계없이 널리 이용되며 가볍고 취급이 용이하다.

2) 금형

(1) 쇠를 이용한 모형

(2) 내구성과 정밀도가 좋아 대량 생산용으로 적합, 제작비가 비싸다.

3) 석고형

(1) 석고를 이용한 모형

(2) 응고 후 수축변형하지 않는다. 복잡한 형상을 한 모형을 만들 수 있다. 파손되기 쉽다. 가격이 다소 비싸므로 사용이 제한되어 있다.

4) 시멘트형

(1) 모래에 시멘트를 점결제로서 혼합하여 모형을 제작한다. 중량이 크므로 일반적으로 사용되지 않으나 제작비용이 저렴하다.

(2) 대형동상, 불상, Ingot 케이스의 모형 등에 사용된다.

5) 합성수지형

(1) 가볍고 표면이 견고하다.
(2) 마멸에 대하여 저항이 크고 주물사의 분리도 잘된다.
(3) 표면이 매끈하고 습기를 흡수하지 않으므로 변형이 적다.

6) 왁스형(Wax Pattern)

(1) 재료

밀납, 파라핀(Paraffin), 로진(Rosin), 합성수지(Resin) 등을 배합한다.

(2) 특징

인베스트먼트 주조법에 많이 사용, 다량의 모형 제작이 가능하다.

2 목형의 제작

1. 현도법과 현도에서의 고려사항

1) 현도법

설계도면에는 완성된 주물 치수만이 기재되어 있으므로 주형을 제작하기 위한 모형은 별도의 도면인 현도를 작성하여 제작한다. 현도에는 주조에 필요한 가공 여유, 주물의 두께에 대한 공차, 분할면 및 덧붙이형 등을 고려하여 기입하므로 제작도면과는 다소 변형되는 경우가 많다.
목형의 정밀도는 직접적으로 주물 제품에 영향을 주므로 많은 주의가 요망되며 현도에서 설계도면과는 다른 다음과 같은 사항이 고려되어야 한다.

2) 현도에서의 고려사항★

(1) 수축여유(Shrinkage Allowance)

목형은 주물의 치수보다 수축되는 양만큼 크게 만들어야 되는데 이 수축에 대한 보정량을 말한다.

$$L = l + \frac{\phi}{1-\phi} \times l$$

여기서, L : 목형의 치수
l : 주물의 치수
$\phi=\frac{L-l}{L}$: 수축률

① 주물의 수축여유
주철 : 8mm/m, 주강주물 · 알루미늄 : 20mm/m
② 주물자 : 수축여유를 고려하여 만든 자로 주물의 재질과 같다.

(2) 가공여유(Machining Allowance)

수기가공이나 기계가공을 필요로 할 때에 덧붙이는 여유치수. 가공정도와 재질 및 주물 크기에 따라 여유량이 고려되어야 한다.
거친 다듬질은 1~5mm, 정다듬질은 5~10mm 가공여유를 둔다.

(3) 목형구배(Taper)

① 주형에서 목형을 빼내기 쉽게 하기 위해 목형의 수직면에 다소의 구배를 둔다.
② 목형의 크기와 모양에 따라 다르나 1m에 6~10mm(1/4~2도) 정도 구배를 둔다.

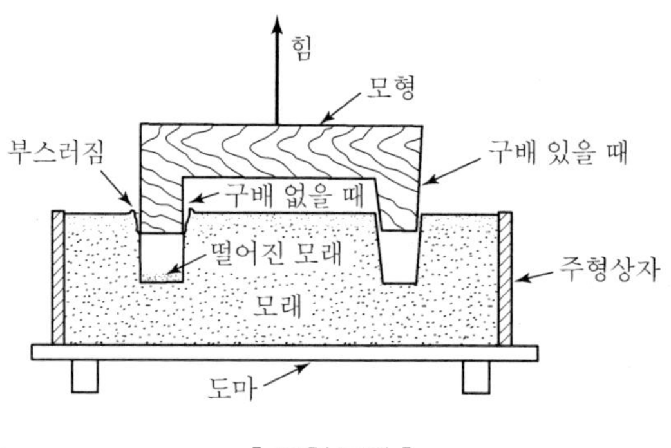

[목형구배]

(4) 코어프린트(Core Print)

① 중공부의 주물을 만들기 위하여 사용되는 주형의 일부인 코어를 코어시트(Core Seat)로 지지하기 위해 목형의 돌기부와 코어의 지지되는 부분을 말한다.
② 주형에 쇳물을 부었을 때 코어에서 발생되는 가스를 배출시키기 위하여 사용

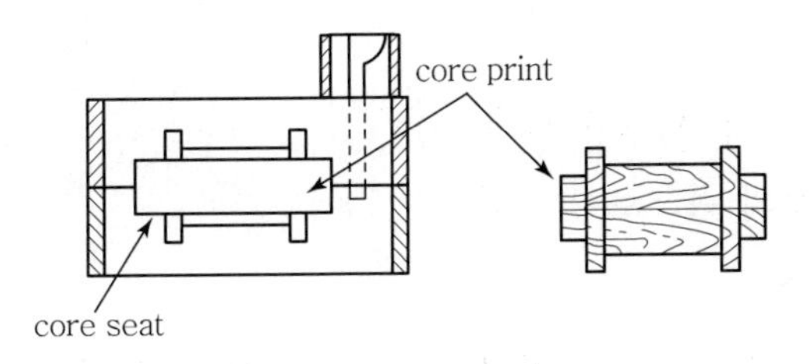

[Core Print]

(5) 라운딩(Rounding)

쇳물이 응고할 때 주형 직각방향에 수상정(Dendrite)이 발달하여 약해지므로 이를 방지하기 위하여 모서리 부분을 둥글게 한 것

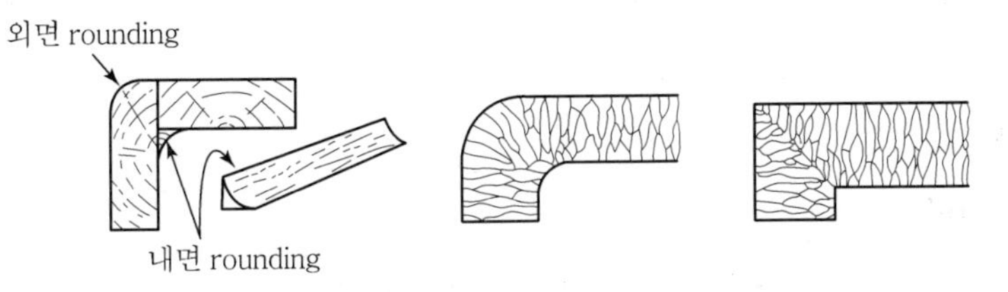

[Rounding과 금속의 결정조직]

(6) 덧붙임(Stop Off)

냉각 시 내부응력에 의해 변형되고 파손되기 쉬우므로 이를 방지하기 위함

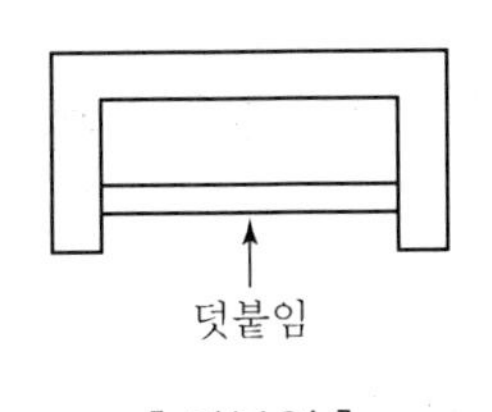

[덧붙임]

2. 목형제작용 설비

1) 목형공구

(1) 톱

① 세로톱, 가로톱, 양용톱, 실톱 및 세공톱 등이 있다.
② 규격은 톱날부의 길이로 표시한다.

(2) 끌

① 마치끌, 밀끌 및 특수끌 등이 있다.
② 규격은 날부의 폭으로 표시한다.

(3) 대패

① 막대패, 중간대패, 다듬질대패 등의 보통대패, 측면대패, 홈대패 및 특수대패 등이 있다.
② 규격은 대패날의 폭으로 표시된다.

(4) 기타 공구

나사송곳, 핸드드릴, 삼각송곳, Center 송곳, 4각송곳, 턱촌목, Hammer, 보통자, 삼각자, 직각자, Compasses, 먹줄, 수준기, 목공 Vise, 숫돌, 사포, 장도리 등이 있다.

2) 목공기계

(1) 목공선반

① 목재를 원통형 또는 회전체로 가공할 때 사용
② 규격은 베드 표면에서 주축의 높이와 Bed의 길이로 표시

(2) 목공드릴링 머신

평드릴 및 트위스트드릴을 사용하여 둥근 구멍 가공

(3) 실톱기계

공예제품가공에 널리 이용되며 폭이 좁은 실톱을 상하로 움직이고 가공물을 손으로 움직여 곡선을 톱가공할 수 있다.

(4) 원형톱

① 원판의 주위에 톱날을 만들어 축에 고정하고 1,200~3,000rpm으로 회전시킨다.
② 규격은 원판형 톱의 지름으로 표시한 24″, 30″, 40″ 등이 있다.

(5) 띠톱기계

① 규격은 풀리의 지름으로 표시하며 24″, 36″, 40″ 등이 있다.
② 제재용에는 톱의 폭 10~30cm인 것이 사용되고 목공용에는 1~4cm의 톱이 사용

(6) 기계대패

① 평면, 홈, 측면, 경사면 등을 가공
② 규격은 대패날의 폭으로 표시하며 15~1,000mm이다.

(7) 만능목공기계

목공밀링머신이라고도 부르며 가공물의 대소곡선형은 물론 불규칙적인 형상이라도 공구를 교환함에 의하여 공작할 수 있는 기계

3. 목형의 검사 및 목형차색 구분

1) 검사

치수, 기계가공 여유, 덧붙임, 라운딩, 접촉면 등의 적부를 확인

2) 차색구분

(1) 주름의 흑피부분

칠하지 않는다.

(2) 다듬질면

적색 래커칠

(3) 잔형

황색 래커칠

(4) 코어프린트

흑색 래커칠

제2절 주형

1 주형 재료

1. 주물사(Moulding Sand)

주형재료는 특별한 경우에는 금속을 사용하나 일반적으로 모래를 사용하며, 이와 같이 주형제작에 사용되는 모래를 주물사라 한다. 주물사는 주성분인 모래 외에 주형 제작 시의 요구조건을 충족시키기 위해 첨가제와 점결제 등을 혼합한다. 점결제는 주형이나 코어가 성형성 및 강도를 유지할 수 있도록 모래에 섞어주는 재료이며, 주물사의 고온성을 높이거나 붕괴성을 향상시키고 또 표면이 깨끗한 주물을 얻기 위해 점결제 이외에 첨가하는 물질을 첨가제라 한다.

1) 모래(천연 주물사)의 성분

석영과 장석이 주성분으로 되어 있고 약간의 산화철 및 방해석 등의 혼합물이 포함되어 있다.

2) 모래 이외의 재료

(1) 석탄, 코크스 분말

주물사의 성형성이 증가하며 모래가 주물 표면에 녹아 붙는 것을 방지하고 모래의 다공화를 증가시킨다.

(2) 톱밥, 볏짚, 순모

균열을 방지하며 모래의 다공성을 증가시킨다.

(3) 당밀, 유지, 인조수지

모래의 강도와 통기성이 증가하며 주물과 모래의 분리가 잘 되므로 특히 코어샌드에 혼합하여 사용한다.

3) 주물사의 점결제(Binder)

(1) 점결제의 종류

① 무기점결제

㉠ 내화점토

ⓐ 장석, 운모 등이 지압 및 염류 등의 작용을 받아 생성된 것 중 카올린(Kaolin)이 본래 위치에 남아 있는 것은 1차 점토라고 하고 수력에 의하여 장소를 이동한 것을 2차 점토라고 한다.

ⓑ 점착력이 크고 내화도는 1,600～1,700℃이다.

㉡ 벤토나이트(Bentonite)

ⓐ 화산재의 풍화로 형성된 몬모릴로나이트(Montmorillonite)족의 점토이다.

ⓑ 수분을 가하면 점결성이 클 뿐 아니라 건조하면 강도가 크고 통기성, 내화도가 크기 때문에 최근에 널리 사용된다. 융해성은 크지 않다.

㉢ 특수점토 : 백점토와 일라이트(Illite) 등이 있다.

② 유기점결제

열분해 온도가 낮기 때문에 200～300℃ 정도에서 건조시켜도 큰 건조강도를 가지며 대기 중에서 흡습성이 적고 주입 후의 붕괴성도 좋으며 주물의 표면이 아름답다.

㉠ 유류점결제 : 아마인유, 콩기름 등의 식물성 기름과 광물성 기름, 동물성 기름 등을 사용하며 강도가 크고 흡습성이 작아 코어제작에 주로 사용된다.

㉡ 수지점결제 : 페놀수지, 요소수지 등 열경화성이 있는 합성수지를 액체 및 분말로 만들어 생사와 배합한다.

㉢ 곡류점결제 : 소맥분, 라이맥분, 옥수수분말, 전분분말 등이 사용되며 건태강도가 커서 사용하기 좋으나 수분흡수로 강도가 저하되며 코어용 점결제로 쓰인다.

③ 특수점결제

㉠ 규산소다, Cement 및 석고 등도 점결제의 역할을 하며 Gas 형법에 사용한다.

㉡ Potland Cement를 8～12% 정도 첨가하고, 수분 4～6%로 배합하여 대형의 주형 혹은 Core 제조에 사용한다.

㉢ 강도 및 경도는 크고 1,200℃ 정도까지는 연소하지 않으나 고온에서의 붕괴성이 불량하므로 주물에 균열이 발생하기가 쉽다.

㉣ 소석고가 점결제로 사용되나 통기도는 불량하고 정밀주조에 사용한다.

(2) 점결제의 구비조건

① 점결력이 클 것

② 가스의 발생이 적고 통기성이 좋을 것

③ 내화도가 클 것
④ 주조 후 점결성을 잃고 부서지기 쉬울 것
⑤ 장기간 보존하여도 수분 흡수가 적을 것
⑥ 모래의 회수가 쉬울 것
⑦ 불순물의 함유량이 적을 것

4) 주물사의 구비조건★

(1) 내화성이 크고, 화학적 변화가 없어야 한다.
(2) 성형성이 좋아야 한다.
(3) 통기성이 좋아야 한다.
(4) 적당한 강도를 가져야 한다.
(5) 주물표면에 이탈이 잘 되어야 한다.
(6) 열전도성이 불량하고 보온성이 있어야 한다.
(7) 쉽게 노화하지 않고 복용성이 있어야 한다.
(8) 적당한 입도를 가져야 한다.
(9) 염가이어야 한다.

5) 주물사의 종류

(1) 규사(Silica Sand)

① 천연규사
㉠ 풍화된 암석이나 냇가, 바닷가에서 자연적으로 물에 씻기고 밀려 쌓인 모래
㉡ 모래입자의 모양이 둥글고 불순물이 섞여 순도와 내화도가 좋지 못하다.
② 인조규사
㉠ 규산암을 분쇄하여 입도, 순도에 따라 분류한 것
㉡ 내화도가 양호하고 모래입자가 예리하다.

(2) 산사

산에서 채취한 모래로서 수분만 첨가하면 그대로 사용할 수 있는 것

(3) 특수사

① 지르콘사 : 지산지르코늄($Zr-SiO_4$)이 90% 함유되어 있고 내화도 2,200℃
② 올리빈사 : $MgFe(SiO_4)$가 주성분이고 내화도가 1,700℃
③ 샤모트사 : 내화점토를 1,300℃ 가열하여 파쇄하여 만든 것

6) 각종 주물의 주물사

(1) 주철용 주물사

① 신사(Green Sand) : 산사에 점토(15% 이하), 수분(7~10%) 및 석탄분말(5~20%)을 첨가하여 혼합한 것

② 건조사(Dry Sand) : 신사보다 수분과 점토분을 많이 첨가하여 통기성을 증가시키기 위해 톱밥, 코크스, 흑연, 하천모래를 혼합시킨 것

(2) 주강용 주물사

① 주철의 주입온도(1,280~1,350℃)보다 높으므로 주물사는 내화성이 크고 통기성이 좋아야 한다.

② 규사와 점결제(내화점토, 벤토나이트)를 배합하여 사용

(3) 비철합금용 주물사

① 황동, 청동류는 주철에 비하여 용융온도가 낮으며 가스의 발생도 적으므로 성형성이 좋고 주물표면이 아름다운 주물사를 선택한다.

② 일반적으로 주물사에는 소량의 소금을 첨가하여 사용하며 대형주물에는 신사에 점토를 배합하여 사용한다.

7) 특수 주물사

(1) 합성사

내화도가 크고 둥근 입자의 가는 규사를 선택하고 점결제로 벤토나이트가 사용된다.

(2) 오일샌드

규사에 전분 또는 벤토나이트를 2~3% 첨가하고 잘 혼합한 후에 아마인유와 어유를 3~5% 첨가한 것으로 주로 코어용에 사용한다.

(3) CO_2 프로세스용 주물사

① 탄산가스 주형법에 사용하며 고화(固化)시간이 짧고 주형을 건조할 필요가 없다.

② 특히 결합력이 크고 주물표면이 매끈하며 목형과의 분리가 잘 되도록 석탄분말, 톱밥을 첨가한다.

(4) 레진샌드(Resin Sand)

규사를 열경화성수지로서 결합하여 만든 주물사

(5) 시멘트샌드(Cement Sand)

① 시멘트를 주물사의 결합제로 사용하는 것으로 부분형을 연결하여 완성된 주형을 만드는 데 사용

② 주형제작시간이 짧고 주형표면이 매끈하므로 기계가공이 빠르다.

③ 숙련이 필요하지 않고 가격이 싸므로 Ingot Case의 주형제작에 널리 사용

8) 기타 주물사

주물사는 주물의 종류, 주형의 종류, 용도에 따라 각각 다른 성분의 주물사가 사용되고 있으며, 일반 모래(山砂)에 요구되는 특성을 고려한 첨가제와 점결제 등을 배합하여 사용한다.

구분	주물사
주입금속	주철용, 주강용 비철합금용
주형종류	생형사, 건조사, Core용사, Loam사
사용장소	바닥주물사, 표면사, 분리사

(1) 바닥 주물사(Floor Sand)

① 용도 : 바닥 모래용

② 성분

㉠ 새모래(山砂)에 오래된 모래를 혼합하여 바닥모래로 사용

㉡ 신사를 절약하고 고사의 접착력을 보완

(2) 생사 또는 생형사(Green Sand)

① 용도 : 일반주철주물, 비철주물제작

② 성분

㉠ 산사에 8%의 수분을 넣은 것으로 표면용 모래를 사용

㉡ 바닥모래에 수분을 적당히 가하여 사용하는 경우가 많으며 재사용 시에는 불순물을 분리해내고 손실된 성분을 보충할 필요가 있다.

(3) 표면사(Facing Sand)

① 용도 : 주물 표면을 매끄럽게 할 때

② 성분

㉠ 입자가 작고 내화성이 높은 석탄가루나 Cokes 가루를 신사, 점결제 등과 배합하여 사용

㉡ 주형의 모래 중 주물과 접촉하는 부분의 주물사(40~50mm의 두께)

(4) 코어용 사(Core Sand)

① 용도 : Core 제작

② 성분

㉠ 규사성분이 많은 새모래(60%), 오래된 모래(40%), 점토, 식물유 등을 혼합하여 사용

㉡ 통기성 및 내화성이 좋고 또한 쇳물의 압력에 견딜 수 있어야 한다.

(5) 분리사(Parting Sand)

① 용도 : 상하 주형 분리용

② 성분 : 상하 주형을 분리할 수 있도록 경계면에 뿌리는 모래로서 점토가 섞이지 않은 하천사를 주로 사용한다.

(6) Loam사(Loam Sand)

① 용도 : 회전 목형에 의한 주형 제작용

② 성분

㉠ 건조사보다는 내화도는 낮으나 생형사보다는 형이 단단함

㉡ 고사(묵은 모래) 6, 하천사 4의 비율로 배합하고 15% 점토수로 개며 당밀을 넣는다.

㉢ 통기도 향상을 위해 쌀겨, 톱밥, 볏집 등을 가한다.

(7) Gas형 사

① 규사에 규산소다를 5% 정도 배합하여 이것에 CO_2 Gas를 접촉시켜 경화시키는 주물사

② 강도는 건조형보다 크나 주조 후 주형붕괴가 힘들고 주형 후 장시간 방치하면 표면의 모래가 쉽게 파손된다.

(8) 건조사(Dry Sand)

① 용도 : 주강용, 주철재 고급주물 제작

② 성분

㉠ 수분, 점토분 및 내열재를 많이 사용하여 가열 건조

㉡ 통기성과 내화성 증대를 위해 톱밥, Cokes 등을 첨가

9) 주물사의 성질

(1) 모래입자의 모양과 입도분포

① 모래입자 모양 : 구형(둥근형) 모래는 유동성과 통기성이 좋고 모래입자가 작고 예리할수록 점결제가 많이 필요하므로 강도는 높아지나 통기성은 저하된다.

② 입도분포 : 입도의 분포는 주물사의 강도, 통기도 등에 영향을 주며 단일 입도의 경우 주형의 통기도는 좋아지나 성형성이 나쁘게 되어 주물표면이 거칠게 된다.

(2) 상온에서의 성질

① 습태성질

㉠ 점결제의 양이 증가할수록 압축강도는 증가하나 통기도는 떨어진다.

㉡ 훈련시간이 길수록, 다짐횟수가 많을수록 주형의 압축강도는 증가하나 다짐횟수가 많으면 통기도는 떨어진다.

㉢ 점결제의 첨가량이 같을 때에는 입도가 클수록 압축강도와 통기도가 증가한다.

㉣ 단일 입도의 주물사보다는 복합입도의 주물사가 강도가 크다.

㉤ 조형방법에 따라 다짐의 균일도가 달라진다.

② 건태성질

㉠ 조형 시의 수분량과 점결제의 양이 증가할수록 건태압축강도는 증가한다.

㉡ 점결제의 양이 감소할수록, 또 수분량이 증가할수록 건태 통기도는 증가한다.

(3) 고온성질 및 잔류성질

① 고온성질(열간성질)

㉠ 주형에 용융금속을 주입했을 때 열영향으로 인한 여러 가지 변화를 말하며 보통 고온강도, 열팽창률, 가스발생량 등이 여기에 속한다.

㉡ 수분 및 점토 함유량이 많을수록 온도가 높을수록 고온강도는 증가하나 어느 일정한 온도에서 최대값이 된다.

② 잔류성질

㉠ 주입 후 주형으로부터 주물을 꺼내는 데 필요한 주형의 성질

㉡ 주형해체작업은 주형이 붕괴하기 쉬우며 주물사가 주물 표면으로부터 이탈하기 쉬워야 한다.

㉢ 주물사가 좋은 잔류성질을 갖기 위해서는 수분, 점결제, 첨가제의 함유량이 적절하게 관리되어야 한다.

10) 주물사의 관리

(1) 주물사의 노화현상

① 규사의 노화

㉠ 현상 : 규사는 온도에 따라 이상 팽창과 수축이 생기며 급격한 가열 시 입자들의 분할에 의해 투명한 것이 유백색으로 변하여 노화된다.

㉡ 영향 : 주물사의 입도가 세밀해져 통기도가 감소한다.

② 점토의 노화

㉠ 현상 : 주형이 고온의 용융금속과 접촉하면서 점토 내부의 결합수가 증발된다.

이로 인해 점결제로서의 기능이 상실되고 모래층에 미분말 상태로 존재한다.

㉡ 영향 : 통기도가 불량해지고 강도가 떨어지며 불순물의 혼입과 더불어 내화도가 크게 떨어져 주물결함의 원인이 된다.

③ 산화물의 혼입

㉠ 현상 : 규사와 점토의 일부가 분해되어 유리규소가 생기며, 이것이 용융금속의 산화로 생기는 FeO와 반응을 일으켜 Slag를 형성

㉡ 영향 : Slag에 의한 Gas 발생으로 주형에 기공 발생

(2) 주물사의 재생처리

① 모래떨기 : 주입작업이 끝난 주형을 셰이크 아웃머신을 사용하여 진동시켜 주형과 주물을 분리시키는 작업이다.

② 철물제거 : 자기 분리기를 사용하여 모래처리 공정 중에 주형이나 코어에 사용한 철사, 주입 시에 발생된 철편 등을 제거한다.

③ 분급 : 주물사의 노화현상으로 생성된 규사 및 점토의 미분을 미분제거기 등으로 제거하고 다시 사용 용도에 알맞게 입도가 분포되도록 분급한다.

④ 배합 : 사용된 모래(고사)의 미분과 불순물을 제거하고 새로운 모래(신사)를 보충하여 입도를 조절하고 점결제를 첨가하여 다시 사용할 수 있는 상태로 재생한다.

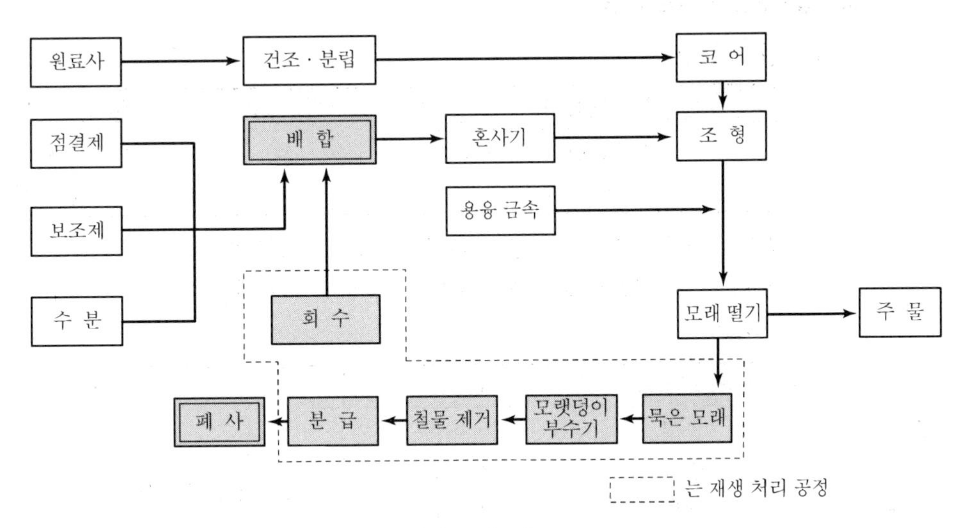

[주물사의 처리공정도]

2. 주물사의 시험과 강도★

주형의 재료인 주물사는 용이성뿐만 아니라 강도, 통기성, 내화성 등 주물제품의 품질을 좌우할 수 있는 주요 인자에 대하여 충분한 검토와 사전 시험 후 주형제작에 착수해야 한다. 모든

시험조건을 다 만족할 수는 없지만 주형의 성격에 따라 여러 성질을 시험, 관리하여 적당한 주물사를 선정한다.

1) 주물사의 시험★

(1) 수분 함유량(점착력 시험)

수분의 과다 과소는 강도 저하의 원인이 되며 주물사의 점착력은 모래입자, 점토의 양, 수분 함유량에 따라 다르다.

시료 50g을 105±5℃에서 1~2시간 건조시켜 무게를 달아 건조 전과 건조 후의 무게를 구한다.

① 표준시험법 : $수분함유량(\%) = \dfrac{건조\ 전\ 시료무게(g) - 건조\ 후\ 무게(g)}{건조\ 전\ 시료무게(g)} \times 100$

② 현장시험법 : 칼슘카바이드(CaC_2)법, 건조법, 전기법이 있다.

(2) 점토분 함유량

$$점토분(\%) = \frac{시료(g) - 나머지무게(g)}{시료(g)} \times 100$$

(3) 입도(Grain Size)시험

① 입도의 영향

거칠 경우	작을 경우
주물표면이 거칠다 소착되기 쉽다.	통기성의 불량 기공(Blow Hole) 발생

② 입도는 모래입자의 크기를 나타내는 것으로 1변의 길이가 1inch인 정사각형의 체(Screen)를 기준으로 하여 1inch 길이의 분할된 체눈(Mesh)의 수로써 호칭 번호를 부여한다.

약식 표시	Mesh	비고
조립	50 이하	Mesh : 1 inch 안에 들어있는 체눈의 수
중립	50~70	
세립	70~140	
미립	140 이상	

③ $모래입도(\%) = \dfrac{체\ 위에\ 남은\ 모래(g)}{시료(g)} \times 100$

(4) 통기도(Permeability)★

① 주형에서 발생되는 Gas 및 주형 내부의 공기는 기공의 원인이 되므로 주물사 층으

로 배출되어야 하며 이러한 정도를 평가한다.

② 표준시험편을 통기도 시험기에 넣어 일정압력으로 한쪽에서 2,000cc의 공기를 주입할 때 공기의 통과시간 및 압력을 측정하여 구한다.

③ 통기도가 적으면 주물표면이 매끈하게 되지만 기공이 발생되고 통기도가 크게 되면 주물표면은 거칠고 용탕의 침투가 발생한다.

$$통기도(K) = \frac{Vh}{PAt}\ (\text{cm/ min})$$

여기서, K : 통기도(cm/min), V : 통과 공기량(cm^3, cc), h : 시험편의 높이(cm)
P : 공기압력(g/cm^2), A : 시험편의 단면적(cm^2), t : 통과시간(min)

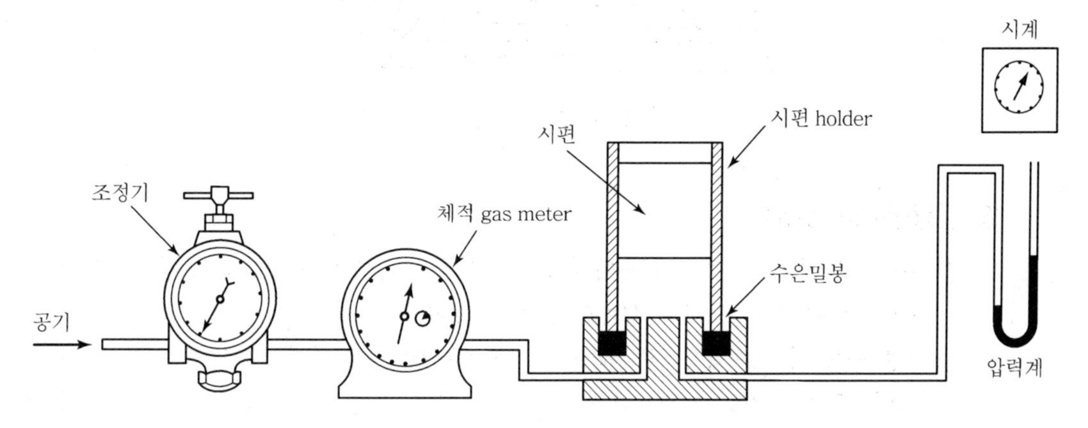

[통기도 측정장치]

(5) 내화도

① 용융내화도 : 시편을 제게르 콘(Seger Cone)과 같은 형상으로 만들어 노중에서 가열하여 90°로 굴곡하는 온도를 제게르 콘과 비교하여 결정한다.

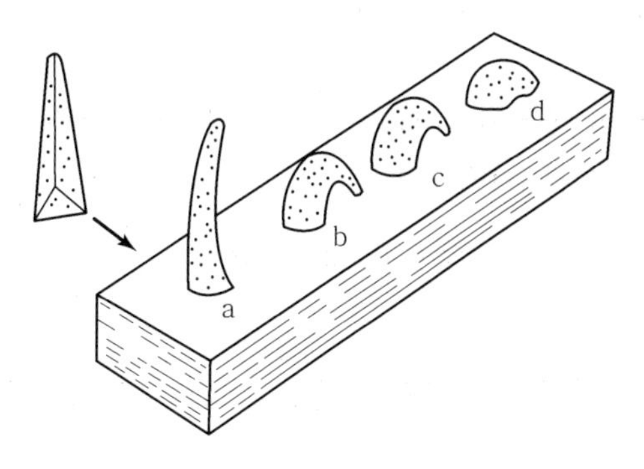

[Seger Cone(용융내화도)]

② 소결내화도 : 주물의 내화도를 측정하는 것으로 모래 표면에 백금 리본을 대어 일정 온도로 가열 후 내화도를 측정한다.

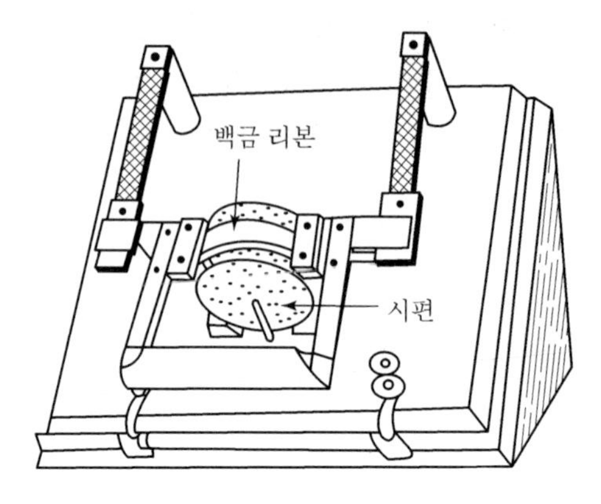

[소결내화도 시험]

(6) 성형성(Flowability)

① 주형을 만들 때의 조형의 용이성을 말하며 주형 일부의 다짐효과가 유동 전달되어 구석구석에 미치는 것이 성형성이 좋은 것이다.

② 표준 원통 시험편 제작기로 3회 다져서 5.08×5.08cm의 시편으로 만들고 이것을 다시 4회 및 5회 다졌을 때 4회 다짐한 높이와 5회 다짐한 높이와의 차인 x를 측정한다.

∴ 성형성(F)(%) $= \dfrac{5.08 - x}{5.08} \times 100$

2) 주물사의 강도

(1) 주물사에 작용하는 쇳물의 압력을 견딜 수 있는지를 평가

(2) 표준시험편 성형 후 인장강도, 압축강도, 굽힘강도, 전단강도 등을 측정하여 표준시험값과 비교함

(3) 강도가 불충분하면 붕괴되기 쉽고 또 강도가 너무 크면 주물의 수축에 의한 균열이 생기고 주형의 해체가 어렵다.

(4) 인장강도(σ) : $\sigma = \dfrac{W}{A}$, 굽힘강도(σ_b) : $\sigma_b = \dfrac{3Wl}{2bh^2}$

(5) 표면강도

주형의 다지기를 알아보는 것으로 생형용 경도계와 건조용 경도계가 있다.

[Question 01] 주입온도 및 속도★

1. 개요

주조 시 용탕은 주입속도 및 주입온도에 따라 제품의 품질에 많은 영향을 받는다. 주입된 용융금속은 주형 내를 유동하면서 응고 및 냉각이 이루어지며 이 과정에서 용탕의 산화와 주형 침식이 방지되면서 연속적으로 빠르게 주입하여야 한다. 주입온도 및 속도의 악영향을 고려하여 적절한 주입온도 및 속도의 선정이 중요하다.

2. 주입온도 및 속도의 영향

〈주입온도 및 속도〉

구분	주입온도	주입속도
높다. (빠르다.)	• 주물조직이 불균일하고 주물 내부에 기공이 발생됨 • 조직의 조대화로 인해 취약한 주물이 됨	• 주형 내면의 파손 우려 • 공기 및 Gas의 배출이 어렵다. • 불순물의 부유가 어렵다. • 주물에 열응력이 발생
낮다. (늦다.)	• 주물성분이 불균일하고 주물 내부에 기공이 발생함	• 균일한 주물을 얻을 수 없다. • 취성 재질의 우려가 있다. • 얇은 주물 시 유동 불량 발생

종류	주입온도(℃)
주철	1,300~1,350
주강	1,500~1,600
Al	680~720
황동	1,000~1,100
배빗메탈	450

종류	중량(kg)	주입시간(sec)
주철	100 이내	4~8
	500 이내	6~10
	1,000 이내	10~20
주강	100~250	4~6
	250~500	6~12
	500~1,000	12~20

3. 주입온도의 측정

(1) 복사 온도계

물질의 온도가 높아짐에 따라 복사량이 증대한다는 것을 이용하여 복사열을 집중시킨 곳에 열전쌍을 놓고 그 기전력을 이용하여 온도를 측정한다.

(2) 광고(光高) 온도계

빛의 밝기를 기준으로 온도를 측정하는 것으로 렌즈를 통하여 측정물을 보았을 때 측정물의 광도와 램프의 광도가 일치하도록 저항기를 조절하고 이것을 온도로 환산한 값을 읽게 한다. 비교적 취급이 편리하고 값이 저렴하여 널리 이용된다.

(3) 열전대식 온도계

두 종류의 상이한 금속선인 열전쌍을 이용하여 용탕 온도를 측정하는 것으로 열전쌍의 한쪽은 용융금속에 넣고 다른 쪽은 일정한 온도를 유지하면 발생된 기전력을 밀리볼트미터(Millivoltmeter)에서 측정하고 온도로 환산한다.

2 주형제작

1. 주형제작법

주형 제작 시 일반적으로 다짐봉(Floor Hammer)을 사용하여 형을 제작하나 형이 특수하거나 대형인 경우에는 수작업이 아닌 조형기를 사용한다.
주형을 만드는 조형법은 설치방법에 따라 바닥주형, 혼성주형, 조립주형으로 구분되며 주형상자(Moulding Flask)를 이용한다.

1) 바닥주형법(Open Sand Moulding)

(1) 조형방법

① 바닥모래를 적당한 경도로 다져서 수평면으로 고르게 하고 이것에 목형을 넣고 다져 주형을 만든다.
② 상형을 만들지 않는다.
③ 용융금속이 공기와 접촉하여 거칠게 됨

(2) 용도

별로 중요하지 않은 간단한 제품(판류, 심철)

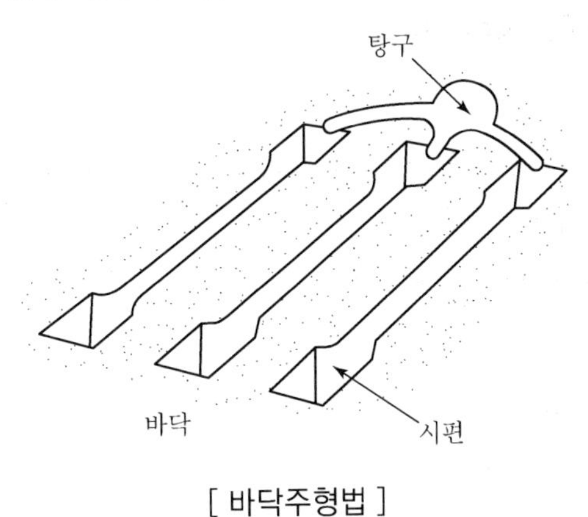

[바닥주형법]

2) 혼성주형법(Bed In Moulding)

(1) 주형방법

① 아래 상자 부분은 바닥을 이용하고 윗상자만을 이용하여 주형을 제작하는 방법

② 주물의 대부분을 모래바닥에 파서 수용하고 상형은 주형상자를 사용하여 주형을 제작한다.
③ Air Vent를 여러 개 세워 가스의 방출을 용이하게 한다.

(2) 용도

주형을 이동하기 곤란한 제품(대형주물)

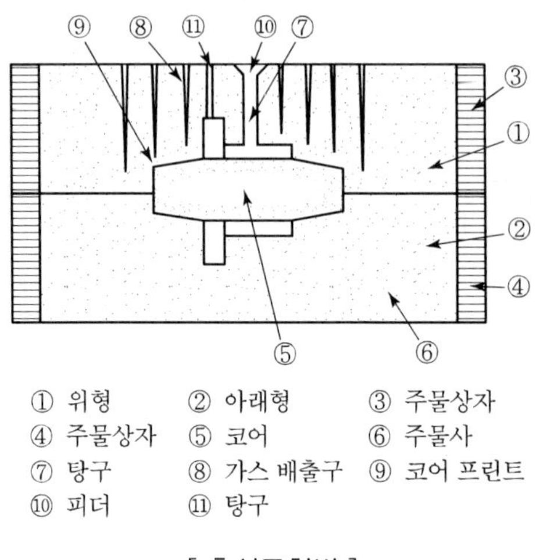

[혼성주형법]

3) 조립주형법(Turn -On Moulding)

(1) 주형방법

① 상하형 2개 또는 그 이상의 주형상자를 겹쳐 상자 가운데에서 조형하는 방법으로 가장 많이 사용하는 방법
② 조형이 쉽고 조형된 주형을 운반하기도 편리하여 대량생산에 이용된다.

(2) 용도

일반적 소형주물제품

(3) 조형과정

① 정반 위의 모형을 주물상자 가운데 놓은 후 표면사를 뿌린다.
② 주물사를 충진한 후 평면으로 다진다.
③ 다져진 형을 180° 뒤집어 나머지 반쪽 모형을 맞대어 붙이고 주형틀을 씌운다.
④ 분리사를 뿌리고 ④, ⑤항을 반복한다.
⑤ 탕구봉을 뽑는다.

⑥ 주형상자를 분리하고 모형을 빼낸다.

⑦ 주형상자를 맞추어 주형을 완성한다.

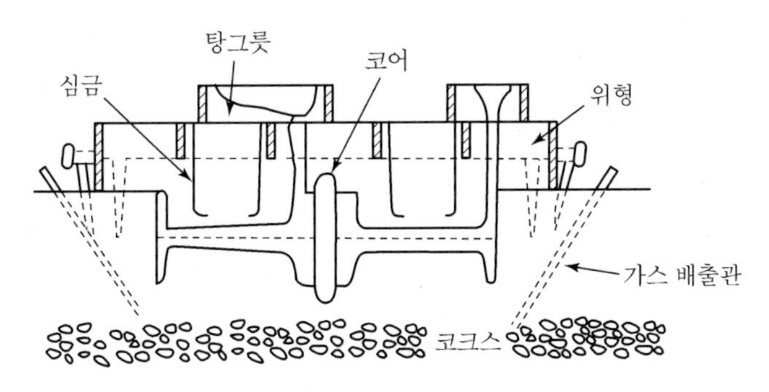

[조립주형법]

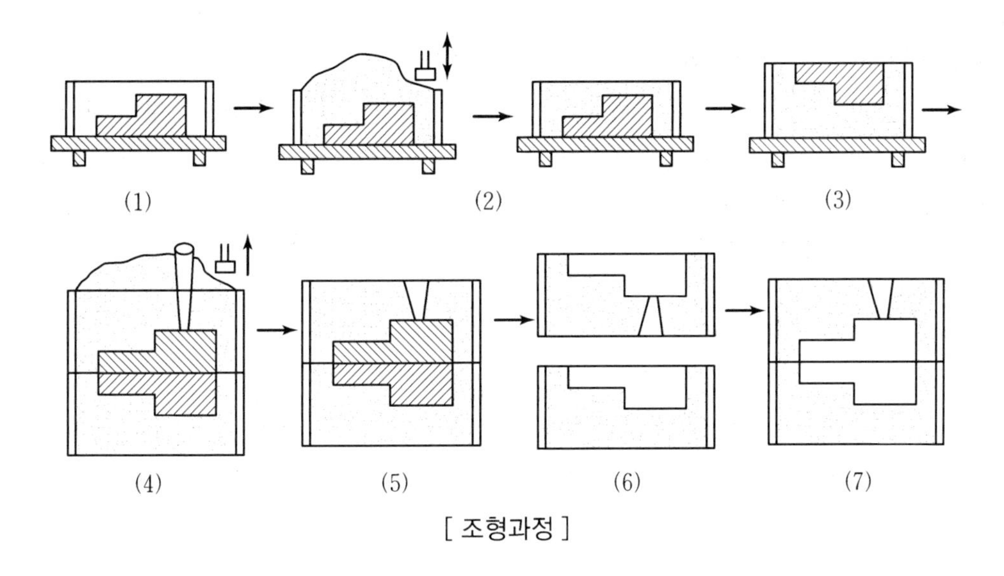

[조형과정]

4) 회전주형법

중심선을 통하는 모든 단면이 대칭인 주물을 조형할 때 사용하는 주형방법

5) 고르게주형법

고르게형을 사용하여 원통형의 주형을 제작할 때에 사용하는 주형방법. 균일한 단면, 가늘고 긴 주물

6) 코어제작법

코어는 구멍뚫린 주물을 제작할 때에 사용

(1) 생형용 코어

주로 경합금에 사용

(2) 건조형 코어

일반 주물에 사용

7) 기타 주형법

잔형, 드로우백(Draw Back), 긁기형에 의한 주형 제작법 등

2. 주형제작상의 주의사항★

용융금속을 주입하여 소요의 주물제품을 제작하기 위해서는 그 틀이 되는 주형의 제작이 매우 중요하다. 일반적으로 주형은 주물사를 다져서 제작하며 주형을 구성하는 탕구계의 형상과 치수는 주물의 크기, 용융금속의 재질, 주탕온도, 주형상자의 크기 등에 영향을 많이 받는다. 그러나 이들 사이의 관계가 명확지 않으므로 주형은 많은 경험에 의해 제작된다.

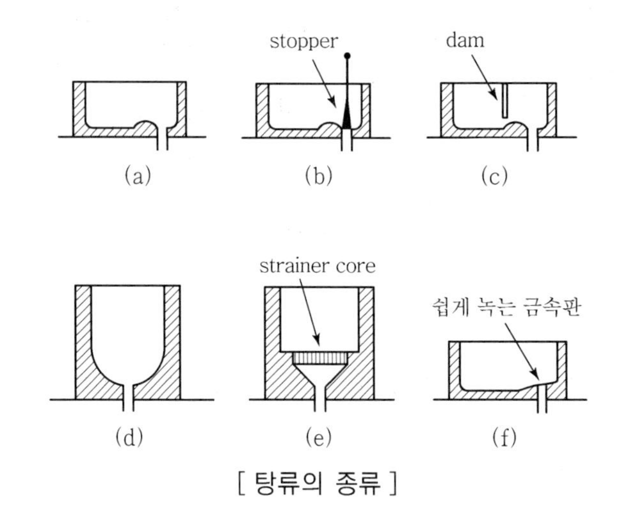

[탕류의 종류]

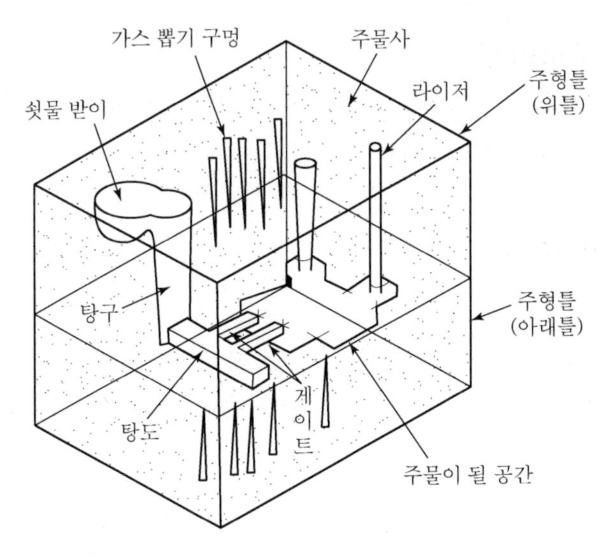

[주형 각부의 명칭]

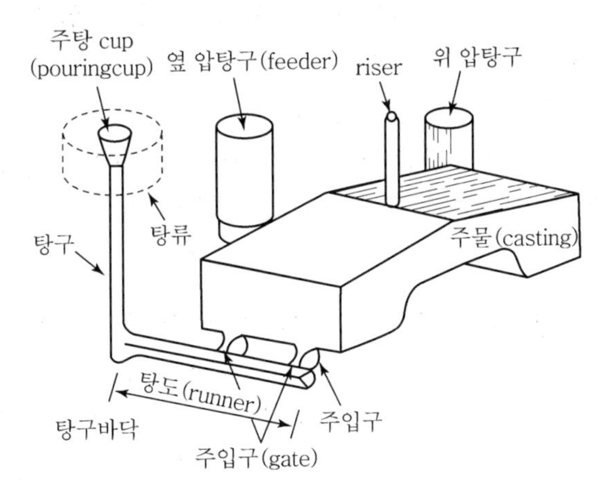

[주형의 구성]

1) 습도

습도가 많은 생형일 때는 특히 수분과 점토의 조절이 중요하다.

2) 다지기(Ramming)

주형을 다지는 것은 용융된 금속의 흐름과 압력에 의해서 형이 붕괴되지 않을 정도로 다지게 되며 너무 세게 다지면 강도는 높아지나 통기성을 불량해진다.

3) 가스 빼기(Air Venting)

주형 중의 공기, 가스 및 수증기를 배출공(排出孔)을 통하여 배출시키는 구멍을 말하며 통기성을 좋게 할 때는 신사(新砂)를 넣는다.

4) 탕구계(Pour System)

(1) 기능

주형에 쇳물을 주입하기 위해 만든 통로로 쇳물받이(Pouring Cup), 탕구(Sprue), 탕도(Runner), 주입구(Gate)로 구성되어 있고 유속을 조절하고 불순물을 일부 제거한다.

(2) 요점

① 용탕의 주입통로가 크면 용탕의 소모가 많고 주물에서 절단하기 어렵다.
② 러너가 길어지면 주입되기까지 용탕의 온도가 떨어지므로 너무 길게 하지 않도록 하며 가스혼입 방지를 위해 가능한 한 조용하고 빨리 주형 내부로 흐르도록 한다.
③ 탕류부는 용탕 주입 시 비산을 방지하고 불순물 혼입을 방지하기 위해 Stopper, Dam, Strainer 등을 설치한다.
④ 탕구는 용탕에 가압효과가 있는 높이로 한다.
⑤ 주입된 용융금속이 응고할 때 방향성 응고가 되도록 설치한다.
⑥ 용융금속이 주형 내부로 흘러들어가는 속도를 조절할 수 있도록 한다.

(3) 종류

① 상부게이트 : 탕도와 게이트가 주물의 상부에 설치되어 있으며 주입 시 용탕의 소용돌이가 생기기 쉬우나 조형작업이 간편하고 경제적이어서 많이 이용한다.
② 하부게이트 : 게이트를 주물 밑면에 설치한 것으로 주형 내에서의 소용돌이와 침식을 최소화할 수 있다. 응고속도의 차이에 의해 압탕의 역할을 발휘하지 못하는 경우가 있다.
③ 단게이트 : 여러 층의 게이트를 사용한 것으로 상부, 하부 게이트의 단점을 보완한다. 용융금속이 아래부터 단계적으로 주입되므로 압탕부의 온도가 가장 높아 압탕의 역할을 충분히 할 수 있다.

(4) 탕구비

$$g = \frac{\text{탕구봉 단면적}}{\text{탕도 단면적}}$$

탕구비(g) : 주철 : 1 : 1~0.75, 주강 : 1 : 1.2~1 : 5

(5) 탕구의 높이와 유속

$$v = \sqrt{2gh}$$

(6) 주입시간

$$t = s\sqrt{W}$$

여기서, W: 주물의 중량, s : 계수

주입속도가 빠르면 열응력이 생기고 느리면 취성 재질로 된다.

5) 덧쇳물(Feeder)

(1) 주형 내의 쇳물에 압력을 준다.
(2) 금속이 응고할 때 체적감소로 인한 쇳물 부족을 보충한다.
(3) 주형 내의 불순물과 용재(鎔滓)의 일부를 밖으로 내어 보낸다.
(4) 주형 내의 공기를 제거하면 주입량을 알 수 있다.

6) 압탕구(Riser)

(1) 기능

용탕이 주형 각부에 완전히 충만되었나 확인하고 주형 속의 공기나 먼지, 가스, 수증기, 기타 불순물을 배출시키는 곳이며 덧쇳물의 역할도 겸하는 것으로 탕구에서 멀리 떨어진 곳에 설치한다.

(2) 요점

① 모양은 보통 방열효과가 적은 원주형 압탕으로써 높이는 압탕지름의 1~2배 정도가 보통이다.
② 압탕구의 위치는 주물의 두꺼운 부분, 응고가 늦은 부분 위에 설치하며 Riser는 주물의 가장 높은 부분 또는 탕도의 반대쪽에 설치한다.
③ 압탕구의 용탕은 주형 내의 용탕 응고시간보다 길어야 하고, 응고수축에 대하여 충분히 유동될 수 있도록 송탕거리를 계산한다.

7) 플로우 오프(Flow Off)

쇳물이 주형에 가득 찬 것을 관찰하려고 주형의 높은 곳에 만든 것으로 가스빼기보다 구멍의 단면이 크다. 또 이것은 가스빼기로 같이 쓰기도 한다.

8) 냉각판(Chilled Plate)

(1) 기능

두께가 같지 않은 주물에서 전체를 동일하게 냉각시키기 위해 두께가 두꺼운 부분에 쓰이고 부분적으로 급랭시켜 견고한 조직을 얻는 목적으로 쓰인다.

(2) 요점

① 가스 빼기를 생각해 주형의 측면 또는 아래쪽에 붙인다.
② 반복 사용하는 냉각판은 열변형에 따라 표면이 용해되거나 미세한 균열이 발생하므로 사용횟수를 규제한다.

(3) 종류 및 사용목적

① 외부냉각판 : 응고속도의 균일화 및 주조조직의 개량을 목적으로 주물의 각 부분에 사용하는 블록 형태의 것
② 냉각금형 : 주조조직의 개량을 목적으로 주형 또는 코어를 금형으로 한다.
③ 내부 냉각판 : 응고속도의 균일화를 목적으로 두꺼운 부분에 삽입한다.

9) 코어 받침대(Core Chaplet)

(1) 코어의 자중, 쇳물의 압력이나 부력으로 코어가 주형 내의 일정 위치에 있기 곤란한 때 사용
(2) 코어의 양단을 주형 내에 고정시키기 위해 받침대를 붙이는 데 사용
(3) 쇳물에 녹아버리도록 주물과 같은 재질의 금속

10) 중추

주형에 쇳물을 주입하면 주물의 압력으로 주형이 부력을 받아 윗상자가 압상되므로 이를 막기 위해 중추를 올려 놓는다. 중추의 무게는 보통 압상력의 3배 가량으로 한다.

(1) 쇳물의 압상력

$$P = AHS(\text{kg})$$

여기서, A : 면적, H : 높이, S : 비중

(2) 코어가 있을 때 압상력

$$P_c = AHS + \frac{3}{4}VS$$

여기서, V : 코어의 체적

3. 특수 주형제작에 관한 사항★

주물사를 이용한 생형이나 건조형의 강도 부족, 건조시간의 소요, 가스 발생, 내열성의 감소 등의 결점을 보완하기 위하여 물유리, 합성수지, 시멘트 등을 사용한 모래형 주형이나 또는 특수한 주형제작법으로 조형한 주형을 특수 주형이라 한다. 최근에는 주형의 정밀도가 높고 복잡한 형상의 주물이 많아지게 되어 특수 주형을 많이 사용한다.

1) CO_2 주형

(1) 조형방법

① 단시간에 경화된 주형을 얻는 방법으로 주형재인 주물사에 물유리를 3~6% 첨가하여 혼련한 후 일반적 조형법으로 주형을 만들고 약 $1kg/cm^2$의 압력으로 CO_2 가스를 통과시켜 경화된 주형을 만든다.

② 물유리를 첨가한 모래로 조형한 주형은 붕괴성이 나빠서 주입 후 탈사가 곤란하므로 피치, 카본블랙 등을 첨가한다.

(2) 특징

① 장점

㉠ 건조하지 않아도 경도와 강도가 큰 주형을 만들 수 있다.

㉡ 코어를 만들 때는 보강재를 줄일 수 있다.

㉢ 모형이 묻힌 채 주형이 경화되므로 치수가 정밀하다.

㉣ 가스의 발생과 수분에 의한 기공발생이 적다.

② 단점

㉠ 주형이 경화된 후 모형을 꺼내야 하므로 모형 기울기가 커야 한다.

㉡ 주형의 붕괴성이 나쁘고 주물사의 회수율도 낮다.

㉢ 조형후 빠른 시간 내에 주입해야 한다.(강도저하, 흡습성)

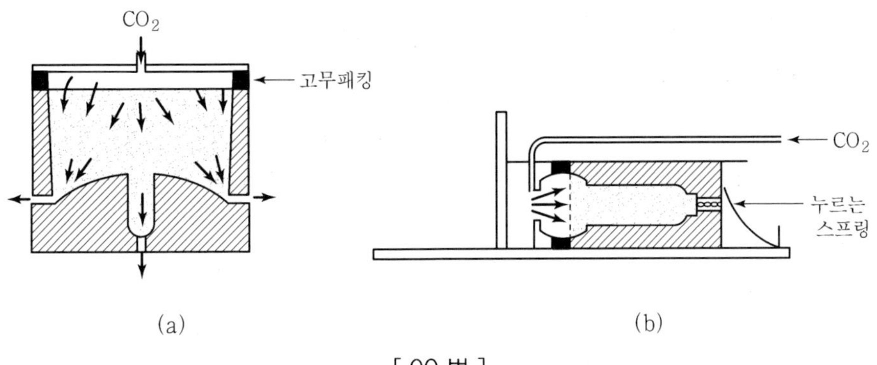

[CO_2법]

2) 자경성 주형

(1) 조형방법

① 모래에 합성수지, 시멘트, 물유리 등 특수한 점결제와 경화제를 첨가하여 조형하면 주형은 스스로 경화하며 CO_2 가스 등이 불필요하다.

② 자경성 주형은 점결제와 경화제를 첨가하여 혼련할 때 경화반응이 즉시 일어나므로 조형작업에 맞게 혼련할 필요가 있으며 혼련 후 장시간 방치하면 안 된다.

(2) 종류

① 다지기방식

㉠ 발열 자경성 주형 : 점결제로 물유리, 경화제로 Fe-Si, Ca-Si, Al-Zn 분말을 쓰며 조형 후 주형 자체가 발열 경화하며 발열반응 시 탈수에 의해 주형이 수축되므로 모형 설계 시 수축량을 고려해야 한다. 발열반응 시에는 H_2 가스가 발생하므로 용탕을 주입해서는 안 된다.

㉡ 비발열 자경성 주형 : 점결제로 물유리, 경화제로 슬래그(2CaO, SiO_2)를 사용한다.

② 유동방식 : 크림 형태의 슬러리(Slurry)를 주형상자에 흘려 채운 다음 어느 정도 경화되었을 때 모형을 빼낸 것으로 물유리를 혼합한 주물사에 계면 활성제를 첨가하여 유동성을 향상시켜 사용하며 시멘트를 점결제로 사용하는 경우도 있다.

3) 콜드박스형(Cold Box Type)

(1) 조형방법

① 규사에 페놀수지와 폴리소시아넷(M.D.I)을 적당량 혼합시켜 코어상자에 공기로 취입하여 조형하며 손 조형도 할 수 있다.

② 이 주형에 아민가스를 통과시키면 주형은 순간적으로 경화한다.

③ 경화시킨 후 공기를 불어 넣어서 주형 속의 미반응의 아민가스를 배출시켜 중화탱크로 보낸 다음 주형을 꺼낸다.

(2) 콜드박스형 모래

점결제인 페놀수지와 M.D.I의 두 가지 액체를 약 5 : 5정도로 하여 모래에 2~3% 첨가한다. 규사 중의 수분은 0.2% 이상이 되면 주형강도가 매우 낮아진다.

(3) 용도

복잡한 형태의 코어제작

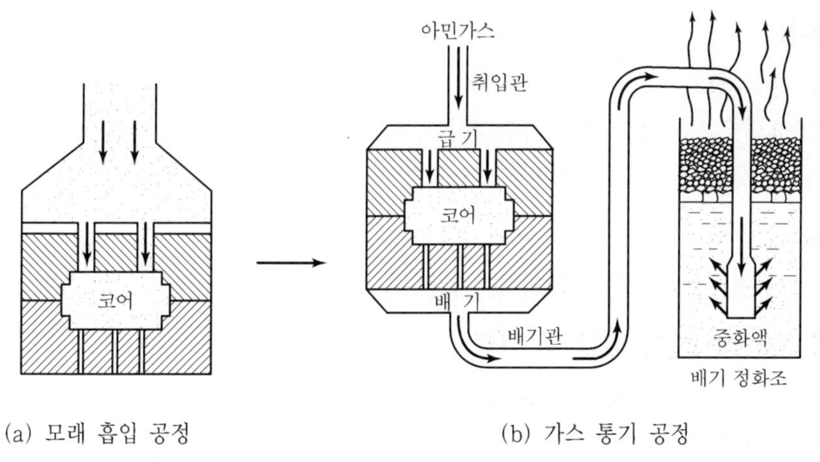

(a) 모래 흡입 공정　　　　(b) 가스 통기 공정

[콜드박스법에 의한 코어제작]

4) 칠드주형(Chilled Casting)★

(1) 개요

금속은 냉각속도의 차이에 의해 조직이 변화하는 성질이 있으며, 필요한 부분에만 금형을 배치한 모래형은 금속에 접한 부분이 급격히 냉각되어 백주철이 되며 그 부분만이 경도가 증가되고 그 내부는 서랭되어 흑연의 석출로 연한 조직이 된다. 주물은 보통 주철보다 규소 함유량을 적게 하고 적당량의 망간을 가한다. 이와같이 냉각속도의 차이를 이용하여 주물의 표면경도를 높이는 주조법을 Chilled Casting이라 한다.

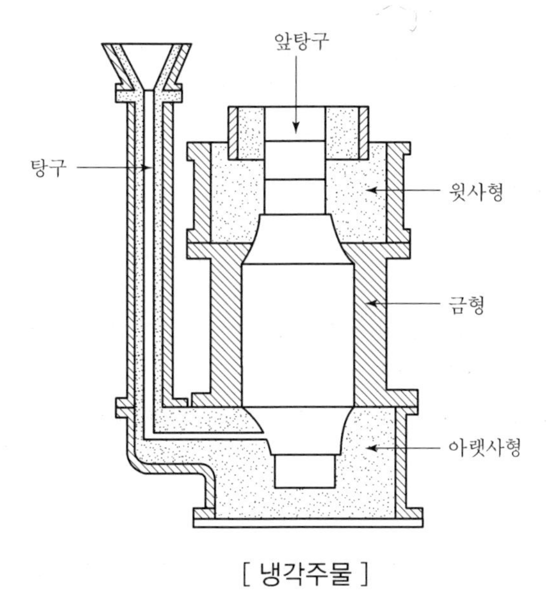

[냉각주물]

(2) 특징

① 내외부의 경도가 다르다.(내부 H_b 200, 표면 H_b 350)

② 표면은 백주철로서 내마멸성이 크며, 내부는 회주철로 조성되어 연성이 있다.

③ Chill 깊이 조절에 숙련을 요한다.

(3) 용도

압연용롤, 철도차륜, 분쇄기롤, 제지용롤

(4) Chilled Casting의 결함 및 대책

① 수축공동(Shrinkage Cavity)

㉠ 주입 후 용탕이 응고하는 과정에서 생기는 Cavity이며 압탕크기가 부적절하거나 압탕량의 부족에서 기인한다.

㉡ 대책은 압탕량을 정확히 계산하고 주형에 과열부분이 생겨 응고가 늦어지는 부분이 없도록 한다.

② Pin Hole

㉠ Pin Hole의 발생은 저온 주입 시 일어나며 동체의 상부에 무수히 발생한다. 또한 동체의 길이가 클 때에 용탕의 온도가 부분적으로 저하해서 생기는 경우와 탈산이 불완전하여 발생되는 경우가 있다.

㉡ Pin Hole의 직경은 1mm 이하의 것으로 절삭 시 육안으로 잘 알 수 없으나 연마 시에 발견되며 적절하게 주입온도를 유지해야 한다.

③ 축방향 균열

㉠ 냉금(Chill) 자체의 불완전성에 의한 표면의 냉각속도 불균일에 원인이 있으며, 용탕의 재질 불량은 더욱 그 발생을 높인다.

㉡ 주입속도의 부적당도 하나의 원인으로 양질의 용탕과 적당한 주입속도의 조절이 필요하다.

5) 주강주형

(1) 주강은 주철보다 용융온도가 높으므로 규사성분이 많은 모래로 주형을 만들고 블래킹도 내화도가 높은 것을 사용

(2) 강철주물은 800℃에서 풀림하여 주조할 때 생긴 내부응력을 제거한다.

6) 청동주물용 주형

주형은 건조주형으로 만들고 쇳물아궁이는 중심부를 크게 만든다.

7) 알루미늄 합금주형

두께가 얇은 것이 많고 또한 수축률이 크므로 아궁이와 덧쇳물은 크게 만든다.

8) 금속제 주형

용해온도가 낮고 수축률이 비교적 적은 금속으로 같은 것을 많이 제작할 때 사용

4. 주형제작기계

1) 주형용 공구

(1) 주형상자

거프집이라고도 하고 주철 또는 목재로 만들며 개폐식과 조립식이 있다.

(2) 주형용 도마

목형 또는 주물상자를 놓는 평평한 도마로서 변형이 적은 것이 필요하다.

(3) 목마

회전목형을 고정할 때 사용한다.

(4) 주형용 수공구

① 삽
② 다짐봉(Floor Hammer) : 주물모래를 다질 때 사용
③ 주형벨로스(Bellows) : 작은 불순물분말을 바람을 일으켜 청소하는 기구
④ 체 : 모래 중에 섞인 고형(固形)물 제거 또는 주물표면에 분리사를 뿌릴 때 사용
⑤ 판대기자 : 주형표면의 모래를 고르게 할 때 사용
⑥ 목형뽑개와 공기구멍송곳
⑦ 주물붓
　㉠ 둥근붓 : 주형의 결합력을 보충하는 수분 보충용 또는 목형을 뽑기 직전에 목형 주위에 물을 떨어뜨리는 데 사용
　㉡ 평붓 : 목형 또는 주형에 붙어 있는 불순물을 제거할 때 사용

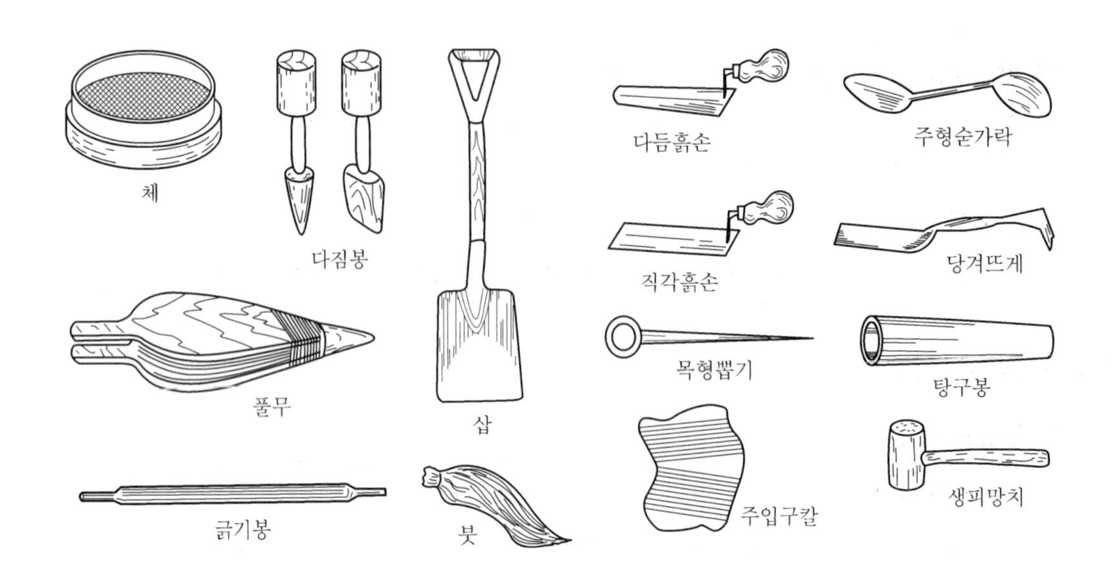

2) 주형용 기계

(1) 주물사 건조로

① 고정식 건조로

② 이동식 건조로

㉠ 대단히 큰 주형의 건조에 사용하며 연료소비량이 적고 건조 후에 그 자리에서 쇳물을 주입할 수 있다.

㉡ 주형이 가열되어 있으므로 쇳물의 유동성이 좋고 수축이 적어 불량 주물이 적게 된다.

③ 코어건조로

㉠ 코어건조로의 구비할 점

ⓐ 저온이고 노 내부의 온도가 균일해야 한다.

ⓑ 코어가 급격한 고온에 접촉되면 모래 및 점결제의 팽창으로 파괴될 염려가 있다.

ⓒ 건조할 때 습기가 있는 공기가 건조로 내부에 있으므로 노 내부의 환기를 합리적으로 하여야 한다.

ⓓ 주형 건조와 같이 일정한 시간 작업하는 것이 아니고, 코어를 수시로 집어넣고 꺼내게 되므로 노의 열손실을 고려하지 않으면 안 된다.

㉡ 코어건조로의 종류

ⓐ 설합식 코어건조로(Drawer Type Dry Oven)

ⓑ 개폐식 코어건조로(Door Type Dry Oven)

ⓒ 엘리베이터식 코어건조로(Elevator Type Dry Oven)

ⓓ 콘베어식 코어건조로(Conveyor Type Dry Oven)

ⓔ 대차식 코어건조로(Batch Type Dry Oven)

(2) 자기분리기

영구자석 혹은 전자석을 이용하여 철편 등을 제거한다.

(3) 체

회전식체와 진동식의 체가 있으며 진동식체는 스프링으로 지지된 체대를 편심축에 의하여 진동시킨다.

(4) 혼사기(Sand Mixer)

서로 반대방향으로 고속회전하는 원판의 고정된 Pin에 모래가 충돌하여 분쇄되면서 혼합한다.

(5) 샌드슬링거(조형기)

주로 대형 및 중형 주물의 조형기계로 사용

(6) 샌드밀

가장 널리 사용되는 것으로 분사(盆砂)와 혼사(混砂)의 목적으로 사용

(7) 분사기

모래를 사용하여 주물의 표면을 깨끗이 할 때 사용

[Question 01] 모래떨기의 기계와 조형한 주형으로부터 모형을 뽑는 법

1. 모래떨기의 기계

(1) 전마기(Tumbler)

모래떨기와 주물표면을 평활하게 하기 위하여 강제 회전통 속에 주물과 철편을 넣고 회전시키면 상호 충돌에 의하여 작업이 이루어진다.

(2) 샌드블라스팅머신(Sand Blasting Machine)

높은 압력의 압축공기와 규사를 분사시켜 주물표면을 깨끗이 한다.

(3) 숏블라스팅머신(Shot Blasting Machine)

작은 강구를 큰 원심력으로 주물에 분사시켜 주물표면을 깨끗이 한다.

2. 조형한 주형으로부터 모형을 뽑는 법

(1) Jolt법

① 조형방법

- Jolt 운동에 의한 조형(진동식)
- 주물사가 담긴 주형틀을 피스톤 작용에 의해 상부로 밀어올림
- Cylinder 내의 공기를 배제하여 자중에 의해 낙하하면서 본체와 충돌하여 주물사가 다져진다.

② 특징 : 주형의 하부는 잘 다져지나 상부는 잘 다져지지 않는다.

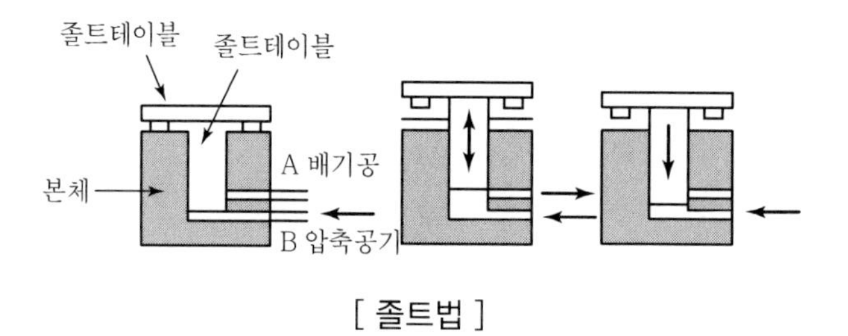

[졸트법]

(2) Squeeze법

① 조형방법

- Squeeze 운동에 의한 조형(압축식)
- 주물사가 담긴 주형틀을 압축공기의 힘으로 위로 밀어올려 상부에 고정된 평판에 의해 주물사가 압력을 받아 다져진다.

② 특징 : 상부는 잘 다져지나 하부는 잘 다져지지 않는다.

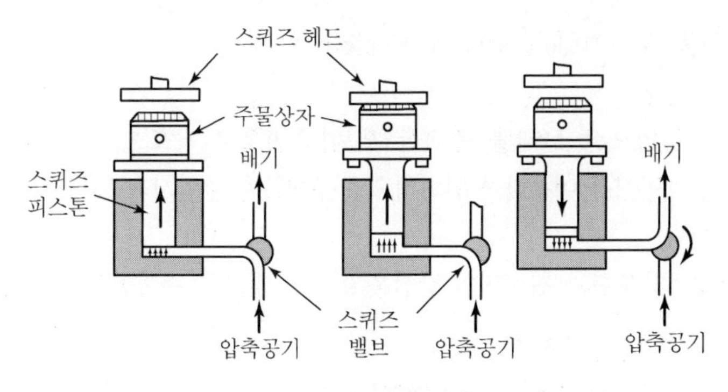

[스퀴즈법]

(3) Blow법

① 조형방법

- Core 제작 시 이용되는 방법으로서 압축공기를 사용하여 모래를 모래 위에 분사하여 조형한다.
- Core Sand를 5~7kg/cm^{2}의 압축공기로 Core 틀 속에 넣음
- 이때 모래는 Core Box에 쌓이고 공기가 밖으로 배출되면서 공기압에 의해 다져짐

② 특징 : 다짐 정도가 균등하며 Core를 대량 생산 시 적합하다.

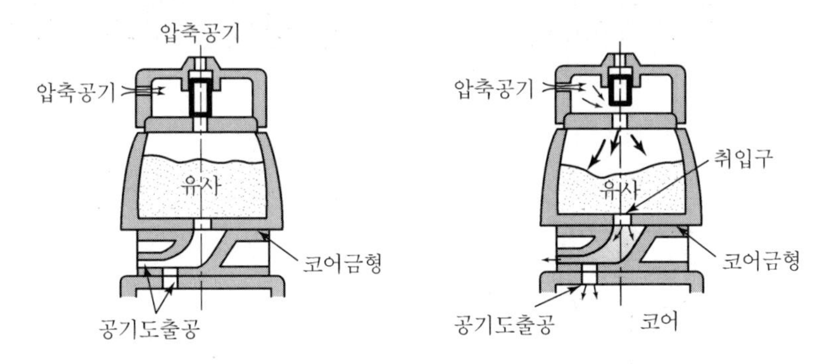

[Blow법]

(4) Sand Slinger법

① 조형방법 : Impeller 및 Belt Conveyor 등에 의해 주물사의 운반, 투입, 다짐이 동시에 행해짐

② 특징 : 능률적이며 주형의 모든 부분이 균등히 다져진다.

(5) 압축진동 혼합법(Jolt Squeeze Moulding)

① 조형방법

- 진동법으로 모래를 충전한 후 압축법으로 강도를 보강하는 방법
- 콘베이어를 이용하여 연속적으로 주형틀을 출입시켜 조형작업을 자동적으로 진행한다.

② 특징 : 압축형과 진동형의 장점을 이용한 것으로 주형공장에서 가장 많이 사용된다.

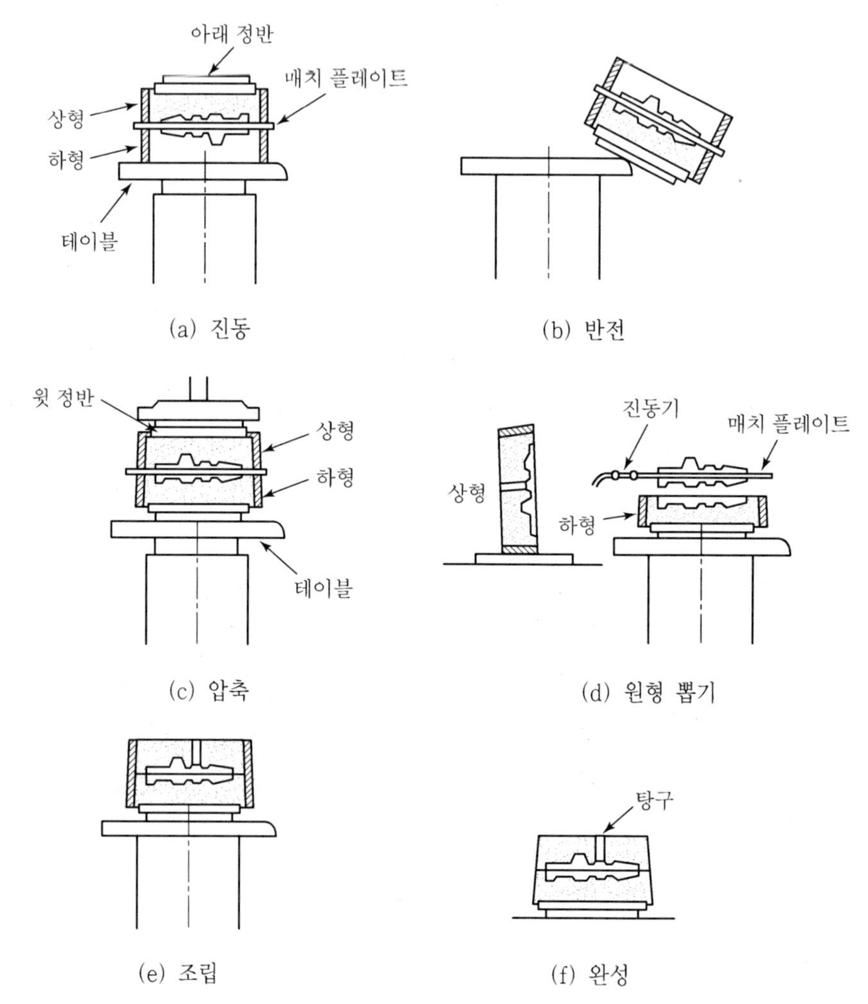

[압축 · 진동 혼합형 조형기에 의한 주형공정]

제3절 주조

1 주물용 금속재료

1. 탄소강

1) 탄소강

(1) 순철의 종류

① α철 : A_3(912℃) 이하의 체심입방격자(예 : Fe, Mo, W, K, Na)

② β철 : 768℃~912℃의 체심입방격자

③ γ철 : 912℃~1,394℃의 면심입방격자(Al, Cu, Ag, Au)

④ δ철 : A_4(1,394℃) 이상의 체심입방격자

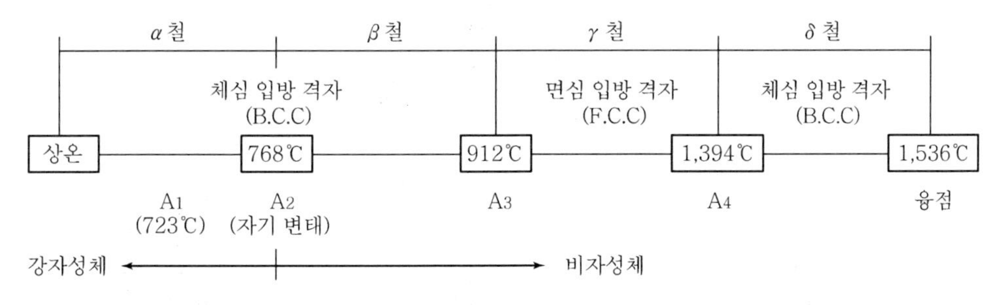

[순철의 종류]

※ 체심입방격자(body centered cubic lattice , 體心立方格子)

입방체의 8개의 구석에 각 1개씩의 원자와 입방체의 중심에 1개의 원자가 있는 것을 단위포로 하는 결정격자이며, 실제의 결정에서 가장 많이 볼 수 있는 구조의 하나이다. 나트륨, 칼륨, 텅스텐 등은 이것에 속한다. 체심입방격자 1개가 점유하는 원자수는 $1/8 \times 8 + 1 = 2$개이다.

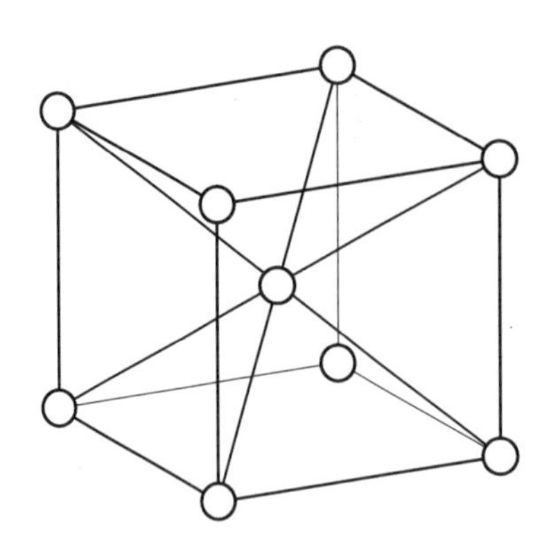

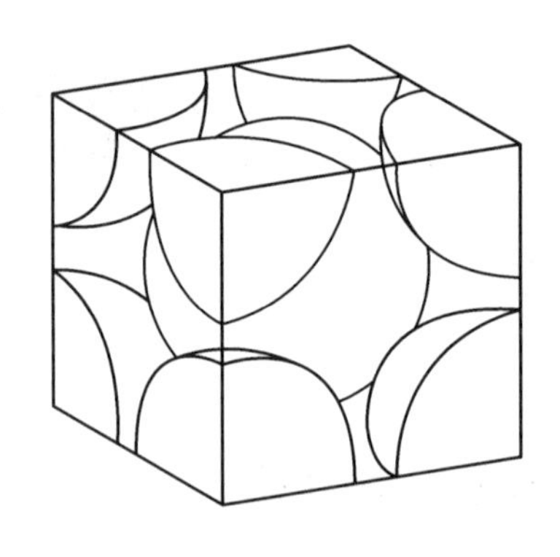

※ **면심입방격자(face centered cubic lattice , 面心立方格子)**

한 입방체에 있어서 8개의 꼭짓점과 6개의 면의 중심에 격자점을 가지는 단위 격자로 된 공간 격자. 이 입방체의 모서리의 길이가 격자 상수(常數)가 된다. 이러한 면심입방격자의 결정을 가지는 물질로는 금 · 니켈 · 구리 · 알루미늄 · 백금 등이 있다. 면심입방격자 1개가 점유하는 원자의 수는 1/8×8+1/2×6=4개이다.

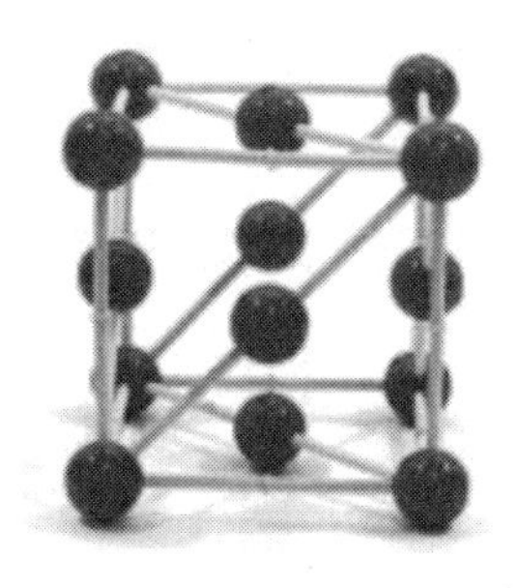

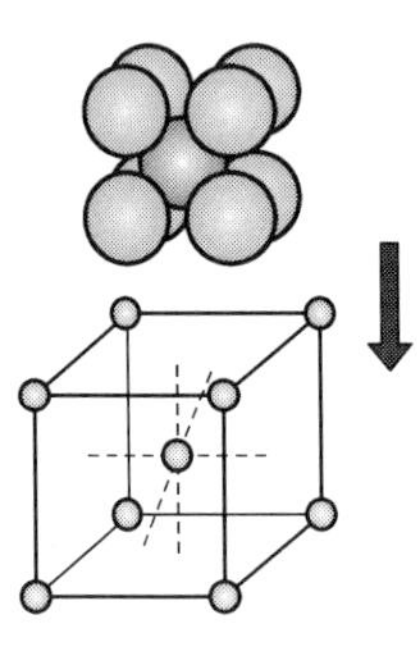

체심입방격자

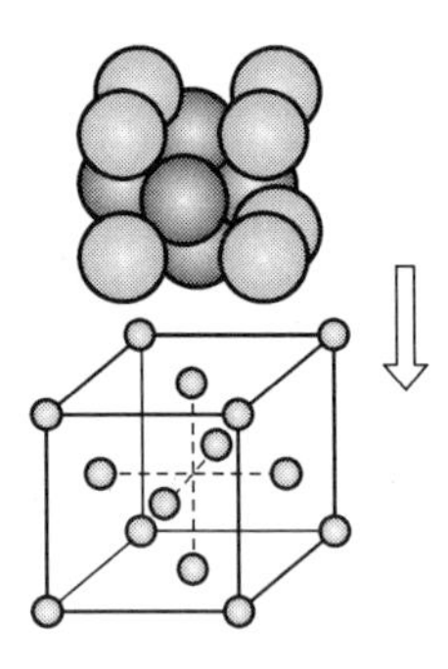

면심입방격자

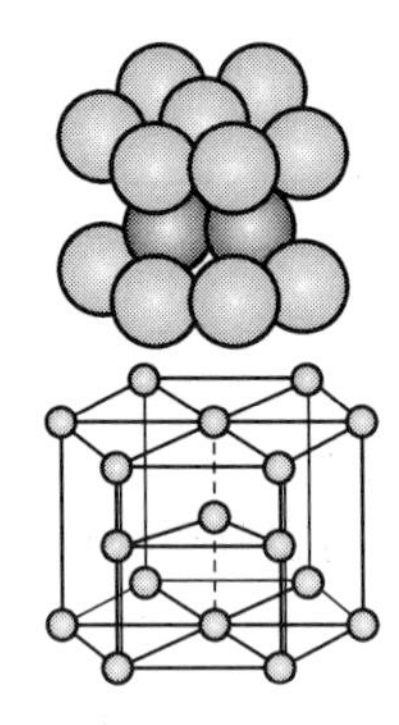

조밀육방격자

(2) 순철의 변태점

① 동소변태 : 원자 배열의 변화가 생기는 변태(A_3 : 912℃, A_4 : 1,394℃ 변태)

② 자기변태(A_2 변태)

㉠ 결정구조에 변화를 일으키지 않는 변태

㉡ 순철이 768℃ 부근에서 급격히 강자성체로 되는 변태

2) 철 - 탄소(Fe - C)계의 평형상태도★★

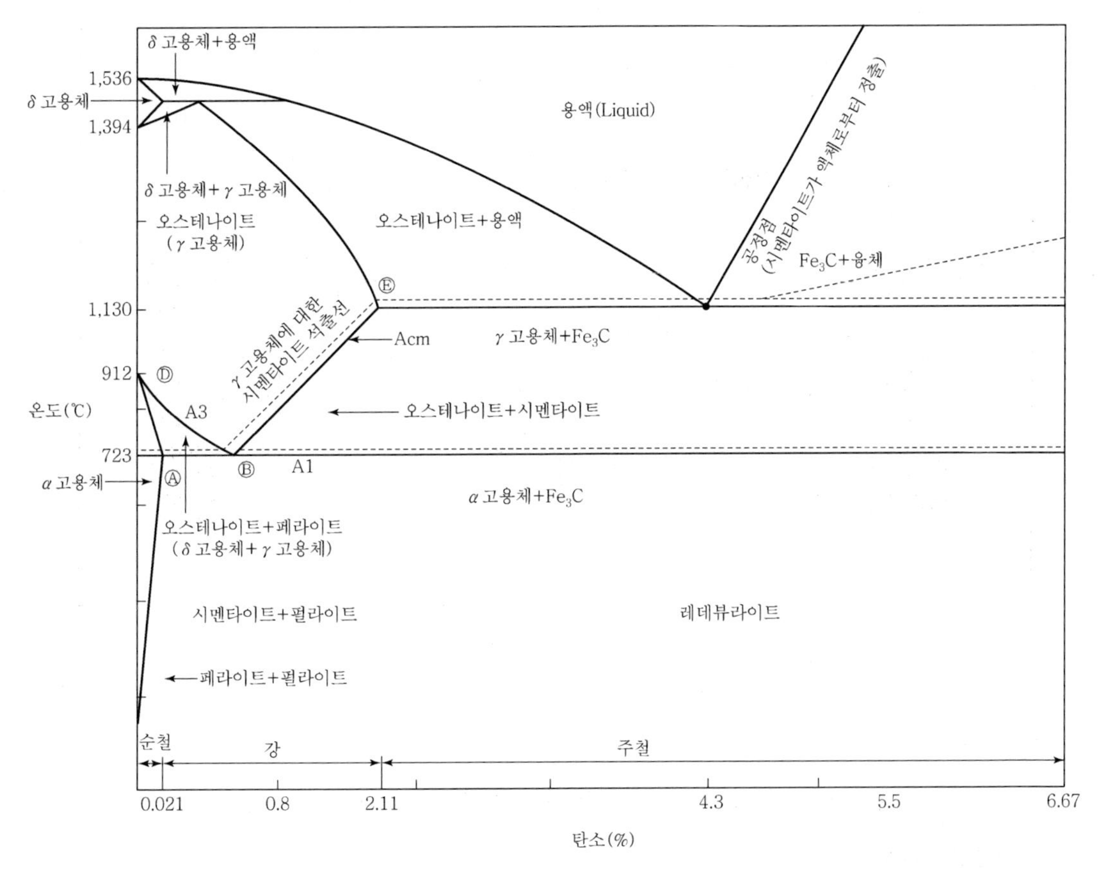

[철 - 탄소의 평형상태도]

Fe - C계의 평형상태를 표시한다. 그림 중의 실선은 Fe - Fe_3C계, 파선은 Fe - C(흑연)계의 평형상태도이다. C는 철 중에서 여러 가지의 형태로 나타난다. 즉, 강철이나 백선에 있어서는 6.67% C의 곳에서 시멘타이트 Fe_3C(철과 탄소의 금속간화합물)를 일으킨다. 실제로 쓰이는 강철은 이 시멘타이트 Fe_3C와 Fe의 이원계이며, 철 중에 함유되어 있는 탄소는 모두

Fe_3C의 모양으로 존재한다.

Fe_3C는 약 500~900℃ 사이에서는 불안정하여 철과 흑연으로 분해하기 때문에 철 · 시멘타이트계는 준안정상태로 철 · 흑연계는 안정상태로 표시되고 있으나, 강철에 있어서는 흑연이 유리하는 일이 거의 없으므로, 실선으로 표시된 철-시멘타이트계의 준안정상태로도 설명된다.

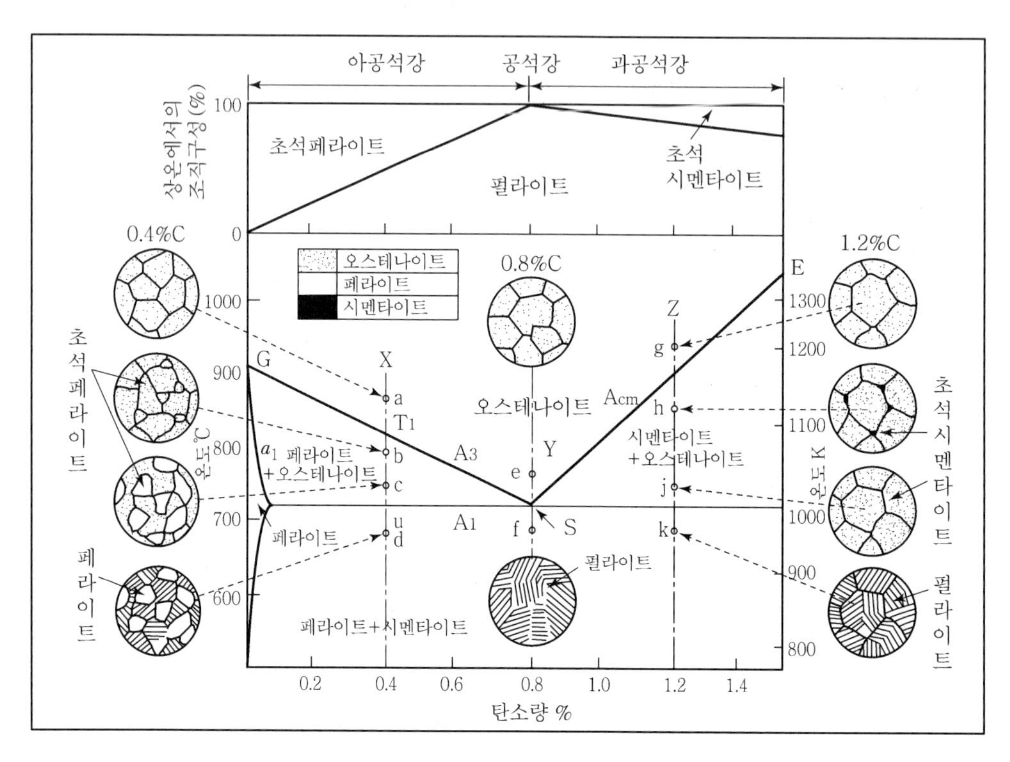

[탄소강의 조직]

3) 조직

탄소량에 따라 일반적으로 아래와 같이 분류한다.

(1) Austenite

γ고용체로 Fe-C계의 탄소강에서는 2.11% 이하의 C가 γ철에 고용된 것을 말하며 Ferrite보다 강하고 인성이 있다.

(2) Ferrite

α고용체를 말하며 Fe-C계의 탄소강에서는 0.021% 이하의 α철에 고용된 것을 말하며 대단히 여리다.

(3) Cementite

Fe－C계의 탄소강에서는 6.67%의 C를 함유하고 있으며 단단하며 여리고 약하다.

(4) Pearlite

Ferrite와 Cementite가 층상으로 된 조직으로 0.8%의 C를 함유하는 공석강이며, 강하고 자성이 크다.

(5) Ledeburite

2.0%의 C의 γ고용체와 6.67% C의 Cementite의 공정 조직으로 주철에 나타난다.

4) 탄소량과 조직

(1) 강철의 표준조직

강철을 단련하여 이것을 A_3 또는 A_{cm} 이상 30~60℃의 온도범위 즉 상태도 위에서 γ 고용체의 범위로 가열하여 적당한 시간을 유지한 후 대기 중에서 냉각할 때의 조직이다.

(2) 공석강

0.85%의 C를 함유한 Pearlite 조직

(3) 아공석강

0.85% 이하의 C를 함유하고 조직이 초석 Ferrite와 Pearlite로 된 것. 강도와 경도가 증가되고 연신율과 충격값이 낮아진다.

(4) 과공석강

0.85% 이상의 C를 함유하고 조직이 Cementite와 Pearlite로 된 조직. 경도는 증가되나 강도는 급속히 감소하며 변형이 어려워 냉간가공이 잘 되지 않는다.

(5) 포정반응

용액＋δ고용체 ↔ γ고용체

(6) 공정반응

용액 ↔ 결정A＋결정B

(7) 공석반응

고용체 ↔ 결정A＋결정B

5) 취성★★

(1) 청열취성(Blue Shortness)

철은 200℃~300℃에서 상온일 때보다 인장강도나 경도가 크고 인성이 저하하는 특성으로 탄소강 중의 인(P)이 Fe와 결합하여 인화철(Fe_3P)을 만들어 입자를 조대화시키고 입계에 편석되므로 연신율을 감소시키고 충격치가 낮아지는 청열취성의 원인이 된다. 이때 강의 표면이 청색의 산화막으로 푸르게 보인다.

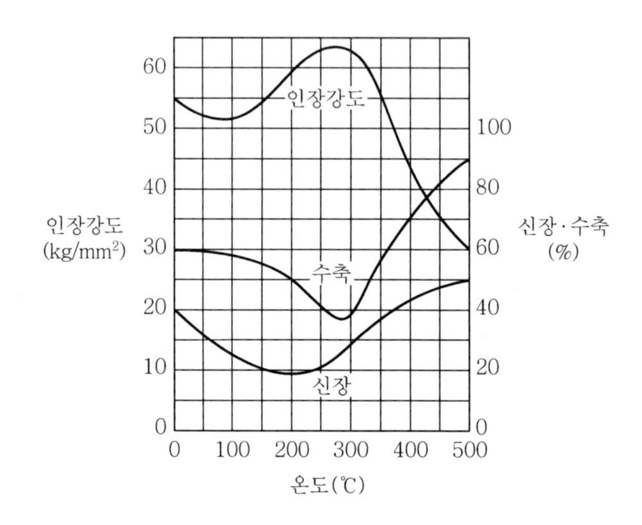

(2) 적열취성(Red Shortness)

강 속에 함유되어 있는 황(S)은 일반적으로 망간(Mn)과 결합되어 황화망간(MnS)이 되어 존재하지만, S의 함유량이 과잉할 때, 또는 Mn의 함유량이 불충분할 때 S는 철(Fe)과 결합하여 황화철(FeS)을 형성하는데, FeS는 결정립계에 그물모양으로 석출되어 매우 취약하고 용융온도가 낮기 때문에 고온 가공성(단조, 압연)을 해친다. 즉, 매우 유해하며 적열상태에서는 강을 취약하게 한다.

(3) 뜨임취성(Temper Brittleness)

담금질 뜨임 후 재료에 나타나는 취성. Ni-Cr강에 나타나는 특이성이다. 뜨임 취성에는 두 가지 종류가 있는데, 그 하나는 450~525℃의 뜨임 온도 범위에서 생기는 것이다. 지속시간이 길수록 두드러지게 나타나게 되며, 뜨임 온도에서의 냉각 속도에 관계가 없다. 또 하나는 525~600℃의 뜨임 온도 범위의 취성이며 지속 시간에는 관계없고 뜨임 온도로부터의 냉각 속도에 관계가 있다. 전자를 제1취성이라 하며 후자를 제2취성이라 한다. 뜨임 온도로부터 냉각 속도를 크게 하면(예를 들면 수중급랭) 제2취성이 방지된다. 일반으로 뜨임취성은 제2취성을 말하는 것이며, Ni-Cr강의 뜨임 취성

(제2)은 소량의 몰리브덴을 첨가하여 이를 방지할 수가 있다고 한다.

(4) 저온취성(Cold Brittleness)

금속재료의 강도와 경도는 온도가 저하됨에 따라 서서히 증가하지만 늘어남·오므라듦 등은 저하하고 충격적인 응력이 가해지면 어느 온도 이하에서 급격하게 취약하여 파괴되기 쉽게 되는 일이 있다. 이 취화현상을 저온 취성이라 한다. 일반적으로 체심 입방 금속에서 볼 수 있으며, 철강재료나 그 용접 구조물 등에서는 매우 중요한 문제가 된다. 면심 입방형 금속의 Cu, Ni, Al 및 이러한 합금과 18－8 스테인리스 강에는 이 현상이 일어나지 않는다.

(5) 상온취성(Cold Shortness)

탄소강은 온도가 상온 이하로 내려가면 강도와 경도가 증가되나 충격값은 크게 감소된다. 특히 인(P)을 함유한 탄소강은 인에 의해 인화철(Fe_3P)을 만들어 결정입계에 편석하여 충격값을 감소시키고 냉간가공 시 균열을 가져온다.

2. 주철(Cast Iron)

2.11% 이상의 탄소를 함유하는 철의 합금. 단단하기는 하나 부러지기 쉽고 강철에 비하여 쉽게 녹이 슨다. 주조하기가 쉬워 공업용 재료로 널리 쓰인다.

1) 주철의 장점

(1) 주조성이 우수하며 크고 복잡한 것도 제작할 수 있다.
(2) 금속재료 중에서 단위무게당의 값이 싸다.
(3) 주물의 표면은 굳고 녹이 잘 슬지 않으며 칠도 잘 된다.
(4) 마찰저항이 우수하고 절삭가공이 쉽다.
(5) 인장강도, 휨 강도 및 충격값이 작으나 압축강도는 크다.

2) 주철의 함유원소(구조용 특수강의 원소의 역할)★★

(1) 개요

탄소강에 하나 이상의 특수원소를 첨가하고 그 성질을 개선하여 여러 목적에 적합하도록 하기 위하여 특수강을 만드는 것이다.

(2) 원소종류

Ni, Cr, Mn, Si, S, Mo, P, Cu, W, Al

(3) 특성

① Ni

Ar_1 변태점을 낮게 하고 인장강도와 탄성한도 및 경도를 높이며 부식에 대한 저항을 증가시키고 인성을 해치지 않으므로 합금 원소로 가장 좋다.

㉠ 인성증가

㉡ 저온충격저항증가

② Cr

일정한 조직의 경우에도 최고 가열 온도를 높이거나 냉각온도를 빠르게 하면 변태점이 내려감으로 조직이 변화하며, Cr이 많아지면 임계냉각속도를 감소시켜 담금질이 잘되고 자경성(탄소강과 같이 기름이나 물에서 담금질하지 않고 공기만으로 냉각하여 경화되는 성질)을 갖게 된다. Cr은 소량의 경우도 탄소강의 결정을 미세화하고 강도나 경도를 뚜렷하게 증가시키며, 연신율은 그다지 해치지 않는다. 또한 담금질이 잘되고, 내마멸성, 내식성 및 내밀성을 증가시키는 특성이 있다.

㉠ 내마모성 증가

㉡ 내식성 증가

㉢ 내열성 증가

㉣ 담금성 증가

③ Mn

탄소강에 자경성을 주며 Mn을 전량 첨가한 망간은 공기 중에서 냉각하여도 쉽게 마텐사이트 또는 오스테나이트 조직으로 된다.

즉 탄산제 MnS 혼재 S의 나쁜 영향을 중화하고 탄소강의 점성을 증가시킨다. 고온가공을 쉽게 하며 고온에서 결정의 성장 즉, 거칠어지는 것을 감소하고 경도, 강도, 인성을 증가시키며 연성은 약간 감소하여 기계적 성질이 좋아지고 담금성이 좋아진다.

Mn의 함유량에 따라 저망간강(2%)과 고망간강(15~17%)으로 구분한다.

저망간강은 값이 싼 구조용 특수강으로 조선, 차량, 건축, 교량, 토목 구조물에 사용하고 고망간강은 경도는 낮으나 대단히 연신율이 좋아 절삭이 곤란하고 내마멸성이 크기 때문에 준설선의 버켓 및 핀, 교차레일, 광석 분쇄기 등에 사용한다.

㉠ 점성 증가

㉡ 고온가공 용이

㉢ 고온에서 인장강도와 경도 등의 증가

㉣ 연성은 약간 감소

④ Si

경도, 탄성한도, 인장강도를 높이며, 신율 및 충격치를 감소시키고 결정립의 크기를 증가시키며 소성을 낮게 하고 보통 0.35% 이하 함유하고 있어 영향이 거의 없다. 내식성이 우수하다.

㉠ 전자기적 특성

㉡ 내열성 증가

⑤ S

MnS(황화망간)으로 존재하며 비중이 작으므로 표면에 떠올라 제거된다. 일부분에 많이 편석할 경우에는 강재의 약점이 되어 파괴의 원인이 되나 인장력, 연신율 및 충격치를 감소시킨다.

㉠ 절삭성 증가

㉡ 인장강도, 연신, 취성감소

⑥ Mo

Ni를 절약하기 위하여 대용으로 사용하며 기계적 성질이나 담금질 질량 효과도 니켈, 크롬강과 차이가 없어 용접하기 쉬우므로 대용강으로 우수하게 사용된다.

㉠ 뜨임취성방지

㉡ 고온에서 인장강도 증가

㉢ 탄수화물을 만들어 경도를 증가

⑦ P

Fe_3P(인화철)을 만들고 결정립을 거칠게 하며 경도와 인장강도를 다소 높이고 연신율을 감소시키며 상온에서는 충격치를 감소시켜 가공할 때 균열을 일으키기 쉽게 하며 강철의 상온 취성(Crack)의 원인이 된다.

⑧ Cu

공중 내산성이 증가한다.

⑨ W

고온에서 인장강도와 경도를 증가시킨다.

⑩ Al

고온에서 산화 방지한다.

3) 주철의 원료

(1) 선철(Pig Iron, 銑鐵)

① 회선(Grey Pig Iron) : 흑연 탄소가 많으므로 파단면은 회색이며 결정이 크고 재질이 연하며 보통 주물재료에 많이 사용된다.

② 백선(White Pig Iron) : 함유탄소는 대부분이 화합탄소로 존재하며 파단면은 백색을 띤다. 또 결정이 작고 치밀하며 경도가 크고 여린 성질이 있다. 주로 제강원료로 사용된다.

③ 반선(Mottled Pig Iron) : 회선과 백선의 중간조직에 해당되는 것으로 반점이 있다.

(2) 파쇠(Iron Scrap)

① 파쇠를 배합하면 주철의 조직은 일반적으로 치밀하게 되고 또한 가스발생이 적고 재질이 좋게 되므로 비교적 많이 혼합한다.

② 강철파쇠(Steel Scrap)는 선철에 비하여 탄소함유량이 극히 적어 주물에 첨가하면 탄소성분이 감소되고 재질을 강하게 한다.

(3) 합금철

① Fe－Mn, Fe－Si, Fe－Cr, Fe－Ni, Fe－W, Fe－Mo 등의 필요한 원소들과 철의 합금 상태로서 특수원소 성분에 50~90%의 철합금을 적당한 양만큼 첨가한다.

② Fe－Mn, Fe－Si 등은 원소성분의 산화손실을 보충할 뿐만 아니라 탈산제, 탈황제 등의 목적으로도 사용된다.

4) 자연시효(Natural Aging)와 주철의 성장

(1) 자연시효

주조 후 장시간 외기에 방치하면 자연히 주조응력이 없어지는 현상

(2) 주철의 성장

고온에서 가열과 냉각을 반복하면 부피가 크게 되어 불어나고 변형이나 균열이 일어나 강도나 수명을 저하시키는 현상

5) 주철의 종류

- 보통 주철 : 회주철
- 고급 주철 : 펄라이트 주철, 미이하나이트 주철
- 특수 주철 : 구상흑연주철, 칠드주철, 가단주철, 합금주철

(1) 회주철(Grey Cast Iron)

탄소가 흑연상태로 존재하여 파단면이 회색인 주철. 보통주철, 특수주철, 구상화 흑연 주철

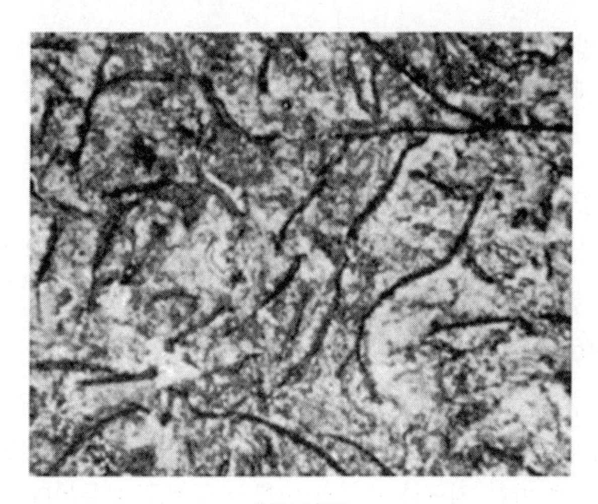

[회주철]

(2) 백주철(White Cast Iron)

탄소가 시멘타이트로 존재하여 백색의 탄화철이 혼합되어 있다. 급랭 때문에 백색. 가단주철(열처리)

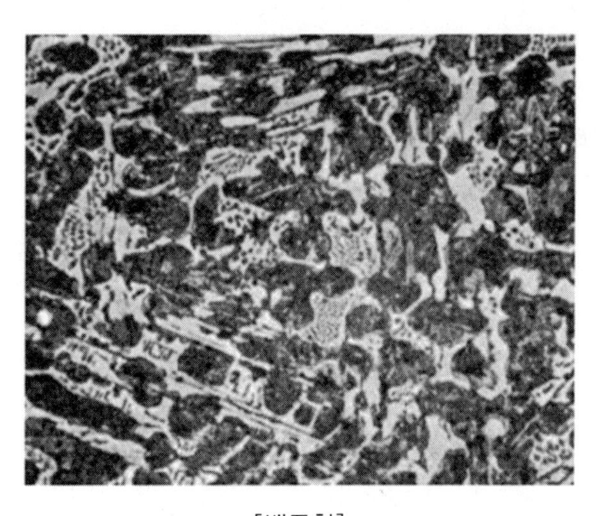

[백주철]

(3) 반주철(Mottled Cast Iron)

파면이 회색과 백색의 중간인 색상

(4) 보통주철

① 인장강도가 10~20kg/mm^2

② 두께가 얇은 것은 규소를 많이 넣지 않으면 백주철이 되어 가공이 어렵다.
③ 일반 기계부품, 수도관, 난방용품, 가정용품, 농기구에 사용

(5) 고급주철

① 회주철 중 인장강도 25kg/mm² 이상
② 흑연이 미세하고 균일하게 분포한 조직으로 바탕은 펄라이트며 펄라이트 주철이라고도 한다.

(6) 합금주철(Alloy Cast)

① 정의 : 주철의 여러 가지 성질을 향상시키기 위해 특정한 합금원소를 첨가한 주철로서 강도, 내열성, 내부식성, 내마멸성 등을 개선한 주철이다. 합금 주철은 첨가 원소의 함유량에 따라 저합금 주철과 고합금 주철로 분류된다.
② 합금원소의 영향
㉠ 구리(Cu) : 경도가 커지고 내마모성, 내부식성이 좋아진다.
㉡ 크롬(Cr) : 펄라이트 조직이 미세화되고 경도, 내열성, 내부식성이 증가된다.
㉢ 몰리브덴(Mo) : 흑연을 방지하며 흑연을 미세화하고 경도와 내마모성을 증대시킨다.
㉣ 니켈(Ni) : 얇은 부분의 Chill을 방지하고 동시에 두꺼운 부분의 조직이 억세게 되는 것을 방지하며 내열성, 내산성이 좋아진다.
㉤ 티타늄(Ti) : 탈산제이며 흑연화를 촉진한다. 0.3% 이하 첨가하면 고탄소, 고규소 주철의 강도를 높인다.

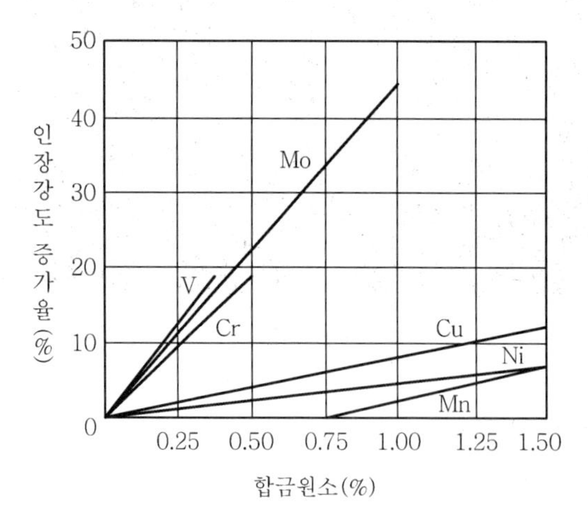

[인장강도에 대한 합금원소의 효과]

(7) 고합금주철

내열용이나 내산용 또는 높은 강도를 요구하는 등 특수목적에 사용되는 주철

(8) 미이하나이트주철

① 흑연의 형을 미세하고 균일하게 분포되도록 규소 또는 규소-칼슘분말을 접종한 주철. 탄소량을 감소

② 바탕이 펄라이트이고 인장강도 35~45kg/mm^2

③ 담금질할 수 있어 내마멸성이 요구되는 공작기계의 안내면과 강도를 요하는 기관의 실린더에 사용

(9) 구상흑연주철★★

① 정의

보통 주철은 내부의 흑연이 편상으로 되어 있어 내부 균열의 역할을 하고 있어 강도와 연성이 떨어진다. 이러한 결점을 개선하기 위해 편상흑연을 큐폴라 또는 전기로에서 용해한 다음 주입 직전에 마그네슘(Mg), 세슘(Ce) 또는 칼슘(Ca) 등을 첨가하여 흑연을 구상화한 것이 구상흑연주철이며 탄소강에 유사한 기계적 성질을 갖는다. 노듈라 주철(Nodular Cast Iron), 덕타일 주철(Ductile Cast Iron)이라고도 한다.

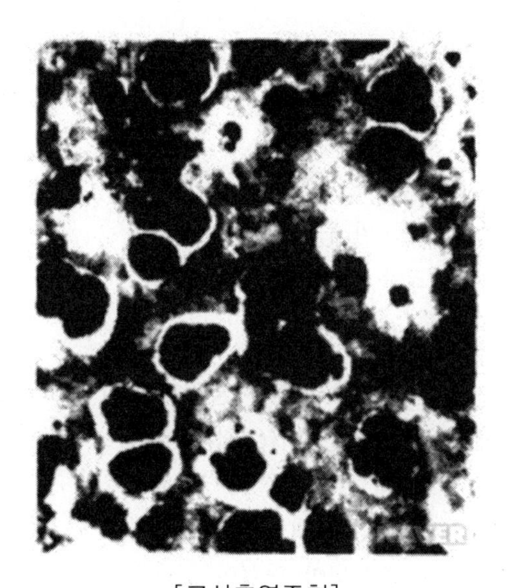

[구상흑연주철]

② 특징

㉠ 편상 흑연의 결점을 개선시켜 강도와 연성이 우수하다.

㉡ 주조상태에서 흑연을 구상화함
㉢ 열처리를 통해 조직을 개선할 수 있다.

③ 종류
㉠ 시멘타이트형
㉡ 페라이트형
㉢ 펄라이트형

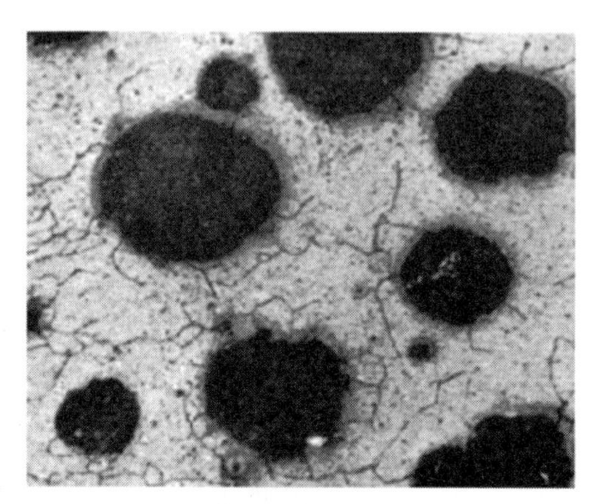

[페라이트형] [펄라이트형]

④ 제조방법
㉠ 큐폴라 또는 전기로에서 선철, 강 Scrap을 적절히 배합하여 용해함
㉡ 탈황시킴(0.02% 이하)
㉢ 흑연을 구상화시킴(마그네슘, 세슘, 칼슘 등 첨가)
㉣ 시멘타이트 분해를 위해 풀림 처리한다.

⑤ 용도 : 자동차 크랭크축, 캠축, 브레이크드럼

(10) 칠드주철

① 정의 : 주형에 쇳물을 주입했을 때 주물의 표면이 주조과정에서 급랭으로 인해 경도가 높은 백주철로 되는 것을 칠(Chill)이라 하고 그 재질을 칠드주철이라 한다.

② 특징
㉠ 냉각속도의 차이에 의해 내 · 외부의 조직이 다르며 내충격성이 있다.
㉡ 내부는 회주철로 조성되어 연성이 있다.
㉢ 표면은 백주철로 조성되어 마멸과 압축에 잘 견딤
㉣ 사형과 금형을 동시에 사용한 냉각주형에서 조성

③ 용도 : 제강용롤, 분쇄기롤, 제지용롤, 철도차륜

(11) 가단주철

① 정의 : 보통 주철의 결점인 약한 인성을 개선하기 위해 백주철을 고온에서 장시간 열처리하여 시멘타이트 조직을 분쇄하여 인성 또는 연성을 개선한 주철이며 흑연화된 시멘타이트로 인해 파단면이 검은 흑심가단주철, 파단면이 흰색인 백심가단주철 및 펄라이트 가단주철 등이 있다.

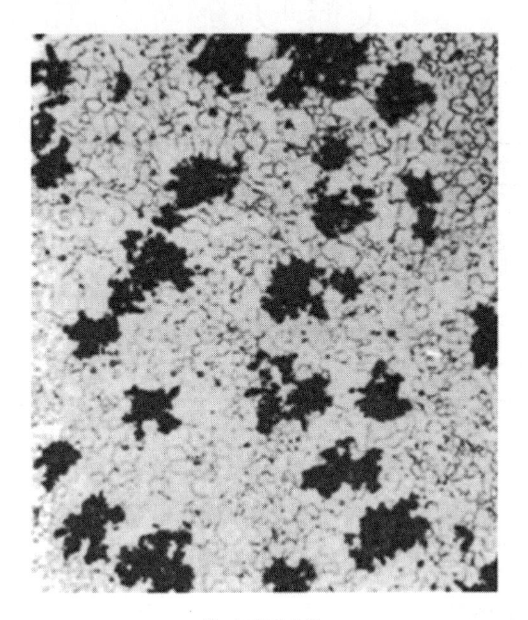

[가단주철]

② 특징

㉠ 탄소강과 유사한 정도의 강도

㉡ 주조성과 피삭성이 좋다.

㉢ 대량 생산에 적합

㉣ 보통 주철의 취성을 개선

③ 종류

㉠ 흑심가단주철 : 일반적으로 많이 이용되는 가단주철로서 백주철 주물을 열처리에서 가열하여 2단계의 흑연화처리(풀림)에 의해 시멘타이트를 분해시켜 흑연을 입상으로 석출시켜 제조하며 대량 생산에 적합하다.

㉡ 펄라이트 가단주철 : 흑심가단주철의 2단계 흑연화 처리 중 1단계인 850~950℃에서 30~40시간 유지하여 서랭한 것으로 그 조직은 뜨임된 탄소와 펄라이트로 되어 있어 강력하고 내마모성이 좋다.

㉢ 백심가단주철 : 백선 주물을 산화철 분말 등의 산화제로 싸서 풀림상자에 넣고 900~1,000℃의 고온에서 장시간 가열 유지하여 백주철을 탈탄시켜 가단성을 부여한 것으로 단면이 희고 굳으며 강도는 흑심가단주철에 비해 높고 연신율은 작다.

④ 용도 : 자동차 부품, 기계기어, 파이프 이음쇠, 농기계 부품 등

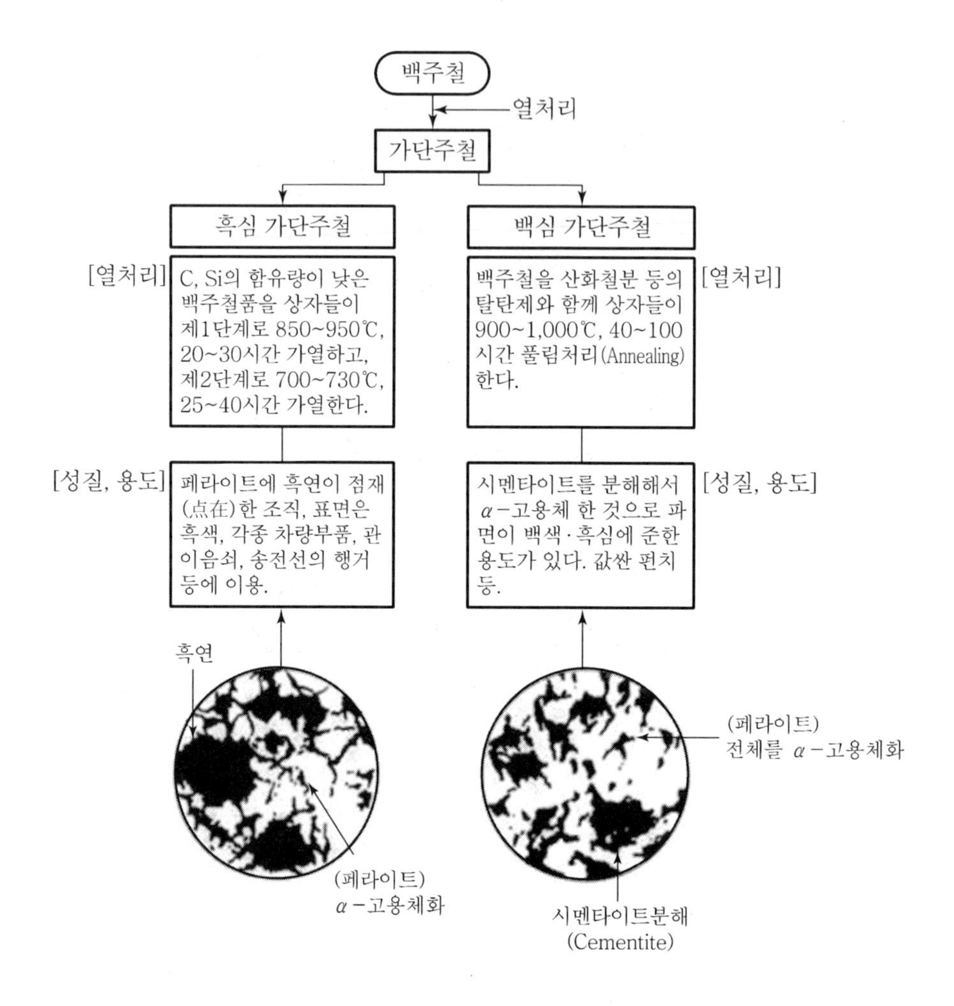

3. 주강

1) 보통주강

(1) 탄소 함유량에 따른 종류

① 저탄소강 : C=0.2% 이하의 주물
② 중탄소강 : C=0.2~0.5%의 주물
③ 고탄소강 : C=0.5% 이상의 주물

(2) 특징

① 주철에 비하여 인성과 강도가 크다.
② 인장강도 35~60kg/mm^2, 연율 10~25%
③ 조직은 주조상태에서는 억세므로 풀림하여 사용한다.
④ 주철에 비하여 주조성은 좋지 않고 유동성도 적고 응고 시에 수축도 크다.
⑤ 얇은 제품의 제작에나 단면의 변화가 심한 곳 또는 불균형한 제품에는 사용되지 않는다.
⑥ 용접성은 주철에 비해 양호하며 저탄소에 유리하다.

2) 합금주강주물

(1) Mn, Cr, Mo 등을 함유하여 강도, 인성을 개선한 주물
(2) 내열, 내식, 내마모성 등의 특성을 갖는 주물
(3) 구조용으로는 Mn=1~2%, C=0.2~1.0%의 저Mn주강에 사용
(4) 인장강도가 큰 것이 필요로 할 때에는 Cr, Ni, Ni-Cr 등이 함유된 것 사용
(5) 내열합금 및 내식합금에는 Cr=12~27%의 것 또는 18-8(系) 스테인리스강(Cr=18%, Ni=8%) 등이 사용

4. 동합금주물

1) 황동

(1) 특성

① 동과 아연(Cu+Zn)의 합금
② 융체의 유동성이 양호하여 비교적 복잡한 주물이라도 쉽게 제작할 수 있다.

(2) 종류

① 六四황동(Muntz Metal) : Cu=60%, Zn=40%로 해수에 대한 내구성이 있다.
② 네이벌황동(Naval Brass) : Cu=70%, Zn=29%, Sn=1%로 내식성을 증가한다.

③ 델타황동(Delta Brass) : Cu=55%, Zn=41%, Pb=2%, Fe=2%
④ 실루민황동(Silumin Brass) : Si=3~7%, Zn=3~2%, Cu=나머지
⑤ 七三황동 : Cu=70%, Zn=30%의 가장 큰 연율을 가진다.

2) 청동

(1) 특징

① 동과 주석(Cu+Sn)의 합금
② 주석은 동의 강도, 경도, 내식성을 증가시키는 성질이 아연보다 크다.
③ 보통 기계 부분품으로 사용되는 것은 주석 12% 이하의 합금이다.
청동에는 Cu=90%, Sn=10%가 많다.

(2) 종류

① 동화(銅貨) : Cu=95%, Sn=5%
② 동상 : Cu=96%, Sn=4%
③ 포금베어링(Gun Metal Bearing) : Sn=12~15%, Cu=나머지
④ 인청동 : 0.2~1.0%의 인을 함유하는 청동
⑤ 알루미늄 청동 : Cu=90%, Al=10%의 합금

5. 경합금

1) 알루미늄 합금

(1) 특징

① 알루미늄은 비중이 2.7이며 주철의 약 1/3의 정도이다.
② 전기전도성이 양호하여 가단성이 있어 판 및 봉재를 만든다.

(2) 종류

① No.12합금
㉠ 자동차의 피스톤, 가정용 기구 등에 사용
㉡ Al=92%, Cu=8%의 합금으로 인장강도는 12~16kg/mm^{2}이며 연율은 2~4%가 된다.
② Y합금
㉠ Cu=4%, Ni=2%, Mg=1.5%, 나머지 Al의 합금으로 인장강도는 20kg/mm^{2}이고, 연율은 1.2%~1.5%가 된다.

㉡ Y합금은 내열성이 좋아 자동차, 항공기 등의 피스톤 합금(Piston Alloy)에 사용

③ 실루민(Silumin)

㉠ Al-Si 합금으로 Si=11~13% 가량 된다.

㉡ 용해할 때 Na 또는 Na염을 첨가하여 처리하면 조직이 미세화되고 기계적 성질이 양호하게 된다.

㉢ 인장강도 18kg/mm^2, 연율 4~6%이고 주조성과 내식성이 모두 양호하다.

㉣ 주형에는 사형, 금속형, 다이캐스팅을 많이 응용한다.

④ 듀랄루민

㉠ Cu=4%, Mg=0.5%, Mn=0.5%와 Fe, Si를 소량 함유하고 나머지 Al로 되어 있다.

㉡ 열처리한 것은 인장강도 35~44kg/mm^2, 연율=20~155에 달한다.

2) 마그네슘 합금

(1) 특징

① 마그네슘(Magnesium)의 비중은 1.74이다.

② 공업용 금속으로서는 가장 가볍다.

③ 특히 중량이 적은 기계부품의 주물로서 항공기, 자동차, 이화학기계 등에 이용된다.

(2) 종류

① 일렉트론(Electron)

㉠ 마그네슘이 90% 이상이며 다름 원소에는 Al에 Zn, Mn 등이 약 10% 함유되어 있다.

㉡ 인장강도는 17~20kg/mm^2, 연율 3~5% 가량의 합금으로 이용범위가 넓다.

② 다우메탈(Dow Metal) : 미국에서 命名한 것이며 Al-Mg 합금으로서 일렉트론과 더불어 널리 쓰인다.

6. 화이트 메탈

1) 특징

(1) Sn, Pb 등을 주성분으로 하는 합금은 백색을 이루므로 화이트메탈(White Metal)이라고 하며 중요한 용도로서는 땜납(Solder), 활자금속, 베어링 합금 등에 사용된다.

(2) 조직은 연(軟)한 기지가 속히 마모되고 파인부에는 기름이 모여 윤활작용을 돕게 한다.

2) 종류

(1) 동 베어링 합금(Cu계)

① Pb=20~40%, 나머지가 Cu로 된 합금은 켈밋(Kelmet)합금이다. 베어링용 합금
② 고속도 내연기관용 베어링으로 사용되고 특히 자동차 및 항공기에 사용된다.

(2) 주석 베어링 합금(Sn계)

① Sn에 Sb=6~12%, Cu=4~6%를 첨가한 합금으로 일반으로 배빗메탈(Babbit Metal)이라고 한다.
② 주로 중하중, 고속도용 즉 항공기, 내연기관 주축 및 크랭크핀(Crank Pin)의 메탈로 사용된다.

(3) 납 베어링 합금(Pb계)

Sb=10~20%, Sn=5~15% 나머지 Pb로 된 합금으로 중속도 소하중 축 베어링용으로 사용된다.

(4) 아연합금(Zn계)

Zn=80~90%에 Cu, Sn 등을 첨가한다.

[Question 01] 마우러(Maurer) 조직도

1. 개요

주철의 조직은 냉각속도 및 흑연상태에 따라 다르며 그 영향을 많이 미치는 것은 규소(Si)와 탄소(C)이다. 규소는 흑연의 정출 및 석출에 큰 영향을 주며 탄소 함유량을 세로축, 규소 함유량을 가로축으로 하여 두 성분의 관계와 냉각속도에 따라 주철의 조직이 어떻게 변화하는가를 나타낸 선도를 마우러의 조직도라 한다.

2. 조직도 및 구역별 조직

(1) 조직도

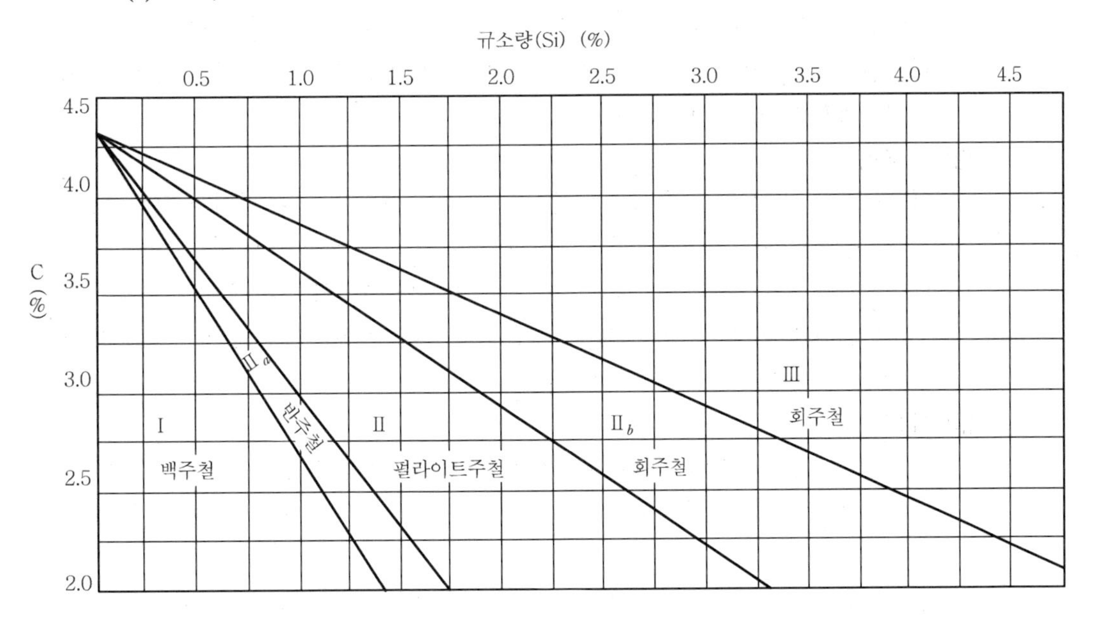

[마우러의 조직도]

(2) 구역별 조직

구역	조직	명칭
Ⅰ	펄라이트+시멘타이트	백주철(초경 주철)
Ⅱa	펄라이트+흑연+시멘타이트	반주철(경질 주철)
Ⅱ	펄라이트+흑연	펄라이트 주철(강력 주철)
Ⅱb	펄라이트+흑연+페라이트	회주철(보통 주철)
Ⅲ	페라이트+흑연	회주철(연질 주철)

[Question 02] 주물 재료로서의 주철 특성

1. 개요

주철은 복잡한 형태의 주물을 쉽고 값싸게 생산할 수 있고 피삭성, 내마모성, 감쇠능력 등이 좋으므로 기계 구조용 재료로도 많이 사용된다.

2. 주철의 특성

(1) 기계적 성질

① 냉각속도, 용해조건 등에 따라 금속조직과 기계적 성질이 달라진다.

② 인장강도는 10~40kg/mm² 정도로 강에 비해 전반적으로 낮다.

③ 기계적 강도는 400~500℃까지 감소되지 않으며 내마멸성도 좋다.

④ 압축강도는 인장강도의 3~4배 정도이며, 이러한 특징으로 인해 기계류의 몸체나 베드에 많이 사용된다.

(2) 주조성

① 용해온도가 강에 비해 낮으며 용융금속의 유동성이 좋다. 화학성분이 일정할 때는 용해와 주입온도가 높을수록 유동성이 좋으나 불필요한 고온 용해는 피한다.

② 냉각 시 부피의 변화가 나타나고 응고 후에도 온도의 하강에 따라 수축한다. 수축에 의해 내부응력이 생기고 이것은 균열과 수축구멍 등 결함의 원인이 된다.

③ 주물사의 성분 배합이 까다롭지 않다.

(3) 내마모성

① 주철은 자체의 흑연이 윤활제 역할을 하고 기름을 흡수하므로 내마멸성이 커진다.

② 펄라이트 부분이 많을수록 마멸이 적으며 자동차의 브레이크 드럼, 실린더 등에 많이 이용된다.

③ 내마멸성을 증가시키기 위해서는 Cr(0.75 이하)을 첨가한다.

(4) 감쇠능 및 내식성

① 회주철은 진동 흡수능력이 강이나 다른 금속에 비해 대단히 크다. 이러한 특징으로 진동을 많이 받는 기어, 기어박스, 기계 몸체에 많이 사용된다.

② 주철의 내식성은 강에 비하여 양호하며 Ni, Si 등의 첨가 시 증가한다.

(5) 피삭성

① 흑연의 윤활작용과 Chip이 쉽게 파쇄되므로 절삭성은 매우 좋다.

② 주철 절삭 시 절삭유를 사용하지 않으나 경도 및 강도가 높아지면 절삭성은 떨어진다.

(6) 충격값

① 주철은 깨지기 쉬운 것이 큰 결점이나 고급 주철은 어느 정도의 충격에 견딜 수 있다.

② 저탄소, 저규소로 흑연량이 적고 유리 시멘타이트가 없는 주철이 다른 주철에 비해 충격값이 크다.

[Question 03] 주철의 노전시험과 노전처리

1. 개요

주형에 용탕을 주입하기 전에 용탕의 성분이나 유동성이 목표에 도달하였는지를 시험할 필요가 있다. 노전시험은 되도록 신속하게 하여 용탕의 적합 여부를 빨리 판별해야 하며 경우에 따라서는 접종 등의 노전처리가 행해진다.

2. 주철의 노전시험

(1) 주철의 칠(Chill) 시험

① 목적 및 방법 : 주철의 흑연화 경향을 평가하기 위한 것으로 냉각속도를 빠르게 할 수 있는 주형에 용탕을 주입하여 시험편을 제작한 후 이 시험편의 칠 깊이와 파면의 상태를 관찰한다.

② 종류

㉠ 쐐기형 칠 시험

㉡ 강제 칠 시험

㉢ 원통형 칠 시험

(2) 주철의 유동성 시험

① 목적 및 방법 : 얇은 주물이나 고급 주물에 있어 건전한 주물을 생산하기 위하여 유동성 시험을 해야 한다. 여러 가지 시험방법 중 맴돌이형 주형에 용탕을 주입하여 응고하기까지 주입된 거리를 측정하는 방법이 주로 이용된다.

② 유동성 영향 요인

㉠ 주물사의 성질

㉡ 주형의 온도, 표면상태

㉢ 용탕 성분

(3) 쇳물표면 무늬모양 시험

용융금속이 냉각될 때 생기는 산화피막의 모양을 쇳물표면의 무늬모양이라 하며 지름과 깊이가 각각 50mm인 생형에 용융금속을 주입하여 그 표면의 무늬모양에 따라 용융금속의 재질을 판별한다.

(4) 열분석 시험

용탕의 열분석을 통해 냉각곡선에서 액상선 온도(초정온도)를 구하고 그 때의 용탕의 탄소당량(CE=C%+1/3Si%)을 알 수 있다.

3. 노전처리

(1) 접종

① 정의 : 용탕을 주형에 주입하기 전에 Si, Fe-Si, Ca-Si 등을 첨가하여 주철의 재질을 개선하는 방법

② 목적

㉠ 강도의 증가

㉡ 조직의 개선과 칠의 방지

㉢ 질량효과의 개선

(2) 용탕의 탈황처리

① 황(S)의 영향

㉠ 흑연화 및 접종효과의 감소

㉡ 절삭성 및 유동성 감소

㉢ 열간균열발생

② 탈황방법

㉠ 치주법 : 레이들 바닥에 탈황제를 놓고 용탕을 그 위에 붓는 방법

㉡ 분사법 : 칼슘카바이드 가루를 질소가스와 함께 용탕 중에 불어넣는 방법

㉢ 포러스 플러그법 : 레이들 바닥에 설치한 다공성의 내화물을 통하여 압축된 질소가스를 불어넣어 탈황제가 섞인 용탕을 교반시키는 방법

[2] 금속의 용해와 주조법

1. 용해로

용해로를 선택할 때는 금속의 종류, 용해량, 요구되는 품질 및 연료가 용융금속에 미치는 성분의 화학적 변화 등을 고려해야 하며 또한 설비비, 유지비 및 입지조건을 고려할 때도 있다.

용해로는 열원으로 석탄, 중유, 가스, 전기 등을 사용하며 용해하는 금속도 주철, 주강, 비철합금 등 다양하다.

용해로의 기능으로는 원료인 고체 지금(地金)을 용해하여 유동성 부여, 소요목적의 재질로 성분을 조성, 불순물을 제거한다.

<table>
<tr><th>종류</th><th colspan="2">형식</th><th>열원</th><th>용해금속</th><th>용해량</th></tr>
<tr><td rowspan="2">도가니로</td><td colspan="2">자연송풍식</td><td>코크스</td><td>구리합금</td><td rowspan="2"><300kgf</td></tr>
<tr><td colspan="2">강제통풍식</td><td>중유, 가스</td><td>경합금, 그 밖의 비철합금</td></tr>
<tr><td>큐폴라</td><td colspan="2">냉풍식
열풍식</td><td>코크스</td><td>주철</td><td>1~20t</td></tr>
<tr><td rowspan="4">전기로</td><td rowspan="2">아크로</td><td>직접아크식</td><td>전력(고, 저전압)</td><td>주강, 주철</td><td>1~200t</td></tr>
<tr><td>간접아크식</td><td>전력(고, 저전압)</td><td>구리합금, 특수강</td><td>1~20t</td></tr>
<tr><td rowspan="2">유도로</td><td>고주파</td><td>전력(1,000~10,000Hz)</td><td>특수강</td><td>20~10,000kgf</td></tr>
<tr><td>저주파</td><td>전력(50~60Hz)</td><td>구리합금, 경합금, 주철</td><td>200~20,000kgf</td></tr>
<tr><td>반사로</td><td colspan="2"></td><td>석탄, 중유, 가스</td><td>구리합금, 경합금, 주철</td><td>500~50,000kgf</td></tr>
</table>

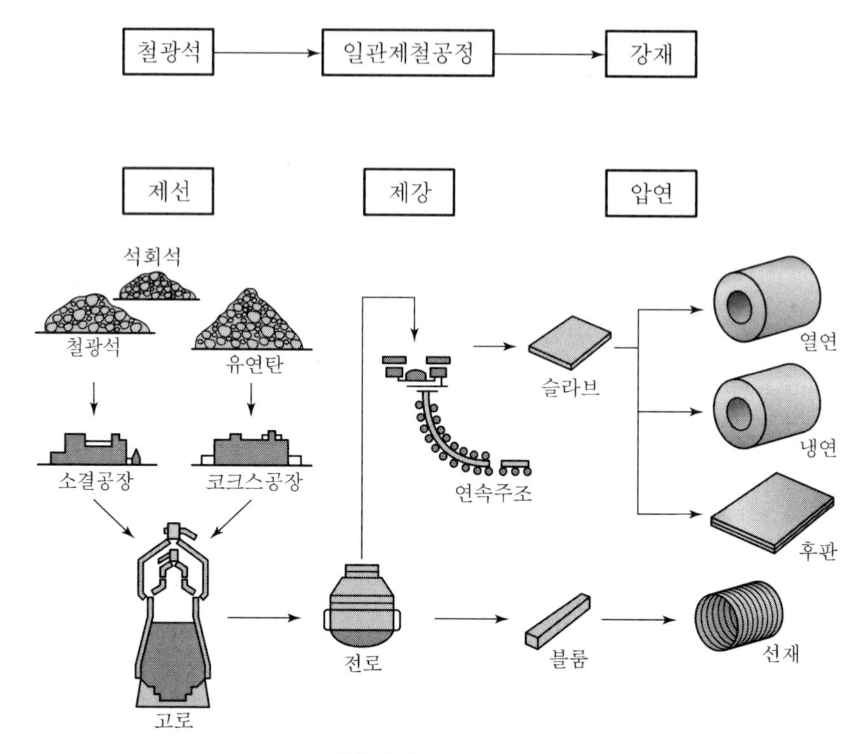

[철강재료의 제조]

1) Cupola(용선로)

(1) 개요

강판제 원통 내부에 내화벽돌을 쌓아 Lining한 것으로 고체연료인 코크스를 열원으로 하여 지금(地金)의 대량 용해에 사용한다. Cupola의 규격은 용해층의 안지름과 풍공에서 장입구까지의 높이로 나타내며 그 용량은 시간당 용해할 수 있는 능력(Ton)으로 표시한다.

(2) 특징

① 구조가 간단하고 제작이 용이하다.

② 열효율이 좋다.

③ 재료를 재장입하여 연속적인 용해작업이 가능하다.

④ 성분의 변화가 많고 불순물의 혼입이 있다.

⑤ 수시로 소요량만큼 출탕할 수 있다.

(3) 구조

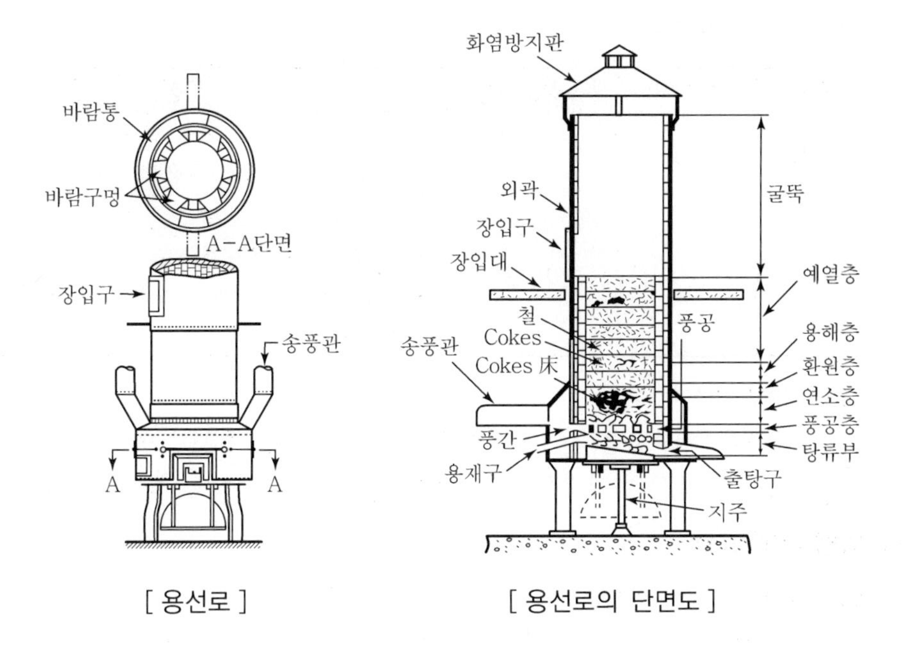

[용선로] [용선로의 단면도]

① 탕류부 : 용탕이 고이는 부분

② 과열층

㉠ 송풍, 연소, 환원이 이루어지는 곳으로 용해층 밑으로부터 바람구멍면까지의 부분

㉡ 용해 온도가 가장 높고 화학작용이 활발한 곳이다.

③ 용해층

㉠ 송풍구에서 400~600mm의 범위로서 용해가 진행되는 부분

㉡ 용해층의 지름은 Cupola의 규격을 나타낸다.

④ 예열층

㉠ 용해되지 않고 남아있는 장입재료가 연통(굴뚝)으로 나가는 폐열에 의해 예열되는 부분

㉡ 송풍구에서 장입구까지의 높이인 유효높이가 높으면 예열시간이 충분하여 열효율은 좋으나 송풍이 방해를 받는다.

㉢ 유효 높이는 예열과 송풍 등을 고려하여 결정하며 보통은 송풍구가 설치된 노의 안지름의 4~5배로 한다.

(4) 분류

① Lining 재료에 따라

구분	Lining 재료	연소성분(제거)	특징
산성로	SiO_2	C, Si, Mn	• 노벽이 슬래그에 의해 침식되기 쉽다. • 황(S)의 제거와 고온용해가 어렵다.
염기성로	MgO, CaO	P, S	• 황의 제거와 탄소의 흡수가 용이 • 품질의 나쁜 용해재료도 사용할 수 있다. • 내화벽돌값이 비싸고 노벽의 침식이 심하여 많이 사용되지 않음

② 공기예열방식에 따라

㉠ 내연식 : 열효율을 높이기 위해 노내에 공급되는 폐열로 300~500℃ 정도 예열

㉡ 외연식 : 별도의 가열장치를 이용하여 노내에 공급되는 공기를 예열

(5) 바람구멍(Tuyere)

① 풍공비(Tuyere Ratio)

㉠ 풍공비는 송풍구 소요면적을 노의 단면적으로 나눈 값이며, 3ton 노에서 10~20% 정도가 일반적이다.

풍공비=풍공의 총단면적/송풍부의 노의 단면적

㉡ 풍공의 모양은 단면이 원형, 사각형이며 노저를 향하여 10~15° 정도 경사진 것이 많다.

② 풍공비의 영향

㉠ 풍공비가 과대하거나 풍속이 클 때는 용해재가 산화되거나 냉각되기 쉽다.

㉡ 풍공비가 너무 작을 때는 중심부의 연소가 불충분하여 균일한 용해가 될 수 없다.

③ 송풍압력

㉠ 노의 중심부까지의 공기가 균일하게 들어가도록 충분한 압력이 필요하다.

㉡ 풍압이 지나치게 클 때에는 바람구멍 부근의 온도가 저하되고 지나치게 작을 때에는 중심부까지 송풍할 수 없으므로 균일한 용해가 불가능하다.

(6) 장입 및 조업순서

① 노의 보수

② 베드코크스의 장입

③ 점화

④ 재료의 장입

⑤ 송풍

(7) 송풍량 계산

송풍량 : $Q = \frac{WKkL}{600}$ (m^3/min)

여기서, W : 용해능력(ton/hr)

L : 탄소 1kg의 연소에 필요한 공기량(m^3/kg)

K : 地金 100kg의 용해에 필요한 Cokes양(kg)

k : Cokes 100kg 중에 함유된 탄소량(kg)

2) 전로(轉爐)(Converter)

(1) 제강법

원료 용선 중에 공기 또는 산소를 넣어 그 곳에 함유된 불순물을 짧은 시간에 신속하게 산화시켜 강재나 Gas로서 제거하는 동시에 이때 발생하는 산화열을 이용하여 외부로부터 열을 공급받지 않고 정련하는 방법

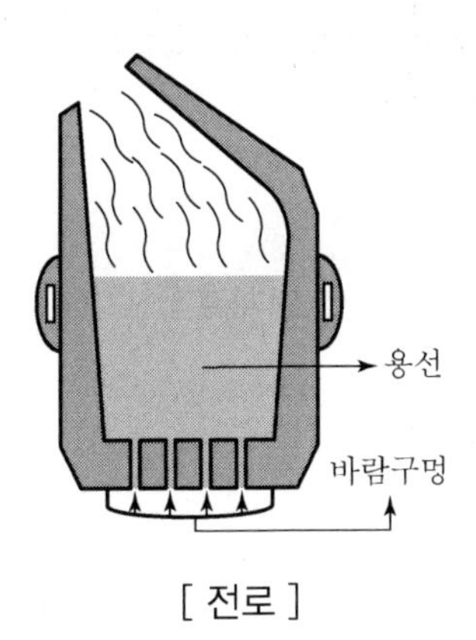

[전로]

(2) 특징

① 연료비가 불필요

② 제강시간이 짧고 대량 생산이 가능

③ 연속 조업과 일관작업이 가능

④ 원료의 규격이 엄격하고 고철 사용이 곤란

3) 도가니로

(1) 제강법

도가니 속에 비철금속 합금 등을 넣고 전기, 가스, 중유, 코크스 등에 의해 가열, 용해함

(2) 특징

① Cu합금 및 Al합금과 같은 비철합금의 용해에 사용
② 비교적 불순물이 적은 순수한 것을 얻을 수 있다.
③ 설비비가 적게 드나 열효율이 낮다.
④ 규격은 1회의 용해할 수 있는 구리의 중량(kg)으로 표시

4) 반사로(Reverberatory Furnace)

(1) 많은 금속을 값싸게 용해할 수 있다.(동합금 용해)
(2) 대형 주물 및 고급 주물을 제조할 때 사용
(3) 용해된 금속의 변질이 적다.
(4) 규격은 1회의 용해 중량으로 표시

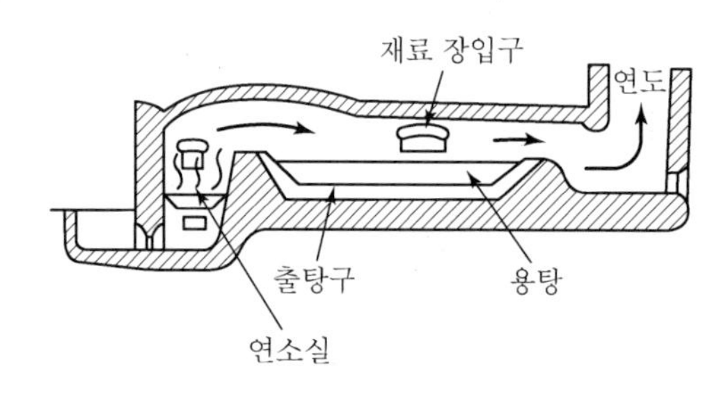

[반사로]

5) 평로(Open Hearth Furnace)

(1) 제강법

축열식 반사로를 이용하여 장입물을 용해 정련하는 방법으로 선철과 고철의 혼합물을 용해하여 탄소 및 기타 불순물을 연소시킨다.

(2) 특징

① 동일성분의 쇳물을 다량 생산할 수 있다.
② 재료와 연료가 직접 접촉하므로 불순물이 섞이기 쉽다.
③ 정련시간이 길고 열효율이 낮다.
④ 부피가 큰 재료를 비교적 간단하게 용해한다.

(3) 종류

① 산성 평로 : C, Si, Mn을 제거할 수 있으며 노의 재료는 SiO_2가 대부분이다.
② 염기성 평로 : 대부분 사용되는 노로서, 노상에 염기성 내화재인 MaO, CaO 등을 사용하여 P, S 등을 제거하며 산성법에 비해 정련이 쉽고 양질의 강을 제조한다.

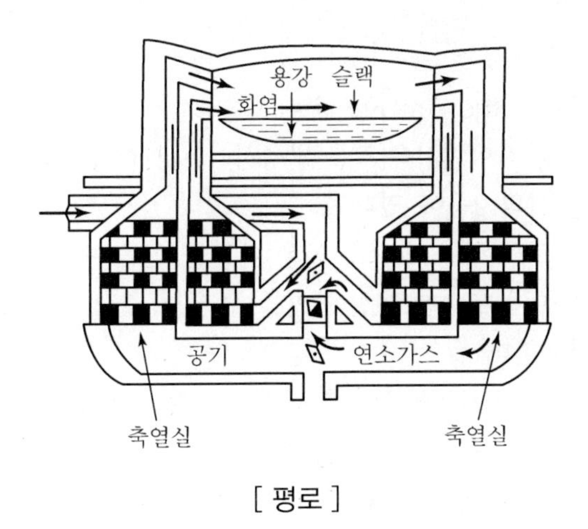

[평로]

6) 전기로(Electric Furnace)★

(1) 제강법

전기를 열원으로 사용하여 탄소전극의 아크열과 유도전류에서 발생되는 열을 이용하여 금속을 용해한다.

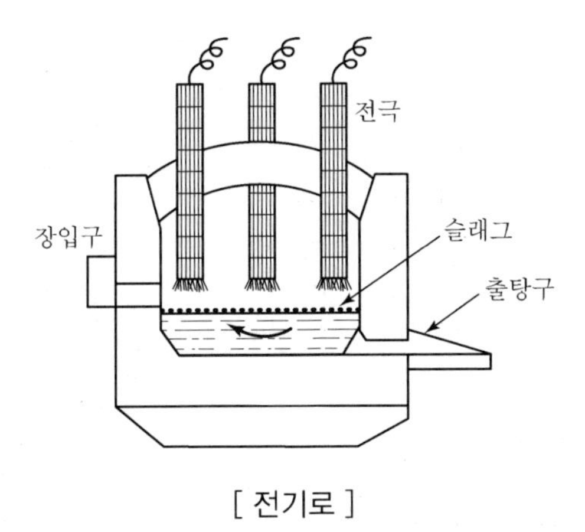

[전기로]

(2) 특징

① 조작이 용이하고 온도조절이 정확하다.

② 산화 손실이 적다.

③ 정확한 성분의 용탕을 얻는다.

④ 용융금속의 불순물 혼입이 적다.

⑤ 시설 유지비가 많이 든다.

(3) 종류

① 전기 아크로(Electric Arc Furnace)

㉠ 전극과 전극 사이에서 아크를 발생시키는 것과 전극과 금속 사이에서 아크를 발생시키는 것의 2종이 있다.

㉡ 일반으로 조업이 용이하고, 높은 온도를 얻을 수 있다.

㉢ 열효과가 좋아 우수한 재질을 만들 수 있어 주강, 특수강, 고급주철 등을 용해하는 데 사용한다.

㉣ 사용 전압은 80~120볼트이며, 전력소비량은 1톤 용해에 750~1,000kW를 요한다.

② 디트로이트식 전기로(요동식 전기로)

㉠ 흑연 전극 사이에 아크를 발생시켜 용해한다.

㉡ 용해할 때 자동적으로 앞뒤로 요동시켜 용융 금속을 균일하게 섞는다.

㉢ 용량은 100~500kg 정도이다.

③ 고주파 전기로

㉠ 전극이 필요 없다.

㉡ 자동적으로 내부에서 유동되어 좋은 재질을 만들 수 있다.

㉢ 특수강 용해에 널리 이용

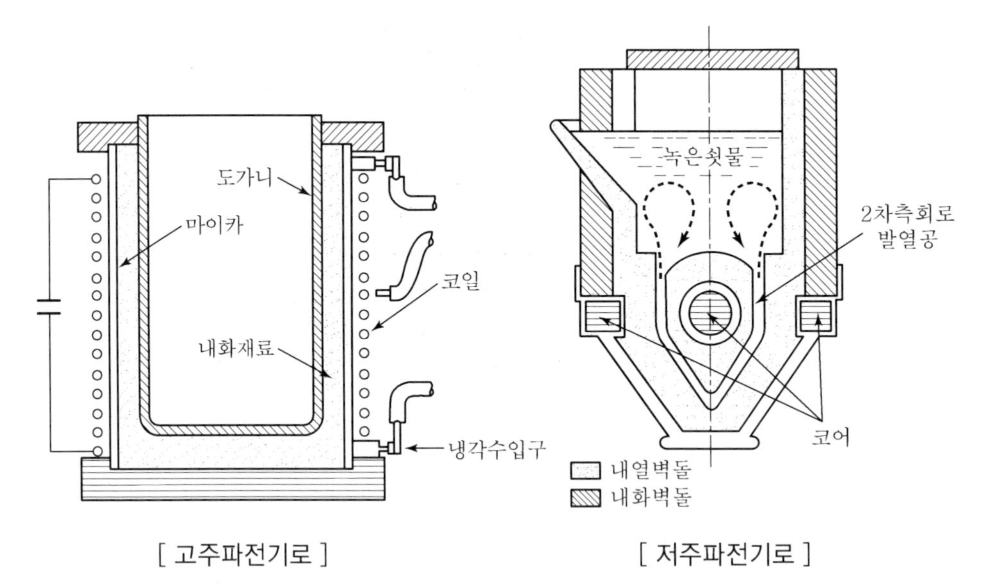

[고주파전기로]　　[저주파전기로]

④ 저주파 유도식 전기로

㉠ 동일한 합금을 연속적으로 용해할 때에 대단히 경제적이다.

㉡ 동합금에 많이 사용

2. 주조법

1) 원심주조법(Centrifugal Casting)★

(1) 개요

원통의 주형을 300~3,000rpm으로 회전시키면서 용융금속을 주입하면 원심력에 의해 용융금속은 주형의 내면에 압착응고하게 되고 이와 같은 원심력을 이용하여 치밀하고 결함이 없는 주물을 대량 생산하는 방법이다. 주조재료는 주강, 주철, 구리합금이 일반적으로 사용되며 주형에는 모래형, 금형 등이 사용된다. 원심주조는 편석되기 쉬운 결점도 있으므로 회전속도, 주입속도, 주입온도 등의 주입조건을 적정하게 하여 응고속도를 조절할 필요가 있다.

(2) 특징

① 주물의 조직이 치밀하고 균일하며 강도가 높다.
② 재료가 절약되고 대량생산이 용이하다.
③ 기포, 용재의 개입이 적으며 Gas 배출이 용이하다.
④ 코어, 탕구, Feeder, Riser가 불필요하다.
⑤ 실린더, 피스톤링, 강관 등의 주조에 적합하다.

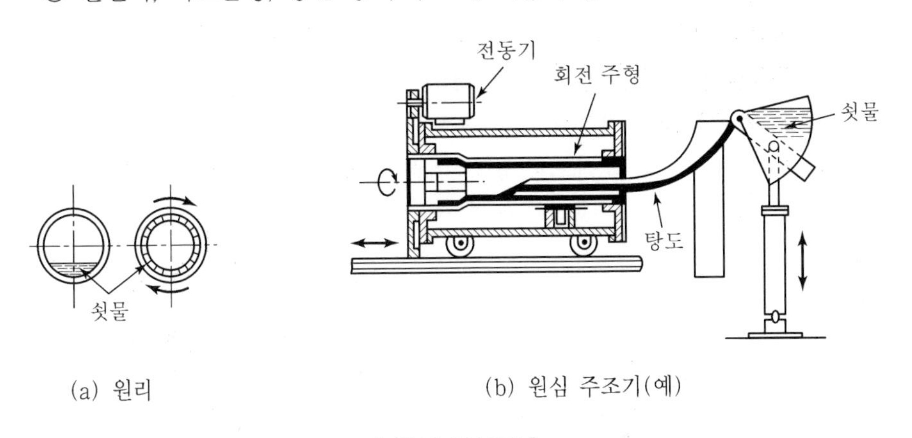

(a) 원리　　(b) 원심 주조기(예)

[원심 주조기]

(3) 주조방식

① 수평식 : 주형의 축이 수평이며 지름에 비하여 길이가 긴 관 등에 이용
② 수직식 : 주형의 축이 수직이며 지름에 비하여 길이가 짧은 윤상체의 주물에 이용

(4) 주조시 유의사항

① 사형(砂型)

㉠ 원심력에 의해 주형이 변형 혹은 파괴될 수 있으므로 주물사에 20~30%의 석면을 혼합하여 제작한다.

㉡ 제작된 사형은 철관내면(Liner)에 요철을 만들어 주물사의 부착을 돕는다.

② 금형(金型)

㉠ 형의 온도가 낮을 때는 주물의 외측이 백선화될 우려가 있으므로 200~300℃ 정도로 예열한다.

㉡ 대형 주물의 주조가 연속된 주조작업 시에는 금형의 과열을 방지하기 위해 수랭시킨다.

(5) 유사원심주조법

① 반원심주조법(Semi Centrifugal Casting)

㉠ 주형을 저속 회전시키고 회전축상의 수직방향의 탕구를 통해 용융금속을 주입한다.

㉡ 중공 주물인 경우 코어가 필요하다.

㉢ 주로 Gear 소재, 차륜 등의 주조에 이용된다.

② Centrifuging

㉠ 회전축 상의 수직방향 탕구에 소형 주형의 탕로를 여러 개 연결하여 원심력으로 용융금속이 각 주형으로 주입된다.

㉡ 소형 주물을 대량생산 시 사용되는 주조법이다.

㉢ 회전수가 비교적 작으며 주로 Piston, Pistoning 등의 주조에 이용된다.

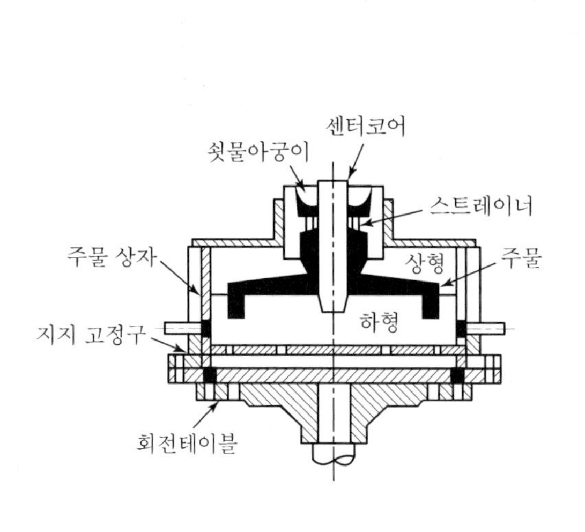

[반원심 주조법]

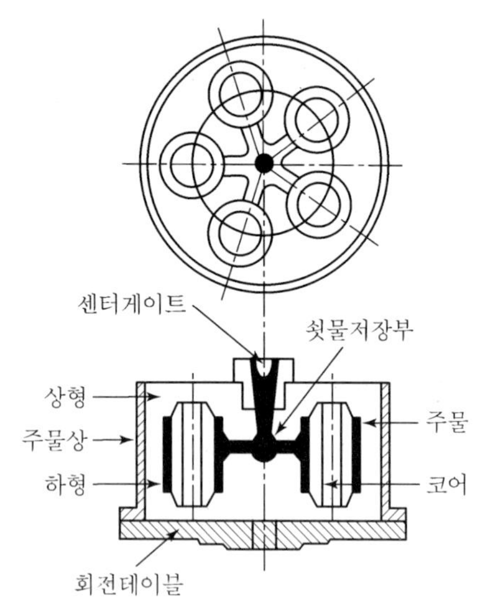

[센트리퓨징법]

2) 다이캐스팅(Die Casting)★★

(1) 개요

정밀한 금형에 용융금속을 고압, 고속으로 주입하여 정밀하고 표면이 깨끗한 주물을 짧은 시간에 대량으로 얻는 주조방법이다. 주물재료는 Al합금, Zn합금, Cu합금, Mg합금 등이며 자동차 부품, 전기기기, 통신기기용품, 일용품 등 소형제품의 대량생산에 널리 응용되고 있다.

(2) 특징

① 장점

㉠ 정도가 높고 주물표면이 깨끗하여 다듬질작업을 줄일 수 있다.

㉡ 조직이 치밀하며 강도가 크다.

㉢ 얇은 주물의 주조가 가능하며 제품을 경량화할 수 있다.

㉣ 주조가 빠르기 때문에 대량 생산으로써 단가를 줄일 수 있다.

② 단점

㉠ Die의 제작비가 고가이기 때문에 소량 생산에 부적당하다.

㉡ Die의 내열강도 때문에 용융점이 낮은 비철금속에 국한된다.

㉢ 대형 주물에는 부적당

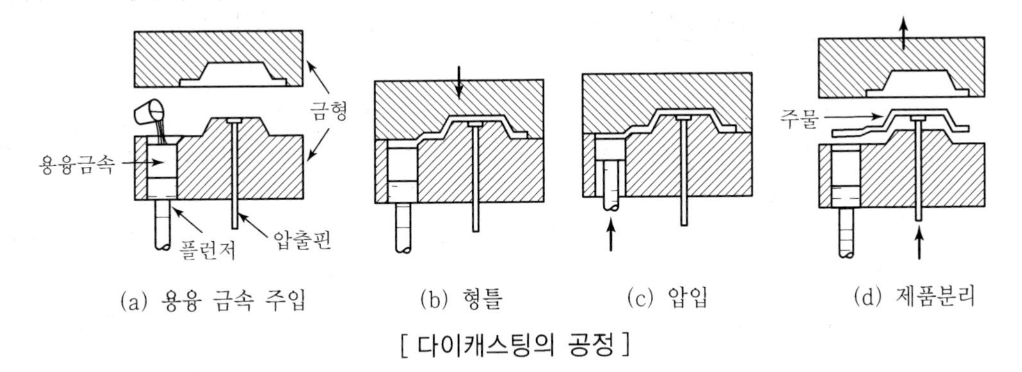

[다이캐스팅의 공정]

(3) 주조장치

① 열가압실식(Hot Chamber Type)

㉠ 용해로 내에 가압통이 잠겨져 있으며 Plunger를 공압, 수압, 유압으로 가압하여 용융금속이 노즐을 통해 금형에 압입하는 방식

㉡ 용융금속이 곧바로 금형에 압입되므로 유동성이 양호

㉢ 용융온도가 높은 금속의 주조에 이용(Cu합금, Al합금, Mg합금)

㉣ 가압력 : 30~100kg/cm^2

② 냉가압실식(Cold Chamber Type)

㉠ 용해로와 가압실이 서로 분리되어 있어 용융금속을 Ladle로 받아 가압실에 넣고 Plunger로 가압하여 금형에 압입하는 방식

㉡ 생산능률 및 유동성이 열가압실식에 비해 떨어짐

㉢ 용융온도가 낮은 금속의 주조에 이용(Zn 합금, Sn 합금)

㉣ 응고 후에 계속 가압하면 단조효과를 기대할 수 있음

㉤ 가압력 : 100~1,000kg/cm^2

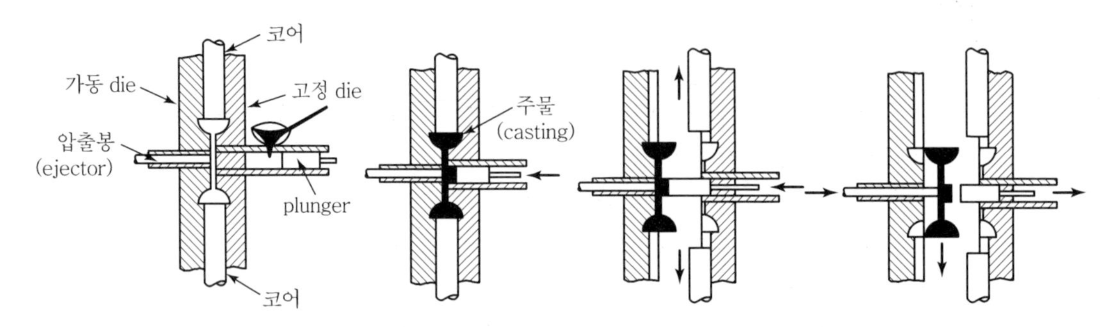

[Cold Chamber식에 의한 주조과정]

〈 다이캐스트기의 특징 비교 〉

열가압실식	냉가압실식
1. 주조압력이 작다.	1. 주조압력이 크다.
2. 주조횟수가 많다.(최고 750s/h)	2. 주조횟수가 적다.
3. 가압실이 용융금속 속에 있으므로 철분의 용해량이 많아진다.	3. 가압실과 노가 분리되어 있으므로 철의 용해량이 적다.
4. 알루미늄, 마그네슘, 구리합금 주조가 가능하다.	4. 납, 주석, 아연합금과 같은 저용융점의 합금에 한한다.
5. 주조압력이 작으므로 주물은 비교적 작다.	5. 주조압력이 크므로 기공이 작고 대형도 가능하다.

(4) 금형(Die)

① 재료

고온, 고압이 작용되면서 연속적으로 주조작업이 이루어지므로 내열성, 내압성, 내부식성이 뛰어나야 하며 금형을 정밀하게 가공할 수 있도록 절삭성이 좋아야 한다. 재질이 적절하지 않으면 균열이 발생되어 수명이 짧아지고 불량주물이 나오게 된다.

② 금형 설계 시 주의사항

㉠ 용융금속의 수축량과 금형 자체의 팽창량을 감안한다.

㉡ 탕구나 탕도는 가능한 용탕이 부드럽게 흐르도록 한다.
㉢ 사출된 용탕이 금형 내로 들어올 때 금형 내의 공기가 잘 빠져 나갈 수 있어야 한다.
㉣ 두께가 균일하도록 가공하며, 마무리 작업면은 한쪽으로 집중시킨다.

(5) 애큐라드법(Acurad Process)

① 정의
2단 사출 다이 캐스팅이라 하며 종래의 다이캐스팅법에 비하여 넓은 탕구를 쓰고 용탕의 사출속도와 사출주기를 느리게 한 것

② 작업방법
두꺼운 탕도를 설치하고 낮은 압력으로 용탕을 금형 안으로 조용히 주입하여 용탕의 앞쪽에 있는 공기 및 가스를 금형으로부터 배제하면서 용탕의 금형공간에 채운다. 그런 다음 내부 플런저를 작동시켜 주물 내부의 응고수축에 필요한 용탕을 추가로 보급한다.

③ 특징
㉠ 2단 사출을 실시함으로써 혼입가스에 의한 결함, 수축공 등을 방지한다.
㉡ 주물조직이 치밀하고 미세하다.
㉢ 용접과 열처리가 가능하다.
㉣ 강도와 내압성이 좋은 재질을 얻을 수 있다.

3) Shell Moulding Process : 합성수지를 이용★★

(1) 개요

모형에 박리제인 규소수지를 바른 후 주형재 140~200mesh 정도의 SiO_2와 열경화성 합성수지를 배합한 것을 놓고 일정 시간 가열하여 조형하는 방법으로서 독일인 J. Croning이 발명하였기 때문에 Croning법 혹은 C-Process라고도 한다.
주물사는 순도가 높은 규사에 5% 정도의 열경화성 수지를 혼합한 Resin Sand를 사용하는 경우와 페놀수지를 규사 표면에 얇게 입힌 피복사를 쓰는 두 가지 경우가 있다.

(2) 특징

① 장점
㉠ 숙련공이 필요 없으며 완전 기계화가 가능하다.
㉡ 주형에 수분이 없으므로 Pin Hole의 발생이 없다.
㉢ 주형이 얇기 때문에 통기불량에 의한 주물 결함이 없다.
㉣ Shell만을 제작하여 일시에 많은 주조를 할 수 있다.

② 단점

㉠ 금형이 고가이다.

㉡ 주물 크기가 제한된다.

㉢ 소량생산에는 부적당하다.

(3) Shell 주형법의 공정

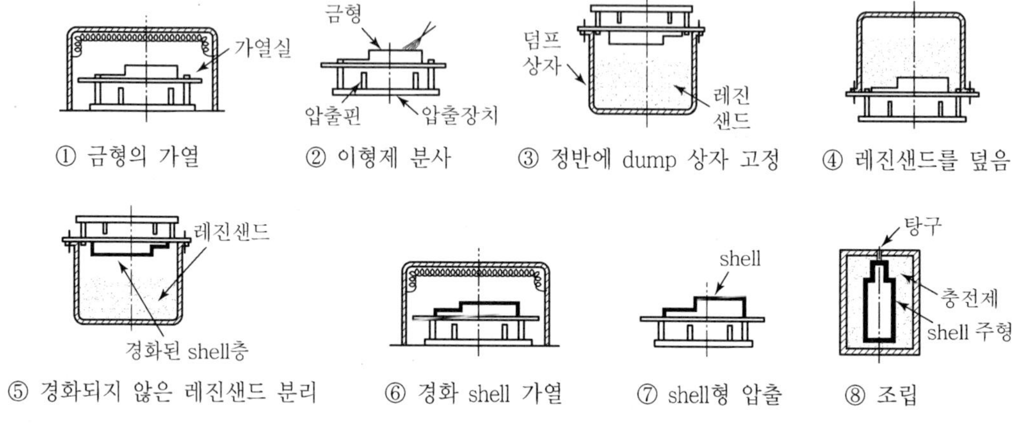

[셸 주형법의 공정]

① 금속 모형의 가열(150~300℃)

② 이형제를 분사하여 도포함(실리콘오일)

③ 정반에 Dump 상자 고정

④ Resin Sand를 덮고 일정시간 유지

⑤ 미경화 Resin Sand를 덮고 일정시간 유지

⑥ 경화 Shell을 가열(300~350℃)하여 완전히 경화시킨다.

⑦ Shell형을 압출핀으로 금형과 분리시킨다.

⑧ Shell형을 조립하여 주형 완성

4) Investment Casting★

(1) 원리

제작하려는 주물과 동일한 모형을 Wax 또는 Paraffin 등으로 만들어 주형재에 매몰하고 가열로에서 가열하여 주형을 경화시킴과 동시에 모형재인 Wax나 Paraffin을 유출시켜 주형을 완성하는 방법이다. 일명 Lost Wax법 혹은 정밀주조라고도 한다.

(2) 특징

① 장점

㉠ 주물 표면이 깨끗함

㉡ 복잡한 구조의 주형 제작에 적합

㉢ 정확한 치수 정밀도

② 단점

㉠ 주물 크기가 제한된다.

㉡ 주형 제작비가 고가이다.

㉢ 모형은 반복 사용이 어렵다.

(3) 주형 제작 공정

원형

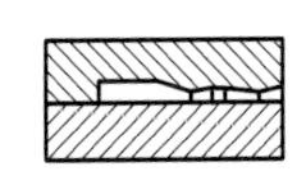
① 모형 제작용 금형 주형

② 모형

③ 내화재로 피복

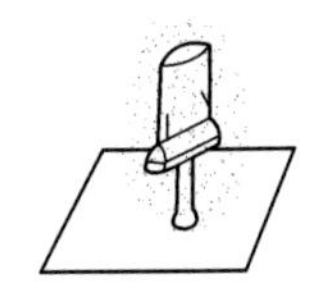
④ 고운 모래 도포

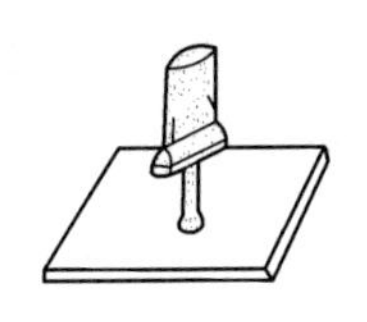
실온건조

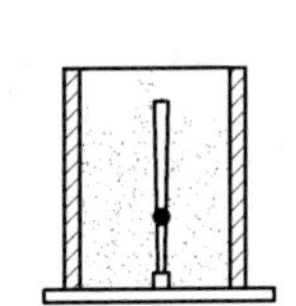
⑤ 진동충전

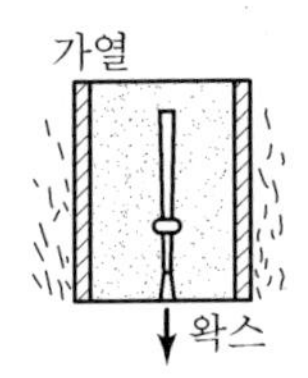

⑥ 모형용출
⑦ 주형건조 및 소성

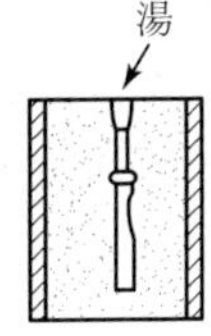

⑧ 주입

제품

[Investment 주조법의 공정]

① 모형 제작용 금형(Master Die)의 제작

② Wax 모형을 제작하기 위해서 금형에 용해 Wax를 압입 응고시킴

③ 내화재(Investment) 피복

④ 모형에 모래 도포 및 실온 건조

⑤ 주형재를 진동 충전함

⑥ Wax를 주형에서 가열 유출시킴(200℃)

⑦ 2차 가열하여 주형을 경화시킴(900℃)

⑧ 탕을 주입하여 제품을 완성

(4) 유사 Invest 주조법

① Shaw 주조법(Shaw Process)

㉠ 개요 : 모형에 내화재와 가수분해된 Ethyle Silicate 및 Jelly제의 혼합물을 충전시킨 후 경화되어 경질고무처럼 되었을 때 모형을 뽑아내면 탄성에 의하여 원모형과 같은 주형으로 된다.

주형을 약 1,000℃로 가열 경화시키면 미세한 균열이 주형면에 발생하여 통기성을 좋게 한다.

㉡ 특징

ⓐ 대형 주물에 적당

ⓑ 정밀주조 가능

ⓒ 통기성 양호

㉢ 용도

ⓐ 각종 기어류

ⓑ 라이너 등의 정밀 주조품

ⓒ 각종 금형제작

② 풀몰드법(Full-Mold Process)

㉠ 개요 : 소실모형 주조법이라고도 하며 소모성 모형인 발포성 폴리스티렌 모형을 사용하는 방법이다. 조형 후 모형을 주형에서 빼내지 않고 주물사 중에 묻힌 상태에서 용탕을 주입하면 그 열에 의해서 모형은 소실되고 그 자리에 용탕이 채워져서 주물을 만든다.

㉡ 특징

ⓐ 모형을 분할할 필요가 없어 복잡한 형상의 주물도 만들 수 있다.

ⓑ 모형을 빼내지 않으며 모형 기울기나 코어가 불필요하다.

ⓒ 모형의 제조나 가공이 용이하다.

ⓓ 작업공정이 단축되어 주조원가가 절감된다.

③ X-Process

Investment 주조법에서 Wax를 가열하여 제거하지 않고 Trichoethylene은 증기로 녹여내는 방법이다.

④ 마그네틱(Magnetic) 주조법

㉠ 개요 : 발포성 폴리스틸렌으로 모형을 만들고 이것을 강철입자로 매몰한 후 자력을 이용하여 강철입자를 다져 주형을 만든다. 조형 후에 용탕을 주입하면 모형은 기화하여 소실되고 그 자리에 용탕이 채워져 응고된다. 주조 후 주형상자를 해체하면 주형은 저절로 붕괴된다.

㉡ 특징

ⓐ 조형이 빠르고 쉽다.

ⓑ 주형재료가 간단하고 내구성을 갖는다.

ⓒ 주물사의 처리 및 보관이 간단하고 통기성이 좋다.

ⓓ 조형비가 적게 든다.

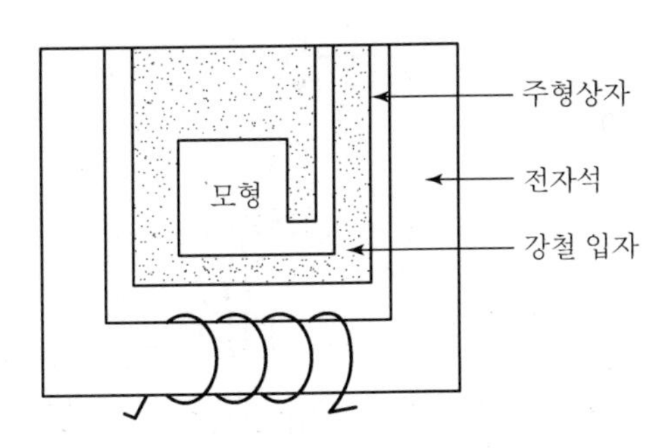

[마그네틱 주조법의 주형]

5) 진공주조법(Vacuum Casting)

(1) 개요

대기 중에서 철강을 용해하고 주조하면 용융금속 중에 O_2, H_2, N_2 등의 Gas가 탕에 들어가 Blow Hole이 발생되거나 기계적 성질이 불량하게 된다. O_2는 산화물을 형성하고 H_2는 백점 또는 Hair Crack의 원인이 된다. 따라서 주조 시 공기의 접촉을 차단하고 함유되어 있는 Gas를 제거하기 위해 10^{-3}mmHg 정도의 진공상태에서 용해 및 주조작업을 하는 방법이다.

(2) 진공주조방법

① 진공용해 후 주조하는 방법 : 진공실 내에 설치된 고주파 용해로에서 금속 용해 후 곧바로 진공실 내의 주형에 주입하는 방법

② Gas 제거 후 주조하는 방법 : 용융금속이 담긴 도가니 또는 Ladle을 진공실에 넣어 Gas 제거 후 대기 중에서 주조하는 방법

③ 주입 시 진공법 : 용융금속이 진공실 내에 있는 쇳물받이로 낙하하면서 동시에 함유된 Gas가 제거되는 방법

(3) 용도

고급재질의 강주조(베어링강, 공구강, 스테인리스강)

6) 연속주조법(Continuous Casting)

(1) 개요

종래 Ingot Case의 주조, 형발, 균열, 분괴압연을 생략하고 직접 용강을 주형에 주입하여 냉각, 응고시켜 연속적으로 Ingot를 주조생산하는 방법

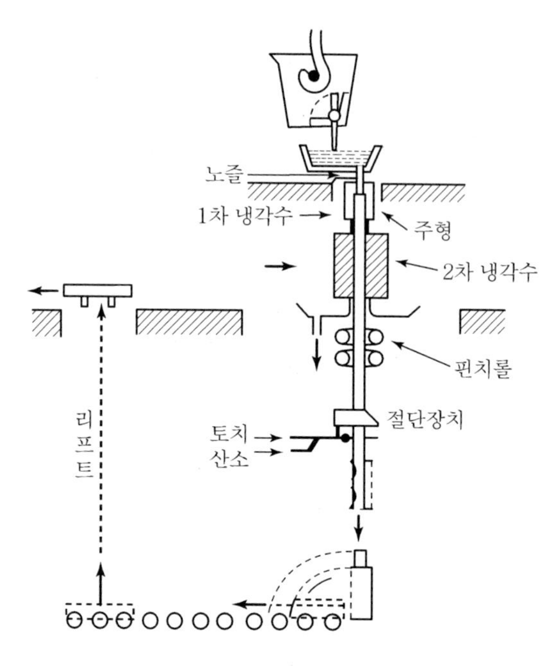

[강의 수직연속주조]

(2) 장점

① 편석이 적다.
② 냉각조건에 의해서 조직을 조정할 수 있다.
③ 주물표면이 매끄럽고 단면치수를 조정할 수 있다.
④ 재질이 균일한 Ingot 생산

(3) 단점

① 실용상 250~300mm 두께에 제한이 있다.
② 소량, 다품생산에 부적당하다.

(4) 연속주조방식

① 수직연속주조 : Ingot을 수직 아래쪽으로 연속적으로 Roll에 의해 뽑아내는 방법으로 수랭되는 주형을 나온 Ingot은 Roll로 지지되고 냉각수에 의해 냉각된다.

② 완곡연속주조 : Ingot을 연속주조 시 도중에서 구부려 수평으로 뽑아내어 설비 전체의 높이를 낮게 하고 설비비용을 작게 한다.

③ 회전식 연속주조 : 목적형상의 홈을 판 회전륜에 쇳물을 불어넣고 회전 중에 응고시켜 Ingot을 생산한다.

7) CO_2 Gas 주조법

단시간에 건조주형을 얻는 방법으로 주형재인 주물사에 물유리(특수 규산소다)를 5~6% 정도 첨가한 주형에 CO_2 Gas를 통과시켜 경화하게 하는 것이다.

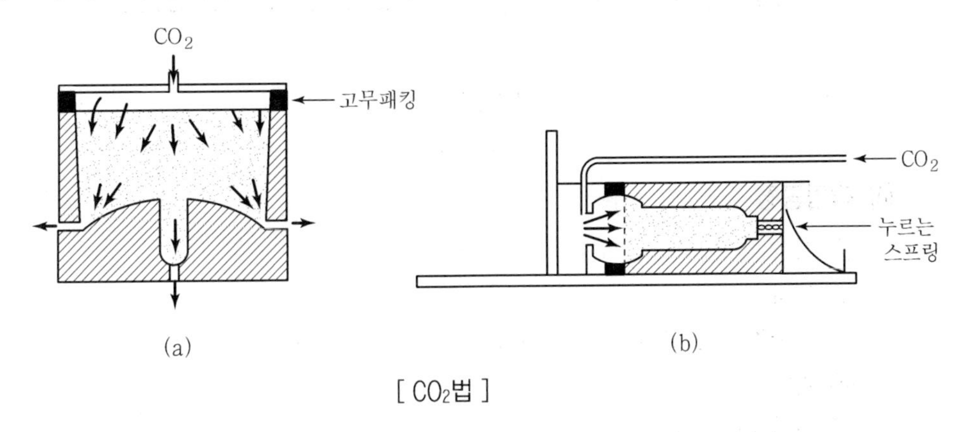

[CO_2법]

8) 고압응고주조법

(1) 개요

고압응고(Squeeze Casting) 주조법은 주형 내에 주입된 용융 또는 반용융 상태의 금속을 응고가 완료될 때까지 기계적 높은 압력을 가하여 제품을 성형하는 방법으로써 용탕을 직접 가압 성형하므로 용탕주조법, 단조주조법이라고 한다.

(2) 특징

① 수축공 또는 기공 등의 주물결함이 제거된다.

② 잔류가스의 영향이 줄어든다.

③ 가압에 의해 조직이 미세화되고 균일해지며 밀도가 높아진다.

④ 주물의 표면이 곱고 윤곽이 뚜렷하다.

⑤ 회수율이 높다.

(3) 고압응고주조법의 종류

① 플런저 가압응고법 : 잉곳이나 모양이 단순하고 두꺼운 주물의 제조에 적합하며 가압할 때 용탕이 이동하지 않는다.

② 압출용탕단조법 : 얇은 제품의 주조에 적합한 것으로 용탕이 상대적으로 이동한다.

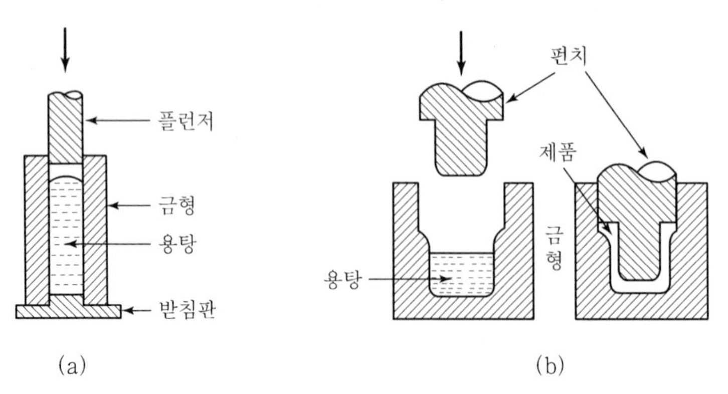

[고압응고주조법]

(4) 작업공정

① 청소 및 예열
② 도형
③ 용탕주입(주입온도는 일반 주조에 비해 약간 높음)
④ 가압
⑤ 가압상태유지
⑥ 압력제거
⑦ 제품 빼내기

9) 저압주조법(Low Pressure Casting)★

(1) 개요

밀폐된 도가니에 압축공기 또는 불활성가스를 불어넣고 용탕면에 비교적 작은 압력을 가하여 용탕과 주형을 연결하는 급탕관을 통해서 용탕을 중력과 반대방향으로 밀어 올려서 주입시키는 주조방법이며 때로는 주형 내의 공기를 빨아내는 진공펌프가 사용된다. 저압주조법은 다른 주조법과는 달리 쇳물을 주입하는 방향이 중력과 반대방향이며 주입속도를 조절할 수 있다. 일반적으로 Al, Mg 등의 경합금 주조에 사용된다.

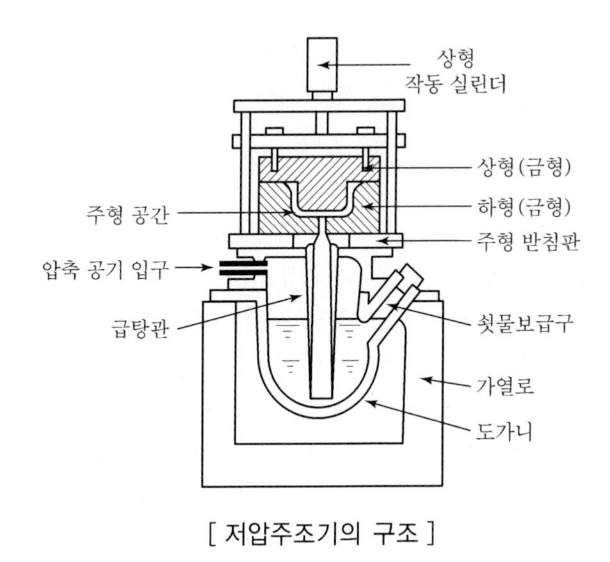

[저압주조기의 구조]

(2) 특징

① 장점

㉠ 압탕, 탕구 등이 필요없으므로 회수율이 90% 이상으로 높고, 주조 후 끝손질이 줄어든다.

㉡ 기공이나 수축공이 적은 건전한 주물을 얻을 수 있다.

㉢ 용탕의 산화가 적고 산화물의 혼입이 적기 때문에 깨끗한 주물이 된다.

㉣ 주입속도를 자유로이 조절할 수 있다.

㉤ 복잡하거나 얇은 주물 또는 대형 주물의 주조가 가능하다.

㉥ 설비비가 비교적 적고 기계조작을 자동제어로 할 수 있다.

② 단점

㉠ 생산성이 낮다.(다이캐스팅의 20~40% 정도)

㉡ 주로 금속의 종류에 제한이 있다.

㉢ 단면이 좁은 곳에는 용탕의 공급이 잘 되지 않는 경우가 있다.

(3) 주조장치 및 작업

① 주조장치 : 금형개폐장치, 쇳물보유장치, 공기가압제어장치

② 금형 : 일반적인 금형과 거의 같으나 탕도나 압탕이 필요없으며 재질은 보통 주철, 미하나이트 주철이 일반적으로 사용된다. CO_2주형, 셸주형, 흑연주형도 사용할 수 있다.

③ 주조작업공정

㉠ 도가니, 급탕관, 금형에 도형제(탄산칼슘, 규산나트륨, 수용액)를 도포한다.

㉡ 금형을 조립한다.

㉢ 압축공기의 압력에 의해 금형 안에 용탕을 주입한다.
㉣ 일정시간 가압 후 압력을 제거(급탕관 내의 쇳물은 도가니로 되돌아옴)한다.
㉤ 금형 해체하여 제품을 완성한다.

④ 작업영향요인
㉠ 용탕온도 : 용탕온도의 편차가 크면 난류의 원인이 되어 기공이 발생되기 쉬우므로 급탕 시에는 용탕온도관리를 잘해야 한다.
㉡ 주입압력 : 주입압력은 일반적으로 0.1~0.5kg/cm^{2}의 범위에서 가해주며 주입압력이 낮을 경우에는 용탕의 주입이 불량하게 되고 압력이 너무 높으면 모래코어의 파손이나 가스빼기 불량의 원인이 된다.
㉢ 주입시간 : 용탕온도 금형온도에 따라 최적의 주입시간을 선택해야 하며, 안정된 사이클의 주조에서는 주입시간이 일정하다. 보통 2~8분의 범위에서 주입한다.

10) 분말야금(Powder Metallurgy)★★

(1) 분말야금이란

금속분말을 금형에 넣어 성형기계로 압축성형한 후 용융점 이하의 온도에서 가열 소결하여 제품화하는 제조법을 말한다.

(2) 분말야금의 특징

① 타 금속가공공법에 비교해 정도가 높기 때문에 많은 기계가공을 생략할 수 있다.
② 제조과정에서 융점까지 온도를 올릴 필요가 없다.
③ 재료설계가 용이하여 융해법으로 만들 수 없는 합금을 만들 수 있다.
④ 다공질의 금속재료를 만들 수 있다.
⑤ 자기윤활성을 갖게 할 수 있다.
⑥ 한 LOT 내에서 형태와 치수가 고르며, 좋은 표면 상태를 얻을 수 있다.
⑦ 소결강 부품에서는 표면경화, 열처리, 스팀처리가 가능하다.
⑧ 양산 변경에 신속히 대응할 수 있다.
⑨ 다량 생산 시에 경제적이다.

(3) 분말야금 공정

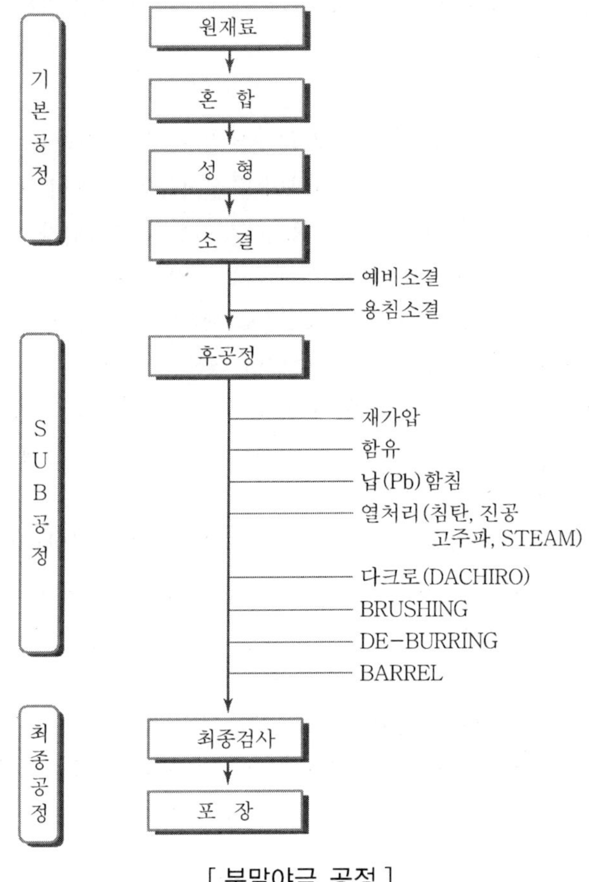

[분말야금 공정]

(4) 주요공정 설명

① 혼합

완제품 생산을 위한 주원료와 첨가물의 배합이나 윤활제의 첨가를 목적으로 Double Cone 혹은 V-Cone과 같은 혼합기를 사용하며 적절한 rpm과 혼합시간의 조정으로 반제품의 성형을 하기 위한 준비단계이며 성형할 때 품질의 균일화를 위해서 매우 중요한 공정이다.

② 성형

혼합공정을 거쳐 Mixing된 분말을 반제품의 형태로 만들어지는 최초의 공정이며 분말입자들이 충분히 결합을 해서 다음 공정을 처리할 때까지 계속 취급하는 데 지장이 없을 정도로 기계적인 강도까지를 부여해 주는 과정이다.

예를 들면 높은 압력을 가하여 성형시킨 성형체라 하더라도 소결 전의 상태만으로는 분말입자 간의 결합력은 아주 낮은 개개 분말입자의 집합체로서 작은 응력으로도 쉽게 파괴된다.

③ 소결

㉠ 분말 중의 각 입자들이 가열에 의해서 원자 간의 접착력으로 결합하고, 이에 따라서 분말 전체의 강도가 증가하며 물질이동에 의해서 밀도의 증가와 재결정을 일으키는 것을 말한다. 즉, 2개 또는 그 이상의 분말입자가 그 계의 어느 한 성분에 융점보다 낮은 온도에서 가열만으로 결합하는 현상

㉡ 기지금속의 용융점 이하의 온도에서 행하여지는 일종의 열처리로서 분말입자 상호 간의 확산이 일어나서 화학적인 결합을 하여 요구되는 기계적인 성질을 갖게 되는데 이러한 열처리가 바로 소결이다. 소결효과는 소결온도, 시간, 분위기, 승온속도, 냉각속도 등에 영향을 받으며, 소결체 특성에도 영향을 미친다.

④ 이차가압

㉠ 재가압 : 소결품의 밀도를 증가시키는 목적으로 성형압력보다 같거나 다소 높은 압력으로 가압하는 과정으로 제품의 밀도가 증가함에 따라 강도 또한 보완되며, 정밀도를 향상시킴에 있어 좋은 효과를 얻을 수 있다. 본 공정을 실시하기 위해서는 반드시 예비소결과정을 거쳐야 한다.

㉡ 교정 : 소결 중에 변형되어 불안정한 치수를 약간의 소성변형을 교정함으로써 정밀한 치수를 얻을 수 있으며 표면상태가 매우 깨끗하다. 성형압력과 유사한 압력이 필요하며 밀도의 증가는 약간 증가한다.

⑤ 함유

일반적으로 Oilless Bearing의 윤활유를 함유시키거나 기계부품에서도 방청을 목적으로 방청유를 함유하기도 한다. 이 경우에 보통은 진공 함유기를 사용한다.

특수한 경우에는 기공을 막아 주기 위해 Plastic 또는 Paraffin을 함침하는 경우도 있다. 결국, 소결제품 개기공(Active Pore)에 함침 물질을 넣어 자기윤활이 가능한 제품의 제조 및 기공을 밀폐시켜 기밀을 유지하거나, 후처리(도금)를 위한 목적으로 사용된다.

이 밖에도 Cu, Pb를 사용하는 용침도 있지만, 사용하는 장비는 함유와는 다른 특수한 장비를 사용한다.

⑥ 침탄

㉠ 원리 : 침탄 열처리는 일반적으로 저탄소강의 표면에 탄소(C)를 확산시켜 탄소 함량을 0.8%~1.0%로 처리하여 사용한다. 일반석으로 탄소량이 0.5% 이하 함량의 강이 사용된다.

분말야금공법에서의 침탄깊이는 부품의 특성마다 차이가 있지만 보통 0.5~1.0mm 정도로 규제된다.

㉡ 특징 : 침탄한 강은 탄소가 침투한 침탄층(표면)만 경도와 내마모성이 크고 비침탄(내부)한 부분은 강인한 것이 필요할 때 사용된다. 또한 형상이 복잡한 부품에 사용되므로 담금질성이 좋고 열변형이 적은 것이 요구된다.

⑦ 고주파

유도가열은 강의 경화에 있어서 아주 용도가 넓은 방법이다. 주로 제품 일부분의 표면을 경화시키는 데 주로 사용된다.

⑧ 스팀

Bluing이라고 하는 이 증기처리는 내식성과 내마모성 향상 및 기밀성의 향상을 위해 처리하는 공정으로 철계 표면에 청색의 Fe_3O_4라는 철 산화물을 형성시킨다.

⑨ 배럴연마

소결부품의 날카로운 모서리를 제거할 뿐만 아니라 제품 표면의 광택효과도 낼 수 있는 공정이며, 용도에 따라 와류식, 진동식, 회전식들이 사용된다.

배럴 과정은 제품과 연마석을 적당히 움직여 연마석이 제품 주위를 돌면서 마찰운동을 하여 제품에 Burr 제거 연마, 광택 작업을 한다.

(5) 사용

초경공구, 오일리스베어링(Oilless Bearing), 각종 기어, 자석 등을 제조하는 데 쓰인다.

3. 주물의 결함과 검사

1) 주물의 결함★

주형 내에 주입된 용융금속은 응고과정에서 많은 결함의 요인을 갖고 있으며 주형 내의 가스나 냉각속도의 차이, 이물질 혼입 등의 원인에 의해 결함이 발생된다.

주물의 결함은 제품 품질과도 직결되며 이러한 결함을 미연에 방지하는 것이 매우 중요하다.

(1) 기공(Blow Hole)

① 주형과 Core에서 발생하는 수증기에 의한 것

② 용탕에 흡수된 Gas의 방출에 의한 것

③ 주형 내부의 공기에 의한 것

- 대책 : 쇳물의 주입온도를 필요 이상 높게 하지 말 것, 쇳물 아궁이를 크게 한다, 통기성을 좋게 한다, 주형의 수분을 제거한다.

(2) 수축공(Shrinkage Hole)

① 응고온도구간이 짧은 합금에서 압탕량이 부족할 때 생긴다.
② 응고온도구간이 짧은 합금에서 온도 구배가 부족할 때 생긴다.
 - 대책 : 쇳물 아궁이를 크게 하거나 덧쇳물을 붓는다.

(3) 편석(Segregation)

주물의 일부분에 불순물이 집중되든가 성분의 비중차에 의하여 국부적으로 성분이 치우치거나 처음 생긴 결정과 후에 생긴 결정 간에 경계가 생기는 현상
 - 대책 : 용융금속에 불순물이 흡입되지 않게 한다. 결정들의 각부 배합을 균일하게 한다.

(4) 주물표면 불량

① 흑연 또는 도포제에서 발생하는 Gas에 의한 것
② 용탕의 압력에 의한 것
③ 사립의 크기에 의한 것
④ 통기성의 부족에 의한 것
⑤ 사립의 결합력 부족에 의한 것
 - 대책 : 적당한 모래 입자의 선택, 적당한 용탕의 표면장력을 선택한다. 주형면에 작용하는 압력을 적절하게 맞춘다.

(5) 치수불량

① 주물자 선정의 부적절
② 목형의 변형에 의한 것
③ Core의 이동에 의한 것
④ 주물상자 조립의 불량에 의한 것
⑤ 중추의 중량 부족에 의한 것
 - 대책 : 적당한 주물자 선정, 목형의 변형을 방지한다. 코어가 이동되지 않게 한다. 주형상자의 맞춤을 정확히 한다.

(6) 변형과 균열

① 원인 : 금속이 고온에서 저온으로 냉각될 때, 어느 이상의 온도에서는 결정입자 간에 변형저항을 주고받지 않으나, 어떤 온도가 되면 그때부터 저항을 주거나 받게 된다. 이 온도를 천이온도라 하며 이 온도 이하에서 결정립의 변형과 저지하는 응력을 잔류응력이라 한다. 이상의 원인에 의하여 수축이 부분적으로 다를 때 변형과 균열이 생긴다.
② 방지법
 ㉠ 단면의 두께 변화를 심하게 하지 말 것

㉡ 각부의 온도차를 작게 할 것
㉢ 각부는 Rounding할 것
㉣ 급랭하지 말 것

(7) 유동불량

주물에 너무 얇은 부분이 있거나 탕의 온도가 너무 낮을 때에는 탕이 말단까지 미치지 못하여 불량주물이 되는 경우가 있다. 보통 주철에서는 3mm, 주강에서는 4mm가 한도이다.

2) 주물의 검사

주조 시 발생된 주물의 결함은 제품의 성능과 품질에 큰 영향을 미치므로 주기적으로 주물의 결함 유무를 확인하여 원인을 파악하고 개선책을 강구해야 한다. 이를 위한 검사법은 크게 파괴검사와 비파괴검사로 대별되며 각각의 용도에 맞는 적절한 검사법이 선정되어야 할 것이다.

(1) 육안검사법

① 외관검사 : 치수 및 거칠기, 표면 균열
② 파면검사 : 결정입자 상태, 편석
③ 형광검사 : 균열 등을 형광물질을 이용하여 판단

(2) 물리적 검사법

① 타진음향 시험 : 소리에 의해 균열 등을 판단
② 현미경 검사 : 주물의 파면을 연마, 부식시켜 결정입자 크기, 조직, 편석, 불순물 등을 검사
③ 압력시험 : 공기압, 수압을 이용하여 주물용기의 내압도 시험
④ 방사선 검사법 : X선과 γ선을 투과하여 주물 내의 결함을 검사
⑤ 초음파 탐상법 : 초음파 진동자의 진동반사시간 차이에 의해 주물 내부의 결함 유무 및 그 위치를 판단
⑥ 자기탐상법 : 주물을 전류로 자화하여 철분 등을 붙여 자력선의 교란에 의해 결함의 위치와 크기를 추정

(3) 기계적 시험법

① 인장시험
② 압축시험
③ 충격시험
④ 마모시험
⑤ 피로시험

(4) 화학적 검사법

주물의 중요부에서 Drilling하여 얻은 Chip을 분석장치를 이용하여 화학성분의 종류 및 양을 검사한다.

(5) 내부응력 시험

주물을 2개소에서 절단하고 각 온도에서 풀림처리(Annealing)하였을 때 절단과 직각 방향의 치수변화를 비교

(6) 유동성 시험

통로가 좁은 나선형 주형(Channel)에 탕을 주입하여 각각의 유동한 길이를 비교 측정함

[Question 01] 주물 표면의 청정작업과 마무리

1. 개요

주형 해체 후 주물의 표면에는 주물사가 부착되어 있기 때문에 모래떨기를 한다. 주물 표면에 붙어있는 주물사 및 불순물을 제거하기 위해서는 소량인 경우에는 수동식으로 와이어브러시를 사용하지만 일반적으로 텀블러나 블라스트를 많이 이용한다.

2. 주물 표면의 청정작업

(1) 숏 블라스트(Shot Blast)

① 작업방법 : 숏 또는 스틸그릿(Steel Grit)을 고속으로 회전하는 임펠러로 주물 표면에 투사하여 주물 표면을 깨끗하게 하는 장치이다. 숏을 임펠러 중심부에 있는 분배기로 보내면 이 숏은 회전하는 임펠러 날개의 원심력에 의하여 고속으로 사출되며 이로 인해 주물의 표면을 때리면서 깨끗하게 만들어 준다.

② 숏 및 그릿

㉠ 숏은 주물의 크기와 재질에 따라 알맞은 경도와 입도를 가져야 한다.

㉡ 크기가 같은 주물의 경우 주강, 주철, 가단주철, 황동 순으로 와이어를 절단한 작은 입자의 숏이나 그릿을 사용한다.

(2) 샌드 블라스트(Sand Blast)

① 작업방법 : 압축공기 또는 고압수를 사용하여 노즐에서 모래를 주물 표면에 분사시켜 주물표면을 깨끗이 하는 것으로 모래저장탱크와 혼합실 호스 등으로 구성된다.

② 용도

㉠ 압축공기를 이용한 것 : Al 합금, Cu 합금

㉡ 고압수를 이용한 것 : 주철 또는 주강주물

(3) 텀블러(Tumbler)

① 작업방법 : 원통형 또는 다각형의 철제용기에 주물을 넣고 다각형 철편을 같이 넣은 후 매분 40~60회의 속도로 회전시켜 주물 표면의 청정 또는 주물의 코어 모래떨기 등을 하는 장치이다.

② 특징

㉠ 장치가 간단하고 설비비가 적게 든다.

㉡ 소음이 크다.

㉢ 제품의 손상이 크다.

(4) 화학적 청정법

산에 의한 세척으로 금속표면에 생긴 산화피막을 제거한다. 장시간 세척하는 것은 피클링(Pickling), 단시간의 세척은 산 침적이라 한다.

3. 마무리 작업

(1) 핀(Fin)의 제거, 홈 다듬질

핀의 제거는 그라인더를 사용하며 핀의 정도에 따라 해머를 두들기고 좁은 홈의 다듬질은 줄이나 끌을 사용한다.

(2) 대량생산의 경우

선반, 밀링, 연삭기 등을 사용하여 다듬질하여 정밀도도 향상된다.

(3) 대형주물의 경우

해머, 핸드 그라인더, 절단기 등을 이용한 손작업으로 다듬질한다.

(4) 탕도, 압탕의 절단자국

핸드 그라인더로 다듬질한다.

[Question 02] 주물의 열처리와 보수

1. 개요

주물에 결함이 발생되면 보수를 해서 활용할 수 있도록 해야 하며 경제적으로 유리한 방법을 선택해야 한다. 주물은 주방상태로 사용하는 경우와 열처리를 행하여 사용하는 경우가 있다. 주조 완료 후에 주물은 사용목적에 맞게 요구하는 성질을 갖도록 각종 열처리를 실시한다.

2. 주물의 열처리

(1) 열처리의 목적

① 주물의 잔류응력 제거

② 주조조직의 개선 및 기계적 성질의 향상

③ 절삭성 향상

(2) 열처리 방법

① 주철주물 : 흑연화처리, 응력제거풀림, 연화풀림

② 주강 : 풀림, 노멀라이징, 담금질 및 뜨임

③ 비철합금 주물
㉠ Al 합금 : 풀림, 시효처리
㉡ Cu 합금 : 균질화처리, 풀림 및 시효처리

3. 주물의 보수

(1) 용접에 의한 보수

① 특징 : 가장 널리 이용되는 보수방법이나 용접 열응력에 의한 변형과 균열 및 재질의 변화 등에 유의해야 한다.
② 종류
㉠ 아크용접 : 주강주물, 주철
㉡ 가스용접 : Al 합금주물, Cu 합금주물

(2) 충전제에 의한 보수

주물표면에 나타난 주물결함을 에폭시 수지 등의 충전재로 메우는 방법으로 결함부위를 청정, 탈지한 후 주물을 가열상태에서 충전시킨다.

(3) 메탈라이징에 의한 보수

다공질, 기포 등 주물 표면의 결함에 사용되는 것으로 전기 아크열로 용해한 미세한 금속입자를 압축공기에 의하여 주물의 결함장소에 분사시켜 결함의 공간을 메우고 주물에 강하게 결합시키는 방법이다.

(4) 땜 용접에 의한 보수

납땜에 의한 보수는 모재보다 용융속도가 낮은 금속을 용융하여 접착 보수하는 방법으로 모재에 주는 영향이 적어 조직변화, 균열, 잔류응력 발생 등의 결점이 없는 반면 보수 흔적이 뚜렷이 나타난다.

(5) 기계적 보수방법

① 나사를 끼워 맞추어 기공 등의 결함 제거
② 슬리브를 압입하여 기계가공한 구멍 내벽의 결함 제거

[Question 03] 고급주물

1. 개요

보통 주물의 인장도는 10~20kg/mm^2 정도이나 고급 주물의 인장강도는 30~35 kg/mm^2 이다.

고급 주물을 만들기 위하여 흑연의 분포상태를 미세하게 하여 강도도 크고 연신율을 증가하기 위하여 특수 원소를 첨가하여 주물 자체의 기계적 성질을 개선한다.

2. 종류 및 방법

(1) 흑연의 형상, 분포를 조절하는 방법

① 에멜법(Emmel Process)

50% 이상의 강철과 선철을 이용하여 전체 탄소의 양을 3% 이하로 저하시켜 조직을 흑연이 미세하고 균등하게 분포되도록 한다.

이것을 저탄소 주철 또는 반강 주물(Semi-Steel Casting)이라고 하며 강도는 크지만 구조상 결점이 많다.

② 피보왈스키 법(Piwowarsky Process)

주입 온도를 높게 하여 흑연이 미세하고 균일하게 되도록 한다. 이 방법으로 만든 것을 고온 주철이라고도 한다.

③ 데셰네 법(Dexchene Process)

주조 시 쇳물에 진동을 주어 밀도가 작은 성분을 위로 떠오르게 하고 흑연의 성장을 방지한다. 이 방법으로 만든 주철을 탈황주철이라 한다.

(2) 기지(Matrix)의 조직을 개선하는 방법

쇳물의 성분을 조정하여 기지의 조직을 개선하는 방법이며 Lanx법이 있다.

표준 성분은

TC=2.5~3.5%, Si=0.5~1.5% 또는 TC+Si=4.2%

CTC=Total Carbon, 전체탄소량

강도가 크고 연성이 있는 조직이며 이 방법으로 만든 주철을 펄라이트 주철이라고 한다.

[Question 04] 철강재료의 종류와 용도별 열처리 방법과 그 효과에 대하여 기술하시오.

1. 기계구조용 탄소강

(1) SM 10C~SM 25C 탄소강

불림을 한 상태에서 사용하고 강도를 필요로 하지 않는 부품에 사용한다.

(2) SM 30C 중탄소강

담금질 및 뜨임에 의해 기계적 성질이 현저하게 개선된다.

(3) SM 40C 탄소강

소형 부품에 적합. 직경이 큰 부품의 경우 충분한 열처리 효과를 기대할 수 없으므로 합금강으로 대체 사용하며 강도를 필요로 하지 않는 경우 탄소강을 불림처리하여 사용한다.

(4) SM 50C~SM55C 탄소강

담금질 및 뜨임에 의하여 인장강도와 연신율을 조절하여 강도 및 경도를 필요로 하는 부품에 사용하며 또한 중심 부분의 강인성을 요구할 때 담금질 및 뜨임을 한 후 사용한다.

2. 기계구조용 합금강

(1) 크롬강(Cr Steel)

탄소강에 1% 내외의 크롬을 첨가한 강으로 0.6~0.85% 정도의 Mn이 함유되어 있어서 경화성이 우수하며 큰 부품의 제작에 사용된다.

(2) 크롬 몰리브덴강(Cr-Mo Steel)

경화성이 크롬보다 좋으며, 뜨임에 대한 저항성이 커서 뜨임 온도가 높아지고 강인성도 크다.

(3) 니켈 크롬강(Ni-Cr Steel)

경제성 때문에 Cr강, Cr-Mo강, 저Ni-Cr-Mo강이 대신하여 사용된다. 니켈 및 크롬 함유량이 많은 강은 뜨임 취성이 강하게 나타나므로 뜨임 후 급랭시켜야 한다.

(4) 니켈 크롬 몰리브덴강(Ni-Cr-Mo Steel)

Ni-Cr강에 Mo을 소량 첨가하여 경화성 및 뜨임 취성완화 등을 개량한 강으로 고온 뜨임이 가능하여 Ni-Cr강과 비교해서 강인성이 크다.

[Question 05] 주물공장의 자동화

1. 개요

주물제품의 품질수준을 향상시키고 공해문제 또는 인력절감 등을 위해서 주물공장의 자동화가 필요하며 점차 기계화 및 자동화가 확대되고 있다.

2. 자동화의 장점

(1) 인력을 절감할 수 있다.
(2) 안전하게 작업할 수 있다.
(3) 주물의 품질을 향상시킬 수 있다.
(4) 재료를 절감할 수 있다.
(5) 불량률의 감소와 생산성을 향상시킬 수 있다.
(6) 작업환경을 개선한다.

3. 자동화 요소

(1) 주물사 처리의 자동화

① 처리장치(생형사)

㉠ 주물사 혼련장치
㉡ 주물사 분리장치
㉢ 주물사 저장 및 공급장치
㉣ 주물사 냉각장치
㉤ 주물사 운반설비

② 처리과정

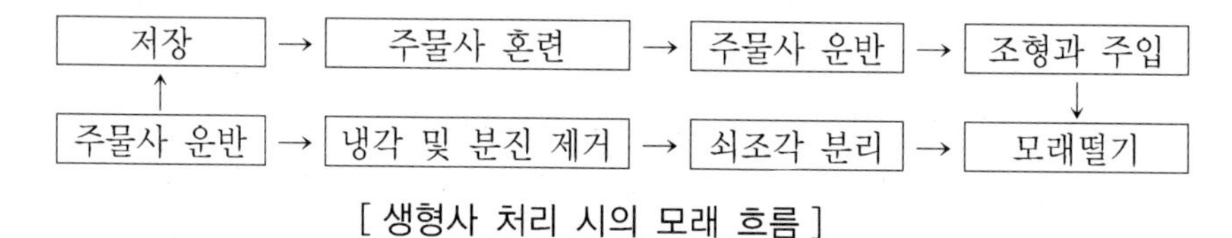

[생형사 처리 시의 모래 흐름]

(2) 조형의 자동화

① 주물사의 공급
② 다짐작업
③ 형빼기 및 합형 작업

(3) 용해작업의 자동화

① 장입작업의 기계화

② 풍량과 풍압의 자동조정

(4) 함유성분의 자동조정

① 장입재료의 성분분석

② 용탕의 성분분석과 조절

(5) 주형제작 외의 자동화 시스템

① 운반작업의 자동화

② 주입작업의 자동화

③ 후처리작업의 자동화

④ 집진설비의 자동화

[Question 06] 건설기계구조에 사용되는 Bearing Metal에 대하여 설명하시오.

1. Bearing

(1) 미끄럼 베어링 설계 시 중요 인자

① 하중

② 회전속도

③ 베어링 온도

④ 윤활방법

⑤ 상대축의 상황 등

(2) Bearing Metal 사용조건

① 윤활유와 그 열화 상황

② Bearing Metal의 구성상태

③ Bearing 표면의 피로상태

④ Bearing 표면의 부식상태

⑤ 상대축의 경도

⑥ 축 및 Bearing의 마찰, 마모의 상황 등

(3) Bearing Metal 재료에 필요한 성질

① 잘 소착되지 않을 것

② 내식성이 높을 것

③ 피로강도가 높은 것
④ 압축강도가 높은 것
⑤ 마찰이나 마모가 낮은 것

(4) 재질별 특성

① 화이트 메탈(Sn 및 Pb계)

㉠ 백색 또는 회백색 외관을 하고 있으며 저하중에서 고하중까지 광범위하게 사용되고 있다.

㉡ 회전 초기에 신속하게 마찰을 경감하는 뛰어난 친근성이 있다.

㉢ 안정된 윤활상태가 될 때까지의 베어링 온도 상승이 적다.

㉣ Sn합금은 고온에서 기계적 성질이 저하할 우려 때문에 Pb 함유량을 3% 이하로 제한한다.

㉤ 사용조건

- Sn 합금 : 하중 120kg/cm^2 이하, 속도 10m/s 이하, 베어링 온도 100℃ 이하, 축경도 HrC 15 이상
- Pb 합금 : 하중 100kg/cm^2 이하, 속도 8m/s 이하, 축경도 HrC 10 이상

② 동합금

㉠ 내마모성 및 기계적 강도 등을 필요로 하는 곳에 주석 청동주물, 알루미늄 청동주물, 인청동 등이 사용된다.

㉡ Kelmet Metal(Cu-Pb합금)은 고부하의 베어링에 사용되며 Cu합금보다 양호한 특성을 지닌 Bearing Metal로 내연기관에 가장 많이 사용되고 있다.

㉢ 고부하 내연기관은 베어링 손상방지를 위하여 Kelmet 위에 Pb-Sn합금(두께 0.01~0.03mm 정도)을 '입히기'(Overlay)한 후 사용한다.

㉣ 사용조건

- Kelmet Metal : 하중 300kg/cm^2, 베어링 온도 150℃ 이하, 회전속도 10m/s 이하, 축경도 HrC 50 이상
- Overlay Kelmet Metal : 하중 350kg/cm^2 이하, 회전속도 12m/s 이하
- 청동 Bearing : 하중 75kg/cm^2 이하, 속도 3m/s 이하, 축경도 HrC 25 이상
- 인청동, 알루미늄 청동, 베릴륨 청동 : 하중 150kg/cm^2 이하, 회전속도 5m/s 이하, 축경도 HrC 50 이상

③ 알루미늄 합금

㉠ Al-Sn 합금(Sn 20% 이상 함유)은 내피로성, 내식성 및 열전도성이 우수하여 고성능 내연기관에 사용된다.

㉡ Al합금 고유의 큰 열팽창계수 때문에 온도상승이 격심한 Bearing에는 축과

Bearing 간극 설계 시 불리하다.

㉢ 사용조건

- Al-Sn 합금 : 하중 350kg/cm^2 이하, 베어링 온도 150℃ 이하, 회전속도 8m/s 이하, 축경도 HrC 50 이상
- Overlay Al-Sn합금(Pb-Sn합금) : 하중, 회전속도 10~20% 정도 향상

④ 아연합금

㉠ 다이캐스트를 이용한 다량생산이 가능하므로 경제성이 좋고, 기계적 성질이 양호하며 재질의 균일성이 우수하다.

㉡ 윤활유와의 친화성과 내마모성이 크다.

㉢ 사용조건 : 하중 120kg/cm^2 이하, 베어링 온도 130℃ 이하, 회전속도 5m/s 이하, 축경도 HrC 30 이상

[Question 07] 금속강화기구에 대하여 설명하시오.

재료의 항복현상은 재료내의 전위의 이동도에 따라 달라지게 되며, 전위의 이동도는 전위와 다른 결함의 상호작용에 의해 좌우된다. 따라서 재료 내에서 전위의 이동을 억제시키는 여러 가지 방법들이 금속재료 강화기구의 기본 메커니즘이 된다.

1. 고용체 강화(Solid Solution Hardening)

보통 용매원자의 격자에 용질원자가 고용되면 순금속 바도 강한 합금이 된다. 이것은 고용체를 형성하면 그것이 치환형이건 침입형이건 간에 격자의 뒤틀림 현상이 생기고 따라서 용질원자 근처에 응력장이 형성된다. 이 용질원자에 의한 응력장이 가동전위의 응력장과 상호작용을 하여 전위의 이동을 방해하여 재료를 강화시키는 형태를 고용체 강화라고 한다.

만약 용질원자가 격자내에 불규칙하게 분포되어 있으면 고용체 강화의 효과가 적고, 규칙적으로 분포되어 있으면 그 효과가 크다. 그 이유는 전위선이 직선이고 용질원자가 완전한 불규칙도를 갖는다면, 전위선에 가해지는 힘은 전위선에 대한 용질원자의 상대적인 위치에 의해 결정되는데 직선의 전위선과 완전한 불규칙도를 갖는 용질원자의 분포에서는 전위에 가해지는 힘의 합이 영으로 된다. 그러나 실제로는 용질 원자가 완전한 불규칙도를 이루지 못하고, 전위선이 직선을 유지하고 있지 않아 쉽게 휘어지기 때문에 전위에 힘을 작용하여 전위의 이동을 억제한다.

전위와 용질원자의 상호작용에 의한 항복강도의 증가량은 전위와 용질원자의 상호작용

에 의한 강도에 비례하며, 용질원자농도의 제곱근에 비례한다.
(금속 기지에 미세하게 분산된 불용성의 제2상에 의해 금속이 강화되는 경우가 있는데, 이때 분산된 제2상이 어떤 방법에 의해 도입되었는가에 따라 석출경화와 분산강화로 구별한다. 이러한 제2상에 의한 강화는 제2상 입자의 분포에 따라 달라지며, 제2상 입자의 형상, 부피분율, 평균입자지름 및 평균입자 간 거리에 따라 그 정도가 달라진다.
같은 부피분율의 제2상입자가 존재한다면 제2상의 평균입자지름이 적을수록, 구상보다는 판상이나 봉상으로 존재할수록 평균입자 간 거리가 짧아지기 때문에 강화효과가 크게 나타난다. 또한 제2상 입자가 전위에 의해 잘려지는 경우에는 입자의 크기가 클수록 강화효과가 커지게 된다.)

침입형　　　　치환형

2. 석출경화(Precipitation hardening , 析出硬化)

하나의 고체 속에 다른 고체가 별개의 상(제2상)으로 되어 나올 때, 그 모재가 단단해지는 현상. 일반적으로 합금은 그 성분 원소의 용해도가 온도에 의해 변화가 있거나, 모재가 어느 온도를 경계로 결정형을 바꾸기 위해 용해도가 감소하거나 한다. 그 때문에 성분이 넘치는 원소가 별개의 고체가 되어 나오게 되는 경우가 보통이다. 이 석출경화를 이용하는 경우는 특수한 강두랄루민 등의 강력한 알루미늄합금, 베릴륨구리 등의 강력구리합금 등이 있다. 스테인리스강 중에 PH라는 기호가 붙는 것은 석출경화에 의한 처리를 했다는 뜻으로, 영어 precipitation hardening의 머리 문자이다.

(1) 정합과 부정합(Coherency and Incoherency)

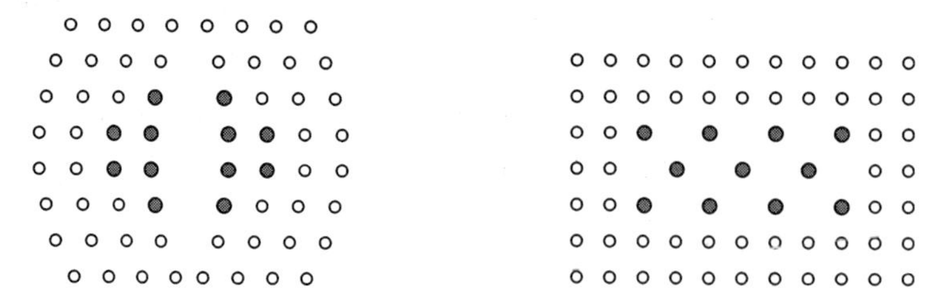

[Al-Cu 합금에서 준안정 정합석출문(석출경화)(왼쪽)과 비정합석출물(분산강화)(오른쪽)의 평면 모식도]

3. 분산강화(Dispersion Hardening, 分散硬化)

분산강화란 제2상이 고용체로부터의 석출이 아닌 다른 과정(분말야금법이나 내부산화법 등)에 의해 형성될 경우의 강화현상을 말한다. 그러나 분산강화계에서는 제2상의 고용도가 고온에서도 매우 작다. 따라서 재료가 고온에서 유지될 때 석출경화계 합금에서는 제2상이 기지 중에 재용해 함으로써 고온에서는 연화되지만, 분산강화계에서는 고온에서도 제2상이 기지 중에 용해하지 않으므로 고온에서도 우수한 기계적 성질을 유지한다.

분산 경화는 석출 경화와는 다르다. 석출 경화는 과포화 고용체로부터 용질원자가 미립으로 석출됨에 따라 경화되는 현상이며, 분산 경화는 최초부터 고용되지 않은 미립자의 존재에 의해 경화되는 것이다. 분산 경화용 미립자로써는 모체격자에 대해 화학적으로 중성이며, 단단하고, 초현미경적인 미립으로, 균일하게 분산되는 성질의 것이어야 하는 것이 필요하다. 이 초미립자가 상온 및 고온에서 슬립에 저항하여 결정립의 성장 및 재결정을 방해하는 역할을 하기 때문에 강도가 높고, 탄성한도도 크다.

3. 결정입계에 의한 강화

일반적으로 다결정 재료에 있어서 결정입계 그 자체는 고유의 강도를 갖고 있지 않으며, 결정입계에 의한 강화는 결정립 내의 슬립을 상호 간섭함에 의해 일어난다. 따라서 결정입계가 많아질수록 즉, 결정의 입도가 작아질수록 재료의 강도는 증가하게 되는 것이다. 쉽게 말하면 결정입계가 전위의 이동에 대해서 장애물로 작용한다는 것이다.

4. 가공경화(Work Hardening)

가공경화는 재료에 물리적인 가공을 가하여 재료를 경화시키는 방법이다. 그 과정은 재료를 가공함으로써 전위 응력장이 상호작용을 일으켜 부동전위를 만들게 되며, 조그전위를 형성하여 다른 슬립시스템과의 교차가 일어나 전위의 슬립이 제대로 이루어지지 않아 경화되는 과정이다. 이것은 열처리에 의하여 강화시킬 수 없는 금속이나 합금을 강화시키는데 공업적으로 중요한 공정이라 볼 수 있다.

가공경화는 물리적 성질의 변화를 일으키는데, 우선 수십분의 일 퍼센트 정도의 밀도가 감소하고, 전기 전도도는 다소 감소하며, 열팽창계수는 약간 증가한다. 열간가공보다는 냉간가공이 변형응력이 높다. 냉간가공한 상태는 내부에너지의 증가로 인해 화학반응성이 증가한다. 이것은 부식 저항성을 감소시키고 어떤 합금에 있어서는 응력부식균열을 일으키게 된다.

5. 시효경화(Age-hardening, 時效硬化)

금속재료를 일정한 시간 적당한 온도 하에 놓아두면 단단해지는 현상. 상온에 방치해 두어도 단단해지는 경우와 어느 정도 가열하지 않으면 단단해지지 않는 경우가 있는데, 상온에서 단단해지는 것을 상온시효 또는 자연시효라 하고, 어느 정도 가열해야만 단단해지는 경우를 뜨임시효 또는 인공시효라 한다. 시효가 일어나는 까닭은 금속재료의 본래의 상태가 불안정하여 안정 상태로 변하기 때문인데, 이 변화를 일으키기 위해서는 금속 결정 속에서 원자가 필요한 만큼 움직여야 한다. 이 움직임이 상온에서도 가능하면 상온시효가 일어나지만, 온도가 너무 낮아 금속원자의 이동이 일어나지 않을 경우에는 어느 정도 가열해 줌으로써 변화가 일어나므로 인공시효가 된다.

제 02 장

소성가공

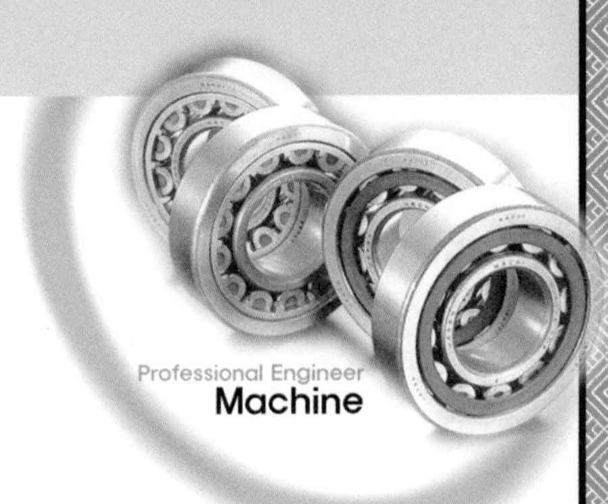

제1절 소성이론

1 소성가공의 개요

1. 탄성과 소성

1) 탄성과 탄성변형

(1) 탄성(Elasticity)

외력을 제거하면 원형으로 돌아가는 성질

(2) 탄성변형(Elastic Deformation)

금속뿐만 아니라 일반적으로 고체를 잡아당기면 그 힘의 방향으로 늘어나는데 힘이 작은 동안에는 힘에 비례하여 늘어난다(후크의 법칙). 그리고 힘을 제거하면 늘어나는 것은 없어지고 처음 길이로 되돌아간다. 이러한 탄성한도 내에서의 변형을 탄성변형이라 한다.

2) 소성과 소성변형

(1) 소성(Plasticity)

재료를 파괴시키지 않고 영구히 변형시킬 수 있는 성질

(2) 소성변형(Plastic Deformation)

고체를 당기는 힘이 탄성한도를 초과하면 늘어나는 것이 탄성변형의 경우보다 많이 증가하여 당기는 힘을 제거해도 처음의 길이로 되돌아가지 않고 늘어난 것이 일부 남아 있게 된다. 이와 같이 탄성한도 이상의 힘을 가하여 변형시키는 것을 소성변형이라 한다.

(3) 소성가공(Plastic Working)

소성가공은 금속이나 합금에 소성 변형을 하는 것으로 가공 종류는 단조, 압연, 선뽑기, 밀어내기 등이 있으며 금속이나 합금에 소성가공을 하는 목적은 다음과 같다.

① 금속이나 합금을 변형하여 소정의 형상을 얻는다.
② 금속이나 합금의 조직을 깨뜨려 미세하고 강한 성질로 만든다.
③ 가공에 의하여 생긴 내부 변형을 적당히 남겨 놓아 금속 특유의 좋은 기계적 성질을 갖게 한다.

소성가공은 변형을 일으키기 위하여 가열하는 온도에 따라 냉간가공과 열간가공으로 구분한다.

㉠ 냉간가공 : 재결정 온도 이하의 낮은 온도에서 가공
㉡ 열간가공 : 재결정 온도 이상의 높은 온도에서 가공

재결정 온도는 금속이나 합금의 종류에 따라 뚜렷하게 다르므로 냉간가공과 열간가공의 온도 범위는 금속이나 합금의 종류에 따라 다르다.

3) 점성과 점성변형

(1) 점성(Viscosity)

응력을 일정한 값으로 유지할 때 변형이 시간에 따라 연속적으로 증가하는 성질

(2) 점성변형(Viscosity Deformation)

점성의 성질을 갖고 있는 변형

2. 훅의 법칙(Hook's Law)

Thomas Young은 재료의 강성(Stiffness)을 측정하는 데 변형률에 대한 응력의 비를 사용할 것을 제안하였다. 이 비를 Young의 계수 혹은 탄성계수라 하고, 그 비는 응력과 변형률선도의 직선부분의 기울기이다.

1) 훅(Hooke)의 법칙

비례한도 이내에서 응력과 변형률은 비례한다.

2) 세로탄성계수(종탄성계수)

$$E = \frac{\sigma}{\varepsilon} = \frac{P/A}{\delta/l} = \frac{P \cdot l}{A \cdot \delta}$$

$$\delta = \frac{Pl}{AE}$$

연강에서 세로탄성계수 $E = 2.1 \times 10^6 [\mathrm{kg/cm^2}]$

3) 가로탄성계수(횡탄성계수)

$$G = \frac{\tau}{\gamma} = \frac{P_s/A}{\lambda/l} = \frac{P_s \cdot l}{A \cdot \lambda}$$

연강에서 가로탄성계수 $G = 0.81 \times 10^6 [kg/cm^2]$

3. 소성가공에 이용되는 성질

1) 가단성(Malleability) 또는 전성

(1) 정의

단련에 의하여 금속을 넓게 늘릴 수 있는 성질

(2) 가단성의 크기순서

Au > Ag > Al > Cu > Sn > Pt > Pb > Zn > Fe > Ni

2) 연성(Ductility)

(1) 정의

금속선을 뽑을 때 길이방향으로 늘어나는 성질

(2) 연성의 크기순서

Au > Pt > Ag > Fe > Cu > Al > Ni > Zn > Sn > Pb

3) 가소성(Plasticity)

물체에 압력을 가할 때 고체상태에서 유동되는 성질로서 탄성이 없는 성질

4. 소성가공의 종류와 장점

1) 소성가공의 종류

(1) 단조가공(Forging)

보통 열간가공에서 적당한 단조기계로 재료를 소성가공하여 조직을 미세화시키고, 균질상태에서 성형하며 자유단조와 형단조(Die Forging)가 있다.

(2) 압연가공(Rolling)

재료를 열간 또는 냉간가공하기 위하여 회전하는 롤러 사이를 통과시켜 예정된 두께,

폭 또는 직경으로 가공한다.

(3) 인발가공(Drawing)

금속 파이프 또는 봉재를 다이(Die)를 통과시켜, 축방향으로 인발하여 외경을 감소시키면서 일정한 단면을 가진 소재로 가공하는 방법

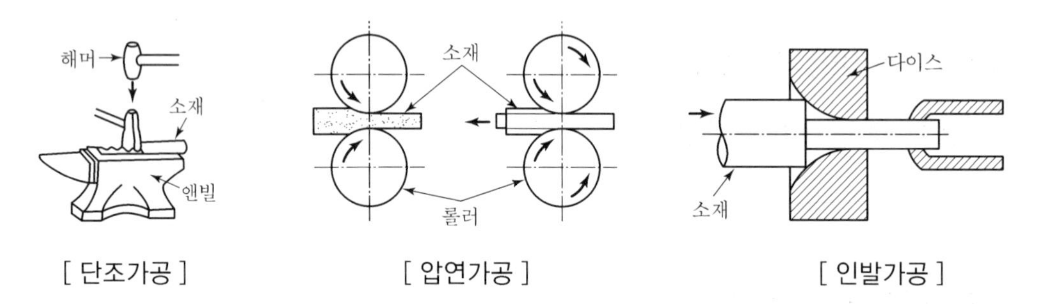

[단조가공] [압연가공] [인발가공]

(4) 압출가공(Extruding)

상온 또는 가열된 금속을 실린더 형상을 한 컨테이너에 넣고, 한쪽에 있는 램에 압력을 가하여 압출한다.

(5) 판금가공(Sheet Metal Working)

판상 금속재료를 형틀로써 프레스(Press), 펀칭, 압축, 인장 등으로 가공하여 목적하는 형상으로 변형 가공하는 것

(6) 전조가공

작업은 압연과 유사하나 전조 공구를 이용하여 나사(Thread), 기어(Gear) 등을 성형하는 방법

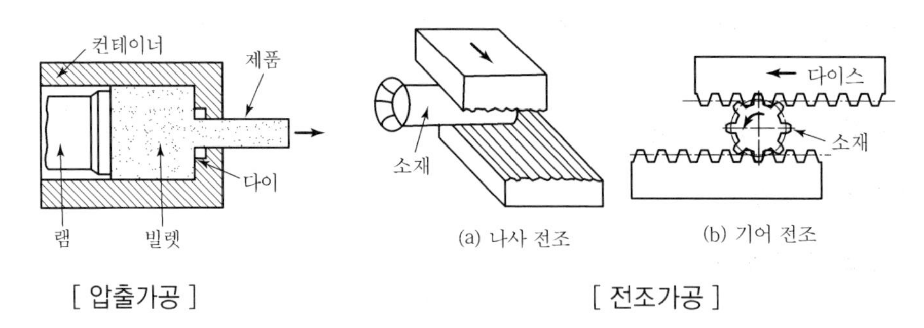

[압출가공] [전조가공]

2) 소성가공의 장점

(1) 보통 주물에 비하여 성형된 치수가 정확하다.

(2) 금속의 결정조직이 치밀하게 되고 강한 성질을 얻는다.

(3) 대량생산으로 균일제품을 얻을 수 있다.
(4) 재료의 사용량을 경제적으로 할 수 있다.

2 냉간가공과 열간가공

1. 냉간가공(상온가공 : Cold Working)

1) 정의

재결정온도 이하에서 금속의 인장강도, 항복점, 탄성한계, 경도, 연율, 단면수축률 등과 같은 기계적 성질을 변화시키는 가공

2) 특징

(1) 가공면이 아름답고 정밀한 모양으로 가공한다.
(2) 가공경화로 강도는 증가하나 연신율이 작아진다.
(3) 가공방향으로 섬유조직이 생기고 판재 등은 방향에 따라 강도가 달라진다.

2. 열간가공(고온가공 : Hot Working)

1) 정의

재결정온도 이상에서 하는 가공

2) 장단점

(1) 장점

1회에 많은 양의 변형, 가공시간이 짧다. 동력이 적게 들며, 조직을 미세화

(2) 단점

표면이 산화되어 변질, 균일성이 적다. 치수에 변화가 많아짐

[Question 01] 가공경화(Work Hardening)와 재결정 온도

1. 재결정

   금속의 결정입자를 적당한 온도로 가열하면 변형된 결정입자가 파괴되어 점차로 미세한 다각형 모양의 결정입자로 변화

2. 가공도와 재결정 온도

   재결정 온도와 가공도와의 관계를 조사하여 보면 일반적으로 가공도가 큰 재료의 재결정은 낮은 온도에서 생기고, 가공도가 작은 것의 재결정은 높은 온도에서 생긴다. 가공도가 큰 것은 새로운 결정핵이 생기기 쉬우므로 재결정이 낮은 온도에서 생긴다. 그러나 가공도가 작은 것은 결정핵의 발생이 적어 높은 온도까지 가열하지 않으면 재결정이 완료되지 않는다.
   일반적으로 변형량이 클수록 변형 전의 결정립이 작을수록 금속의 순도가 높을수록 변형 전의 온도가 낮을수록 재결정 온도는 낮아진다.

3. 가공경화와 재결정온도

   금속재료를 상온에서 Forging, Rolling, 인발, 압출, Press 가공 등의 가공을 하면 강도와 경도가 증가하고 연율은 줄어든다. 이 현상을 가공 경화라 하며 원인은 상온에서 금속의 유동성이 불량한데 가공하기 위한 큰 외력이 증가하므로 내부응력이 증가하여 발생한다. 이때 조직에서 부서진 결정 입자가 있는데 이것을 가열하여 어떤 온도로 유지하면 새로운 결정 입자가 생겨 가공 경화된 부분이 원상태로 돌아간다.
   이 현상을 재결정 온도라 부른다. 이와 같이 재결정이 생기는 온도를 재결정 온도라고 하며 강철은 400~500℃ 정도이다. 따라서 재결정 온도 이상에서의 가공은 가공경화가 발생하지 않는다. 이와 같은 가공을 열간가공이라 하고 재결정 온도 이하의 가공을 냉간가공이라 한다.

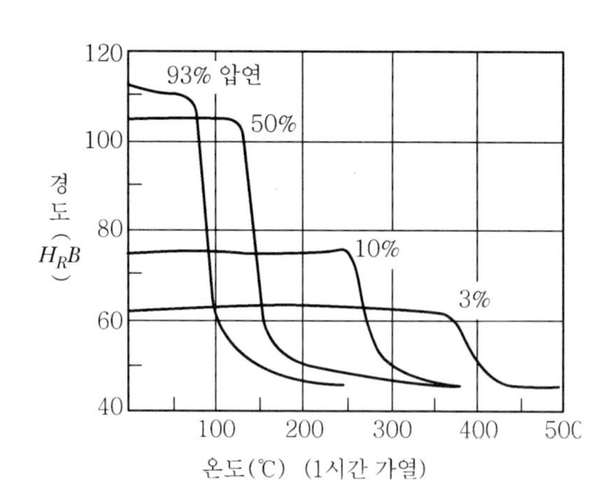

[Question 02] 반성품(半成品)의 표면결함 및 제거법

1. 개요

강괴의 결함은 Bloom, Billet, Bar 등으로 압연될 때 가열과 압연 과정 중에 반성품의 표면에 나타난다. 비용절감의 측면에서 이러한 결함은 빨리 제거해야 하며 분괴공정 전의 강괴에서 제거하는 것이 바람직하다.
반성품의 표면결함은 강괴의 결함 또는 주입 시의 불량요인, 가열, 압연방법 등에 따라 생기게 된다.

2. 결함의 종류

(1) 강괴 균열(Ingot Crack)

원인	대책
• 과도하게 높은 온도에서의 주입(수지상 결정의 과도 성장)	• 주입온도를 낮춘다.
• 유황의 함유(적열취성)	• Mn 첨가(FeS를 MnS 상태로 변경)
• 주형 중에서 용탕의 튐	• 주형도료 사용 • 주형의 구조개선 • 주입방법 변경

(2) 딱지(Scab)

① 현상 : 강괴 주입 시 용탕이 주형 내벽에 튀어 올라서 주형벽에서 급격히 응고 산화하여 표면에 마치 개의 귀(Dog Ear)처럼 나타난다.

② 대책

㉠ 주입속도의 조절

㉡ 주형의 도장(흑연, 알루미늄칠, 기름)

㉢ 주입방법 개선

(3) Seam

① 현상

㉠ 강괴 균열에 기인하는 길고 심한 균열

㉡ 정도가 얕고 집중되어 나타나는 짧은 균열

② 대책

㉠ 길고 심한 Seam은 강괴균열의 대책과 같음

㉡ 압연온도를 적절하게 조정

㉢ 급격한 가열을 피함

(4) Cinder Patch

① 현상 : 가열로의 노저에 있는 스케일이 강괴에 부착하여 생기며 일반적으로 강괴의 하부에 딱지 모양으로 나타남

② 대책 : 고온 강괴 하부를 위로 향하도록 하여 균열로에 장입

(5) 소과(Burned Steel)

① 현상 : 강괴를 균열로에서 가열할 때 화염이 강괴의 표면이나 모서리 부분에 닿아 생기는 것으로 결정입계가 과열로 인하여 산화되어 분리압연 중에 강괴균열이 발생됨

② 대책 : 특별한 대책이 없으며 재용해한다.

(6) Laps

압연기 Pass에 재료를 장입하여 생기는 것으로 Fin 또는 돌기물의 원인이 된다.

3. 표면결함제거법

(1) 인공적 제거

① 정(Chisel) 및 해머를 사용하여 결함부위를 제거한다.

② 주로 연한 재료에 적용되나 소요시간이 길다.

(2) 기계적 제거

① 플레이너, 밀링머신에 의해 절삭한다.

② 다른 방법에 비해 금속의 손실이 많다.

③ 주로 대형 Bloom에 적용하며 설비비가 비싸다.

(3) 용삭 제거(Scarfing)

① 산소로 강재의 표면을 산화, 용융시키는 방법

② 국부고온 가열로 담금질 효과에 의한 용삭 균열 발생이 우려된다.

③ 용삭 시 용융금속이 응고하여 처리비용이 싸다.

④ 처리속도가 비교적 빠르며 처리비용이 싸다.

⑤ 용삭 후에는 가열하여 내부응력을 제거해야 한다.

(4) 연삭 제거(Grinding)

① 주로 경도가 높은 금속에 적용(스테인리스강)

② 처리 시 결함의 재발생이 적으나 처리비가 고가이다.

(5) 기타 방법

압연과정에 Hot Scarfer를 채택하여 제거

제2절 단조가공

1 단조의 종류와 단조 에너지

1. 단조의 종류

→ 열간단조(Hot Forging) : Hammer단조, Press단조, Upset단조, 압연단조
→ 냉간단조(Cold Forging) : Cold Heading, Coining, Swaging

재료를 기계나 해머로 두들겨 성형하는 가공을 단조라 하며, 재결정온도를 기준으로 재결정온도 이상에서 작업하는 가공을 열간가공이라 하고, 재결정온도 이하에서 가공하는 것을 냉간가공이라 한다.

장단점	열간단조	냉간단조
장점	① 주조조직의 유공정(Pin Hole)이 제거된다. ② 치밀하고 균일한 조직이 된다. ③ 소성이 증가한다. ④ 가공이 용이하고, 표면의 거친 가공이 용이하다.	① 가공면이 아름답고 정밀하다. ② 사용재료의 손실이 적다. ③ 제품의 치수를 정확히 할 수 있다. ④ 어느 정도 기계적 성질을 개선시킬 수 있다.
단점	산화로 정밀한 가공이 곤란하다.	가공이 어렵다.

1) 자유단조

개방형 형틀을 사용하여 소재를 변형시키는 것

2) 형단조(Die Forging)

(1) 정의

2개의 다이(Die) 사이에 재료를 넣고 가압하여 성형하는 방법

(2) 특징

복잡한 형상을 가진 제품을 값싸게 대량 생산할 수 있는 장점이 있으나, 형틀의 가격이 비싸다.

3) 업셋단조(Upset Forging)

가열된 재료를 수평으로 형틀에 고정하고 한쪽 끝을 돌출시키고 돌출부를 축 방향으로 헤딩공구(Heading Tool)로써 타격을 주어 성형

<업셋단조의 3원칙>★★

① 제1원칙 : 1회의 타격으로 제품을 완성하려면 업셋할 길이 L은 소재 직경 D_0의 3배 이내로 한다.(보통 2.5배)

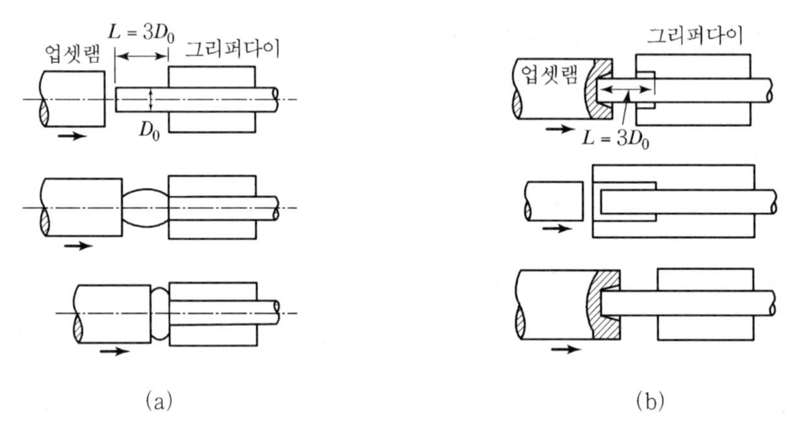

[업셋단조의 제1원칙]

② 제2원칙 : 제품직경이 $1.5D_0$보다 적을 때는 L은 $(3\sim6)D_0$로 한다. 소재의 길이가 너무 길면 1회에 작업하지 않고 중간공정으로 테이퍼 예비형상을 만든 후 최종제품을 성형하는 것이 바람직하다.

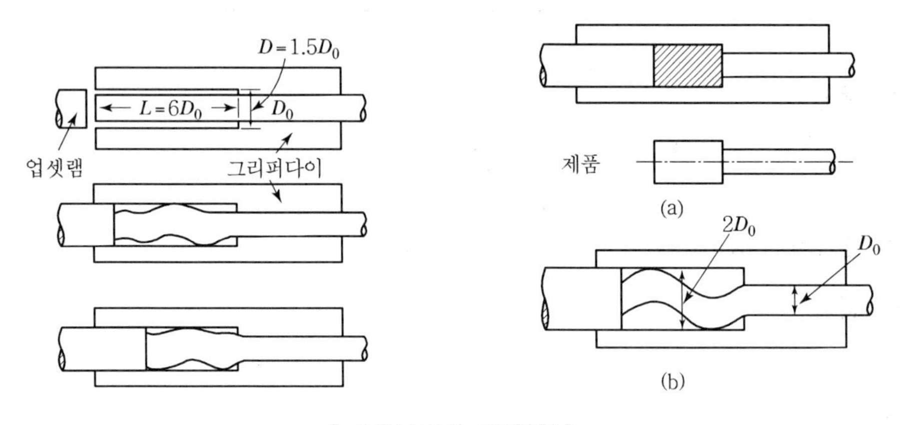

[업셋단조의 제2원칙]

③ 제3원칙 : 제품직경이 $1.5D_0$이고 L > $3D_0$일 때 업셋램과 Die와의 간격은 D_0를 넘어서는 안된다.

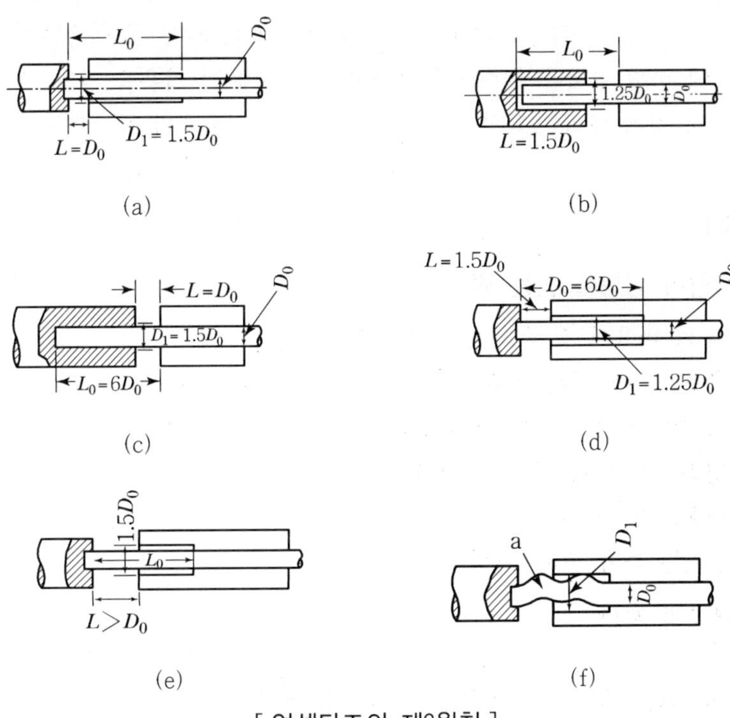

[업셋단조의 제3원칙]

4) 압연단조

1쌍의 반원통 롤러 표면 위에 형을 조각하여 롤러를 회전시키면서 성형하는 것으로 봉재에 가늘고 긴 것을 성형할 때 이용

5) 콜드 헤딩(Cold Heading)

볼트나 리벳의 머리 제작에 이용

6) 코이닝(Coining)

동전이나 메달 등을 만드는 가공법

7) 스웨이징(Swaging)

봉재 또는 관재의 지름을 축소하거나 테이퍼(Taper)를 만들 때 사용

2. 변형저항과 단조 Energy

단조기계는 순간적으로 충격력을 가하는 기계해머류 및 기계프레스와 천천히 가압하는 유압 프레스 등으로 구분할 수 있다. 기계해머는 낙하 중량과 타격속도를 이용하여 가공을 행하며 프레스는 해머에 비해 단시간의 충격이 아니고 내부까지 그 작용을 임의 시간동안 가할 수 있다. 일반적으로 기계 해머는 낙하 중량으로 유압프레스는 램의 압력으로 용량을 표시한다.

1) 변형저항(K)

(1) 변형저항이 영향을 받는 원인

① h/A_0의 비율이 작을 때에는 크게 된다.
② 접촉면의 중심부는 외주변보다 크고 또한 같은 분포상태를 갖지 않는다.
③ 접촉면이 거칠 때에는 크게 된다.
④ 변형속도가 크게 되면 증가한다.
⑤ 가공온도가 높으면 작아진다.
(단, h는 높이, A_0는 단면적이다.)

(2) 변형저항의 계산

$$K = K_0 + K_1, \quad E_K = KV_K \qquad \therefore\ K = \frac{E_K}{V_K}$$

여기서, K_1 : 외부조건에서 오는 저항
K : 이론적 변형저항
E_K : 전체에너지, V_K : 체적

2) 단조 Energy(E)

$$E = Ph = \frac{mv^2}{2}\eta = \frac{v^2}{2g}W\eta \qquad \therefore\ P = \frac{v^2}{2gh}W\eta$$

여기서, W: 해머의 중량(kg)
v : 타격순간의 해머속도
η : 해머의 효율
h : 타격에 의한 단조재료의 높이변화
P : 타격하는 힘

2 단조재료와 가열로

1. 단조재료

1) 단련강(Wrought Steel)

(1) 기계적 성질이 연강보다는 떨어지나 연성이 크고, 가단성이 좋아 특수 용도에 사용된다.
(2) 봉재, 선재, 판재 등으로 목공구 및 기계제작 등에 사용된다.

2) 탄소강

(1) 주로 탄소(C)만을 함유한 강철로서 C=0.035~1.7%이고 탄소함유량에 따라 연강, 반경강, 경강, 탄소공구강이 있다.
(2) 인장강도, 경도, 항복점은 탄소함유량(C=0.86%)까지 증가되고 연율, 단면수축률, 충격치 등은 감소한다.

3) 특수강

(1) 탄소강에 Ni, Cr, W, Si, Mn, Co, V 등의 원소 중 하나 또는 둘 이상이 함유된 강
(2) 구조물 강철, 공구용 강철, 특수목적용 강철(내열, 내식, 밸브, 전기용) 등으로 나누며 그 용도가 매우 넓다.

4) 동합금

(1) 황동

① 칠삼(七三)황동
  ㉠ 선, 파이프, 탄피 등의 제작에 사용
  ㉡ 상온가공 시 경도와 인장강도는 증가되고 연율은 감소한다.
② 육사황동 : 판재 및 봉재로 사용

(2) 청동(Bronz)

단면용 청동은 판재, 선재, 샤프트, 봉재 등에 사용되며 Sn이 소량 포함된 것은 상온가공하고 많이 들어간 것은 500~600℃에서 고온가공을 한다.
① 인청동 : 스프링, 샤프트 등에 사용
② Si 청동 : 와이어(Wire)용
③ Ni 청동 : 터빈 블레이드용

④ Al 청동 : 내식용
⑤ 경합금 : Al은 판재, 봉재, 선재 및 파이프 등의 제작에 사용

2. 가열로

- 직접식 가열로 : 고정식 벽돌화덕, 이동식로
- 간접식 가열로 : 반사로, 가스로, 중유로, 전기저항로, 염조로

1) 벽돌화덕

Cokes, 목탄, 석탄 등의 연료를 사용하여 소형물의 가공에 적합

2) 지면화덕(Floor Hearth)

대형물의 가공에 적합하며 불필요 시 작업장으로 활용할 수 있다.

3) 반사로

무연탄, 중유가스를 사용하며 대형물 가공에 적합하다.

4) 연속식 가열로

가열물을 중단없이 공급할 수 있으므로 작업의 능률을 올릴 수 있다.

5) 전기저항로

온도조절이 용이하고 가공재의 재질변화가 좋다.

6) 기타 가열로

상자형 가열로, 고주파로, 중유로 등이 있다.

〈가열로의 특징 및 용도〉

가열로 명칭	연료 또는 열원	특징	용도
벽돌화덕	코크스, 목탄, 석탄	구조가 간단하고 사용하기 쉬우나 온도조절이 곤란하고 균일하게 가열하기 어렵다.	작은 물건용 가열에 가장 많이 사용된다.
반사로	무연탄 중유·가스	큰 물건 가열에 사용된다.	큰 물건용
가스로	가스	조작이 간편하고 온도조절이 쉽다.	작은 물건용 및 열처리용
중유로	중유	특수 분사용 장치가 필요하다. 조작이 용이하다.	중 및 소형물건에 사용
전기로 (전기저항 선식)	전열	온도 조절이 가장 쉽고 작업이 용이하다. 재질의 변화도 작다.	열처리용
염조로 연로	각종	일정한 온도로 균일하게 가열할 수 있다.	열처리용
고주파로	전기유도열	빨리 가열하여 시간이 적게 걸린다.	작은 물건용 및 열처리용

3 단조용 공구와 기계

1. 단조용 공구

1) 앤빌(Anvil)

(1) 재질

연강으로 만들고 표면에 경강으로 단접한 것이 많으나 주강으로 만든 것도 있다.

(2) 앤빌의 크기

중량으로 표시하며 보통 130~150kg이고 큰 것은 250kg, 작은 것은 70kg 정도의 것도 있다.

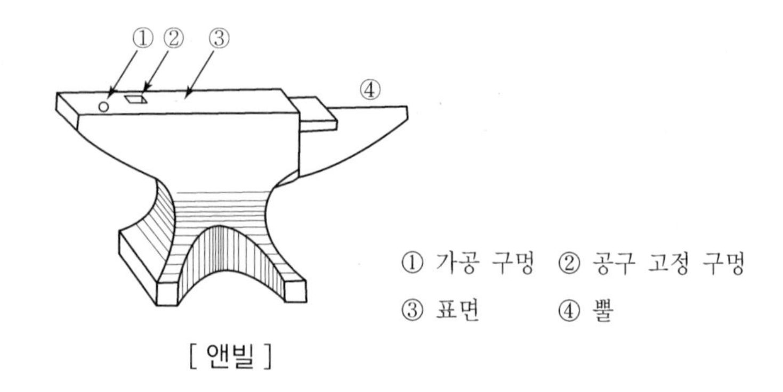

[앤빌]

2) 표준대 또는 정반

기준 치수를 맞추는 대로서 두꺼운 철판 또는 주물로 만든다. 단조용은 때로는 앤빌 대용으로 사용된다.

3) 이형공대(Swage Block)

300~350mm 각(角)정도의 크기로 앤빌 대용으로 사용되며, 여러 가지 형상의 이형틀이 있어 조형용으로 사용된다.

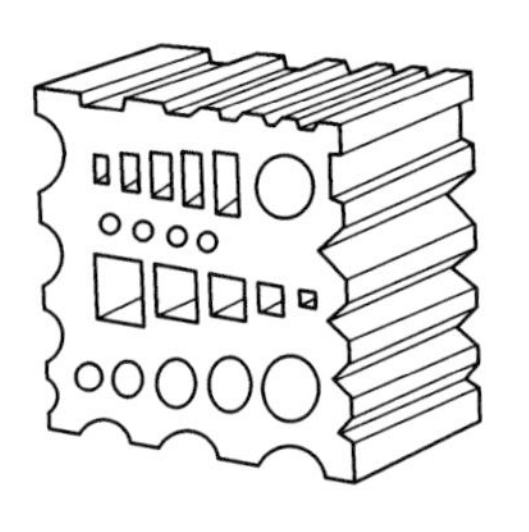

[스웨이지 블록]

4) 해머(Hammer)

마치는 경강으로 만들며 내부는 점성이 크고 두부는 열처리로 경화하여 사용한다.

(1) Hand Hammer

무게 1/4~1kg 내외의 것으로 규격은 무게로 2kg, 1kg 등으로 표시한다.

(2) 대메(Sledge Hammer)

무게 3~10kg의 마치는 대메라고 부르며 손잡이 길이는 약 1m 내외로서 강하게 때리는 데 사용한다.

5) 집게(Tong)

가공물을 집는 공구로서 그 형상은 여러 가지 있어 각종 목적에 사용하기에 편리하게 되어 있으며 전체길이로 표시한다.

6) 정(Chisel)

(1) 재료를 절단할 때 사용하는 것으로 직선절단용, 곡선절단용이 있다.
(2) 정의 각은 상온재 절단용에는 60°, 고온재의 절단용에는 30°가 사용

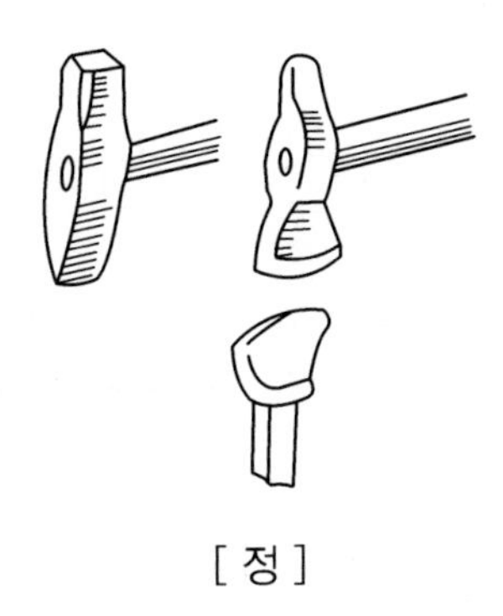

[정]

7) 다듬개

가공물의 표면에 대고 위에서 때려 가공물을 다듬기 하여 형상을 만드는 공구

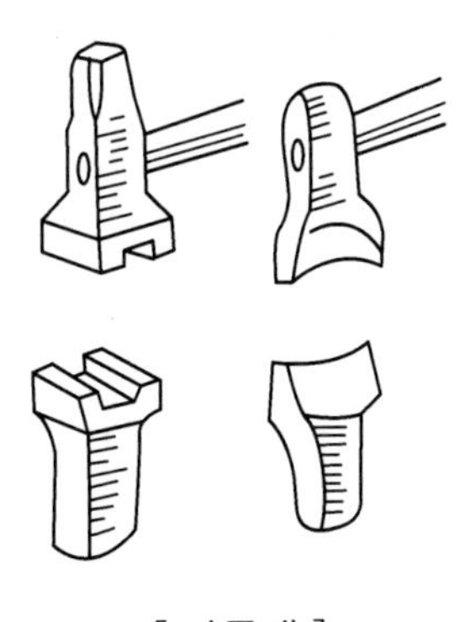

[다듬개]

8) 단조용탭(Swage)

단조재에 원형, 사각형, 육각형 등의 단면을 얻는 데 사용

2. 단조기계

1) 단조해머(Forging Hammer)

가공물에 순간적 타격력을 작용시키는 기계

(1) 낙하해머(Drop Hammer)

Belt, Rope, Board 등을 이용하여 램을 일정한 높이까지 끌어올린 후 낙하시켜 타격을 가하는 해머로 용량은 낙하 전중량의 75%로 표시하고 해머의 효율을 Anvil Ratio(낙하중량/앤빌중량)와 낙하속도의 함수로 표시

(2) 스프링 해머

① 램(Ram)의 속도를 크게 하여 타격에너지를 증가시키고 크랭크핀의 위치를 조정하여 Stoke를 변경할 수 있다.

② 크랭크의 회전수는 대형물일 때 70회/min, 소형물일 때 200~300회/min이나 Stoke가 짧고 타격속도가 크므로 소형물 단조에 적합

(3) 레버해머(Lever Hammer)

구조는 비교적 간단하나 타격횟수가 많아 앤빌면과 램면과의 평행관계가 유지되지 않는 결점이 있다.

(4) 공기해머

자체 내에 공기압축장치가 있어 이 압축공기에 의하여 램을 상하로 운동시키며 조작이 간단하여 2ton 이하의 공작물 단조에 널리 사용

(5) 증기해머(Steam Hammer)

타격력의 조정이 쉽고 해머의 용량은 250kg~10ton이 보통이고, 큰 것은 50~100ton에 이르는 것도 있다.

2) 프레스(Press)

(1) 특징

해머와 같이 타격을 가하지 않고 저속운동으로 압력을 가하여 해머에 비하여 작용압력이 내부까지 잘 전달되고 에너지 손실이 적으며 진동도 적다.

(2) 용량(P)

$$P = \frac{A_e K_f}{\eta}\ (\mathrm{kg})$$

여기서, A_e : 유효단면적, K_f : 변형저항($\mathrm{kg/mm^2}$)

일반적으로 변형저항 K_f는 탄소강 10~20, 자유구멍뚫기 12~15, 밀폐구멍뚫기 30~40이다.

(3) 프레스의 종류

- 수압프레스
- 기계프레스 : Crank 프레스, Knuckle Joint Press, 마찰 프레스, Upset 단조기, Trimming Press

① 수압프레스 : 램 하강용 실린더 내의 수압은 200~300kg/cm²이고, 복귀실린더 내의 수압은 10kg/cm² 정도이다.

② 증기수압프레스(Steam Hydraulic Press) : 고압의 증기로 작동되는 Pump에 의하여 고압의 압력수를 프레스 Cylinder 내에 공급하는 것으로서 가공 실린더 압력은 400~500kg/cm²이 되어 순수수압프레스보다 고압이다.

③ 공기수압프레스(Air Hydraulic Press) : 증기수압프레스의 증기 대신 공기를 공급하는 것으로서 나머지의 작동원리는 동일하다. 용량은 낙하부분의 전체중량을 톤(ton)으로 표시

④ 전기수압프레스(Electric Hydraulic Press) : Rack과 Pinion의 작동으로 압력수를 발생시키는 프레스이며 수압은 400~500kg/cm² 정도이다.

⑤ 크랭크프레스 : 기계프레스(동력프레스, 파워프레스)

4 단조온도와 단조작업

1. 단조온도

소재를 단조할 때는 산화작용, 단조지느러미(Fin), 가공여유 등의 이유로 상당한 중량의 감소가 생긴다. 산화작용은 대체적으로 연료의 종류, 가열로의 종류, 가열시간, 가열속도에 의하여 다르며 1~9%의 재료 손실이 따른다. 단조성을 확보하고 단조제품의 품질을 위한 가열작업과 단조온도는 매우 중요하다. 단조 종료온도가 그 재료의 재결정온도 바로 위에 있는 것이 가장 이상적인 단조온도이다.

가열된 색을 보고 측정 : 암갈색<…<백색<휘백색(1,300℃ 이상)

1) 재료 가열 시 주의사항

(1) 너무 급하게 고온도로 가열하지 말 것(재질이 변화하기 쉬우므로)

(2) 균일하게 가열할 것(정확하고 균일한 형상이 되고 변형이 작으므로)
(3) 필요 이상의 고온으로 너무 오래 가열하지 말 것(산화하여 변질되므로)

2) 최고단조온도

단조할 때 제일 높은 온도로 이 이상에서는 재료의 산화가 심하게 되고 또한 과열되면 버닝(Burning)이 생긴다. 연소나 용융 시작온도의 100℃ 이내로 접근하지 않도록 함

3) 단조완료온도

단조는 열간가공이므로 가공과 동시에 결정입자는 미세화되나 가공작업이 완료하여도 재결정온도 이상에 있을 때에도 결정입자는 다시 조대화된다. 그러므로 단조완료 온도는 재결정온도 근처로 하는 것이 좋다.

〈각 재료의 단조온도 및 완료온도〉

재료	최고단조온도	단조종료온도
탄소강 Ingot	1,200℃	800℃
Ni 강	1,250℃	850℃
고속도강	1,200℃	1,000℃
스테인리스강	1,300℃	850℃

2. 단조작업

1) 자유단조★

(1) 늘이기(Drawing)

굵은 재료를 때려 단면을 좁히고 길이를 늘이는 작업

(2) 굽히기(Bending)

① 재료의 바깥쪽은 늘어나고 안쪽은 압축된다.
② 응력과 변형이 없는 중립면은 안쪽으로 이동한다.
③ 바깥쪽에 얇아지는 것을 방지하기 위해 덧살을 붙인다.

(3) 눌러붙이기(Up-Setting)

늘이기의 반대로 긴재료를 축 방향으로 압축하여 굵게 하는 작업으로 재료의 길이는 지름의 3배 이내로 한다.

(4) 단짓기(Setting Down)

재료에 단을 지우는 작업

(5) 구멍뚫기(Punching)

펀치를 때려박아 구멍을 뚫는 작업

(6) Rotary Swaging

주축과 함께 Die를 회전시켜서 Die에 타격을 가해 단조하는 작업

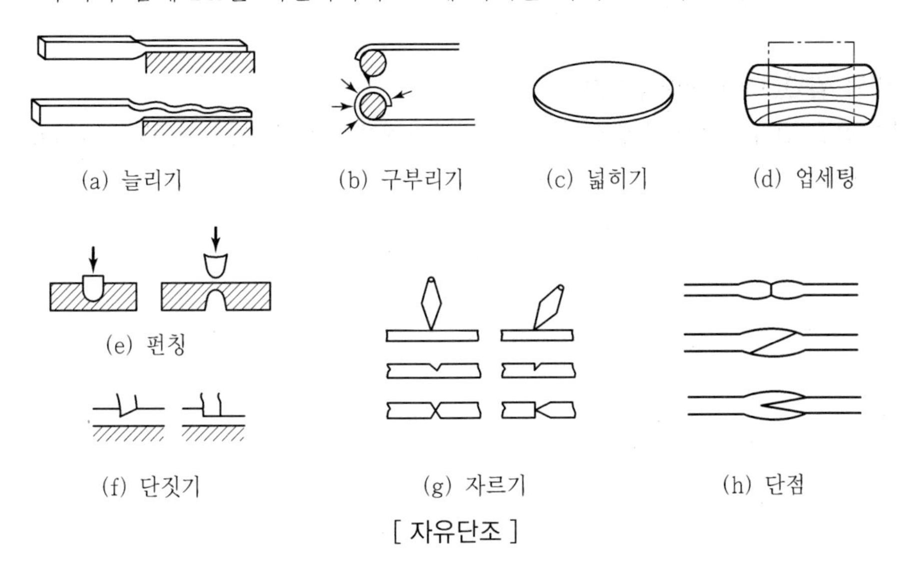

[자유단조]

2) 형단조★

(1) 형재료의 구비조건

① 내마모성이 커야 한다.
② 내열성이 커야 한다.
③ 수명이 길어야 한다.
④ 염가이어야 한다.
⑤ 강도가 커야 한다.

(2) 형단조의 특징

대량 생산에 적합하고 제품을 빨리 만들 수 있다.

(3) 종류

드롭형단조, 업셋단조

3) 단접(Smith Welding)

(1) 정의

연강과 같은 재질은 고온에서 점성이 크고 금속 간에 친화력이 크게 되는데 이런 상태에서 두 소재를 서로 접촉시키고 해머로 충격을 가하여 접합시키는 것

(2) 종류

맞대기 단접, 겹치기 단접, 쪼개어 물리기 단접

4) 타이어 압연(Tyre Forging)

기차 혹은 전차 타이어의 압연에는 특수전문기계로서 타이어압연기(Tyre Forging Mill)가 사용된다.

[Question 01] 단조결함 및 대책에 대하여 논하시오.★

1. 개요

대형 단조품에서는 여러 가지 결함으로 인해 단조품을 폐기할 수도 있다. 본래 결함에는 강괴의 응고 시에 생기는 것이 많으며 단조품의 결함은 단조 소재인 강괴의 결함과 구별하기는 어려운 점이 있다.

2. 단조결함의 종류

(1) 표면결함

① 현상 : 단조품 표면의 균열

② 원인 : 강괴 단조불량, 가열 중의 국부적 산화 및 과열, Blow Hole 및 과도한 압하

(2) 내부결함

① 현상 : Blow Hole의 미압착, 백점, Ghost Crack(황화물에 의한 국부적 균열)

② 원인 : 원강괴의 불량

3. 결함대책

구분	대책
강괴	• 원강괴 품질의 확보(진공조괴법 등을 통한 결함의 제거)
단조 전 처리	• 강괴의 충분한 육안검사 • 균열상태로 가열되지 않도록 조치 • 균열제거(기계가공)
단조 중 처리	• 결함 발생 시 작업중지, 열간에서 제거(녹여 없앰) • 단조 종료 온도가 낮지 않도록 한다.
단조 후 처리	• 열적 취급의 유의 • 급랭방지

[Question 02] 단조 금형의 제작요점★

1. 개요

동일한 모양의 단조품을 대량 생산할 때는 형단조를 사용하면 치수정밀도가 높고 성형을 빨리 할 수 있으므로 각종 기계부품의 제작에 많이 이용된다. 이와 같은 형 단조 시 단형(Forging Die)의 설계 및 제작은 매우 중요하다.

2. Die의 종류

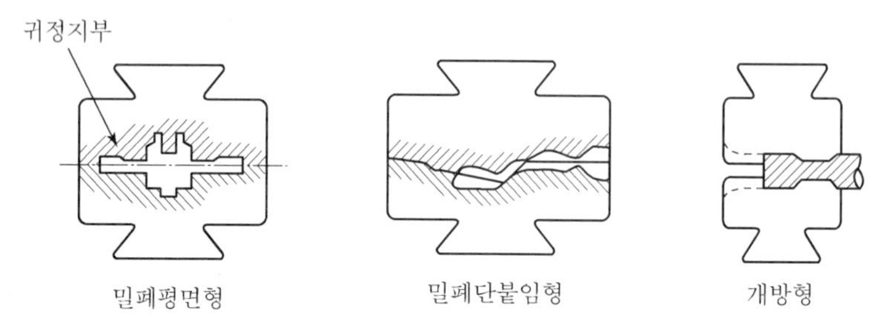

[단조용 다이의 종류]

구분	특징
밀폐형	플래시(Flash)부에 재료의 유출저항을 증가시켜 형내에 재료가 완전히 충만되어 성형
개방형	재료가 횡방향으로 자유로이 흐르게 한 형식 자유단조와 밀폐형 단조의 중간
1회 가열형	하나의 형에 마무리형, 절단형, 늘리기형 등을 조합하여 만든 것 소재를 한번 가열한 상태에서 성형하여 마무리 가공함

3. 단조 Die 재료의 구비조건

(1) 내열, 내마모성이 클 것
(2) 충격에 강하고 강인할 것
(3) 열처리가 용이할 것
(4) 기계 가공이 용이할 것
(5) 가격이 저렴할 것

4. 단조 금형의 구성 및 제작요점

(1) 열간 단조 금형★

① 플래시(Flash)

㉠ 플래시는 금형의 파팅라인상에서 금형 사이로 재료가 흘러나오는 것을 방지하고 상형과 하형의 타격을 완화시키는 역할을 한다.

㉡ 플래시 홈의 체적은 금형설계방안 및 가열온도, 스케일, 수축 등의 작업조건에 따라 결정한다.

㉢ 보통 플래시의 두께가 작을수록 하중이 커지므로 프레스 용량에 알맞은 플래시 두께를 설정해야 한다.

② 파팅라인(Parting Line)

㉠ 단조작업, 금형가공이 용이하도록 1평면으로 한다.

㉡ 형조각 깊이를 낮게 한다.

㉢ 파팅라인의 경사를 작게 하여 플래시 제거가 용이하게 한다.

㉣ 다듬질 여유를 가능한 작게 하고 경사지지 않도록 한다.

③ 빼기경사

㉠ 빼기경사는 단조품에서 금형을 빼내기 쉽게 하고 재료의 흐름을 좋게 한다.

㉡ 빼기경사가 크면 재료의 소비가 많아지고 후 가공의 절삭여유가 커지므로 가능하면 작게 한다.

㉢ 내측의 빼기경사는 금형의 볼록부에 접하므로 외측보다 2~3℃ 크게 한다.

㉣ 빼기 경사의 값은 형조각의 깊이가 깊을수록 크게 한다.

단조면깊이	외측빼기경사	내측빼기경사
60mm 미만	7°	7°
60mm 이상	7°	10°

④ 라운딩(Rounding)

㉠ 재료의 흐름을 좋게 함과 동시에 균열을 방지하여 금형 수명을 연장시키는 역할을 한다.

㉡ 모서리부의 라운딩이 작은 경우에는 접힘(Fold)이 발생하거나 눌림(Shear Droop)이 심해지고 라운딩이 작으면 타격 시 응력의 집중과 균열이 발생될 수 있다.

⑤ 안내장치

㉠ 상하 금형의 어긋남을 방지하기 위하여 위치결정의 기능이 있는 안내장치를 설치한다.

㉡ 안내장치는 볼록, 오목부를 가공하여 안내하거나 가이드 포스트, 가이드 부시에 의한 안내방식이 있다.

㉢ 안내장치는 단조품의 형상이 불균일하거나 해머정밀도가 나쁜 경우에만 적용한다.

⑥ 가공 여유
정밀한 Die 제작 시 기계가공의 여유를 둔다.

기준치수(mm)	50 이하	50~125	125~250	250~500	500 이상
가공여유(mm)	2.5	3.0	4.0	4.5	6.0

(2) 냉간단조금형

① 편치의 강도 : 편치가 가늘고 긴 모양이 되면 좌굴파괴를 일으키므로 이를 방지하기 위해 편치길이는 일반적으로 지름의 4.5배 이하 대량 생산일 경우 지름의 3배 이하가 적합하다.

② 편치의 형상
㉠ 전방 압출편치의 선단은 각도를 약간 주거나 평면인 것이 좋으나 후방 압출편치는 선단의 형상이 압출압력에 영향을 준다.
㉡ 압출압력은 선단의 각도가 120°일 때가 가장 적고 평면일 때가 가장 크나 보통 5~15°의 원추형으로 한다.
㉢ 재료와의 마찰을 적게 하기 위해서 선단에 평행부를 만들고 그 후방에 지름의 여유를 두는 경우가 있는데 평행부의 길이는 보통 1~3mm로 한다.

③ 다이의 보강 : 냉간단조작업에서는 원주방향의 높은 하중이 걸리므로 다이를 외주에서 보강링을 열박음 또는 억지 끼워 박음으로 보강해서 사용한다.

④ 다이의 분할
㉠ 다이 구멍의 모서리는 응력집중에 의한 균열방지를 위해 라운딩을 한다.
㉡ 라운딩을 주지 않을 경우에는 다이를 가공방법을 고려하여 가로, 세로, 혼합분할 등을 하여 집중응력을 피한다.

제3절 압연(Rolling)가공

Professional Engineer Machine

[1] 압연개요와 Roller

1. 압연개요

1) 압연가공

상온 또는 고온에서 회전하는 롤러(Roller) 사이에 재료를 통과시켜 그 재료의 소성변형을 이용하여 강철(Steel), 구리합금, 알루미늄 합금(Aluminium Alloy) 등의 각종 판재, 봉재 및 단면재 등을 성형하기 위한 작업(예 : 기차레일)

2) 압연가공의 특징

주조 및 단조에 비하여 작업속도가 빠르고 생산비가 싸게 든다.

3) 열간압연(Hot Rolling)

(1) 압연재료의 재결정온도 이상에서 작업하는 것
(2) 재료의 가소성이 크므로 압연가공에 대한 소비동력이 적다.
(3) 많은 양의 가공변형을 쉽게 할 수 있고, 단조물과 같은 좋은 성질을 가진 재질이 된다.
(4) 열간 압연재료는 재질의 방향성이 생기지 않는다.
(5) 압하율을 크게 할 수 있다.
(6) 가공시간을 단축할 수 있다.

4) 냉간압연(Cold Rolling)

(1) 재결정온도 이하에서 작업하는 것
(2) 정밀한 완성가공재료를 얻을 수 있다.
(3) 냉간 압연판은 조직에 방향성이 생긴다.
(4) 내부응력이 커지며 가공경화에 의한 취성이 증가한다.

(5) 스케일 부착이 없고 흠집이 없으며 표면이 깨끗하고 아름답다.
(6) 박판용으로 0.1mm 이하의 것도 제조 가능하다.

5) 굽힘방향

판금을 굽힐 때 꺾어 굽히는 선이 판금의 압연 방향과 평행하면 판의 연신율이 나빠 균열이 생기기 쉬우므로 꺾어 굽힘선을 압연방향과 90° 방향으로 하거나, 두 방향으로 꺾어 굽힐 때는 45° 방향이 되게 한다.

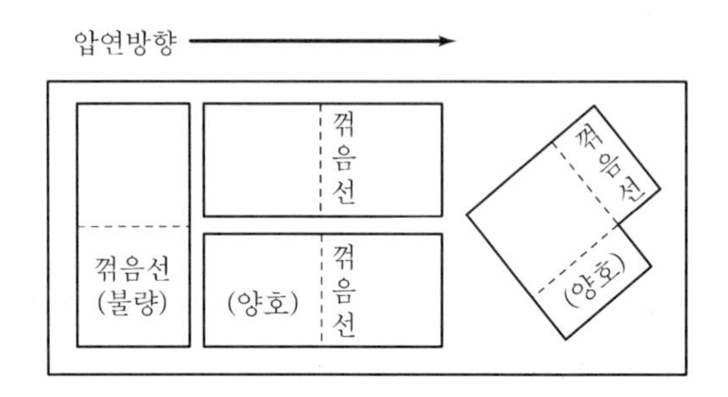

2. 분괴압연(Blooming)

1) 정의

제강에 의해 만들어진 강괴(Ingot)를 가열하여 제품의 중간재를 만드는 압연으로 입자가 미세화되고 재질이 균일해지며 주조 시의 기포 등을 없앨 수 있다.

2) 잉곳(Ingot)

클수록 재질이 좋고 또한 금속의 이용률이 크게 된다.

3) 분괴압연기에서 압연된 강판의 종류

- 잉곳(Ingot)
  → 블룸 : 라운드, 빌렛, 슬래브, 시트 바, 섹션
  → 슬래브 : 플레이트, 넓은 스트립

(1) 블룸(Bloom)

대략 정사각형에 가까운 단면을 갖고 그 크기는 250×250mm에서 450×450mm 정도의 치수이다.

(2) 빌렛(Billet)

단면이 사각형으로서 40×50mm에서 120×120mm 정도의 단면치수의 4각형 봉재이다.

(3) 슬래브(Slab)

장방형의 단면을 갖고 두께 50~150mm, 폭 600~1500mm 정도의 치수를 갖는 대단히 두꺼운 판이다.

(4) 시트 바(Sheet Bar)

분괴 압연기에서 압연한 것으로 슬래브보다 폭이 작다. 이것의 폭은 200~400mm 정도이고 길이 1m에 대하여 10~80kg의 평평한 소재이다.

압하율 : $\dfrac{h_o - h_1}{h_o}$

(5) 시트(Sheet)

폭 18″ 이상이고, 두께 0.75~15mm 정도의 판재이다.

(6) 넓은 스트립(Wide Strip)

폭 450mm 이하이고, 두께 0.75~15mm 정도의 코일상태의 긴 판재이다.

(7) 좁은 스트립(Narrow Strip)

폭 450mm 이상이고, 두께 0.75~15mm 정도의 코일상태의 긴 판재이다.

(8) 플레이트(Plate)

두께 3~75mm의 긴 평판이다. 또한 원판이라고도 한다.

(9) 플랫(Flat)

폭 20~450mm 정도이고 두께 6~18mm 정도의 평평한 재료이다.

(10) 라운드(Rounds)

지름이 200mm 이상의 환(丸)재이다.

(11) 바(Bar)

지름이 12~100mm 범위의 봉재 또는 단면이 100mm×100mm 범위의 각재로서 긴 소재의 봉재이다.

(12) 로드(Rod)

지름이 12mm 이하의 봉재로서 긴 것 또는 코일 상태의 재료이다.

(13) 섹션(Section)

각종 형상을 갖는 단면재이다.

3. 마찰력과 접촉각과의 관계 및 중립점

1) 마찰력과 접촉각의 관계★(α : 접촉각, ρ : 마찰각, μ : 마찰계수, $\tan\rho = \mu$)

α는 접촉각이고 이 각이 크면 압연작업 초기의 압입위치 AA′에서 롤러의 압력 P와 P로 인하여 생기는 마찰력 μP와의 합력 F의 압연방향 x에 대한 분력 F_x의 방향은 압연재료의 진행방향과는 반대가 된다. 이로 인하여 재료는 자력으로 압연 롤러에 물리지 않기 때문에 압연 불가능한 상태가 된다. 그림 (a)는 재료가 롤러에 압인되지 않을 때이고 그림 (b)는 재료가 자력으로 압인되는 한계($\rho=\alpha$)이다. (a)와 같은 것은 $\mu<\tan\alpha$가 될 때 생기고 $\mu\geq\tan\alpha(\alpha<\rho)$가 되면 재료가 압연 롤러에 물려 들어가게 되어 압연이 가능하게 된다.(μ는 재료와 롤러 사이의 마찰계수)

만일 $\mu<\tan\alpha$가 되는 때에도 재료가 롤러 사이에 압입된다면 즉 α가 너무 크지 않다면 계속적으로 압연이 가능할 것이다.(그 범위는 $2\rho>\alpha>\rho$로서 $\rho=\tan^{-1}\mu$일 때에 성립한다.)

계속적으로 압연이 가능한 범위 : $2\rho>\alpha>\rho$

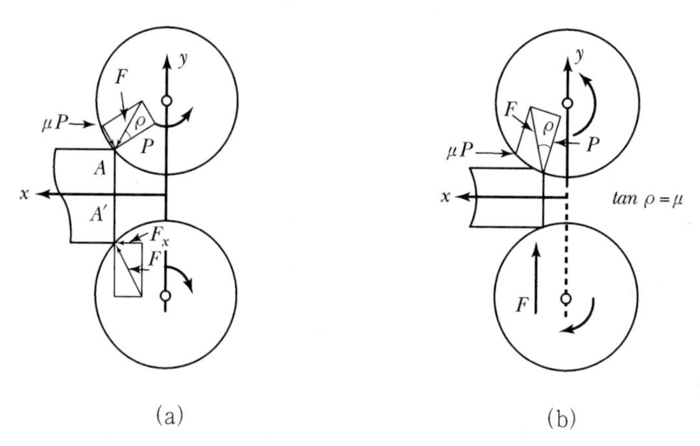

[마찰력과 접촉각과의 관계]

2) 중립점(Non Slip Point)

압하량에 비하여 재료의 폭이 상당이 클 때에는 넓이의 증가가 무시되고 또한 압연으로 인한 재료밀도(Density)의 변화가 없으므로 압연 도중의 단면 CC′ 부분의 재료 통과속도 v는

즉 $v_0 h_0 = v_1 h_1$, $h = H_1 + 2R(1-\cos\theta)$

따라서 $v = \dfrac{v_0 h_0}{h_1 + 2R(1-\cos\theta)}$

여기서, $h_0 > h > h_1$ 이므로 $v_0 < v < v_1$이 되고 재료가 롤러 압입구에서 출구로 향하여 재료의 통과속도 v는 크게 된다. 롤러의 원주속도는 일정하나 압연 롤러와의 접촉면 ACB, A′C′B′ 위의 모든 점에서 재료의 속도가 롤러의 원주속도와 동일하게 되지 않고 입구 AA′

에서는 재료의 속도가 느리고 뒤로 미끄러지며(Back Sliding) 또한 출구 BB′ 부분에서는 반대로 속도가 빠르게 되어 앞쪽으로 슬라이딩(Advance Sliding)이 생긴다. A와 B 사이의 어떤 점에서는 재료의 통과속도와 압연롤러 원주속도가 등속으로 이동되는 점이 있게 된다. 이 점을 논 슬립 포인트(Non Slip Point) 또는 중립점이라고 한다. 이 점을 경계로 하여 압연롤러와 재료의 마찰력 방향이 변한다.

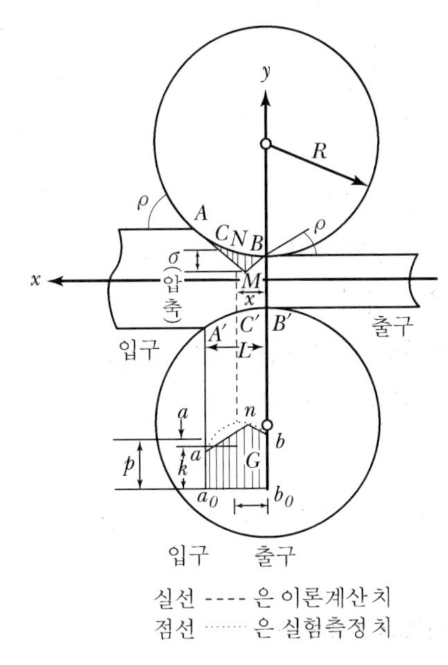

[압연재료 중의 응력분포]

3) 압연가공에 영향을 주는 것

압연에 영향을 주는 요인은 매우 복잡하여 단정적으로 말할 수는 없으며 압연성능을 예측하기도 어렵다. 일반적으로 압연에 영향을 주는 인자는 압연속도, 마찰 및 윤활, 압연온도, Roll 규격, 전후방 인장으로 생각할 수 있으며 제 요인의 세부사항에 대해 설명한다.

(1) 압연속도(Rolling Speed)

① 압연속도가 빨라지면 마찰계수가 작아지고 결국 압연압력이 작아지므로 고속에서 압연하면 저속일 때보다 얇은 판을 만들기 쉽다.

② 고속 압연에서는 Roll이 베어링의 중심에서 회전하지만 저속일 때는 유막의 두께차에 의해 편심효과가 생기며 이로 인해 판 두께가 증가한다.

(2) 마찰계수와 윤활유

① 압연 윤활유는 마찰을 감소시키는 윤활작용과 냉각작용을 함과 동시에 표면상태를 깨끗이 한다.

② 압연용 윤활유의 구비조건

㉠ 윤활효과가 클 것

㉡ 유막강도가 클 것

㉢ Strip의 표면을 깨끗이 할 것

㉣ 냉각효과가 있을 것

㉤ Oil의 성상에 안전성이 있을 것

㉥ 풀림이 소착되지 않을 것

③ 냉간압연 시 마찰계수(μ)의 최대치는 0.15, 최소치는 0.02 정도이며 마찰계수가 작을수록 압연압력은 작아진다.

④ 마찰계수가 크면 압하율을 증가시킬 수 있으므로 Roll면에 작은 홈을 파거나 가성소다액으로 탈지하는 방법도 이용된다.

(3) Roll

Roll의 직경이 작으면 압연 압력이 저하되며 또한 Strip과의 접촉길이(Contact Length)도 감소한다.

(4) 전후방 인장(Front and Back Tension)

① 전, 후방의 인장력이 증가함에 따라 압연력은 감소된다.

② 전방장력은 선진율을 증가시키고 후방장력은 감소시킨다.

③ 일반적으로 전방장력을 작용시켜 압연압력을 감소시키고 Roll의 마모를 줄이며 가공면의 평활도 등을 개선한다.

(5) 압연온도

① 일반적으로 압연온도의 증가에 따라 압하력은 증가하나 일정온도 이상이 되면 하강한다.

② 온도의 변화에 따른 Roll의 변형이 판의 두께에 영향을 미치는 것을 고려할 필요가 있다.

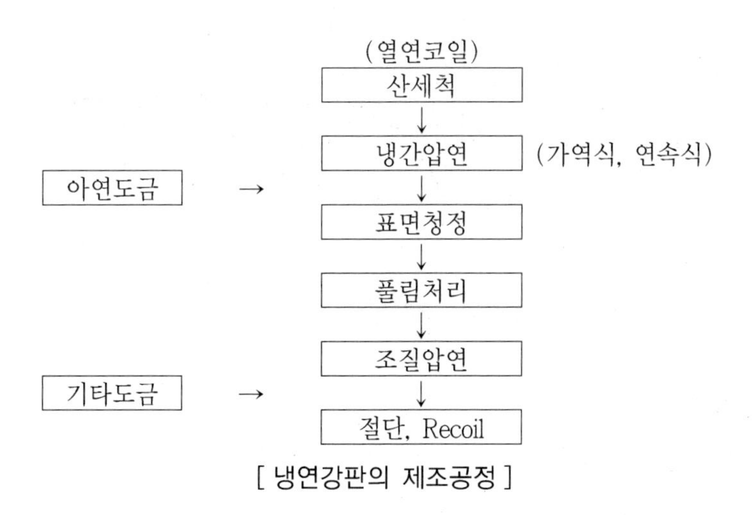

[냉연강판의 제조공정]

(6) 압하율을 크게 하려면

① 지름이 큰 롤러를 사용
② 압연재의 온도를 높게 한다.
③ 롤러의 회전속도를 낮춘다.
④ 압연재를 뒤에서 밀어준다.
⑤ 롤러 축에 평행인 홈을 롤러 표면에 만들어 준다.

4. Roller

1) Roller 각부의 명칭

(1) 롤러 몸체(Body)

(2) 네크(Neck)

몸체를 지지하는 축부

(3) 웨블러(Webbler)

회전전달부

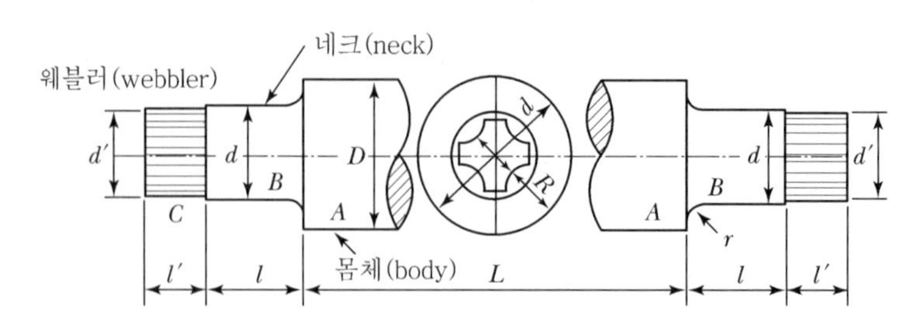

[롤러의 각부 명칭 및 치수]

2) Roller의 종류

압연 Roll의 재질이나 기계적 성질은 사용되는 압연기와 작업조건에 맞게 선정되어야 하며 재질은 주철 및 강철이 사용된다.

Roll은 사용 중에 여러 가지 형태로 변형되며 이러한 휨과 온도에 따른 변형을 최소화하기 위해 많은 대책이 강구되고 있다. 압연기 중에서 가장 중요한 부분은 Roll이며 이것의 양부에 따라 제품의 형상, 압하율이 결정된다.

Roll은 압연작용을 하는 Roll Body, 이것을 지지하는 축 부분인 Roll Neck, 회전전달부인 Webbler 등의 세부분으로 되어 있다.

(1) 표면형상에 따라

① 평롤러(Plain Surface Roller) : 판재용 압연에 사용

② 홈롤러(Grooved Roller) : 각종 단면재용의 압연에 사용

(2) 재질에 따라

① 주철롤러

㉠ 샌드롤러(Sand Casting Roller) : 펄라이트 주철로서 내부와 외부의 경도차가 적다.

㉡ 칠드롤러(Chilled Roller) : 펄라이트 조직으로 칠드층의 깊이 15~40mm이다.

㉢ 구상흑연주철 롤러(Noduler Cast Iron Roller)

② 강철롤러

㉠ 주강롤러 : 열간압연에 주로 이용

㉡ 단조롤러 : 냉간압연 및 경합금 압연

3) Roller의 절손원인

(1) 롤러 네크(Neck)의 절손

① 주물불량

② 작업온도 불균일
③ 롤러 조절불량

(2) 네크와 동체 경계의 절손

① 각종 진동 및 충격
② 하우징 조절불량

(3) 동체절손

① 비교적 저온 재질 또는 부주의 작업
② 작업온도가 지나치게 저온이거나 압하율이 클 때
③ 상단 및 하단 롤러의 수평이 맞지 않을 때

(4) 롤러 표면의 거칠기

① 재료의 과열
② 롤러의 경도 부족

4) Roller의 구비조건

(1) 작동 Roll

① 압연 시의 하중 Cycle에도 피로하지 말 것
② 표면 경도가 높고 그 경화 깊이도 깊을 것
③ 내마모성이 높을 것
④ 연마가공 등의 기계가공이 용이할 것

(2) 보조 Roll

① Spring이 생기지 말 것
② 휘거나 편심이 생기지 말 것
③ 내마모성이 높을 것

2 압연기(Rolling Mill)의 종류와 압연작업

1. 압연기의 종류

압연기를 분류하는 것은 그 기준에 따라 여러 가지 종류가 있다. 압연온도에 따라 열간압연기, 냉간압연기 등으로 분류되며 압연제품의 종류에 따라 분괴, 빌렛, 슬래브, Rod, Bar, Sheet 압연기 등으로 분류할 수 있다. 그러나 일반적인 분류방법은 압연 Roll의 개수 및 조립형(Roll의 배열)에 따라 분류하는 것이다.

1) 압연기의 분류

(1) 압연 작업온도에 따라

① 열간 압연기
② 냉간 압연기

(2) 압연 제품에 따라

① 빌렛 압연기(Billet Mill)
② 섹션 압연기(Section Mill)
③ 슬래브 압연기(Slab Mill)
④ 로드 압연기(Rod Mill)
⑤ 바 압연기(Bar Mill)
⑥ 시트 압연기(Sheet Mill)
⑦ 분괴 압연기(Blooming Mill)

(3) 압연 롤러의 개수 및 조립형식에 따라

① 2단식 압연기
② 3단식 압연기
③ 4단식 압연기
④ 특수 압연기

2) 압연기의 특징

(1) 비가역 2단 압연기

① 롤러의 절손을 방지하기 위하여 일반으로 지름이 큰 것이 사용
② 주로 소형재의 압연에 사용되고 얇은 판재는 여러 장 겹쳐서 사용

(2) 가역 2단 압연기

① 역전 가능한 원동기 또는 장치가 부착되어 있다.
② 재료가 한번 통과할 때마다 상부롤러를 조금씩 내린다.
③ 주로 소형재료의 압연에 사용

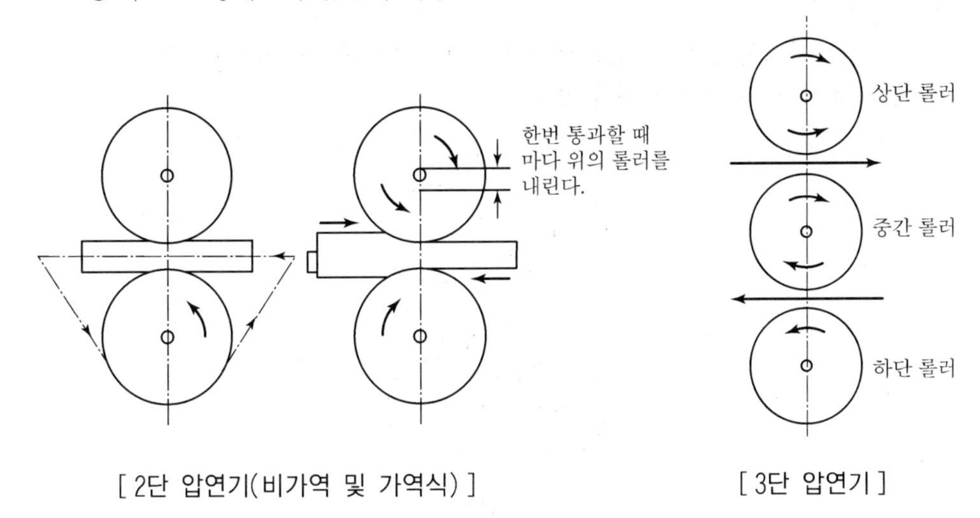

[2단 압연기(비가역 및 가역식)]　　[3단 압연기]

(3) 3단 압연기

① 롤러를 역전시키지 않아도 재료를 왕복 운동시킬 수 있다.
② 선재 및 각종 단면의 섹션바(Section Bar) 등에 사용
③ 대형 압연물에 사용

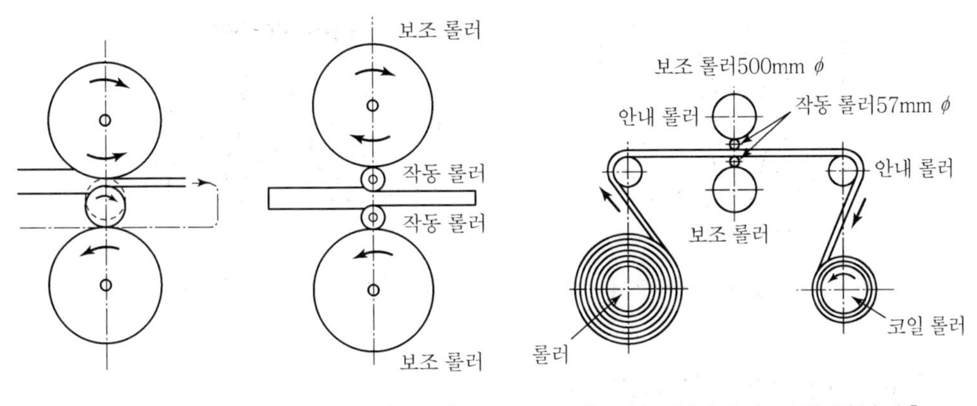

[라우드식 3단 압연기]　　[4단 압연기]　　[코일장치를 갖는 4단 압연기]

(4) 4단 압연기

① 소경의 작업롤 1쌍과 그것을 지지하는 큰 지름의 보조 Roll로 구성
② 주로 냉간압연에 사용되며 압연표면이 특히 아름답게 된다.

(5) 6연 압연기

① 얇은 판재의 냉간압연용으로 사용되며 최소두께 0.02mm까지 압연 가능
② 제품의 두께 변동이 극히 작다.

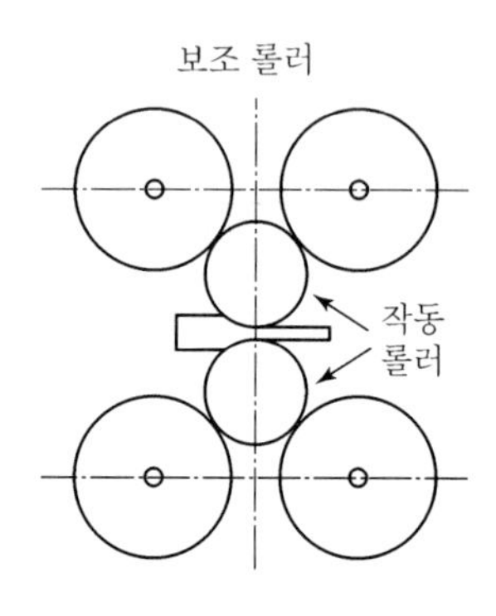

[6단 압연기]

(6) 센지미어 압연기(Sendzimir Mill)

① 강력한 압연력이 얻어지며 압연판재가 균일하게 된다.
② 스테인리스강판, 고탄소강판 등의 경재를 냉간압연하는 데 적당하다.

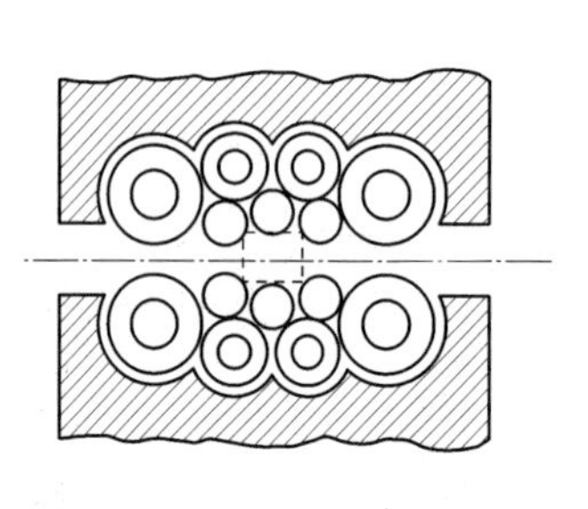

[Sendzimir 압연기]

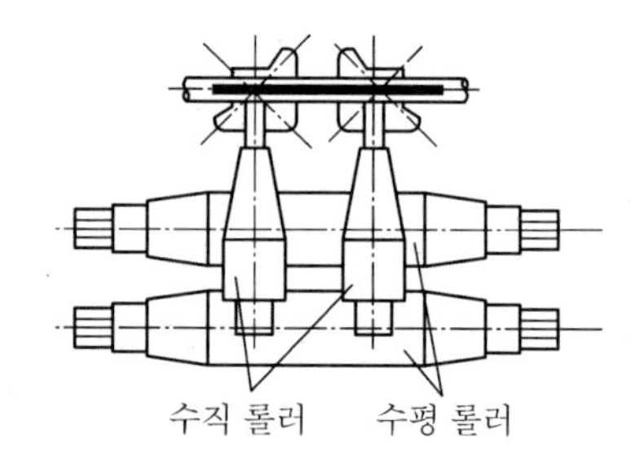

[유니버설 압연기]

(7) 유니버설 압연기(만능압연기)

① 압연할 때 측면으로 확대하는 것을 방지하고 균일하게 압연이 되도록 설계되어 있다.
② 수평롤과 수직롤로 구성

(8) 유성압연기(Planetary Rolling Mill)

작업롤러의 자전과 공전에 의하여 소재를 압연하며 1회의 통과로 큰 압하량을 얻을 수 있다.

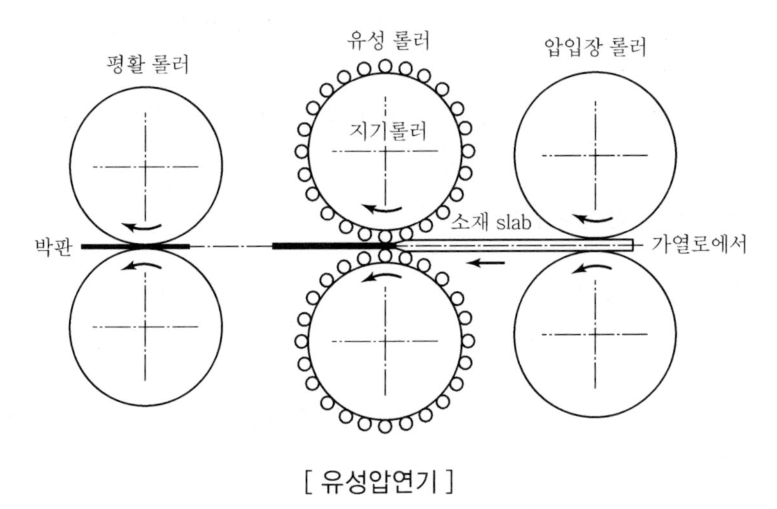

[유성압연기]

2. 압연작업

1) 판재압연

(1) 열간압연(Hot Rolling)

① 강철에 대하여 일반으로 잉곳(Ingot)은 가열로에서 1,100℃~1,200℃에 가열한 후 롤러 내를 걸쳐 잉곳 압연기(Blooming Mill)로 압연한 후 이것을 중형 압연기로서 각종 단면 또는 형상의 재료를 만든다.

② 얇은 철판을 제작할 때에는 소재를 800℃~900℃로 가열하고 처음에는 한 장씩 다음에는 두 장씩 압연하여 얇아진 것을 겹쳐서 가열하고 다시 압연한다.
적당한 치수가 되면 완성 롤러에서 치수대로 압연하고 절단기로 자른다. 교정기(Straightening Roller)에 넣어 잘펴고 750℃에서 풀림하여 사용한다.

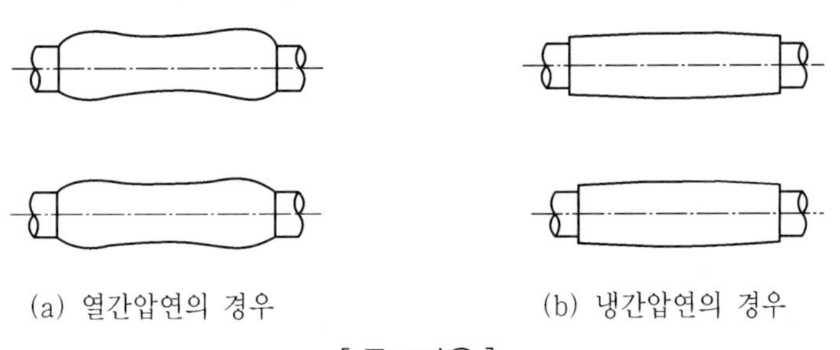

(a) 열간압연의 경우　　(b) 냉간압연의 경우

[롤크라운]

(2) 냉간압연(Cold Rolling)

① 정밀 치수를 요구할 때 정마된 표면이 요구될 때 또는 황동 및 인청동 등의 특수재료에 적용된다.

② 압연재료의 표면을 황산 또는 초산 등으로 깨끗이 씻고 그 표면에 윤활유를 치고 가동한다.

③ 기름은 압연할 때 마찰을 적게 하고 또한 가공한 표면을 아름답게 한다.

2) 선재 및 봉재와 단면재의 압연

(1) 선재압연기

① 가열로에서 나온 소재가 가공공정의 진행에 따라 점점 회전속도가 빨라지면서 선재로 가공되는 방식

② 압연기의 용량은 비교적 작고 사람의 힘이 상당히 필요하게 되어 있으나 작업은 비교적 간단하다.

(2) 봉재압연기 및 단면압연기

봉 및 단면재와 같은 형상을 한 캘리버(Caliber)를 갖는 압연용 롤러를 사용하여 압연한다.

[Question 01] 압연기의 구성 및 작동★

1. 개요

압연기의 주요 부품은 Bearing, Roll, 하우징(Housing)이며 Roll에 동력을 전달하고 속도를 조정한다.

그밖에 전후방 테이블, Manipulator, Guide 등의 부속장치가 있다. 압연기는 대단히 견고하고 강력한 구조이어야 하며 큰 용량의 전동기가 필요하다.

2. 압연기의 구성

(1) 하우징(Housing) 또는 Roll Stand

Roll을 지지하는 부분으로 Open-top Housing(U-Type)과 Closed-top Housing(O-Type)의 두 가지가 있다.

이것은 Guide와 Guard를 설치할 수 있는 단일체의 주철 또는 주강품으로 되어 있으나 두꺼운 판이나 Slab를 용접하여 만들기도 한다.

(2) Roll

압연기 중에서 가장 중요한 부분이며 압연작용을 하는 롤몸체(Roll Body), 이것을 지지하는 축 부분인 Roll Neck, 회전 전달부인 웨블러(Webbler) 등의 3부분으로 되어 있다.

(3) 압연 Roll용 Bearing

롤용 베어링에는 Roller Bearing과 초크 베어링(Chock Bearing)이 사용된다. 롤러 베어링은 전동체가 Roller인 구름 Bearing이며, 초크 베어링은 Roller와 Bearing Case 사이에서 압연하중을 지지하는 마찰 베어링이다.

초크 베어링의 재료는 배빗(Babbit Metal), 포금(Gun Metal), White Metal 등이 사용된다.

(4) 롤 승강장치

2단 압연기로 압연할 때 강재가 한 번씩 통과됨에 따라 상단 롤을 하강시키면서 압연하게 된다.

롤을 상승시키는 장치는 유압식과 전동식이 있다. 전동기는 역전이 가능하고 속도 변환이 가능한 것이 사용된다.

(5) Edger 또는 Edging Roll

제품의 가장자리를 압연하거나 또는 유니버설 밀(Universal Mill)에 사용되는 것으로 보통 압연기에서는 하우징과 따로 떨어져 설치되어 있으나 유니버설 밀에서는 수평 Roll하우징에 붙여 설치되어 있다.

(6) 전후방테이블(Front and Back Roller Table)

각 패스에서 재료를 장입 또는 받는 테이블이며 속도는 롤의 주속도와 일치해야 하고 폭도 같아야 한다.

(7) Manipulator

재료를 회전시켜 다른 패스로 보내거나 또한 재료의 위치를 바로잡는 조종장치이며 수직과 수평의 양방향으로 작용할 수 있어서 재료의 각도를 90° 회전시킬 수 있다.

(8) Guide와 Guard

재료를 정확한 위치로 패스에 압인시키거나 또는 빼어낼 때 안내역할을 하는 장치

3. 압연기의 작동

(1) 전동기가 회전함에 따라 그 회전력이 커플링, 스핀들을 거쳐 유니버설 커플링으로 연결된 웨블러에 전달된다.

(2) 전달된 회전력이 하우징에 있는 Roll을 구동하게 된다.

(3) 롤의 승강에는 나사장치가 사용되고 있으며 압연기 전후방에는 전후방 롤러 테이블이 있어 재료운반에 사용되고 이 테이블의 속도는 압연 롤의 속도와 같다.

[Question 02] 능률 압연을 위한 방안

1. 개요

생산성 향상, 회수율 향상을 위해 압연 소재인 Slab의 중량과 두께가 점차로 증가되고 있으며 이에 따라 압하량이 커지고 전동기의 출력 Roll의 접촉각 등의 문제가 대두된다. 또한 Slab 중량의 증가로 인해 테이블 길이가 길어지고 테이블상의 압연소재의 온도저하에 따른 제품의 품질에도 영향을 미친다.

이러한 문제 요인을 감안해 다음과 같이 압연생산능력의 향상방안이 채택되고 있다.

2. 고능률 압연

(1) 압연기의 고속화

1) 조(粗)압연기의 Tandem화

① 압연소재의 온도 저하를 방지하기 위해 수동조작을 줄이고 자동화하여 압연속도를 고속화함

② 테이블 사이의 거리를 단축시키기 위해 최종의 2개 스탠드를 Tandem으로 Couple화하여 연결

2) 압연기의 고속화와 가속압연

① 생산성 향상과 압연온도를 유지하기 위해 고속 및 가속압연을 실시한다.

② 고속 및 가속압연은 완성온도를 균일화하고 제품의 두께 편차를 줄인다.

(2) 롤의 수명연장

1) Roll의 교환회수를 적게 한다.

① 충분히 냉각한다.

② 국부하중이 걸리지 않도록 한다.

③ 급격한 열팽창을 방지한다.

④ 표면층의 균열 및 피로층을 제거한다.

2) Roll 냉각을 효과적으로 하여 롤의 표면거칠기를 좋게 하고 수명을 연장시킨다.

(3) 롤교환시간 단축

소재설비의 대형화에 따른 압연능률의 증대로 Roll 교환의 빈도가 매우 높아지고 있으며 따라서 Roll의 교환시간을 단축시키는 것이 생산성 향상을 위한 큰 요인이다.

(4) Mill 운전의 자동화

Computer Controller 등을 이용하여 압연기의 압하 및 속도 설정 등의 소비시간을 단축하고 Misroll을 줄인다.

제4절 압출가공(Extrusion)과 제관가공(Pipe Making)

Professional Engineer Machine

1 압출

1. 개요

1) 압출

알루미늄, 아연, 구리합금 등의 각종 형상의 단면재, 파이프 및 선재 등을 제작할 때 소성이 큰 재료에 강력한 압력으로 다이를 통과시켜 가공하는 방식이다.

압출가공은 대형으로 열간압연이 곤란한 것을 1회의 압출로 얻을 수 있으며 단면이 복잡한 형상도 비교적 쉽게 가공할 수 있다.

2) 압출가공의 용도 및 특징

(1) 용도

① 열간 압연이 곤란한 관류 및 이형단면재의 가공

② 케이블(Cable)에 연관을 씌워 연피복 케이블 제작

(2) 특징

대형의 잉곳을 압연하는 수고를 덜 수가 있고 작업공정도 비교적 간단히 된다.

3) 압출방법

(1) 램(Ram)의 진행방향과 압출재료의 유동방향에 따른 압출방법★

① 직접압출(전방압축) : 램의 진행방향과 압출재의 유동방향이 같은 경우로 역식압출보다 소비동력이 크다.

② 역식압출(후방압출) : 램의 진행방향과 압출재의 유동방향이 다른 경우로 컨테이너에 남아있는 재료가 직접압출에 비하여 적고 압출마찰이 적으나 제품표면에 스케일(Scale)이 부착하기 쉬운 결점이 있다.

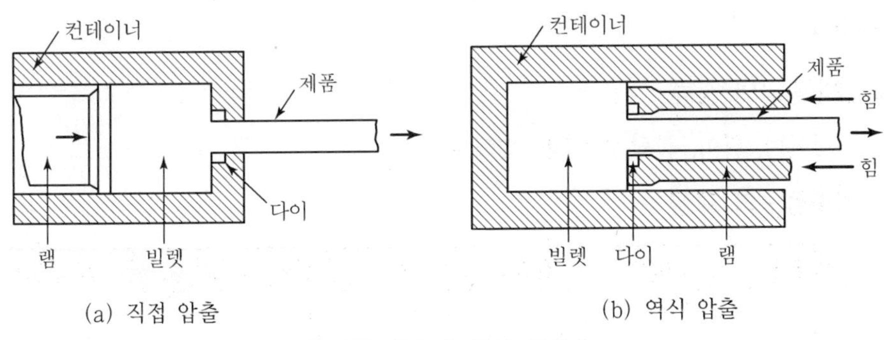

(a) 직접 압출 (b) 역식 압출

[직접 압출과 역식 압출]

(2) 용도에 따른 압출방법

① 봉재 및 단면재의 압출

② 관재압출(Tube Extrusion) : 미리 구멍을 뚫은 소재에 심봉(Mandrel)을 삽입하여 압출한다.

③ 충격압출(Impact Extrusion) : Zn, Pb, Sn, Al 및 Cu와 같은 연질금속을 다이에 놓고 펀치에 충격을 가함으로써 치약 Tube, 약품 등의 용기, 건전지 케이스 등을 제작하는 방법

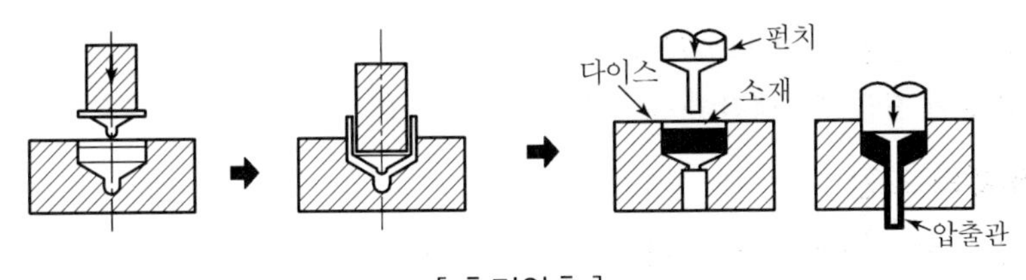

[충격압출]

2. 압출기와 압출공구

1) 압출기

(1) 압출기의 구조

컨테이너(Container), 램(Ram), 다이(Die)로 구성

(2) 압출기의 형식

① 단동식 : 봉재, 각재, 단면재 및 파이프 제작용

② 복동식 : 파이프 제작 전문용

(3) 압출기의 종류

유압식 압출프레스, 토글프레스, 크랭크프레스 등이 사용

2) 압출공구

(1) 압출공구의 종류

컨테이너, 다이, 플런저, 압판, 맨드럴 등

(2) 압출공구의 재질

압출공구	재질	C(%)	Ni(%)	Cr(%)	W(%)	인장강도(kg/mm^2)
컨테이너	Ni-Cr강	0.3	4	1.5	-	130
다이	Cr-W강	0.25	2	3	8~10	110~170
플런저	Ni-Cr강	0.3	4	1.5	-	140~150
압판	Ni-Cr강	0.3	4	1.5	-	130
맨드릴	Cr-W강	0.25	2	3	8~10	110~170

3. 윤활제와 압출온도 및 압출구의 용도

1) 윤활제

(1) 윤활의 목적

① Die의 과열 및 마모방지
② 가열된 Billet의 냉각방지

(2) 윤활제의 조건

① 점도 변화가 없어야 한다.
② Billet을 공급시키는 압력에 견디어야 한다.
③ 연속적으로 소재의 표면에 배출되어야 한다.
④ 단열작용이 필요하다.

(3) 열간압출 윤활제

① 등유 또는 실린더 오일에 흑연을 혼합하여 사용
② Pb, Sn, Zn 등은 윤활제를 사용하지 않는다.

(4) 냉간충격압출

철, 강철을 압출할 때에는 인산염피복을 시키고 이것에 에멀션(Emulsion) 수용액을 사용한다.

2) 압출온도와 압력

(1) 온도가 상승함에 따라 유동성이 양호해지고 압출압력을 감소시킬 수 있다(열간압출).

(2) 압출가공 시에는 자체 내의 발생열이 상당히 크며 이를 고려한 가공온도의 설정이 필요하다.

(3) 열간압출 시 너무 온도가 높으면 Die의 윤활이 곤란해지고 Die가 연화되어 수명이 단축된다.

재질	압출온도(℃)	평균압출저항력(kg/mm²)
탄소강	1,200~1,300	70~100
SAE1000 및 저합금강	1,200~1,300	70~100
알루미늄 및 그 합금	370~480	40~85
동 및 황동	650~870	25
청동	87~1,000	65~90
연(Pb) 및 그 합금	210~260	5.5~10
주석 및 그 합금	65~85	25~70
아연	250~300	70

3) 압출제품 및 용도

(1) 열간압출제품 및 용도

재료명	제품 및 용도
연(Pb) 및 그 합금	가스, 수도관, 케이블선 피복, 땜 납선 또는 봉
동(Cu) 및 그 합금	전선, 콘덴서 및 열 교환기용 파이프, 가구 관 이음
Al 및 그 합금	건축재료, 차량, 선박구조 장식용, 가정용 기구
아연 및 그 합금	도수관, 전기접점, 메탈스프레이와이어
강철 및 특수강	기계, 차량부품, 토목, 건축구조부재, 보일러파이프 열교환기, 화학기계
니켈 및 그 합금	가스터빈 블레이드, 각종 내열 부재

(2) 냉간압출제품 및 용도

재료명	제품 및 용도
연, 주석 및 그 합금	각종 파이프, 케이스, 용기
동 및 그 합금	각종 전기용 기구와 부품, 기계용 부품, 탄피
Al 및 그 합금	각종 케이스, 각종 파이프, 전기기구, 카메라부품, 식용품 케이스기계 및 기구용
아연 및 그 합금	건전지 케이스
강철 및 특수강	기계부품, 차량부품, 탄피, 단면재

(3) 압출비 $= \dfrac{\text{압출 후의 길이}}{\text{빌렛의 초기길이}}$

2 제관(Pipe Making)★★

1. 제관의 분류와 천공제관법★

Pipe는 크게 Seamless Pipe와 Seamed Pipe로 대별된다.
Seamless Pipe의 경우 대부분 열간압연에 의해 제작되며, 압연에 의해 제작이 곤란한 Stainless Steel이나 생산량이 적은 비철금속의 경우 열간압출에 의해 제작된다.
Seamed Pipe는 용접을 통해 제작되며 강철 Strip을 Pipe 모양으로 성형하여 단접, Gas 용접, 전기저항용접을 한다. 보통 단접은 소구경의 대량생산에 널리 이용된다.

1) 제관의 분류

- 제관법
  → 이음매 없는 관 : 맨네스맨 압연천공법, 압출법, 엘하트 천공법
  → 이음매 있는 관 : 단접관, 용접관, 냉간 다듬질관

2) 천공제관법

(1) 천공제관법의 종류

① 맨네스맨 압연천공법 : 강철파이프의 제조방법으로 가장 널리 사용
㉠ 파이프의 치수 40~110mm 정도의 것 : 천공 압연기(Piercing Mill) → 플러그 압연기(Plug Rolling Mill) → 마관기(Reeling Machine, 단면 형상 균일) → 재가열로 → 정경 압연기(Sizing Machine), 규정치수로 조정
㉡ 파이프의 치수 90~400mm 정도의 것 : 제1천공기 → 제2천공기 → 재가열로 → 플러그 압연기 → 마관기 → 재가열로 → 정경 압연기
② 에르하르트 제관법(Ehrhardt Process)
㉠ 천공기에서 뚫린 파이프 소재를 유압프레스에서 점차적으로 적은 치수를 가진 다이를 통과시켜 외경을 축소하는 압출 제관법
㉡ 지름이 작은 것, 두께가 얇은 것, 길이가 긴 것 등을 만들기 불편하다.
㉢ 제품의 두께에 차이가 많아진다.

㉣ 외경이 달라짐에 따라 많은 심봉을 필요로 한다.

③ 압출법

(2) 천공작업기계

① 맨네스맨 천공기(Mannesmann Piercer)

㉠ Roll의 중앙부는 25mm의 평탄부가 있고 양끝을 향하여 5~10° 경사된 2중 원추형 Roll 2개를 상하에 수평으로 축이 6~12° 교차되어 있어 Billet의 가공속도(이동속도)를 조절한다.

㉡ 두 Roll의 중앙부는 지름이 크며 표면속도가 증가하여 Billet은 비틀림과 함께 표면은 인장을 받아 늘어나고 중심은 외측으로 유동하며 이때 소재 중심에 Mandrel을 압입하여 Roll과 함께 회전시켜 Pipe 소재를 만든다. 이때 회전압축에 의해 Pipe의 균열 및 나선 형상의 흠집이 발생하기 쉽다.
소재는 원통형이며 Center Hole을 만들고 가열로에서 압연온도까지 가열한 후 Roll 사이에 도입시킨다.

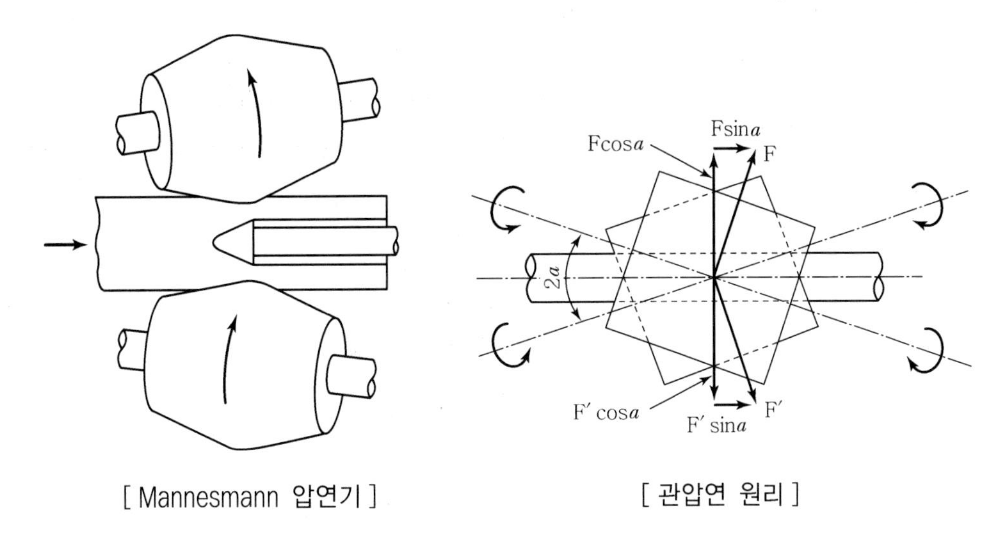

[Mannesmann 압연기]　　[관압연 원리]

② 스티펠 천공기(Stiefel Piercer)

㉠ 파이프의 지름을 확대하는 데 사용

㉡ 작은 지름을 만들기 곤란한 압연방법으로 얇고 길게 늘리게 된다.

③ 플러그 압연기(Plug Mill)

㉠ 깊이가 순차적으로 다른 수많은 반원형을 한 홈을 형성한 상하 2개의 롤러를 조립하여 원형 공형(孔型)을 만들고 그 사이에 플러그를 배치하여 작업

㉡ 한번의 압연으로서는 방향성이 있어 파이프의 두께가 불균일하게 되므로 90° 회전시켜 같은 공형을 두 번 통과시키고 다음 공형 공정에 옮긴다.

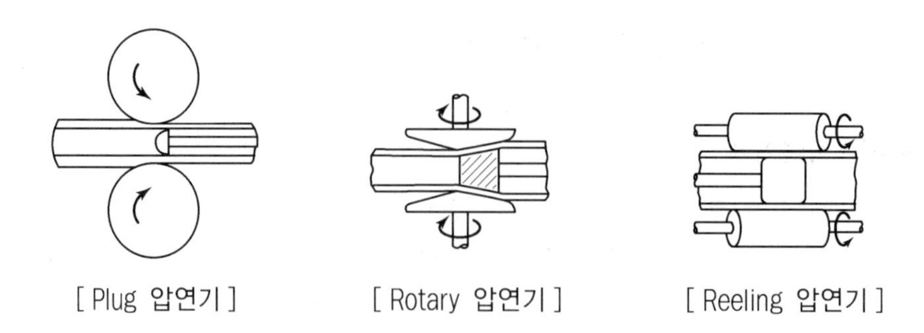

[Plug 압연기]　　[Rotary 압연기]　　[Reeling 압연기]

④ 필거 압연기(Pilger Mill)

㉠ 플러그 압연기를 사용한 때보다 대단히 길이가 큰 파이프도 제작할 수 있다.

㉡ 롤러의 마모가 심하고 또한 충격을 받게 되어 롤러의 재질로서 Ni이 들어간 특수강을 사용

㉢ 형상이 복잡하므로 제작이 다소 곤란하고 제품이 국부적으로 두꺼운 곳과 얇은 곳이 있어 불균일하게 된다.

⑤ 마관기(Reeling Machine)

㉠ 플러그 압연기 및 필거 압연기 등에서 압연된 파이프는 그 두께가 균일하지 않고 작은 흠집들이 남아 있게 되어 이것을 조정할 때 사용

㉡ 파이프의 단면형상이 균일하게 되고 또한 외면에 광택이 생기게 된다.

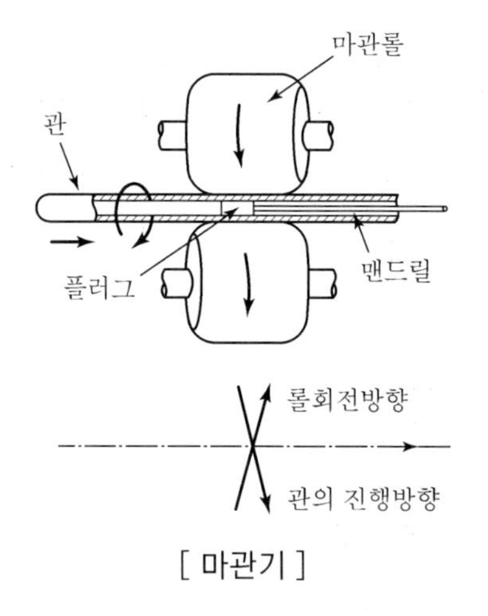

[마관기]

⑥ 정경 압연기

㉠ 마관기를 거친 파이프들은 외경이 꼭 지정된 치수로 되어 있지 않으므로 이것을 정경압연기에서 규정치수로 조정한다.

㉡ 정확한 반지름의 홈이 파져 있는 롤러로서 여러 대가 90°씩 회전된 위치에 설치되어 있다.

2. 단접 및 용접관의 제관

빌렛	→	강판대강	→	성형롤러	→	가열단접법, 가스용접법, 전기용접법

1) 가열 단접법

강철 밴드(Band)를 길이 약 6m로 절단하여 가열로에서 1,300℃까지 가열하여 다이에 통과시키면 양단 부분이 압착되어 강관이 제작된다.

2) 가스 용접법(Gas Welding Process)

강철밴드를 성형 롤러에서 원형으로 성형하고 접촉부분을 아세틸렌가스로 용접하는 방법

3) 심 파이프 용접법(Seamed Pipe Welding Process)

(1) 전기저항 또는 고주파를 이용하는 용접법

(2) 슬리팅(Slitting) → 성형(Forming) → 용접(Welding) → 정경(Sizing) → 절단(Cutting) → 완성가공(Finishing) 등의 공정

제5절 인발(Drawing)과 전조(Form Rolling)

Professional Engineer Machine

1 인발

1. 개요

1) 인발가공

인발가공은 테이퍼 구멍을 가진 다이에 재료를 통과시켜 다이 구멍의 최소 단면 치수로 가공하는 방법으로써 외력으로는 인장력이 작용하고 Die 벽면과 소재 사이에는 압축력이 작용하여 지름 5~10mm의 봉재나 두께 1.5mm 이하의 파이프 등 소 단면재를 가공한다. 주로 상온에서 행하나 가공 중 변형에 의한 발생열이 상당히 많다.

2) 인발가공의 종류★

(1) 봉재인발(Solid Drawing)

① 봉재 및 단면재로 드로잉하는 것
② 인발기(Draw Bench)를 사용함

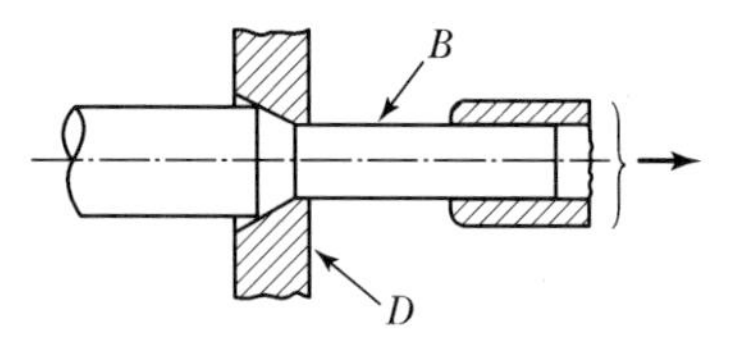

B: 관 *D*: 다이

[봉 또는 선의 인발]

(2) 관재인발

① 관재를 인발하여 다이를 고정시키고 외경을 일정한 치수로 한다.
② 관재를 인발하여 심봉 또는 맨드릴을 사용하여 내경을 일정한 치수로 한다.

③ 원형관, 이형단면관 등의 각종 형상을 한 다이를 사용

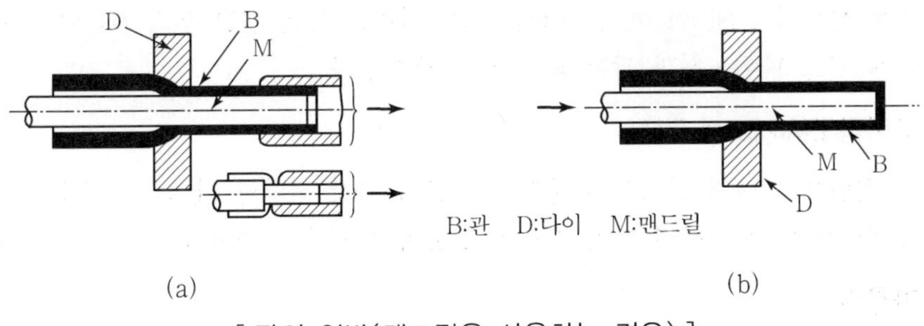

[관의 인발(맨드릴을 사용하는 경우)]

(3) 신선 또는 선재인발(Wire Drawing)

지름 5mm 이하의 가는 선재들의 인발

(4) 딥 드로잉(Deep Drawing)

① 판재를 사용하여 각종 소총탄환, 탄피, 알루미늄, 주전자, 들통, 기타 딥캡(Deep Cap) 등을 제작할 때 사용

② 비교적 비용이 비싼 편이므로 인발공정을 적게 하는 것이 좋다.

③ 역식 Deep Drawing : 큰 단면 감소율, 정확한 조정, 두꺼운 판에 사용 안 됨, 풀림할 필요 없음, 복잡한 형상이라도 유동이 잘됨

3) 인발에 영향을 미치는 것★★

소재가 Die를 통하여 선재로 인발될 때의 필요한 힘을 인발력이라 하며 재료 인발력의 일부는 다이에 의하여 재료에 압축하는 힘으로 변화하고 마찰력의 작용에 의해 인발변형이 진행된다.

인발력은 다이각, 단면수축, 마찰계수 및 재료의 내력 등에 따라 달라진다. 인발력의 측정은 드로우벤치의 경우 스트레인 게이지식의 장력계를 접촉시켜 측정되나 연속인발의 경우는 다이에 압열계를 설치할 필요가 있다.

(1) 단면 감소율 : $\frac{A_0 - A_1}{A_0} \times 100\%$, **가공도 :** $\frac{A_1}{A_0} \times 100$

① 단면감소율의 증가와 더불어 인발응력도 증가한다.

② 단면감소율을 크게 하면 목적하는 지름까지의 인발횟수를 작게 할 수 있고 능률을 크게 할 수 있으나 인발응력도 증가되어 인발이 불가능하게도 된다.

(2) 인발지름

보통 신선에서 Ni-wire, Cu-wire 또는 파이프 등은 인발 후의 지름이 다이구멍보다 작게 되고 파이노선과 같이 굳은 선은 굵어진다.

(3) 다이각도(Angle of Die)

① 일반으로 단면 감소율의 증가와 더불어 가장 적당한 다이의 각도는 증가된다.
② 역장력이 작용하면 다이 각도의 영향이 작아지고 다이의 선택 범위가 넓게 된다.

(4) 마찰력

작을수록 좋으며 마찰계수는 다이의 압력, 다이 내부의 표면상태, 윤활제 및 윤활방법 등에 따라 다르다.

(5) 역장력(Back Tension)

인발방향과 반대방향으로 가한 힘
① 다이의 마멸이 적고 수명이 길어지며 정확한 치수의 제품을 얻을 수 있다.
② 역장력이 커질 때 인발력도 증가하나 인발력에서 역장력을 뺀 다이추력은 감소된다.
③ 소성변형이 중심부와 외측부가 비교적 균등히 이루어지고 변형 중에 발생열도 적어진다.
④ 제품에 잔류응력이 작아지며 다이 온도의 상승도 작아진다.

(6) 인발속도

① 저속에서는 인발속도가 증가하면 인발력이 증가하나 속도가 어느 이상이 되면 인발력에 대한 속도의 영향은 적다.
② 고속도에서는 마찰에 의해 선재 내부에 고온이 발생되고 내외부의 온도차이에 따른 잔류응력이 발생된다.

4) 인발공정(강선)

(1) Ingot → Bloom → Billet → Strip의 순으로 소재가 가공되며 Strip에서 가공 경화됨
(2) 연강선은 풀림, 경강선은 파텐팅(Patenting) 처리를 하여 솔바이트(Sorbite) 조직으로 만들며 이러한 열처리는 냉간가공을 쉽게 하기 위한 것이다.
(3) 묽은 염산 또는 황산에 재료를 침지시켜 산화막을 제거한 후 충분히 수세함. 산화막은 Die의 손상을 초래할 수 있으며 강선에 나쁜 영향을 미침
(4) 석회액에 세척하여 산을 중화시킴. 중화 시에는 윤활성을 좋게 하기 위해 석회 피막을 남긴다.
(5) 다이에 통과시켜 Drawing함. 매우 가는 선의 인발에서는 단면 감소율이 80~85%에 도달하면 다시 풀림 처리함

2. Die와 Die 윤활 및 인발기계

인발가공에서 가장 중요한 역할을 하는 것은 Die이며 구멍형 다이와 롤형 다이로 구분된다. 다이는 구조에 나타난 바와 같이 각부에 표시된 명칭이 있는데 주로 안내부(Approach)에서 재료의 가공이 이루어진다. 또한 인발가공에서는 다이와 함께 적절한 윤활재를 사용하는 것이 중요하다. 인발 시는 다이의 압력이 대단히 높아 경계윤활상태로 된다. 이러한 조건에서 제품의 표면을 매끈하게 하고 마찰력을 감소시켜 다이의 마모를 적게 하기 위해서는 적절한 윤활재의 공급이 필수적이다.

1) Die의 형태★

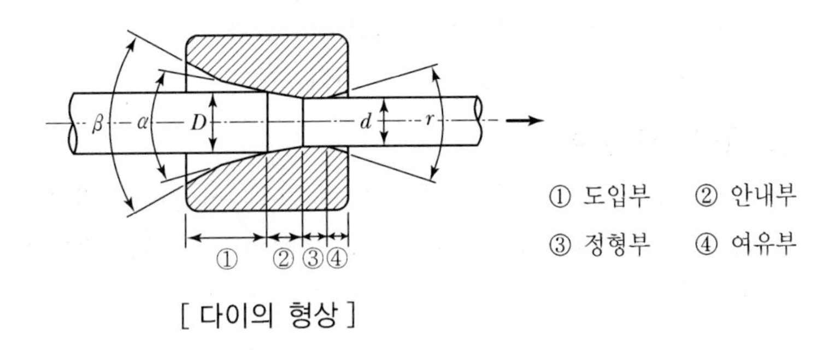

[다이의 형상]

(1) 도입부(Bell)

윤활재 공급 및 소재의 안내, β=60°

(2) 안내부(Approach)

소재를 감축시켜 실제로 가공

다이스 각 : 재질에 따라

Al, Ag : 15~18°, Cu : 12~16° , 강선용 : 6~11°, 황동 및 청동 : 9~12°

(3) 정형부(Bearing)

정형부의 길이는 연질의 선에는 짧고 단단한 재질의 선에는 길게 한다.

(4) 여유부(Relief)

소재를 도피시킴. 보통 30~60°이나 60°가 많다.

(5) 다이재료

① 강철 및 합금다이(Steel and Alloy Steel Die) : 지름이 큰 것을 드로잉할 때 사용

② 칠드 주철다이(Chilled Cast Iron Die) : 지름이 큰 것을 드로잉할 때 사용

③ 경질합금다이 : 가는 선을 드로잉할 때 사용

④ 다이아몬드 다이(Diamond Die) : 0.5m 이하의 특히 가는 선재 및 정밀한 치수로 인발할 때 사용

2) 윤활★

(1) 윤활유의 작용

① 다이의 마모를 적게 한다.
② 경계윤활상태에서 마찰력을 감소시킨다.
③ 제품의 표면을 매끄럽게 한다.
④ 냉각효과를 갖는다.
⑤ 사용 중에 안정상태가 유지되어야 한다.
⑥ 사용 후에 쉽게 제거되어야 한다.

(2) 윤활제의 종류

① 고형윤활제 : 석회, 그리스, 비누, 흑연, 식물유, 에멀션 등이 사용
② 강철용 감마제 : 물+석회(또는 인산염피복)+비누가루를 묻혀서 건식법으로 인발
③ 식물유 : 습식법에 사용되는 것으로 비누(1.5~3%)를 첨가하고 많은 물을 혼합한 것이 사용된다.
④ 에멀션(Emulsion) : 비누와 식물유로 된 것으로 구리합금 및 알루미늄합금용의 인발감마제로 사용

3) 인발기계

(1) 신선기

① 단식 신선기 : 다이를 통하여 뽑힌 선을 직접 드럼에 감는 방법으로 강철, 구리, 알루미늄선을 드로잉하는 데 사용
② 연속식 신선기
㉠ 다이를 통하여 인발된 선재가 연속적으로 다음 다이에 들어가 한 대의 신선기에서 연속작업할 수 있는 방법으로 능률이 좋다.
㉡ 수직식, 수평식, 콘식(Cone Type)이 있다.
㉢ 일반적으로 1/4inch 이하의 세선을 인발 시에 사용한다.

(2) 인발기

일정한 치수의 다이를 사용하고 또한 가공심봉을 사용하여 파이프를 인발하는 시설로 봉재 인발된다.

(3) 딥 드로잉(Deep Drawing)

다이와 펀치를 공구로 사용하며 프레스로서 판재를 깊게 가공한다.

2 전조★

1. 전조의 개요

1) 전조

다이나 Roll과 같은 성형공구를 회전 또는 직선운동시키면서 그 사이에 소재를 넣어 공구의 표면형상으로 각인하는 일종의 특수압연이라 볼 수 있다.

2) 전조제품

원통 롤러, Ball, Ring, 기어, 나사, Spline 축, 냉각 Fin이 붙은 관

3) 전조의 특징★

(1) 압연이나 압축 등에서 생긴 소재의 섬유가 절단되지 않기 때문에 제품의 강도가 크다.
(2) 소재나 공구가 국부적으로 접촉하기 때문에 비교적 작은 가공력으로 가공할 수 있다.
(3) Chip이 생성되지 않으므로 소재의 이용률이 높다.
(4) 소성변형에 의하여 제품이 가공 경화되고 조직이 치밀하게 되어 기계적 강도가 향상된다.

2. 전조의 종류

1) 나사전조(Thread Rolling)

(1) 가공방법

제작하고자 하는 나사의 형상과 Pitch가 같은 Die에 나사의 유효지름과 지름이 거의 같은 소재를 넣고 나사전조 Die를 작용시켜 나사를 만든다.

(2) 나사 전조기의 종류

① 평Die 전조기 : 한 쌍의 평다이 중 하나는 고정하고 다른 하나를 직선운동을 시켜 1회의 행정으로 전조를 완성한다.

② Roller Die 전조기 : 2개의 Roller Die로 되어 있는데 두 축은 평행하고 그 중 하나는 축이 이동하도록 되어 있으며 다른 하나는 위치가 고정되어 있다.

③ Rotary Planetary 전조기 : 자동으로 장입된 소재가 타단에서 완성된 나사로 나오며 대량 생산에 적합하다.

④ 차동식 전조기 : 2개의 둥근 다이를 동일 방향으로 회전시키며 소재를 다이의 원주속도차의 1/2의 속도로 공급하여 다이의 최소간격을 통과할 때 나사가공이 완성된다.

(3) 나사전조의 특징

① 소성변형에 의해 조직이 양호하다.

② 인장강도는 증대된다.

③ 피로한도가 상승되어 충격에 대하여도 강하게 된다.

④ 정밀도가 높다.

⑤ 제품의 균등성이 좋다.

⑥ 가공시간이 짧으므로 대량 생산에 적합하다.

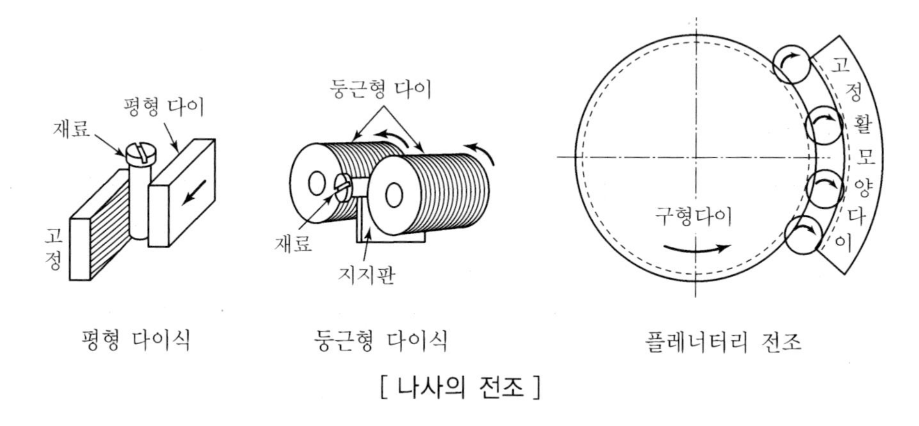

[나사의 전조]

2) Ball 전조(Ball Rolling)

(1) 2개의 다이인 수평롤러는 동일 평면 내에 있지 않고 교차되어 있어 소재에 전조압력을 가하면서 소재를 이송한다.

(2) 다이의 홈은 Ball을 형성하는 가공면이며 산은 소재를 오목 패이게 하면서 최후에는 절단하는 역할을 한다.

3) 원통 Roller 전조(Cylindrical Roller Rolling)

Ball의 전조에서처럼 다이인 Roller를 교차시킬 수 없고 평행하게 하여야 하며 안쪽의 다이 Roller에만 필요한 나선형의 홈을 만들어 가공한다.

4) Gear 전조

(1) 기어 전조기의 종류

① Rack Die 전조기

㉠ 한쌍의 Rack Die 사이에 소재를 넣고 압력을 가하면서 Rack을 이동시켜 소재를 굴리면 Die의 홈과 맞물리는 Gear가 전조된다.

㉡ Spline 축의 전조에도 이용되며 소형 Gear의 가공에 적합하다.

② Pinion Die 전조기 : Pinion Die를 소재에 접촉시키면서 압력을 가한 상태에서 회전시키면 치형이 만들어지며 전조력이 클 때에는 2개 또는 3개의 Pinion Die로 다른 방향에서 가압한다.

③ Drill 전조 : 드릴과 탭의 홈을 가공

④ Hob Die 전조기

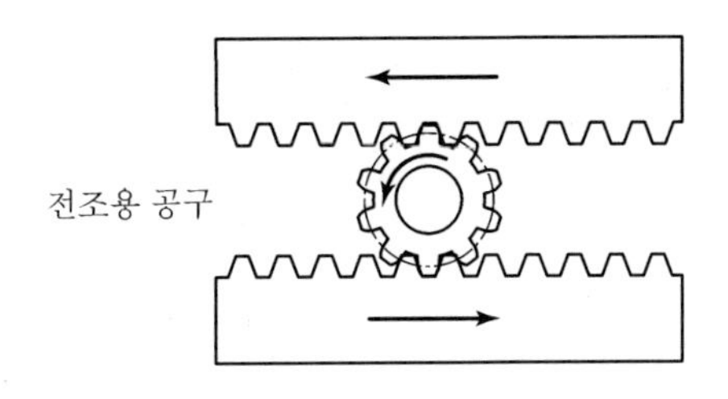

[기어의 전조]

(2) 기어 전조기의 특징

① 재료가 절약되고, 원가가 싸게 든다.

② 결정조직이 치밀해진다.

③ 제작이 간단하고 빠르다.

④ 연속적인 섬유조직을 가진 강력한 재질로 된다.

제6절 프레스 가공

Professional Engineer Machine

1 Press 가공의 개요와 종류

1. Press 가공의 개요

1) 프레스 가공

프레스기계를 이용한 가공

2) 프레스

회전운동을 직선운동으로 바꾸는 등 각종 기구를 이용하여 펀치와 다이 사이의 소재를 가압하여 성형하는 기계

3) 프레스 가공의 특징

대량 생산이 가능하고 고속 및 대용량으로 할 수 있다.

4) 프레스 제품

각종 용기, 장식품, 가구 및 자동차, 항공기, 선박, 건축 등의 구조물

2. 프레스 가공의 특징

1) 복잡한 형상을 간단하게 가공한다.
2) 절삭에 비해 인성 및 강도가 우수하다.
3) 정밀도가 높고 대량 생산이 가능하다.
4) 재료 이용률이 높다.
5) 가공속도가 빠르고 능률적이다.
6) 절삭가공만큼 숙련된 기술을 요하지 않는다.

3. Press 가공의 종류

1) 전단가공(Shearing)

목적에 알맞은 형상의 공구를 이용하여 금속소재에 전단변형을 주어 최종적으로 파단을 일으켜 필요한 부분을 분리시키는 가공을 전단가공이라 하는데, 소재는 펀치(Punch)와 다이(Die) 사이에서 소성변형과 전단단계를 거쳐 최종적으로 파단이 된다.

(1) 전단력 및 파단면의 형상

① 전단력

$W = \pi d t \tau$(kg)

여기서, W : 펀치에 작용하는 전단하중(kg)

τ : 소재의 전단강도(kg/mm^2)

t : 소재의 두께)

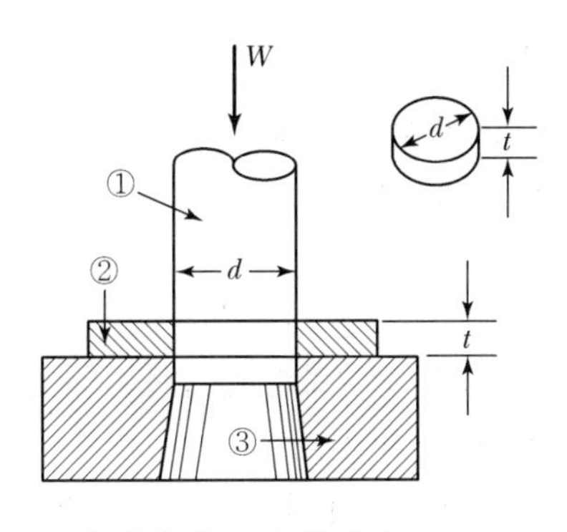

① 펀치 ② 소재 ③ 다이

[펀치와 다이]

② 파단면 형상

㉠ 파단면은 압축과 굽힘으로 인하여 윗면은 둥글게 되며 재료의 흐름이 일어난 전단면은 깨끗하고 파단된 면은 거칠다.

㉡ 일반적으로 전단단계에서 파단이 일어나기 시작 할때의 균열 발생은 날끝에서부터 시작하는 것이 보통이지만 날끝이 무디어지거나 연한 재료를 사용하는 경우에서는 균열이 날끝 주위부터 시작되면서 제품 측면에 거스러미(Burr)를 발생시킨다.

㉢ 거스러미는 전단가공의 특징으로 완전히 없앨 수는 없으며 판 두께의 10% 이하로 규제되는 조건이 적용된다.

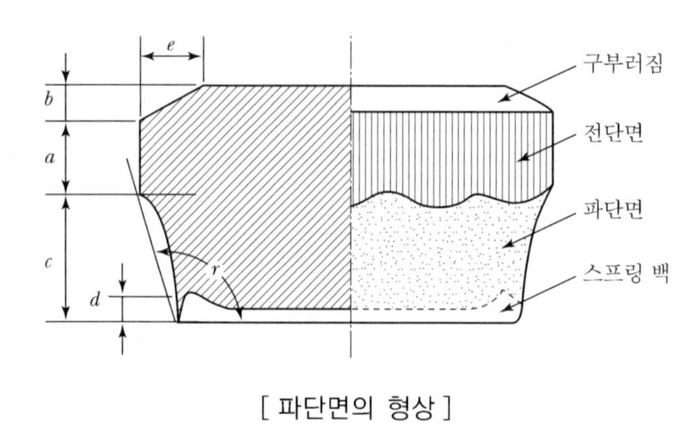

[파단면의 형상]

(2) 전단에 소요되는 동력(H_{ps})

$$H_{ps} = \frac{W v_m}{75 \times 60 \times \eta}$$

여기서, v_m : 평균전단속도(m/min)

η : 기계효율(0.5~0.7)

(3) 전단가공의 종류★

① 블랭킹(Blanking) : 판재를 펀치로써 뽑기하는 작업을 말하며 그 제품을 Blank라고 하고 남은 부분을 Scrap이라 한다.

② 펀칭(Punching) : 원판 소재에서 제품을 펀칭하면 이때 뽑힌 부분이 스크랩으로 되고 남은 부분은 제품이 된다.

③ 전단(Shearing) : 소재를 직선, 원형, 이형의 소재로 잘라내는 것을 말한다.

④ 분단(Parting) : 제품을 분리하는 가공이며 다이나 펀치에 Shear를 둘 수 없으며 2차 가공에 속한다.

⑤ 노칭(Notching) : 소재의 단부에서 단부에 거쳐 직선 또는 곡선상으로 절단한다.

⑥ 트리밍(Trimming) : 지느러미(Fin) 부분을 절단해내는 작업. Punch와 Die로 Drawing 제품의 Flange를 소요의 형상과 치수로 잘라내는 것이며 2차 가공에 속한다.

⑦ 셰이빙(Shaving) : 뽑기하거나 전단한 제품의 단면이 아름답지 않을 때 클리언스가 작은 펀치와 다이로써 매끈하게 가공한다.

⑧ 브로칭(Broaching) : 절삭가공에서의 Broach를 Press 가공의 Die와 Punch에 응용한 것이라 볼 수 있으며 구멍의 확대 다듬질, 홈가공은 Punch를 Broach로 하고 외형의 다듬질에는 Die를 Broach로 한다.

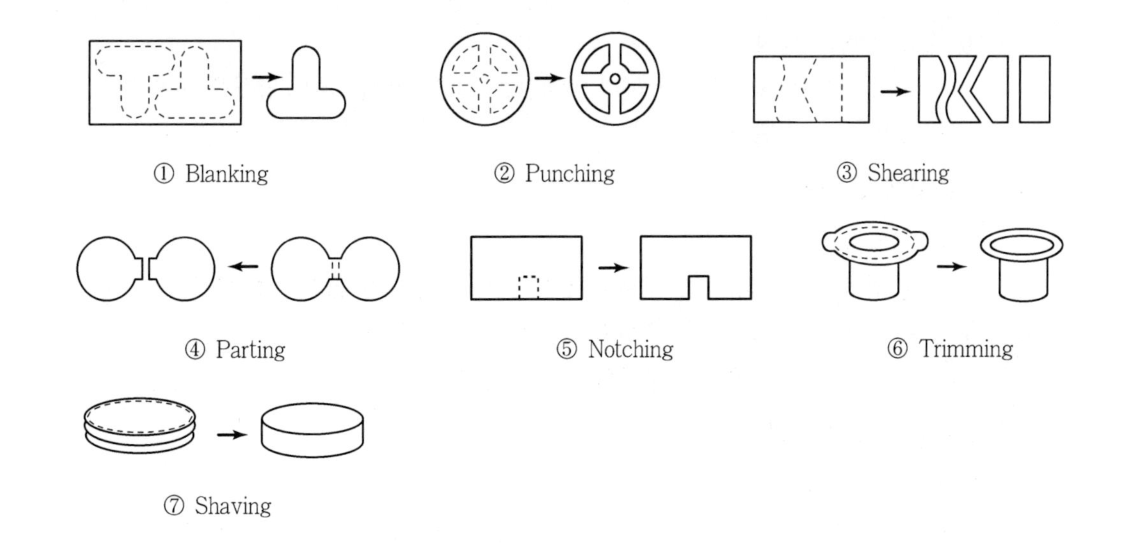

2) 굽힘가공(Bending)★★

(1) 스프링백(Spring Back)

소성변형에 의해 재료는 굽혀지나 탄성변형도 있으므로 외력을 제거하면 원래의 상태로 되돌아가려는 성질을 스프링백이라 한다.
특히 외측에 인장응력, 내측에 압축응력이 작용하는 굽힘가공에서 그 현상이 심하며 탄성한도가 높고 경한 재료일수록 Spring Back 양이 크다.
스프링백은 재질, 작업조건, 금형구조 등의 여러 가지 조건에 영향을 받는다.

(2) 스프링백의 현상

① 재질의 영향
탄성한도, 인장강도가 높은 것일수록 스프링백은 크고, 연성이 큰 것일수록 가공성이 좋고 스프링백이 작으므로 필요에 따라 풀림 열처리를 고려한다.

② 굽힘 반지름의 영향
보통 판 두께에 대한 굽힘 반지름의 비가 클수록 스프링백은 커진다. 즉 같은 판 두께에 대하여 굽힘 반지름이 클수록 스프링백 양이 크고 굽힘 반지름이 작을수록 작다. 따라서 가능한 한 최소 굽힘 반지름에 가깝게 굽힘가공하는 것이 필요하다.

③ 다이 어깨폭의 영향
다이 어깨폭이 작아지면 스프링백 양은 증가하여 제품 각도의 불균일이 많아지고 어깨 폭이 넓어지면 스프링백 양이 작아지나 형상불량이 나타난다. 같은 어깨 폭에 대해서는 굽힘 반지름이 크면 클수록 스프링백이 증가되며 대체로 어깨폭/판두께 비가 8 이상 되면 거의 일정한 값으로 작아진다.

④ 패드 압력의 영향
V 굽힘 시에는 대체로 사용하지 않지만 U 굽힘 시에는 패드 압력을 이용하여 스프링백이 적도록 한다.

(3) 스프링백의 원인

① 경도가 높을수록 커진다.
② 같은 판재에서 구부림 반지름이 같을 때에는 두께가 얇을수록 커진다.
③ 같은 두께의 판재에서는 구부림 반지름이 클수록 크다.
④ 같은 두께의 판재에서는 구부림 각도가 작을수록 크다.

(4) 스프링백의 방지대책

① V 굽힘 금형의 경우
㉠ 펀치 각도를 Die 각도보다 작게 하여 과굽힘(Over Bending)한다.
㉡ Die에 반지름을 붙여 굽힘판 중앙에 강한 압력을 가한다.
㉢ 펀치 끝에 돌기를 설치하여 Bottoming시킨다.

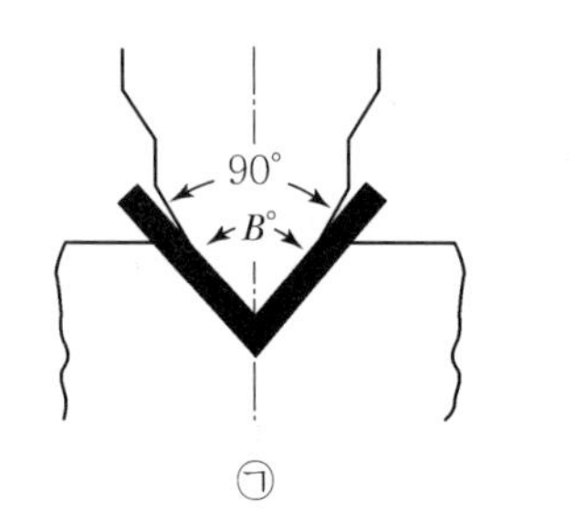

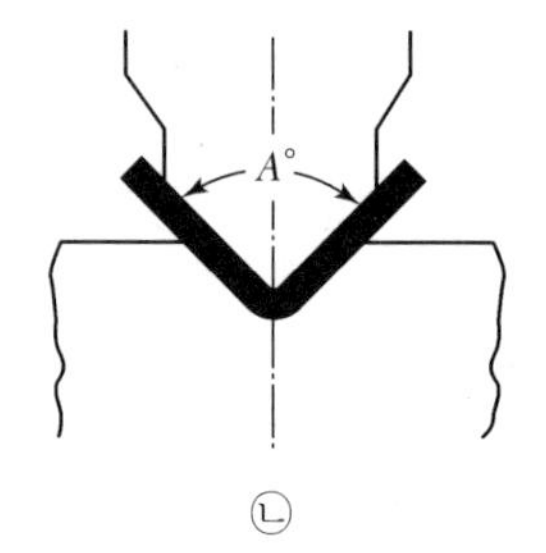

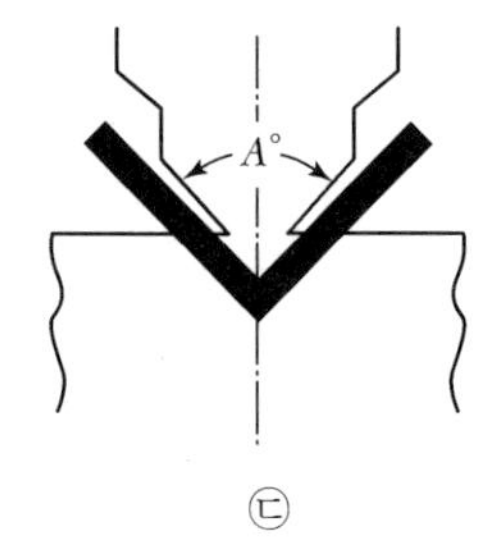

㉠ ㉡ ㉢

[V 굽힘에서의 펀치, 다이 형상]

② U 굽힘 금형의 경우
㉠ 펀치 측면에 Taper를 약 3~5° 준다.
㉡ 펀치 밑면에 돌기를 설치하여 Bottoming 시킨다.
㉢ 다이 어깨부에 Rounding을 붙이거나 Taper를 붙이는 방법
㉣ 펀치 밑면을 오목하게 한다(굽힘 밑면의 탄성회복에 의한 스프링백 제거).
㉤ 펀치와 다이의 틈새를 작게 하여 제품 측면에 Ironing(다림질) 가함
㉥ Die 측면을 Hinge(경첩)에 의한 가동식으로 과굽힘시키는 방법
㉦ 패드의 압력조정을 통하여 스프링백과 스프링고를 상쇄시킨다.

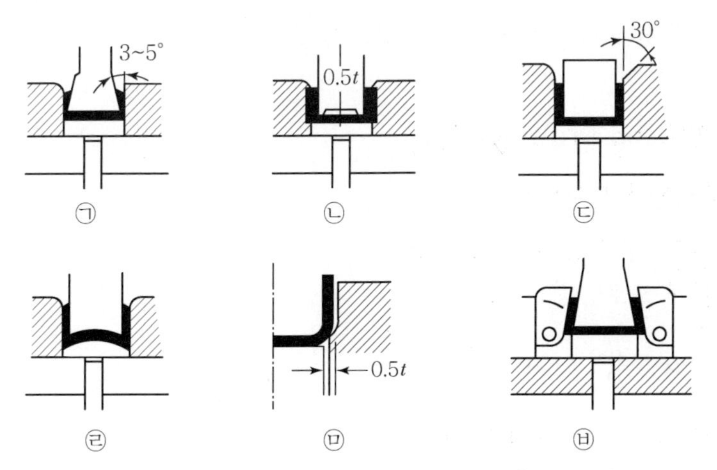

[금형 형상에 따른 스프링백 방지]

(5) 굽힘길이

재료의 전개길이 즉, 가공 전의 판재 길이를 구하려면 중립면의 길이를 구한다. 전체 길이를 L이라 하면

$$L = L_1 + L_2 + (R + d)\frac{\pi\alpha}{180}$$

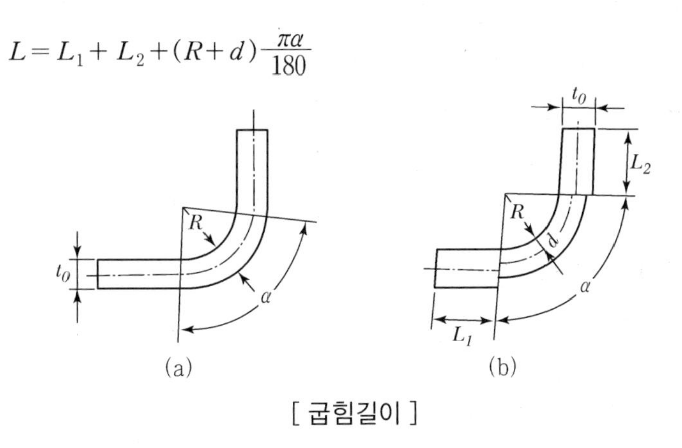

[굽힘길이]

$\frac{d}{t_0}$는 $\frac{R}{t_0}$의 함수로서 굽힘가공법 또는 판재의 압축력과 인장력이 작용하면 변한다.

그리고 $\frac{R}{t_0}$이 증가하면 $\frac{d}{t_0}$도 증가한다.

(6) 굽힘가공의 종류

① 비딩(Beading) : Drawing된 용기에 흠을 내는 가공으로서 보강이나 장식이 목적

② 컬링(Curling) : 용기의 가장자리를 둥글게 말아 붙이는 가공이며 통의 가장자리 Hinge, 판으로 된 손잡이에 이용

③ 시밍(Seaming) : 판과 판을 잇는 방법

3) 딥 드로잉(Deep Drawing) 가공

(1) 드로잉률과 드로잉비

① 드로잉률(Drawing Coefficient)
한계 드로잉률 : 0.55~0.6

$$m = \frac{d_p}{D_0} \times 100$$

여기서, D_0 : 소재의 지름
d_p : 펀치의 지름

② 드로잉비(Drawing Ratio) : $Z = \frac{D_0}{d_p}$

(2) 단면감소율

d_0 : 처음 소재의 지름, d_1 : 1회의 공정에서 얻은 지름, d_2 : 2회의 공정에서 얻은 지름, d_n : 최종 n회 가공에서 얻은 지름

$d_1 = m_0 d_0$, $d_2 = m_1 d_1, \ldots, d_n = m_{n-1} d_{n-1}$ 등은 1회, 2회, ... n회 등의 감소율

감소율은 제품의 두께에도 관계있고 t/d_o가 큰 것은 단면감소율을 작게 한다.

또한 $t/d_o \times 100 = 0.3$ 이하의 것은 딥 드로잉이 곤란하다.

(3) 펀치와 다이의 간격(C_p)

간격 C_p가 너무 작으면 펀치에 작용하는 하중이 너무 크게 된다. C_p가 너무 크게 되면 제품에 주름이 잡힌다.

C_p=(1.05~1.30)t : 제품의 치수가 엄격하지 않을 때

C_p=(1.4~2.0)t : 제품의 치수가 엄격할 때

(4) 딥 드로잉 가공의 종류(박판의 특수 성형법)★

Press 가공에서 사용하는 Die는 Punch보다 고가이며 제작이 어렵고 많은 노력을 요한다. 따라서 탄성이 풍부한 고무나 액체를 펀치나 다이로 대신 사용하여 금속박판을 가공하거나 선반 주축의 회전력을 이용한 가공법 등을 특수 성형법으로 분류된다.

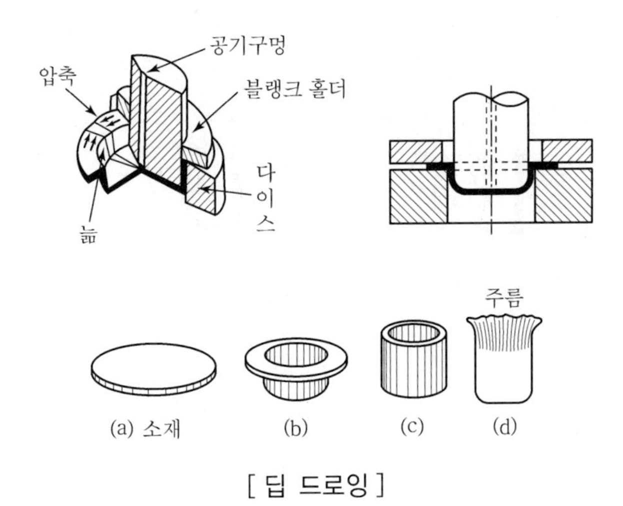

[딥 드로잉]

① 커핑(Cupping) : 단일 공정에서 제작되는 제품이 컵 형상으로 만들어지는 과정이며 1차 Drawing이라고도 한다.

② 딥 드로잉(Deep Drawing)

㉠ 직접 딥 드로잉(Direct Deep Drawing) : 용기의 내외면이 커핑 때와 같다.

㉡ 역식 딥 드로잉(Inverse Deep Drawing)

ⓐ 방식 : 용기의 하부에서 반대로 펀치를 압입하여 용기의 내외면이 반대로 되는 방식

ⓑ 특징

- 큰 단면 감소율을 얻을 수 있다.
- 중간에 Annealing이 필요 없다.
- 복잡한 형상에서도 금속의 유동이 잘된다.
- 두께 1/4inch보다 두꺼운 판에 대해서는 곤란하다.
- 정확한 조정을 요한다.

③ 벌징(Bulging) : 최소지름으로 드로잉한 용기에 고무를 넣고 압축하는 고무벌징과 액체를 넣는 액체벌징이 있으며 배(통 따위의)모양의 볼록한 형상을 만든다. 화병 같이 입구보다 중앙 부분이 굵은 용기

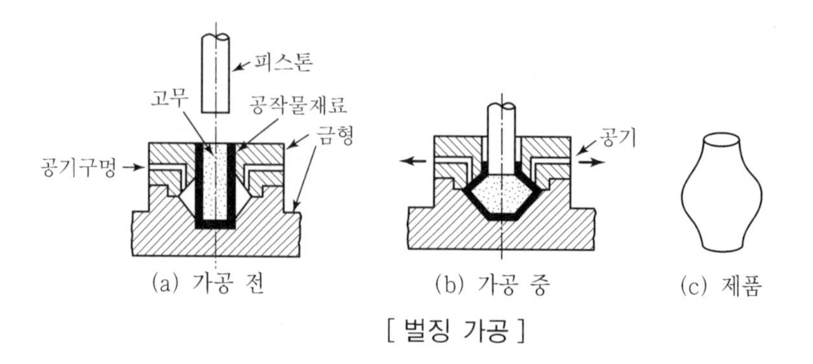

[벌징 가공]

④ 마르폼 방법(Marform Process) : 탄력이 좋은 고무를 램에 장착시켜 액압실린더에 부착한 후 Die로 사용하고 Punch를 가압하면 고무의 탄성에 의해 펀치의 형상으로 소재가 성형된다.

㉠ 경제적이다.

㉡ 소량 소품에 제작에 유리하다.

㉢ 소재 결함이 적다.

㉣ 모서리 반지름을 작게 할 수 있다.

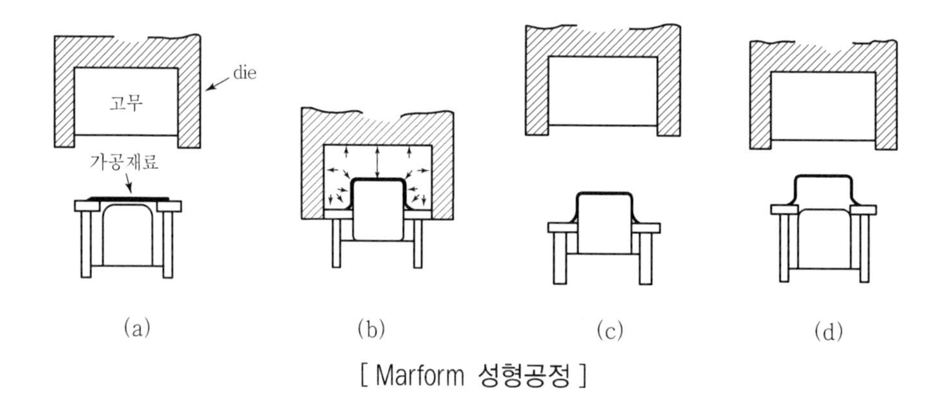

[Marform 성형공정]

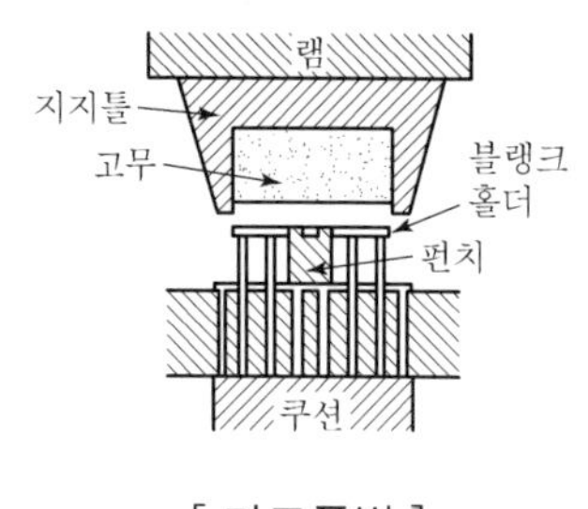

[마르폼법]

⑤ 스피닝(Spinning)★ : 회전하는 선반의 주축에 다이를 고정하고 그 다이에 Blank를 심압대로 눌러 Blank를 다이와 함께 회전시켜 Spinning Stick나 Roller로 가공하는 것으로 소량생산에 적합하며 원통형의 것 외에는 가공할 수 없다. 모방장치를 가진 유압구동 기계를 사용하면 보다 두꺼운 소재도 간단히 가공할 수 있다.

㉠ 축대칭 제품의 소량 생산에 적합
㉡ 프레스가 없을 때 이용
㉢ 원통형의 제작만 가능
㉣ 윤활을 충분히 해야 한다.
㉤ 아이어닝 가공을 병행하면 제품의 정밀도와 기계적 성질을 개선한다.
㉥ 1공정으로 도달할 수 있는 가공의 최대각도는 Al 20°, 스테인리스 30° 정도이다.

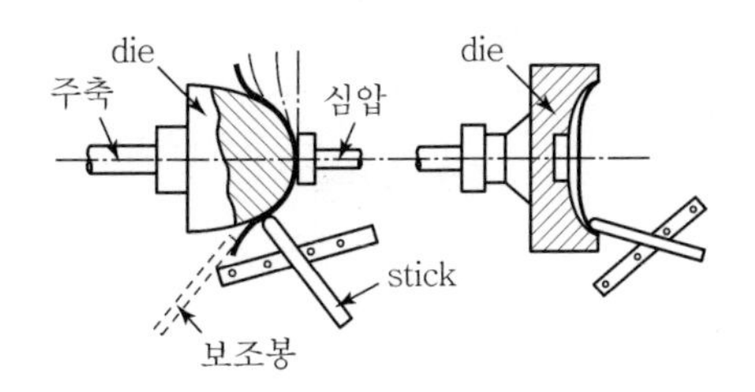

[스피닝]

⑥ 인장성형법(Stretch Forming)

㉠ Press 굽힘가공에서 Spring Back을 제거하거나 줄이기 위해 굽힘가공 중에 소재를 항복응력 이상까지 인장하거나 압축을 하면서 성형하는 방법
㉡ 소재의 양단을 Jaw에 물리고 펀치로 가압하거나 고정된 펀치에 소재 양단을 인장하여 가공한다.
㉢ Jaw에 물리는 재료 손실이 있으나 항공기, 지붕 Panel 등의 성형에 많이 이용된다.

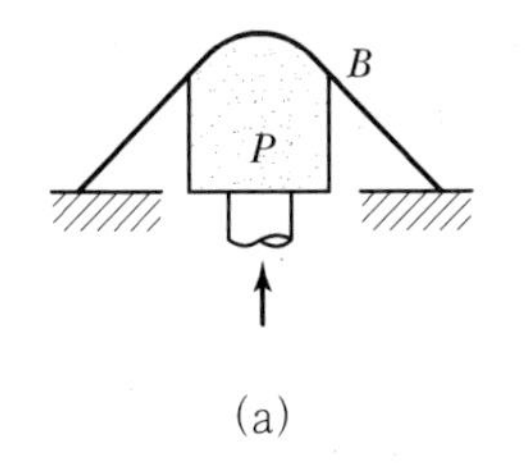

(a)

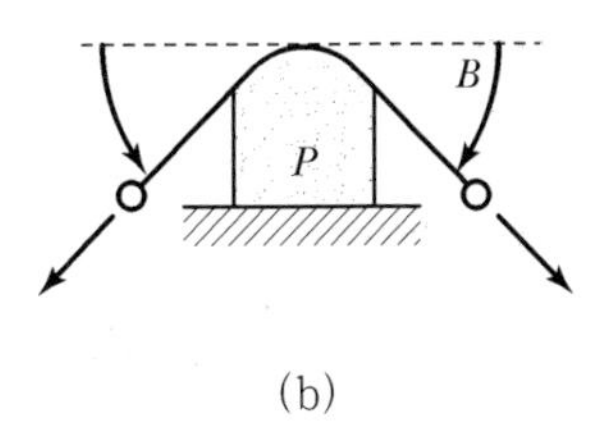

(b)

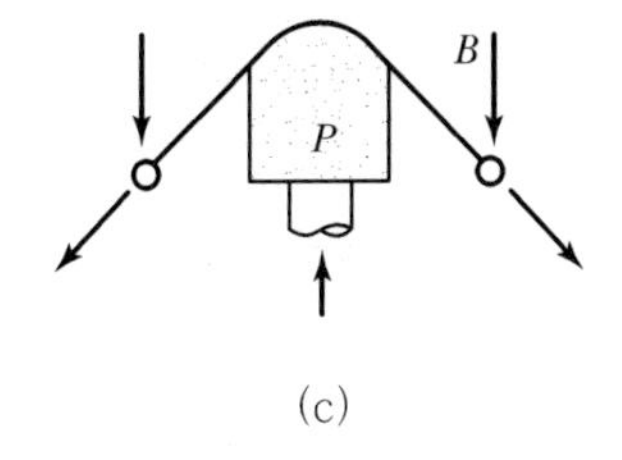

(c)

[인장성형가공법]

4) 압축가공

(1) 압축력

$P = K_f A$ (A : 유효단면적, K_f : 압축저항(압축변형 $\frac{h_0 - h_1}{h_0} \times 100\%$ 의 함수))

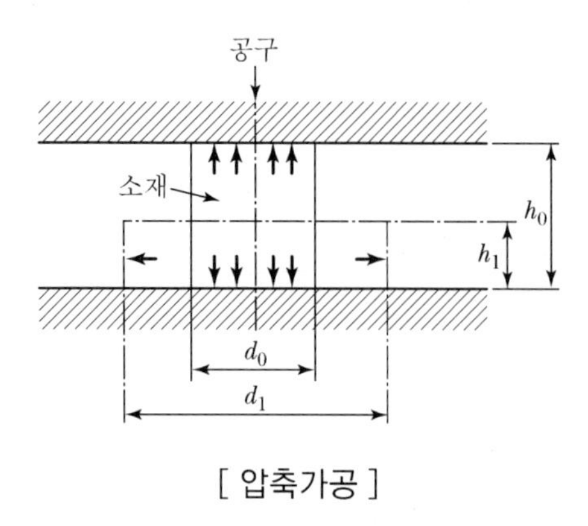

[압축가공]

(2) 압축가공의 종류★

① 압인가공(Coining) : 소재 면에 요철을 내는 가공으로 표면형상은 내면의 것과는 무관하며 판 두께의 변화에 의한 가공이다. 화폐, Medal, Badge, 문자 등은 압인가공하는 경우가 많다.

② 엠보싱(Embossing) : 요철이 있는 Die와 Punch로 판재를 눌러 판에 요철을 내는 가공으로서 판의 내면에는 표면과는 반대의 요철이 생기며 판의 두께에는 거의 변화가 없다.

③ 스웨이징(Swaging) : 재료의 두께를 감소시키는 작업으로 소재의 면적에 비하여 압입하는 공구의 접촉면적이 대단히 작은 경우이다.

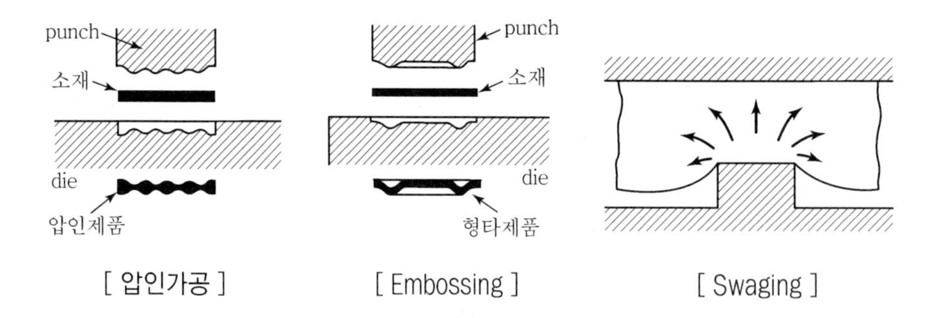

[압인가공]　[Embossing]　[Swaging]

2 Press의 종류와 Die

1. Press의 종류★

1) 인력 Press

수동 프레스로서 족답(足踏)프레스가 있으며 얇은 판의 펀칭 등에 주로 사용

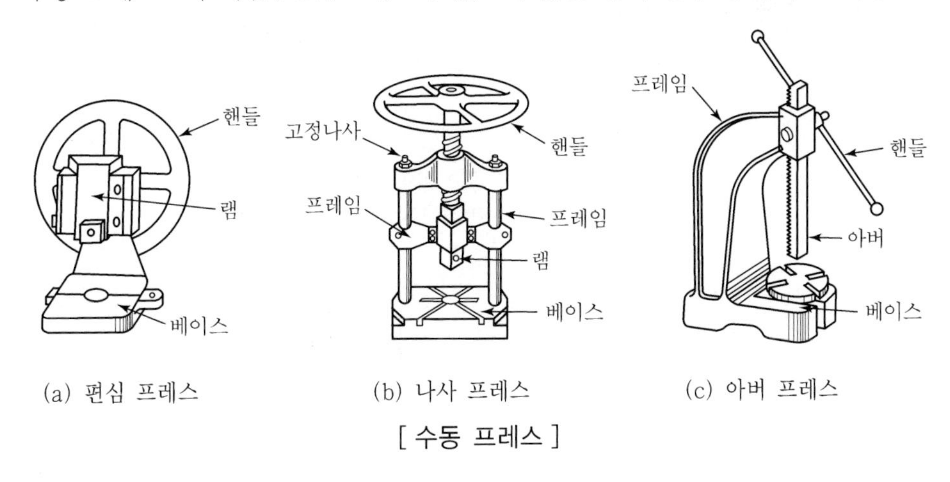

[수동 프레스]

2) 동력 Press

(1) 기력 Press 또는 Power Press

① 크랭크 프레스(Crank Press) : 크랭크 축과 커넥팅로드와의 조합으로 축의 회전운동을 직선운동으로 전환시켜 프레스에 필요한 램의 운동을 시키는 것

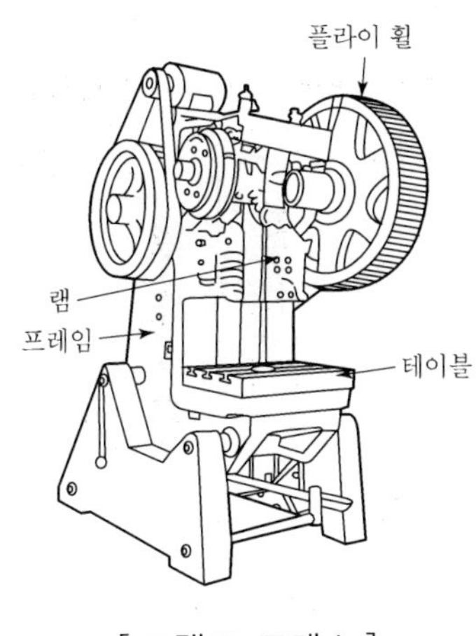

[크랭크 프레스]

② 익센트릭 프레스(Eccentric Press)

㉠ 페달을 밟으면 클러치가 작용하여 주축에 회전이 전달

㉡ 편심주축의 일단에는 상하 운동하는 램이 있고 여기에 형틀을 고정하여 작업

㉢ 뽑기작업, 블랭킹작업 및 펀칭에 사용

③ 토글 프레스(Toggle Press) : 플라이휠의 회전운동을 크랭크장치로써 왕복운동으로 변환시키고 이것을 다시 토글(Toggle)기구로써 직선운동을 하는 프레스로 배력장치를 이용

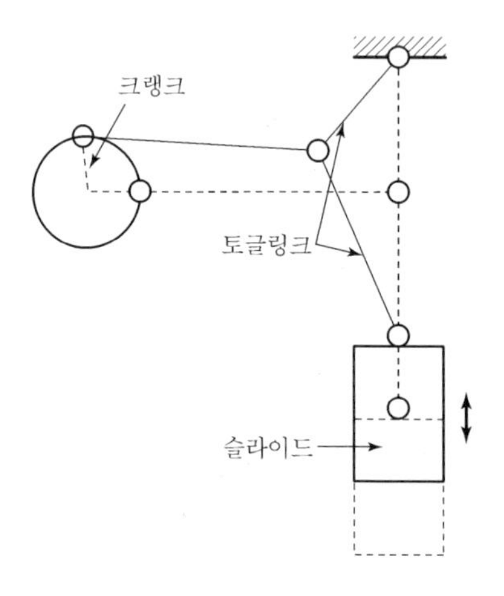

[토글 프레스]

④ 마찰 프레스(Friction Press) : 회전하는 마찰차로 좌우로 이동시켜 수평마찰차와 교대로 접촉시킴으로써 작업한다. 판금의 두께가 일정하지 않을 때 하강력의 조절이 잘되는 프레스

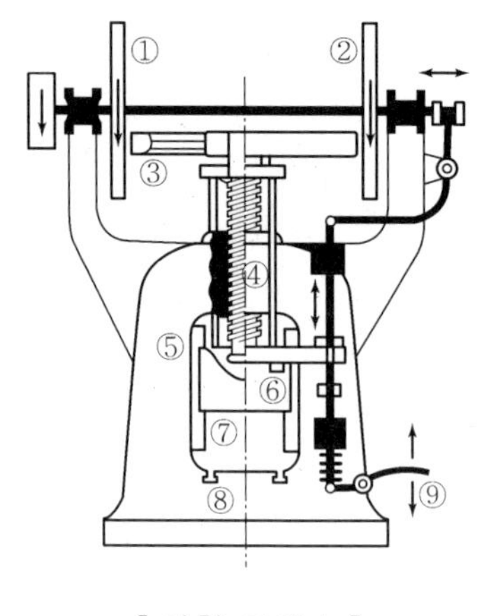

[마찰 프레스]

(2) 액압 프레스

① 용량이 큰 프레스에는 수압 또는 유압으로 기계를 작동시키는 프레스
공칭압력 = 피스톤면적 × 액체압력

② 특징

㉠ Press의 작동 행정을 임의로 조정할 수 있다.

㉡ 행정에 관계없는 가공력을 갖는다.

㉢ 큰 용량의 가공이 가능하다.

㉣ 과부하의 발생이 거의 생기지 않는다.

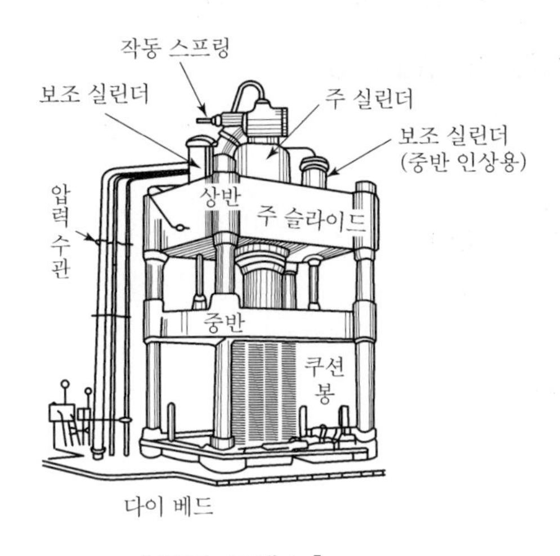

[액압 프레스]

2. Die

1) 뽑기형틀(Blanking Die)

(1) 단일뽑기형틀(Plain Blanking Die)

판금소재(Blank)를 적당한 형상으로 뽑기하는 형틀로 보통 많이 사용된다.

(2) 다열형틀(Follow Die)

한 개의 형틀에 여러 개의 공구를 고정하여 프레스가 한 번 작동함에 따라 같은 제품을 여러 개 만드는 것

(3) 다단뽑기형틀(Multiple or Gang Die)

한 개의 제품을 만들 때에 재료가 순차적으로 이동되면서 형상이 다른 형틀의 가공을 받아 제품이 완성되는 방법

(4) 복식뽑기형틀(Compound Die)

상하형틀이 각각 펀치와 다이를 가지고 있어 외형 및 구멍 등을 한 번에 뽑는 뽑기형틀

2) 드로잉형틀(Drawing Die)

한 개의 형틀에 여러 개의 공구를 고정하여 프레스가 한 번 작동함에 따라 같은 제품을 여러 개 만드는 것

(1) 단동식 형틀(Single Action Die)

준비된 소재를 펀치로 눌러서 조형한다.

(2) 복동식 형틀(Double Action Die)

1차 작동으로 가공물을 고정하고, 2차 작동으로 가공물을 조형한다.

3) 굽힘형틀(Bending Die)

단압, 복압, 원형굽힘형틀이 있다.

3. 프레스의 안전장치

1) 1행정 1정지기구

2) 급정지기구

3) 비상정지장치

4) 미동기구

5) 안전블럭

프레스는 슬라이드가 불의에 하강하는 것을 방지할 수 있는 안전블럭을 비치하고 또한 안전블럭 사용 중에 슬라이드를 작동시킬 수가 없도록 하기 위한 인터록기구를 가진 것이어야 한다.

6) 양수조작식 방호장치

7) 가드식 방호장치

8) 광전자식 방호장치

신체의 일부가 광선을 차단한 경우에 대해 광선을 차단한 것을 검출하여 이것에 의해 슬라이드의 작동을 정지시킬 수 있는 구조의 것이어야 한다.

9) 손쳐내기식 방호장치

10) 수인식 방호장치

11) 과부하 방지장치

기계프레스의 슬라이드 내부에는 압력능력 이상의 부하로 사용할 경우에 프레스를 보호하기 위하여 과부하방지장치를 설치하여야 한다.

12) 과도한 압력상승 방지장치

기계프레스는 클러치 또는 브레이크를 제어하기 위한 압력이 과도하게 상승하는 것을 방지할 수 있는 안전장치를 비치하고 당해 압력이 소요압력 이하로 저하된 경우 자동적으로 슬라이드의 작동을 정지시킬 수 있는 기구를 가진 것이어야 한다.

[Question 01] Press 가공의 결함 및 대책

1. 개요

드로잉 가공에서 가공된 용기가 파단되는 원인은 여러 가지가 있으나 그 요인은 어느 한가지에 국한될 수는 없으며 펀치, 다이, 작업조건, 소재 등이 복합되어 발생되는 경우가 많다. 전단금형에서 가공한 제품의 불량원인은 대부분 금형에 의한 것이 많다.

2. Press 가공의 결함 및 대책

(1) Drawing 가공

① 바닥부분의 파단

원인	대책
• 펀치의 각 반지름이 너무 작다. • 블랭크 홀딩력이 너무 크다. • 블랭크의 치수가 너무 크다. • 드로잉 및 재드로잉률이 너무 작다. • 틈새가 너무 작다. • 윤활유 부적당 • 드로잉 가공속도가 너무 빠르다. • 블랭크 홀더의 표면 가공상태 불량	• 펀치의 각 반지름을 크게 함 • 블랭크 홀딩력을 조정하여 적당히 함 • 블랭크 치수를 적당히 하고 틈새를 크게 함 • 드로잉률을 적당히 하고 가공속도를 늦추며 적당한 윤활재 선택

② 용기의 다이 각 반지름 부위 균열

원인	대책
• 다이의 각 반지름이 작고 펀치와 다이 사이의 틈새가 충분치 못함 • 다이 각 반지름 가공상태가 나쁘다.	• 다이 각 반지름을 적당히 크게 함 • 펀치와 다이의 틈새를 적당히 크게 함

③ 용기의 주름

원인	대책
• 블랭크의 크기가 너무 크다. • 블랭크 홀딩력이 부족하고 비드형상 및 위치가 부적절 • 드로잉 공정수를 너무 단축 • 다이 각 반지름이 너무 크다.	• 원인이 되는 각 인자의 조건을 적절히 조정하여 시험 드로잉 작업을 함

④ 용기의 선단에 생기는 귀

원인	대책
• 소재의 압연방향에 따른 이방성 • 펀치와 다이의 편심 • 블랭크 홀더의 압력이 서로 다름	• 재료에 풀림처리하면 최소로 할 수 있음

⑤ Shock Mark, Stepring

원인	대책
• 펀치 또는 다이의 각 반지름이 다를 때 • 다이 각 반지름 부위의 형상이 매끄럽지 못해 소재 변형에 저항이 있을 때	• 다이의 각 반지름 부분을 매끄럽게 가공 • 블랭크 홀딩력과 비드의 높이 조정

(2) 전단가공

① 펀치의 변형 마멸, 파손 : 펀치의 재질과 가공상태가 나쁠 때 발생되며 강도를 높이고 정밀하게 가공한다.

② 펀치의 치우침 : 프레스램의 상하운동이 부적절하고 펀치의 고정불량, 금형의 안내불량에 의해 발생되며 프레스의 정밀도를 보완하고 정밀 금형에는 가이더 포스트를 설치하는 등 펀치의 고정과 안내를 확실히 한다.

③ 다이의 손상 : 다이 날끝의 미세한 치핑(Chipping)과 날끝마멸은 날끝경도가 너무 높거나 다이의 재료불량에 기인한다. 대책으로는 윤활유를 사용하고 날끝에 인성을 부여하기 위해 뜨임을 하며 가공속도를 줄이는 것이 필요하다. 마모된 날끝은 재연삭한다.

(3) 굽힘가공

① 굽힘균열

㉠ 굽힘선을 압연방향과 직각으로 한다.

㉡ 버어의 방향을 굽힘의 내측으로 한다.

㉢ 버어를 제거한다.

㉣ 굽힘 반지름/판 두께의 비를 0.5 이상으로 한다.

② 쇼크마크

㉠ 다이 각 반지름의 형상을 테이퍼로 한다.

㉡ 금형에 초경 또는 TD처리를 한다.

③ 형상 및 정밀도 불량

현상	원인	대책
U 굽힘 시 측벽 또는 밑면이 부풀어 오른다.	• 클리언스가 크다.	• 적정 클리언스로 수정 • 녹아웃패드 사용
굽힘선의 직각 불량	• 블랭크의 위치 불량 • 프레스의 정밀도 불량	• 프레스 교체 • 녹아웃핀, 패드 사용
비틀림	• 굽힘선의 길이가 좌우 다르다. • 굽힘선이 비교적 작다.	• 안내장치를 붙여 아이오링과 같이 작업한다.
좌우측벽의 형상변형	• 좌우의 굽힘 시 인장력이 균일하지 않다.	• 다이각 반지름, 클리어런스, 윤활을 재검토한다. • 굽힘가공 후 트림한다.
구멍 정밀도	• 구멍이 굽힘선에 너무 가깝다.	• 구멍위치를 변경한다. • 굽힘 후 가공한다.

[Question 02] 프레스 가공의 자동화

1. 개요

금형 가공제품의 양상이 점차 복잡해지고 정밀도의 요구 수준이 점차 높아지면서 원가절감과 품질향상을 꾀하고 경쟁력을 갖추기 위해서 프레스 가공 및 Line의 자동화는 필연적이라 할 수 있다.

프레스 가공의 자동화 기술은 작업점의 가공재료 자동공급, 가공제품의 자동취출뿐만 아니라 최근에는 작업능률을 향상시키기 위해 Press 기계의 생산시스템이 자동화되고 자동금형 교환장치 등의 채용을 통한 Press 금형에 대한 자동화도 확대되는 추세에 있다. 자동화와 병행하여 다품종 소량생산, 제품의 Cycle Time 단축 등에 대한 금형비의 저감대책(금형부품 구조의 표준화), 재료이용률의 향상, 작업시의 안전대책 등도 자동화의 큰 요소로서 고려되어야 한다.

2. 자동화의 양상

(1) 긍정요인

① 생산성 향상을 통해 제품원가를 저감시킬 수 있다.

② 작업인원을 줄일 수 있다.

③ 작업자의 숙련을 필요로 하지 않는다.

④ 제품의 정밀도가 향상된다.
⑤ 재료 이용률이 증대되고 반제품의 재고가 없어진다.
⑥ 설비면적 및 작업공간을 줄일 수 있다.
⑦ 생산관리가 용이해진다.

(2) 문제요인
① 설비비가 많이 소요된다.
② 금형설계 및 제작에 많은 노력이 요구된다.
③ 일정량 이상의 생산이 필요하다.

3. 프레스 가공의 자동화

(1) 순차이동(Progressive) 가공

① 정의

㉠ 프레스에서 가공할 소재를 연속적으로 이동시키면서 여러 단계의 공정을 거쳐 하나의 제품으로 가공하는 것으로서 고능률의 프레스가공방식이다.

㉡ 순차이송작업은 박판프레스 가공의 기본작업은 물론 피어싱이나 블랭킹 등의 전단작업과 굽힘, 드로잉 등의 성형작업을 개별적으로 또는 복합적으로 조합하여 이루어진다.

② 특징
㉠ 소재의 자동 공급 및 제품의 배출, 회수가 가능하다.
㉡ 프레스 기계가공이 고속화된다.
㉢ 제품의 가공 정밀도가 향상된다.
㉣ 타 부품과의 복합가공이 가능하다.
㉤ 가공 중 변형 가능성이 있다.
㉥ 재료 및 Press 기계(금형설계)에 제약이 있다.

(2) 트랜스퍼(Transfer) 가공

① 정의

순차이동가공은 소재공급장치 등을 이용한 고도의 자동작업이 가능하나 드로잉 깊이나 성형의 정도가 큰 경우나 재료의 두께가 두꺼운 경우 등에는 제품 정도, 이송 정도, 재료이용률 등으로 인해 각 작업공정을 개별적으로 나누어 작업하는 것이 유리하며 이와 같이 작업을 차례로 각 공정의 형(型)으로 보내고 한 대의 프레스 내에서 스트로크마다 제품을 생산하도록 한 것이 트랜스퍼 프레스 가공이다.

② 특징
㉠ 생산성이 높고 공정단축으로 생산관리가 쉽다.

㉡ 제품의 정밀도가 균일하고 품질관리가 쉬워진다.
㉢ 프로그레시브 가공에 비해 구조가 간단하고 다이의 제작, 보수가 쉽다.
㉣ 설비 투자비용이 크고 생산규모가 일정량 이상이어야 한다.
㉤ 중간 풀림이 필요한 제품에서는 부적당하다.

4. 자동화기기 및 장치

(1) 적재장치

① 정의

원재료, 소재 또는 반가공 제품을 가공하기 위하여 적재하거나 투입하고 바른 방향과 위치로 배치하거나 정렬시켜 주는 장치

② 종류

㉠ Reel Stand : 코일재를 장착하는 장치 중 가장 간단한 형식의 장치로서 경량의 코일재용으로 사용되며 수직면에 회전하는 +자 암(Arm)이 장치되어 있다.
㉡ Coil Grade : 중(中)하중용의 코일재를 장착하는 것으로 박스형의 구조로써 코일의 외측을 지지한다.
㉢ Uncoiler : 중(重)하중용의 코일을 장착하는 장치로써 맨드릴 타입과 콘타입이 있으며 코일의 내경부를 지지한다.
㉣ Destacker : 프레스 가공 자동화 라인에 사용되며 적재된 소재를 항상 일정한 높이로 유지시키면서 1매씩 로봇을 이용하여 프레스 내의 다이 위에 이송시키는 장치이다.

(2) 이송장치

① 정의

적재장치로부터 보내온 소재를 바른 방향으로 가공 Cycle에 맞게 가공작업기구로 보내거나 빼내는 장치

② 종류

㉠ Roll Feeder : 프레스의 크랭크 축단부에 부착된 편심판으로부터 이송동력을 전달받아 롤에 전달된 회전운동을 한 방향 클러치를 통해 간헐 회전운동으로 변환시키는 장치
㉡ Gripper Feeder : Roll Feeder와 이송전달방식은 유사하나 이송길이를 조정할 수 있어 폭이 좁은 재료의 짧은 피치 이송에 많이 사용한다.
㉢ Cam Feeder : 고속 프레스의 전용 Feeder로서 프레스로부터 동력을 전달받아 분할캠의 분할수, 변환기어 또는 변환롤의 선택에 따라 짧은 피치를 고속도로 이송한다.
㉣ NC Roll Feeder : NC 조작을 통한 이송량 설정이 간단하며 다품종 소량생산

에서 활용성이 높고 소재 및 이송량의 제약이 적어 프레스 자동화에 널이 사용된다.

ⓜ Robot : Destacker와 Press, Press 사이에 설치되어 가공물을 자동적으로 이송시키거나 Press에 Loading하는 역할을 한다.

ⓑ Conveyor Unit : Press와 Press 간 이송장치로서 정확한 위치이송이 필요치 않은 Semi-Auto Line에 적용한다.

ⓢ Loader : 소재를 Press 금형 위에 정확히 올려놓는 장치로서 위치제어가 정확해야 하고 빠른 속도가 요구된다. 서보모터 구동방식과 Link를 이용한 것이 있다.

(3) 취출장치(Unloader)

프레스로부터 가공이 끝난 제품을 자동으로 취출하는 장치로서 보통 Line 장치에 의해 Up-down 및 Feeding이 가능한 구조로 되어 있다.

(4) 급속금형 교환장치

① QDC 장치(Quick Die Change)

금형의 탈·부착에 소요되는 시간과 압력의 낭비를 제거시키기 위한 장치로서 유압 등을 이용하며 자동적으로 Lifter, Change류 등을 제거한다.

② ADC 장치(Auto Die Change)

Press 가공 중에 자동 Clamp를 이용하여 다음 작업에 사용될 금형을 Moving Bolster에 준비하는 장치로서 기존 금형의 인출, 인입, Setting 등을 자동적으로 행할 수 있다.

[Question 03] 정밀전단가공법★

1. 개요

전단금형으로 금속소재를 전단할 때는 펀치(Punch)와 다이(Die) 사이에 소재를 올려놓고 펀치에 힘을 가하여 펀치가 소재를 눌러 날끝 부분에 집중적으로 응력을 발생시켜 전단한다. 그러나 통상의 전단에서는 소재의 측면에 Burr가 발생되거나 흠집, 휨, 찌그러짐의 불량요인이 많으며 이러한 현상을 방지하거나 최소화하여 깨끗한 전단면을 얻고자 하는 가공이 정밀전단가공법이다.

2. 미세 블랭킹

(1) 정의

절단선 윤곽이 폐곡선으로 구성된 제품의 외형을 전단해 내는 가공으로 Die Set

제작에서 펀칭까지 동일기계에서 가공하여 미세펀칭을 용이하게 하여 자동가공을 가능하게 한 가공법

(2) 장점

① 펀치, Die Hole 등의 위치가 공통이기 때문에 중심을 맞출 필요가 없다.

② Die Set 제작시간이 짧다.

③ 응력집중이 발생하기 쉬운 어려운 형상의 펀치도 성형할 수 있다.

④ 펀치와 다이 사이의 틈새를 임의로 설정할 수 있다.

⑤ 정밀도가 높다.(약 20 μm)

3. 고속프레스 가공

고속프레스 가공은 최근에 많은 발전을 가져온 것으로 1,400~1,500 slot/min의 속도로 가공되며 생산 시 프레스 상태를 안정적으로 관리하고 제품의 일정범위로 유지하기 위해 제어장치를 이용한다. 제어장치는 구체적으로 치수의 측정, 압입력, 이탈력, 스프링의 힘, 부하상태 파악, Data 해석처리, 카운터 기능 등을 제어한다.

4. 파인블랭킹(Fine Blanking)★

(1) 정의

펀치 주위에 설치된 스트리퍼판에 삼각비드를 설치하여 블랭킹 작업 시 펀치 날끝 부위 높은 압축응력을 발생시킴으로써 깨끗한 전단면을 얻도록 함과 동시에 블랭킹할 때 하부 쿠션에 의해 펀치 반대쪽으로 블랭크를 강하게 받쳐서 휨과 눌림이 적은 블랭크를 만들기 위한 정밀가공이다.

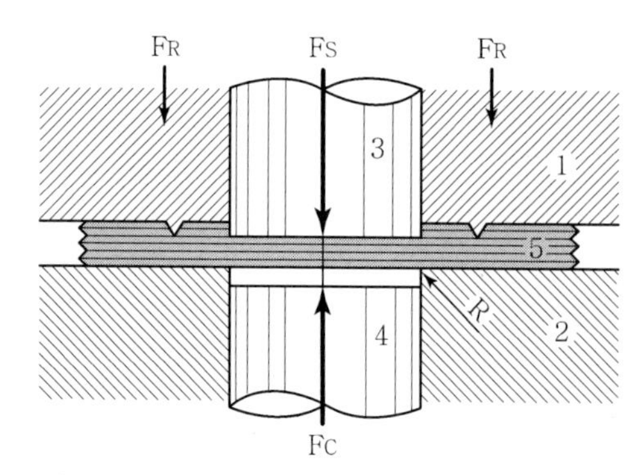

F_S=Blanking force
F_R=Ring indenter force
F_C=Counter force
R=Small cutting edge radius of die

1. Stripper plate(indenter plate)
2. Blanking die
3. Blanking punch
4. Counter punch
5. Material

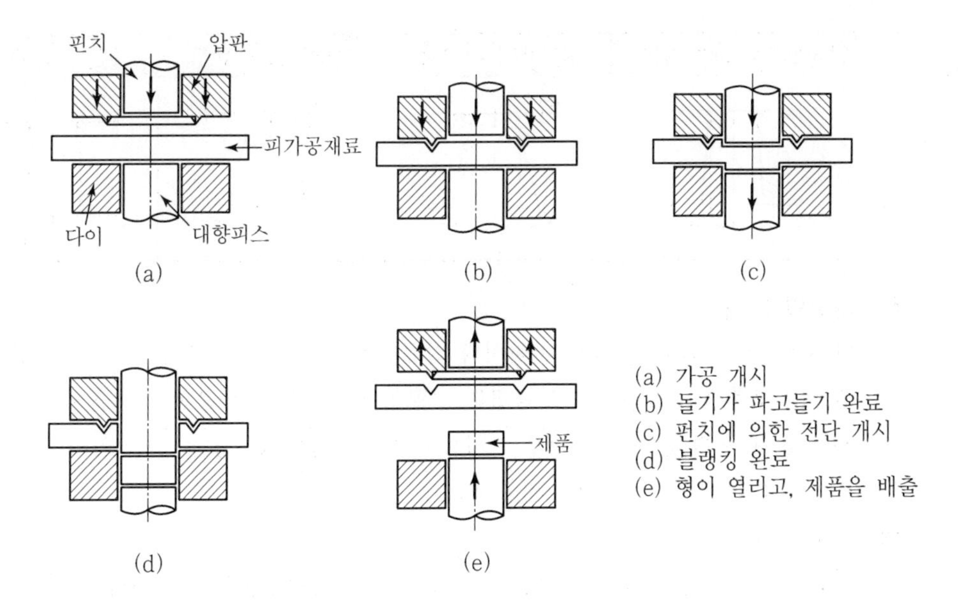

(2) 장점

① 제품의 평활도 및 정밀도가 우수하다.
② 제품의 잔류응력 분포가 균일하다.
③ 가공 시 충격이 작아 소음 및 진동에 유리하다.
④ Scrap의 처리가 용이하다.
⑤ 가공시간 및 비용을 줄일 수 있다.

[Question 04] 전단금형 설계 시 고려사항

1. 개요

전단금형은 판재에서 필요한 형상을 전단하여 분리하는 블랭킹 금형과 제품 또는 판재에 소요의 구멍을 뚫는 펀칭작업을 하는 피싱금형으로 구분된다. 전단금형에서 가공제품 불량원인은 대부분 금형에 의한 것이며 제품의 형상, 크기, 두께, 정밀도, 생산수량 등을 적절히 고려하여 설계하여야 한다.

2. 다이

(1) 다이날끝형상

다이날끝형상은 설계 양부에 따라 펀치의 수명과 제품의 정밀도에 영향을 끼친다. 다이는 블랭킹된 제품이 쉽게 취출되도록 여유각을 재료두께에 따라 적절히 둔다.

날끝으로부터의 여유각	2단계의 여유각	평행부와 여유각	2단의 평행부
α	L, β, α	L, β	L, X

(2) 다이의 크기

다이블록은 열처리에 의한 변형이나 가공압력에 따른 변형 또는 축방향 하중에 의한 굽힘모멘트의 작용등으로 금형의 수명이 짧아지므로 충분한 강도를 갖도록 설계해야 한다. 일체형 다이의 경우 다이블록의 두께 $H=k\sqrt[3]{P}$로 구한다(k : 전단윤곽 길이에 따른 보정계수, P : 펀치하중)

(3) 다이의 분할

다이 제작 시 비용 절감과 정밀도 향상을 위해 다이부품은 기계가공이 가능하도록 설계되어야 하며 분할된 다이로 제작한다.

일체형 다이에 비해 분할된 다이는 다이의 정밀도, 제작의 용이성, 재료비 및 가공비의 절약이라는 측면에서 유리하지만 금형의 강성과 보수의 면에서 분할방법을 고려해야 한다.

3. 펀치

(1) 펀치의 기능

① 날끝부 : 날끝으로 재료를 가공한다.

② 스터드부 : 정확한 위치에서 펀치 고정판에 고정한다.

③ 중간부 : 날끝부와 스터드부(생크부)의 중간에서 양쪽부분을 연결하고 펀치 전체길이를 조정한다.

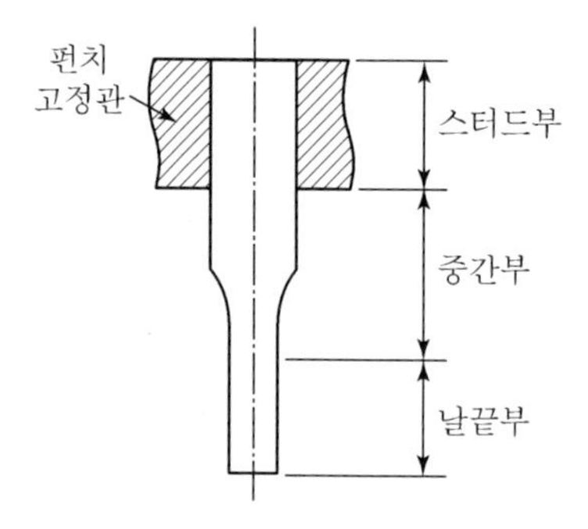

[펀치의 기능별 부분]

(2) 날끝부 길이

날끝부의 길이는 단이 있는 펀치 날끝부의 좌굴, 스트리퍼판의 운동량에 대한 여유, 재연삭 시의 여유 등을 고려한다.

(3) 펀치의 고정

펀치 고정판에 단이 없는 펀치 스터드부의 고정은 코킹, 접착제, 나사, 클램프, Ball Lock, 핀 등에 의한다.

펀치 고정판의 두께는 금형 및 하중의 크기에 따라 다르며 펀치길이의 30~40%, 펀치 생크 지름의 1.5배, 다이블록 두께의 60~80%로 한다.

4. 스트리퍼판(Stripper Plate)

(1) 스트리퍼판의 기능(스프링식)

① 제품의 정밀도 향상을 위해 Strip에 미리 압력을 가한다.
② 전단작업 시 주름, 파단을 방지한다.
③ 펀치를 안내한다.
④ 성형제품에 리스트라이킹을 준다.
⑤ 다이 레벨보다 이송 레벨이 높은 경우 사용한다.
⑥ 블랭킹, 피어싱 등의 가공작업 후 펀치로부터 스트립을 떼어낸다.

(2) 두께 및 틈새

스프링식 스트리퍼판의 두께는 펀치 고정판과 마찬가지로 다이 두께의 60~80%로 하며 틈새는 가공정밀도를 향상시키기 위한 안내 기능 시 펀치와 다이의 틈새보다 작게 하며 보통 보조 가이드핀을 펀치 고정판에 부착하여 설계한다.

5. 배킹 플레이트(Backing Plate)

프레스 작업 중 펀치에 하중이 걸리면 펀치 머리부에 압력이 전달되고 이 압력에 의해 펀치 홀더와 펀치의 파손이 유발되며 이것을 방지하기 위해 사용하는 것이 배킹 플레이트이다.

배킹 플레이트의 재질	P(kgf/mm^2)
주물다이세트	4 이하
강재다이세트	6 이하

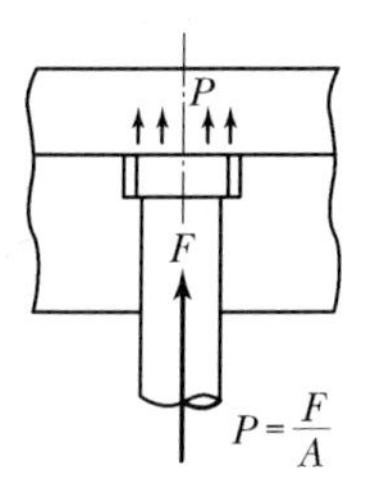

P : 평균압력(kgf/mm^2)

F : 펀치압력(kgf)

A : 펀치헤드단면적(mm^2)

6. 전단각

전단력이 프레스 하중의 50%를 넘게 되면 전단을 검토하며 블랭킹의 경우 다이측에 피어싱의 경우 펀치측에 설치한다. 전단각을 주면 전단이 국부적으로 진행되기 때문에 하중이 작아지고 충격이 감소된다.

7. 소재 안내장치

프레스 작업 시 재료를 정위치시키는 것과 반복작업을 할 때 재료의 위치가 변하지 않고 안전하고 능률적으로 작업을 계속하기 위해 다이에 재료의 안내판을 설치한다.
일반적인 안내방법은 스트리퍼판, 핀, 버튼, 앵글 안내판 등을 단독 또는 조합하여 사용한다. 소재가 길 경우에는 가이드 레일을 설치하여 안내기능을 할 수도 있다.

[Question 05] 굽힘가공 시 유의사항

1. 개요

굽힘가공은 그 부품의 형상에 따라 여러 가지가 있고 굽힘과 드로잉, 굽힘과 압축성형 등 다른 공정과 복합된 가공이 점차로 많아진다.
따라서 굽힘가공이 잘 되지 않는 경우가 있으며 재료나 제품형상에 대하여 검토하는 것이 필요하다. 프레스 기계의 선정도 부품의 가공법과 금형 정밀도에 따라 적합한 기계를 선택해야 하며 제품에 충분한 가공력을 가할 수 있어야 한다.

2. 굽힘 제품에 대한 주의사항

(1) 재료상의 주의

① 재질 : 균일한 재료를 사용해야 하며 화학성분, 조직, 기계적 성질이 불균일하면 변형시 미끄러짐이 발생하거나 스프링백이 불균일하다.

② 판 두께 : 허용공차가 적은 두께의 균일한 판재를 사용한다. 판두께가 너무 두꺼우면 금형 및 기계에 무리한 힘을 가하게 되며 너무 얇으면 성형이 불충분해진다.

③ 방향성 : 압연된 소재는 압연방향으로의 연성은 크고 압연방향에 직각방향으로는 적어지므로 압연 향으로 굽힘선을 선정해서는 안 된다. 판재의 이방성을 피하기 위해 블랭크 배열을 압연방향과 각도가 지도록 해야 한다.

④ 절단면 상태 : Blank 소재를 전단 시는 파단면을 반드시 굽힘의 내측으로 한다. 파단면 표면의 Burr로 인해 외측으로 하여 굽히면 그 단면에 균열이 발생할 수 있다.

⑤ 표면상태 : 표면에 결함이 없는 재료를 선정해야 하며 재료의 국부적인 흠집이나 결함은 가공 시 균열의 원인이 된다.

(2) 형상상의 주의

① 제품형상의 변형 : 제품형상에 따라 굽힘면에 응력이 집중하여 균열이 생기거나 잘 굽혀지지 않는 경우가 있으므로 굽힘선의 위치를 변경하거나 노치 등을 붙여서 가공한다.

② 구멍 있는 판의 굽힘 : 블랭크에 있는 구멍은 굽힘가공 시 찌그러들 수 있으며 이것을 방지하기 위해 보조구멍을 별도로 만들거나 굽힘가공 후 구멍을 나중에 가공한다.

③ 보강 리브 : 얇은 판의 굽힘 시 외력에 의해 변형되기 쉬우며 정밀도도 떨어지므로 리브(Rib)를 붙여 보강한다.

3. 굽힘작업 시 주의사항

(1) 금형의 설치

금형의 하중중심을 프레스 기계의 중심에 맞춘다. 상하의 금형은 평행하게 정확히 맞추고 작업 중 어긋나지 않도록 확실하게 설치한다.

(2) 스토퍼(Stopper)

스토퍼는 작업 중에 밀려서 어긋나지 않도록 하며 가공재료도 판두께가 일정한 것을 사용해야 원활한 굽힘가공이 가능하다.

(3) 기타

같은 판을 여러 군데 굽힐 때 그 굽힘의 순서가 틀리면 금형이나 기계에 닿아 굽힘이 불가능하게 되는 경우가 있으므로 순서를 잘 검토한다.

4. 최소굽힘 반지름★

(1) 정의

굽힘각도가 커짐에 따라 외측 표면의 인장변형이 증가하여 재료의 연성한계를 초과하면 굽힘의 외측에서 균열이 생기게 되는데 이와같이 균열이 생기지 않고 가공할 수 있는 한계의 내측반지름을 최소 굽힘 반지름이라 한다.

(2) 영향인자

① 재질이 연할수록 작아진다.

② 판 두께가 얇을수록 작아진다.

③ L굽힘보다 V의 굽힘의 경우가 작아진다.

[Question 06] 전단가공의 틈새(Clearance)

1. 개요

프레스 금형에서의 틈새는 펀치와 다이의 한쪽 틈새량을 말한다. 좋은 전단면을 얻기 위해서는 클리언스의 선택이 무엇보다 중요하다. 클리언스가 클수록 전단력은 감소하나 굽힘량이 많아져 2중의 전단면이 생긴다. 이와 같이 틈새는 제품단면형상, 전단력, 치수 정밀도와 밀접한 관계가 있다.

2. 틈새와 단면형상

(1) 전단된 제품의 단면은 눌린 면, 전단면, 파단면, 버(Burr)의 4부분으로 되어 있다. 일반적으로 경질재료는 눌린 면과 전단면은 작고 단면의 대부분은 파단면으로 된다. 같은 재료에서는 틈새량에 따라 단면형태가 다르게 된다.

(2) 틈새가 너무 작으면 상하의 균열이 잘 맞지 않고 단면상태가 나쁘게 되며, 너무 크면 굽힘 모멘트가 커져 제품의 정밀도가 나빠지고 파단면이 증가한다.

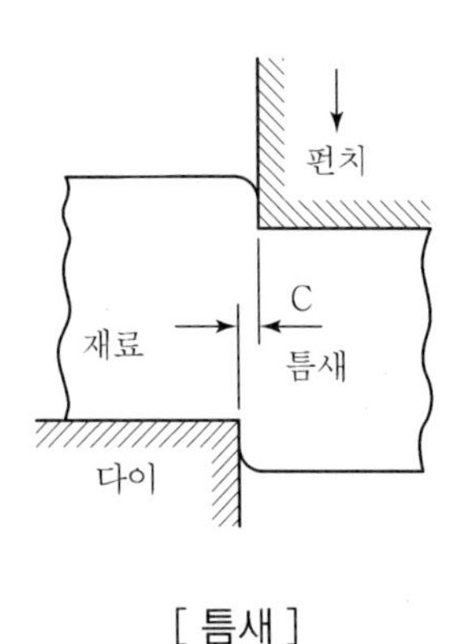

[틈새]

3. 틈새와 전단저항

(1) 전단가공에서는 보통 틈새가 커지면 전단저항은 작아진다. 펀치와 다이 사이의 틈새가 커지면 측방력도 커지므로 균열이 발생하는 쐐기효과가 커진다. 이 때문에 틈새가 커지면 보통 전단저항이 작아진다.

(2) 전단저항은 틈새 이외에도 사용하는 공구형상, 작업조건 등에 따라서도 변화한다.

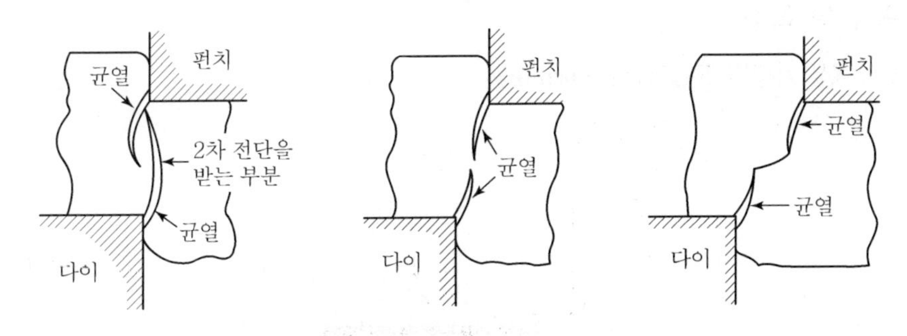

[클리어런스가 전단에 미치는 영향]

4. 적정틈새

(1) 전단가공 시 적정틈새의 설정이 중요하다. 이 틈새량은 재료의 연성에 따라 다르며 두께에 따라 비례한다. 틈새는 재료의 두께에 대한 %이다.

재료	틈새(%)	재료	틈새(%)
연강	6~9	Cu 합금	6~10
경강	8~12	알루미늄(연질)	5~8
스테인리스강	6~10	Al 합금	6~10

(2) 적정틈새란 전단과정에 있어서 펀치 및 다이의 절삭날이 있는 곳에서 발생된 상하 Crack이 중간위치에서 꼭 합치되는 것과 같은 틈새를 말한다.

[Question 07] 고에너지 성형법★

1. 개요

순간적으로 높은 Energy를 방출하여 성형하는 것으로 고압을 고속으로 작용시켜서 생긴 고에너지를 이용하므로 고속성형법(High Velocity Forming Process)이라고도 한다. 이 방법은 가공속도가 빠르기 때문에 고장력합금과 같이 경도가 큰 재료나 형상이 복잡한 것도 1회 가공으로 손쉽게 완전성형이 가능하다. 시설비가 비교적 적으므로 경제적일 수 있으나 다량 생산에는 생산성이 떨어지므로 비경제적이다.

2. 종류 및 특징

(1) 폭발성형법(Explosive Forming)

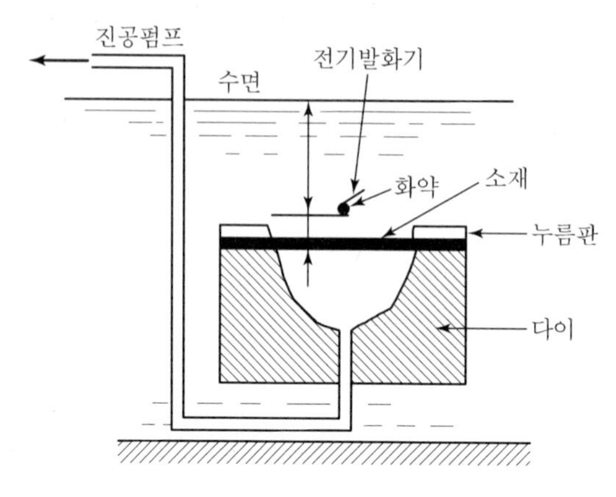

[수중폭발성형법]

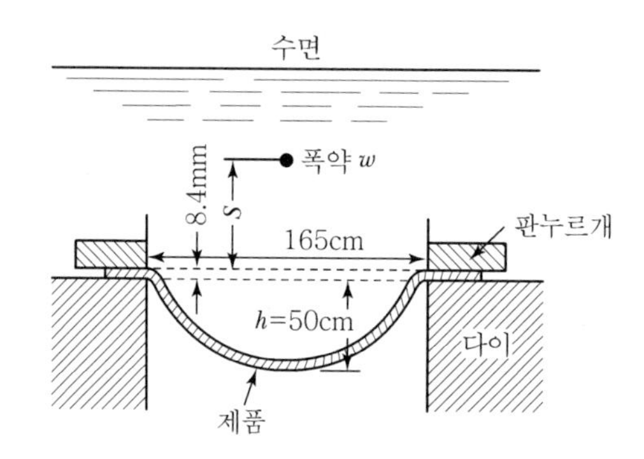

① 폭약을 점화시켰을 때 고에너지의 충격파를 이용하는 방법으로 수중 또는 Gas 중에서 폭발시켜 물에 작용하는 수압 및 Gas압에 의해 성형한다.

② 소재에 가해지는 압력의 조절은 화약의 위치 조정으로 가능하다.

③ Die의 형식에 따라 Open Die식, Closed Die식이 있다.

(2) 액중 방전성형법(Electro Hydraulic Forming)

① 폭발 성형법의 폭약 대신 전기 에너지를 이용하는 것으로 고압으로 충전된 대전류를 액 중에서 방전하여 가열될 때의 물의 팽창과 그 충격으로 성형한다.

② 대부분의 재료를 광범위하게 가공할 수 있으며 항공기 제작 시 성형가공에 이용된다.

(3) 전자성형법(Magnetic Forming)

① 콘덴서에 충전된 고압의 전류를 난시간에 방전할 때 생기는 고밀도의 자장으로 성형하는 방법이며 인력과 반발력의 세기는 전류의 크기에 비례한다.

② 도전성이 좋은 재료는 전자력으로 직접 성형하고 불량한 재료는 도전성이 좋은 재료를 보조로 사용하여 성형하나 큰 제품의 성형에는 적합하지 않다.

(4) Gas 성형법(Gas Forming)

① Gas를 점화할 때 생기는 고에너지의 폭발압력을 이용하는 방법으로 폭발이 안정되어야 된다.

② 사용 Gas는 수소, 메탄(Methane), 에탄, 천연가스로서 유해하지 않아야 하며, 일정 온도와 압력하에서도 Gas체를 유지해야 한다.

[Question 08] 드로잉 금형 설계 시 고려사항

1. 개요

드로잉은 평면 블랭크를 원통형, 각통형, 반구형, 원추형 등의 밑바닥이 있고 이음매가 없는 용기로 성형가공하는 작업으로서 제품의 성형은 다이 위에 놓여져 있는 소재를 펀치가 하강하면서 소재를 다이 속으로 유입시켜 원통형상으로 가공한다.

이때 응력이 작용 분포가 불균일할 수 있으며 적절한 금형설계를 통해 용기의 파단, 주름, 균열 등을 방지해야 한다.

2. 기본고려사항

(1) 드로잉률

재료의 변형상태, 성질, 가공 조건에 의하여 1회로 가공할 수 있는 가공량에 한계가 있으며 만약 이 한계 이상의 가공을 할 경우 파단이 생겨 더 이상의 가공이 불가능하다.

(2) 블랭크 홀딩력

드로잉 가공 시 소재가 되는 블랭크의 홀딩력이 너무 크면 다이 속으로 유입될 때 큰 마찰에 의해 파단이 되고 너무 작게 되면 주름이 생기게 된다. 따라서 주름이 생기지 않는 최소의 블랭크 홀딩력을 선정해야 한다.

$$H = h_s \times S\,(\text{kgf})$$

여기서, H : 홀딩력

h_s : 단위 면적당의 최소 블랭크 홀더압력(kg/mm²)

S : 블랭크 홀더와 접촉된 블랭크 최소면적(mm²)

(3) 드로잉 틈새

① 정의 : 펀치와 다이 사이의 간격을 틈새(Clearance)라 하며 보통 판 두께(t)를 기준하여 표시한다.

② 틈새의 기준

㉠ 약간의 아이어닝으로 작은 주름을 없앨 것 : (1.05~1.10)t

㉡ 전혀 아이어닝 하지 않는 경우 : (1.40~2.00)t

㉢ 비교적 균일한 두께의 벽이 필요한 경우 : (0.9~1.0)t

(4) 다이 및 펀치의 각 반지름

① 다이의 각 반지름 : 다이의 각 반지름(R_d)이 너무 작으면 소재가 드로잉될 때 다이 반지름 부위에서 큰 저항을 받아 제품이 파단되며 반대로 반지름이 크게 되면 최대 드로잉 압력이 작아지고 드로잉 한계는 좋지만 제품의 Body에 지름을 발생시킬 수 있다.

보통 제1드로잉 시 R_d는 $(4\sim6)t \le R_d \le (10\sim20)t$로 선택되나 절대적인 값의 결정은 많은 시험이 필요하다.

② 펀치의 각 반지름 : 펀치의 각 반지름(R_p)이 클수록 드로잉하기가 쉬워지나 너무 크면 펀치 끝의 반지름 부분에 주름이 발생하여 드로잉이 어려워진다.

또 너무 작으면 펀치 외측에 걸리는 인장변형이 크게 되어 모서리가 얇아지면서 파단될 수 있다.

보통 펀치의 각 반지름은 제1드로잉의 경우 $(4\sim6)t \le R_p \le (10\sim20)t$로 한다.

3. 드로잉 금형설계

(1) 다이설계

① 드로잉 다이의 코너부 형상은 R형, 테이퍼형, R-테이퍼형의 3종류로 나눌 수 있으며, 다이 각 반지름 설계에 주의가 요망된다.

② 보통 원통 및 각통 드로잉의 다이는 드로잉부의 형상을 그대로 직선으로 만드는 경우가 많으나 소재와 다이 사이의 윤활막 파단이나 녹아 붙음(Seizure)을 방지하고 녹아웃력 감소를 위해 다이 내부를 릴리프하는 경우가 있으며 특히 아이어닝 가공 시는 가능한 한 직선부를 적게 한다.

〈다이 각 반지름부의 형상과 그 특징〉

각 반지름 형상	용도 및 특징
R형	보통 소형품 박판 드로잉에 적합 플랜지가 있는 제품 녹아웃에서의 리턴 가공이 가능 아이어닝 가공에는 적합하지 않다.
테이퍼형	주름의 발생이 적고 아이어닝 가공에 적합 블랭크 홀더가 없는 드로잉 가공에 사용 플랜지가 없는 제품의 드로잉 낙하용
R-테이퍼형	아이어닝량이 특히 많은 제품에 적합 가공 시의 저항이 적다. 플랜지 없는 제품의 드로잉 낙하용

- 드로잉할 때 직선부와 곡선부의 변형이 다르며 균일한 제품을 성형하기 위해서 직선부에 원형 및 사각 모양의 비드를 설치하여 곡선부와의 유입저항을 비슷하게 조절한다.

비드요소	설계치수
비드폭(W)	(10~15)t 이하
비드높이(h)	(1/2~1/3)W 이하
비드끝~다이입구 거리(S)	(2~3)W, 최소 20mm 이상

- 일반적으로 적정한 비드 치수를 결정하는 것은 곤란하여 시험 드로잉을 통해 결정한다.

[Question 09] 판재의 성형성 시험

1. 개요

판재의 성형성 시험은 얇은 판을 매끈하고 결함 없이 성형할 수 있는가를 평가하는 시험으로 일종의 연성시험이며 인장시험 등의 재료시험과 같이 1축 상태가 아니고 소성 변형으로써 평판을 컵모양으로 입체화하기 때문에 응력상태가 복잡하다. 성형성을 알기 위한 시험방법에는 실제의 가공과정에서 재료가 받는 것과 동일한 변형을 주어서 그 특성치를 비교하는 방법과 인장시험의 특성치로 판단하는 방법이 있다.

2. 코니컬 컵 시험(Conical Cup Value)

시험편을 타발에 의해 원판상으로 제작하여 압연방향이 어느 방향인가를 기입해 주고 결과 해석을 참고로 한다. 원판상의 시험편을 펀치로 압입하여 저부가 파단하기까지 원추컵모양으로 성형한다. 이때 외경의 최대, 최소치를 0.05mm까지 측정하고 5회 이상 평균치를 코니컬컵치(C.C.V)로 나타낸다.

3. 에릭슨 시험(Erichen Test)

다이와 스트리퍼판 사이에 시험편을 끼우고 펀치가 시험편을 누르기 시작하여 시험편의 후면에 Crack이 나타나는 것을 거울로 확인하고 Crack이 나타나면 작업을 중단하고 펀치가 이동한 거리를 에릭슨치로 나타낸다. 펀치의 속도는 0.1m/sec를 표준으로 하며 크랙이 생길때까지 펀치가 이동한 거리는 소수점 이하 2자리에서 반올림한다. 판의 두께, 열처리조건, 표면상태, 펀치압입속도에 따라 에릭슨치가 달라진다.

4. 액압벌지 시험

원판상의 시험편의 둘레를 액압을 가하여 파단 시 팽창된 높이 h 또는 h/r, $(h/r)^2$를 구한다. h는 일반적으로 r에 비례하고 판 두께에는 별영향이 없으며 h/r, $(h/r)^2$의 값은 재질판정에 편리한 무차원의 양이 된다.

5. 한계 드로잉률

블랭크를 원통상의 제품으로 가공하는 경우 1회에 가공할 수 있는 가공량에 한계가 있고 만약 이 한계 이상의 가공을 하는 경우 파단이 생긴다.
드로잉률(m)은 드로잉하는 제품의 블랭크 지름을 D, 드로잉 펀치의 지름을 d로 할 때 m=d/D로 나타낸다. 이때 파단이 생기지 않고 Deep Drawing하는 최소의 드로잉률을 한계 드로잉률이라 하며 이것은 가공한계 값으로서 성형성의 양부를 판단하는 비교 기준이 된다.

제 03 장

강의 열처리

제1절 열처리의 개요와 방법

[1] 열처리의 개요

1. 열처리의 목적과 종류

1) 열처리의 목적

탄소강의 기계적 성질을 개선할 목적으로 온도를 가열한 후 일정한 냉각속도로 냉각하여 확산이나 변태를 일으켜 조직을 만들거나 내부의 불필요한 변형을 제거하여 사용하기에 요구되는 조직을 만들어 목적하는 성질이나 상태를 얻기 위한 처리를 열처리라 한다.

2) 열처리의 종류★★

(1) 담금질(Quenching)

탄소강의 경도를 크게 하기 위하여 적당한 온도까지 가열 후 급랭시키는 방법이다. 일반적으로 A_3 변태점보다 높은 온도에서 일정시간 유지한 다음 물 또는 기름에서 급랭시킨다. 물은 냉각효과가 뛰어나지만 강 표면의 기포막에 의해 냉각을 방해받아 불균일한 균열이 생길 수 있다. 기름은 냉각효과는 떨어지지만 합금강의 담금질에 적당하다.

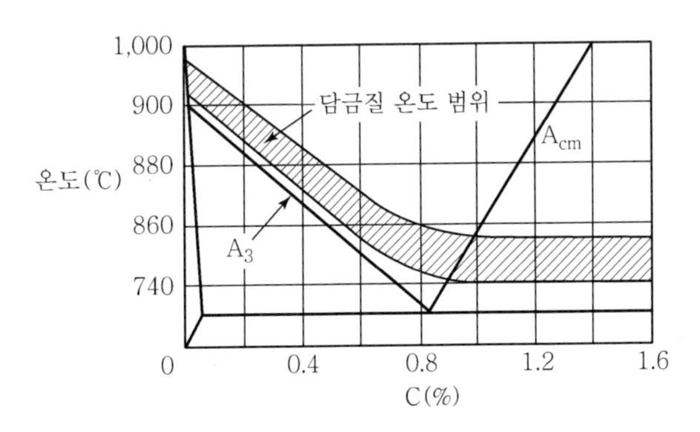

[탄소강의 담금온도]

(2) 뜨임(Tempering)

담금질한 강은 경도는 크지만 취약하므로 인성을 증가시키기 위하여 A_1(723℃) 이하의 적당한 온도로 가열 후 냉각시킨다.

(3) 풀림(Annealing), 소둔

인장강도, 항복점, 연신율 등이 낮은 탄소강에 적당한 강도와 인성을 갖게 하기 위하여 변태온도보다 30~50℃ 높은 온도로 일정한 시간 가열하여 미세한 오스테나이트로 변화시킨 후 열처리나 재속 또는 석회 속에서 서서히 냉각시켜 미세한 페라이트와 펄라이트 조직으로 만들어서 강철에 소성을 주게 하고 기계가공을 쉽게 하는 것이다.

① 완전소둔(Full Annealing)

㉠ 아공석강(C 0.025~0.8%) : A_3 이상 50℃(912℃+50℃)로 가열하여 완전 Austenite화 처리 후 매우 천천히 냉각

㉡ 과공석강(C 0.8~2.0%) : A_1 이상 50℃(723℃+50℃)로 가열하여 Austenite와 Cementite의 혼합조직이 되도록 충분히 유지한 다음 매우 천천히 냉각

② 구상화 소둔(Sphercidizing Annealing)

등온냉각 변태곡선(TTT)으로부터 구한 이상적인 소둔공정

㉠ 아공석강 : A_1 이하의 온도에서 처리

㉡ 강을 750℃에서 소둔 처리하면 100% 구상화가 이루어지고 동시에 경도가 최소로 된다.

③ 재결정 소둔(Recrystallization Annealing)

강을 600℃ 이상에서 소둔시키면 재결정이 일어난다. 유지시간 0.5~1시간

④ 응력제거 소둔(Stress Relief Annealing)

탄소강은 550~650℃ 온도로 가열한 후 500℃까지 노내에서 서랭한 후 노에서 꺼내어 공랭한다. 공구 또는 기계부품은 300℃까지 노내에서 아주 천천히 냉각한 후 꺼내어 공랭시킨다.

⑤ 균질화 소둔(Homogenizing Annealing)

주조 후 강을 응고시켰을 때 주조상태로의 조직은 대체로 불균질하다. 1,100℃에서 장기간 동안 소둔처리로 조직을 균질화한다.

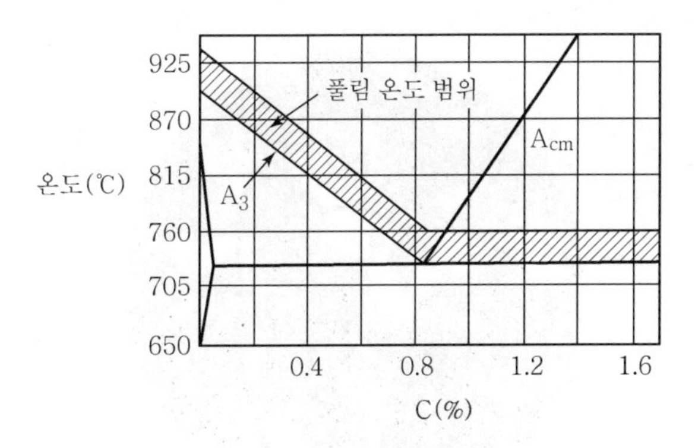

[탄소강의 풀림온도]

(4) 불림(Normalizing)

내부응력을 제거하거나 결정조직을 표준화시킨다.
단조나 압연 등의 소성가공으로 제작된 강재는 결정구조가 거칠고 내부응력이 불규칙하여 기계적 성질이 좋지 않으므로 연신율과 단면수축률 등을 좋게 하기 위하여 결정조직을 조정하고 표준조직으로 만들기 위해 A_3 변태나 A_{cm} 변태보다 약 40~60℃ 높은 온도로 가열한 오스테나이트의 상태에서 공랭하는 것이다.

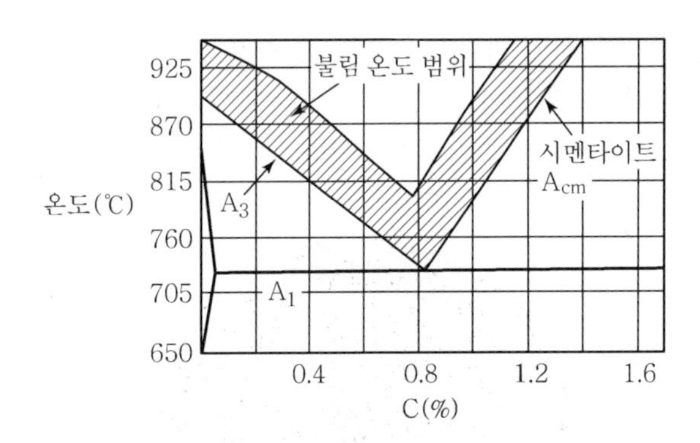

[탄소강의 불림온도]

2. 철강의 조직

1) 급랭조직★

(1) 오스테나이트(Austenite)

탄소가 $\gamma - Fe$ 중에 고용 또는 용해되어 있는 상태의 현미경 조직으로 담금질 효과가 가장 컸을 때 나타나는 조직이며 특수강(Ni, Mn, Cr를 함유한 강)에서 얻을 수 있고 형상은 다각형이다.

[오스테나이트]

(2) 마텐사이트(Martensite)

탄소강을 수중냉각시켰을 때 나타나는 침상조직으로 경도가 큰 열처리 조직이고 내부식성 및 강도가 크다. $H_B = 600$, 水중냉각

(3) 트루스타이트(Troostite)

① Austenite를 냉각시킬 때 Martensite를 거쳐 다음 단계에서 나타나며 탄화철이 큰 입자로 $\alpha - Fe$의 혼합된 조직이다. 기름냉각

② 경도는 크나 Martensite보다 작고 부식이 쉽게 된다.

[트루스타이트]

(4) 소르바이트(Sorbite)

① 대강재를 유 중에 냉각시키거나 소강재를 공기 중에서 냉각시킬 때 나타나는 입상 조직이다.

② 트루스타이트보다 경도가 작고 Pearlite보다 경하며 강도, 인성, 탄성이 큰 조직으로 스프링에 널리 사용된다.

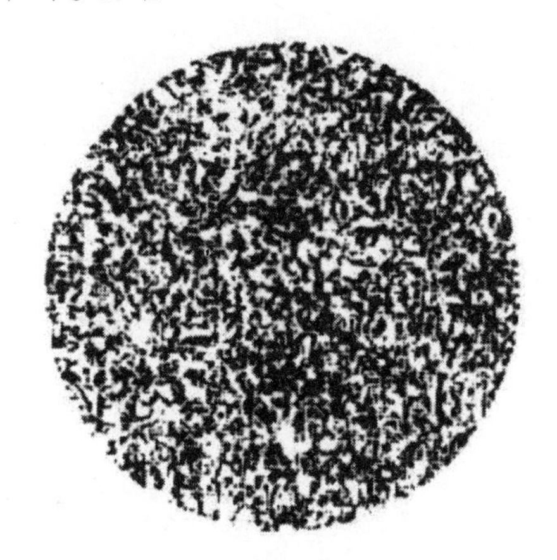

[소르바이트]

2) 서랭조직★

(1) 페라이트(Ferrite, α 고용체) 또는 지철

① 탄소를 소량 고용한 순철 조직으로 강조직에 비하여 경도와 강도가 작다.

② H_B=30, 인장강도 30kg/mm^2 정도이며 강자성체이다.

③ Ferrite와 Fe_3C는 Alcohol, 피크린산, 초산 등에 부식되지 않고 그대로 남아 있기 때문에 현미경하에서 백색으로 보인다. 인장강도가 가장 낮다(30kg/mm^2).

(2) 펄라이트(Pearlite)

① 페라이트와 탄화철(Fe_3C)이 서로 파상으로 배치된 조직으로 현미경 조직은 흑백으로 된 파상선을 형성하고 있다.

② 절삭성이 좋다.

③ H_B=300, 인장강도 60kg/mm^2 정도이다.

(3) 시멘타이트(Cementite)

① 탄화철(Fe_3C)로서 침상 또는 망상조직이며, 경도가 가장 크고 취성이 있다.

② 경도가 가장 큼 H_B=800, 인장강도 40kg/mm^2 정도이다.

2 항온 열처리(Isothermal Heattreatment)와 열처리 설비

1. 항온 열처리★

담금질과 뜨임의 두 가지의 열처리를 동시에 할 수 있는 열처리법이며 아래 그림에서 AB 간에 가열하여 Austenite로 되게 하고 이를 균일하고 완전한 Austenite가 되도록 BC 간을 유지하며 Salt Bath에서 급랭해서 담금질한다. 뜨임온도에서 DE 간을 유지한 후 공랭하여 뜨임을 행한다.

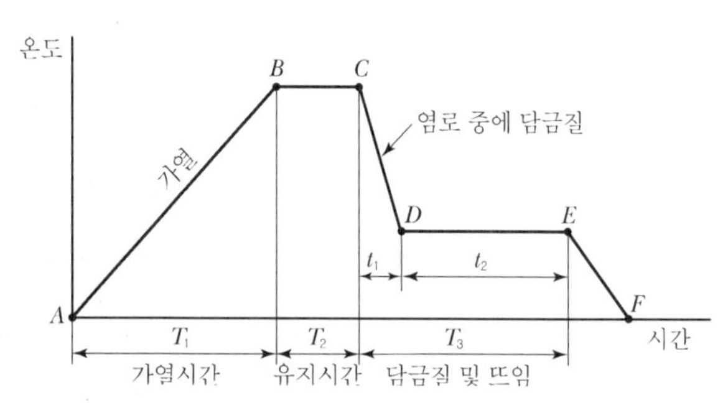

[항온 열처리에서의 가열 및 냉각]

1) 강의 항온변태선도 또는 TTT선도(Time－Temperature－Transformation Diagram)

M_s는 Martensite의 개시점, M_f는 완료점을 표시하며 S곡선의 좌단의 Nose(또는 Knee)가 좌단으로 이동할수록 담금질의 냉각속도가 커야 하기 때문에 담금질하기가 힘든 재료이며 우단으로 이동할수록 재료의 경화능이 커지게 된다. 강의 전조직을 Martensite로 할 수 있는 냉각속도(최저속도)를 임계냉각속도(Critical Cooling Rate)라 하며 Nose 측에 존재한다. 이때 생긴 조직은 오스테나이트, 마텐사이트, 상부 및 하부 베이나이트(Upper and Lower Bainite) 및 펄라이트 등으로서 베이나이트만이 계단 열처리 조직과 다르다.

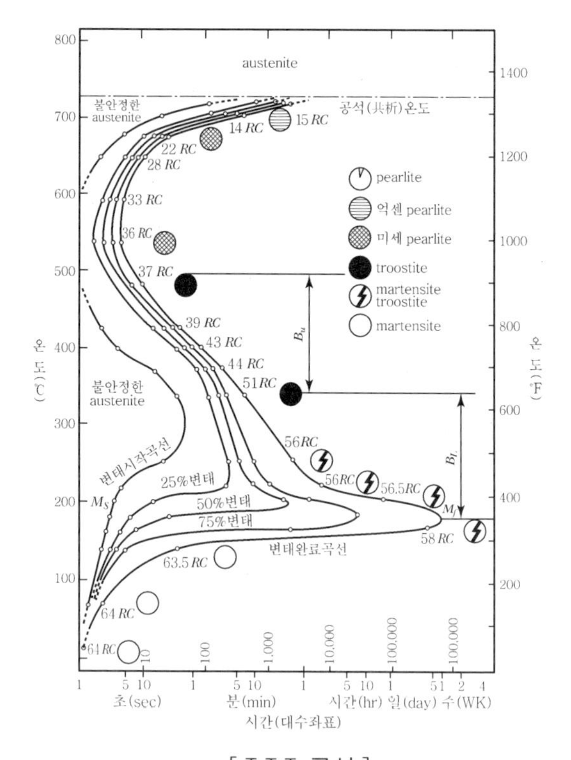

[T.T.T 곡선]

2) 항온열처리를 응용한 열처리의 종류

(1) 마퀜칭(Marquenching)

M_s(Martensite의 개시점)보다 다소 높은 온도의 염욕에 담금질한 후에 내부와 외부 온도가 균일하게 된 것을 마텐사이트 변태를 시켜 담금질 균열과 변형을 방지한다. 합금강, 고탄소강, 침탄부 등의 담금질에 적합하며 복잡한 물건의 담금질에 쓰인다.

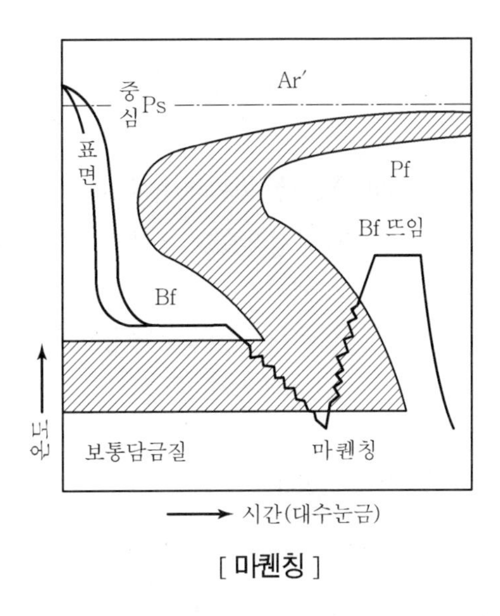

[마퀜칭]

(2) 오스템퍼(Austemper)

① Ms 상부과냉 Austenite에 변태가 완료될 때까지 항온 유지하여 베이나이트를 충분히 석출시킨 후 공랭하여 이것을 베이나이트 담금질이라고도 한다.

② 뜨임할 필요가 없고 오스템퍼한 강은 H_RC 35~40으로서 인성이 크고 담금질 균열 및 변형이 잘 생기지 않는다.

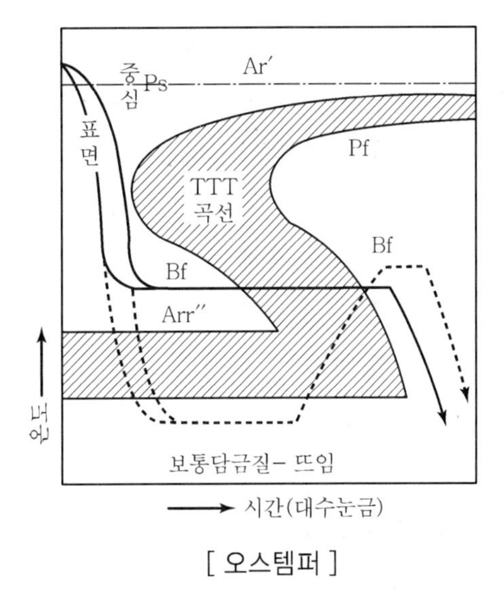

[오스템퍼]

(3) 마템퍼(Martemper)

① Austemper보다 낮은 온도 (M_s 이하)인 100~200℃에서 항온 유지한 후에 공랭하는 열처리로서 Austenite에서 Martensite와 Bainite의 혼합조직으로 변한다.

② 경도가 상당히 크고 인성이 매우 크게 되나 유지시간이 길어 대형의 것에는 부적당하다.

(4) 항온뜨임(Isothermal Tempering)

① Ms 온도 직하에서 열욕에 넣어 유지시킨 후 공랭하여 마텐사이트와 베이나이트가 혼합된 조직을 얻는다. 마텐사이트 내에 일부 베이나이트 조직을 얻기 때문에 베이나이트 템퍼링이라고도 한다.

② 뜨임에 의해 2차 경화되는 고속도강이나 공구강 등에 효과적이다.

(5) 등온풀림(Isothermal Annealing)

① 풀림온도로 가열한 강재를 S곡선의 코(Nose) 부근 온도인 600~650℃에서 항온 변태시킨 후 공랭한다. 펄라이트 변태가 비교적 빠른 속도로 진행된다.

② 처리시간이 단축되고 연속작업에 의한 대량생산이 가능. 공구강, 합금강 등 자경성(Self Hardening)의 강에 적합

2. 열처리 설비

1) 가열로

(1) 가열로의 종류

① 담금질, 뜨임, 불림용 : Muffle로, 전기저항로, 연속가열로, Salt Bath 등

② 풀림용 : 반사로, Muffle로, 가동휴로 등

(2) 가열로의 구비조건

① 온도조절이 용이하여야 한다.

② 노내의 온도분포가 균일하여야 한다.

③ 간접가열로 산화 및 탈탄 등이 없어야 한다.

(3) 연료

석탄, Cokes, Gas, 중유 및 전기 등

2) 냉각장치

(1) 냉각액의 종류

① 물 : 가장 널리 사용된다.

② 기름 : 물보다 열처리 효과는 작으나 온도변화에 대한 영향이 작고 균일한 냉각에 적당하며 각종 특수강의 급랭에 사용된다.

③ 소금물, 묽은 황산용액 : 물보다 냉각효과가 더 크다.

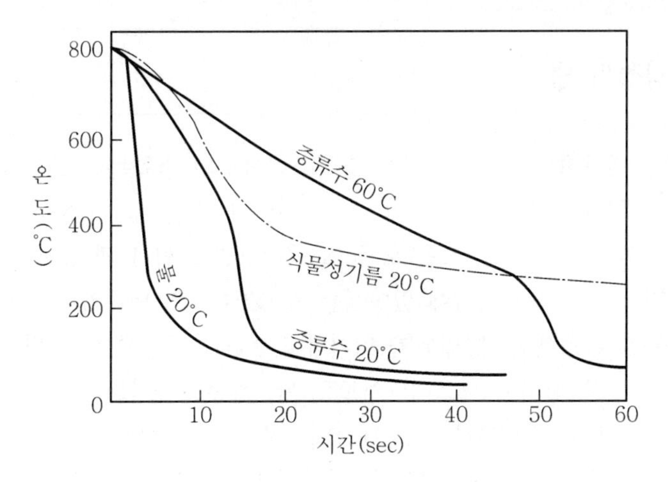

[냉각제의 종류와 냉각속도]

(2) 냉각효과의 순서

기름<물<소금물<묽은 황산용액

냉각액이 항상 일정한 온도를 유지할 수 있도록 될 수 있는 대로 냉각조를 크게 하고 냉각액이 잘 순환할 수 있도록 제작한다.

(3) 고온계

일반적으로 열전대식 고온계가 사용되며 2개의 상이한 금속을 접합하였을 때 그 접점에서 발생하는 기전력에 의하여 온도를 측정한다.

[Question 01] 강철의 냉각

강철의 오스테나이트 조직으로부터 담금조직으로의 변화는 서랭하였을 경우의 Ar_1 변태점보다도 훨씬 낮은 온도에서 일어나는 것이다. 지금 Ac_1 이상의 온도로 가열하여 오스테나이트의 상태로 된 강철을 노 중에 냉각하면 그림(1)과 같이 약 700℃에서 Ar_1이 일어나지만 (2)의 공중 냉각에 있어서는 약 600℃까지 내려가며 (3)의 유중 냉각에 있어서는 550℃ 부근에서 제1변화가 일어나고, 250℃ 부근에서 제2변화가 일어나는 것이다. 여기서 이 제1변화는 오스테나이트로부터 트루스타이트가 발생하는 변화로서 이것을 Ar′라고 부르며 제2변화는 오스테나이트로부터 마텐사이트가 발생하는 변화로서 이것을 Ar″라고 부른다. (4)와 같이 물 중에서 냉각하였을 경우에는 250℃ 부근에서 Ar″의 오스테나이트 → 마텐사이트만이 일어나기 시작하고 그것이 완료되기 전에 상온에 도달하므로 결국 강철은 마텐사이트와 잔존 오스테나이트가 섞인 것으로 한다.

Ar″ 점은 그림에 표시한 담금질 상태도와 같이 냉각 속도에 관계없이 거의 일정하지만 Ar′는 냉각 속도를 더함에 따라서 내려간다.

Ac_1점 이상의 온도로 가열된 강철의 냉각 속도를 여러 가지로 변화시켜 보면 그것이 너무 작을 경우에는 경화하지 않으나 어느 온도에 달하면 급격하게 경도가 증가한다. 이러한 경우의 냉각속도를 임계냉각속도라고 한다. 이것이 작을수록 강철은 담금질이 잘 되는 것이다. 그리고 바로 마텐사이트가 나타나기 시작하였을 경우의 냉각속도 U를 하부임계냉각속도, 강철의 전부가 마텐사이트로 될 때의 냉각속도 V를 상부임계냉각속도라고 하는데 이 양자 사이의 냉각속도로 담금질하였을 경우에 한하여 앞서 설명한 Ar′와 Ar″의 2단계 변화가 일어나는 것이다. 그리고 탄소강에 있어서는 탄소함유량이 0.85%일 경우에 임계냉각속도가 가장 낮으며 Mn, Cr, Mo 등은 임계냉각속도를 크게 감소시키고, 또한 조립강은 세립강보다 임계냉각속도가 작다.

<강철의 냉각 속도의 변태 온도>

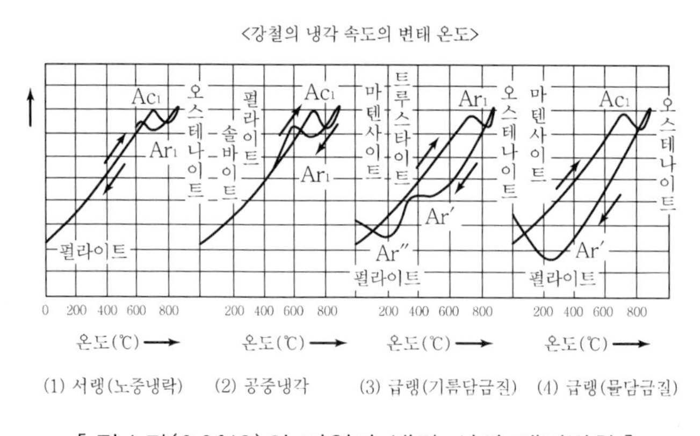

[탄소강(0.9%C)의 가열과 냉각 시의 체적변화]

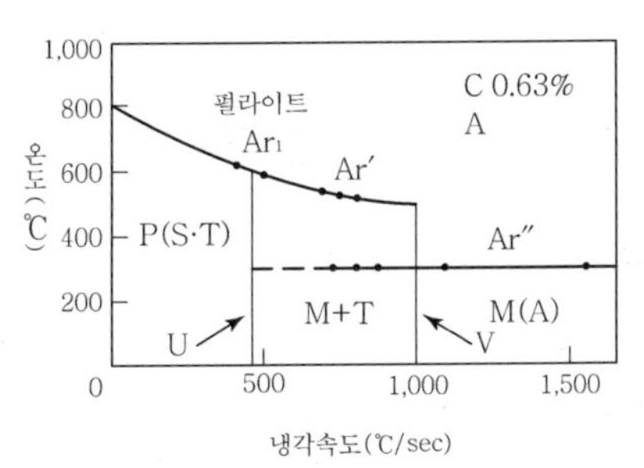

[냉각속도와 변태온도의 관계]

[Question 02] 고속도강(H.S.S)의 열처리

1. 개요

고속도강은 탄소강에 크롬, 텅스텐, 코발트, 바나듐 등이 첨가된 합금강으로서 500~600℃의 고온에서도 경도가 저하되지 않고 내마멸성이 커서 고속절삭작업이 가능하다. 고속도강은 담금질한 후에 뜨임을 적절히 함으로써 경도를 높일 수 있으며 특히 550~580℃에서 뜨임하면 경도가 더 커지는 2차 경화가 나타난다. 고속도강은 주조 또는 단조상태의 조직과 내부응력을 개선하기 위해 풀림을 한다.

2. 담금질

(1) 처리방법

① 고속도강은 합금원소의 영향 때문에 2단 예열을 충분히 행한다.

② 퀜칭 온도는 1,250~1,350℃에서 행하며 조직은 마텐사이트가 형성된다.

③ 고속도강의 가열은 염욕가열이 사용되며 자경성이 좋아 공랭에서도 충분히 경화되지만 산화피막을 억제하기 위해 300℃까지 유랭 후 꺼내어 공랭하는 것이 좋다.

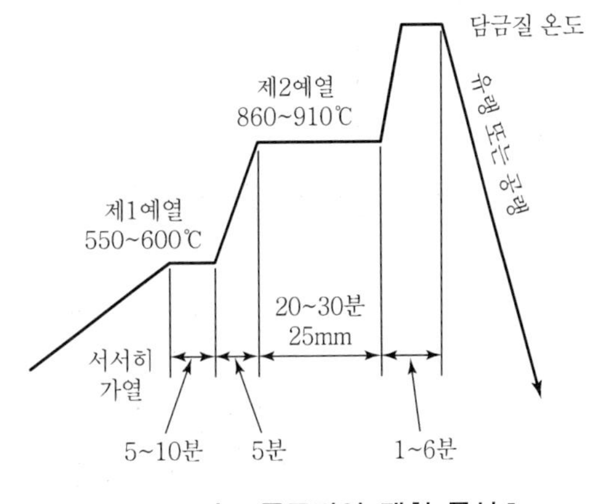

[고속도공구강의 퀜칭 곡선]

(2) 담금질 시 주의사항

① 통상적인 열처리보다 고온에서 행하므로 오스테나이트화 온도조절과 탈탄에 유의해야 한다.

② 탈탄층이 있을 경우 제거하지 않으면 균열이나 변형의 원인이 된다.

③ 고속도강은 열전도율이 낮으므로 2단 예열하며 담금질 온도에서도 일정시간 유지하여 균열발생을 방지한다.

3. 뜨임(Tempering)

(1) 처리방법

① 고속도강의 절삭내구력을 향상시키기 위해 2~3회의 템퍼링이 필요하다. 열처리 시 잔류 오스테나이트는 540~580℃의 템퍼링 온도에서 1~2시간 유지한 후 냉각할 때 마텐사이트로 변태하며 2차로 생성된 마텐사이트에 인성을 주는 재템퍼링이 필요하다.

② 1차 템퍼링의 경도가 필요한 경도에 도달했으면 2차 템퍼링은 1차 템퍼링보다 10~30℃ 정도 낮은 온도에서 실시한다.

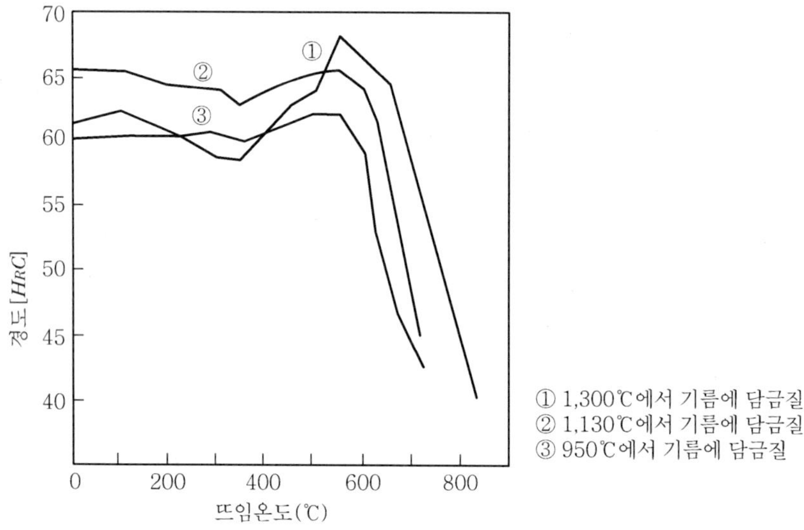

[고속도 공구강의 뜨임온도와 경도와의 관계]

(2) 뜨임 시 주의사항

① 뜨임 후 급랭하면 균열이 발생하므로 노 내에서 서랭시킨다.

② 뜨임온도가 600℃ 이상이면 경도가 급감되므로 온도조절에 유의한다.

4. 풀림

(1) 처리방법

풀림온도는 820~860℃이며 풀림온도에서 5~8시간 유지한 후 20℃/h의 냉각속도로 600℃까지 노랭하여 변태가 끝난 후 꺼내어 공랭시키며 조직은 솔바이트 바탕에 탄화물이 산재된 조직이다.

(2) 풀림 시 주의사항

자경성이 크므로 풀림 후 서랭한다.

[Question 03] 경화능 및 경화능 표시법

1. 개요

강을 퀜칭했을 때의 경도는 탄소 함유량에 따라 결정되며 합금원소와는 관계가 없다. 또한 동일한 탄소량일 때에도 조직에 따라 경도가 다르며 0.6%C 이상에서는 탄소량이 증가하여도 퀜칭경도는 크게 증가하지 않는다.

강의 퀜칭깊이는 C%가 많을수록 합금원소량이 많을수록 결정립이 조대할수록 커지는데 큰 영향을 미치는 것은 합금원소이다.

퀜칭 시 동일한 냉각제에서의 경화깊이가 큰 것을 경화능이 좋은 것이라 하고 반대로 경화깊이가 작은 강은 경화능이 나쁜 강이라 하며 탄소강에 비해 합금강이 경화능이 좋다.

2. 경화능 및 경화능의 표시

(1) 경화능(Hardenability)

① 열처리 시 동일한 크기의 제품이라 할지라도 강의 화학조성에 따라 퀜칭된 경화깊이가 다르며 이 경화깊이를 지배하는 강의 성능을 경화능이라고 한다.

② 경화능을 알기 위해서는 퀜칭된 강의 단면 경도 분포를 측정하면 된다. 큰 강제를 퀜칭하면 표면만 경화하고 중심부는 냉각속도가 느리므로 Ar′ 변태를 일으켜 경화되지 않는다. 따라서 단면 경도 분포는 U자형을 나타내며 이 곡선을 U곡선이라 한다.

(2) 경화능 표시방법

① 임계직경에 의한 방법

㉠ 임계냉각속도가 큰 강은 단면치수가 약간 커져서 중심부의 냉각속도가 작아지면 경화되지 않는다. 반면 임계냉각속도가 작은 강은 두께가 다소 커져도 중심부까지 경화되어 경화능이 좋게 된다.

㉡ 경화능은 보통 퀜칭 경화층의 깊이로 결정되며 50% 마텐사이트 조직의 경도 즉 임계경도인 H_RC 50을 나타내는 부분의 깊이를 퀜칭 경화층 깊이로 한다. 이 부분은 경화부와 비경화부 경계로서 조직은 50% 마텐사이트와 50%의 펄라이트로 볼 수 있다.

② 조미니 시험법(Jominy Test)

㉠ 정의 : 한쪽 단면 퀜칭방법에 의한 경화능 시험으로서 기계구조용 탄소강 및 저합금강의 경화능 시험에 많이 이용되고 있다.

㉡ 시험편 및 시험장치 : 시험편은 직경 25mm(1inch), 깊이 100mm(4inch)의 원통으로서 한쪽 끝에 직경 28mm의 플렌지를 달고 있으며 시험장치는 일정한 유량 및 유속으로 물을 분출시켜 반대쪽 시험편의 단면만 냉각되도록 한다. 시험편을 노에서 가열한 후 꺼내어 시험장치를 통해 냉각하면 위로 갈수록 냉각속도가 작아지며 퀜칭단으로부터 일정한 간격으로 경도를 측정하여 거리에 따른 경도의 변화를 그래프로 나타낼 수 있으며 이 조직을 조미니 선도 또는 경화능 곡선이라 한다.

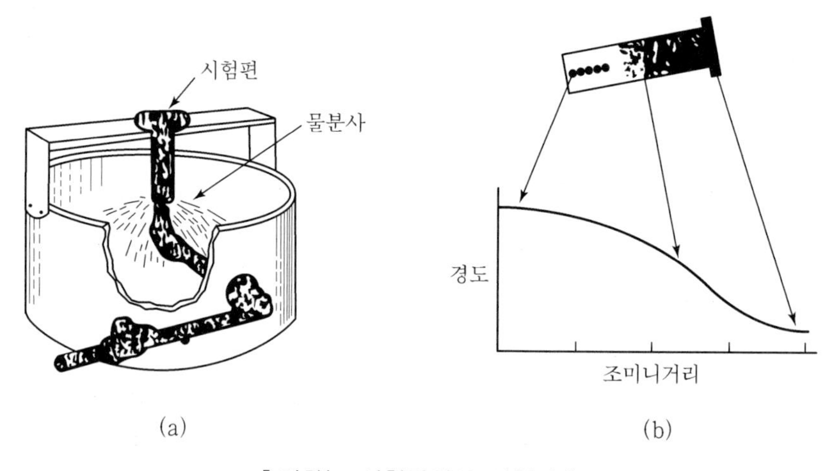

[경화능 시험장치와 시험값]

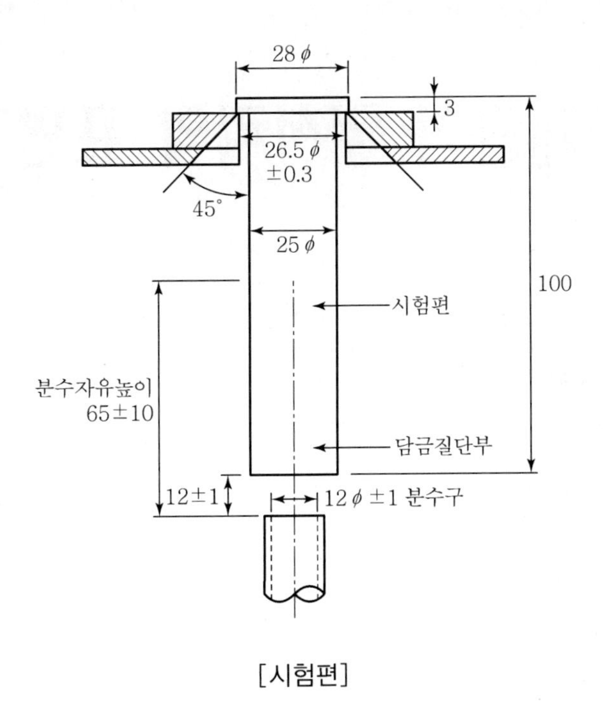

[시험편]

제2절 계단식 열처리와 표면경화법

Professional Engineer Machine

1 계단식 열처리

1. 담금질(Quenching)

1) 담금질 이론

(1) 담금질의 정의

강의 담금질은 오스테나이트 구역온도 이상으로 가열한 후 물이나 기름 등에서 급랭시켜 적당한 기계적 성질을 개선시키는 열처리로서 주로 경화를 목적으로 하며 경화되는 정도는 탄소함유량 및 냉각속도에 따라 달라진다.

(2) 냉각속도에 따른 변태차이★

① Pearlite 형성(노중냉각)

㉠ Ac_1 이상의 온도에 달한 후에 가열로에서 서서히 냉각시키면 먼저보다 다소 낮은 온도에서 Ar_1이 나타난다.

㉡ 그 후 냉각곡선은 가열곡선과 중첩되어 차이가 없어진다.

② Sorbite 형성(공기 중 냉각) : 공기냉각(Air Cooling)하면 변태시간이 냉각시간에 추종되지 못하여 실제 Ar_1이 저온 측에 쏠린다. 그러므로 Ar_1 변태가 500℃ 부근에서 생긴다.

③ Troosite 형성(기름 중 냉각) : 제1단계 변태(마텐사이트변태) Ar′가 600~500℃에서 생기고 제2단계 변태(오스테나이트) Ar″가 300~200℃ 부근에서 나타나며 상온까지 냉각곡선과 가열곡선이 따로 된다.

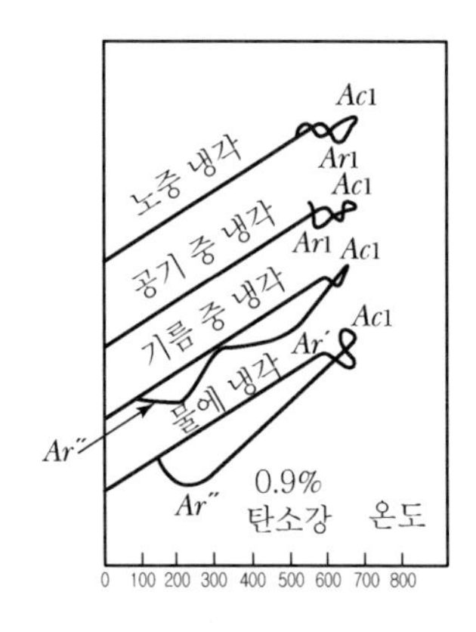

[0.9% 탄소강의 냉각 속도에 따른 변태차이]

④ Martensite 형성(물에 냉각) : Ac보다 높은 온도에서 물속에 급랭하면 즉, 물속 담금질(수중급랭 : Water Quenching)하면 변태온도는 더욱 낮은 온도에서 생긴다. 이때에는 Ar″ 변태만 나타나고 냉각곡선과 가열곡선이 다르게 된다.

⑤ 각 조직의 경도크기
A(Austenite) < M(Martensite) > T(Troosite) > S(Sorbite) > P(Pearlite) > F(Ferrite)

2) 담금질 온도(Quenching Temperature)

(1) A_{C321} 변태점보다 20~30℃ 더 높은 온도에서 행한다.

(2) 담금질 온도가 높으면 미용해 탄화물이 없어 담금질이 잘된다.

(3) 담금질 온도가 지나치게 높을 경우

① 결정입자가 크고 거칠다.

② 담금질할 때 균열과 변형의 원인이 된다.

③ 산화에 의한 스케일이 발생한다.

④ 탈탄에 의해 담금질 효과가 저하된다.

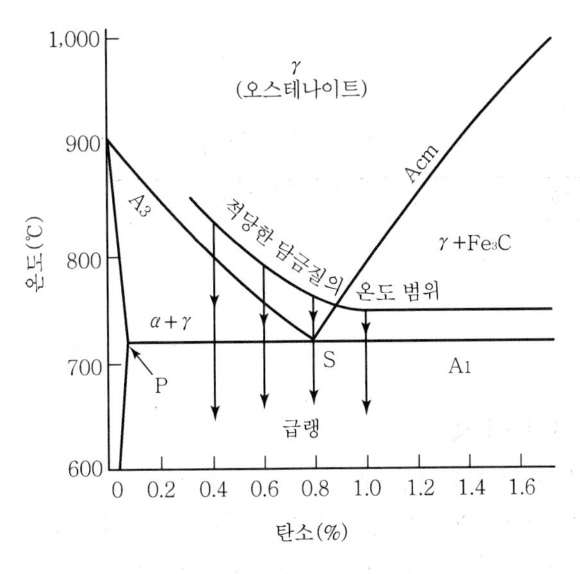

[담금질 온도 범위]

3) 가열시간

(1) 가열시간이 너무 길면 재료의 산화에 의한 손실이 발생한다.

(2) 가열시간이 너무 짧으면 불균일한 온도에 의한 내부응력이 발생한다.

(3) 산화 방지를 위해 가열온도를 알맞게 하고 가열로 속에 아르곤 가스, 질소 등을 넣어 무산화 가열을 한다.
(4) 합금원소가 많이 함유될수록 일반적으로 열전도율이 작고 또한 확산속도도 느리므로 가열시간이 길게 소요된다.

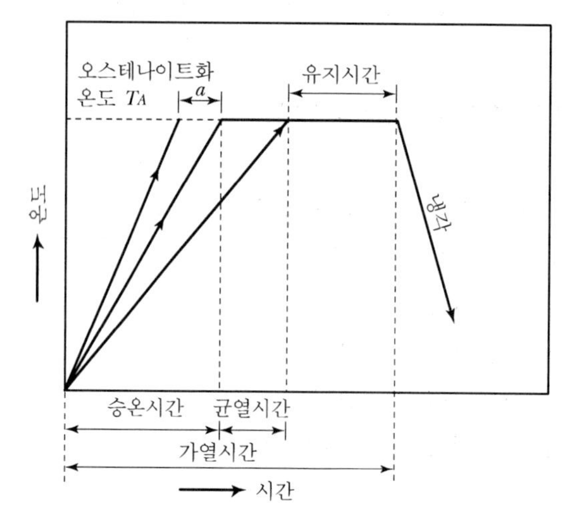

[가열시간의 정의]

〈 탄소강의 담금질 가열시간 〉

두께(mm)	승온시간(h)	유지시간(h)
25	1.0	0.5
50	1.0~1.5	0.5
75	1.0~1.5	1.0

4) 질량효과(Mass Effect)★

재료를 담금질할 때 질량이 작은 재료는 내외부의 온도차가 없으나 질량이 큰 재료는 열의 전도시간이 길어 내외부의 온도차가 생기게 되며 이로 인하여 내부온도의 냉각지연으로 인해 담금질 효과를 얻기 곤란한 현상을 질량효과라 한다. 질량이 큰 재료일수록 질량효과가 크며 담금질 효과가 감소된다.

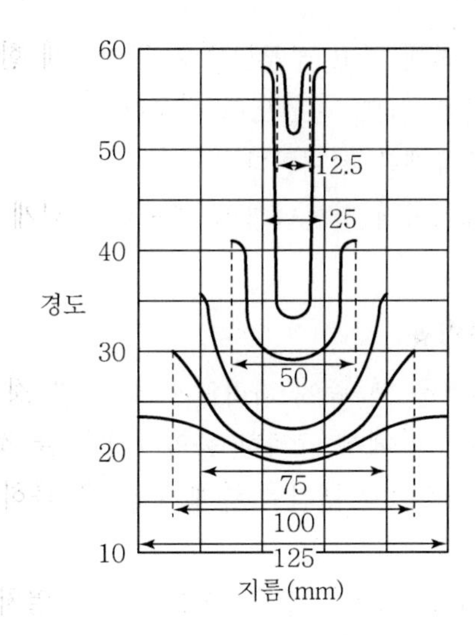

[강재(0.45% C)의 지름에 따른 담금질 경도의 차이]

5) 담금질 균열(Quenching Crack)★★

(1) 개요

강재는 급랭으로 체적이 급격히 팽창하며 특히 오스테나이트로 변태할 때 가장 큰 팽창을 나타내며 균열을 수반한다. 이와 같이 담금질을 할 때 발생되는 균열을 담금질 균열이라 한다.

담금질 균열은 내외부의 팽창정도의 차이에 의해 내부의 응력이 과대해져 발생된다.

(2) 발생원인

① 담금질 직후에 나타나는 균열
담금질할 때 재료 표면은 급속한 냉각으로 인해 수축이 생기는 반면 내부는 냉각속도가 느려 펄라이트 조직으로 변하여 팽창한다. 이때 내부응력이 균열의 원인이 된다.

② 담금질 후 2~3분 경과 시 나타나는 균열
담금질이 끝난 후에 생기는 균열로써 냉각에 따라 오스테나이트가 마텐사이트 조직으로 변할 때 체적팽창에 의해 발생되며 변화가 동시에 일어나지 않고 내부와 외부가 시간적인 차이를 두고 일어나기 때문이다.

(3) 방지대책

① 급랭을 피하고 250℃ 부근(Ar″점)에서 서랭하며 마텐사이트 변태를 서서히 진행시킨다.

② 담금질 후 즉시 뜨임 처리한다.

③ 부분적 온도차를 적게 하고 부분단면을 일정하게 한다.
④ 구멍이 있는 부분은 점토, 석면으로 메운다.
⑤ 가능한 수랭보다 유랭을 선택한다.
⑥ 재료의 흑피를 제거하여 담금액과의 접촉을 잘되게 한다.

6) 담금질에 의한 변형방지법★

(1) 열처리할 소재를 냉각용 액 중에 가라앉게 하지 말 것
(2) 가열된 소재를 냉각액 중에서 급격히 균일하게 흔들 것
(3) 소재를 대칭되는 축방향으로 냉각액 중에 넣을 것. 특히 축은 수직으로 톱니바퀴들은 수평으로 급랭시킬 것
(4) 스핀들(Spindle)과 같은 중공 물품은 구멍을 막고 열처리 작업할 것
(5) 복잡한 형상, 두꺼운 이형 단면의 소재는 최대 단면 부분이 먼저 냉각액에 닿도록 할 것

7) 담금질할 때의 주의사항

(1) 일반적으로 강철은 탄소함유량이 많을수록 또한 냉각속도가 빠를수록 담금질 효과는 크게 된다.
(2) 가공경화를 받아 재질이 불균일한 강철은 담금질 효과를 얻기 곤란하므로 한번 풀림 열처리를 하여 재질을 균일하게 한 후 담금질하는 것이 좋다.
(3) 강철은 담금질하면 체적이 약간 증가하므로 그것으로 인하여 제품의 형상이 변화하여 불량품이 생기지 않도록 주의가 필요하다.

2. 뜨임(Tempering)

1) 뜨임의 정의

담금질한 강은 경도가 증가된 반면 취성을 가지게 되므로 경도가 감소되더라도 인성을 증가시키기 위해 A_1변태점 이하의 적당한 온도로 가열하여 물, 기름, 공기 등에서 적당한 속도로 냉각하는 열처리

2) 방법

(1) 저온 템퍼링

① 주로 150~200℃ 가열 후 공랭시키며 템퍼링 시간은 25mm 두께당 30분 정도 유지한다.
② 공구강 등과 같이 높은 경도와 내마모성을 필요로 하는 경우 마텐사이트 특유의 경

도를 떨어뜨리지 않고 치수안정성과 다소의 인성을 향상시킨다.

(2) 고온 템퍼링

① 주로 500~600℃ 가열 후 급랭(수랭, 유랭)시킴. 서랭 시 템퍼링 취성이 발생한다.

② 기계 구조용강 등과 같이 높은 인성을 필요로 하는 경우 솔바이트를 얻는 처리법이다.

(3) 등온 템퍼링(Isothermal Tempering)

① 소재를 Ar″점 이상의 온도로 가열하고 일정시간 유지하여 마텐사이트를 베이나이트로 변태시킨 다음 적당한 온도로 냉각하여 균일한 온도가 될 때까지 유지한 후 공랭시킨다.

② 베이나이트 뜨임이라고도 하며 고속도강을 등온 뜨임하면 인성과 절삭능력이 향상된다.

3) 뜨임취성

인성이 경화와 같이 증가하는 것이 아니고 인성이 저하하는 것

(1) 저온뜨임취성

① 뜨임온도가 200℃ 부근까지는 인성이 증가하나 300~350℃에서는 저하한다.

② 인이나 질소를 많이 함유한 강에 확실히 나타남

③ Si를 강에 첨가하면 취성 발생온도가 300℃ 정도까지 상승

(2) 고온시효취성

① 500℃ 부근에서 뜨임할 때 인성이 시간의 경과에 따라 저하하는 현상

② 600℃ 이상 온도에서 템퍼링 후 급랭하고 Mo을 첨가하여 취성을 방지한다.

(3) 뜨임서랭취성

550~650℃에서 서랭한 것의 취성이 물 및 기름에서 냉각한 것보다 크게 나타나는 현상

4) 뜨임색(Temper Colour)

뜨임할 때 담금질한 표면을 깨끗이 닦아서 철판 위에 얹어 놓고 가열하면 산화철의 얇은 막이 생겨 이것이 온도에 따라 독특한 색을 나타내는 것을 말하며 이것으로 뜨임온도를 판단할 수 있다.

5) 뜨임균열(Temper Crack)

(1) 발생원인

① 뜨임 시 급가열했을 때
② 탈탄층이 있을 때
③ 뜨임온도에서 급랭했을 때

(2) 대책

① 급가열을 피하고 뜨임온도에서 서랭한다.
② 뜨임 전 탈탄층을 제거한다.

3. 풀림(Annealing)과 불림(Normalizing)

1) 풀림

(1) 풀림의 정의

가공경화나 내부응력이 생기게 된 것을 제거하기 위하여 적당한 온도(A_{321} 변태점 이상)로 가열하여 서서히 냉각시켜 재질을 연하고 균일하게 하는 것

(2) 풀림열처리의 목적

① 단조, 주조, 기계가공에서 발생한 내부응력 제거
② 가공 및 열처리에서 경화된 재료의 연화
③ 결정입자의 균일화

(3) 풀림의 종류

① 완전풀림(Full Annealing, 고온풀림) : 아공석강에서는 Ac_3 이상, 과공석강에서는 Ac_1점 이상의 온도로 가열하고 그 온도에서 충분한 시간 동안 유지하여 서랭시켜 페라이트와 펄라이트(아공석강), 망상 시멘타이트와 조대한 펄라이트(과공석강)로 만든다. 금속재료를 연화시켜 절삭가공이나 소성가공을 쉽게 하기 위한 풀림이다.

② 등온풀림 : 사이클 풀림(Cycle Annealing)이라고 하며 완전풀림의 일종으로 단지 항온변태만 이용한다는 차이만 있을 뿐이다. 강을 오스테나이트화한 후 Nose 온도에 해당하는 600~650℃의 노 속에 넣어 5~6시간 유지한 후 공랭시키며 풀림의 소요시간이 매우 짧다. 공구강, 합금강의 풀림시간 단축 시 현장에서 흔히 이용됨

③ 응력제거 풀림 : 재결정온도(450℃) 이상 A_1 변태점 이하에서 행한다. 잔류응력에 의한 변형방지가 목적이나 잔류응력 제거와 함께 결정입자를 미세화하고자 할 때는 완전풀림이나 노멀라이징을 하여야 한다.

④ 연화풀림 : A_1점 근처의 온도에서 가열하여 재결정에 의해 경도를 균일하게 저하시킴으로써 소성 및 절삭가공을 쉽게 하기 위해 행하는 풀림처리이다. 냉간 가공 시 발생된 가공경화를 제거하는 것이 목적이며 가열온도의 상승과 함께 조직의 회복 → 재결정 → 결정립 성장의 3단계로 연화된다.

⑤ 구상화 풀림(Spheroidizing Annealing) : 펄라이트를 구성하는 시멘타이트가 층상 또는 망상으로 존재하면 기계 가공성이 나빠지고 특히 퀜칭 열처리 시 균열이나 변형 발생을 초래하기 쉬워 탄화물을 구상화시킨다. A_1 온도 부근에서 장시간 가열유지, 반복가열냉각, 가열 후 서랭시킨다. 공구강이나 면도날 등의 열처리에 이용된다.

⑥ 확산풀림(Diffusion Annealing), 균질화 풀림 : 주괴 편석이나 섬유상 편석을 없애고 강을 균질화시키기 위해 고온에서(A_3 또는 A_{cm} 이상) 장시간 가열 후 노 내에서 서랭하며 풀림온도가 높을수록 균질화는 빠르게 일어나지만 결정립이 조대화되므로 주의해야 한다. 침탄 처리한 탄소강을 확산 풀림하여 침탄층의 깊이를 증가시키고 표면에 강인한 펄라이트를 조성하여 내충격성 및 내마멸성을 얻고 편석을 제거한다.

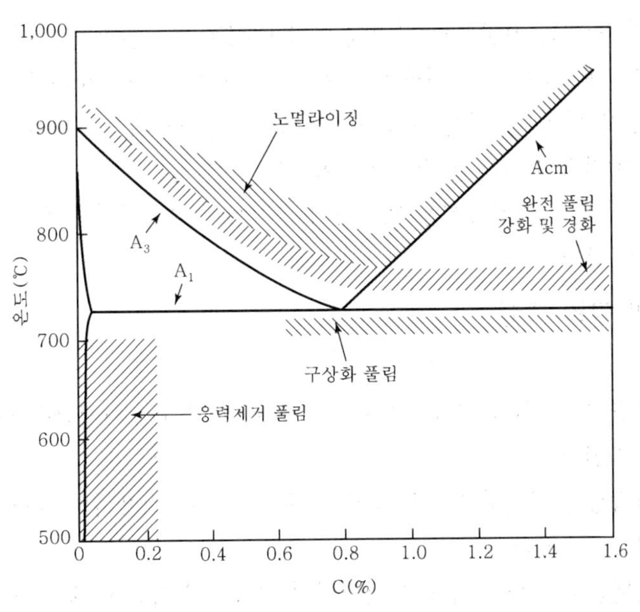

[탄소강의 노멀라이징 및 풀림온도]

〈 풀림의 분류 〉

구분	풀림온도	종류
저온풀림	A_1점 이하	응력제거풀림, 연화풀림, 구상화풀림
고온풀림	A_1점 이상	완전풀림, 등온풀림, 확산풀림

2) 불림(Normalizing)

(1) 개요

압연이나 주조한 강괴는 불순물의 편석 등 조직을 갖지 못하고 급랭에 의한 결정립의 조대화로 인해 정상적인 조직을 갖게 할 필요가 있다.

완전풀림에 의한 과도한 열화와 입자성장을 피하기 위하여 A_{321} 또는 A_{cm}보다 50~80℃ 높은 온도로 가열하여 완전 Austenite 상태로부터 정지공기 중에서 실온까지 냉각시켜 강의 내부응력을 제거하고 미세한 조직을 얻은 열처리이다.

(2) 목적

① 응고속도 또는 가공도의 차이에 따라 발생된 불균일한 조직의 국부적인 차이를 해소하고 내부응력을 제거하며 기계적, 물리적 성질을 표준화한다.

② 결정립을 미세화시켜서 어느 정도의 강도 증가를 꾀하고 퀜칭이나 완전풀림을 위한 예비 처리로써 균일한 오스테나이트를 만든다.

③ 저탄소강의 기계가공성을 개선하여 절삭성을 향상시키고 결정입자의 조정 및 변형 방지를 한다.

(3) 불림처리 강의 특징

① 단강품

㉠ 가공 등에 의한 잔류응력이 제거되고 결정립이 미세화됨으로써 강도와 인성이 증가된다.

㉡ 단강품은 일반적으로 불림 또는 풀림을 하여 사용하며 불림을 통해 강도 증가를 꾀할 수 있다.

㉢ 가열온도가 너무 높으면 결정립이 재차 성장하고 이에 따라 강도와 인성이 저하될 수 있으므로 주의해야 한다.

② 주강품

㉠ 편석이나 조대화된 결정립을 미세한 펄라이트 조직으로 만든다.

㉡ 편석이 심할 경우에는 노멀라이징 온도를 높이고 유지시간도 길게 한다.

(4) 열처리 방법

① 일반 노멀라이징

강을 A_3 또는 A_{cm}선보다 30~50℃ 정도 높은 온도로 가열하여 균일한 오스테나이트로 만든 다음 대기 중에서 냉각함

② 2단 노멀라이징

두께가 75mm 이상 되는 대형부품이나 고탄소강의 백점 또는 내부 균열을 방지하기 위해 구조용강의 강인성을 향상시키기 위해 550℃까지 공랭 후 노 내에서 서랭시킴

③ 항온 노멀라이징

저탄소 합금강의 피삭성을 향상시키기 위해 550℃에서 등온 변태시키고 공랭함

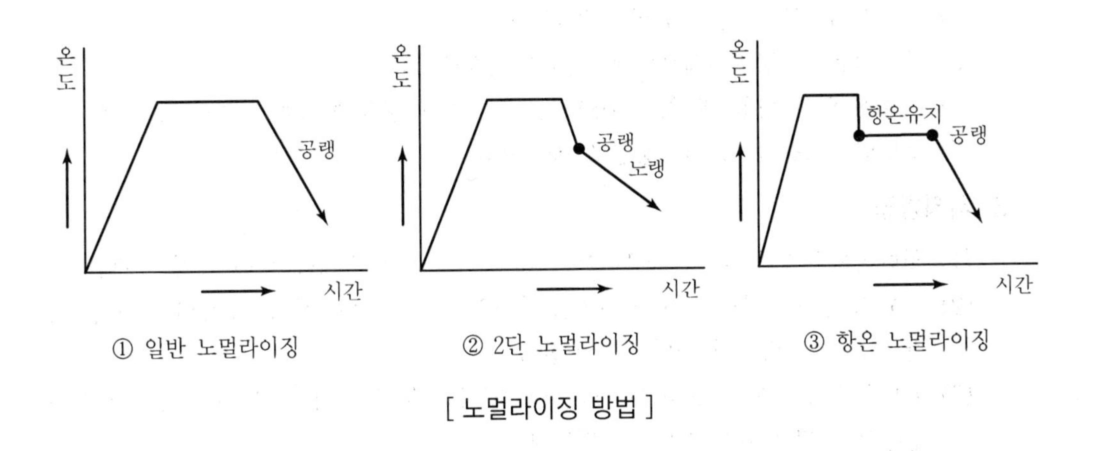

[노멀라이징 방법]

[Question 01] 서브제로(Subzero)처리(심랭처리)★

1. 개요

퀜칭 시 탄소량이 많고 냉각속도가 늦으면 잔류 오스테나이트의 양이 많아지며 퀜칭경도의 저하, 치수불안정, 연마균열 등의 문제점이 생기므로 담금질한 강의 경도를 증대시키고 시효변형을 방지하기 위하여 0℃ 이하의 온도까지 냉각시켜 잔류 오스테나이트를 마텐사이트 조직으로 처리하는 것으로 볼이나 게이지류의 제작 시 이용된다.

2. 심랭처리 목적

(1) 강을 강인하게 만든다.
(2) 공구강의 경도증대, 성능향상을 꾀한다.
(3) 게이지류 등 정밀기계부품의 조직을 안정화시킨다.
(4) 시효에 의한 형상 및 치수변형방지, 침탄층의 경화 목적을 달성한다.
(5) 스테인리스강의 기계적 성질을 향상시킨다.

3. 처리방법

(1) 일반적으로 퀜칭 후 곧바로 심랭처리를 하며 균열방지를 위해 급랭을 피한다.
(2) 제품 크기가 크거나 두께가 두껍고 불균일한 것은 심랭 전에 100℃의 물속에서 1시간 정도 템퍼링하여 균열을 방지한다.
(3) 표면의 탈탄층이 남았을 때 탈탄층을 제거해야 하며 심랭온도에서 충분히 유지한 상온으로 되돌려야 균열이 방지된다.
(4) 심랭처리 시 유지시간은 보통 25mm당 30분 정도이다.
(5) 심랭처리 온도로부터 상온으로 되돌리는 데는 공기 중에 방치하는 자연해동 방법도 있지만 작업성이나 잔류응력 해소를 위해 수중에 투입하여 급속 해동시키는 것이 좋다.

[심랭처리 제품]

4. 냉매

(1) 드라이아이스

단열제가 내장된 스테인리스강 통 속에 드라이아이스와 에테르를 넣어 -78℃로 유지하여 제품을 침적한다.

(2) 액체질소

-196℃에서 처리가 가능하므로 초심랭처리라고 부르며 액체질소의 공급방법에 따라 액체법과 액체질소를 분사시켜 사용하는 가스법이 있다.

5. 초심랭처리

(1) 정의

일반적인 심랭처리 온도인 -80℃ 전후보다 더욱 낮은 온도인 약 -196℃에서 심랭처리한 것으로 여러 번 템퍼링해야 하는 내마모용 부품을 1차 템퍼링으로 끝낼 수 있으며 초심랭 처리를 통해 현저한 내마모성의 향상을 기할 수 있다.

(2) 장점

- 잔류 오스테나이트를 거의 전부 마텐사이트로 변태시킴
- 내마모성의 현저한 향상과 치수안정성을 갖는다.
- 조직이 미세화되고 미세 탄화물이 석출됨

(3) 적용 예

공구용 고속도강, 금형부품(STD11), 베어링강 및 스테인리스강, 침탄부품 및 소결합금

2 표면경화법★★

1. 표면경화와 침탄경화법

1) 표면경화

물체의 표면만을 경화하여 내마모성을 증대시키고 내부는 충격에 견딜 수 있도록 인성을 크게 하는 열처리

2) 침탄경화법 : 표면에 탄소를 침투★★

0.2%C 이하이며 저탄소강 또는 저탄소 합금강을 함탄 물질과 함께 가열하여 그 표면에 탄소를 침입 고용시켜서 표면을 고탄소강으로 만들어 경화시키고 중심 부분은 연강으로 만드는 것이다. 침탄강은 마멸에 견디는 표면경화층의 부분과 강인성이 있는 중심으로 구성되어 있어 캠, 회전축 등에 사용된다.

(1) 침탄용강의 구비조건

① 저탄소강이어야 한다.
② 장시간 가열하여도 결정입자가 성장하지 않아야 한다.
③ 표면에 결함이 없어야 한다.

(2) 침탄제의 종류

① 목탄, 골탄, 혁탄
② $BaCO_3$ 40%와 목탄 60%의 혼합물
③ 목탄 90%와 NaCl 10%의 혼합물
④ KCN 및 $K_4Fe(CN)_6$ 등의 분말
⑤ 황혈염과 중크롬산가리의 혼합물

(3) 침탄경화법의 종류

① 고체침탄법
철재의 침탄상자에 고체 침탄제와 침탄 촉진제를 넣고 밀폐한 후 가열 유지하여 저탄소강 표면에 침탄층을 얻음
㉠ 침탄요소
ⓐ 침탄제에는 목탄, 코크스, 골탄 등과 촉진제로 $BaCO_3$, Na_2CO_3, NaCl 등이 사용된다.
ⓑ 침탄로 중에서 900~950℃로 가열하여 침탄한 후 급랭하여 경화시킨다.

ⓒ 보통 침탄깊이는 0.4~2.0mm가 적당하다.

㉡ 침탄 시 유의사항

ⓐ 침탄 온도가 높으면 침탄속도가 빠르나 950℃ 이상이면 오스테나이트 결정립이 조대화된다.

ⓑ 침탄 깊이가 너무 깊으면 비용이 많이 들고 인성이 불리하다.

ⓒ 침탄재 입도가 너무 작으면 열의 통과에 불리하여 시간이 걸린다.

ⓓ 강재에 크롬(Cr)이 함유되면 탄소의 확산이 느려 과잉 침탄이 발생한다.

ⓔ 균일 침탄 및 침탄층의 조절에 신경을 써야 한다.

ⓕ 탄산나트륨이 너무 많으면 강표면에 용착되어 침탄이 어렵다.

㉢ 국부적 침탄방지

ⓐ 탄소강에 구리도금을 한다.

ⓑ 가공 여유를 두어 침탄 후 절삭가공하여 침탄부를 깎아낸다.

ⓒ 진흙을 바르고 석면 및 강판으로 두른다.

㉣ 침탄 후 열처리

ⓐ 확산풀림 : 탄소의 확산이 느린 Cr 함유강은 탄소가 표면에 집중되어 표면에 과잉 침탄이 발생되므로 탄소를 내부로 확산시키기 위해 침탄온도에서 30분~4시간 정도 풀림함

ⓑ 구상화풀림 : 침탄층에 나타난 망상의 시멘타이트는 담금질 전에 구상화하는 것이 좋으며 1차 및 2차 담금질을 할 때는 1차 담금질 후 650~700℃에서 구상화 풀림한다.

ⓒ 담금질 : 처리 중의 중심부는 조직이 매우 조대하므로 A_3 이상 30℃ 정도에서 가열 후 유랭시켜 1차 담금질하고 다음에 침탄부(표면)를 경화시키기 위해 A_1점 이상 가열 후 수중에서 2차 담금질한다.

구분	온도	냉각	목적
1차 담금질	A_3 이상 30℃	유랭	조직의 미세화
2차 담금질	A_1점 이상	수랭	표면경화

ⓓ 뜨임 : 침탄 후 담금질한 강의 응력제거 및 마텐사이트의 안정화를 위해 저온 뜨임(150~200℃) 처리를 하며 저온 뜨임을 통해 연마균열이 방지되고 내마모성이 향상된다.

② 가스침탄법(Gas Carburizing)

㉠ 침탄방법 : 주로 작은 부품의 침탄에 이용되는 것으로 메탄가스나 프로판가스, 아세틸렌가스 등 탄화수소계 가스를 변성로에 넣어 니켈을 촉매로 하여 침탄가스

로 변성 후, 오스테나이트화된 금속의 표면을 접촉시키면 활성탄소가 침입하여 침탄이 일어난다.

㉡ 침탄요소

ⓐ 침탄제 : 일산화탄소(CO), CO_2, CH_4(메탄가스), C_mH_n 등으로 주로 천연가스, 도시가스, 발생로가스 등이 사용된다.

ⓑ 가열온도 및 시간 : 900~950℃에서 3~4시간(최근에는 1,000~1,200℃의 고온 침탄을 많이 사용)

ⓒ 침탄깊이 : 약 1mm

㉢ 고온침탄의 장점

ⓐ 침탄시간이 단축된다.

ⓑ 확산구배가 급하지 않다.

ⓒ 깊은 침탄층을 얻을 때 효과적이다.

㉣ 가스침탄의 특징

ⓐ 균일한 침탄층을 얻음(가스공급량, 혼합비, 온도의 조절)

ⓑ 작업이 간편하고 열효율이 높다.

ⓒ 연속 침탄에 의해 다량 침탄이 가능하다.

㉤ 침탄 후 열처리

ⓐ 1차 담금질 : 고온에서 장시간 가열하므로 성장된 조직을 미세화하기 위해 A_3점 이상 30℃까지 가열한 후 기름 중에서 1차 담금질한다.

ⓑ 2차 담금질 : 표면의 침탄부를 마텐사이트로 변화시켜 경화하기 위한 처리로써 A_3점 이상 가열한 후 다음 물속에 담금질한다.

ⓒ 뜨임 : 담금질한 다음 150~200℃ 정도로 10분 정도 가열하여 응력을 제거하고 인성을 부여하나 경도는 다소 저하된다.

③ 액체침탄법(Liquid Carburizing, Cyaniding, 시안화법)

㉠ 원리 : 강철을 황혈염 등의 CN화합물을 주성분으로 한 청산소다(NaCN), 청산칼리(KCN)로서 표면을 경화하는 방법이다. 보통 침탄법은 탄소만 침투되지만 청화법은 청화물(CN)이 철과 작용하여 침탄과 질화가 동시에 진행되므로 침탄질화법이라 한다.

㉡ 종류

ⓐ 침지법

- 원리 : 청화물에 $BaCl_2$, $CaCO_3$, $BaCO_3$, K_2CO_3, $NaCl_2$, N_2CO_3 등을 첨가하여 녹은 용액 중에 표면 경화할 재료를 일정시간 침지하고 물에 담금질하는 것으로 액체 침탄법이라고도 한다.

-장점
- 균일한 가열이 가능하고 제품의 변형을 방지할 수 있다.
- 온도조절이 쉽고 일정한 시간을 지속할 수 있다.
- 산화가 방지되며 시간이 절약된다.

-단점
- 침탄제의 가격이 비싸다.
- 침탄층이 얇다.
- 유독가스가 발생한다.

ⓑ 살포법 : 청화물을 주성분으로 한 분말제를 가열된 강철에 뿌려 침탄시키고 담금질하는 법이다.

㉢ 침탄 후 열처리

ⓐ 담금질

-공랭 후 재가열하여 담금질하거나 침탄온도로부터 730~750℃까지 냉각한 후 담금질한다.

-담금질 온도가 높으면 잔류 오스테나이트양이 많아져 경도가 저하될 수 있으며, 담금질 변형 방지를 위해 수랭하지 않고 마퀜칭(Marquenching) 할 수도 있다.

ⓑ 뜨임 : 담금질 후 150~180℃의 저온 뜨임을 실시하여 강의 내부응력을 제거한다.

2. 질화법과 기타 표면경화법

1) 질화법★★

(1) 원리

노 속에 강재를 넣고 암모니아(NH_3) 가스를 통하게 하면서 500~530℃ 정도의 온도로 50~100시간 유리하면 표면에 질소가 흡수되어 질화물이 형성되어 침탄보다 더 강한 질화2철(Fe_4N)이나 질화1철(Fe_2N)이 된다. 질화법은 다른 열처리와 달리 A_1 변태점 이하의 온도로 행하며 담금질할 필요가 없고 치수의 변화도 가장 작다.
내마멸성과 내식성, 고온 경도에 안정이 된다.

(2) 특징

① 경화층은 얇고, 경도는 침탄한 것보다 더욱 크다.
② 마모 및 부식에 대한 저항이 크다.
③ 침탄강은 침탄 후 담금질하나 질화법은 담금질할 필요가 없어 변형이 적다.

④ 600℃ 이하의 온도에서는 경도가 감소되지 않고 또 산화도 잘되지 않는다.
⑤ 가열온도가 낮다.

〈 침탄법과 질화법의 비교 〉

침탄법	질화법
경도가 질화법보다 낮다.	경도가 침탄법보다 높다.
침탄 후의 열처리가 필요하다.	질화 후의 열처리가 불필요하다.
침탄 후에도 수정이 가능하다.	질화 후에는 수정이 불가능하다.
처리시간이 짧다.	처리시간이 길다.
경화에 의한 변형이 생긴다.	경화에 의한 변형이 생기지 않는다.
고온으로 가열되면 뜨임이 되고 경도가 낮아진다.	고온으로 가열되어도 경도가 낮아지지 않는다.
여리지 않다.	질화층은 여리다.
강철 종류에 대한 제한이 적다.	강철 종류에 대한 제한을 받는다.
처리비용이 비교적 적다.	비용이 많이 든다.

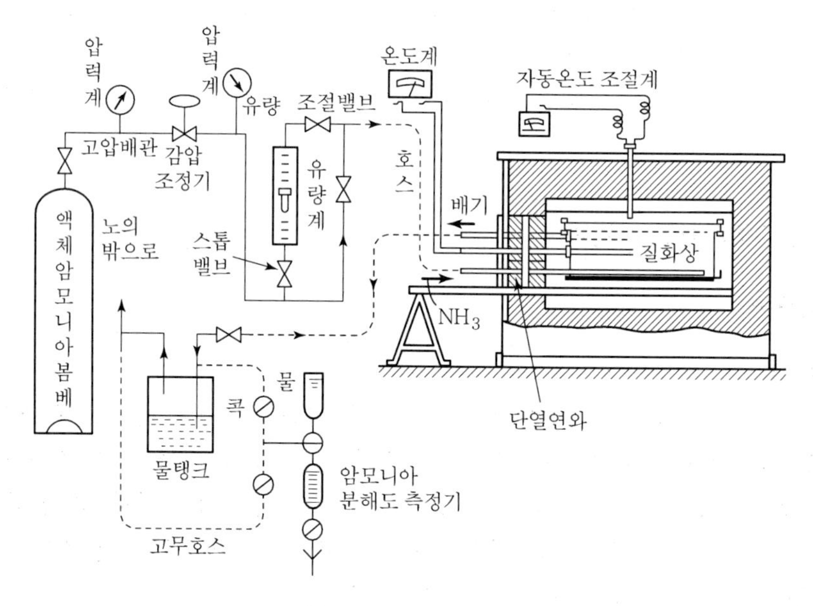

[질화로와 장치 계통도]

(3) 질화법의 종류

① 가스질화

㉠ 질화방법 : 질소는 강에 잘 용해되지 않지만 500℃ 정도로 50~100시간 암모니아(NH_3) 가스를 가열하면 발생기 질소가 철 등과 반응하여 Fe_4N, Fe_2N 등의 질화물을 만들면서 강으로 침투되는데, 질화층의 두께는 보통 0.4~0.9mm 정도이며 은회색의 단단한 경화면이다.

㉡ 질화강 함유 원소의 역할

ⓐ 알루미늄 : 질화물의 확산이 느려 질화강도를 증가시킨다.

ⓑ 크롬 : 질화층의 깊이가 증가된다.

ⓒ 몰리브덴 : 처리시간이 길어져도 강재가 취화되지 않는다.

㉢ 질화층의 깊이와 경도 분포

ⓐ 질화층의 깊이 및 경도는 질화온도, 처리시간에 따라 다르며 요구되는 질화 깊이를 얻기 위해서는 온도와 시간을 적절히 조합해야 한다.

ⓑ 경도 분포만을 고려 시 탄소함유량이 적은 것이 유리하나 질화층의 박리, 확산층의 균열이 우려되므로 500~550℃에서 질화처리 후 600℃ 이상에서 확산시킨 2단 질화가 효과적이다.

ⓒ 질화를 요하지 않는 부분은 미리 주석(Sn)이나 땜납 등으로 둘러싸거나 니켈도금을 하여 질화상자에 넣는다.

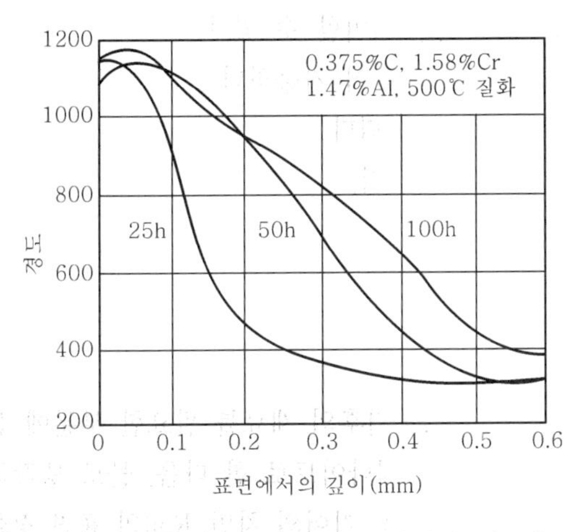

[질화 처리시간에 대한 깊이와 경도]

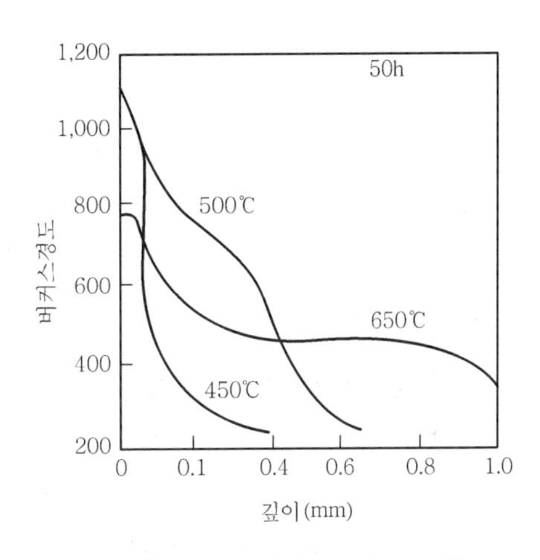

[질화 처리온도에 대한 깊이와 경도]

② 액체질화(연질화)

㉠ 질화방법 : 가스질화법은 처리시간이 길고 제한된 질화용강에만 처리가 가능하므로 이러한 단점을 개선하기 위해 시안화나트륨(NaCN), 시안화칼륨(KCN)

등을 주성분으로 한 염욕로에서 500~600℃로 5~15시간 가열하여 질화층을 얻는다. 특히 처리 중 반응을 촉진시키기 위해 혼합염 중에 공기를 불어 넣는 터프트라이드(Tufftride) 방법이 있다.

㉡ 특징

ⓐ 질화처리 시간이 짧다.

ⓑ 저온처리로 균일하고 안정된 조직을 얻는다.

ⓒ 가스질화로 처리가 곤란한 강에도 적용이 가능하다.

ⓓ 유해물질이 발생된다.

③ 이온질화

㉠ 질화방법

ⓐ 연질화법의 시안화합물의 공해대책을 보안한 것으로 밀폐시킨 용기 내에 질소와 수소의 혼합분위기(N_2+H_2) 속에서 질화처리하고자 하는 부품을 음극으로, 별도의 전극을 양극으로 설치한다.

ⓑ 직류전압을 걸어주어 글로우 방전에 의해 혼합가스를 음극의 처리부품을 고속으로 충돌, 가열시키고 동시에 질소를 침투시킨다.

㉡ 특징

ⓐ 작업환경이 좋고 질화속도가 빠르다.

ⓑ 별도의 가열장치가 필요 없다.

ⓒ 가스비율을 변화시켜 질화층의 조성을 제어할 수 있다.

ⓓ 가스질화로써 처리가 곤란한 강에도 적용이 가능하다.

ⓔ 복잡한 형상의 부품은 균일한 질화가 어렵다.

ⓕ 처리부품의 온도측정과 급속냉각이 어렵다.

2) 기타 표면경화법★

(1) 화염경화(Flame Hardening)

① 원리 : 탄소강이나 합금강에서 0.4~0.7% 탄소 전후의 재료를 필요한 부분에 산소-아세틸렌 화염으로 표면만을 가열하여 오스테나이트로 한 다음, 물로 냉각하여 표면만이 오스테나이트로 만드는 경화. 크랭크축, 기어의 치면, Rail의 표면 경화에 적합하다.

② 종류

㉠ 고정식 화염경화 : 피 가열물을 코일 중에 정지한 상태에서 냉각시키든가 또는 냉각세에 침지하여 급랭 열처리한다.

㉡ 이동식 화염경화 : 피 가열물이 긴 것을 연속적으로 가열할 수 있도록 특수버너가 장치되어 있으며 가열한 후에는 급랭하여 표면을 경화시킨다.

③ 특징

㉠ 부품의 크기와 형상의 제약이 적다.

㉡ 국부 열처리가 가능하고 설비비가 저렴하다.

㉢ 담금질 변형이 적다.

㉣ 가열온도 조절이 어렵다.

④ 처리방법

㉠ 소재 및 가열

ⓐ 소재는 0.4~0.6%의 탄소가 함유된 강이 좋다.

ⓑ 산소-아세틸렌의 혼합비는 1 : 1이 가장 좋으며 토치 불꽃수와 이동속도에 따라 재료 내부의 열전달 깊이가 다르며 따라서 경화층 깊이도 다르게 된다.

㉡ 냉각방법

ⓐ 냉각수조(Cooling Tank)에 담그는 방법 : 퀜칭 온도가 높아지기 쉬우며 퀜칭 균열의 발생이 쉽다.

ⓑ 분사장치에 의한 냉각 : 일반적으로 가장 많이 이용됨

ⓒ 순환되는 물속에 소재를 넣고 가열하는 방법 : 선반 베드 등의 열처리법으로 퀜칭균열 가능성이 적다.

㉢ 후처리 : 인성의 개선과 잔류응력 제거를 위해 템퍼링함

(2) 고주파경화★

① 원리 : 소재에 장치된 코일 속으로 고주파 전류를 흐르게 하면 소재 표면에는 맴돌이 전류(Eddy Current)가 유도되며, 이로 인해 생긴 고주파 유도열이 표면을 급속 가열시키고 가열된 소재를 급랭시키면 소재 표면이 담금질되어 경화되는 표면경화법이다.

② 장점

㉠ 표면부분에 에너지가 집중하므로 가열시간을 단축할 수 있다.(수초 이내)

㉡ 피 가열물의 Strain을 최대한도로 억제할 수 있다.

㉢ 가열시간이 짧으므로 산화 및 탈탄의 염려가 없다.

㉣ 값이 저렴하여 경제적이다.

③ 표피효과

주파수가 클수록 유도전류가 표면 부위만을 집중되어 흐르는 것을 말하며 따라서 주파수가 클수록 경화 깊이는 얇아지고 주파수가 작으면 경화 깊이는 깊어진다.

④ 가열조건

유도경화는 교류전류가 코일을 통하여 흐를 때 코일 내외부에 자장이 발생하면서 코일 내에 삽입되는 철강의 표면에 발생되는 와전류로 가열된다. 철에서는 비자성이 되는 큐리점(768℃) 이상의 온도에서도 히스테리시스에 의해 온도가 상승한다. 큐리점 이상에서는 전류효율이 절반정도로 저하한다.

가열은 설비주파수, 전력, 코일과 피처리물 격, 코일의 가열면적, 이송속도가 기본적으로 결정한다.

설비 주파수가 높을수록 장의 침투깊이가 낮아져 반비례하고, 코일과 피처리물 간격은 2~3mm 일때 가장 효율이 높고 멀어질수록 낮아진다. 동일 전력량이 가해지는 경우 코일의 가열면적이 넓을수록 가열시간은 많이 요구된다. 또 코일이 이송하면서 가열하므로 이송속도가 감소하면 온도는 상승한다. 그 밖에 설비 주파수가 낮으면 침투깊이는 깊어지지만 효율은 감소한다. 원형 코일은 코일 안쪽에서 가열하는 것이 외부로 가열하는 것보다 효율이 높으며, 이 경우는 코일 내부에 페라이트를 설치하면 차단효과로 인해 외부로 자장이 형성되게 하여 효율을 높인다.

⑤ 요구전력밀도

주파수와 사이즈에 따라 전류효율이 달라져 10kHz 설비에서는 직경 50mm 이상일 때 효율을 80% 얻을 수 있으며, 3kHz 설비에서는 직경 60mm 이상에서는 80%의 전류효율을 기대할 수 있다. 그러나 실제적으로는 설비자체, 코일과 피처리물 사이에서의 전력손실 등으로 최고 80% 이상 효율을 얻기는 어렵다.

[고주파 열처리]

(3) 쇼트 피닝(Shot Peening)

냉간가공의 일종이며 금속재료의 표면에 고속력으로 강철이나 주철의 작은 알갱이를 분사하여 금속표면을 경화시키는 방법이다.

(4) 방전 경화법(Squart Hardening)

피 경화물을 음극(－), 상대를 양극(＋)으로 하여 대기 중에서 방전을 일으켜 표면에 질화, 금속에 침투, 담금질 등을 하여 표면을 경화하는 방법

(5) Hard Facing

금속표면에 Stellite(Co－Cr－W－C 합금), 초경합금, Ni－Cr－B계 합금 등의 특수 금속을 융착시켜서 표면 경화층을 만드는 방법

[Question 01] 탄화물 피복법

1. 개요

강의 표면에 초경탄화물을 침투확산 또는 부착시키는 방법으로 초경도의 표면층을 형성하여 내마모성과 내열성을 갖는다. 탄화물 피복법은 처리온도가 높기 때문에 변형발생 요인이 많지만 매우 높은 경도를 얻을 수 있으므로 다이, 펀치, Roll 등과 같은 내마모성이 요구되는 금형재료 및 코팅초경공구 등에 이용된다.
탄화물 피복법의 처리방법은 용융염 중에 침지하는 액체법, 분말 중에 가열하는 분말법, 가스반응 및 이온 등을 이용하는 증착법 등이 있다.

2. 탄화물 피복방법

(1) 침지법(TD Process)

① 처리공정

㉠ 처리품의 세정 : 탄화물층의 표면을 매끄럽게 하기 위해 산화 스케일이나 녹을 제거한다.

㉡ 예열 : 열응력 및 변태응력의 발생을 억제하여 변형과 균열을 최소로 하기 위해 일반적으로 열처리로에서 행하며 복잡한 형상의 부품이나 큰 부품에서 효과적이다.

㉢ 침지처리 : 붕소를 주성분으로 하여 탄화물 형성원소를 첨가한 염욕에 모재를 침지시켜 담금질온도로 가열하여 일정시간 유지 5~15 μ의 탄화물층을 얻음

㉣ 열처리 : 퀜칭경화가 필요한 경우 수랭 또는 유랭을 하며 뜨임을 하여 모재조직 및 경도를 조정한다.

㉤ 세정 : 온수 중에 재 침지하거나 샌드 블라스트 등을 이용하여 표면에 부착된 염욕을 제거한다.

② 특징

㉠ 균일하고 양호한 표면층이 형성된다.

㉡ 초경합금보다 높은 경도와 내마모성을 얻는다.

㉢ 염욕의 교체로써 탄화물 종류를 쉽게 선택한다.

㉣ 탄화물층의 박리 또는 균열발생이 없다.

㉤ 고온처리 및 퀜칭경화에 의한 변형발생의 가능성이 있다.

(2) 분말법

① 처리방법

㉠ 소결에 의해 이루어지며 0.1 μ 이하의 미세한 WC입자 속에 강을 파묻고 1,000~1,100℃의 환원성 분위기나 중성분위기 중에 적당한 시간 가열 후 서랭한다.

㉡ 처리입자는 WC 외에 티타늄, 몰리브덴, 크롬 등을 사용하기도 한다.

② 특징

㉠ 초경도의 표면층을 형성하여 내마모성과 내열성을 갖는다.

㉡ 다이, 펀치, 롤 등에 이용되며 수명이 15~30배 향상된다.

(3) 증착법

가스반응 및 이온 등을 이용하여 탄화물, 질화물 등의 코팅층을 얻을 수 있는 피복방법으로 물리적 증착법(P.V.D)과 화학적 증착법(C.V.D)으로 대별된다.

[Question 02] 증착법(C.V.D 및 P.V.D)★

1. 개요

가스반응 및 이온 등으로 탄화물, 질화물 등을 기판(Substrate)에 피복하여 간단한 방법으로 표면경화층을 얻을 수 있는 것으로서 가스반응을 이용한 C.V.D와 진공 중에서 증착하거나 이온을 이용하는 P.V.D로 대별되며 공구 등의 코팅에 이용된다.

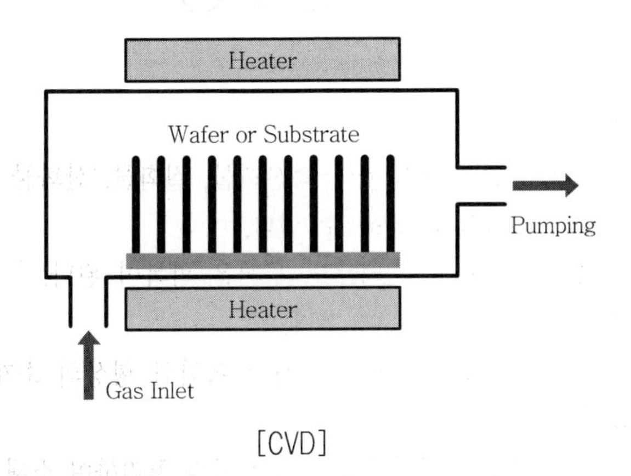

[CVD]

2. C.V.D(화학증착법 : Chemical Vapor Deposition)

(1) 원리

① 가스도금(Gas Plating), 증기도금(Vapor Plating) 등으로 불리며 가스반응을 이용하여 탄화물, 질화물 등을 기판에 피복한다.

② 증착하려는 물질의 휘발성 염을 기화실에서 가열 기화한 후 이것을 캐리어 가스(수소, 질소, Ar)와 혼합하여 도금실에 보내고 균일하게 고온으로 가열된 모재표면과 접촉 반응시켜 피복물질을 석출한다.

③ 코팅온도 및 처리강종에 따라 다르지만 약 2~4시간 내에 5~15 μ의 코팅층이 형성된다.

④ 플라즈마 CVD는 플라즈마에 의해 반응가스를 분해하여 목적하는 물질의 박막을 기판 상에 퇴적(석출)시키는 방법을 말한다. 전자재료로의 CVD에 이용되며, 연속장치도 개발되어 있다. 기술적 진보는 플라즈마 에칭과 같다.

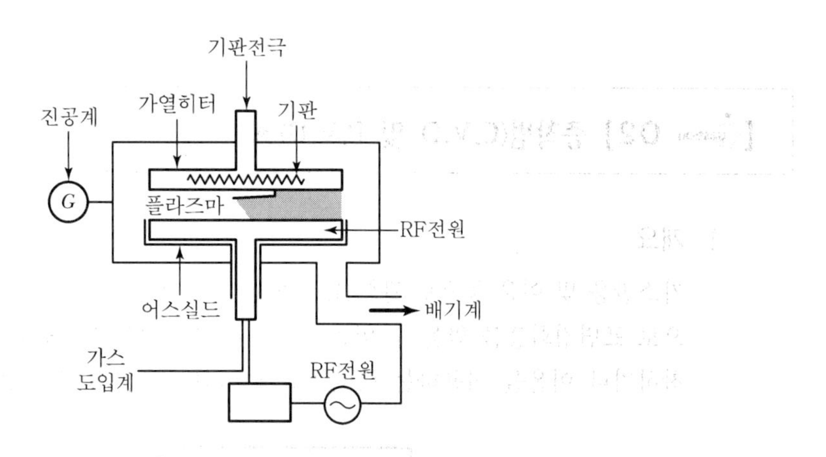

(2) 특징

① 장점

㉠ 석출층의 종류가 많아 금속산화물, 질화물, 산화물 등을 피복할 수 있다.

㉡ 균일한 코팅층을 얻을 수 있다.

㉢ 석출속도가 비교적 빠르고 두꺼운 피복이 된다.

㉣ 밀착성이 좋고 핀홀이 적다.

㉤ P.V.D에 비해 장치가 간단하고 복잡한 형상의 소재도 피복이 가능하다.

② 단점

㉠ 소재를 1,000℃ 이상의 고온으로 가열 처리하여 소재가 제한되고 변형 발생이 있다.

㉡ 큰 도금면적을 얻을 수 없다.

3. P.V.D(물리증착법 : Physical Vapor Deposition)★

(1) 이온 플레이팅(Ion Plating)

① 원리 : 진공 용기 내에서 금속을 증발시키고 기판(모재)에 음극을 걸어 주어 글로우 방전이 발생되면 증발된 원자는 이온화되며 가스이온과 함께 가속되어 기판에 충격적으로 입사하여 피복시키는 방법이다.

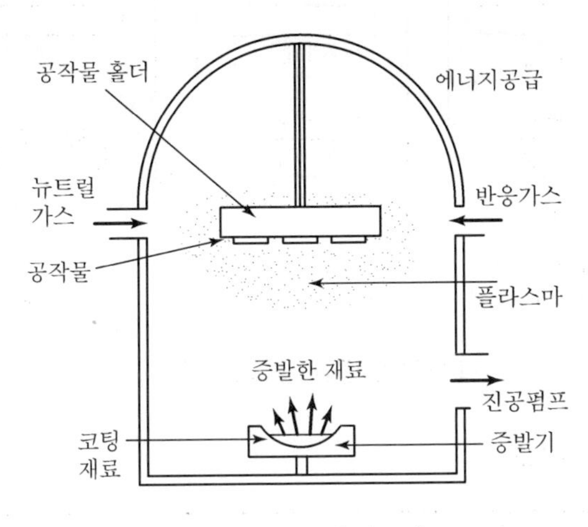

[PVD 법의 원리도]

② 특징

㉠ 피막의 밀착성이 매우 우수하고 치밀하다.

㉡ 코팅온도가 낮으므로 열에 의한 영향이 없다.

㉢ 여러 종류의 화합물 피막을 얻을 수 있다.

㉣ 구멍의 내면 등의 피복은 곤란하다.

(2) 스퍼터링(Sputtering)

① 원리 : 높은 에너지를 갖는 입자가 Target에 충돌하면 이곳으로부터 원자가 튀어나오는 현상을 스퍼터링이라 한다. 진공의 아르곤 분위기에서 전압을 걸면 Ar^+이 타겟(－)을 충돌하고 이 이온충격에 의해 튀어나온 원자가 (＋)극인 모재 기판에 붙어 박막이 형성된다.

② 특징

㉠ 박막 자체의 기능을 이용한 분야(반도체, 센서 등)에 이용된다.

㉡ 밀착성의 문제로 금형 등의 이용은 어려움이 있다.

㉢ 모재의 내마모성, 내열성, 내식성, 장식성을 향상시킨다.

(3) 진공증착

진공 중에서 금속을 가열 증발시켜 기판에 부착시키는 방법으로 광학부품, 전자부품에 응용되고 있으나 표면경화를 목적으로는 사용하지 않음

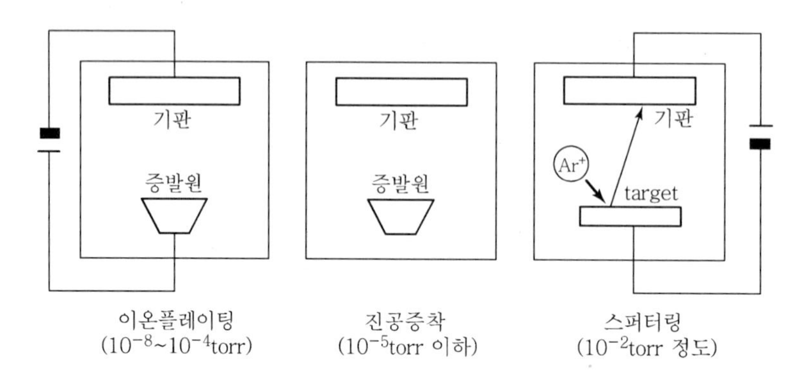

[PVD의 종류 및 기본원리]

4. CVD 및 PVD의 비교

구분	CVD	PVD
원리	가스에 의해 화학적으로 코팅	이온 등에 의해 물리적으로 코팅
코팅물질	TiC, TiN, TiCN, Al_2O_3	CVD와 동일
처리온도	보통 1,000℃ 이상	보통 500℃ 이하
모재와의 밀착성	우수하다.	CVD보다 다소 떨어짐
모재형상	형상에 제약 없음	복잡한 형상은 불가능
처리모재	초경합금 및 그 이상의 내열성 재료	고속도강, 은납땜공구, 초경합금 등
후처리	처리 후 담금질, 뜨임 필요	불필요
변형	변형발생 가능성 있음	CVD에 비해 적다.

5. 대표적 코팅물질의 특성과 적용영역★

코팅물질	특성	적용효과
TiCN	• 저온영역에서 경도가 높다. • 초경모재와의 밀착강도가 높다. • 높은 내마찰, 내마모성	• 초경모재와 표층 코팅의 중간에 코팅하여 높은 밀착강도를 갖게 하며 코팅층의 박리를 방지한다. • 내마찰, 내마모성이 높고 릴리프 면의 마모를 개선
TiN	• 강재의 친화성이 없다. • 강재와의 마찰계수가 낮다. • 윤활작용이 있다.	• 팁의 가장 표층에 코팅함으로써 칩이나 공작물과의 마찰저항을 줄이고 칩의 흐름을 원활하게 하는 동시에 발열·마모를 경감시킨다. • 구성인선의 발생을 억제하여 용착이나 치핑을 방지한다.
Al_2O_3	• 고온경도가 높다. • 고온하에서도 화학적으로 안정되고 다른 물질과 잘 반응하지 않는다.	• 고속절삭 시 발생하는 열에 대하여 화학적으로나 물리적으로도 내성을 가지며 강재가공 시의 크레이터 마모나 주철가공 시의 플랭크 마모에도 높은 항력을 발휘한다.

[Question 03] 금속용사법

1. 개요

용융상태의 금속이나 세라믹을 용사건(Spray Gun)을 이용하여 모재 표면에 연속적으로 분사시켜서 피막을 적층시키는 방법을 금속용사법(Metal Spraying)이라 한다.
용사되는 재료는 탄소강, 스테인리스강, 동합금, 세라믹, 초경합금 등이 광범위하게 사용되며 금속의 특성에 따라 내마모성, 내식성, 내열성 등의 요구조건에 부합되는 금속층을 만든다.

2. 종류 및 특징

(1) 분말용사법(Powder Spraying)

① 원리

피복될 금속의 분말을 고온의 화염에 혼합하여 용사한다.
보통 산소-아세틸렌 토치를 이용하고 혼합실에서 부압을 이용한 분말체의 흡입으로 혼합되어 화염과 함께 용융된 상태로 표면에 분사 부착된다.

② 특징

㉠ 화염의 압력에 의하므로 압축공기가 불필요하다.

㉡ 합금분말 등 모든 금속의 용사가 가능하다.

(2) 가스용선식 용사법(Gas Wire Type Spraying)

① 원리

금속 와이어를 산소-아세틸렌 등의 고온가스로 용융하여 용사하는 방법으로 분말식과 유사하다. 화염의 내부로 금속 와이어가 공급되면 가스 불꽃에 의해 용해되며 압축공기에 의해 분무상태의 용융금속이 표면에 부착된다. 일반적으로 구리 및 알루미늄, 구리합금 및 알루미늄합금 등의 저융점의 금속이 와이어로 사용된다.

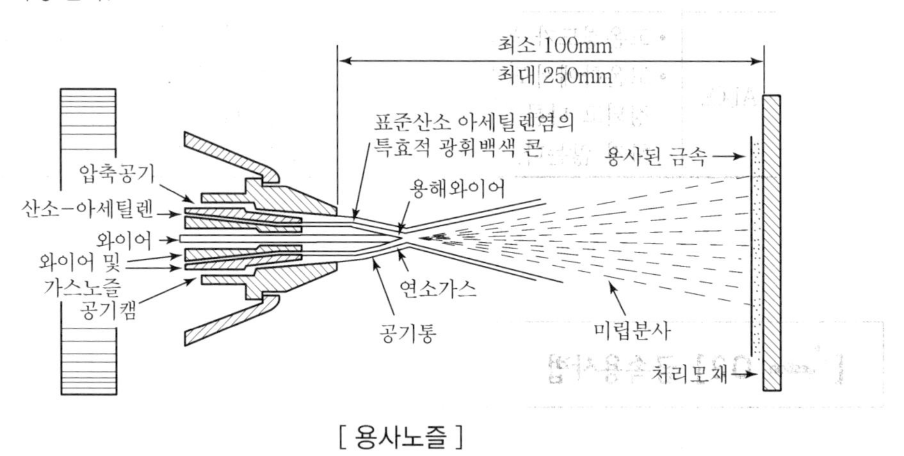

[용사노즐]

② 특징

㉠ 처리모재의 요철이 있어도 평탄하게 부착할 수 있다.

㉡ 용사피막은 다공질이며 함유성이 있다.

(3) 플라스마 용사법(Plasma Spraying)

① 원리

고온의 플라스마 가스를 이용한 것으로 분말 용사법과 같은 원리이다.

사용가스는 아르곤과 수소가 이용되며 가스가 분말의 용사를 운반하여 플라스마화한다.

② 특징

㉠ 분사압력이 대단히 커 부착성이 좋다.

㉡ 고용융금속 등 모든 금속의 적용이 가능하다.

㉢ 모재 가열온도가 300℃ 이하이므로 열영향이 적다.

㉣ 초경피막처리에 응용할 수 있다.

㉤ 각 입자의 표면이 얇은 산화막으로 피복되어 있어 윤활성이 증가되고 내마모성이 우수하다.

[Question 04] 금속침투법의 종류

1. 개요

피복하고자 하는 재료를 가열하여 그 표면에 다른 종류의 피복금속을 부착시키는 동시에 확산에 의해서 합금 피복층을 얻는 방법으로 주로 철강제품에 대하여 행한다. 금속침투법의 목적은 내식성, 내열성 등의 화학적 성질을 향상시키는 동시에 경도 및 내마모성의 향상을 목적으로 한다. 금속은 전기도금, 용사, 용융금속의 도금 등으로 피복시키는데 이는 피복금속의 분말을 밀폐상태로 가열하여 분말금속이 내부로 확산 및 치환되는 현상을 이용한 것이다.

2. 금속침투법(Metallic Cementation)

(1) 세라다이징(Sheradizing, 아연 침투법)

아연 침투법은 아연분말 중에 넣고 밀폐하여 가열한다. 아연은 활성화되고 내부로 치환되어 확산된다.

처리온도는 350~375℃이고, 2~3시간 처리했을 때 0.06mm 정도의 침투층을 얻을 수 있다. 방식목적으로 많이 사용되며 Bolt, Nut 등의 소형부품에 이용된다.

(2) Al 침투법(Calorizing)

Al 산화물은 대단히 높은 용융온도를 갖는다. 내식성 및 고온 내산화가 요구되는 부분에 적용. Al 분말을 소량의 염화암모늄과 혼합시켜 중성 분위기의 약 850~950℃ 정도에서 2시간 정도 가열유지하여 Al을 침투 확산시킨다. 고온에서 사용하는 관, 용기 등에 사용

(3) Cr 침투법(Chromizing)

1,300~1,400℃에서 3~4시간 가열유지 Cr증기를 철강제품 표면에 접촉시켜 Cr이 내부로 침투되도록 한다. 사용모재는 0.2%C 이하의 연강이 사용된다. Cr의 조성으로 표면층은 스테인리스강의 성질을 가지므로 내열, 내식, 내마모성이 크다.

(4) 규소 침투법(Siliconizing)

내열성, 내식성이 요구되는 곳에 적용

규소 또는 페로실리콘(FeSi) 합금분말 중에 제품을 넣어 환원성이 염소가스 분위기 중에서 가열하여 확산시킨다.

930~1,000℃에서 저탄소강은 2시간 처리하여 0.5~0.8mm 정도의 Si 피막층을 얻을 수 있다.

(5) 보로나이징(Boronizing)

비금속인 붕소(B)를 철강재의 표면에 침투하여 붕소화합물을 만든다. 900℃에서 붕소화합물 층이 얻어진다.

표면경도는 Hv 1,300~1,400 경화깊이는 0.15mm 정도이다. 붕소 침투 후 확산처리를 하여 붕소를 분산시키는 것이 필요하며 인발 또는 Deep Drawing용 금형의 표면처리에 이용된다.

(6) 초경 탄화물 침투법

강의 표면에 텅스텐 탄화물, 티타늄, 몰리브덴, 크롬 등의 탄화물을 침투 확산시킨다. 1,000~1,100℃에서 적당 시간 가열 후 서랭한다. 내마모성과 내열성을 갖는다. 다이스, 펀치, 날(Blade), Roll 등의 각종 공구에 이용된다.

〈 철강의 확산피복에 대한 주요금속 〉

피복금속	피복방법	성질
Zn	① 용융금속의 피막 ② 아연분말 중에서 가열치환 ③ 할로겐 원소와의 화합물 치환 ④ 용사	내부식성이 향상된다. 공기 중에서 내부식성이 완전하다.
Al	① 분말 또는 합금철의 분말과 용제와의 혼합물 중에서 피막처리 ② 용융금속의 피막형성 ③ 용사 ④ 가열하여 산화물 피막형성	고온산화방지에 적합하다. 고온분위기의 유황에 대한 저항력이 크다.
Cr	① 분말 또는 합금철의 분말 중에서 피막형성 ② 할로겐 화합물의 치환 ③ 용사 ④ 용융염 용융법	내식, 내마모성이 향상된다.
Si	① 분말 또는 합금철의 혼합물 중에서 피막형성 ② 할로겐 화합물의 치환확산	질산, 염상, 묽은 황산에 대한 내부식성이 우수하다.
B	① 분말 또는 합금분말 중에서 피막형성, 700℃ 이상	표면경도가 대단히 크다. 염산에 대하여 내식성이 아주 크다.

[Question 05] 산화피막법

1. 개요

주로 고합금 공구강, 금형강 등에 이용되며 산소 분위기 중에서 산소와의 반응으로 산화철 피막을 형성하는 처리이다. 피막층은 다공질의 견고한 산화피막 속에 기름을 흡수하게 하여 윤활성이 향상되며 내마모성을 좋게 하여 공구 등의 기계적 성능을 향상시킨다. 산화 피막법은 수증기처리, 산화처리, 약품 처리법등이 있다.

2. 수증기 처리법(Steam Homo Treatment)

(1) 처리방법

① 켄칭, 템퍼링 등의 열처리와 가공이 완료된 강제부품을 증기처리로(전기로)에 넣고 350~370℃까지 가열하여 균일온도가 되었을 때 증기를 가한 후 30분 유지한다.

② 증기를 가하면서 승온하여 550℃로 되었을 때 1~1.5시간 유지하여 산화피막 Fe_3O_4를 형성한다.(두께 1~3 μ)

(2) 특징

① 내식성과 윤활성이 증가

② 마찰계수를 낮추어 내마모성 부여

3. 산화처리(Oxidation)

고속도강 등 뜨임온도가 485℃ 이상의 공구강에 적용되는 것으로써 소재의 표면층을 제거한 후 공기 중에서 485℃ 정도로 재가열하면 표면에 다공질의 산화피막층이 형성되어 기계적 성능을 향상시킨다.

4. 약품처리법

철의 표면에 산화피막을 형성하기 위해 화학약품을 사용하는 방법으로 수산제일철을 가열할 때 발생되는 일산화탄소(CO)에 의해 산화피막을 형성시킨다.

[Question 06] 설퍼라이징(Sulfurizing)

1. 개요

퀜칭, 템퍼링한 금형 등의 표면에 유황(S)을 확산시켜 윤활성과 피로강도를 향상시켜 내마모성을 얻는 처리법을 설퍼라이징이라고 한다. 이것은 중성 및 환원성의 염욕 중에 유화염을 첨가한 분위기 중에서 생성된 유황을 철강재의 표면에서 내부로 확산시킨다.

2. 처리방법

(1) 퀜칭 및 템퍼링과 병행하여 처리하는 경우가 많으며 이것은 열처리 노내를 설퍼라이징 처리 분위기로 만들기 때문이다.

(2) 노내 분위기 조성

① 중성염 : $BaCl_2$, $NaCl$, $CaCl_2$

② 환원성염 : 시안화나트륨($NaCN$)

③ 유화염 : 황화나트륨(Na_2S, Na_2SO_4)

(3) 염욕조건

① 혼합염의 용융온도는 설퍼라이징 온도보다 낮아야 한다.

② 침유성 염의 점성이 낮을수록 좋다.

(4) 처리온도

① 일반 철제품 : 600℃ 이하

② 고속도강 : 550~570℃(템퍼링온도 부근)

③ 특수공구강 : 150℃

3. 특징

(1) 표면조도가 좋아짐

(2) 마찰계수가 적고 내마모성을 향상시킴

(3) 질소도 함께 확산되어 질화효과도 있음

[Question 07] 열처리 결함

1. 개요

열처리는 소재를 가열, 냉각하면서 필요한 성질을 부여하는 작업이므로 소재상태, 가열, 온도, 시간, 노내의 분위기, 냉각재, 냉각속도 등의 영향에 의해 결함의 요인을 안고 있으며 이러한 요인을 사전에 파악하여 결함에 대한 대책을 강구해야 한다.

2. 결함의 종류

결함	원인	대책
변형	• 가열 시 재료지지 불량 • 잔류응력의 과대	• 프레스 담금질, 지지장치 유지 • 담금질 전 풀림 • Ms점 이하에서 서랭 • 되도록 낮은 담금질 온도 선정 및 2단 담금질 실시
탈탄	• 산화성 분위기에서 가열	• 진공, 불활성 가스, 환원성가스, 중성염의 분위기 • 염욕, 금속욕, 주철분 이용
과열	• 가열온도가 높고 지속시간이 길다.	• 적정온도 및 적정시간 유지 • 풀림처리로 조직을 미세화시킴
산화	• 가열온도가 높고 장시간 가열	• 표면피막제거(산세척, 샌드블라스트) • 노 내 분위기를 환원식, 중성으로 조성
경도 부족	• 표면탈탄 • 담금질 온도 낮을 때 Ar′점에서 서랭 시 • 산화, 과열	• Ar′점 임계구역을 급랭 • 산화, 탈탄방지 • 적정온도 및 적정시간 유지

[Question 08] 피로파괴, 피로한도, 충격파괴

1. 피로파괴

기계의 피스톤이나 커넥팅 로드 등과 같이 인장과 압축응력을 반복하여 받는 부분의 경우 응력이 인장 또는 압축강도보다 훨씬 작더라도 오랫동안 이것을 계속 되풀이하여 작용시키면 파괴되며 이것을 재료가 피로를 일으켜 파괴되었다 하여 피로파괴라 한다.

2. 피로한도

재료에 외력이 작용하여 그 응력이 재료의 강도를 초과할 경우는 재료가 바로 파괴된다. 그러나 응력을 작게 하면 외력이 여러 번 작용하여도 파괴되지 않으며 S－N 곡선에서 볼 수 있듯이 어느 응력에 대해서는 외력의 반복 횟수가 무한대로 되는 한계가 있으며 이와 같은 응력의 최대를 피로한도(Fatigue Limit)라 한다.

3. 충격파괴

기계나 구조물에 외력이 일정하게 작용하는 것이 아니라 간헐적으로 충격작용하여 파괴되는 것이다. 이것에 강하게 하기 위하여 재료의 인성과 여림성을 강화하도록 해야 하며, 재료의 충격시험은 샤르피 충격 시험기 및 아이조드 충격 시험기가 사용된다.

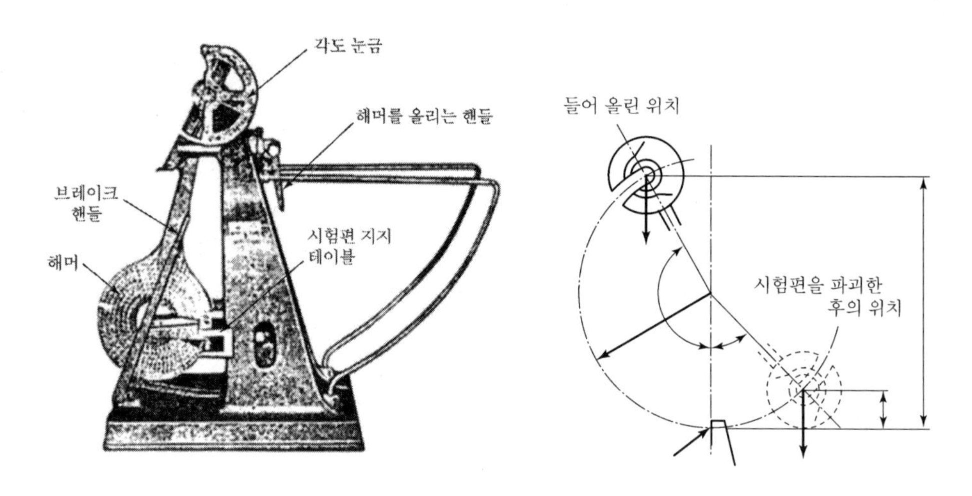

[샤르피 충격 시험기]

[Question 09] 경도시험의 종류와 방법★

1. 개요

금속의 경도는 기계적 성질 중에서도 대단히 중요한 것이며, 내마멸성을 알 수 있는 자료가 된다. 이 경도는 다음의 4가지 시험을 통하여 측정한다.

2. 종류

(1) 브리넬 경도(Brinell Hardness)
(2) 비커스 경도(Vickers Hardness)
(3) 로크웰 경도(Rockwell Hardness)
(4) 쇼어 경도(Shore Hardness)

3. 방법

(1) 브리넬 경도(Brinell Hardness)

지름 D(mm)의 강구에 일정한 하중 W(kg)를 걸어서 시험면에 30초 동안 눌러 주어 이때의 시험면에 생긴 오목 부분의 표면적 A(mm^2)로 하중을 나눈 값을 브리넬 경도라 하여 H_B로 표시하고 단위는 붙이지 않는다.

$$H_B = \frac{W}{A} = \frac{W}{\pi Dt} = \frac{2W}{\pi D(D-\sqrt{D^2-d^2})} \ (\text{kg/mm}^2)$$

여기서, W : 하중, A : 오목 부분의 표면적(mm^2)
D : 강구의 지름, d : 오목 부분의 지름(mm)
t : 오목 부분의 깊이(mm)
보통 H_B가 450kg/mm^2

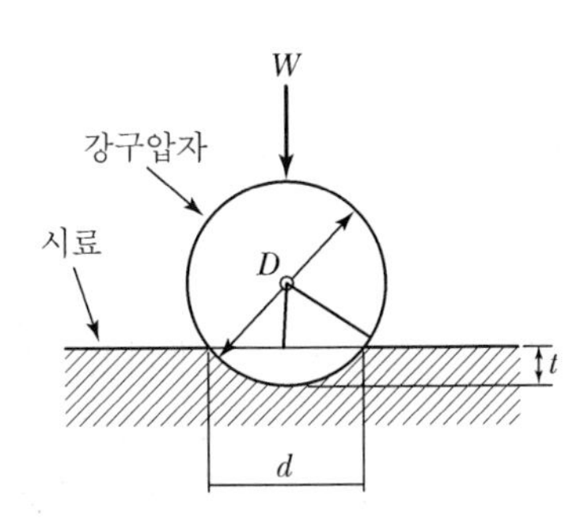

[브리넬 경도기]

① 풀림처리한 재료의 브리넬 경도

$\sigma_t = 0.3565\, H_B (\mathrm{kg/mm^2})$

브리넬 경도(H_B)=2.8×인장강도(σ_t)=5.6×피로한도(δ_t)

② 담금질 후 뜨임을 한 재료의 브리넬경도

$\sigma_t = 0.3255\, H_B (\mathrm{kg/mm^2})$

브리넬 경도(H_B)=3×인장강도(σ_t)=6×피로한도(δ_t)

(2) 비커스 경도

대단히 단단한 강철이나 정밀가공의 부품 혹은 박판 등의 시험에는 비커스 경도가 쓰인다. 이것은 브리넬 경도의 원리와 같이 오목 부분의 표면적으로는 하중을 나눈 수치 H_v로 경도를 나타낸다. 즉, 대면각이 136°의 다이아몬드로 만든 사각추의 압자를 시험면에 눌러 주어 시험면에 생긴 피라미드 모양의 오목 부분의 대각선을 측정하면 표에서 경도가 구해진다.

그 사출식은 오목 부분의 대각선의 길이를 d(mm), 하중을 W(kg), 대면각을 α라 하면,

$$H_v = \frac{2W\sin(\alpha/2)}{d^2} = 1.854 \times \frac{W}{d^2}\ (\alpha : 136°)$$

로 표시된다.(브리넬 경도의 경우와 같이 수치에 단위를 붙이지 않는다.)

- 오목 부분이 극히 작아 제품의 검사에 적합하고 정확하다.
- 표면경화재료, 도금 또는 용접 부분의 경도 측정이 편하다.

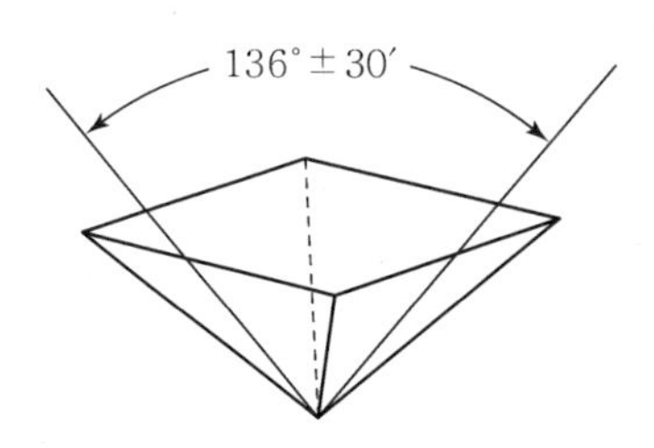

[비커스의 다이아몬드 입자]

(3) 로크웰 경도

정해진 압자를 써서 처음에 10kg의 기준 하중을 건 다음, 이어서 시험하중(뒤에 설명하는 B스케일의 경우에는 100kg, C스케일의 경우에는 150kg)을 걸어 누르고 다시 10kg의 기준 하중으로 되돌렸을 때 전후 2회의 기준 하중에 있어서의 오목 부분의 깊이의 차 t로부터 산출되는 수로써 표시한다.

입자에는 그림의 (a)와 같이 선단에 지름 1.588mm의 강구가 붙어 있는 것과 (b)와

같이 꼭지가 120°로서 선단의 반지름 0.2mm인 다이아몬드제 원추가 붙어 있는 것이 있다. 부드러운 시험편인 경우에는 그림(a)의 압자를 써서 측정하고 그 때의 값을 로크웰 경도 B경도라 하여 H_RB로 표시하며, 단단한 시험편인 경우에는 그림(b)의 입자를 써서 측정하고, 그때의 값을 로크웰 C경도로 하여 H_RC로 표시한다.
로크웰 경도는 다음 식으로 산출되는 수치로서 그 경도를 정하고 있다.

$H_RB = 130 - 500t,\ \ H_RC = 100 - 500t$

- Dial Guage 지시 숫자로 측정
- 오목 부분이 작고 측정이 빠른 특징으로 매우 널리 쓰인다.

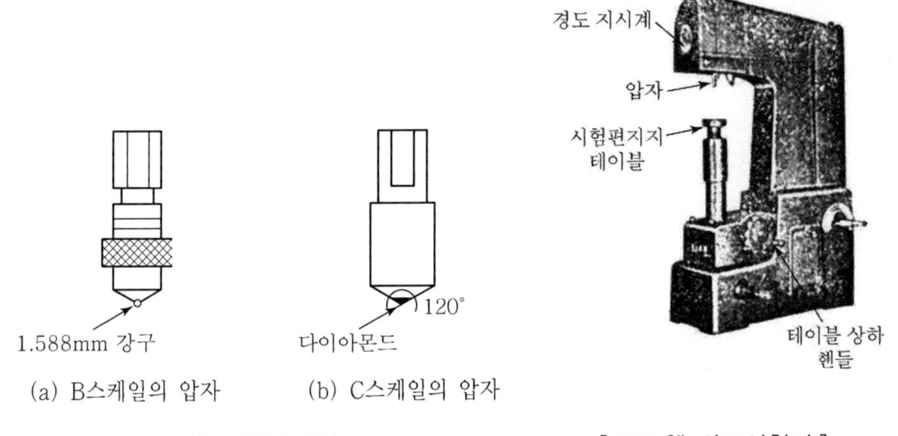

[입자의 종류]　　[로크웰 경도시험기]

(4) 쇼어 경도

선단에 다이아몬드를 붙인 일정한 하중의 추를 일정한 높이 h_o에서 떨어뜨려 그 추가 시험면에 부딪쳐 튀어오르는 높이 h에 의하여 쇼어경도 H_s를 정하는 방법으로 다음 식으로 산출된다.

$$H_s = \left(\frac{10,000}{65}\right) \times \left(\frac{h}{h_o}\right)$$

- Dial Guage 지시 숫자로 측정
- 수치의 확실성이 적으나 소형이므로 휴대가 편리하며 현장의 소요 장소에서 시험할 수 있는 특징이 있다.

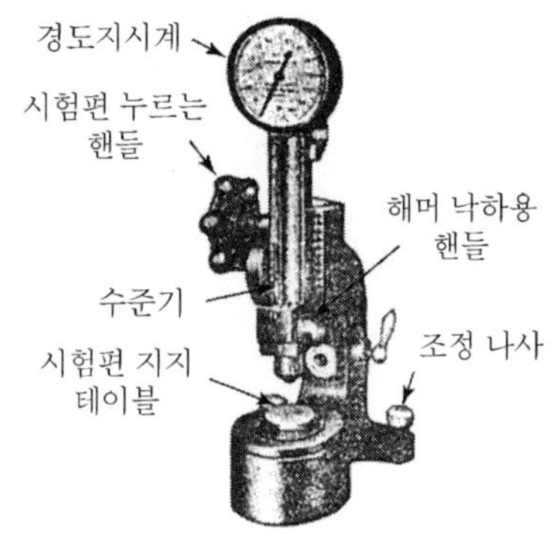

[쇼어 경도시험기]

[Question 10] 이종금속의 부식 및 방지대책

1. 부식원인

2종의 금속이 서로 접촉해서 수중에 존재할 때에 일어나는 현상이며 전지작용과 비슷하다. 이것을 접촉부식 또는 유전부식(Galvanic Corrosion)이라고 부르며, 이종금속의 접촉점 근처에 많이 생긴다.

양금속 간의 이온화 경향차가 크고 또한 액(液)의 전도가 좋고 또한 액의 운동이 심할수록 부식하기 쉽다. 액에 접하는 표면적이 큰 귀금속에 표면적이 작은 비금속이 접촉할 때 심하게 부식이 일어나지만 비금속이 비교적 큰 면적일 때는 거의 생기지 않는다.

철관과 동관을 접속 배관하여 관 속에 물을 채우면 Fe는 Cu보다 이온화 경향이 크므로 철은 항상 이온(Fe^{++})으로 되어 용출하려고 한다. 이 경향은 수중의 Fe^{++}의 농도가 작을수록 커진다.

한편 구리는 이온화 경향이 철보다 작으므로 항상 주위의 Cu^{++}가 전하를 상실하고 Cu가 되어 석출된다.

그래서 전류는 물을 통해서 철관으로 향한다. 여기서 철관은 전하가 감소되어 부전기를 지니게 되는데 접속관을 통해 동관에서 철관으로 흐르는 전류에 의해 중화되어 부식이 계속 진행된다.

이때 수소가스는 동관의 벽면에 박막이 되어 부착하는데 수중의 용존산소와 결합하여 물이 되고 전기의 전리 현상이 더욱 계속되어 부식작용이 진행된다. 난류 중에 있는 금속의 부식이 매우 빠른 것도 여기에 기인한다.

수중에 염분이 있든가 물이 산성 또는 알칼리성일 경우에는 전도성이 커지므로 부식은 한층 촉진된다.

실제의 예는 이종금속관이 접속되어 있는 경우뿐 아니라 동종 금속관의 납땜용접, 금속관과 포금제 기구와의 접속, 기타 금속 소재의 불순물 등으로 인해 부식이 진행된다.

2. 방지대책

이종 금속관이 접촉하고 있는 경우, 비금속의 면적을 귀금속의 면적보다 크게 만든다. 따라서 용접에 사용하는 용접봉, 경납땜에 사용하는 경납, 리베팅에 사용하는 리베트 등에 그 주재료보다도 이온화 경향이 낮은 금속을 사용하면 좋은 결과를 얻을 수 있다.

[Question 11] 금속의 부식과 방지대책

1. 개요

금속부식이란 수중, 대기 중 또는 가스 중에서 금속의 표면이 비금속성 화합물로 변화하는 것과 그밖에 화학약품 또는 기계적 작용에 의한 소모를 포함한 넓은 의미의 부식을 뜻한다. 일반적으로 화학작용에 의한 것을 Corrosion이라 하고, 기계적 작용에 의한 것을 Errosion이라 한다. 금속재료는 구조용으로 좋으나 부식에 대하여 아주 약하므로 부식방지에 대한 대책을 강구해야 한다.

2. 부식의 종류

(1) 전면부식

동일 환경 조건에 접해 있는 금속 표면에 시간이 경과함에 따라 거의 균등하게 소모되어 가는 경우로서 금속재료의 두께를 사용 연수의 부식 예상 두께만큼 두꺼운 것을 사용하여 부식에 대처한다.

예 기체가 함유된 물속의 철, 산성액체속의 스테인리스 스틸

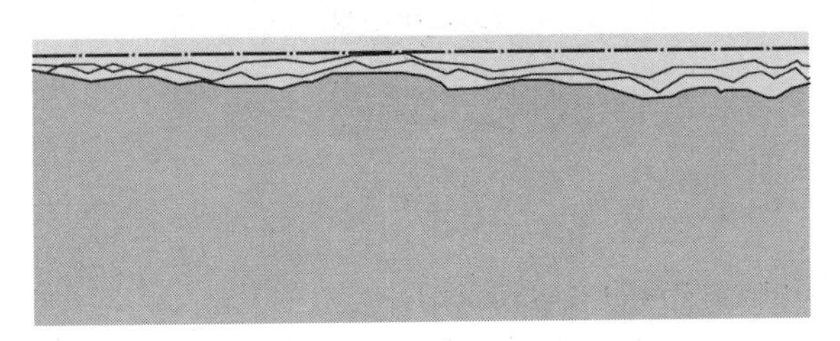

[전면부식]

(2) 국부부식

금속 자체의 재질, 조직, 잔류응력 등의 차이 조건으로서 농도, 온도, 유속, 혼합가스 등의 차이에 의하여 금속 표면의 부식이 일부분에 공상 또는 구상으로 진행되는 경우이다.

예 해수속의 스테인리스 스틸

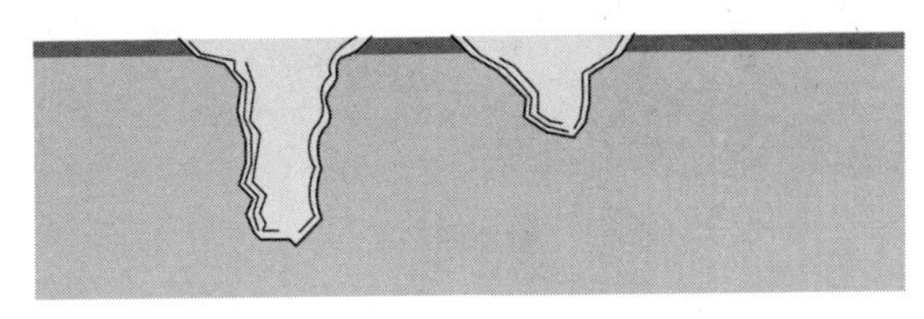

[국부부식]

(3) 이종 금속 접촉에 의한 부식

조합된 금속재료가 각각의 전극, 전위차에 의하여 전지를 형성하고 그 양극이 되는 금속이 국부적으로 부식되는 일종의 전식현상이다.

(4) 전식

외부 전원에서 누설된 전류에 의하여 일어나는 부식을 말한다. 예를 들면, 직류의 단선 가공식 전철 레일에서 누설한 전류에 의하여 지중 매설관이나 철말뚝이 국부적으로 부식되는 현상이 대표적이다.

(5) 극간부식(틈새부식)

금속체끼리 또는 금속과 비금속체가 근소한 틈새를 두고 접촉하고 있을 때 여기에 전해질 수용액이 침투되어 농염 전지 또는 전위차를 구성하여 그 양극부의 역할을 하는 틈새 속에서 급속하게 일어나는 부식현상이다.

예 해수속의 스테인리스 스틸

[극간부식]

(6) 입계부식(Intergranular Corrosion)

금속의 결정입자 간의 경계에서 선택적인 부식이 발생하여 이 부식이 입자 간을 따라 내부로 진입하는 부식현상으로서 물체에 입자부식이 일어나면 기계적 강도가 현저하게 저하한다.(알루미늄 합금, 18－8 스테인리스 강, 황동 등)

예 부적절한 용접이나 열처리된 스테인리스 스틸

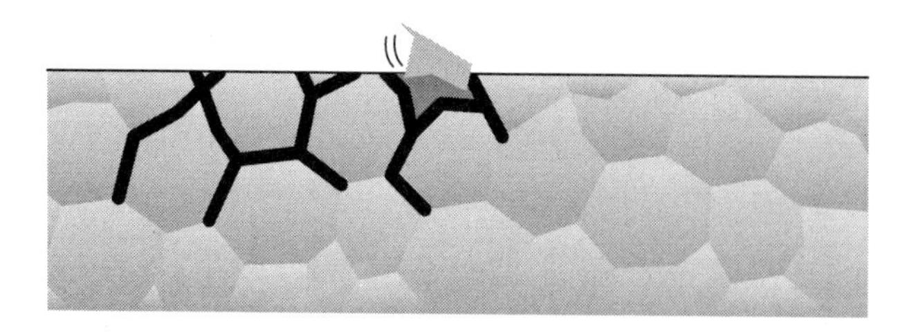

[입계부식]

(7) 선택부식

어떤 재료의 합금 성분 중에서 일부 성분만이 용해하고 부식하기 힘든 금속 성분이 남아서 강도가 약한 다공상의 재질을 형성하는 부식이다. 예를 들면, 황동의 합금 성분은 동과 아연이며 탈 아연 현상에 의하여 부식된 황동관은 급격한 수압 변동 시 터져버린다.

예 불안정한 황동의 탈아연 현상, 이로 인하 동(구리) 구조의 약화 및 다공화

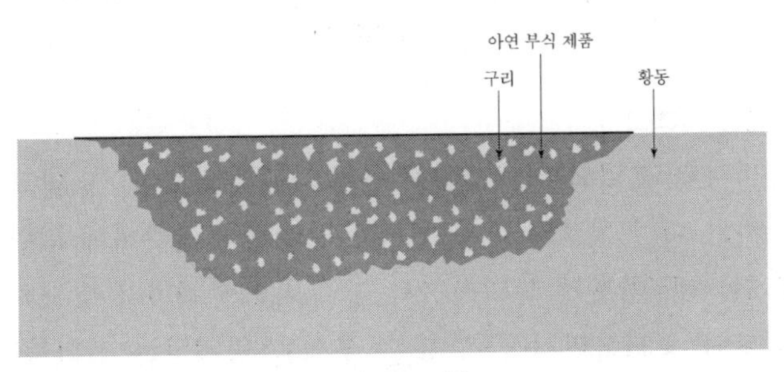

[선택부식]

(8) 응력부식

응력에는 잔류응력과 외부응력이 있으며, 재질 내부에 응력이 공존하게 되면 급격하게 부식하거나 갈라짐 현상이 생긴다.

예 염화물속의 스테인리스 스틸, 암모니아 속의 황동

[응력부식]

(9) 찰과(擦過)부식

재료의 입자가 접촉해 있는 경계면에서 극소, 근소한 상대적 슬립이 일어나므로 생기는 손상을 말한다.

(10) 침식 부식

침식 부식은 말 그대로 침식 현상과 결부된 부식 현상으로 이러한 부식 현상은 금속의 표면과 부식성 액체의 유동간의 관계에 따라 부식의 정도가 달라지게 된다. 이 부식 현상은 난류가 발생하는 부분 또는 유속이 빠른 부분에서 집중적으로 발생한다. 특히 이 부식은 유체 진행 방향에 따른 일정한 홈이 특징으로 나타난다.

예 해수속의 청동, 물속의 동(구리)

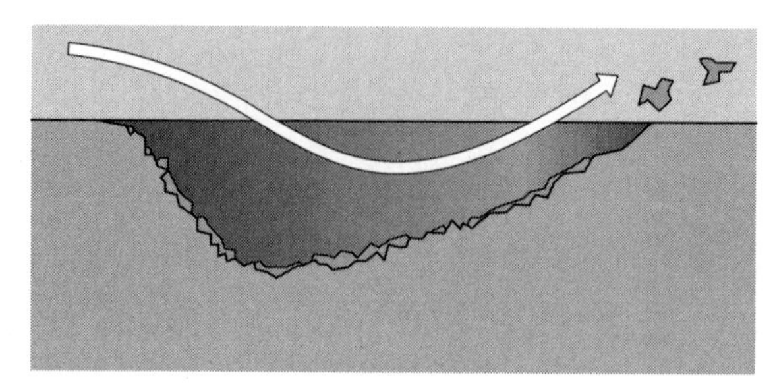

[침식 부식]

(11) 캐비테이션 부식

빠른 유속으로 펌핑되는 액체에서 압력은 감소되고 이때, 압력이 그 액체의 포화증기압 이하가 되면 기포가 발생되고 다시 압력이 상승하게 되면서 발생된 기포가 붕괴하게 되는데, 기포가 붕괴하면서 집중적인 충격파가 발생하게 된다. 결론적으로 이런 기포가 붕괴하면서 금속 또는 부식을 방지하는 산화물이 제거 된다.

예 높은 온도의 물 속 주철, 해수속의 청동

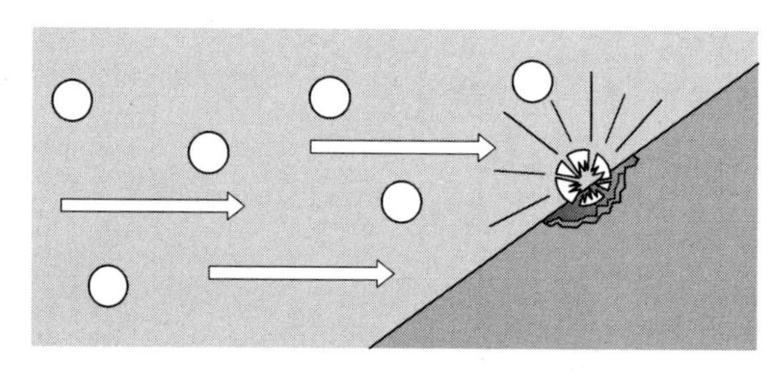

[캐비테이션 부식]

(12) 부식 피로

순수한 기계적인 피로 현상은 재질에 항복인장강도 이하의 인장 응력이 주기적이고 반복적으로 작용하여 발생하게 된다. 만약 재질이 갑자기 부식 환경에 노출되면 더 짧은 시간에 더 작은 하중으로도 이러한 피로 현상이 발생하게 된다. 순수한 기계적인 피로현상과 달리 부식과 관계된 피로현상에는 피로한계가 없는 것으로 알려져 있다.

예 부식환경 속의 알루미늄 구조

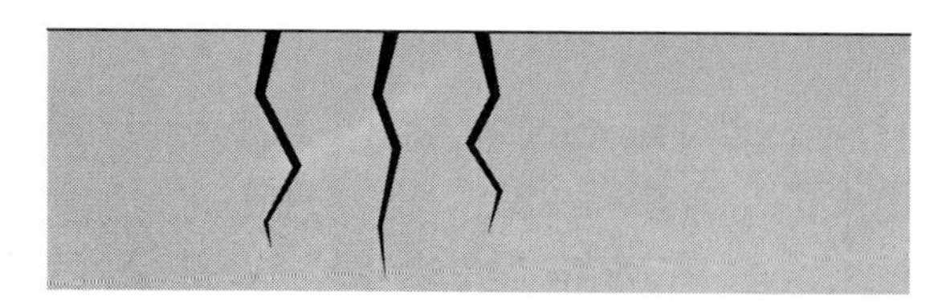

[부식 피로]

(13) 갈바닉 부식

부식 전해액 속에서 두 종류의 금속재질이 접촉하고 있다면(갈바닉 셀), 부식이 용이한 재질에서는 부식 현상이 증가하고(아노드 영역), 부식이 덜 용이한 재질에서는 부식 현상이 감소하게 된다. 이러한 갈바닉 셀에서 각각의 금속 및 합금 재질의 부식 정도는 갈바닉 시리즈라고 하는 이온화 경향에 따라 결정되게 된다. 이러한 갈바닉 시리즈는 주어진 환경에서 각기 다른 금속 및 합금의 이온화 경향을 나타낸다.
이러한 갈바닉 시리즈에서 멀리 떨어져 위치하는 재질들일수록 갈바닉 부식 효과가 크다. 이 시리즈에서 위쪽에 있는 금속 또는 합금이 부식이 잘되지 않는 재질들이며, 아래쪽으로 갈수록 부식이 잘되는 재질로 구성되어 있다.

㉑ 스테인리스 스틸과 접촉하고 있는 철, 동과 접촉하고 있는 알루미늄
음극 방식법(Cathodic Protection)이라고 하는 부식방지기술은 이러한 갈바닉 부식 방지를 이용하는 것이다. 음극 방식법이란 아연 또는 알루미늄과 같은 희생 아노드를 사용하거나 또는 적절한 전류를 흘려 부식을 방지하는 방법이다.

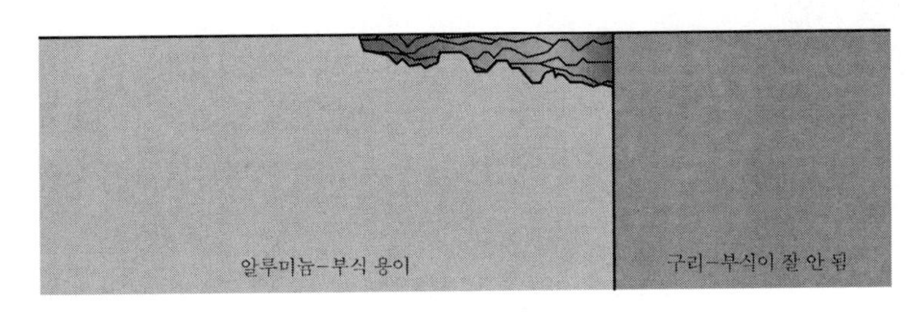

[갈바닉 부식]

해수 속의 금속과 합금 갈바닉 시리즈	
음극처리	금
은	구리
황동	스테인레스 스틸(활성)
알루미늄	마그네슘
백금	티타늄(불용성)
스테인레스 스틸(불용성)	청동
주석	철
아연	양극처리

[해수 속의 금속과 합금 갈바닉 시리즈]

3. 부식의 원인

(1) 내적 요인

부식속도에 영향을 주는 금속재료 면에서의 인자로는 금속의 조성, 조직, 표면상태, 내부응력 등을 들 수 있다.

① 금속조직의 영향 : 철이나 강의 조직은 일반적인 탄소강이나, 저합금강의 조성범위내에서는 천연수 또는 토양에 따라 부식속도가 크게 달라지지는 않는다. 금속을 형성하는 결정상태 면에서는 일반적으로 단종합금이 다종합금보다 내식성이 좋다.

② 가공의 영향 : 냉간가공은 금속 표면의 결정 구조를 변형시키고 결정입계 등에 뒤틀림이 생겨서 부식 속도에 영향을 미친다. 대기 중에서와 같이 약한 부식 환경에서는 표면을 매끄럽게 하는 것이 효과적이다.

③ 열처리의 영향 : 풀림이나 불림은 조직을 균일화시켜서 불균일한 결정 분포 또는 잔류응력을 제거하여 안정시키므로 내식성을 향상시킨다.

(2) 외적 요인

① pH의 영향 : pH 4~7의 물에서는 철 표면이 수산화물의 피막으로 덮여서 부식속도는 pH값에 관계없이 피막을 통하여 확산되는 산소의 산화작용에 의하여 결정되며 pH4 이하의 산성물에서는 피막이 용해해 버리므로 수소 발생형의 부식이 일어난다.

② 용해 성분의 영향 : $AlCl_3$, $FeCl_3$, $MrCl_2$ 등과 같이 가수분해(加水分解)하여 산성이 되는 염기류는 일반적으로 부식성이고 동일한 pH값을 갖는 산류의 부식성과 유사하다. 한편 $NaCO_3$, Na_3PO_4 등과 같이 가수 분해하여 알칼리성이 되는 염기류는 부식 제어력이 있으며, $KMnO_4$, Na_2CrO_4 등과 같은 산화염은 부동상태에 도움이 되므로 무기성 부식 제어재로 이용된다.

③ 온도의 영향 : 개방 용기 중에서는 약 80℃까지는 온도 상승에 따라 부식온도가 증가하지만 비등점에서는 매우 낮은 값이 이용된다.
그 이유는 온도 상승에 따라 반응속도가 증대하는 반면 산소 용해도가 현저히 저하하기 때문이다.

(3) 기타 요인

① 아연에 의한 철의 부식 : 아연은 50~95℃의 온수 중에서 급격하게 용해하며 전위차에 의한 부식이 발생한다.

② 동이온에 의한 부식 : 동이온은 20~25℃의 물속에서 1~5ppm이든 것이 43℃ 이상이 되면 급격히 증가하여 수질에 따라 다르지만 70℃ 전후에서 250ppm 정도로 경과하여 부식이 발생한다.

③ 이종금속 접촉에 의한 부식 : 염소이온, 유산이온이 함유되어 있거나 온수 중에서는 물이 전기 분해하여 이종금속 간에 국부 전기를 형성하고 이온화에 의한 부식이 발생한다.

④ 용존산소에 의한 부식 : 산소가 물의 일부와 결합하여 OH를 생성하고 수산화철이 되어 부식하며, 배관회로 내에 대기압 이하의 부분이 있으면 반응이 심해진다.

⑤ 탈아연현상에 의한 부식 : 15% 이상의 아연을 함유한 황동재의 기구를 온수 중에서 사용할 때 발생한다.

⑥ 응력에 의한 부식 : 인장, 압축 응력이 작용하거나 절곡 가공 또는 용접 등으로 내부응력이 남아 있는 경우 발생한다.

⑦ 온도차에 의한 부식 : 국부적으로 온도차가 생기면 온도차 전지를 형성하여 부식한다.

⑧ 유속에 의한 부식 : 배관 내에 염소이온, 유산이온, 기타 금속이온이 포함되는 경우 유속이 빠를수록 부식이 증가한다.

⑨ 염소이온, 유산이온에 의한 부식 : 동이온, 녹, 기타 산화물의 슬러지가 작용하여 부식한다.

⑩ 유리탄산에 의한 부식 : 지하수 이용 시 물속에 유리탄산이 함유되어 있는 경우 부식한다.

⑪ 액의 농축에 의한 부식 : 대도시에서 노출 배관에는 대기오염에 의한 질소화합물, 유황산화물이 농축하여 물의 산성화에 따른 부식이 발생한다.

4. 부식의 방지대책

(1) 배관재의 선정

배관 시스템의 동일 회로에는 동일 재질의 배관재를 사용한다.

(2) 라이닝재의 사용

전위가 낮은 금속성 배관재에 합성 수지 라이닝을 피복한다.

(3) 배관재의 온도조절

배관 내의 온도가 50℃ 이상이 되면 급격히 활성화하여 부식이 촉진되므로 저온수를 이용한 복사방열방식을 채택한다.

(4) 유속의 제어

유속이 빠르면 금속 산화물의 보호피막이 박리 유출되므로 1.5m/sec 이하로 한다.

(5) 용존산소의 제거

개방형 탱크에서 가열, 자동 공기 제거기를 사용한다.

(6) 부식방지제 투입

부식방식제는 탈산소제, pH 조정제, 연화제, 슬러지 조정제 등이 있다.

(7) 급수처리

① 물리적 처리 : 여과법, 탈기법, 증발법

② 화학적 처리 : 석탄소다법, 이온교환수지법

[Question 12] 금속의 부식과 방지대책★

1. 개요

금속재료는 구조용으로 좋으나 부식에 대하여 아주 약하므로 부식방지에 대한 대책을 강구해야 한다.

2. 부식의 조건 특성

(1) 대기 중에서 부식

대기 중에는 탄산가스와 습기가 있으며, 금속의 조직도 불균일하므로 전기와 화학적인 부식이 진행하며 수산화제이철[$Fe(OH)_3$], 수산화제일철[$Fe(OH)_2$], 탄화철[$FeCO_3$] 등으로 구성된 녹이 생기고 이 녹은 공기 중의 습기를 흡수하여 부식이 빠르게 진행된다.

(2) 액체 중에서 부식

금속은 물이나 바닷물에서 부식이 잘 되며 대기와 액체에 번갈아 노출시키면 부식에 더 빨리 진행된다. 그러나 탄산가스가 적은 땅이나 물속 또는 콘크리트 속에서는 부식이 적거나 방지된다. 금속이 산류에 부식되는 정도는 산의 농도에 따라 다르며 알칼리 용액은 철을 부식시키지 않는다.

3. 방지대책

(1) 피복에 의한 방법

금속(Zn, Sn, Ni, Cr, Cu, Al)막으로 피복하는 방법으로 아연(Zn) 피복은 가장 경제적이고 유용하다.

(2) 산화철 등 생성에 의한 방법

금속의 표면에 치밀하고 안정된 산화물 또는 기타의 화합물의 피막을 생기게 하는 법으로 청소법, 바우어 바프법, 게네스법, 파커라이징법, 코스레드법 등이 있다.

(3) 전기화학법

금속보다 이온화 경향이 큰 재료(예 : 아연 등)를 연결하여 아연이 부식되므로 금속의 부식을 방지하는 것으로 컴벌런드법이 있다.

[Question 13] 고용체

고체가 고체를 용해한 것. 특히 균일한 상을 가진 고체 혼합물에 원자적으로 혼합 용해되는 것이다. A금속에 다른 B금속을 첨가할 때 어느 정도까지는 A금속의 격자 중에 B의 원자가 들어가도 A의 격자형을 유지한다.
순금속 A와 그 중에 들어간 B가 일정하게 분포되어 있을 때, 즉 2개의 원소 이상으로 된 단일상(Single Phase)의 고체에서 1개 원소의 결정이 다른 원소(결정과 함께)에 용해된 것을 고용체라 한다. 치환형과 침입형 두 종류가 있다.

[Question 14] 동소변태

Phase(相)가 같은 동일 물질이지만 결정격자가 다른 것은 동소체라 하고 1개의 동소체에서 타 동소체로 변화하는 것을 동소변태라 한다.
예를 들면 순철은 상온에서 체심입방격자이지만 가열하면 912℃에서 면심입방격자로 변하며, 1,394℃에서는 다시 체심입방격자도 동소 변화한다.

[Question 15] Painting 절차와 방법에 대하여 기술하시오.

1. 표면처리

철 표면의 모든 기름, 흑피(Mill Scale), 녹, 구도막, 수분, 먼지 등 기타 모든 이물질을 제거하는 과정으로 표면처리정도 여하에 따라서 도막의 수명과 부착 등에 큰 영향을 미치게 되므로 철저한 품질관리가 요구된다.

(1) 표면처리기술(Plant 공사에서 도장작업 전 철재면의 표면처리)

① 용제세정(Solvent Cleaning)
용제, 증기, 알칼리, 에멀션 및 수증기를 이용한 세정으로 표면에 부착된 유지, 먼지, 흙 등 기타 오염물을 제거하는 방법으로 SSPC-SP1-63이 이에 해당된다.

② 수공구 세정(Hand Tool Cleaning)
Wire Brush, 망치, 끌, 스크래퍼, 연마지 등을 이용하면 들뜬 녹, 흑피와 들뜬 도

막을 제거하는 방법으로 SSPC-SP2-63(st2)에 해당하며 원표면 상태등급 B.C.D

③ 동력공구세정(Power Tool Cleaning)
수공구처리법과 모든 제반 조건이 동일하나 표면처리 시 전기력에 의한 동력 공구를 사용하는 방법으로 SSPC-SP3-63(st3)이 이에 해당한다.

④ 화염세정(Flame Cleaning)
동력공구처리법과 Blast 처리법의 중간 정도로 단단한 흑피와 녹을 건조 및 제거한 후 Wire Brush로 마무리한다. SSPC-SP4-63

⑤ 완전 나금속(White Metal Blast Cleaning)
Sand Blast를 사용하여 세정하는 방법으로 눈에 띄는 모든 녹, 흑피도막 및 기타 이물질을 모두 제거한다. SSPC-SP5-63(Sa3)

⑥ 일반 Blast 세정(Commercial Blast Cleaning)
표면적은 2/3 이상까지 눈에 띄는 모든 녹, 흑피 도막 및 기타 이물질을 모두 제거한다. SSPC-SP6-63(Sa2)

⑦ Brush, Blast 세정(Brush off Blast Cleaning)
단단히 부착된 흑피, 도막 및 녹을 제외한 모든 것을 Blast 세정한다.

⑧ 산처리(Pickling)
대형 구조물 등에서는 적용할 수 없고 소형 구조물 등에서만 이용이 가능하다. SSPC-SP8-63
이중산처리 및 전해산처리로 녹과 흑피를 완전히 제거한다.

⑨ 자연 방치 후 Blast 세정
흑피의 일부 또는 전부를 제거하기 위하여 자연 방치 후 Blast 세정한다. SSPC-SP9-63T

⑩ 표면적의 95% 이상까지 눈에 띄는 모든 잔유물을 완전 나금속 세정에 가까이 Blast 세정한다. SSPC-SP10-63T (Sa 2 1/2)
- SSPC(Steel Structure Painting Council : 강구조 도장협의회)
- 각국 표면처리 규격비교

표면처리법	USA	Swedish	British	Janpanese
	SSPC	SIS05 5900	4232	SPS5
White Metal Blast	SSPC-SP5	Sa 3	First Quality	JASH3/JASD3
Near White Metal Blast	SSPC-SP10	Sa 2 1/2	Second Quality	JASH2/JASD1
Commercial Blast	SSPC-SP6	Sa 2	Third Quality	JASH1/JASD1
Brush off Blast	SSPC-SP7	Sa 1	-	-

2. Shot Primer

철재 표면처리 후 녹 발생 방지를 위하여 Primer를 도포(25 μm)한다.

3. 하도(1st 녹막이 도포)

무기징크계 Shop Primer 위에 녹망치도포(하도)를 한다.

4. 중도

하도와 상도의 중간에서 하도의 녹방지 역할을 돕고 도막의 살오름성, 상도와의 부착성 및 도막의 평활성 등을 좋게 하게끔 도포한다.

5. 상도

상도 도막은 외부의 영향을 직접 받기 때문에 여기에 견딜 수 있는 내성이 있도록 중도 위에 도포하여 방식 도막을 충분히 보호하며 물, 산소 등 부식성 물질이 투과하지 못하도록 한다.

6. 중방식 도료

① 철구조물 : Epoxy 에스테르 수지도료(가격 : 중간)

② 교량 : 우레탄 수지도료(가격 : 높음)

③ 지하매설물

- 역청질계 도료(가격 : 낮음)
- 내수성 우수

④ 내열조건(600℃) : 실리콘 수지도료(가격 : 높음)

⑤ 수관, 수문 매설물

- 탈 Epoxy 수지도료(가격 : 중간)
- 탈 우레탄 수지도료

⑥ 교량, 수문, 선박 : 무기 징크 리치도료(가격 : 높음)

⑦ Plant 구조물

㉠ 외부

- 일반 공장지역 : Epoxy 하도, 중도, 상도(75 μm+100 μm+50 μm)
- 가혹한 부식조건, 해안지역 : 무기징크 하도, 에폭시 중도, 우레탄 상도

㉡ 내부

- 일반 공장지역 : Epoxy 하도, 중도, 상도(50 μm+100 μm+50 μm)

[Question 16] 금속의 강도시험의 종류와 방법

1. 금속의 강도시험의 종류와 방법

(1) 종류

① 인장시험(Tension Test)

② 압축시험(Compression Test)

③ 휨시험(Bending Test)

④ 비틀림시험(Torsion Test)

(2) 인장시험

시험하고자 하는 금속재료를 규정된 시험편의 치수로 가공하여 축방향으로 잡아당겨 끊어질 때까지의 변형과 이에 대응하는 하중과의 관계를 측정함으로써 금속재료의 변형, 저항에 대하여 성질을 구하는 시험법이다.

이 시험편은 주로 주강품, 단강품, 압연강재, 가단 주철품, 비철금속 또는 합금의 막대 및 주물의 인장시험에 사용한다. 시험편은 재료의 가장 대표적이라고 생각되는 부분에서 따서 만든다. 암슬러형 만능재료 시험기를 사용한다. 하중-변형 선도를 조사함으로써 탄성한도, 항복점, 인장강도, 연신율, 단면수축률, 내격 등이 구해진다.

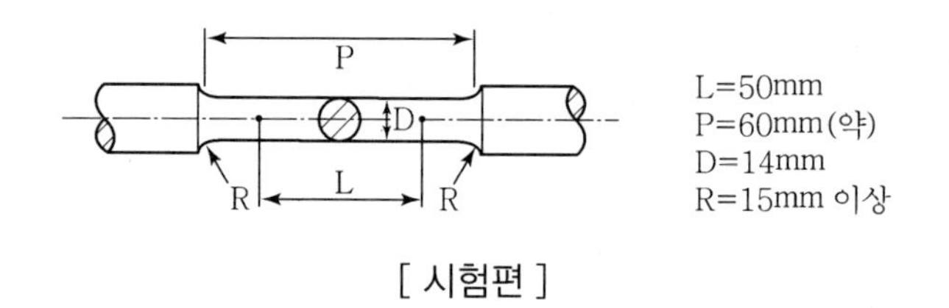

[시험편]

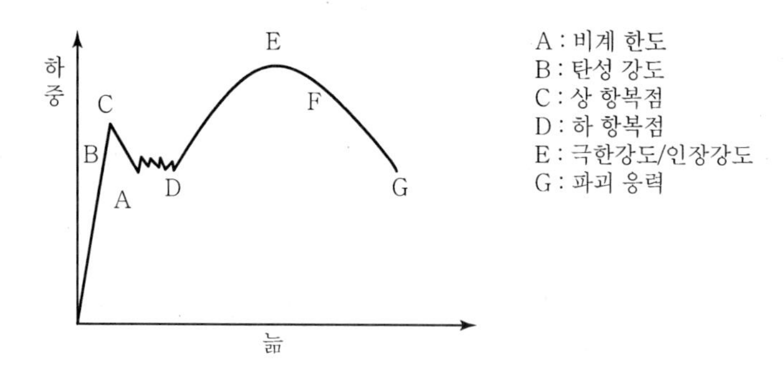

① A : 비례한도

응력과 변율이 비례적으로 증가하는 최대응력

② B : 탄성한도

재료에 가해진 하중을 제거하였을 때 변형이 완전히 없어지는 탄성변형의 최대 응력 B점 이후에서는 소성변형이 일어난다.

③ C : 상항복점

탄성한도를 지나 응력이 점점 감소하여도 변율은 점점 더 커지다가 응력증가 없이 변형이 급격히 일어나는 최대응력

④ D : 하항복점

항복 중 불안정 상태를 계속하고 응력이 최저인 점

⑤ E : 극한강도

재료의 변형이 끝나는 최대응력

⑥ G : 파괴강도

변율이 멈추고 파되되는 응력

(3) 압축시험

압축시험은 베어링용 합금, 주철, 콘크리트 등의 재료에 대하여 압축강도를 구하는 것이 목적이며 하중의 방향이 다를 뿐 인장시험과 같다.

시험기는 역시 암슬러형 만능재료시험기가 일반적이다.

(4) 휨시험(Bending Test)

휨시험에도 항절시험과 판재의 휨시험 등이 있다.

① 항절시험

주철이나 목재의 휨에 의한 강도(항절 최대하중, 세로탄성계수, 비례한도, 탄성에너지 등)를 구한다.

암슬러형 만능재료시험기를 사용하여 시험편을 지지대 위에 놓고 압축시험과 같은 요령으로 시험한다.

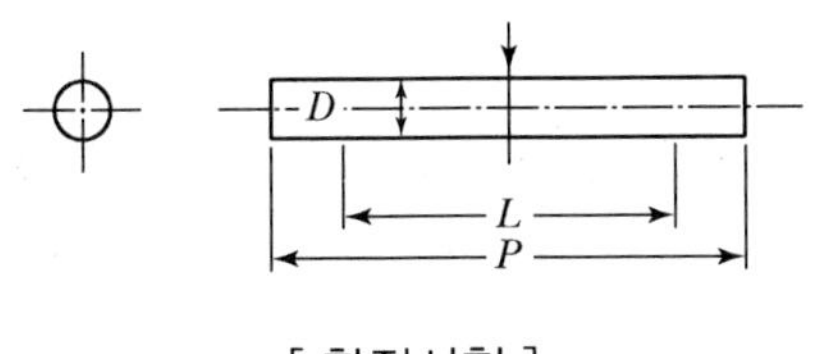

[항절시험]

[휨시험]

② 판재의 휨시험

규정된 안쪽 반지름 r을 가진 축이나 형(形)을 써서 규정의 모양으로 꺾어 휘어 판재의 표면에 균열이나 기타의 결함이 생길 때까지 휘어서 얻어지는 각도로 그 연성을 조사하는 것이다.

(5) 비틀림 시험(Torsion Test)

시험편을 시험기에 걸어서 비틀림, 비틀림 모멘트, 비틀림각을 측정하여 가로탄성 계수나 전단응력을 구한다.

시험편은 보통 둥근 막대를 쓰고 피아노선(0.65~0.95% C의 강성을 말함)의 시험은 규정의 비틀림 횟수 이상으로 비틀어지는가에 대한 것을 시험한다.

[Question 17] 금속재료의 기계적 성질

1. 시효경화(Age Hardening) : 석출경화

재료의 고유한 성질이며 온도 또는 시간에 따라 그 성질이 변하는 것을 말한다. 담금질에 의하여 과포화 고용체로 된 합금을 상온에 방치하거나 여러 가지 온도로 가열할 때 하중을 가한 후 제거했다가 오랜시간 이후 다시 하중을 걸면 시간에 따라 재료강도가 증가하고 연성이 떨어지는 현상이 생기는데 이를 시효경화라 한다.

2. 응력완화(Stress Relaxation)

변형률이 일정하게 유지되도록 하중을 주었을 때 응력이 시간과 더불어 감소되는 현상을 말한다. 고온에 사용하는 스프링, 고정용 볼트 등에서 볼 수 있다.

3. 잔류응력(Residual Stress)

하중이나 열을 가하다가 제거하면 재료의 결정이 변형 전의 상태로 돌아오고 어떠한 방해를 받아 응력을 받은 상태로 남아 있게 되는데 이것을 잔류응력이라 한다. 잔류응력의 제거를 위해서는 풀림처리를 한다.

4. 바우싱거 효과(Bauschinger's Effect)

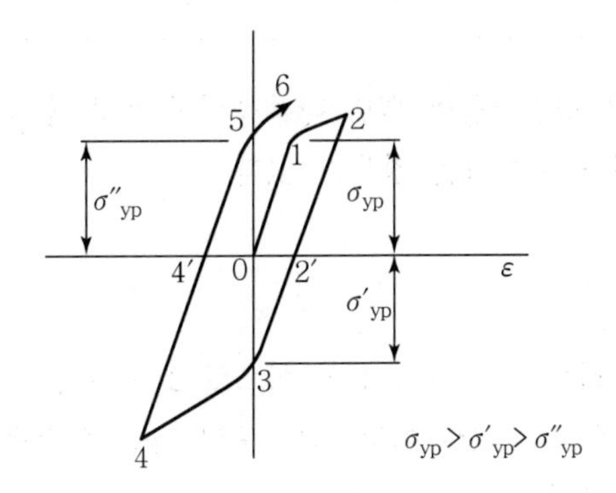

처음 인장력을 가해서 항복점 σ_{yp}인 점1을 지나 점2까지 인장했다가 하중을 없애면 22′가 되고 여기서 압축력을 가하면 비례한도 또는 항복점 3에서 압축의 소성변형이 시작되어 2′34가 된다. 다시 하중을 없애면 44′가 된다. 또 인장력을 가하면 4′56으로 되는데 2′3의 크기 σ'_{yp}, 4′5의 크기가 σ''_{yp}일 때 σ'_{yp} σ''_{yp}의 절대값이 σ_{yp}보다 작아지는 현상을 바우싱거 효과라고 하며, 이와 같이 인장 압축하중이 반복되면 Loop가 되는데 이것을 Hyteresis Loop라 한다.

냉간가공된 재료를 처음의 가공방향과 반대방향으로 변형시키면 원래의 가공방향에 대한 항복응력보다 낮은 응력에서 항복이 일어나는 현상을 바우싱거 효과라고 한다.

바우싱거 효과는 초기변형 방향으로의 역응력이 변형방향이 반대로 될 때는 내부응력을 도와주는 역할을 하기 때문에 일어난다. 비틀림이나 굽힘과 같은 다른 변형조건에서 일어날 수 있다.

5. 가공경화

금속재료에 하중을 가해 탄성한도 이상의 응력을 일으키면 금속 격자의 전위가 일어나 소성 변형을 일으키고 변형을 일으킨 재료는 저항력이 증가하여 탄성한도의 상승이나 경도의 증가가 나타나는데 이것을 가공경화라 한다.

6. 고용체 경화

금속재료의 모체가 되는 원자에 크기가 다른 원소를 고용시켜 주면 그 주위의 결정원자를 뒤틀리게 하여 같은 원자가 배열한 것보다 움직이는 데 많은 에너지를 요하고 강하게 된 것을 의미하며 이것을 고용체 경화라고 한다.

[Question 18] 응력완화

금속조직 내 응력은 냉간가공에 의한 내부응력과 용접 중의 응력집중이 있어 응력부식 등 여러 가지 문제를 수반하는 경우가 있다.

1. 종류

(1) 내부응력

Nadai 식에 의하면 $\sigma = \alpha \propto M$의 식으로 표시된다.

α, M은 재질에 따른 상수이고 σ는 응력, ε은 연율을 표시한다.

(2) 용접부의 잔류응력

용접에 의한 가열 냉각의 불균일로서 열응력이 용접 중에 생겨 재료에 존재하는 응력이다.

2. 응력완화방법

(1) 내부응력에 의한 것은 풀림처리를 한다.

(2) 용착 금속량의 감소를 위하여 적합한 Bead 배치법을 선정하고, 적합한 용접자세를 선정하며, 예열과 후열 처리를 한다.

3. 용접물 잔류응력의 영향

(1) 연성파괴가 발생한다.

(2) 취성파괴가 발생한다.

(3) 피로강도가 감소한다.

(4) 응력부식(보일러 취성)이 생긴다.

[Question 19] 크리프(Creep)

1. 개요

금속이나 합금에 외력이 일정하게 계속될 경우 온도가 높은 상태에서는 시간이 경과함에 따라 연신율이 일정한도 늘어나다가 파괴된다. 구조물의 파괴를 방지하기 위한 재료시험의 하나이다.

2. Creep

금속재료를 고온에서 긴 시간 외력을 걸면 시간이 경과됨에 따라 서서히 변형이 증가하는 현상을 말한다. 응력이 작은 σ_1, σ_2의 경우 변형은 짧은 시간 조금 상승 후 일정치가 되고 σ_3나 σ_4에서는 변형이 조금 많아진다. 그러나 σ_5에서는 변형이 갑자기 커져 파괴가 되고 크리프가 정지되며 크리프율이 "0"이 된다.

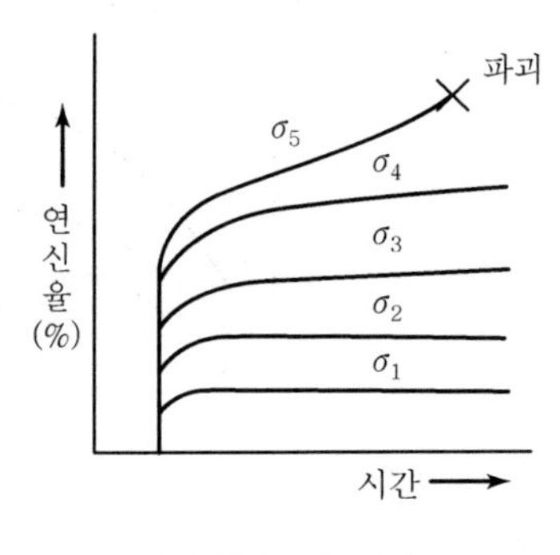

[크리프 현상]

3. 크리프 한도

크리프가 정지하여 크리프율이 "0"이 되는 응력의 한도를 말한다.

4. 크리프 시험

크리프 한도를 구하는 시험

5. 크리프 단위

kg/mm^2(인장응력과 동일한 단위)

[Question 20] 금속재료의 강도와 변형률 속도, 온도와의 관계를 설명하시오.

1. 개요

금속재료는 온도에 따라 시간 의존적인 소성변형(Creep)이 발생된다. 상온에서 충분한 정적 강도와 강성을 가지고 있더라도 어떤 용도로는 부적합할 수 있다. 특히 Turbine Engine이나 Boiler 등과 같이 고온에서 활용되는 구조물의 설계 시 중요한 고려사항이 된다.

2. 관계 설명

스테인리스강의 강도와 연성에 대한 온도의 영향을 예시한 것으로서 온도가 상승하면 강도는 저하되고, 역으로 온도가 낮아지면 강도가 커지고 있다. 파괴 시의 변형률에 의해 알 수 있는 바와 같이, 온도가 저하함에 따라 연성도 저하되고 있으며 온도가 상승하면 연성도 커진다. 온도는 재료의 강성에도 영향을 미친다.

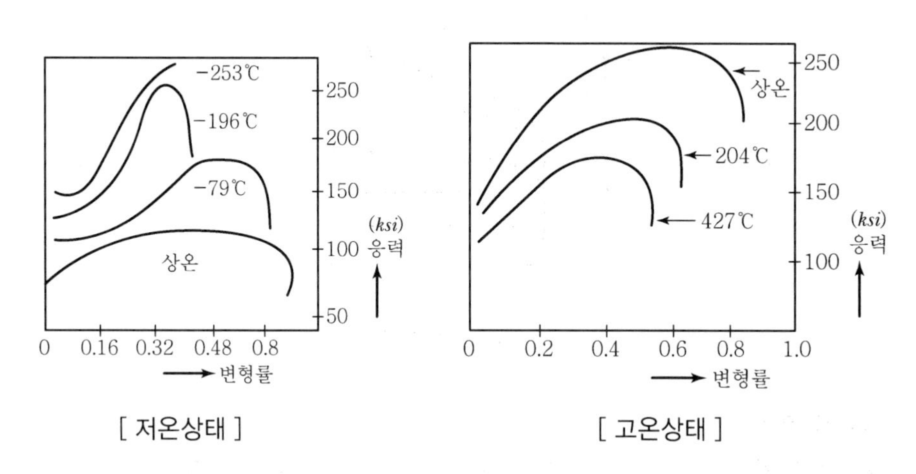

[저온상태] [고온상태]

(1) 변형속도★

$\dot{\varepsilon} = \frac{d\varepsilon}{dt}$ [$\sec^{-1}$]

변형속도가 강도에 미치는 영향은 온도가 증가함에 따라 더욱 커진다는 것을 알 수 있다. 저탄소강의 경우 평상 변형속도에서 나타나지 않는 항복점이 높은 변형 속도에서는 민감하게 나타난다.

변형능력 $\sigma = C_1(\dot{\varepsilon})^m$

여기서, m은 변형응력민감도 열간가공 조건에서 금속재료 m=0.1~0.2

(2) 온도

응력-변형률 곡선은 온도에 따라 크게 의존한다.

$$\sigma = C_2 e^{\frac{Q}{RT}}$$

여기서, Q : 소성변형을 위한 활성화 에너지(J/mol)
R : 기체상수(8.314J/mol · K)
T : 시험온도(K)

위의 식은 변형률과 변형속도가 일정한 경우에 변형응력의 온도 의존성을 나타낸다.

[Question 21] 구조용 특수강 및 금속재료

1. 개요

구조용 특수강은 기계를 구성하는 중요 부품을 만드는 데 쓰이는 강재이며 인장강도, 탄성강도, 연신율, 단면 수축률, 충격치, 피로한도 등의 기계적 성질이 우수해야 하며 이외에 구조성, 단조성, 절삭성 등의 가공성도 좋아야 한다. 이런 특수한 성질을 주기 위하여 여러 종류의 원소를 첨가한 강을 특수강이라 한다.

2. 종류

(1) 강인강

① Ni-Cr강
② Ni-Cr-Mo강
③ Cr강
④ Cr-Mo강
⑤ Mn강

(2) 침탄용 특수강

(3) 질화강

3. 특성

(1) Ni-Cr강

Ni은 Fe에 고용하여 그 강도를 증가시키며 인성을 해치지 않으므로 합금원소로서 가장 좋다. Ni강에 Cr을 첨가하면 Ni강의 특징이 한층 더 강화되며 강인성이 증가하는 동시에 담금질 경화성을 뚜렷하게 개선하므로 구조용 합금강 중에서 가장 중요한 강철이며, 특히 대형 단강재로서 적당하다. 크랭크축, 기어에 사용된다.

(2) Ni-Cr-Mo강

구조용 Ni-Cr강에 0.3% 정도의 Mo을 첨가하면 강인성을 증가시킬 뿐 아니라 담금질할 경우에 질량효과를 감소시키며 뜨임 여림을 방지하는 효과를 갖는다. 크랭크축, 터빈 날개, 고장력 볼트 기어류에 사용된다.

(3) Cr강

Cr이 시멘타이트 중에 녹아 들어가 탄소강을 강하게 하는 작용을 한다. 암류, 키 등에 사용된다.

(4) Cr-Mo강

Mo강이 첨가되면 강이 더욱 강해져서 Ni-Cr강의 대용강으로 사용되며 기계적 성질이나 담금질 질량효과도 Ni-Cr강과 비슷하며 용접하기가 쉬운 장점이 있어 대용강으로 우수하다. 기어, 축류, 암류 등에 사용된다.

(5) Mn강

Mn은 강철에 자경성을 주며, Mn을 다량 첨가한 강은 공기 중에서 냉각하여도 쉽게 마텐사이트나 오스테나이트 조직으로 변한다.

구조용으로는 2% Mn 이하의 저망간과 15~17% Mn의 고망간강이 사용된다.

(6) 침탄용 특수강

침탄하여 열화를 하여 표면을 단단하게 한다. 캠축, 기어, 스플라인축 등에 사용된다.

(7) 질화강

암모니아 기류 중에서 500~550℃로 가열하여 질화를 일으켜 표면적을 경화시킨 강이다. 항공 발동기의 실린더, 캠축, 분사노즐 등의 고도의 내마멸성을 필요로 하는 부분에 사용된다.

(8) 스프링용 특수강

냉간가공한 것과 열간가공한 것이 있다.

냉간가공 : 철사스프링, 박판 스프링

열간가공 : 판 스프링, 코일 스프링

(9) 베어링용 강

높은 탄성 한도나 높은 피로 한도가 요구되는 고탄소 저크롬강을 볼 베어링 및 롤러 베어링의 볼이나 롤러 및 내륜과 외륜에 사용한다.

[Question 22] 연성 취성 천이거동에 영향을 미치는 인자에 대하여 기술하시오.

1. 개요

재료가 충분한 연성을 가지면 노치나 균열이 있어도 그 재료의 하중지탱 능력이 큰 영향을 받지 않는다. 즉 공칭응력이 항복응력을 초과하기 전에 노치의 응력확대계수 값을 초과하지 않으면 취성파괴가 일어나지 않는다. 이 경우가 Al이나 Cu 같은 금속의 경우이다. 그러나 저탄소강은 고온에서나 느린 변형속도에서는 연성을 나타내고, 저온이나 빠른 변형속도에서는 취성을 나타내는 수가 있다. 이러한 천이가 일어나는 온도가 기온 범위 내에 있을 수 있기 때문에 천이거동을 이해하는 것이 중요하다.

2. 천이거동

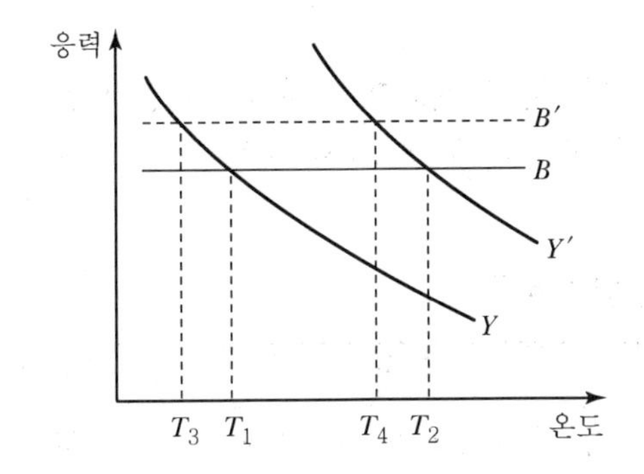

연성 취성 천이를 나타내는 재료의 경우 온도가 낮아질수록 변형응력이 증가한다.
위의 그림에서 취성파괴에 대한 임계응력은 일반적으로 온도에 따라 변화하지 않는다고 가정하여 B로 나타내고 변형응력(Y)을 온도의 함수로 나타내었다. Y와 B선이 교차하는 교차온도가 천이온도가 된다. 이 온도 이하에서는 파괴강도가 항복강도보다 낮기 때문에 항복하기 전에 파괴가 일어날 것이기 때문이다. 곡선 Y는 온도 외의 다른 조건이 일정하다고 가정하고 얻어진다.
천이온도를 측정하기 위한 방법으로 충격시험이 이용된다. 충격시험에서는 전자를 표준 높이까지 올렸다가 자연 낙하시켜 진자가 표준 시편을 때려 시편을 파괴시키도록 한다. 시편의 온도를 바꾸어가면서 파괴에 필요한 에너지를 측정하면 천이온도를 쉽게 확인할 수 있다.

3. 영향을 미치는 인자

(1) 항복응력 변화(곡선 Y')에 영향을 주는 인자
변형속도, 냉간가공에 의한 경화, 불순물, 방사선 조사, 응력상태 등에 따라 변한다.

즉, 변형속도, 냉간가공량이 증가할수록 방사선 조사를 받을수록 항복응력이 증가하기 때문에 천이온도가 증가한다.

(2) 천이온도 저하

결정립의 크기가 미세할수록 파괴강도가 증가하기 때문에 천이온도가 낮아진다. (항복응력도 증가하지만 파괴강도보다 증가율이 작다.) 천이온도가 낮을수록 유리하다.

[Question 23] 신금속 재료의 기능별 분류와 개발동향에 대하여 논하시오.

1. 신금속의 정의

신소재란 물성연구, 재료설계, 재료가공, 시험평가 등의 연구를 통해 기존소재의 결점을 보완하든가 우수한 특성을 내게 함으로써 새로운 기능의 구조특성을 실현한 고부가가치의 재료를 말한다.

2. 신금속 재료의 기능별 분류

기능		특성	재료의 예	용도
기계적 성질	고강도성	인장, 압축 등의 하중에 대해 피로, 파괴를 견디는 능력이 우수	미세결정금속 단결정 금속	항공 우주기기
	초연성	외력을 제거해도 변형한 그대로 있기 쉬운 성질	초소성 합금	항공기, 패널기기부품
	제진성	진동을 잘 흡수하는 성질	제진합금	기기부재
열적 기능	내열성	고온에서도 항장 등이 변하기 어려운 성질	초내열합금	항공기 엔진부품
전기적 기능	초전도성	절대온도 "0"도에서 갑자기 전기 저항이 없어지는 성질	초전도재료	발전기, 송전기
자기적 기능	강자성	자장 중에서 자화하는 성질이 우수한 것	미분말 자성체 희토류 자성재료	자기기록용 재료모터
	고투자성	자기가 통하기 쉬운 성질	아모르퍼스 강자성체	변압기 철심 자기헤드

기타	수소 저장성	열을 가하지 않고 압력변화로 수소를 흡수, 방출하는 성질	수소저장합금	수소 운반 수소자동차 열매체
	형상 기억성	어느 온도에서 변형을 가해도 다른 온도에서 본래의 형상으로 되돌아가는 성질	형상기억합금	파이프이음매 인공관절 인공근육

3. 신소재의 특성

신소재의 공통적 특성은 상품 면, 수요 면, 생산 면에서 파악할 수 있다.

(1) 상품적 특성

① 고부가가치성 : 기존 소재 대비 가공도 높고 원료 및 코스트의 비중이 상대적으로 낮아 유리한 가격정책이 가능하다.

② 사용상의 복합성 : 설계단계에서부터 몇 개의 소재를 복합화하여 원하는 특성을 이끌어낼 수 있다.

③ 종류의 다양성 : 초미립자화, 고순도화, 비정질화 등 제조 프로세스의 다양화로 같은 소재에서도 다양한 신소재를 얻을 수 있다.

(2) 수요특성

① 시장의 소규모성 : 기능 및 구조재료로써 대량으로 필요치 않으므로 수요물량이 대부분 매우 작다.

② 짧은 제품수명 : 새로운 용도는 기술진보와 함께 개량된 다른 신소재와의 경합으로 기존제품보다 Life Cycle이 짧다.

(3) 생산특성

① 다품종 소량생산성 : 상품면, 시장면에서의 특성은 소량 생산규모이다.

② 기술집약성 : 연구개발, 제조, 상품화, 마케팅 등 기술집약적 제품이다.

4. 의의와 문제점

(1) 의의

① 첨단산업의 기술혁신을 뒷받침하는 기초재료로의 역할

② 가공조립제품의 고도화 등에 기여

③ 고도성장이 예견되는 분야

(2) 문제점

① 실용화, 기업화 단계까지 많은 자금과 인력투입이 필요하다.

② 개발, 기업화에 따르는 리스크가 매우 크다.

③ 고기술이며 가격이 비싸기 때문에 적합한 용도를 발굴 확대해 나가는 것이 어렵다.

5. 개발동향

미국, 일본을 중심으로 국가차원의 지원체제하에서 개발, 실용화를 추진하고 전기, 전자, 항공기, 자동체 업체 등이 중심이 되어 적극 참여하고 있다. 현재 아모르퍼스 합금, 형상기억합금, 초전도재료, 수소저장합금, 희토류 자석, 제진재료, 초내열합금, 고융점금속 등이 가장 활발하게 연구되고 있으며 일부는 실용화 단계에 와 있다.
우리나라의 경우 대학, 연구소 등에서 기초 연구단계인 것이 대부분이며 아모르퍼스합금, 형상기억합금, 초전도재료 등이 비교적 활발히 연구되고 있다.

[Question 24] Engineering Plastic의 기술개발 동향과 앞으로의 응용가능성에 대해 논하시오.

1. E.P의 정의

Engineering Plastic은 공업용도에 사용되는 총칭으로 그 범위와 종류에 대해 엄밀히 말하자면 일정치 않지만 구조재, 기구부품 및 자동차, 전기, 전자분야에 대한 첨단기술 부분에 사용되는 내열성, 강도, 강성에 뛰어난 열가소성수지라고 정의한다.

2. 기술개발 동향

(1) 서론

E.P의 부분은 열적 성질(융점 Tm, 글라스 전이점 Tg)에 의해 결정성형과 비결정성형으로 분류된다.

① E.P가 크게 신장된 요인

- 자동차, 전기, 전자기기를 중심으로 제품이 늘고 포장, 건재, 잡화분야에서 Needs가 증대했다는 것
- 상기 Needs에 의거한 요구특성에 잘 대응할 수 있다는 것
- 자동차 Gas 규제, 난연화 규제 등의 사회적 Needs, 시류에 즉시 적응했다는 것

② E.P 기술개발 기본적 사항

- E.P 단점을 어떻게 개선할 것인가
- 특징을 어떻게 나타내 신장시킬 것인가
- 어떤 곳에 사용가능하고 어떻게 사용할 것인가
- 어떤 방법으로 성형가공성을 높이느냐

- Cost는 적당한가
- 성형을 가능하게 하는 장치와 성형방법의 확립 측면

(2) 본론

① E.P의 분류 : 열적 성질에 의해 결정성형과 비결정성형으로 대별한다.

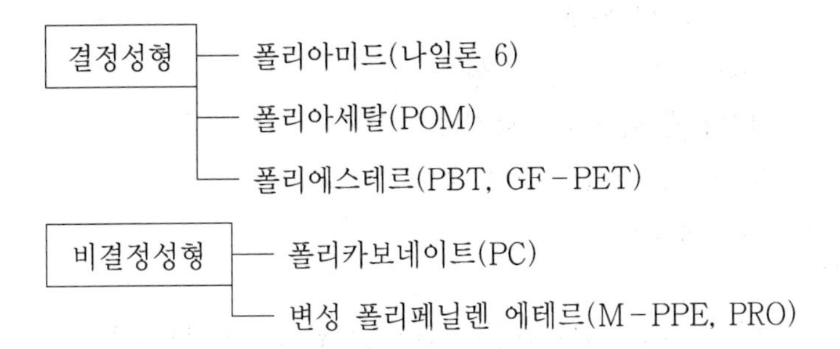

② 성능의 항목별 기술개발 동향

ⓐ 내열성 : Tm, Tg가 기본적으로 Tm, Tg를 목적으로 수퍼 E.P가 있다.(폴리옥시벤졸(POS), 액정폴리머(LCP), 폴리에테르설폰(PES) 등)

ⓑ 강도, 강성 : 폴리머구조 이외에 보강재(글라스섬유 등)의 종류, 양, 배합상태 등에 의해 강도, 강성을 크게 향상한다.

ⓒ 터프(Tough)화 : E.P 본래 특성을 손상시키지 않고 내충격성을 부여한다. 상용화제, 혼화제의 연구개발이 한창이다.

ⓓ 난연(爛然)화 : 조건은 높은 내열성, 낮은 코스트, 환경친화, 폴리머와 잘 융합, 난연제, 난연조제를 폴리머 속에 이겨놓은 방법을 취하고 있다.

ⓔ 폴리아미드의 낮은 흡수화 : 강도 저하를 억제한다.

ⓕ 성형성 : 방법은

- 이형성의 개량 : 이형제 첨가
- 결정화 거동의 개선 : 결정화 핵제
- 장시간 연속 안정 생산성 : 안정제 등
- 성형조건의 설정 : CAE의 활용 등

③ E.P의 장단점 분류

	장점	단점
폴리아미드	내열성, 강인성	흡수성
폴리아세탈	내마찰, 마모성, 점착특성	난연성
폴리에스테르	저흡수성, 전기특성	내습열성
폴리카보네이트	투명성, 내충격성	내용제성
변성 폴리페닐렌 에테르	치수안정성, 전기특성	내용제성

④ 기술개발의 문제

㉠ 고기능성 재료로서 E.P

-초고강도, 내충격성

-고도전성, 각종 환경의 내성재료

-고치수의 안정성

-좋은 표면과 외관성형

㉡ 내열성에 뛰어난 성형재료

㉢ 감성(촉감, 음감 등) 특징재료

㉣ Cost Down

(3) 결론

현 시점에서 E.P도 과다경쟁의 최근 상황을 탈피해 다소 진정되는 상태에 처해 있는 것처럼 생각된다. 즉, 용도에 따른 재료의 구분이 확실해지는 추세이고, 엔지니어링 플라스틱 이외의 재료 사이에서 Cost, 퍼포먼스, 성형가공기술 등에 대한 우위성이 인식되고 새로운 용도의 개척이 점점 발전해 나갈 것이라 예상된다.

3. 전망(응용부분)

(1) 자동차, 수송분야

(2) 전자, 전기기기, 정보산업분야

(3) 사무기, OA분야

(4) 주택자재, 건재, 기구, 스포츠, 레저분야

[Question 25] 가공 열처리

1. 개요

소성가공과 열처리를 결합시킨 처리방법으로서 열처리를 통해 얻을 수 없는 조직과 기계적 성질을 갖는다. 통상의 열간가공은 비교적 오스테나이트 영역에서 행하여지지만 최근 강의 강도와 인성을 향상시키기 위해 저온의 오스테나이트 영역에서 또는 변태 중, 변태 완료 후 가공을 행하여 바람직한 미세조직을 얻는 것을 가공열처리(Thermo Mechanical Treatment)라고 하며 특히 고장력 저합금강의 제어압연은 널리 실용화되고 있다.

2. 종류

(1) 안정한 오스테나이트 영역에서의 가공열처리(단조퀜칭)

열간단조나 열간압연 후 즉시 퀜칭을 행하여 경화능을 향상시켜서 강도와 인성의 개선을 꾀함

(2) 오스포밍

대표적 가공열처리방법으로서 준안정 오스테나이트를 500℃ 부근에서 가공한 후 급랭하여 마텐사이트로 변태시키며 연성과 인성을 그다지 해치지 않고 강도를 향상시키나 탄소량이 적은 강은 효과가 적다.

(3) 마텐사이트 변태 중의 가공

오스테나이트계 스테인리스강이나 고Mn강에서는 Ms점 이상의 온도에서 가공할 때 마텐사이트를 형성시키지 않고 변형되어 현저히 강화된다.

(4) 페라이트, 펄라이트 변태 중의 가공(아이소포밍, Isoforming)

경화능이 그다지 크지 않은 저합금강을 변태점 영역에서 가공하는 조작이며 미세한 페라이트 결정립과 구상탄화물이 분산 석출된 조직으로서 강도와 인성이 향상된다.(제어압연강의 강화법)

(5) 펄라이트의 가공에 의한 강화

① 파텐팅(Patenting) : 피아노선 등을 냉간가공 시 전처리로써 오스테나이트화 처리 후 500℃ 정도에서 항온변태시키며 열욕퀜칭법에 의해 솔바이트 조직이 얻어져 연성이 커지므로 냉간가공성이 향상된다.

② 블루밍(Bluming) : 피아노선을 스프링으로 사용하기 위해 냉간가공 후 350℃ 정도로 저온 가열한다.

국부적 변형제거, 시효경화현상에 의한 탄성한계 상승, 피로특성 개선 등의 효과가 있다.

(6) 제어냉각에 의한 강화(제어압연)

① 저탄소 고장력강(TMCP – Thermo Mechanical Control Process)에서 열간압연과 냉각과정을 정밀하게 제어하면 압연상태에서도 높은 강도와 인성을 얻을 수 있다.

② 강인화 기구

㉠ 압연전 Slab의 가열온도를 가능한 낮춤 – 압연 전의 오스테나이트 결정립의 미세화

㉡ 저온의 오스테나이트 영역에서 가공하여 재결정 오스테나이트를 미세화시킴 – Nb, Ti 합금원소를 미량 첨가하여 재결정 성장을 억제

㉢ A_3 변태점 이하의 2상 영역에까지 가공을 계속하면 가장 우수한 인성을 얻음 – 미변태 오스테나이트 결정립은 더 연신되고 페라이트는 아결정립(Sub Grain) 형성

㉣ 제어압연 종료 후 적당한 속도로 가속냉각(수랭)하거나 급랭도중 공랭하는 등의 제어냉각함 – 대폭적 강도 향상

제 04 장

용접(溶接)

제1절 용접의 개요와 납땜 및 테르밋 용접

1 용접의 개요

1. 용접의 정의와 장단점

1) 용접의 정의

고체상태의 금속재료를 열이나 압력 또는 열과 압력을 동시에 가해서 야금적으로 접합시키는 것을 용접이라 한다.

용접가공은 일반적으로 단조, 프레스, 주조, 절단 등을 통해 소정의 모양과 치수로 제작된 부재를 조립하여 제품화하는 것이며 금속의 접합을 위해 산화피막을 제거하고 산화물의 발생을 방지하면서 표면의 원자가 서로 접근하도록 한다.

용접법은 Riveting, Bolting 등의 기계적 접합과는 달리 야금적 접합법으로써 융접, 압접, 납땜 등으로 분류한다.

2) 용접의 장단점

장점	단점
① 재료가 절약된다.	① 열영향을 받아 재질이 변하기 쉽다.
② 공정수가 절약된다.	② 용접균열이 생긴다.
③ 접합효율이 좋다.	③ 수축응력 및 잔류응력이 생기기 쉽다.
④ 중량을 가볍게 할 수 있다.	④ 품질검사가 곤란하다.
⑤ 보수하기 쉽다.	
⑥ 설비비가 싸다.	
⑦ 기밀을 요할 수 있다.	

2. 용접의 종류와 이음

1) 용접의 종류

(1) 납땜(Soldering)

모재를 용융시키지 않고 별도로 용융금속을 접합부에 넣어 용융접합시키는 방법이며 450℃ 이하일 때를 연납땜(Soft Soldering), 450℃ 이상일 때를 경납땜(Brazing)이라고 한다.

(2) 단접(Forge Welding)

(3) 압접(Pressure Welding or Smith Welding)

접합부를 냉간상태 그대로 또는 적당한 온도로 가열한 후 기계적 압력을 가하여 접합하는 방법

① 테르밋 가압용접(Thermit Pressure Welding)

② 전기저항용접(Electric Resistance Welding)

㉠ 버트용접(Butt Welding)

㉡ 스폿용접(Spot Welding)

㉢ 심용접(Seam Welding)

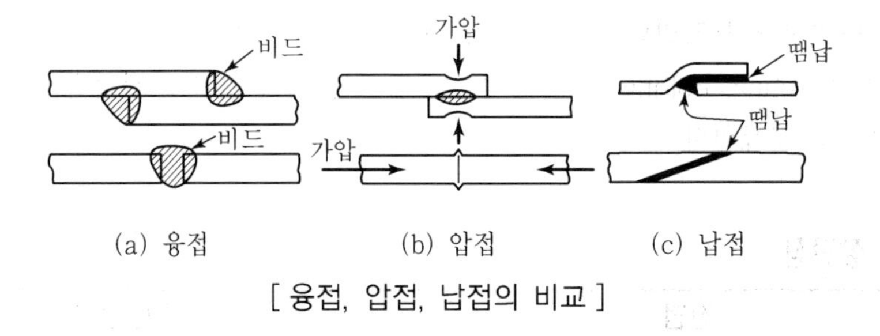

[용접, 압접, 납접의 비교]

(4) 융접(Fusion Welding)

접합하고자 하는 물체의 접합부를 가열 용융시키고 여기에 용가제를 첨가하여 접합하는 방법

① 가스용접(Gas Welding)

㉠ 산소 아세틸렌가스용접(Oxygen-acetylen Gas Welding)

㉡ 원자수소 가스용접(Atomic Hydrogen Gas Welding)

② 아크용접(Arc Welding)

㉠ 탄소아크용접(Carbon Arc Welding)

㉡ 금속아크용접(Metallic Arc Welding)

③ 테르밋 융착용접(Thermit Fusion Welding)

④ 특수용접(Special Welding)
- ㉠ 전자빔 용접(Electron Beam Welding)
- ㉡ 엘렉트로 슬래그 용접(Electro Slag Welding)
- ㉢ 플라스마 용접(Plasma Welding)
- ㉣ MIG 용접
- ㉤ TIG 용접

2) 용접이음

용접이음의 형식은 용접하는 방법, 모재의 두께, 재질, 구조물의 모양과 종류 등에 의해 많은 종류가 있다. 용접부의 형상은 용접부의 재질적 균형, 변형 및 응력발생을 최소화하기 위한 고려가 필요하며 형상으로 분류할 때 맞대기 용접, 필렛용접, 플러그용접, 덧살올림 용접으로 크게 분류된다.

(1) 용접이음의 형식

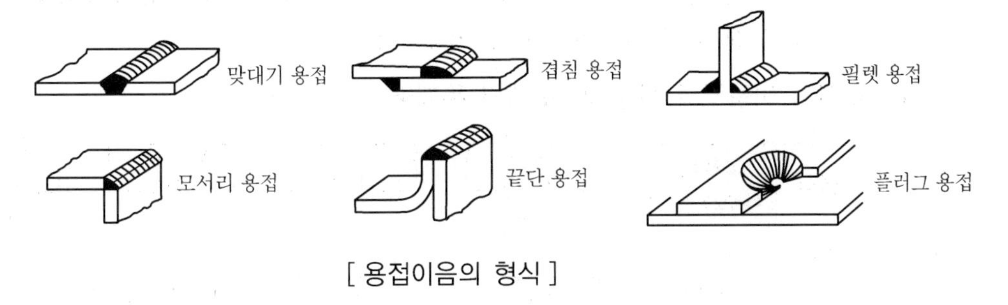

[용접이음의 형식]

① 맞대기 용접(Butt Weld)
- ㉠ 일반적으로 신뢰도가 높은 이음이 요구될 때 사용되는 것으로 대략 같은 면에서 접합되는 두 부재의 사이에 홈(Groove)을 만들어 용접한다.
- ㉡ 홈의 모양은 I형, V형, U형, H형 등 여러 가지가 있으며 판두께, 용접방법 등을 고려하여 적당한 형을 선정한다. 홈은 부재의 용접을 쉽게 하기 위한 형상이며 용접결함이 발생하지 않는 범위에서 용착부가 적어지도록 좁게 한다.
- ㉢ 맞대기 이음의 경우에는 판두께에 따라 용접량을 덜기 위해 I형에서 V형, X형 등으로 홈을 선정한다.

② 필렛용접(Fillet Weld)
- ㉠ 개요 : 이음형상이 겹치기와 T형으로써 용접단면이 직교된 면이기 때문에 삼각형상의 단면을 가진다. 표면의 모양에 따라서는 오목한 필렛과 볼록한 필렛이 있으며 용접시공이 비교적 쉽다.

㉡ 특징

ⓐ 용접 변형량이 홈 용접의 경우보다 작다.

ⓑ 이음부의 응력집중이 크다.

ⓒ 루트(Root)에 용접결함이 발생하기 쉽다.

ⓓ 비파괴시험이 어렵다.

③ 플러그 용접(Plug Weld)

㉠ 포개진 두 부재의 한쪽에 구멍을 뚫고 그 부분을 표면까지 용접으로 메꾸어 접합하는 것이며 주로 얇은 판재에 적용된다.

㉡ 구멍의 가공은 원형이나 타원형이 많이 사용되며 모양에 따라 플러그 용접과 슬롯용접으로 나눈다. 슬롯용접의 경우 구멍이 커서 메우는 양이 많을 때는 구멍 속의 필렛용접을 하여 일부분만 메운다.

④ 덧살올림 용접(Built Up Welding)

1회의 패스로 용접하여 비드를 형성하는 것이 아니라 부재의 표면에 여러 번 용착금속을 입히는 것으로 주로 마모된 부재를 보수하거나 내식성, 내마모성 등이 좋은 금속을 모재 표면에 피복할 때 이용된다.

(2) 맞대기 이음부의 형상 및 모재의 두께★

형식	모재의 두께(mm)
I형	1~5
V형	6~12
X형	12~25
U형	16~50
H형	25~50

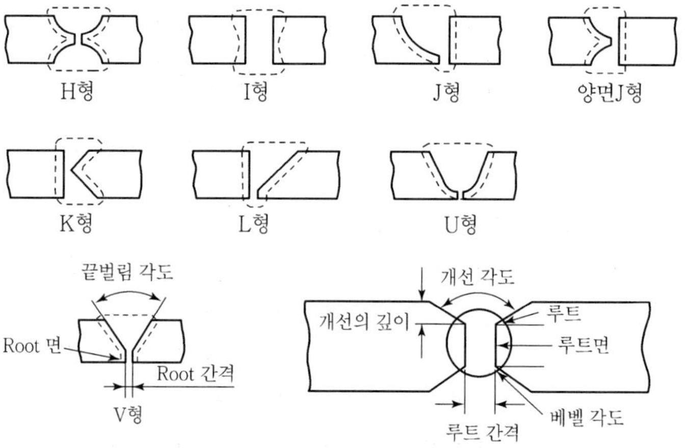

H형 I형 J형 양면J형 K형 L형 U형

끝벌림 각도 Root 면 Root 간격 V형

개선 각도 개선의 깊이 루트 루트면 베벨 각도 루트 간격

[모재의 두께에 따른 이음부의 형상]

3. 용접자세와 기호 및 기재방법

1) 용접자세★

(1) 아래보기자세(F : Flat Welding)

모재를 수평으로 놓고 용접봉을 아래로 향한 용접자세

(2) 수평자세(H : Horizontal Welding)

모재의 용접면이 수평면에 대하여 90°이거나 수평면에 수직인 면에 45° 이하로 경사되고, 용접선(Bead)이 수평이 되게 하는 용접자세

(3) 수직자세(V : Vertical Welding)

수평면에 수직인 면이나 수직면과 45° 이내의 각을 이룬 면에 용접선이 수직 또는 수직면에 45° 이내인 용접자세

(4) 위보기 자세(OH : Overhead Welding)

용접선이 수평이며, 용접봉을 모재의 아래방향에 대고 위를 향하여 용접하는 자세

(5) 수평필렛자세(H – fillet)

2) 용접기호

방법	종류		기호	비고
Arc 및 Gas 용접	홈용접	I형	||	
		V형, X형	V	X형은 설명선의 기선에 대칭되게 그 기호를 기재한다.
		U형, H형	U	H형은 기선에 대칭되게 그 기호를 기재한다.
		L형, K형	|/	K형은 기선에 대칭되게 이 기호를 넣고, 세로선은 왼편에 기입한다.
		J형, 양면 J형	|)	양면 J형은 기선에 대칭되게 넣는다. 기호의 세로선은 왼편으로 한다.
		Flare V형 Flare X형	JL	Flare X형은 기선에 대칭되게 이 기호를 넣는다.

구분		기호	비고
용접부의 표면상황	평평한 것	–	
	볼록한 것	⌢	기선의 바깥쪽으로 볼록
	오목한 것	⌣	기선의 바깥쪽으로 오목
용접부의 다듬질방법	Chipping	C	다듬질방법을 구별하지 않을 때에는 F
	연마 다듬질	G	
	기계 다듬질	M	
현장용접		●	
온둘레용접		○	온둘레 용접이 분명할 때는 생략
온둘레현장용접		⊙	

3) 용접기재방법

(1) 용접하는 쪽이 화살표 반대쪽인 경우

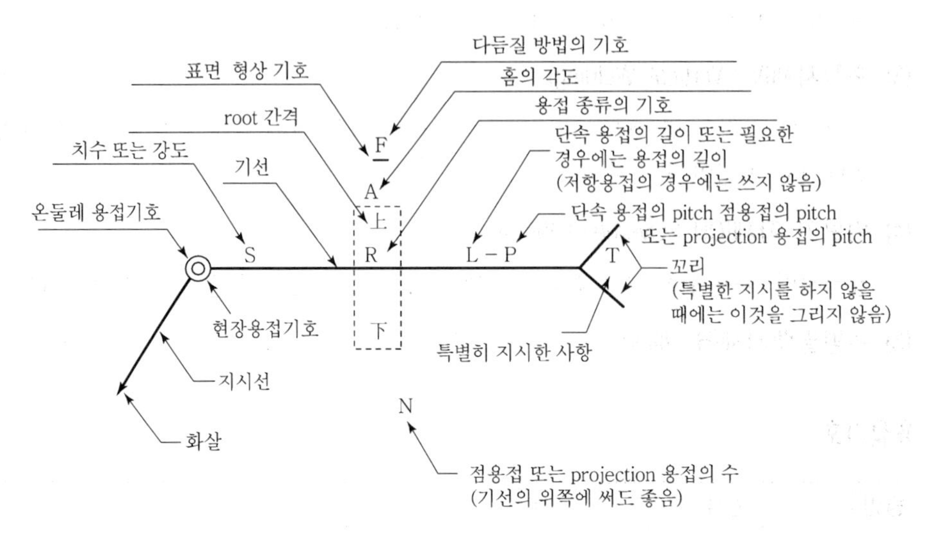

(2) 용접하는 쪽이 화살표 쪽인 경우

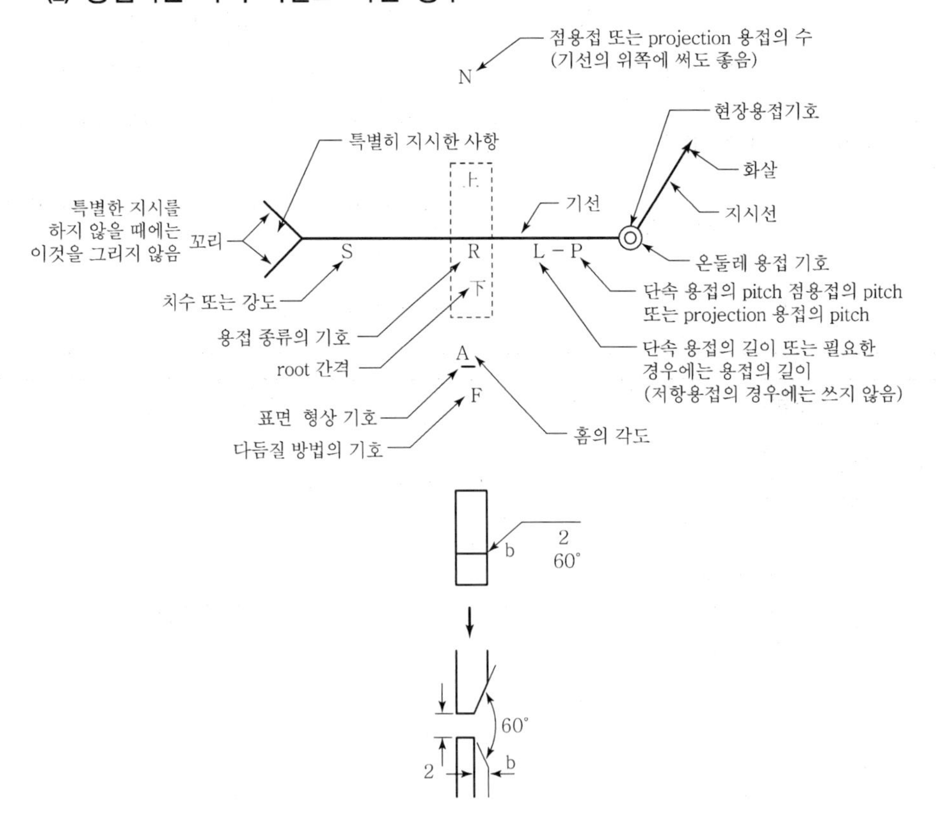

4. 용접 후 잔류응력을 제거하는 방법★

1) 피닝(Peening)법

각 용접층마다 비드 표면을 두드려서 소성 변형을 시켜 응력을 제거하는 동시에 변형을 교정하는 것

2) 응력제거풀림법(Stress Relief Annealing)

A_1 변태점 이하의 응력제거 풀림방법이며 치수의 교정, 연성의 증가, 충격치의 회복, 강도의 증가 등을 기대할 수 있다.

3) 저온응력제거법(Low Temperature Stress Relief)

용접선의 양쪽을 저속으로 이동하는 가스화염으로 폭 약 150mm에 걸쳐서 150~200℃로 가열한 후 물로 즉시 냉각시켜 용접선 방향의 인장응력을 완화하는 방법으로 Linde법이라고 한다.

2 납땜 및 테르밋 용접(Thermit Welding)

1. 납땜

1) 납땜의 정의와 납의 종류

(1) 정의

모재의 용융온도보다 낮은 땜납을 용가제로 사용하여 접합하는 것

(2) 종류

① 연납(Soft Solder)

㉠ 납(Pb)의 용융온도(325℃)보다 낮은 것을 말하고 일반적으로 땜납이라고 한다.

㉡ 저온에서 용융되고 작업이 용이하나 기계적 강도가 작아 많은 힘이 작용하지 않는 부분에 사용된다.

㉢ Pb-Sn의 합금으로 Sn 양이 Pb보다 많은 땜납을 상납이라 한다.

② 경납(Hard Solder) : 용융온도가 400℃ 이상의 것을 말한다. 코크스, 가스, 전열, 고주파 유도열 등에 의하여 용접한다. 경납의 용제로서는 붕사 등을 물로 반죽하여 도포하거나 입상의 경납을 접합부상에 넣고 용제를 철포한다.

㉠ 인청동납 : P가 4~8%, Sn이 0~1% 나머지 Cu로 된 납으로 구리 및 구리합금에 적합(강, 주철에는 부적합)
㉡ 은납(Silver Solder) : 황동에 Ag를 6~10% 정도 가한 것으로 황동, 동, 연강의 땜에 사용되며 Ag를 가하면 유동성이 양호하고 강도가 커진다.
㉢ 황동납(Brass Solder) : Cu가 40~50%, 나머지가 Zn이며 황동, 강철, 동의 땜에 사용
㉣ 양은납(German Silver Solder) : 황동에 Ni를 8~12% 가한 것이며, 동 및 강철의 땜에 사용
㉤ 금납(Gold Solder) : Au-Ag-Cu의 합금이며, 금과 은의 땜에 사용
㉥ 백금납(Platinum Solder) : Ag-Au의 합금이며, 백금의 땜에 사용
㉦ Aluminum 납 : Al-Mg-Zn의 합금이며, Al 금속의 땜에 사용
㉧ 철납(Iron Solder) : 철분, 붕사, 붕산 등의 혼합물이며 사용온도는 1,150℃ 정도이다.

(3) 납땜의 사용

① 강철, 황동(Brass), Cu, Ni 등의 얇은 판재 또는 가느다란 선재 등과 또는 각종 구리합금 제품에 사용
② 주철, 스테인리스 강철관, Cr 도금판에는 납땜이 되지 않는다.

(4) 납땜작업

① 용제로서 염화아연(ZnCl)(HCl에 Zn을 용해), 염화암모늄(NH_4Cl), 수지(樹脂), 수지(獸脂) 등을 단독 또는 배합하여 사용한다.
② 경납작업은 브레이징(Brazing)이라고 부르며, 토치 램프(Torch Lamp) 또는 가스로 가열하고 열의 발산을 방지하기 위하여 단열재로 주위를 둘러싸는 것이 좋다.
③ 산소 아세틸렌가스, 중유로, 전기저항로, 고주파로를 사용

2. 테르밋 용접(Thermit Welding)★

1) Thermit

테르밋 용접은 용접열원을 외부로부터 가하는 것이 아니라 산화철과 알루미늄 분말의 반응인 테르밋반응에 의해 생성되는 열을 이용하여 용접하는 특수용접법이다. 산화철(FeO, Fe_2O_3, Fe_3O_4)과 알루미늄 분말을 1 : 3으로 혼합한 것

2) 반응식

Thermit에 점화제로 $BaCO_2$와 Mg의 분말의 혼합물을 사용하면

$3Fe_3O_4 + 8Al = 9Fe + 4Al_2O_3 + 702.5kcal$

과 같은 화학반응을 하여 3,000℃의 고열을 낸다.

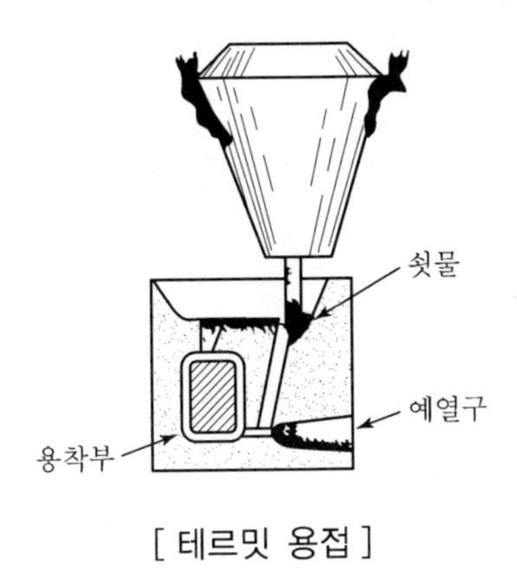

[테르밋 용접]

3) 종류

(1) Thermit 주조용접(Thermit Cast Welding)

축, 기어, Frame을 수리하거나 Rail의 접합 및 마멸부의 보수에 응용되는 것으로 용접부의 Groove에 사형 주형을 만들고 Thermit 반응을 통해 얻은 용융금속을 주입하여 모재를 융합하는 방법으로 널리 이용되고 있다.

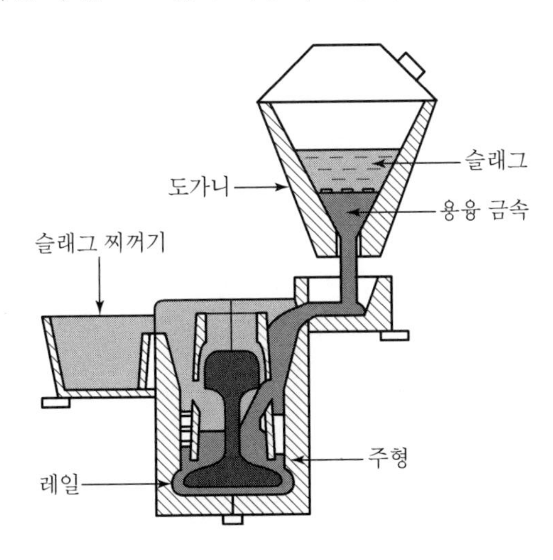

[테르밋 주조용접]

(2) Thermit 가압용접(Thermit Pressure Welding)

모재의 단면을 맞대어 접합시키고, Thermit 반응열로 생긴 Slag와 용금을 주위에 부어 가열시키고 용접을 행한다.

4) 장단점

(1) 장점

① 전력이 필요 없다.
② 작업이 간단하다.
③ 용접시간이 짧다.
④ 설비비가 간단하고 싸다.
⑤ 용접변형이 적다.

(2) 단점

접합강도가 낮다.

[Question 01] 다음의 용접기호를 그림으로 표시하시오.

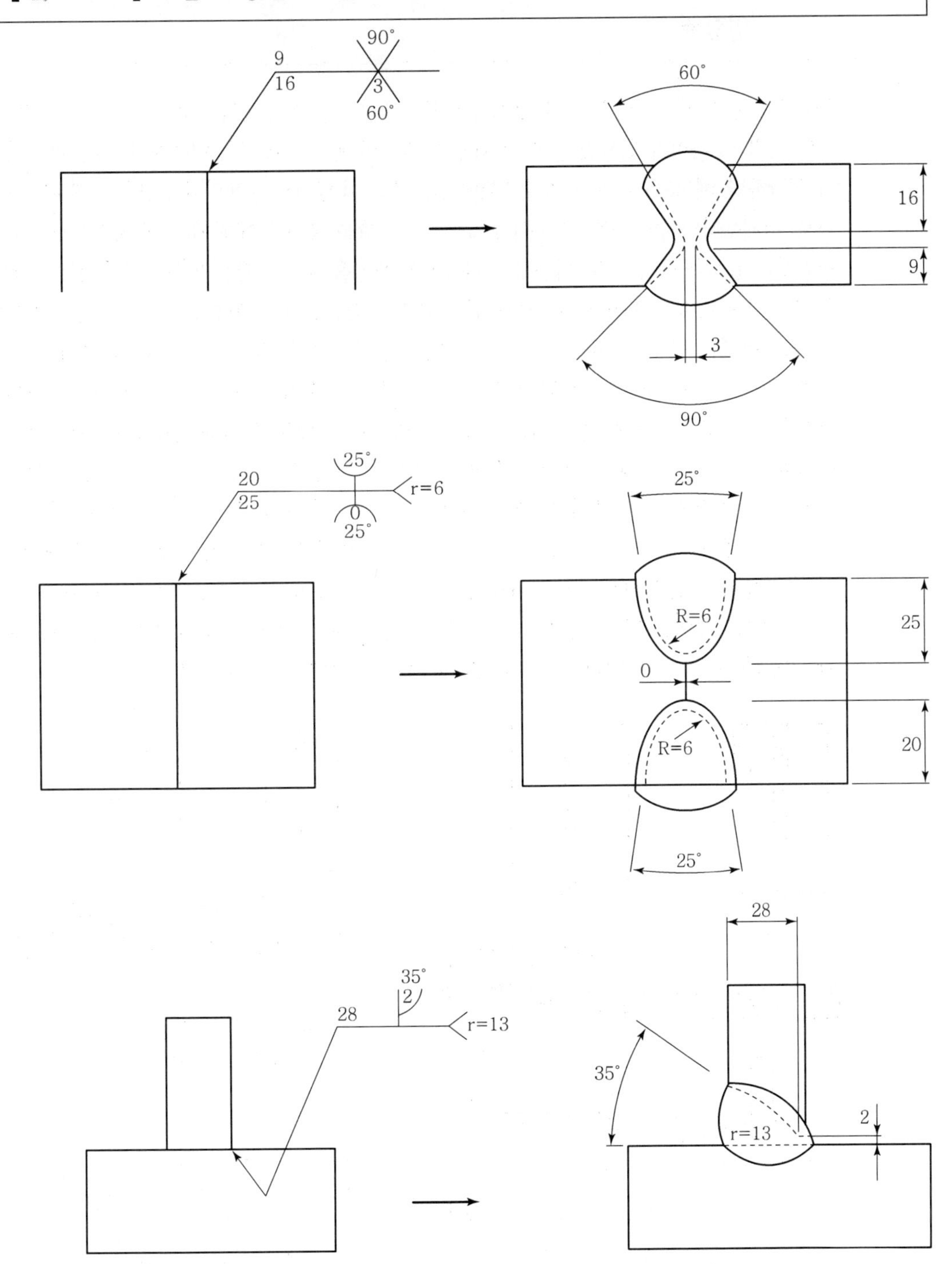

[Question 02] 용접부의 잔류응력 생성원인과 잔류응력이 용접부의 강도에 미치는 영향★

용접열로 가열된 모재의 냉각 및 용착강의 응고냉각에 의한 수축이 자유로이 이루어질 때, 위치에 따라 그 차이가 있으면 용접스트레인이 발생한다. 예컨대 V형 이음에서 제2층째의 용접을 생각하면, 제1층은 이미 응고 수축되어 있으므로 이 양자의 전체의 수축량은 동일하다 하더라도, 이때부터의 수축량은 제2층째가 크므로 2층 측을 향하여 휘게 된다. 또 용접선을 따라서 한끝부터 용접을 해나갈 때, 자유로운 이음이면 용접을 행한 부분은 차례로 수축하므로, 전자와 같이 시간적으로 차이가 있으므로 뒤로 갈수록 외견상의 수축량이 크고 변형을 가져온다. 전자는 이음의 종류에 따라 다르고 V, X, H형의 순으로 작아지고, 판두께보다 층수에 지배된다. 후자는 용착강의 단면적, 저부 간극이 클수록 크고, 판두께에 반비례한다.

자유로운 변형을 방지하여 용접스트레인이 발생하지 않도록 하면, 용접부는 외부로부터 구속을 받은 상태가 되어 잔류응력이 발생한다. 예컨대 구조물의 일부를 용접했을 때 다른 부재의 영향으로 용접부재가 자유로이 수축하지 못한다면, 그 부재에는 인장응력이 잔류하게 된다. 따라서 다른 부재를 절단하면 용접부재의 잔류응력은 소멸하게 된다. 이 잔류응력은 연강에서는 600~650℃로 25mm 두께에 대하여 1시간 가열하면 제거된다. 용접스트레인을 남길 것인가, 스트레인을 남기지 않게 하고 잔류응력의 존재를 허용할 것인가는, 기계구조물의 요구를 잘 고려해 결정해야 할 것이다.

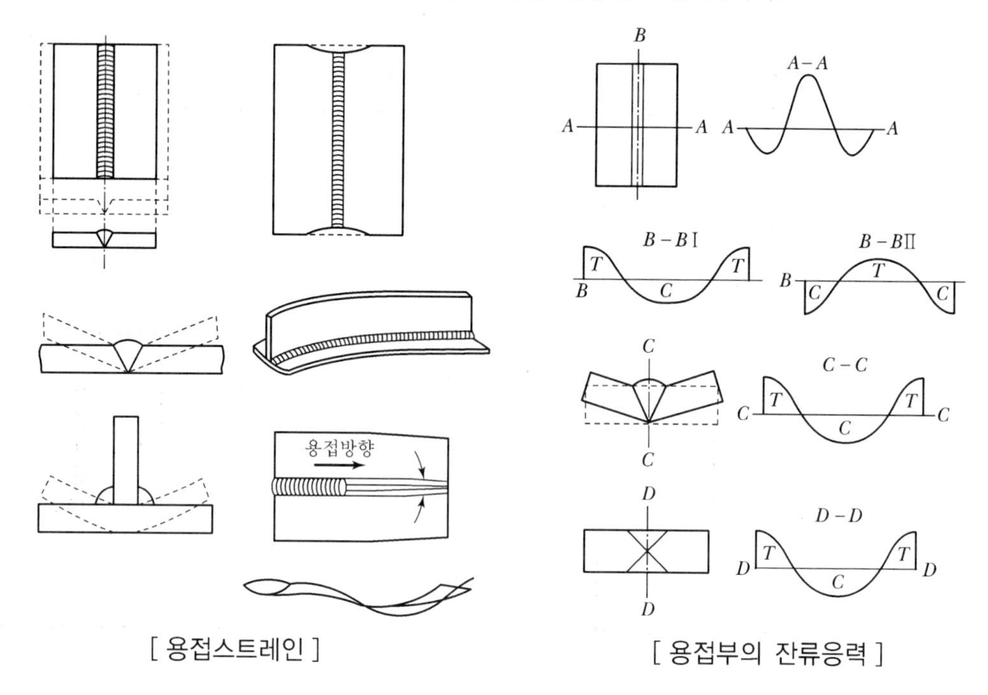

[용접스트레인]　　[용접부의 잔류응력]

[Question 03] 용접 열영향부(Heat Affected Zone, HAZ)에 대하여 설명하시오.★

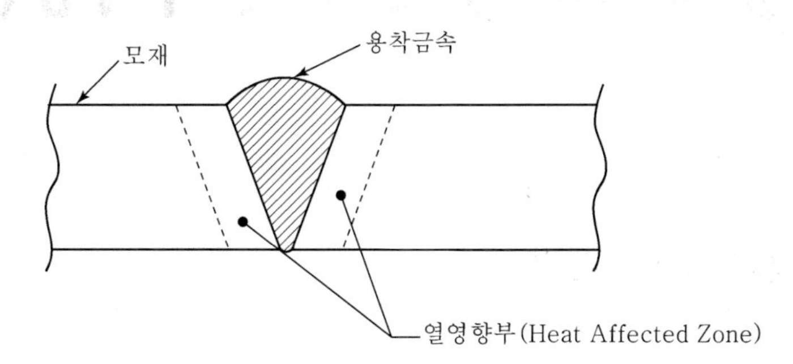

용접열로 금속조직이나 기계적 성질이 변화하여 용융하고 있지 않은 모재의 부분으로 비교적 고온으로 가열된 영역은 금속조직 변화가 현저하고 강의 경우는 A_1 변태점 이상으로 가열된 점에서 특히 모재와 구별하기 쉬운 이 부분을 열영향부라고 한다.
조직은 급열, 급랭으로 마텐사이트의 취약한 조직의 생성되어 비드 하부 균열(Underbead Crack), 비드 측단 균열(Toe Crack) 및 루트 균열(Root Crack) 등이 발생한다.

제2절 Gas 용접과 전기저항용접

1 Gas 용접과 Gas 절단

1. Gas 용접

1) 개요

가스용접법은 각종 가연성 가스와 산소의 반응 시에 생기는 고열 즉 가스 연소열을 용접열원으로 이용하는 방법이며 모재의 종류, 판두께 이음형상 등에 의해 용접봉을 사용할 때와 사용하지 않을 때가 있다.

가스용접의 이점은 가열할 때 열량조절이 비교적 자유스러워 열감수성에 의해 균열 발생의 우려가 있는 금속이나 얇은 판, 파이프, 비철금속 및 그 합금 특히 용융점, 비등점이 낮은 금속을 용접하는 데 적합하다.

가연성 가스는 아세틸렌가스, 수소가스, 메탄, 에탄 등의 종류가 많으나 가장 양호한 야금적 용접부를 얻을 수 있는 것은 산소-아세틸렌가스 용접이며 일반적으로 이것을 가스용접이라 한다.

(1) 가스용접의 종류

① 가스용접법(Gas Fusion Welding) : 용접할 부분을 가스로 가열하여 접합

② 가스압접법(Gas Pressure Welding) : 용접부에 압력을 가하여 접합

(2) 아세틸렌가스와 산소의 화학반응

$2C_2H_2 + 5O_2 \rightarrow 4CO_2 + 2H_2O + 193.7\text{kcal}$

아세틸렌 용적 1에 대하여 완전 연소에 필요한 산소 용적은 $2\frac{1}{2}$배가 된다.

(3) 용접불꽃

① 산소 : 색, 냄새, 맛이 없고 비중은 1.105로서 공기보다 무거우며 산소 자신은 타지 않고 다른 물질이 타도록 도와주는 조연성 가스이다.

② 카바이드(CaC_2) : 석회석과 석탄 또는 코크스를 혼합시켜, 이것을 전기로 속에 넣고 3,000℃로 가열하여 용융 화합시킨 것

㉠ 화학방정식 : $CaO + 3C = CaC_2 + CO$

㉡ 성질

ⓐ 무색 투명하다.(시판되는 것은 불순물이 포함되어 회갈색 또는 회흑색을 띤다.)

ⓑ 돌과 같이 단단하고, 비중은 2.2~2.3이다.

ⓒ 물과 작용하여 아세틸렌가스가 발생하고, 소석회의 백색 분말이 남는다.

$CaC_2 + 2H_2O = C_2H_2 + Ca(OH)_2$

㉢ 순수한 카바이드 1kg으로 348 l 의 아세틸렌이 발생되나 불순물이 포함된 시판 제품은 230~300 l가 발생한다.

③ 아세틸렌가스

㉠ 순수한 것은 냄새가 없고 무색이다. 불순물(PH_3, H_2S, NH_3)을 포함하고 있을 때 악취가 난다.

㉡ 공기보다 가볍다.(공기의 0.906배, 1 l의 무게는 15℃ 1기압 하에서 1.176g)

㉢ 각종 액체에 잘 용해된다.(물에는 같은 양, 아세톤에는 25배가 용해)

㉣ 산소와 적당히 혼합하여 연소시키면 높은 열을 낸다.(3,000~3,500℃)

④ 용해 아세틸렌가스

㉠ 아세톤(Acetone)에 용해되는 성질을 이용하여 저장 운반한다.

㉡ 15℃와 15기압에서 아세톤 1 l에 아세틸렌 324 l가 용해된다.

㉢ 사용상의 주의점

ⓐ 용기를 바로 세우고, 통풍이 잘되고 직사광선이 들지 않는 곳에 둘 것

ⓑ 이음부는 비눗물로 검사한다.

ⓒ 용기의 안전 Valve는 70℃에서 녹으므로 가열되지 않도록 한다.

⑤ 산소-아세틸렌불꽃★

㉠ 중성불꽃 : 표준불꽃(Neutral Flame)이라고 하며, 산소와 아세틸렌의 혼합 비율이 1 : 1인 것으로 일반 용접에 쓰인다.

ⓐ 백심의 끝부분 바로 밑이 온도가 가장 높으며 불꽃의 끝으로 갈수록 온도는 점점 낮아진다. 백심은 혼합가스를 연소시켜 백색을 띠며 실제 용접열로 사용되는 부분이다.

ⓑ 겉불꽃에서는 공기 중의 산소와의 반응에 의해 이산화탄소와 수증기로 기화되는 물이 생성되며 이들 가스에 의해 용접부가 보호된다. 대부분의 용접 작용에 사용되는 불꽃이다.

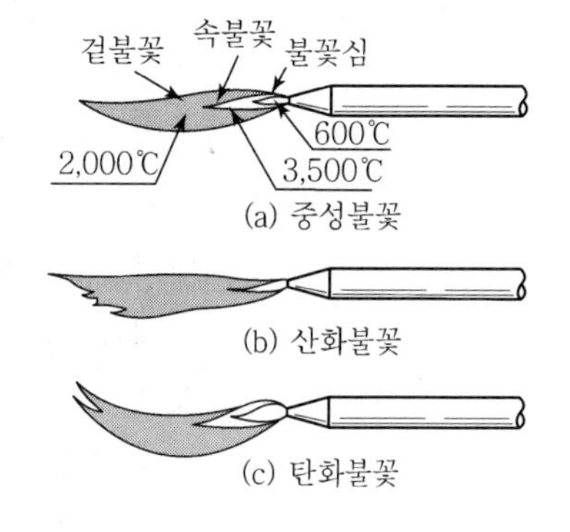

[아세틸렌 불꽃]

㉡ 탄화불꽃 : 산소가 적고 아세틸렌이 많은 때의 불꽃(아세틸렌 과잉불꽃)으로서 불완전 연소로 인하여 온도가 낮다. 스테인리스 강판의 용접에 이 불꽃이 쓰인다.

ⓐ 아세틸렌의 과잉으로 탄소(C)의 여분에 의해 탄소가 백색으로 가열되어 빛나며 상대적으로 산소가 부족하여 연소가 불충분하게 되며 온도가 낮으므로 용접에는 불리하다.

ⓑ 이 불꽃은 표준불꽃에서 불꽃 중심이 더 길어지며 산화나 급열을 피하기 위해 비철 경질재료(스테인리스강, 니켈강)의 용접에 이용된다.

㉢ 산화불꽃 : 중성 불꽃에서 산소의 양을 많이 공급했을 때 생기는 불꽃으로서 산화성이 강하여 황동 용접에 많이 쓰이고 있다.

ⓐ 백심이 짧아지고 속불꽃이 없어져서 바깥 불꽃만으로 된다.

ⓑ 온도가 높아지며 용착 금속의 산화 또는 탈탄이 발생되나 산화불꽃이 심하지 않을 때는 황동, 청동 용접에 이용된다.

2) 가스용접장치

(1) 아세틸렌 발생기(Acetylene Gas Generator)

아세틸렌가스 발생기는 카바이드에 물을 작용시켜 아세틸렌가스를 발생시키고 동시에 아세틸렌가스를 저장하는 장치를 말한다.

아세틸렌가스를 발생시킬 때에는 화학반응에 따른 열이 많이 발생된다. 아세틸렌 발생기는 카바이드와 물을 작용시키는 방법에 따라 투입식, 주수식, 침지식으로 분류되며 발생된 아세틸렌가스의 압력에 따라 고압식, 중압식, 저압식이 있다. 또한 사용 목적에 따라 작업상 이동할 수 있는 것을 이동식, 정지하여 사용하는 것을 고정식 발생기라 한다.

① 아세틸렌가스의 화학반응 : 칼슘카바이드(CaC_2)에 물을 작용시킨다.

$CaC_2 + 2H_2O \rightarrow C_2H_2 + Ca(OH)_2 + 31.872kcal$

② 아세틸렌발생기의 종류

㉠ 투입식

ⓐ 원리 : 많은 양의 물 속에 카바이드를 소량씩 투입하여 비교적 많은 양의 아세틸렌가스를 발생시키며 카바이드 1kg에 대하여 6~7리터의 물을 사용한다.

ⓑ 특징

- 청정작용이 되어 순도가 높고 반응열에 의한 온도상승이 없다.
- 다량의 가스를 필요로 할 때 사용
- 아세틸렌의 손실이 있으며, Slag의 제거가 어렵다.
- 발생기의 조작이 쉽고, 가장 안전하다.
- 물의 사용량이 많고, 설치 장소가 비교적 넓다.

㉡ 주수식

ⓐ 원리 : 발생기 안에 들어 있는 카바이드에 필요한 양의 물을 주수하여 가스를 발생시키는 방식으로 소량의 Gas를 요할 때 사용된다.

ⓑ 특징

- 주입물의 자동조절이 용이하고 Slag의 제거가 쉽다.
- 적은 양의 가스를 필요로 할 때 사용
- 온도가 상승하기 쉽고 순도가 투입식에 비하여 낮다.
- 물의 소비량이 적고 연속적인 가스 발생이 가능하다.
- 기능이 간단하여 안전하다.
- 설치면적이 적고 비교적 능률적이다.
- 카바이드가 과열되기 쉬운 결점이 있다.

㉢ 침지식

ⓐ 원리 : 투입식과 주수식의 절충형으로 카바이드를 물에 침지시켜 가스를 발생시키며 이동식 발생기로써 널리 사용된다.

ⓑ 특징

- 가스소비량에 따라 발생량을 조절할 수 있다.
- 구조 및 설비가 대단히 간단하다.(따라서 이동용으로 많이 이용되고 있음)
- 급격한 온도상승과 과잉가스를 발생할 수 있다.
- 폭발의 위험성이 크다.

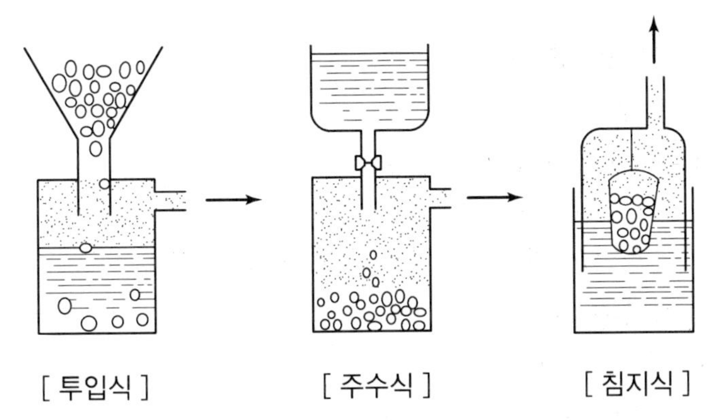

[투입식]　[주수식]　[침지식]

(2) 아세틸렌 청정기 및 안전기

① Acetylene 청정기(Acetylene Cleaner) : 불순물 제거장치

㉠ 불순물 : 인화수소(H_2P), 황화수소(H_2S), 암모니아(NH_3) 등

㉡ 아세틸렌 청정법의 종류 : 수세에 의한 방법, 여과에 의한 방법, 화학처리법 등이 있는데, 일반적으로 화학처리법이 쓰인다.

② 안전기(Safety Device) : 용접작업 중 역화(Back Fire) 현상이 생기거나 Torch가 막혀서 Acetylene 쪽으로 역류하여 역화나 역류작용이 발생기 내에 미치면 위험하므로 안전기를 사용한다.

㉠ 역류역화 및 인화역화의 원인

ⓐ 토치의 성능이 나쁠 때

ⓑ 토치의 취급을 잘못할 때

ⓒ 팁에 석회분말, 찌꺼기 등의 불순물이 막혔을 때

ⓓ 팁이 과열되었을 때

ⓔ 아세틸렌가스의 공급이 부족할 때

ⓕ 토치의 연결나사 부분이 풀렸을 때

㉡ 안전기 취급상의 주의사항

ⓐ 1개의 안전기에는 1개의 토치를 사용할 것

ⓑ 수위는 작업 전에 점검할 것

ⓒ 한랭시 빙결되었을 때는 화기로 녹이지 말고 따뜻한 물이나 증기로 녹일 것

ⓓ 수위의 점검을 확실히 할 수 있게 안전기는 잘 보이는 곳에 수직으로 걸 것

(3) 산소용기(산소통 : Bomb)

순도 99.5% 이상의 산소는 온도 35℃에서 150기압으로 압축하여 충전하며 이것을 감압용 밸브를 통하여 5~20kg/cm²의 압력으로 떨어뜨려 아세틸렌가스와 혼합하여 사용한다.

① 용기 내의 산소량 계산식

$$L = V \times P$$

여기서, V : 용기 내의 용적(l)

L : 용기 내의 산소용량(l)

P : 압력계의 지시되는 용기 내의 압력(kg/cm²)

② 산소용기 취급사항

㉠ 충격을 주지 말 것

㉡ 항상 40℃ 이하로 유지할 것

㉢ 직사광선을 피하고, 밸브에 기름을 묻히지 말 것

㉣ 가연성 물질을 피하고, 밸브의 개폐는 조용히 할 것

㉤ 운반할 때는 운반 용구에 세워서 할 것

3) 가스용접의 장단점

(1) 장점

① 응용범위가 넓다.
② 가열 조절이 비교적 자유롭다.
③ 설비비가 싸고, 운반이 편리하다.
④ 아크용접에 비하여 유해광선의 발생이 적다.

(2) 단점

① 아크용접에 비하여 불꽃의 온도가 낮고 열효율이 낮다.
② 열집중성이 나빠서 효율적인 용접이 어렵다.
③ 폭발의 위험성이 크다.
④ 금속이 탄화 및 산화될 가능성이 많다.
⑤ 아크용접에 비해 가열범위가 커서 용접응력이 크고 가열시간이 오래 걸린다.
⑥ 아크용접에 비해서 일반적으로 신뢰성이 적다.

4) 가스용접봉의 구비조건

(1) 모재와 동일하며, 불순물이 혼합되지 않을 것
(2) 강도가 크고 산화된 것은 제거한 후 사용할 것
(3) 용융온도가 모재와 같고, 기계적 성질이 양호할 것

5) 용제(Flux)★

(1) 작용

용제는 용접면에 있는 산화물을 녹여 슬래그(Slag)로서 제거하고 또한 작업 중에 용접부를 공기와 차단하여 산화작용을 방지하는 역할을 한다.

(2) 모재의 재질에 따른 용제

모재의 성질	용제
연강	사용하지 않음
반경강	중탄산나트륨+탄산나트륨
주철	붕사+중탄산나트륨+탄산나트륨
구리합금	붕사
알루미늄	염화리튬(15%), 염화칼륨(45%), 염화나트륨(30%), 불화칼륨(7%)

6) 가스용접작업

용접작업 시는 용접부에 결함이 되도록 없어야 하며 변형을 적게 하고 용접능률을 좋게 하여야 한다. Gas 용접에서의 용접은 토치와 용접봉이 이동방향에 따라 전진용접과 후진 용접으로 분류하며 용접의 용착법은 용접하는 진행방향에 의해 구분된다.
이러한 용착순서 결정은 불필요한 변형이나 잔류응력의 발생을 될 수 있는 한 억제하는 쪽이 바람직하다.

(1) 전진용접(Forward Welding)

① 가스 토치의 방향이 용접의 진행방향과 같은 것
② 용접하기 쉬우나 용접봉이 장해가 되어 화염의 분포가 균일하지 않으며, 또한 가열 범위가 넓어 변형이 많이 생기기 쉽다.
③ 화염으로 용금을 불어내어 용입을 방해하며 모재를 과열시키고, 용금의 산화가 심하나 Bead 표면은 깨끗하다.
④ 5mm 이하의 얇은 판의 맞대기 용접이나 비철 및 주철 용접에 이용

(2) 후진용접(Backward Welding)

① 화염이 용접부를 집중 가열하므로 열 이용률이 높고 두꺼운 판재의 용접에 적합
② 용접봉의 Weaving이 없으므로 Groove가 좁아도 되며, 용접봉 및 Gas 소비량이 적고 용접속도가 크며 용접부의 변형도 적다.
③ Bead는 전진용접의 것만큼 매끈하지 못하며 Bead가 높다.

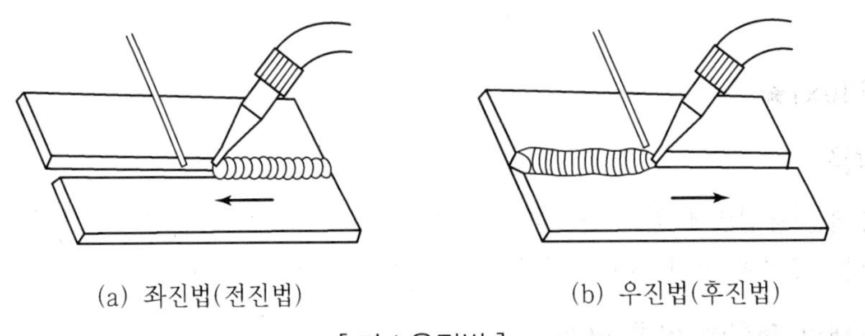

(a) 좌진법(전진법)　　(b) 우진법(후진법)

[가스용접법]

7) 용착법

(1) 전진법

이음이 한쪽 끝에서 다른 쪽의 끝으로 용접을 일정하게 진행하는 방법으로 가장 일반적인 용착법임
① 용접이 끝나는 쪽의 수축 및 잔류응력이 큼
② 능률적인 용접작업

③ 잔류응력의 비대칭으로 변형이 발생됨(가용접 필요)

④ 얇은 판의 용접 및 자동용접법으로 쓰임

(2) 후진법

용접진행방법과 용착방법이 반대인 용착법

① 잔류응력이 균일하여 변형이 작음

② 비능률적임

③ 두꺼운 판의 용접에 적합

(3) 대칭법

이음 중앙에 대해 대칭으로 용접을 실시하는 방법이며 이음의 전길이를 분할한다.

-잔류응력에 따른 변형을 대칭으로 유지함

(4) 비석법

이음되는 전길이에 대해 일정한 길이를 뛰어넘어 용접하는 방법

① 변형과 잔류응력이 균일

② 비능률적임

③ 용접 시작부분과 끝부분의 결함발생이 많음

(5) 빌드업법

① 비능률적임

② 두꺼운판 용접 시 첫 층에 균열 발생이 쉬움

8) 가스압접(Pressure Gas Welding)

(1) 개요

가스압접은 열원을 산소-아세틸렌 불꽃에서 얻어 맞대기 접합부를 그 재료의 재결정 온도 이상으로 가열한 후 축방향으로 압축력을 가하여 압접하는 방법이다. 가스압접에는 밀착 맞대기법, 개방 맞대기법의 두 종류가 있으나 일반적으로 산화작용이 적고 겉모양이 아름다운 밀착 맞대기법이 많이 이용된다.

가스압접은 이음부의 강도가 높으나 가열시간이 길며 일반적으로 철근, 파이프라인, 철도레일 및 차량 부품의 용접에 응용된다.

(2) 특징

① 이음부의 탈탄층이 없다.

② 전기가 필요 없다.

③ 압접이 기계적이어서 작업자의 숙련도에 큰 문제가 없다.
④ 장치가 간단하고 시설비가 싸다.
⑤ 용접봉이나 용제가 필요 없다.
⑥ 이음 단면의 가공정도 및 청정도가 압접품질에 영향을 미친다.

(3) 밀착 맞대기(Closed Butt) 용접

① 압접면을 맞대 놓고 적당한 압력으로 밀착시킨 상태에서 가열하는데, 접합면이 균일 온도로 되어 압접재가 일정량만큼 줄어들면 용접을 완료한다.
② 용접면의 균일 가열이 어려우며 접합면의 불순물을 미리 제거하여야 한다.
③ 적은 단면재에 주로 적용한다.

(4) 개방 맞대기(Open Butt) 압접

① 압접면 사이에 Torch를 넣고 압접면을 가열하여 용융상태가 될 때 압력을 가하여 용접을 완료한다.
② 용접면의 균일가열이 용이하고 접합면의 불순물은 용해되어 탈락되므로 미리 청소할 필요가 없다.
③ 큰 단면재의 압접이 가능하다.

(5) 압접성 영향요인

① 가열온도 : 안정된 불꽃에 의해 이음부 전면을 균일하게 가열해야 한다. 이음면이 깨끗할 때는 900~1,000℃ 정도로 가열하나 이음효율을 높일 목적으로 1,300℃ 정도의 온도를 채택한다.
② 압접면 : 압접면은 기계가공을 하여 매끈한 면으로 만들어야 하며, 이음 단면에는 이물질을 깨끗이 제거하여 이음 후의 기계적 성질이 저하되지 않도록 한다.
③ 압접압력 : 이음면에 가하는 축방향 압력은 모재의 종류, 모양, 치수 등에 따라 다르다. 일반적으로 연강, 고탄소강 등은 처음부터 끝까지 일정한 압력을 주어 정해진 양의 업셋(Upset)을 주어서 이음을 완료한다.

2. Gas 절단★

1) 원리

금속재료를 절단하는 데는 전단기, 기계톱 등을 이용하는 경우가 있으나 가스절단(Gas Cutting)은 절단재료를 산소-아세틸렌가스 불꽃으로 일정한 온도로 예열한 후 팁의 중심에서 고압의 산소를 불어 내어 철을 산화시키면 용융점이 모재보다 낮으므로 용융과 동시에 산소 분출의 기계적 에너지에 의해서 연속으로 절단하는 것이다.

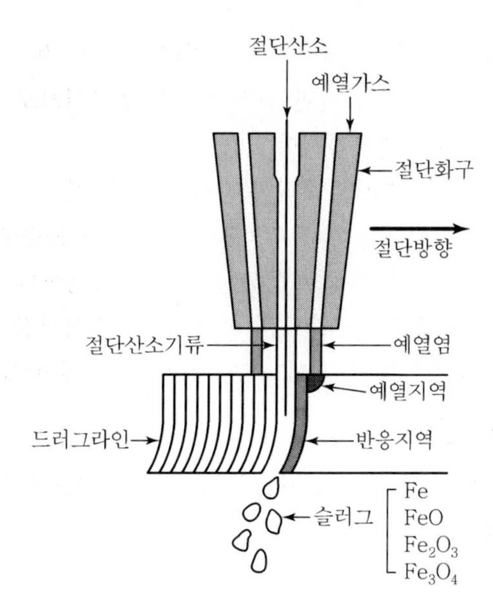

[가스절단의 원리]

2) 절단이 곤란(困難)하거나 할 수 없는 금속(金屬)

절단이 좋은 재료	연강, 주강
절단이 어려운 재료	주철
절단이 안 되는 재료	구리, 황동, 청동, 알루미늄, 납, 주석, 아연

(1) 가스절단이 가능한 조건

가스절단에서는 철의 연소가 무엇보다 중요하기 때문에, 절단 가능한 조건으로서 연소성의 정도가 크게 영향을 끼친다. 더구나 용융을 수반하는 절단이므로, 열적인 문제와 온도적인 문제가 절단 가부에 있어서 중요하다.

따라서, 절단 가능한 재료의 조건으로서는,

① 절단 재료의 발화온도가 그 재료의 용융점보다 낮을 것.
연소되기 전에 녹아 버리면, 산소기류에 불려날아가, 연소물이 없어져 버리므로, 연소에 의한 에너지의 공급이 없기 때문에 절단 할 수 없다.

② 산화물의 용융온도가 절단 재료의 용융온도보다 낮을 것.
산화물의 용융온도가 절단재의 용융온도보다 높게되면, 산화물이 먼저 응고되어 산화물이 흐르기 어렵게 되어, 산화물의 제거가 안정화되지 못하고 더 나아가서는 연소부가 안정화되지 않게 된다.

③ 산화물의 유동성이 좋아, 절단재에서 격리가 쉬울 것.
산화물이 연소부분에 체류하면 철의 연소를 방해하므로 절단이 어렵게 된다. 또한 격리가 나쁜 경우도 마찬가지이다.

④ 절단재에 포함된 불연소물 등의 불순물이 적을 것.
연소를 방해하는 불순물, 또는 유동성을 저해하는 불순물이 많으면 연소가 안정화 되지 않으며 발열량이 부족하게 되는 문제가 발생한다.
이러한 조건들을 만족하는 재료는 철, 탄소강, 저합금강 등 몇가지 금속이지만, 탄소강에서도 탄소함유량이 많게 되면 절단이 불가능하게 된다.

(2) 절단면 거칠기의 형성

절단면의 거칠기가 발생하는 이유는 다음과 같다. 절단부의 각부분의 형태는 응고부, 용융부, 반응부로 되어있다.

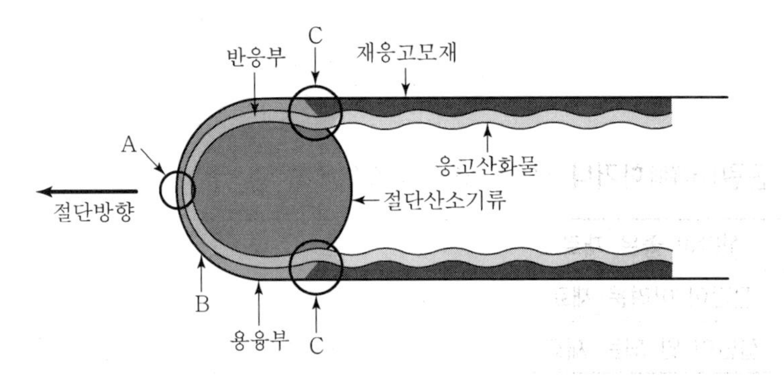

절단부의 온도부는 절단진행면 선단의 A부분이 가장 높고, B부분에서 C부분으로 점점 낮아진다. 이처럼 온도 분포에 차이가 있기 때문에, 용융금속은 온도가 높은 쪽에서 낮은 쪽으로의 흐름이 발행하여, C부분으로 용융금속이 모여들어 그 층이 두껍게 된다. C부분에 모인 용융금속은 절단이 진행됨에 따라, (산소기류가 절단방향으로 진행) 모재에 열을 빼앗기고 냉각됨으로써 절단면을 형성한다. 이 응고 과정에 있어서, C부분에 모인 용융금속량이 A부분, B부분의 반응량의 변화, 용융금속의 표면장력 등에 의해, 서로 다른 응고층의 두께가 만들어진다. 이것이 절단면의 거칠기로 나타나는 것이다.
절단속도가 어느 범위 내에 있을 때는 연소도 안정되어 있고, 절단산소에 의한 용융금속의 배출도 무리가 없어, C부분의 두께 변화가 적다. 그러나 절단속도가 빠르게 되면, 용융금속의 발생량이 많게 되고, 배출에도 무리가 생겨, 절단면이 거칠게 된다.
마찬가지로 불순물이 있으면 산화물의 유동성이 나쁘게 되거나 연소가 불안정하게 되어 절단면의 거칠기가 증대된다.

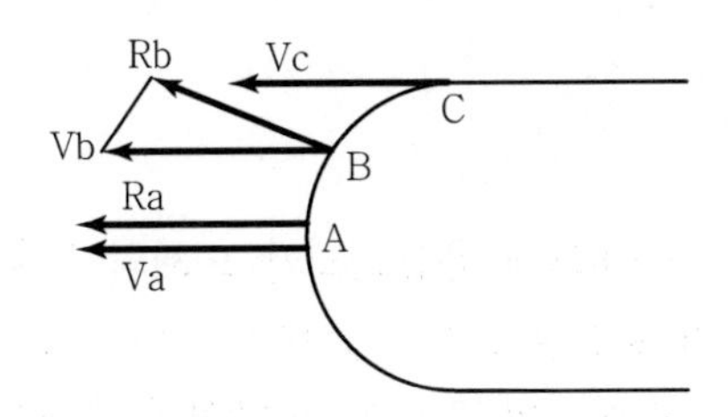

절단이 안정화되려면, 홈의 모양이 무너지지 않고 절단이 진행되어야 한다.
따라서, A부분에서는 절단 속도 Va와 철의 산화반응속도 Ra가 같은 속도로 진행된다.
B부분에서는 절단홈의 대각방향으로 반응속도가 발생하므로, 이 지점에서는 절단속도가 반응속도보다 빠르게 된다.
C부분에서는 진행방향으로의 반응속도는 0이다. 이러한 것을 볼 때, 절단 반응부는 전면 부분에서 행해짐을 알 수 있다.
한편, 철판 두께 방향으로 절단속도와 반응속도를 적용하면, 다음 그림처럼 판의 상부에는 절단산소가 화구에서 공급되기 때문에, 산소순도도 기류의 운동량(기류의 힘)도 거의 소실없이, Va = Ra가 성립한다.

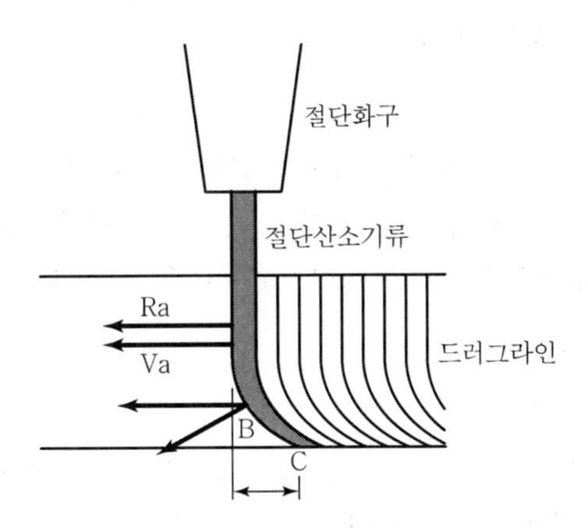

이 때문에 절단면은 절단방향에 대해 수직이 된다.
B지점에 도달하면, 산소순도와 운동량이 모두 저하되기 때문에, 절단속도에 대해 반응속도가 작게 되어, 반응면에 기울기가 발생하여 절단 지연이 발생된다. 이것이 드러그라인의 발생인 것이다.
C지점에서, 반응속도가 절단방향에 대해 0이 되면, 드러그라인은 절단방향에 대해 평행하게 되어 그 이상 판 두께 방향으로 반응이 진행되지 않게 된다. 이때가 절단의 한계인 것이다.

3) 가스절단방법

(1) 금속의 절단성

① 금속 산화물 또는 슬래그의 용융온도가 모재의 용융온도보다 낮아져야 한다.
② 모재의 연소온도가 용융온도보다 낮아야 한다.
③ 금속 산화물 또는 슬래그의 유동성, 이탈성이 좋아야 한다.
④ 모재의 성분 중 고융점의 내화물 또는 불연소물이 적어야 한다.

(2) 예열불꽃

① 예열불꽃의 역할
㉠ 절단 개시점을 급속히 연소온도까지 가열
㉡ 절단 진행 중 절단부의 온도를 항상 연소온도로 유지
㉢ 강재 표면의 스케일을 용해, 박리시킴
㉣ 철의 연소반응을 촉진
② 불꽃조성 : 예열불꽃은 중성불꽃이 좋으나 열효율 측면에서는 산소 과잉불꽃을 사용하는 것이 효과적이다. 과도한 과잉산소는 절단면이 거칠고 형상이 균일하지 않게 되므로 유의해야 한다.

(3) 절단방법

① 팁 끝과 강판 사이의 거리는 백심의 끝에서 1.5~20mm 정도 유지되며 예열 시는 팁을 약간 경사지게 하고 절단 시는 직각으로 세워서 한다.
② 예열불꽃은 중성으로 하고 표면이 850~950℃ 정도 되면 절단 산소 밸브를 열어 절단을 시작한다.

(4) 절단속도

① 절단속도는 절단산소의 압력이 높고 산소소비량이 많을수록 거의 비례적으로 증가하며 토치의 진행속도는 적당하게 이동시킨다.
② 모재의 온도가 높을수록 고속절단이 가능하며 절단산소의 순도, 분출상태, 속도에 따라 절단속도의 영향이 크다.

(5) 드랙(Drag)

① 정의 : 가스절단에서 절단 홈의 하부에 가까워질수록 슬래그의 방해, 산소의 오염, 산소속도의 저하 등에 의하여 산화작용이 느려지고 불어내는 압력이 저하되기 때문에 상하의 절단길이에 차이가 생기는 것
② 드랙길이
㉠ 드랙길이는 절단속도, 산소소비량, 압력 등에 따라 변하며 절단성을 판정하는

기준이 된다.

㉡ 절단속도가 아주 느리면 드랙길이는 0이 되나 경제적인 면에서 볼 때 드랙이 있는 것이 좋으며 표준 드랙길이는 보통 판 두께의 1/5 정도로 한다.

〈 표준드랙길이 〉

판두께(mm)	12.7	25.4	51	51~152
드랙길이(mm)	2.4	5.2	5.6	6.4

4) 절단변형의 방지법

(1) 구속법

절단된 축의 팽창 및 수축을 외력에 의해 억제하고 충분히 냉각된 후에 외력을 제거하여 변형을 적게 한다.

(2) 가열법

절단할 때 절단선에 대응하는 선 위를 예열불꽃으로 가열하여 열적인 균형을 유지하면서 냉각 수축에 의한 변형을 억제함

(3) 수랭법

가열법, 구속법을 부재의 치수 및 형상에 따라 이용할 수 없을 때 절단선 위를 절단 직후에 냉각수로 급랭시켜 절단재에 대한 입열을 적게 한다.

5) 가스절단기(Torch)

(1) 종류

① 프랑스식 : 0.07kg/cm^2 미만의 저압식으로 인젝터에 니들 밸브가 구성되어 있는 가변압식 절단기로 1시간 동안 표준 불꽃으로 용접하는 경우 아세틸렌의 소비량(l)으로 나타낸다.

② 독일식 : 0.07kg/cm^2~1.3kg/cm^{2}의 중압식으로 인젝터와 니들 밸브가 없는 불변압식 절단기로 연강판의 용접을 기준으로 해서 팁이 용접하는 판두께로 나타낸다.

③ 프랑스식에서 팁100이란 1시간에 표준불꽃으로 용접할 때 아세틸렌 소비량 100 l를 말하며 독일식은 연강판 두께 1mm의 용접에 적당한 팁의 크기를 1번이라고 한다.

(2) 가스절단기의 구비조건

① 구조가 간단하고 작업이 용이할 것

② 불꽃이 안정될 것

③ 안정성을 충분히 구비하고 있을 것

(3) 구성

손잡이, 혼합실, 팁(Tip)

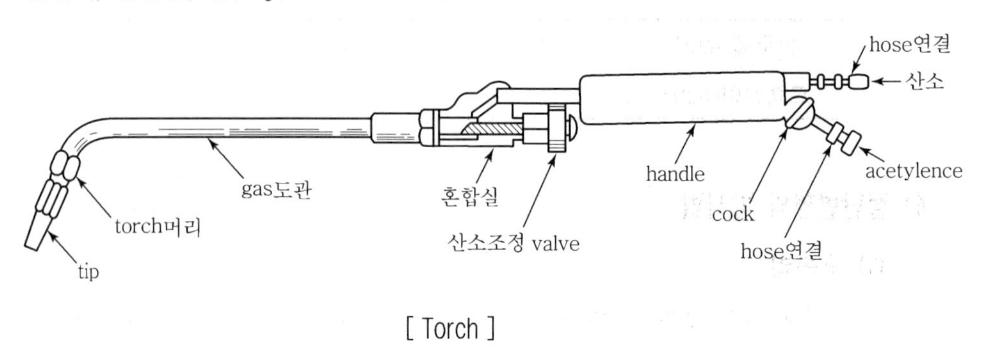

[Torch]

6) Gas Gouging

따내기라고도 하며, 가공물의 일부를 용융시켜 불어냄으로써 홈을 내는 가스가공

2 전기저항용접

1. 전기저항용접의 개요

전기저항용접(Electric Resistance Welding)은 용접물을 접촉시켜 놓고 전기를 통하여 접촉부의 전기저항열에 의해 접합부를 가열하고 동시에 큰 압력을 가하여 금속을 접합하는 방법이며 발열량 $Q=0.24I^2Rt$에 의해 나타난다.

용접재료는 전기고유저항(R)이 크고 열전달이 적으며 용접점이 낮은 재료가 좋다. 전기저항용접은 저전압 대전류(I)가 필요하며 수초 이내의 통전시간을 통해 열손실과 집중도를 높이고 변질을 적게 한다.

저항용접은 일정한 부품의 대량생산에 적합하며 용접기도 전용화되어 사용된다.

1) 발열량(Q) : 줄의 법칙

$$Q=0.24I^2Rt$$

여기서, I : 전류(A), R : 전기저항(Ω), t : 시간

2) 전기저항용접법의 장단점

(1) 장점

① 용접시간이 짧다.
② 재료손실이 적고 용제가 필요 없다.
③ 숙련공이 필요 없다.
④ 고도의 신뢰도를 기대할 수 있다.
⑤ 상이한 금속이라도 쉽게 용접된다.

(2) 단점

① 장치가 고가이다.
② 용접이음형식에 제약이 있다.
③ 용접에 앞서 표면은 특별한 준비처리를 요하기도 한다.

3) 용접상의 주의

(1) 접합부에 있는 모든 불순물을 깨끗이 닦아낸다.
(2) 전극부는 가급적 접촉저항이 적어야 한다.
(3) 냉각수는 충분하도록 자주 보충한다.
(4) 모재의 모양, 두께에 알맞은 조건을 택한다.

2. 전기저항용접의 종류★

1) 맞대기 저항용접

금속선재, 봉재, 판재 등의 단면을 맞대어서 용접시키는 방식

(1) 업셋 맞대기용접(Upset Butt Welding)

① 원리 : 2개의 용접재를 가압밀착시킨 상태에서 대전류를 통하여 접촉저항의 열로써 용접부가 적당한 온도로 되었을 때 축 방향의 큰 압력을 이동 측 전극에 추가하여 용접을 한다.
② 특징
㉠ 접합면 사이에 산화물이 잔류하기 쉽다.
㉡ 용접속도가 플래시 맞대기 용접보다 낮다.
㉢ 모재의 길이가 다소 짧게 된다.
㉣ 업셋부분이 균등하고 매끈하다.
㉤ 용접기가 간단하고 저렴하다.

㉥ 접합부가 새어 나오지 않는다.

③ 사용 : 강철선, 동선, 알루미늄선 등의 인발작업에서 선재의 접합에 사용되고 또한 연강의 각종 단면, 둥근 봉재, 각재, 판재, 파이프 등의 접합에 이용

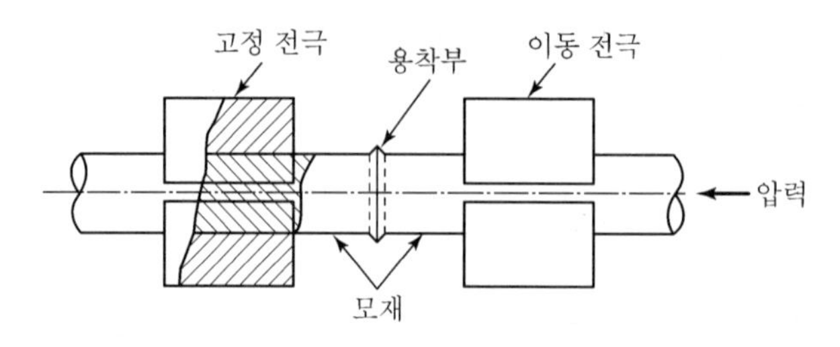

[업셋 맞대기용접]

(2) 플래시 맞대기용접(Flash Butt Welding)

① 원리 : 모재를 적당한 거리로 떼어 놓은 상태에서 대전류를 주어 스파크(Spark)를 발생시키고 점점 압력을 가하여 접촉시키면 저항열에 의하여 가열되고 용접이 완료되는 방식

② 특징

㉠ 가열범위가 좁아 열영향부가 적다.

㉡ 접합면에 산화물이 잔류하지 않는다.

㉢ 용접속도가 빠르고 소비전력이 적다.

㉣ 이질재료의 용접이 가능하다.

㉤ 업셋 양이 적다.

㉥ 용접강도가 크다.

③ 사용 : 레일(Rail), 보일러 파이프, 드릴의 용접, 건축재료, 자전거의 림, 파이프, 각종 봉재 등 중요한 부분의 용접에 사용

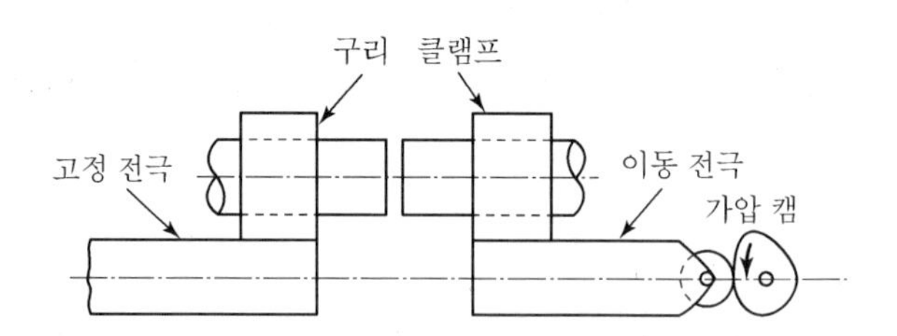

[플래시 맞대기용접]

2) 겹치기 저항용접

(1) 점용접(Spot Welding Process)

① 원리

두 전극 간에 2장의 판을 끼우고 가압하면서 통전하면 저항열로 용융상태에 달하게 되어 융합된다.

② 점용접의 종류

㉠ 프레스형 스폿용접기 : 가압용 실린더가 위에 있어 전극을 가압하는 기능을 갖고 있으며 보통 압축공기를 사용한다.

㉡ 로커형 스폿용접기 : 상부 암의 레버(Lever)장치로서 가압작용을 하게 되어 있다. 가동부가 비교적 중량이 가볍고, 상부 전극이 쉽게 이동할 수 있게 되어 있다.

③ 특징

연강과 경강은 스폿용접이 쉬우나, 산화되기 쉬운 금속과 열전달률이 서로 다른 금속들 사이에는 스폿용접이 비교적 곤란하다.

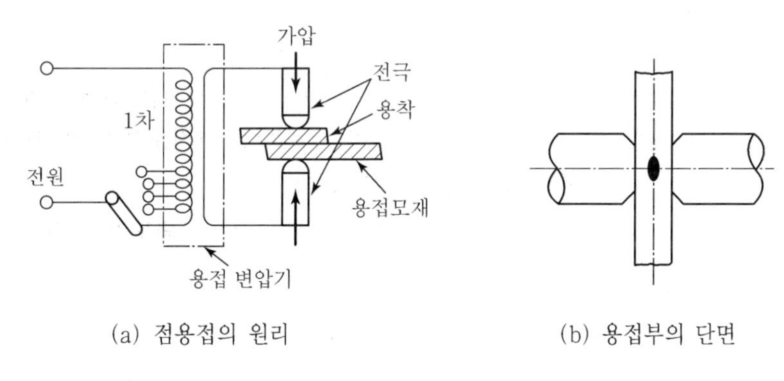

(a) 점용접의 원리 (b) 용접부의 단면

[점용접]

(2) 심용접(Seam Welding Process)

① 원리

점용접의 전극 대신 롤러 형상의 전극을 사용하여 용접전류를 공급하면서 전극을 회전시켜 용접하는 방법

② 특징

㉠ 접합부의 내밀성을 필요로 할 때 이용

㉡ 얇은 판재에 연속적으로 전류를 통하여도 좋은 결과를 얻는다.

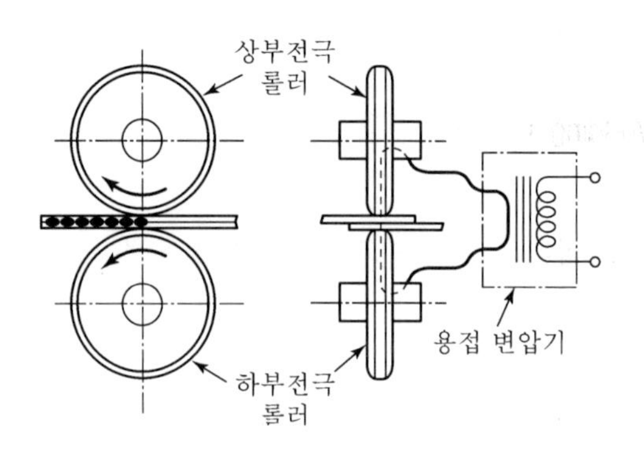

[심 용접법]

(3) 프로젝션 용접(Projection Welding Process)★

① 원리

스폿용접과 같은 원리로서 금속판의 한쪽 또는 양쪽에 돌기부를 만들고 가압하면서 통전하면 돌기부에 전류 및 압력이 집중되며 용접온도에 달할 때 가압력을 증가시켜 일시에 다점(多點)용접을 하는 것이다.

② 특징

㉠ 판재의 두께가 다른 것도 용접할 수 있다.(두꺼운 판에 프로젝션 가공)

㉡ 열전도율이 다른 금속의 용접이 가능하다.(열전도율이 큰 판에 프로젝션 가공)

㉢ 피치(Pitch)가 작은 Spot 용접이 가능하다.

㉣ 전류와 압력이 각 점에 균일하므로 용접의 신뢰도가 높다.

㉤ 작업속도가 크다.

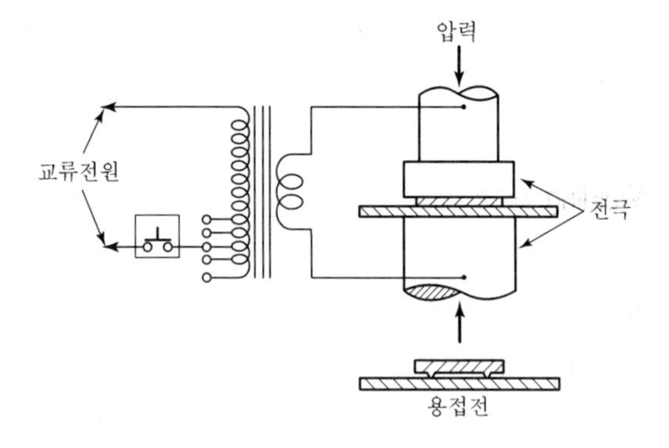

[프로젝션 용접법]

[Question 01] Plasma 절단과 Laser 절단의 장단점에 대하여 기술하시오.★

1. 플라스마 절단

(1) 개요

전력과 아르곤 가스를 이용하여 15,000~30,000℃의 초고온 플라스마를 절단 토치 노즐로부터 제트기류 상태로 연속적으로 발생시켜 절단하는 방법

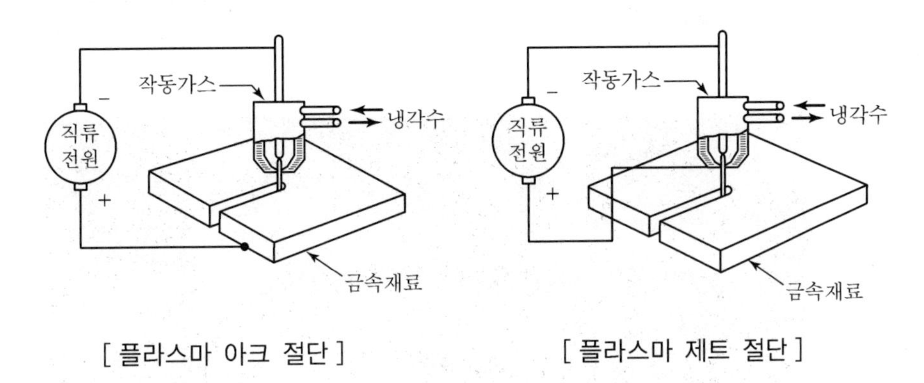

[플라스마 아크 절단]　　　　[플라스마 제트 절단]

① 원리

플라즈마 절단은 중앙에 비소모성의 전극을 놓고 주위에 동합금의 노즐(칩)로 에워 싼 다음, 전극과 노즐 사이에 아크를 발생시키고, 그 가운데에 적당한 가스를 보내면 그 가스는 고온으로 되고 가스 원자는 원자핵과 전자로 유리되어 플라즈마가 된다.

노즐을 통해 고속으로 분출된 플라즈마 제트는 금속과 비금속을 가리지 않고 고속으로 절단한다. 알루미늄이나 스테인리스 등 비철금속에 대해 보통강의 가스 절단과 비슷한 절단면을 얻을 수 있다. 강판의 절단에서는 가스 절단에 비해 고속이고 열에 의한 변형이 적은 이점도 있어, 최근 급속히 보급되고 있다.

작동 가스에는 공기, 산소, 아르곤/수소 혼합가스, 수소 등을 사용하는데, 사용하는 가스에 따라 부르는 이름이 다르다. 공기를 사용하면 에어 플라즈마, 산소를 사용하면 산소 플라즈마로 부른다.

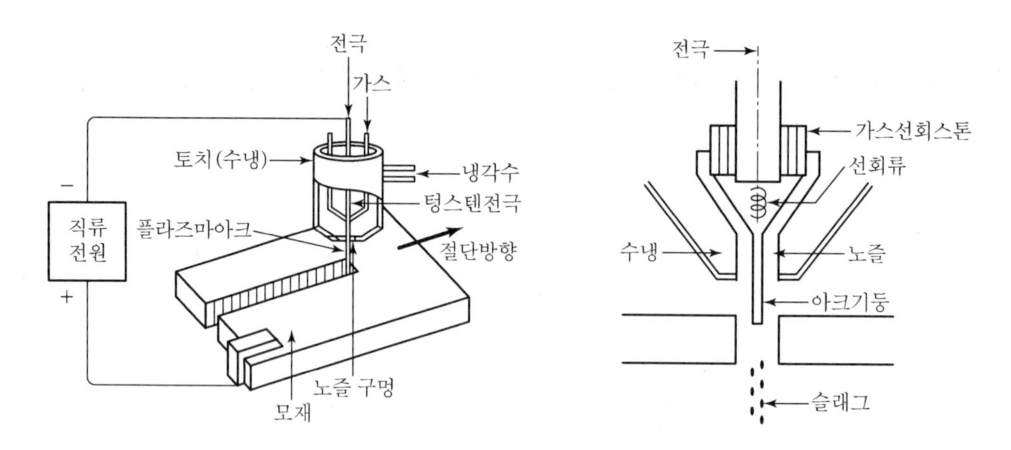

(2) 용도

알루미늄, 동 및 동합금, 스테인리스강 등 금속재료의 절단에 이용

(3) 이점

① 직류 아크로 작동하고 도전성 물질이면 어떤 것이든 절단할 수 있다.

② 절단면의 재질 변화가 작고 광택을 갖는 아름다운 절단면을 갖는다.

③ 절단속도가 빠르고 경제적이다.

④ 겹친 절단이 가능하다.

(4) 결점

① 절단 개시점 단면에 경사가 생긴다.

② 플라스마 기류 속에 말려든 공기 속의 질소가스, 산소가 반응을 일으켜 많은 질소화합물이 발생하며 먼지가 생긴다.

(5) 용도에 따른 혼합가스 사용

① 알루미늄 등의 경금속 : 아르곤과 수소의 혼합가스 사용

② 스테인리스강 : 질소와 수소의 혼합가스 사용

2. 레이저 절단★

레이저 절단은 레이저 빔이 렌즈 또는 거울에 의해 물체 표면에 초점을 형성, 국부적인 가열로 인한 순간적 용융 또는 증발상태로 만든 다음, 이를 가스 제트로 불어서 절단한다.

(1) 레이저 절단의 원리

레이저(LASER)의 원어는 Light Amplification by the Stimulated Emission Radiation (유도방출에 의한 광선의 증폭)의 첫 문자를 합쳐 놓은 것으로, 이 단어의 뜻대로 레이저는 광선을 유도방출시켜, 이것을 증폭시켜 놓은 것이다. 원리로서 간단히 말하자면, 우리가 늘 접하고 있는 태양 광선은 무한의 먼 거리에서 온 광선이므로 평행한 광선의 다발이라고 생각할 수 있다. 이것을 렌즈로 집광하여 그 열에너지를 한점으로 모으는 것과 같다.

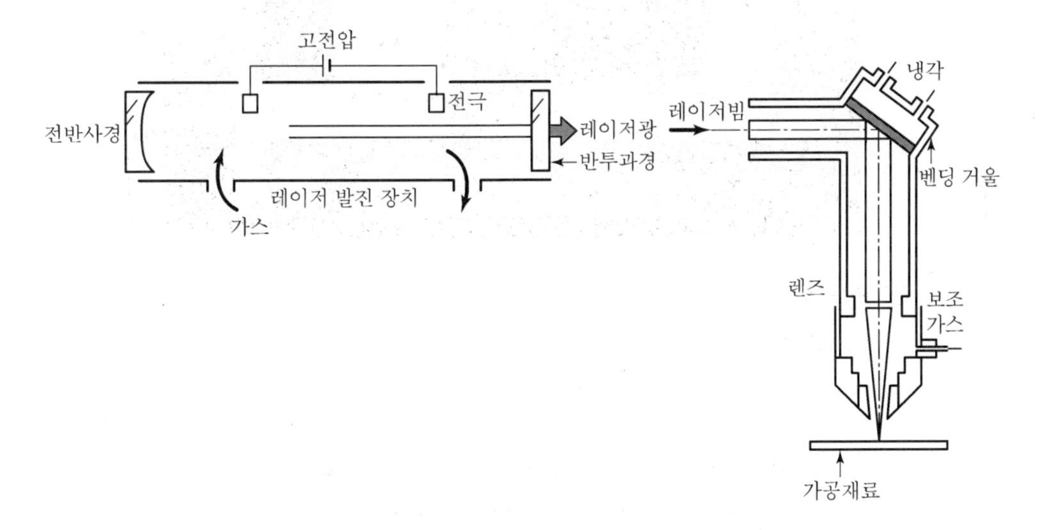

레이저발진 장치 내의 레이저 가스(CO_2)에 전기에너지(방전)를 가해 레이저가스의 일부를 플라즈마화(化)한다. 플라즈마화된 자유전자가 CO_2 분자의 최 외곽 전자에 충돌했을 때 전자궤도가 팽창한다. 이 팽창된 궤도는 그 상태대로 유지할 수 없어 원래의 상태로 되돌아간다. 그 궤도 차이로 인해 전자파(광선)가 발생된다.

이 발생된 광선이 전반사경과 반투과경으로 구성된 공진기(共振器)에 의해 광축 방향으로 강하게 증폭된다.

이 증폭이 설정된 어느 수준까지 되면, 반투과경을 통해 밖으로 나온다. 이 광선이 레이저 광선인 것이다.

이 레이저 광선은 반사경(벤딩 거울)으로 반사되어, 렌즈로 집광(集光)되고, 이 집광된 에너지가 가공 재료에 조사(照射)되어 가공(절단)이 된다.

이 레이저 절단의 과정을 그림으로 나타내면 다음과 같다.

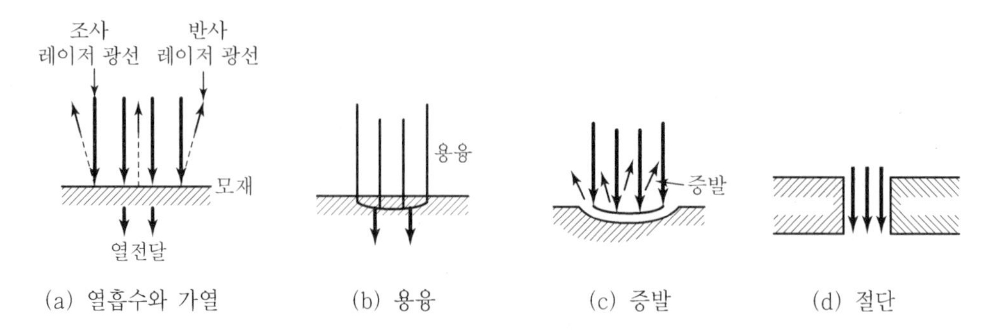

(a) 열흡수와 가열　(b) 용융　(c) 증발　(d) 절단

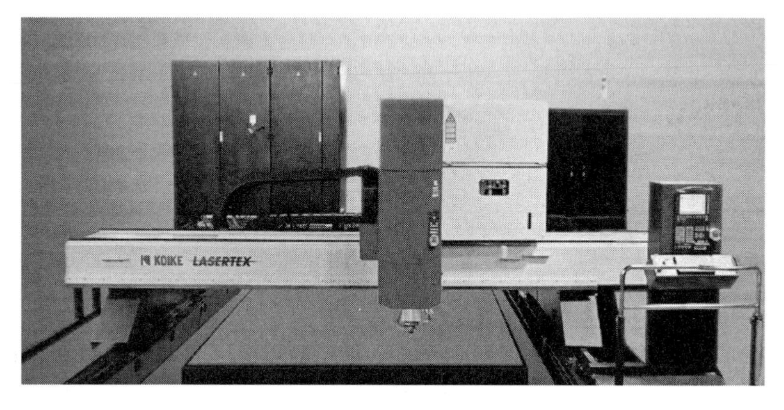

(2) 장단점

① 장점

㉠ 고에너지 밀도를 이용한 고속절단이 가능하다.

㉡ 가공물의 열변형과 조직변화의 감소(교정작업 등 후공정 불필요)

㉢ 절단면이 가공물 표면에 거의 수직으로 형성

㉣ 절단면이 매끄럽고 열영향부가 적어 절단면 재가공이 불필요

㉤ 절단기구와 가공물의 비접촉으로 절단과정에서 기구의 마모가 없다.

㉥ 고난도의 가공이 가능하다.(다품종 소량생산)

㉦ 고품질이 보장된다.

② 단점

- 연소절단(CO_2 가스 사용) 시 산화막의 형성으로 인한 문제점이 있다.

3. 절단면 비교

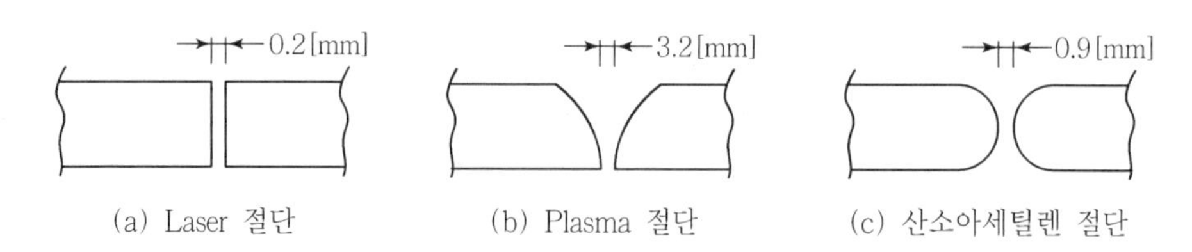

(a) Laser 절단　(b) Plasma 절단　(c) 산소아세틸렌 절단

4. 절단조건 선택 포인트

(1) 가스 절단

화구	고품질을 원하는 경우는 스트레이트 화구를, 절단 속도를 빠르게 할 경우는 다이버젠트 화구를 사용한다. 박판 절단에는 절단 산소공 직경이 작은 화구를, 후판 절단에는 절단 산소공 직경이 큰 화구를 사용한다.
예열염	예열염을 강하게 하면 피어싱 시간은 짧지만, 상부 언저리가 녹기 쉽다. 약하게 하면 절단 실패(플레임 아웃, 루즈컷) 및 노치가 발생되기 쉽다.
절단 산소 압력	압력이 너무 높아도 낮아도, 산소 기류가 흐트러짐에 따라 절단 품질과 절단속도 등의 절단성능이 떨어진다. 절단조건표에서 정한 압력 범위 내에서 사용한다.
절단 속도	너무 느리면 슬래그가 많이 붙거나 상수 언저리의 녹음 현상이 커진다. 너무 빨라도 슬래그가 많이 붙고 절단 실패가 발생한다.
화구 높이	너무 높으면 슬래그가 붙고 상부 언저리의 녹음이 커진다. 너무 낮아도 슬래그가 붙고 절단 실패가 발생한다.

(2) 플라즈마 절단

노즐	기본적으로 절단 전류에 합치되는 노즐을 사용한다. 일반적으로 박판 〉 소전류 〉 노즐 직경 소(小), 후판 〉 대전류 〉 노즐 직경 대(大)의 관계가 있다.
절단 전류	사용하는 노즐에 맞는 절단 전류를 채용한다. 절단 전류를 증대시키면 절단속도 및 절단 판 두께는 증대하지만, 노즐이 단기간에 소모되며 경우에 따라서는 더블아크가 발생한다. 절단 전류를 저하시키면 절단 속도 및 절단 판 두께가 저하되며 절단 품질이 저하된다.
작동 가스 유량	너무 많으면 파일럿 아크 발생이 곤란하게 된다. 너무 적으면 더블아크 발생의 원인이 된다.
절단 속도	너무 느리면 슬러그(도로스) 부착 및 절단홈의 폭이 증대된다. 너무 빠르면 슬러그 부착 또는 절단 불능(불꽃이 위로 뿜어 오름)이 된다.
노즐 높이	너무 낮으면 절단면 평탄도가 나빠지고 노즐 내구성이 나빠진다. 너무 높으면 절단면 경사각과 상부 녹음이 커진다.

(3) 레이저 절단

노즐	절단판 두께가 두꺼워질수록, 노즐 직경이 큰 것을 사용한다.
출력	증대시키면, 절단 속도 및 절단판 두께가 증대한다.
어시스트 가스	산소 사용의 경우, 높으면 절단면 거칠기가 증대되고 경우에 따라서는 셀프 버닝이 생긴다. 낮으면, 슬러그(도로스)가 부착된다. 질소 사용의 경우, 낮으면 슬러그가 부착되고 절단면의 산화가 발생된다.
절단 속도	빠르면, 절단면 품질은 다소 좋아지지만, 슬러그가 부착된다. 경우에 따라서는 절단 불능이 된다.
노즐 높이	낮은 것이 바람직하지만, 너무 낮으면 절단재와 접촉할 위험이 있다. 렌즈의 집점 위치가 적절하지 않는 경우, 절단 품질은 저하된다.

[Question 02] 특수절단의 종류와 방법

1. 개요

탄소강이나 저합금강과 같이 연소할 때 산화반응에 의한 발열반응이 심한 재료는 절단이 쉽게 이루어지나 주철, 비철금속, 스테인리스강과 같은 고합금강의 절단은 가스절단이 어렵다. 또한 수중에서의 절단은 육상의 대기 중에서 실시하는 절단과 차이가 있으며 두꺼운 판이나 강괴, 암석 등의 절단도 가스절단이나 아크절단이 용이하지 않다.
따라서 이와 같이 절단을 위해 분말절단, 수중절단, 산소창 절단과 같은 특수절단법이 이용된다.

2. 분말절단(Powder Cutting)

(1) 정의

가스절단이 용이하지 않은 재료절단 시 철분 또는 용제를 자동적으로 절단용 산소와 혼합공급하여 그 산화열 또는 용제의 화학작용을 이용하여 절단하는 것으로 철, 비철뿐만 아니라 콘크리트 절단에도 이용되나 가스절단에 비해 절단면은 매끄럽지 못하다.

(2) 분말의 종류 및 공급

① 분말의 종류

㉠ 철분말 : 모든 금속의 절단에 폭넓게 사용할 수 있는 것으로 철분을 주성분으로 하며 직접 절단 산소와의 혼입은 어렵다.

㉡ 용제분말 : 나트륨에 탄산염 및 중탄산염을 가한 용제를 이용하는 것으로써 절단산소에 혼입이 가능하고 분출도 안정적이므로 절단산소의 소비가 적다.

② 분말의 공급

㉠ 저장된 분말은 압축공기 또는 질소가스에 의해 공급되며 토치의 제일 외측에서 분사되어 절단 산소의 기류 중에 보내져 절단산소와 희석된다.

㉡ 토치는 가스절단에 사용되는 팁에 분말 공급을 위한 보조장치가 추가된다.

3. 수중절단(Underwater Cutting)★

(1) 정의

육상에서의 절단이 아닌 수중에서 절단하는 작업으로 교량 등의 개조 시 이용되는 작업이다.

(2) 토치구조

물속에서 예열불꽃을 안정되게 착화하고 연소시키기 위해 절단팁의 외측에서 압축공기를 분출하여 물과의 접촉을 방지한다. 토치의 중심에서는 산소가 그 주위의 구멍에서는 예열가스가 분출된다.

(3) 예열가스 및 절단방법

① 수소, 아세틸렌, 프로판, 벤젠 등을 연료가스로 사용하나 고압에서 사용이 가능하고 수중절단 중 기포의 발생이 적은 수소가 가장 많이 사용된다.

② 물속의 작업은 절단부가 냉각되므로 지상에서의 작업 시에 비해 예열 불꽃을 크게 하고 절단속도를 천천히 한다. 따라서 수중에서의 산소와 예열가스의 양은 대기 중에서의 작업보다 많이 소비된다.

③ 아세틸렌가스는 압력이 높으면 폭발할 위험이 있어 깊은 곳에서는 점화를 할 수가 없다.

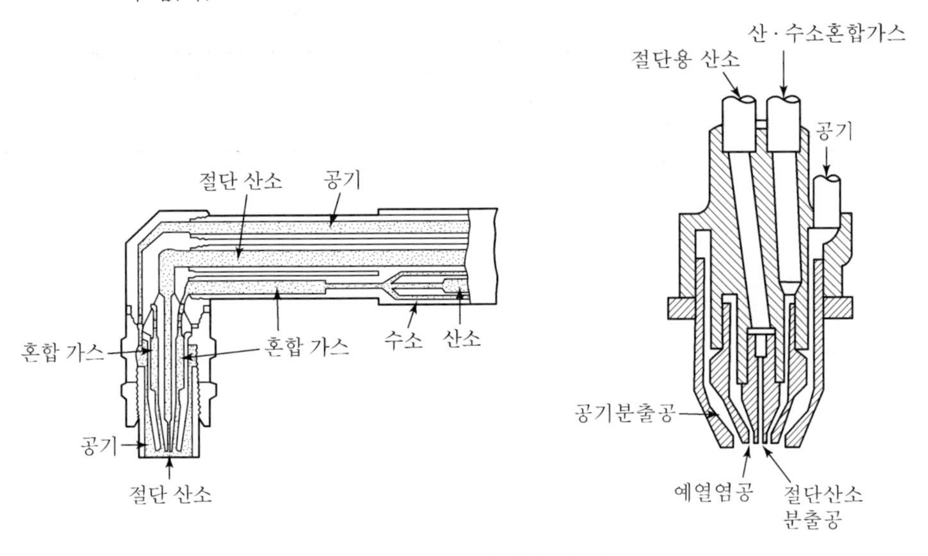

[수중절단기의 팁]

4. 산소창 절단(Oxygen Lance Cutting)

(1) 정의

토치 대신에 가늘고 긴 강관인 창(Lance)을 이용하여 절단 산소를 공급하여 절단하는 방법으로 절단 중에 강관인 창이 타면서 그 발생열에 의해 절단되며 철 분말 절단과 원리가 같다.

(2) 특징

① 아세틸렌가스가 필요치 않다.

② 렌즈의 지름은 절단구의 지름에 영향을 준다.

③ 암석의 천공, 강괴나 두꺼운 절단에 이용된다.

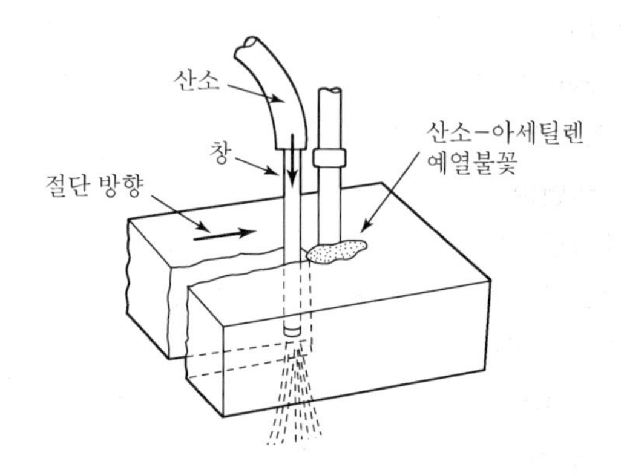

[산소창 절단]

〈 렌즈지름과 절단구지름 〉

렌즈지름(mm)	3.2	6.4	9.5	12.7
절단구지름(mm)	12~25	19~50	50~70	75~87

[Question 03] 가스가공의 종류와 가공방법

1. 개요

금속 표면 불꽃을 이용하여 홈을 파거나 강재 표면의 결합을 제거하기 위하여 표면을 깎아내는 작업을 가스가공이라 하며 이러한 공작법에는 가스가우징, 스카핑, 아크에어 가우징이 있다.

2. 가스가우징(Gas Gauging)

(1) 정의

가스절단과 비슷한 토치를 사용해서 강재의 표면에 둥근홈을 파거나 결함이 있는 부분을 떼어내는 작업을 말하며 가스 따내기라고도 한다.

(2) 목적

① 용접부 결함제거 및 용접홈의 가공

② 가접부 제거

③ 구조물의 결함 제거

(3) 작업방법

① 가우징 토치의 팁을 강의 표면과 30~40° 경사시켜 예열한다.

② 표면의 점화온도에 달하면 팁을 10~20° 기울이며 10mm 후퇴하여 산소 밸브를 연다.

③ 반응이 일어나 불꽃이 퍼지면 팁을 더 낮게 하여 토치를 전진시켜 홈을 파나간다.

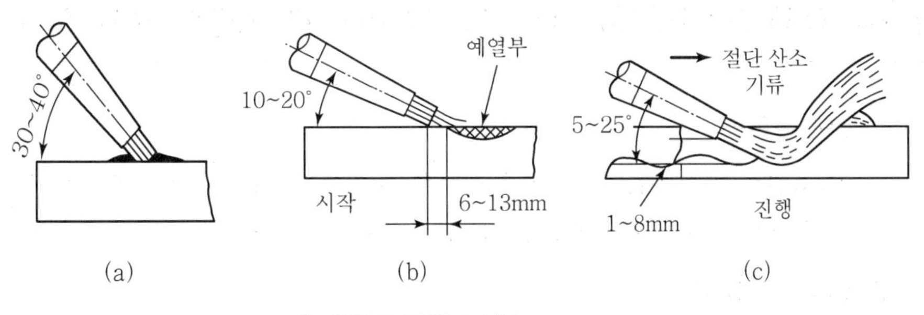

[가우징 작업순서]

3. 스카핑(Scarfing)

(1) 정의

강재표면의 홈이나 개재물, 탈탄층이 있을 때 그 상태에서 압연을 하면 표면의 균열이 그대로 남게 되든가 품질에 문제가 되므로 될 수 있는 대로 얇게 타원형 모양으로 표면을 깎아내는 가공법으로써 주로 제강공장에서 많이 이용되며 가스절단에 비해 대단히 빠른 속도로 가공한다.

(2) 작업방법

① 스카핑 토치를 공작물의 표면과 75° 정도 경사지게 하고 불꽃의 끝이 표면에 접촉되도록 한다.

② 예열면이 점화온도에 도달되어 표면의 불순물이 떨어져 깨끗한 금속면이 나타날 때까지 가열을 지속하며 되도록 넓게 가열한다.

③ 강재가 적당한 온도에 도달되면 팁을 25mm 정도 후퇴하여 토치의 각도를 줄이고 산소를 예열면에 분출시키면서 일정속도로 전진하면서 표면을 가공한다.

4. 아크에어가우징(Arc Air Gouging)

(1) 정의

탄소 아크 절단에 압축공기를 병용한 방법으로 전극홀더의 구멍에서 탄소 전극봉에 나란히 고속의 공기를 분출시켜 용융금속을 불어내면서 홈을 파거나 절단 및 구멍을 뚫는 것으로 가열부가 넓지 않으므로 변형 및 열응력에 의한 균열이 생기지 않는다.

(2) 작업방법

① 전극을 약간 뒤쪽으로 경사시킨다.

② 아크가 발생되면 압축공기를 분출시키면서 전극을 전진시켜 가우징을 한다.

[Question 04] 아르곤용접(Argon Gas Welding)과 메탈스프레이(Metal Spray)

1. 아르곤용접

알루미늄, 스테인리스강의 용접에 사용되며 아르곤가스를 용접에 사용하면 불활성 가스로서 표면을 보호하여 산화를 방지하고 용착이 잘된다.

2. 메탈스프레이

(1) 와이어로 만들 수 있는 금속은 이 방법을 응용할 수 있다.

(2) 표면의 청정 및 준비방법은 규사(SiO_2) 또는 강철쇼트(Steel Shot)로 블래스팅(Blasting)한다.

(3) 재료의 다공성(Porosity)이 증가되고, 인장강도는 감소한다.

(4) 압축강도는 높아지고, 경도도 약간 증가한다.

(5) 경제적이고 작업속도가 빠르다.

(6) 형상변화 및 내부응력이 작고, 금속 및 목재, 유리 등에도 이용한다.

[Question 05] 특수압접의 종류 및 특징

1. 개요

접합할 면을 매끈하고 청정하게 한 후 기계적 힘에 의하여 금속면을 가압 밀착시켜 원자와 원자의 인력이 작용할 수 있는 거리에 접근시켜 접촉면 원자의 확산에 의해 접합하는 것으로 용융상태로 가열하여 용접하는 방법이 아닌 일종의 고상용접이다.

2. 종류

(1) 롤용접(Roll Welding)

가열된 용접물을 Roll을 통과시켜 압접하는 방법이며 압연기에서 소재가 압착되어 가는 현상을 이용한 것이다.

(2) 냉간압접(Cold Pressure Welding)

- 외부로부터 어떤 가열조작을 하지 않고 상온에서 강한 압력만을 작용시켜 원자와 원자 간의 인력에 의해 2개의 금속면을 결합하는 방법으로써 열에 의한 저항이 없다.
- 가열없이 용접할 수 있어 알루미늄, 구리, 납, 스테인리스강 등의 용접에 이용된다.

(3) 열간압접(Forge Welding)

접합부를 가열하고, 압력 또는 충격을 가하여 하는 접합

(4) 마찰용접(Friction Welding)

접촉면의 기계적 마찰로 가열된 것을 압력을 가하여 접합

(5) 폭발용접(Explosion Welding)

폭발의 충격파에 의한 용접

(6) 초음파용접(Ultrasonic Welding)★

- 접합소재의 18kHz 이상의 횡진동을 주어 진동에너지에 의한 용접법이다. 가압과 진동마찰에 의해 소재 접촉면의 피막이 파괴되어 순금속 간의 접속상태에서 행하여지며 접촉부의 원자가 서로 확산되어 접합된다.
- 주로 비철금속, 플라스틱 등의 용접에 이용되며 용접에 알맞은 판의 두께는 금속은 0.01~2mm, 플라스틱류는 1~5mm 정도이다.

(7) 확산용접(Diffusion Welding)

- 금속의 접합하려는 부분을 융점 근방까지 가열하여 점성상태로 되었을 때 겹쳐서 압력을 가하여 금속원자의 확산을 이용하여 접착시키는 용접이다.
- 압력의 작용으로 불순물 막(Film)이 소성 변형되어 접합면이 밀착되고 불순물 막이 파괴되어 금속 간 결합을 이룬다.
- 확산용접은 계면 현상이므로 표면상태가 중요하며 표면이 깨끗하고 평활할수록 저온, 저압력에서 접합할 수 있어 고진공, 불활성 가스 분위기에서 가압 접합한다.
- 확산용접은 이종금속을 용접할 수 있으며 니켈, 티타늄, 지르코늄 합금 용접에 이용된다.

[Question 06] 마찰용접(Friction Welding)★

1. 서론

용접하고자 하는 2개의 모재를 맞대어 가압하면서 접촉면에 상대운동을 시켜 접촉면에서 발생하는 마찰열을 이용하여 이음면 부근이 압접온도에 도달했을 때 회전을 멈추고 가압력을 증가시켜 압접하는 것으로 마찰압접이라고도 한다.

마찰용접(Friction Welding)은 자동차 부품, 항공기, 공작기계 부품, 공기류 등에 많이 이용되며 각종 Rod의 용접으로 쓰인다.

2. 특징

(1) 장점

① 용접하는 재질에 큰 영향을 받지 않고 용접이 가능하다.
② 용접작업이 쉽고 숙련이 필요하지 않다.
③ 작업능률이 높다.
④ 용제나 용접봉이 필요 없다.
⑤ 용접물의 치수 정밀도가 높고, 재료가 절약된다.
⑥ 이음면의 청정이나 특별한 다듬질이 필요 없다.
⑦ 용접작업이 비교적 안전하다.
⑧ 철강재의 접합 시 탈탄층이 생기지 않는다.
⑨ 마찰열에 의해 가열되므로 전력소비가 적다.

(2) 단점

① 고속회전이므로 용접재료의 형상치수가 제한을 받는다.

② 상대 각도를 갖는 용접은 곤란하다.

3. 종류

(1) 플라이휠형(Fly Wheel Type)

① 플라이휠의 회전력을 이용하는 방식으로 한쪽 재료를 지지하는 회전축에 적당한 중량의 플라이휠을 달아 고속 회전시켜 필요한 에너지를 주고 다른 재료를 일정한 압력으로 접속시켜 마찰열을 압접온도까지 상승시킨다.
이후 플라이휠에 축적되어 있는 회전 에너지를 소비시키면서 정지할 때까지 가압 용접하는 방식이다.

② 압접조건의 인자는 회전축의 초기 회전수 투입에너지 및 가열압력이며 업셋량 또는 가열시간은 이들 3인자로 결정된다.

(2) 컨벤셔널형(Conventional Type)

① 구동축 모재를 고속 회전시키고 다른 쪽의 모재는 일정한 압력으로 접촉시킨 후 접촉면에 마찰열을 발생시켜 압접온도에 달했을 때 회전을 급정지시키고 가압하면서 용접하는 방식이다.

② 용접재료에 따라 차이가 있으나 보통 구동 회전수는 3,000rpm 이상, 접촉압력 3kg/mm^2 이상, 용접시간을 6초 이상이며 재료에 따라 가열시간을 제어하여 업셋량을 조정한다.

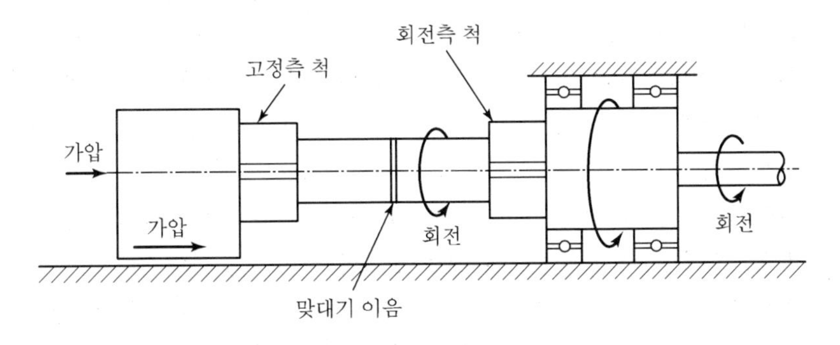

[컨벤셔널형 마찰압접의 원리]

[Question 07] 폭발용접★

1. 서론

폭발용접이란 화약의 폭발에너지를 이용하여 금속을 접합시키는 기술로서 다른 용접방법으로는 불가능한 이종금속(예 : Ta(증기압이 높은 금속)/강철) 간의 용접까지도 가능할 뿐만 아니라 접합부위의 강도가 여타의 용접방법에 의한 접합보다 높은 금속학적인 결합을 유지하는 특성을 갖는다. 1962년 Philipchuk과 Bois가 폭약을 이용하여 두 금속을 접합시키는 특허를 출원하면서부터 활용하기 시작한 폭발용접기술은 기존의 용접(Welding)뿐만 아니라 넓은 판재의 접합(Cladding), 성형(Forming), 절단(Cutting), 표면경화(Surface Hardening) 및 용접부의 응력제거(Stress Relief) 등 다양하게 응용되고 있다.

2. 폭발용접기구

폭발용접의 이론과 기구는 아직 명확하게 확립되지 않았다. 그러나 지금까지 알려진 사실로는 폭발용접은 융접(融接)만도 고상압접만도 아니다. 일부는 용융을 하고 대부분은 소성변형을 일으켜 접착하는 것이다. 이와 같은 현상으로부터 생각하면 소성변형을 받아 압접하는 경우와 같이 그 경계에서 발열이 일어나 용해된다고 생각된다. 폭발용접공정은 모재(Base Plate)와 접착하고자 하는 판(Flyer Plate)을 약간 떨어뜨려놓고 접착하고자 하는 판 위에 화약(Explosive)을 적당량 균일하게 분포시킨 후 화약을 폭발시키는 것으로 충분하다. 이때 폭발속도가 금속 내의 음속(音速)보다 클 경우 충격파 발생 때문에 접착이 이루어지지 않는다. 그 임계각은 충돌속도가 크면 클수록 커진다.

폭발용접의 가장 큰 장점은 용융용접으로는 불가능한 이종금속 간의 용접이 가능하며 용접부의 강도가 용융용접에서보다 50% 이상 향상되며 접착부위가 견고하여 도전성을 높이고 스파크에 의한 마멸현상을 줄이는 전기접점부위의 접합에 유용하다. 선박의 갑판실, 돛 및 안테나 등은 선박의 안전성을 높이기 위하여 알루미늄 구조물로 설치한다. 이전에는 알루미늄과 철강의 용접이 어려워 볼트로 고정시키므로 틈새부식문제가 심각하였다. 이를 폭발용접으로 대체함으로써 보수유지비를 크게 절감시켰다.

[Question 08] 플라스틱 용접

1. 서론

플라스틱은 열을 가하여 연화, 유동시킬 수 있는 열가소성 수지(Thermo Plastics)만 용접이 가능하며 폴리에스테르, 페놀수지 등과 같이 열을 가해도 연화되지 않는 열경화성 수지는 결합제를 이용하거나 기계적 결합을 한다.

2. 플라스틱 용접의 종류 및 특징

(1) 열풍용접(Hot Gas Welding)

① 열풍용 기체를 전열 또는 가스에 의해 고온으로 가열하여 그 가스를 용접부와 플라스틱 용접봉에 분출하면서 녹을 정도로 가열하여 용접봉을 Groove에 눌러 붙여 용접을 진행한다.

② 두꺼운 판재는 다층 용접을 하며 가스가열식 Hot Gun과 전기가열식 Hot Gun이 있다.

(2) 열기구용접(Heated Tool Welding)

가열된 인두를 사용하여 용접부를 가열시키고 용접온도에서 압력을 가하여 용접하며 열기구 Seam 용접은 가압 Roller를 사용한다.

(3) 마찰용접(Friction Welding)

2개의 플라스틱 재를 맞대어 가압하면서 한쪽을 고정시키고 다른 한쪽을 회전시켜 마찰열에 의해 접합부가 연화 또는 용융될 때 회전을 멈추고 가압하여 용접한다.

(4) 고주파용접(High Frequency Welding)

① 양 전극 사이에 절연체인 플라스틱 재를 넣고 통전하면 플라스틱의 분자가 고주파 전장 내에서 강력하게 진동되어 발열하는 성질을 이용하는 방법으로 재료를 연화 또는 용융시켜 용접한다.

② 사용되는 고주파 전원은 10~40Hz 정도의 교류이다.

제3절 Arc 용접과 용접결함 및 시험

Professional Engineer Machine

1 Arc 용접

1. 아크용접의 개요

1) 정의

아크용접기는 용접 아크에 전력을 공급해 주는 용접장치이며 전원으로부터 전압과 전류를 작업의 필요에 따라 변화시켜 용접에 접합하도록 한다.

아크용접기는 직류 및 교류아크용접기로 분류되며 초기에는 아크 안정성이 좋은 직류아크용접기가 사용되었으나 현재는 용접봉의 개량에 의해 교류에서도 안정된 아크를 발생할 수 있어 교류아크 용접기가 일반적으로 널리 사용된다.

그러나 얇은 판의 용접이나 불활성 가스 금속아크용접, 스텃용접 또는 정밀용접에는 직류아크용접기가 많이 사용된다.

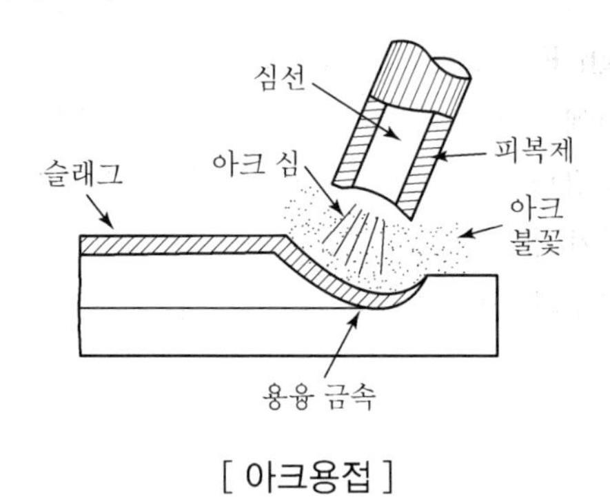

[아크용접]

(1) 피복아크용접 원리

피복아크용접법은 피복아크용접봉과 모재의 사이에 교류, 혹은 직류 전류에 의한 아크를 발생시켜 약 4,000~5,000도에 달하는 온도에서 피복아크용접봉 및 모재를 용융시켜 접합시키는 용접법이다.

피복아크용접봉의 심선 및 용접제는 아크열로 용융되어 모재로 이행하고, 동시에 녹은 모재의 야금반응에 의해, 용접금속과 슬래그를 생성한다.
피복제는 아크열로 분해되어 가스를 발생하여, 아크 주위를 감싸, 용접금속이 대기 중의 산소와 질소의 악영향을 받는 것을 방지한다.
용접금속은 피복제, 심선 및 모재와의 야금반응의 결과로서 생성되는 것으로, 이들 조합의 하나라도 변화되면 다른 특성의 용접금속이 생성된다. 특히 피복제 및 심선의 영향이 크다.
동일한 심선(또는 피복제)이 사용되어도 피복제(또는 심선)가 변화하면, 특성이 다른 용접봉이 만들어진다.
피복아크용접은 탄산가스 아크용접이나 미그 용접 등의 용극식(전극 와이어는 용접모재와 동일한 금속을 사용) 가스실드 용접과 비교시 능률성에서는 뒤떨어지지만, 이동성 및 간편성, 작업환경성, 비용면에서 우수하여, 알루미늄이나 마그네슘 등 산소나 질소와의 친화력이 강한 금속을 제외한 거의 대부분의 금속, 특히 탄소강을 비롯하여 각종 합금강의 용접에 사용되고 있다.

2) 분류

(1) 용접봉에 따라

① 금속아크용접(3,000℃의 열)
② 탄소아크용접(4,000℃의 열)

(2) 전원에 따라

① 직류아크용접
② 교류아크용접

3) 개로전압

공기저항을 깨고 아크를 발생시키는 전압으로 직류(D.C)에서는 50~80V이고, 교류(A.C)에서는 70~135V이다.

4) 아크를 연결하는 데 필요한 전압

아크 발생 후에는 전압이 감소되므로, 20~30V 정도면 아크는 계속된다.

2. 아크용접기(Arc Welder)

1) 직류아크용접기(D.C Arc Welder)

(1) 종류

① 정류기형 직류용접기

㉠ 원리 : 삼상교류를 전원으로 셀레니움(Selenium), 실리콘(Silicon), 게르마늄(Germanium)을 쓴 반도체 정류기의 교류를 직류로 정류한 용접기

㉡ 특징

ⓐ 한쪽 방향으로는 전류를 잘 통하게 하고, 다른 방향으로는 저항을 크게 하여 적은 전류만 통해도 온도를 상승시키고 그로 인하여 효과를 더욱 크게 한다.

ⓑ 회전부분이 없으므로 무부하 손실이 적으며 값도 싸고 수리도 간단하다.

② 전지식 직류 용접기 : 전원은 축전지를 쓰는 것으로 전압은 48V이며 전류조정은 직렬 저항으로 하여 사용한다.

③ 발전기식 직류용접기

㉠ 원리 : 직류 발전기 또는 교류 모터를 이용하는 방법

㉡ 종류

ⓐ 정전압형 : 부하가 변동하여도 전압이 일정하게 유지되는 형식으로 리액턴스(Reactance)는 아크가 발생할 때 전류를 안정시키기 위해 사용하며 직렬저항 중 손실을 적게 하기 위해 55~60V로 정하고 있다.

ⓑ 정전류형 : 아크전압이 자주 변하여도 아크전류는 일정하여 아크가 안정되어 있다.

ⓒ 정전력형 : 정전압형의 결점을 보충하기 위하여 전류가 증가하였을 때 자동적으로 전압이 강하하도록 설계된 것으로 일정한 전력을 갖게 한다.

(2) 직류아크용접기의 특징

① 아크가 안정되어 나선봉으로도 용접할 수 있다.

② 아크가 길면 용입불량이 생길 염려가 있다.

③ 정극성에 두꺼운 모재를 연결하고 엷은 모재나 비철금속의 경우는 역극성으로 하는 것이 유리하다.

2) 교류아크용접기(A.C Arc Welder)

(1) 변압기의 원리

$$\frac{V_1}{V_2} = \frac{N_1}{N_2}$$

여기서, V_1 : 1차 전압, V_2 : 2차 전압, N_1 : 1차 코일의 감은 수
N_2 : 2차 코일의 감은 수

P를 용량(kw), I를 전류라 하면

$$P = VI$$

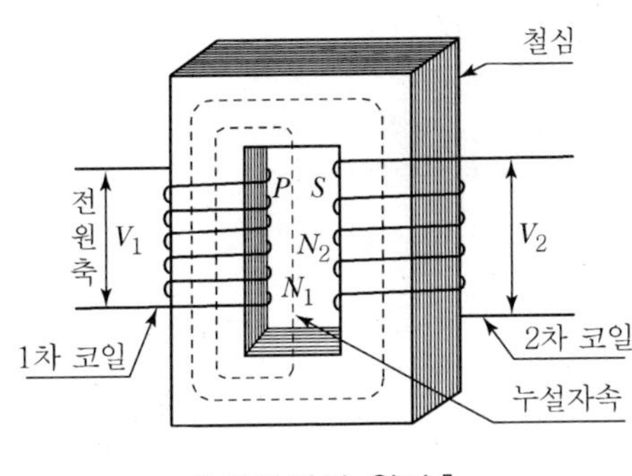

[변압기의 원리]

(2) 특성

① 일종의 변압기로서 2차 전류를 통과시킬 때 무부하로 전압이 70~80%로 떨어지는 특성을 가진 용접기이다.

② 리액턴스를 크게 하고 개로전압을 높게 함으로써 용접기의 효율이 25~40% 정도로 되며 안정성은 떨어지나 가격이 싸다.

(3) 종류

① 가동 철심형(Movable Core Type)

비교적 널리 사용되는 용접기로서 코일을 감은 가동 철심을 움직여 그로 인해 발생되는 누설 자속이 증감되고 전류의 세기가 변화된다.

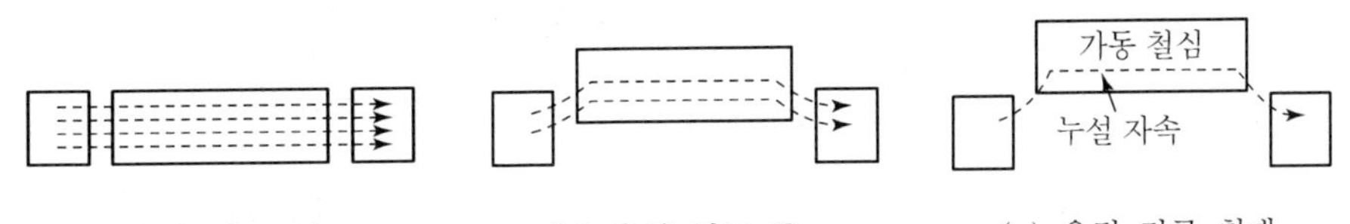

(a) 용접 전류 최소 (b) 용접 전류 중 (c) 용접 전류 최대

[가동 철심의 위치와 누설 자속]

② 가동 코일형(Movable Coil Type)

㉠ 용접기 케이스 내에 1차 코일과 2차 코일이 동일 철심 위에 감겨졌으며 고정된 2차코일과 핸들 나사에 의해 상하로 이동되는 1차 코일 간의 거리를 변화시켜 전류의 세기가 변화된다.

㉡ 1차 코일과 2차 코일이 가까워졌을 때 많은 전류가 흐르게 되며 작은 전류에서도 아크가 일정하다.

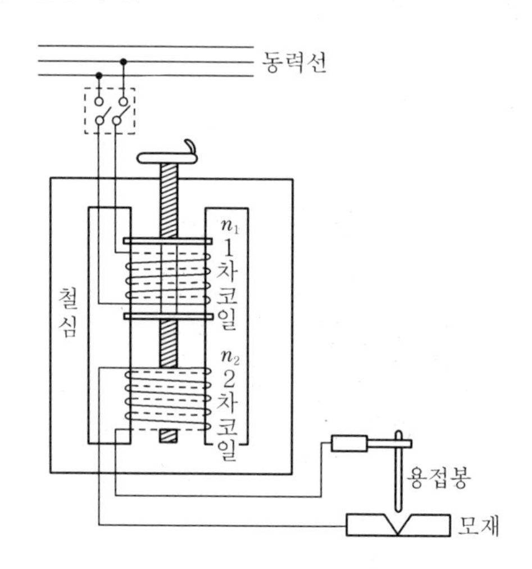

[가동 코일형 교류아크용접기의 원리]

③ 가포화 리액터형(Standard Reactor Control Type)

㉠ 가포화 리액터를 조합한 것으로 직류여자코일에 가포화 리액터 철심이 감겨져 있으며 전류의 조정이 전기적으로 작동되므로 마멸부분이 없어 원격조작이 간단하다.

㉡ 전류조정이 용이하고 전기적으로 전류 조정을 하기 때문에 가동코일형이나 가동철심형과 같이 이동부분이 없으며 소음이 없고 원격조정이나 부하가 일시에 크게 걸려도 용이하게 작업을 수행할 수 있는 장점이 있다.

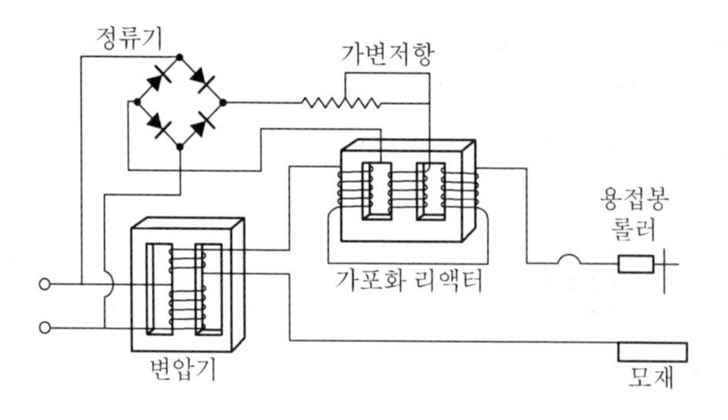

[가포화 리액터형 교류아크용접기의 원리]

④ 탭 전환형(Tapped Secondary Coil Control Type)

철심에 1차와 2차 코일을 가까이 감고 제2의 철심에 권수가 다른 2차 코일을 감고 여기에 탭을 만들어 감은 수의 비율 변동으로 전류를 조정한다.

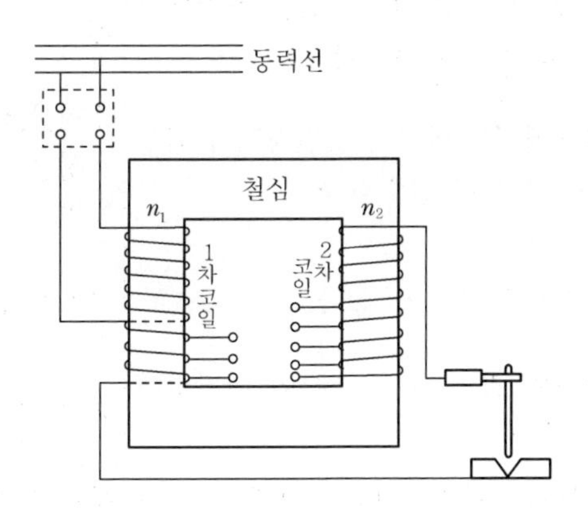

[탭 전환형 용접기의 원리]

3) 고주파아크용접기(High Frequency Arc Welder)

무부하 전압을 높이지 않고 적은 전류로 얇은 판의 용접을 쉽게 할 수 있다.

4) 자동아크용접기

(1) 원리

전극봉을 기계장치로 일정하게 공급하고 용접선(Bead) 방향으로 용접봉을 이동시켜 용접하는 용접기

(2) 장점

① 용접속도가 수동식에 비하여 3~6배에 달한다.

② 아크가 안정되어 우수한 용접이 가능하다.

③ 작업자에 관계없이 능률적으로 작업할 수 있다.

④ 대량생산으로 생산비가 싸게 든다.

(3) 종류

자동금속아크용접기, 자동탄소아크용접기

5) 직류용접기와 교류용접기의 비교

항목	교류용접기	직류용접기
아크의 안정	직류와 거의 같으나 소전류 용접에서는 다소 불안정되기 쉽다.	매우 안정하다.
박판의 용접	소전류에서는 아크가 불안정되기 쉬우므로 직류보다 불량하다.	소전류에서는 아크의 안정이 좋고, 극성을 바꿈으로써 열배분이 되어 박판에 좋다.
특수강, 비금속의 용접	일반적으로 직류가 좋다.	양호하다.
일반용접	용접기의 값이 싸고 조작이 간단하여 많이 쓴다.	교류보다 못하다.
전격의 위험	직류보다 무부하 전류가 높으므로 위험하다.	무부하 전류가 낮아 전격의 위험이 적다.
기타	무게, 용량이 작고 고장이 적다.	구조가 복잡하고 고장이 잘 생긴다.

6) 아크의 극성효과와 아크 안정★

(1) 개요

아크용접에서는 용접봉과 모재는 전극으로서 각각 양극(+) 또는 음극(-)에 연결할 때의 용접 성질이 다르게 되는데 이와 같이 아크용접에서 전극에 따라 달라지는 성질을 극성(Polarity)이라고 한다.
극성의 선택은 용접봉의 크기, 피복재의 종류, 용접이음형식, 심선재질, 용접자세에 따라 이루어진다.

(2) 극성효과

① 직류용접 시의 극성

㉠ 개요 : 직류 용접기의 아크열은 전류가 한쪽 방향으로만 흐르기 때문에 양극과 음극의 열집중이 다르며 보통 양극 측에 60~70%의 아크열이 발생된다. 용접봉을 음극(-), 모재를 양극(+)에 연결한 것을 정극성(DCSP)이라고 하며 반대의 경우로서 용접봉을 양극(+)에 연결한 것을 역극성(DCRP)이라고 한다.

㉡ 극성과 용접 특성

ⓐ 정극성 : 전자의 충돌을 받는 모재(+)의 용융량이 많아 용입이 깊고 용접봉의 용융이 늦다. 따라서 비드는 너비가 좁고 용입된 깊이가 깊게 된다.

ⓑ 역극성 : 정극성과는 반대로 용접봉의 용융속도가 빨라 소모가 빠르고 모재의 용입이 낮아진다. 주로 특수강, 비철금속의 용접에 이용되며 용락(Burn Through)을 피할 수 없으므로 두께가 얇은 판을 용접하는 데 용이하다.

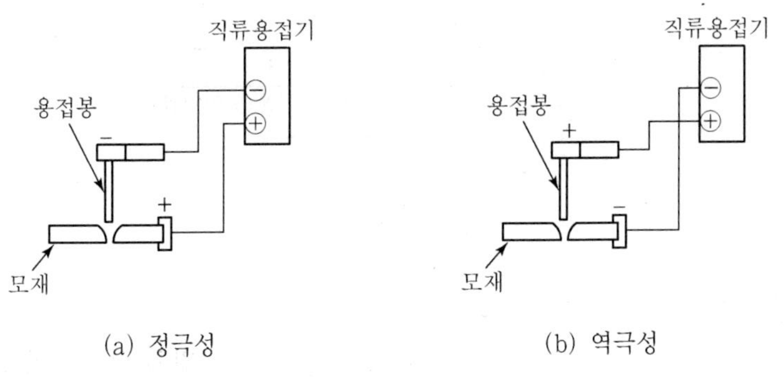

[직류아크용접의 극성]

② 교류용접 시의 극성

㉠ 용접특성

ⓐ 직류와 달리 교류에서는 극성이 주파수와 같은 회수로 변화되며 따라서 용접봉 쪽과 모재 쪽에서 발생되는 아크열량은 서로 같게 된다.

ⓑ 교류용접은 직류의 정극성과 역극성의 중간상태로서 양자의 특징이 있어 비드도 너비가 약간 넓고 적당한 깊이의 용입을 얻을 수 있다.

㉡ 용접봉 : 비피복 용접봉을 사용하여 용접할 때는 아크가 교류 특성에 의해 안정성이 나쁘므로 용접을 할 수 없다. 피복 용접봉은 고온에서 가열된 피복제가 이온(Ion)을 발생하고 이온에 의해 아크가 안정되어 용접이 가능하다.

(3) 아크의 안정

① 수하특성(Dropping Characteristics)

일반적으로 아크용접 회로의 전원으로서는 아크전압 근처에서는 용접전류가 정전류 특성을 가지고 용접 중 전류값의 변화가 되도록 적어야 되며 아크가 단락되었을 때 흐르는 전류가 적당히 제한되어야 하므로 전원의 외부 특성 곡선이 부하 전류의 증가와 더불어 단자전압이 저하하는 현상을 가지는 것이 필요하다. 이러한 전원 특성을 말한다.

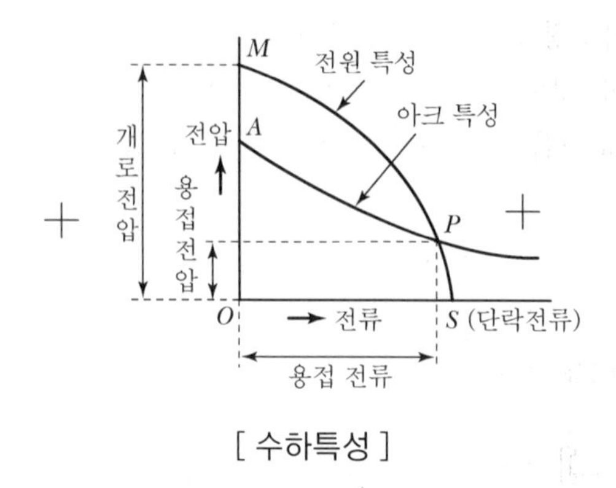

[수하특성]

② 정전압(Constant Voltage) 특성

수하특성과는 반대로 부하전류가 변하여도 단자전압이 거의 일정전압을 갖는 특성으로 아크길이가 짧아지면 전류값이 증가하여 아크를 일정한 범위에서 멈추게 하여 아크를 안정시킨다.

3. 아크용접봉

1) 용접봉의 심선(心線)

(1) 심선의 지름

1.0~8.0mm까지 10종이 있으나 3.2~6mm가 널리 쓰인다.

(2) 심선의 재질

모재가 주철, 특수강, 비철합금일 때에는 동일 재질의 것이 많이 사용되나 모재가 연강일 때에는 C가 비교적 적은 연강봉이 사용된다.

(3) 심선원소의 영향

① C : 적게 넣음으로써 강철의 연성을 크게 하고 용해온도를 높게 함으로써 잘 용해되도록 하여, 용접조작을 쉽게 하기 위한 것이다.

② Mn : 탄산의 역할을 하나 많으면 재질이 경화되며 S의 유해작용을 감소시킨다.

③ P : 상온 취성이 있어, 용접부에 균열이 생기는 원인이 되기 쉽다.

④ S : 고온 취성이 있다.

(4) 아크의 길이는 2~3mm 정도이나 보통은 심선의 지름과 같은 길이로 한다.

2) 피복(被覆)제★★

금속아크용접의 용접봉에는 비피복용접봉(Bare Electrode)과 피복용접봉(Covered Electrode)이 사용된다. 비피복 용접봉은 주로 자동용접이나 반자동용접에 사용되고 피복 아크 용접봉은 수동아크용접에 이용된다. 피복제는 여러 기능의 유기물과 무기물의 분말을 그 목적에 따라 적당한 배합 비율로 혼합한 것으로 적당한 고착제를 사용하여 심선에 도포한다. 피복제는 아크열에 의해서 분해되어 많은 양의 가스를 발생하며 이들 가스가 용융금속과 아크를 대기로부터 보호한다. 또한 피복재는 그 목적에 따라 조성이 대단히 복잡하고 종류도 매우 많다.

(1) 피복제의 역할

① 공기 중의 산소나 질소의 침입이 방지된다.

② 피복제의 연소 Gas의 Ion화에 의하여 전류가 끊어졌을 때에도 계속 아크를 발생시키므로 안정된 아크를 얻을 수 있다.

③ Slag를 형성하여 용접부의 급랭을 방지한다.

④ 용착금속에 필요한 원소를 보충한다.

⑤ 불순물과 친화력이 강한 재료를 사용하여 용착금속을 정련한다.

⑥ 붕사, 산화티탄 등을 사용하여 용착금속의 유동성을 좋게 한다.

⑦ 좁은 틈에서 작업할 때 절연작용을 한다.

(2) 피복제의 종류 및 성분

① 아크 안정제

㉠ 기능 : 피복제의 성분이 아크열에 의해 이온(Ion)화하여 아크전압을 낮추고 아크를 안정시킴

㉡ 성분 : 산화티탄(TiO_2), 규산나트륨(Na_2SiO_3), 석회석, 규산칼륨(K_2SiO_3)

② 가스 발생제

㉠ 기능 : 중성 또는 환원성 가스를 발생하여 아크 분위기를 대기로부터 차단 보호하고 용융금속의 산화나 질화를 방지

㉡ 성분 : 녹말, 톱밥, 석회석, 탄산바륨($BaCO_3$), 셀룰로오스(Cellulose)

③ 슬래그 생성제

㉠ 기능 : 용융점이 낮은 가벼운 슬래그(Slag)를 만들어 용융금속의 표면을 덮어 산화나 질화를 방지하고 용융금속의 급랭을 방지하여 기포(Blow Hole)나 불순물 개입을 적게 함

㉡ 성분 : 산화철, 석회석, 규사, 장석, 형석, 산화티탄

④ 탈산제

㉠ 기능 : 용융금속 중에 산화물을 탈산 정련하는 작용

㉡ 성분 : 규소철(Fe－Si), 망간철(Fe－Mn), 티탄철(Fe－Ti), 알루미늄

⑤ 합금 첨가제

㉠ 기능 : 용접 금속의 여러 성질을 개선하기 위해 첨가하는 금속 원소

㉡ 성분 : 망간, 실리콘, 니켈, 크롬, 구리, 몰리브덴

⑥ 고착제(Binder)

㉠ 기능 : 용접봉의 심선에 피복제를 고착시킴

㉡ 성분 : 물유리, 규산칼륨(K_2SiO_3)

(3) 피복제의 방식

① 가스 발생식 용접봉 또는 유기물형 용접봉

㉠ 원리 : 고온에서 가스를 발생하는 물질을 피복제 중에 첨가하여, 용접할 때 발생하는 환원성 가스 또는 불활성 가스 등으로 용접부분을 덮어 용융금속의 변질을 방지한다.

㉡ 특징

ⓐ Arc가 세게 분출되므로 Arc가 안정하다.

ⓑ 전자세의 용접에 적합하다.

ⓒ 용접속도가 빠르고 능률적이다.

ⓓ Slag는 다공성이고 쉽게 부서져 Slag의 제거가 용이하다.

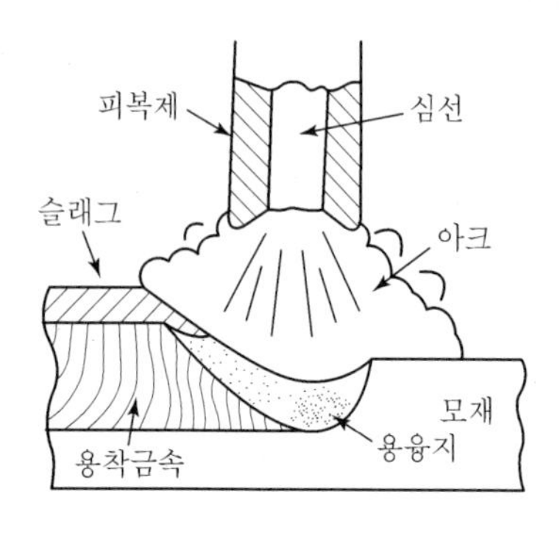

[슬래그 생성식 용접봉]

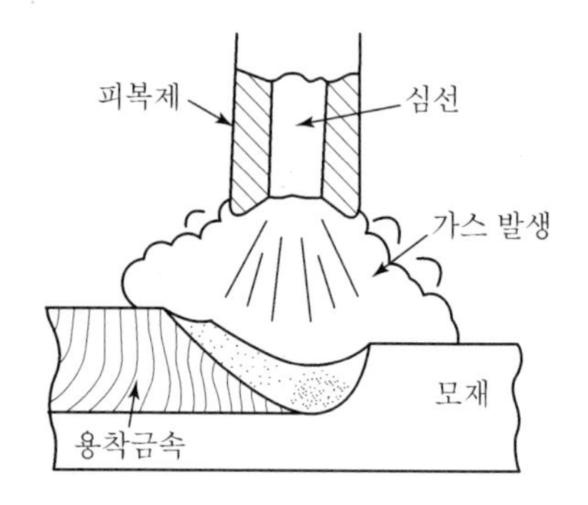

[가스 발생식 용접봉]

② 슬래그 생성식 용접봉 또는 무기물형 용접봉 : 피복제에 고온에서 Slag를 생성하는 물질을 첨가하여 용접부 주위를 액체 또는 Slag로 둘러싸서 공기의 접촉을 막아주며, 용접부의 온도가 내려감에 따라 Slag가 용접부 위에서 굳어 급랭을 방지한다.

③ 반가스식 용접봉 : 가스 발생식 용접봉과 슬래그 생성식 용접봉을 절충한 것으로 슬래그 생성식 용접봉에 환원성 가스나 불활성 가스를 발생하는 성분을 첨가한 것이다.

3) 아크절단과 용접봉의 표시 및 나선봉의 결점

(1) 아크 절단

주철이나 황동 등의 가스절단이 어려운 금속의 절단에 편리하며 용접의 경우보다 대전류의 긴 아크를 사용한다.

(2) 용접봉의 표시

E 45 △ □

여기서, E : 전극봉(Electrode)
45 : 용착금속의 최저인장강도(kg/mm^2)
△ : 용접자세
(0, 1 : 전자세, 2 : 하향 및 수평용접, 3 : 하향용접, 4 : 전자세 또는 특정자세)
□ : 피복제

(3) 나선봉의 결점

① 보존 중 녹이 생겨 용착을 방해한다.
② 용접부가 공기 중에 노출되어 산화물이 용접부에 들어가기 쉽다.
③ 용접 중 고온 기화로 성분의 변화를 일으켜서 기계적 성질을 불량하게 한다.

4) 피복아크용접봉의 종류와 특성

피복아크용접봉은 피복제와 심선의 조합에 따라 다양하게 생산되어 있어, 모재 재질, 판두께, 용접 자세, 용접부(용접금속)에 요구되는 특성 등을 고려하여, 선택 및 적용된다. 용접봉의 적정한 선택이 용접부의 품질과 특성을 결정짓는 제일의 요인으로, 용접시공관리자 및 용접기능자가 용접봉의 특성을 잘 이해하고 적정하게 선택 및 사용함으로써, 양호한 용접 결과가 얻어진다.
피복아크용접봉은 피복제와 심선으로 구성되는데, 연강용 및 저합금강용 용접봉의 심선은 대부분의 경우, 불순물이 적은 극연강선이 사용된다.

[각 피복계 용접봉의 피복제 성분]

D4301 (일미나이트계)	일미나이트 35	석회석 6	Fe-Mn 15	이산화망간 5	규사 10	칼륨장석 16	전분 5	활석 8
D4303 (라임티탄계)	산화티탄 34	백운석 3	규사 10	장석 10	운모 6	Fe-Mn 10	전분 4	
D4313 (고산화티탄계)	산화티탄 45	Fe-Mn 13	전분 2	활석 12	셀룰로오스 5	장석 20	석회석 4	
D4316 (저수소계)	석회석 50	형석 20	Fe-Si 10	Fe-Mn 2	철분 10	운모 7		
D4327 (철분산화철계)	철분 50	철광석 30	규사 20	칼륨장석 10	Fe-Mn 16	활석 10	셀룰로오스 3	

국가별 용접봉 모델명은 다음과 같다.

한국	일본	미국
E4301	D4301	E6001
E4303	D4303	E6003
E4313	D4313	E6013

[각종 연강용 피복 아크 용접봉의 용접성 및 작업성 비교표]

성능 비교			일미나이트계 D4301	라임티탄계 D4303	고셀룰로오스계 D4311	고산화티탄계 D4313	저수소계 D4316	철분산화철계 D4327	철분저수소계 D4326	특수계 D4340
용접성	내균열성		○	○	○	△	◎	△	◎	△
	내기공성		○	○	△	△	◎1	△	◎1	△
	충격특성		○	○	○	△	◎	△	○	△
작업성	작업의 난이성	하향	◎	◎	△	◎	○	-	-	-
		횡향	◎	◎	△	◎	○	◎	◎	◎
		입향 위로	◎	◎	○	△	◎	-	-	-
		입향 아래로	-	△	◎	○	◎2	-	-	-
		상향	◎	◎	○	△	◎	-	-	-
	비드외관	하향	○	◎	△	◎	△	-	-	-
		횡향	○	◎	△	◎	△	◎	○	◎
		입향, 상향	○	◎	○	◎	◎	-	-	-
	용입성		◎	○	◎	△	○	△	△	△
	스파크		○	○	△	◎	○	○	○	○
	슬래그 격리		○	○	○	◎3	△	◎	○	◎
	비드 신장성		○	◎	△	○	△	◎	○	◎
	박판에 적용		○	◎	△	◎	△	○	△	○

◎ : 우수하다, ○ : 보통, △ : 열등하다, - : 나쁘다

이 때문에 탈산제나 강도 향상 등을 위한 합금 원소는 피복제로부터 첨가된다.
피복제는 물유리(water glass)를 고착제로서 각종 광물질과 유기물질, 금속 분말을 섞어, 고압에서 심선 표면에 균일하게 도장한 후, 건조 고착화시킨 것이다.
각각의 피복제 원료는 제각각의 역할을 갖고 있는데, 크게는 가스 발생제, 슬래그 생성제, 아크 안정제, 합금제, 탈산제, 산화제, 고착제로 분류할 수 있다. 한 가지 원료는 한 가지 역할을 하기 보다는 일반적으로 다수의 역할을 하고 있다.
용융된 피복제는 용융된 심선 및 모재와 실드가스와의 사이에서 화학반응을 일으켜 슬래그를 생성한다.
슬래그는 용융금속의 인, 유황 등의 불순물을 화합물의 형태로 자기자신 속에 포함시켜 용융금속의 품질 특성을 높여준다.
또한 슬래그는 용융금속을 덮어, 그 응고 현상을 지배하여 용접봉에 각각의 특징적인 용접 작업성(편리한 사용, 비드 형상, 슬래그 격리성 등)을 부여한다.
JIS(일본공업규격)에서는 연강용용접봉의 피복계를 9종류로 분류하고 있다. 각 피복계에 따라, 그 용접 특성이 크게 다르므로, 사용시 선택을 잘못하면 결정적인 결함을 일으킬 수도 있다.

[업체별 피복아크용접봉의 모델 분류]

KS(JIS)	AWS	고 려	조선선재	현 대	세아 ESAB
E4301	E6019	KI-101LF	CS-200	S-4301	SM-4301
E4301	E6109		CS-201		
E4301	E6019		CS-204		
E4303		KT-303	LT-25	S-4303V	
E4303		KT-606	LTI-25	S-4303T	
E4311	E6010	KCL - 10	CL-100	S-6010D	SM-6010
E4311	E6011	KCL -11	CL-101	S-6011D	SM-6011
E4313	E6013	KR-3000	CR-13	S-6013G, S-6013LF	SM-6013
E4313	E6013	KR-3000V	CR-13V	S-6013V	SM-6013V
E4316	E7016	KH-500LF	LH-100	S-7016M	SM-7016
E4316	E7048	KH-500VF	LH-100V	S-7048V	
E4316	E7016	KH-500W	LH-28W	S-7016O	
E4324	E7024	K-7024	CR-24	S-7024F	SM-7024
E4324	E6027		CF-120		SM-6027
E4324	E6027	KF-300LF	CF-120Z	S-6024LF	

4. 특수아크 용접

1) 서브머지드 아크용접(Submerged Arc Welding)★

(1) 원리

분말로 된 용제(Flux)를 용접부에 뿌리고, 용제 속에서 용접봉의 심선이 들어간 상태에서 모재와 용접봉 사이에 아크로 발생시켜, 아크 열로서 용접봉 및 모재를 용해하여 용접하는 방법이다. 보통 용접봉은 코일로 되어 있으며 대차에 싣고 자동용접장치와 모터 조절식 대차로 필요한 속도를 조절한다. 아크전압이 변동에 따라 용접봉 공급 속도가 조절한다. 현재 반자동식으로만 수행되고 있으며 Operator가 승차하여 감시 및 일부 조정을 한다. 유조선 및 유류 탱크 등 용접에 적합하다. 열손실이 가장 적다.

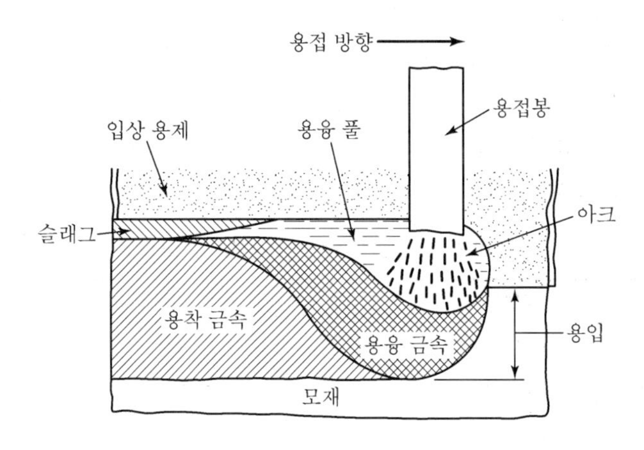

[서브머지드 아크용접]

(2) 장단점

① 장점

㉠ 일정 조건에서 용접이 시행되므로 강도가 크고, 신뢰도가 높다.

㉡ Heat Energy의 손실이 적고 용접속도는 수동용접의 10~20배 정도 크다.

㉢ Weaving할 필요가 없어 용접부 홈을 작게 할 수 있으므로, 용접재료의 소비가 적고 용접부의 변형도 적다.

㉣ 용접 중 대기와 차폐가 확실히 되며 대기 중의 산소, 질소 등의 해가 적다.

② 단점

㉠ Bead가 불규칙일 경우와 하향 용접 외의 용접은 곤란하다.

㉡ 용접홈의 가공정밀도가 좋아야 한다.

㉢ 설비비가 많이 든다.

㉣ 아크가 보이지 않으므로 용접의 적부 확인이 불가능하다.
㉤ 용제는 흡습이 쉽기 때문에 건조나 취급 시 주의가 필요하다.

(3) 용접장치

① 와이어 송급장치 : 롤러의 회전에 의해 와이어를 접촉 팁을 통해 송급하며 와이어끝과 모재 사이에서 아크를 발생시킨다.
② 전압 제어기 : 전압의 일정한 유지와 송급속도 및 아크길이를 조정한다.
③ 용제호퍼(Hopper) : 용제를 호스를 통해 공급하는 장치이며 와이어보다 앞에 위치하여 용접선에 용제를 살포한다. 용제는 용융되어 도체의 성질을 띠며 용융되지 않은 용제는 진공회수장치에 의하여 회수되어 다시 사용한다.
④ 용접 전원 : 전원으로는 교류와 직류가 쓰이며 교류 쪽이 설비비가 적고 자기불림(Magnetic Blow)이 없어 유리하다.
⑤ 주행대차 : 용접헤드인 와이어 송급장치, 접촉팁, 용제 호퍼를 싣고 가이드레일 위를 용접선에 평행하게 이동시킨다.

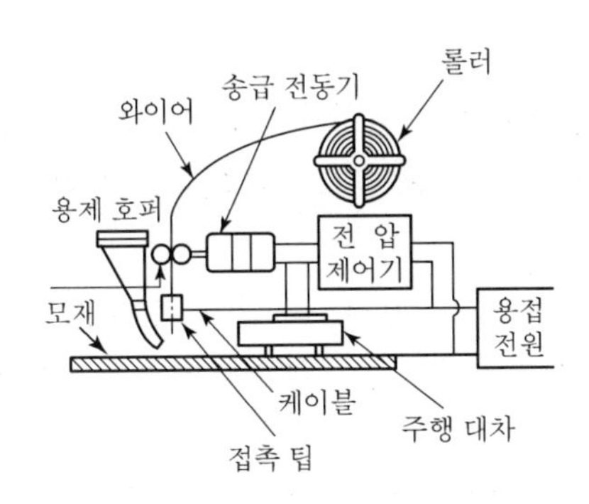

[서브머지드 아크용접장치]

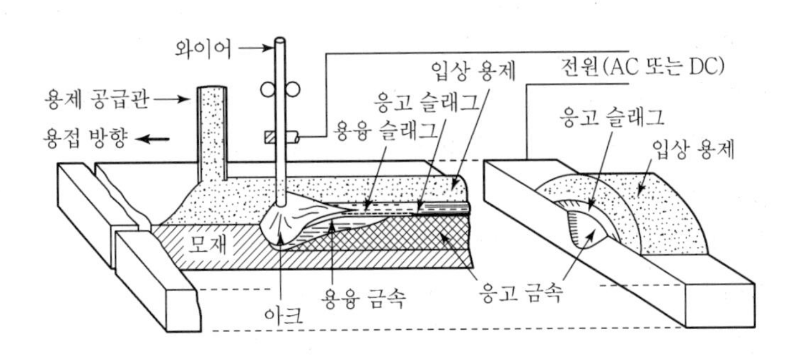

[서브머지드 용접의 아크상태와 용착상황]

(4) 용접용 재료

① 와이어

㉠ 와이어는 망간 함유량과 몰리브덴 함유량의 다소에 따라 고망간계, 중망간계, 저망간계 와이어 및 망간 몰리브덴계 와이어로 분류되며 코일 모양으로 감은 것을 사용한다.

㉡ 와이어의 지름은 2.4~7.9mm 범위의 것이 많이 쓰이며 보통 와이어의 표면은 접촉 팁과의 전기적 접촉을 원활하게 하고 녹을 방지하기 위해 구리도금한다.

② 용제

㉠ 용융제 용제(Fused Flux) : 가장 많이 사용되는 것으로 조성이 균일하고 흡습성이 작다. 용제는 규산, 산화망간, 산화바륨, 석회석 등의 피복제 성분을 혼합하여 용융한 다음 유리상태로 하여 분쇄한 것이며 일반적으로 입도가 작을수록 용입이 얕고 너비가 넓은 깨끗한 비드가 형성된다.

㉡ 소결형 용제(Sintered Flux) : 원료 광석분말과 탈산제 용착금속에 대한 합금원소 등을 함유시켜 원료가 용해되지 않을 정도의 낮은 온도에서 작은 입도로 소결한 것으로 금속의 화학성분, 기계적 성질을 쉽게 조정할 수 있다.
큰 전류에서도 비교적 안정된 용접을 할 수 있으며 연강은 물론 저합금강, 스테인리스강, 고장력강의 용접에 적합하다. 소결형 용제는 300~500℃에서 소결한 저온 소결형과 750~1,000℃ 정도의 비교적 높은 온도에서 소결한 고온 소결형으로 분류되며 저온 소결형은 보통 본드 용제(Bonded Flux)라고 한다.

2) 불활성 가스 아크용접★★

용접할 부분을 공기와 차단된 상태에서 용접하기 위하여 불활성 가스(아르곤, 헬륨)에 금속 용접봉을 통하여 용접부에 공급하면서 용접하는 방법이다.

스테인리스, 알루미늄, 마그네슘 등의 용접에 좋으며 전극봉은 텅스텐 또는 금속을 사용하며 산화, 질화 등을 억제하여 용접 품질을 좋게 한다.

(1) 불활성 가스 금속아크용접 또는 MIG(Metal Insert Gas) 용접

① 원리

Solid 와이어를 일정 속도로 토치의 노즐로부터 송급하여 와이어 선단과 피용접물 간에 아크를 발생시키고 그 열로 용접하는 방식으로서 TIG 용접과 마찬가지로 Ar, He의 분위기 중에서 실시한다.

요즈음은 비싼 Ar이나 He 대신에 CO_2 가스를 사용하는 CO_2 아크용접이 탄소강의 용접에 많이 쓰이고 있다.

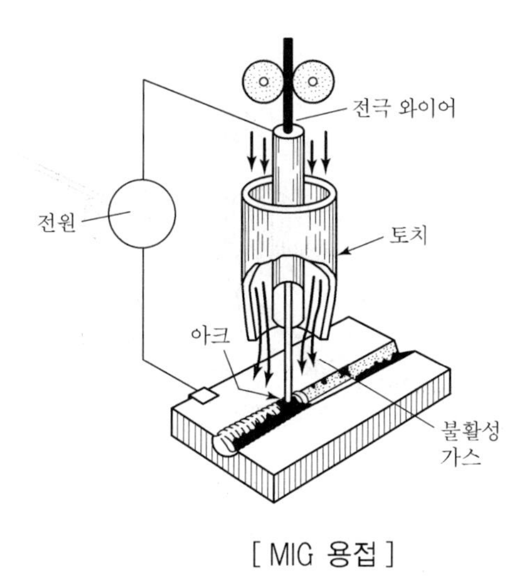

[MIG 용접]

② 특징

㉠ 대체로 모든 금속의 용접이 가능하다.(두께 3mm 이상일 때)

㉡ 용제를 사용하지 않으므로 Slag가 없어 용접 후 청소가 필요 없다.

㉢ Spatter나 합금원소의 손실이 적다.

㉣ 값이 비싸다.

㉤ 전자세의 용접이 가능하다.

㉥ 용접 가능한 판의 두께 범위가 넓다.

㉦ 능률이 높다.

ⓞ 응고속도가 빠르므로 기공이 비교적 많이 발생한다.

ⓩ 장비가 복잡하고 토치가 비교적 무겁다.

③ 전원

피복아크 용접용 직류 용접기를 역극성으로 하여 MIG 용접에 사용할 수 있다. 그러나 MIG 용접은 피복아크용접이나 TIG 용접과는 달리 상승 특성이 있으므로 이에 적합한 정전압 특성 또는 상승 특성을 갖는 직류 용접기를 사용해야 한다.

(2) 불활성 가스 텅스텐 아크용접 또는 TIG(Tungsten Insert Gas) 용접

① 원리

불활성 가스아크용접은 종래의 피복아크용접 또는 가스용접에 의해서는 용접이 곤란한 각종 금속의 용접에 쓰이는 방법으로서 Ar 또는 He 등과 같이 고온에서도 금속과 반응하지 않는 불활성 가스의 분위기 중에서 텅스텐 전극봉과 피용접물 사이에 아크를 발생시켜서 그 열로 용접하는 것이다.

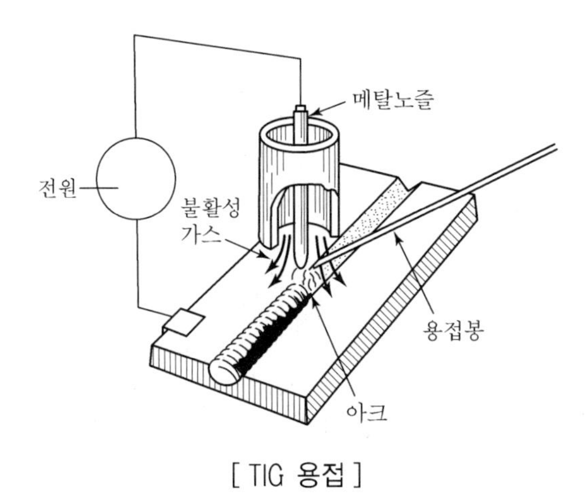

[TIG 용접]

② 특징

㉠ 피복제 및 플럭스가 불필요하다.

㉡ 용접의 품질이 우수하다.

㉢ 용접능률이 높고 전자세 용접이 용이하다.

㉣ 설비비가 비교적 높다.

③ 전원

교류 또는 직류가 모두 사용되지만 그 특성은 매우 다르므로 사용 시 선정에 주의해야 한다.

㉠ DCSP(직류 정극성)

ⓐ 클리닝 작용이 없어 Al 등의 경합금 용접에 사용되지 않는다.

ⓑ 용입이 깊고 용접속도가 빠르므로 자동 용접에는 주로 DCSP(He 가스 사용)가 사용된다.

㉡ SCRP(직류 역극성)

ⓐ 용접봉의 크기가 정극성에 비하여 약 4배 정도 큰 것이 필요하다.

ⓑ Al 등의 표면에 있는 산화피막이 자동적으로 제거되어서 용접이 용이하게 된다.

ⓒ 용입은 얕고 평평하게 된다.

㉢ 교류

ⓐ DCRP와 DCSP의 중간 상태가 되므로 각각의 특징이 모두 이용될 수 있다.

ⓑ 산화막 클리닝 작용이 있고 또한 전극봉도 비교적 작은 것을 이용할 수 있다.

④ 클리닝 작용(청정작용)

알루미늄의 용접에 있어서는 표면 산화물이 내화성이고 모재의 융점(660℃)보다 훨씬 높은(2,050℃) 융점을 가지므로 이것을 제거하지 않으면 용접이 곤란하다. 피복아크용접에서는 피복제 또는 용제를 써서 화학적으로 제거하고 있다. TIG 또는 MIG 용접 시에는 직류역극성 또는 교류용접 시에는 Ar 가스를 사용하면 마치 샌드블라스트를 한 것과 같이 표면의 산화물이 제거된다.

직류 정극성이나 또는 역극성에서도 He 가스를 사용하면 클리닝 작용이 없다.

⑤ 불활성 가스

He 가스는 가벼우므로(공기의 1/7) Ar 가스에 비하여 소요량도 많고(Ar의 약 2배), 노즐이 나오면 곧 위로 올라가므로 위보기 자세에 적합하다. Ar 가스는 공기보다 무거워서 용접부의 도포효과가 크다.

⑥ 특수용도

TIG 용접을 파이프 용접의 Root Pass에 사용하면 내면이 원활한 표피 비드를 얻을 수 있고 또한 루트 터짐이 방지된다. 루트면이 밀착하고 있을 경우에는 용접봉을 쓰지 않고 TIG 토치만으로 용접한다.

3) CO_2가스 아크용접★

(1) 원리

MIG 용접의 불활성 가스 대신에 CO_2를 사용한 소모식 용접봉으로 구조용강, 고장력강, 스테인리스강의 용접에 적합하다.

이산화탄소는 불활성 가스가 아니므로 고온에서 산화성이 커 규소, 망간, 알루미늄 등과 같은 탈제제를 많이 함유한 금속 Wire를 사용한다. 실드 가스는 이산화탄소-아르곤(CO_2-Ar), 이산화탄소-산소(CO_2-O_2) 등 여러 혼합법이 사용되기도 한다.

(2) 특징

① 산화나 질화가 없어 우수한 용착금속을 얻는다.
② 용착금속 중 수소 함유량이 적어 수소로 인한 결함이 거의 없다.
③ 용입이 양호하다.
④ 자동 또는 반자동 용접에 따른 고속 용접이 가능
⑤ 시공이 편리하다.
⑥ 모재 표면이 비교적 깨끗하지 않아도 된다.

(3) 용접장치

① 용접장치는 와이어 송급장치, 제어장치, 가스 조정기 등이 있다.
② 용접토치는 수랭식과 공랭식이 있으며 용접용 전원은 직류 정전압 특성을 갖고 있다.

(4) 용접용 재료★

① 와이어 : 탈산제의 공급방식에 따라 와이어만 있는 솔리드 와이어(Solid Wire), 용제가 미리 심선에 들어있는 복합 와이어(Flux Cored Wire), 자성을 가진 이산화탄소 기류에 혼합하여 송급하는 자성용제(Magnetic Flux) 등이 있다.
② 실드 가스 : 액화 이산화탄소가 사용되며 순도가 높고 수분 함유량이 적어야 한다. 송급량은 이음형상, 노즐과 모재 간의 거리, 작업환경 등에 의해 결정된다.

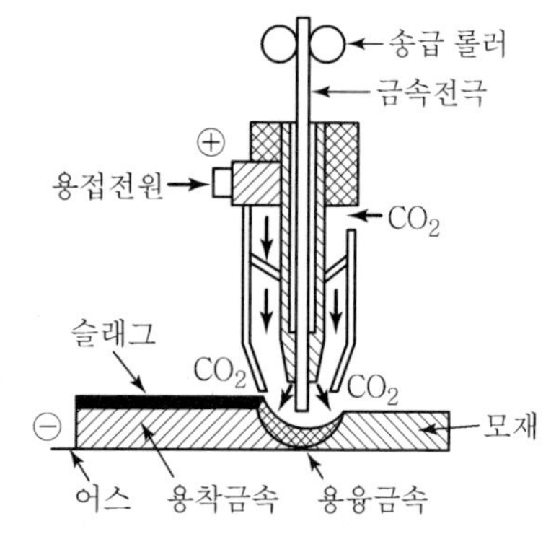

[탄산가스 아크용접]

4) 원자수소아크용접

(1) 원리

2개의 텅스텐전극 사이에 Arc를 발생시키고 이 Arc에 H_2를 분사할 때 H_2가 Arc열로 H를 분해한 후 용접부에서 H_2로 환원될 때 발산하는 열에 의하여 용접한다.

(2) 장점

용접부의 산화 및 질화가 방지되고, 용접조직이 좋으며 기계적 강도가 크다.

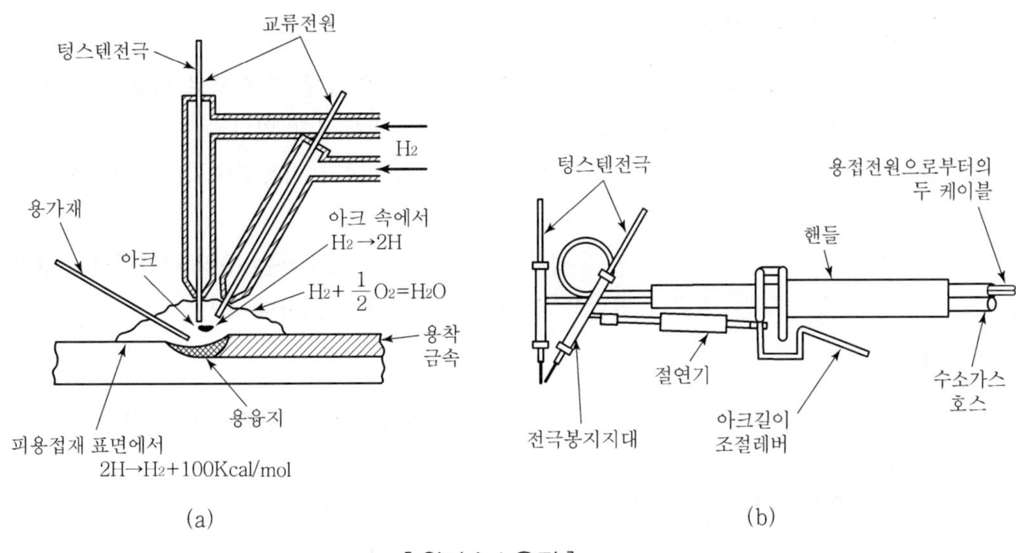

[원자수소용접]

5) 일렉트로 슬래그용접(Electro -Slag Welding)★

(1) 원리

일렉트로 슬래그용접은 아크열이 아닌 와이어와 용융 Flux 사이에 통전된 전기저항열을 이용하여 모재와 전극 와이어를 용융시키고 수랭되는 구리판을 위로 이동시키면서 연속주조방식에 의해 단층 상진 용접을 한다.

미끄럼판과 모재는 밀착되어 용접 금속과의 사이에 얇은 슬래그만을 만들어 비드 외관이 아름답다.

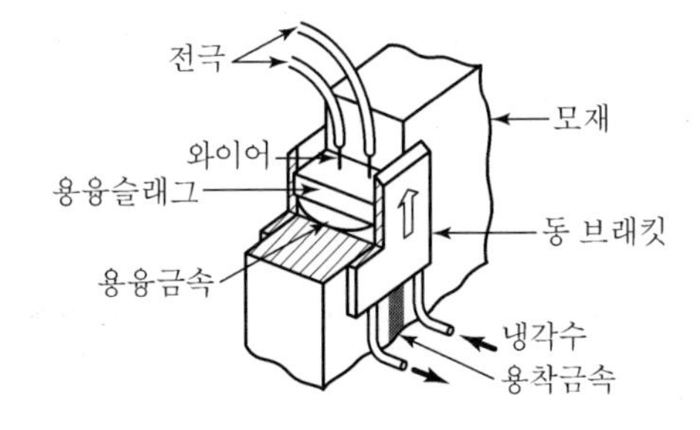

(2) 특징

① 두꺼운 판의 용접에 유리하다.

② Submerged Arc 용접에 비하여 홈가공 등을 할 필요가 없어 경제적이다.

③ 용접속도가 서브머지드 용접에 비해 빠르다.(2~3배)

④ 용접부의 변형이 적고 산소, 질소 등의 악영향이 없다.

(3) 용접원리 및 기구

① 전극 와이어와 용제는 서브머지드 용접과 거의 같은 계통으로 사용되며 전극은 고정식과 두꺼운 판에 일반적으로 사용되는 진동식이 있다.

② 전극 와이어의 지름은 보통 2.5~3.2mm 정도이고 피용접물의 두께에 따라 1~3개를 사용하며 자동 공급된다.

③ 용접 전류는 대전류이며 용접부위의 많은 열을 흡수하는 구리 미끄럼판은 용융슬래그를 가두는 주형의 역할을 하며 냉각장치가 필요하다.

(4) 용도

수력발전소의 터빈 축, 대형 공작기계 베드, 대형프레스, 두꺼운 판의 보일러드럼, 차량

6) 아크스폿용접 또는 플러그용접

(1) 원리

아크를 0.5~5sec 동안 발생시켜 모재를 국부적으로 용해하고 용착금속을 응고시키면 상판과 하판이 용접된다.

(2) 특징

① 전기저항 스폿용접에서는 300~1,000kg의 최대 가압력이 필요하나 아크스폿용접에서는 손으로 누르는 정도로 족하다.

② 전기저항 스폿용접은 양면에서 전극으로 가압하나 아크스폿용접에서는 한쪽 면에서 한다.

③ 아크스폿용접에서는 상하판의 두께 차가 커도 지장이 없다.

④ 전기저항 스폿용접에서는 전류가 널리 퍼지기 때문에 Pitch의 제한이 있으나 아크스폿용접에서는 Pitch의 제한이 없다.

7) 스터드(Stud)용접

지름 10mm 이하의 강과 황동재의 짧은 Stud Bolt 등을 평판에 대고 전류를 보내면 아크를 발생하면서 1sec 이내에 용융상태가 되어 용접되는 것

8) 전자빔용접(Electron Beam Welding)

(1) 개요

전자빔용접은 고진공(10^{-4}~10^{-6}mmHg) 속에서 고속의 전자빔을 접합부에 조사시켜 그 충격 에너지를 열에너지로 변환시켜 용융 용접하는 방법이다.

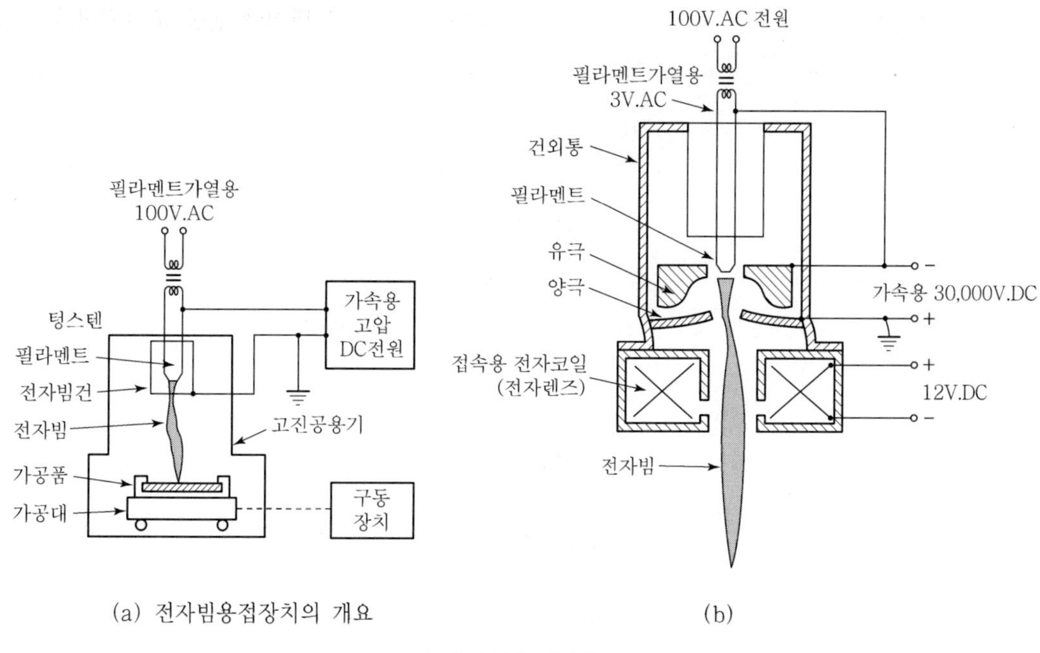

(a) 전자빔용접장치의 개요 (b)

[전자빔용접법]

(2) 특징

① 장점

㉠ 진공 중에서 용접하므로 용접의 신뢰도가 높다.

㉡ 고 용융점의 금속과 이종금속 사이의 용접이 가능하다.

㉢ 열영향부가 적어 용접변형이 적고 정밀용접이 가능하다.(예열 불필요)

㉣ 전자빔 충격의 제어로 박판에서 후판까지 광범위한 이용이 가능하다.

㉤ 잔류응력이 적다.

② 단점

㉠ 시설비가 많이 든다.

㉡ 모재의 크기, 형상이 제한된다.

㉢ 진공용접에서 증발하기 쉬운 재료(아연, 카드뮴)는 부적당하다.

(3) 용접장치

① 전자빔을 발생하는 전자총과 가공품을 올려놓은 이동 용접대가 고진공 속에 밀폐되어 있으며 감시창으로 관찰하며 구동 제어하여 용접한다.

② 고진공 속에서 텅스텐 필라멘트를 가열시키면 많은 열전자가 방출되며 전자 코일을 통해 적당한 크기로 만들어 용접부에 조사된다.

③ 가속된 강력한 에너지가 전자렌즈에 의해 극히 작은 면적에 집중 조사되어 높은 열로 조사부를 용융시킨다.

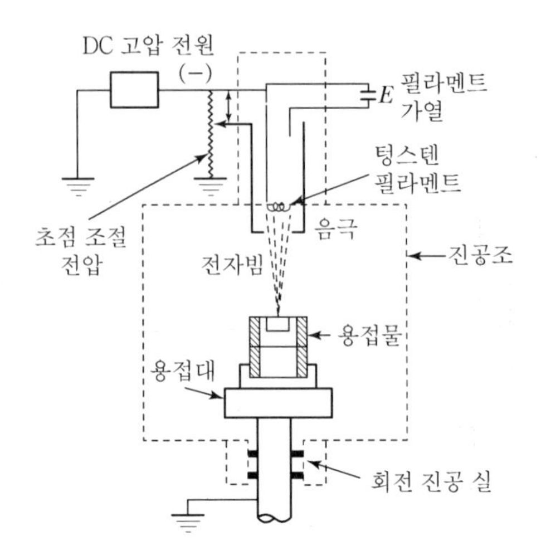

[전자빔용접의 원리]

(4) 용도

① 황성금속의 용접
② 이종금속 용접
③ 고용융점 금속용접

※ 전자빔 용접(EBM)

1. 전자빔 용접의 개요

고밀도로 집속되고 가속된 전자빔(Electron Beam)을 진공 분위기 속에서 용접물에 고속도로 조사시키면, 광속의 약 2/3 속도로 이동한 전자는 용접물에 충돌하여 전자의 운동 에너지를 열 에너지로 변환시키며, 국부적으로 고열을 발생시킨다. 이때 생긴 고에너지를 열원으로 이용, 용접면을 가열·용융시켜 용접물을 접합시키는 것이 전자빔 용접의 원리이다.

전자빔 용접의 원리를 자세하게 알아보면 다음과 같다. 먼저 전자빔 용접을 하기 위해서는 전자빔을 형성하기 위한 전자들을 만들어야 하는데, 전자의 생성은 전자총(Electron Beam Gun)에서 이루어지게 된다. 전자총의 필라멘트에 전류를 흘려 필라멘트를 가열시키면, 필라멘트의 온도는 약 2700℃의 고온으로 상승되며, 필라멘트에서는 많은 수의 자유 전자를 방출하게 된다. 이 자유 전자에 의해 전자빔이 형성되며, 이때 전자의 생성량은 필라멘트의 온도에 의해 결정되고, 고온일수록 많이 생성된다. 그러므로 필라멘트의 온도 설정은 일반적으로 고온을 선호하게 되는데, 온도를 너무 높이면 필라멘트가 용융되거나 내구성이 짧아지므로 온도를 높이는 것도 한계가 있으며, 온도의 한계는 각 필라멘트의 재질에 의해 결정된다. 따라서 전자빔 용접기의 설계 시 필라멘트의 온도 설정은 필라멘트의 수명과 자유 전자의 방출량과의 관계를 경제적인 측면에서 고려하여 결정한다.

필라멘트에 의해 만들어진 자유 전자들은 Grid에 의해 자유 전자의 양(빔 전류량)이 조절되면서 용접물에 조사되게 된다. 조사되는 자유 전자의 속도는 Anode에 걸린 전위차에 의해 결정되며 전위 차가 커지면 고속이 되고 작아지면 상대적으로 속도가 낮아진다. 이때 전위 차의 크기에 따라 일반적으로 저전압 Type과 고전압 Type의 전자빔 용접기로 나뉘어 지게 된다. Anode에 의해 고속도로 가속된 자유 전자들(전자빔)은 각종 Magnetic Lens에 의해 방향과 밀도가 조정되면서 용접물에 충돌되게 된다.

이때 필라멘트로부터 용접물로 전자가 이동하는 경로를 관찰해보면, 다른 일반 용접과 비교해볼 때 매우 다른 전자빔 용접 고유의 특이한 행태를 보여주게 된다. 이동하는 전자는 무게가 매우 가벼워서 만일 대기 중에서 이동하면 공기 분자와 충돌하여 산란되고 만다. 따라서 이동 경로는 진공 분위기가 유지되어야 하며, 이러한 진공 분위기가 전자빔의 산란을 방지한다. 이러한 전자빔 용접의 특수한 용접 환경인 진공 분위기는 고 청정 분위기로써 용접시 발생되는 산화 및 기타 부정적인 요인을 차단하므로 다른 일반 용접 방법에서 볼 수 없는 매우 뛰어난 용접 환경을 제공하게 된다.

진공 분위기에서 이동하여 용접물에 충돌한 전자는 전술한 바와 같이 용접부를 용융시키게 되는데, 용접부의 용융부 역시 다른 일반 용접에서 볼 수 없는 특이한 용융부가 형성된다. 전자빔 용접의 용융부 형상은 일반 용접에 비해 매우 좁고 기다란 쐐기 모양의 형태를 띠게 되는데, 이러한 용융부로 인해 다른 일반 용접에 비해 정밀도나 변형 등에서 매우 뛰어난 용접 성능과 품질을 보여주게 된다.

이러한 전자빔 용접의 특이한 용융부 형상의 형성 과정을 설명하면 다음과 같다. 필라멘트를 떠난 전자가 Anode에 의해 고속도로 가속되어 용접물에 충돌하면, 용접부 금속 표면 직하 부분에서는 전자의 운동 에너지가 열 에너지로 변환된다. 이때 변환된 열 에너지는 고밀도의 에너지로서 용접부에 국지적인 고열을 발생시키며, 이때 발생하는 고열이 순간적으로 용접부 금속을 용융, 금속의 증발 온도 이상으로 용접부를 가열시키게 된다. 증발 온도 이상으로 가열된 금속은 용융부 중앙에 증기압을 발생시키고, 이 증기압에 의해 금속 상부는 열리며, 증기부 주위는 금속 용융층에 둘러싸이게 된다.

이때 그 다음에 도착한 전자는 저항없이 증기부를 통과하여 바닥 용융부의 금속표면에 충돌하면, 전술한 과정이 반복되며, 또 다른 증기부와 용융부를 만들며 보다 깊은 용접부를 형성하게 된다. 이러한 과정이 순간적으로 반복되면서 용접부는 전자빔 용접 특유의 Key Hole을 형성하게 되며, 고품질의 용접이 가능케 되는 것이다.

2. 전자빔 용접의 장단점

다른 용접 공정에서와 같이 전자빔 용접에서도 용접 기술 자체가 가진 고유의 장단점이 있다.

(1) 전자빔 용접의 장점

① 고밀도로 집속된 전자빔을 고속도로 용접물에 조사할 경우, 일반 아크 용접에서 얻을 수 있는 에너지 밀도의 수백 배에서 수천 배 이상의 고밀도 에너지를 얻을 수 있으며, 이를 이용하여 용접을 실행할 수 있다.
빔 초점에서 약 W/cm^{2}의 대단히 높은 에너지 밀도를 갖는다.

② 고에너지 밀도의 용접이 가능하기 때문에 총 입열 에너지의 양은 일반 용접보다 상대적으로 매우 적다. 이러한 점은 용접 제품에 최소의 용접 수축과 변형이 가능토록 하여주며, 일반 아크 용접에 비해 매우 작은 열 영향 부위를 만들며, 인접 재질에도 매우 적은 열 충격을 준다. 소재의 표면을 가로지르는 열 전도에 의한 에너지 이동이 일어나지 않지만, 소재 자체에서는 대단히 효율적이다.

③ 아크 용접으로는 다중 용접에 의해서만 가능한 후판 용접을 전자빔 용접에서는 단일 Pass의 용접으로 좁고 깊은 용접 부위를 구현한다.

④ 진공 분위기에서의 용접으로 활성 금속의 용접이 가능하며, 산화 등 대기 가스로 인한 오염을 최소화시킨다.

⑤ 고밀도 에너지의 용접이 가능함으로 열전도가 높은 금속이나 고융점 금속의 용접이 가능하며 일반 용접으로는 불가능한 융점 및 열전도가 상이한 이종금속의 용접이 가능하다.

⑥ 고진공 분위기에서의 용접으로 제품의 진공 밀폐가 가능하다.

⑦ 단일 용접기를 가지고 박판에서부터 후판까지의 넓은 범위의 용접이 가능하다.

⑧ 거의 모든 금속에 대하여 최대 150mm의 두꺼운 소재의 맞대기 및 겹침용접도 가능하다.
열 변형량과 수축량은 극히 적으며 용접변수들을 정확히 제어함으로써 균열의 발생을 줄일 수 있어서, 용접품질이 좋고 순도가 매우 높다. 보통 사용되는 곳은 항공기, 미사일, 핵시설 및 전자 부품이며, 자동차 산업에서는 기어와 축에 사용한다.

(2) 전자빔 용접의 단점

① 일반 용접기에 비해서 전자빔 용접기의 장비 가격이 매우 고가이다.

② 일반 용접에 비해서 용접 단품과 치구의 가공 정밀도가 보다 높이 요구된다.

③ 진공 분위기를 형성하기 위해서 진공 배기 시간이 필요하므로 생산성이 저하된다.

④ 전자빔 용접 시 발생되는 X-Ray가 인체에 해를 끼치므로 이의 차폐가 필요하며, 장비는 주기적으로 점검되어야 한다.

⑤ 전자빔은 자장에 의해서 굴절되므로 일부 이종 금속 용접시 용접에 장애가 있다. 강자성체 금속의 경우 탈자(자성을 제거함) 없이는 용접이 불가능하다.

⑥ 고밀도 에너지 용접에서는 Cold Shuts나 Spiking같은 기공이 발생할 우려가 많다.

3. 전자빔 용접의 분류

(1) 가속전압에 따른 분류

① 저전압형(30~60kV)

② 고전압형(100~200kV)

(2) 전자의 발생현상에 따른 분류

① 플라즈마 전자빔(Plasma electron beam)

② 음극 가열 방식(Heat cathode type electron beam)

(3) 챔버의 진공상태에 따른 분류

① 고진공(High vacuum type) : 10^{-4}~10^{-5} Torr

② 중간진공(Partial vacuum type) : 10^{-3}~10^{-1} Torr

③ 대기압(Non vacuum type) : 대기압(760Torr)

(4) 장비 Type에 의한 분류

① 전용장비 : 일반적으로 저전압, 저진공, 챔버가 small size이며 특정한 부품의 양산에 적합하다.

② 범용장비 : 전용기의 반대개념이며, 다양한 제품의 적용에 적합하다.

4. 진공 System

(1) 전자가 발생되는 곳을 컬럼(column)이라 하며, 작업물이 들어가는 곳을 챔버(chamber)라 한다.

(2) 컬럼과 챔버 사이에는 beam이 지나가는 통로 역할 및 챔버와 컬럼 사이의 공기를 차단할 수 있는 컬럼 밸브가 있다.(열렸다 닫혔다 함)

(3) 진공 배기 시스템은 챔버와 컬럼이 각기 다른 배기 시스템에 의해 운용된다.
(4) 펌프의 종류는 로타리펌프, 베인펌프, 부스터펌프, 디퓨전(확산)펌프, 터보분자펌프(Turbo moleculer Pump) 등이 있다.

9) 플라스마(Plasma) 아크용접

(1) 개요

분자상태의 기체는 고온에서 원자로 변하고 원자는 열운동에 의해 전리되어 이온과 전자로 된다. 이와 같이 양(+), 음(−)의 이온상태로 된 가스체를 플라스마라고 하며 이것을 이용한 용접법으로 플라스마 제트용접과 플라스마 아크용접이 있다.

(2) 특징

① 열에너지의 집중도가 좋아 고온(10,000~30,000℃)을 얻을 수 있고 용입이 깊고 용접속도가 크다.
② 용접 Groove는 I형이면 되므로 용접봉의 소모가 적다.
③ 1층 용접으로 완료되므로 능률적이다.
④ 용접부가 대기로부터 보호되어 기계적 성질이 좋다.
⑤ 도전성 및 비도전성 재료에 관계없이 용접이 가능하다.
⑥ 설비비가 많이 든다.
⑦ 모재 표면의 청결도가 좋아야 한다.
⑧ 용접속도가 크므로 가스의 보호가 불충분하다.

(3) 용접종류

① 플라스마 아크용접 : 텅스텐 전극과 모재 사이에서 Arc를 발생시키는 것으로 아크 플라스마의 온도가 높아 용접에 주로 많이 이용되며 도전성 재료에 쓰인다.

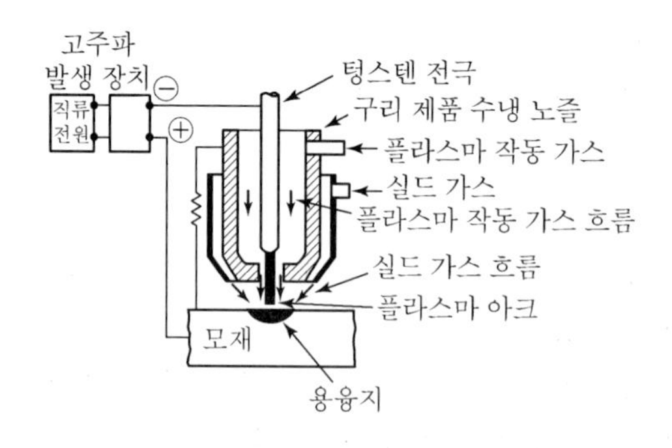

[플라스마 아크용접]

② 플라스마 제트 용접 : 텅스텐 전극과 노즐 사이에서 아크를 발생시키는 것으로 노즐 자체를 (+)의 전극으로 한 것이며 비도전성 용접 재료에도 쓰인다.

(4) 핀치효과

① 열적 핀치효과(Thermal Pinch Effect) : 아크 플라스마의 외주부를 가스로 강제적으로 냉각하면 아크 플라스마는 열손실이 증가하여 전류를 일정하게 하며 아크 전압은 상승한다. 아크 플라스마는 열손실이 최소한으로 되도록 단면이 수축되고 전류밀도가 증가하며 대단히 높은 온도의 아크 플라스마가 얻어지는 성질을 말한다.

② 자기적 핀치효과(Magnetic Pinch Effect) : 아크 플라스마는 대전류가 되면 방전 전류에 의해 생기는 자장과 전류의 작용으로 수축되며 전류 밀도가 증가하여 큰 에너지를 발생하는데 이와 같은 성질을 말한다.

(5) 용접장치

① 전원은 직류를 사용하며 아크 발생용 고주파 전원을 병용한다.

② 플라스마의 냉각가스는 아르곤과 수소의 혼합가스가 사용되며 모재의 종류에 따라서는 질소나 공기도 사용된다.

10) 레이저빔(Laser Beam) 용접

(1) 원리

Xenon Flash Tube에서 발생된 Flash가 Rubby 결정(Al_2O_3+15%Cr) 중의 Cr원자에 의하여 자발여진(自勵發振)이 일어나고 결정을 지나는 중에 증폭되어져 아주 격렬한 광으로 된다. 이것을 Lens를 통하여 집중시킨 열에너지를 이용한 용접

(2) 특징

① 진공이 불필요하다.

② 가까이 접근할 수 없는 부재의 용접을 할 수 있다.

③ 용접재가 비도전성이라도 용접할 수 있다.

④ 미세정밀용접을 할 수 있다.

11) 저온용접 또는 공진용접

(1) 원리

공정합금의 용융점이 공정합금이 아닌 금속에 비하여 낮다는 성질을 이용한 용접

(2) 특징

① 모재의 재질 변화가 적다.
② 공정으로 미세 조직을 얻을 수 있다.
③ 작업속도가 빠르다.
④ 전력소비량이 적다.

2 용접결함 및 시험

1. 용접결함

용접작업에 따라 여러 가지의 결함이 발생하며, 이 결함이 확인되지 않은 상태로 기계 및 구조물에 있을 경우 예상하지 못한 큰 위험이 따르게 되므로 사용 전에 검사를 철저히 하여 보완해야 한다.

1) 치수결함

(1) 변형

각변형, 수축변형, 굽힘변형, 회전변형 등

(2) 치수불량

덧붙임 과부족, 필릿의 다리길이, 목두께 등

(3) 형상불량

비드 파형의 불균일, 용입의 과대 등

2) 구조결함

기공, 슬래그 섞임, 용입불량, 언더컷, 오버랩, 균열 등

3) 성질결함(性質缺陷)

(1) 기계적 결함

강도, 경도, 크리프, 피로강도, 내열성, 내마모성

(2) 화학적 결함

내식성

(3) 물리적 결함

전자기적 성질

2. 용접검사 및 시험(試驗)

1) 파괴시험

비파괴 검사와는 달리 용접할 모재, 용접부 성능 등을 조사하기 위해 시험편을 만들어서 이것을 파괴나 변형 또는 화학적인 처리를 통해 시험하는 방법을 말하며 기계적, 화학적, 금속학적인 시험법으로 대별된다.

(1) 인장강도시험

인장시험편을 만들어 시험편을 인장시험기에 걸어 파단시켜 항복점, 인장강도, 연신율을 조사한다.

(2) 굽힘시험

표면굽힘, 뒷면굽힘, 측면굽힘이 있으며 시험편을 지그를 사용하여 U자형으로 굽혀 균열과 굽힘 연성 등을 조사하여 결함의 유무를 판단한다.

(3) 경도시험

경도시험편을 만들어 용착금속의 표면으로부터 1~2mm면을 평탄하게 연마한 다음 경도시험을 한다.

① 브리넬경도
② 로크웰경도
③ 비커스경도
④ 쇼어경도

(4) 충격시험

시험편에 V형 또는 U형의 노치(Notch)를 만들고 충격하중을 주어 재료를 파단시키는 시험법으로 샤르피(Charpy)식과 아이조드(Izod)식의 시험법을 이용한다.

(5) 피로시험

시험편의 규칙적인 주기의 반복하중을 주어 하중의 크기와 파단될 때까지의 반복횟수에 따라 피로강도를 측정한다.

(6) 화학적 시험

① 화학분석 : 금속에 포함된 각 성분원소 및 불순물의 종류, 함유량 등을 알기 위하여 금속 분석을 하는 것이다.

② 부식시험 : 스테인리스강, 구리합금 등과 같이 내식성의 금속 또는 합금의 용접부에서 주로 하는 시험법이며 습부식시험, 고온부식시험(건부식), 응력부식시험이 있다.

③ 수소시험 : 용접부에 용해된 수소는 은점, 기공, 균열 등의 결함을 유발하므로 용접부에는 0.1 ml/g 이하의 수소량으로 규제하고 있으며 수소의 양을 측정하는 시험법으로 45℃ 글리세린 치환법과 진공가열법이 있다.

(7) 금속학적 시험

① 파면시험 : 인장 및 충격 시험편의 파단면 또는 용접부의 비드를 따라 파단하여 육안을 통해 균열, 슬래그 섞임, 기공, 은점 등 내부 결함의 상황을 관찰하는 방법이다.

② 육안조직시험 : 용접부의 단면을 연마하고 에칭(Etching)을 하여 매크로 시험편을 만들어 용입의 상태, 열영향부의 범위, 결함 등의 내부결함이나 변질상황을 육안으로 관찰한다.

③ 마이크로(Micro) 조직검사
시험편을 정밀 연마하여 부식액으로 부식시킨 후 광학현미경이나 전자현미경으로 조직을 정밀 관찰하여 조식상황이나 내부결함을 알아보는 방법이다.

2) 비파괴검사(NDT ; Non-Destructive Testing)★★

(1) 개요

용접부의 검사 실시 후 정확한 해석 및 올바른 판단을 내리는 것은 공사의 시공 및 품질관리 측면에서 매우 중요하다.
일반적으로 사용되는 용접부 검사방법으로는 외관검사가 주로 사용되나 필요시에는 비파괴검사를 실시해야 한다.

(2) 비파괴검사

① 비파괴검사의 의의
비파괴검사는 금속재료 내부의 기공·균열 등의 결함이나 용접 부위의 내부결함 등을 재료가 갖고 있는 물리적 성질을 이용해서 제품을 파괴하지 않고 외부에서 검사하는 방법이다.

② 비파괴시험의 목적
㉠ 재료 및 용접부의 결함검사
ⓐ 품질평가 : 품질관리
ⓑ 수명평가 : 파괴역학적 방법, 안정성 확보
㉡ 재료 및 기기의 계측검사
변화량, 부식량을 측정

㉢ 재질검사

㉣ 표면 처리층의 두께측정
두께측정 게이지 이용

㉤ 조립 구조품 등의 내부구조 또는 내용물의 조사

㉥ 스트레인 측정

③ 비파괴시험의 종류

㉠ 표면결함 검출을 위한 비파괴시험방법

ⓐ 외관검사 : 확대경, 치수측정, 형상확인

ⓑ 침투탐상시험 : 금속, 비금속 적용가능, 표면개구 결함 확인

ⓒ 자분탐상시험 : 강자성체에 적용, 표면, 표면의 저부결함 확인

ⓓ 와전류탐상법 : 도체 표층부 탐상, 봉, 관의 결함 확인

㉡ 내부결함 검출을 위한 비파괴시험방법

ⓐ 초음파 탐상시험 : 균열 등 면상 결함 검출능력이 우수하다.

ⓑ 방사선 투과시험 : 결함종류, 형상판별 우수, 구상결함을 검출한다.

㉢ 기타 비파괴시험방법

ⓐ 스트레인 측정 : 응력측정, 안전성 평가

ⓑ 기타 : 적외선 시험, AET, 내압(유압)시험, 누출(누설)시험 등이 있다.

④ 특징

㉠ 방사선에 의한 투과검사(RT : Radiographic Testing)

ⓐ X-ray 촬영검사

X선은 2극의 진공관으로 구성된 X선관에 의해 발생시킨다. X선관은 음극이 텅스텐필라멘트이고 양극은 금속표적(대음극)으로 되어 있으며, X선관 내에는 고진공으로 되어 있다. 음극의 필라멘트에 전류를 흘려 필라멘트를 백열상태의 고온으로 하면 열전자가 진공 중으로 방출된다. X선관은 양극에 고전압을 걸면 필라멘트로부터 방출된 열전자는 가속되어, 운동에너지를 증가하면서 양극의 표적에 충돌하여, 여기서 열전자의 운동에너지의 대부분은 열로 변하여 표적을 가열하게 되고, 일부의 에너지가 X선으로 변환되어 방사된다. X선은 짧은 전자파로서 투과도가 강한 것 이외에 사진 필름 촬영이 가능하다. 또 투과력이 크고 강도와 노출시간의 조절로 사진 촬영이 용이할 뿐 아니라 γ-ray에 비하여 촬영 속도가 느리고 전원 및 냉각수 공급 등의 번거러움도 있으나 γ-ray에 비하여 투과력 조정이 가능하여 박판의 금속 결함 촬영도 가능하여 미세한 판별도 가능하다.

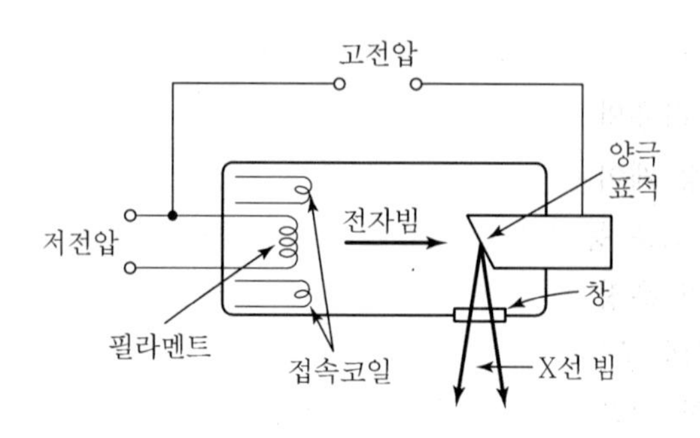

[X선관의 개략도]

ⓑ γ-ray 촬영검사

핵반응에 의해 다양한 방사성 동위원소가 생성되는데, 핵반응로에서 중성자를 충돌시키는 것이 공업용 방사선을 얻는 가장 중요한 방법이 된다. 예를 들면, 자연상태에서 안정된 Co59와 Ir191 원소에 중성자가 충돌하면 γ선이 생성된다. γ-ray는 투과력이 매우 강하여 두꺼운 금속 촬영에 적합하다. 촬영장소가 협소하다든가 위치가 고소인 경우 X-ray 장비에 비하여 간편하기 때문에 널리 쓰이고 있으나 박판 금속의 경우 투과력 조정이 불가능하여 중간 금속 물질을 넣고 촬영하는 등 번거로움이 많다. 특히 촬영 시 외부와의 차폐가 어려우며 보관 등 많은 주의가 필요하다.

ⓛ 초음파 탐상검사(UT ; Ultrasonic Testing)

금속재료 등에 음파보다도 주파수가 짧은 초음파(0.5~25MHz)의 Impulse(반사파)를 피검사체의 일면(一面)에 입사시킨 다음, 저면(Base)과 결함부분에서 반사되는 반사파의 시간과 반사파의 크기를 브라운관을 통하여 관찰한 후 결함의 유무, 크기 및 특성 등을 평가하는 것으로 타 검사방법에 비해 투과력이 우수하다. 초음파 탐상은 주로 내부결함의 위치, 크기 등을 비파괴적으로 조사하는 결함검출기법이다. 결함의 위치는 송신된 초음파가 수신될 때까지의 시간으로부터 측정하고, 결함의 크기는 수신되는 초음파의 에코높이 또는 결함에코가 나타나는 범위로부터 측정한다. 초음파탐상법의 종류는 원리에 따라 크게 펄스 반사법, 투과법, 공진법으로 분류되며, 이중에서 펄스반사법이 가장 일반적이며 많이 이용된다.

ⓐ 장점

-방사선과 비교하여 유해하지 않다.

-감도가 높아 미세한 결함을 검출할 수 있다.

-투과력이 좋으므로 두꺼운 시험체의 검사가 가능하다.

ⓑ 단점

-표면이 매끈해야 하고, 조립체에 사용하지 않고, 결함의 기록이 어렵다.

- 시험체의 내부구조가 검사에 영향을 준다.
- 불감대(Dead Zone)가 존재한다.
- 검사자의 폭넓은 지식과 경험이 필요하다.

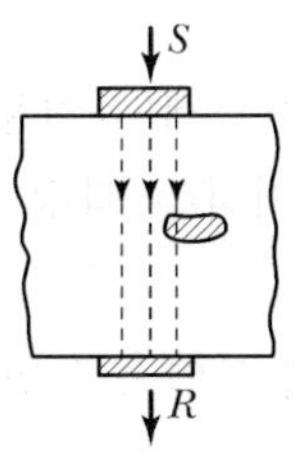

(a) 투과법

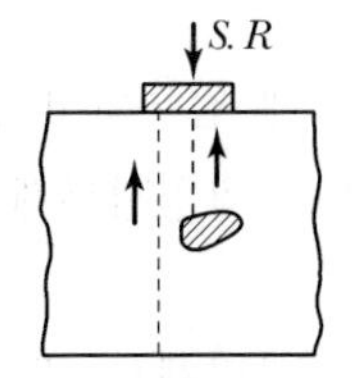

(b) 펄스 반사법

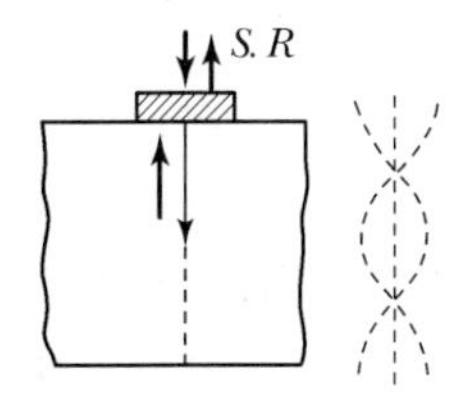

(c) 공진법

[초음파 탐상법의 종류]

㉢ 액체침투탐상검사(LPT ; Liquid Penetrant Testing)

ⓐ 전처리

시험체의 표면을 침투탐상검사를 수행하기에 적합하도록 처리하는 과정으로 침투제가 불연속 속으로 침투하는 것을 방해하는 이물질 등을 제거

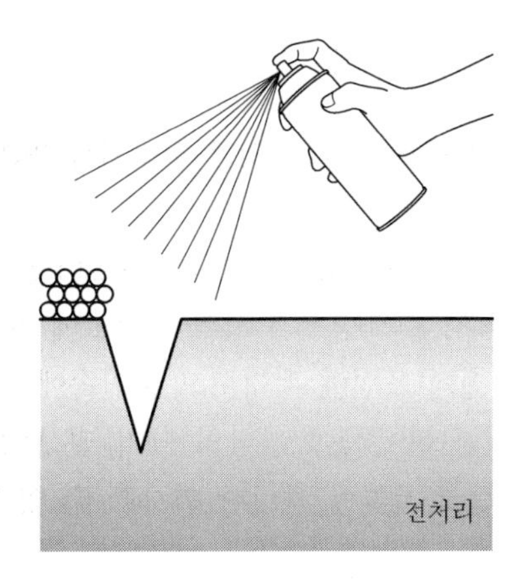

ⓑ 침투처리

시험체에 침투제(붉은색 혹은 형광색)를 적용시켜 표면에 열려있는 불연속부속으로 침투제가 충분하게 침투되도록 하는 과정

ⓒ 세척처리(침투제 제거)

침투시간이 경과한 후 불연속 내에 침투되어 있는 침투제(유기용제, 물)는 제거하지 않고 시험체에 남아있는 과잉침투제를 제거하는 과정

ⓓ 현상처리

세척처리가 끝난 후 현상제(흰색 분말체)를 도포하여 불연속부 안에 남아있는 침투제를 시험체 표면으로 노출시켜 지시를 관찰

ⓔ 관찰 및 후처리

- 관찰 : 정해진 현상시간이 경과되면 결함의 유무를 확인하는 것
- 후처리 : 시험체의 결함모양을 기록한 후 신속하게 제거하는 것

표면 아래에 있는 불연속은 검출할 수 없고 표면이 거칠면 만족할 만한 시험결과를 얻을 수 없다.

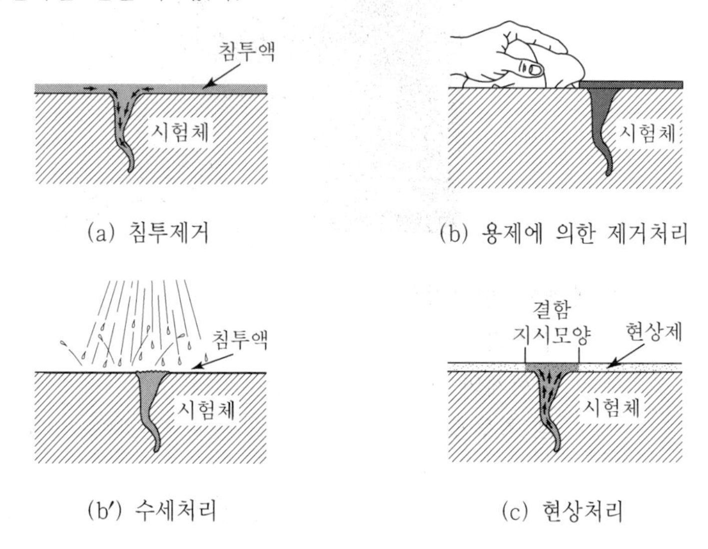

[침투탐상시험에 의한 결함지시모양의 형성 프로세스]

㉣ 자분탐상검사(MT ; Magnetic Particle Testing)

자분탐상검사란 강성 자성체의 시험 대상물에 자장을 걸어주어 자성을 띠게 한 다음 자분을 시편의 표면에 뿌려주고 불연속에는 외부로 누출되는 누설 자장에 의한 자분 무늬를 판독하여 결함의 크기 및 모양을 검출하는 방법이다.

자분탐상은 자성체 시편이 아니면 검사할 수 없으며, 시편 내부에 깊이 존재하

는 결함에 의한 누설 자장은 외부로 흘러나오지 못한다. 따라서 자분탐상에 의하여 검출할 수 있는 결함의 크기는 표면과 표면 바로 밑 5mm 정도이다.

ⓐ 장점 : 표면에 존재하는 미세결함 검출능력이 우수, 현장 적응성이 우수

ⓑ 단점 : 시험표면의 영향이 크다, 기록이 곤란하다. 자력선의 방향에 결함이 수직으로 있어야 한다.

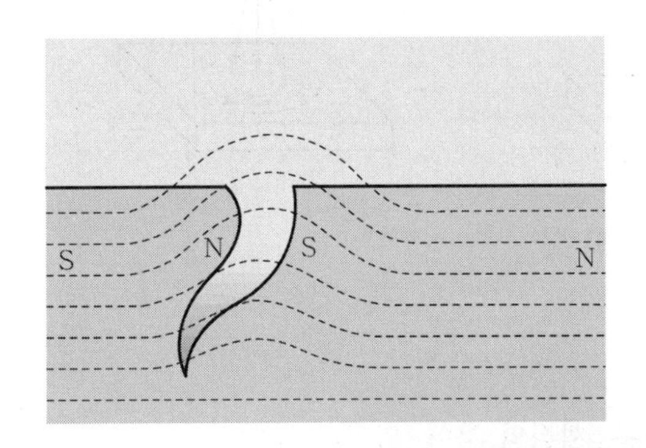

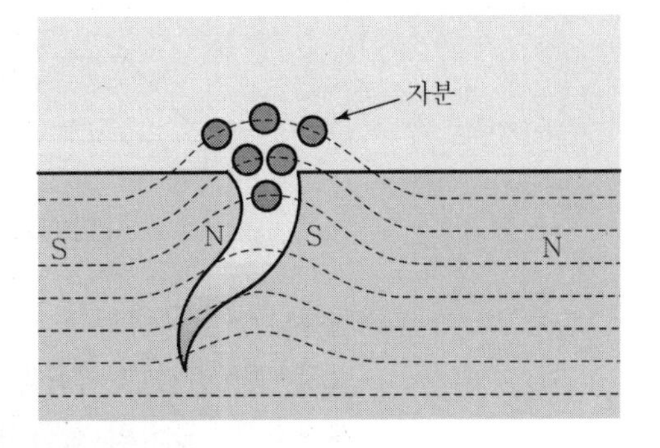

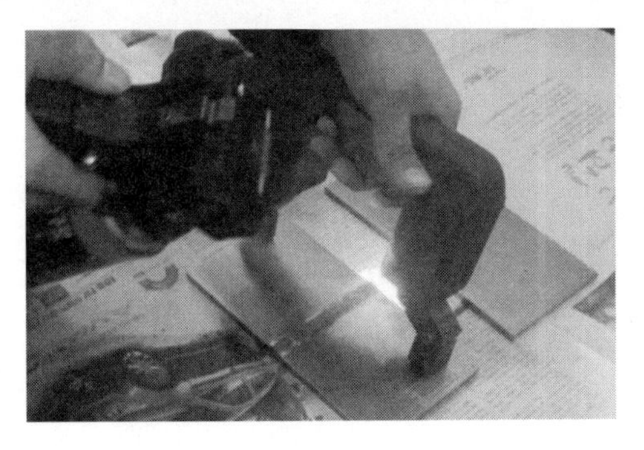

㉤ 와전류탐상검사(Eddy Current Test)

ⓐ 개요

와전류탐상법은 고주파 유도 등의 방법으로 검사품에 와전류를 흘려 전류가 흐트러지는 것으로 결함을 발견한다. 도체 표면층에 생긴 균열, 부식공 등을 찾아낼 수 있다. 비접촉으로 고속탐상이 가능하므로 튜브, 파이프, 봉 등의 자동탐상에 많이 이용된다.

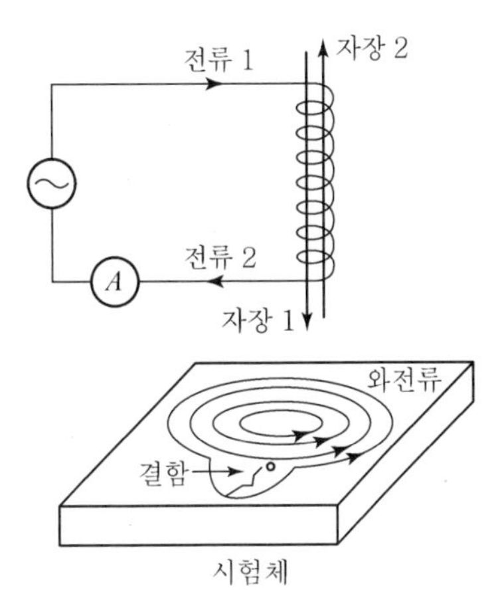

[와전류탐상의 기본원리]

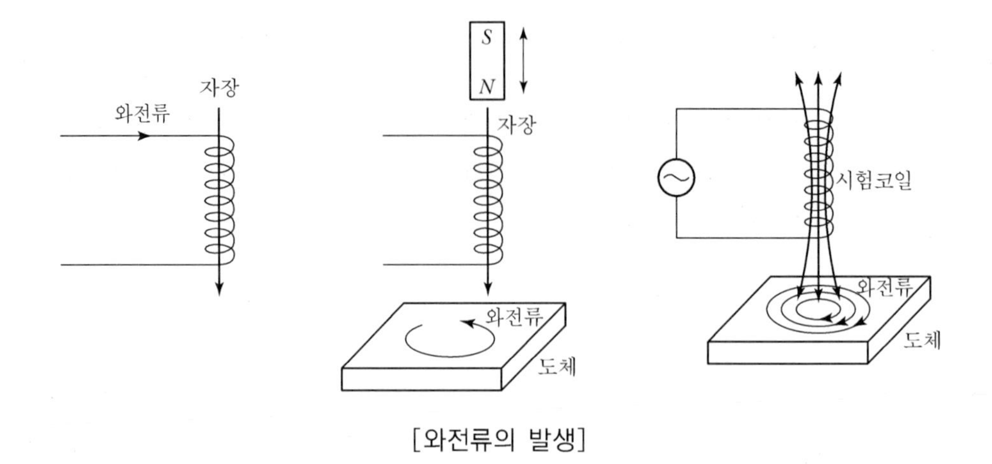

[와전류의 발생]

ⓑ 와전류탐상검사 종류
- 탐상시험(검사) : 결함검출
- 재질검사 : 금속의 합금성분, 재질의 차이, 열처리 상태
- 크기검사 : 크기, 도막두께, 도체와의 거리변화 측정
- 형상검사 : 형상변화의 판별

ⓒ 적용 및 특징
- 적용
  • 제조공정시험 : 불량품의 조기품절
  • 제품검사 : 제품의 완성검사로 품질보증
  • 보수검사 : 발전, 석유 Plant, 열교환기, 항공기 엔진기계 부품
- 특징
  • 도체에 적용된다.
  • 시험품의 표면결함의 검출을 대상으로 한다.

ⓓ 와전류탐상 장단점
- 비접촉법으로 시험속도가 빠르며 자동화가 가능하다.
- 고온, 고압과 같은 악조건에서 탐상이 가능하다.
- 표면결함의 검출능력이 우수하다.
- 유지비가 저렴하고 시험결과의 기록 보존이 가능하다.
- 시험대상 이외의 전기적, 기계적 요인에 의한 신호방해가 크다.
- 두꺼운 재료의 내부검사가 어렵다.
- 결함의 종류 및 형상 판별이 곤란하다.
- 강자성 금속에 적용이 곤란하다.
- 탐상 및 재질검사 등 여러 데이터가 동시에 얻어진다.

- 검사의 숙련도가 요구된다.

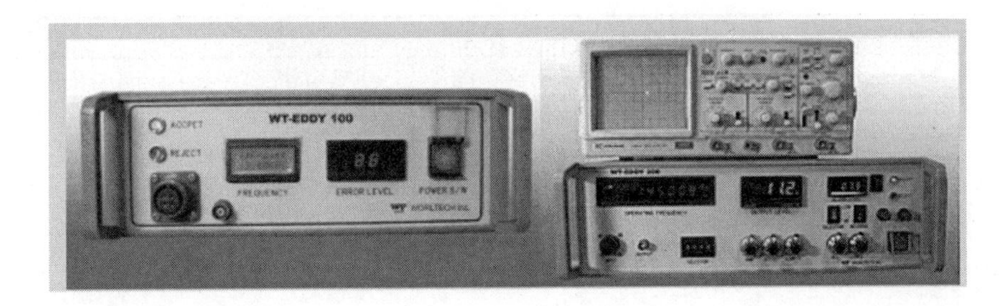

ⓑ 기타 검사

용접을 전부 완성한 후 구조물 및 압력용기의 최종 건전성을 확인하기 위하여 유압시험 및 누출시험을 행한다.

이외에 음향방출시험(AE ; Acoustic Emission Exam)이 있는데, 이는 상기의 비파괴시험법은 넓은 면적을 단번에 시험할 수 없으며 시험 부위에 Hanger나 Supporter 등이 부착되어 있어 시험이 어렵거나 시험자의 숙련도에 크게 좌우되고 균열발생 원인의 규명이 어렵다는 단점을 가지고 있는데 반해, AE는 이런 문제를 다소 해결할 수 있다. AE란 재료가 변형을 일으킬 때나 균열이 발생하여 성장할 때 원자의 재배열이 일어나며 이때 탄성파를 방출하게 된다. 따라서 이에 대한 연구가 계속되고 있으나 현장 적용엔 아직 미흡한 단계이다.

(3) 외관검사

① 용접작업 전 검사

용접해야 할 부위의 형상, 각도, 청소상태 및 용접 자세의 적부를 검사한다.

② 용접작업 중 검사

용접봉, 운봉속도, 전류, 전압 및 각 층 슬래그의 청소상태를 검사한다.

③ 용접작업 후 검사

용접부의 형상, 오버랩, 크레이터, 언더컷 등을 검사한다.

외관검사를 철저히 하면 모든 용접결함의 80~90%까지 발견하여 수정할 수 있으며 육안검사 시 확대경 사용으로 미세한 부분도 검사할 수 있다.

3. 용접부 시험에 대한 여러 비파괴시험법의 비교

시험방법	시험장비	결함검출정도	장점	단점	비고
육안검사	• 돋보기 • Periscope • 거울 • Weld Size gauge • Pocket Rule	• 표면결함 • Crack Porosity • 크레이터, Porosity • 슬래그 포획 • 용접 후 뒤틀림 • 잘못 형성된 Bead • 부절절한 Fit up	• 가격 저렴 • 작업 중 수정을 하면서 검사할 수 있음	• 표면 결함만이 가능 • 영구기록 불가	• 기타 다른 비파괴법이 적용되더라도 기본적인 검사법이 된다.
침투탐상시험	• 형광 혹은 다이침투제와 현상제 • 형광법이 사용될 경우 Black Light • 세척제	• 육안으로 검출하기 어려운 표면결함 • 용접부 누출 검사에 최적	• 자성, 비자성, 모든 재질에 적용 • 사용 용이 • 가격 저렴	• 표면개공 결함만이 가능 • 시험 표면 온도가 높은 곳엔 적용하지 못함(250°F 이상)	• 두께가 얇은 Vessel의 경우 보통의 Air Test로 검출되지 못하는 누출을 쉽게 검출함 • 부적절한 표면조건(스모그 슬래그)은 인디케이션으로 오해될 수 있음
자분탐상시험	• 시험자분(건식 또는 습식) • 형광자분 사용시 Black Light • Yoke Prod 등의 특별장치 사용	• 특히 표면 결함 검출에 최적 • 표면 밑 결함도 어느 정도 가능 • Crack	• 방사선 투과시험보다도 사용용이 • 비교적 가격 저렴	• 자성재에만 적용 • 인디케이션을 해석하는 데 기술이 필요 • 거친 표면에 적용 곤란	• 자화 방향과 평행하게 놓인 결함은 검출하기 어려우므로 시험 시 항상 2가지 이상의 자화 방향을 형성해야 함
방사선 투과시험	• X선 혹은 감마선 장비 • 필름과 현상처리 시설 • 필름 Viewer	• 내부거시결함 • Crack • Porosity • Blowhole • 비금속 개재물 • 언더컷 • Burnthrough	• 필름에 영구기록	• 사용장비 노출시간 및 인디케이션 해석에 기술이 필요 • 방사능에 대한 사전주의 요망 • 필릿 용접부에 부적합	• X선 검사는 여러 Code 및 Specification의 적용을 받음 • 가격이 비싸므로 다른 비파괴법으로 적용이 어려운 곳에만 제한
와류 탐상법	• 사용되는 여러 와류탐상기 및 Probe	• 표면 및 표면 밑 결함	• 시험속도 빠름 • 자동화 기능	• 표면 밑 결함은 단지 표면의 6mm 안에 있는 결함만 검출가능 • 시험될 부분은 전자유도체이어야 함 • 프로브는 시험될 부품 모양에 적합하도록 특별히 설계해야 한다.	• 최적의 결과를 얻기 위해 Calibration이 필수적 • 어떤 조건에서는 발생된 Signal은 결함의 실제 크기와 비례
초음파 탐상법	• 특별 초음파 시험장비 펄스에코 또는 투과법 • 대비 시험편 또는 Calibration 시험편 • RF나 Video 패턴을 해석하기 위한 표준참고패턴	• 표면이나 표면 밑 결함으로서 다른 비파괴방법으로 검출하기 어려운 작은 결함도 검출 • 특히 Lamination 결함에 최적	• 매우 예민함 • 방사선 투과 시험으로 시험이 곤란한 Joint 부분까지도 시험가능	• 펄스에코 Signal을 해석하는 데 상당한 기술을 요구 • 영구 기록이 곤란	• 펄스에코 장비가 용접부 검사를 위해 상당히 개발되었음 • 영구 기록이 Strip Chart, 비디오 테이프, Analog Tape 등으로 가능
유압 시험법	• 유압시험장비 • 정적부하 설치	• 구조적으로 약한 부품이나 용접부	• 구조적으로 완전함을 입증하는 데 좋음	• 부품의 크기가 시험장비 설치에 적합하지 않을 수 있음	• 유압 시 압축력에 의한 시험법
누출 시험법	• 물탱크 • 비누거품을 위한 장비 • 할로겐 시험장비 • 헬륨메스 스펙트로미터	• 용접부 누출검사	• 가끔 누출시험을 위한 유일한 방법	• 단지 검출되는 누출은 결함의 존재만 나타낼 뿐, 그 결함의 모양에 대해서는 알 수 없다.	• 누출시험은 부품의 구조적 완전함을 시험할 수 없어서 보통 다른 방법과 겸용하여 사용함

[Question 01] 용접부의 조직과 성질

1. 개요

강재를 용접할 때는 용접열에 의해 모재는 조직과 성질이 변화되며 일반적으로 열 영향에 따라 용착금속부(1,500℃ 이상), 융합부(1,400~1,500℃), 열영향부(1,400℃ 이하), 원질부로 구분된다.

2. 용접부의 특성

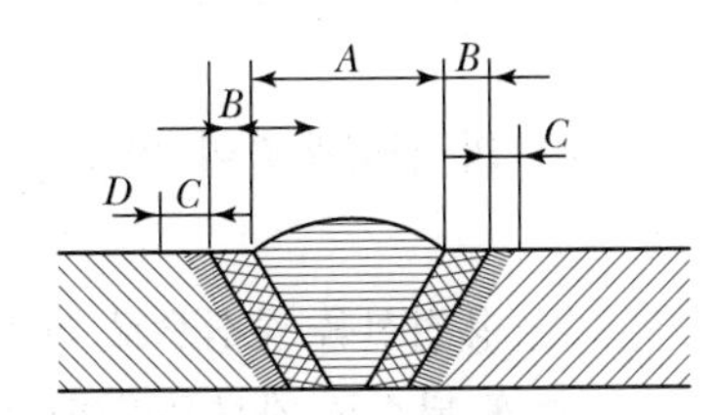

A : 용착금속(1,500℃ 이상)
B : 융합부(1,400~1,500℃)
C : 변질부(1,400℃ 이하)
D : 원질부(500℃ 이하)

(1) 용착금속부(Weld Metal Zone)

용접봉이 용접되어 굳어진 부분으로 주조조직과 같으며 쉽게 식별할 수 있다. 용착부의 조직은 최고 가열온도와 냉각속도에 의해 결정된다.

(2) 융합부(Fusion Zone)

모재와 용접봉이 융합된 부분으로 담금질 효과가 생겨 경도가 커지며 변형률이 적고 파손의 우려가 있다.

(3) 열영향부(Heat Affected Zone)

용접부 부근의 모재가 용접열에 의해 급열, 급랭되어 변질된 부분이며 모재의 성분, 용접조건에 따라 기계적 성질과 조직이 달라지므로 변질부라고도 한다.

(4) 원질부(Unaffected Zone)

모재와 동일한 조직의 부분이며 모재가 열의 영향을 크게 받지 않아 조직과 성질의 변화가 없다.

3. 용접잔류응력(Welding Residual Stress)

(1) 정의

용접에 의하여 용접부의 부근은 온도상승으로 인해 팽창하고 계속하여 냉각에 의하여 수축이 일어난다. 이러한 용접에 의한 온도변화의 과정에서 이음의 부근에는 복잡한 구속에 의한 응력변화가 발생하며 냉각 후에 응력이 잔류하고 또한 수축이나 굽힘 등의 변형을 생기게 한다.

이와 같이 냉각에 의해 용접부위에 잔류하는 응력을 용접잔류응력이라 한다. 용접잔류응력은 용접구조물의 취성, 파괴강도, 진동특성, 좌굴강도, 부식저항 등에 큰 영향을 준다.

(2) 용접잔류응력의 발생원인

① 용융금속의 응고 시 모재의 열팽창

② 용접 열사이클의 과정에 용접부 부근의 모재에 생기는 소성변형

③ 용착금속이 응고한 후 실온으로 냉각 시 수축과 소성변형

(3) 용접잔류응력의 분포 및 특성

잔류응력의 분포는 용접모재의 형상, 치수에 따라 다르며 용접길이가 긴 경우에는 용접순서에 의해서도 다르다.

① 용접길이가 긴 경우에는 용접선 방향(종방향)의 잔류응력이 이것과 직각방향(횡방향)의 잔류응력보다 매우 크다.

② 열적으로 충분한 횡폭의 판의 경우 잔류응력은 용접선을 중심으로 하는 어느 주어진 폭의 내측에서만 발생하며 용접입열이 크게 될수록 잔류응력의 발생영역이 넓어진다.

③ 판의 예열온도는 보통의 예열온도 범위(200℃ 이하)에서는 잔류응력분포에 영향을 크게 미치지 않는다.

④ 일반적으로 극후판의 다층용접에서는 최종층의 직하 부근에 잔류응력이 최고점을 나타낸다.

⑤ 연강에서는 변태에 의한 팽창은 잔류응력의 크기에 영향을 미치지 않는다.

⑥ 폭이 좁은 판에서 잔류응력의 분포거리는 판의 폭에 비례하고 용접입열은 큰 관계가 없다.

[Question 02] 탄산가스 아크용접법에서 Flux Cored Wire와 Solid Wire의 용접 특성을 비교하시오.

1. Flux Cored Arc Welding(FCAW)★

와이어 용접봉 속에 용제(Flux)를 채워서 만든 중공관 심선이다. 용제는 용접부로부터 산소, 질소 및 그밖의 불순물을 제거시킬 수 있는 탄산제 및 탈질제와 같은 청소제(Scavenger)를 내포하고 있다.
용제는 용접 중 대기오염으로부터 용접부를 보호하고 아크를 안정시켜 주며 엷은 슬래그 등으로 피복시켜 용접부를 보호한다.

(1) 이점

① 높은 생산성 : 단층용접으로 큰 용접부를 용접할 수 있다.
② 강력한 용접부 : 용제는 용융지로부터 불순물을 제거시키고 용접부에 유익한 합금원소를 첨가시키며 얇은 슬래그는 냉각할 때 용접부를 보호한다.
③ 작업의 용이성 : 옥외작업 시 기류의 영향을 적게 받는다.

(2) 단점

① 용제를 사용하기 때문에 용접 중 연기 및 슬래그를 생기게 한다. 적당한 통풍장치가 필요하다.
② 여러 층 용접 시 슬래그 제거가 불충분하면 슬래그 혼입현상 및 기타 여러 가지 용접결함이 생길 수 있다.

2. Solid Wire Welding(Gas Metal Arc Welding ; GMAW)

저전류를 사용하기 때문에 용융지가 작고, 빠르게 냉각되므로 용락 및 뒤틀림 현상이 없어 박판 용접에 효과적이다.
단락 아크 이행은 장외용접 및 넓은 저부간격(Root Gap)이 불량한 맞춤이행 등에 이상적이다. 스패터도 아주 적게 생긴다.

(1) 이점

① 고속 및 연속적으로 양호한 용접을 얻는다. 용제를 사용하지 않으므로 용접부의 슬래그를 제거시키는 시간이 절약된다. 슬래그 혼입에 따른 용접결함이 없다.
② 용접부가 좁고 깊은 용접을 이루는 용접부를 얻는다. 열영향부가 매우 적다.
③ 전자세의 용접에 이용된다.

(2) 단점

① 보호가스는 용접부의 보호가스를 차단시키는 기류로부터 보호되어야 한다.

② 용접부에 슬래그 덮임이 없기 때문에 용착금속의 냉각속도가 빨라서 열영향부에서 용접의 금속조직과 기계적 성질이 변화하는 경향이 있다.

3. 용접시공

(1) 용접장치

① 용접전원 : 직류전원, 직류전동 발전기, 교류전원

② 제어장치 : 와이어 및 가스 송급제어, 냉각수 송급제어

③ 토치 : 전자동 및 반자동식(공랭식 및 수랭식)

④ 기타 : 탄산가스 유량조절기, 가스 압력계 및 냉각수 순환장치 등

(2) 탄산가스 성질

① 무색투명, 무미, 무취

② 공기보다 1.53배, 아르곤보다 1.38배 무겁다.

③ 공기 중 농도가 크면 눈, 코, 입 등에 자극이 느껴진다.

④ 적당히 압축하여 냉각하면 액화탄산가스로 해서 고압용기에 채워진다.

(3) 탄산가스 취급 시 유의사항

① 온도상승은 위험을 초래하므로 용기의 보존온도는 35℃ 이하가 바람직하고 직사광선을 피할 것

② 충격은 절대로 피할 것

③ 운반 시에는 반드시 밸브 보호캡을 씌울 것

④ 탄산가스 농도가 3~4%이면 두통이나 뇌빈혈을 일으키고, 15% 이상이면 위험상태가 되며, 30% 이상이면 치사량이 된다.

[Question 03] 아크가 너무 길 때의 영향과 운봉법

1. 아크가 너무 길 때의 영향★

(1) 아크가 불안정하다.

(2) 용착이 얇게 된다.

(3) 아크열의 손실이 생긴다.

(4) 용접봉이 불경제가 된다.

(5) 용접부의 금속 조직이 취약하게 되어 강도가 감소된다.

2. 운봉법

〈용접봉의 운동상태〉

자세	운봉법	도해	용접봉 각도	자세	운봉법	도해	용접봉 각도
아래보기 V형용접	직선	→	진행방향에 대하여 60~90°	수직용접 하진법	직선	↓	진행방향에 대하여 70°
	원형		진행방향에 대하여 60~90°		부채꼴 모양		진행방향에 대하여 70°
	부채꼴 모양		진행방향에 대하여 60~90°	수직용접 상진법	직선	↓	진행방향에 대하여 110°
아래보기 필렛용접	직선	→	위와 같고, 수직면에 45~90°		삼각형		
	타원형	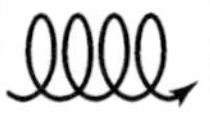	위와 같고, 수직면에 45~90°		백스텝		
	삼각형		위와 같고, 수직면에 45~90°		직선	→	진행방향에 대하여 60~80°
수평용접	직선	→		위보기 용접	부채꼴 모양		
	타원형				 백스텝		

[Question 04] 용접의 잔류응력 경감과 변형방지법에 대하여 기술하시오.

1. 개요

용접부에 외부로부터 가해지는 열량을 용접입열이라 한다. 용접입열이 충분하지 못하면 용융불량, 용입불량 등의 용접결함이 발생한다. 모재에 흡수된 용접입열은 모재의 재질 변화, 변형, 잔류응력 등으로 결과가 나타난다.

$$\text{전기적 열에너지}(H) = \frac{60 \times \text{아크전압}(V) \times \text{전류}(A)}{\text{용접속도}(\text{cm/min})}\ (\text{Joules/cm})$$

2. 잔류응력 경감 및 완화법

(1) 잔류응력 경감법

① 용착 금속량의 감소 : 열에 집중을 가하면서 용접홈의 각도를 가능한 한 작게 만

들고 루트(Root) 간격을 좁혀서 용접부 자체에서 발생되는 내부 구속을 경감시킨다. 즉 열영향부의 범위를 좁혀서 열응력에 의한 잔류응력의 발생을 줄인다.

② 용착법의 적절한 선정 : 대칭법과 후퇴법은 잔류응력은 경감되나 그만큼 자유변형이 심하다. 비석(Skip)법은 동시에 충족시키는 비드배치법이다.

③ 용접순서의 선정 : 용접부재의 작업순서에 따라서 수축변형에 크게 영향을 주고, 공작물의 크기와 구조, 작업조건에 따라서 용접부의 잔류응력 및 구속응력에 미치는 영향이 크므로 회전 JIG(Positioner)를 사용 적절한 용접순서를 자유자재로 선택한다.

④ 적당한 예열 : 용접열원의 분포가 급랭에 의한 급경사를 이루게 되면 잔류응력이 많이 생기게 되므로, 이를 경감하기 위해서 용접 이음부를 50~150℃로 예열한 후 용접하면, 용접 시 온도 분포도의 경사가 완만해지면서 수축변형량 감소 및 구속응력이 경감된다.

(2) 잔류응력 제거법

① 응력 제거 소둔 : 연강은 약 550~650℃ 정도에서 항복점이 현저하게 저하되고 저합금강은 600~650℃에서 유지하면 Creep에 의한 소성변형으로 잔류응력이 완화된다.

② 노내 응력 제거법 : 구조물을 노내에 넣고 가열, 노내 출입 시 온도가 300℃를 넘어서는 안 되며 시간당 200℃보다 낮은 속도로 가열하거나 냉각하여야 한다. 25mm 두께의 경우 625℃±25℃에서 유지시간 1시간 정도

③ 국부응력 제거법 : 제품이 너무 크거나 노내에 넣을 수 없는 대형 용접구조물은 노내 어닐링을 할 수 없으므로 용접부 주위를 가열하여 응력을 제거한다. 용접선 좌우 양측을 약 250mm의 범위 또는 판 두께의 12배 이상의 범위까지를 625℃±25℃에서 1시간 정도 유지시킨 후 서랭한다.

④ 저온응력 완화법 : 용접선의 양측을 가스불꽃에 의해 폭이 약 150mm에 걸쳐 150~200℃로 가열한 후에 즉시 수랭함으로써 잔류응력을 완화시키는 방법

⑤ 기계적 응력 완화법 : 잔류응력이 존재하는 구조물에 어떤 하중을 걸어 용접부를 약간 소성 변형시킨 다음 하중을 제거하면 잔류응력이 현저하게 감소하는 현상을 이용하는 방법

⑥ 피닝법 : 용접부를 특수한 피닝 해머로 연속적으로 타격하여 표면층에 소성변형을 주는 조작으로 잔류응력의 완화와 용착금속의 균열방지를 위해 적용된다.

(3) 변형방지방법

① 억제법 : 강제적으로 변형을 막는 방법으로 용접물을 정반에 고정시키든지 보강재 또는 보조관 등을 이용하여 구속 용접하는 방법

② 역변형법 : 용접에 의한 변형을 예측 용접하기 전에 역변형을 주고 용접한다.
③ 용접순서를 바꾸는 법 : 대칭법, 후퇴법, 비석법(Skip Method), 교호법(Alternation Method)

[Question 05] 아크용접부의 결함★★

명칭	상태	원인
언더컷 (Under Cut)	용접선 끝에 작은 홈이 생김	① 용접전류 과다 ② 용접속도 과속 ③ 아크길이가 길 때 ④ 용접봉 취급불량
오버랩 (Over Lap)	용융금속이 모재와 융합되어 모재 위에 겹쳐지는 상태	① 전류가 부족할 때 ② 아크가 너무 길 때 ③ 용접속도가 느릴 때 ④ 용접봉의 용융점이 모재의 용융점보다 낮을 때 ⑤ 모재보다 용접봉이 굵을 때
기공 (Blow Hole)	용착금속에 남아있는 가스로 인해 기포가 생김	① 용접전류 과다 ② 용접봉에 습기가 많을 때 ③ 가스용접 시의 과열 ④ 모재에 불순물이 부착 ⑤ 모재에 유황이 과다할 때
스패터 (Spatter)	용융금속이 튀어 묻음	① 전류 과다 ② 아크 과대 ③ 용접봉 결함
슬래그 섞임 (Slag Inclusion)	녹은 피복제가 용착 금속 표면에 떠있거나 용착금속 속에 남아 있는 것	① 피복제의 조성불량 ② 용접전류, 속도의 부적당 ③ 운봉의 불량
용입불량	용융금속이 균일하지 못하게 주입됨	① 접합부 설계 결함 ② 용접속도 과속 ③ 전류가 약함 ④ 용접봉 선택 불량

[Question 06] 용접균열의 종류를 열거하고 그 발생요인을 간략히 설명하시오.

1. Crack을 분류하면

(1) 응고균열(**Solidification Cracking**)
Weld Metal Hot Cracking

(2) 리퀘이션 균열(**Liquation Cracking**)
HAZ Hot Cracking

(3) 재열균열(**Reheat Cracking**)
Heat Treatment or Stress Reliving Cracking

(4) 수소에 의한 균열(**Delayed Cold Cracking**)
HAZ Cracking

(5) 라멜라 균열(**Hot Cracking**)
고온균열이라고도 하는데 용융지가 냉각되면서 용융경계로부터 용융지 중심부로 Grains들을 성장한다. 이러한 과정에서 액상과 고상 사이에서 낮은 분할계수를 갖는 불순물과 합금원소들을 성장하는 크리스탈 전면으로 방출되어 편석이 일어나는데 이러한 편석은 막을 형성하여 그 막을 따라 Crack이 발생한다. Crack은 주로 용접부 중심이나 주 상정 결정입계(Columner Grains) 사이에 나타난다. 응고 Crack은 후판의 맞대기 용접부에서의 Bead 끝에서 발생하는 경우도 있고 전형적으로 Crack 발생 온도는 용융온도 아래인 약 200~300도 부근이다.
용융금속의 응고 Crack의 감수성은 다음과 같다.
① 응고 미세조직의 조대화
② 편석의 종류 다양
③ 용접이음부의 형상

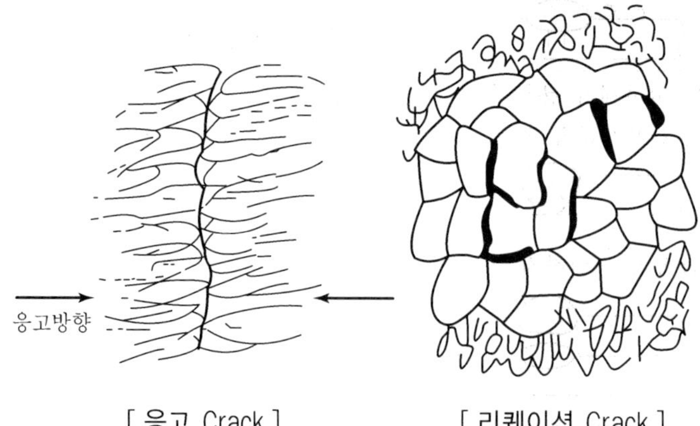

[응고 Crack] [리퀘이션 Crack]

2. 리퀘이션 크랙(Liquation Cracking)

열영향부에서 일어나는 고온 Crack의 일종으로 용융 온도에 의한 가열 중 Austenite 영역 불순물들은 결정립 경계에 석출하여(MnFe) S와 같은 화합물을 만드는데 이러한 화합물은 결정립 경계부위의 용융점을 저하시킨다. 그래서 황이 많은 강에서는 결정립 경계 용융범위가 넓어진다. 냉각 중 이와 같은 낮은 융점의 막이 지속되어 낮은 온도에서 잔류응력이 증가하여 Liquation Cracking이 발생한다.

리퀘이션 크랙은 용융경계에서 일어나며 결정립 경계들의 용융은 액상과 고상경계 사이의 온도에서 일어난다. 용접입열이 높은 용접법에서는 이러한 크랙 감수성이 증가한다.

3. 재열크랙(Reheat Cracking)

열처리(Heat Treatment) 또는 응력제거(Stress Relieving) Cracking이라고도 한다. 용접금속의 재열에는 여러 경우가 있고, 다층 용접에서는 여러 번의 재열이 이루어진다. 그러나 여기서 말하는 용접은 용접부의 재열에 관계되는 근본적인 문제는 잔류응력 제거를 위한 500~650℃ 온도로 가열하는 것을 말한다.

특히 Austenite Stainless Steel, Low Alloy Steel, Ferrite Creepersisting Steel(페라이트 내크리프강) 같은 재에서 재열취성이 나타나기 쉬운데 용착금속보다 결정립이 성장한 열영향부에서 보다 많이 이러한 형상이 나타난다. 재열 Cracking은 Creep 파열과 밀접한 관계가 있다.

결정립 성장 구역의 미세조직은 특히 합금강과 탄소함량이 큰 강에서 비교적 단단하다. 더 나아가서 재열 동안 카바이드 재석출이 일어나는 경도를 더욱 증가시킨다. 카바이드 재석출에 의해 경도가 증가되면 필릿 용접의 토부와 같이 높은 응력이 집중되는 곳에서는 국부 스트레인의 양이 너무 커져서 결정립계, 슬라이딩에 의해 적응하지 못해 Crack이 발생한다.

4. 수소에 의한 크랙(Hydrogen Included Cracking)

주로 HAZ부에 나타나는 Cold Cracking으로서 모든 용접 Crack 중 가장 치명적이고 아직까지 원인이 분명히 규명되지 않았으며, 일부 밝혀진 원인으로는 Martensite 조직, 수소, 잔류응력 등이 Crack 발생의 요인이다.

수소는 용접 중 대기, 용접할 모재의 탄소수소(Hydro Carbons) 또는 용접봉 피복제의 습기 등으로부터 용접부에 침부한다.

수소는 비교적 확산성이 좋으므로 용접부 냉각 중일 때와 상온에서 HAZ 내로 확산된다. 용접 후 바로 냉각속도(Cooling Rate)에 의해 열영향부에 단단한 Martensite 조직이 형성되고, 수소의 존재로 말미암아 잔류응력의 영향에 의해 Crack을 유발하게 된다. 크랙을 일으키는 요인은 다음과 같다.

① 수소의 존재
② 높은 잔류응력
③ 감수성이 있는 미세조직

5. 라멜라 균열(Lamellar Cracking)

라멜라 Cracking은 HAZ 가장자리 가까운 곳에 나타나는 형태이고, 전형적인 특징은 모재의 가로와 세로방향 크랙 즉 계단형 형태이다. 주로 구속을 많이 받는 용접 이음부에서 또는 다층 용접에서 용접 중 또는 용접 직후에 용접부 온도가 200~300℃ 사이에서 발생한다.
T이음 용접에서와 후판의 모서리 용접에 잘 나타나고 판표면에 나타난 용접부의 용융 경계에 발생한다.

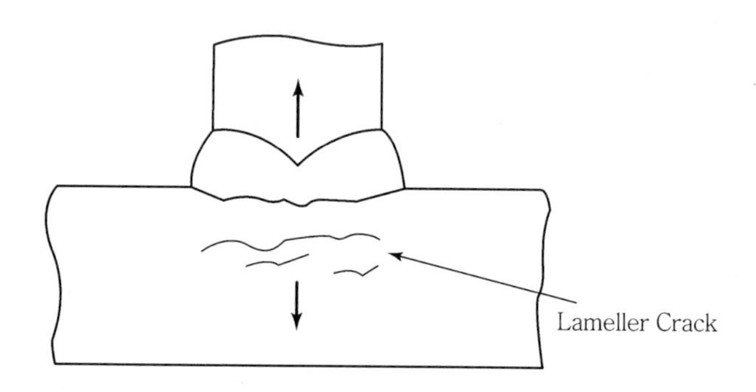

[Question 07] 용접부 검사 중 RT(Radiographic Test)에서 용접결함의 종류별로 Film 판독을 하고자 한다. Crack, Blowhole, Spatter, Overlap, Undercut, Lack of Fusion, Lack of Penetration의 구별방법에 대하여 아는 바를 설명하시오.

1. Blowhole(Porosity와 Pipe)

용접할 때 용착금속 내에 잔류한 Gas 때문에 공동으로 된 것이다. 투과 사진상에 독립된 원형상의 현상이며 비교적 판별하기 쉽다.
Film상에 검은 점으로 나타난다. Pipe는 파이프 상으로 되어 가늘고 긴 꼬리를 빼면서 나타난다. Slag Inclusion에 비해 둥글며 형상이 가늘게 되어 있다.

2. Crack(균열)

선단이 매우 예리하고 선상 혹은 노치상으로 나타난다. 균열은 방사선과 투과시험검사에는 검출되기 어려운 결함의 하나이다.

가늘고 예리한 검은 선상에 나타난다. Crack이 발생하기 쉬운 재료, 용접방법, 구조인 경우에는 미립자 Film을 사용하고 때로는 조사각도를 바꾸어 재촬영하는 것이 바람직하다.

3. Undercut의 구별

용접부 가장자리 부분에 검고 불규칙한 선상으로 나타난다. 균열과는 달리 약간 굵은 선상을 표시하며 노치현상이 나타나는 것과 같다. Film상에 용접비드 가장자리에 약간 굵은 손톱자국 같은 검은 선상으로 나타난다.

4. Overlap

겹치기 현상은 방사선투과 사진 Film상의 결함에 Overlap 부분이 용접부에 비해서 약간 흰 부분으로 나타난다. 즉, 투과도계 두께에 따라 적어지기 때문에 흰 부분으로 나타난다.

5. Spatter

작은 Spatter의 입자는 투과사진의 Film상에 별다른 영향을 미치지 못하고 용접부에 접해 있는 굵은 물방울이 Bead에 붙어 있는 상태는 희미한 상태의 흰상으로 나타난다.

6. Slag Inclusion

용접할 때 생성되는 슬래그가 용착 금속 내에 남아 있는 것이다. 이것은 작업자의 운봉방법이 미숙하고 전층의 슬래그제거가 불충분할 때 발생한다. 투과 사진상에 현상이 대단히 복잡한 것과 선상으로 나타난 것이다. 이것을 Slag Line이라고 부르며, 기공과 비교하면 어딘가 터져서 찢어진 느낌의 것이다. 기공보다는 다소 연한 검은 색을 띤 불규칙한 개재물을 표시한다.

7. Lack of Fusion(융합불량)

용착금속과 모재가 융합되지 않아서 불연속 부분이 남아 있는 것으로 Slag Line과 구별하기 어렵다. 보통 결함폭이 약간 넓고 직선적이다. 또한 용접 중앙에 원형상으로 나타나는 경우도 있다.

8. Lack of Penetration(용입불량)

용접부가 잘 용융되지 않고 홈의 일부가 그대로 남아 있는 상태이며 투과도 사진상에는 용접선의 중앙부에 직선상으로 나타나므로 매우 판별하기 쉽다. 잠호 용접일 때는 용접비드의 중앙부에 연속 기공으로 되어 검출되는 수가 있다. Film상에 검고 진한 직선상의 결함으로 구분하기 쉽게 나타난다.

[Question 08] 이종 재료의 용접★

1. 개요

이종재란 구리나 알루미늄과 같이 화학성분이 다르거나 혹은 탄소강과 스테인리스강과 같이 금속학적으로 서로 상이한 재질을 말한다. 동일 제품에 요구되는 특성이 제품 내의 위치에 따라 서로 다를 경우 각 특성에 맞는 재료들이 사용되며 이들이 서로 만나는 곳을 연결하기 위해 용접이 사용된다.

이종재의 용접은 ① 결합용접, ② 표면용접으로 구분된다.

결합용접은 용융용접과 고상용접 또는 압접으로 구분되며 이들 용접법 외에는 Soldering과 Brazing 등이 있다. 표면용접은 기본 모재의 표면에 모재와는 성질이 다른 재료를 용접하는 방법을 말하며, 표면에 육성하는 방법(Build Up Welding)과 표면을 입히는 방법(Cladding)으로 나뉘어진다. 표면용접에 사용되는 방법으로는 일반 용접법 중 피복아크용접법, MIG 용접법, 서브머지드 아크용접봉(와이어 또는 밴드 사용), 플라스마 아크용접법(Hot Wire 사용), 용사법(Thermal Spraying) 등이 있다.

2. 스테인리스강과 탄소강/저합금강의 용접

스테인리스강과 일반강의 용접 시 용접부가 갖추어야 할 특성은 다음과 같다.

(1) Fe, Ni, Cr, Cu들에 높은 용해도를 가져야 하며 취성 또는 균열 감수성이 높은 조직을 형성하지 않아야 한다.

(2) 적당한 열팽창계수를 가져야 한다.

(3) 고온에서 γ상을 형성하지 않으면 탄소 이동을 방지할 수 있어야 한다.(고온에서 사용 시)

(4) 사용온도(고온/저온)에서 필요한 강도와 인성을 가져야 한다.

3. 스테인리스강과 일반강의 용접시공

스테인리스강과 일반강의 용접에서는 용가재의 선택 시 "이종재의 용접에는 고급강 쪽에 맞는 용가재를 사용한다."라는 일반 통념이 성립하지 않는다. 예로서 일반 연강과 18/8-스테인리스강을 용접할 때 스테인리스강에 맞는 용가재를 사용하면 용접부에서의 고온균열 발생위험이 높으며 인성이 낮아진다. 이를 잘 해결하기 위해 Schaeffler Diagram을 이용하여 적합한 용가재를 선택해야 한다.

4. 이종재 용접의 장점과 단점

(1) 장점

① 구조물의 사용 요구에 맞는 최적 설계가 가능하다.

② 재료비를 줄일 수 있다.

③ 생산비를 줄일 수 있다.
④ 구조물의 성능을 향상시킬 수 있다.

(2) 단점
① 시공 조건이 까다롭다.
② 부식 또는 산화에 민감하기 쉽다.
③ 경우에 따라 사용 중 결함이 발생할 위험이 있다.

[Question 09] 예열과 후열처리

1. 개요

용접부는 용접 부위가 갖는 특징에 의해 용접 후 내부적으로는 응력의 발생과 금속조직의 변화를, 외부적으로는 모재의 변형을 가져온다. 이 내부적 변화와 외부적 변형을 이율배반적인 관계를 가지고 있기 때문에 적절한 작업과정을 통하여 두 가지를 최대한 줄여야 한다.

열처리란 용접 전, 용접 중 또는 용접 후 용접부 및 그 주위에 일정한 온도를 유지시킴으로써 급랭에 의해 발생된 내부응력의 제거와 금속조직의 균일화를 도모하기 위한 것이다.

C 0.3 이하인 탄소강은 예열을 할 필요가 없으나 인장강도 70,000psi 이상인 탄소강은 용접 전 250~450°F의 예열을 한다.

또한 ANSI와 ASME Code에 의하면 두께가 3/4″ 이하일 때는 응력제거가 필요없는 것으로 규정하고 있다.

2. 예열

(1) 예열의 목적
① 용접열에 의한 수축응력 감소
② 위험온도영역(Critical Temp. Range : 탄소강의 경우 870~720℃ 범위)에서의 냉각속도 완화로서 용접부의 과도한 경화 및 연성저하방지
③ 200℃ 부근에서의 냉각속도 완화로서 용접부에 용융되어 있는 수소를 충분히 배출시켜 비드 밑터짐 등을 감소시키기 위하여 실시한다.

(2) 예열온도
예열온도는 모재의 성분, 두께, 외기조건, 용접법 및 구속(Restraint)의 여부 등에 따라 적정히 선택되어야 한다.
ANSI B 31.3에서 규정한 용착금속과 모재에 따른다.

(3) 예열방법 및 온도측정

용접 직전 양쪽 모재의 최대 온도차가 100°F를 넘지 않게 용접부 양쪽으로 최소 2″(50mm)의 범위에 가스버너 또는 전기저항 가열기를 사용하여 균일하게 예열한다. 예열부의 온도측정은 온도측정 크레용(Temp. Indication Crayon)이나 접착 고온제(Contact Pyrometer)를 사용한다.

(4) 유지온도(Interpass Temp)

용접시공 중 용접부가 유지하고 있어야 할 온도범위로서 어떤 이유로 용접작업이 잠시 중단되는 경우일지라도 이 온도는 유지되어야 한다. 가열방법 및 온도측정은 예열의 방법과 동일하다.

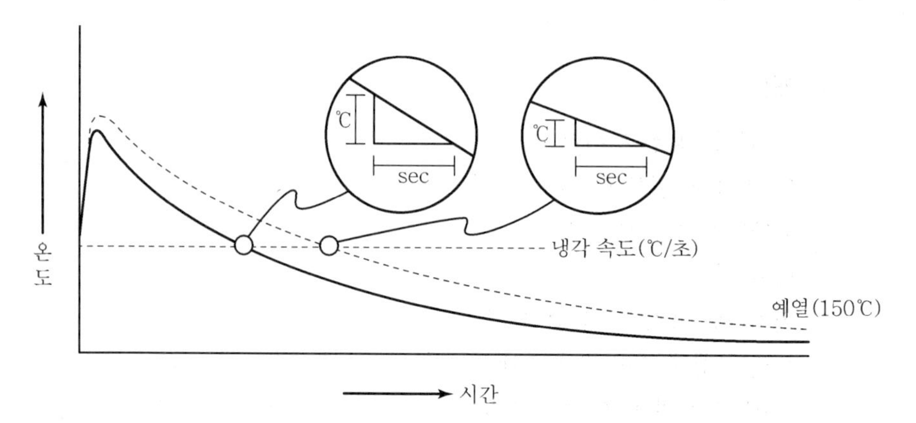

예열의 주목적은 냉각속도를 늦추는 데 있다. 그림에서와 같이 모재를 150℃로 예열한 경우에는 냉각속도의 구배가 매우 완만해진다.

3. 후열처리(PWHT)

(1) 원리

① 금속은 고온에서 크리프에 의해서 소성변형이 생기는 성질을 이용하여 잔류응력이 있는 용접물에서 인장응력 부분과 압축응력 부분을 적당한 고온으로 유지하면 크리프에 의한 소성변형으로 인하여 잔류응력이 거의 소실된다.

② 잔류응력의 완화는 유지온도가 높을수록, 유지시간이 길수록 크리프가 일어나기 쉬우므로 응력완화가 현저해진다.

③ PWHT 온도 및 유지시간은 재료 및 두께에 따라서 선정한다.

(2) 목적

① 용접부의 경화방지

② 인성증가

③ 금속의 결정조직 재배열
④ 금속 내부의 잔류응력 제거

(3) 후열처리의 종류
① 응력제거(Stress Relieving)
② 불림(Normalizing)
③ 풀림(Annealing)

(4) 후열처리의 효과
① 잔류응력의 제거
② 용착금속 중의 수소제거에 의한 연성증대
③ 노치인성의 증가
④ 치수의 안정화
⑤ 응력부식에 대한 저항력의 증가
⑥ 열영향부의 Tempering 연화
⑦ 크리프 강도의 향상
⑧ 강도의 증가(석출, 경화)

(5) 후열처리방법
① 노(Furance)를 이용한 방법
② 국부가열방법
③ 저온응력완화법

[Question 10] 고탄소강의 용접

탄소 함유량이 0.45~2.0%인 강을 고탄소강이라 하며, 용접 후 균열이나 기공이 많이 생기기 때문에 용접에 어려움이 많으며, 이것을 사전에 방지하기 위하여 고온으로 예열한 후 용접을 하고 또한 급랭을 방지하여 변형을 막기 위하여 후열을 한다.

[Question 11] 용접자동화

1. 개요

현재 현장에서 흔히 볼 수 있는 수동 용접과는 달리 용접시공시스템을 자동화한 것으로서 드럼으로 된 와이어가 자동 공급되며 이와 함께 플럭스가 공급되어 와이어를 Cover 하며, 아크가 발생되어 용접되는 과정을 말한다.

(1) 자동용접의 장점

① 소수인원으로 많은 양의 작업을 할 수 있다.
② 인건비(노임)를 많이 절감할 수 있다.
③ 전력 소모량이 전체적으로 볼 때 많은 양이 감소된다.(약 20% 절감)
④ 수동용접처럼 Repair Work가 별로 없다.
⑤ 외관 비드 모양이 일정하므로 제품이 깨끗하고 우수하며 품질도 보장된다.

(2) 자동용접의 단점

① 용접 기계의 국내 생산이 전무한 상태로 외제를 구입해야 한다.
② 금액이 고가이므로 널리 보급되기 어렵다.
③ 기계가 중량이므로 장비가 없으면 이동이 어렵다.

2. 자동용접기의 종류

(1) Fillet Welding M/C(저판용)
(2) Horizontal Welding M/C(수평용접용)
(3) Vertical Welding M/C(수직용접용)

상기와 같이 자동용접 공사에 필요한 용접기는 3가지로 분류되고 있으나 (2)~(3)항의 용접기는 싱글과 더블이 있다. 싱글 용접기 사용이 능숙해지면 더블도 사용할 수 있다.

3. Welding Operator

Automatic Welding Operator는 충분한 기간의 훈련을 받은 숙련공으로서 해당기관의 승인을 받아야 한다.

4. 용접재료의 관리

(1) 와이어는 비나 습기를 피할 수 있는 창고에 보관 사용한다.
(2) 플럭스는 비나 방습이 충분히 고려된 창고에 보관하고 사용 전 250℃에 1/hr 이상 건조하여 사용한다.
(3) 가접은 수동용접기준에 준한다.

5. 전후관리

다음 조건의 경우는 용접을 중지한다.

(1) 비가 내릴 때(소량의 비는 제외)

(2) 작업자의 상대습도가 90%를 넘을 때

(3) 풍속이 10m/s 이상일 때

(4) 대기온도가 -10℃ 이하일 때

6. 자동용접시공

저장탱크 설치공사에 적용되는 용접시공에 대하여 기술한다.

(1) Bottom Plate Welding

Bottom Plate Welding은 Manual Welding 시와 같이 Plate Placing이 완료되면 수직심을 제외하고 수평 랩 조인트만 용접하는 것으로서 2LAP이나 3LAP 부위는 최소한 250m/m 정도는 남겨놓은 상태에서 Strait만 용접하며 수직겹침(T-Joint) 되는 부위는 수동용접기준에 준하여 용접한다.

〈주의사항〉

- 수동용접과 달라 용접 부위의 청결에 주의가 요구된다.(기름, 먼지, 모래, 오물, 물, 습기)
- 용접장이 짧은 경우는 수동용접이 효율적이다.

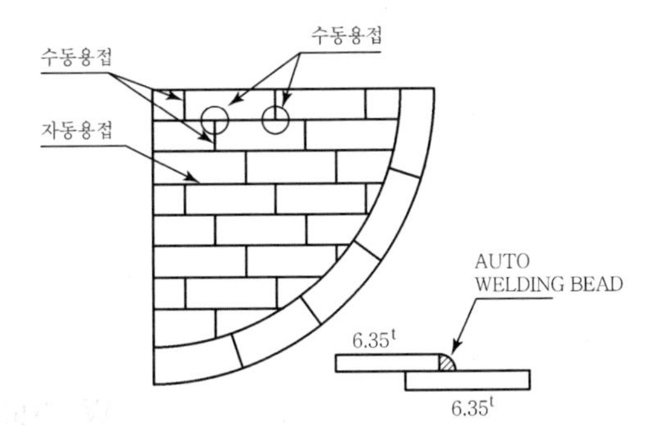

[Bottom Welding 형태]

(2) Horizontal Welding

Horizontal Weld Start 시점은 Shell Plate가 2단까지 설치된 후 버티컬 수동용접이 끝난 후에 1st Horizontal Welding에 들어가게 되는데 우선 Horizontal 취부상태의 Root Cap. Tack Welding 등의 상태를 점검 확인한 후에 스타트 업하는데 만약 갭이 1m/m 이상일 때는 수동용접으로서 얇게 갭을 메꾸어 준 후에 본용접을 행해야 한다.(1m/m 이하일 때는 관계없음)

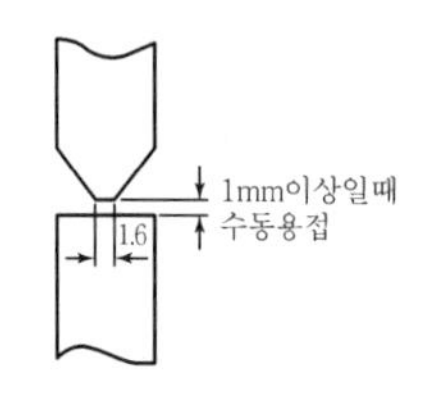

(a) Root Cap이 있을 때

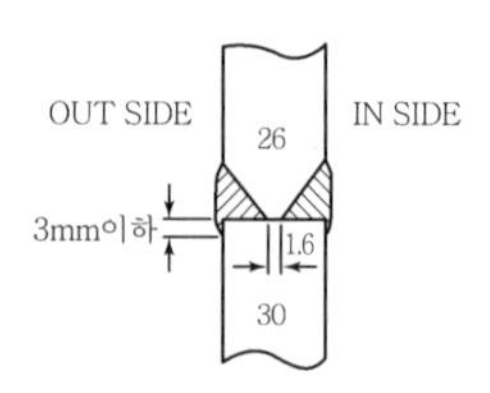

(b) 수평용접의 Bead 상태

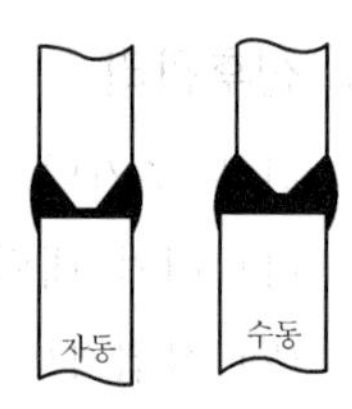

(c) 자동 · 수동용접의 용착 상태

[Horizontal Welding 형태]

(3) Vertical Welding

Vertical Welding은 수평용접과는 조금 다르다. 우선 와이어는 나체로 되어 있으나 와이어 속에 약품이 들어 있다. 이 화학약품은 액체로 되어 있으며 모재와 용착금속의 융합을 도모한다. 수평용접처럼 플럭스가 없고 대신 CO_2 가스를 사용하여 양호한 용접성과 깨끗한 비드를 낼 수 있다.

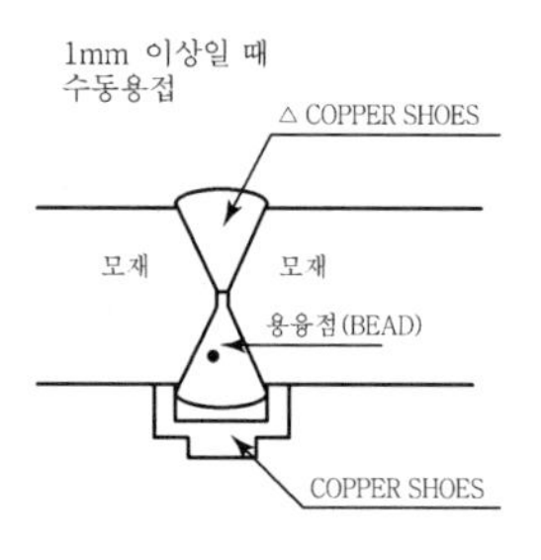

[Vertical Welding 형태]

7. 특기사항

저장탱크 설치공사에 대한 몇 가지를 기술한다.

(1) Fine Silver(W－540) 사용

상기 제품은 NAM BANG Chemical LTD Silver W－540 Primer Painting용 제품으로서 Shell Plate의 용접부위(Beveling의 Vertical Horizontal)에 러스트 방지용으로 프라이머 코팅하는 것으로서 용접에 아무런 지장이 없으며 Quality축 및 인원 공사비 절감에 만족한 제품으로서 본 공사에 사용할 계획이다. 현재 국내외에서 많이 사용되고 있으며, 특히 선적물로서 선적장에 장기간 Yard Stock(3month～6month)에도 러스트 방지용으로 널리 사용하고 있다.

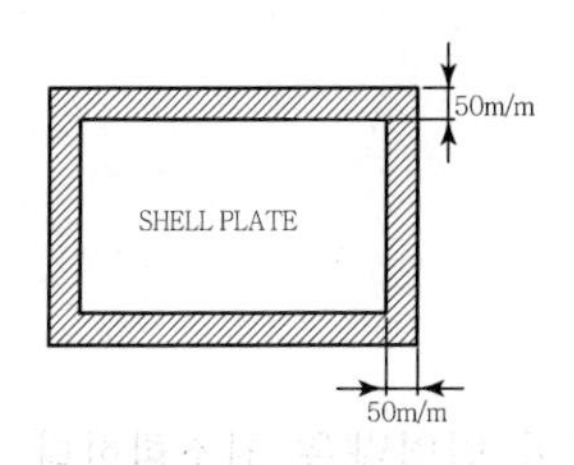

[Rust 방지 Primer Coating]

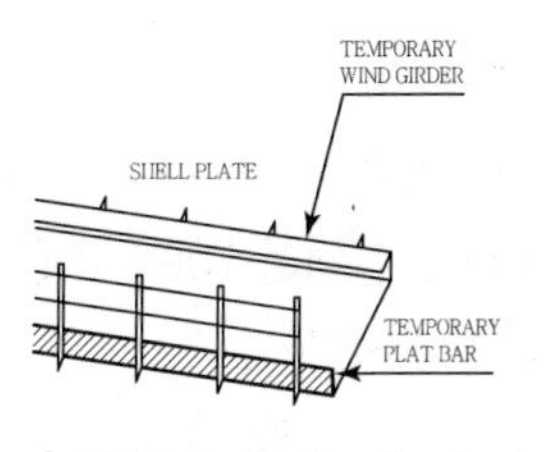

[Wind Girder]

(2) Wind Girder 사용(IN/OUT Side)

Tank Shell In Side Scaffold를 Wind Girder로 대치 사용한다. 탱크설치공사 현장에서 빈번히 발생하고 있는 안전사고의 방지책으로서 종래 사용해 오던 P.SP(아나방)를 대신하여 메인 자재인 Wind Girder를 사용하여 안전사고를 미연에 방지하고 사고 발생률을 감소시킬 수 있다.

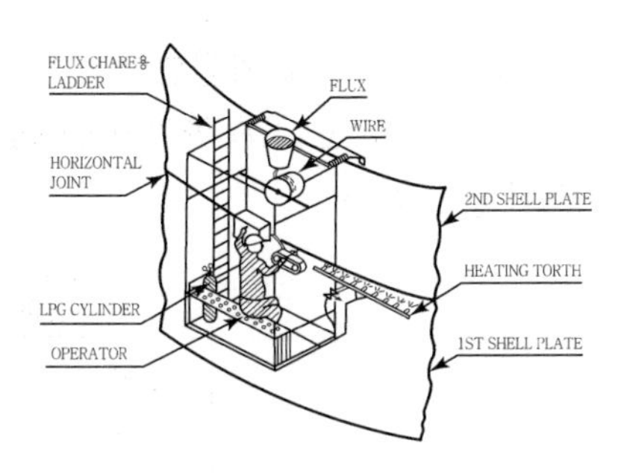

[자동용접기 설치운영방법]

[Question 12] 겨울철에 엔진이 동파되어 15cm의 Crack이 발생 냉각수가 누출될 때 주철냉간용접법을 시행하려고 한다. 용접방법에 대하여 쓰시오.

1. 개요

주철은 아주 취약하여 용접균열이 생기기 쉬우므로 용접성이 불량하다. 특히 주철 중에 많이 함유된 탄소가 용접 중에 산화하여 탄산가스가 발생하여 작업성을 해치는 동시에 용접금속에 블로홀을 생성한다. 용접부는 냉각 시 급랭에 의하여 백선화하고 수축이 많아 균열이 생기기 쉽다.

주철용접 시에는 가능한 한 모재를 저온상태로 유지하여야만 용접 중 Crack이 발생하지 않는다.

2. 주철냉간용접법

(1) 용접봉 선정

① Monel Metal(70Ni, 30Cu) 용접봉

② 니켈 용접봉

③ 용접봉 직경은 32mm 이하를 사용하여 입열량을 최소화한다.

(2) 용접전류

① 연강 용접 시 보다 낮게 조정한다.

(3) 용접법

① 용접봉 끝은 진행방향으로 5~10° 정도 진행각을 두고 연강 아크보다 짧은 아크를 사용한다.

② Crack부를 따라 V형 개선홈을 가공하고 표면피막을 제거하고 기름, 먼지, 녹 등의 이물질을 제거한다.

③ Crack 진행방향은 백묵을 침투해 확인한다.

④ 미세 Crack 진행을 막기 위해 눈으로 확인된 Crack 끝단으로부터 10~20mm 앞에 2~3mm Drill 가공을 한다.

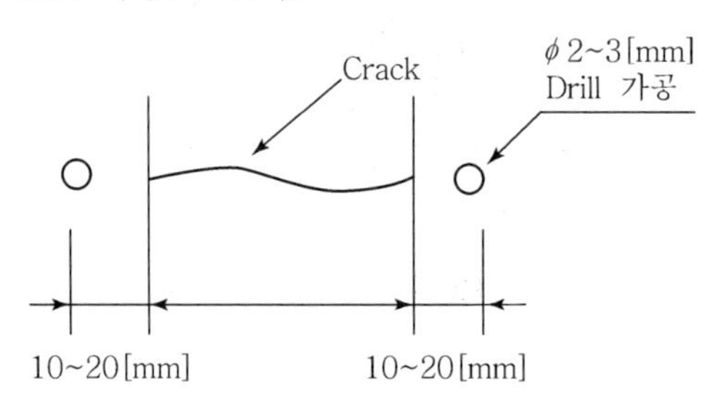

⑤ 용접순서를 정한다.

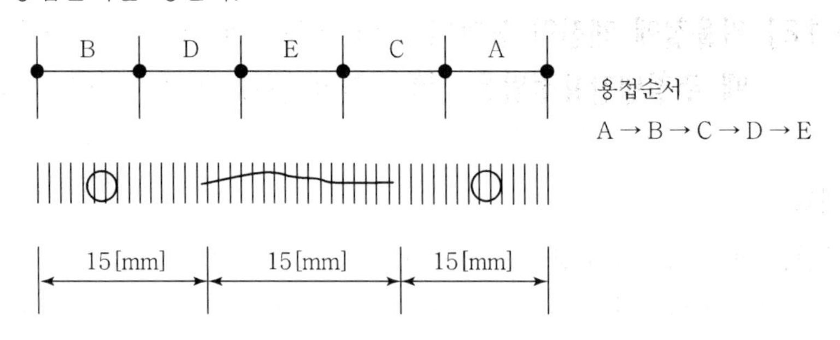

⑥ Crack부 1층 용접 시 가는 Ni 용접봉으로 위빙하지 않고 용접한다.

⑦ 냉각 시 응력 제거를 위해 피닝법을 사용한다.

⑧ 1층 용접부가 완전 냉각된 후 2층 용접을 시행한다.

⑨ 용접 완료 후 냉각 시까지 피닝법을 사용한다.

[Question 13] 주철의 용접방법

1. 개요

주철은 강에 비하여 용융점이 낮으며(약 1,150℃) 유동성이 좋아 주물을 만들기 쉽고 가격이 낮으므로 각종 주물을 만드는 데 사용된다. 따라서 주철의 용접은 주물의 보수용접에 많이 쓰인다. 주철 용접부의 기계적 성질은 용접봉의 화학성분, 예열 및 후열 등에 의해 큰 영향을 받으며 주물의 상태, 결함의 위치와 크기 등에 대해 충분히 고려해 용접을 해야 한다.

2. 용접성

(1) 주철은 용접 시 용융되어 급랭하면 열영향부가 백선화하여 기계가공이 곤란해진다.
(2) 주철은 냉각에 따라 수축량이 크며 균열이 생기기 쉽고 내부응력이 발생한다.

3. 용접방법

(1) 가스 납땜

① 주철보다 융점이 낮은 청동, 황동 등의 합금을 사용하여 납땜을 하는 방법이며 주로 모재를 녹이지 않으므로 응력균열이 생기지 않는 장점이 있다. 회 주철의 용접 시는 용접 전에 가스 토치 불꽃으로 예열을 하고 용접 후에는 후열을 한다.

② 납땜 작업 전에는 모재 표면의 흑연을 제거하기 위해 약 900℃ 정도로 가열한 후 염산으로 표면을 깨끗이 한다.

③ 납땜 후에는 용제 찌꺼기를 물 또는 화학적, 기계적 방법으로 완전히 제거해야 한다.

(2) 가스용접

① 가스용접을 통해 주철을 용접할 때는 용착금속 및 열영향부의 백선화를 방지하기 위해 특수하게 조성된 성분의 주철 용접봉을 사용하며 백선화 방지뿐만 아니라 흑연화를 촉진시키기 위해서 알루미늄, 니켈, 구리 등을 첨가한 용접봉도 사용된다.

② 가스용접 시의 예열과 후열은 약 500℃에서 하고 불꽃은 약간 환원성으로 하는 것이 좋으며 가스용접은 열원이 비교적 분산되므로 예열효과가 피복아크용접보다 크다.

③ 일반적으로 가스불꽃을 이용하여 용접할 때는 약간 산화불꽃으로 하고 용제는 산화성으로서 모재표면의 산화물을 용해하여 제거할 수 있는 붕산, 붕사, 플루오르화물의 혼합물이 사용된다.

(3) 피복아크용접

① 주철을 아크용접할 때 용접봉은 니켈, 모넬메탈, 연강 용접봉이 사용되며 예열없이 용접이 가능하다. 이와 같은 용접봉은 용접금속의 연성이 풍부하며 균열과 같은 용접 결함이 생기지 않는다.

② 용접에 의한 경화층은 500~600℃ 정도로 가열하면 연화되며 용접 후 수축에 따른 응력의 감소와 제거를 위해 급랭을 하지 않고 서랭을 하거나 피닝을 충분히 한다.

③ 주철에 따라서는 용접 직후 승온된 노내에서 재가열하여 백선화된 조직을 페라이트 조직으로 바꾸기도 한다.

[Question 14] 스테인리스강의 용접방법★

1. 개요

스테인리스강(Stainless Steel)은 철에 크롬을 첨가시킨 합금강으로 내식성과 내산성, 내열성 및 우수한 기계적 강도를 갖고 있어 많이 이용되고 있으며 크롬 18, 니켈 8을 주 합금원소로 하는 오스테나이트계 스테인리스강이 가장 널리 사용된다. 이 밖에 16% 이상의 크롬이 함유된 페라이트계 스테인리스강, 마텐사이트계 스테인리스강이 있다.

스테인리스강은 특수강 중에서 비교적 용접하기 쉬운 합금강으로 피복아크용접법, 불활성 가스아크용접봉, 저항용접, 서브머지드 용접 등이 사용된다.

2. 용접성

(1) 오스테나아트계

① 오스테나이트계 강은 변태가 없고 극히 인성이 풍부하며 담금질 경화성이 없으므로 용접성이 가장 우수한 스테인리스강이다.

② 열팽창이 크고 균열이 발생될 우려가 있으므로 두꺼운 판의 용접을 제외하고는 예열을 실시하지 않는다.

(2) 페라이트계

① 담금질 경화성이 없으므로 용접에 의하여 경화되지는 않으나 900℃ 이상으로 가열된 부분은 결정립의 성장에 의해 취약해지므로 용접 시 과열을 피한다.

② 페라이트계 스테인리스 강은 100℃ 이내에서 예열하고 용접 후에는 상온까지 서랭한다.

(3) 마텐사이트계

① 용접을 하면 담금질 경화되어 단단한 마텐사이트 조직으로 되어 잔류응력과 냉각 후의 균열이 생기기 쉽다.

② 아크용접 시에는 용접전류를 적게 하고 용접속도를 느리게 하여 경화방지에 유의해야 하며 가스용접에서는 크롬의 탄화물이 석출되지 않도록 탄화불꽃이 아닌 중성불꽃이 되도록 한다.

3. 용접방법

(1) 피복아크용접법

① 가장 일반적이고 널리 사용되고 있는 용접법이며 아크열의 집중이 좋고 피복 성분에 의해 용접 성능이 우수하다.

② 용접봉은 원칙적으로 모재와 같은 재질의 것을 사용하며 광범위한 판두께의 용접이 가능하다.

③ 용접전류는 탄소강에 비해 약간 낮은 전류를 사용하며 직류일 경우는 역극성으로 한다.

④ 용접변형을 방지하기 위해서 얇은 판의 용접은 적당한 지그나 고정구를 사용하며 가접을 하는 것이 좋다.

(2) 불활성 가스아크용접법

① TIG 용접

㉠ 0.4~0.8mm 정도의 얇은 판의 수동용접 또는 스폿용접에 주로 이용되며 슬래그의 함유가 적어 효과적이다.

㉡ 용접전류는 직류용접일 때 정극성으로 하며 아르곤 가스를 사용한다.

② MIG 용접

㉠ 판 두께가 TIG에 비해 비교적 두꺼운 것이 이용되며 따라서 아크의 열집중이 좋은 직류 역극성으로 한다.

㉡ MIG 용접에서도 아르곤 가스를 사용하나 스패터가 많아 아크가 불안정해질 때는 산소와의 혼합가스를 사용한다.

[Question 15] 구리와 구리합금의 용접방법

1. 개요

구리는 내식성이 우수하고 전기 및 열의 양도체이므로 전기재료로 많이 사용되고 있는 금속이다. 구리합금에는 황동(Cu-Zn), 청동(Cu-Sn), 알루미늄청동(Cu-Al) 등이 있으며 구리합금은 순구리에 비해 열이나 전기전도성이 낮으나 강도가 높고 첨가 합금원소의 종류에 따라 여러 우수한 특성이 있으므로 이용범위가 넓다.

2. 용접성

(1) 산화구리(Cu_2O)가 있는 부분이 먼저 용융되어 균열발생이 쉽다.
(2) 열팽창계수가 커서 냉각 수축 시 균열발생이 쉽다.
(3) 수소와 같은 가스의 석출 압력으로 인해 약점이 조정된다.
(4) 용융 시 심한 산화를 일으켜 가스 흡수로 인한 기공 발생이 쉽다.
(5) 가스용접 등 환원성 분위기에서 용접 시 강도가 저하된다.
(6) 열전도율이 높고 냉각속도가 크다.

3. 용접방법

(1) 가스용접법
충분한 예열과 용가제가 필요하며 산소-아세틸렌가스로서 용접을 한다.

(2) 피복아크용접
용접 시 슬랙 섞임, 기포발생이 많아 불활성 가스 아크용접에 비해 성질이 떨어지며 용접봉은 보통 모재와 같은 조성의 용접봉이 사용된다.

(3) 불활성 가스아크용접
열의 집중이 좋고 용제가 필요하지 않으므로 구리 및 구리합금의 용접에 가장 좋다.

(4) 납땜
구리 및 구리합금의 납땜에 널리 사용되고 있다.

[Question 16] 알루미늄과 알루미늄 합금의 용접방법

1. 개요

알루미늄과 그 합금은 내식성이 좋고 강도도 좋으며 크게 압연재와 주조재로 대별된다. 또한 담금질, 뜨임 등의 열처리를 통하여 강도를 증가시킨 열처리 합금과 공업용 순알루미늄과 같은 비열처리 합금이 있다. 알루미늄은 용접할 때 용접금속 내의 기공의 발생, 슬래그 섞임, 열영향부의 저하, 내식성의 저하 등 여러 결함이 생길 수 있으며 철강에 비해 용접이 매우 곤란하다.

2. 용접성

(1) 비열 및 열전도도가 크므로 단시간에 용접온도를 높여야 한다.
(2) 용융점이 비교적 낮아 지나친 용해가 되기 쉽다.
(3) 산화알루미늄의 용융점이 높아 유동성과 융합을 해친다.
(4) 열팽창계수가 강에 비해 크며 응고수축에 따라 용접변형과 응고균열이 생기기 쉽다.
(5) 수소가스의 흡수에 의한 기공이 생긴다.

3. 용접방법

(1) 가스용접법

얇은 판의 용접을 제외하고는 거의 사용하지 않고 있으며 열 집중이 좋지 않아 변형, 균열 등의 가능성이 있다.

(2) 피복아크용접

불활성 가스용접이 곤란한 곳이나 보수용접에 사용되며 알루미늄 합금 심선에 피복된 용제가 가스분위기로써 용융지를 보호하고 알루미늄 산화물을 슬래그로 제거한다.

(3) 불활성 가스아크용접법

TIG, MIG 용접이 사용되며 용제가 필요 없고 용접조건에 의해 청정작용이 있어 신뢰성이 매우 높은 용접이 가능하다.

(4) 스폿용접법

전지저항용접법 중 가장 많이 사용되는 알루미늄 합금 용접법이며 용접과정에서는 전기전도도가 좋으므로 짧은 시간에 대전류를 사용해야 하며 소성가공할 수 있는 온도 범위가 좋다. 전류, 통전시간, 가압력의 조정이 특히 중요하다.

[Question 17] 강교(교량) 용접에 대하여 기술하시오.

1. 개요

최근 강교량이 점차 많이 제작 설치되고 있는 바, 보다 안전한 상태로 제작관리하여 내용연수에 그 기능을 충분히 발휘할 수 있도록 제작관리를 철저히 하여야 하며, 특히 강교량은 용접구조물(Box Girder)로 용접관리에 철저를 기하여야 한다.

2. 강교 제작공정

강재입고 → 표면처리(전처리) → 마킹/절단 → 판개 → 부재조립 → 용접 → 가조립 → 도장 → 포장/운송

3. 강교 용접

(1) 적용기준

① 강교 표준시방서

② AWS D 1.1

③ 용접 Hand Book

④ 강교 시공편람

⑤ 기타 관련규격(KS, JIS, AISC)

(2) 용접법

① 피복 Arc 용접(수용접)

② CO_2 용접

③ Submerged Arc 용접

(3) 용접시공

① 확인사항(용접 전)

㉠ 강재의 종류와 특성

㉡ 용접방법, 홈(개선), 형상 및 용접재료의 종류와 특성

㉢ 조립되는 재편의 가공, 용접부 청결도, 건조상태, Root 간격, 개선각도, 개선면

㉣ 용접재료의 건조상태

㉤ 용접조건과 용접순서

② 용접공(유자격자) : 용접자는 KS B 0885에 정해진 시험 및 AWS D 1.1에 의한 자격증 소지자를 투입한다.

③ 가용접(Tack Welding) : 용접부의 시작점과 끝나는 점에서 50mm 이내에서는 가용접을 하지 않는다.

④ 용접재료

㉠ 재료선정 : 연강용/저수소계 피복아크용접봉

㉡ 재료관리 : 용접재료는 흡습이 안 되도록 보관하고 흡습이 된 것은 용접재료의 조건에 따라 해당되는 건조조건에서 건조하여 사용하여야 한다.

⑤ 모재에 예열

㉠ 강재의 화학성분, 두께, 이음구 속도, 강재의 온도, 용접입열량, 용접금속의 수소량 등을 고려 적정한 온도로 예열한다.

㉡ 강재의 Mill Sheet에서 탄소당량이 0.44%를 초과할 경우 예열 실시

(4) 용접검사

① 시공 전 검사 : 시공계획, 용접사 기량시험, 용접재료와 설비의 점검

② 시공 중의 검사 : 용접 작업상황의 검사(개선형상, 청소, 예열, 용접조건)

③ 시공 후 검사 : 용접 Bead 외관검사, Butt 용접부의 방사선 투과검사

[Question 18] 용접부 파괴 원인에 대하여 논하시오.

1. 개요

용접부는 원래 불연속적인 물체와 물체 사이를 서로 연결시키고 있기 때문에 결함이 생기기 쉬운 응력 집중원으로 되어 있으며, 용접부의 재질 변화도 발생하기 쉽다. 따라서 일반적으로 모재에 비해 용접부는 위험 단면인 경우가 거의 대부분으로 파손된다.

2. 파괴원인

(1) 용접 금속 열영향부의 모재의 화학성분에 따른 경도 증가로 입계균열 형성

(2) 용접부 노치존재

(3) 피로균열 선단부

(4) 탄소당량 과다 시(모재) Bead 하부에 균열 발생

(5) 용착부 균열

① 이음의 강성이 클 때

② 모재에 기포 등의 결함이 있을 때

③ 용접봉 심선이 나쁘거나, 봉의 건조가 불량할 때

④ 이음의 친화성이 나쁠 때

⑤ 모재의 유황(S)양이 많을 때

3. 종합대책

(1) 용접성을 고려한 적정한 모재 및 용접방법의 선정
(2) 모재에 대하여 적정한 용접재료의 선정과 적정한 보관, 건조, 취급이 요구된다.
(3) 적절한 용접자세 및 개선 형상의 선정
(4) 기후, 기상에 대한 배려와 유효대책 강구
(5) 품질의식 고취 및 품질 자체검사 철저
(6) 교육훈련과 적정 배치

4. 결론

용접부 파괴를 사전 방지하기 위한 적절한 모재 및 용접방법의 선정, 용접재료 선정에서부터 용접시공 전반에 걸쳐 철저한 품질관리가 요구되며 무엇보다 원인과 방지책을 사전에 충분히 인지하고 예방하여 양호한 품질확보가 필요하다.

[Question 19] 방사선투과검사에 대하여 설명하시오.

1. 방사선투과검사의 원리

방사선 투과검사를 수행하기 위해서는 기본적으로 방사선원, 필름, 시험체가 있어야 한다.

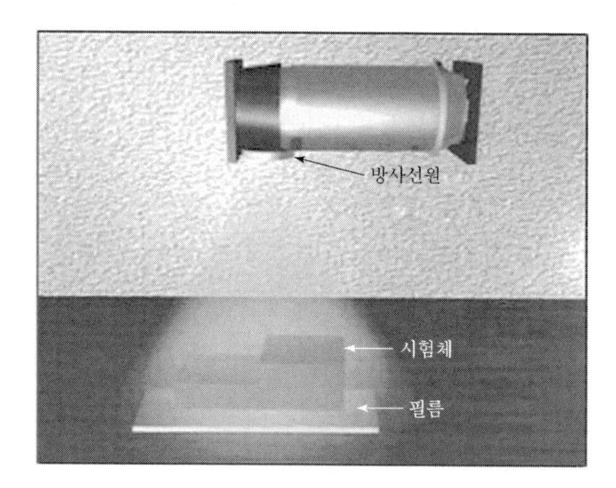

그 원리는 방사선원의 에너지 및 시험체의 밀도와 두께에 따라 방사선의 투과량이 달라지며, 투과된 방사선원은 필름을 감광시키는데, 이때 투과된 방사선량에 따라 필름의

감광정도가 다르게 되고 이를 현상하여 필름에 나타난 밝고 어두운 정도를 비교하여 시험체 내부의 상태를 알아보는 방법이다.
일반적으로 강재의 방사선 투과검사시, 내부에 이물질이 존재하는 경우에는 이물질의 밀도가 거의(Tungsten 등을 제외하고)가재의 밀도보다 작아서 이물질(불연속)부분을 투과한 방사선의 양이 강재를 투과한 선량에 비해 많기 때문에 투과사진상에서 검게 나타나고 기공 등은 기체가 들어 있는 상태이므로 검고 둥근 형태로 나타난다.

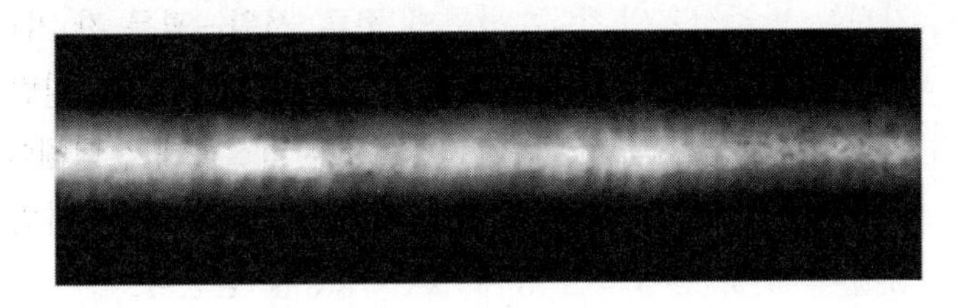

2. 방사선의 발생

(1) X-선의 발생

X-선은 고속으로 움직이는 전자가 표적 원자와 충돌하여 발생하는 전자기파로서, 고속의 전자가 궤도전자와 충돌하여 특성 X-선(Characteristic X-ray)이 발생하고, 원자핵과 상호작용하여 연속 X-선(Continuous X-ray)이 발생한다.

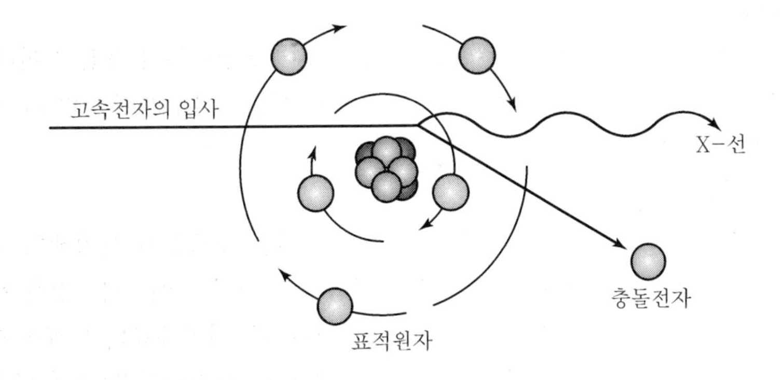

(2) γ-선의 발생

원자핵은 양성자와 중성자가 균형을 이루어야 안정한 상태를 유지한다. 균형을 이루지 못하는 경우에는 분열 또는 붕괴하여 원자핵이 여기상태에서 기저상태로 옮겨가고 이때 방출되는 전자파를 감마선(Gamma ray : γ-ray)이라고 한다. 방사선을 방출하는 원소를 방사성 동위 원소라고 하는데 방사선 투과검사에서는 감마선과 방사성 동위원소는 동일한 의미로 사용되고 있다.

3. 방사선투과검사 방법

방사선투과검사의 주요한 목적은 시험체 내에 존재하는 불연속(결함)을 검출하는 것인데 검사방법이 적절해야 이와 같은 검사 목적을 달성할 수 있다. 즉 방사선 투과검사 방법의 선정 시 고려해야 할 사항은 기본적으로 시험체에 따라 방사선원과 필름을 선정하여 적절한 방법으로 수행하여 투과사진의 감도를 높이고, 효율적인 검사가 되도록 해야 한다.

투과사진의 감도는 방사선원의 종류, 필름의 종류, 선원-필름 간 거리, 노출조건, 현상 등에 따라 영향을 받게 된다. 투과사진의 감도를 높게 하기 위한 일반적인 촬영 원칙은 방사선원의 에너지는 시험체의 재질과 두께에 따라 적절하게 선택해야 하며 선원-필름 간 거리는 되도록 길게 하는 것이다. 또한 효율적인 검사는 촬영기법에 따라 달라지는데, 이는 시험체의 형태, 검사조건 등에 많은 영향을 받는다.

(1) 방사선원의 선택

적절한 방사선원의 선택이 방사선 투과사진의 감도에 영향을 주게 되는데 투과력이 적절한 방사선원을 선택하는 경우에 투과사진의 감도가 양호하게 나타난다.

일반적으로 검사규격에서 γ-선의 경우는 에너지 조정이 불가능하기 때문에 방사성동위원소에 따라 최소 검사두께를 권고하고, X-선의 경우는 시험체의 두께에 따라 최대허용관전압을 권고 또는 규정하고 있다.

(2) 필름의 취급

필름은 검사특성에 따라 선택하여 사용하는데 종전에는 TYPE II 이하의 필름을 사용하도록 권고하고 있었으나 최근에는 사용필름의 TYPE은 제한하지 않는 경향이 많아지고 있다.

(3) 투과도계의 사용

투과도계는 방사선투과사진의 상질을 결정하는 것으로서 시험체의 투과두께를 기준으로 선정해야 하며 촬영 시에는 시험체의 선원 측에 놓는 것을 원칙으로 하며 부득이한 경우 필름 측에 부착하고 촬영한다. 즉, 사용재료의 두께에 따라 투과도계를 선정하여 적용하고 상질은 투과도계 식별도(투과사진감도)에 따라 식별되어야 할 투과도계 최소선지름 또는 지정된 크기의 Hole이 확인되어야 한다.

(4) 선원-필름 간 거리

선원-필름 간 거리(또는 선원-시편 간 거리)는 길수록 기하학적 불선명도(Ug : Geometrical unsharpness)가 작아져 투과사진의 감도가 좋아진다.

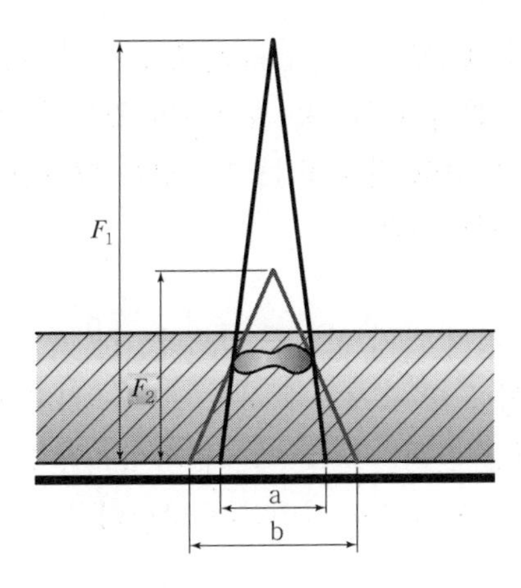

일반적으로 기하학적 불선명도라 함은 Ug(max)를 의미하며 이를 최소화하기 위해서는 아래와 같이 한다.

① 선원의 크기는 가능한 작게 할 것

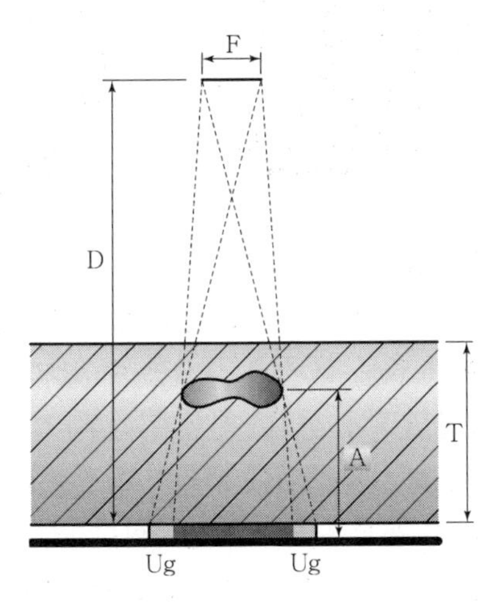

② 선원-시험체 간 거리는 가능한 멀리 할 것

③ 시험체-필름 간 거리는 가능한 작게 할 것

또한 선원, 시험체, 및 필름의 배치가 방사선원의 중심이 되도록 해야 상의 찌그러짐과 기하학적 불선명도의 확대를 방지할 수 있다.

(5) 촬영방법

방사선투과시험에서 촬영방법은 주로 시험체의 형태와 검사조건에 따라 달라지는데 촬영배치에 따라 주로 다음과 같이 3가지 방법으로 분류한다.

- 단벽단상법(Single Wall Single Image Technique)
- 이중벽단상법(Double Wall Single Image Technique)

- 이중벽이중상법(Double Wall Double Image Technique)

위의 단벽 또는 이중벽의 의미는 방사선이 필름에 닿기 전에 투과한 시험체의 벽(Wall)의 수를 의미하고 단상 또는 이중상은 방사선 투과사진에서 판독이 가능한 벽(Wall)의 수를 나타낸다.

① 단벽단상벽

단벽단상벽은 여러 가지 형태가 있으나 기본적인 형태로서 시험체의 한쪽 벽을 투과한 후 필름에 닿아 시험체 한쪽 면의 영상이 필름에 나타나게 된다. 평판을 검사하는 경우는 단벽단상법이 되며, 파이프와 같은 경우에는 선원을 시험체 내부 또는 외부에 위치시켜 촬영하는 방법이다.

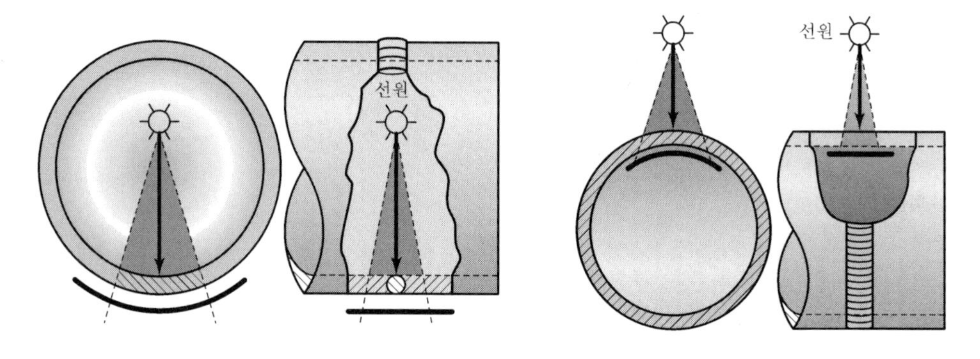

㉠ 중심선원 촬영법

주로 원주용접부 검사시 1회 노출로 전 용접부를 검사하고자 할 때 적용하는 방법으로 1회 노출로 전 체를 검사할 수 있으므로 매우 효율적인 촬영법이다. 시험체의 내부반경이 선원-시험체 간의 거리보다는 길어야 한다.

선원을 원주부를 내부중심에 위치하고 원주용접부 외부 전체에 필름을 부착시켜 한번에 전 용접부를 모두 검사한다. 또한 선원이 원의 중심부에 위치하므로 시험체 임의의 지점에서도 방사선이 필름에 대하여 수직으로 투과하기 때문에 선명도도 상당히 좋아진다.

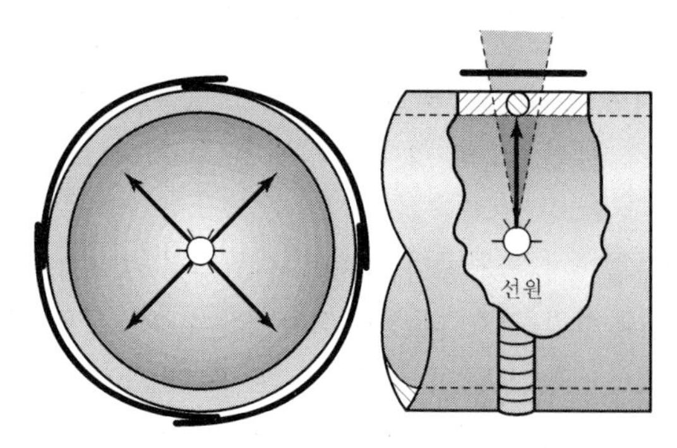

㉡ T-이음 촬영법

T-이음 촬영법을 굳이 단벽단상법으로 분류하는 경우는 많지 않으나 엄밀한 의미에서는 단벽단상법으로 분류할 수 있다.

T-이음부검사법은 시험체 두께에 따라서는 방사선의 투과두께가 매우 커져서 1장의 투과 사진에 전체를 검사하기 어려운 경우가 많다. 즉 이음매의 형태, 시험체의 두께 및 검사조건 등에 촬영방법이 달라질 수 있다.

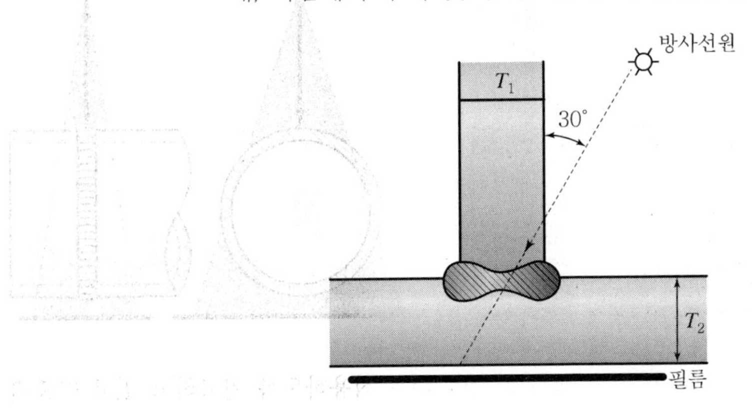

② 이중벽 단상법

이중벽 단상법(DWSI)은 주로 원통형 시험체를 촬영 하는 경우에 적용되며 시험체의 외경 또는 검사 조건 등에 따라서 이중벽 단상법으로 촬영한다.

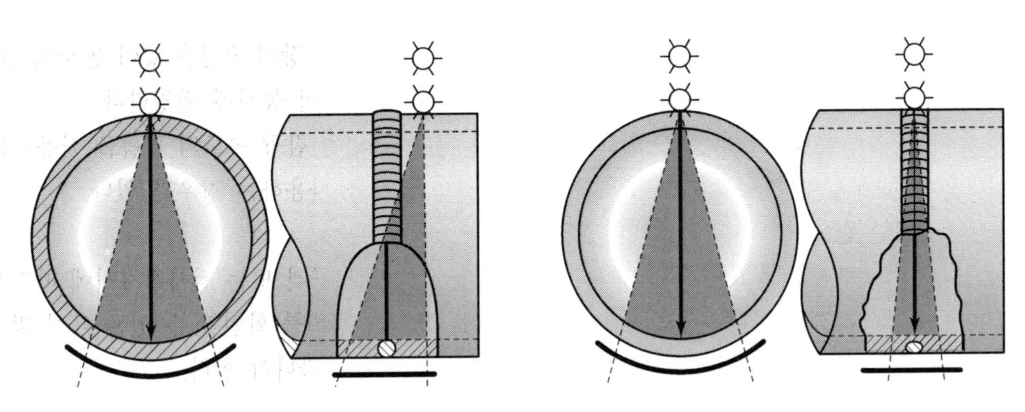

이 촬영방법은 시험체 형태에 따라 선원의 접근 또는 필름의 부착이 불가하거나 매우 어려운 경우에 적용되며 일반적으로 시험체의 공칭외경 3.5인치(89mm)를 초과(ASME Code기준)하는 경우 많이 적용한다.

파이프 용접부를 검사하는 경우 전 용접부를 모두 관찰하기 위해서는 최소한 3회 이상 촬영하며 각 촬영각도는 120° 이내로 한다.

③ 이중벽 이중상법

이중벽 이중상법(DWDI)은 주로 파이프와 같은 시험체를 1회 촬영으로 선원 측과 필름 측 시험 부위를 동시에 관찰하기 위해 선원을 시험체 축에 약간 경사지게 놓고 촬영하는 방법으로 검사의 효율성을 높이기 위해 적용한다..

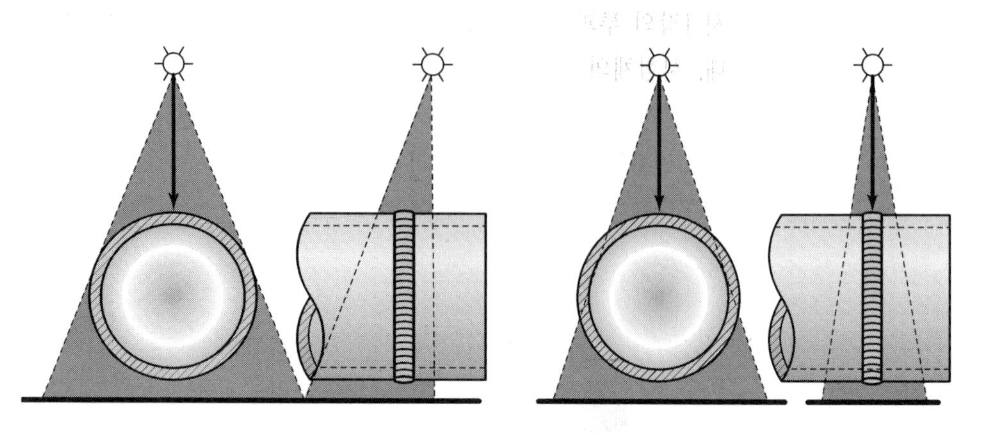

파이프 공칭외경이 3.5인치 이하일 때만 주로 적용하도록 권고하고 있고 이중벽 이중상법으로 촬영된 방사선 투과 사진에서의 용접비드 모양은 타원형으로 나타난다. 파이프 용접부를 검사하는 경우 전 용접부를 모두 관찰하기 위해서는 최소한 2회 이상 촬영하며 두 번째 촬영은 첫 번째 촬영방향에 90° 되게 촬영한다.

④ 필름 중첩 촬영법

필름 중첩 촬영법이란 1개의 카세트 안에 여러 장의 필름을 넣어 동시에 촬영하는 방법이나 대부분의 경우 2장의 필름을 넣어 동시에 촬영한다.

이와 같은 이중 필름 촬영법에는 첫째 동일한 감광 속도의 필름을 사용하는 경우와 둘째 감광 속도가 다른 2장의 필름을 사용하는 경우가 있다.

(6) 촬영배치

방사선 투과사진에 나타나야 할 요소는 각 검사규격 또는 검사절차서에 따라서 달라지나 일반적으로 투과사진이 나타내는 검사부위를 확인할 수 있는 표식 및 투과사진의 감도를 알아보기 위한 투과도계 등이 나타나야 한다.

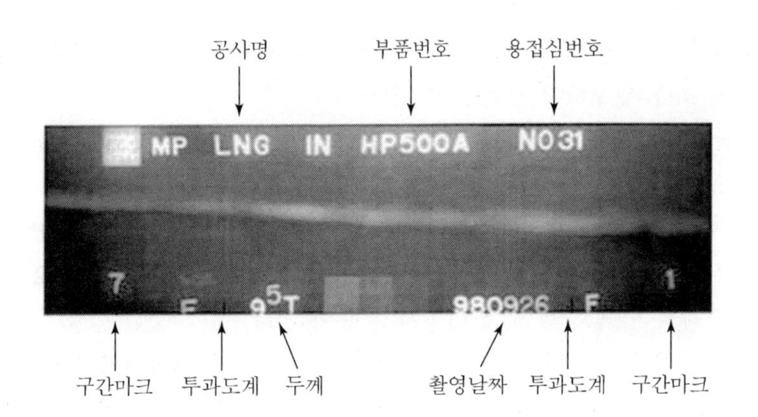

4. 방사선 투과사진의 감도

방사선 투과사진의 감도란 투과사진상에서 구별할 수 있는 불연속(결함)의 크기가 어느 정도인가를 나타내는 용어로서 투과사진상에서 구별할 수 불연속의 크기가 작을수록 투과사진의 감도가 높다고 표현한다.

방사선 투과사진에서의 감도는 선명도(Definition)와 명암도(Contrast)가 조화되어 나타나는 결과이다.

(1) 선명도

선명도란 투과사진상에 나타난 영상의 경계가 선명하게 구분되는가를 나타내는 용어로서 보다 정확하게 투과사진의 선명도는 물리적으로 형상을 구분할 수 있는 최소거리로 나타낼 수 있다.

투과사진선명도에 영향을 주는 요인은 기하학적 불선명도(Geometrical Unsharpness)와 공간분해능(Spacial resolution 또는 Unsharpness of the imaging system)으로 나눌 수 있는데 이를 세분하면 기하학적 요인, 입상에 의한 요인, 산란방사선에 의한 요인으로 분류할 수 있다.

① 기하학적 요인

선원은 점선원 가까울수록, 선원-필름 간 거리는 멀수록, 필름을 가능한 밀착시킬수록, 방사선원은 가능한 필름과 수직을 이룰수록 시험체 두께 변화가 적을수록 증감지와 필름을 밀착될수록 선명도가 좋아진다.

② 입상에 의한 요인

필름의 입상이 미세하므로 선명도가 좋다.

③ 산란방사선의 요인

산란방사선의 영향을 줄일수록 선명도가 좋아진다.

(2) 명암도

명암도란 투과사진상에서 나타난 영상과 그 주변의 흑화도 차이를 말한다. 흑화도

차이가 크면 명암도가 높다 하고 하며 명암도가 높아지면 투과사진상에 나타난 영상을 보다 뚜렷하게 구분할 수 있다.

투과사진 명암도에 영향을 주는 요인은 피사체 명암도(Subject Contrast)와 필름 명암도(Film Con trast)로 나눌 수 있다.

① 시험체의 형태, 사용하는 방사선질 및 촬영배치 등에 따라 흑화도 차이가 달라지는 것을 피사체 명암도라 한다. 피사체 명암도에 영향을 주는 요인으로는 시험체 두께차이, 방사선질, 산란방사선 등이 있다.
시험체 두께차이가 클수록 두께가 서로 다른 부위에서의 방사선 투과량의 강도 차이가 커지므로 투과 사진상에 나타 나는 흑화도 차이가 커져 명암도가 높아진다. 방사선의 에너지가 높아질수록 피사체 명암도는 감소하는 경향이 있다.
산란 방사선은 내부산란, 측면산란, 후방산란이 있는데 이 산란방사선의 양에 따라 명암도가 달라지 게 된다.

② 필름에 노출된 방사선량에 대한 필름의 흑화도 차이가 나타나는 필름 자체의 특성을 필름 명암도라고 하며 필름 명암도에 영향을 주는 요인으로는 필름종류, 현상조건, 흑화도 등이 있다.

(3) 관용도

방사선 투과사진의 관용도(Latitude)란 주어진 흑화도 범위 내에서 1장의 투과사진에 나타날 수 있는 시험체의 두께 범위로서 노출허용도라고도 한다. 동일한 스텝웨지(Stepwedge)를 촬영한 투과사진들을 비교하여 투과사진상에서 스텝웨지의 여러 계단을 구분할 수 있는 정도를 관찰하며. 일반적으로 투과사진의 명암도가 높으면 관용도가 낮아지고 명암도가 낮으면 관용도가 높아지게 된다.

5. 필름현상

방사선 투과필름의 현상과정이란 방사선 노출로 투과사진에 형성된 잠상(Latent Image)이 현상, 정지, 수세, 건조 과정을 통해 눈에 보이는 영구적인 상으로 나타나게 하는 과정을 말하는데 현상하기 전의 방사선 투과필름은 빛에 의해 감광되므로 어두움을 잘 유지할 수 있는 암실에서 수행해야 한다.

(1) 현상

감광된 필름을 알칼리성 용액인 현상용액에 넣으면 감광된 부위의 할로겐화은(Silver Halide)이 금속 은(Metal Silver)으로 변화된다. 이때 현상작용으로 계속하면 더 많은 양의 은(Silver)을 형성하며 잠상이 검은 영상으로 나타나기 시작한다. 이상적인 현상 조건은 현상온도 20℃에서 현상시간 5분이 되는 것을 기준하고 있다. 현상온도 16℃ 이하에서는 현상액의 화학적 반응이 현저히 둔화되므로 적절한 현상이 이루어지기는 어려우며, 25℃ 이상의 현상 온도에서는 대부분의 투과사진에 안개현상(Fogging)이 나타나 투과사진의 상질을 떨어뜨린다. 감광유제가 필름베이스(Base)에서 늘어져 영구적인 손상이 생길 수도 있다.

현상 중에 필름을 교반하면 필름에 붙어 있는 이미 화학반응으로 소모된 현상제를 털어내고 새로운 현상제가 필름 주위에 다시 모여 현상시간 동안 계속 균일한 현상이 되도록 하는 것이다.

(2) 정지

현상처리가 끝난 후에는 필름을 초산정지액이나 깨끗한 물로 헹구어 필름 유제에 남아있는 현상제에 의한 현상작용을 정지시켜야 한다. 만일 정지처리를 하지 않는다면 정착액에서도 잠시나마 현상 작용이 계속되어 투과사진에 줄무늬(Streaking) 또는 흑화도의 불균일한 상태가 나타날 뿐만 아니라 알칼리성 현상액에 의한 산성의 정착액이 중화되어 정착액의 성능이 급격히 감소된다.

정지액의 온도는 20℃를 기준으로 하며 정지액에서는 30~60초 정도 교반시킨 후 정착액으로 옮기며 정지액을 사용하지 않고 흐르는 물에 정지시킬 때에는 최소한 2분 정도를 헹군 후 정착액으로 옮긴다.

(3) 정착

정착처리의 목적은 필름의 감광유제에서 현상되지 않은 은입자를 제거하고, 현상된 은입자를 영구적 인상으로 남게 하며, 필름의 젤라틴(Jelatin)을 경화시켜 열에 잘 견디게 하고, 건조 후 필름 관찰시 필름을 만져도 끈적거림이 없게 해준다. 필름을 정착액에 넣어 정착처리를 시작하면 필름에서 우유빛 깔이 서서히 사라져 가는데, 완전히 사라질 때까지 소요되는 시간을 클리어링타임(Clearingtime)이라고 하고, 이 시간 동안 감광유제 중에 현상도지 않은 할로겐화합물을 용해한다.

(4) 수세

정착처리가 끝나면 필름에 묻어있는 정착액을 제거하기 위하여 흐르는 물에서 수세처리를 한다. 수세시 물은 충분히 흐르도록 하며 필름에 묻어있는 정착액이 신속히 제거되도록 수세탱크에서 흐르는 물의 양은 시간당 탱크용량의 4~8배가 되도록 한다. 수세시 물의 온도는 16~21℃ 정도로 하며, 필름 종류에 따라 20~30분 정도 수세를 한다.

(5) 건조

수세처리가 끝나면 필름을 거조시켜야 하는데 건조는 대기 중에서 직사광선이 쪼이지 않는 곳에서 자연건조를 시키는 경우와 필름건조기를 이용하여 건조처리하는 경우가 있는데 대부분의 경우 필름건조기를 이용하여 건조처리를 한다. 건조기에서는 더운 공기를 일정하게 공급하여 필름을 건조시키는데 건조온도는 50℃ 이하로 하고 건조시간은 30분~45분 정도가 이상적이다.

6. 결함지시와 발생원인

(1) 용접부 결함

용접부 결함은 일반적으로 기공, 슬래그 혼입, 균열, 용입 부족, 융합 부족으로 분류한다. 이러한 결함들은 용접부에 악영향을 미치므로 제거·보수하여야 하며 원인규명을 하여 결함의 재발생을 방지한다.

(2) 주조품 결함

① 기포

기포(Gas Porosity)는 용융금속에서 가스(Gas)가 빠져 나오기 전에 용융금속의 표면이 냉각되어 응고되면 미세한 기포들이 주조품 내에 남게 되는데 이와 같이 생긴 결함을 기포라 한다.

주조품에 가장 흔히 나타나는 결함으로서 투과사진상에는 일반적으로 검고 미세하게 둥근 영상이 뭉쳐서 나타난다.

② 개재물

개재물(Inclusion)은 용융과정에서 금속 내에 섞여 들어가 주조품 내에서 냉각응고되어 나타나는 결함으로서 주로 주형의 모래가 혼입되는 경우와 용융금속과 더불어 주형 내로 들어가는 오물에 의해 발생하는 경우 등이 있다.

투과사진에 나타나는 형상이 매우 다양하게 나타나고 둥근 형태의 개재물은 기공과 구분이 어려운 경우도 있다.

일반적으로 개재물의 비중이 철(Steel)보다는 낮기 때문에 주강의 방사선투과사진에는 검고 불규칙한 형태로 나타난다.

③ 파이프

파이프(Pipe)는 용융금속의 응고 시 내부수축으로 인해 주괴(Ingot)의 중심 부위에 길게 나타난다.

④ 수축관

주조품에 나타나는 독특한 형태의 결함으로서, 수축관(shrinkage)은 용융금속의 응고시 액체상태에서 고체상태로 변할 때 일어나는 수축량을 주위의 용탕에 의해 보급할 수 없는 경우에 발생한다.

수축관의 형태는 기공 형상, 새털 형상 등 대단히 많으며 방사선 투과사진상에서는 길이를 갖고 검게 나타나는 선상 수축관과 면적을 갖고 검게 나타나는 수지상수축관이 있다.

⑤ 콜드셧

용융금속을 주형에 주입시 용탕에 튀는 경우가 있는데 이때 먼저 주입된 용융금속 표면이 산화된 위에 용탕이 튀어서 포개지면 용탕금속의 층을 형성하게 되는데 이를 콜드셧(Cold Shut)이라 한다.

즉, 용탕 2개의 흐름이 그 경계가 완전히 융합되지 못한 것을 말하며 방사선 투과사진에는 주로 검은 선형으로 나타난다.

⑥ 핫티어

용융금속의 응고시 두께차가 큰 부분에서 발생하는 결함으로서 수축 정도의 차이에서 발생하는 찢어짐의 형태를 핫티어(Hot Tear)라 한다.

열간 균열이라고도 하며 방사선 투과사진에는 주로 터짐 형태로 나타난다.

⑦ 기타 결함

㉠ 편석(Segregation)

용해 및 주조과정에서 어떤 합금성분이 석출되어 나타난 결함

㉡ 주탕불량(Mis-runs)

용탕이 주형을 완전히 채우지 못해 발생한 결함

㉢ 스캐브(Scabs)

주형 표면의 모래가 용탕의 흐름에 의해 떨어져나가 발생된 결함

제 05 장

측정기, 수기가공, 판금

제1절 측정기

Professional Engineer Machine

1 측정의 개요와 측정기에 미치는 영향

1. 측정의 개요

1) 측정

어떤 양을 단위로 사용되는 다른 양과의 비교

2) 측정의 오차★

(1) 오차

측정값과 참값의 차

(2) 오차의 종류

① 개인오차 : 측정하는 사람에 따라서 생기는 오차, 개인이 가지고 있는 습관이나 선입관이 작용하여 생기는 오차

② 계통오차 : 동일 측정조건에서 같은 크기의 부호를 갖는 오차로서 측정기의 구조, 측정압력, 측정 시의 온도, 측정기의 마모에 따른 오차

㉠ 계기오차 : 측정계기의 불완전성 때문에 생기는 오차

㉡ 환경오차 : 측정할 때 온도, 습도, 압력 등 외부환경의 영향으로 생기는 오차

③ 우연오차 : 주위의 환경에 따라서 생기는 오차

④ 시차 : 측정기의 눈금과 눈위치가 같지 않을 때 생기는 오차

⑤ 평의오차(Bias Error) : 측정이 되기 전부터 각종 요인들로 인해 오차를 유발할 수 밖에 없는 오차로 측정기의 종류와 정밀도에 좌우됨

3) 유효숫자

(1) 0.000772와 같이 소수를 표시하는 0은 유효숫자로 보지 않고 772인 3자리만을 유효숫자로 본다.

(2) 7.720에서 0은 의미가 있으므로 유효숫자는 4자리이다.

4) 측정의 분류

(1) 절대측정(직접 측정)

측정기로부터 직접 측정치를 읽을 수 있는 방법으로 눈금자, 버니어 캘리퍼스, 마이크로미터 등

(2) 비교측정

표준길이와 비교하여 측정하는 방법으로 다이얼게이지, 안지름 퍼스 등

(3) 간접측정

나사나 기어 등과 같이 형태가 복잡한 것에 이용되며 기하학적으로 측정값을 구하는 방법이다.

5) 아베의 원리(Abbe's Principle)★

표준자와 피측정물은 같은 축선상에 있어야 한다는 원리로 버니어 캘리퍼스, 내측 마이크로미터 등은 아베의 원리에 어긋난다.

6) 계측방법★

(1) 영위법(零位法)

질량의 측정을 예를 들어 설명하면 한쪽의 접시에 측정하려는 물건을 얹어 놓고, 다른 쪽 접시의 분동을 차츰 증가시켜 드디어 양측이 균형되어 지침이 0을 가리킬 때, 측정물의 질량은 분동의 질량과 같다고 한다. 또 마이크로미터를 사용하여 길이를 측정할 때, 나사를 회전시켜 측정면 사이에 측정하려는 두께와 똑같은 간격을 만들어 그 때의 나사의 회전각으로부터 측정치를 구한다. 이와 같이 측정량과 가감할 수 있는 기지(旣知)량과를 균형시켜, 그 때의 균형량의 크기로부터 측정량을 구하는 방법을 영위법(Null Method, Zero Method)이라 한다.

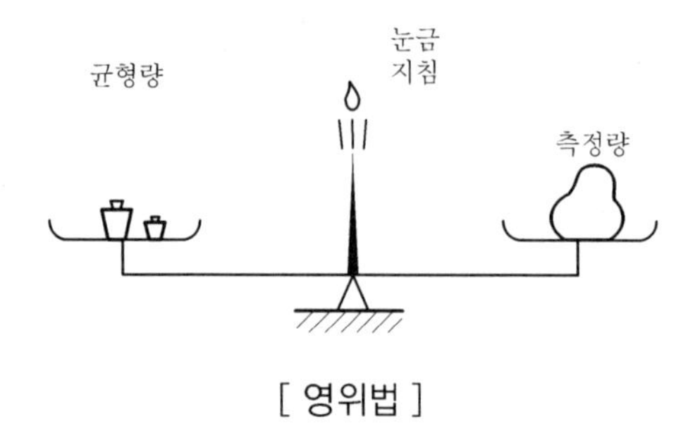

[영위법]

(2) 편위법(偏位法)

스프링식 저울을 사용하여 질량을 측정하는 경우, 처음 측정하려는 물건을 올려놓지 않을 때는 지침은 0을 가리키며, 측정물을 올려놓으면 지침이 움직여 어떤 눈금 위치에서 멎는다. 이 눈금은 기지의 질량을 가지고 미리 눈금을 정해 둠으로써, 질량의 단위로 표시해 둘 수 있으므로, 지침이 가리키는 눈금으로부터 바로 측정량을 알 수 있다. 또 다이얼게이지에서는 측정스핀들의 변위가 치차로 확대되어 지침의 움직임을 일으킨다. 이와 같이 측정량에 따라 지시의 변화를 가져오게 하여, 그 변위량으로부터 측정량을 아는 방법을 편위법(Deflection Method)이라 한다.

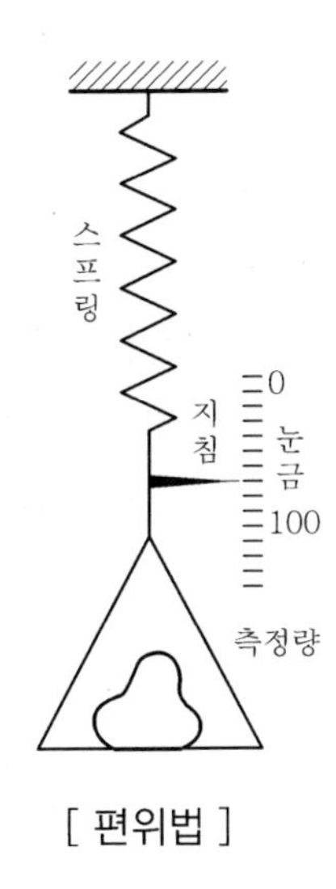

[편위법]

2. 측정기에 미치는 영향

1) 감도

측정기가 어느 정도 민감한가를 표현하는 것으로 목측되는 측정기의 최소한도는 다이얼게이지에서 눈금의 1/10로서 감도는 0.001mm이다.

2) 온도

길이의 표준온도는 20℃이다.

$$L' = L + (\alpha_1 - \alpha_2)(t - 20)L$$

여기서, α_1 : 측정기의 열팽창계수, L : t℃ 때의 측정물의 길이

α_2 : 측정물의 열팽창계수, L' : 20℃ 때의 측정물의 길이

t : 측정 시의 온도

2 측정의 종류

1. 길이 측정

1) 길이 측정의 개요

(1) 길이

단위는 미터법이며 1m는 Tr(트립톤)의 오렌지색의 진공 중의 파장길이에 1,650,763.73 배 한 것이다.

(2) 길이 측정에 미치는 영향

① 측정력에 의한 변형 : 길이 측정은 측정기와 피측정물 간에 작용하는 힘이며 너무 큰 힘이 작용하면 접촉부에 생기는 탄성변형량이 변화한다.

② 자중에 의한 변형 : 길이가 긴 피측정물이나 측정기는 자중에 의해 변형이 생기는데 이 변형을 보정하기 위해 적절한 두 지점 간을 지지해 준다.

③ 시차 : 측정기의 지침이 가리키는 눈금과 합치된 위치를 눈으로 읽을 때 위치에 따라 생기는 차이를 말한다.

④ 온도에 의한 오차

2) 길이 측정기

(1) 일반측정기

① 자(Scale) : 스테인리스 또는 강철판에 눈금을 새긴 것

② 바깥지름퍼스 : 바깥지름이나 두께를 측정

③ 안지름퍼스 : 구멍의 지름, 홈의 폭을 측정할 때 사용

④ 스프링퍼스 : 나사를 사용하여 조절

⑤ 이동퍼스 : 측정하려는 부분의 입구가 적어서 보통퍼스로 측정할 수 없을 때 사용

⑥ 사이드퍼스 또는 양용퍼스 : 환봉의 중심을 구할 때 또는 평행선을 그을 때 사용

(2) 정밀측정기

① 버니어 캘리퍼스(Vernier Calipers)★ : 어미자와 아들자로 되어 있으며 바깥지름, 안지름, 깊이를 측정할 수 있다.

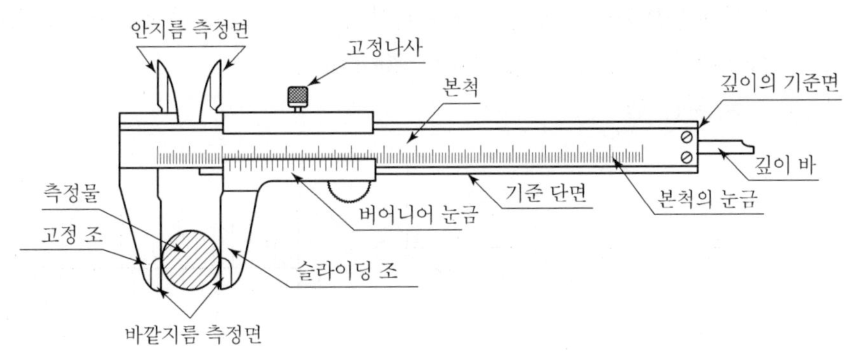

[버니어 캘리퍼스]

㉠ 버니어 캘리퍼스의 종류, 특징 및 눈금

종류	최소 눈금	어미자 눈금	아들자	특징
M_1형	0.05	1	19(mm)를 20등분	미동장치가 없으며 깊이 바가 있음
M_2형	0.02	0.5	24.5(mm)를 25등분	M_1형에 미동장치가 붙었음
CB형	0.02	0.5	12(mm)를 25등분	슬라이더가 상자형이며 내측 측정 조(Jaw)가 없으나 조의 끝으로 내측 측정과 미동 가능함
CM형	0.02	1	49(mm)를 50등분	내측 측정이 가능하며 미동장치가 있음

㉡ 눈금기입 : 부척(버니어)의 눈금은 본척의 $(n-1)$개의 눈금을 n등분한 것이다.

$$(n-1)S = nV, \quad V = \frac{n-1}{n}S \cdots\cdots ①$$

$$C = S - V \cdots\cdots ②$$

①과 ②에서 $C = S - \frac{n-1}{n}S = \frac{S}{n}$

여기서, V : 부척 눈금선 간격, n : 부척 눈금 등분수, S : 주척 눈금선 간격
C : 부척에서 읽을 수 있는 최소치

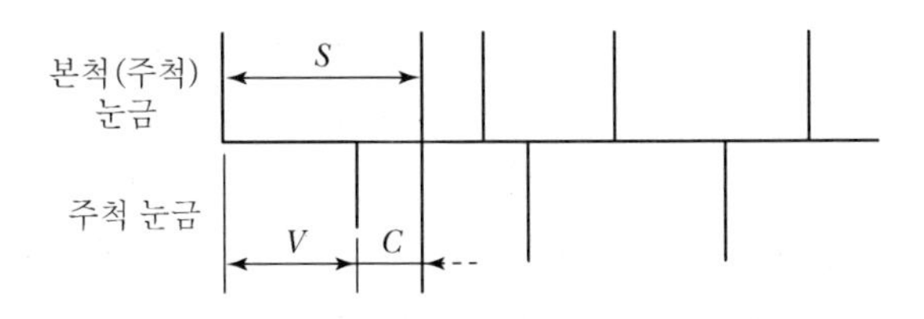

㉢ 부척의 원리 : 최소눈금 1/20mm의 버니어 캘리퍼스에서는 본척의 19눈금을 부척

에서 20등분하므로 양 눈금차는 본척의 1눈금 1mm, 부척 1눈금 19/20mm일 때 즉 양척의 눈금차=1－19/20=1/20(mm)

㉣ 눈금 읽는 법

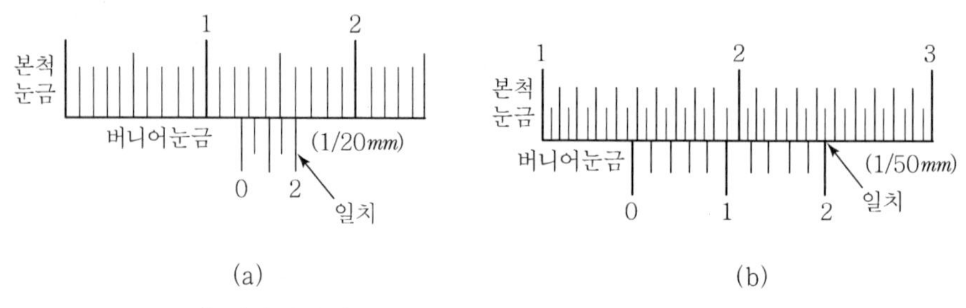

(a) (b)

[버니어캘리퍼스 눈금 읽는 법]

(a)에서 버니어의 4번째 눈금이 일치되어 있으므로

12＋(0.05×4)＝12(mm)＋0.2(mm)＝12.2(mm)

(b)에서 버니어의 10번째 눈금이 일치되어 있으므로

14.5＋(0.02×10)＝14.5(m)＋0.2(mm)＝14.7(mm)

② 마이크로미터(Micrometer) : 바깥지름, 안지름 및 깊이 측정에 사용되며 암나사와 수나사의 끼워맞춤을 이용한 것이다.

㉠ 원리 : 딤블에 고정된 수나사의 피치가 0.5mm이고 딤블 원추면이 50등분되어 있으므로 딤블이 1눈금 움직이면 스핀들은 0.5×1/50＝0.01(mm) 움직인다.

㉡ 측정범위 : 바깥지름 및 깊이 마이크로미터는 0∼25, 25∼50, 50∼75mm로 25mm 단위로 측정할 수 있으며 안지름 마이크로미터는 5∼25, 25∼50과 같이 처음의 측정범위만 다르다.

㉢ 종류

ⓐ 지시 마이크로미터 : 딤블을 통해 0.01mm까지 읽고 그 이하의 값은 인디게이터 부분을 통하여 0.001mm까지 읽을 수 있다.

ⓑ 다이얼게이지부 마이크로미터 : 마이크로미터의 앤빌 측에 다이얼게이지를 취부한 것으로서 정도가 높으며 동일 제품의 것을 다량으로 측정하는 데 적합하다.

ⓒ 포인트 마이크로미터 : 측정면이 뾰족하며 드릴의 웨브(Web), 나사의 골지름, 곡면 형상의 두께 등을 측정하는 데 사용한다.

ⓓ 나사 마이크로미터 : 나사의 유효지름을 측정할 수 있는 것으로 앤빌 교환식과 고정식이 있으며 앤빌을 교환하여 나사 측정을 하는 것 외에도 광범위한 용도에 사용하고 측정범위는 0∼300mm(25mm 간격)이다.

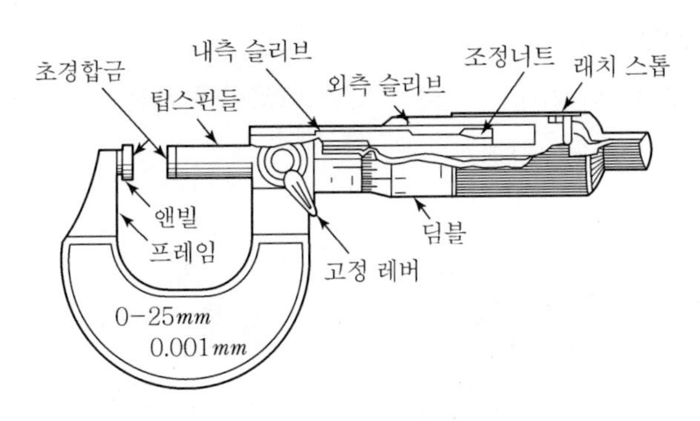

[바깥지름 마이크로미터]

③ 하이트게이지 : 정반 위에 설치하여 금긋기, 높이를 측정하는 데 사용되며 읽을 수 있는 최소눈금은 0.02mm이다.

㉠ 원리 : 어미자 49mm를 50등분한 아들자로서 최소측정값이 1/50mm이고 어미자 양쪽에 눈금을 새긴 것에는 1/20mm의 최소측정값을 함께 사용한다.

㉡ 종류 : HT형, HB형, HM형, HM형과 HT형의 병용형

2. 비교 측정

1) 다이얼게이지(Dial Gauge)

랙과 피니언을 이용하여 미소길이를 확대 표시하는 기구로 되어 있는 측정기이며 평면도, 원통도, 진원도, 축의 흔들림을 측정

(1) 종류

레버식, 백플런저식, 시그니스, 다이얼뎁스 게이지, 다이얼캘리퍼스 게이지 등

(2) 특징

① 소형, 경량이므로 취급이 쉽고 측정범위가 넓다.

② 눈금과 지침에 의해 읽으므로 시차가 적다.

③ 연속된 변위량이 측정이 가능하다.

④ 다원 측정의 검출기로서 사용할 수 있다.

⑤ 부속품(어태치먼트)을 사용하면 광범위한 측정을 할 수 있다.

(3) 영위법(Zero Method)

천평에서 무게를 측정할 때와 같이 측정량과 가감할 수 있는 기지량을 균형시켜 그때의 크기로부터 측정량을 구하는 방법

(4) 편위법(Deflection Method)

다이얼게이지에서와 같이 측정량에 따라 지시의 변화를 가져오게 하여 그 변화량으로부터 측정량을 구하는 방법

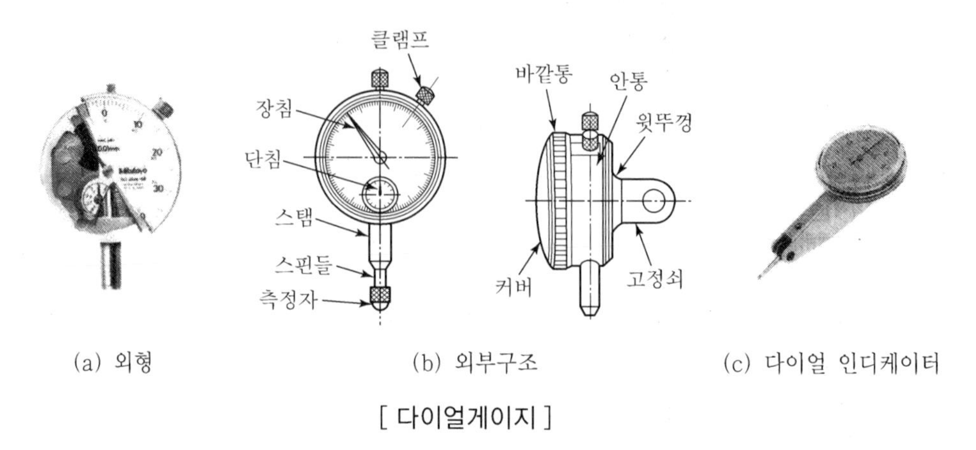

(a) 외형 (b) 외부구조 (c) 다이얼 인디케이터

[다이얼게이지]

2) 미니미터(Minimeter)

한 개의 레버(Lever)를 이용한 것으로 레버로서 100 또는 1000배로 확대한다.

3) 옵티미터(Optimeter)

미니미터는 레버에 의하여 측정자의 움직임을 확대하였으나 이것을 다시 광학적으로 확대한 것이다.

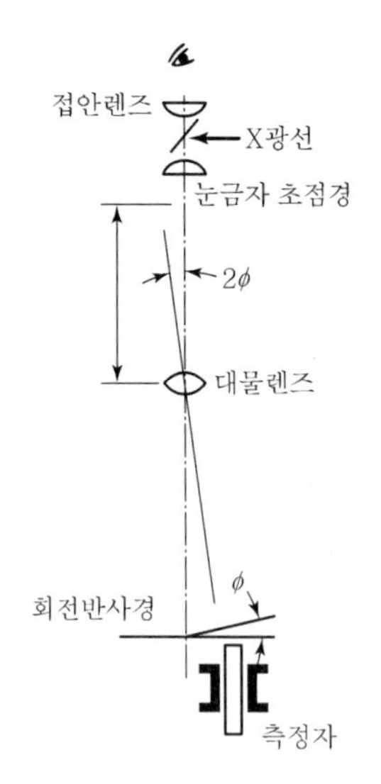

[옵티미터]

4) 전기마이크로미터(Electronic Micrometer)

길이의 극히 작은 변화를 전기용량의 변화로 측정하는 방법으로 0.01μ 정도의 미소변화도 검사할 수 있다.

5) 공기마이크로미터(Air Micrometer)

(1) 원리

압축공기를 사용하여 비교 측정하는 방식

(2) 장점

① 확대율이 매우 크고 조정이 쉽다.
② 측정력이 작아 무접촉의 측정이 가능하다.
③ 반지름이 작은 다른 종류의 측정기로는 불가능한 것을 측정할 수 있다.
④ 많은 치수의 동시 측정, 선별이나 치수결정이 자동으로 된다.
⑤ 원격측정, 자동제어 등에 사용된다.

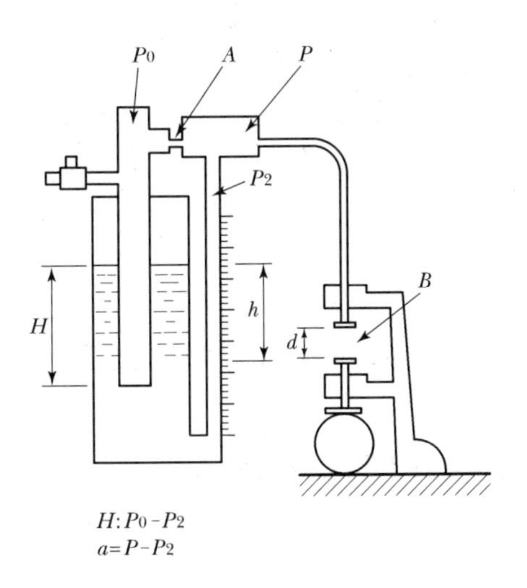

[공기 마이크로미터의 원리]

6) 블록게이지

블록게이지는 길이의 기준치수가 되는 측정기로 표면은 정밀하게 래핑되어 있다. 재질은 특수공구강, 초경합금, 고탄소강 등이 있으며 열처리하여 연마한 후 래핑 다듬질 후 사용한다.

(1) 종류

103개조, 9개조, 8개조가 있다.

(2) 블록게이지의 용도와 등급

구분	용도	등급
공작용	공구 및 절삭 공구의 고정	C
	게이지 제작	
	측정기류의 정도 조정	
검사용	기계부품, 공구 등의 검사	B
	게이지의 정도 점검	
	측정기류의 정도 검사	
표준용	공작용 블록게이지의 정도 점검	A
	검사용 블록게이지의 정도 점검	
	측정류의 정도 점검 기류	
참조용	표준용 블록게이지의 정도 점검, 학술적 연구	AA

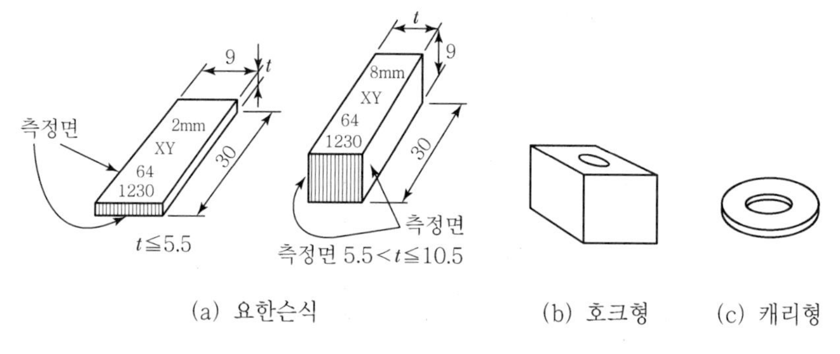

(a) 요한슨식 (b) 호크형 (c) 캐리형

[블록게이지의 종류와 형상]

7) 표준 테이퍼게이지(Standard Taper Gauge)

원통형 게이지와 흡사한 것으로 규정된 테이퍼가 있다.

8) 표준 나사게이지(Standard Thread Gauge)

각종 치수의 나사를 정밀히 만든 게이지로 탭, 다이스, 기타 정밀한 나사제작에 사용

9) 한계 게이지(Limit Gauge)★★

(1) 개요

기계를 제작할 때 설계도면에 표시된 치수를 정확히 가공하는 것은 불가능하다. 따라

서 설계자가 미리 그 치수의 허용범위 및 서로 끼워 맞춰지는 구멍과 축의 조합에 대하여 정한 것이 치수공차 및 끼워맞춤 규격이다.

이 규격에 정한 최대 및 최소 허용치수로서 관리하는 공차방식을 한계게이지 방식이라 하며 이때 사용하는 것이 한계게이지이다.

(2) 한계 게이지의 종류★

① 구멍용 한계게이지 : 구멍을 검사하는 데 사용하는 게이지

㉠ 플러그게이지 : 통과 측과 정지 측이 있고 통과 측은 원통부의 길이가 정지 측보다 길게 되어 있다. 비교적 작은 구멍(1~100mm)의 검사에 사용

㉡ 평게이지 : 원통의 일부를 측정면으로 하여 비교적 큰 구멍(50~250mm)의 검사에 사용

㉢ 봉게이지 : 250mm를 초과하는 구멍의 검사에 사용

㉣ 테보(Tebo) 게이지 : 통과 측은 최소 치수에 맞춘 구의 일부로 되어 있고 정지 측은 공작물 구면상의 공차만큼 돌기가 있도록 되어 있다.

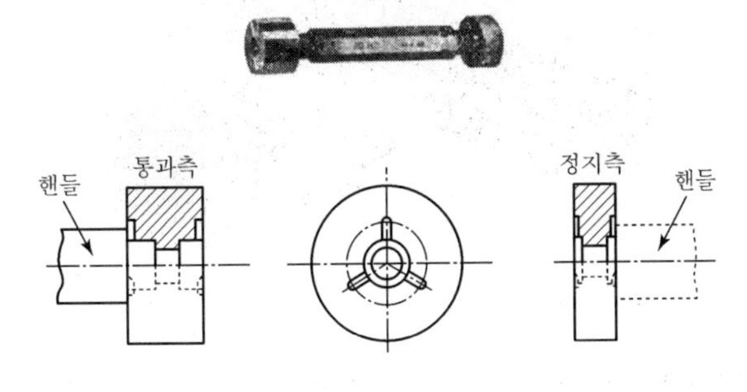

(a) 원통형 플러그게이지

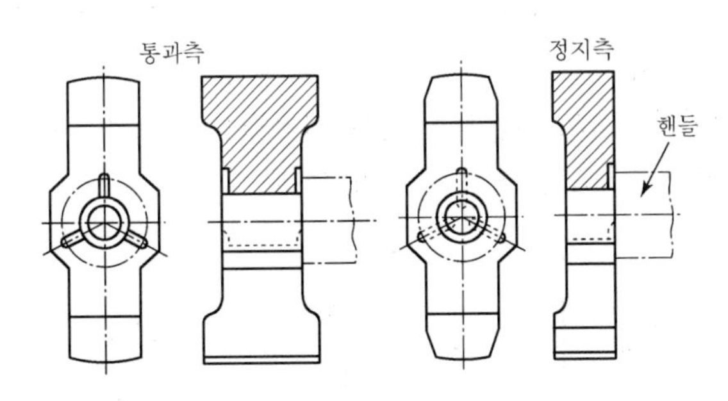

(b) 평형 플러그게이지

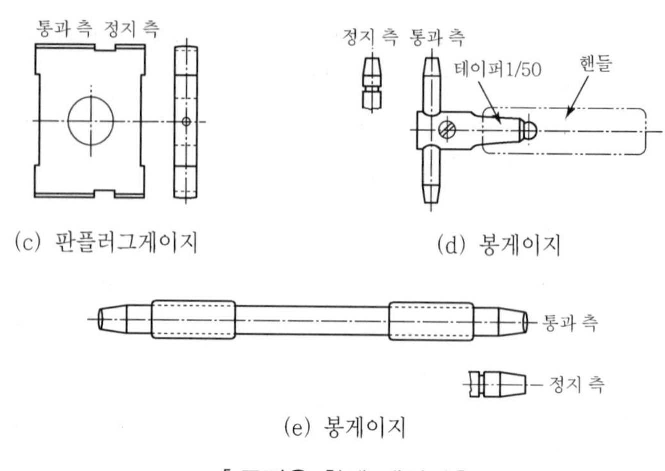

(c) 판플러그게이지
(d) 봉게이지
(e) 봉게이지

[구멍용 한계 게이지]

② 축용 게이지(Ring Gauge) : 축을 검사하는 데 사용하는 게이지

㉠ 링게이지 : 지름이 작거나 얇은 두께의 공작물 검사에 사용되며 정지 측은 홈을 파서 구분하고 통과 측보다 길이를 짧게 만든다. 지름이 큰 경우는 플랜지형으로 만들어 무게를 줄이고 다루기 쉽게 한다.

㉡ 스냅게이지 : 축의 지름검사 등에 사용하는데 고유치수와 작동치수를 갖고 있으며 단형, C형, A형 등의 종류가 있다.

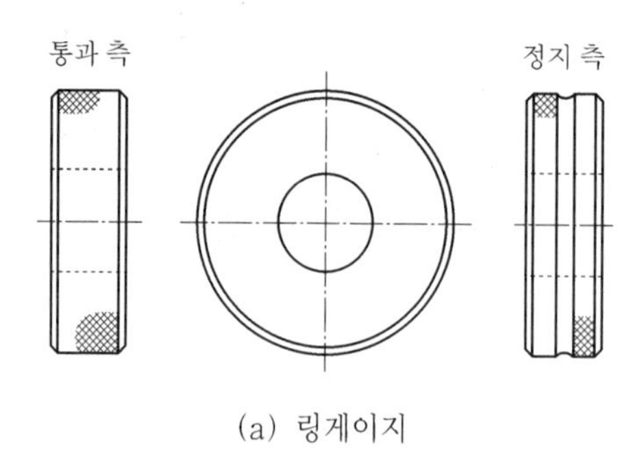

(a) 링게이지

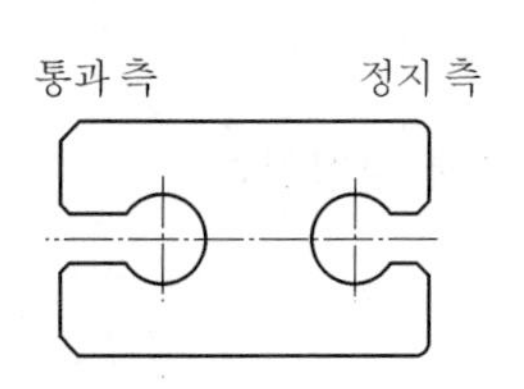

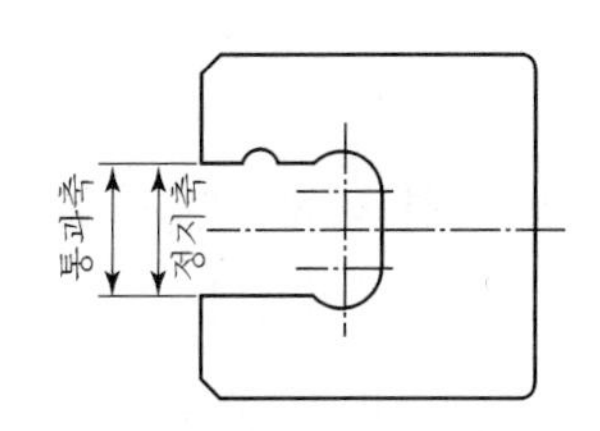

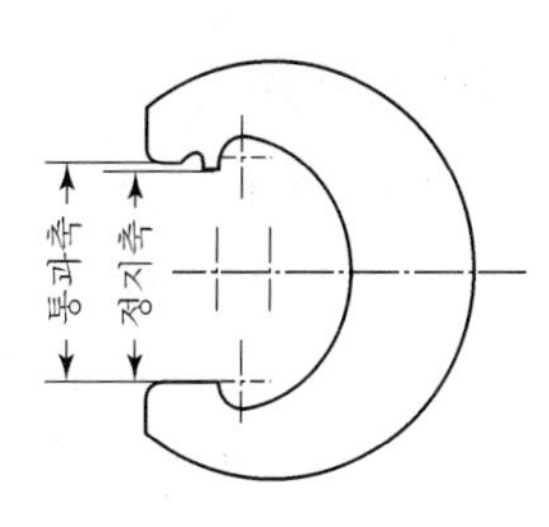

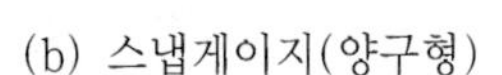
(b) 스냅게이지(양구형) (c) 스냅게이지(편구형) (d) 스냅게이지(C형)

[축용 한계 게이지]

③ 나사용 한계 게이지 : 나사의 유효지름을 검사하는 데 사용
　㉠ 플러그 나사 게이지 : 너트의 유효지름을 검사하는 데 사용
　㉡ 링 나사 게이지 : 볼트의 유효지름을 검사하는 데 사용

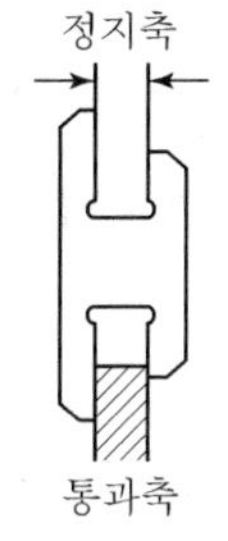

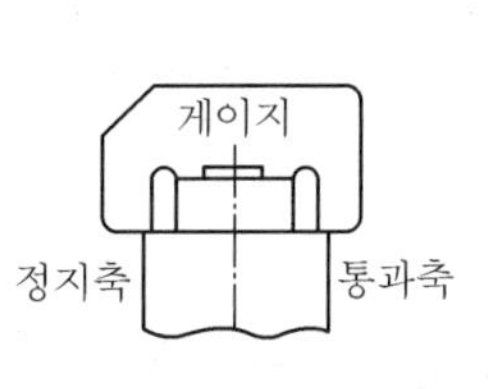

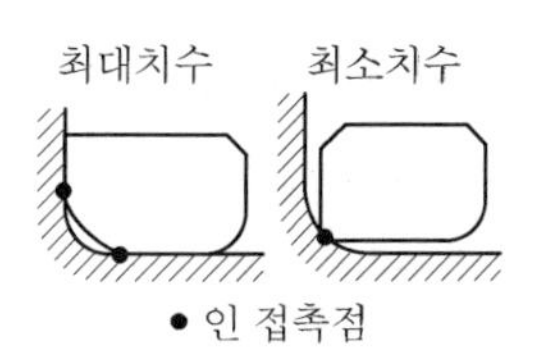

(a) 폭 게이지 (b) 축의 단에 대한 깊이 (c) 둥글림 게이지

[판게이지]

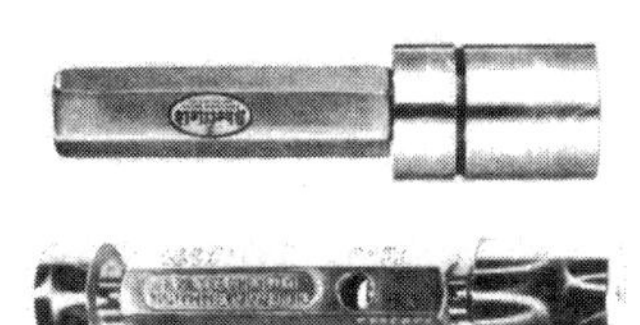

[원통형 플러그게이지]

[링게이지]

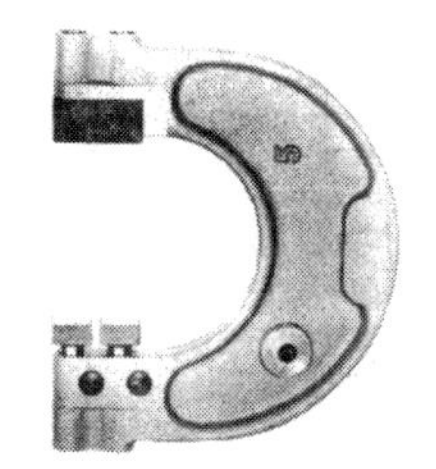

[조정식 스냅게이지]

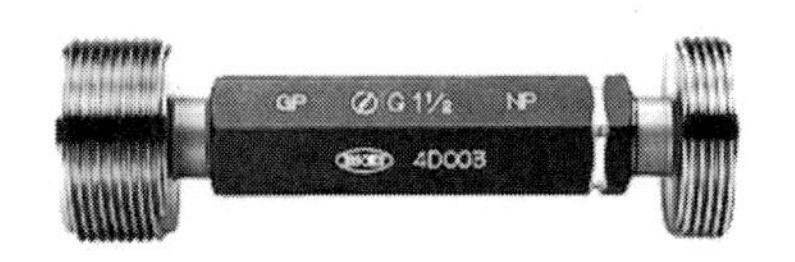

[나사한계게이지]

(3) 장단점

① 장점

㉠ 일감의 정도가 일정 범위 내에 균등하고 정확하게 보장한다.

㉡ 일감에 완전한 호환성이 부여된다.

㉢ 검사가 간단하게 된다.

㉣ 생산 원가를 절감시킨다.

② 단점

㉠ 측정치수가 결정됨에 따라 각각 1개의 게이지가 필요하다.

㉡ 제품의 실제치수를 알 수 없다.

㉢ 게이지 제작이 비싸다.

(4) 제작공차

① 제작공차의 영향

게이지 제작공차를 작게 하면 게이지의 제작비는 높아지나 제품공차를 다소 크게 할 수 있어 기계가공이 쉽다. 게이지 제작공차가 클 때에는 제품의 제작공차가 작게 되어 제품의 가공이 곤란하게 된다.

② 제작공차 고려사항

㉠ 한계 게이지를 이용하여 측정한 제품은 제품공차 범위 내의 치수로 되어야 한다.

㉡ 공작용 한계 게이지로 합격된 제품이 검사용 한계 게이지로 불합격 되어서는 안 된다.

㉢ 게이지의 마모 여유(Permissible Wear)를 적당히 규정하여 게이지가 다소 마모되어도 측정제품의 공차범위 내에 있어야 한다.

(5) 테일러(Taylor)의 원리

한계 게이지에 의해 합격된 제품에 있어서도 축의 휨이나 구멍의 요철, 타원형상 등을 가려내지 못하여 끼워 맞춤이 되지 않는 경우가 많다. 이를 보완하기 위해 통과 측은 측정 전길이에 대한 치수 또는 결정량이 동시에 검사되어야 하며 정지 측은 각 치수가 따로 검사되어야 한다는 이론이다.

(6) 공차의 틈새 및 죔새★

① 공차

구멍의 공차 : T=(최대치수)-(최소치수)=A-B

축의 공차 : t=(최대치수)-(최소치수)=a-b

② 틈새와 죔새

최소틈새=(구멍의 최소치수)-(축의 최대치수)=B-a

최대틈새=(구멍의 최대치수)-(축의 최소치수)=A-b

최소죔새=(축의 최소치수)-(구멍의 최대치수)=b-A

최대죔새=(축의 최대치수)-(구멍의 최소치수)=a-B

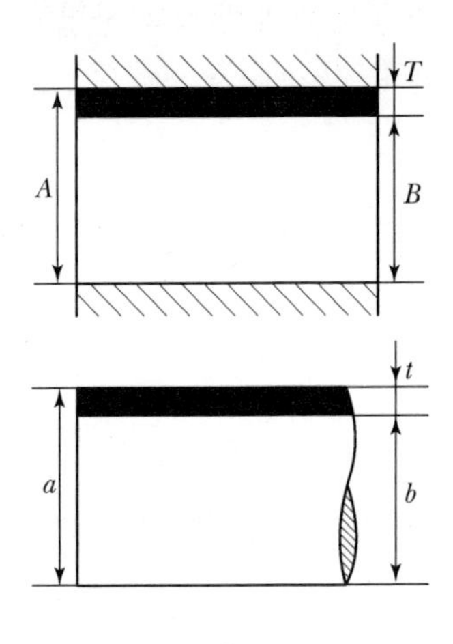

[틈새 및 죔새]

10) 기타 게이지

(1) 시크니스 게이지(Thickness Gauge)

미세한 간격을 두어 정확히 가공물을 조립할 때 사용

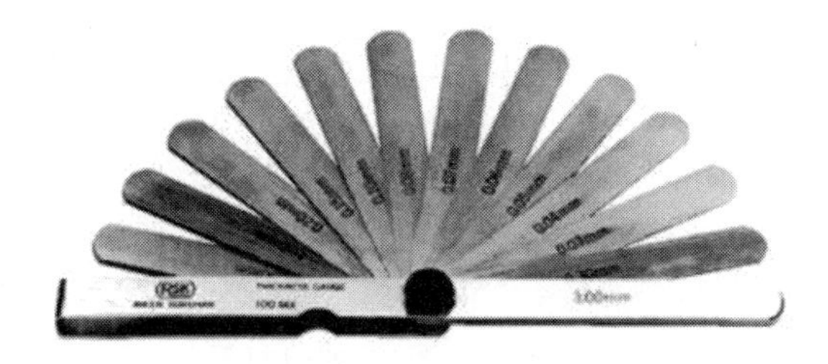

[두께(thickness) 게이지]

(2) 반경 게이지

물품의 라운딩 부분을 측정

(3) 센터 게이지

측각 및 고정용 또는 나사절삭 작업 시 나사의 각도를 정확히 보정하기 위하여 사용

(4) 나사피치 게이지

각종 피치로 된 다수의 나사형을 만든 강판을 집합한 것으로 나사의 피치 검사용으로 사용

(5) 와이어 게이지

각종 철강선의 굵기 및 얇은 강판의 두께를 판별하는 것으로 원형 강판의 둘레, 각종 치수의 홈폭이 새겨져 있다.

(6) 드릴 게이지

장방형의 얇은 강판에 각종 치수의 구멍이 있어 드릴의 지름 판정에 쓰인다.

3. 각도 측정

1) 각도 블록게이지

블록게이지와 같이 여러 개의 블록을 링깅하여 사용

(1) 요한손식

4개의 모서리 또는 2개의 모서리를 정밀도 ±12초로 정밀하게 다듬질한 것으로 85개조, 49개조가 있어 10~350° 사이에는 1′건너(49개조는 5′건너), 0~360° 는 1°건너로 만들어져 있다.

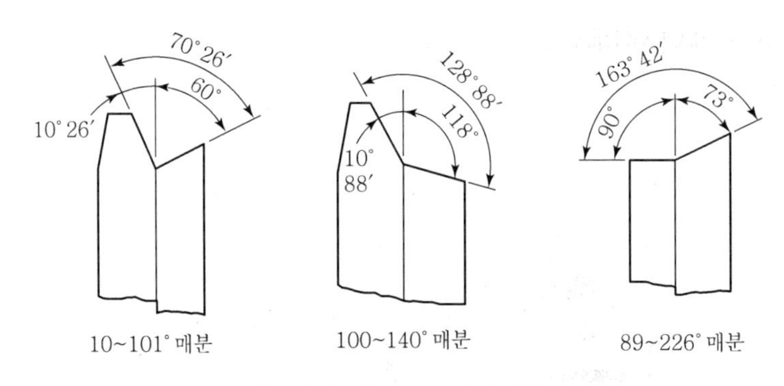

[요한손식 각도 게이지]

(2) N.P.L식

서로 다른 각도를 가진 12개를 1개조를 한 각도 블록을 쌓아올려 각도를 만든다.(41°, 27°, 9°, 3°, 1°, 27′, 9′, 3′, 1′, 30″, 18″, 6″, 3″ 등이 있다.)

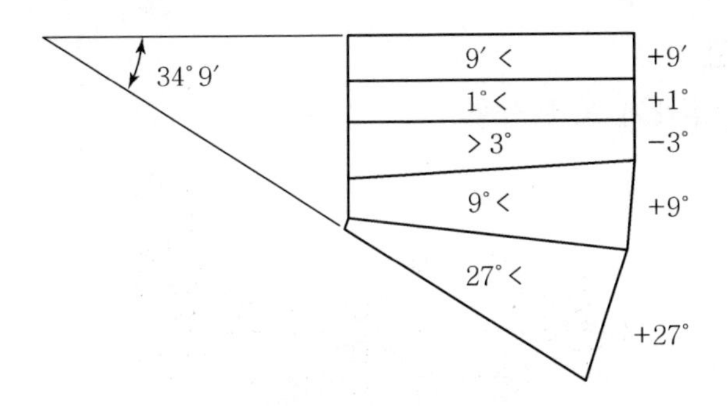

[NPL식 각도 게이지]

2) 만능 각도기

눈금판과 블레이드(Blade)와 스토크로 되어 있으며 아들자는 어미자의 23눈금을 12등분한 것으로 5′까지 측정할 수 있다.

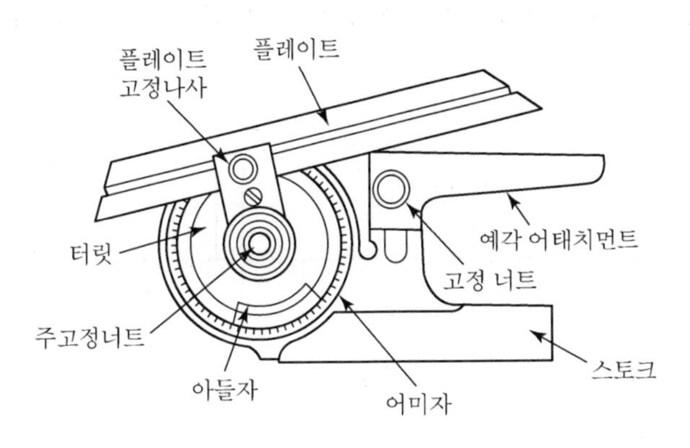

[만능 각도기]

3) 수준기

유리관 속에 알코올을 넣고 그 표면에 기포를 남긴 것을 용기에 담은 것인데 용기의 지지대가 수평이면 기포는 상부 중앙에 오지만 기울이면 이동한다.

4) 사인 바(Sine Bar)★

직각삼각형의 2변 길이로 삼각함수에 의해 각도를 구하는 것으로 삼각법에 의한 측정에 많이 이용된다. 양 원통 롤러 중심거리(L)는 일정 치수로 보통 100mm 또는 200mm로 만든다. 각도 α 는 $\sin\alpha = H/L$

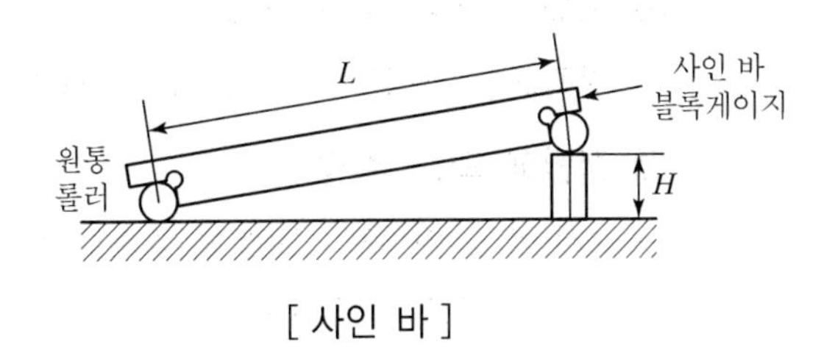

[사인 바]

5) 콤비네이션 세트

각도의 측정, 중심내기 등에 사용

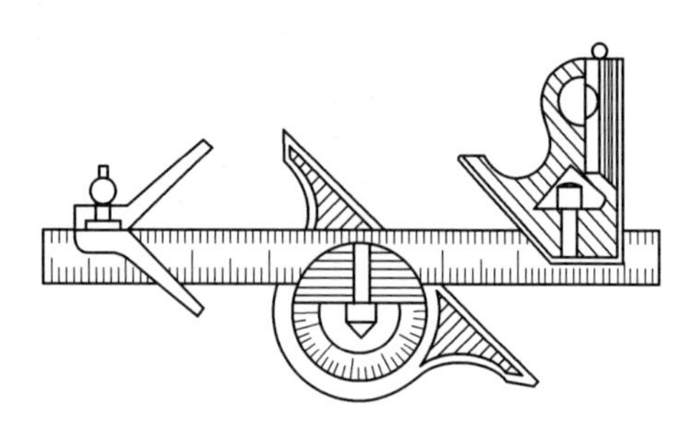

[콤비네이션 세트]

6) 탄젠트 바(Tangent Bar)★

일정한 간격 L로 놓여진 2개의 블록게이지 H 및 h와 그 위에 놓여진 바에 의해 각도를 측정한다.

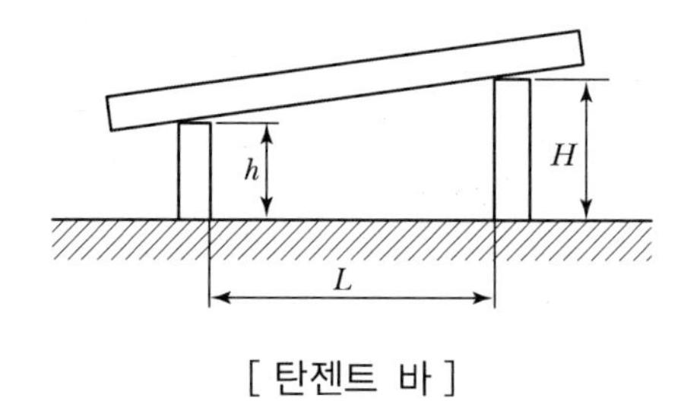

[탄젠트 바]

4. 면의 측정

1) 평면도의 측정

기계의 평면부분이 이상 평면에서 어느 정도 벗어나 있는지를 표시하는 것으로써 평면 부분의 가장 높은 점과 낮은 점을 지나는 두 가상평면의 거리로써 표시한다.

(1) 직선 정규에 의한 측정

진직도를 나이프 에지나 직각 정규로 재서 평면도를 측정

(2) 정반에 의한 측정

정반의 측정면에 광명단을 얇게 칠한 후 측정물을 접촉하여 측정면에 나타난 접촉점의 수에 따라 판단하는 측정

(3) 옵티컬 플랫(Optical Flat)

광학적인 측정기로서 옵티컬 플랫은 유리나 수정으로 만든다. 정반을 측정 면에 접촉시켰을 때 생기는 간섭 무늬의 수로 평면을 측정하는 것으로 간섭무늬 한 개의 크기는 약 0.3μ이다.

2) 평면거칠기(Roughness) 측정★

(1) 개요

평면을 현미경으로 보면 수많은 요철을 볼 수 있다. 이와 같이 일정한 간격 사이에 나타나는 요철의 빈도와 크기를 조도(거칠기, Roughness)라 하며 정밀도를 정하는 중요한 인자이다. 조도가 작은 것이 정밀도가 좋다고 말할 수 있으며 그 외에 마찰, 마모 및 내구성과도 밀접한 관계를 가지고 있다.

(2) 표면거칠기의 표시법

① 최대높이(R_{max})

거칠기 곡선의 중앙선에 대해 상부와 하부에 평행선을 그었을 때 두 직선의 간격을 μm으로 표시한 것

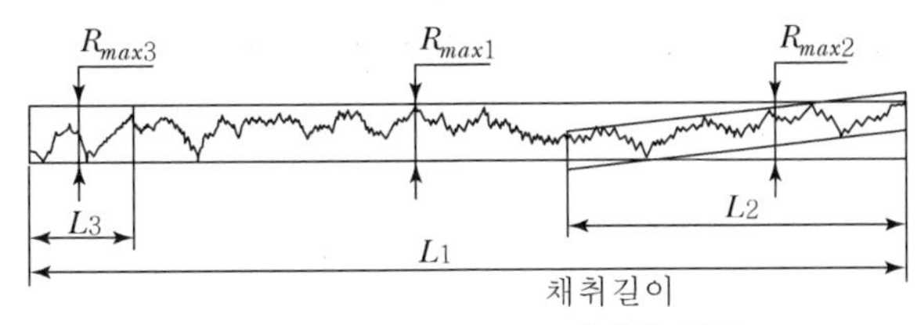

[최대높이조도]

② 중심선 평균거칠기(R_a)

표면거칠기 곡선의 중심선으로부터 위쪽산 부분 면적의 합을 S_1, 중심선으로부터 아래쪽 면적의 합을 S_2로 할 때 $S_1=S_2$가 되도록 그은선을 중심선으로 하여 측정길이 l에 대한 그 편위의 산술평균을 나타냄

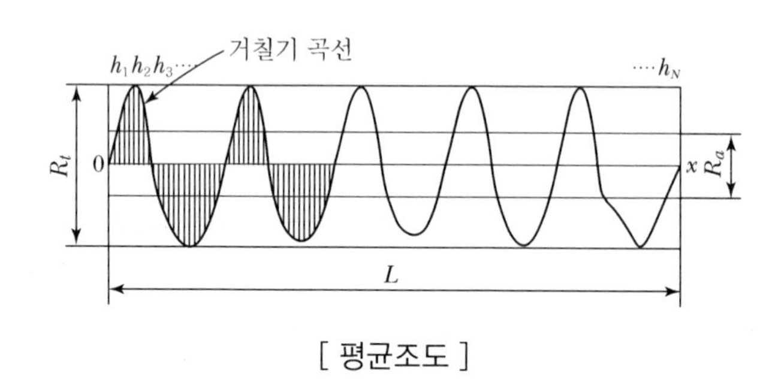

[평균조도]

③ 10점 평균거칠기(R_z)

채취부분의 기준길이(Cut Off) 내의 단면곡선에서 가장 높은 곳에서 3번째 봉우리와 가장 낮은 곳에서 3번째 골을 지나는 것을 중심선에 평행하게 그었을 때 두 직선의 거리로써 R_z을 나타냄

(3) 측정방법

① 촉침법

촉심을 측정면에 가볍게 접촉시켜 측정면이나 촉심을 움직이면 침이 움직이면서 감광지에 표면거칠기 곡선을 확대하여서 그리는 것이다. 촉침의 선단 반지름 R이 커질수록 실제의 거칠기보다 작게 기록되며 R을 너무 작게 하면 측정압에 의해 측정면에 손상을 주고 촉침은 쉽게 마모된다. 광레버식, 기계식, 전기식, 공기식 확대법이 있다.

② 빛 절단식 측정법

㉠ 측정방법 : 측정하고자 하는 면상에 평행한 얇은 광속을 투상하고 이것을 직각 관측하는 것으로 면을 빛으로 절단하여 그 단면을 본다.

㉡ 특징 : 측정면과 접촉이 없으므로 연질재료의 측정에 적합하다. 조작이 간편하고 신속하게 측정할 수 있다. 측미 접안렌즈를 사용하면 표면거칠기를 직접 읽을 수 있다.

③ 광파간섭법

빛의 간섭을 이용하여 피측정면의 오목 볼록부로부터의 반사광과 표준 반사면으로부터의 반사광과의 위상차에 의하여 간섭무늬를 만들고 그것을 현미경으로 확대하여

관측하는 방법이다. 매우 미끄러운 표면을 비교적 광범위하게 측정하는 데 적합함

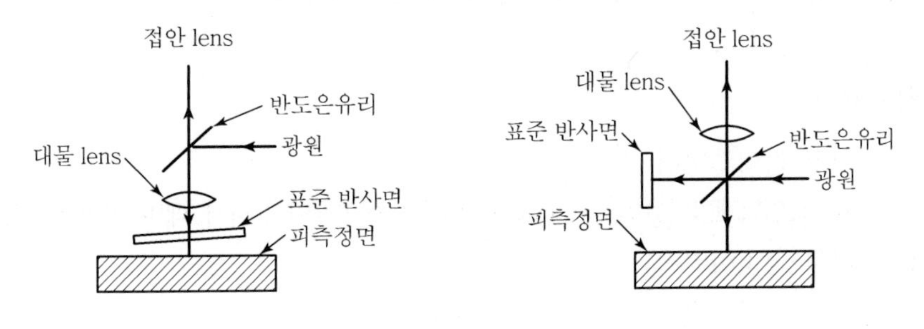

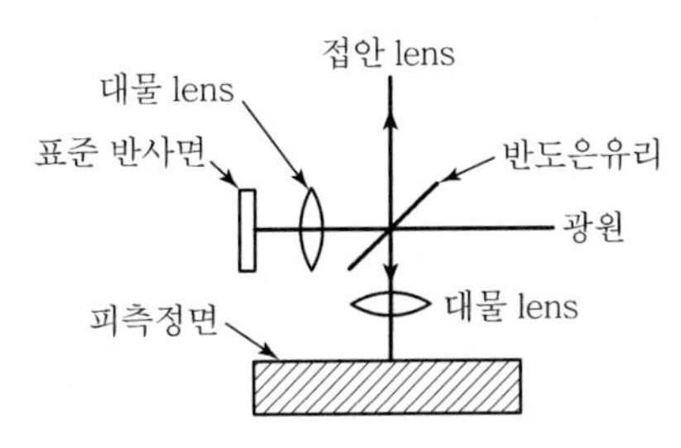

[광파간섭식의 간섭장치]

3) 진원도 및 나사 측정

측정분류		측정방법 및 측정기
진원도		직경법, 3점법, 반경법
나사	유효경	나사 마이크로미터, 삼침법
	외경	바깥지름 마이크로미터
	골경	공구 현미경
	피치	공구 현미경, 피치 게이지

[Question 01] 컴퍼레이터와 미소이동량의 확대지시장치

1. 컴퍼레이터

(1) 기계적 컴퍼레이터

마이크로인디게이터, 미니미터(Minimeter), 다이얼게이지(나사, 레버, 기어를 이용하여 확대)

(2) 전기적 컴퍼레이터

전기 마이크로미터(Electronic Micrometer)

(3) 유체적 컴퍼레이터

공기 마이크로미터(Air Micrometer)

(4) 광학적 컴퍼레이터

옵티미터(Optimeter), 미크로룩스(Mikrolux)

2. 미소 이동량의 확대 지시 장치

(1) 나사(Screw)를 이용한 것

마이크로미터

(2) 기어를 이용한 것

다이얼게이지

(3) 레버를 이용한 것

미니미터(Minimeter)

(4) 광학 확대장치를 이용한 것

옵티미터(Optimeter)

(5) 전기 용량의 변화를 이용한 것

전기 마이크로미터

(6) 공기 유출량에 의한 압력 변화를 이용한 것

공기 마이크로미터

[Question 02] 3차원 측정기의 기본 원리★

고속 · 고정밀도 · 복잡한 측정에 유효하고 또한, FA나 CIM에 유연하게 대응할 가능성이 매우 높은 측정기이다. 기계의 기능 · 성능 · 품질의 향상과 생산 효율의 향상에 대한 소비자의 요구가 높아지고 있는 상황하에서 고속 · 고정밀도의 특징을 지닌 3차원 측정기의 이용은 점차 증대될 것으로 기대된다.

근래에 와서, 기계에 대한 기능, 성능, 품질의 향상을 요구하는 수요가 높아지고 있으며 또한 각 기계의 종류나 클라수가 다양화하여 그 생산 효율의 향상이 점차 강하게 요망되고 있다.

이러한 상황하에서는 종래법에 의한 측정, 검사로는 측정의 정밀도, 속도 모두에서 만족할 만한 결과를 얻을 수 없다. 나아가서 종래법으로는 처리할 수 없는 부품도 출현하게 된다. 이러한 상황에 대처할 수 있는 측정기로서 앞으로 점차 중요성을 높여 갈 것으로 생각되는 것이 3차원 측정기이다.

원리로는 3차원 측정기에서는 측정 대상부품 표면의 형상 데이터를 얻고 그 데이터를 처리하여 측정 대상에서 필요로 하는 형상 정보를 얻는다. 여기에서는 데이터의 취득과 처리를 간단한 예로서 소개하고 3차원 측정기에 의한 측정의 특징을 명확히 한다.

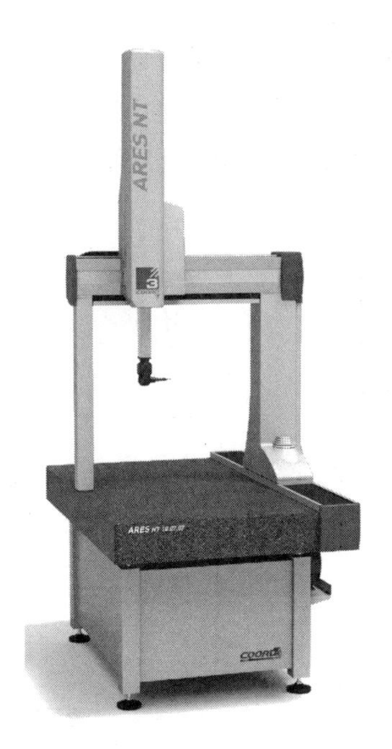

[3차원 측정기]

1. 형상 데이터 취득

그림의 A면과 B면의 직각도와 A면과 C면의 치수, 평행도를 측정할 경우를 생각해 보면 3차원 측정기에서는 먼저 프로브라 불리는 선단에 접촉용의 볼을 가지고 측정대상에 비해 상대적으로 3차원이동이 가능한 접촉자로써 측정대상면에 대고 그때 볼 중심의 3차원 좌표를 부속의 컴퓨터에 기억시킨다.

예를 들면 A면의 $P_1 \sim P_n$점을 접촉하고 그때의 볼 중심 $P'_1 \sim P'_n$의 좌표를 측정한다.

B면, C면에 관해서도 같은 접촉 측정을 한다.

2. 취득데이터 처리

전술한 방법에 의해 취득한 데이터를 다음과 같이 처리하여 직각도, 치수를 결정한다. 먼저 A면에 관해서는 측정된 볼 중심($P'_1 \sim P'_n$)에 이어지는 평면 A′ 를 결정한다. 이어지는 평면이라는 의미는 예를 들면 n=3일 경우, 3점($P'_1 \sim P'_3$)을 통하는 평면이고, 또 n이 3 이상일 경우, 후술하는 바와 같이 최소자승법 등의 방법에 의한 평면이다.
또한, 이렇게 해서 결정된 평면을 프로브 볼의 반경만큼 이동하여 평면 A로 한다. 점 $P_1 \sim P_n$을 사용하여 직접 평면 A를 결정하지 않는 이윤은 실제로는 어디에 있는지 알 수 없기 때문이다.
B면에 관해서도 같은 방법으로 평면을 결정하고 A, B, 2면의 계산 결과에서 직각도를 계산한다.
C면에 관해서는 어느 1점을 선출(그림에서 Q′)하고 점 Q′에서 계산된 A면에 법선을 세워 그 길이를 볼 반경만큼 보정하여 AC면 간의 치수로 한다.
또 같은 처리로써 C면을 결정하고 AC면의 평행도를 계산한다.

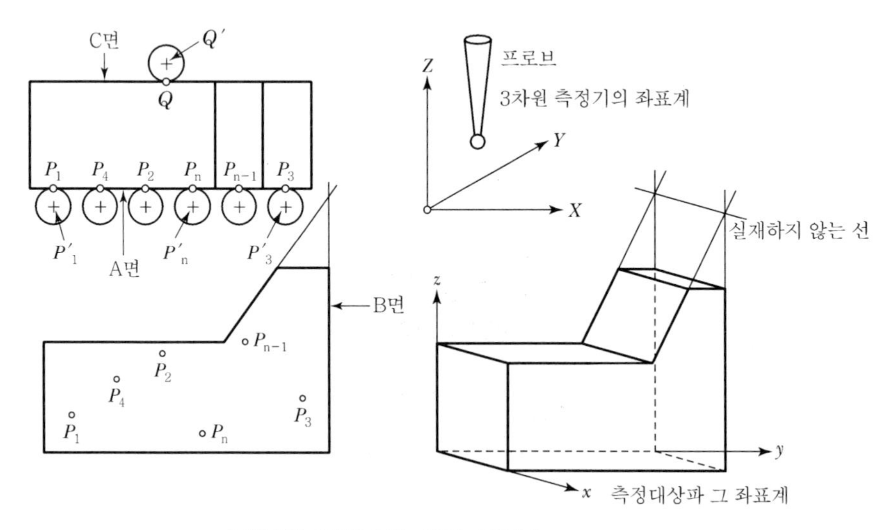

[3차원 측정기에 의한 측정]

전술한 데이터의 취득, 처리에서 3차원 측정기에 의한 측정으로 아래와 같은 특징을 들 수 있다.

(1) 데이터의 범용성

A, C면의 측정 데이터는 치수 측정과 형상(평행도) 측정의 양쪽에 이용된다.
즉 데이터 취득에는 그것이 어떻게 이용되는가에 상관없이 메모리에 기억시켜 놓으면 언제라도 다른 항목의 평가에 사용할 수 있다.

(2) 치수와 형상의 동시 평가

A, C면의 측정 데이터를 처리함으로써 치수와 형상이 동시에 결정되고 있다.
즉, 종래의 치수와 형상은 독립되어야 한다는 원칙(독립의 원칙)에 구애 받을 필요가 없어졌다.

(3) 유연하고 팽대한 데이터의 처리

측정 데이터에서 각 면을 결정하고 치수나 형상을 평가하는 작업은 모두 컴퓨터에 의한 처리이다.
예를 들면 위 그림의 실재하지 않는 선의 위치, 방향 등도 3차원 측정기에 의하면 간단히 측정할 수 있다. 또 위의 그림에서 3차원 측정기의 X Y Z 좌표계와 측정 대상의 x y z좌표계를 일치시키는 작업(얼라이먼트, 센터링)도 필요 없어 좌표의 환산은 모두 컴퓨터가 처리한다.

(4) 치수나 형상의 새로운 개념 형성

A, C면 간의 치수는 종래의 개념으로 말하면 마이크로미터, 버니어캘리퍼스에 의한 2점 측정이 일반적이다. 그러나 3차원 측정기에 의한 경우, 2점 측정에 충실한 데이터 처리는 곤란하다.
여기서는 Q′에서 A면까지의 거리로 치수를 계산했지만 실제로 데이터 처리로써 A, C면이 수학적으로 정해져 버린 단계에서는 아래 그림(a), A, C면 간의 치수를 어떻게 생각해야 할 것인가, 새로운 치수의 개념 형성이 시급해진다.
형상이나 기하편차에 관해서도 마찬가지로 예를 들면 A, B면의 직각도를 평가할 경우, 데이터 처리로써 아래 그림과 같이 A, B면이 결정되어 있다고 한다.
이때 종래법과 같은 거리에 의한 직각도의 표시 또는 그림의 2면 간의 각도에 의한 표시 중 바람직한 방향으로 선택이 검토 중이다.

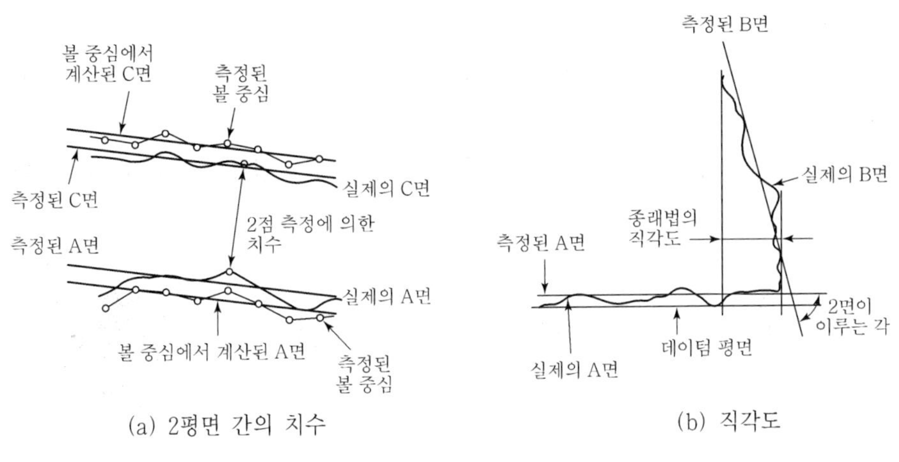

[3차원 측정기의 특징]

[Question 03] 3차원 측정기의 기구

3차원 측정기는 통상 그림에 나타낸 바와 같이 본체, 프로브, 각 축의 이동량의 측정 · 표시장치, 각축의 구동 제어부, 컴퓨터 및 주변기기, 소프트웨어로 구성된다.

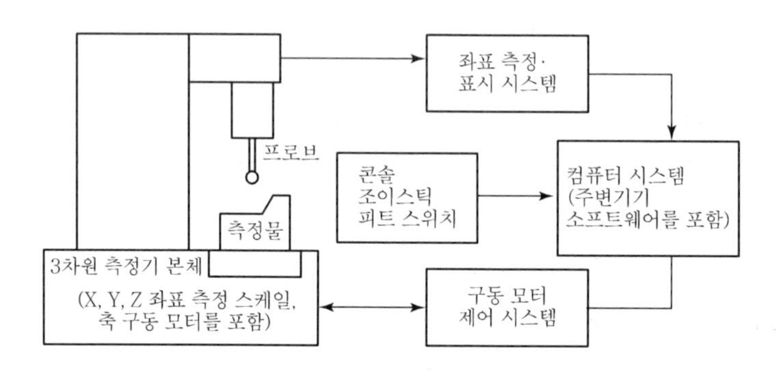

[3차원 측정기의 구성]

1. 본체 구조

3차원 측정기는 측정대상과 프로브의 상대적 3차원 운동을 실현하기 위한 기계기구에서 XYZ 좌표형, 원통 좌표형, 구면 좌표형, 관절형 등으로 분류된다.
가장 일반적인 XYZ 좌표형에는 아래 그림과 같은 형식이 있다.
(JIS B 7440) XYZ 축의 구동방식은 아래와 같이 분류된다.

(1) 매뉴얼식
각 축의 이동, 조작을 사람의 손으로 한다.

(2) 모터 드라이브식
각 축에 모터 등이 부착되어 이동, 조작이 조이스틱 등으로 원격 조작된다.

(3) CNC 식
각 축에 NC용 모터 등이 부착되어 이동, 조작이 컴퓨터로 수치 제어된다.

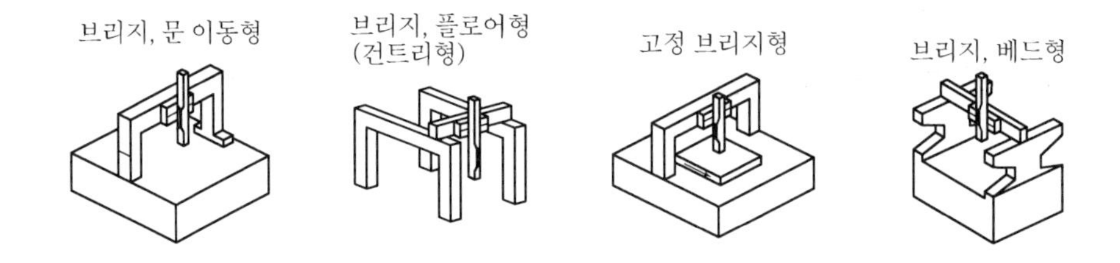

L형 브리지형

캔틸레버 Y축 이동형

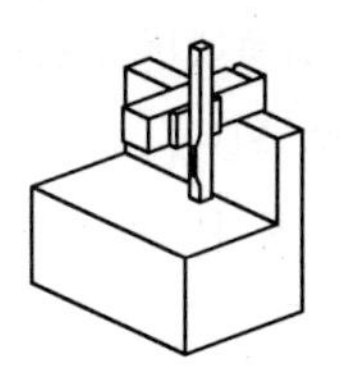

싱글 칼럼, 칼럼 이동형

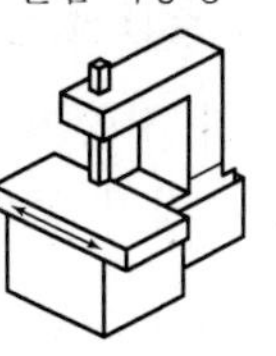

지그 볼러형

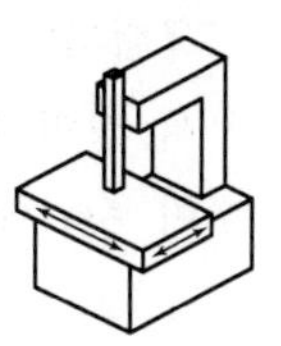

호리젠탈 암, 테이블 이동형

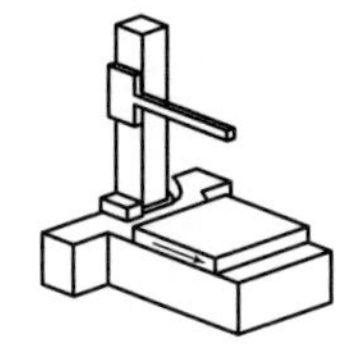

호리젠탈 암, 고정 테이블형

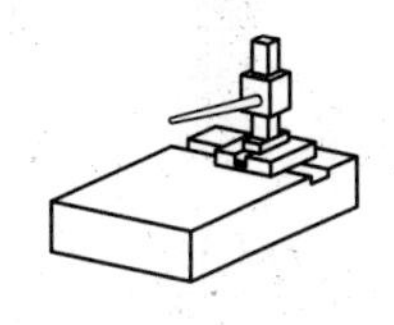

호리젠탈 암형

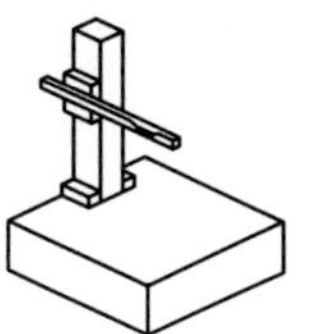

[3차원 측정기의 형태]

2. 프로브 형식

(1) 프로브의 분류

3차원 측정기의 프로브는 아래와 같이 분류된다.

- 접촉식(고정식, 터치 트리거식, 변위식)
- 비접촉식(현미경식, 광점변위식, 화상처리식)

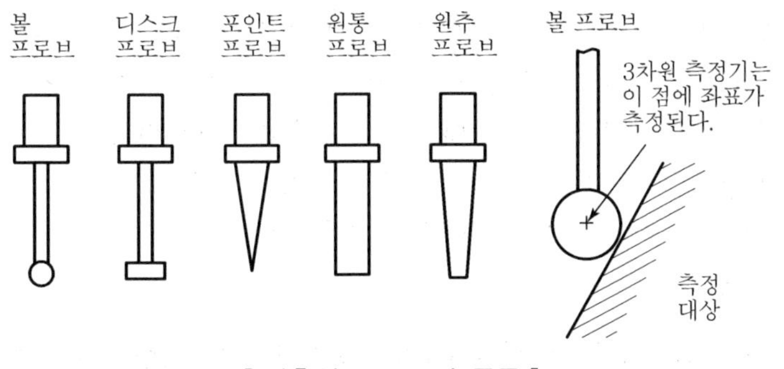

[접촉식 프로브의 종류]

접촉식의 측장자 선단은 그림과 같은 형식이다. 포인트 프로브 이외에는 프로브 중심인 측정기의 좌표계에서 좌표가 측정되어 프로브 반경의 보정이 필요하게 된다.

(2) 고정식 프로브

고정식은 프로브 자체에서는 측정 기능을 갖지 않고 매뉴얼식의 3차원 측정기로 볼 프로브를 측정 대상면에 수동으로 밀어붙여 그때 3차원 측정기 본체의 좌표를 판독한다.

(3) 터치 트리거식

그림의 형식으로 프로브가 측정면에 접촉하면, 3개의 암 중에 어느 쪽인가가 V홈에서 떨어져 단자간의 저항이 무한대로 된다.

이 순간에 3차원 측정기 본체의 좌표를 READ한다.

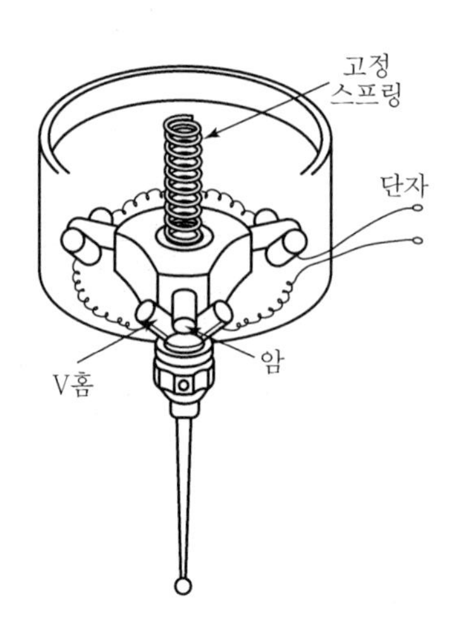

[터치 트리거 프로브의 원리]

(4) 변위식

평행 스프링, 공기 베어링 등의 직선 안내 기구를 2차원, 3차원에 조합하여 그 끝에 측정자를 설치한다. 측정면과의 접촉으로 프로브와 3차원 측정기 본체와의 사이에 상대 변위를 발생시켜(이 상대 변위는 전술한 기구로써 정확히 안내된다.) 이 변위를 차동 트랜스, 리니어 인코더 등으로 측정하고 이 측정값과 3차원 측정기 본체의 좌표값에서 프로브 중심의 3차원 좌표를 계산한다.

3. 측장 시스템

각 축의 이동량을 측정하기 위한 3차원 측정기에는 측장(測長) 시스템이 필요 불가결하다. 주된 것은 레이저 간섭, 모아레 스케일 또는 평행슬릿형 스케일 등의 광학식 스케일, 인덕트신 스케일 등이 있다.

[Question 04] 3차원 측정기의 소프트웨어 구조

3차원 측정기에는 데이터 처리용, 데이터 취득용, 각 축의 구동 제어용 등 다양한 소프트웨어가 사용된다. 여기에서는 데이터 처리 소프트웨어의 기본에 관해서 기술된다.

1. 기본 형상 요소

그림은 3차원 측정기에 있어서 취급되는 기본 형상 요소와 그 형상을 결정하는 데에 필요한 최소 점수이다.

2. 형상의 결정방법

그림의 최소 결정 점수는 이 형상을 결정하기 위한 필요 최소한의 것으로 이 정도의 측정데이터가 필요하다는 의미이다. 통상 이 점수로 형상 결정을 하면 각 측정 데이터에 포함되는 오차 때문에 형상의 정밀도는 극히 낮아진다.
그래서 가장 많은 점수로 형상을 결정하게 되는데 이를 위한 수법으로서 아래와 같은 것이 있다.

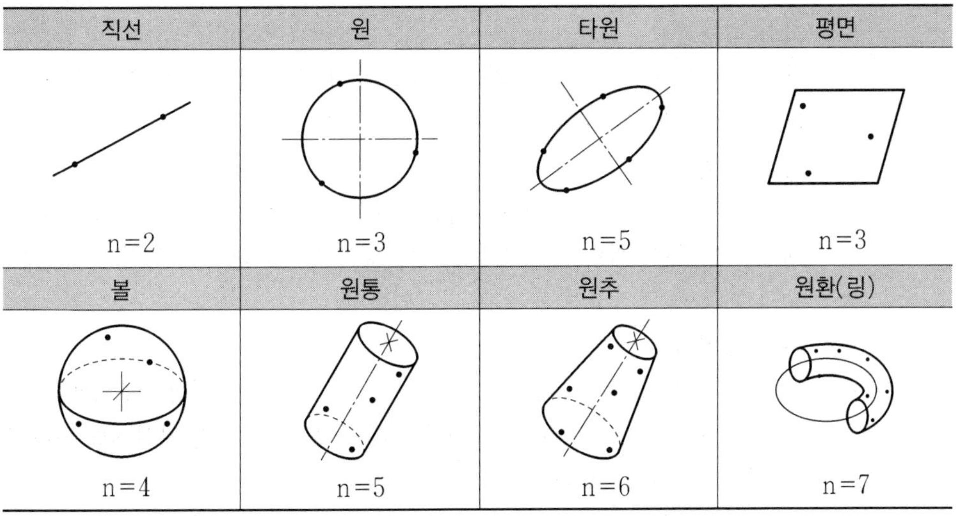

직선	원	타원	평면
n=2	n=3	n=5	n=3
볼	**원통**	**원추**	**원환(링)**
n=4	n=5	n=6	n=7

[기본 형상 요소와 최소 결정 점수 n]

원 형상일 경우 아래 그림과 같다.

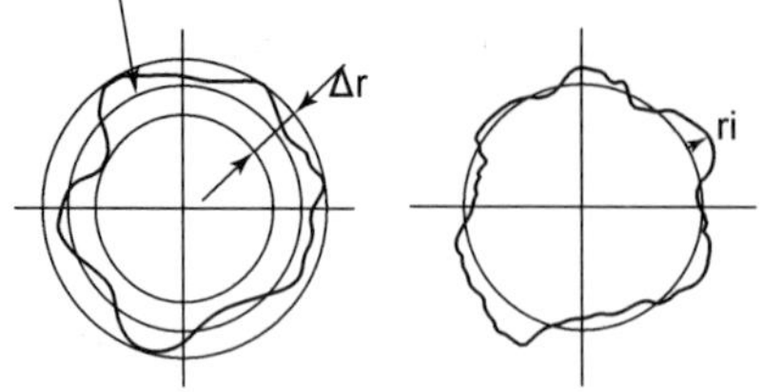

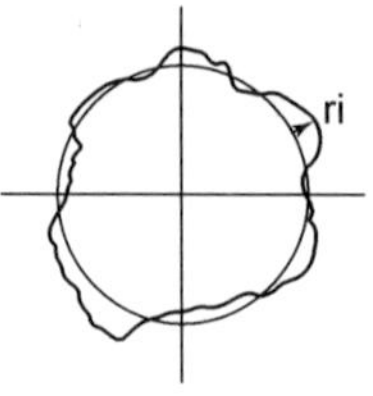

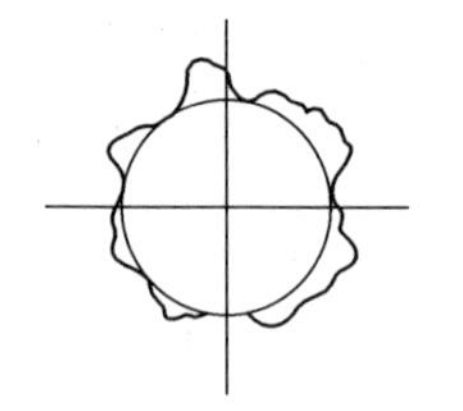

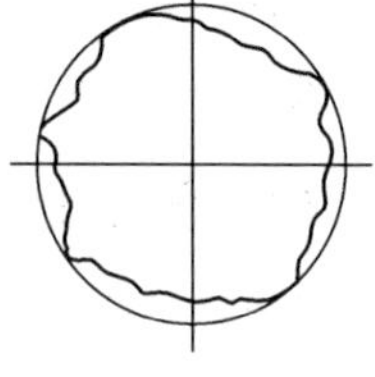

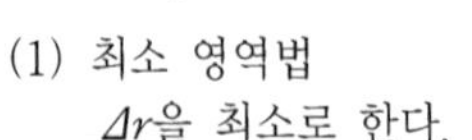

(1) 최소 영역법 Δr을 최소로 한다. (2) 최소 자승법 Σri^2을 최소로 한다. (3) 최대 내접법 (4) 최소 외접법

[형상의 결정방법]

(1) 최소 영역법

측정 형상을 반경차가 최소가 될 수 있는 동심 2원에 끼우고 동심 2원의 평균 반경을 지닌 원을 측정된 형상으로 한다. JIS B 0621로 정의되고 있는 기하편차의 표시법에도 관련되는 방법으로 정의로서는 명쾌하지만 측정 오차 등에 영향을 주기 쉽다.

(2) 최소 자승법

잔차(殘差) 자승의 총합이 최소가 되도록 형상을 결정한다. 측정 오차나 측정 점수의 변동에 영향을 주지 않는다.

(3) 최대 내접법

원 등인 경우, 측정 데이터에 내접하는 최대의 원을 형상으로 한다.

예를 들면 축과 끼워 맞춰지는 구멍의 평가에는 효과적이고 최소 외접법과 함께 부품의 기능에 밀접하게 관계된 평가법이다.

(4) 최소 외접법

원 등의 경우, 측정 데이터에 외접하는 최소의 원을 형상으로 한다.

이들 중 어느 방법을 사용할 것인가는 부품의 기능, 도면 지시에도 의하지만 현재로는 명확한 지침은 없다.

또 어느 방법을 선택하는가에 따라서 최종적인 부품의 평가 결과에 차이가 발생한다.

3. 복합계산

전항의 방법으로 결정된 기본 형상의 위치, 치수, 방향을 이용하여 형상 간의 거리, 자세 관계, 형상 간의 교차점, 교차선, 형상 간의 대칭점(중점, 중선) 등을 계산하는 소프트웨어이다.

교차점, 교차선	거리	각도
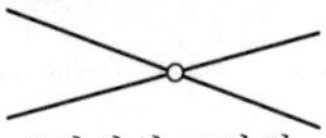 2직선의 교차점	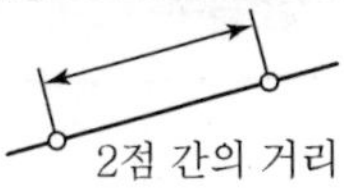 2점 간의 거리	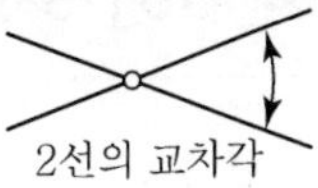 2선의 교차각
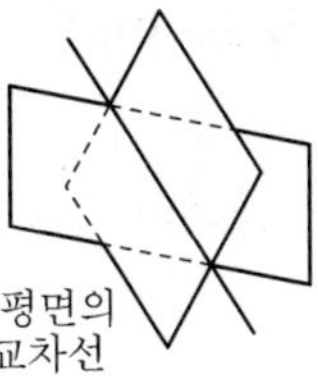 2평면의 교차선	 점과 선의 거리	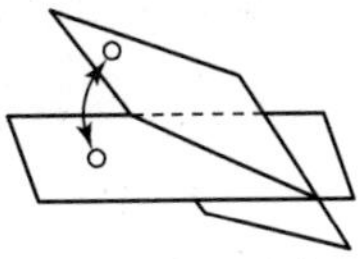 2평면의 교차각
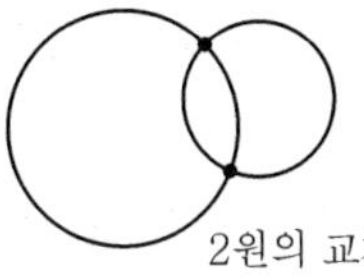 2원의 교차점	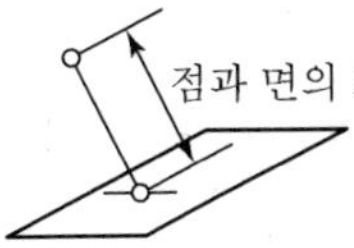 점과 면의 거리	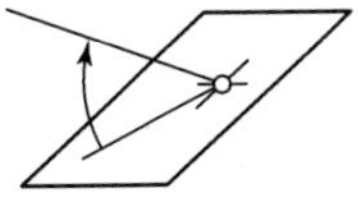 평면과 직선을 이루는 각
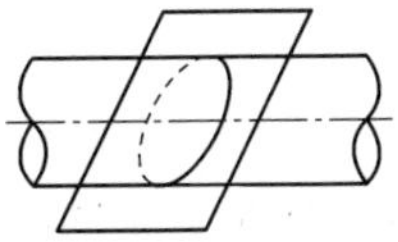 평면과 원통의 교차선	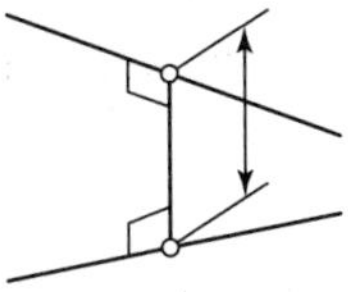 2선의 (최단)거리	

[복합계산의 예]

[Question 05] 3차원 측정기의 정밀도

현상으로는 최고 정밀도인 3차원 측정기에서도 그 측정 정밀도는 수 ㎛에 그치고 있다. 보급형에서는 10㎛ 정도다. 그 이유는 아래와 같은 오차 요인이 3차원 측정기에는 존재하기 때문이다.

또한, JIS B 7440에는 3차원 측정기 각 축의 측정 정밀도, 공간의 측정 정밀도 등이 규정되어 있다.

1. 측정기 본체

X Y Z 축형 3차원 측정기에서는 각 축의 직각도, 각 축 운동의 진직도에 오차가 있어 측정 오차가 큰 요인이 되고 있다.

특히 3차원 측정기는 아베의 원리를 만족시키지 못하는 측정기이므로 운동의 진직도 오차 가운데 각도 자세의 오차가 주는 영향이 크다. 이러한 원인으로써 발생하는 오차는 측정 공간 내의 장소에 따라 크게 달라진다.

2. 프로브

고정식은 밀어붙이는 힘(측정력)이 일정하지 않아 측정대상과 프로브의 탄성 변형량이 측정 때마다 변화하여 오차의 원인이 된다.

터치 트리거식은 측정방향에 따라서 측정력이나 측정값에 변동이 발생한다.

변위식에서도 측정방향에 의한 측정값의 변동이 있다는 보고가 있다.

3. 스케일

스케일의 오차는 그대로 3차원의 측정기 오차에 연결된다. 올바른 스케일이라도 설치에 따른 변형, 주위 온도의 변동에 의해 오차가 발생한다.

4. 데이터 처리 소프트웨어

컴퓨터 내에서 데이터의 자리수, (근사)계산의 알고리즘, 계산에 사용하는 점수 등은 사용하는 컴퓨터에 의해 또는 3차원 측정기의 메이커에 따라 달라지며 같은 측정대상이라도 결과는 미묘하게 달라지는 것도 있다.

5. 환경

온도의 변동 3차원 측정기 본체 및 측정대상의 열변형, 스케일의 정밀도에 영향을 준다. 온도의 시간적인 변화만이 아니라 공간적 변화도 중요하다. 진동도 3차원 측정기의 정밀도를 저하시킨다.

6. 측장자

메뉴얼식인 경우, 측정력의 변동은 측정자의 숙련도에 따라 달라진다.
또 CNC식에서도 3차원 측정기 테이블상에서 측정대상의 고정 위치, 측정 점수와 위치의 선택 등 측정자의 숙련도는 측정오차에 영향을 준다.

7. 종래 측정법과 차이점

JIS B 0401 치수공차, 끼워맞춤 및 JIS Z 8310제도의 총칙에는 포락조건의 적용 등 특별한 지시가 없는 한 치수는 2점 측정에 의해 결정하는 것이라 규정되어 있다.
2점 측정이란 버니어캘리퍼스 또는 마이크로미터에 의한 측정과 같이 대상으로 하는 형체상의 2점 간 거리 측정이라는 의미이다.
이들에 비해 3차원 측정기로써 AC 양면 간의 치수를 측정하는 경우, 전술한 바와 같이 먼저 A면을 다수점의 측정으로 결정하고 이와 같이 결정한 A면과 C면상의 일정한 점의 거리를 측정하게 된다. 즉 2점 측정에 의한 2면 간의 치수와 3차원 측정기에 의한 2면 간의 치수에는 본질적으로 차이가 있다.
3차원 측정기에 의한 측정 데이텀은 원칙적으로 계산상으로 만들어진 데이텀이다.
이러한 점도 종래법에 의한 측정 평가와 3차원 측정기에 의한 평가에 차이를 가져다 준다.
예를 들면 아래 그림에 나타낸 평면 형체의 데이텀 평면에 대한 평행도를 측정하는 경우, 데이텀 평면이 (a)와 같이 정반을 사용한 실용 데이텀 형체나, (b)와 같이 계산 데이텀에 의하는가에 따라 같은 측정 대상이라도 결과가 달라지는 것이다.

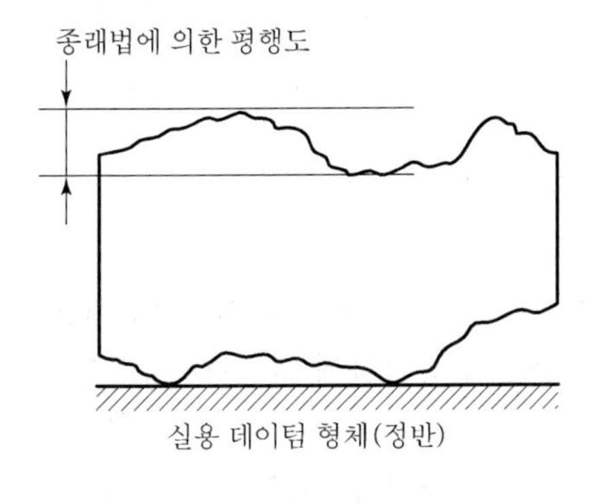

(a) 종래법의 데이텀

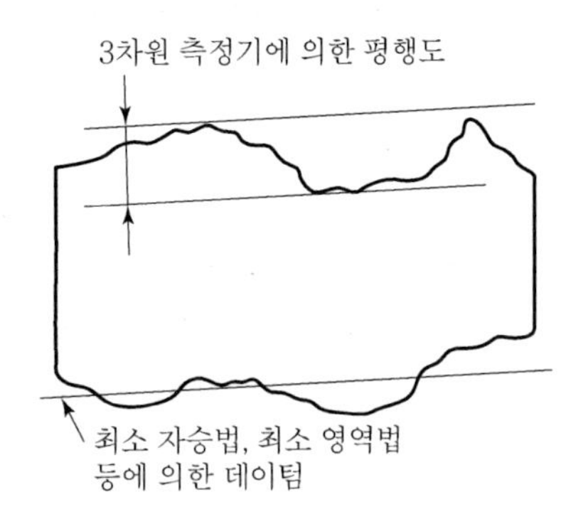

(b) 3차원 측정기의 데이텀

[종래법과 3차원 측정기에 의한 측정의 차이점]

제2절 수기가공과 판금

Professional Engineer Machine

1 수기가공 및 조립

1. 수기가공

1) 정의

공작기계를 사용하지 않고 정(Chisel), 스크레이퍼(Scraper), 줄(File), 망치(Hammer), 드릴, 리머, 탭, 다이, 톱 등을 사용하는 손가공

2) 수기가공작업

(1) 금긋기(Marking Off) 작업

① 금긋기용 공구

㉠ 정반(표준대, Surface Plate) : 금긋기나 측정할 때 기준이 되고 공작물의 평면도 검사에 사용

㉡ 자(Scale, Rule) : 길이를 측정하고 직선을 긋는 데 사용

㉢ 컴퍼스 : 원을 그리거나 치수를 옮길 때 사용

㉣ 트로멜(Trommel) : 큰 원을 그릴 때 사용

㉤ 캘리퍼스 : 바깥지름 또는 안지름을 측정하거나 치수를 옮길 때 사용

㉥ 서피스 게이지(Surface Gauge) : 정반위의 공작물에 그 면과 평행선을 그을 때 사용

㉦ 펀치(Punch) : 드릴작업을 위한 중심을 정하거나 기타 표시를 위하여 사용

ⓐ 센터펀치 : 공구강을 담금질하여 끝각이 90°가 되게 한 것

ⓑ Pick 펀치 : 자리를 표시하는 데 사용되며 끝각은 30° 정도로 한다.

㉧ V블록 : 원통형의 가공물을 고정하고 가공물에 금을 긋거나 드릴작업할 때 사용

② 금긋기 작업방법

㉠ 봉재의 중심을 구하는 방법 : 선반작업, 연삭기 작업에 사용한다.

ⓐ 서피스 게이지를 사용
ⓑ 캘리퍼스 이용

㉡ 수직 금긋기
ⓐ 평행대와 정반을 사용하는 방법
ⓑ 정반 위에 있는 직각자에 따라 수직 금긋기하는 방법
ⓒ 공작물을 90° 회전시켜 서피스 게이지로서 금긋기하는 방법

㉢ 구멍의 중심을 구하는 방법 : 구멍 뚫린 부분은 나무나 연한 금속으로 채우고 자 또는 하이트 게이지(Height Gauge)로써 각 부분의 치수를 맞추어 금긋기 작업을 한다.

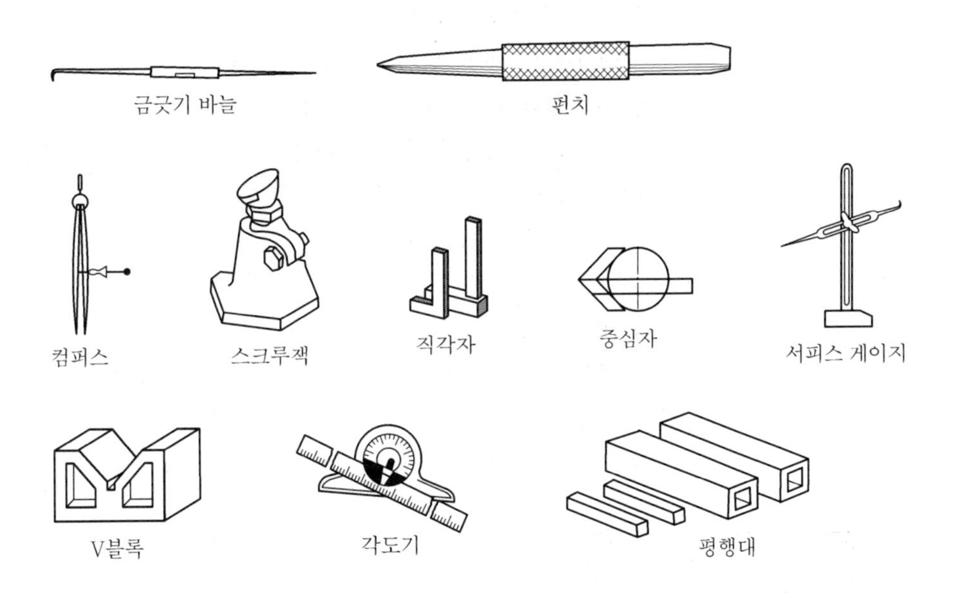

(2) 정작업

공작물의 표면을 정으로 깎아내는 작업

① 정(Chisel) : 경재에 사용되는 정의 끝각은 60° 정도이고 연재에는 30° 정도이며 재질은 탄소강을 담금질한 후 뜨임한다.
② 망치(Hammer) : 중량으로 규격을 표시한다.
③ 바이스(Vise) : 공작물을 고정하는 것으로 조(Jaw)의 폭으로 규격을 표시

(3) 줄작업

① 줄(File) : 탄소공구강인 막대에 많은 돌기부(Cut)를 기계가공한 후 열처리로 경화하여 제조하며 공작물을 깎는 데 사용

② 줄의 종류

㉠ 단면의 모양에 따라 : 평줄, 반달줄, 둥근줄, 각줄, 삼각줄

㉡ 줄눈의 크기에 따라 : 황목, 중목, 세목, 유목이 있으며 크기는 1″당 줄눈의 날수로 표시

㉢ 줄눈의 방향에 따른 분류

ⓐ 외줄날 줄(Single Cut File)

- 오른쪽 위에서 왼쪽 아래방향으로 80° 정도 기울게 눈이 세워진 것
- 납, 주석, 알루미늄 등의 연한 금속을 다듬는 데 사용

ⓑ 두줄날 줄(Double Cut File) : 여러 개의 줄날이 대각선방향으로 서로 나란하게 되도록 경사시켜 만든 것

- 하목(下目) : 왼쪽 위에서 오른쪽 아래로 경사(45°)시켜 먼저 낸 줄날을 말하며 절삭칩 제거작용을 한다.
- 상목(上目) : 나중에 오른쪽 위에서 왼쪽 아래로 70° 정도 경사시켜 만든 줄날을 말하며 주로 절삭작용을 한다.

ⓒ 라스프날 줄(Rasp Cut File)

- 펀치 등의 공구로 줄날을 하나하나 판 것이며 각 이는 연속적으로 되어 줄을 이루고 있다.
- 나무나 가죽, 파이버 등의 비금속 또는 연한 금속의 거친 다듬질에 사용

ⓓ 곡선날 줄(Curved Tooth File) : 날이 곡선으로 파져 있는 것으로 철, 납, 알루미늄, 목재 등에 쓰이며 절삭력도 크고 절삭 칩의 눈 메움도 작다.

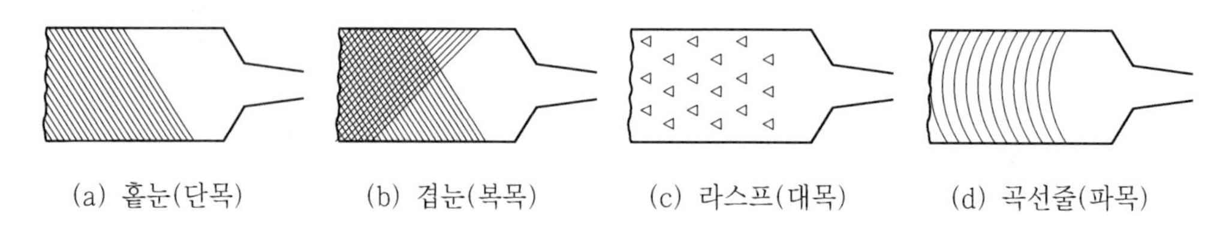

(a) 홑눈(단목) (b) 겹눈(복목) (c) 라스프(대목) (d) 곡선줄(파목)

[줄날의 종류]

③ 줄작업의 종류

㉠ 직진법 : 일반적인 줄질방법으로 좁은 곳에 사용

㉡ 사진법 : 넓은 면의 거친 다듬질에 사용

㉢ 횡진법 : 좁은 곳의 최종 다듬질에 사용

㉣ 병진법(상하 직진법) : 강재의 흑피 제거 시 사용

㉤ 후진법 : 넓은 평면에 사용

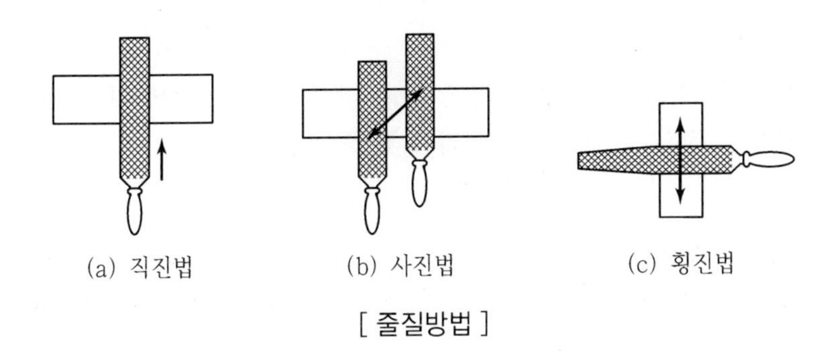
(a) 직진법 (b) 사진법 (c) 횡진법

[줄질방법]

(4) 스크레이퍼 작업

셰이퍼, 플레이너로 가공한 평면이나 베어링과 같이 둥근 내면을 더욱 정밀도를 높이기 위하여 스크레이퍼로 조금씩 깎아내는 작업

① 스크레이퍼의 종류

㉠ 평면 스크레이퍼(Flat Scraper) : 평면 절삭용으로 절삭력이 크다.

㉡ 빗면날 스크레이퍼 : 곧은 스크레이퍼의 날끝을 납작하게 만든 것

㉢ 곡면 스크레이퍼(또는 베어링 스크레이퍼) : 베어링 등과 같은 곡면 절삭에 주로 사용

㉣ 훅 스크레이퍼(Hook Scraper) : 평면을 아주 작게 깎아내는 다듬질용 스크레이퍼로 일반적인 것과 달리 앞으로 당기면서 가공한다.

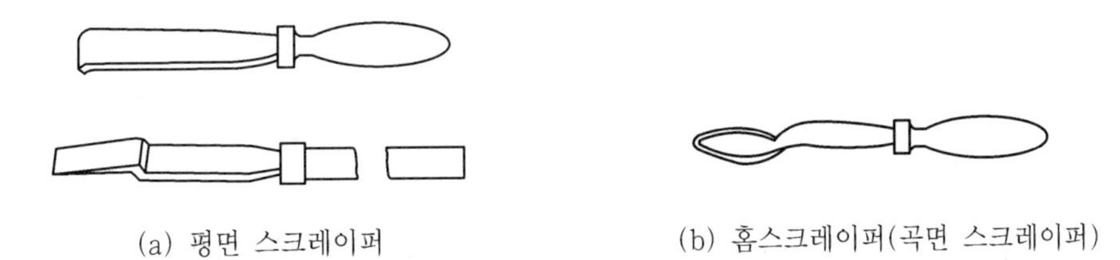
(a) 평면 스크레이퍼 (b) 홈스크레이퍼(곡면 스크레이퍼)

[스크레이퍼]

② 스크레이퍼의 날끝 각도

구분 \ 공작물	주철 연강	황동, 청동	연금속
거친 스크레이퍼	70~90°	70~80°	60°
다듬질 스크레이퍼	90~120°	75~85°	70°

③ 스크레이퍼의 재질 : 고속도강이 사용되나 최근에 초경팁을 붙여 사용

(5) 래핑작업

초정밀을 요하는 때에 최후의 완성방법으로 평면, 원통면, 곡면, 나사기어 등에도 사용

① 강철랩용 분말 : 산화철(Fe_2O_3), 산화크롬(Cr_2O_3), 알런덤, 카보런덤을 기름에 개어

서 사용

② 평면래핑 : 주철제의 정밀한 평면에 정마제를 바르고 공작물의 이면에 작은 압력을 가하면서 전후 및 좌우로 문질러서 연삭한다.

(6) 탭작업

다이(Die)를 사용하여 수나사를 가공하고 탭을 사용하여 암나사를 가공하는 작업

① 등경 수동 탭(핸드탭) : 나사내기작업에 가장 많이 쓰이는 것으로 1번탭, 2번탭, 3번탭의 3개가 1조로 되어 있다.

② 증경 탭 : 강인한 재료 또는 정밀한 나사내기에 쓰인다. 3개가 1조로 1번이 가장 작고 2번, 3번 순서로 크며 3번 탭이 규정치수이다.

③ 기계 탭 : 선반, 드릴링 머신에 장치하여 너트를 전문적으로 깎는 데 쓰인다. 1개의 탭으로 나사를 다듬질하기 때문에 수동 탭보다 나사부 및 생크부가 길다.

④ 관용 탭 : 가스 탭이라고도 하며 오일캡이나 가스파이프, 파이프 이음 등의 나사내기에 쓰인다.

⑤ 마스터 탭(Master Tap) : 다이스 및 체이서를 만들 때 쓰이는 탭

⑥ 건 탭(Gun Tap) : 형상은 핸드탭과 같으나 테이퍼부의 5산 정도 길이의 홈을 넓고 깊게 파서 탭의 진행방향으로 Chip이 쉽게 배출될 수 있도록 제작한 탭

⑦ 스테이 탭(Stay Tap) : 보일러 등의 안내판을 연결하는 스테이 볼트 구멍 가공에 사용된다.

⑧ 풀리 탭(Pulley Tap) : 풀리의 세트 스크루 혹은 Oil Cup에 나사가공을 할 때 사용되는 것으로서 긴자루를 갖는 핸드탭이다.

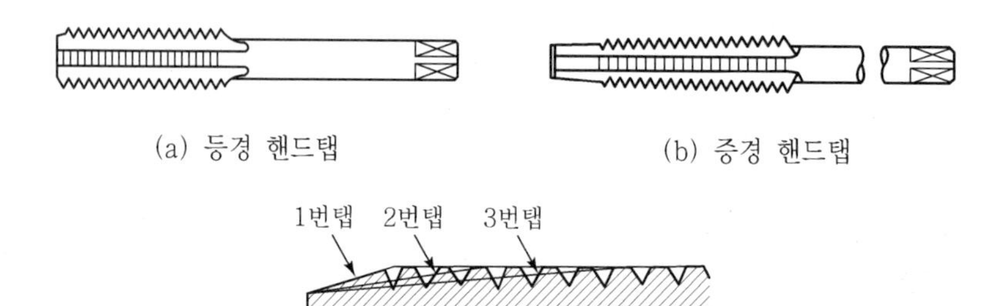

(a) 등경 핸드탭 (b) 증경 핸드탭

(c) 등경 핸드탭의 크기 비교

[핸드탭]

(7) 리머작업

드릴로 뚫은 구멍을 정밀하고 깨끗하게 다듬는 작업을 리밍(Reaming), 여기에 사용되는 공구를 리머(Reamer)라고 한다. 리머 작업 시 리머가 들어가는 구멍의 지름이 작으

면 절삭저항이 커져서 날의 수명이 짧고 다듬질면도 거칠다. 또 크면 드릴 자국이 남아 좋은 다듬면이 되지 않는다.
리머 여유의 최대값은 0.5mm이며 보통 0.2~0.3mm가 널리 쓰인다.

2. 조립

1) 조립용 공구

(1) 스패너(Spanner)

볼트, 너트 등을 돌리는 공구로서 경강 또는 연강의 단조품 혹은 가단주철로 만들며 치수는 너트의 치수로 표시한다.

(2) 다이스(Dies)

볼트 또는 선재, 봉재 등에 수나사를 깎을 때 사용
① 둥근 다이스 : 지름을 조절할 수 있는 것으로 분할 다이스라고도 한다.
② 4각 다이스 : 직경을 조절할 수 없는 것과 4개가 1조로 되어 있는 체이서(Chaser)가 있으며 큰 볼트의 나사 및 파이프의 나사를 깎을 때 사용

(3) 드라이버

나사, 바이스 등을 고정할 때 사용하며 규격은 날의 폭과 실제길이로 표시

(4) 플라이어(Plyer)

벤치라고도 하며 길이로서 치수를 표시

(5) 니퍼(Nipper)

철선 및 동선절단에 사용

(6) 파이프커터(Pipe Cutter)

파이프 절단에 사용

2) 조립순서 및 조립 후의 처리

(1) 조립순서

도면검토 → 부분품의 명세검토 → 중요 부분품과 부속품 조립

(2) 조립 후의 처리

주유와 방식, 외부물질 침입방지, 손상 및 파손방지

(3) 도장(Painting)

2 판금

1. 판금가공의 개요

1) 정의

주로 얇은 판의 금속으로 액체 · 가스 등의 용기, 가정용 기구, 연통, 금속제 상자 및 파이프의 제작 등을 할 때 널리 사용

2) 판재

두께 1.6mm 이하의 판재

2. 판금재료

(두께)×(폭)×(길이)로 표시

1) 함석철판

(1) 연한 철판을 주석의 용융액 속에 통과시켜 도금한 것
(2) 표면이 깨끗하고 아름답기 때문에 각종 식용품의 상자, 용기 등으로 사용

2) 아연철판

(1) 연한 강철판을 아연으로 도금한 것
(2) 함석판에 비하여 염분에 약하나 가격이 싸고 녹이 잘 나지 않아 건축재료에 사용된다.

3) 철판

얇은 연강 혹은 연철의 판

4) 철판재 또는 강판

경강 또는 특수강의 판재로 스프링, 펜 등의 제작용 재료로 사용

5) 동판

770~850℃에서 열간압연한 후 상온가공으로 완성가공한다.

6) 황동판

동과 아연의 합금으로 연율은 7.3 황동이 가장 크다.

3. 판금기계

1) 전단기(Shearing Machine)

판재를 절단하는 기계로 직각 전단기, 곡선 전단기, 갱슬리터 등이 있다.

2) 굽힘기계

(1) 굽힘롤러(Bending Roller)

포밍머신이라고도 하며 3개의 롤러를 이용하여 판재를 원통 혹은 원통형상으로 만드는 데 사용

(2) 비딩머신(Beading Machine)

상하형의 롤러를 이용하여 홈을 만드는 데 사용

(3) 폴딩머신(Folding Machine)

윗날과 아랫날 사이에 판재를 끼우고 회전날을 회전시켜 굽힘가공을 하는 기계

(4) 프레스 브레이크(Press Brake)

긴 물체를 굽히는 데 사용하는 것이며 일종의 프레스로 크랭크 기구를 많이 사용한다.

(5) 세팅다운머신(Setting Down Machine)

깡통과 같은 원통형 소재 등의 밑부분에 심(Seam)을 하는 데 사용

(6) 그루빙머신(Grooving Machine)

판재를 원통형으로 말아서 심을 하는 데 사용

(7) 탄젠트벤더(Tangent Bender)

플랜지가 있는 제품을 만드는 데 사용

4. 판금공구

1) 금긋기 공구

자, 금긋기 바늘, 컴퍼스, 펀치

2) 절단공구

(1) 가위

크기는 전체의 길이로 표시하며 날각도의 표준은 60~65°, 여유각은 2°이며 날 사이의 각은 20° 이하로 한다.

① 직선가위 : 직선 또는 큰 곡선을 자르는 데 사용

② 곡선가위 : 곡선을 자르는 데 사용

③ 호크빌 가위(Hawk Bill Snip) : 공작물 중앙에 구멍이나 곡선을 잘라내는 데 사용

(2) 정

① 평정과 홈정이 있으며 탄소강으로 만들어 날끝만 열처리하여 사용

② 크기는 날의 폭과 전체길이로 표시하며 날끝의 표준각은 60°

(3) 쇠톱(Hack Saw)

① 각종 형강이나 봉, 파이프 등의 절단에 사용

② 크기는 톱날의 양쪽 끝에 있는 구멍 사이의 거리로 표시

(4) 레버시어(Lever Shear)

랙과 피니언을 이용한 것으로 폭이 좁은 6mm 이하의 판재를 절단한다.

3) 굽힘공구(Hammer)

(1) 세팅해머

모서리를 구부릴 때 사용

(2) 레이징해머

판재를 두들겨 접시모양으로 만들 때 사용

(3) 버핑해머

변형된 판재를 바로 펼 때 사용

(4) 볼핀해머

일반적인 작업용

제 06 장

절삭가공(切削加工)

제1절 절삭이론

Professional Engineer Machine

1 절삭원리

1. Chip의 형성

1) Chip의 종류 및 발생원리★

(1) 유동형 칩(Flow Type Chip)

① 정의 : 공구가 진행함에 따라 일감이 미세한 간격으로 계속적으로 미끄럼변형을 하여 칩이 생기며 연속적으로 공구 윗면을 흘러나가는 모양의 칩

② 발생원인

㉠ 연강, 구리, 알루미늄과 같이 재질이 연하고 인성이 많은 재료를 고속으로 절삭할 경우

㉡ 윗면경사각이 클 경우

㉢ 절삭깊이가 작을 경우

㉣ 절삭속도가 클 경우

㉤ 절삭량이 적고 절삭제를 사용할 경우

③ 특징 : 칩의 두께가 일정하고 균일하게 생성되며 가공면이 깨끗하다.

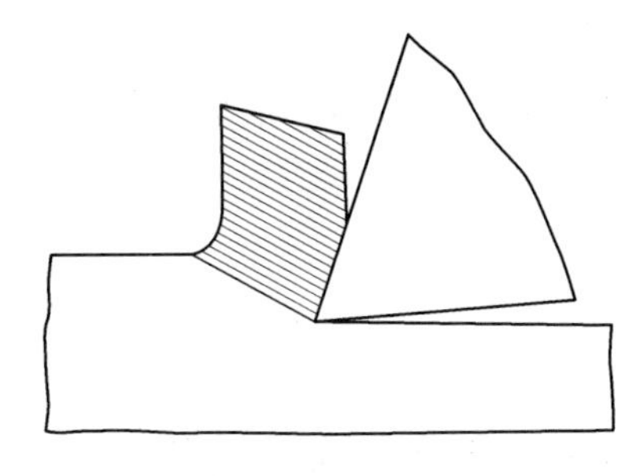

[유동형 칩]

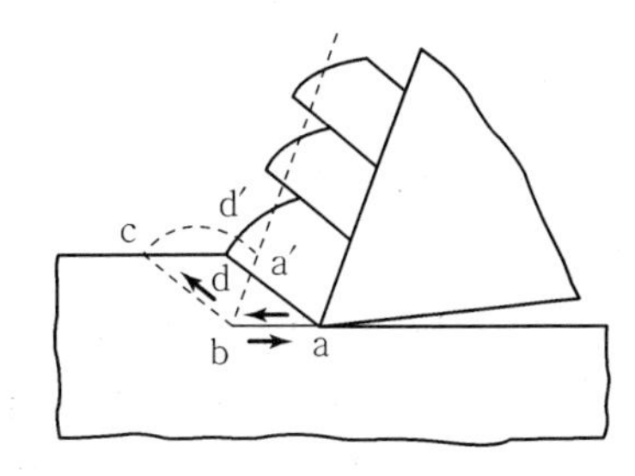

[전단형 칩]

(2) 전단형 칩(Shear Type Chip)

① 정의 : 미끄럼 간격이 다소 큰 형태의 칩으로 비스듬히 위쪽을 향하여 발생

② 발생원인

㉠ 연성재료를 저속으로 절삭할 경우

㉡ 가공재료가 취약성을 가지고 있는 경우

㉢ 윗면 경사각이 작고 절삭깊이가 무리하게 큰 경우

③ 특징 : 비연속적인 칩이 생성된다.

(3) 열단형 칩(Tear Type Chip)

① 정의 : 재료가 공구 윗면에 점착하여 흘러나가지 못하고 공구의 전진에 따라 압축되어 균열이 생기고 이어서 전단이 생겨 분리되는 모양의 칩

② 발생원인

㉠ 점성이 많은 재료를 절삭할 경우

㉡ 공구의 경사각이 작고 절삭 깊이가 깊을 경우

③ 특징 : 가공면이 거칠어지고 비연속 칩으로 가공 후 흠집이 생긴다.

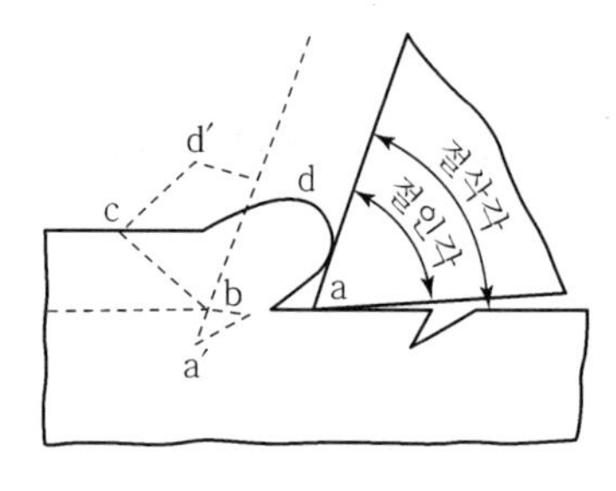

[열단형 칩]

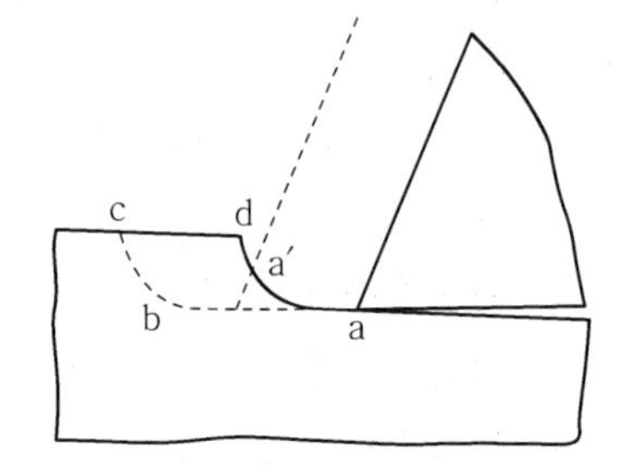

[균열형 칩]

(4) 균열형 칩(Crack Type Chip)

① 원리 : 바이트 상방의 공작물이 강한 압축력을 받아 순간적으로 균열이 생겨 모재로부터 분리되는 모양의 칩

② 발생원인

㉠ 경사각이 매우 작을 경우

㉡ 절삭속도가 매우 느릴 경우

㉢ 공구재질의 강도에 비하여 무리하게 절삭깊이가 깊을 경우

③ 특징 : 비연속적인 칩으로 가공면이 거칠다.

2) 구성인선(Built-up Edge, 構成刃先)★

연성이 큰 연강, Stainless강, Aluminium 등과 같은 재료를 절삭할 때 구성인선에 작용하는 압력, 마찰저항 및 절삭열에 의하여 Chip의 일부가 부착되는 것을 구성인선이라 하며, 이것은 주기적으로 발생하여 성장, 최대성장, 분열, 탈락 등의 과정을 반복한다.

Built-up Edge의 발생과 크기를 억제하는 데 효과가 있는 인자는 다음과 같다.

① 경사각(Rake Angle)을 크게 한다.

② 절삭속도(Cutting Speed)를 크게 한다.(120m/min 이상에서는 구성인선이 없어진다.)

③ Chip과 공구경사면 간의 마찰을 적게 한다.

㉠ 공구경사면을 매끄럽게 가공한다.

㉡ 절삭유를 사용하여 윤활과 냉각작용을 시킨다.

㉢ 초경합금공구와 같은 마찰계수가 작은 것을 사용한다.

④ 절삭 전(Uncut) Chip의 두께를 작게 한다.

Built-up Edge의 장단점은 다음과 같다

㉠ 장점

절삭인을 보호하여 공구 수명을 연장시키는 경우가 있다.

㉡ 단점

ⓐ Built-up Edge가 탈락될 때 공구의 일부가 떨어져 나가는 경우가 있어 공구수명을 단축시킨다.

ⓑ Built-up Edge의 날은 공구의 것보다 하위에 있어서 예정된 절삭깊이보다 깊게 절삭되며, 표면정도와 치수정도를 해친다.

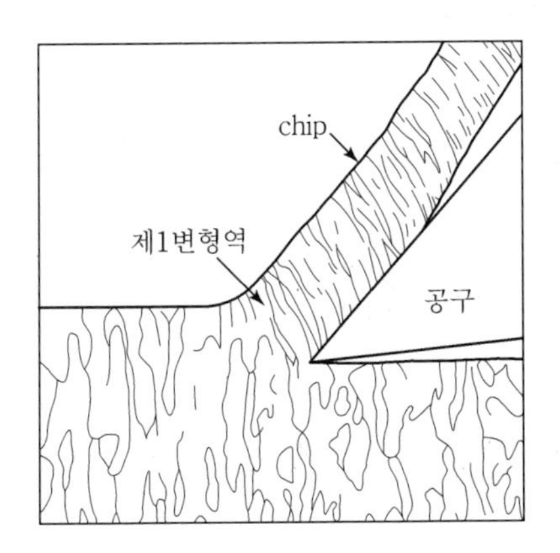

[Built-up Edge가 없는 연속형 Chip]

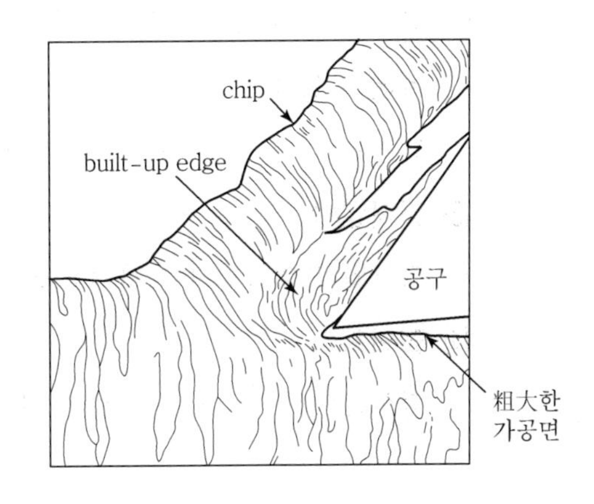

[Built-up Edge를 갖는 연속형 Chip]

2. 절삭저항

1) 절삭저항의 정의

절삭할 때 날 끝에 가해지는 힘

2) 절삭저항의 3분력★

(1) 주분력(P_1)

절삭방향과 평행한 분력

(2) 횡분력(P_2)

공구의 이송방향과 반대쪽 분력

(3) 배분력(P_3)

주분력과 횡분력에 수직한 분력

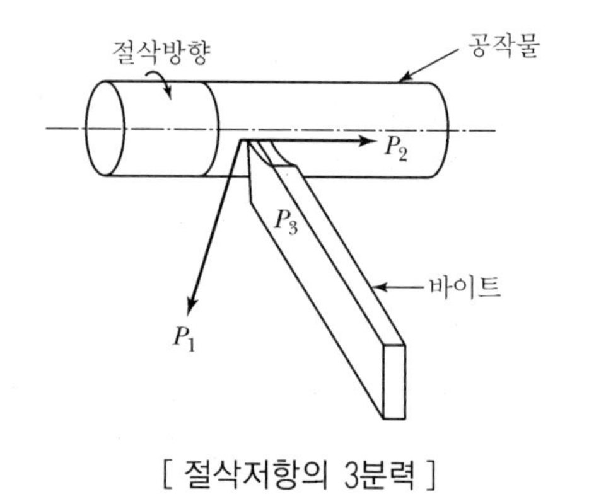

[절삭저항의 3분력]

3) 3분력의 크기

$P_1 > P_3 > P_2$

4) 절삭저항을 변화시키는 요소

(1) 일감의 재질

같은 종류의 재료는 단단할수록 주분력이 크다.

(2) 날끝의 모양

날끝이 둥근 바이트는 직선 바이트보다 절삭저항이 크다.

(3) 절삭면적

절삭면적(절삭깊이×이송)이 클수록 주분력이 커진다.

(4) 절삭속도

절삭속도가 클수록 주분력은 감소하나 실용절삭속도에서는 변화가 적다.

3. 절삭동력 및 절삭온도

1) 절삭동력

$$H_p = \frac{P_1 v}{60 \times 75\eta} \quad (\eta : \text{기계적 효율})$$

2) 절삭온도(고온 및 저온절삭)★

(1) 개요

일감은 고온 및 저온에서의 특성이 틀리며 공구도 온도에 따른 영향을 받는다. 절삭 시 공작물을 200~800℃ 가열하여 연화시켜 절삭하기 쉬운 상태로 하여 절삭능률을 향상시키는 방법을 고온절삭이라 한다. 또한 0℃ 이하에서 공작물의 피삭성이 향상되고 공구의 마멸이 적게 되는 효과를 이용한 절삭법을 저온절삭이라 한다.

(2) 고온절삭★

① 고온절삭특징

㉠ 장점 : 절삭저항이 감소된다.(피삭성이 향상된다.) 구성인선의 미발생으로 다듬질면이 매끈하게 된다. 소비동력이 감소된다. 공구수명이 향상된다. 가공 변질층의 두께가 얇아진다.

㉡ 단점 : 공작물의 열팽창으로 제품의 치수정밀도가 저하된다. 가열장치에 경비가 소요된다. 작업이 일반적으로 힘들다.

② 가열방법

㉠ 전체가열법

ⓐ 노 중에서 가열하고 꺼낸 후 공작기계에 장착하여 절삭하는 방식

ⓑ 절삭이 빨라야 하고 냉각이 빠른 소형부품은 적용하기가 어려워 고온절삭에서의 일반적 가열방법은 국부가열법을 취한다.

㉡ 국부가열법

ⓐ 가스가열법 : 산소-아세틸렌가스에 의해 절삭부분을 국부적으로 가열하는 것으로 토치를 공구대에 장착한다. 절삭부위에 집중해서 가열하는 것이 곤란하고 재료의 내부까지 가열되나 간단한 설비와 손쉬운 가열방식으로 가장 경제적이다.

ⓑ 고주파 가열법 : 고주파 유도전기코일을 공구대의 공구 바로 앞에 장착하여 고주파 전류로 가열하는 방법으로 공작물의 온도는 절삭온도, 이송속도, 전류, 주파수, 코일형상, 공작물의 크기 등에 의해 영향을 받는다. 편리한 방법이나 설비비가 고가이고 열효율이 나쁘다.

ⓒ 아크 가열법 : 공구대에 탄소전극을 장착하여 공작물 간에 아크를 발생시켜 절삭부를 가열하는 방식으로 공작물 표피의 절삭부위에만 집중할 수 있고 열효율이 높으므로 우수한 방법이다.

ⓓ 통전 가열법 : 공구, 공작물 간에 저전압 대전류를 통하여 절삭부위에서의 저항에 의한 발열을 이용하여 가열하는 방법으로 제어나 조작이 용이하고 실용성이 높으나 세라믹 공구와 같은 부도체의 공구에는 적용할 수 없다.

③ 고온 절삭 시의 문제점과 대책

㉠ 열팽창 : 척의 마모가 초래되므로 센터작업을 한다. 심압대는 축방향 팽창을 흡수하기 위해 스프링을 삽입한다. 공작기계 · 공구의 열영향을 방지하기 위해 수랭한다.

㉡ 칩처리 : 회전커터 이용, 절삭조건의 적절한 선택

㉢ 공구의 마모 : 고온경도가 큰 공구선택, 경사각이 (-)인 공구 사용, 회전커터이용

(3) 저온절삭★

① 절삭작용

저온 취성을 나타내는 탄소강 등에서 다듬질면의 향상, 절삭저항의 감소, 공구수명의 향상이 기대되나 저온 취성이 없는 스테인리스강, 알루미늄 등에서는 효과가 적다.

② 냉각방법

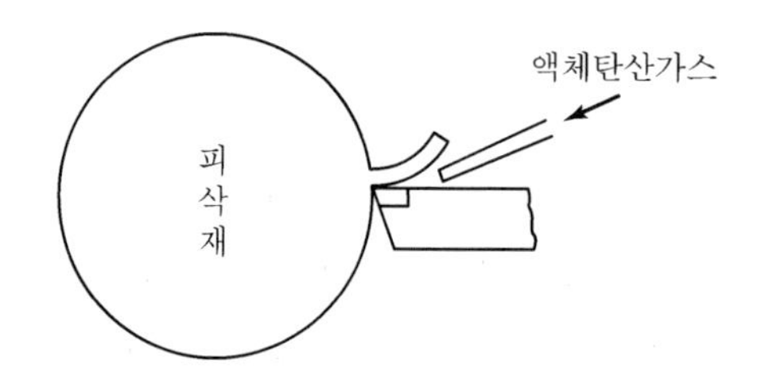

[인선의 냉각방법]

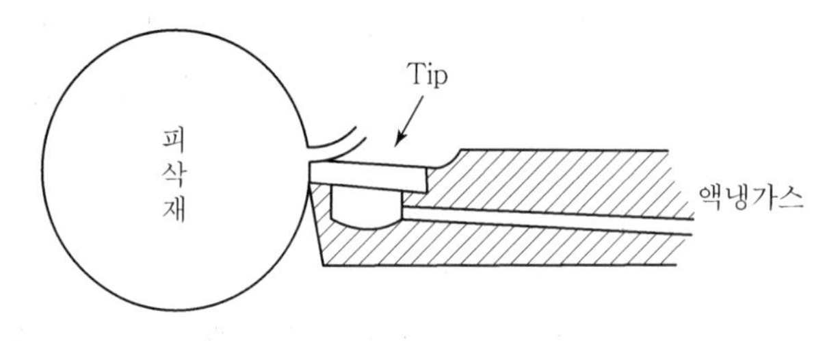

[저온절삭 냉각법]

㉠ 저온의 절삭제(냉각 알코올, 액체 탄산가스 등)를 분사하는 방법
㉡ 공작물을 저온조에서 냉각 후 꺼내어 절삭하는 방법
㉢ 공구 내부에 냉매를 흘리는 방법

2 공구재료와 공구수명 및 절삭유

1. 공구재료★

1) 공구재료의 구비조건

(1) 피절삭재보다는 굳고 인성이 있을 것
(2) 절삭온도가 높아져도 경도가 쉽게 저하되지 않을 것
(3) 쉽게 원하는 모양으로 만들 수 있을 것
(4) 마모저항이 클 것

2) 공구재료의 종류★

– 금속 : 공구강(탄소공구강, 합금공구강, 고속도강), 경질합금, 시효경화합금(주조, 소결 경질)
– 비금속 : 세라믹, 다이아몬드

(1) 탄소공구강

① 탄소함유량 0.9~1.30%의 탄소강을 담금질, 뜨임하여 사용
② 고온경도가 낮다.(절삭온도 300℃ 이상에서는 사용이 불가능)
③ 저속절삭 및 총형 바이트로 이용
④ 강인성이 있고 충격에 잘 견딘다.

(2) 합금공구강

① 탄소공구강에 Cr, W, Ni, Mo, Co, V 등을 첨가한 합금강
② 탄소공구강보다 고온경도가 다소 좋으나 450℃ 이상되면 사용이 불가능
③ 절삭성이 좋고 내마멸성과 경도가 높다.
④ 저속 절삭용으로 적합

(3) 고속도강

① W, Cr, V, Co, Mo, Mn 등을 함유하는 합금강을 담금질하여 강도를 증가시킨 것
  ㉠ 표준고속도강 : 18-4-1형(W : 18%, Cr : 4%, V : 1%)
  ㉡ 특수고속도강 : 표준고속도강에 Co 및 V 등을 함유시킨 것으로 고온절삭이 용이하다.

② 탄소공구강보다 높은 온도에서 절삭 성능이 뛰어나며 600℃까지 경도를 유지한다.

(4) 주조 경질합금(스텔라이트)

① Co 45~65%, W 18%, Cr 20~32%, C 0.1~2.5% 등을 2,300℃에서 주조하여 만든 합금

② 열처리 및 단조가 불가능하고 취성이 있어 인장 및 충격에 약하다.

③ 고온경도 및 내마멸성이 양호하여 800℃ 정도까지 사용이 가능

(5) 소결경질합금(초경합금)

① W, Ti, Ta, Mo, Zr 등의 경질합금 탄화물 분말에 Co 또는 Ni을 결합제로 사용하여 소결시킨 것

② 고온, 고속 절삭에서도 높은 경도를 유지하므로 절삭공구재료로 뛰어나다.

(6) 시효경화합금

① Fe-Co-Mo계 또는 Fe-Co-W계의 합금

② 1,100℃ 부근에 단련하고 1,200~1,250℃에서 담금질

③ 600℃에서 2~3시간 뜨임

④ 소결경질합금보다는 성능이 떨어지나 고속도강보다는 우수하다.

⑤ 열팽창이 적고 열전도율이 높다.

⑥ 카보로이(Carboroy), 탕가로이(Tangaroy), 이게타로이(Igetaroy), 다이아로이(Dialoy) 등의 상품명이 있다.

(7) 다이아몬드

① 경도가 가장 높고 내마멸성도 크며 또 절삭속도가 가장 크고 능률적이다.

② 경질고무, 베이클라이트, 알루미늄과 그 합금, 유리, 황동 등과 같은 특수가공도 가능

(8) 세라믹

① 산화알루미늄(Al_2O_3) 가루에 규소, 마그네슘의 산화물 또는 다른 산화물의 첨가물을 넣고 소결한 것

② 고온 경도가 크고 고속 절삭에 사용하며 980℃까지 사용이 가능

③ 취성이 있기 때문에 진동 및 충격에 매우 약하다.

2. 공구수명과 절삭유

1) 공구수명★

(1) 공구의 마멸

① 개요

절삭공구로 공작물을 절삭할 때 공구의 마멸은 불가피하며 되도록 적게 마멸되고 경제적인 절삭이 되는 모든 조건을 추구해야 한다.

공구의 마멸을 최소화하고 수명을 연장하기 위해 공구 마멸의 각종 원인과 기구를 잘 이해하고 적절한 대책을 강구해야 한다.

② 공구의 마멸형태★

절삭 중 공구의 절삭날 부분의 공구 상면, 측면 및 앞면은 공작물과 칩에 의해서 고압을 받고 절삭작용과 칩의 유출작용으로 전달열과 마찰열에 의하여 지속적으로 고온하에 놓여져서 접촉 이동하는 가혹한 상태로 여러 가지 손상을 받는다. 칩이 공구 상면을 유출할 때 칩에 의한 공구 상면의 수직압력은 3.5GN/m^2(356.7kg/mm^2)정도이고 최고온도는 750℃ 정도로 절삭날 끝에서부터 약간 떨어진 위치에 있다. 이와 같은 가혹한 조건으로 크레이터 마멸이 발생한다.

㉠ 기계적 작용에 의한 마멸

ⓐ 연삭마멸 : 칩이 공구면을 절삭하는 작용에 의한 마멸

ⓑ 치핑(Chipping) : 공구날 끝이 공작물에 대하여 깎기 시작할 때 기계적 충격력에 의하여 일어난다. 초경합금 세라믹 공구 등이 현저하다.

㉡ 열 및 화학적 작용에 의한 마멸

ⓐ 응착마멸 : 고온고압하의 칩과의 접촉부에서 국부적으로 응착이 일어나고 이것이 전단될 때 공구의 일부가 떨어져 나감으로써 생기는 마멸

ⓑ 확산마멸 : 접촉부 고온고압 상태에서 상호 접촉재료 간에는 고체상태 확산이 일어나서 합금을 형성한다. 경계층은 용융상태가 되어 쉽게 확산작용이 일어난다. 확산층에는 초경합금의 결합력이 현저하게 저하하고 쉽게 마멸된다.

ⓒ 부식마멸 : 공구재료의 구성원소가 공작물 재료 중 또는 절삭액 중의 원소와 화학적으로 반응을 일으켜서 공구표면이 취약해지므로 마멸이 촉진되는 현상

ⓓ 파괴마멸 : 열피로나 열균열 등에 의한 치핑을 일으키는 마멸

③ 공구마멸의 특성★

㉠ 절삭공구의 파손원인

ⓐ 과도한 절삭력

ⓑ 과도한 구성인선의 발생
ⓒ 과도한 탄성에너지의 축적하에서의 가공
ⓓ 과도한 취성 공구재료의 사용

ⓛ 마멸특성

ⓐ 크레이터 마멸 : 절삭공구의 경사면 위를 미끄러질 때 마찰력에 의하여 일어나며, 유동형 칩일 때 뚜렷하고 주철과 같이 균열형 칩일 때는 거의 문제가 되지 않는다. Crating에 의하여 절삭날 끝부분이 부러져 절삭이 급격히 저하된다.
ⓑ 플랭크 마멸 : 플랭크와 절삭면과의 마찰에 의하여 마모가 일어난다. 이것으로 인하여 가공면은 거칠어진다.

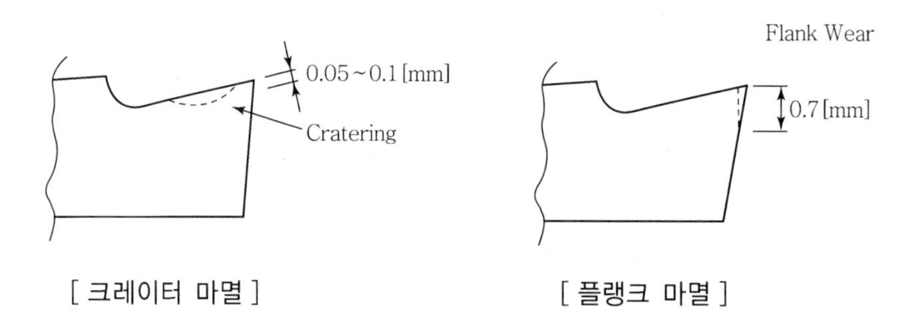

[크레이터 마멸]　　　　[플랭크 마멸]

(2) 공구의 수명★★

① 개요

공구수명(Tool Life)은 새로 예리하게 연마한 공구를 사용하여 같은 일감을 일정한 조건으로 절삭하기 시작하여 더 이상 깎을 수 없게 될 때까지의 총 절삭시간을 분(min)으로 나타낸 것이며 드릴작업(Drilling)에서는 절삭한 구멍 깊이의 총계로 나타낸다. 그러나 일반적으로 공구가 완전하게 절삭되지 않을 때까지 사용하는 것은 재연삭시의 용이성과 연삭시간의 측면에서 경제적이지 않으며 따라서 합리적인 공구수명의 판정이 요구된다.

② 공구수명의 판정★

㉠ 광택대에 의한 판정

ⓐ 공구의 날끝이 마모된 상태에서 가공 시 일감의 다듬질 면에 광택이 있는 밴드(Band)가 발생되어 가공물의 표면이 버니싱(Burnishing)을 받은 것과 같은 광택의 색조를 띠게 되며 백휘둔화라고도 한다.
ⓑ 가공 직후 또는 가공 도중에 육안으로도 쉽게 판별할 수 있어 작업현장에서 고속도강 공구의 판정으로 많이 이용된다.

㉡ 공구마모 정도에 따른 수명 판정

공구 경사면 또는 여유면의 마모량이 일정하게 정해놓은 마모량에 도달되었을 때까지를 공구수명으로 판정하며 일반적으로 초경합금 공구의 수명판정에 많이 사용된다.

㉢ 완성 가공된 치수 변화에 따른 수명판정

ⓐ 공구의 마모가 생기면 절삭하고자 하는 치수로 절삭되지 못하고 변하게 되며 이러한 변화량이 일정량에 도달하게 되었을 때를 공구수명으로 한다.

ⓑ 선반가공인 경우 바이트가 마모되면 절삭이 시작된 부분의 직경보다 이송의 끝점에서의 직경이 크게 되는 테이퍼와 같은 형상이 된다.

ⓒ 유사한 방법으로 다듬질 면의 표면조도가 일정값에 도달하였을 때를 수명점으로 하는 경우도 있다.

㉣ 절삭저항의 증대에 따른 수명판정

공구가 마모됨에 따라 절삭저항이 증가되며 특히 주분력의 변화는 크지 않더라도 배분력 또는 이송분력이 급격히 증가했을 때를 공구수명 기준으로 한다.

③ 공구수명과 절삭조건★

㉠ Taylor의 식

$$vT^n = C$$

여기서, v : 절삭속도(m/min)

T : 공구수명(min)

n : 공구와 공작물에 따른 상수

(고속도강 : 0.1, 초경합금공구 : 0.125~0.25, 세라믹공구 : 0.40~0.55)

C : 공구, 공작물, 절삭조건에 따라 다른 값으로 T=1min 때의 절삭속도

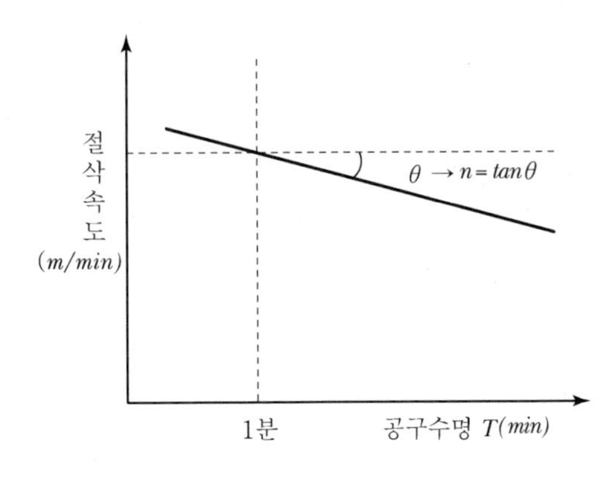

[절삭속도와 공구의 수명]

㉡ 공구수명과 날끝의 형상

ⓐ 경사각(Rake Angle)

- 고속도강과 같이 열에 민감한 절삭공구에서는 경사각의 증가와 더불어 절삭온도가 감소하므로 공구수명은 경사각의 영향을 많이 받는다.
- 경사각을 너무 크게 하면 인선의 강도 부족으로 치핑이 일어나 수명을 짧게 하므로 경사각은 크기가 제한된다.(고속도강 : 40도 이내, 초경합금 : 15도 이내)

ⓑ 여유각(Clearance Angle) : 여유각을 크게 할 경우는 다음과 같다.

- 연한 금속을 절삭할 경우
- 여유면에 가공재가 붙어서 다듬질면이 불량하게 될 때(Al, Cu, Ni 등)
- 칩이 여유면에 끼워져 절삭날의 파손을 초래할 때

ⓒ 인선의 반경(Nose Radius)

- 인선의 반경이 클 때 : 바이트 인선의 반경은 공구수명에 대한 영향이 크며 또한 다듬질면의 거칠기에도 많은 영향을 준다. 약 1.5mm까지의 인선반경은 다듬질면을 좋게 하나 그 이상에서는 공구의 진동을 유발하여 가공면과 공구수명을 나쁘게 한다.
- 인선의 반경이 작을 때 : 인선의 반경이 작으면 인선에 열 및 응력의 집중으로 인하여 공구 선단의 마모가 크게 되어 공구수명이 짧아진다. 또한 초경합금과 같은 취성의 재료에서는 치핑으로 인해 수명이 짧아진다.

2) 절삭유★

(1) 절삭유의 사용목적

① 냉각작용 : 일감과 공구를 냉각하여 날끝의 경도·치수 정밀도의 저하를 방지

② 윤활작용 : 날끝과 다듬면 사이를 윤활하고 날끝의 마모를 방지하여 다듬면을 아름답게 한다.

③ 세척작용 : 칩을 제거하여 절삭작용을 쉽게 한다.

④ 가공물 표면의 방청작용

(2) 절삭유의 종류

① 알칼리성 수용액

㉠ 물에 녹을 방지하기 위하여 알칼리를 첨가한 것이다.

㉡ 냉각과 칩을 제거하는 작용이 크며 연삭작업에 사용

② 솔루블 오일(Soluble Oil)

㉠ 광유를 화학처리하여 물에 녹게 한 것이다.

㉡ 비열이 크며 냉각작용도 크고 값이 싸다.

㉢ 진한 것은 브로치 작업, 기어깎기에 사용되며 묽은 것은 연삭·구멍뚫기에 사용

③ 광유

㉠ 감마(減磨)작용 및 냉각작용이 크다.

㉡ 석유는 점도가 낮으므로 절삭속도가 큰 것에 사용

④ 동·식물유

㉠ 냉각작용은 작으나 점도가 커 연마 감마(減磨)작용이 크다.

㉡ 탭으로 나사내기, 브로치 작업 등 저속도의 다듬절삭, 중절삭 등에 이용

(3) 절삭유의 구비조건

① 냉각, 방청, 방식성이 좋을 것

② 마찰성이 적고 윤활성이 좋을 것

③ 유동성이 좋고, 잘 떨어질 것

④ 인체에 해롭지 않고 악취가 없을 것

⑤ 인화점과 발화점이 높을 것

⑥ 가격이 쌀 것

제2절 선반가공

Professional Engineer Machine

1 선반의 구조와 종류

1. 절삭공구(바이트)

1) 바이트의 종류

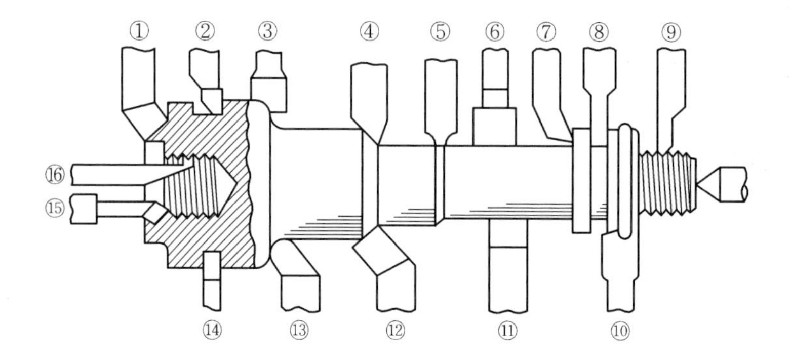

① 오른쪽 황삭 바이트
② 오른쪽 편인 바이트
③ 총형 바이트
④ 왼쪽 황삭 바이트
⑤ 검 바이트
⑥ 스프링 바이트
⑦ 우각 황삭 바이트
⑧ 절단 바이트
⑨ 수나사 바이트
⑩ 총형 바이트
⑪ 원형 완성 바이트
⑫ 굽은 오른쪽 바이트
⑬ 굽은 환선 바이트
⑭ 홈 절삭 바이트
⑮ 보링 바이트
⑯ 암나사 바이트

[바이트의 종류]

2) 바이트의 명칭(名稱)과 바이트의 날끝각

(1) 바이트 각부의 명칭

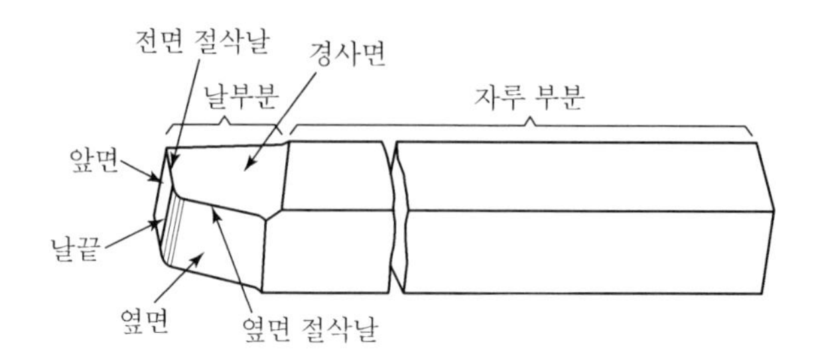

(2) 바이트의 날끝각

① 윗면 경사각과 옆면 경사각 : 이것을 크게 하면 절삭성이 좋고 일감표면도 깨끗하게 다듬어지나 날끝이 약한 결점이 있으므로 연한 재료에는 크게 단단한 재료에는 작게 한다.

② 앞면 여유각과 옆면 여유각 : 공구의 끝과 일감의 마찰을 방지하기 위한 것이며 보통 5~8° 정도이다.

③ 전면 절삭날 각 : 절삭면과 인선의 앞 가장자리와의 마찰을 막기 위한 것

④ 옆면 절삭날 각 : 옆면 절삭날 각을 주면 절삭 시작과 끝에 하중이 차츰 증가하거나 감소하므로 바이트에 무리한 하중이 가해지지 않는다.

⑤ 노즈 반지름(Nose Radius) : 측면 절삭날과 전방 절삭날이 교차하는 날끝 부분의 둥근 모양의 반지름을 말하며 이것이 크면 다듬면이 깨끗하고 날끝도 강하게 되나 배분력이 크게 되어 진동이 생긴다. 반대로 작으면 다듬면이 거칠고 날끝이 약하게 된다.

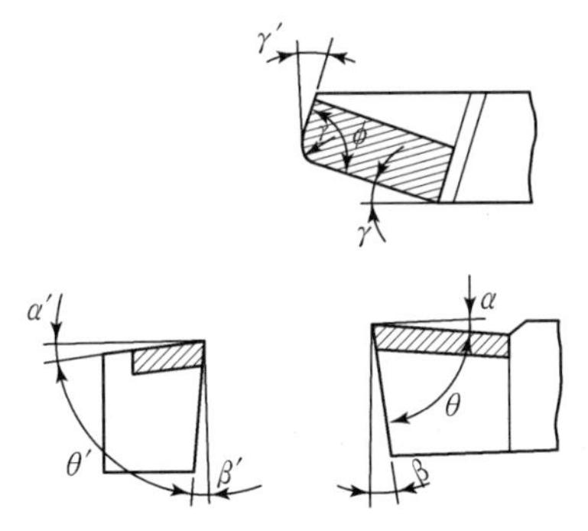

α : 윗면 경사각	β : 앞면 여유각
θ : 앞면 공구각	α' : 옆면 경사각
β' : 옆면 여유각	θ' : 옆면 공구각
γ : 옆면 절삭날 각	γ' : 전면 절삭날 각
ϕ : 날끝각	γ : 날끝 반지름

[바이트의 날끝각]

3) 바이트의 설치와 설치위치

(1) 바이트 설치

바이트 돌출길이 l은 고속도강 바이트일 때 자루의 높이 h의 2배 초경바이트일 때에는 1.5배를 넘지 않도록 한다.

(2) 설치방법

깎는 방향으로 경사시켜 설치하면 절삭저항에 의하여 바이트가 회전하여 깊이 깎이게 되므로 깎는 방향에 수직이 되게 설치한다.

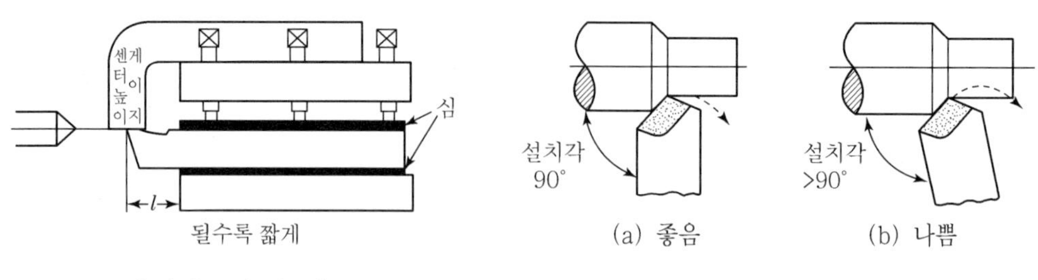

[바이트의 설치]　　　[바이트의 설치방법]

4) 바이트의 구비조건

(1) 경도가 높을 것
(2) 고온에서 경도가 높은 것
(3) 강인성이 있을 것
(4) 제조 및 취급이 쉬울 것
(5) 가격이 쌀 것

2. 절삭조건

1) 절삭속도

$$v = \frac{\pi dN}{1,000}\ (m/\min)$$

여기서, d : 일감의 지름(mm), N : 주축 회전수(rpm)

절삭속도가 클수록 표면 거칠기는 좋아지나 절삭속도의 증가와 함께 절삭온도가 높아지고 바이트의 수명이 급격히 저하한다.

2) 절삭깊이

바이트로 일감면을 절삭하는 깊이를 말하며 절삭할 면에 대하여 수직방향으로 측정하고 원통깎기를 할 때에는 일감의 지름이 작아지는 양은 절삭깊이의 2배가 된다.

3) 이송

일감의 매회전마다 바이트가 이동되는 거리를 이송(Feed)량이라 하며 이송이 작을수록 표면거칠기는 좋아진다.
절삭면적이 큰 것이 절삭능률은 좋으나 절삭저항이 커져 절삭온도도 높아지고 바이트의 수명이 짧아지므로 절삭면적이 클수록 절삭속도는 작게 한다.

3. 선반의 구조

1) 선반의 크기표시★

(1) 베드 위의 스윙 d_1

(2) 왕복대 위의 스윙 d_2

(3) 양 센터 사이의 최대거리 l_1

(4) 관습상 베드의 길이 l_2

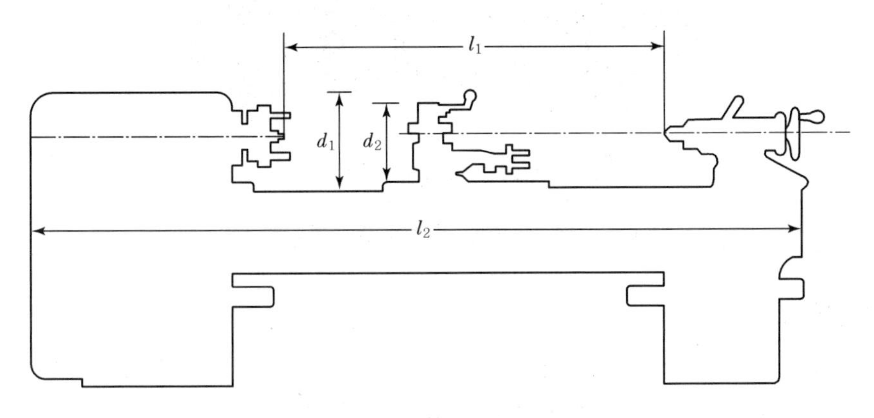

[선반의 크기 표시]

2) 보통선반의 구조★

(1) 주축대

① 보통 합금강재(Ni－Cr 강)의 중공축으로 끝부분은 모스테이퍼 구멍으로 되어 있다.

② 일감을 지지하여 회전시키는 주축과 이것을 지지하는 롤러 베어링과 주축을 회전시키는 주축 속도 변환장치로 되어 있다.

③ 주축 회전속도의 변환은 등비급수 속도열을 이용하고 있으며 변환수는 6~12가 많다.

④ 주축대의 종류

㉠ 단차식 주축대(Cone Pulley Type Head Stock)

㉡ 전기어식 주축대(All Geared Type Head Stock)

㉢ 벨트식 주축대(Belt Driven Type Head Stock)

㉣ 변속 전동기식 주축대(Variable Speed Motor Type Head Stock)

㉤ 유압 전동식 주축대(Hydraulic Type Head Stock)

㉥ 무단 변속식 주축대(Stepless Variable Speed Type Head Stock)

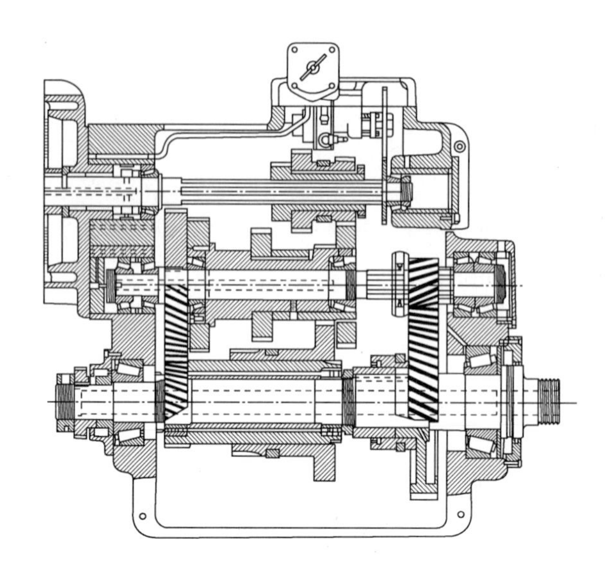

[미끄럼 기어에 의한 주축구동장치]

(2) 심압대

심압대는 주축대의 반대쪽에 붙어 있으며 일감의 한쪽 끝을 센터로 지지하거나 드릴 등의 절삭 공구를 고정하여 행하는 작업에 사용된다.

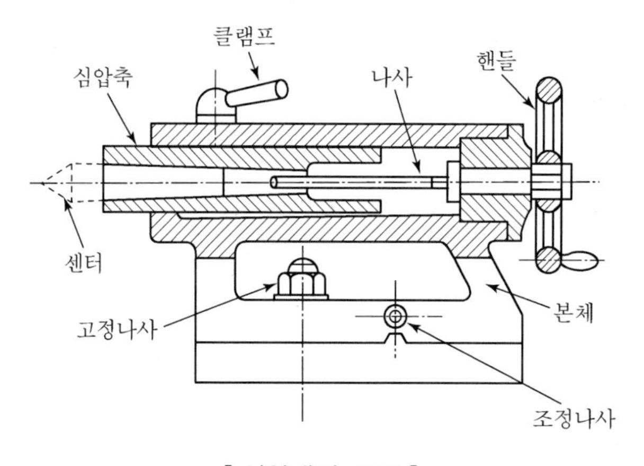

[심압대의 구조]

(3) 왕복대

왕복대는 베드 위에 놓여 있으며 세로방향으로 움직이는 왕복대가 있고 가로방향으로 움직이는 가로 이송대가 있다. 그 위에는 선회대(Swivel)가 달린 공구 이송대가 있으며 베드 앞쪽에는 에이프런(Apron), 베드 뒤에는 새들(Saddle)이 있다.

(4) 베드

주축대, 왕복대, 심압대 등 선반의 주요 부분을 얹어 놓고 있는 부분이며 절삭작용에 의하여 주로 비틀림작용과 굽힘작용을 받으므로 변형이 생기지 않도록 구조를 튼튼히 한다. 베드에는 표면이 평평한 미국식과 산형의 블록이 있는 영국식이 있다.

(5) 이송기구

① 에이프런 안에 장치되어 있으며 이송방식에는 수동과 자동이 있다.

② 세로이송, 가로이송의 자동이송은 이송축에 의하여 에이프런 내부의 기어장치에 의하고 나사깎기 이송은 리드 스크루의 회전을 하프너트로 왕복대에 전달하여 이송시킨다.

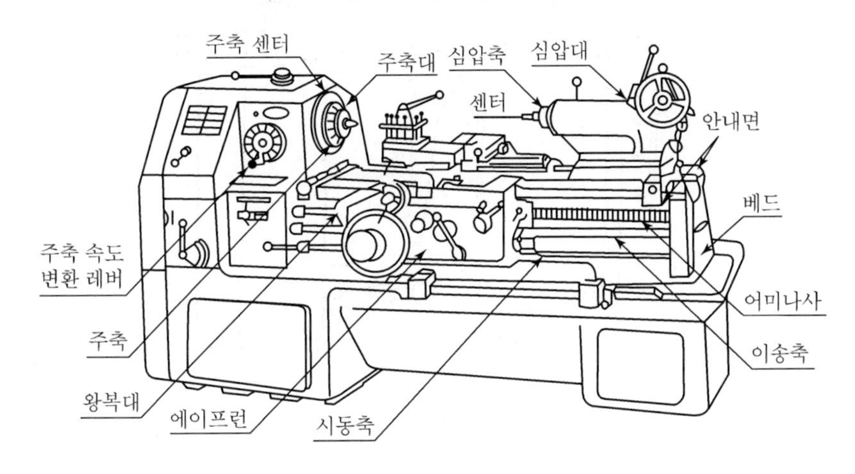

[보통 선반의 구조]

4. 선반의 종류

1) 보통선반

(1) 가장 일반적으로 사용되는 단차식과 기어식이 있다.

(2) 다종 소량 생산과 수리에 사용한다.

(3) 슬라이딩(Sliding), 단면절삭(Surfacing), 나사깎기(Screw Cutting)를 할 수 있으므로 3S선반이라고 한다.

2) 터릿선반★

(1) 볼트, 작은나사 및 핀과 같이 작은 일감을 대량 생산하거나 능률적으로 가공할 때 사용

(2) 보통 선반의 심압대 대신에 터릿을 사용하여 여기에 절삭공구를 설치할 것
(3) 보통 선반에서 많은 시간이 걸리는 일감도 터릿의 1회전으로 가공을 끝낼 수 있다.

3) 탁상선반

작업대에 설치하여 사용하는 소형 선반으로 계기, 시계 등의 부품과 같은 것을 절삭하는 것이다.

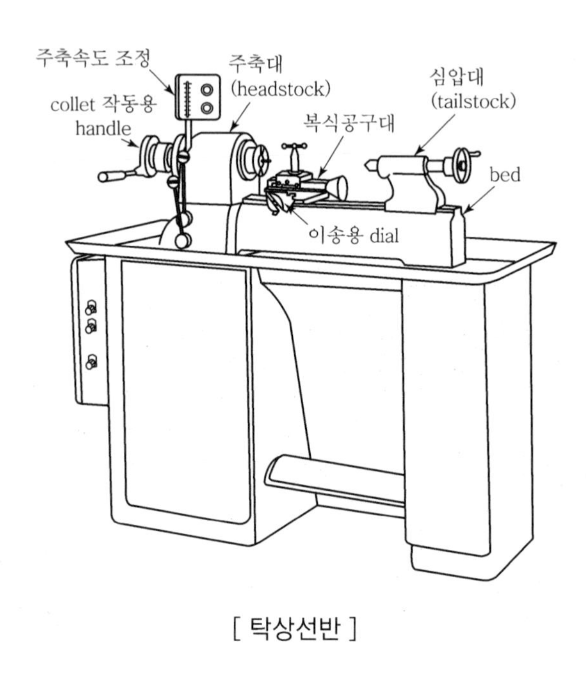

[탁상선반]

4) 자동선반

(1) 선반의 조작을 캠이나 유압기구를 이용, 자동화한 것으로 대량생산에 적합
(2) 작업방식으로 보면 척 작업용, 바 작업용으로 분류
(3) 스핀들의 수에 따라 단축자동선반, 다축자동선반
(4) 공작물 설치나 제거만을 작업자가 하고 가공만을 자동적으로 하는 반자동식과 모든 작업을 자동으로 하는 전자동식이 있다.

5) 모방선반(Copying Lathe)

(1) 자동모방장치에 의하여 모형 또는 형판에 따라서 공구를 안내하고 단으로 된 부분, 테이퍼, 곡면 등의 모방절삭을 하는 선반이다.
(2) 자동 모방장치에는 유압식, 유압 기압식, 전자기식, 전기 유압식이 있다.

6) 수직선반(Vertical Lathe)

테이블이 수평으로 회전하면 공작물을 절삭하는 것으로 무거운 공작물을 절삭할 때 사용한다.

7) 정면선반(Face Lathe)

지름이 큰 것을 깎을 때 사용하며 스윙이 크고 베드길이가 짧다.

8) 다인(多刃)선반(Multi Cut Lathe)

공구대에 여러 개의 바이트가 부착되어 이 바이트 전부 또는 일부가 동시에 절삭가공을 하는 선반이다.

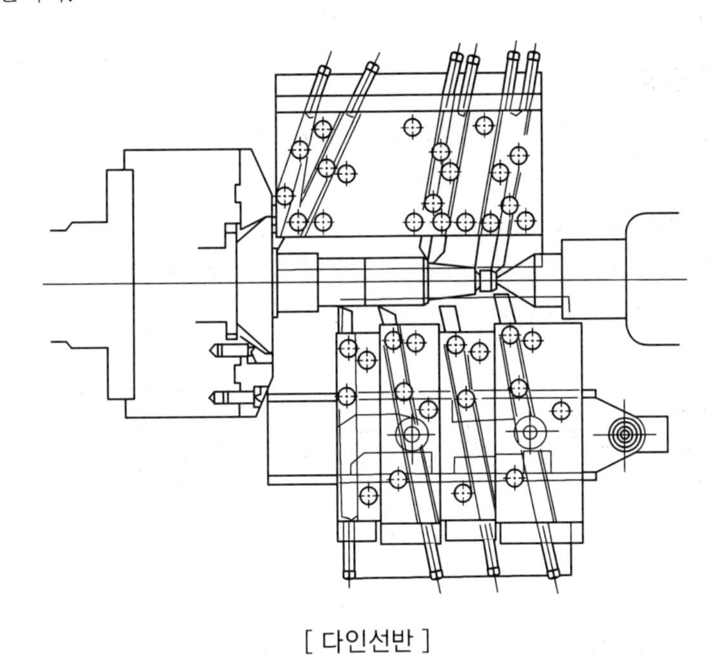

[다인선반]

9) 공구선반(Tool Room Lathe)

보통선반과 같으나 테이퍼깎기장치, 면판붙이 주축대를 2대 마주 세운 구조이다.

10) 크랭크축선반(Crank Shaft Lathe)

크랭크축의 베어링 저널부분과 크랭크 핀을 깎는 선반이며 베드 양쪽에 크랭크 핀을 편심시켜 고정하는 주축대가 있다.

2 선반용 부속장치와 선반작업

1. 선반용 부속장치★

1) 센터(Center)

(1) 센터의 재질

탄소공구강 또는 특수공구강을 열처리 경화한 다음 적당한 온도에서 다시 풀림열처리 하여 인성을 부여한 후 사용

(2) 센터의 각도

보통 60°이고 중절삭의 경우 75°와 90°이다.

(3) 센터의 종류

① 회전센터(Live Center) : 주축에 고정하는 센터로 자루부분은 모스테이퍼로 되어 있으며 재질은 연강이 적당하다.
② 정지센터(Dead Center) : 심압축에 고정하는 센터
③ 베어링센터(Bearing Center) : 심압축에 꽂고 일감과 함께 회전하는 센터
④ 하프센터(Half Center) : 끝면 깎기에 쓰이는 센터

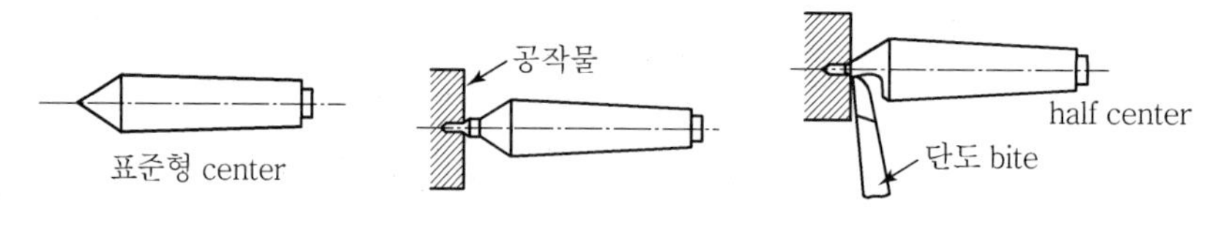

(a) Dead Center

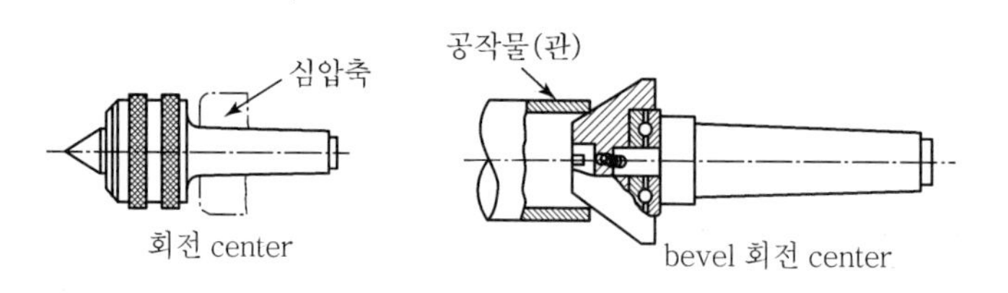

(b) Live Center

[각종 Center]

2) 돌림판(Driving Plate)

주축 끝 나사부에 고정하며 일감에 고정한 돌리개를 거쳐 주축의 회전을 일감에 전달한다.

3) 돌리개(Dog or Carrier)

가공물을 고정하고 면판과 더불어 센터작업에 사용

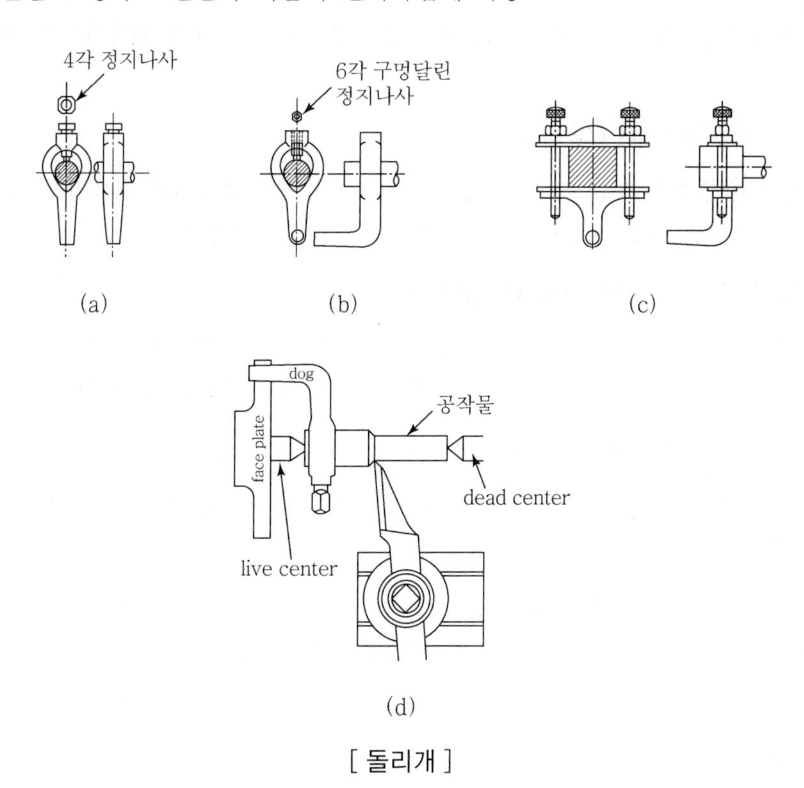

[돌리개]

4) 면판(Face Plate)★

돌림판과 비슷하나 돌림판보다 크며 일감을 직접 또는 간접적으로 볼트와 앵글플레이트(Angle Plate)를 이용하여 고정한다.

[면판을 이용한 공작물의 고정]

5) 심봉(Mandrel)★

기어나 벨트 풀리 등의 소재와 같이 구멍이 있는 일감의 바깥면이나 측면을 가공할 때 구멍에 맨드릴을 끼워 고정시킨 다음 맨드릴을 센터로 지지해서 센터작업을 할 수 있도록 한다.

(1) 표준 맨드릴(Solid Mandrel)

1개의 환봉축으로 된 것으로 1/100, 1/1,000 정도의 테이퍼로 만들어서 일감을 압입해서 고정한다. 비교적 간단하고 확실하게 일감을 지지한다.

(2) 팽창식 맨드릴(Expanding Mandrel)

일감의 구멍이 맨드릴의 지름보다 클 때 사용되는 것으로 테이퍼가 있는 맨드릴에 슬리브(Sleeve)를 끼워 이것을 축방향으로 이동시켜 지름을 조정한다.

(3) 조립식 맨드릴(Cone Mandrel)

2개의 원추로 일감을 지지하고 너트로 조여서 고정하는 것으로 파이프 등 속이 빈 원통의 가공에 사용한다.

(4) 나사 맨드릴(Thread Mandrel)

한 끝에 나사가 있어서 너트를 가공할 때 등과 같이 일감에 나사 구멍이 있을 때 여기에 고정하여 가공한다.

(5) 갱 맨드릴(Gang Mandrel)

여러 개의 일감을 맨드릴에 끼우고 다른 끝을 너트로 조여서 고정하는 방식으로 얇은 원판형의 일감을 동시에 여러 개를 가공할 때 편리하다.

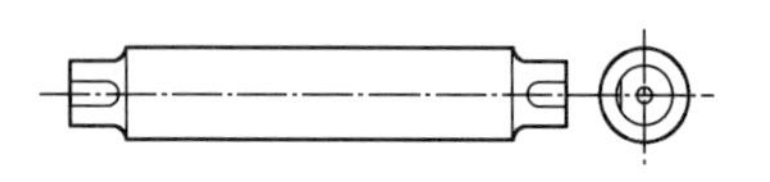

(a) 일체(一體) Mandrel

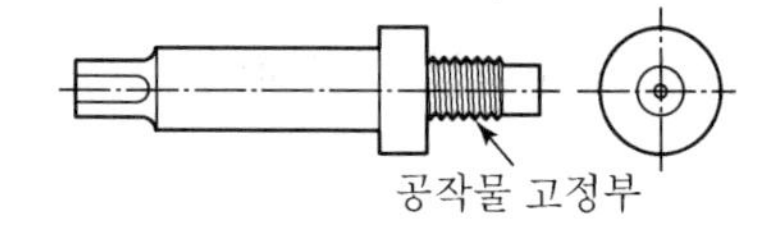

(d) 나사 Mandrel

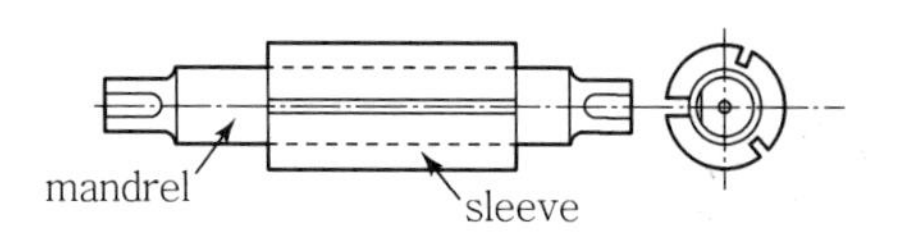

(b) Expanding Mandrel (A)

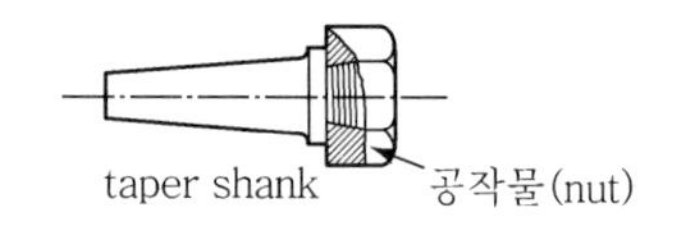

(e) Taper Mandrel

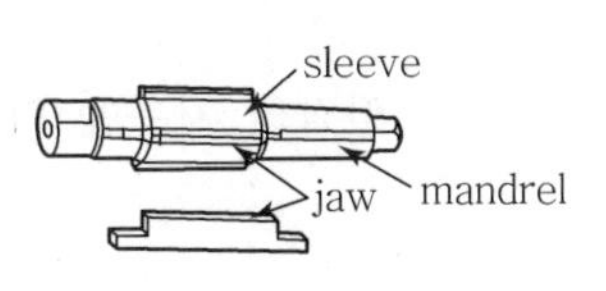

(c) Expanding Mandrel (B)

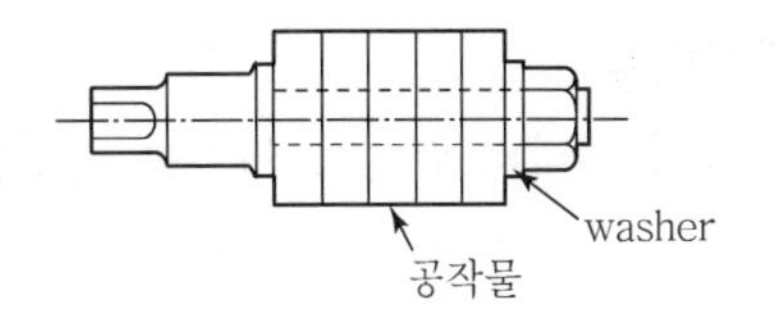

(f) Gang Mandrel

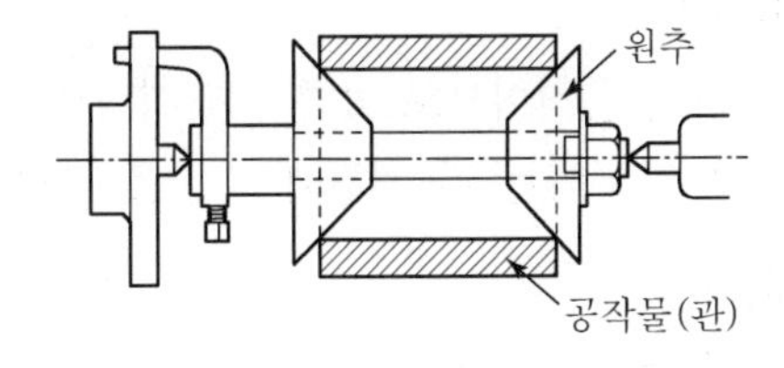

(g) 조립(組立) Mandrel

[각종 Mandrel]

6) 방진구(Work Rest)

(1) 정의

가늘고 긴 일감은 절삭력과 자중으로 휘거나 처짐이 일어나므로 이를 방지하기 위한 장치

(2) 종류

① 고정방진구 : 베드에 고정시키고 미리 깎은 일감의 중앙부를 지지하고 원통면 깎기, 끝면깎기, 구멍뚫기 등의 작업을 한다.

② 이동방진구 : 왕복대 위에 설치하고 일감의 깎은 부분을 바이트 근처에서 지지하고 왕복대와 함께 이동하면서 일감을 지지한다.

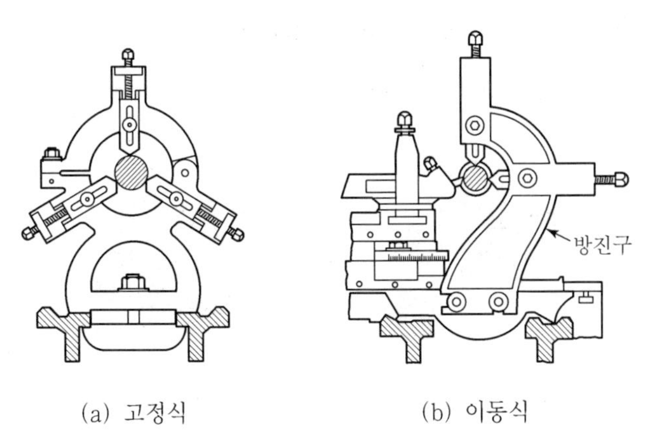

(a) 고정식 (b) 이동식

[방진구]

7) 센터드릴

일감에 센터의 끝이 들어가는 구멍을 뚫는 드릴로 크기는 일감의 지름에 따라 정한다.

8) 척(Chuck)★

(1) 단동척(Independent Chuck)

4개의 조가 각각 무관계하게 움직이므로 불규칙한 형상의 공작물을 설치하기는 편리하나 정확하게 중심을 맞추는 데는 긴 시간과 숙련을 요한다.

(2) 연동척(Universal Chuck)

조가 3개로 되어 있으며 이들의 움직임이 동시에 일어나므로 원형이나 정삼각형의 일감을 고정하는 데 편리하나 단동척보다 일감을 고정하는 힘은 약하고 조가 마멸되면 척의 정밀도가 감소한다.

(3) 양용척(Combination Chuck)

단동척과 연동척의 기능을 모두 가진 것으로 원형 이외의 불규칙한 공작물을 다수 가공하는 데 편리하다.

(4) 마그네틱척(Magnetic Chuck)

전자석을 이용해서 공작물을 고정하는 것으로 얇은 것이나 복잡한 모양을 고정하는 데 사용한다.

(5) 콜릿척(Collet Chuck)

가는 지름 또는 환봉재의 고정에 편리하며 주로 터릿선반이나 자동선반에서 사용된다. 크기는 일감을 물 수 있는 최대크기로 한다.

(6) 압축공기척(Compressed Air Operated Chuck)

기계운전을 정지하지 않고 일감을 고정하거나 분리시킬 수 있어 능률적이다.

(a) 단동 Chuck

(b) 연동 Chuck

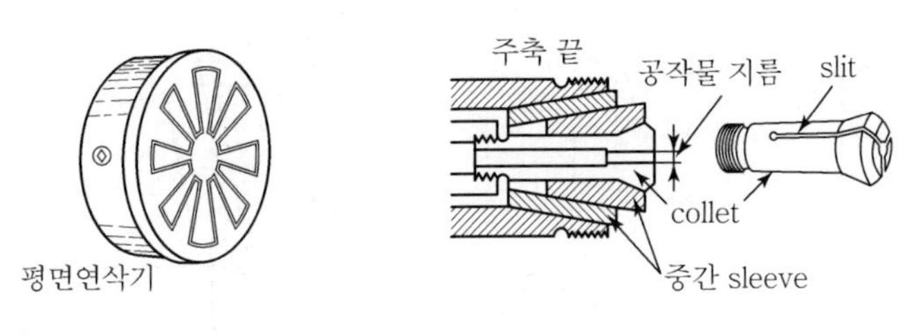

(c) Magnetic Chuck (d) Collet Chuck

[Chuck의 종류]

2. 선반작업

1) 기본 작업

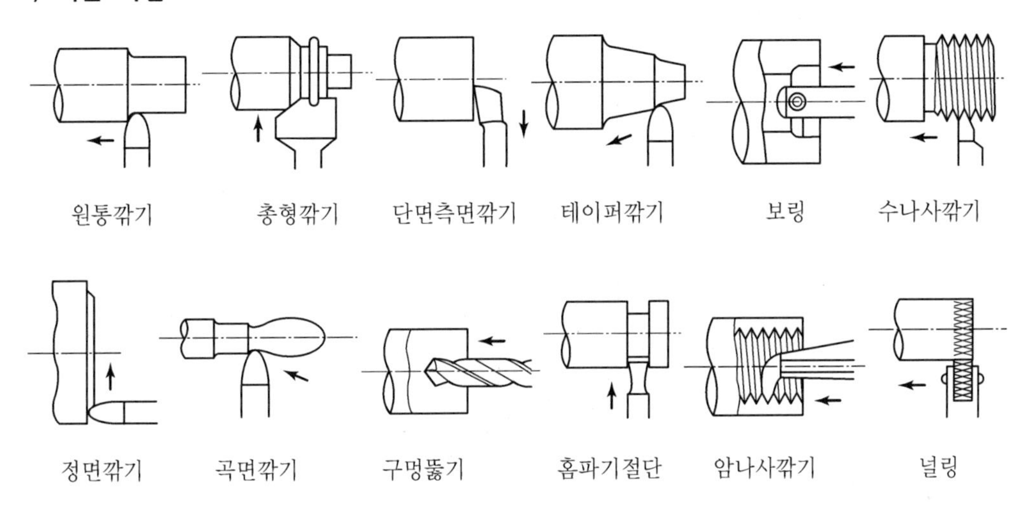

2) 테이퍼 작업★

(1) 심압대 편위에 의한 방법

① 원리 : 양센터 사이에 일감을 고정하고 심압대를 편위시키는 것으로 주로 원통깎기에 이용되며, 일감이 길고 테이퍼가 작을 때 적합하다.

② 편위량 : $e = \dfrac{L(D-d)}{2l}$

여기서, e : 심압대의 편위량(mm)
D : 테이퍼 양끝지름 중 큰지름(mm)
d : 작은지름(mm)
l : 테이퍼 부분의 길이(mm)
L : 일감의 전체 길이(mm)

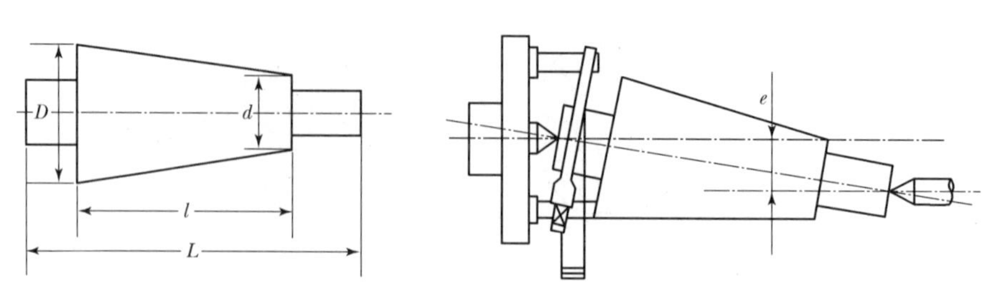

[심압대 편위에 의한 테이퍼 절삭]

(2) 복식 공구대에 의한 방법

① 사용 : 복식 공구대를 돌려놓은 방법으로는 테이퍼 부분의 길이가 짧고 경사각이 큰 일감의 보링가공에 이용된다.

② 테이퍼 계산식

$$테이퍼 = \frac{D-d}{L},\ \tan\frac{\alpha}{2} = \frac{D-d}{2L}$$

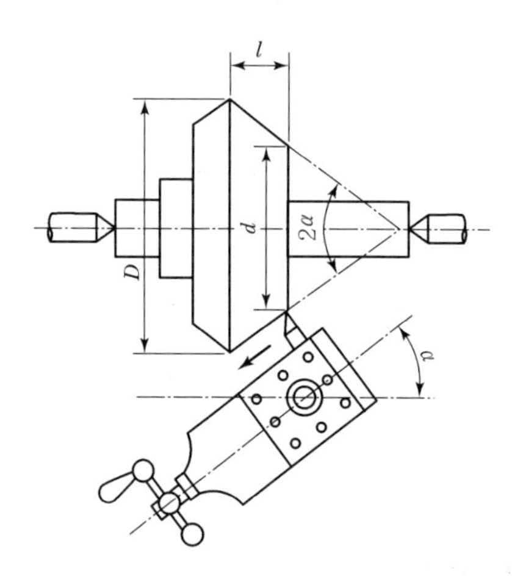

[복식 공구대의 경사에 의한 Taper 절삭]

(3) 테이퍼 절삭장치에 의한 방법

선반 후면에 테이퍼 절삭장치를 설치하여 복식 공구대와 연결하여 바이트가 테이퍼장치의 슬라이더에 따라 비스듬히 움직이면서 테이퍼 절삭작업을 한다.

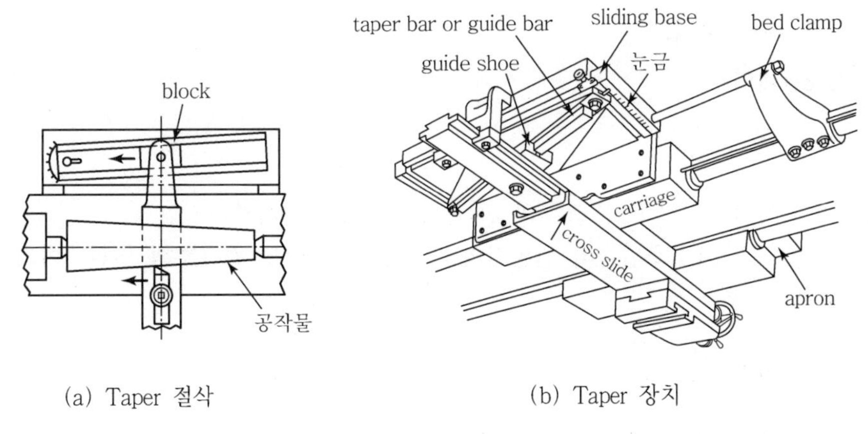

(a) Taper 절삭 (b) Taper 장치

[Taper 장치에 의한 Taper 절삭]

(4) 가로 세로 이송 핸들을 사용하는 방법

테이퍼를 적당히 황삭으로 끝맺음을 할 때 양손으로 핸들을 동시에 움직여 절삭하는 방법

(5) 총형 바이트를 이용하는 방법

다량 생산을 할 때 적합한 방법으로 바이트를 테이퍼 값과 같이 가공해서 사용한다.

3) 나사절삭작업★

(1) 원리

주축과 리드 스크루를 기어로 연결한다. 이때 공작물의 회전과 리드 스크루의 회전비에 따라 공작물에 나사가 깎인다. 회전수가 같으면 리드 스크루의 피치와 같은 나사산이 깎이고 공작물의 회전이 1/2 느리면 2배의 피치를 가지는 나사산이, 2배 빠르면 1/2배의 피치를 가지는 나사산이 깎인다.

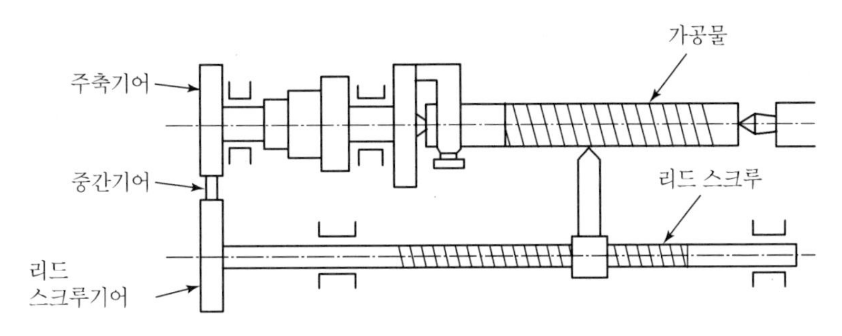

[나사절삭의 원리]

(2) 변환기어의 계산

① 2단기어

$$\frac{p}{P}=\frac{A}{B}$$

여기서, P : 리드 스크루의 피치, p : 일감의 나사피치
A : 스핀들의 변환기어의 잇수, B : 리드 스크루의 변환기어의 잇수

② 4단기어

$$\frac{p}{P}=\frac{A}{B}\times\frac{C}{D}$$

(3) 변환기어의 잇수

① 영식선반 : 잇수 20, 25, 30, …5산씩 띄워 110, 115, 120 및 127인 총 23매로 되어 있다.

② 미식선반 : 잇수 20, 24, 28, 32, 36, 40, 48, 49, 56, 64, 67, …4산씩 띄워 72, 78, 8, 88, 96, 104, 112, 120, 127 계 20매로 되어 있다.

4) 모방절삭

불규칙한 윤곽절삭을 할 때 가로이송이 모형판을 따라 이루어지면서 절삭하는 방법이며 특히 같은 제품을 대량 생산할 때 유리하다. 모방절삭법에는 기계적, 전기적, 유압식 방법이 있다.

[Question 01] 칩브레이커(Chip Breaker)★

1. 개요

절삭속도의 증가에 따라 장시간 연속절삭을 하는 경우에 발생된 칩은 공구, 일감 및 공작기계와 엉켜지게 되어 작업자에게 위험할 뿐만 아니라 적절히 처리되지 않으면 가공물에 흠집을 주고 공구 날끝에도 기계적 Chipping을 초래하게 되며 절삭유제의 유동을 방해한다.

절삭 시 발생되는 긴 칩을 위와 같은 문제 때문에 제어하고 적당한 크기로 잘게 부서지게 하기 위하여 공구 경사면을 변형시키는 칩브레이커가 필요한 것이다.

2. 칩브레이커의 목적

(1) 공구, 가공물, 공작기계가 서로 엉키는 것을 방지한다.

① 가공표면의 흠집 발생방지

② 공구 날끝의 치핑방지

③ Chip의 비산 등에 의한 작업자의 위험요인을 줄임

(2) 절삭유제의 유동을 좋게 한다.

(3) 칩의 제거 및 처리를 효율적으로 할 수 있다.

3. 칩브레이커의 형상과 공구 마모

(1) 형상

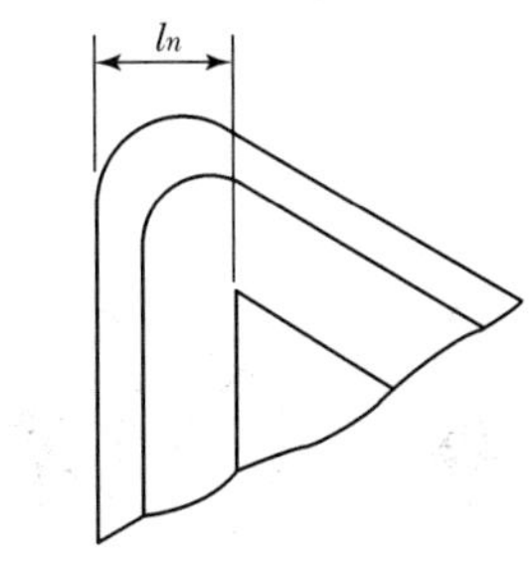

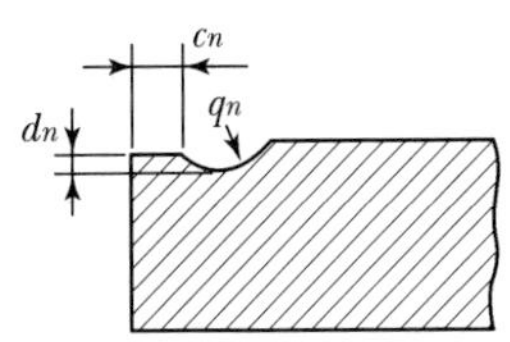

d_n : Chip－Breaker Groove Depth
c_n : Chip－Breaker Land Width
l_n : Chip－Breaker Distance
q_n : Chip－Breaker Groove Radius

[홈(Groove)형 칩브레이커]

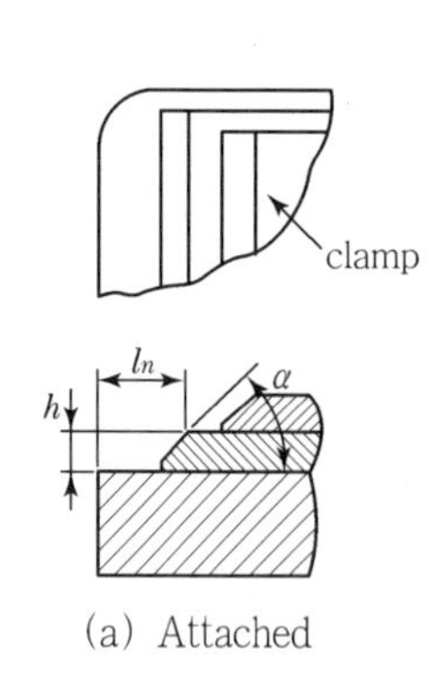

(a) Attached

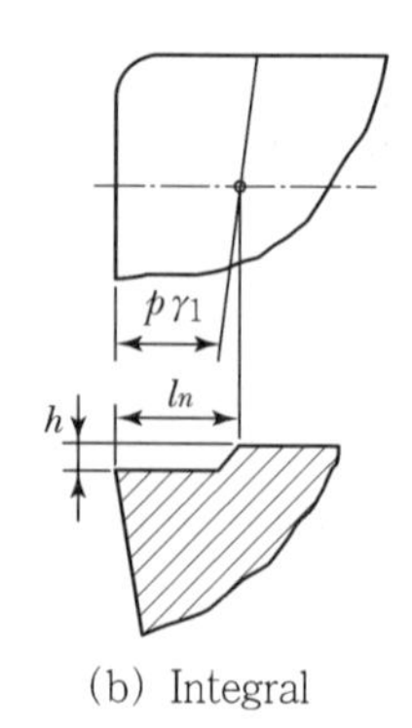

(b) Integral

h : Chip – Breaker Height
l_n : Chip – Breaker Distance
α : Chip – Breaker Wedge Angle
pr_1 : Chip – Breaker Angle

[장애물(Obstruction)형 칩브레이커]

① 홈형 칩브레이커(Groove Type) : 공구의 경사면 자체에 홈을 만드는 방식

② 장애물형 칩브레이커(Obstruction Type) : 공구의 경사면에 별도의 부착물을 붙이거나 돌기를 만드는 방식

(2) 칩브레이킹에 의한 공구 마모

① 평면공구 : 공구가 마모될 때 공구면(Tool Face)에 Crating이 발생되어 칩브레이커의 역할을 한다. 최초에 발생되는 칩은 Ribbon Chip이 발생된다.

② 장애물형 칩브레이커 공구 : Chip의 곡률반경과 Chip Breaking을 제어할 수 있으며 공구의 마모를 감소시킨다. 공구 상면의 마모가 계속됨에 따라 Chip의 곡률반경이 감소하여 Chip이 너무 잘게 부서질 수 있다.

③ 홈형 칩브레이커 공구 : 공구의 마모율은 평면공구의 것과 같으나 초기부터 홈에 의해 Chip이 잘게 부서지며 마모가 계속됨에 따라 장애물형 칩브레이커 공구와 같은 현상을 나타낸다.

4. 선삭 시의 Chip 형태

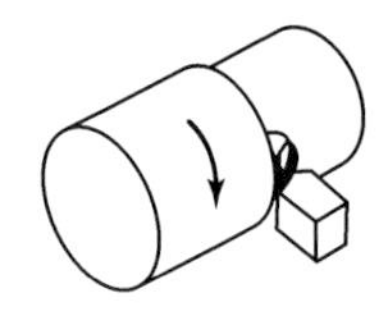
(a) 나선형 칩

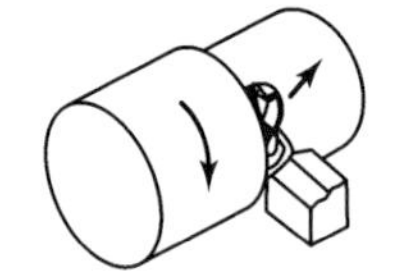
(b) 아크칩

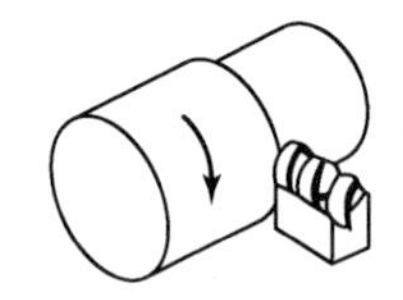
(c) Tubular Chip (3차원 절삭)

(d) Connecter-arc Chip (3차원 절삭)

[칩의 형태]

(1) 나선형 칩

① 절삭날의 경사각이 0도이면 절삭이 진행됨에 따라 점점 Chip의 곡률반경이 증가되며 이로 인해 Chip의 응력이 증가하여 마침내 파괴된다.

② 고속절삭에서 Chip이 자연스럽게 말리지 않고 칩브레이커가 없다면 절삭이 진행되면서 Chip은 직선으로 공구의 상면을 흐르고 서로 얽히는 Ribbon Chip이 발생된다.

(2) 아크칩(Arc Chip)

① 칩브레이커를 설치하여 발생하는 치빙 가공면과 부딪히도록 작은 조각으로 부서지게 한 칩

② 잘게 부서진 아크칩은 공작물의 회전 시 공작물에 의해 튕겨져서 작업자에게 위험을 줄 수 있다.

(3) Tubular Chip

① 3차원 절삭에서 발생되는 것으로 Chip의 나선각을 칩의 유동각과 거의 같고 경사각과도 거의 같다.

② 곡률반경이 너무 작을 때 칩이 공구면을 접촉하여 생기는 칩이며 칩의 곡률반경을 조정하여 Chip의 파괴형태를 개선할 수 있다.

(4) Connected-arc Chip

① Chip의 자유단을 가공물에 부딪히게 하고 회전이 계속될 때 자유단이 밀려서 공구의 Flank에 부딪혀 곡률반경이 증가되고 응력의 증가로 칩이 파괴되는 형식

② 곡률반경이 너무 크면 칩은 공구와 부딪치지 않고 밑면으로 치우쳐 공구를 감는다. 곡률반경이 너무 작으면 칩이 공구상면과 접촉하여 Tubular 칩이 발생된다.

[Question 02] 체이싱다이얼(Chasing Dial)

선반에서 나사가공 시 나사는 1회의 절삭으로 완성되는 것이 아니고 같은 곳을 계속 깎아내어 완성한다. 왕복대에 고정된 체이싱다이얼의 웜기어와 리드 스크루가 맞물고 있어 리드 스크루가 회전하면 웜기어와 동심축에 있는 눈금의 다이얼이 회전한다. 다이얼의 지침에 따라 분할너트(또는 하프너트)를 닫으면 바이트가 전에 가공한 홈에 들어가 나사를 가공할 수 있다.

[Question 03] 백기어(Back Gear)

단차식 주축대에서 저속강력절삭을 할 때 주축의 변환속도의 폭을 넓히기 위해 설치한 기어

제3절 Drill 가공과 Boring 가공

Professional Engineer Machine

1 Drill 가공

1. 드릴 가공의 종류★

1) 드릴 가공(Drilling)

드릴로 구멍을 뚫는 작업

2) 리머 가공(Reaming)

리머를 사용하여 드릴로 뚫은 구멍의 치수를 정확히 하며 정밀가공을 한다.

3) 보링(Boring)

이미 뚫린 구멍이나 주조한 구멍을 각각 용도에 따른 크기나 정밀도로 넓히는 작업이고 구멍의 형상을 바로잡기도 한다.

4) 카운터 보링(Counter Boring)

작은나사머리, 볼트의 머리를 일감에 묻히게 하기 위한 턱이 있는 구멍뚫기의 가공

5) 카운터 싱킹(Counter Sinking)

접시머리 나사의 머리부를 묻히게 하기 위하여 원뿔자리를 내는 가공

6) 스폿페이싱(Spot Facing)

너트 및 볼트의 머리가 접하는 일감 면을 평평하게 하는 가공

7) 탭가공(Tapping)

드릴로 뚫은 구멍에 탭을 사용하여 암나사를 내는 가공으로 탭을 뽑을 때 역전전동기 또는 역전장치를 사용한다.

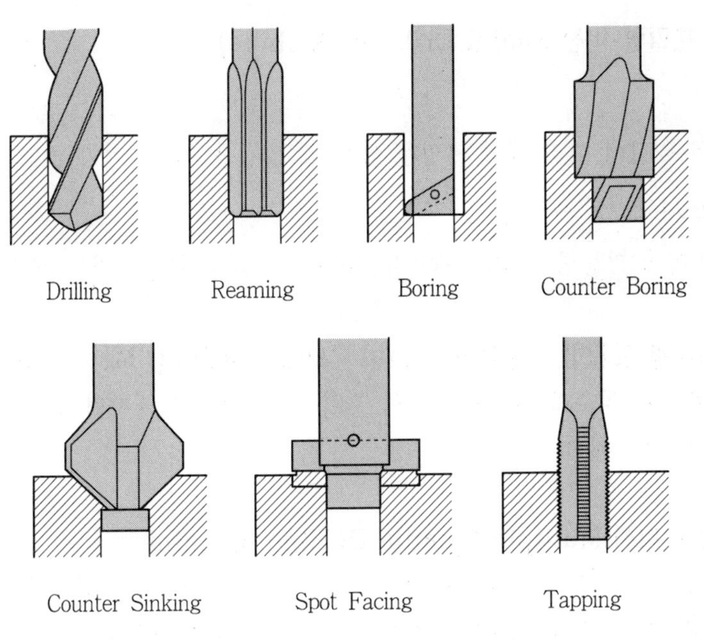

[Drilling Machine에서의 작업]

2. Drilling Machine의 종류

1) 직립 드릴링 머신(Upright Drilling Machine)

(1) 특징

① 비교적 소형 일감의 드릴가공에 사용

② 동력전달과 주축의 속도 변환은 단차식 또는 기어식을 사용

③ 기어식에는 탭가공도 할 수 있게 주축은 역회전할 수 있다.

④ 테이블은 베드 위에서 선회할 수 있고 좌우로 움직일 수 있다.

(2) 크기표시

① 스윙(주축의 중심부터 칼럼 표면까지 거리의 2배)

② 테이블의 크기

③ 주축구멍의 모스 테이퍼번호

④ 드릴가공을 할 수 있는 최대지름

⑤ 주축 끝에서 테이블 면까지의 최대거리

2) 탁상 드릴링 머신(Bench Type Drilling Machine)

작업대 위에 설치하여 사용하는 것으로 소형이고, 드릴의 지름이 비교적 작고(13mm 이하) 뚫은 구멍이 깊지 않은 작업에 적합하다.

3) 레이디얼 드릴링 머신(Radial Drilling Machine)

(1) 특징

대형의 일감에 여러 개의 구멍을 뚫을 때 일감을 이동시키지 않고 작업할 수 있다.

(2) 크기표시

드릴가공이 가능한 최대지름과 칼럼표면에서 주축 중심까지의 최대거리

4) 만능 레이디얼 드릴링 머신(Universal Radial Drilling Machine)

암(Arm)은 원장치로써 회전하며 드릴 스핀들(Spindle)은 경사될 수 있는 것으로 구조상 다소 약하나 편리하다.

5) 다축 드릴링 머신(Multiple Spindle Drilling Machine)

(1) 스핀들의 위치가 조절되며 여러 개의 구멍을 동시에 뚫을 때 사용
(2) 대량생산의 능률이 증가되고 제품의 정밀도와 호환성이 좋다.

6) 다두 드릴링 머신(Multihead Drilling Machine)

여러 개의 스핀들을 같은 베드 위에 여러 개 나란히 장치한 것으로 드릴가공, 리머가공, 탭가공을 순차적으로 할 수 있다.

7) 휴대용 드릴(드릴프레스)

휴대할 수 있으며 어느 각도에서도 구멍을 뚫을 수 있다.

8) 이동식 드릴링 머신

벽과 레일을 이용하여 드릴링 머신이 이동하므로 이동거리가 크고 설치장소가 절약되고 또한 대형 일감의 작업에 유리하다.

9) 심공 드릴링 머신(Deep Hole Drilling Machine)★

총신(銃身), 긴축, Connecting Rod 등과 같이 긴 구멍을 요하는 구멍가공에 적합한 공작기계이며, 절삭유제의 공급, 가공물의 고정, Drill의 처짐 등이 중요한 문제이다. 각종 내연 기관의 크랭크축에 있는 오일구멍과 같이 지름에 비해 비교적 깊은 구멍을 능률적으로 정확히 가공한다.

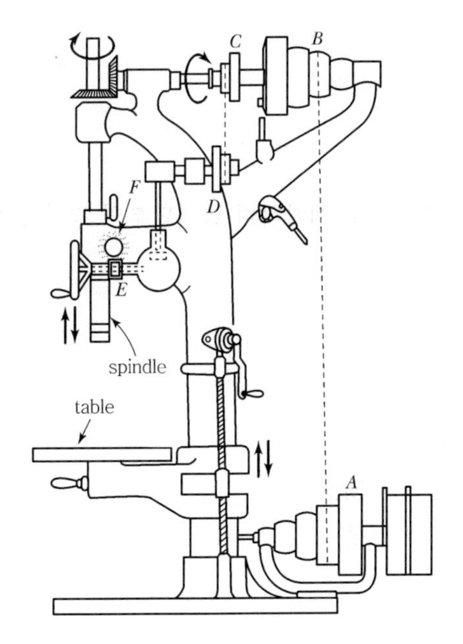

[직립 Drilling Machine]

[Radial Drilling Machine]

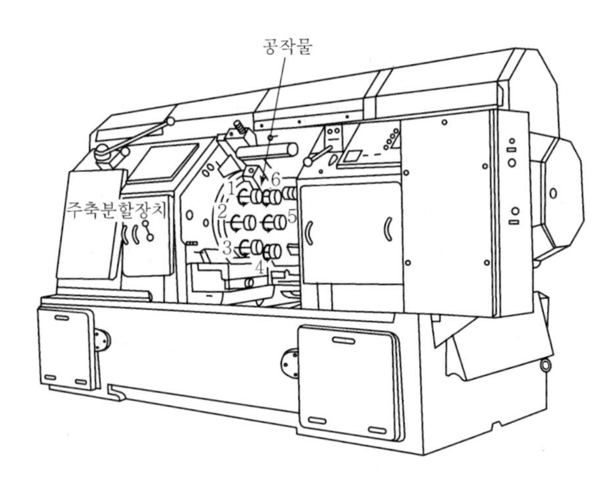

[Multiple Spindle Drilling Machine]

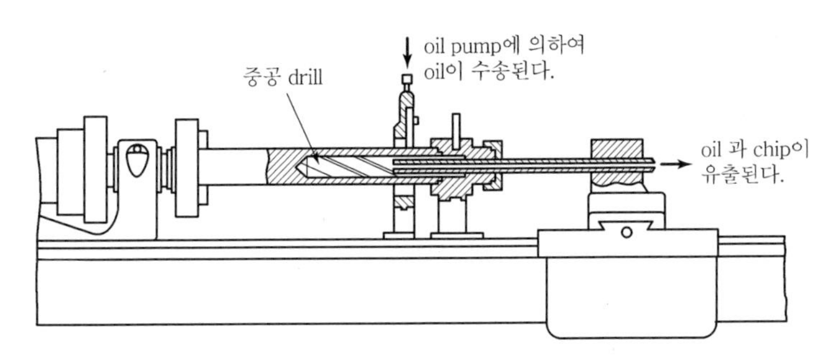

[심공 드릴링 머신]

3. Drilling Machine용 절삭공구

1) Drill

(1) 드릴의 종류

① 평드릴(Flat Drill) : 주로 목재가공에 이용되고 단조 제작하며 날선단부의 경사각은 30~40°이다.

② 트위스트 드릴(Twist Drill)

㉠ 종류

ⓐ 보통 드릴(Ordinary Twist Drill)

ⓑ 플랫 트위스트 드릴(Flat Twist Drill)

ⓒ 스리 에지 트위스트 드릴(3 Edge Twist Drill)

ⓓ 포 에지 트위스트 드릴(4 Edge Twist Drill)

ⓔ 직선홈 드릴(Straight Flute Drill)

㉡ 장점

ⓐ 절삭성이 좋으며 견고하고 구조가 잘 되어 있다.

ⓑ 칩은 자연적으로 홈으로부터 배제된다.

ⓒ 자체 안내작용이 있어 정확한 구멍이 뚫린다.

ⓓ 연삭하여도 지름의 차가 아주 적어 드릴의 수명이 길다.

③ 특수드릴(Special Drill)

㉠ 센터드릴(Center Drill) : 선반에서 센터작업 시 사용

㉡ 유공부 드릴(Oil Tubular Drill) : 깊은 구멍을 가공할 때 드릴은 고정시키고 총신을 회전시키며 작업

㉢ 반월드릴(Rifle Barrel Drill) : 소총의 구멍을 가공할 때 드릴은 고정시키고 총신을 회전시키며 작업

㉣ 포신드릴(Gun Barrel Drill)

㉤ 중공드릴(Hollow Drill)

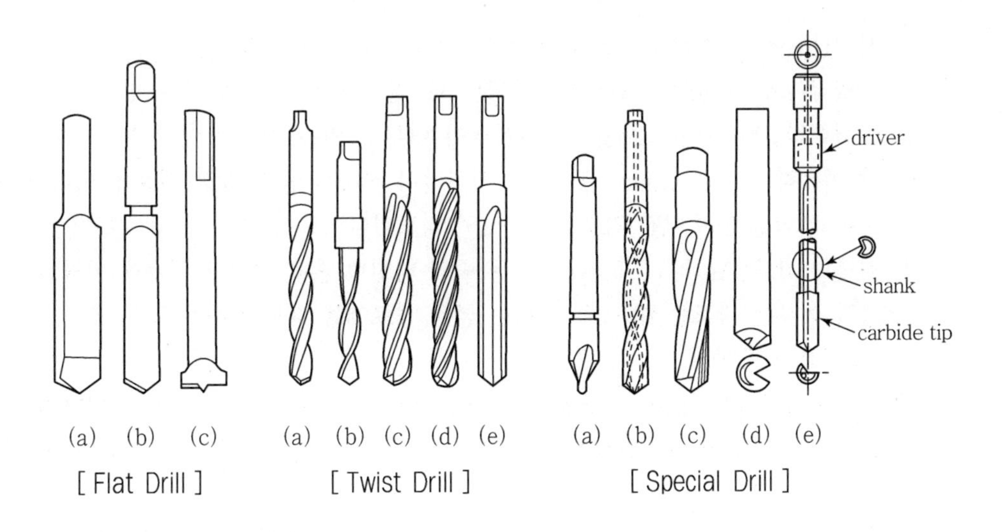

[Flat Drill]　[Twist Drill]　[Special Drill]

(2) 드릴 각부의 명칭과 날 끝각

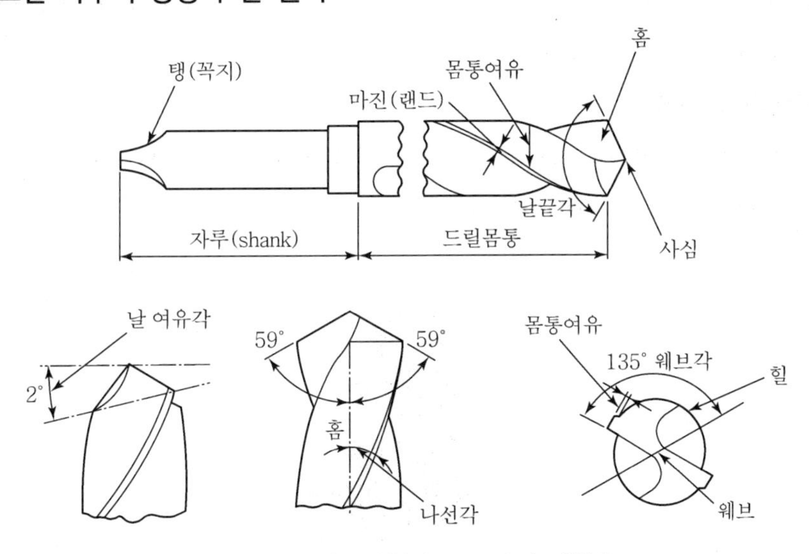

[드릴의 각부 명칭과 공구각의 명칭]

① 몸통(Body) : 드릴의 본체가 되는 부분이며 랜드(Land), 홈, 마진(Margin)으로 되어 있다.
② 생크(Shank) : 드릴을 고정하는 부분이며, 곧은 것과 모스테이퍼 진 것이 있다.
③ 탱(Tang) : 자루(Shank) 끝을 납작하게 한 부분으로 드릴에 회전력을 주며, 드릴과 소켓에 맞는 테이퍼부를 손상시키지 않고 드릴을 돌려주는 역할을 한다.
④ 마진(Margine) : 드릴의 홈을 따라서 나타나는 좁은 면으로 드릴의 지름을 정하며 드릴의 위치를 잡아준다.

⑤ 사심(Dead Center) : 드릴 끝에서 두 절삭날이 만나는 점
⑥ 드릴끝(Drill Point) : 드릴의 끝 부분으로 원추형이며 2개의 날이 있다.
⑦ 드릴끝각(Drill Point Angle) : 양쪽날이 이루고 있는 각도로 보통 118°이다.
⑧ 날 여유각(Lip Clearance Angle) : 절삭날이 장해를 받지 않고 재료에 먹어들어가도록 절삭날에 주어진 각으로 10~15° 정도이다.
⑨ 비틀림 각도(Angle of Torsion) : 두 줄의 나선형 홈을 가지고 있는데 이들이 드릴축과 이루는 각도는 20~35°가 되며 굳은 재료에는 각도가 작은 것을 연한 재료는 큰 것을 사용한다.
⑩ 백테어퍼(Back Taper) : 구멍 내면과 드릴과의 접촉저항을 방지하기 위하여 선단으로부터 자루에 가까워짐에 따라 조금씩 가늘어지는 것으로 보통 100mm에 대하여 0.03~0.1mm 정도이다.
⑪ 웨브(Web) : 2개의 드릴 홈 사이의 좁은 단면으로 자루 쪽으로 갈수록 커진다.
⑫ 홈(Flute) : 드릴 본체에 직선 또는 나선으로 파인 홈으로 칩을 배출하고 절삭유를 공급하는 통로가 된다.

(3) 드릴의 고정법★

① 드릴척을 사용하는 방법 : 직선자루드릴(13mm 이하의 드릴)을 고정할 때는 자콥스척(Jacobs Drill Chuck)을 사용한다.

[Jacobs Chuck]

② 드릴을 주축에 직접 고정하는 방법 : 주축의 하단에 있는 모스테이퍼 구멍에 테이퍼자루 드릴을 끼운다.
③ 소켓(Socket) 또는 슬리브(Sleeve)를 사용하는 방법 : 주축에 끼울 수 없는 테이퍼자루 드릴을 소켓이나 슬리브에 끼워 주축에 고정한다. 끼운 드릴이 빠지지 않을 때에는 소켓 구멍에 드릴 뽑개를 사용하여 뺀다.

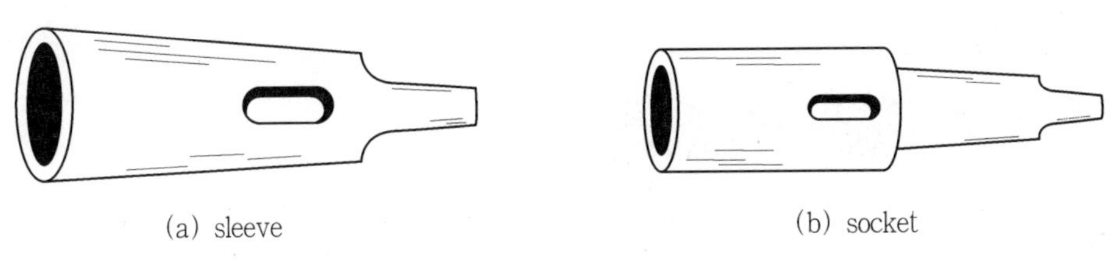

(a) sleeve (b) socket

[Drill Socket과 Sleeve]

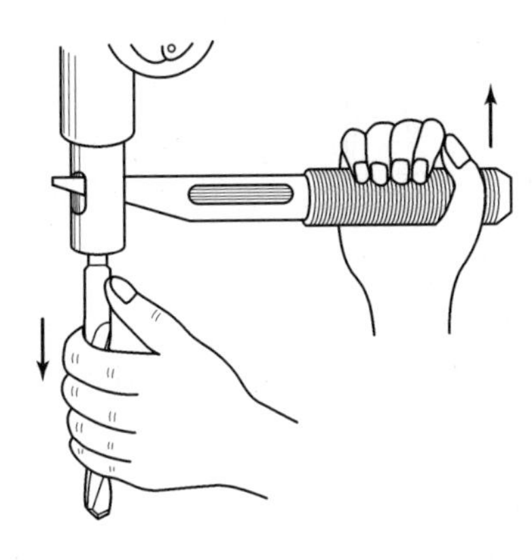

[Drill 뽑기]

(4) 드릴작업★

① 일감의 고정법

㉠ Vise에 의한 고정 : 보통 일감을 고정할 때 사용

㉡ Clamp에 의한 고정 : 앵글플레이트, 스크루잭, T-bolt 등을 사용하여 일감을 고정한다.

㉢ Jig에 의한 고정 : 정확한 위치에 구멍을 뚫을 수 있다.

② 지그작업(Jig Work)

㉠ 정의 : 많은 구멍에 정확한 구멍을 뚫도록 드릴의 위치를 정확히 안내할 수 있는 공구 즉 지그를 사용하여 하는 작업

㉡ 지그의 종류 : 플레이트지그(Plate Jig)와 박스지그(Box Jig)가 있어 사용 목적에 따라 대량생산에 이용된다.

(5) 드릴의 절삭속도 및 동력

① 절삭속도

$$v = \frac{\pi d N}{1,000}$$

여기서, v : 절삭속도, d : 드릴의 직경(mm), N : 1분간 회전수(rpm)

② 가공시간

$$T=\frac{h+t}{NS}=\frac{\pi d(h+t)}{1000vs}$$

여기서, S : 드릴 1회전 동안에 이송거리(mm), t : 구멍의 깊이(mm)
h : 드릴 끝 원뿔의 높이(mm), T : 가공시간(min)

③ 절삭동력

㉠ 회전마력

$$N_m=\frac{M\omega}{75\times100}=\frac{M\frac{2\pi N}{60}}{75\times100}=\frac{M2\pi N}{75\times60\times100}$$

$$T=71,620\times\frac{H}{N}(\text{kg}\cdot\text{cm})$$

여기서, M : 회전모멘트(kg · cm), N_m : 회전마력(HP)

㉡ 이송에 필요한 마력

$$N_s=\frac{PSN}{75\times60\times1000}$$

여기서, P : 드러스트(kg), S : 이송(mm/rev)

㉢ 드릴작업에 요하는 전동력 : $N=N_m+N_s=\frac{M2\pi N}{75\times60\times100}+\frac{PSN}{75\times60\times1,000}$

2) 리머(Reamer)

드릴로 뚫은 구멍을 정확한 치수로 다듬는 데 사용하는 공구

(1) 리머의 종류

① 구멍의 형상에 따라
㉠ 곧은 리머(Straight Reamer)
㉡ 테이퍼 리머(Taper Reamer)

② 사용방법에 따라
㉠ 수동리머(Hand Reamer)
㉡ 기계리머(Machine Reamer)

③ 구조에 따라
㉠ 솔리드 리머(Solid Reamer)
㉡ 중공리머(Hollow Reamer)
㉢ 조정리머(Adjustable Reamer)

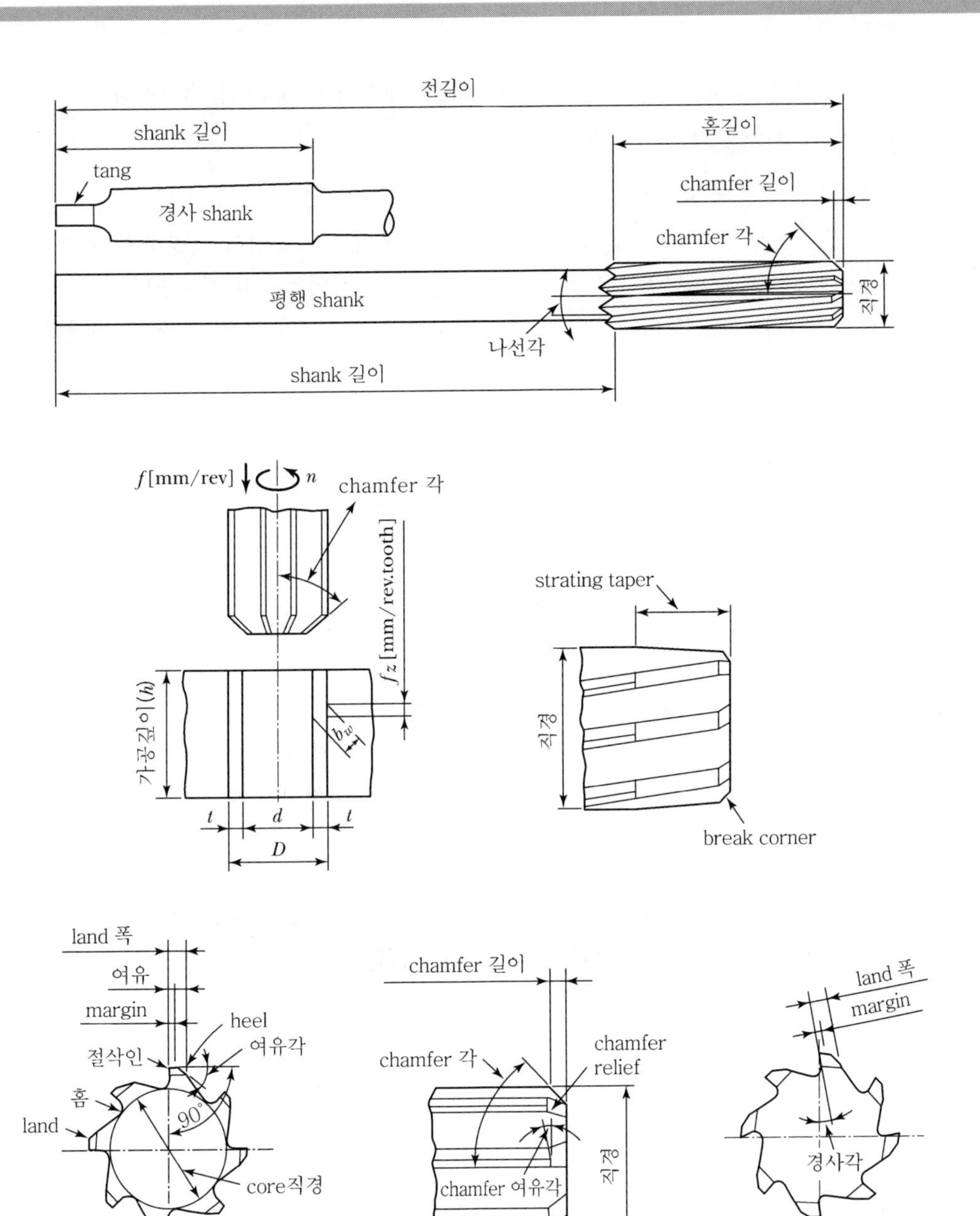

[Reamer의 각부 명칭]

(2) 리머의 여유

① 일반으로 재료의 재질에 따라 다르나 여유의 최대값은 0.5mm이며 0.2~0.3mm 정도가 널리 쓰인다.

② 리머의 절삭량은 구멍의 지름 10mm에 대하여 0.05mm가 적당하다.

(3) 리머의 작업조건

① 드릴 가공에 비하여 절삭속도를 느리게 하고 이송은 크게 한다.
② 절삭속도를 크게 하면 리머의 수명이 짧아지고 가공면이 불량하게 된다.
③ 절삭속도가 느리면 리머의 수명은 길어지나 작업능률이 떨어진다.
④ 고속도강재의 리머에서는 드릴가공 시의 2/3~3/4의 절삭속도와 2~3배의 이송을 준다.

3) 탭(Tap)

암나사를 내는 공구

(1) 탭의 파손

① Tap Hole이 너무 작아서 과대한 절삭저항을 가할 때
② Tap이 한쪽으로 기울어져 밀착될 때
③ 절삭유가 없어 Tap이 구멍에 너무 밀착될 때
④ Chip이 충전되어 있는 상태에서 Tap을 회전시킬 때
⑤ Tap이 구멍의 저면에 닿은 상태에서 Tap을 회전시킬 때

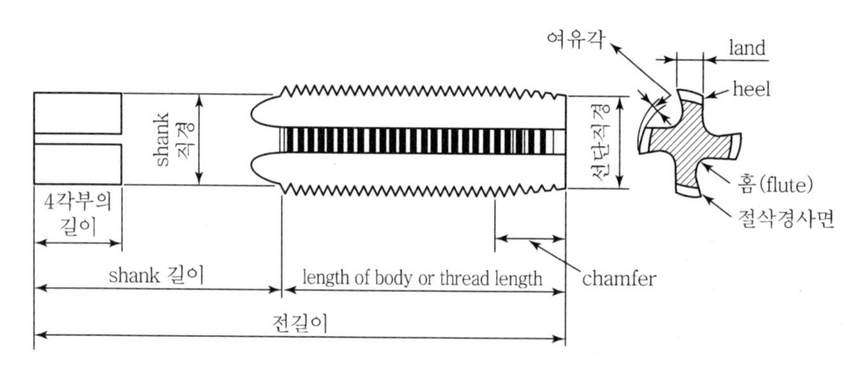

[Tap의 각부 명칭]

(2) 파손된 탭을 구멍에서 빼낼 때

① Cape Chisel을 Tap의 홈(Flute)에 넣고 망치로 가볍게 타격한다.
② 소량의 질산(Nitric Acid)을 구멍에 적하하여 가공물과 Tap을 침식시키면 헐겁게 된다. Tap을 빼낸 후에는 남아 있는 질산을 제거하여야 한다.

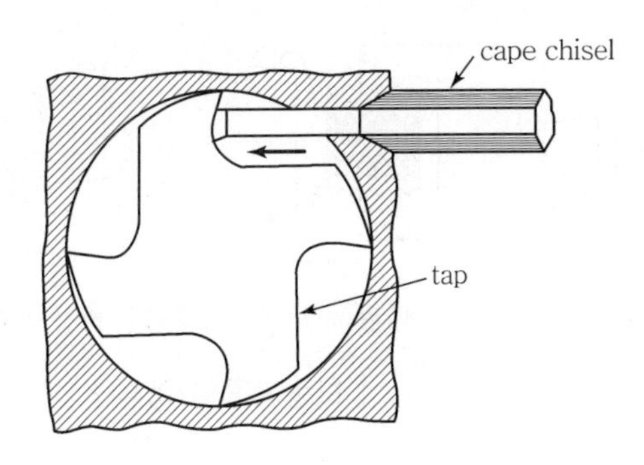

[파손된 Tap의 제거]

2 Boring 가공

1. Boring 가공의 종류와 Boring 공구

1) Boring 가공의 종류

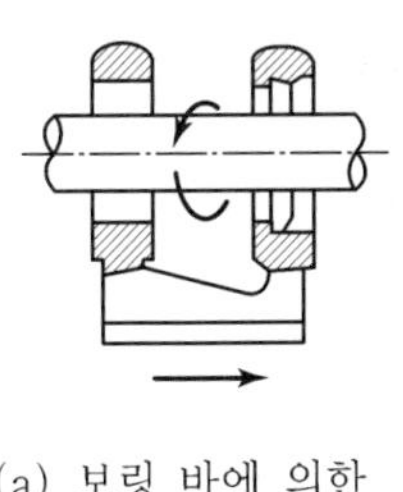

(a) 보링 바에 의한 보링

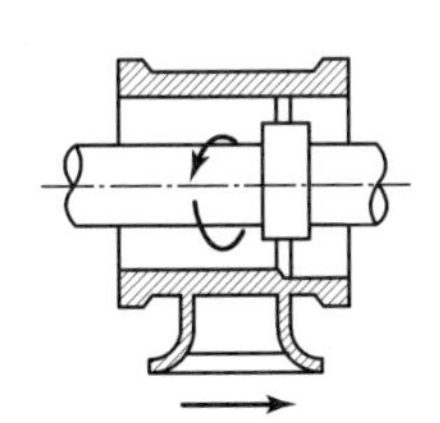

(b) 큰 안지름 보링

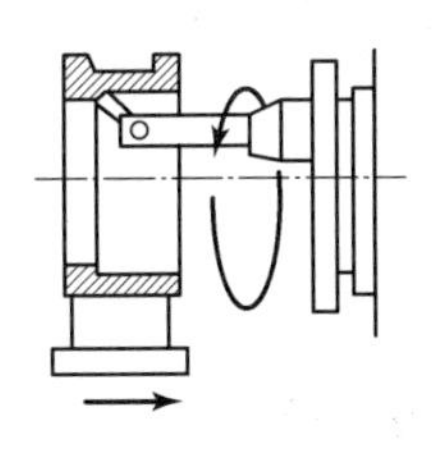

(c) 면판에 의한 큰 안지름 보링

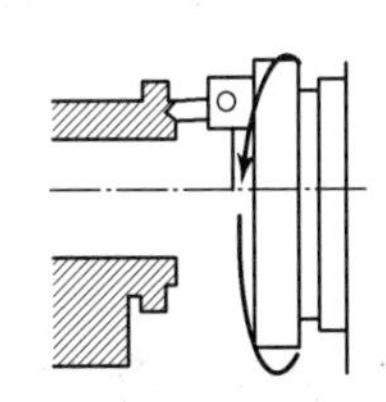

(d) 면판에 의한 끝면 절삭

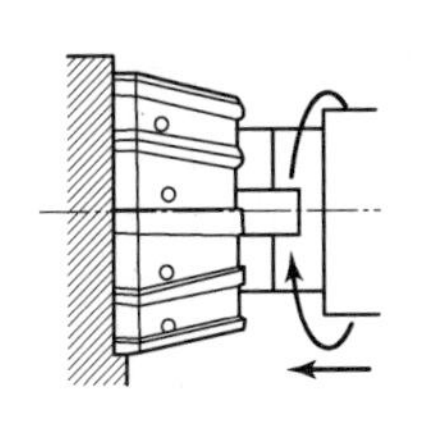

(e) 정면 밀링 커터에 의한 끝면 절삭

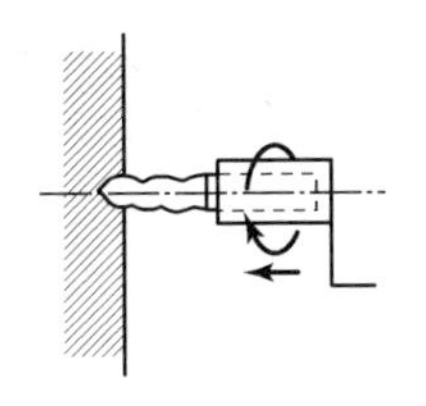

(f) 드릴링

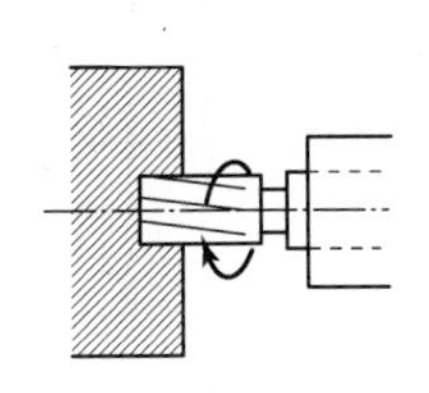

(g) 엔드 밀 절삭

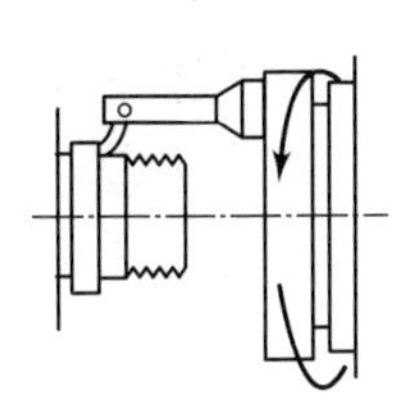

(h) 바깥 지름 및 수나사 절삭

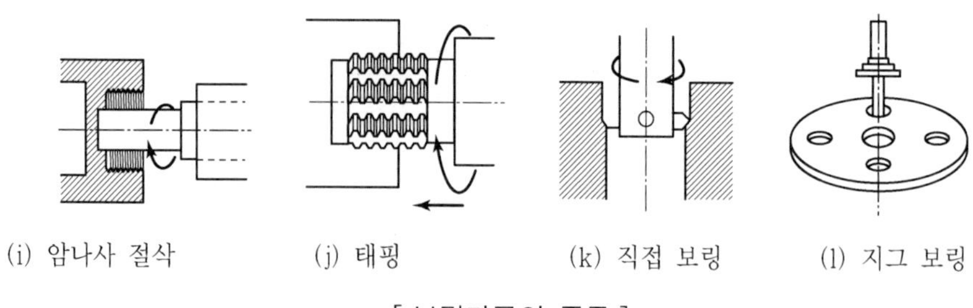

(i) 암나사 절삭 (j) 태핑 (k) 직접 보링 (l) 지그 보링

[보링가공의 종류]

2) Boring 공구

(1) 보링 바(Boring Bar)

보링바이트를 고정하고 주축의 구멍에 끼워져 회전하며 일감의 구멍을 넓히는 데 사용하는 봉이다.

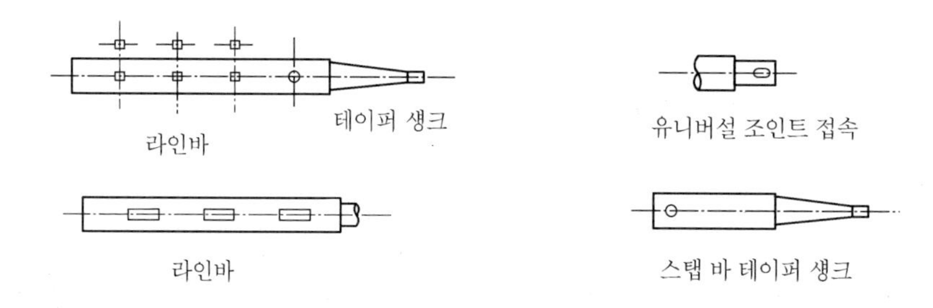

[보링바]

(2) 보링바이트(Boring Bite)

날끝은 선반용 바이트와 같으며 각형 또는 원형이다.

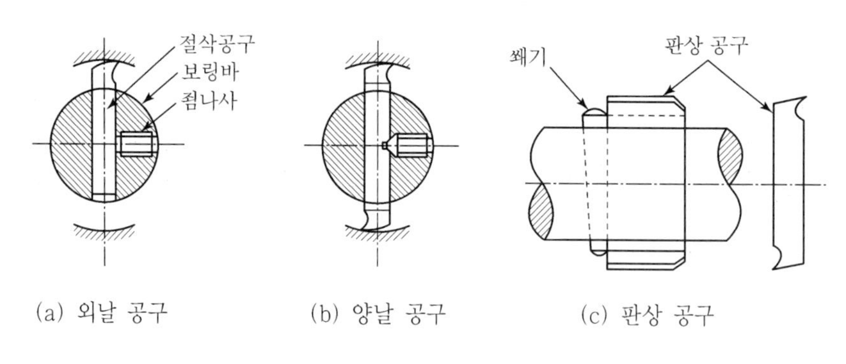

(a) 외날 공구 (b) 양날 공구 (c) 판상 공구

[보링바이트의 절삭]

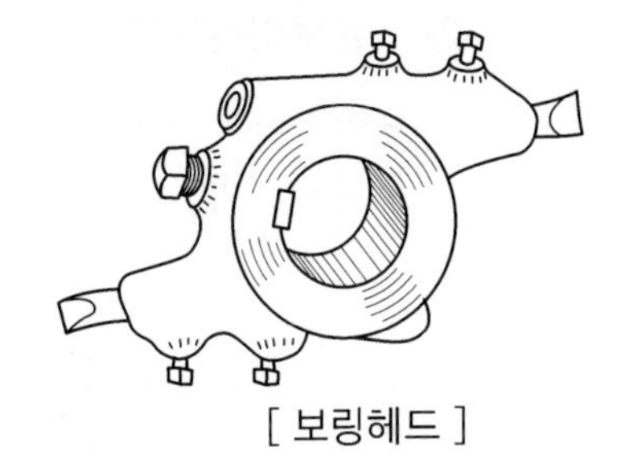
[보링헤드]

(3) 보링헤드(Boring Head)

큰 구멍을 보링할 때 직접 보링바에 바이트를 고정할 수 없으므로 이것을 사용하여 바이트를 고정해서 공작물을 깎는다.

2. Boring Machine

1) Boring Machine의 크기 표시

(1) 테이블의 크기
(2) 주축의 지름
(3) 주축의 이동거리
(4) 주축머리의 상하 이동거리
(5) 테이블의 이동거리

2) Boring Machine의 종류

(1) 수평보링머신(Horizontal Boring Machine)

① 주축대가 기둥 위를 상하로 이동하고 주축이 동시에 축방향으로 움직인다.
② 공작물은 테이블 위에 고정하고 새들(Saddle)을 전후좌우로 움직일 수 있으며 회전도 가능하므로 테이블 위에 고정한 공작물의 위치를 조정할 수 있다.

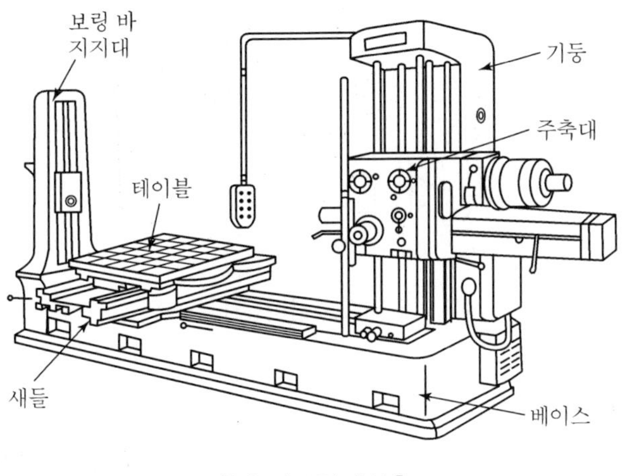

[수평보링머신]

(2) 정밀보링머신(Fine Boring Machine)

다이아몬드 또는 초경합금 공구를 사용하며 고속도 경절삭으로 정밀한 보링을 하는 기계로서 직립식과 수평식이 있으며 가공한 구멍의 진원도, 직진도가 매우 높다.

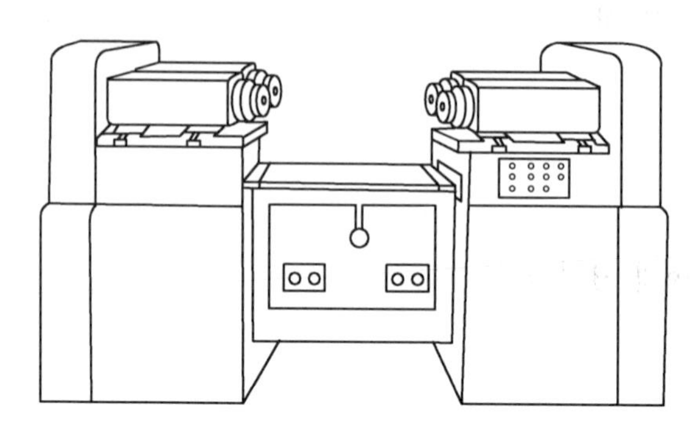

[수평식 양두형 정밀보링머신]

(3) 지그보링머신(Jig Boring Machine)

드릴작업에서 정확하지 못한 구멍가공, 각종 지그의 제작, 기타 정밀한 구멍가공을 위한 전문기계로서 2~10 μm의 정밀도로 가공할 수 있으며 단주식과 쌍주식이 있다.

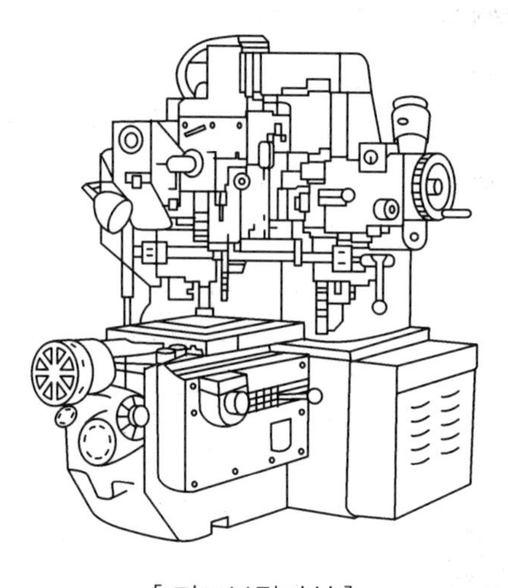

[지그보링머신]

(4) 코어보링머신(Core Boring Machine)

가공할 구멍이 드릴가공할 수 있는 것에 비하여 아주 클 때에는 환형으로 절삭하여 Core를 나오게 하며 Core는 별도의 목적에 이용된다.

[Question 01] 구멍불량의 원인과 드릴의 파손원인

1. 구멍불량의 원인

(1) 절삭날의 길이와 각도가 드릴의 중심선에 대하여 대칭이 아닐 때에는 구멍은 드릴 지름보다 크게 된다.

(2) 공작물 재질이 불균일하거나 기공 등이 있으면 절삭저항이 적은 쪽으로 드릴이 굽어져 들어간다.

(3) Spindle이 Drilling Machine의 Table에 대하여 직각이 아닌 경우에는 경사된 구멍이 뚫린다.

(4) 주축의 Bearing이 헐거워져 있거나 Drill, Socket, Spindle이 Taper가 정확하지 않은 경우에는 구멍의 지름은 크게 되며 진원이 되지 않는다.

2. 드릴의 파손원인

(1) 절삭날이 바르게 연삭되지 않아서 절삭날에 국부적으로 과대한 절삭력이 작용할 때

(2) 작업 중 구부러진 드릴을 계속 가공할 때

(3) Thinning이 너무 깊어서 선단이 약해졌을 때

(4) 구멍에 Chip이 너무 많이 충전되어 있어서 Torque가 과대할 때

(5) 이송이 너무 커서 절삭저항이 과대할 때

(6) 구멍에 비하여 드릴을 너무 길게 고정하여 휘어질 때

제4절 평삭가공

Professional Engineer Machine

1 Shaper

1. Shaper의 구조와 종류

1) Shaper의 구조

셰이퍼(Shaper)는 램(Ram)의 왕복운동에 의한 바이트의 직선절삭운동과 절삭운동에 수직방향인 테이블의 운동으로 일감이 이송되어 평면을 주로 가공하는 공작기계이다. 셰이퍼의 크기는 주로 램의 최대행정으로 표시할 때가 많고 500mm 정도가 많이 사용되며 테이블의 크기와 이송거리를 표시할 경우도 있다.

(1) 셰이퍼의 구성과 작용

① 램, 공구대, 왕복운동기구가 설치되어 있는 몸체(프레임)와 이송장치, 테이블, 베이스 등으로 되어 있다.

② 램앞에 공구대가 있고 여기에 고정한 바이트가 램과 같이 수평왕복운동을 하여 절삭가공한다.

③ 테이블은 새들에 고정되어 있고 램의 운동방향과 직각으로 이송할 수 있다.

④ 새들은 프레임의 미끄럼면에 따라 상하로 이동할 수 있으며 높이도 조절할 수 있다.

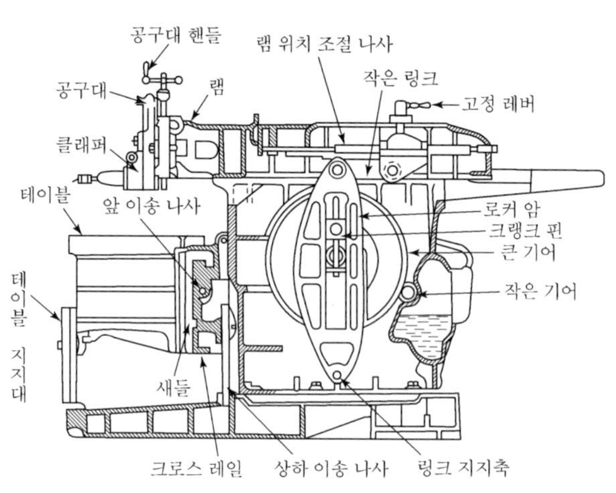

[셰이퍼의 각부 명칭]

(2) 급속귀환기구★★

① 크랭크기어(Crank Gear)와 로커암(Rocker Arm)에 의한 것 : 이 기구는 절삭행정에 비하여 귀환행정의 속도를 빠르게 하여 귀환행정의 시간을 단축한다.
크랭크핀이 일정한 속도로 회전하고 있을 때 절삭행정에서는 핀이 중심각 α만큼 돌고 귀환행정에서는 β만큼 돈다. 따라서 항상 $\alpha > \beta$이므로 귀환행정에 요하는 시간이 절삭 행정에 요하는 시간보다 짧아진다. 대략 $\alpha : \beta$의 비는 3 : 2 정도이나 절삭속도가 일정하지 못하고 순간순간마다 변화하는 결점이 있다.

② 유압식 기구에 의한 것 : 실린더 내의 유압을 작용시켜서 이로 인한 피스톤의 운동으로 램을 작동시키는 것으로 용적이 각각 다른 2개의 실린더를 이용하여 절삭과 귀환을 한다. 크랭크식에 비해 절삭행정의 속도가 일정하며 가공면이 깨끗하고 속도변환이 쉬우며 자동운전도 원활하다.

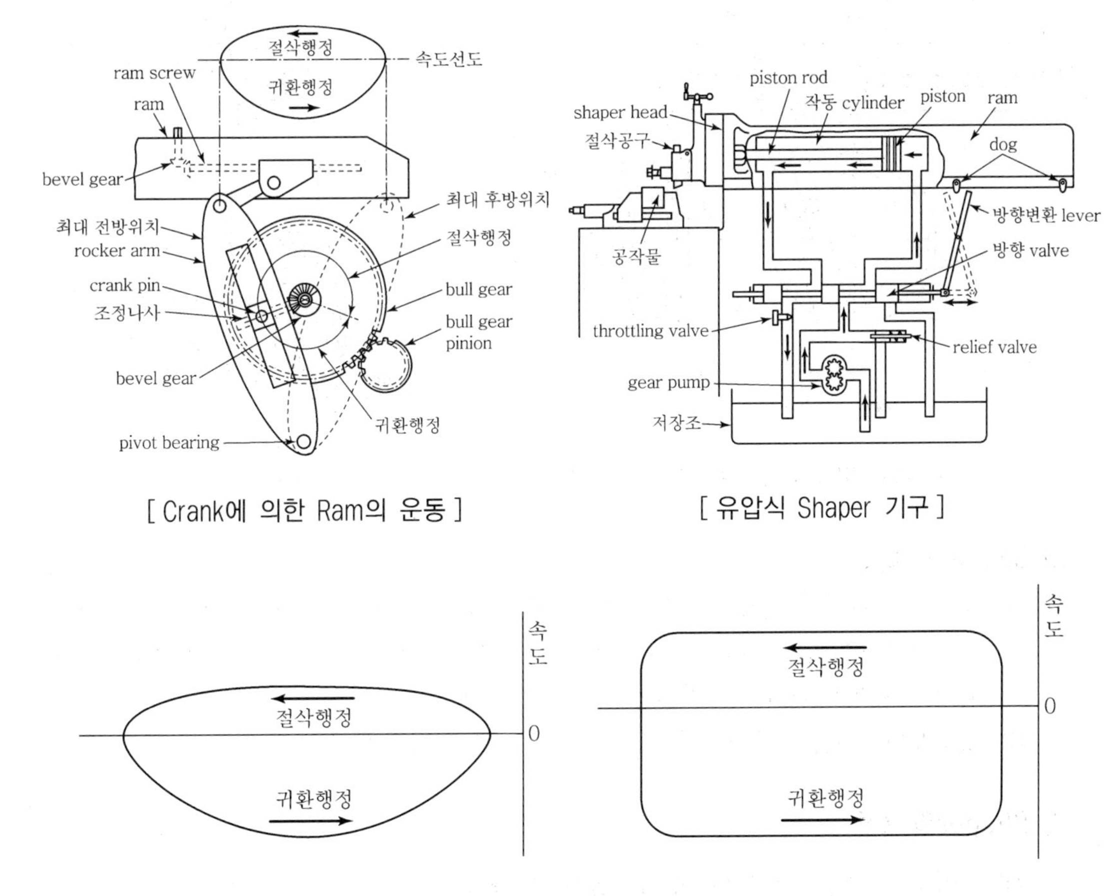

[Crank에 의한 Ram의 운동]

[유압식 Shaper 기구]

[Crank식과 유압식의 속도 변화 비교]

(3) 램의 운동기구

일감의 길이에 맞추어 램의 행정길이를 조절할 때는 행정조절축을 돌리면 너트 N_1(크랭크핀)이 이동하여 크랭크의 반지름 r이 변화한다.
크랭크핀은 로커암의 홈안을 미끄러지면서 회전운동을 한다.

(4) 공구대

수평, 수직, 각도절삭을 할 수 있으며 바이트의 이송은 공구대의 이송핸들을 돌려 미끄럼대를 이동시키고 바이트를 임의의 각도로 경사시킬 때에는 회전판을 돌리면 된다. 귀환행정 때 바이트를 손상시키지 않기 위해서 힌지를 중심으로 클래퍼(Clapper)가 들리도록 되어 있다.

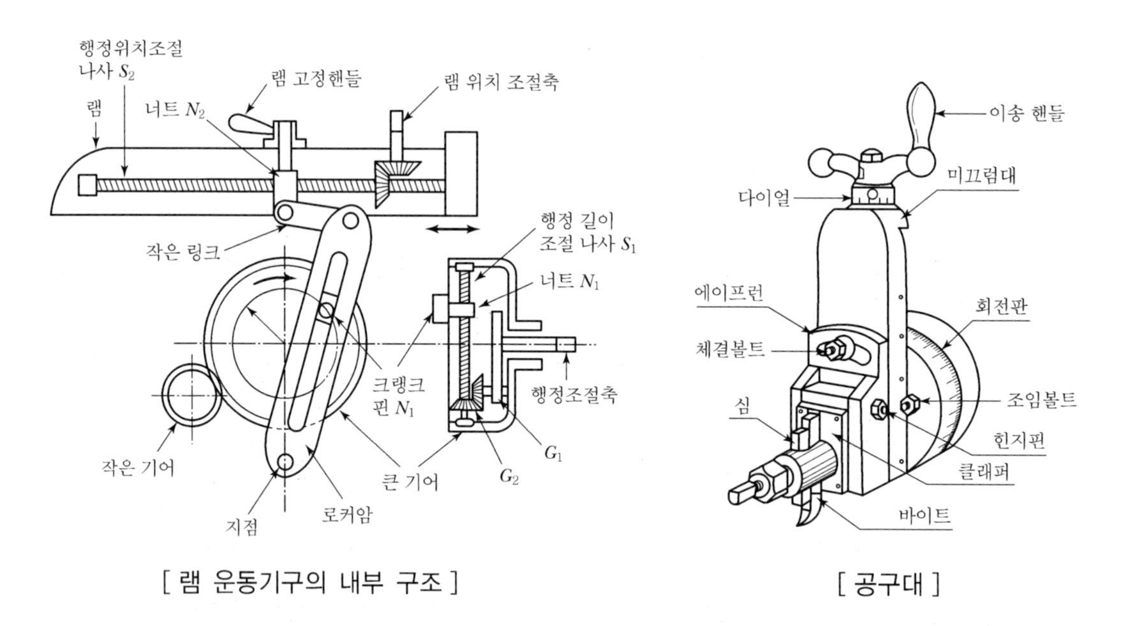

[램 운동기구의 내부 구조]　　　　[공구대]

2) Shaper의 특징

(1) 구조가 간단하고 취급이 용이하여 평면을 가공하는 데 많이 사용된다.
(2) 높은 정밀도를 얻기 어렵고 바이트가 전진할 때에만 절삭을 하고 귀환행정으로 후진할 때에는 시간이 걸리므로 작업능률이 좋지 않다.
(3) 유압모방장치를 사용하면 복잡한 모양의 제품도 가공할 수 있다.

3) Shaper의 종류

(1) 수평식 보통형 셰이퍼(Plain Horizontal Shaper)

램이 일정한 안내면을 앞뒤로 왕복하고 테이블은 좌우로 이송되며 평면을 깎는다.

(2) 수평식 횡행형 셰이퍼(Traverse Shaper)

대형 중량물을 깎는 데 적합한 셰이퍼로 테이블은 일감을 고정하고 상하로 높이만을 조절할 뿐이고 램은 왕복운동을 하는 동시에 프레임 위를 좌우로 이동하면서 깎는다.

2. Shaper 가공

1) Shaper Bite

바이트 날끝의 경사면이 바이트의 밑면 높이와 일치하든가 혹은 밑면 이하가 되도록 날끝에 가까운 생크 부분이 굽어져 있는 바이트로 그림 (a)와 같은 경우에는 절삭 중에 바이트가 휘어 뒤로 밀리면 날끝이 일감에 먹어 들어가 절삭 깊이가 그만큼 커진다. 그림 (b)와 같은 경우에는 그러한 염려가 없다.($r_1 > r_2$에 주의)

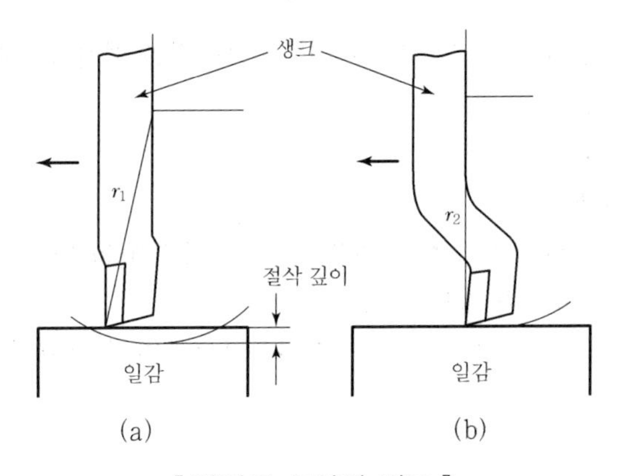

[바이트 모양의 비교]

2) Shaper Bite의 설치

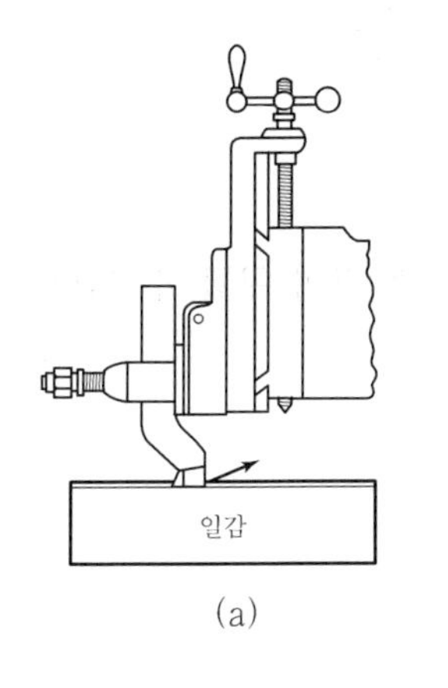

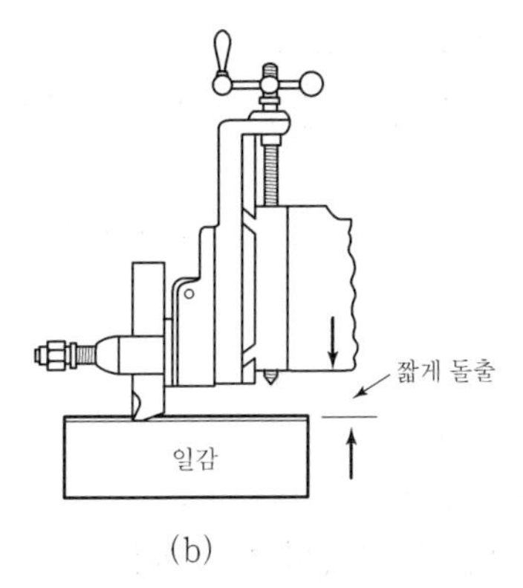

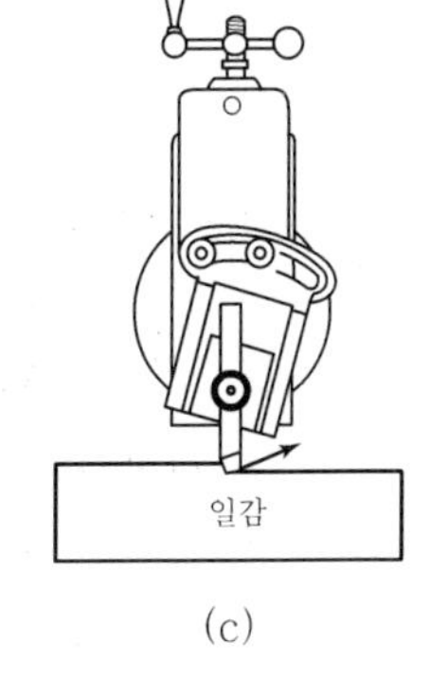

[바이트의 설치법]

(1) 그림 (a)는 중절삭에서 바이트가 굽어도 날끝이 일감에 파고들지 않도록 설치한 것
(2) 그림 (b)는 바이트 날끝이 램 밑면으로부터 될 수 있는 대로 짧게 돌출할 수 있도록 설치하여 떨림을 방지하게 한 것
(3) 그림 (c)는 바이트 자루를 수직으로 설치하여 절삭저항으로 바이트가 오른쪽으로 선회하여도 날끝이 일감에 파고 들지 않도록 한 것
(4) 에이프런을 돌려놓은 방향을 깎을 면에서부터 멀어지는 방향으로 한다.
(5) 특히 옆면이나 경사면을 깎을 때에는 에이프런을 돌려 놓음으로써 귀환행정에서 절삭날이 상하지 않고 보호한다.

3) Shaper 가공의 절삭조건

(1) 절삭속도

절삭행정에서의 바이트의 속도를 말하며 귀환행정은 절삭속도행정에 비하여 보통 1.5~2배 정도 빠르다.

$$v = \frac{NL}{1,000k}$$

여기서, N : 램(바이트)의 1분간의 왕복횟수(stroke/min)
L : 행정의 길이(mm)
k : 절삭행정의 시간과 바이트 1왕복의 시간과의 비(보통 k=3/5~2/3)

(2) 절삭가공시간

램행정의 길이를 l로 할 때

$$l = l_1 + (l_2 + l_3)$$

여기서, l : 램 행정의 길이
l_1 : 피삭재의 절삭길이
$l_1 + l_2$: 피삭재의 길이에 추가하는 길이

또한 절삭폭을 W로 할 때의 셰이퍼의 가공시간은 다음과 같이 구할 수 있다.

$$T = \frac{W}{Nf}$$

여기서, T : 가공시간(min)
W : 피삭재의 폭(mm)
N : 1분간의 램 왕복횟수(회/min)
f : 이송(mm/stroke)

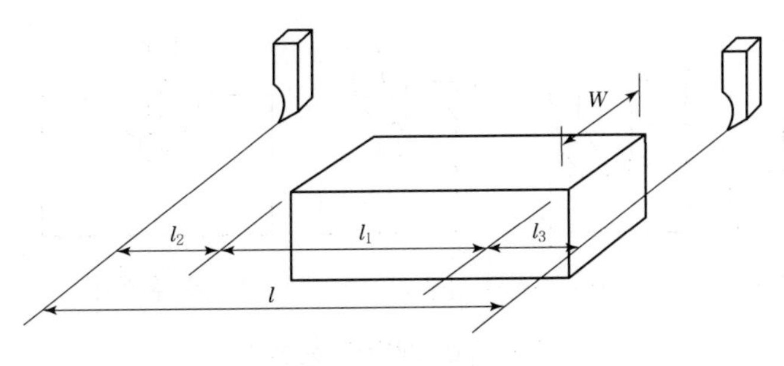

[램의 절삭 행정길이]

3. Shaper 작업

1) 수평절삭

가장 기본이 되는 작업으로 절삭깊이는 공구대에 있는 이송나사에 의하여 행하고 수평이송은 테이블에서 수동 또는 자동으로 주어진다.

2) 수직절삭과 각도절삭

일감의 측면, 홈, 단(段), Key Way의 다듬질에는 수직절삭을 하고 사면(斜面)구부(溝部) 등의 다듬질에는 각도절삭을 한다.

3) 곡면절삭

폭이 좁은 곡면절삭에는 총형 바이트를 사용하면 좋으나 폭이 넓은 경우에는 금긋기를 하고 먼저 거친 절삭을 하여 테이블에 자동이송을 주면서 공구대의 이송핸들을 돌리어 이송을 준다.

4) 홈절삭

(1) 넓은 폭의 홈절삭

금긋기를 하고 거친 절삭을 한 다음 다듬질 바이트로 측면, 바닥면, 구석을 차례로 가공한다.

(2) Key Way의 절삭

Key Way의 끝부분을 드릴가공한 다음 Key Way용 바이트로 선에 따라 홈절삭을 한다.

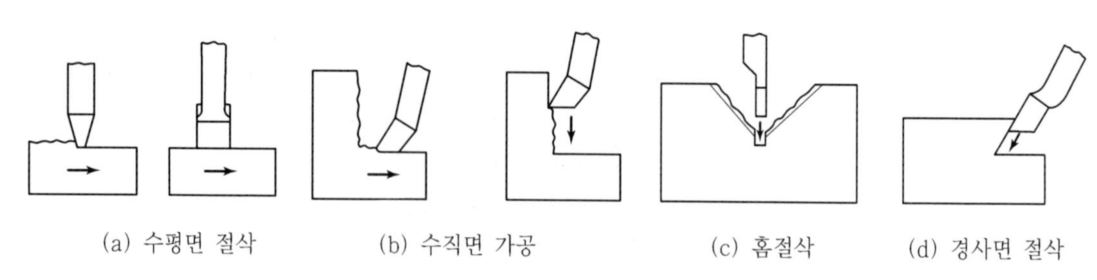

[Shaper 작업의 종류]

2 Slotter와 Planer

1. Slotter

1) Slotter의 개요

(1) 슬로터는 구조가 셰이퍼로 수직으로 세워 놓은 것과 비슷하여 수직셰이퍼라고도 한다.

(2) 주로 보스에 Key Way를 절삭하기 위한 기계로서 일감을 베드 위에 고정하고 베드에 수직인 하향으로 절삭함으로써 중절삭을 할 수 있다.

(3) 슬로터의 규격은 램의 최대 행정, 테이블의 크기, 테이블의 이동거리 및 회전테이블의 지름으로 나타낸다.

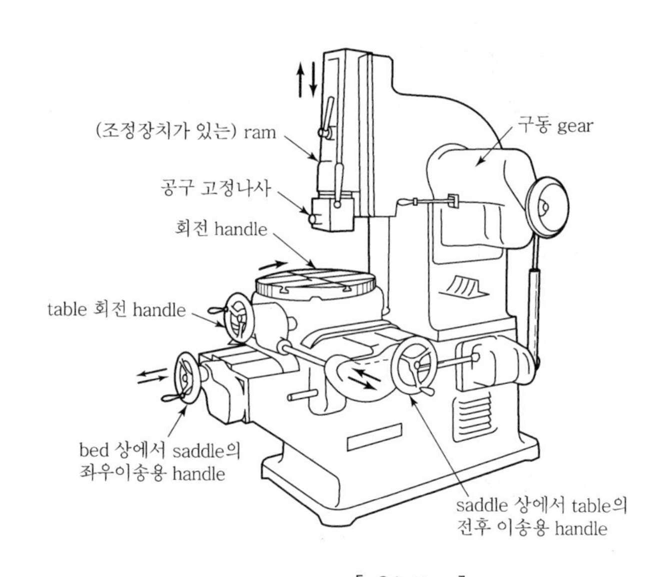

[Slotter]

2) Slotter의 구조

(1) 램의 운동기구

① 램은 적당한 각도로 기울일 수 있고 경사면을 절삭할 수도 있으며 이송은 테이블에서 한다.

② 램의 귀환행정을 돕기 위하여 중추(Balancing Weight) 혹은 Flywheel이 사용된다.

(2) 테이블의 이송장치

테이블은 베드에 따라 좌우로 이동되고 새들 위에서 앞뒤로 이동되며 회전테이블은 웜과 웜기어에 의하여 회전되는 부속장치이다.

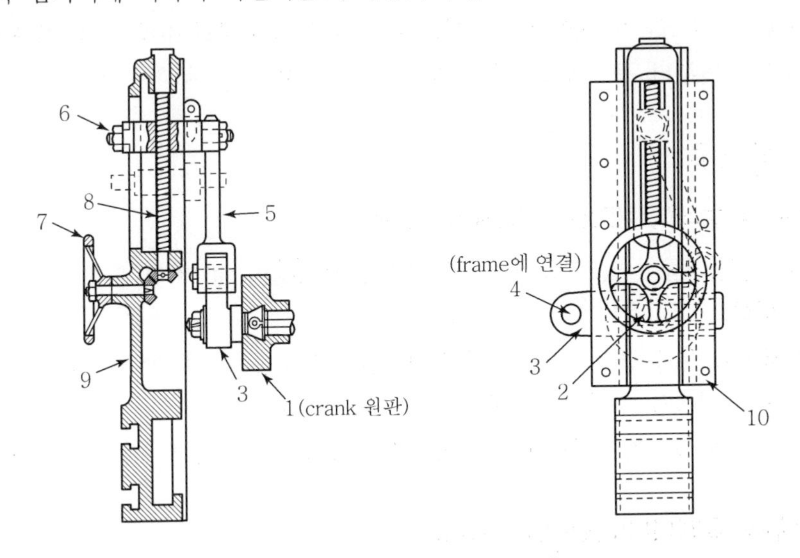

[Crank식 Ram의 운동기구]

3) Slotter 작업

(1) 회전테이블이 선회하므로 분할작업이 되며 내접기어 등의 분할절삭이 가능하다.
(2) 구멍의 내면이나 곡면 이외에 내접기어(Internal Gear), 스플라인 구멍 등을 가공한다.
(3) 대형물에서는 홀더를 사용하여 가공한다.

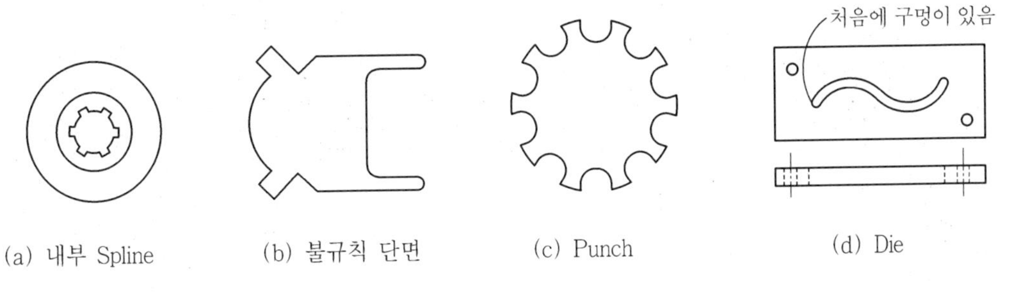

[Slotter 가공의 예]

2. Planer

1) Planer의 개요

(1) 플레이너작업에서는 공구는 고정되어 있고 일감이 직선운동을 하며 공구는 이송운동을 할 뿐이다.

(2) 셰이퍼에 비하여 큰 일감을 가공하는 데 사용된다.

(3) 플레이너의 크기는 테이블의 크기(길이×너비), 공구대의 수평 및 위 아래이동거리, 테이블 윗면부터 공구대까지의 최대높이로 나타낸다.

2) Planer의 종류

(1) 쌍주식 플레이너(Double Housing Planer)

① 2개의 기둥이 있고 그 사이에 크로스레일(Cross Rail)이 있어 상하로 이동하게 되어 있다.

② 테이블 위에 공작물을 고정하고 이것을 왕복운동시키며 이 운동방향과 직각인 방향으로 이송을 주면서 절삭한다.

③ 일감의 크기가 제한되나 구조상 강력 절삭이 가능하다.

(2) 단주식 플레이너(Open Side Planer)

① 기둥이 베드의 한쪽 옆면에 있고 크로스레일이 외팔보로 되어 있다.

② 폭이 넓은 일감을 깎을 수 있으나 강력 절삭을 할 때에는 정밀도에 주의하여야 한다.

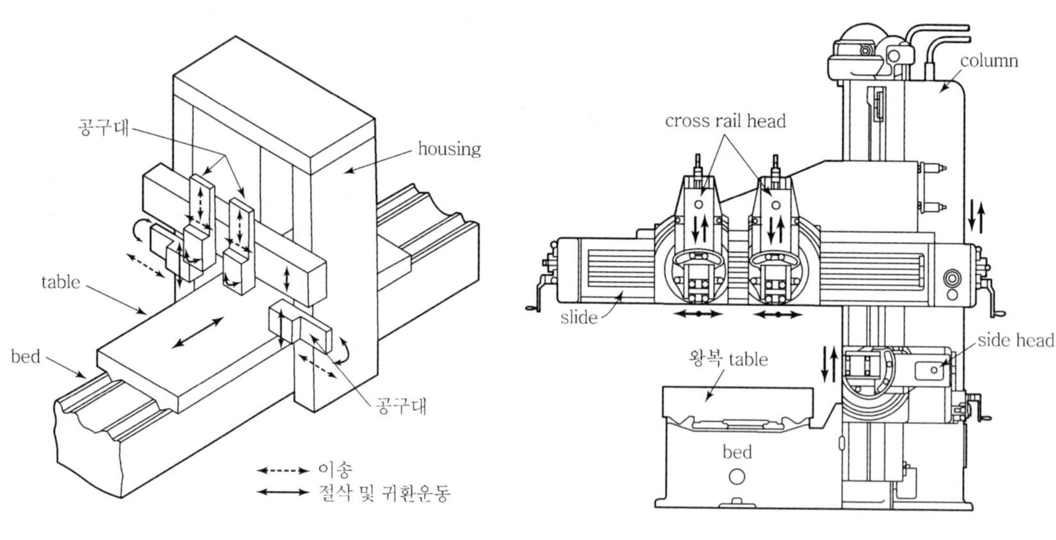

[쌍주식 Planer의 Block Diagram]　　[단주식 Planer]

(3) 특수용 플레이너

① Pit형 플레이너(Pit Type Planer) : 대형이며 테이블이 고정되어 있고 공구대가 가공물 위를 이동한다.

② Plate 또는 Edge Planer

㉠ 압력용기용 강판 등의 가장자리(Edge)를 가공하기에 편리하게 제작된 것이며 Plate는 베드에 고정되고 공구가 고정된 왕복대가 전후로 운동하면서 가공한다.

㉡ 대부분의 Edge 플레이너에서는 플레이너용 보통 절삭공구 대신에 밀링커터가 주로 사용된다.

3) Planer Table의 급속귀환기구

(1) 랙과 피니언에 의한 기구

(2) 나사로드와 나사에 의한 기구

(3) 유압운전장치에 의한 기구

(4) 랙과 웜에 의한 기구

4) Planer의 작업

(1) 절삭속도

$$v_m = \frac{2L}{t} = \frac{2v_s}{1+1/n}\,(\text{m/min})$$

$$t = \frac{L}{v_s} + \frac{L}{v_r}$$

여기서, v_m : 평균속도(m/min), v_r : 귀환속도(m/min), L : 행정(m)

L : 1회 왕복시간(min), n : 속도비 $= v_r/v_s$(보통 3~4)

v_s : 절삭속도(m/min)

(2) 가공시간

$$T = \frac{2bL}{\eta s v_m}\,(\text{min})$$

여기서, η : 절삭효율, b : 일감의 폭(mm), s : 이송(mm/stroke)

제 07 장

Milling 가공, Gear 가공, 연삭가공

제1절 Milling 가공과 Gear 절삭가공

1 Milling Machine의 개요

1. Milling Machine의 개요

밀링머신은 회전하는 절삭공구에 가공물을 이송하여 원하는 형상으로 가공하는 공작기계이다. 이때 회전공구를 Milling Cutter라 한다. 공작물은 Table에 고정되며 Table은 세로방향, 가로방향, 상하방향으로 이동한다. 밀링머신으로 할 수 있는 가공에는 평면절삭, 홈절삭, 곡면절삭, 단면절삭, 기어의 치형가공, 특수나사가공, Cam가공 등이 있다. 분할대와 같은 부속장치를 사용하여 Drill, Reamer, Boring 공구, Cutter 등도 제작할 수 있다.

1) 밀링머신의 구조

(1) 기둥(Column)

칼럼은 베이스(Base)에 견고하게 고정되어 있는 기계의 몸체이며 칼럼 전면의 안내에 따라 니(Knee)가 상하이송을 하고 베이스는 니의 이송용 나사를 지지하며 절삭유의 탱크로 이용된다.

(2) 오버암(Overarm)

칼럼 상부에 주축(Spindle)과 평행하게 설치되어 있으며 1개 또는 2개의 아버(Arbor) 지지대로 아버를 지지하며 아버에 고정되는 커터는 될 수 있는 대로 주축에 가까이 설치하여 진동을 방지하는 것이 좋다.

(3) 니(Knee)

칼럼의 안내면에 따라 상하이송을 하는 부분으로서 새들(Saddle)과 테이블을 지지하며 테이블의 좌우, 새들의 전후, 니의 상하운동을 시켜주는 복잡한 운동기구를 내장하고 있다.

(4) 새들(Saddle)

테이블을 받쳐 주고 있는 새들은 니 위에서 전후로 이송되며 내부에는 테이블의 구동기구와 윤활장치가 있다.

(5) 테이블(Table)

테이블은 일감을 직접 고정시켜 주거나 바이스 또는 고정구 등을 이용해서 고정할 수 있도록 윗면에 보통 3줄의 T홈이 파여 있다. 테이블의 이송은 새들 위에서 좌우로 자동 또는 수동으로 할 수 있으며 자동이송을 할 때는 테이블 전면에 있는 트립도그(Trip Dog)로 거리를 조정한다.

(6) 주축(Spindle)

칼럼면에 직각으로 설치되어 테이퍼 롤러 베어링으로 지지되어 있고 강성이 크며 기어와 일체로 된 플라이휠이 있어 회전, 절삭력의 변동 및 그에 의한 진동을 막고 있다.

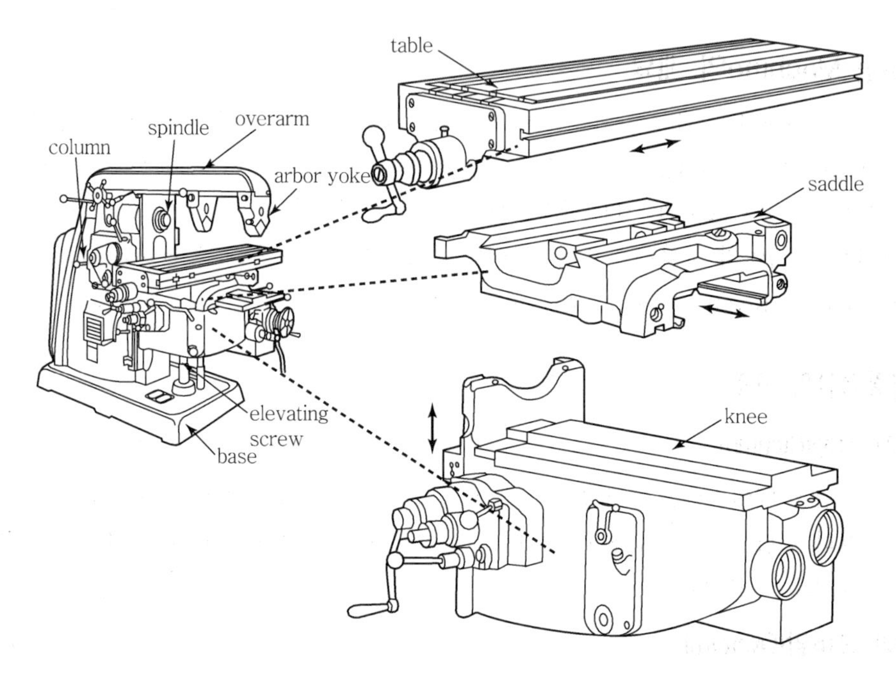

[Knee 및 Column식 Milling Machine]

2) 밀링머신의 크기

(1) 수평식 밀링머신(플레인 및 만능 밀링머신)

① 테이블면의 크기
② 테이블의 최대 이동(좌우×전후×상하) 거리
③ 주축의 중심선에서 테이블면까지의 최대거리
④ 또한 간단히 새들이 전후 이동거리를 번호로 표시한다.(예 : 새들의 전후 이동거리 200mm를 #1으로 하고 50mm 간격마다 #2, #3 등으로 표시하며 0번부터 4번까지 있다.)

(2) 수직밀링머신

① 테이블면의 크기
② 테이블의 최대 이동(좌우×전후×상하) 거리
③ 주축단에서 테이블면까지의 최대거리
④ 주축대의 최대이송거리
⑤ 새들의 전후 이동거리를 번호로서 표시한다.

2. Milling Machine의 종류

1) 니 칼럼형 밀링머신(Knee Column Type Milling Machine)

(1) 수평밀링머신(Horizontal Milling Machine) 또는 플레인 밀링머신(Plain Milling Machine)

① 아버가 주축과 수평으로 설치되어 주로 평삭절삭, 측면절삭 등을 가공하고 구조가 간단하며 고정구를 사용하여 여러 가지 가공을 할 수 있다.
② 주축에는 아버를 압입시키고 커터는 아버에 고정하고 작업한다.

(2) 만능밀링머신(Universal Milling Machine)

① 새들 위에 회전대가 있어 수평면 안에서 필요한 각도로 테이블을 회전시킬 수 있다.
② 분할대나 헬리컬 절삭공구장치를 사용하면 헬리컬 기어, 트위스트 드릴의 비틀림 홈 등을 가공할 수 있다.

(3) 직립밀링머신(Vertical Milling Machine)

① 주로 정면 밀링 커터와 엔드밀을 사용하여 홈절삭, 측면가공, 평면가공 등을 능률적으로 행할 수 있으며 주로 완성가공에 널리 사용된다.
② 구조가 강력하고 테이블 위에 회전테이블을 장치하면 정확한 각도가공도 가능하다.

2) 생산(生産)밀링머신

대량 생산에 적합하도록 어느 정도 단순화하였고 자동화된 밀링 머신

(1) 단두식 밀링머신

수직 1면만을 가공하고 강력 절삭용으로 스핀들 헤드가 1개 있다.

(2) 쌍두식 밀링머신

스핀들 헤드가 2개이고 동시에 2면, 3면 절삭이 가능하며 베드형 밀링머신이라고도 부른다.

(3) 회전테이블식 밀링머신

공작물을 고정한 원형 테이블을 연속 회전시키고 2개의 스핀들 헤드를 사용하여 두 종류의 가공을 동시에 할 수 있다.

3) 플래노 밀러(Plano Miller)

플레이너의 공구대 대신 밀링 헤드가 장치된 형식이고 플레이너형 밀링머신라고도 하며 단주형과 쌍주형이 있고 대형 일감과 중량물의 절삭이나 강력절삭에 적합하다.

4) 특수 밀링머신

(1) 모방밀링머신(Profile Milling Machine)

모방장치를 사용하여 프레스, 단조, 주조용 금형 등의 복잡한 모양의 것을 정밀도가 높고 능률적으로 가공할 수 있는 구조로 되어 있는 밀링머신

(2) 나사밀링머신(Thread Milling Machine)

나사를 깎는 전용 밀링머신으로서 작동이 간단하고 가공 능률이 좋으며 깨끗한 다듬질면의 나사를 가공할 수 있다.

(3) 수치제어 밀링머신(NC Milling Machine)

윤곽제어에 의한 평면캠, 원통캠, 판케이지 등을 가공하는 데 효과적이다.

2 Milling Machine의 부속품과 부속장치

1. 부속품과 부속장치

1) 부속품

(1) 아버(Arbor)

플레인 밀링 커터나 옆면 밀링 커터 등 구멍이 있는 밀링 커터를 고정시키는 데 사용하는 것으로 구조용 합금강으로 만들며 열처리가 되어 있다.

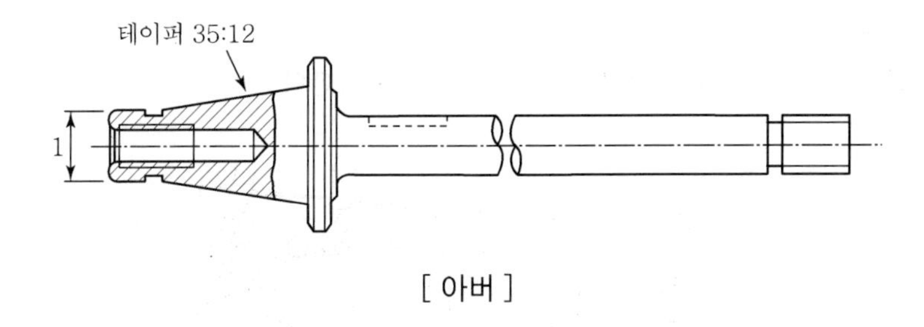

[아버]

(2) 어댑터(Adapter)와 콜릿척(Collet Chuck)

정면커터, T홈 커터, 엔드밀 등과 같이 자루가 달린 커터를 고정할 때 사용

(3) 밀링바이스(Milling Vise)

일감을 고정시키는 데 사용

① 평형(Plain) 바이스 : 조의 방향이 테이블의 이송방향과 평행 또는 직각으로 밖에 설치할 수 없다.

② 회전 바이스 : 회전대에 의하여 수평방향으로 회전시킬 수 있으므로 조의 방향을 임의의 방향으로 돌려 고정시킬 수 있다.

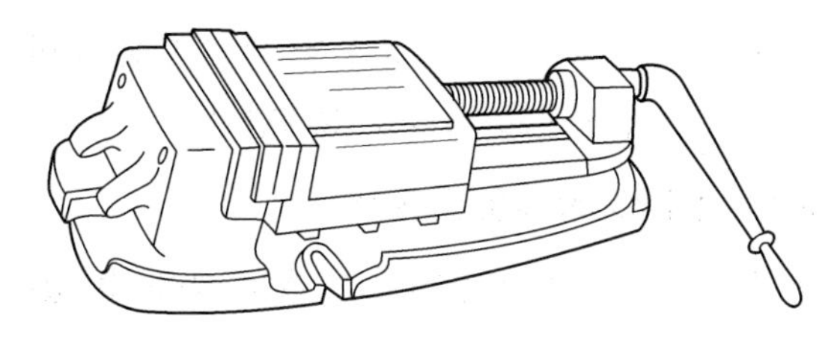

[밀링바이스]

(4) 회전 테이블(Circular Table)

① 주로 수직 밀링 가공에서 사용되며 회전 테이블을 수동이송 또는 자동이송에 의하여 회전시킬 수 있으므로 원호형의 홈이나 바깥둘레 부분을 원형으로 깎는 데 쓰인다.

② 핸들 축에는 각도 눈금이 새겨져 있는 마이크로 칼라가 부착되어 있으므로 간단한 각도의 분할에도 쓰인다.

(5) 분할대(Indexing Head)

① 일감의 바깥둘레를 필요한 수로 등분하든가 어느 각도만큼 일감을 회전시킬 때 쓰인다.

② 비틀림각 구동장치 등과 겸용하여 베벨기어나 밀링커터의 비틀림 홈 등을 깎을 수 있다.

③ 분할대의 규격은 테이블상의 스윙으로 표시한다.

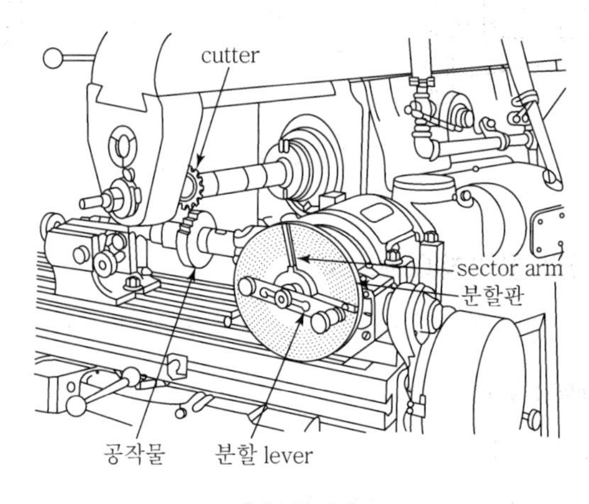

[분할대]

2) 부속장치

(1) 수직밀링장치(Vertical Milling Attachment)

수평식 밀링머신에서 수직밀링머신 작업을 할 수 있도록 오버 암을 뒤로 후퇴시킨 후 주축대에 취부시켜 수직방향으로 커터를 설치한다.

(2) 만능밀링장치(Universal Milling Attachment)

수평밀링머신에 장치하는 것이며 헬리컬과 랙을 깎을 수 있는 장치이다.

(3) 슬로팅장치(Slotting Attachment)

수직축 장치와 마찬가지로 주축대에 취부시켜 바이트를 밀링머신에서도 왕복직선운동시켜 슬로터와 같이 공구가 상하로 왕복운동을 하여 키홈 등을 깎도록 한 것이다.

(4) 랙절삭장치(Rack Milling Attachment)

수평식 밀링머신의 스핀들과 기어에 의하여 동력전달을 받고 일감 고정용 특수 바이스와 총형 커터를 이용하여 랙(Rack)을 가공한다.

(5) 나사밀링장치(Thread Milling Attachment)

랙절삭장치와 비슷하나 커터가 회전테이블의 중심에 수직으로 위치하며 분할대 및 리드 스크루와 조합하여 내외의 곧은 나사, 테이퍼나사, 웜나사 등을 가공한다.

2. Cutter의 종류★

1) 플레인 커터(Plain Cutter)

(1) 원통면에 날이 있으며 폭이 10~15mm인 것은 날이 직선이고 그 이상의 폭은 비틀림 날로 만든다.

(2) 비틀림 날의 커터는 절삭이 순차적으로 되며 소비동력이 적고 가공면이 좋으나 추력이 작용하는 결점이 있다.

2) 메탈소(Metal Saw)

폭 5mm 이하이며 절단작업에 사용

3) 측면커터(Slide Milling Cutter)

폭이 좁은 플레인 커터의 양측면에서도 날이 만들어진 커터로 홈 및 단면가공에 사용

4) 정면커터(Face Cutter)

원통면 및 한쪽 단면에 날이 있고 자루(Shank)가 없는 커터로서 넓은 평면가공에 사용

5) 엔드밀(End Mill)

원둘레와 단면 모두 날을 가지고 있어 키홈이나 좁은 평면가공을 한다.

6) 각 커터(Angular Cutter)

원주에 임의의 각을 가지고 있어 45°, 60°, 70° 등각을 가지는 홈을 파거나 각을 가지는 단면가공에 쓰인다.

7) 총형 커터(Formed Cutter)

날부분이 깎으려고 하는 모양과 같은 커터로서 드릴, 리머, 기어절삭에 사용한다.

8) T커터

T형 홈 절삭에 사용하는 커터

(a) 평밀링커터 (b) 정면밀링커터 (c) 토막날평밀링커터

(d) 각밀링커터 (e) 메탈소

(f) 총형커터

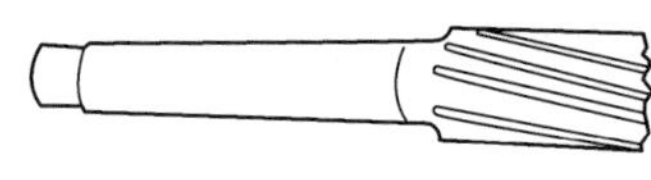

(g) 엔드밀

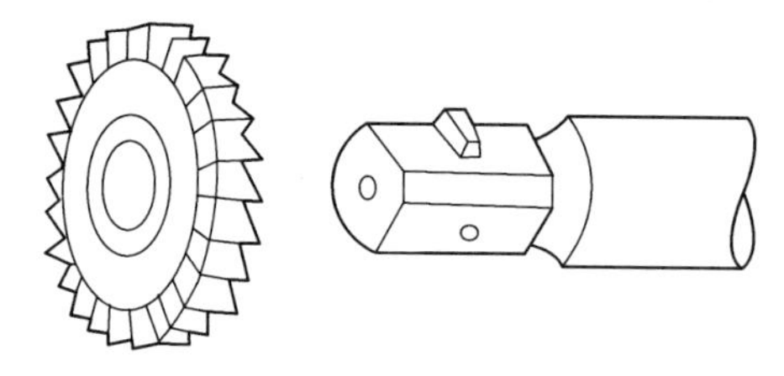

(h) 플레인커터

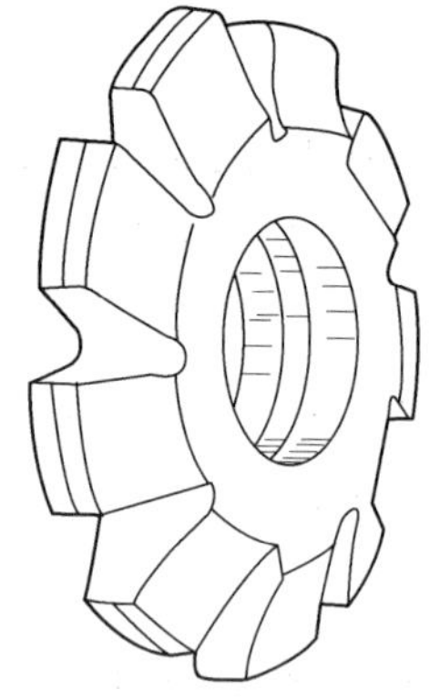

(i) 치형절삭커터

[밀링커터의 종류]

3 Milling 작업

1. Milling 가공의 절삭조건

1) 절삭속도

$$v = \frac{\pi d N}{1,000}$$

여기서, v : 절삭속도(m/min)
d : 밀링커터의 지름(mm)

커터의 수명을 길게 하기 위하여 절삭속도를 낮게 하고 거친 가공에는 저속과 큰 이송, 다듬질가공에는 고속과 저이송을 준다.

2) 이송

$$f = f_z \times z \times N(\text{mm/min})$$

여기서, f : 테이블의 이송속도(mm/min)
f_z : 밀링커터의 날 1개마다의 이송(mm)
z : 밀링커터의 날 수
N : 밀링커터의 회전수(rpm)

3) 절삭깊이

최대절삭깊이는 대략 5mm 이하로 하고 다듬절삭일 때는 0.3~0.5mm 이상 정도로 한다.

2. Milling Machine의 절삭작업

1) 분할법★

분할대를 고정하고 공작물을 분할대의 Spindle과 심압대 Center 사이에 지지하며 공작물의 원주분할, 홈파기, 각도분할 등에 사용한다.

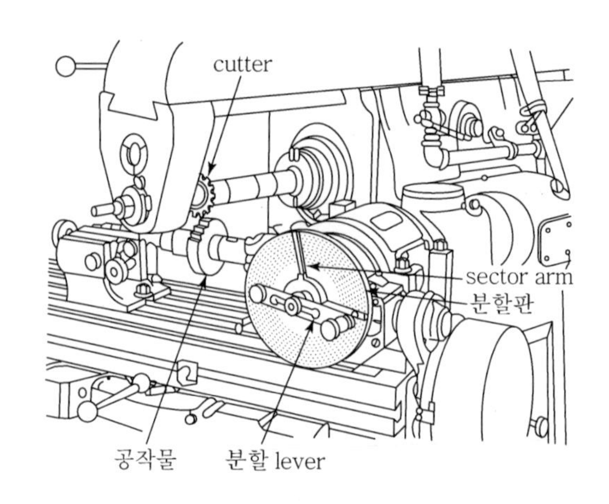

[분할대]

(1) 직접분할법(Direct Indexing)

① 분할방법

직접분할법은 분할대 Spindle을 직접 회전시켜 분할하는 것으로 웜을 아래로 내려 웜휠과의 물림을 끊고 직접 분할판을 소정의 구멍수만큼 돌린 다음 고정판을 이 구멍에 꽂아 고정한다.

② 분할 수

24의 인수(2, 3, 4, 6, 8, 12, 24 분할)

③ 분할 예

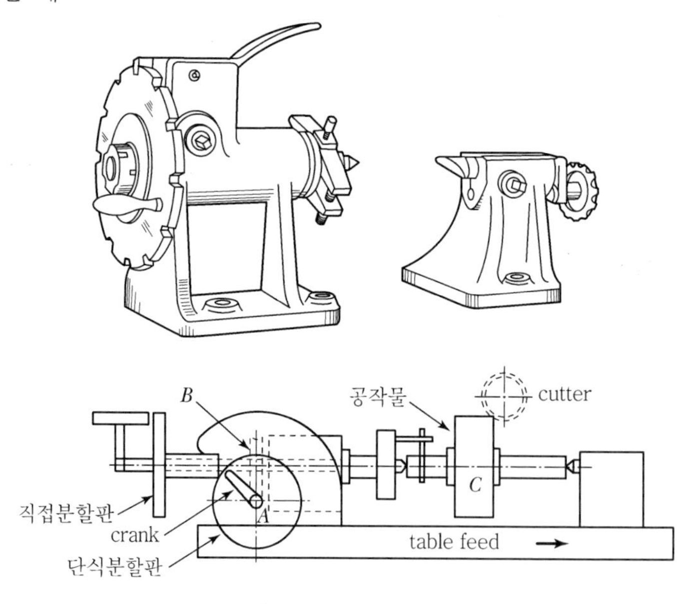

[직접분할기구]

(2) 단식분할법(Simple Indexing)

① 분할방법

㉠ 원주분할 : 분할크랭크 핸들과 분할판을 이용하며 분할하는 방법이며 직접분할 방법으로 분할할 수 없는 수 또는 정확한 분할을 요할 때 사용한다. 분할 크랭크를 40회전시키면 주축은 1회전하므로 주축을 $1/N$ 회전시키면 된다.

$$n = \frac{40}{N} = \frac{h}{H} \text{(브라운 샤프형과 신시내티형)}$$

여기서, N : 일감의 등분 분할수
n : 분할 크랭크의 회전수
H : 분할판에 있는 구멍수
h : 크랭크를 돌리는 구멍수

㉡ 각도분할

$$n = \frac{x}{9}, \quad n = \frac{y}{540}$$

여기서, n : 분할 크랭크의 회전수
x : 분할각도(도)
y : 분할각도(분)

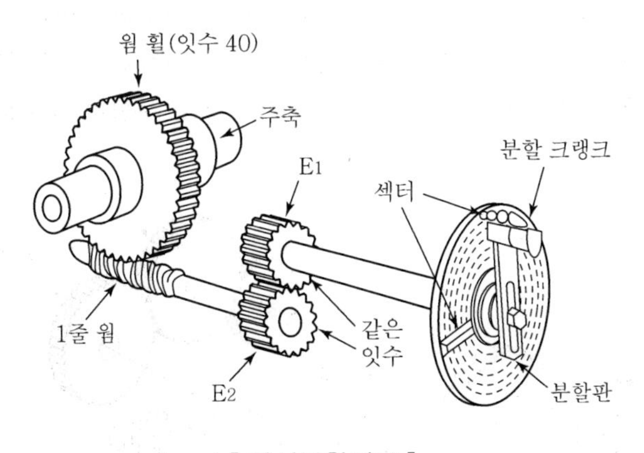

[단식분할기구]

② 분할 수

㉠ 2~60까지의 모든 수
㉡ 60~120 사이의 2와 5의 배수
㉢ 120 이상의 수로써 40/N의 분모가 분할판의 구멍수가 될 수 있는 수

③ 분할 예

㉠ 원주의 56등분

$$n = \frac{40}{N} = \frac{40}{56} = \frac{5}{7},\ \frac{5}{7} \times \frac{4}{4} = \frac{20}{28},\ \frac{5}{7} \times \frac{6}{6} = \frac{30}{42},\ \frac{5}{7} \times \frac{7}{7} = \frac{35}{49}$$

분모인 28, 42, 49의 구멍수를 가진 분할판에서 분할 크랭크 핸들을 각각 20, 30, 35 구멍만큼 회전시키면 된다.(3가지 방법 중 택일)

㉡ 원주의 36등분

$$n = \frac{40}{N} = \frac{40}{36} = 1\frac{4}{36} = 1\frac{1}{9}\ \left(\frac{1}{9} \times \frac{6}{6} = \frac{6}{54}\right)$$

분할 크랭크의 회전수는 1회전 1/9회전이 된다. 이것은 54구멍줄에서 1회전하고 6구멍씩 이동하면 36등분이 된다.

(3) 차동분할법(Differential Indexing)

① 차동분할 원리 및 방법

㉠ 단식분할로 분할할 수 없을 때 사용한다. 차동분할에서는 분할판이 웜축에 고정되지 않으며 크랭크 핸들을 돌리면 주축이 회전하여 변환기어를 움직이고 변환기어의 중간 기어수가 1개이면 슬리브(Sleeve)와 일체인 분할판을 크랭크 핸들의 회전방향으로 전진하고 중간 기어가 2개이면 반대방향으로 차동 회전한다.

㉡ 차동을 주기 위해서는 섹터를 풀어 놓고 주축과 마이터 기어(Miter Gear)축을 계산된 기어비의 기어열에 연결하고 분할크랭크를 회전시켜 분할판을 소요량만큼 회전하게 한 다음 단식분할의 요령으로 분할하면 된다.

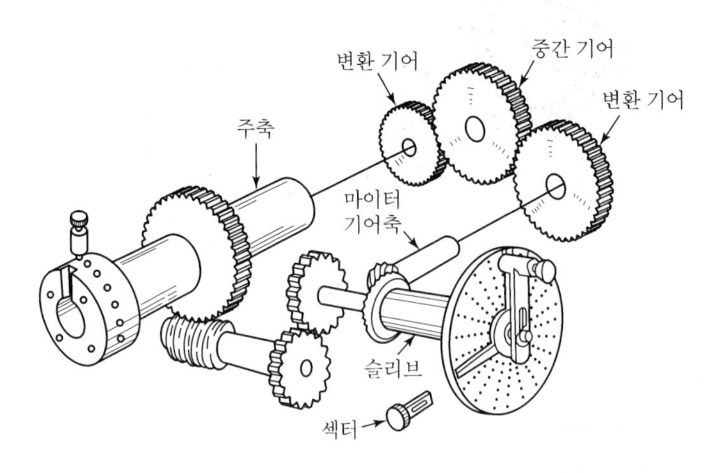

[차동분할기구]

② 변환 기어비

㉠ 분할수 N에 가장 가까운 수로 단식 분할되는 수 N'를 가정하여 선정한다.

㉡ 가정 분할수 N′를 단식 분할하기 위한 계산을 한다.

$$n = \frac{40}{N'} = \frac{h}{H}$$

㉢ 변환기어비 i를 구하고 차동 변환기어 잇수를 결정한다.

$$i = 40\frac{N'-N}{N'} = \frac{Z_a}{Z_d} = \frac{Z_a \times Z_c}{Z_b \times Z_d}$$

㉣ 중간기어 M의 사용법(신시내티형)

구	분할판의 회전방향	M의 수	
		2개걸이	4개걸이
$N' > N(i > 0)$일 때	분할판의 차동회전이 분할 크랭크와 같은 방향	1	0
$N' > N(i < 0)$일 때	분할판의 차동회전이 분할 크랭크와 반대 방향	2	1

③ 분할 : 신시내티형 분할대로 71등분 하여라.

71에 가까운 단식 분할이 가능한 수 72를 N'라 하면

$$i = \frac{40}{N'}(N'-N) = \frac{40}{72}(72-71) = \frac{40}{72} = \frac{Z_a}{Z_d}$$

따라서 변환기어잇수 Z_a=40, Z_d=72의 2개를 걸면 된다. $i > 0$이고 2개 걸이이므로 중간기어는 1개를 사용한다. 또 크랭크의 회전수는

$$n = \frac{40}{N'} = \frac{40}{72} = \frac{30}{54}$$ 이므로

분할 크랭크를 분할판의 54 구멍열에서 30구멍씩 돌리면 된다.

한편 N'=70이라 정하면

$$i = \frac{40}{N'}(N'-N) = \frac{40}{70}(70-71) = -\frac{32}{56} = -\frac{Z_a}{Z_d}$$

따라서 Z_a=32, Z_d=56의 2개를 건다. $i < 0$이므로 2개 걸이에는 2개 사용하고 크랭크의 회전수

$$n = \frac{40}{N'} = \frac{40}{70} = \frac{16}{18} = \frac{24}{42} = \frac{28}{49}$$

이므로 분할 크랭크는 분할판의 42 구멍판에서 24, 49 구멍판에서 28구멍을 돌리면 된다.

2) 밀링 커터의 절삭방향★

(1) 상향밀링(Up Milling)과 하향밀링(Down Milling)

밀링작업은 밀링커터의 회전방향과 공작물의 이송방향에 따라서 상향절삭과 하향절삭으로 구분된다. 상향절삭 또는 올려깎기는 밀링커터의 회전방향과 일감의 이송방향이 반대인 것으로 커터는 일감을 케이블에서 들어올리는 힘이 작용한다. 하향절삭 또는 내려깎기는 커터의 날이 회전하는 방향과 일감이 이송되는 방향이 같으며 절삭공구는 일감에서 뒤쪽으로 밀리나 지지면으로 내려 누르는 경향이 있다.

① 상향밀링 : 일감의 이송방향과 커터의 회전방향이 반대 밀링

② 하향밀링 : 커터의 회전방향과 일감의 이송방향이 같은 밀링

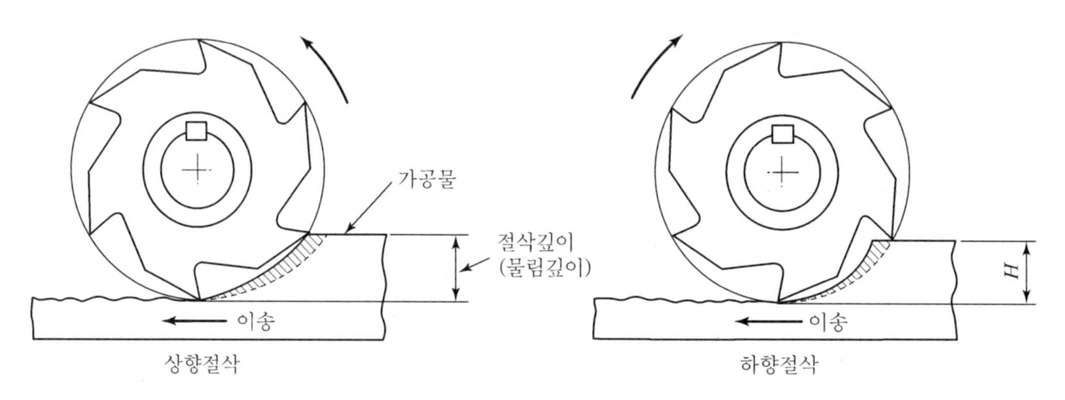

[상향절삭과 하향절삭]

(2) 상향밀링과 하향밀링의 비교

구분	상향밀링(올려깎기)	하향밀링(내려깎기)
장점	① 밀링 커터의 날이 일감을 들어올리는 방향으로 작용하므로 기계에 무리를 주지 않는다. ② 절삭을 시작할 때 날에 가해지는 절삭저항이 영에서 점차적으로 증가하므로 날이 부러질 염려가 없다. ③ 칩이 날을 방해하지 않고 절삭된 칩이 가공된 면에 쌓이지 않으므로 절삭열에 의한 치수 정밀도의 변화가 적다. ④ 커터날의 절삭방향과 일감의 이송방향이 서로 반대이고 따라서 서로 밀고 있으므로 이송 기구의 백클래시가 자연히 제거된다. ⑤ 절삭 동력이 적게 소비된다.	① 밀링 커터의 날이 마찰작용을 하지 않으므로 날의 마멸이 적고 수명이 길다. ② 커터 날이 밑으로 향하여 절삭하고 따라서 일감을 밑으로 눌러서 절삭하므로 일감의 고정이 간편하다. ③ 커터의 절삭방향과 이송방향이 같으므로 날 하나마다의 절삭 자취의 피치가 짧고 따라서 가공면이 깨끗하다. ④ 절삭된 칩이 가공된 면 위에 쌓이므로 가공할 면을 잘 볼 수 있어 좋다.

단점	① 커터가 일감을 들어올리는 방향으로 작용하므로 일감 고정이 불안정하고 떨림이 일어나기 쉽다. ② 커터 날이 절삭을 시작할 때 재료의 변형으로 인하여 절삭이 되지 않고 마찰작용을 하므로 날의 마멸이 심하다. ③ 커터의 절삭방향과 이송방향이 반대이므로 절삭 자취의 피치가 길고 마찰작용과 아울러 가공면이 거칠다. ④ 칩이 가공할 면 위에 쌓이므로 시야가 좋지 않다.	① 커터의 절삭작용이 일감을 누르는 방향으로 작용하므로 기계에 무리를 주고 동력의 소비가 많다. ② 커터의 날이 절삭을 시작할 때 절삭저항이 가장 크므로 날이 부러지기 쉽다. ③ 가공된 면 위에 칩이 쌓이므로 절삭열로 인한 치수 정밀도가 불량해질 염려가 있다. ④ 커터의 절삭방향과 이송방향이 같으므로 백클래시 제거장치가 없으면 가공이 곤란하다.

(3) 백래시(Backlash) 제거장치

상향절삭에서는 절삭저항의 수평분력은 테이블의 이송나사에 의한 수평 이송력과 반대 방향이 되어 테이블너트와 이송나사의 플랭크(Flank)는 서로 밀어 붙이는 상태가 되어 이송나사의 백래시(Backlash)가 절삭력을 받아도 절삭에 영향을 미치지 않도록 되어 있다.

그러나 하향절삭에서는 양 힘의 방향은 일한 방향이 되므로 절삭력의 영향을 받게 되어 공작물에 절삭력을 가하면 백래시 양만큼 이동으로 떨림(Chattering)이 일어나 공작물과 커터에 손상을 입히고 절삭상태가 불안정하게 되어 백래시를 제거하여야 한다.

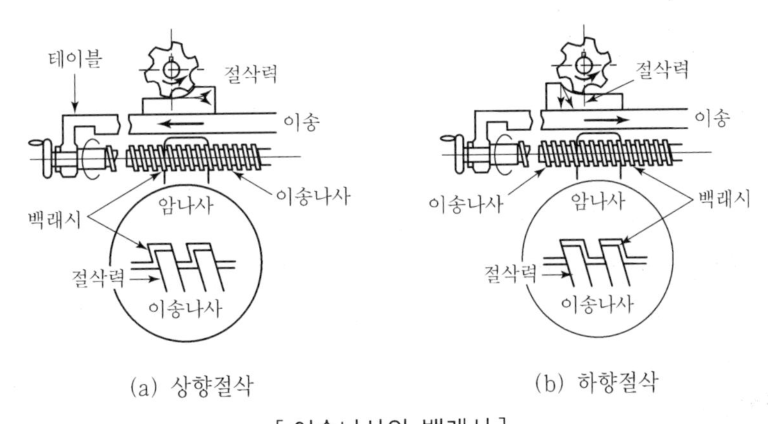

(a) 상향절삭　　(b) 하향절삭

[이송나사의 백래시]

다음 그림은 백래시 제거장치를 나타낸 것으로, 고정암나사 이외에 또 다른 하나의 백래시 제거용 암나사기어를 회전시키면 나사기어에 의하여 이 암나사가 회전하여 백래시를 제거한다.

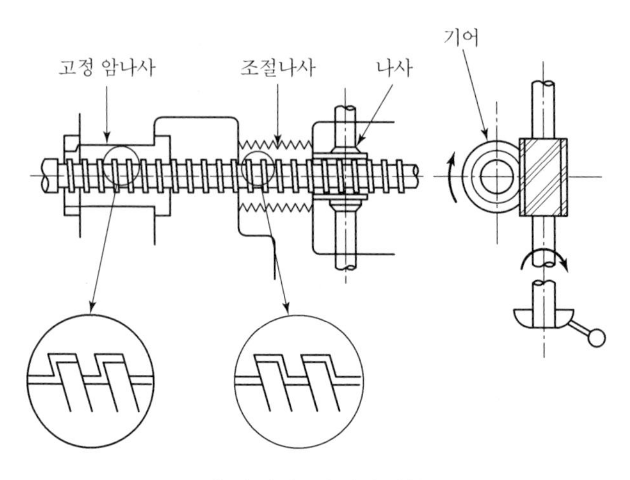

[백래시 제거장치]

3) 헬리컬 기어 가공

드릴, 리머의 헬리컬 홈, 헬리컬 기어의 치형 등을 절삭할 때 하는 것이다. 테이블을 비틀림각 θ만큼 돌려 공작물에 회전을 주면서 테이블을 이송시켜 헬리컬 홈을 가공한다.

$$\tan\theta = \frac{\pi D}{L}$$

여기서, L : 일감의 리드(mm), D : 일감의 지름(mm)

$$p = \frac{p_n}{\cos\theta} = p_n \sec\theta = \frac{\pi D}{z}$$

$$\therefore \; p_n = \cos\theta \frac{\pi D}{z}$$

또한 z_0를 등가치수라 하면

$$z_0 = \frac{z}{\cos^3\theta}$$

여기서, p : 원주피치, p_n : 법선피치
θ : 비틀림각, z : 실제잇수, z_0 : 상당잇수

4) 베벨기어절삭

커터로 가공할 이의 길이 l은 모선의 길이 m의 1/3 이하로 한정하므로 커터는 보통기어절삭용 커터의 2/3의 것을 사용한다.

베벨기어의 등가잇수 : $z_0 = \dfrac{z}{\cos\alpha}$

4 Gear 절삭가공

1. Gear 가공의 개요

1) 기어의 종류

(1) 평행축 기어

2개의 치차축이 평행인 경우이며 회전운동을 전달한다.

① 평기어(Spur Gear) : 이 끝이 직선이며 축에 평행한 원통기어
② 랙과 피니언 : 원통 기어의 피치 원통의 반지름을 무한대로 한 것
③ 헬리컬 기어(Helical Gear) : 이 끝이 헬리컬 선을 가지는 원통 기어
④ 안기어(Internal Gear) : 원통 또는 원추의 안쪽에 이가 만들어져 있는 기어

(2) 2개의 치차축이 어느 각도로 만나는 기어

① 베벨기어(Bevel Gear) : 교차되는 2축 간에 운동을 전달하는 원추형의 기어
② 마이터기어(Miter Gear) : 직각인 2축 간의 운동을 전달하는 기어
③ 앵귤러 베벨기어(Angular Bevel Gear) : 직각이 아닌 2축 간에 운동을 전달하는 기어
④ 크라운기어(Crown Gear) : 피치면이 평면인 베벨기어
⑤ 직선 베벨기어(Straight Bevel Gear) : 이 끝이 피치 원추의 모직선(母直線)과 일치하는 경우의 베벨기어
⑥ 스파이럴 베벨기어(Spiral Bevel Gear) : 기어와 물리는 크라운 기어의 이 끝이 곡선으로 된 베벨기어
⑦ 제롤 베벨기어(Zerol Bevel Gear) : 나선각이 "0"인 한쌍의 스파이럴 베벨기어
⑧ 스큐(Skew) : 기어와 물리는 크라운 기어의 이 끝이 직선이고, 꼭지점에 향하지 않는 베벨기어

(3) 2개의 치차축이 평행하지 않고 만나지도 않는 기어

① 스크루기어(Screw Gear) : 교차하지 않고 또 평행하지도 않는 2축 간에 운동을 전달하는 기어
② 나사기어(Crossed Helical Gear) : 헬리컬 기어의 한 쌍을 스큐 축 사이의 운동 전달에 이용하는 기어
③ 하이포이드 기어(Hypoid Gear) : 스큐 축 간에 운동을 전달하는 원추형 기어의 한 쌍

④ 페이스 기어(Face Gear) : 스퍼기어 또는 헬리컬 기어와 서로 물리는 원판상 기어의 한쌍, 두 축이 교차하는 것과 스크루하는 것이 있으며 축각이 보통 직각이다.
⑤ 웜기어(Worm Gear) : 웜과 이와 물리는 웜 휠에 의한 기어의 한 쌍, 보통 선 접촉을 하고 두 축이 직각으로 되는 것이 많다.
⑥ 웜(Worm) : 한 줄 또는 그 이상의 줄수를 가지는 나사모양의 기어
⑦ 웜 휠(Worm Wheel) : 웜과 물리는 기어
⑧ 장고형 웜 기어장치(Hourglass Worm Gear) : 장고형 웜 기어와 웜 기어장치

〈 기어의 종류 〉

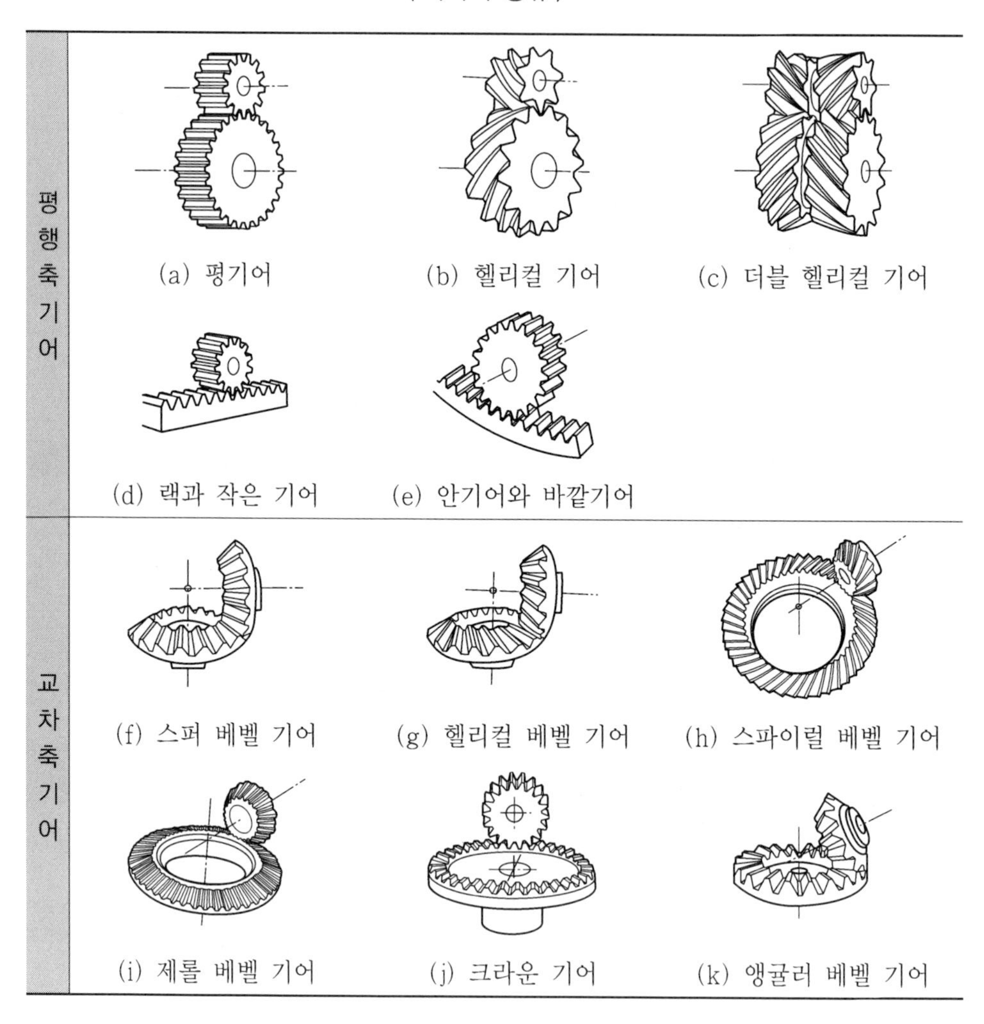

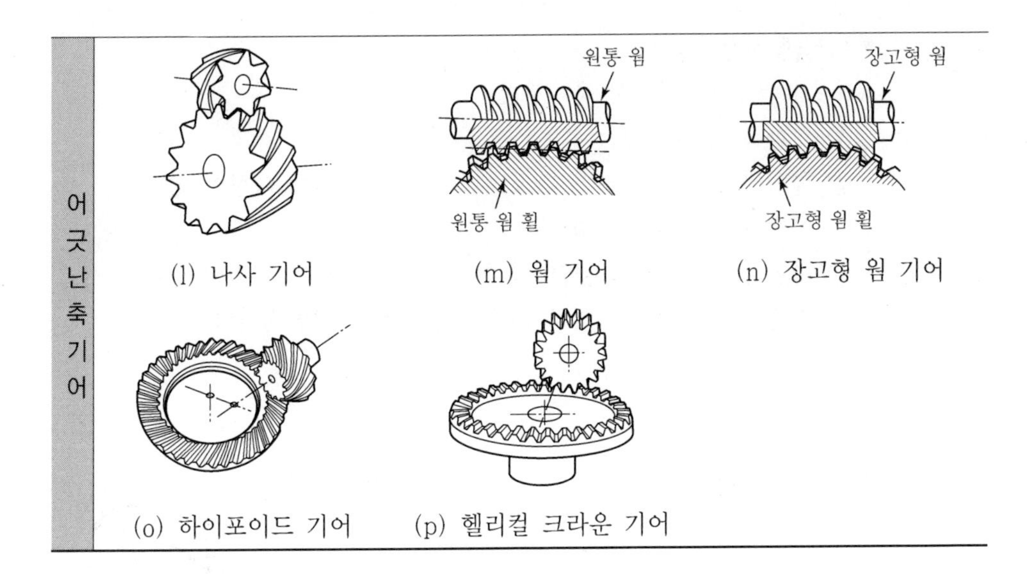

(l) 나사 기어 (m) 웜 기어 (n) 장고형 웜 기어
(o) 하이포이드 기어 (p) 헬리컬 크라운 기어

2) 기어의 이의 크기 표시

피치원이 동일하더라도 잇수를 적게 하고 이를 크게 깎아 강도를 크게 할 수 있고, 반대로 잇수를 많이 하고 이의 크기를 작게 가공할 수 있다. 이와 같이 이의 크기를 결정하는 세 가지의 종류를 기준으로 하고 있다.

(1) 원추피치

피치원 둘레를 잇수로 나눈 값 $p=\dfrac{\pi D}{z}=\pi m$

(2) 모듈(Module)

피치원의 지름을 잇수로 나눈 값 $m=\dfrac{D}{z}=\dfrac{p}{\pi}$

(3) 지름피치(Diametral Pitch)

$$DP=\frac{z}{D}(in)=\frac{\pi}{p}(in),\quad m=\frac{25.4}{DP}=\frac{25.4z}{D}=\frac{25.4\pi}{p}$$

3) 기어의 치형★

(1) 인벌류트 곡선(Involute Curve)

원에 실을 감아 실의 한 끝을 잡아당기면서 풀어나갈 때 실의 한 점이 그리는 궤적을 말하며, 이 원을 기초원이라 한다.

■ **특징(동력전달용)**

① 치형의 제작가공이 용이하다.
② 호환성이 우수하다.
③ 물림에서 축간 거리가 다소 변하여도 속도비에 영향이 없다.
④ 이뿌리 부분이 튼튼하다.
⑤ 사이클로이드보다 마멸에 의한 형체 변화가 큰 단점이 있다.
⑥ 압력각이 항상 일정하고 14.5° 또는 20°가 일반적이다.

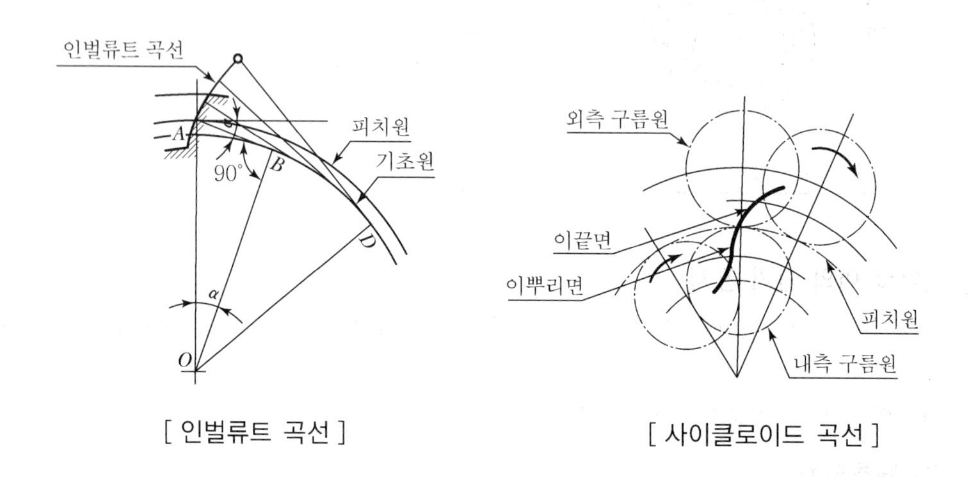

[인벌류트 곡선]　　[사이클로이드 곡선]

(2) 사이클로이드 곡선(Cycloid Curve)

원둘레의 외측 또는 내측에 구름원을 놓고 구름원을 굴렸을 때 구름원의 한점이 그리는 궤적을 말하며, 이 경우 구름원이 구르고 있는 원을 피치원이라 한다. 이 피치원을 경계로 외측에 그려진 곡선을 에피사이클로이드곡선(Epicycloid Curve)이고 내측에 그려진 곡선을 하이포사이클로이드곡선(Hypocycloid Curve)이라 한다.

■ **특징(동력전달용)**

① 접촉면에 미끄럼이 적어 마멸과 소음이 작다.
② 효율이 높다.
③ 피치점이 완전히 일치하지 않으면 물림이 불량
④ 치형가공이 어렵고 호환성이 적다.
⑤ 압력각이 항상 변동하여 정밀 기계용(계기, 시계 등)으로 적합하다.

2. 기어가공★★

1) 형판에 의한 방법

이의 모양과 같은 곡선으로 만든 형판(Template)을 사용하여 가공하는 일종의 모방절삭 방식이며 매끈한 다듬면을 얻기 어려우며 또 능률도 낮으므로 저속용 대형 스퍼기어, 직선 베벨기어의 치형가공에 이용된다.

2) 총형 커터(바이트)에 의한 방법

총형 바이트를 사용하여 셰이퍼와 슬로터의 치형을 깎으며 치형곡선과 피치의 정밀도가 나쁘고 생산능률도 낮다. 따라서 소량의 생산에 주로 쓰인다.

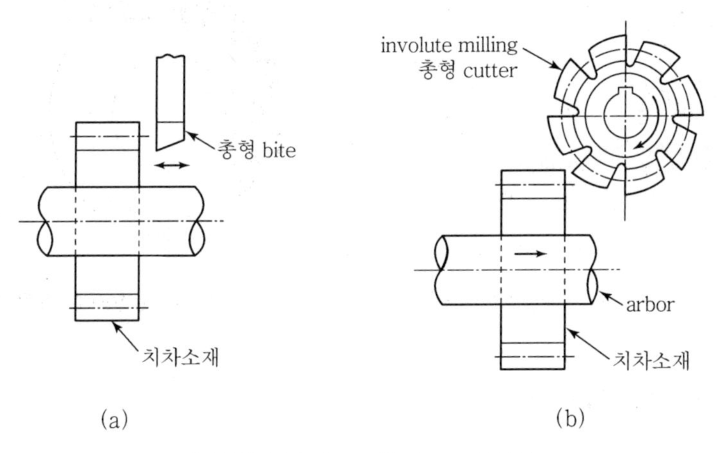

[총형 공구에 의한 Gear 절삭]

3) 창성법에 의한 방법

랙을 절삭공구로 하고 피니언을 기어 소재로 하여 미끄러지지 않도록 물리고 서로 상대운동을 시키면 이 운동에 방해가 되는 기어 소재의 이 부분이 깎이면서 랙공구에 이상적으로 물리는 인벌류트 치형이 형성되는데 이 운동을 창성운동이라 하고 창성운동에 의한 기어가공을 창성기어가공이라 한다.

(1) 호브(Hob)를 사용한 것

호브를 사용한 호빙머신은 스퍼기어, 헬리컬기어, 웜기어 등을 깎을 수 있다.(예 : Hobbing Machine)

(2) 피니언 커터(Pinion Cutter)를 사용한 것

피니언 커터를 사용한 기어셰이퍼는 스퍼기어, 헬리컬기어, 내접기어 및 자동차의 삼단

기어와 같은 단(段) 있는 기어를 깎을 수 있고 헤링본기어(또는 2중 헬리컬기어)를 깎는 기어 플레너(Gear Planer)와 같은 특수기구도 있다.(예 : Fellows Gear Shaper)

(3) 랙커터(Rack Cutter)를 사용한 것

랙커터를 사용한 것은 내접기어는 깎을 수 없으나 피니언 커터를 갖는 기어절삭기계와 같은 장점이 있다. 연속치형을 가진 헤링본기어를 깎는 선더랜드 기어 플레너(Sunderland Gear Planner)

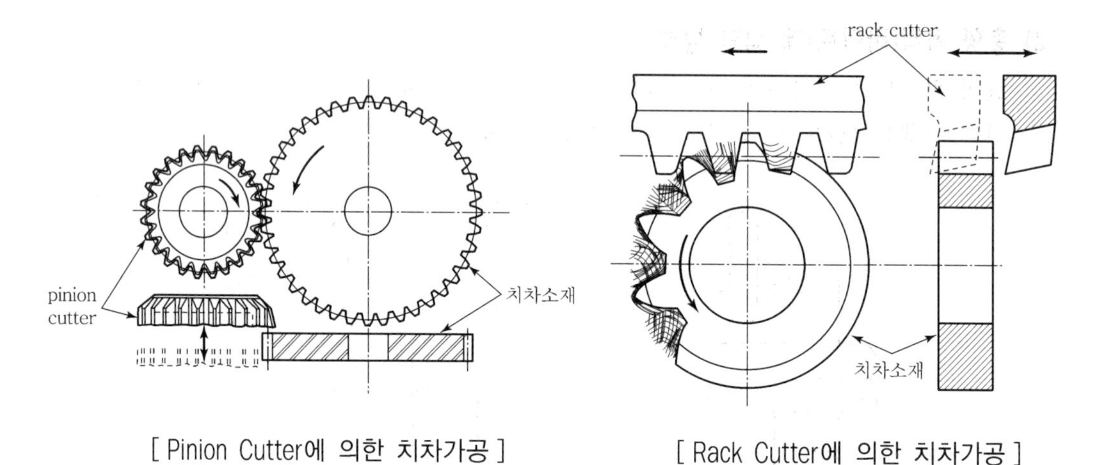

[Pinion Cutter에 의한 치차가공]　　[Rack Cutter에 의한 치차가공]

3. 호빙머신(Hobbing Machine)

1) 호빙머신

호브라고 하는 공구가 웜에 해당하고 일감은 웜기어에 해당하는 것으로 웜과 웜기어가 물고 돌아가는 것과 같이 기어의 이를 창성 절삭하는 기계

(1) 구성

베드, 테이블, 기둥, 호브대, 아버 지지대로 되어 있다.

(2) 크기

가공할 수 있는 기어의 최대 피치원의 지름과 기어폭 및 최대 모듈로 표시

(3) 사용

스퍼기어, 헬리컬기어, 웜기어, 스플라인축 등을 절삭

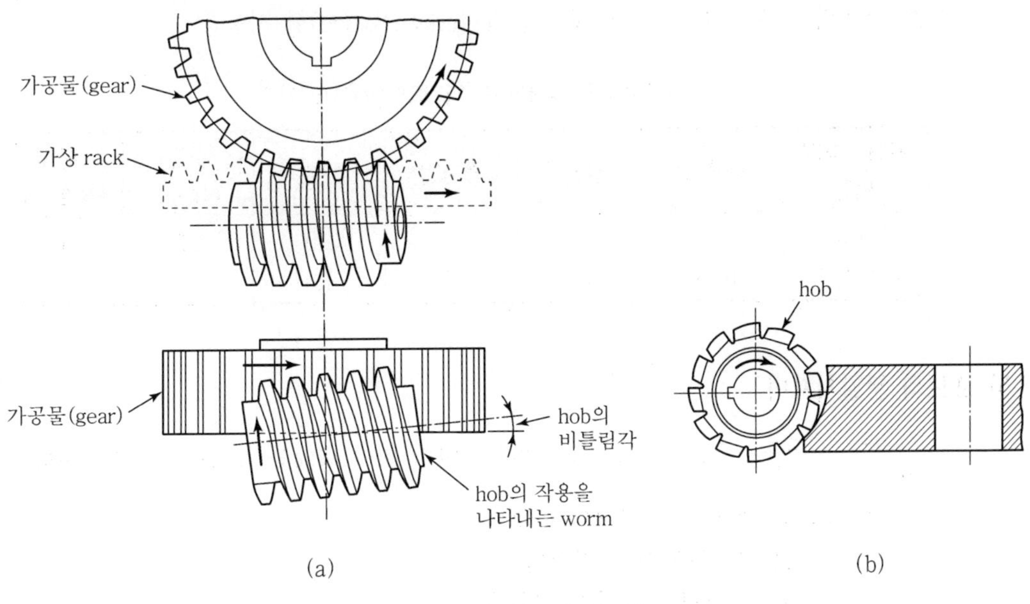

[Hob와 가공물의 위치]

2) 호브(Hob)

(1) 일정한 치형곡선을 갖고 있고 절삭인선은 일중 또는 다중 나사로 된 웜이라고 볼 수 있다.

(2) 각 개의 절삭인선은 커터의 인선과 같이 여러 가지 각도들이 있다.

(3) 공구재료로서는 고속도강이 열처리(담금질)된 상태로 사용된다.

(4) 호브로 가공하는 기어는 모듈 또는 지름피치 압력각이 같으면 잇수에 관계없이 1개의 호브로 치형을 깎을 수 있다.

3) 호브의 선택

(1) 스퍼기어나 헬리컬기어를 깎기 위한 호브는 보통 오른나사 한줄 호브가 쓰인다.

(2) 다듬 정밀도가 높은 것은 절삭날이 많은 것을 택하고 날의 수는 보통 9~12개가 많이 쓰인다.

4) 호브축의 기울기

(1) 호브의 나선줄을 기어의 잇줄방향과 일치시켜야 하므로 호브헤드를 호브의 리드각 γ만큼 기울인다.

(2) γ각이 정확지 않을 때 이 홈의 너비가 넓어진다.

(3) 호브의 위치 결정에는 센터링게이지(Centering Gauge)를 사용

〈 테이블 1회전마다의 호브이송(mm) 〉

기어소재의 재질	공구강	경강	중경강	연강	주철 (보통)	주철 (무른 것)
거친깎기 다듬깎기	- 0.25	- 0.5	- 0.75	2.0 1.0	2.5 1.3	4.0 1.5

5) 호브의 분할치차비

$i = \dfrac{z_a \times z_c}{z_b \times z_d} = \dfrac{nA}{z}$　　$z_a,\ z_b,\ z_c,\ z_d$: 변환기어의 잇수(a, c는 구동축, b, d는 피동축)

여기서, z : 깎으려는 기어의 잇수
A : 기계에 따라 결정되는 상수
n : 호브나사의 줄수(보통은 1)

4. 기어 셰이퍼(Gear Shaper)

1) 기어 셰이퍼

커터에 왕복운동을 주어 창성법에 의해 기어를 절삭하는 것으로 랙커터(Rack Cutter)를 사용하는 것과 피니언커터(Pinion Cutter)를 쓰는 것이 있다.

2) 펠로즈 기어 셰이퍼(Fellows Gear Shaper)

피니언커터를 사용하여 상하왕복운동과 회전운동을 하는 창성식 기어 절삭기로 스퍼기어, 턱이 있는 기어, 내접기어, 헬리컬기어 등도 깎을 수 있다.
헬리컬 안내는 보통 비틀림각이 15°, 23°, 30°의 것을 깎을 수 있다.

3) 마그 기어 셰이퍼(Maag Gear Shaper)

랙형 커터를 사용하는 것으로 주로 헬리컬 기어와 스퍼기어를 절삭한다.

5. 베벨기어(Bevel Gear) 가공

1) 스트레이트 베벨기어 절삭기(Straight Bevel Gear Generator)

대표적인 것은 글리슨 베벨기어 절삭기로 2개의 공구대에 각각 1개씩의 커터를 가지고 있

으며 양 커터가 형성하는 모양은 랙형이 된다.

2) 스파이럴 베벨기어 절삭기(Spiral Bevel Gear Generator)

글리슨식과 스파이럴 베벨기어 절삭기가 있으며 기어를 깎기 위한 창성기구를 갖는 기계에는 정면 밀링 커터와 같은 형상으로 된 회전공구를 사용한다.

6. 기어 셰이빙(Gear Shaving)

1) 기어 셰이빙의 정의

기어 절삭기로 가공된 기어의 면을 매끄럽고 정밀하게 다듬질하기 위하여 높은 정밀도로 깎인 잇면에 가는 홈붙이 날을 가진 커터로 다듬는 가공

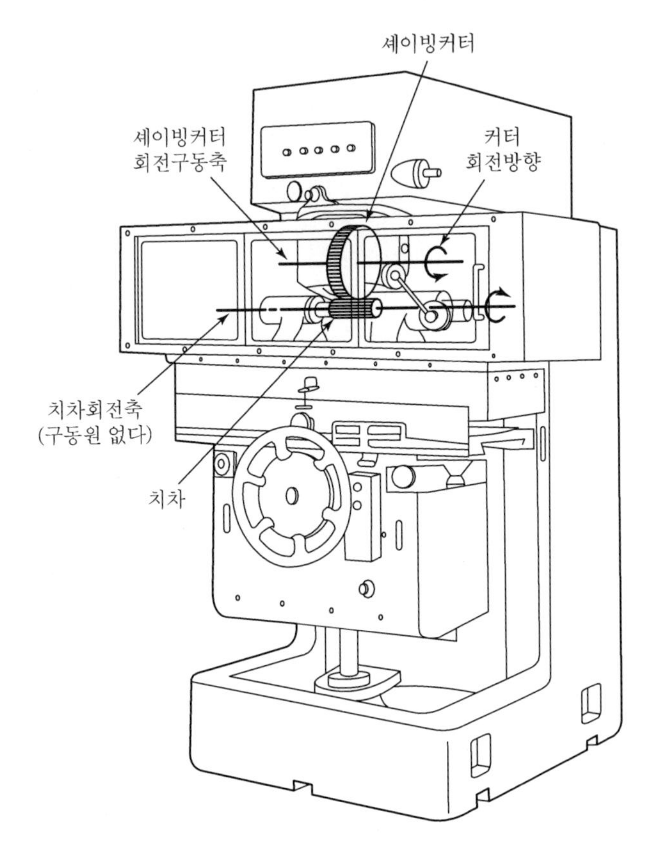

[기어 셰이빙머신]

2) 기어 셰이빙의 특징

커터의 정밀도가 좋고 절삭조건이 알맞은 때에 기어연삭의 경우보다 가공시간이 짧고 작업이 쉬우며 높은 가공 정밀도를 얻을 수 있어 대량생산에 적합하다.

3) 셰이빙 커터

이의 곡면에 여러 개의 홈을 판 것으로 홈의 폭은 0.7~1mm 정도이며 고속도강으로 만들어져 있다.

4) 셰이빙 효과

셰이빙을 한 기어는 서로 물고 고속 회전할 경우 소음이 적으며 또 내마멸성도 좋다.

제2절 연삭(研削)가공

연삭가공은 연삭숫돌의 입자(Abrasive Grain)의 절삭작용으로 공작물에 미소의 Chip이 발생하는 가공이며, 이에 사용되는 기계를 연삭기(Grinding Machine)라고 한다.
연삭입자는 결합제로서 결합되어 있으며 입자가 둔화되어 절삭저항이 결합제의 강도 이상이 되면 입자는 탈락되고, 새로 예리한 입자가 출현한다.

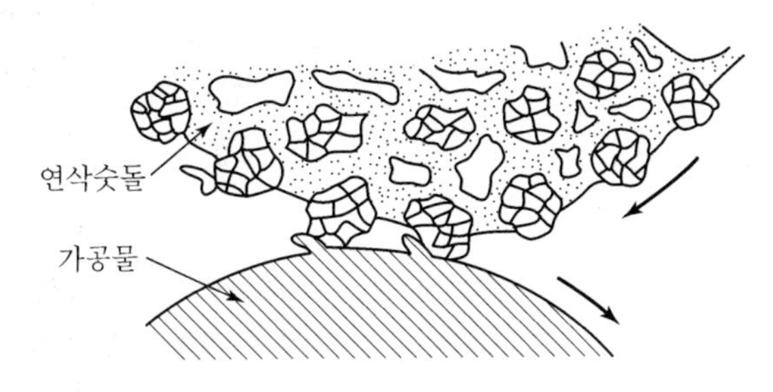

[입자에 의한 절삭]

1 숫돌바퀴(Grinding Wheel)

1. 숫돌바퀴의 구성★★

1) 숫돌입자(Abrasive Grain)★

(1) 숫돌입자의 구비조건

① 공작물을 연삭할 수 있는 충분한 경도를 가질 것
② 충분한 내마멸성이 있을 것
③ 충격에 견딜 수 있도록 탄성이 높을 것
④ 결합제에 의하여 쉽게 결합되고 성형성이 좋을 것
⑤ 손쉽게 얻을 수 있고 값이 쌀 것

(2) 숫돌입자의 종류와 특징

연삭재		숫돌입자의 기호	성분	용도	특징	기호	상품명
인조산	알루미나 (Al_2O_3)	A	알루미나 (Al_2O_3)약 95%	주강, 가단주철의 연삭용	갈색이며 C숫돌보다 부드러우나 강인하다.	2A	자연산 : 에머리, 커런덤 인조산 : 알런덤
		WA	알루미나 약 99.5% 이상	스텔라이트, 고속도강, 특수강의 연삭용	순도가 높은 백색이며 A숫돌보다 부서지기 쉽다.	4A	
	탄화규소 (SiC)	C	탄화규소(SiC) 약 97%	주철, 석재, 유리 등의 연삭용	흑자색이며 A숫돌보다 굳으나 부서지기 쉽다.	2C	카보런덤
		GC	탄화규소 약 98% 이상	초경합금, 유리 연삭용	순도가 높은 녹색이며 발열을 피할 경우 사용	4C	
천연산	다이아몬드	D	다이아몬드 100%	유리, 초경합금, 보석, 석재, 래핑용	강도가 가장 크다.		

2) 입도(Grain Size)

(1) 정의

숫돌입자는 메시(Mesh)로 선별하며 숫돌입자 크기의 굵기를 표시하는 숫자

(2) 입도와 연삭조건의 선택기준

① 거친연삭, 절삭깊이와 이송 등을 많이 줄 때 : 거친입도
② 다듬연삭 또는 공구의 연삭 : 고운입도
③ 경도가 높고 메진 일감의 연삭 : 고운입도
④ 연하고 연성이 있는 재료의 연삭 : 거친입도
⑤ 숫돌과 일감의 접촉면이 작을 때 : 고운입도
⑥ 숫돌과 일감의 접촉면이 클 때 : 거친입도

(3) 연삭숫돌의 입도

호칭	거친 것	중간 것	고운 것	매우 고운 것
입도 (번)	10, 12, 14, 16, 20, 24	30, 36, 46, 54, 60	70, 80, 90, 100, 120, 150, 180, 220	240, 280, 320, 400, 500, 600, 700, 800

3) 결합도(Grade)

(1) 정의

숫돌입자의 결합상태를 나타내는 것으로 연삭 중에 숫돌입자에 걸리는 연삭저항에 대하여 숫돌입자를 유지하는 힘의 크고 작음을 나타내며 숫돌입자 또는 결합제 자체의 경도를 의미하는 것은 아니다.

결합도가 낮은 숫돌 또는 연한 숫돌은 숫돌입자가 숫돌표면에서 쉽게 이탈하는 숫돌을 말하며, 그 반대인 숫돌을 결합도가 높은 숫돌 또는 단단한 숫돌이라 한다.

(2) 연삭숫돌의 결합도

결합도	E, F, G	H, I, J, K	L, M, N, O	P, Q, R, S	T, U, V, W, X, Y Z
호칭	극히 연한 것	연한 것	중간 것	단단한 것	매우 단단한 것

(3) 결합도에 따른 숫돌바퀴의 선택기준

결합도가 높은 숫돌(단단한 숫돌)	결합도가 낮은 숫돌(연한 숫돌)
연질재료의 연삭	경질재료의 연삭
숫돌바퀴의 원주속도가 느릴 때	숫돌바퀴의 원주속도가 빠를 때
연삭 깊이가 얕을 때	연삭 깊이가 깊을 때
접촉 면적이 작을 때	접촉 면적이 클 때
재료 표면이 거칠 때	재료 표면이 치밀할 때

4) 조직(Structure)

(1) 정의

숫돌의 단위 용적당 입자의 양 즉 입자의 조밀상태를 나타낸다.

(2) 조직의 기호

호칭	조직	숫돌입자율(%)	기호
치밀한 것	0, 1, 2, 3	50 이상 54 이하	c
중간 것	4, 5, 6	42 이상 50 이하	m
거친 것	7, 8, 9, 10, 11, 12	42 이하	w

(3) 조직에 따른 연삭숫돌의 선택기준

조직이 거친 연삭숫돌	조직이 치밀한 연삭숫돌
연질이고 연성이 높은 재료	굳고 메진 재료
거친연삭	다듬질 연삭, 총형연삭
접촉면적이 클 때	접촉면적이 작을 때

(4) 숫돌입자율(Grain Percentage)

연삭숫돌의 전체 부피에 대한 숫돌입자의 전체 부피의 비율

5) 결합제(Bond)

(1) 정의

숫돌입자를 결합하여 숫돌을 형성하는 재료

(2) 결합제의 필요조건

① 입자 간에 기공이 생기도록 할 것
② 균일한 조직으로 임의의 형상 및 크기로 만들 수 있을 것
③ 고속회전에 대한 안전강도를 가질 것
④ 열과 연삭액에 대하여 안전할 것

(3) 결합제의 종류

① 무기질결합제

㉠ 비트리파이드결합제(Vitrified Bond : V)

ⓐ 성분 : 점토, 장석을 주성분으로 하여 구워서 굳힌(약 1,300℃) 것으로 결합도를 광범위하게 조절할 수 있다.

ⓑ 특징 : 거친연삭, 정밀연삭의 어느 경우에도 적합하나 강도가 강하지 못하고 지름이 크거나 얇은 숫돌바퀴에는 맞지 않다.

㉡ 실리케이트결합제(Silicate Bond : S)

ⓐ 성분 : 규산나트륨(Na_2SiO_3)을 연삭숫돌입자와 혼합하여 주형에 넣고 260℃에서 1~3시간 가열하여 수일간 건조시킨다.

ⓑ 특징

- 대형의 숫돌바퀴를 만들 수 있다.
- 고속도강과 같이 균열이 생기기 쉬운 재료를 연삭할 때 사용
- 연삭에 의한 발열을 피할 경우 사용
- 비트리파이드 숫돌바퀴보다 결합도가 낮으므로 중연삭은 적합하지 않다.

② 유기질결합제(탄성숫돌바퀴결합제)

㉠ 고무결합제(Rubber Bond : R)

ⓐ 성분 : 결합제의 주성분이 고무이고 그 외에 유황 등을 첨가하여 숫돌의 입자와 혼합해서 소요의 두께로 압연한 다음 원형의 숫돌을 잘라낸다.

ⓑ 특징 : 탄성이 크므로 얇은 숫돌을 만드는 데 적합하며 절단용 숫돌, 센터리스 연삭기의 조정숫돌로 사용된다.

㉡ 레지노이드 결합제(Resinoid Bond : B)

ⓐ 성분 : 숫돌입자를 합성수지 및 액체용제와 혼합하여 주형에 넣고 155℃에서 1/2~3일간 전기로 내에서 가열한다.

ⓑ 특징 : 연삭열로 인한 연화의 경향이 적고 연삭유에도 안정하다.

㉢ 셸락 결합제(Shellac Bond : E)

ⓐ 성분 : 셸락이 주성분이며 숫돌입자에 증기가 열혼합기에서 셸락을 피복하고 주형에 넣어서 압축 성형하고 150℃에서 수시간 가열한다.

ⓑ 특징 : 강도와 탄성이 크므로 얇은 형상의 것에 적합하며 크랭크축, 톱, 절단용에 많이 사용된다.

㉣ 비닐결합제(Vinyl Bond : PVA) : 폴리비닐(Poly Vinyl)이 주성분이며 초탄성 숫돌이다.

③ 금속결합제(Metal Bond : M)

㉠ 성분 : 숫돌의 입자인 다이아몬드를 분말야금법으로 동, 황동, Ni, 철 등으로 결합한다.

㉡ 특징 : 숫돌입자의 지지력이 크고 기공이 작으므로 수명이 길며 과격한 사용에 견디지만 연삭능률은 낮다.

2. 숫돌바퀴의 표시와 숫돌바퀴의 선택방법

1) 숫돌바퀴의 표시★★

숫돌입자, 입도, 결합도, 조직, 결합제, 모양 및 연삭면의 모양, 치수(바깥지름×두께×구멍지름), 회전시험, 원주속도 및 사용원주 속도범위, 제조자 이름, 제조번호, 제조연월일

〈표시의 보기〉

WA	60	K	m	V
(숫돌입자)	(입도)	(결합도)	(조직)	(결합제)

1호	A	203	× 16	× 19.1
(모양)	(연삭면모양)	(바깥지름)	(두께)	(구멍지름)

300m/min	1,700~2,000m/min
(회전시험 원주속도)	(사용원주 속도범위)

2) 숫돌바퀴의 선택방법

숫돌바퀴의 요소	일감의 지름 (대 → 소)	숫돌의 지름 (대 → 소)	일감의 경도 (연 → 경)	다듬질면의 거칠기 (보통 → 정밀)	연삭속도 (대 → 소)	일감의 속도 (대 → 소)
입도	거친 것 → 고운 것	거친 것 → 고운 것	거친 것 → 고운 것	거친 것 → 고운 것	–	–
결합도	단단한 것 → 연한 것	단단한 것 → 연한 것	연한 것 → 단단한 것	–	단단한 것 → 연한 것	연한 것 → 단단한 것
조직	거침 → 치밀	거침 → 치밀	거침 → 치밀	거침 → 치밀	–	–

3. 연삭작업

1) 연삭조건

(1) 숫돌바퀴의 원주속도

숫돌바퀴의 원주속도가 너무 빠르면 숫돌바퀴가 파괴될 염려가 있고 속도가 느리면 숫돌바퀴의 마멸이 심하게 된다.

$$N = \frac{1,000v}{\pi d} \text{(rpm)}$$

여기서, v : 원주속도(m/min)

d : 숫돌바퀴의 바깥지름(mm)

(2) 일감의 원주속도

숫돌바퀴의 원주속도의 1/1,000 정도로 하는 것이 보통이다.

(3) 연삭마력(HP)

$$HP = \frac{Pv}{75 \times 60 \times \eta}$$

여기서, P : 연삭력(kg)
v : 숫돌바퀴의 원주속도(m/min)
η : 연삭기의 효율

(4) 이송량

이송(f)은 숫돌의 폭(B) 이하가 되어야 한다.

- 강철 : $f = (1/3 \sim 3/4)B$
- 주철 : $f = (3/4 \sim 4/5)B$
- 다듬연삭 : $f = (1/4 \sim 1/3)B$

여기서, f : 이송(mm/rev)
B : 숫돌바퀴의 폭

또한 이송속도 f_v는 $f_v = \frac{fN}{1,000}$

여기서, N : 회전수(rpm)
f_v : 이송속도(m/min))

환봉연삭이나 내면연삭에서 숫돌이 공작물을 떠날 때까지 이송을 주지 말고 숫돌 폭의 1/3을 초과하지 않을 정도로 일감 밖으로 나왔을 때 이송을 중지하는 것이 좋다. 그 이상 나오면 일감의 절삭깊이가 커져 가늘게 되거나 구멍이 크게 된다.

(5) 연삭깊이(mm)

가공의 종류	거친연삭	다듬연삭
원통(강철)	0.02~0.05	0.0025~0.005
원통(주철)	0.05~0.15	0.005~0.02
내면	0.02~0.04	0.005~0.01
평면	0.01~0.07	0.005~0.01
공구	0.03~0.05	0.005~0.01

(6) 연삭여유

① 영향을 미치는 것 : 일감의 재질, 크기, 가공 전의 정밀도, 연삭기의 능력에 따라 다르다.
② 평면연삭의 연삭여유

일감의 재질	일감의 길이(mm)					
	100 이하	200 이하	500 이하	1,000 이하	1,500 이하	2,000 이하
구리	0.5	1.0	1.5	2.0	2.5	3.0
주철	0.3	0.5	0.8	0.8	1.0	1.0

(7) 연삭액

① 연삭액의 구비조건
㉠ 감마성, 냉각성 및 침유성이 뛰어날 것
㉡ 금속에 산화, 부식 등 유해한 작용을 하지 않을 것
㉢ 화학적으로 안정하고 장시간의 사용에 견딜 수 있을 것
㉣ 유동성이 좋고 칩이나 숫돌면의 세척작용을 할 것
㉤ 연삭칩의 침전, 청정이 빨리 될 것
㉥ 거품이 일어나지 않을 것
㉦ 연삭열에 증발하지 않을 것
② 연삭액의 종류
㉠ 물 : 냉각성은 좋으나 산화가 잘된다.
㉡ 수용액 : 붕사, 탄산염, 규산염 및 인산염 등을 70~100배의 녹인 것으로 투명하고 냉각성이 우수하며 로딩을 적게 한다.
㉢ 황화유 : 물에 1/50~1/100의 유지를 혼합하여 황화촉진제를 첨가한 것
㉣ 불수용성유 : 가공면이 깨끗하며 광유, 혼합유, 극압첨가제, 첨가광유 등이 있다.

2) 연삭숫돌의 수정★★

(1) 드레싱★

숫돌면의 표면층을 깎아내어 절삭성이 나빠진 숫돌의 면에 새롭고 날카로운 날끝을 발생시켜 주는 법

① 눈메움(Loading) : 결합도가 높은 숫돌에 구리와 같이 연한 금속을 연삭하였을 때 숫돌 표면의 기공에 칩이 메워져 연삭이 잘 안 되는 현상
㉠ 원인
ⓐ 숫돌 입자가 너무 잘다.

ⓑ 조직이 너무 치밀하다.
ⓒ 연삭 깊이가 깊다.
ⓓ 숫돌바퀴의 원주속도가 너무 느리다.

㉡ 결과
ⓐ 연삭성이 불량하고 다듬면이 거칠다.
ⓑ 다듬면에 떨림 자리가 생긴다.
ⓒ 숫돌입자가 마모되기 쉽다.

② 무딤(Glazing) : 결합도가 지나치게 높으면 둔하게 되어 숫돌입자가 떨어져 나가지 않아 숫돌 표면이 매끈해지는 현상

㉠ 원인
ⓐ 연삭숫돌의 결합도가 높다.
ⓑ 연삭숫돌의 원주 속도가 너무 크다.
ⓒ 숫돌의 재료가 일감의 재료에 부적합하다.

㉡ 결과
ⓐ 연삭성이 불량하고 일감이 발열한다.
ⓑ 과열로 인한 변색이 일감 표면에 나타난다.

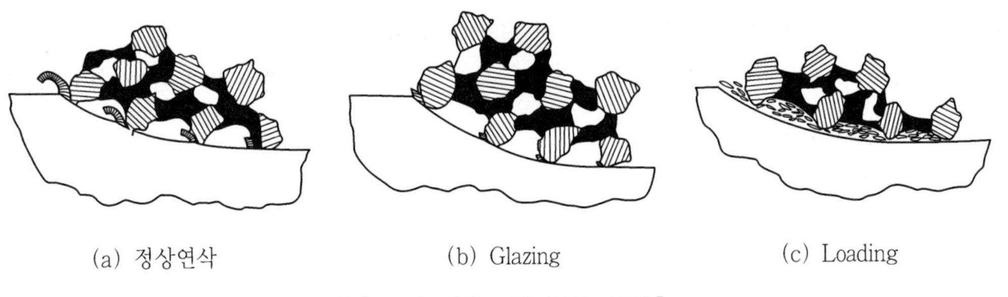

(a) 정상연삭　(b) Glazing　(c) Loading

[숫돌의 결합도와 연삭 상태]

③ 입자탈락 : 숫돌바퀴의 결합도가 그 작업에 대하여 지나치게 낮을 경우 숫돌입자의 파쇄가 일어나기 전에 결합체가 파쇄되어 숫돌입자가 입자 그대로 떨어져 나가는 것

(2) 트루잉(Truing)★

숫돌의 연삭면을 숫돌과 축에 대하여 평행 또는 정확한 모양으로 성형시켜 주는 법

① 크러시롤러(Crush Roller) : 총형 연삭을 할 때 숫돌을 일감의 반대모양으로 성형하며 드레싱하기 위한 강철롤러로 저속회전하는 숫돌바퀴에 접촉시켜 숫돌면을 부수며 총형으로 드레싱과 트루잉을 할 수 있다.

② 자생작용 : 연삭작업을 할 때 연삭숫돌의 입자가 무디어졌을 때 떨어져 나가고 새로운 입자가 나타나 연삭을 하여줌으로써 마모, 파쇄, 탈락, 생성이 숫돌 스스로 반복하면서 연삭하여 주는 현상

3) 연삭숫돌의 설치

(1) 불균형이 되지 않도록 밸런싱 머신에 의하여 완전히 균형을 잡은 뒤에 사용할 것
(2) 축에 고정할 때 무리한 힘으로 너트를 죄지 말 것
(3) 플랜지의 바깥지름은 숫돌지름의 1/3 이상이 넘지 않도록 할 것
(4) 숫돌과 플랜지 사이는 0.5mm 이하의 습지 또는 고무와 같은 연질의 패킹을 끼울 것
(5) 숫돌의 구멍은 축지름보다 0.1~0.15mm 정도 클 것
(6) 패킹의 안지름은 숫돌의 안지름보다 조금 크게 할 것

4) 가공 중에 발생하는 결함과 대책

(1) 연삭균열

연삭열에 의하여 열팽창 또는 재질의 변화 등으로 일감에 일어나는 균열
① C가 0.6~0.7% 이하의 강에서 거의 발생하지 않는다.
② 공석강에 가까운 탄소강에서는 자주 발생한다.
③ 담금질상태에서는 가벼운 연삭에서도 발생하나 뜨임하면 방지되는 수도 있다.

(2) 떨림(Chattering)

가공면의 정밀도를 해치며 그 원인은 다음과 같다.
① 숫돌의 평행상태가 불량할 때
② 숫돌의 결합도가 너무 클 때
③ 센터 및 센터받침대 등의 사용법이 불량할 때
④ 연삭기 자체의 진동이 있을 것
⑤ 외부의 진동이 전해졌을 때

5) 숫돌바퀴의 안전사용

(1) 연삭작업의 주의사항

① 숫돌을 사용 전에 세심하게 검사할 것
② 숫돌을 정확히 고정할 것
③ 숫돌은 덮개(Cover)를 설치하여 사용할 것
④ 조건에 맞는 숫돌의 원주속도를 지킬 것

⑤ 냉각된 숫돌로 급히 중연삭을 피하고 건식 연삭에 갑자기 다량의 연삭유를 공급하지 말 것

(2) 숫돌의 검사

① 음향검사 : 나무해머로 숫돌을 가볍게 두들겨 울리는 소리에 의하여 떨림 및 균열의 여부를 판단
② 회전시험 : 숫돌을 사용속도의 1.5배 3~5분간 회전시켜 원심력에 의한 파괴 여부를 시험한다.
③ 균형검사 : 연삭숫돌의 두께나 조직이 불균일하여 회전 중 떨림이 나타나는 경우가 있는데 이것을 조정하기 위하여 밸런싱 웨이트(Balancing Weight)의 위치를 조정한다.

(3) 사고의 원인

① 숫돌에 균열이 있는 경우
② 숫돌이 과도의 고속으로 회전하는 경우
③ 고정할 때 불량하게 되어 국부만을 과도하게 가압하는 경우, 혹은 축과 숫돌과의 여유가 전혀 없어서 축이 팽창하여 균열이 생기는 경우
④ 숫돌과 일감 혹은 숫돌과 지대
⑤ 무거운 물체가 충돌했을 때
⑥ 숫돌의 측면을 일감으로서 심하게 가압했을 경우(특히 숫돌이 얇을 때 위험하다.)
⑦ 숫돌과 일감 사이에 압력이 증가하여 열을 발생시키고 글라스(Glass)화되는 경우

2 연삭기★

1. 원통연삭기(Plain Cylindrical Grinding Machine)

1) 원통연삭방법

(1) 트래버스연삭(Traverse Grinding)

연삭숫돌을 일정한 위치에서 회전시키고 일감을 회전시키면서 좌우로 이동하는 것과 연삭숫돌을 좌우로 이동하여 연삭하는 방식

(2) 플런지연삭(Plunge Grinding)

일감은 그 자리에서 회전시키고 숫돌바퀴에 회전과 전후 이송을 주어 연삭하는 방식

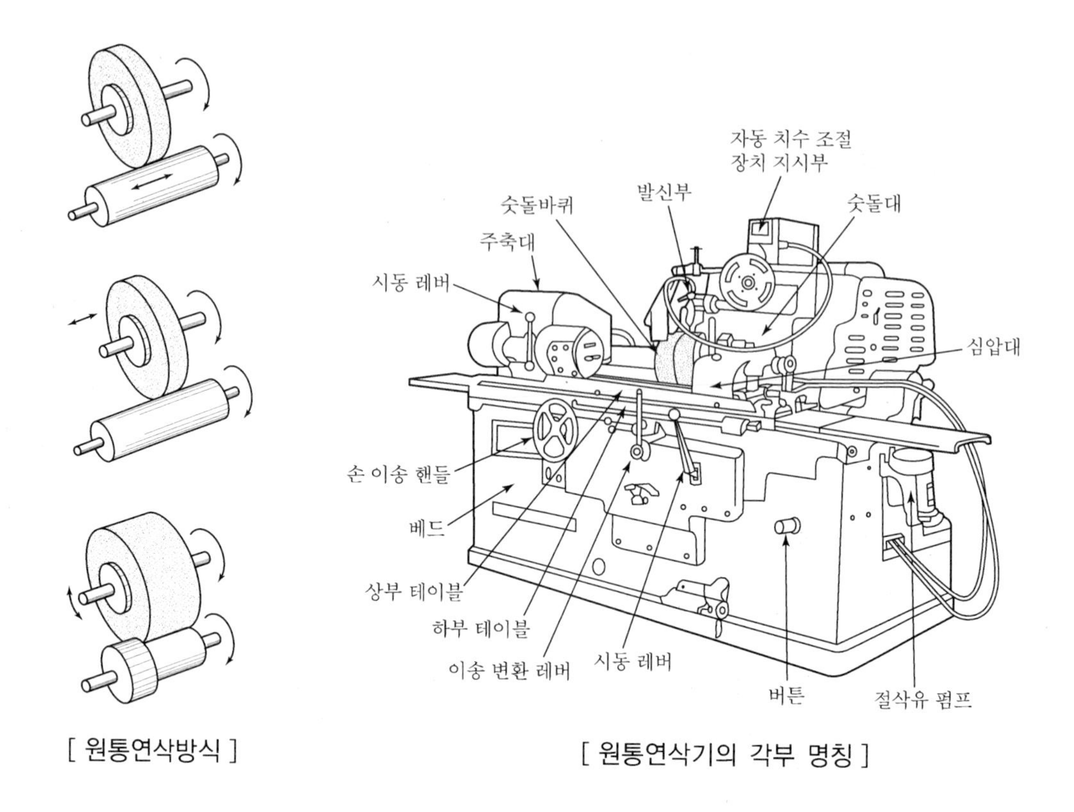

[원통연삭방식]

[원통연삭기의 각부 명칭]

2) 원통연삭기의 종류

원통형 일감의 외면, 테이퍼 및 끝면 바깥둘레를 연삭 다듬는다.

(1) 테이블 왕복형

숫돌은 회전만 하고 일감이 회전 및 왕복운동을 하는 것으로 소형일감연삭에 적합

(2) 숫돌대 왕복형

숫돌대를 왕복시키는 형식의 연삭기이며 대형 중량 일감의 연삭에 적합

(3) 플런지컷형

① 방법 : 일감이나 숫돌에 세로 이송은 주지 않고 절삭깊이(가로 이송)만 주어 연삭

② 작업 : 원통면, 단이 있는 면, 테이퍼형, 곡선윤곽 등

③ 특징

㉠ 숫돌의 너비는 일감의 연속길이보다 커야 한다.

㉡ 숫돌과 일감의 접촉이 길고 연삭 저항도 크다.

㉢ 구동동력이 커야 하고 연삭기구도 튼튼해야 한다.

(4) 만능연삭기(Universal Grinding Machine)

① 원리 : 보통 원통 연삭기와 거의 같으나 테이블, 숫돌대, 주축대가 회전할 수 있고 테이블 자체도 회전할 수 있게 된 것으로 작업범위도 넓다.

② 만능연삭기의 특수작업

㉠ 테이퍼연삭 : 선회 테이블을 필요한 각도만큼 경사시키는 방법과 숫돌지지대를 선회시키는 방법이 있다.

㉡ 끝면연삭 : 회전 주축대를 90°로 돌려서 일감을 척에 고정하여 회전시키고 테이블을 왕복시켜 끝면을 연삭

㉢ 내면연삭 : 내면연삭장치를 사용하여 척에 고정한 일감의 구멍면을 연삭

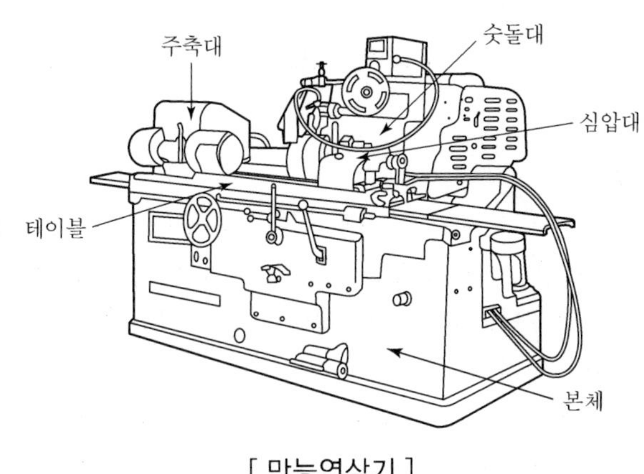

[만능연삭기]

2. 내면연삭기

1) 원통연삭방식

(1) 보통형(Plain Type)

일감에 회전운동을 주어 연삭하는 방식으로 일감이 작고 균형이 잡혀 있는 것에 적합

(2) 유선형(Planetary Type)

일감은 정지시키고 숫돌축이 회전연삭운동과 동시에 공전운동을 하는 방식으로 일감의 형상이 복잡하거나 내연기관의 실린더와 같이 대형일 경우 사용하며 바깥지름연삭도 할 수 있다.

(3) 센터리스형(Centerless Type)

특수한 연삭기를 사용하여 일감을 고정하지 않은 상태에서 연삭하는 방식으로 소형, 대량 생산에 이용된다.

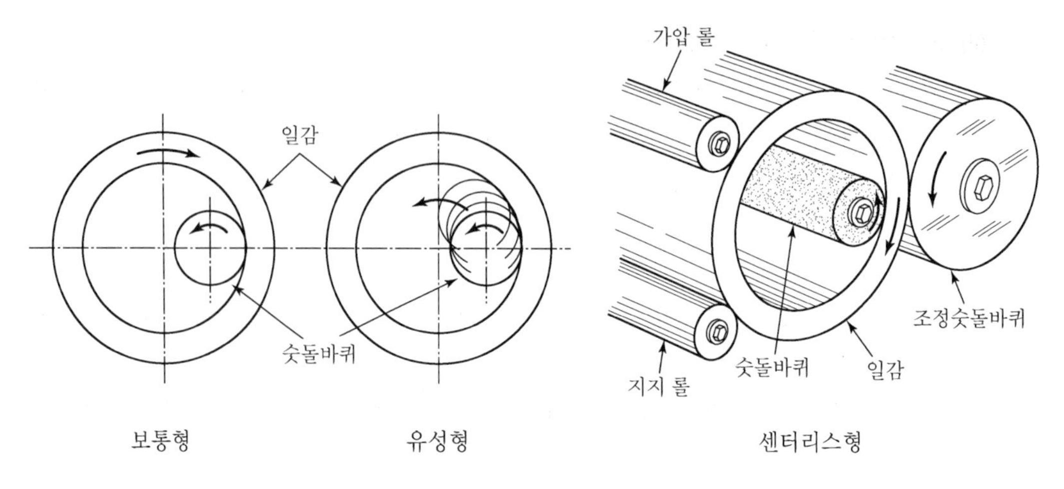

[내면연삭방식]

2) 내면연삭기의 특징

(1) 일감구멍의 내면인 곧은 구멍, 테이퍼구멍, 막힌구멍, 롤러베어링의 레이스홈 등을 연삭하며 드릴링, 보링, 리머 등으로 가공할 수 없는 일감도 연삭 가능

(2) 숫돌바깥의 지름은 구멍의 지름보다 작아야 하며 바깥지름연삭에 비하여 숫돌의 소모가 크고 숫돌축의 회전수가 높아야 한다.

(3) 바깥지름 원통연삭에 비하여 가공면의 정밀도가 떨어진다.

(4) 숫돌축은 정밀한 볼베어링을 사용하여 고속회전에서 강력절삭에 견디고 발열 진동이 없도록 되어 있다.

(5) 가공 중에 안지름을 측정하기 불편하므로 자동치수장치 즉 공기마이크로 미터식, 전기마이크로 미터식 등이 있다.

3. 평면연삭기(Surface Grinding Machine)

1) 평면연삭법

(1) 숫돌바퀴의 바깥둘레를 사용하여 연삭하는 방식

연삭량은 비교적 적으나 표면거칠기 및 치수정밀도는 매우 좋다.

(2) 숫돌바퀴의 끝면을 사용하여 연삭하는 방식

숫돌바퀴가 일감의 다듬면과 면접촉을 하기 때문에 동시에 많은 연삭을 할 수 있으며 거친 연삭작업에 적합

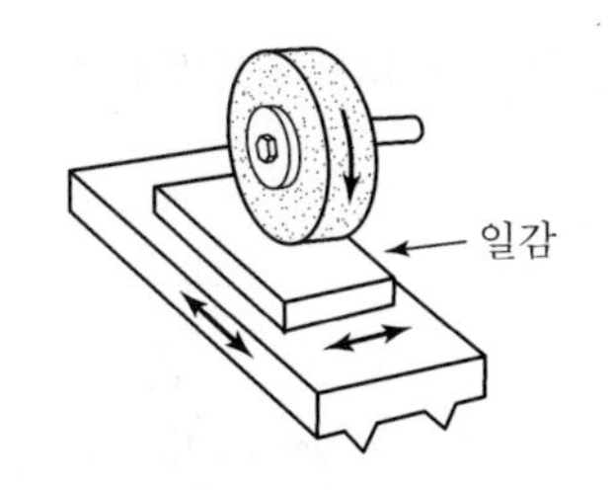

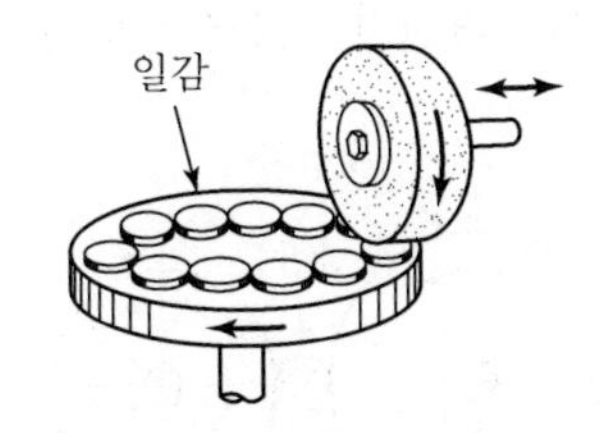

[바깥둘레를 사용한 연삭]

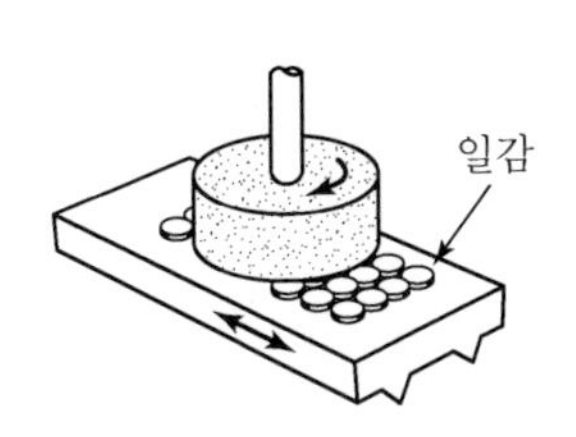

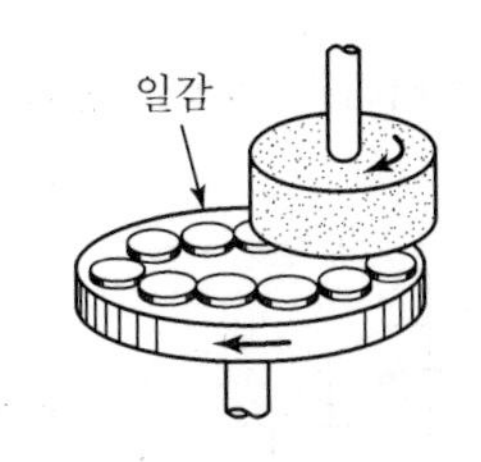

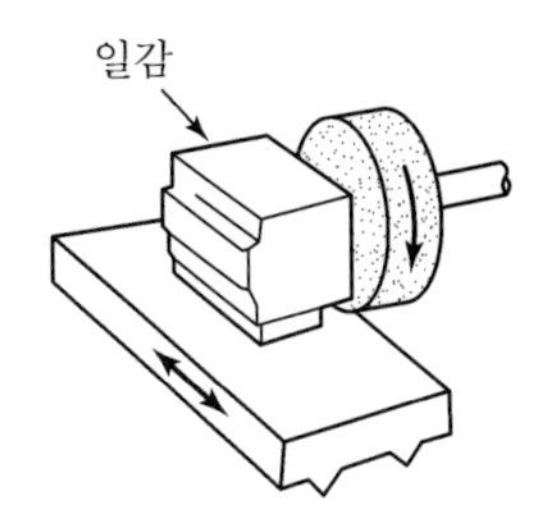

[끝면을 사용한 연삭]

2) 평면연삭기의 종류

(1) 수평형 평면연삭기

① 숫돌바퀴가 수평축으로 끼워지고 테이블의 왕복운동과 가로이송은 유압장치와 수동으로 한다.

② 마그네틱 척(Magnetic Chuck)으로 일감을 고정

③ 숫돌대는 상하운동, 숫돌축은 회전운동을 하며 작은 일감의 연삭에 사용

(2) 직립형 평면연삭기

① 숫돌바퀴가 직립축에 끼워지고 원형테이블이 회전한다.

② 연속회전으로 속도를 높일 수 있고 절삭깊이도 연속적으로 가할 수 있어 매우 능률적이다.

③ 소형일감을 많이 놓고 동시에 연삭할 때 주로 사용

4. 센터리스연삭기(Centerless Grinding Machine)★★

1) 센터리스연삭기의 구조

(1) 일감을 센터로 지지하지 않고 연삭숫돌과 조정숫돌 사이에 일감을 삽입하고 지지판으로 지지하면서 연삭

(2) 조정숫돌은 고무결합제를 사용한 것으로서 일감과 조정숫돌의 마찰력에 의하여 일감을 회전시키고 조정숫돌의 일감에 대한 압력으로써 일감의 회전속도를 조정한다.

(3) 연삭깊이는 거친가공에서는 0.2mm, 다듬질가공에서는 최대 0.02mm 정도이다.

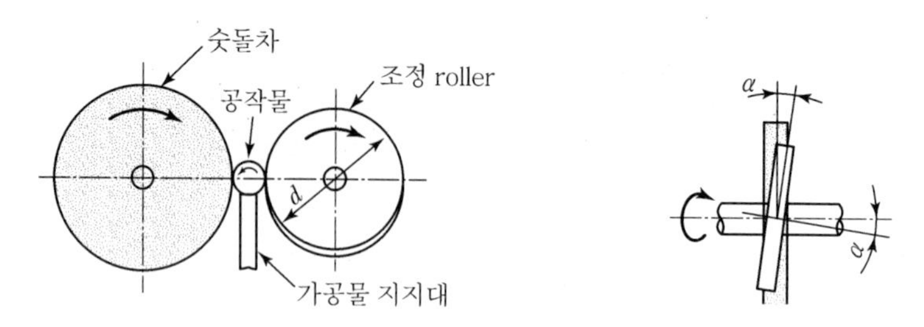

[센터리스 연삭의 원리]

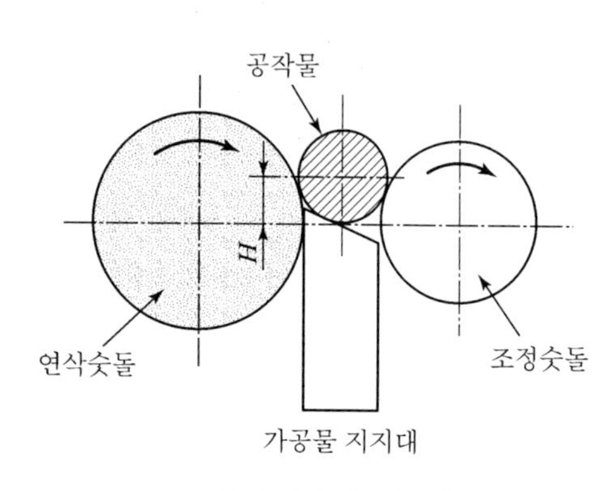

[지지판의 위치]

2) 연삭방법

(1) 통과이송법(Through Feed Method)

지름이 같은 일감을 한쪽에서 밀어넣으면 연삭되면서 자동적으로 이송되어 다른 쪽에서 빠져나오는 방식으로 일감의 이송에는 조정숫돌바퀴를 경사시키면 일감은 회전하면서 자동적으로 이송되어 끝에서 끝까지 연삭할 수 있다.

① 이송되는 길이 f(mm) : $f=\pi d sin\alpha$ (d : 조정숫돌바퀴의 지름(mm), α : 연삭숫돌바퀴에 대한 조정숫돌바퀴의 경사각(°))

② 이송속도 f_v(m/min) : $f_v=\dfrac{\pi dN sin\alpha}{1,000}$ (α는 1~5° 정도로 조절한다.)

(2) 전후이송법(Infeed Method)

연삭숫돌바퀴의 너비보다 짧은 일감으로서 턱붙이 또는 끝면플런지붙이, 테이퍼가 있는 것, 곡선윤곽들이 있는 것들을 받침판 위에 올려놓고 조정숫돌바퀴를 접근시키거나 수평으로 이송하여 연삭하는 방식

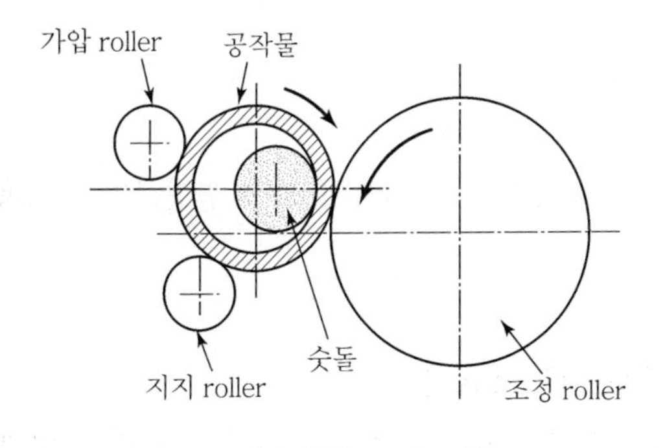

(a) Off-center 형

(b) On-center 형

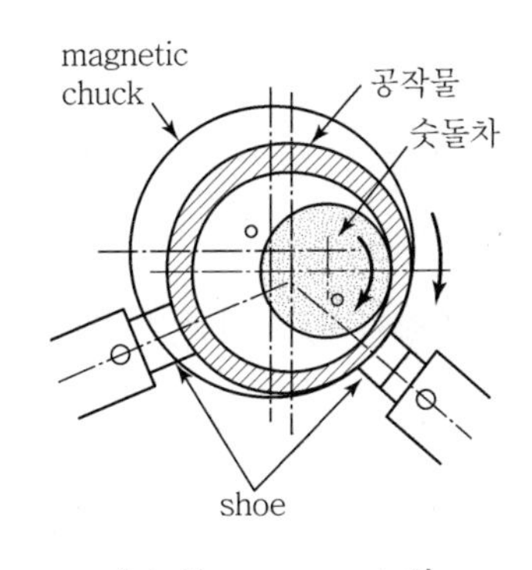

(c) Shoe-support 형

[센터리스 내면연삭방식]

3) 센터리스연삭의 장단점

(1) 장점

① 센터를 필요로 하지 않으므로 센터구멍을 뚫을 필요가 없고 중공의 원통을 연삭하는 데 편리하다.
② 연속작업을 할 수 있어 대량생산에 적합하다.
③ 긴 축 재료의 연삭이 가능하다.
④ 연삭 여유가 적어도 된다.
⑤ 연삭숫돌바퀴의 너비가 크므로 지름의 마멸이 적고 수명이 길다.
⑥ 일단 기계의 조정이 끝나면 가공이 쉽고 작업자의 숙련이 필요 없다.

(2) 단점

① 긴 홈이 있는 일감은 연삭할 수 없다.
② 대형 중량물은 연삭할 수 없다.
③ 연삭숫돌바퀴의 너비보다 긴 일감은 전후 이송법으로 연삭할 수 없다.

5. 공구연삭기

1) 드릴연삭기(Drill Pointer)

드릴의 날끝을 손으로 연삭하면 날끝각은 정확히 맞출 수 없으므로 드릴연삭기를 사용하여 정확한 모양으로 연삭한다.

2) 초경공구연삭기(Cemented Carbide Tool Grinder)

다이아몬드숫돌을 사용하여 초경질합금공구를 연삭하며 절삭능률은 좋으나 값이 비싸다.

3) 만능공구연삭기

밀링커터, 호브, 리머 등 여러 종류의 연삭이 가능하다.

(1) 평형숫돌바퀴에 의한 연삭

① 방식 : 평형숫돌바퀴로 밀링커터, 리머 등을 연삭할 때에는 하향연삭과 상향연삭방식이 사용된다.

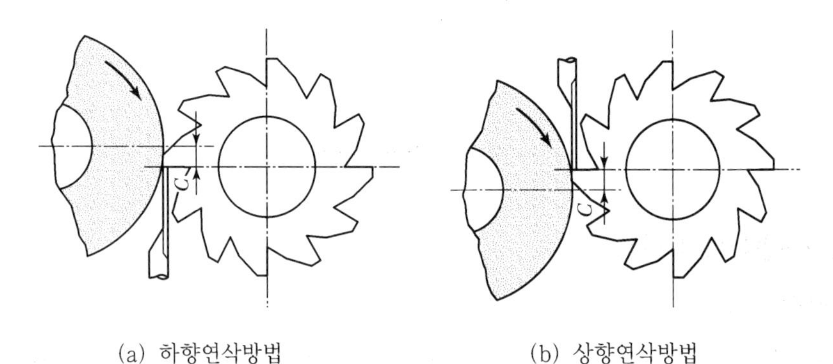

(a) 하향연삭방법 (b) 상향연삭방법

[밀링커터의 연삭법]

② 커터의 여유각 연삭순서

㉠ 평형 숫돌의 중심을 편위시킨다.

㉡ 절삭날 받침을 커터의 중심과 일치시키고 숫돌대로 편심량을 조정한다.

㉢ 절삭날 받침은 테이블에 고정한다.

③ 편심거리

$$C = 0.0088D\gamma$$

여기서, C : 편심거리(mm), D : 숫돌바퀴의 지름(mm), γ : 여유각(도)

(2) 컵형숫돌바퀴에 의한 연삭

① 커터의 여유각 연삭순서

㉠ 숫돌대를 조정하여 고정한 절삭날받침과 함께 편위시킨다.

㉡ 절삭날 받침의 끝은 숫돌중심선과 일치시킨다.

② 편심거리

$$C = 0.0088D\gamma$$

여기서, C : 편심거리(mm)

D : 커터의 지름(mm)

γ : 여유각(도)

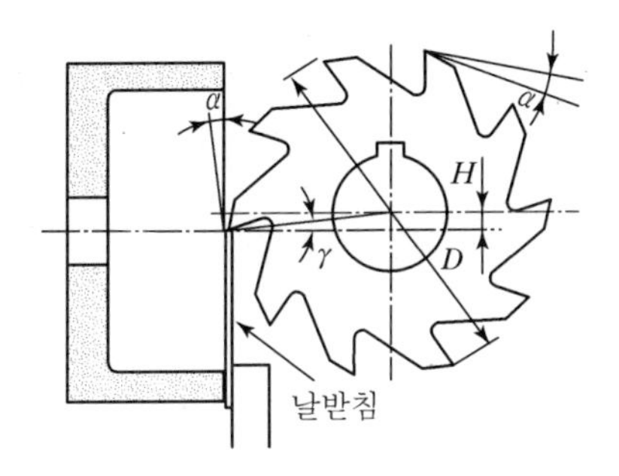

6. 그밖의 연삭기

1) 나사연삭기

나사게이지, 탭, 정밀나사 등의 연삭에 사용되며 절삭가공한 것 또는 절삭가공 후 열처리한 것을 연삭

2) 기어연삭기

고속회전과 큰 하중을 받는 기어는 일반적으로 이를 절삭한 후 열처리를 하고 이것을 기어 연삭기로 가공하여 매우 정밀하게 다듬는 경우에 사용된다.

(1) 총형숫돌연삭법

숫돌바퀴를 기어의 홈과 같은 모양으로 성형하여 홈을 하나씩 연삭하는 방법

(2) 랙형숫돌연삭법

2개의 컵형숫돌바퀴를 가상적인 랙(Rack)치형을 만들어 연삭하는 방법

7. 연삭기의 크기 표시법

종류		크기의 표시
원통연삭기 만능연삭기		테이블 위의 스윙과 양 센터 간의 최대거리 및 숫돌의 크기(바깥지름×두께)
내면연삭기		테이블 위의 스윙, 연삭할 수 있는 일감의 구멍지름범위, 연삭숫돌의 최대왕복거리로 표시
평면 연삭기	수평형	테이블의 최대이동거리, 테이블의 크기(길이×폭), 숫돌의 최대크기(바깥지름×두께), 숫돌바퀴와 테이블 면과의 최대거리로 표시
	직립형	원형테이블의 지름, 숫돌바퀴원주면과 테이블 면까지의 거리, 숫돌바퀴의 크기로 표시

제 08 장

기타 가공, 수치제어공작기계

제1절 정밀입자가공과 기타 절삭가공

1 정밀입자가공

1. 호닝(Honing)과 래핑(Lapping)

1) Honing

(1) 호닝(Honing)의 개요

① 호닝가공 : 몇 개의 혼(Hone)이라는 숫돌을 둘레에 붙인 회전공구를 사용하여 숫돌에 압력을 가하면서 일감에 대하여 회전운동과 왕복운동을 시키면서 많은 양의 연삭액을 공급하여 작업하는 가공

② 호닝가공의 목적

㉠ 발열이 적고 경제적인 정밀절삭을 할 수 있다.

㉡ 전가공에서 나타난 직선도, 테이퍼, 진직도를 바로잡는다.

㉢ 표면 정밀도를 높인다.

㉣ 정확한 치수가공을 할 수 있다.(3~10 μm 정도)

③ 호닝작업 : 보링, 리밍, 연삭가공과 특히 자동차 실린더 가공을 할 수 있다.

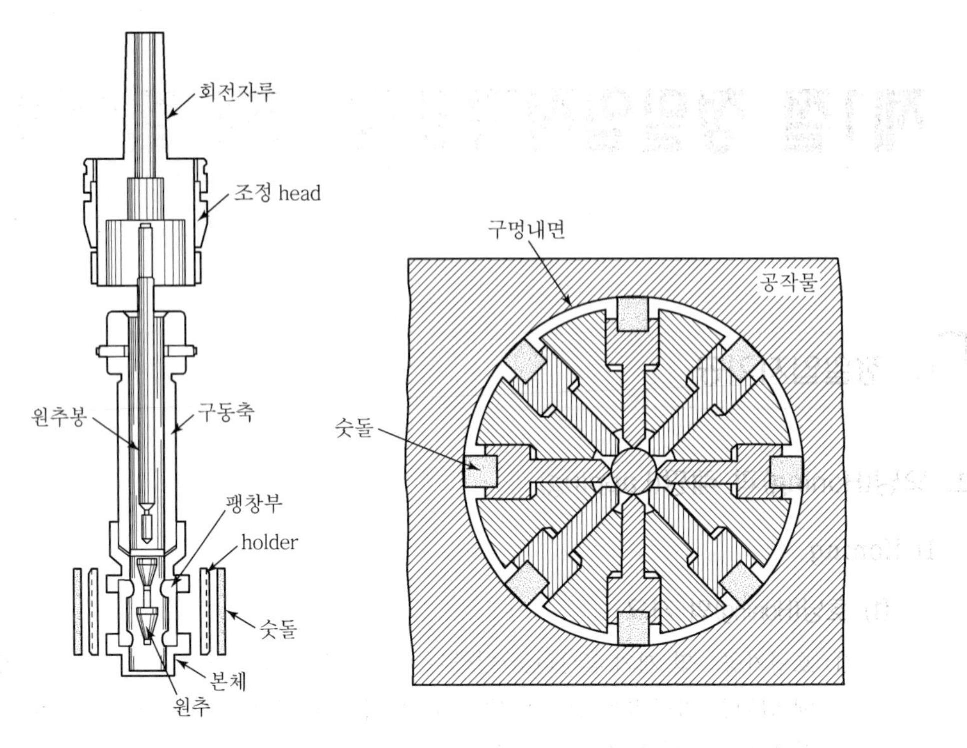

[호닝공구]

(2) 혼(Hone)

① 호닝숫돌 : 숫돌은 일감의 재질에 따라 선택하며 주철에는 GC, 강재에는 WA입자를 비트리파이드 결합제로 결합한다.
숫돌의 길이는 구멍길이의 1/2보다 크게 되면 일감에 접촉하지 않는 곳이 있어 숫돌의 마멸이 불균일하며 따라서 가공구멍의 치수가 불량하게 된다.

② 결합도 : 일감의 표면 전체에 균일하게 접촉하고 새로운 절삭날이 생길 수 있도록 비교적 결합도가 작은 숫돌을 사용하며 열처리 경화강에는 J~M, 연강에는 K~N, 주철 및 황동에는 J~N범위의 것을 사용한다.

③ 호닝 다듬질 정도와 입도 : 거친 호닝에는 #80~#120, 보통 호닝 #220~#280, 다듬 호닝 #400~#500이 사용된다.

(3) 호닝속도

① 혼의 원주속도 : 연삭작업의 경우 1/40 정도로 40~70m/min 정도

② 혼의 왕복속도 : 원주속도의 1/2~1/5 정도

③ 교차각(α) : 거친 호닝에서는 40~60°, 다듬 호닝에서는 20~40°

$$\tan\frac{\alpha}{2} = \frac{v_a}{v_c}$$

여기서, v_a : 숫돌의 왕복운동속도, v_c : 원주속도

(4) 호닝압력

① 비트리파이드 결합제 숫돌 : 거친 호닝 10kg/cm^2 이상, 다듬 호닝 4~6kg/cm^2 정도

② 레지노이드 결합제 숫돌 : 비트리파이드 결합제 숫돌에서의 1/10 정도

(5) 호닝연삭액

① 연삭액의 작용 : 칩을 제거하여 절삭능력을 크게 하고 가공면의 표면조도를 좋게 하며 발생하는 열을 제거한다.

② 연삭액의 종류

㉠ 석유 : 주철에 사용

㉡ 석유+황화유 : 강에 사용

㉢ 라드유 : 연한 금속에 사용

2) Lapping★

(1) 래핑(Lapping)의 개요

① 래핑가공 : 일감과 랩공구 사이에 미분말상태의 래핑제와 연마제를 넣고 이들 사이에 상대운동을 시켜 표면을 매끈하게 하는 가공

㉠ 습식법 : 랩과 일감 사이에 래핑제와 래핑액을 충분히 넣어 가공하는 방법으로 건식법에 비해 절삭량이 많고 다듬면은 광택이 적다.

㉡ 건식법 : 랩표면에 래핑제를 넣고 건조상태에서 래핑하는 방법으로 다듬면은 거울면과 같이 된다.

② 래핑제품 : 블록게이지, 렌즈 등의 측정기기, 광학기기 등

③ 래핑작업

㉠ 원통래핑 : 플러그 게이지 및 피스톤 핀의 래핑

㉡ 평면래핑 : 블록게이지, 마이크로미터의 앤빌 등의 래핑

㉢ 구면래핑 : 렌즈의 끝다듬질 부분의 래핑

㉣ 나사래핑 : 정밀나사의 끝다듬질 부분의 래핑

㉤ 기어래핑 : 정밀 기어의 래핑

㉥ 크랭크축의 래핑 : 크랭크축의 끝다듬질 부분의 래핑

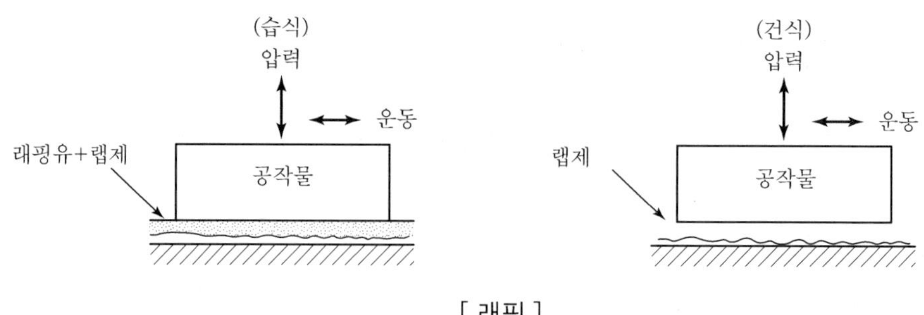

[래핑]

(2) 래핑제와 래핑액 및 랩

① 래핑제

㉠ 탄화규소(SiC) 즉 G, GC : 거친 래핑, 굳은 일감에 사용

㉡ 알루미나(Al_2O_3) 즉 A, WA : 정밀 다듬용

㉢ 산화크롬(Cr_2O_3), 산화철, 다이아몬드 가루 등

② 래핑액 : 보통 사용에는 석유가 가장 좋고 그 밖에 스핀들유, 머신유, 중유 등이 사용된다.

③ 랩(Lap)

㉠ 랩제를 그 표면에 묻힌 상태에서 일감 표면과 마찰하여 일감의 표면 정밀도를 높이는 공구이다.

㉡ 재질은 일감보다 연한 것이 사용되며 보통 주철제가 많고 연강이나 구리 합금의 것도 있다.

④ 일감과 랩 및 래핑액의 관계

일감의 재질	거친 다듬질	정밀다듬질	래핑액의 종류
청동·황동	산화알미늄계(Al_2O_3) 400mesh 정도	산화알루미늄	등유
주철	탄화규소계(SiC) 400mesh 정도	산화알루미늄	석유
연강	산화알미늄계(Al_2O_3) 500mesh 정도	산화알루미늄	석유
경강	산화알미늄계(Al_2O_3) 500mesh 정도	산화알루미늄	석유, 식물유
담금질강	탄화규소계(SiC) 400mesh 정도	다이아몬드 가루	식물유

(3) 래핑조건

① 래핑속도 : 래핑입자가 비산하지 않는 정도로 건식에서는 50~30m/min 정도이며, 너무 빠르면 열처리 표면층이 변질될 염려가 있다.

② 래핑압력

㉠ 습식 : 0.5kg/cm² 정도

㉡ 건식 : 강철에는 1.0~1.5kg/cm² 주철에는 이보다 낮게 한다.

③ 래핑 여유 : 다듬 여유는 0.01~0.02mm 정도이며, 가공표면 거칠기는 0.025~0.0125 μ 정도이다.

(4) 래핑의 장단점

① 장점

㉠ 거울면과 같은 매끈한 가공면을 얻을 수 있다.

㉡ 정도 높은 제품을 얻을 수 있으며 다량 생산이 가능하다.

㉢ 다듬질 면의 내식성과 내마멸성이 크다.

㉣ 윤활성이 증가하며 마찰계수가 적어진다.

② 단점

㉠ 작업환경이 깨끗하지 않다.

㉡ 랩제가 다른 기계나 부품에 부착하여 부분품을 마멸시킬 우려가 있다.

㉢ 가공면에 랩제가 잔류되기 쉽다.

2. 슈퍼 피니싱(Super Finishing)과 액체 호닝(Liquid Honing)

1) Super Finishing★

(1) 슈퍼 피니싱의 개요

① 슈퍼 피니싱 가공 : 입도가 작고 연한 숫돌을 작은 압력으로 일감의 표면에 가압하면서 일감에 이송을 주고 또 숫돌을 진동시키면서 일감을 완성가공하는 것으로 초사상이라고도 한다.

② 특징

㉠ 슈퍼 피니싱에 의한 가공면은 매끈하고 방향성이 없으며 또한 가공에 의한 표면의 변질부는 극히 작다.

㉡ 숫돌과 일감의 접촉면적이 넓으므로 연삭가공에서 남은 이송자리, 숫돌의 떨림으로 나타난 자리를 제거할 수 있다.

㉢ 숫돌의 너비는 일감지름의 60~70% 정도로 하며 길이는 일감과 같게 한다.

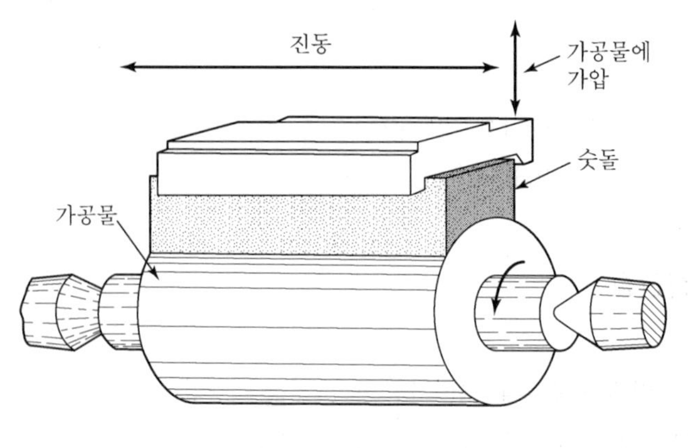

[슈퍼 피니싱]

(2) 슈퍼 피니싱 숫돌과 연삭액

① 숫돌재료

㉠ GC 숫돌 : 주철, 알루미늄, 구리합금 등

㉡ WA 숫돌 : 고탄소강, 합금강 등

② 입도 : 400~1,000번 범위가 사용되며 거울 정도의 다듬면을 얻으려면 1,000~4,000번의 것이 사용된다.

③ 결합도 : 연삭숫돌보다 연한 것이 사용되며 일감이 경도가 작고 연삭속도가 작을수록 또한 숫돌의 압력이 클수록 그리고 연삭액의 입도가 작을수록 숫돌의 결합도가 큰 것을 사용한다.

④ 연삭액 : 주로 석유를 사용하고 여기에 스핀들유, 기계유를 10~30% 정도 섞어서 사용할 때도 있다.

(3) 슈퍼 피니싱 조건

① 숫돌의 압력 : 0.1~0.3kg/cm^{2}의 범위로 하며 경화강 1.5~2.0kg/cm^2, 연강 0.5~3.0kg/cm^2, 알루미늄 0.1~0.5kg/cm^2 정도이다.

② 일감의 원주속도 : 거친 다듬질 5~10m/min, 정밀 다듬질 15~30m/min이다.

③ 숫돌의 진폭과 진동수 : 진폭은 1.5~5mm, 진동수는 매분 500~2,000회

④ 가공표면거칠기 : 가공여유는 0.002~0.01mm 정도이며 표면거칠기는 0.1~0.3μ 범위이다.

2) Liquid Honing★

(1) 액체호닝의 개요

① 액체호닝 : 연마제를 가공액과 혼합한 것을 압축공기를 이용하여 노즐을 통하여 고속도로 일감표면에 분사시켜 아름다운 다듬면을 얻는 가공

② 특징

㉠ 짧은 시간에 매끈해지거나 광택이 적은 다듬질면을 얻게 되며 피닝효과가 있다.

㉡ 복잡한 모양의 일감표면 다듬질이 가능하다.

㉢ 일감표면의 산화막이나 도료 등을 제거할 수 있다.

㉣ 피닝효과(Peening Effect) : 표면을 두드려 압축함으로써 재료의 피로한도를 높이는 효과로 스프링의 처리 등에 이용된다.

(2) 연마제와 가공액

연마제로는 SiC, Al_2O_3, 규사 등의 가루를 사용하며 가공액으로는 물에 방청제를 첨가한 것을 사용한다.

(3) 액체 호닝 조건

① 분사압력과 연마제 분사량

㉠ 공기압력은 3.5~7.0kg/cm^2 정도이며 높을수록 좋다.

㉡ 연마제와 가공액의 혼합비는 용적으로 1 : 2 정도일 때 가장 능률이 좋다.

② 분사거리와 분사각

㉠ 분사노즐과 일감 사이의 거리는 보통 60~80mm 정도이며 얇은 판을 가공할 때에는 적어도 200mm의 거리를 두어야 한다.

㉡ 분사각은 철강의 경우 40~50° 정도가 능률적이며 분사각이 클수록 거칠어진다.

2 기타 절삭가공

1. Broach

1) Broach 가공의 개요

(1) 브로칭(Broaching)

가늘고 긴 일정한 단면 모양을 한 공구면에 많은 날을 가진 브로치(Broach)라는 절삭공구를 사용하여 브로칭 머신에 의하여 일감의 안팎을 필요한 모양으로 절삭하여 완성하는 가공법

(2) 브로칭의 종류

① 내면 브로치 작업 : 둥근 구멍안에 키홈, 스플라인홈, 다각형의 구멍등을 가공

② 외면 브로치 작업 : 세그먼트 기어(Segment Gear)의 치형이나 홈 그밖의 특수한 모양의 면 가공에 사용된다.

(3) 브로칭의 특징

① 각 제품에 따라 브로치를 만들어야 하며 설계, 제작에 시간이 걸린다.

② 공구의 값이 비싸므로 일정량 이상의 대량생산이 이용된다.

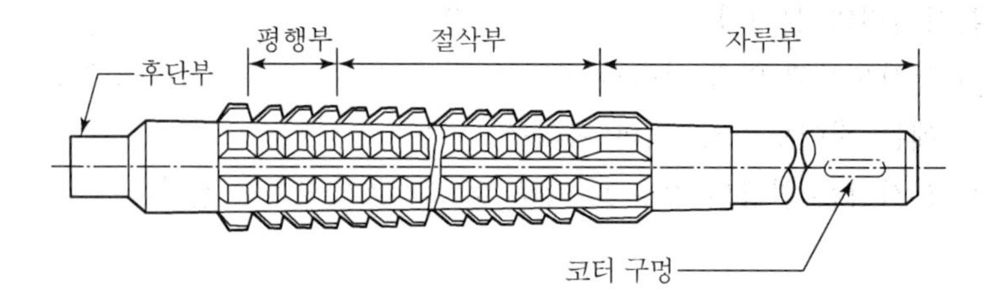

[브로치의 각부 명칭]

2) Broach

(1) 브로치의 종류

① 구조에 따라

㉠ 날과 로드가 일체로 된 브로치(Solid Type)

㉡ 날을 박은 브로치(Inserted Type)

㉢ 조립형 브로치(Combined Type)

② 작용에 따라
  ㉠ 인발식 브로치(Pull Broach) : 일반적으로 많이 사용되며 작은 구멍 또는 절삭량이 많은 구멍을 가공할 때 사용
  ㉡ 압입식 브로치(Push Broach) : 큰 구멍이나 절삭량이 적은 일감을 다듬 가공할 때 사용

③ 모양과 용도에 따라
  ㉠ 키홈 브로치
  ㉡ 원형 브로치
  ㉢ 각 브로치
  ㉣ 스플라인 브로치
  ㉤ 세레이션 브로치

(2) 브로치의 절삭깊이

일감의 재질	날 1개마다의 절삭깊이(mm)	윗면 경사각 α(도)	여유각 γ(도)
연강	>0.02	15~20	0.5~3
경강	0.02~0.1	8~20	0.5~3
알루미늄(마그네슘)	>0.05	10~15	1~3
황동, 청동	강철보다 다소 크다.	5~15	0.2~2
주철, 가단주철	강철보다 다소 크다.	6~8	0.5~3

(3) 브로치의 재료

보통 고속도강(H.S.S)으로 만들고 다듬질 치수를 정확히 하고자 할 때에는 다듬질 날에 초경합금을 붙인다.

3) 브로칭 머신

(1) 수평형 브로칭 머신

① 가공방법 : 일감을 면판에 고정하고 브로치를 브로치 지지부와 풀 헤드에 고정하여 가공한다.

② 특징 : 설치면적이 큰 결점이 있으나 기계의 조작 및 점검이 쉽고 운전과 설치의 안전성이 직립형보다 좋다.

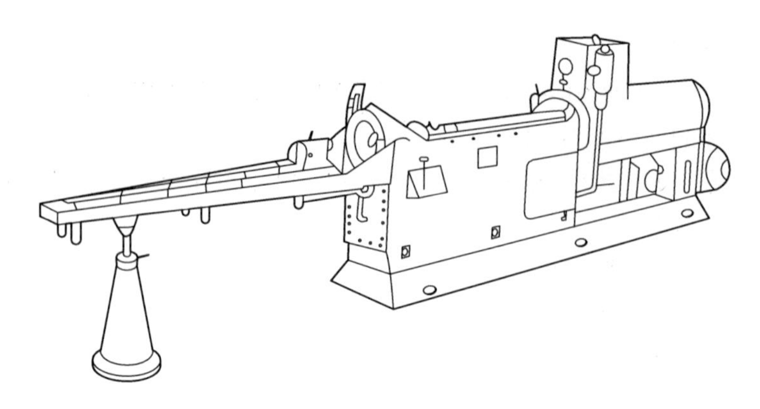

[수평식 브로칭 머신]

(2) 직립형 브로칭 머신

① 일감의 고정방법이 간단하고 테이블에 올려놓은 채로 가공할 수 있다.
② 절삭 유제의 공급이 용이하며 작은 일감의 대량생산에 적합하다.
③ 기계의 높이가 높아지므로 기초공사를 견고하게 하고 안정에 주의해야 한다.

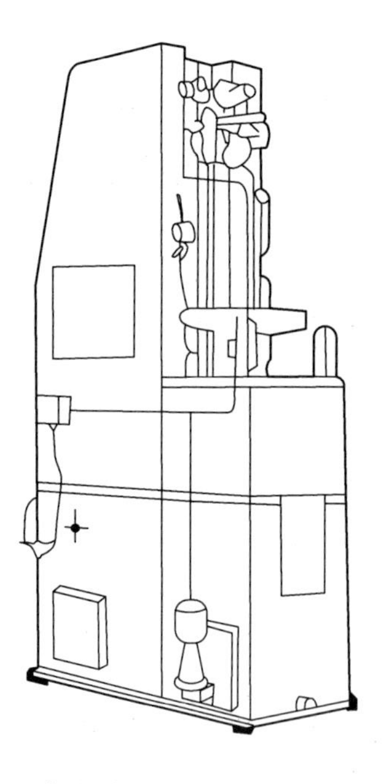

[수직식 브로칭 머신]

(3) 브로칭 머신 크기

최대인장력과 브로치의 최대행정길이로 나타내고 최대인장력은 5~50t 가량의 것이 보통이다.

2. 기계톱 가공

1) Hacksawing Machine

(1) 핵소잉 머신의 개요

① 핵소의 왕복절삭운동과 이송운동으로 재료를 절단한다.

② 왕복기구에는 크랭크기구를 보통 사용한다.

③ 핵소의 전방은 다소 높게 하여 왕복운동방향에 대하여는 다소 경사시키고 귀환행정에는 가공물에 접촉하지 않도록 여유를 준다.

(2) 크기표시

톱날의 길이와 핵소의 스트로크(Stroke) 및 절단할 수 있는 최대치수로 표시

2) Circular Sawing Machine

(1) 서큘러 소잉 머신의 개요

① 직경이 큰 회전톱(Circular Saw)을 사용하여 일감을 절단한다.

② 톱날이 강력하며 내구력이 크고 절단면이 아름답고 절단능력이 좋으므로 절단시간이 짧고 대량생산에 적합하다.

(2) 크기표시

원판톱의 직경(Diameter of Saw)과 절단할 수 있는 일감의 최대 치수로 표시

제2절 특수가공과 수치제어공작기계

1 특수가공

1. 방전가공(EDM ; Electric Discharge Machine)★

1) 방전가공의 개요

등유 등 절연성이 있는 가공액 중에 공구(전극)와 일감을 넣고 그 사이에서 보통 약 110V의 직류전압으로 방전을 하면 불꽃방전(Spark Discharge)에 의하여 재료를 미량씩 용해 기화시켜서 가공용 전극의 형상에 따라 구멍뚫기, 조각, 절단, 그밖의 가공을 하는 것으로 주로 금형의 제작과 수리에 이용되고 있으며 그 응용범위가 매우 넓어지고 있는 추세이다.

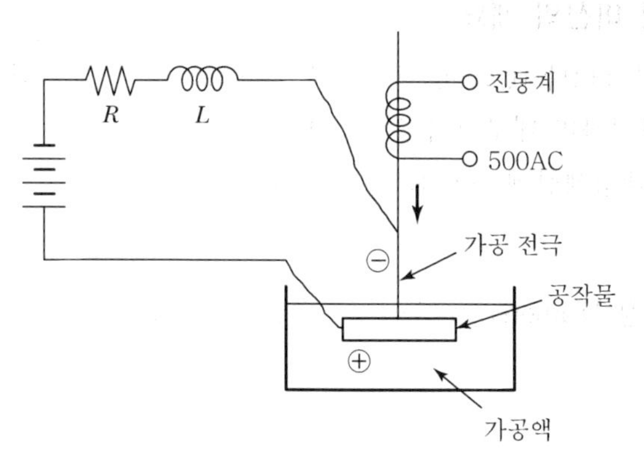

[방전가공(저압전류법)]

2) 전극과 가공파의 조건

(1) 전극조건

① 소모가 적을 것

② 가공능률이 좋을 것

③ 전극가공이 쉬울 것
④ 가공면의 거칠기기 좋을 것

(2) 가공액의 조건

① 점도가 낮을 것
② 절연체일 것
③ 인화성이 없을 것
④ 가격이 쌀 것

3) 특징

(1) 장점

① 절삭가공이 곤란한 금속(초경합금, 열처리강, 내열강 등), 경도가 높은 재료를 쉽게 경제적으로 가공한다.
② 가공 변질층이 적고 내마멸성, 내부식성이 높은 표면을 얻을 수 있다.
③ 전극가공을 할 수 있으며 복잡한 가공을 할 수 있다.
④ 작은 구멍, 좁고 깊은 홈 등 작은 가공을 할 수 있다.

(2) 단점

① 가공상의 전극소재에 제한이 있다.
② 가공속도가 느리다.
③ 전극소모가 있으며 화재발생에 유의해야 한다.

4) 방전의 진행과정

(1) 1단계 : 암류(暗流)

전극과 일감에 서로 다른 극성의 전기를 가해 전압을 점점 높여가면 (+)극성에 (−)이온이 끌리고 (−)극성에 (+)이온이 끌리며 전극을 접근시키면 방전이 되어 전류가 약간 흐르는 상태가 된다. 전류의 양은 이온의 수이며 가하는 전압에 따라 변화한다. 그리고 많은 이온이 점점 중화, 소멸되면서 균형을 이루게 되는데 이러한 범위의 상태를 암류라 한다.

(2) 2단계 : 코로나 방전

암류의 상태에서 더욱 전압을 높게 가하면 전압이 걸린 부분은 부분적으로 절연이 파괴된다. 이 상태를 코로나 방전이라 한다.

(3) 3단계 : 불꽃방전

전압을 계속 상승시키면 금속 중의 자유전자가 강하게 끌려나와 확산되어 이온의 이동 속도가 크게 되는데 이렇게 확산된 전자와 이온이 극간 중의 물질에 닿으면 이 물질이 이온화 된다. 이온량이 증가함에 따라 순간적으로 전류도 급격히 증가하여 온도가 비정상적으로 높고 전류밀도도 비정상적으로 커지기 때문에 발생되는 열은 104℃ 이상의 고온이 되며 완전이 절연파괴가 일어난다. 방전가공은 이러한 불꽃방전을 이용한다.

(4) 4단계 : 아크방전

불꽃방전이 지나면 전류의 변화는 거의 없으며 정상적으로 전류가 흐르는 상태가 되는데 이를 아크방전이라 한다.

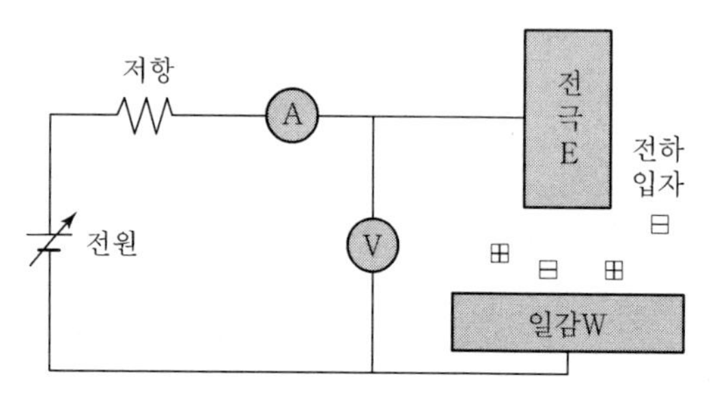

[방전회로]

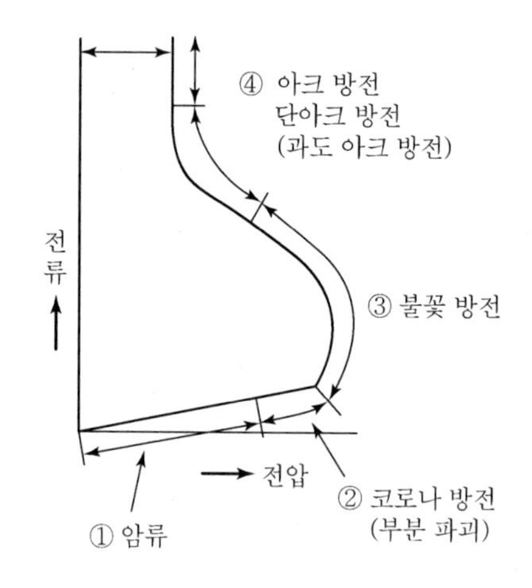

[전압 · 전류 특성]

5) 방전가공 과정

1단계	전극과 일감을 가공액 중에서 수십볼트의 전압을 가하며 서보 기구에 의하여 수 ㎛~수십 ㎛로 아주 가까이 접근시킨다.
2단계	전극과 일감의 가장 가까운 부위의 한 점에서 10^{-7}~10^{-3}(s)의 아주 짧은 시간에 절연이 파괴되어 가느다란 방전주가 형성되며 6,000~10,000℃의 고온이 발생한다.
3단계	고온에 의하여 일감의 용융이 시작되며 부피가 급속히 팽창하여 압력이 상승하면서 강한 폭발력에 의하여 일감이 떨어져 나간다.
4단계	강한 폭발력에 의하여 떨어져 나간 가공칩은 미세한 분말의 형태로 가공액 중에 비산되어 가공액 중에 부유하게 된다.
5단계	1회의 단발 방전은 10^{-7}~10^{-3}(s)의 아주 짧은 시간에 끝나고 주위의 가공액이 전극과 일감 사이에 유입되면서 절연이 회복된다.

6) 방전가공조건

(1) 방전가공속도

단위시간당 일감의 가공량(g/min)으로 나타내며 현재 널리 쓰이는 방전가공기의 최대 가공속도는 약 50g/min(3kg/h) 정도이다.

방전가공속도는 일반 공작기계의 가공속도에 비해 매우 느리며 따라서 난삭재나 어려운 작업에 제한된다. 일반적으로 가공속도가 크면 가공표면이 거칠어진다.

(2) 가공전류와 방전시간

단발방전 에너지의 크기는 가공전류와 방전시간에 비례하여 커지며 방전에너지가 클수록 가공속도는 빠르나 표면이 거칠고 클리어런스가 커진다.

(3) 휴지시간

① 단발방전과 단발방전 사이의 시간을 휴지시간이라 하며 방전가공은 무수한 단발방전이 반복되면서 이루어진다.

② 휴지시간을 짧게 하면 단위시간당 방전 횟수가 증가하여 가공속도가 빨라지나 너무 짧을 경우에는 아크방전이 발생할 우려가 있다.

(4) 극성

① 가공할 일감을 (+), 전극을 (−)로 하여 가공하는 것을 정극성이라 하고 그 반대의 경우를 역극성이라 한다.

② 극성의 선택은 공작조건(전극 및 일감의 재질, 가공면의 거칠기)에 따라 선택한다.

③ 일반적으로 역극성일 경우 전극소모가 적으며 탄소강의 경우에는 역극성, 초경합금

의 경우에는 정극성으로 가공한다. 극성의 선택이 잘못되면 전극의 소모가 크거나 방전가공이 어려워지므로 유의해야 한다.

(5) 칩의 배출

가공된 칩은 방전가공에 많은 영향을 끼치게 되며 칩의 배출이 원활하지 못하면 다음과 같은 문제점이 발생한다.

① 가공속도가 떨어지고 가공면의 정밀도가 떨어진다.

② 가공칩에 의한 이상방전으로 전극의 소모가 많아진다.

③ 아크현상으로 인해 전극과 일감을 손상시킨다.

2. 초음파가공(Ultrasonic Machining)★

1) 초음파가공의 정의

테이블에 고정된 일감에 숫돌입자와 물 또는 기름의 혼합액을 순환시키면서 일정한 압력하에서 수직으로 설치된 진동공구가 20~30(kHz), 진폭 30~40μ으로 진동할 때 숫돌입자의 급격한 타격작용으로 일감(초경합금, 보석류, 세라믹, 유리)을 절단, 구멍뚫기, 평면가공, 표면다듬질가공을 하는 것이다.

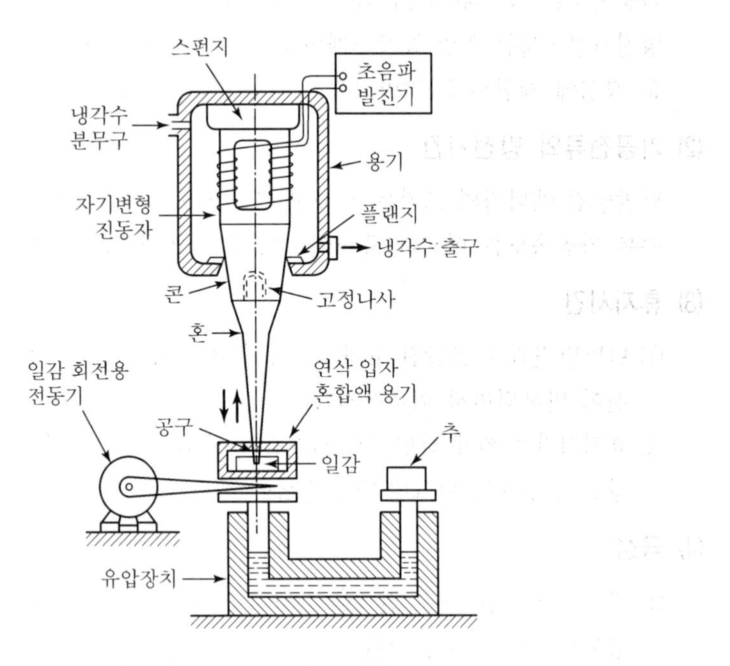

[초음파 가공기의 구성]

2) 특징

(1) 장점

① 초경질이며 메짐성이 큰 재료에 사용한다.
② 절단, 구멍뚫기, 평면가공, 표면가공 등을 할 수 있다.
③ 전기적으로 불량 도체일지라도 보통 금속과 동일하게 가공할 수 있다.
④ 연삭가공에 비하여 가공면의 변질 변형이 적다.

(2) 단점

① 납, 구리, 연강 등 무른 재료는 가공이 어렵다.
② 가공속도가 느리고 공구의 소모가 크다.
③ 가공면적이 좁게 제한을 받고 가공깊이도 제한을 받는다.

3) 초음파 가공기

(1) 초음파 발생장치

초음파 가공을 하기 위해서는 큰 진폭으로 공구를 초음파 진동시켜야 하며 전원으로부터 초음파 발진장치를 거쳐 자기변형 진동자에 고주파 전류를 보내면 용기 내부의 진동자의 진폭은 수 μm에 불과하지만 혼(Hone)으로 전달될 때는 30~40μm으로 증폭된다.

(2) 혼 및 공구

① 혼(Horn)
㉠ 혼의 재료는 황동이나 연강, 공구강 등이 주로 쓰이고 있으며 스테인리스강, 알루미늄도 사용한다.
㉡ 혼은 진동자에 납땜으로 붙이고 혼과 공구는 나사로 연결하며 혼은 가공목적에 따라 여러 형상이 있다.

② 공구
㉠ 공구재료는 스프링강, 피아노선, 스테인리스강, 텅스텐 탄화물 등을 사용하나 유리와 같이 가공이 쉬운 재료는 연강을 사용하기도 한다.
㉡ 공구와 일감 사이에는 정압력을 가하도록 되어있고 이 압력을 조정하여 가공능률을 높인다.

③ 진동자
㉠ 보통 두께 약 0.1mm의 니켈박판을 층상으로 적층하여 만들며 고주파용으로는 페라이트나 세라믹도 사용된다.
㉡ 대출력용에는 니켈 진동자가 소출력용에는 페라이트 진동자가 사용된다.

④ 연삭입자

㉠ 연삭입자는 알루미나, 탄화규소, 탄화붕소가 쓰이며 입도는 320~600번 정도이다.

㉡ 입자는 무게비로 물의 2배 정도 혼합하여 사용한다.

4) 가공특성

(1) 가공속도

가공속도는 공구 진폭 및 주파수, 이송 가압력을 증가함으로써 증대된다. 또한 가공속도는 숫돌입자의 농도, 입도에 따라 영향을 받으며 입자가 미세하여 진동 진폭보다 작게 되면 가공속도는 현저히 감소한다. 입자가 너무 클 경우에도 가공 간극 속에 잘 들어갈 수 없어 가공속도는 감소된다.

(2) 다듬질면의 거칠기

진동진폭이 크거나 숫돌입자가 크면 거칠기가 커진다. 또한 가공된 구멍의 측면은 바닥면보다 거칠며 공구 바닥면의 거칠기는 다듬질면 거칠기에 큰 영향을 미친다.

(3) 가공 정밀도

사용하는 공구의 치수와 가공된 구멍치수의 차를 클리어런스라 하며 이의 크기와 균일성이 가공 정밀도에 큰 영향을 준다.

(4) 공구마모

공구의 작용면이 숫돌입자를 충격할 때 숫돌입자의 절삭작용에 의해 공구의 마모가 크며 가공정밀도에도 영향을 미친다.

5) 초음파 진동가공의 응용

(1) 초음파 가공

① 소성변형이 안 되는 유리기구에 눈금, 무늬, 문자 등을 조각

② 석영유리에 정밀한 나사를 절삭가공

③ 수정, 반도체, 세라믹, 카본, 초경합금 등의 재질에 대한 미세구멍가공 및 절단

④ 보석, 귀금속류의 구멍가공

(2) 고정입자를 이용한 초음파 가공

고착시킨 다이아몬드 숫돌 공구를 이용하여 초음파 가공을 하면 새입자를 공급할 필요가 없고 가공속도가 향상되며 깊은 구멍을 효율적으로 가공할 수 있다.

(3) 초음파 용접

① 금속재료의 초음파 용접

② 플라스틱의 초음파 용접

(4) 초음파 연삭

일감에 초음파 진동을 주어 평면 연삭을 하면 일감의 온도상승이 현저히 줄어든다.

(5) 초음파 진동절삭

절삭방향으로 공구와 일감 사이에 제어된 상대진동을 주어 접촉면에 절삭유를 침입시키고 계면의 마찰감소를 통해 절삭저항의 저하, 가공면의 거칠기 향상, 변질층의 감소, 공구수명의 증대를 꾀한다.

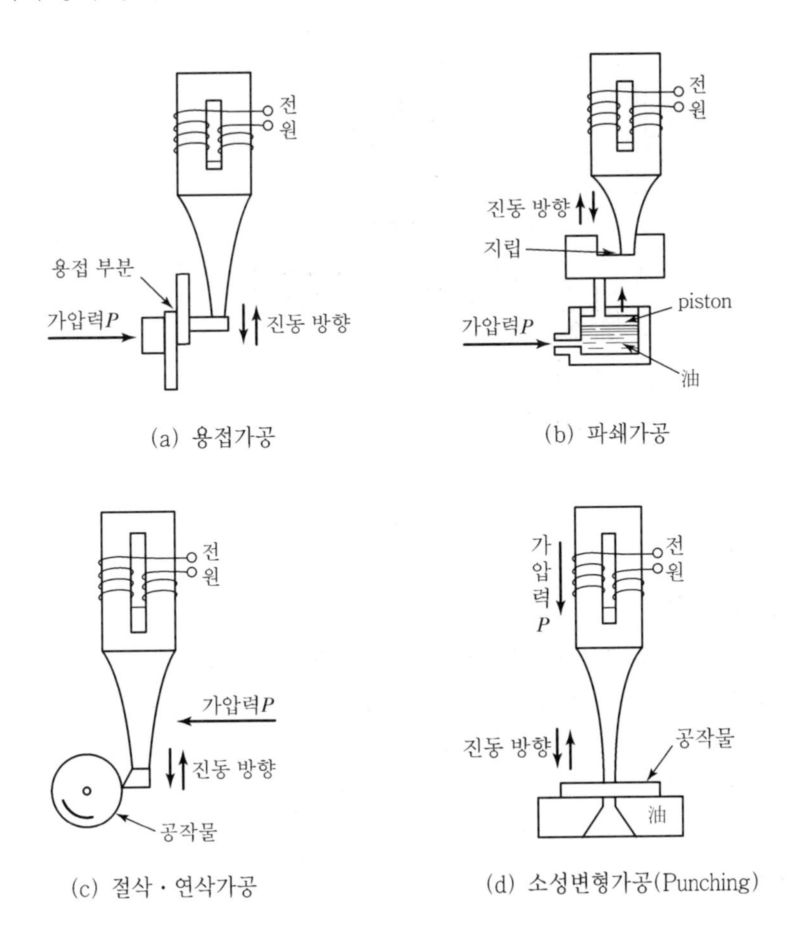

[초음파를 이용한 각종 가공]

3. 전해가공(ECM ; Electro Chemical Machining)★

1) 전해가공의 정의

전기화학적 용해작용을 재료의 가공한 부분에 집중시켜 원하는 모양, 치수, 표면상태를 얻는 가공법으로 일감과 전극(공구)은 0.02~0.7mm 정도로 근접시켜 전해액(NaCl, $NaNO_3$)을 통하여 일감은 +극, 공구는 -극이 되도록 통전하여 전압은 5~20V, 전류밀도는 30~200A/dm^2가 쓰인다.

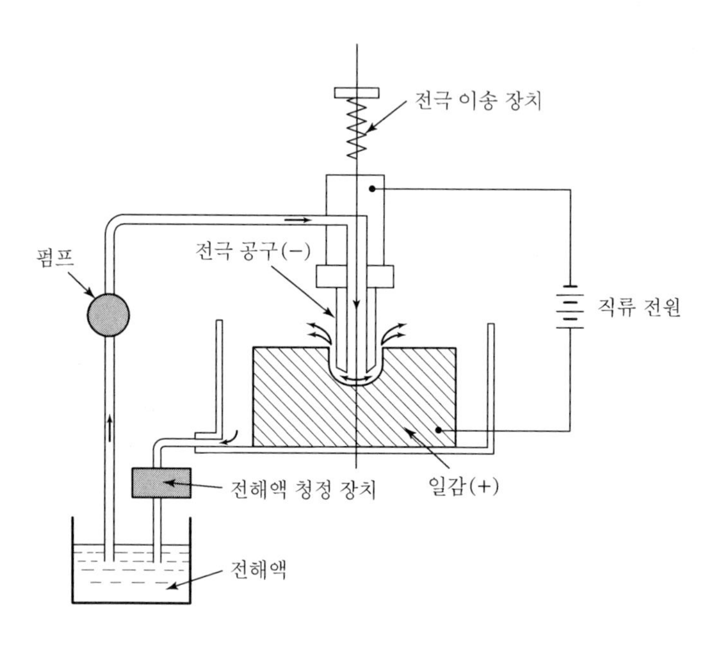

[전해가공장치의 원리]

2) 전해가공의 특징

(1) 경도가 크고 인성이 큰 재질에 대해서도 가공량이 크다.
(2) 가공면에 응력이나 변형이 나타나지 않는다.
(3) 공구인 전극의 소모가 거의 없다.
(4) 전해액의 처리가 어렵다.
(5) 공구 전극의 제작에 경험과 수고가 필요하다.
(6) 복잡하고 섬세한 형상은 정밀도가 떨어진다.

3) 전해액

(1) 전해액의 기능 및 조건

① 기능

㉠ 공구와 가공물 사이에 전해 전류를 흘린다.

㉡ 가공 간극에서 전해생성물을 제거한다.

㉢ 가공 중 발생하는 열을 제거한다.

② 구비조건

㉠ 가공물의 표면에 불용해 생성물을 만들지 않아야 한다.

㉡ 양이온의 공구면에 전착하지 않아야 한다.

㉢ 전도도가 높고 점도가 낮아야 한다.

㉣ 부식성이 작고 유독성이 없어야 한다.

㉤ 입수하기 쉽고 값이 싸야 한다.

(2) 전해액의 종류

① 중성염 용액(NaCl)

② 산 용액(HCl)

③ 알칼리 용액(NaOH)

4) 가공특성

(1) 가공정밀도

① 공구 전극에 대응하는 일감상의 각점에서는 반드시 동일한 속도로 제거되지 않으므로 가공형상을 고려하여 공구전극의 형상을 수정한다.

② 가공간극을 일정하게 하여 가공 정밀도를 향상시키면 전해액의 전도도를 측정하여 전압, 전극이송속도를 자동적으로 제어하는 방법을 취한다.

(2) 다듬질면 거칠기

① 다듬질면의 요철은 가공면의 각 부분에서의 가공량의 차이에 의해 생긴다.

② 보통 전류 밀도가 클수록 거칠기는 작고 또 재료의 결정립이 작을수록 거칠기는 작다.

③ 가공면은 거울면에 가깝지만 주름이나 굴곡이 생기기 때문에 정밀한 가공은 어렵다.

(3) 전극

① 전극의 영향 : 가공형상을 생성하는 데 필요한 전극형상을 결정해야 하나 전극형상이 복잡한 경우에는 전해액의 흐름과 전해생성물의 분포가 불균일하여 예정한 가공형상을 얻기가 어려우며 특별한 전극 제작법이 필요하다.

② 전극 제작법

㉠ 가공 전극을 지배하는 공식을 미리 컴퓨터에 기억시켜 놓고 가공할 제품형상을 입력해서 전극형상을 계산시켜 CNC 가공하는 방법

㉡ 이미 만들어진 금형제품을 방전전극으로 해서 전해가공하는 방법

〈 전해가공과 방전가공의 차이 〉

구분	전해가공(ECM)	방전가공(EDM)
전극소모	전극의 소모가 전혀 없다.	전극소모가 있다.
가공속도	방전가공보다 빠르다.	가공속도를 높이는 데 한계가 있다.
거칠기	경면에 가까운 평활면	배껍질면
가공정밀도	가공형상에 따라 좌우	비교적 정밀도가 높고 가공형상에 좌우하지 않는다.
가공변질층	가공 경화층은 전혀 생기지 않음 가공면에 크랙이 생기지 않음	급열, 급랭으로 경화층이 생김 헤어크랙 생김
가공액	부식성이 있어 방청에 힘이 든다. 다량의 슬러지가 생긴다.	방청에 힘이 들지 않고 가공 Chip의 처리도 쉽다.

4. 전해연삭(電解硏削, Electro Chemical Grinding ; ECG)★

1) 전해연삭의 정의

기계연삭과 전해용출작업을 조합한 가공으로 전해작용을 할 때 +극에 나타나는 용출물을 숫돌로 제거함으로써 전해용출의 효율을 높인다.

2) 가공액

일감에 따라 다르나 KNO_3, $NaNO_3$, KNO_2 등의 혼합액이 사용

3) 특징

(1) 연삭능률은 일반 기계연삭보다 높으며 특히 경도가 높은 재료에 적합

(2) 얇고 작은 부품이 변형 없이 가공된다.

(3) 가공정밀도는 일반기계연삭보다 떨어지며 시설비가 비싸다.

(4) 원통이나 내면연삭에서 숫돌과 일감의 접촉면적이 작아 연삭능률이 떨어지며 다른면의 광택이 적다.

5. 전해연마(電解研磨)(Electrolytic Polishing)★

1) 전해연마의 정의

전해연마는 전해가공과 같은 원리이며 전해액 중에서 양극의 용출을 이용하여 표면을 평활하게 다듬질하는 방법으로서 전기도금과는 반대이다. 전해가공에 비해 낮은 전류밀도(약 $1A/cm^2$)로 하여 양극에 전기에 의한 화학적 용해작용을 일으켜 원하는 모양, 치수 그리고 표면상태로 가공하는 방법이다.

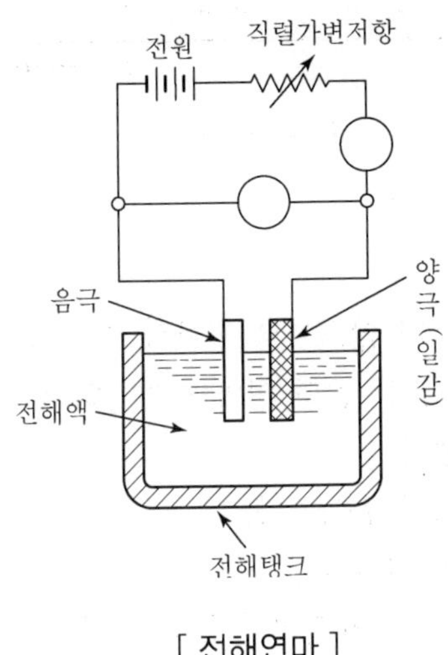

[전해연마]

2) 전해연마 원리

(1) 전해장치에서 어느 정도 전압을 높이면 일감에서 용출한 이온과 전해액(주로 과염소산, 인산, 황산, 질산)에 의해 비중, 점성, 전기저항이 높은 에멀션이 생성되고 이것이 오목부를 덮어 그 부분에서의 용출을 방해한다.

(2) 또한 전가공에서의 요철 중 볼록부는 오목부분보다 더욱 심하게 용출하므로 표면이 평활하게 다듬질되고 광택이 나게 된다.

3) 전해연마의 특징

(1) 가공조건

전압을 서서히 높여가면 전압과 관계없이 전류가 일정해지는 범위(B－C)가 나타나며 양극생성 피막에 의해 경면의 전해 연마를 얻는 조건이다. A－B 구간은 선택적 용해로 인해 전해부식이 나타나며 C－D 구간에서는 가스발생을 수반하여 다듬질면이 배껍질처럼 된다.

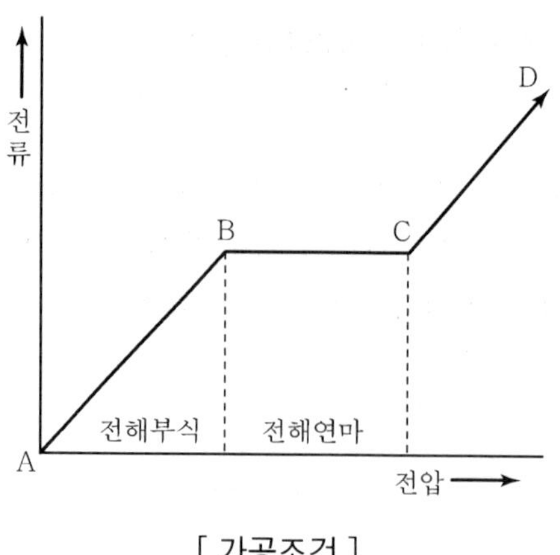

[가공조건]

(2) 가공특성

① 가공 변질층이 나타나지 않으므로 평활한 면을 얻을 수 있다.
② 복잡한 형상의 공작물, 선 등의 연마도 가능하다.
③ 가공면에 방향성이 없다.
④ 내마멸성 및 내부식성이 좋아진다.
⑤ 면이 깨끗하고 도금이 잘 된다.
⑥ 연마량이 적어 깊은 홈은 제거되지 않고 모서리가 라운드된다.

4) 전해연마액

(1) 알칼리용액

알루미늄, 텅스텐, 아연

(2) CN용액

금, 은, 카드뮴

(3) 산성용액

동, 니켈, 탄소강, 스테인리스

6. 화학적 가공(Chemical Machining)

1) 화학적 가공의 정의

기계적, 전기적 방법으로 가공할 수 없는 재료, 복잡한 모양을 형성하기 위한 용해, 부식 등의 화학적 방법으로 금속과 비금속의 표면을 깨끗이 다듬든지 그 밖에 용삭가공을 하는 것을 말한다.

2) 화학적 가공의 종류

(1) 용삭가공

일종의 에칭(Etching)으로 절삭공구 대신에 가공액의 용해작용으로 표면을 제거한다.

(2) 화학연마

① 정의 : 일감의 전면을 균일하게 용해하여 두께를 얇게 하거나 표면의 작은 요철부의 오목부를 녹이지 않고 볼록부를 신속히 용융시키는 방법이다.
② 일감의 재질 : 구리, 황동, 니켈, 모넬메탈, 알루미늄, 아연 등
③ 가공액 : 황산, 질산, 인산, 염화제이철 등을 단독 또는 혼합하여 사용한다.

(3) 화학연삭

일감표면에 작은 요철부의 볼록부를 용삭할 때 기계적 마찰을 가하여 더욱 능률적인 가공을 하는 방법

(4) 화학절단

① 정의 : 날이 없는 메탈 소를 절단한 곳에 대고 마찰시켜 가공액을 작용시키면 그 부분에서 용삭이 진행되어 절단된다.
② 특징 : 절단면의 조직변화가 발생되지 않는다.

7. 숏피닝(Shot Peening)★

1) 개요

숏피닝은 샌드블라스팅의 모래 또는 그리트 블라스팅의 그리트 대신에 경화된 작은 강구(Shot)를 일감의 표면에 분사시켜 일감을 다듬질하고 피로강도나 기타 기계적 성질을 향상시키는 가공법이다.

숏피닝한 금속의 표면은 그 결정립이 변형, 미세화하여 가공경화를 일으키고 잔류응력에 의해 피로강도가 향상되는 특징이 있다. 그러나 두께가 큰 재료에는 효과가 적고 부적당한 숏피닝은 연성을 감소시켜 균열의 원인이 된다.

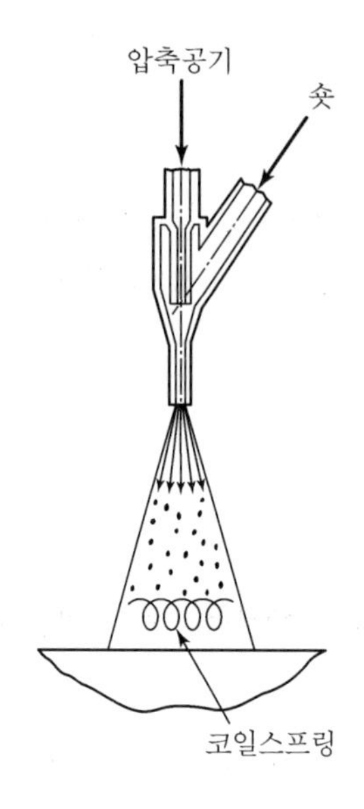

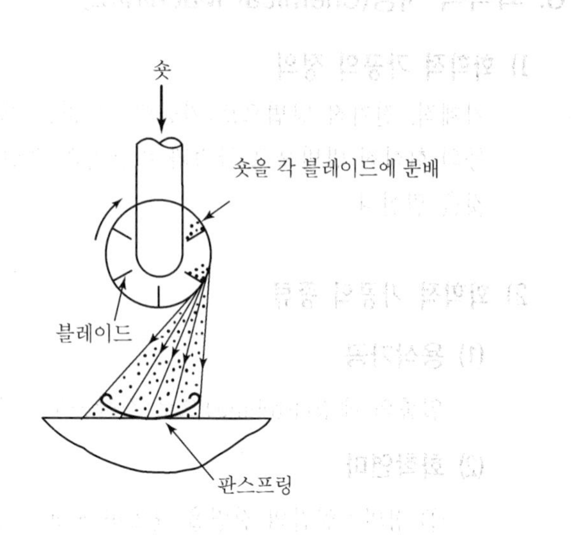

[숏피닝]

2) 숏피닝방법

(1) 압축공기를 이용하는 방법

압축공기를 노즐에서 쇼트와 함께 고속으로 분출시키는 방법이며 호스를 이용하므로 임의의 장소에 노즐을 이동시켜 구멍의 내면 등의 가공에 편리하다.

(2) 원심력을 이용하는 방법

압축 공기식에 비해 생산능률이 매우 높은 방법이며 고속회전하는 임펠러에 의해 가속되어 고속으로 쇼트가 투사된다.

3) 쇼트(Shot)

(1) 종류 및 특징

칠드주철, 가단주철, 주강, 컷와이어(Cut Wire) 등의 철제쇼트와 동 또는 유리 쇼트가 있다. 칠드주철 쇼트는 작업능률이 높으나 파괴되기 쉽고 컷 와이어 쇼트는 인성이 크며 칠드주철 쇼트보다 수명이 매우 길다.

(2) 크기

쇼트는 크기가 균일한 것이 중요하며 보통 0.5~1mm의 크기가 많이 이용된다.

4) 가공조건

(1) 분사속도

분사속도가 크면 피닝효과는 크지만 너무 크게 되면 가공물 표면의 조직이 파괴되므로 압축공기를 이용하는 경우 공기압력을 4kg/cm² 이내로 한다.

(2) 분사각도

분사각도가 90°일 때 효과가 가장 크고 가공층의 두께가 가장 크다.
분사각이 크면 단위면적의 피닝효과가 떨어지며 또 분사면적의 각 위치에서 각도 차이로 인해 피닝효과에 차이가 발생된다.

5) 쇼트피닝의 효과 및 용도

(1) 효과

① 피로강도의 향상
② 시효 균열의 방지
③ 주물의 기포 제거
④ 내마모성의 증대
⑤ 탈탄에 대한 보완 효과

(2) 용도

쇼트피닝은 최초에는 판스프링에 주로 이용되었으나 현재는 자동차 및 항공기 부품인 코일스프링, 와셔, 핀(Pin)류, 차축, 기어 등에도 널리 이용된다.

〈Shot Peening에 의한 피로강도 향상〉

기계부품	피로한도의 증가(%)	기계부품	피로한도의 증가(%)
Crank 축	900	Coil Spring	1,370
판 Spring	600	Gear	1,500
연결봉	1,000	Rocker Arm	1,400

8. 버핑(Buffing)과 폴리싱(Polishing)

1) 버핑

식물 같은 연한 재료로 회전원판을 만들어 입자를 부착시킨 후 이것을 회전시키면서 공작물을 눌러대어 그 표면을 매끈하게 다듬질하는 방법이다.

2) 폴리싱

버핑하기 전 목재, 펄프, 피혁, 캔버스, 직물 등 탄성이 있는 재료로 입자를 사용해서 연삭 작용을 하게 하는 공작법을 말한다.

9. 압부(押付)가공

1) 버니싱(Burnishing)

(1) 정의

원통의 내면을 다듬질하기 위하여 원통의 안지름보다 약간 지름이 큰 강구를 압입하여 다듬질면을 압입함으로써 매끈하게 하는 방법

(2) 특징

드릴 또는 리머가공한 구멍의 치수 정도를 높이고 다듬질 면을 매끄럽게 하는 데 시간이 적게 걸린다.

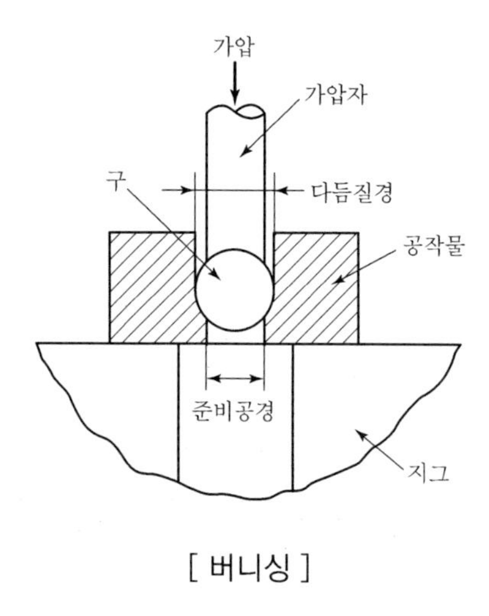

[버니싱]

2) 배럴다듬질(Barrel Finishing)

(1) 정의

회전하는 상자 속에 일감과 숫돌입자 공작에 콤파운드(Compound) 등을 넣고 서로 충돌시켜 매끈한 가공면을 얻는 방법

(2) 미디어(Media)와 콤파운드

① 미디어 : 연마작용을 하는 것으로 천연석으로는 규사, 하천사, 해변사, 화강암 등이

있고 인조사로는 알루미나를 사용한다.

② 콤파운드 : 스케일 제거, 변색방지, 방청, 윤활, 광내기 등의 목적으로 사용되며 1~3%의 수용액을 사용한다. 스케일 제거용으로 산성 콤파운드인 염산, 황산이 있고 청강용으로 알칼리성인 아초산소다, 제2인산소다, 제3인산소다 등의 혼합제가 쓰인다.

3) 전조가공

(1) 정의

열경화된 전조 다이 표면에 전조할 일감을 넣고 압부하면서 소재를 회전시켜 표면이 소성변형되어 제품이 되는 가공방법

(2) 특징

나사, 기어, 볼(Ball)의 대량생산에 쓰이며 기계적 성질과 피로강도가 증가되고 충격에 대하여 강하다.

10. 전자빔가공(Electron Beam Machining)★

1) 개요

전자총에서 발사된 전자 빔(Electron Beam)을 직류전류로 가속시킨 후 전자 렌즈로 초점을 맞추어 일감에 충돌시키면 전자가 가지고 있는 높은 에너지로 가열되어 아주 작은 구멍(1μ 정도)을 뚫거나 용접을 할 수 있다.

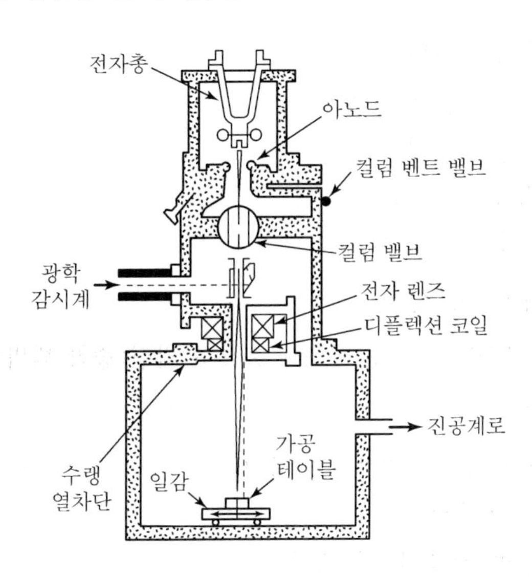

[전자 빔 가공장치의 구조]

2) 전자빔 가공의 구성

(1) 전자총, 전자렌즈, 광학감시계
(2) 가공실 및 가공물 취급 기구
(3) 진공 펌프계
(4) 고전압 공급 전원
(5) 전기제어계

3) 전자빔의 공구로서의 특징

(1) 미소빔 지름

미세가공, 깊은 구멍의 가공

(2) 국부 고온 가공

열영향이 작은 가공, 높은 에너지 밀도

(3) 재료 내부에의 침입성

가공물의 기계적 성질에 관계없는 가공

(4) 고속 제어성

연속적 이송에 의한 가공물의 고속가공

4) 전자빔 가공의 응용

(1) 전자빔 구멍 뚫기 가공

① 내화 비금속 재료의 구멍 뚫기 가공
② 고속 미소구멍 뚫기
③ 깊은 구멍 뚫기
④ 고밀도 다수의 구멍 뚫기

(2) 전자빔에 의한 미소절삭

세라믹이나 금속의 표면에 미세한 홈으로 각인(증착 박막의 트리밍 가공)

(3) 전자빔 용접

① 용접 열원으로서의 전자빔의 특징
㉠ 화학적 청정성
㉡ 광범위한 파워 및 파워밀도
㉢ 가열의 신속성

② 전자빔 용접의 응용
㉠ 활성 재료의 용접
㉡ 종류가 다른 금속끼리의 용접
㉢ 열전도가 다른 금속끼리의 용접
㉣ 좁고 깊은 장소의 용접
㉤ 다층 용접

(4) 전자빔 용해

고진공, 고온, 제어성 등의 장점에 의해 고순도 금속의 용해작업에 전자빔을 이용

11. 고온가공(Hot Machining)

1) 정의

일감을 가열하여 연화시킨 상태에서 절삭하는 가공

2) 장단점

(1) 장점

① 내열 합금강이나 담금질강 등 상온에서 절삭가공이 불가능한 재료도 절삭가능하다.
② 가열절삭은 상온 절삭의 1/2 정도의 절삭저항을 가지므로 동력 소모가 적다.
③ 취성재료라 할지라도 가열 절삭에서는 연속칩이 되어 가공면의 정밀도를 높일 수 있다.
④ 저속 절삭을 하여도 빌트업 에지가 발생하지 않으므로 공구 수명이 상온 절삭 때보다 수십 배 정도 연장된다.

(2) 단점

① 가열시설비가 많이 든다.
② 가열방법이 부적당할 경우 조직 변화에 의한 제품의 정밀도 저하를 가져온다.

3) 일감의 가열방법

(1) 고주파가열법

가열 부분에 Coil을 접촉시키고 10~50kVA의 10~50kC 고주파전류에 의하여 가열한다.

(2) Gas 가열법

산소－Acetylene Gas, 산소－Propane Gas로 가열한다.

(3) 방전가열법

탄소전극과 공작물 간에 Arc를 발생시켜 가열하며 공작물을 양극에 탄소봉을 음극으로 하는 직류 100~400A를 흐르게 한다.

(4) 복사가열법

강한 열선을 발하는 수정 Lamp와 같은 광원에서 한 점에 복사열을 집중시키는 방법이다.

12. 레이저 가공★

1) 개요

레이저 가공은 빛의 에너지를 이용하는 가공법으로서 레이저는 Light Amplification by Stimulated Emission of Radiation의 머리글자를 딴 것으로 광레이저라고도 한다.
레이저 광원의 빛은 여러 가지 특징이 있으나 그 중에서 밀도가 대단히 높은 단색성과 평행도가 높은 지향성을 이용하여 렌즈나 반사경을 통해 집적해서 일감에 빛을 쐬면 전자빔 가공과 같이 순간적으로 국부에 가열되어 용해 또는 증발된다. 이와 같은 원리를 이용하여 대기 중에서 비접촉으로 가공하는 것을 레이저 가공이라 한다.

2) 레이저 가공의 특징

(1) 미세가공이 가능하다.
(2) 국부 고온가공에 의해 난삭재의 가공이 용이하다.
(3) 공구인 레이저빔과 가공물 사이에 물리적인 접촉이 없다.
(4) 투명체를 통해 가공할 수 있다.
(5) 원격 조작이 용이하고 진공이 불필요하다.
(6) 장치가 간단하고 취급이 쉬우며 작업성이 향상된다.

3) 가공에 사용되는 레이저의 종류 및 특징

(1) 고체 레이저

① 다른 레이저에 비해 큰 출력을 얻기 쉽다.
② 스펙트럼 폭이 넓고 단색성, 지향성이 기체 레이저에 비해 떨어진다.

(2) 기체 레이저

① 펄스의 반복을 빨리할 수 있다.
② 출력빔의 지향성이 적고 확산이 적다.

③ 펄스의 에너지는 고체 레이저에 비해 적다.

레이저의 종류		모체	활성입자	레이저의 종류		모체	활성입자
고체 레이저	루비	Al_2O_3	Cr^{+3}	기체 레이저	He-Ne	He-Ne	He-Ne
	YAG	$Y_3Al_2O_{12}$	Nd^{3+}		A_{10}	A	A^+
	유리	유리	Nd^{2+}		CO_2	CO_2-He-N_2	CO_2
	$CaWO_4$	$CaWO_4$	Nd^{3+}				

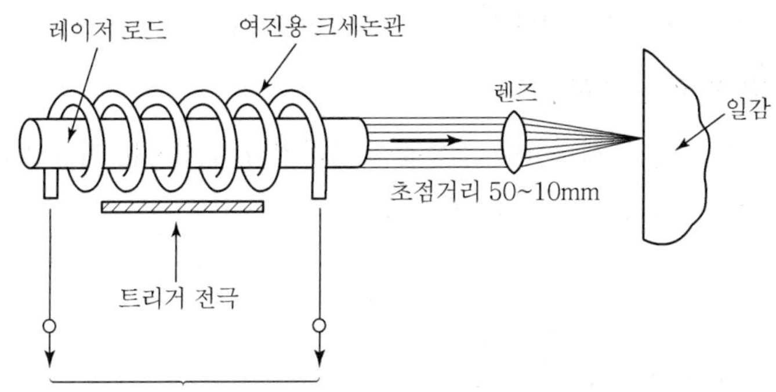

[레이저 가공]

4) 레이저빔 가공의 응용

(1) 구멍뚫기 가공(0.01~1.0mm)

① 다이아몬드 와이어드로잉 다이의 구멍뚫기
② 시계용 보석 베어링의 구멍뚫기
③ 집적회로 기판용의 사파이어의 구멍뚫기
④ 고무, 플라스틱의 비금속 재료의 구멍뚫기
⑤ 초경합금, 스테인리스강의 구멍뚫기

(2) 절단 및 홈파기 가공

① 특징
㉠ 절단폭이 좁으며 임의의 점에서 시작이 가능하다.
㉡ 응력의 변형 및 거스러미가 없다.
㉢ 다품종 소량절단에 경제적이다.

② 절단 및 홈파기 가공

㉠ 특징

ⓐ 절단폭이 좁으며 임의의 점에서 시작이 가능하다.

ⓑ 응력의 변형 및 거스러미가 없다.

ⓒ 다품종 소량절단에 경제적이다.

㉡ 가공 종류

ⓐ 목재 및 종이, 금속재료의 복잡한 형상의 절단

ⓑ 양복지의 재단

ⓒ 반도체 기판, 세라믹판의 스크라이빙(Scribing)

(3) 트리밍 및 밸런싱 가공

재료의 미소 부분을 제거하여 형상을 보정하거나 수정하는 가공으로 자이로스코프의 밸런싱, 시계의 밸런스 휠 조정에도 응용됨

(4) 용접

① 종류가 다른 금속끼리의 용접

② 열민감성 재료의 용접

③ 좁고 깊은 장소의 용접

④ 반응성이 강한 재료의 비진공 중 용접

(5) 레이저 담금질

104W/cm^2 정도의 레이저 광으로 강의 표면을 주사하면 가열 급랭되어 깊이 수 100μm의 경화층을 얻으며 필요한 부분만의 열처리가 가능하다.

2 수치제어 공작기계

1. NC의 개요★

1) NC의 개요

(1) 개요

수치제어인 NC(Numerical Control)는 수치와 기호로 구성된 수치정보를 매개수단으로 하여 기계의 운전을 자동제어한다는 의미이다.

기계가 운동하는 거리와 운동 특성을 천공테이프나 자기테이프, 디스크 등에 기록하여 지령하면 종래의 수동운전되었던 기계의 조작이 자동화될 뿐 아니라 복잡한 형상이라도 짧은 시간에 높은 정밀도로 가공할 수 있다.

NC 장치 내에 컴퓨터를 내장한 것을 CNC라 하며 1대의 컴퓨터에 의해 여러대의 CNC 공작기계를 직접 제어하는 것을 DNC라 한다.

(2) NC의 발달과정

① 제1단계 : NC

공작기계 1대를 NC 1대로 단순제어하는 간이자동화 단계로서 NC 기계는 매 제품 가공마다 천공 테이프로 리더기를 통해 명령문과 데이터가 입력된다.

② 제2단계 : CNC

공작기계 1대를 NC 1대로 제어하며 복합기능을 수행하는 단위기계의 완전자동화 단계로서 NC와 프로그램 입력방법은 같으나 CNC에서는 명령문과 데이터가 한번 입력되면 컴퓨터 기억장치에 저장될 뿐 아니라 입력방법에도 리더기 외에 디스켓이나 컴퓨터 통신 등을 다양하게 사용한다.

㉠ 공작기계가 가공물을 가공하고 있는 중에도 파트 프로그램의 수정이 가능하다.
㉡ 인치 단위의 프로그램을 쉽게 미터 단위로 자동 변환할 수 있다.
㉢ 기존 NC 시스템에 비해 유연성이 높아 새로운 제어기능을 쉽게 추가할 수 있다.
㉣ 가공에 자주 사용되는 파트 프로그램을 사용자가 매크로(Macro) 형태로 짜서 컴퓨터의 기억장치에 저장해 두고 필요할 때 항상 불러 쓸 수 있다.
㉤ 전체 생산 시스템의 CNC는 컴퓨터와 생산공장과의 상호 연결이 쉽다.
㉥ 고장 발생 시 자기 진단을 할 수 있으며 고장 발생 시기와 상황을 파악할 수 있다.

③ 제3단계 : DNC

여러 대의 공작기기계를 컴퓨터 1대로 제어하는 생산라인의 자동화 단계로서 천공테이프를 이용하여 각 기계에 입력하여 공작기계를 제어하던 데이터를 컴퓨터의 기억장치에 기억시켜 놓고 통신선을 이용해 1대의 컴퓨터에서 여러 대의 복수 CNC 공작기계를 직접 제어하여 체계적으로 운용한다.

㉠ 천공 테이프를 사용하지 않는다.
㉡ 유연성과 높은 계산능력을 갖고 있다.
㉢ CNC 프로그램들을 컴퓨터 파일로 저장할 수 있다.
㉣ 공장에서 생산성에 관계되는 데이터를 수집하고 일괄 처리할 수 있다.
㉤ 공장 자동화의 기반이 된다.

④ 제4단계 : FMS 및 CIM
여러 대의 공작기계를 컴퓨터 1대로 제어하며 생산관리를 수행하는 공장 전체의 자동화(생산시스템의 자동화) 단계로서 복수 제품을 생산하는 유연생산체제(FMS)를 이용하는 한편 더 나아가 설계, 제조, 판매 등 기업전체의 생산 관련 시스템의 통합으로 발전되는 체제(CIM)를 지향하는 단계이다.

2) 수치제어 공작기계의 구성

(1) 프로그램

① 기능 : NC 기계를 운전할 때 부품 가공도면을 수치제어장치가 이해할 수 있는 내용의 언어로 변환시켜 기계가 할 일을 단계적으로 지시하는 명령문의 모임으로서 수치제어장치가 인식할 수 있는 입력 매체의 형태로 쓰여진 문자나 숫자의 코드이다.

② 프로그래밍 입력 방법
㉠ 손에 의한 입력(MDI : Manual Data Input)
㉡ 테이프 리더(Tape Reader)에 의한 입력
㉢ 컴퓨터에 연결하여 디스켓이나 단말장치를 사용하여 정보를 입력시키는 방법(DNC : Direct Numerical Control)
㉣ 대화형 또는 메뉴항목을 선택하여 입력하는 방법

(2) 수치제어장치

프로그램의 수치 정보를 읽고 기억하며 연산처리하고 이동량과 속도에 해당하는 펄스를 발생하여 서보모터를 제어한다.

(3) PLC(Programmable Logic Control) 장치★

미리 정해진 순서로 입력과 출력의 조건에 따라 주변기기를 동작시키는 장치이다.

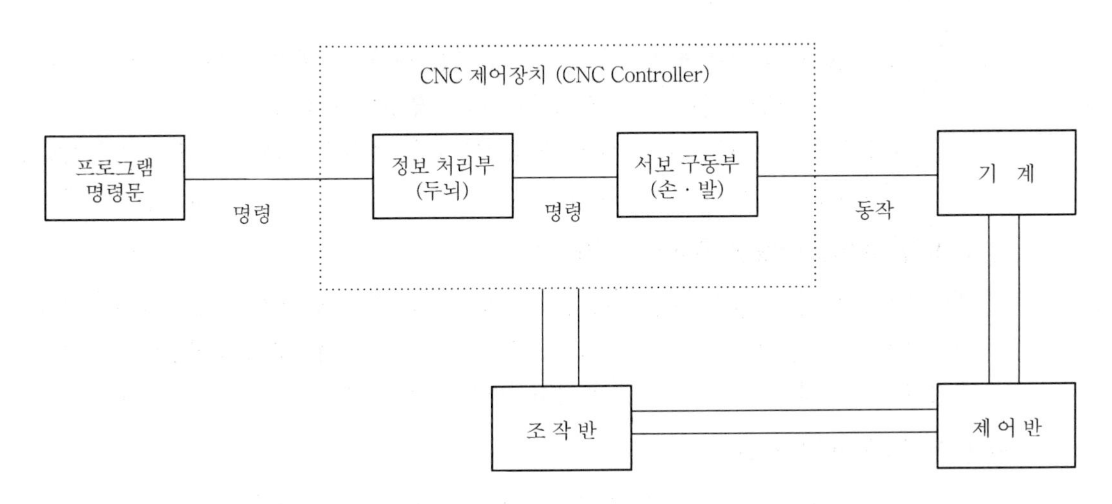

[CNC 기계의 기본구성]

3) CNC의 주요기능

(1) 개요

수치와 부호로 표시된 CNC 정보에 의해 공작기계는 명령에 따라 여러 가지 기능으로 동작하여 가공이 이루어진다. CNC의 주요 기능으로는 준비기능, 보조기능, 이송기능, 주축기능, 공구기능 등이 있다.

(2) 준비기능(Preparatory Function, G)

① 준비기능의 의미

NC 지령 블록의 제어기능을 준비시키기 위한 기능으로 'G' 다음에 2자의 숫자를 붙여 지령한다(G00~G99). 이 명령에 의해 제어장치는 그 기능을 발휘하기 위한 동작을 준비하기 때문에 준비기능이라 한다.

② 준비기능의 예

㉠ 위치결정(G00) : 임의의 위치로 공구 또는 일감을 최대 급속이동시킬 때 사용하는 기능이며 이동속도는 기계제작 시 메이커가 결정한다.

㉡ 직선보간(G01) : 일정한 구배 또는 제어축에 평행한 직선운동을 지정한 제어 모드(Mode)로서 주로 직선가공 시 사용되며 지정된 속도로 이동한다.

㉢ 원호보간(G02, G03) : 하나 또는 두 블록 내의 정보에 따라 공구의 운동을 원호에 따르도록 제어하는 윤곽제어 모드이며 가공방향이 시계방향이면 G02, 반시계 방향이면 G03을 명령한 후 종점의 좌표값과 반지름 값을 명령한다.

㉣ 일시정지(G04) : 홈 가공이나 드릴작업 등에서 간헐 이송에 의해 칩을 절단하거나

홈 가공 시 회전당 이송으로 생기는 단차를 제거하고 표면 거칠기를 깨끗이 하기 위해 정해진 시간 동안 정지시킬 때 사용하는 기능이다.

ⓜ 좌표값 지정(G90, G91) : 블록 내의 좌표값을 절대좌표값(G90) 또는 증분좌표값(G91)으로써 처리하는 지령

(3) 보조기능(Miscellaneous Function, M)

제어장치의 명령에 따라 CNC 공작기계가 여러 가지 동작을 하기 위해서 서보모터를 비롯한 여러 가지 구동모터를 제어(ON/OFF)하는 기능이며 'M' 다음에 2자리 숫자를 붙여서 사용한다. 보조기능은 각 제작회사마다 특성에 따라 다소 차이가 있다.

(4) 이송기능(Feed Function, F)

이송기능은 CNC 공작기계에서 가공물과 공구의 상대속도를 지정하는 것으로 이송속도라고 부른다. 이송속도의 지령은 어드레스 'F' 뒤에 필요한 이송속도값을 명령하며 그 방법으로는 분당 이송(mm/min)과 회전당 이송(mm/rev)이 있다.

(5) 주축기능(Spindle - Speed Function, S)

주축기능은 주축의 회전수를 지령하는 것으로 어드레스 'S' 다음에 2자리나 4자리로 숫자를 지정한다. 종전에는 2자리 코드로 주축 회전수를 지정하는 방식을 사용해 왔으나 최근에는 DC모터를 사용함으로써 무단회전수를 직접 지령하는 방식이 사용된다.

(6) 공구기능(Tool Function, T)

공구기능은 필요한 공구의 준비와 공구교환 등의 목적으로 사용한다. CNC 선반에서는 어드레스 'T'와 함께 공구선택과 공구보정번호를 지정하는데 각 공구의 크기는 기준공구를 기준으로 비교하여 그 차이값을 공구보정번호에 입력해 놓는다.

CNC 머시닝 센터에서는 지정된 공구를 교환하는 자동공구 교환장치(ATC)에 사용공구를 미리 장착하여 필요 시마다 'T'를 사용하여 교환한다.

4) FMS★

(1) 개요

FMS(유연생산 시스템, Flexible Manufacturing System)은 생산 시스템이 취해야 할 새로운 기계가공의 자동화 시스템으로서 생산 시스템 구성의 확장이 가능하므로 여러 종류의 가공물을 소량 생산하는 데 융통성 있게 대처할 수 있는 고능률의 고도화된 자동화 시스템이다. FMS의 구성단위는 가공물의 형태나 종류, 가공수량 등의 규모에 따라 다르지만 CNC 선반이나 머시닝 센터의 DNC 공작기계 군을 기본으로 하여 자동이동장치, 자동창고 등 전 생산공정을 흐름작업에 의한 시스템으로 연결하고 그것을 중앙 컴퓨터에서 제어하는 대규모의 통합시스템이다.

(2) FMS의 장점

① 생산성 향상
② 새로운 가공물의 가공준비기간의 단축
③ 재고품의 감소
④ 생산품의 품질향상
⑤ 임금절약
⑥ 생산 기술자의 적극적 참여
⑦ 작업 안전도의 향상

(3) FMS의 구성

① 가공기능
㉠ 머시닝 센터 : 자동공구교환장치(ATC), 자동일감교환장치(AWC)
㉡ CNC 선반
② 일감 및 공구의 반송기능
㉠ 컨베이어 : 롤러 컨베이어, 체인 컨베이어
㉡ 궤도대차
㉢ 스태커 크레인(Stacker Crane)
㉣ 모노레일
㉤ 로봇
㉥ 무인 반송차(Automated Guided Vehicle, AGV)
㉦ 입출력 스테이션 : 일감준비기능, 버퍼기능(수납기능), 자동이적 및 자세변환 기능
③ 자동창고기능
㉠ 신속, 정확한 입 · 출고

㉡ 하역작업의 기계화
㉢ 정확한 재고 파악과 재고 관리의 효율화

④ 공구 관리실 및 칩처리 시스템

⑤ 제어기능
㉠ 생산제어기능
㉡ 관리정보처리기능
㉢ 기술정보처리기능

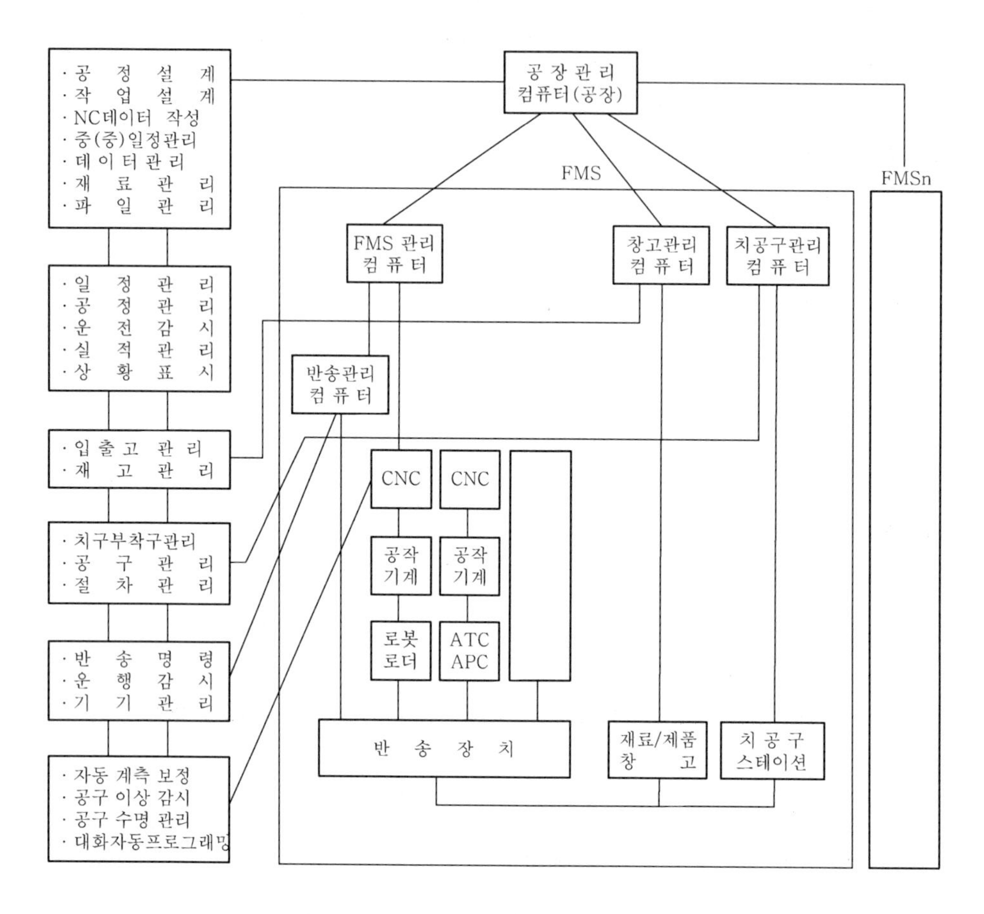

[FMS 컴퓨터의 계층 구성과 단계]

5) CIMS★

(1) 개요

CIMS(Computer Integrated Manufacturing System)는 컴퓨터에 의한 통합제조라는 의미로 영업, 생산, 구매, 기술 등 공장 전체와 경영 시스템을 통합해 운영하는 새로운 생산 시스템으로서 이를 위해 공장 전체를 일원적인 통신 네트워크하에 종합적으로 관리하며 물자의 흐름을 통합화시키고 제품과 그의 생산과정을 동시에 설계하는 것을 중점으로 한다.

CIMS의 목적은 종래의 생산성 및 품질의 향상에 부가하여 다양화되어가는 고객의 요구에 따른 제품의 변경에 유연하게 대응할 수 있는 경영기반을 제고하는 것이다.

(2) CIMS의 필요성

① 생산성의 극대화

자동화된 공정과 비자동화된 공정 사이 전 공정과 후 공정에서 발생하는 물류 또는 정보의 병목현상을 없애기 위해 CIMS가 요구된다.(흐름의 평형)

② 다품종 소량생산 및 품질향상

FMS와 같이 유연 생산이 요구되나 이러한 생산체계가 정확한 통합정보에 의해 통제되지 않으면 큰 혼란이 초래되므로 CIM이 요구된다. 제품의 수정이나 설계변경도 프로그램의 수정과 변경으로 쉽게 대처할 수 있다.

③ 기업의 국제화 및 거대화

기업이 국제화되고 거대화되면 정보의 양이 기하급수적으로 증가하고 그에 따른 조직의 비대화가 정보처리속도를 저하시키므로 CIMS가 요구된다. 이것은 자재 소요계획(MRP), 작업일정계획, 재고관리, 생산관리, 원가관리 등 기업의 의사결정 과정이 컴퓨터에 의해 통합되고 자동화된다는 것을 의미한다.

(3) CIMS의 효과

① 기계의 가동률 증가
② 직·간접 노동력의 감소
③ 제품 생산시간 단축
④ 재고 감소
⑤ 일정계획의 유연성

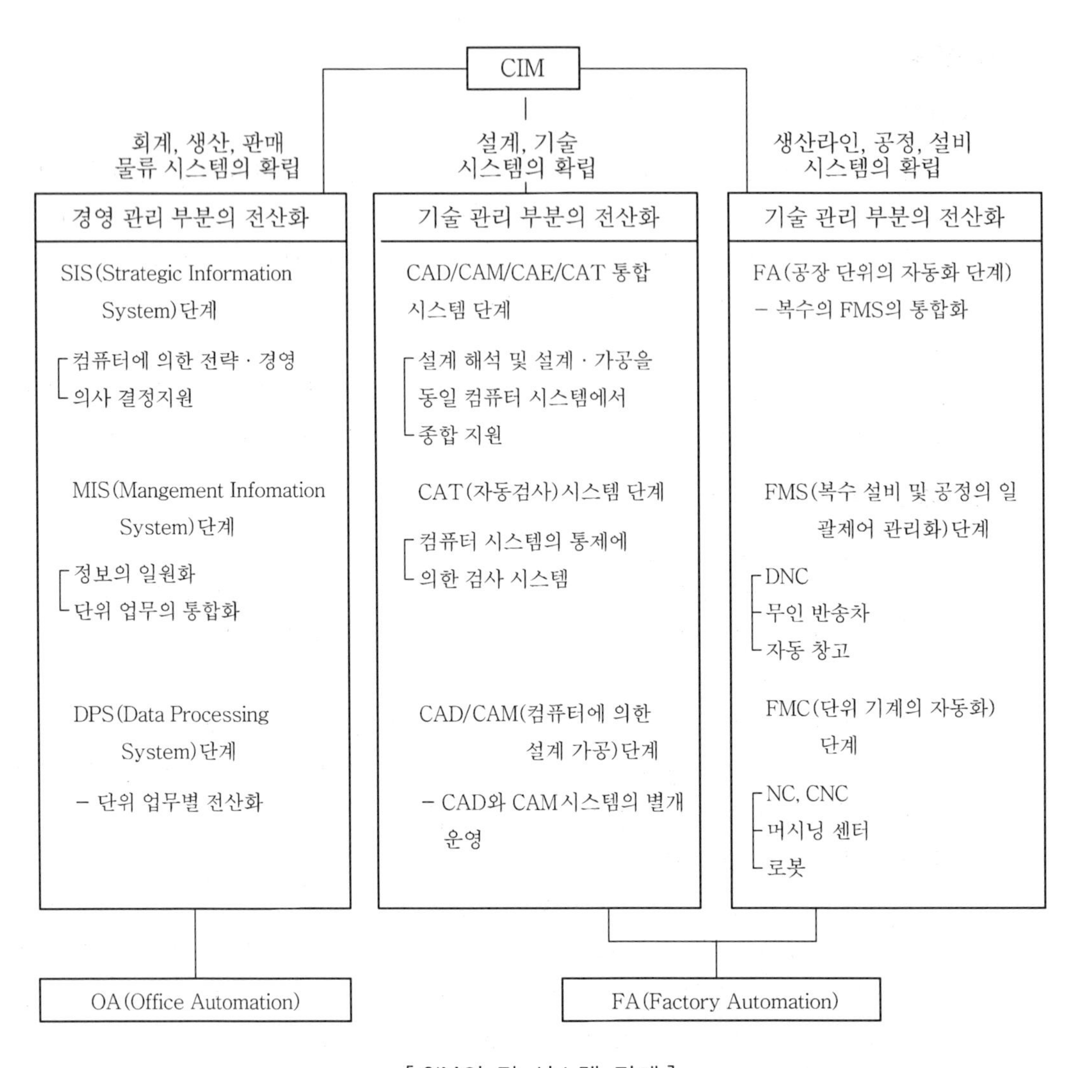

[CIM의 각 시스템 단계]

2. 수치제어 장치와 제어방식★

1) 개요

NC 공작기계에서는 범용공작기계에서 사람의 두뇌가 하던 일을 정보처리회로에서 하며 사람의 손, 발이 하던 일을 서보기구가 수행한다.

수치제어장치는 이와 같이 정보처리부와 서보구동부로 크게 분류할 수 있다. 또한 공작기계에서 작업이 수행되기 위해서는 공구와 가공물이 서로 상대적인 운동이 필요하며 CNC 시스템에서는 가공의 종류에 따라 위치결정, 직선절삭, 윤곽절삭 등의 제어가 수행된다.

2) 수치제어 장치

(1) 정보처리부

① 외부에서 프로그램되어 입력된 모든 명령정보를 계산하고 진행순서를 정해 가공도면 대로 가공될 수 있도록 처리한다.

② 외부에서 NC로 입력되는 모든 데이터들이 데이터버스(Data Bus)를 통하여 중앙처리장치(Central Processing Unit, CPU)에 보내지면 CPU에서 정보처리를 한 후 기계의 작동원리 및 순서 등이 저장된 롬(Read Only Memory : ROM)으로부터 출력할 순서를 받은 다음 어드레스 버스(Address Bus)를 통하여 정보처리된 결과를 출력한다.

(2) 서보구동부

① 기능

㉠ 서보기구는 정보처리회로에서 보내온 신호를 기계의 동작으로 실행시켜 주는 것으로 사람의 손과 발에 해당되며 두뇌에 해당하는 정보처리부의 명령에 따라 수치제어 공작기계의 주축, 테이블 등을 움직이는 역할을 한다.

㉡ 서보 구동회로, 서보모터, 검출기 등의 서보구동부는 수치제어 공작기계의 가공속도, 기계정밀도, 안정성, 신뢰성 등을 결정하여 주는 핵심이 되는 부분이다.

② 서보기구의 제어방식★

㉠ 개방회로방식(Open Loop System) : 구동전동기로 펄스전동기를 이용하며 제어장치로부터 입력된 펄스 수만큼 움직인다. 즉 검출기가 현재의 위치를 검출하여 비교 제어하는 기능이 없는 방식이며 구조가 간단하고 펄스 전동기의 회전 정밀도와 볼나사의 정밀도 등에 직접적인 영향을 받으므로 현재 CNC 공작기계에서는 거의 채택하고 있지 않다.

㉡ 반 폐쇄회로 방식(Semi-Closed Loop System) : 서보모터 축이나 볼 스크루의 회전각도를 검출하여 위치와 속도를 검출하여 볼 스크루의 정밀도 향상과 오차보정 등이 가능하여 현재 대부분의 수치제어 공작기계에 채택되어 사용된다.

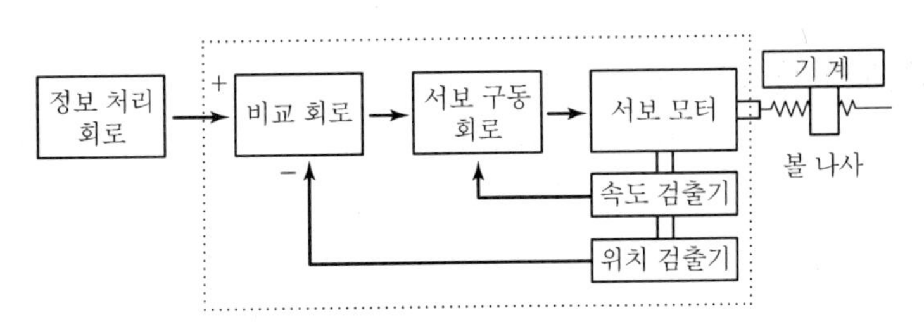

[반 폐쇄 회로방식]

㉢ 폐쇄회로방식(Closed Loop System) : 검출기를 기계테이블에 직접 부착하여 피드백(Feed Back)을 행하는 고정밀도방식으로 높은 정밀도를 요구하는 공작기계나 대형기계에 많이 이용된다.

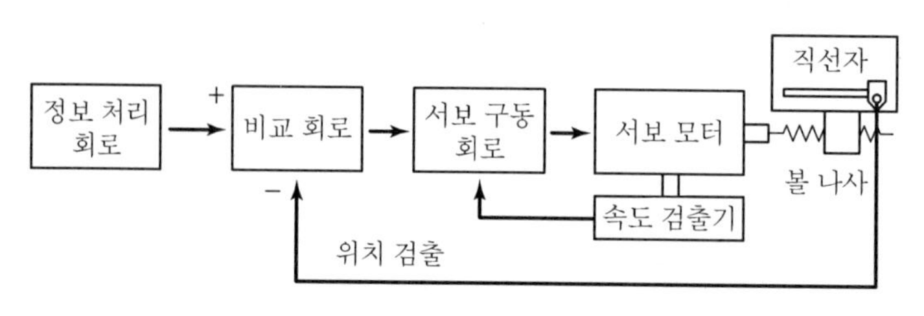

[폐쇄회로방식]

㉣ 하이브리드 서보방식(Hybrid Servo System) : 반폐쇄회로방식과 폐쇄회로방식을 합한 것으로 폐쇄회로에서의 피드백과 반폐쇄회로의 피드백을 비교하여 보정하는 시뮬레이터부가 있다. 높은 정밀도가 요구되거나 공작기계의 중량이 커서 기계의 강성을 높이기 어려운 경우 안정된 제어가 어려운 경우에 많이 이용된다.

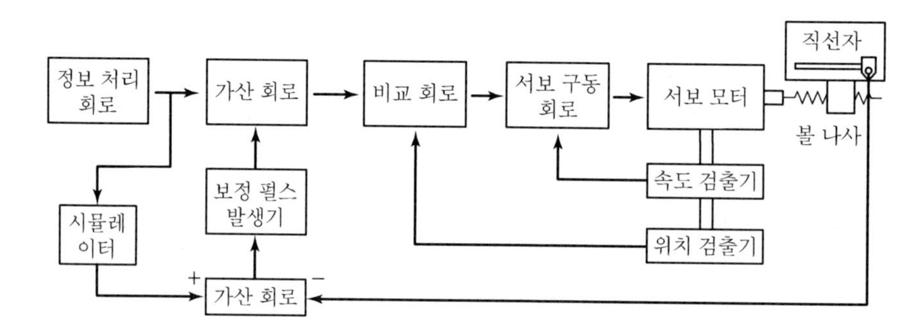

[하이브리드 서보방식]

3) 제어방식

(1) 위치결정제어(Positioning Control)

공구의 이동경로를 제어하는 목적이 아니고 도달하는 위치만 정밀하게 제어하는 것으로 정보처리가 매우 간단하다. 이동 중에는 아무런 절삭을 하지 않기 때문에 PTP(Point to Point) 제어라고도 하며 드릴링머신, 보링머신, 스폿용접기 등과 같이 위치결정제어 후에 작업을 하는 공작기계에 이용된다.

(2) 직선절삭제어(Straight Cutting Control)

위치결정제어와 동시에 축의 이동경로를 일정한 이송속도로 제어하여 절삭작업을 하는 제어방식으로 2차원 가공(선반, 밀링머신) 등에 사용된다.

(3) 윤곽제어(Contouring Control)

곡선 등의 복잡한 형상을 가공하기 위해 절삭공구를 이송하려면 항상 X, Y축의 관계위치를 제어할 필요가 있다. 이때 복잡한 곡선을 세분화하여 각점의 좌표를 구하는 것은 매우 곤란하므로 복잡한 곡선을 직선에 가깝게 절삭하는 직선보간법(Linear Interpolation)과 원호를 따라 분해회로를 가지게 하는 원호보간법(Arc Interpolation)이 사용된다.

3. NC 프로그래밍(Programming)

1) 개요

보통 공작기계에서는 작업자에 의해 기계의 조작이 이루어지지만 CNC 공작기계는 자동적으로 움직이기 때문에 CNC 장치가 이해할 수 있는 표현방식으로 공구의 통로를 명령하는 테이프를 만들어야 한다. 이와같은 작업을 프로그래밍이라 하며 작성방법에 따라 수동 프로그래밍과 자동 프로그래밍으로 구별된다.

2) 프로그래밍 방법 및 프로그래밍 구성

(1) 프로그래밍 방법

① 수동 프로그래밍(Manual Programming) : 프로그래머가 도면을 보고 좌표의 위치를 계산하여 프로그램을 프로세스 시트에 작성하는 것으로 공구의 이동경로를 순차적으로 지정하며 비교적 간단하고 단순한 공정인 경우에 사용한다.

② 자동 프로그래밍(Automatical Programming) : 프로그래머가 컴퓨터의 소프트웨어를 이용하여 복잡한 계산과 테이프 펀칭까지 자동적으로 할 수 있는 방법으로서 가공하고자 하는 형상(도형)을 미리 정의하고 공구로 하여금 정의한 도형을 따라가도록 지령하는 방식을 채택하며 다음의 장점이 있다.

㉠ NC 테이프 작성까지의 시간절약

㉡ 신뢰도가 높은 NC 테이프 작성

㉢ 복잡한 계산을 컴퓨터가 수행

㉣ 프로그램 검증이 용이

(2) 프로그램의 구성

① 블록(Block) : 지령 단위인 블록은 여러 개의 단어가 순서대로 맞게 배열된 것이며 한 개의 블록은 EOB(End Of Block)로 구별되고 한 블록에서 사용되는 최대 문자 수는 제한이 없다.

② 주소(Address) : 영문자(A~Z) 중 1개로 표시되며 단어의 처음에 위치하여 그 단어의 의미를 나타낸다.

③ 프로그램 번호 : CNC 기계의 제어장치는 여러 개의 프로그램을 기억시킬 수 있으므로 프로그램과 프로그램을 구별하기 위해 서로 다른 프로그램 번호를 붙이는데 주소 '0' 다음에 4자리의 숫자로 1~9999까지 임의로 정할 수 있다.

④ 전개번호(Sequence Number) : 블록의 번호를 지정하는 단어로 블록의 맨앞 주소 'N' 다음에 4 자릿수 이내의 숫자로서 지정한다. 매 명령절마다 붙이지 않아도 되고 없어도 프로그램 수행에는 지장이 없으나 복합 반복주기를 사용하거나 전개번호를 탐색하여 중간에서 프로그램을 실행하는 경우에는 필요하다.

⑤ 좌표어 : 좌표어는 공구의 이동을 명령하는 데 사용되며 이동축을 나타내는 번지와 이동방향 및 이동량을 수치로써 지령한다.

㉠ 절대값 명령 : 운동의 목표를 나타낼 때 공구의 현재 위치와는 관계없이 프로그램 원점을 기준으로 하여 움직일 방향과 좌표값을 명령하는 방식

㉡ 증분값 명령 : 공구의 바로 전 위치를 기준으로 목표위치까지의 이동량을 증분량으로 움직일 방향과 좌표값을 명령하는 방식

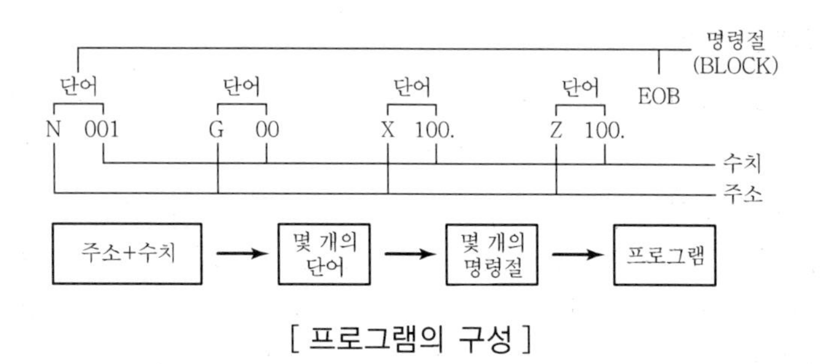

[프로그램의 구성]

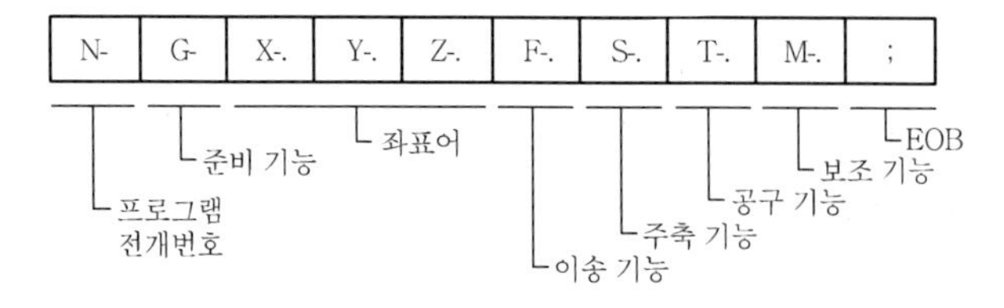

[명령문의 구성순서]

3) 좌표계 및 좌표계 설정

(1) 좌표계

① 기계 좌표계(Machine Coordinate System) : 기계의 기준점(Reference Point)으로써 기계 원점이라고도 하며 기준점 복귀 명령에 의해 공구대가 항상 일정한 위치로 복귀하는 고정점이며 일감의 프로그램 원점과 거리를 알려줄 때에 기준이 되는 점이다. 기계 좌표의 원점은 기계 제작 시에 파라미터에 의해 정해지며 사용자가 임의로 변경해서는 안 된다.

② 공작물 좌표계(Work Coordinate System) : 도면을 보고 프로그램을 작성할 때 절대 좌표계의 기준이 되는 점으로서 프로그램 원점 또는 공작물 원점이라고도 한다.

③ 상대 좌표계(Relative Coordinate System) : 일감을 측정하거나 정확한 거리의 이동 또는 공구보정을 할 때 사용하며 현 위치가 좌표계의 중심이 되고 필요에 따라 그 위치를 0점(기준점)으로 지정할 수 있다.

(2) 좌표계 설정

공구가 일감을 가공하기 위해서 기계 원점과 공작물 원점과의 거리를 CNC 장치에 알려 주어야 하는데 이러한 작업을 좌표계 설정이라고 한다. 이 값은 가공한 일감을 고정한 후 기계 원점과 공작물 원점과의 거리를 측정하여 좌표값을 구한 후 설정한다. 좌표계 설정은 CNC 선반은 G50X－Z－로, 밀링머신이나 머시팅 센터는 G92X－Y－Z－로 설정한다.

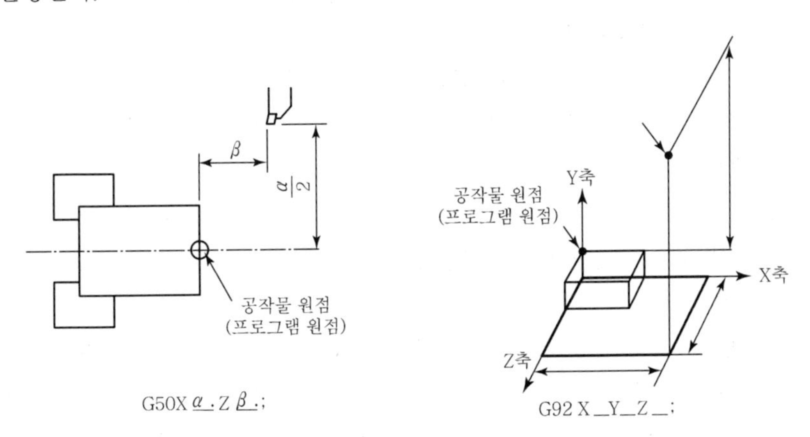

[좌표계 설정]

[Question 01] 머시닝 센터★

1. 개요

머시닝 센터는 1회의 고정으로 여러 종류의 공작기계가 처리해야 할 가공의 전체 부분을 여러 종류의 공구를 자동으로 교환해 가면서 순차적으로 효율적인 가공을 한다. 따라서 수치제어 공작명령 정보에 의해 자동으로 운전됨에 따라 공구의 교환, 일감의 자동교환, 칩의 처리 등에 대한 자동화 장치를 필요로 한다.

2. 머시닝 센터의 특징

(1) 일감 및 공구의 탈착시간 절감으로 생산성이 향상된다.
(2) 가공조건의 변환이 신속하여 융통성이 높은 자동화가 가능하다.
(3) 가공정도의 균일화 및 품질향상으로 가공물의 호환성이 증가된다.
(4) 복잡한 형상 및 공정의 가공에 유리하고 높은 숙련도를 요구하지 않는다.
(5) 가공공정 및 소요시간의 관리가 용이하다.

3. 구조 및 기능

(1) 칼럼 및 베드

기계의 형상을 이루는 안내면으로서 기계의 강성을 좌우하는 중요한 요소이다. 일반적으로 상자형의 주물로 되어 있으며 최근에는 강판용접 구조물도 많이 이용된다.

(2) 테이블 및 분할기구

① 분할기능 : 테이블 회전기구는 웜과 웜휠에 의한 회전장치가 많이 사용되며 유압모터, 전동기 등이 구동원으로 사용된다. 분할각도는 5° 분할이 표준이며 프로그램에 의해 지령된다.

② 위치결정기능 : 회전 후의 위치를 결정하는 기능으로서 분할 정도의 향상을 위해 여러 가지 커플링이 사용된다.

(3) 스핀들 헤드

① 변속기구 : 2단 또는 3단의 기어 변속 기구를 갖는 것으로 유압, 공압 실린더에 의해 시프트(Shifter)를 구동하여 기어를 슬라이드시키는 방법이 일반적이다. 최근에는 고속화, 경절삭화의 경향에 의해 변속기구가 없는 모터 직결형이 점차 많아지고 있다.

② 주축 전동기 : 최적 절삭조건을 위해 DC 모터에 의한 무단변속이 일반적이나 브러시 교환 등의 문제로 인해 최근에는 무단변속 AC 모터를 사용하고 있다.

③ 주축 오리엔테이션 기능

(4) 이송구동기구

DC 서보모터와 볼스크루에 의한 구동이 일반적이며 강력한 서보모터의 개발에 의해 볼스큐류와의 직결구동도 일반화되고 있다.

4. 부속장치

(1) 자동공구 교환장치(Automatic Tool Changer ; ATC)

① 터릿형

㉠ 여러 개의 공구를 공구대에 직접 설치하고 공구대를 회전시킨 후 직선적으로 이동하여 필요한 공구를 작업위치로 이동시키는 방법이다.

㉡ 공구 교환시간이 짧으나 공구의 저장 개수가 제한적이며 공구끼리의 간접 배제를 위해 공구 간 간격이 충분해야 한다.

㉢ 주로 CNC 선반, CNC 드릴링 머신에서 이용된다.

② 저장형

㉠ 주축으로부터 떨어진 위치에 여러 개의 공구를 저장하는 공구 보관 매거진을 두고 공구를 교환위치까지 이동시켜 회전암에 의해 주축에 있는 공구와 교환하는 방식이다.

㉡ 머시닝 센터와 같이 다양한 종류의 부품가공을 하는 CNC 공작기계에 많이 이용된다.

㉢ 소형 수직 머시닝 센터에서는 ATC 암을 갖지 않고 주축에 장착된 공구를 매거진의 빈 포켓에 되돌리면서 필요한 공구를 매거진이 회전하면서 선택하는 것도 있다.

(2) 자동일감 교환장치(Automatic Pallet Changer ; APC)

1대의 공작기계로 한 종류 또는 여러 종류의 일감을 대량으로 가공할 때 일감이 교체될 때마다 일감과 공구의 고정 및 위치 결정에 소요되는 시간이 많이 걸리게 되어 일감을 고정시킨 고정지그 전체를 운반해 공작기계에 부착하고 제거하는 것이 자동일감 교환장치이다. 팰릿의 교환은 테이블을 파트 1과 2로 구분하여 파트 1 위에 있는 가공물을 가공하고 있는 사이에 파트 2의 테이블 위에 다음 가공물을 장착할 수 있다.

(3) 칩처리 장치

CNC 공작기계는 장시간 연속적으로 운전하게 되어 가공 중 칩처리가 제대로 안 될 경우에는 가공물과 일감이 손상되고 가공정도가 저하되는 등 많은 문제점이 있다. 따라서 단위기계의 칩배출을 위해 필요한 장치를 사용하고 칩 컨베이어나 칩 이송튜브 등을 사용하여 여러 기계에서 발생된 칩을 한 곳으로 모으는 대책이 요구된다.

(4) 성력화 무인화를 위한 기능

① 열변위 등에 의한 가공 정도 영향 방지 및 보정

㉠ 주축 냉각장치

㉡ 작동유, 윤활유 냉각장치

㉢ 자동계측, 열변위 보정

② 절삭상황 감지

㉠ 가공이상 감지

㉡ 공구마모 및 파손감지

㉢ 가공시간, 공구수명 감지

③ 절삭능률 향상

㉠ 적응제어(가공정밀도 보증, 절삭조건의 최적화)

㉡ 비절삭시간 단축

㉢ 자동 고장진단 기능

5. 공구길이 보정방법

(1) 주축 끝에서 공구 끝까지의 길이를 보정량으로 하는 방법

(2) 기준 공구와 다른 공구와의 길이 차이값을 보정량으로 하는 방법

(3) 공구 절삭날 끝에서부터 공작물 좌표계의 Z축 원점까지의 거리를 보정량으로 하는 방법

[Question 02] 자동화 시스템★

1. 개요

공장 자동화(Factory Automation : FA)는 설계, 제작, 검사, 출하를 온라인으로 결합한 통합생산, 관리 시스템에 의한 유연생산시스템을 지향하는 무인공장화를 말한다. 공장 자동화를 위한 자동화 시스템은 소재나 부품을 이동, 저장하는 물류장치, 필요한 작업을 수행하는 작업장치, 작업결과를 검사하는 검사장치, 각 장치를 제어하는 제어장치 등으로 구성된다.

2. 자동화 시스템의 구성요소

(1) 기능 요소별 구성요소

① 치공구

② 일감을 치공구로 이송하는 기구

③ 기구에 운동력을 주는 액추에이터

④ 액추에이터를 필요에 따라 제어하는 제어기

⑤ 제어기에 필요한 신호를 감지하는 감지기

⑥ 단위 시스템 간을 연결, 운전할 수 있게 하는 인터페이스

(2) 작업 요소별 구성 요소

① 호퍼, 메거진 등의 저장장치

② 일감 정렬과 분리장치

③ 일감을 작업장치(치공구)에 탈착하는 공급장치

④ 검사장치

⑤ 치공구

⑥ 베이스머신

⑦ 제어장치

3. 공장자동화 구성요소

(1) CAD/CAM System

① 유연생산 시스템

② 컴퓨터에 의한 공정 설계(Process Planning)

③ 컴퓨터에 의한 계획(Scheduling)

④ 산업용 로봇 이용

(2) 가공 시스템

① 수치제어 공작기계
② 자동공구 교환장치(ATC)
③ 일감 탈착용 로봇
④ 자동검사장치
⑤ 자동일감 공급장치

(3) 조립 시스템

① 부품 공급 장치
② 이송장치
③ 치공구
④ 산업용 로봇

(4) 검사 시스템

① 측정 및 검사장치
② 이송장치
③ 분리장치 및 로봇

(5) 산업용 로봇

① 물류기능
② 조립기능
③ 가공시스템에서의 부품 착탈(Loading, Unloading)기능

(6) 창고 시스템 및 반송 시스템

① 저장 및 보관기능
② 무인 운반차(AGV), 컨베이어, 산업용 로봇

4. 기술 수준별 자동화 시스템

(1) 간이 자동화(Low Cost Automation ; LCA)

단위기계나 공정을 자동화의 대상으로 PLC, 유공압 기술 등 초급 기술 수준의 자동화 시스템

(2) 유연 생산셀(Flexible Manufacturing Cell ; FMC)

수치제어 공작기계 로봇 또는 자동일감 교환장치 등을 조합하여 장시간 무인 운전을 할 수 있도록 된 기본 생산공정 단위(Cell)이다. 이와 유사한 것으로 지능생산셀(Intelligent ManufactuRing Cell)도 있는데 이것은 유연생산셀에 자동 조절기능, 가공감시시스템(공구 파손 감시기능), 계측시스템 등을 부가하여 생산의 자동화와 유연성을 높여주는 유연 생산셀을 말한다.

(3) 유연생산 시스템(Flexible Manufacturing System ; FMS)

생산 시스템의 확장과 축소가 가능한 다품종의 소량 생산이 가능한 고도화된 자동화 시스템으로 유연생산셀, 지능생산셀, 자동창고 무인 운반차 등으로 구성된다.

(4) 컴퓨터 통합생산 시스템(Computer Integrated Manufacturing System ; CIMS)

구매 및 생산으로부터 제품의 판매 및 A/S에 이르기까지 기업의 전 활동을 유기적으로 통합시켜 컴퓨터에 의해 기업 전체의 업무흐름을 관리하는 생산방식으로 기업자동화(Industrial Automation ; IA)라고도 하며 가장 높은 수준의 자동화 시스템이다.

〈 기술 수준별 자동화 시스템 〉

구분	LCA	FMC	FMS	CIM
대상	단위기계	생산라인	생산공장	전회사
단계	제1단계	제2단계	제3단계	제4단계
효과	인력감소, 불량률 감소	제1단계의 요구기술 이외에 • 생산성 향상 • 경제성 향상이 추가된다.	제2단계의 요구 기술 이외에 • 생산의 유연성 향상 • 가동, 이용률 향상이 추가된다.	제3단계의 요구 기술 이외에 • 기획, 생산관리 등 전반의 신속성, 정확성, 생산성 향상이 추가된다.
요구기술	• 기계 구조 설계 • 자동화 초급기술	제1단계 기술에 물류센터, 고급제어 기술이 포함	제2단계 기술에 공정 전반 통신, 신호 처리 기술이 포함	제3단계 기술에 CAD, CAM, MIS 등 컴퓨터 사용 기술 포함
차원	0(점)	1(선)	2(면)	3(입체)

[Question 03] CAD/CAM System★

1. 개요

CAD와 CAM은 각각 독립되어 발달되어 왔으나 독립된 기술을 효과적으로 결합시키는 일이 매우 중요하다. CAD는 컴퓨터를 이용한 제도(Computer Aided Design)의 약어로서 제품을 제작하기 위해 제품의 제도, 해석, 최적설계 등의 작업을 컴퓨터의 고속연산 능력을 이용하여 작업의 효율성을 극대화시키는 것이다. CAM은 컴퓨터를 이용한 생산(Computer Aided Manufacturing)의 약어로서 제품제조 단계에 관련된 기술로써 공정설계, 작업방법결정, 가공, 검사, 조립 등의 전 과정에서 컴퓨터의 지원을 받아 생산성과 정밀도 등을 향상시키고자 하는 것이다.

이와같이 CAD에서 취급하는 형상정보와 CAM에서 취급하는 가공정보가 보다 효율적으로 연결된 것이 CAD/CAM 시스템이다.

2. CAD/CAM System의 구성

(1) 하드웨어의 기본구성

① 입력장치 : 글자나 숫자 자료를 받아들이는 부분으로써 키보드, 마우스, OMR 카드, NC 테이프, 바코드(Bar Code) 등이 있다.

② 처리장치

㉠ 연산장치 : 사람의 두뇌와 같은 역할을 하며 입력된 정보를 판단, 분석하여 주어진 명령대로 작동하는 부분으로 마이크로프로세서(C.P.U)라고 불린다.

㉡ 기억장치 : 분석과정 중의 자료를 보관하는 부분이다.

㉢ 제어장치 : 입력되어온 자료나 소프트웨어 등의 정보를 프로그램을 통해 해석하여 명령대로 실행시키는 부분이다.

③ 출력장치 : 자료의 처리결과를 모니터, 프린터 등을 통해 결과를 나타내는 부분이다.

(2) 소프트웨어의 기본구성

① 시스템 소프트웨어(System Software) : 컴퓨터 시스템에 있어서 하드웨어를 제어하기 위한 프로그램이며 컴퓨터 사용자에게 편리한 환경을 제공해 주고 컴퓨터와 사용자 사이에 대화환경(Interface)을 제공해 주는 필수적인 운영체제이다.

② 응용 소프트웨어(Application Software) : 응용 프로그램이라 부르며 시스템 소프트웨어에 대한 기능의 도움을 빌려서 특정한 작업을 컴퓨터에게 시키기 위한 소프트웨어로서 일반적으로 프로그램 언어로 작성된다.

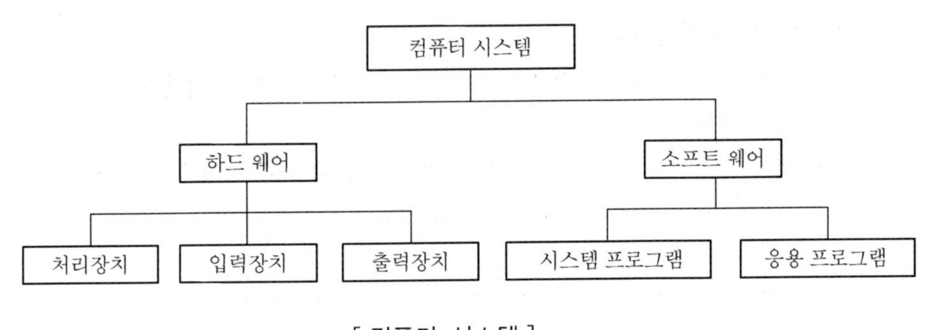

[컴퓨터 시스템]

3. CAD/CAM System의 기능

(1) CAD의 기능

① 기하학적 기능

② 공학적 해석

③ 설계검사와 평가

④ 자동제도

(2) CAM의 기능

① 곡선정의

② 곡면정의

③ 공구경로(Tool Path) 생성

④ NC 코드 생성

⑤ NC 코드 전송

4. CAD/CAM의 응용과 문제점

(1) 응용분야

① 전자산업 : 설계가 2차원적이며 반복적으로 복잡한 설계가 이루어지므로 CAD/CAM 시스템의 대규모 수요부문이다.

② 항공기 산업 : 신기종의 개발기간 단축, 공정절감, 제품의 최적화라는 측면에서 특히 설계부문의 CAD 기술이 큰 효과를 발휘한다.

③ 자동차 산업 : 에너지 절감, 자원절감, 수요자의 다양한 요구, 라이프 사이클의 단축화등에 따라 정확, 신속한 대응을 위해 CAD/CAM 기술적용이 필수적인 요소이다.

④ 금형산업 : 금형산업의 가공합리화, 설계자동화 및 수요자의 비용절감, 납기단축 등을 위해 CAD/CAM 시스템 도입이 적극적으로 전개되고 있다.

(2) CAD/CAM의 문제점

① 각 회사의 적용분야에 CAD/CAM 시스템의 개발 도입에는 많은 시간과 경비가 요구된다.

② 짧은 라이프 사이클에 맞추기 위한 소프트웨어의 개발이 어렵다.

③ 부분적이 고장의 영향이 대단히 크다.

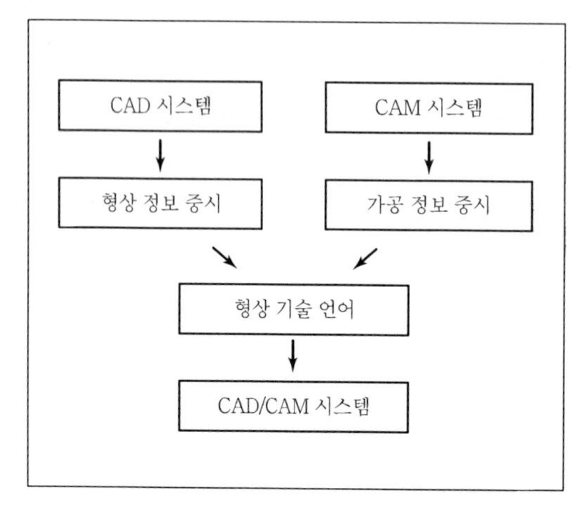

[CAD와 CAM 시스템의 결합]

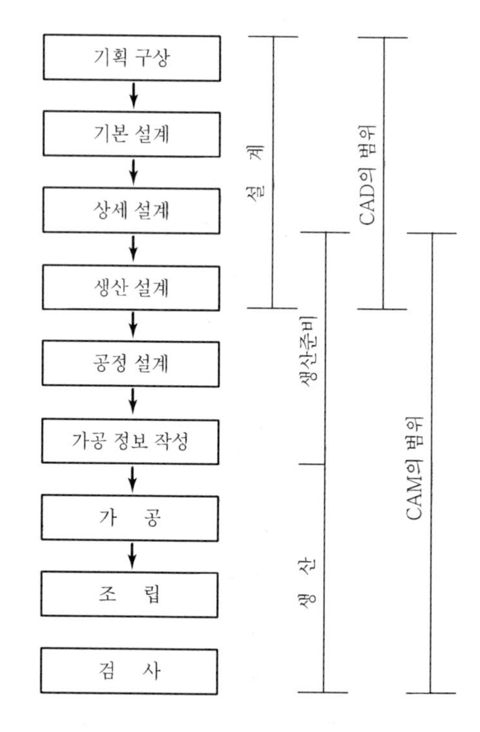

[CAD/CAM 적용범위]

[Question 04] CAD/CAM 모델링 형태★

1. 개요

CAD/CAM을 위한 3차원 모델의 표현방법에는 와이어 프레임 모델, 경계면 모델, 솔리드 모델로 구분할 수 있으며 그 특징은 다음과 같다.

2. 와이어 프레임 모델(Wire Frame Model)

(1) 모델링 방법

물체를 면과 면이 만나서 이루어지는 에지(Edge)로 표현하는 것으로 점, 직선 그리고 곡선으로 구성되며 3차원 모델의 기본적인 표현방식이다. 형상을 점과 점을 연결하는 2차 곡선에 의해서만 표시된다.

(2) 특징

① 모델이 간단하고 계산량이 적다.

② 조작이 간편하다.

③ 정밀도가 떨어지고 곡면이나 입체 내부의 식별이 어렵다.

3. 경계면 모델(Boundary Surface Model)

(1) 모델링 방법

에지(Edge) 대신에 면을 사용하므로 은선이 제거되고 면의 구분이 가능하여 와이어 프레임 모델에서 나타나는 시각적인 장애가 극복된다. 면도 평면 이외에 회전체에 의한 면이나 필렛에 의하면 룰드서피스(Ruled Surface)에 의한 면 등을 사용하므로 복잡한 형상을 처리할 수 있다.

(2) 특징

① 가공면을 자동적으로 처리할 수 있어 NC 가공이 수월하다.

② 솔리드 모델과 같은 디스플레이를 할 수 있다.

③ 공학적 해석이 불가능하다.

4. 솔리드 모델(Solid Model)

(1) 모델링 방법

① CSG(Constructive Geometry) : 입체 요소를 사용하여 모델을 만드는 방법으로 그래픽 데이터 베이스에 솔리드 모델을 저장하는 형태이며 기하학적 형상을 표현하기 위해 불리안(Boolean) 조작방법을 이용하여 모델링한다.

② B-rep(Boundary Representation) : 사용자가 CRT상에 물체를 그려넣고 원하는 형상을 만들기 위해 여러 가지 변환과 기타 편집작업을 수행하게 되는데 사용자가 작업하는 뷰(View)는 정면, 평면, 측면 등의 여러 뷰 간의 상호 연결선에 의해서 형상을 표현하는 방법으로 와이어 프레임과 방법이 비슷하여 데이터의 상호 교환이 쉽게 B-rep 방식은 대칭성이 있는 물체를 표현하는 데 적합하다.

(2) 특징

① 공학적인 해석이 가능하다(Simulation).

② 컴퓨터의 메모리가 크다.

③ 데이터 처리가 과다하다.

[Question 05] 산업용 로봇★★

1. 개요

산업용 로봇(Industrial Robot)은 사람의 팔과 손의 동작기능을 가지고 있는 기계 또는 인식기능과 감각기능을 가지고 자율적으로 행동하거나 프로그램에 따라 동작하는 기기로서 자동제어에 의해서 여러 가지 작업을 수행하거나 이동하도록 프로그램 할 수 있는 다목적용 기계이다. 로봇은 작업에 알맞도록 고안된 도구를 팔 끝 부분의 손에 부착하고 제어 장치에 내장된 프로그램의 순서대로 작업을 수행한다.

2. 산업용 로봇의 구성 및 운동

(1) 구성

① 제어기 : 감지기를 통해 입력된 신호를 인식하고 판단하며 판단결과의 조작신호를 기계장치로 보내 행동으로 옮겨 미리 정해진 작업을 수행한다.

② 본체(Main Frame) : 팔(Arm)이라 하며 링크(Link)와 관절부(Joint)로 구성되며 주목적은 손목과 손을 작업영역의 특정한 위치로 보내는 일이다.

③ 손목 및 손 : 특정한 생산작업에 알맞도록 팔끝에 붙어서 여러 가지 일을 수행하는 엔드 이펙터(End-Effector)로서 작업의 종류에 따라 여러 형상이 있다.

(2) 로봇의 운동

① 수직이동(Vertical Traverse) : 팔의 상하 운동으로 수평축에 대해 전체 팔을 회전하거나 팔을 수직으로 움직인다.

② 방사이동(Radid Traverse) : 팔의 수축 및 이완운동

③ 회전운동(Rotational Traverse) : 수직축에 대한 회전(로봇팔의 좌우 회전)

④ 손목회전(Wrist Swivel)

⑤ 손목돌림(Wrist Bend)

⑥ 손목요동(Wrist Yaw)

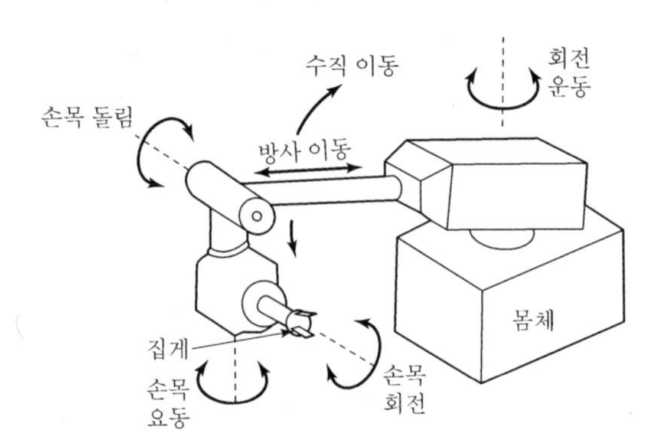

[로봇 운동에서 6개의 자유도]

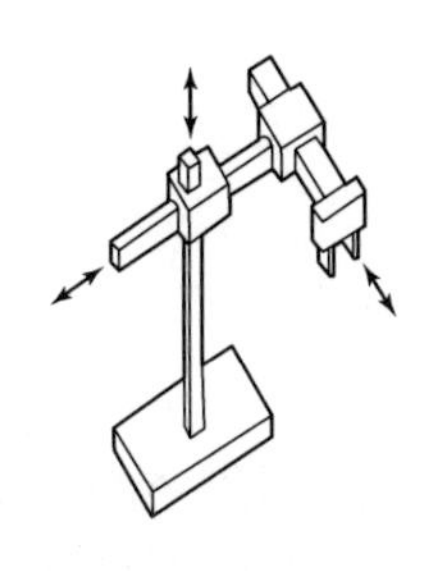

[직각 좌표]

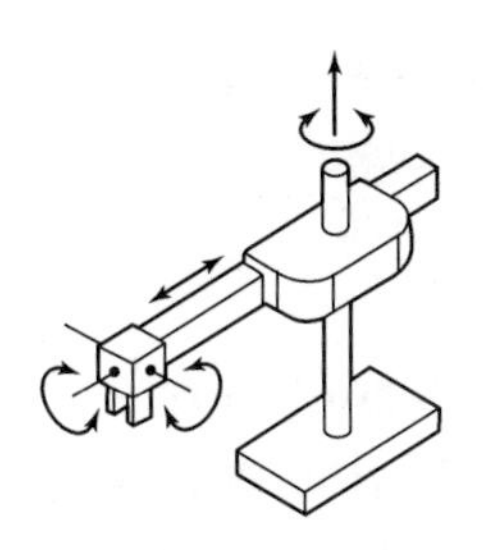

[원통 좌표]

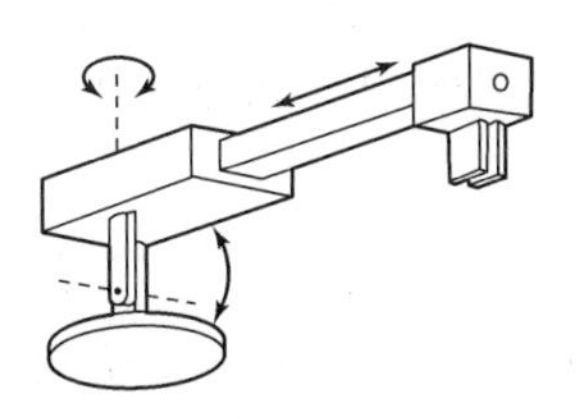

[극 좌표]

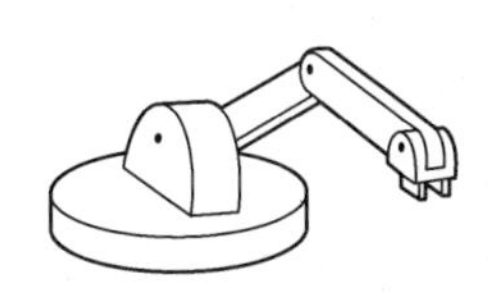

[관절 좌표]

3. 산업용 로봇의 종류

(1) 기능 수준에 따른 분류★

구분	특징
머니퓰레이터형	인간의 팔이나 손의 기능과 유사한 기능을 가지고 대상물을 공간적으로 이동시킬 수 있는 로봇
수동 머니퓰레이터형	사람이 직접 조작하는 머니퓰레이터
시퀀스 로봇	미리 설정된 순서와 조건 및 위치에 따라 동작의 각 단계를 점차 진행해 가는 로봇
플레이백 로봇	미리 사람이 작업의 순서, 위치 등의 정보를 기억시켜 그것을 필요에 따라 읽어내어 작업을 할 수 있는 로봇
NC 로봇	작업의 순서, 위치 등의 정보를 수치제어에 의해 지령된 대로 작업을 할 수 있는 로봇
지능로봇	감상기능 및 인식기능에 의해 행동 결정을 할 수 있는 로봇

(2) 동작형태에 따른 분류

① 직각 좌표구조

② 원통 좌표구조

③ 극 좌표구조(구 좌표)
④ 관절형 구조

4. 로봇의 제어

(1) 서보 제어(Servo Control)

로봇 각부의 위치, 속도, 가속도, 힘 등의 제어량이 시시각각으로 변하는 목표값에 따라가도록 하는 제어 방식으로서 서보기구나 서보모터를 액추에이터로 사용한다.

(2) 동작제어

① PTP 제어(Point To Point Control) : 순차적인 위치결정 제어라고도 하며, 작업공간 내의 흩어져 있는 작업점들의 위치를 미리 정해진 순서대로 통과하게 하는 제어방식
② CP 제어(Continuous Path Control) : 작업공간 내의 작업점들을 통과하는 경로가 직선 또는 곡선으로 지정되어 있어서 그 지정된 경로를 따라 연속적으로 위치 및 방향결정을 하면서 작업을 하도록 하는 제어방식

(3) 작업제어

티칭(Teaching)된 내용을 기억하였다가 재생하는 일련의 티칭-기억-재생과정의 제어로서 티칭은 로봇을 원하는 대로 동작시키기 위해 작업내용, 실행순서 등을 로봇에게 가르치는 것을 말한다.

5. 로봇의 응용

(1) 응용분야의 특성

① 위험하거나 불편한 작업환경(열, 방사선, 독가스)
② 반복작업
③ 다루기가 어려운 작업
④ 교대작업

(2) 로봇 응용 분야

① 자재의 이동
② 기계로딩(Loading)
③ 용접
④ 스프레이 코팅(Spray Coating)
⑤ 가공작업
⑥ 조립 및 검사

제 09 장

기계공정설계

제1절 기계공정설계의 개요

1 제조공정설계의 정의

제조공정설계는 제품을 생산하고자 할 때 그 제품의 제조과정 즉, 공정(Process)에 관한 것으로, 원자재를 이용하여 도면에 따라 제품을 제조해 나가는 과정을 효율적으로 설계하는 것이다. 모든 생산제품은 그 제조과정을 다양하게 생산할 수 있으나, 그 중에서 어떠한 제조과정으로 생산하느냐에 따라 제품생산시간이나 생산 난이도, 생산 가능 여부 등이 달라지게 된다.
일반적으로 제조공정은 주조 및 몰딩(Casting and molding), 절삭(Cutting), 성형(Forming), 용접(Welding) 및 조립(Assembly) 공정으로 크게 나누어 볼 수 있으며, 더 넓게는 판매, 물류, 조정 및 A/S(After Service)까지 포함될 수 있다.
또한 각 제조공정에서 사용해야 할 장비의 선택, 도면설계상의 제조효율성, 공구의 선택, 전용기 적용 여부 등 여러 가지 생산조건 또는 생산방법에 따라 공정의 생산효율은 달라질 수 있다. 따라서 제조공정설계는 생산의 효율성을 극대화하는 생산공학 이론 중에서 생산기술 분야의 한 부분으로 볼 수 있다.
이와같은 이유로 제조공정설계는 제품설계, 치공구설계, 금형설계, 전용기설계, 공구설계, 생산라인설계 등과 맞물려 설계되어지며, 제조공정설계 엔지니어는 이러한 분야들을 모두 이해해야 효율적인 제조공정설계를 할 수 있게 된다. 이것은 하드웨어(Hardware)적인 분류이며 소프트웨어(Software)적인 제조과정도 제조공정으로 분류할 수 있다.

2 제조공정설계의 역사

제조공정설계의 발달은 각종 생산제조기계들의 발명과 함께 이루어져 왔다고 볼 수 있다. 특히, 생산제조 과정에서 생산효율성을 높이기 위한 방안으로 제조공정설계의 필요성은 점점 커지게 되었다. 이러한 제조공정설계 기술의 발달은 자동화기계 쪽으로 점차 발전하여 현재는 자동화기계의 자동제어에 대한 소프트웨어 분야까지 공정설계에 영향을 미치고 있다.

1. 제조공정설계 관련 생산기계류

1) 주조 및 단조기계

[주물작업]

2) 절삭기계

밀링머신, 선반기계, 프레스, 드릴머신 등

[선반]

[밀링머신]

3) 성형기계

프레스, 사출성형기 등

[프레스]

[사출성형기]

4) 용접기계

전기용접기, 가스용접기 등

[전기용접기]

[가스용접기]

5) 조립기계

6) 물류기계

지게차, 크레인 등

[지게차]

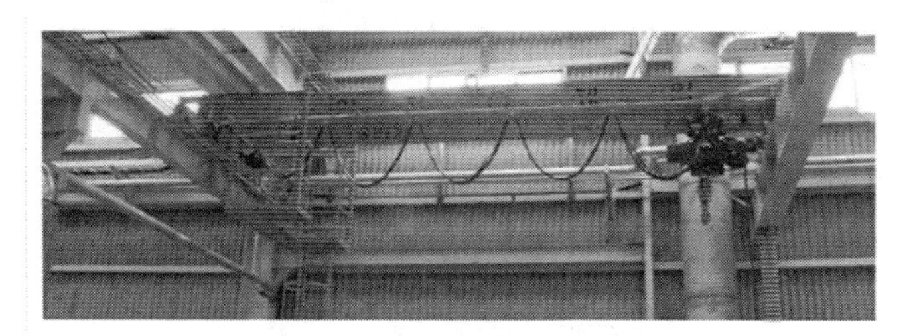

[크레인]

3 제조공정설계의 특징

제조공정설계의 특징은 일정한 한 분야의 전문적인 이론이라기보다는 생산기술 분야의 한 부분을 담당하고 있는 것으로 볼 수 있다. 즉 제조공정설계는 생산기술 업무를 완성하는 여러 결과 중의 하나가 되며, 철저히 현장 중심의 사고가 필요한 분야이다.
따라서 제품생산을 효율적으로 추진하기 위한 제조공정 설계능력은 공학도가 배우는 각 과목별 전문지식을 충분히 숙지한 상태에서 제조현장 업무특성, 제품설계 특성, 생산흐름 특성 및 각종 설계이론의 적용 특성들을 현장작업 기준으로 이해하고 있어야 가능하다. 특히 창의적인 사고력과 무엇이든 받아들일 수 있는 유연한 자세가 필요하다.

제2절 제품설계기술

1 제품설계기술의 정의

1. 제품설계

일반적으로 제품설계라 함은 우리가 필요로 하는 성능을 갖는 신제품을 무(無)의 상태에서 유(有)의 상태로 고안하여 만드는 연구개발(R&D) 업무로 정의할 수 있다. 특히 이 업무 중에서 고안된 아이디어를 원하는 크기와 성능으로 최적상태를 유지하면서도 제작이 가능한 구조와 치수를 결정하는 것이 제품설계의 핵심이다.

이러한 제품설계의 실행은 기계요소설계 및 기계제도 지식뿐만 아니라 CAD 등의 전산프로그램기법 등과 기계공작법 등의 현장지식을 포함한 해당 분야의 다양한 전문지식이 요구된다. 특히 최상의 제품설계를 위해서는 최적 설계의 개념이 적용되어야 하며 이것은 고도의 기계요소설계 기법이 적용되지 않으면 안 된다.

따라서 제품설계는 다양한 전문분야의 지식을 기초로 하되, 현장작업 상황을 적절하게 응용한 종합적인 응용설계기술을 갖추고 있어야 최적의 결과를 얻을 수 있다.

2. 연구 및 개발업무의 특성 비교

제품을 설계 개발하는 과정은 크게 보아 연구업무를 주로 수행하는 경우와 개발업무를 주로 수행하는 경우로 나눌 수 있다.

1) 연구업무

연구업무의 종합적 특성은 정형화되지 않은 것에 대한 새로운 창조활동이라고 볼 수 있다. 따라서 연구업무의 목적은 새로운 가치를 창출하는 데 있으며 이를 위해 창의력을 바탕으로 불확실한 것을 확실하게 정의하여 주는 것이다.

이러한 연구활동의 결과는 무형의 형태로 남게 되며, 결국 효과지향적인 업무가 되어 보이지 않는 성과로 정의된다.

2) 개발업무

개발업무의 종합적 특성은 정형화되지 않는 것에 대한 새로운 창조활동은 연구업무와 같으나 여기에 더해서 정형화된 문제 해결이 요구되는 업무이다. 따라서 개발업무의 목적은 새로운 가치가 창출되면 이것을 사업적인 가치로 변화시키는 데 있다.

이를 위해 창의력을 바탕으로 목표를 설정하고 이 목표에 대한 추진계획과 실행(Action)을 통해 정해진 목표를 유형의 상태로 만들고, 이것을 실험을 통해 확인하는 과정을 수행하게 된다. 이러한 개발활동의 결과는 사업화와 실용화가 가능한 보이는 성과로 정의된다.

[연구 및 개발업무의 특성 비교]

구분	연구 업무	개발 업무
특성	정형화되지 않은 것에 대한 새로운 창조활동	정형화되지 않는 것에 대한 새로운 창조 활동뿐만 아니라 정형화된 문제해결 활동
추진목적	새로운 가치의 창출	새로운 가치를 이용하여 사업적 가치로 변환시킴
업무방식	창의력을 발휘하여 불확실한 것을 확실하게 함	창의력을 바탕으로 목표를 설정 후 추진계획과 실행을 통해 목표를 유형 상태로 만든다.
결과	무형의 형태로 남아 보이지 않는 성과로 도출됨	사업화가 실용화가 가능한 보이는 성과로 도출됨

2 설계목표

1. 설계목표 결정

연구개발업무는 무형의 상태에서 유형의 상태를 창조해내야 하는 과정이다. 따라서 초기의 연구개발업무는 거시적 관점에서 설계목표를 결정하는 것이 필요하다. 그 절차를 살펴보면 다음과 같다.

○ 설계목표를 결정하는 절차

① 지역적 특성 및 환경을 포함한 시장조사 및 분석

② 유망한 목표의 압축

③ 압축된 유망한 목표 내에서 유망 영역의 압축

④ 연구개발 가능성을 고려한 목표 결정 검토
⑤ 최종 연구개발 목표 결정
이러한 거시적 방법의 목표결정절차(Flow)를 항목별로 세분하여 보면 다음과 같다.

㉠ 설계개발품목 선정
ⓐ 지역특성
ⓑ 수요량
ⓒ 국민성
ⓓ 발전방향

㉡ 목표제원 결정
ⓐ 고객선호도
ⓑ 시장성
ⓒ 경제성
ⓓ 지속성
ⓔ 목표 스펙(Specification) 결정

2. 설계목표 수행

1) 연구개발 업무분장

설계목표를 수행하기 위해서는 다양한 업무분류가 필요하며 이에 대한 책임과 권한도 부여되어야 한다.

(1) 연구팀장

① 설계/개발계획서 작성 및 검토
② 설계입력자료 검토
③ 단계별 설계검토 실시
④ 설계 출력문서 승인
⑤ 설계검증 및 설계 검인정 실시
⑥ 설계 변경관리
⑦ 식별/추적관리 제품선정
⑧ 설계요원 자격인증
⑨ 구매 시방서 작성 및 승인

(2) 개발팀장

① 전장품 개발

② 도면관리/자료관리
③ 연구소 기술관리 표준화 주관
④ 시제품 제작 및 시험
⑤ 구매시방서 작성 및 승인
⑥ 장비 매뉴얼(Manual) 제작관리
⑦ 특허관리

2) 연구개발 조직

원활한 연구개발을 위해서는 연구개발 업무분장에 따른 합리적인 연구개발조직의 구성이 필요하다.

3) 연구개발 계획

연구개발 목표가 결정되면 이에 대한 실행이 추진되어야 한다. 이때 체계적이고 효율적인 연구개발을 위해서는 연구개발 계획의 수립이 필요하다.

3 생산작업 환경분석

1. 생산작업 환경분석의 개요

기업에서 연구개발을 하는 기본적인 목표는 실제로 제품을 제작하기 위한 것이다. 따라서 제품을 연구개발할 때는 그것이 아무리 좋은 상품이거나 훌륭한 성능을 가지고 있다 해도 실제 제작에 어려움이 있으면 아무런 소용이 없게 된다.
즉 기업에서 부가가치 창출을 위한 제품의 연구개발은 어떤 제품을 창의적으로 개발할 것인가 하는 무엇(what)보다도 어떻게 제작할 것인가에 대한 방법(how)이 더 중요하다. 제작할 수 없거나 제작하기 어려운 기술은 부가가치를 중요시하는 기업체에서는 실용성이 떨어지기 때문이다. 따라서 제품의 연구개발 시에는 연구개발의 기본이론지식뿐만 아니라 처해진 생산작업 환경을 고려하여, 주어진 작업환경 속에서 제작이 가능하도록 설계하는 능력이 필요하다.

2. 생산작업 환경분석의 고려사항

연구개발 업무 시 고려해야 할 작업환경 분석항목은 다음과 같이 정리할 수 있다.

(1) 작업환경 분석항목

① 현장작업인력의 기술수준
② 협력회사 작업인력의 기술수준
③ 현장보유기계의 종류 및 수량
④ 협력회사의 보유기계 종류
⑤ 소요원자재의 국내구매 가능성
⑥ 소요원자재의 회사 내 사용현황
⑦ 치구의 필요 여부
⑧ 금형의 필요 여부
⑨ 공작기계의 작업방식 및 작업능력
⑩ 생산성 향상방법
⑪ 전용기 제작 필요 여부
⑫ 각 공정별 작업능력
⑬ 작업환경 영향 여부
⑭ 기타 효율적 제작이 가능한 데 필요한 요구조건

4 레이아웃(Lay Out) 설계

1. 레이아웃(Lay Out) 설계 개요

제품의 연구개발을 위하여 설계에 임할 때 가장 먼저 고려해야 하는 것 중의 하나가 Lay Out 설계이다. 설계하고자 하는 제품이 요구하는 성능을 얻기 위해서는 그 제품의 구조를 어떻게 구성시킬 것인가가 중요한 설계방향의 지표가 되기 때문이다.

Lay Out 설계의 기본은 설계하고자 하는 제품의 주요 구성품을 어떻게 배치할 것인가 하는 것이다. 차량의 설계를 예를 들면, 차량의 엔진을 앞에 둘 것인가 혹은 뒷부분에 둘 것인가, 앞부분에 둔다면 왜 앞부분이어야 하는가, 반대로 뒷부분에 둔다면 왜 뒷부분에 두어야 하는가를 연구 검토하고 그 결과에 따라 엔진의 위치를 정한다. 그런 다음 트랜스미션(Transmission)의 위치와 드라이브 샤프트(Drive Shaft), 차축(Axle)의 위치를 정하고 운전석의 위치와 승차인원을 정한다. 그 다음 차폭과 차의 길이, 차의 높이 등을 순차적으로 정하여 설계하고자 하는 제품의 주요 구성도를 확정하는 것이다.

2. 목적

생산시스템의 효율을 높이도록 기계, 원자재, 작업자 등의 생산요소와 서비스 시설의 배열을 최적화하는 것이다.

3. 레이아웃(Lay Out) 계획의 기본내용

1) 어디에
2) 무엇을
3) 얼마만큼의 공간(Space)을 주어서,
4) 어떤 관계의 위치에 놓을 것인가를 면밀히 설정한다.

4. 검토사항

1) 제품(PRODUCT) : 재료 무엇을 생산하는가?
2) 수량(QUANTITY) : 높이 얼마만큼 각 품목을 생산하는가?
3) 경로(ROUTE) : (프로세스의 순서)-공정 어떻게 해서 그것을 생산하는가?
4) 보조서비스(SUPPORTING SERVICE) : 무엇으로 생산을 지원하는가?
5) 시간(TIME) : 언제(When) 생산해야 하는가?

5. 레이아웃의 3조건

1) 물건의 흐름
2) 사람의 움직임
3) 흐름

6. 레이아웃 개선의 기본개념

1) 공정의 합리화로 설비 재배치
2) 치공구 개선으로 작업방법 개선
3) 한 개씩 흐름 작업으로 재고 감소 및 생산관리 용이

(1) 흐름 작업의 목적

- 작업 간의 작업 배분
- 공정 간의 재고 감소
- 낭비 제거로 능률 향상

(2) 한 개 흐름 작업의 필요조건

- 두 사람 이상의 분업이 성립되어 있어야 한다.
- 분업 작업자 간 직접 연결되어 있어 중간에 고여 있을 장소가 없어야 한다.
- 상시 연속적 작업 일량이 되어야 한다.

7. 설계기술의 이해

1) 기술개발의 궁극적 목표

(1) 기술 프로젝트(Project)의 추진과 성공 여부는 그 목표가 될 수 없으며, 부가가치 창출 여부가 목표로 되어야 함

(2) SCI 논문채택이 문제가 아니라 개발제품의 경쟁력 향상에 응용 가능한 연구결과가 필요

(3) 유명대학(해외유학 등)의 학위취득이 목표가 아니라 습득한 기술이 전공분야에 실용 측면에서 기여할 수 있느냐가 중요

2) 일반설계

(1) 각 Components의 구조 및 기능설계

(2) 설계 스펙에 맞추어 생산

(3) 현시적 형태의 기술

(4) 생산 및 검사 관련 기술 필요

(5) 체계적인 일괄 습득 기능

3) 응용설계

(1) 완성제품의 성능지향 복합적 설계

(2) 설계 스펙 결정시 각 Components 간의 연관성 고려

(3) 암시적, 기본설계 이론, 실험 이론, 시장요구 내용, 설계 창작(아이디어), 경험적 Know-how 기술이 요구됨

(4) 실험, 측정, 물리, 전자, 기계, 생산 등 다분야의 종합기술 필요

(5) Know-how적인 측면이 강하며 체계적인 일괄 습득이 어려움

4) 응용설계기술의 현실

(1) 응용설계기술의 기술사회의 이해 부족

(2) 응용기술의 중요성을 과학기술계에서 인정받기 어려움(과학기술계의 아집과 무지에서 오는 문제임)
(3) 과학기술인들이 응용기술 분야에 눈뜨는 것이 필요

5 도면작성

1. 도면작성의 개요

제품의 연구 개발시 레이아웃 설계가 되면 이에 대한 구체적인 조립도와 단품 도면의 작성이 필요하다. 여기서 단품도면은 1품 1도를 원칙으로 한다. 1품 1도란 하나의 도면에는 하나의 부품만 그린다는 의미로 모든 부품은 완전히 분해된 상태에서 각각의 도면으로 그려져야 한다. 이것은 도면을 이용하여 제작작업 시 공정설계에 필수적인 요소로 생산성 향상에 기여하게 된다.

2. 도면작성방법

도면작성은 반드시 주어진 규정양식과 규격에 의해 작성되어야 한다. 도면 작성시 적용해야 할 규격이나 규정양식에는 다음과 같은 것들이 있다.

1) 규정양식

(1) KS 규격에 의한 제도법
(2) KS 규격에 의한 도면 사이즈(Size)
(3) 제작에 필요한 설계치수 적용
(4) KS 규격에 의한 규격품의 적용
(5) 구입 가능한 재질의 선정
(6) 적정 공차의 적용
(7) KS 규격에 의한 3각법 적용
(8) 도번부여방식 등 기타 사내 규칙에 따른 규격 및 양식 적용

6 도면설계변경

1. 도면설계변경의 개요

도면은 연구 개발 시에 정확히 설계되었더라도 생산과정에서 여러 가지 이유로 설계변경해야 하는 경우가 발생하곤 하는데, 이때 반드시 도면을 변경한 이력이 남아 있도록 해야 한다. 도면의 변경 이력이 남아 있지 않을 경우 제품의 제작과정과 A/S 과정에 많은 시행착오를 줄 수 있으므로 설계변경방식의 제도화는 반드시 필요하다.

2. 도면의 설계변경 방법

도면에 설계변경이 필요한 경우가 발생하면 변경하고자 하는 부분의 형상과 치수를 완전히 삭제하지 말고 수정하는 것이 중요하다.
이는 수정 후에도 수정 전과 후의 변경내용을 일목요연하게 볼 수 있게 함으로써, 이력 관리가 효율적으로 이루어질 수 있을 뿐만 아니라 생산성 향상에도 도움이 된다.
따라서 설계변경 내용에 변경된 사항과 함께 설계 변경번호를 설정하여 적용하는 방식을 주로 사용하고 있다.

제3절 생산기술

1 생산기술의 정의

1. 생산기술의 정의

생산기술이라 함은 설계 개발된 어떤 제품에 대하여 설계시 요구된 사양을 만족할 수 있는 품질 및 성능으로 제작 가능하게 하는 기술로 정의할 수 있다.

특히 설계시 요구된 사양에 맞추어 성능과 품질을 만족할 수 있게 제조하되, 그 제조과정에서 제조원가를 최소화하여 가장 저렴한 가격으로 생산 가능하게 해야 한다. 이와 동시에 제조기간을 최대한 짧게 하여 납기를 빠르게 할 수 있어야 한다.

2. 생산기술의 목표

생산기술의 목표는 가장 빠르게 저렴한 원가로 원하는 품질 및 성능의 제품을 생산 가능하게 하는 것이다.

일반적으로 생산(生産)이라 함은 생산(Production), 제조(Manufacturing), 제작(Making)으로 대별할 수 있다.

여기서 생산은 생산업무의 일반적이고 포괄적인 표현방식이며, 제조는 비교적 기술적인 부분과 체계적으로 된 시스템적인 표현방식이고, 제작은 숙련된 기능을 기초로 한 표현방식이다. 이러한 생산체계는 생산수량과 규모, 제품의 크기 및 무게, 생산공정의 체계 등에 따라 생산기술의 적용이 다양하게 활용되게 된다.

3. 생산체계의 구성

1) 생산의 구성

생산되는 양(量)에 따라 생산은 다음과 같이 구분할 수 있다.

(1) 대량 생산(Mass Production)

하나의 제품을 연간 100,000개 이상씩 동시에 생산해내는 생산체계이다. 이러한 생산체계는 생산제품의 품질관리를 위하여 로트(lot)별 생산을 원칙으로 한다.

(2) 중간량 생산(Moderate Production)

이 생산체계는 연간 2,500~100,000개의 제품을 생산하는 경우이다.

(3) 소량 생산(Job of Production)

이 생산체계는 다품종 소량생산 시 적용되는 경우로 연간 2,000개 이하의 제품생산에 해당된다. 앞으로의 추세는 소비자의 다양한 개성과 요구조건에 맞추어 다품종 소량생산체계가 대세를 이룰 것이다.

2) 생산요소

제품을 생산하기 위해서는 우선 재료(Material), 장비(Machine), 인력(Man Power), 제작방법(Method) 등 4 요소가 필요하다.

2 생산기술의 업무

1. 생산기술업무

생산기술의 업무는 제품이 연구 개발된 후 완성된 제품도면을 이용하여 이루어진다. 따라서 생산기술은 제조하여 판매하고자 하는 연구 개발된 제품을 가장 빨리 정확하게 저렴한 가격으로 생산해 내도록 하는 것이다.
따라서 생산기술업무는 다음과 같이 정리할 수 있다.

① 가공공정설계
② 제작공정설계
③ 조립공정설계
④ 금형설계 개발
⑤ 치구(Fixture)설계 개발
⑥ 지그(Jig)설계 개발
⑦ 공구(Tool)설계 개발
⑧ 전용기(Special Machine)설계 개발

⑨ 자동화 제조라인 설계 개발
⑩ 생산보조용 제품, 장비류의 설계 개발
⑫ 공장건설 설계
⑬ 생산도면(현도) 작성
⑭ CNC 프로그램 설계
⑮ 기계구매 검토
⑯ 설비보전 및 수리
⑰ 작업기술지도
⑱ 표준작업 설계
⑲ 표준시간 설계
⑳ 운반(Handling) 및 부품반송시스템 설계
㉑ 외주협력사 기술지원

이는 생산기술 업무에도 제품개발 기술력이 반드시 필요하게 된다.
결국 생산기술업무 목표는 근본적으로 품질(Quality), 원가(Cost), 납기(Delivery)를 최소화하기 위한 것으로, 제조기술 면에서 생산성 향상을 위해 가장 중요한 기술 분야이다.

2. 생산기술의 업무방식

생산기술의 업무내용을 세분하여 보면 다음과 같다.

① 품질향상
② 원가절감
③ 리트타임(Lead time) 단축
④ 다양한 생산시스템의 적용
⑤ 신제품의 생산
⑥ 생산 신기술의 적용
⑦ 근로환경의 향상

이러한 업무내용들은 궁극적으로 생산제품을 더욱 좋고 빠르고 저렴하면서 편하게 적정한 때에, 보다 쉬운 A/S 구조로 생산 가능하게 하는 것이다.
따라서 생산기술업무에서 추구해야 할 세부사항은 다음과 같다.

① 품질향상과 성능보증
② 원가절감
③ 리드타임(Lead Time)의 단축

④ 다품종 소량생산이 가능
⑤ 신제품생산이 즉시 이루어질 수 있는 대응력
⑥ 신기술의 적용에 유연
⑦ 노동인력 및 근로환경에 적절히 대응

3. 생산기술에 의한 생산품의 가치증대

생산기술의 목표를 포괄적으로 표현하면 생산품의 가치 증대라고 할 수 있다. 사업주가 기업을 운영하는 기본적인 이유는 이익창출에 있으므로 생산품의 가치증대는 가장 중요한 요소이다.

제품의 가치는 다음과 같은 상관관계를 갖는다.

$$\text{제품의 가치} = \frac{T \times Q}{C}$$

여기서, C : 가격
T : 기능
Q : 품질

이러한 제품의 가치창출을 위한 생산기술의 중요한 3가지 요소는 정밀제조기술, 자동화기술, 기술관리이다.

4. 생산기술의 업무구분

(1) 생산설계

현도작성, 공정도작성(가공, 제작, 조립), 제작지시서 작성, 작업표준서 작성, 검사기준서 작성

(2) 표준화

표준부품 설정, 공통부품 설정, 소모품 설정

(3) 배치설계

공장건물의 설정, 장비류 등의 설치배치, 공정 및 생산라인의 배치

(4) 작업공정설계

표준시간설계, 작업동작연구, 작업표준화, 가동률 향상방안연구, 작업환경연구, 생산라인 편성설계

(5) 제작기술

설비의 조사, 적용설비 선정, 신제조방법 개발, 공작기술 현장지원, 효율성 향상작업방식 연구 및 현장적용 지원

(6) 생산지원품 설계

전용기 설계, 전용기 제작기술 지원, 금형설계, 금형제작기술 지원, 치공구 설계, 치공구 제작기술 지원, 현장도입 지원

(7) 설비관리(치공구, 금형, 전용기 포함)

정비지도, 정비이력관리

(8) 물류관리

소재구매관리, 방송설비관리(원자재, 부품 포함)

(9) 기타

작업환경관리 및 개선, 원가분석, 도면관리, 원가절감

3 생산기술의 요건

1. 생산기술의 필요수준

생산기술업무를 추진하기 위해서는 기본적인 설계개발기술 외에도 현장제조생산업무와 각종 설비, 장비류들의 기술적 경험과 노하우가 요구된다. 따라서 생산기술업무를 담당하는 인력은 현장분야의 경험과 더불어 전문적인 지식을 소유해야 한다.

1) 소성가공기술
2) 제관기술
3) 기계가공기술
4) 조립기술
5) 도장기술

2. 생산기술의 교육수준

기업에서 우수한 기술인력의 확보는 날이 갈수록 더욱 중요한 과제로 떠오르고 있다. 이에 따라 기업에서 부담하는 기술인력의 교육비용도 매우 증가하고 있다.

제4절 제조공정설계기술

1 제조공정설계기술의 정의

제조공정(Production Process)이란 원자재로부터 제품에 이르기까지의 생산과정을 말하며, 이러한 제조공정을 설계하는 것을 제조공정설계라고 한다.

제조공정은 다양한 제품종류와 제조방법에 따라 그 설계가 달리 이루어져야 하며 모든 공정은 독창적인 방법에 의해 효율을 극대화할 수 있어야 한다. 이를 통해 궁극적으로는 제조공정설계가 제품생산의 생산성 향상 및 제조원가 절감을 도모할 수 있어야 한다.

제품의 제조공정은 크게 주조(Casting), 몰딩(Molding), 절삭(Cutting), 성형(Forming), 용접(Welding), 조립(Assembly)공정 등으로 대별할 수 있으며, 더 넓게는 판매, 물류, 조정 및 A/S까지 포함될 수 있다.

이것은 하드웨어(Hardware)적인 분류이며 소프트웨어(Software)적인 제조과정도 제조공정으로 분류할 수 있다.

또한 각 제조공정에서 사용해야 할 장비의 선택, 도면설계상의 제조효율성, 공구의 선택, 전용기 적용 여부 등 여러 가지 생산조건 또는 생산방법에 따라 공정의 생산효율은 달라질 수 있다. 따라서 제조공정설계는 생산의 효율성을 극대화하고자 하는 생산공학 이론 중에서 생산기술 분야의 한 부분으로 할 수 있다.

이와 같은 이유로 제조공정설계는 제품설계, 치공구설계, 금형설계, 전용기설계, 공구설계, 생산라인설계 등과 맞물려 설계되며, 제조공정설계 엔지니어는 이러한 분야들을 모두 이해해야 효율적인 제조공정설계를 할 수 있게 된다.

제조공정설계는 생산기술부에서 이루어지게 되며, 이 업무는 기본적으로 제품설계기술을 기초로 한다.

[2] 제조공정설계기술의 업무

1. 일반제조공정 분류

1) 주물 및 몰딩(Casting & Molding)
2) 절삭(Cutting)
3) 성형(Forming)
4) 조립(Assembly)
5) 다듬질(Finishing)

2. 공정설계의 기본구성

1) 적용할 제조공정의 기본공정 결정
2) 제품의 작업순서 결정
   (1) 공정총괄표 작성
   (2) 공정도면 작성(현장도면 등, 가공여유 포함)
3) 생산장비의 선정 검토(외주생산 품목 또는 공정 결정)
4) 생산제품의 공구류 및 게이지 결정
   (1) 설계지시서 작성
   (2) 제작지시서 작성
   (3) 구매지시서 작성
5) 결정된 공구, 장비 등의 도입계획 추진
6) 제품의 설계변경 발생시 공절설계에 설계변경사항 적용 및 현장작업에 적용 통보
7) 제품 설계시 제품제조에 합리적인 설계가 될 수 있도록 주어진 생산조건을 제품 설계자에게 통보 지원
8) 생산원가를 낮출 수 있는 방안을 검토하여 필요시 제품 설계자에게 설계변경 적용 검토를 요청
9) 공정설계의 내용을 제품 생산에 적용하기 위하여 필요한 공구, 장비 등의 예상소요비용을 추정하여 계획한다.

3. 공구설계절차

1) 제품설계 사양의 입수 및 검토
2) 설비구배

3) 공구설계
4) 작업방법 및 작업표준서 작성
5) 제조작업

4. 공정설계서 작성

1) 프로토(Proto) 생산단계

설계 개발된 제품의 적정성 여부를 검토하기 위해 시험 제작하는 단계를 말한다.

2) 파일럿(Pilot) 생산단계

프로토 생산에서 발견된 문제점을 보완 적용하여 생산 후, 내구성 시험까지 하기 위해 제작하는 단계를 말한다.

3) 양산단계

파일럿 생산결과에 의거 개발이 완료되면 대량 생산하여 판매하는 단계를 말한다.

5. 공정작업시간의 적용

1) 표준시간(Standard Time)

숙련된 작업자가 주어진 작업을 실시하는 데 걸리는 소요시간을 표준시간이라고 한다.

2) 비사이클타임

공구교환시간, 소모품교환시간, 계측시간 등과 같이 매번 반복작업은 아니지만 공정에 필요한 시간을 의미한다.

3) 준비시간(Set up time)

치공구 및 설비의 준비, 프로그램 입력작업, 작업장 청결작업 등을 위한 시간을 말한다.

4) 사이클타임(Cycle time)

비사이클타임을 제외하고 반복되는 반복작업시간을 말한다.

5) 여유타임

우발적 하자 또는 문제발생을 고려하여, 불규칙하게 필요한 작업공정상 소요시간을 평균하여 적용하는 시간을 말한다.

6) 수작업시간

칩 제거, 운반, 치수조정, 공작물 탈부착 등에 소요되는 시간을 말한다.

7) 피치타임(Pitch time)

단위당 완제품을 생산하는 데 소요되는 제작시간을 말한다.

8) 택트타임(Tact time)

생산제품 1개를 만드는 데 투입할 수 있는 한계시간을 말한다. 이는 일일생산목표량의 달성을 위해 필요하다.

9) 리트타임(Lead time)

제품이 만들어져 나오는 데 걸리는 시간을 리드타임이라 한다.

6. 표준작업의 설정

공정설계의 궁극적인 목표는 생산성 향상에 있다. 이러한 목표달성을 위해서는 작업의 표준을 정하는 것이 필요하다. 이 표준작업은 여러 가지 분석을 통해 설정된다.

1) 표준작업항목

(1) 무엇을 제조 생산할 것인가에 대한 작업 목표
(2) 레이아웃 설비
(3) 설비 및 치공구 등의 작업조건
(4) 가공 및 조립순서
(5) 품질규격의 정도
(6) 재료 및 부품의 약식도면 또는 현도
(7) 작업자의 안전 및 유의사항

2) 표준작업의 구성요소

(1) 사이클 타임(Cycle time)
(2) 작업순서(Process)
(3) 표준품 적용(Standard)

3) 표준작업을 위한 동작설정

작업자의 피로도를 최소화하기 위한 작업동작의 표준화를 위해 다음 항목들을 기본원칙으로 하여 경제적인 동작설정을 할 수 있다.

① 작업자의 기본동작 수를 최소화한다.
② 동시작업이 가능하게 한다.
③ 동작거리를 최대한 짧게 한다.
④ 작업자의 동작이 편하게 한다.

4) 경제적인 동작설정의 고려사항

(1) 동작방법의 원칙
(2) 작업장의 원칙
(3) 치공구 및 기계의 원칙

7. 풀프루프(Fool Proof) 시스템 설정

사람은 항상 실수할 수 있는 의외성을 내포하고 있으며, 이를 위해 제조공정의 설계가 필요하다. 즉 작업자의 실수를 인위적으로 방지할 수 있는 방법을 설정해 둘 필요가 있다.

8. 물류공정관리

생산현장에서 물류관리는 제품생산의 리드타임(Lead time)을 단축시키고, 제조원가를 최소화하며 소비자에 대한 서비스(Service) 향상을 목적으로 한다.

1) 물류관리의 필요성

(1) 다품종 소량생산체제에 적응하기 위함
(2) 제조원가의 최소화를 위함
(3) 납기단축을 위함
(4) 고객만족을 위한 품질확보를 위함
(5) 서비스의 고급화 실현을 위함
(6) 저렴한 가격의 지원응ㄹ 위함

2) 물류관리방법

(1) JIT(Just In Time)시스템을 통해 최적 생산량 적용
(2) 불량발생이 없는 공정설계 적용
(3) 운반공정의 최소화 적용
(4) 5S현장 구축(정리, 정돈, 청소, 청결, 예의)
(5) 생산품 품질의 평준화 적용
(6) 작업표준화의 적용

(7) 제조현장의 라인(line)화 적용

3) 연속반송시스템(Conveyor)

(1) 용도

컨베이어(Conveyor)는 프레임(Frame)의 양단에 설치한 벨트풀리(Belt Pulley)에 벨트(Belt)를 감아 걸어 이것을 연속적으로 동일 방향으로 진행시켜 그 위에 물건을 싣고 운반하는 기계장치이다. 컨베이어에는 정치식과 추동식이 있고 정치식은 일정한 운반물을 일정한 장소에서 수송하는 구조로 대규모 공사장, 생산공장에서 장기간 사용하는 데 유리하고 추동식은 추동성이 있거나 소규모 공사의 경우에 적합하다.

(2) 기능

켄베이어는 구조가 간단하고 고장이 적으며 보수가 용이할 뿐 아니라 집중 제어가 되고 좁은 터널과 같은 통로에도 장거리 운반이 능률적으로 가능하며 각종 컨베이어(Conveyor) 중에서 가장 일반적인 벨트 컨베이어는 그 용도도 대단하다. 작업상의 안전성과 동력의 소비가 적어 운반으로서 구배는 운반물에 따라 다르지만 일반적으로 약 30도의 구배까지 운반이 가능하고 길이에 있어서는 1대가 몇 수십 미터에서 수십 킬로미터까지 설치가 가능하다.

[컨베이어]

4) 특수운반차(지게차 : Fork Lift)

(1) 용도

지게차는 화물을 적재하거나 이동할 때 사용하는 장비로서 주로 타이어식이 사용된다. 뛰어난 기동성과 비교적 소형자비로서 건물 내에서의 작업이 좋아 여러 가지 용도로 쓰이는 다목적 장비이다.

(2) 기능

주로 타이어로 구동되며 프런트(Front)에 적재장치(Fork)를 갖고 있고 뒷부분(Rear)에 카운터웨이트(Counter Weight)와 원동기(Engine)를 장착하고 있다.
유압장치에 의해 적재장치를 움직이며 주로 뒷바퀴(Rear tire) 구동방식으로 좁은 공간에서도 조향이 가능하다.

[지게차]

4) 삭도(索道)

생산현장에 사용되는 삭도는 지형적으로 보아 지게차 또는 컨베이어 등의 운반기계를 사용할 수 없는 현장에 설치하여 사용한다.
삭도는 스틸와이어(Steel Wire)를 설치하고 이에 양 지주 사이 운반용기를 장착하여 용기내에 재료를 적재하여 운반하므로 다른 제약을 받지 않고 계획량을 안전성 있게 운반할 수 있기 때문에 조립라인의 부품 공급에 사용된다.

[삭도]

3 제조공정설계기술의 요건

1. 공정설계 기능부분

① 일반제조공정의 기능과 역할을 알 것
② 공장조직의 개념을 알 것
③ 제품설계의 기본을 알 것
④ 공정설계의 기본을 알 것
⑤ 공정용어를 알 것
⑥ 의사전달방법을 알 것

2. 제품도의 분석 부분

① 제품도의 해독이 정확하고 명확할 것
② 공정 전개 개념을 부품도의 기준면에 정확히 적용 가능할 것
③ 기준선, 표면 정도 등 치수분석이 정확할 것
④ 공차분석 및 여유율 적용이 정확할 것
⑤ 표준공차도표의 적용이 정확할 것

3. 공작물 관리부분

① 위치결정 개념이 있을 것
② 기계적 관리능력이 있을 것
③ 검사관리능력이 있을 것
④ 치수관리능력이 있을 것

4. 제조공정 선정 및 계획 부분

① 기능과 경제성을 함께 고려할 것
② 공정설계가 제품설계에 주는 영향을 알 것
③ 사양을 검토할 수 있을 것
④ 재료비와 공정비용을 고려할 수 있을 것
⑤ 복합공정개념을 알 것
⑥ 공구와 장비의 최적사용 개념을 알 것
⑦ 제작과 구매의 편리성을 고려할 것

⑧ 공정순서와 생산성의 관계를 명확히 할 것
⑨ 적절한 전용기의 적용방법을 알 것
⑩ 기 설치된 설비의 이용률을 알 것

4 제조공정설계기술의 발전방향

생산된 제품이 시장에 나가 마케팅에서 경쟁력을 갖지 못하면 시장에서 존재할 수 없게 된다. 이러한 의미에서 제조공정설계는 생산성 향상을 통해 제품의 생산원가를 최소화될 수 있게 하고, 시장에서 제품의 가격경쟁력을 최대화시킬 수 있도록 해야 한다.
또한 공정설계를 통해 제품품질이 설계품질에 만족될 수 있도록 하여, 쉽고 빠르면서 안정적인 품질을 생산할 수 있게 하여, 시장에서 제품의 경쟁력을 극대화해야 한다.
이를 위해 전문인력의 꾸준한 양성은 물론 이 분야의 기술개발도 지속적으로 이뤄져야 한다.

제5절 금형설계기술

Professional Engineer Machine

[1] 금형설계기술의 정의

금형설계기술은 생산기술분야의 한 부분으로 제조공정설계에 영향을 미치는 하나의 기술분야로 볼 수 있다. 금형이란 다양한 형상으로 설계되는 부품류들을 효율적으로 연속 생산하는 것을 가능하게 하는 것을 말한다. 금형에는 강(Steel) 재질로 된 부품을 제작하는 데 사용하는 프레스 금형(Press Die)과 플라스틱(Plastic) 재질로 된 부품을 제작하는 데 사용하는 사출금형(Injection Mold)이 있다.

먼저 프레스금형은 제작하고자 하는 철판(Steel Plate)의 형상에 따라 절단(Cutting)이나 굽힘(Bending) 등의 공정을 금형에 적용한 후 프레스(Press)에 이 프레스금형을 장착하여 원하는 부품을 찍어낸다.

사출금형의 경우는 사출금형 내부에 제작하고자 하는 부품의 형상을 갖는 공간을 형성시킨 후, 사출성형기에 이 사출금형을 장착하여 원하는 부품을 찍어낸다.

금형 설계시 요구되는 기본조건은 결국 부품제작 정밀도, 생산성 수준, 안전성 확보로 요약된다.

[2] 금형설계기술의 업무

1. 금형설계 절차

1) 설계하고자 하는 관련 자료들을 정리하여 설계방향을 설정하고, 이에 대한 설비계획을 수립한다.
2) 기본 배치도를 작성한다.
3) 기본설계를 실시한다.
4) 조립도 및 상세설계를 실시한다.
5) 부품도면을 작성한다.

2. 프레스 금형의 종류

1) 타발형

(1) 블랭킹작업
(2) 피어싱작업
(3) 절단작업
(4) 분단작업
(5) 노치작업
(6) 트리밍작업

2) 굽힘형

(1) V자 굽힘작업
(2) L자 굽힘작업
(3) ㄷ자 굽힘작업
(4) ㄱ자 굽힘작업

3) 성형형

굽힘선이 곡선이 특성을 갖는다.
(1) 플랜지형 작업
(2) 커링형 작업
(3) 버링형 작업
(4) 비딩형 작업
(5) 드로잉 금형의 작업

3. 금형작업 시 사용되는 용어

1) 비딩(Beading)

판과 용기 등의 일부분에 장식이나 보강을 위하여 폭이 좁은 비드를 만드는 가공

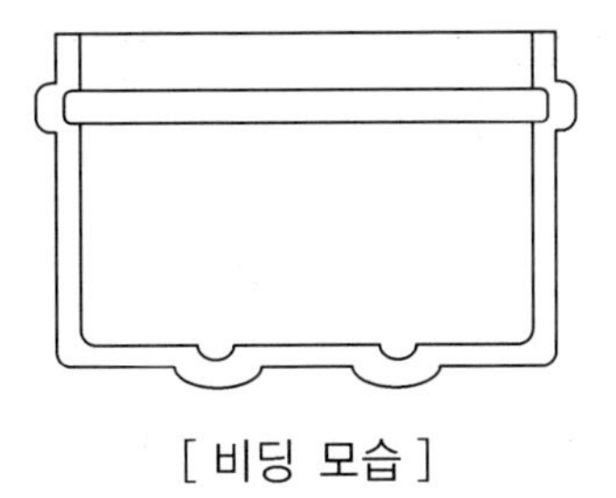

[비딩 모습]

2) V 밴딩(V bending)

V자, U자 모양으로 굽히기 작업을 하는 가공

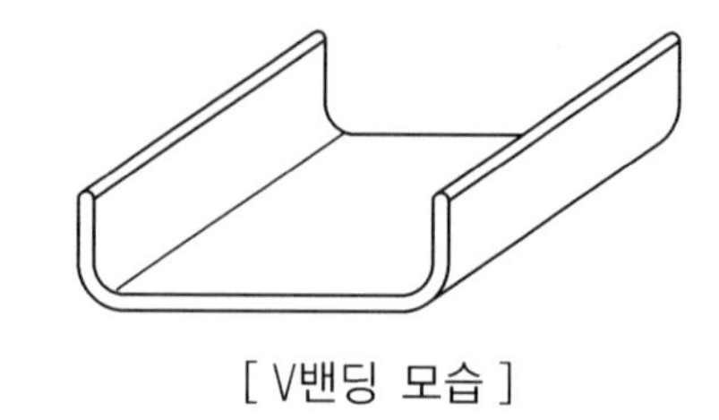

[V밴딩 모습]

3) 블랭킹(Blanking)

프레스 작업을 하여 금형다이 구멍 속으로 절단되어 나오는 부분을 제품으로 쓰고 외부쪽에 남아 있는 부분이 스크랩으로 되는 가공

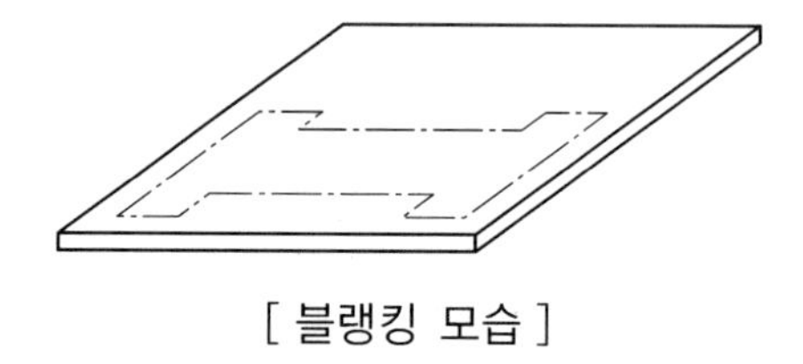

[블랭킹 모습]

4) 벌징(Bulging)

원통용기 또는 관재의 일부분을 직경이 크게 가공

[벌징 모습]

5) 버링(Burring)

소재의 구멍에 플랜지를 만드는 가공

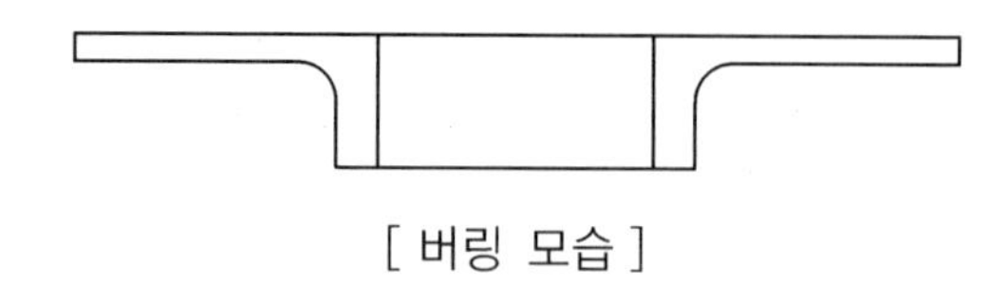

[버링 모습]

6) 코이닝(Coining)

소재를 형틀에 놓고 눌러 요철형상을 소재의 표면에 가공

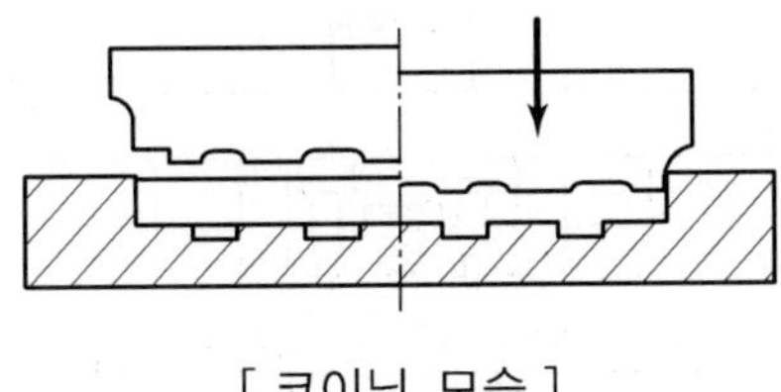

[코이닝 모습]

7) 콜드 익스트루젼(Cold Extrusion)

금형 내에 금형소재를 넣고 펀치로 가압하여 전방압출이나 후방압출로 원하는 제품형상을 가공

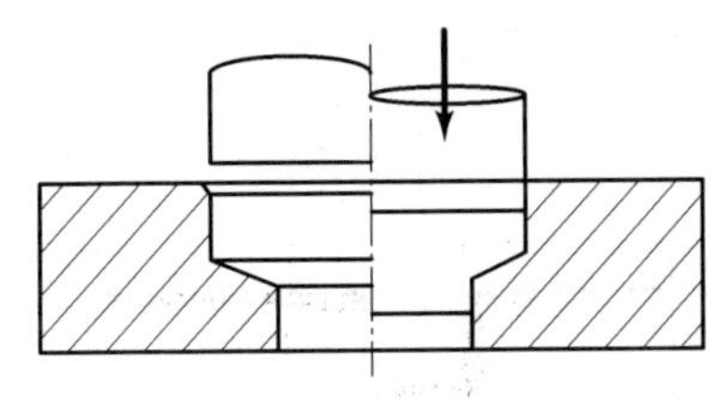

[콜드 익스트루젼 모습]

8) 컬링(Curling)

판이나 용기의 끝단에 단면이 원형인 테두리를 만드는 가공

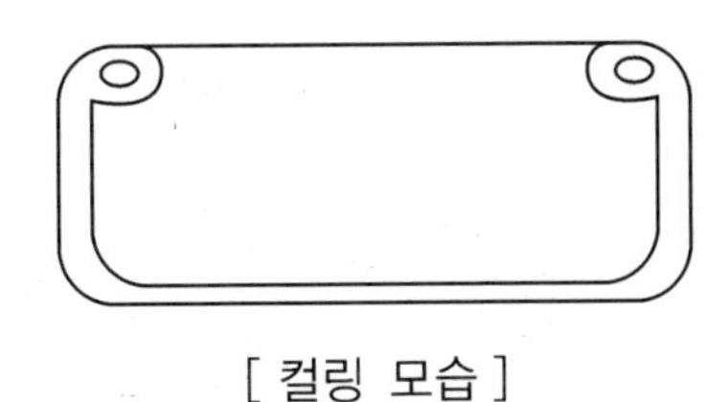

[컬링 모습]

9) 커팅(Cutting)

소재를 절단하는 가공

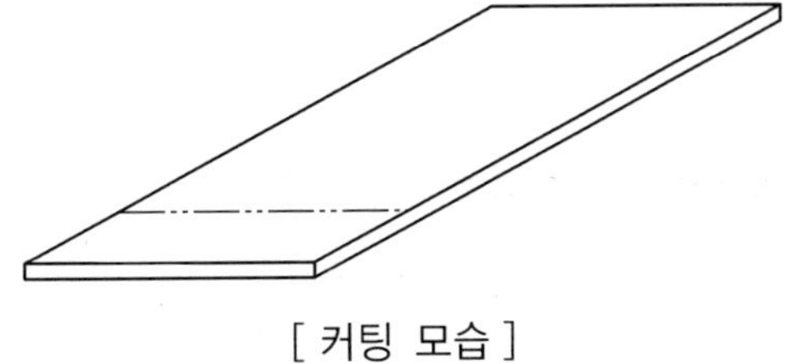

[커팅 모습]

10) 블랭킹(Blanking) 또는 피어싱 가공용 다이

이 다이의 절삭날 각도는 20도 이하인 예각으로 한다.

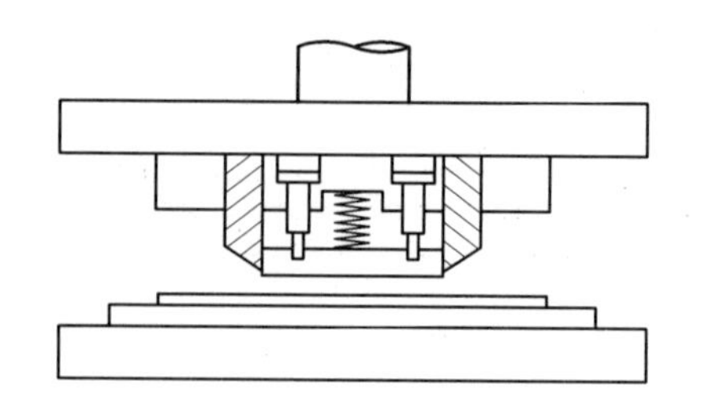

[블랭킹 또는 피어싱 가공용 다이 모습]

11) 드로잉(Drawing)

금형을 이용하여 용기를 만드는 가공

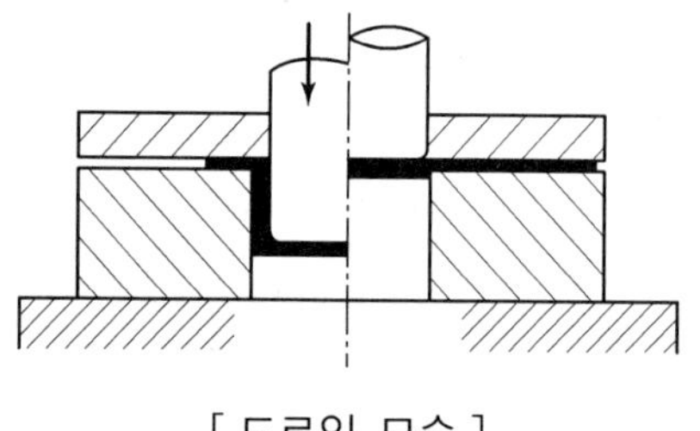

[드로잉 모습]

12) 엠보싱(Embossing)

소재의 두께가 일정한 형태를 유지하면서 요철가공

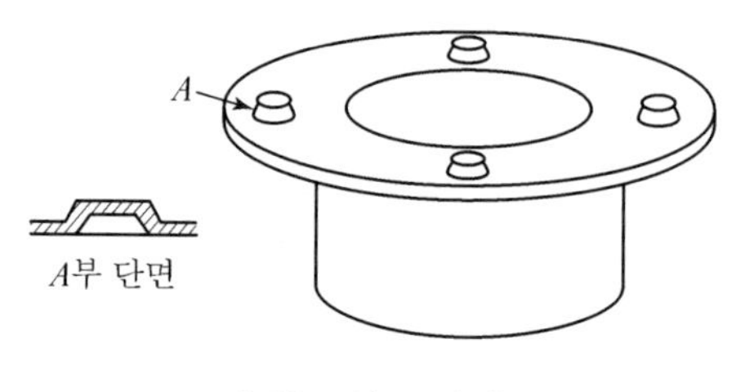

[엠보싱 모습]

13) 플랜징(Flanging)

소재의 끝단에 플랜지(Flange)를 만드는 가공

[플랜징 모습]

14) 플래트닝(Flattening)

소재의 표면을 평탄하게 하는 가공

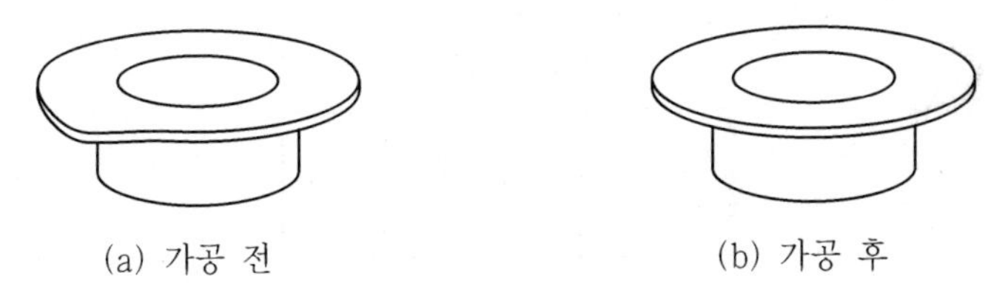

[플래트닝 모습]

15) 포밍(Foaming)

소재의 두께 변화 없이 제품으로 하는 가공

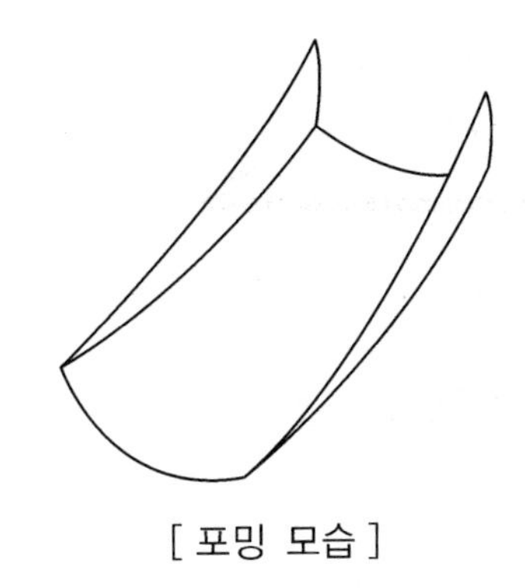

[포밍 모습]

16) 하프 블랭킹(Half Blanking)

소재의 일정부분을 타발가공할 때 두께보다 적은 양만큼 펀치를 주어 커팅되지 않은 상태로 변형을 주는 가공

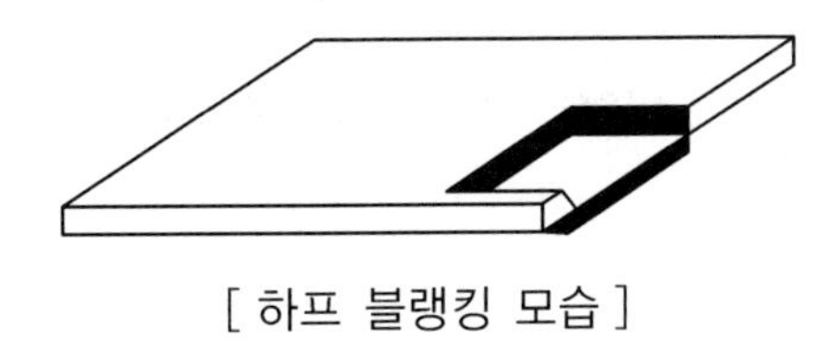

[하프 블랭킹 모습]

17) 헤딩(Heading)

업세팅(Upsetting) 가공의 일종으로 소재를 상하로 압축하여 볼트나 리벳 머리부를 만드는 가공

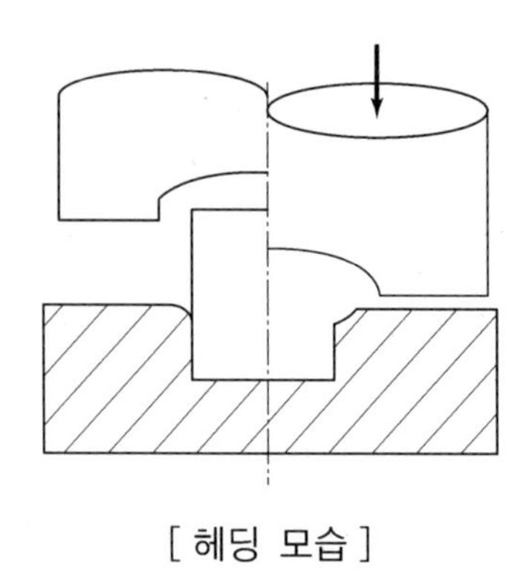

[헤딩 모습]

18) 헤밍(Hemming)

소재의 끝단을 눌러 접는 가공

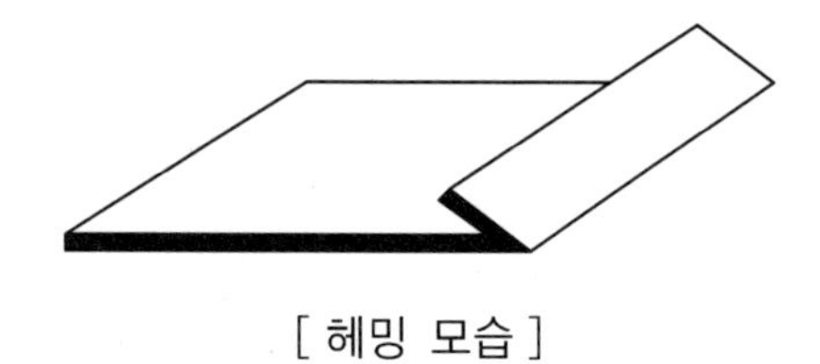

[헤밍 모습]

19) 임팩트 익스트루전(Impact Extrusion)

치약튜브와 같은 얇은 용기를 후방압출방식으로 가공

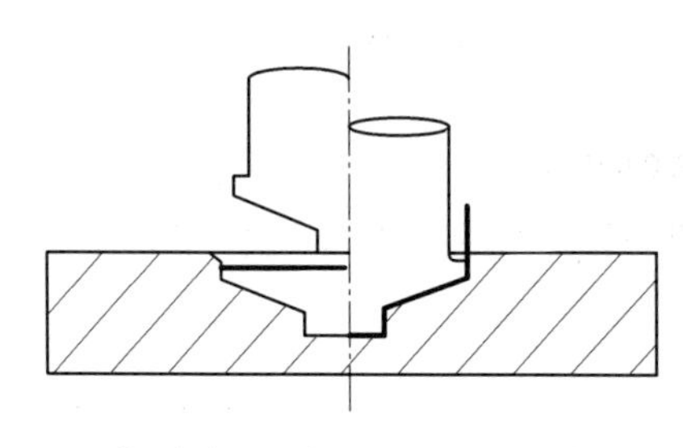

[임팩트 익스트루전 모습]

20) 마킹(Marking)

소재에 문자를 각인하는 가공

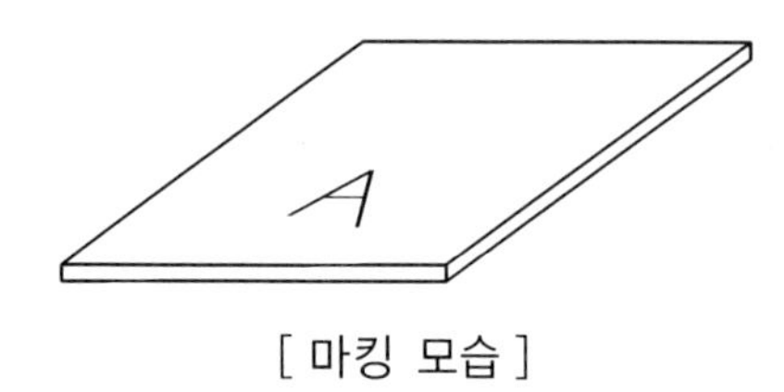

[마킹 모습]

21) 넥킹(Necking)

용기 입구 부분의 직경을 작게 가공

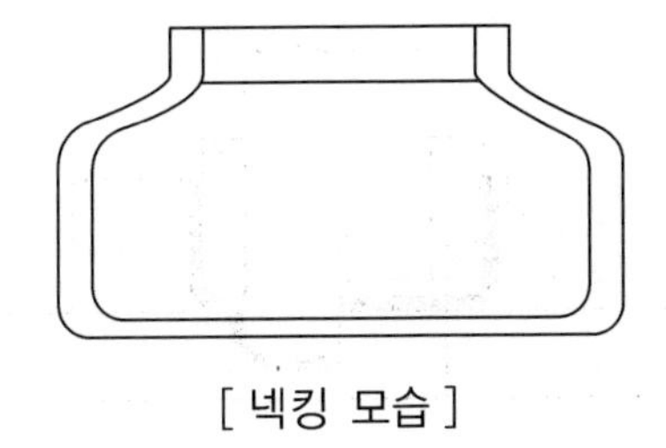

[넥킹 모습]

22) 노칭(Notching)

소재의 가장자리를 따내는 가공

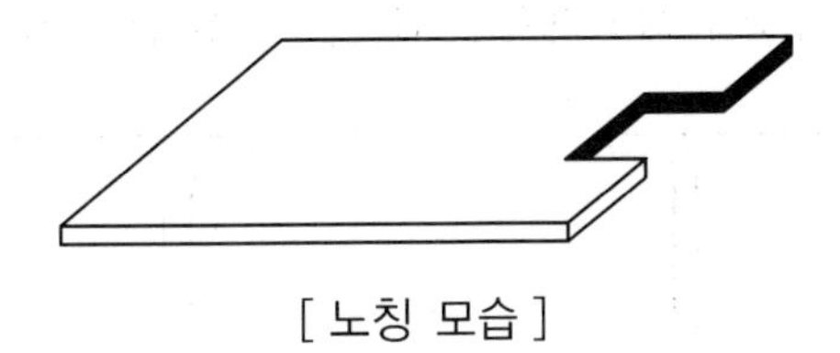

[노칭 모습]

23) 퍼포레이팅(Perforating)

동일한 치수의 구멍을 순차적으로 가공

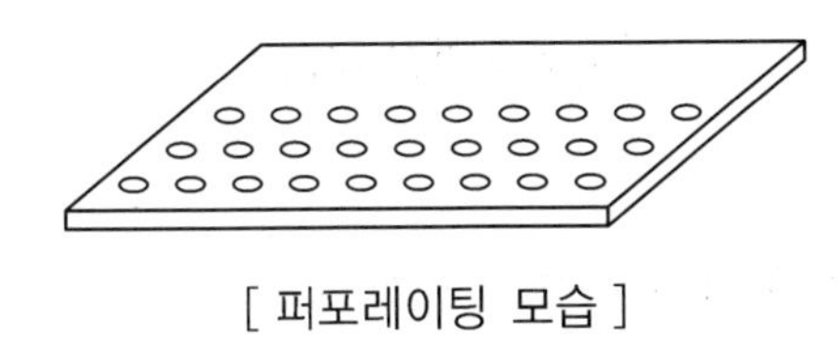

[퍼포레이팅 모습]

24) 피어싱(Piercing)

소재에 구멍을 뚫는 작업을 거친 후 구멍 뚫린 측이 제품으로 되는 가공(블랭킹과는 반대됨)

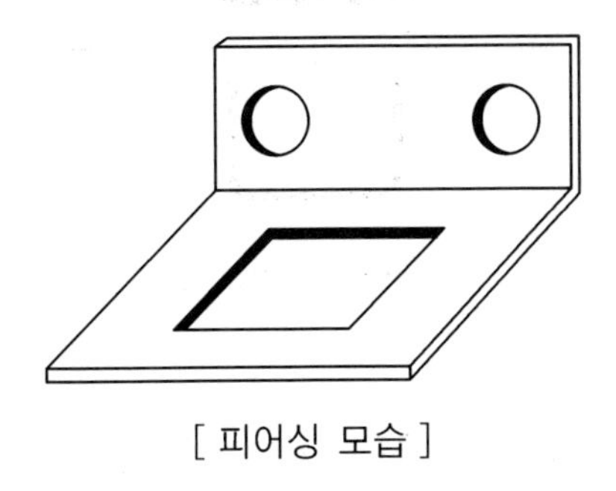

[피어싱 모습]

25) 리드로잉(Redrawing)

원통소재의 직경은 감소시키고 깊이는 증가시키는 가공

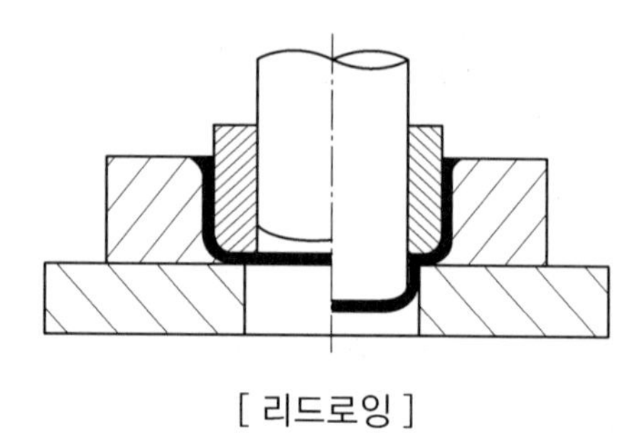

[리드로잉]

25) 리스트라이킹(Restriking)

일차 가공된 소재의 형상을 최종적으로 원하는 치수대로 정확하게 가공

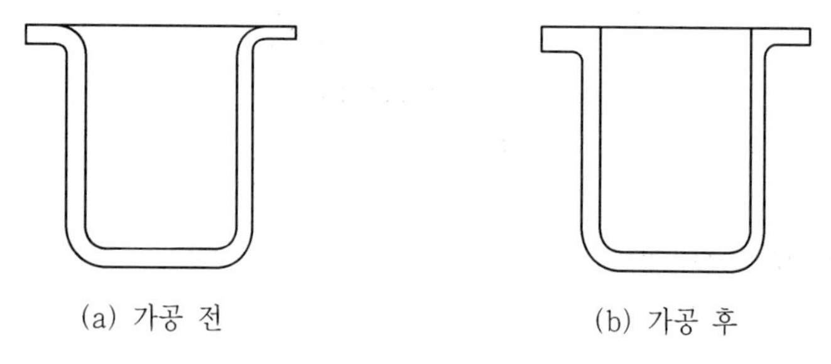

[리스트라이킹 모습]

26) 아이로닝(Ironing)

소재의 측면 두께를 얇게 하는 높이는 높게 가공

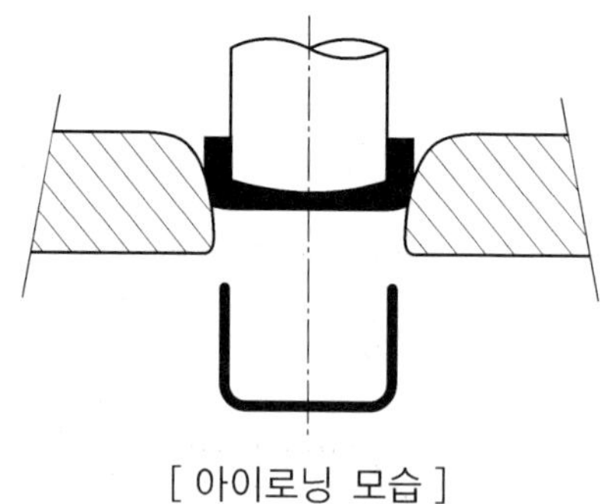

[아이로닝 모습]

27) 시밍(Seaming)

2개의 소재 끝단을 접어 눌러 접합하는 가공

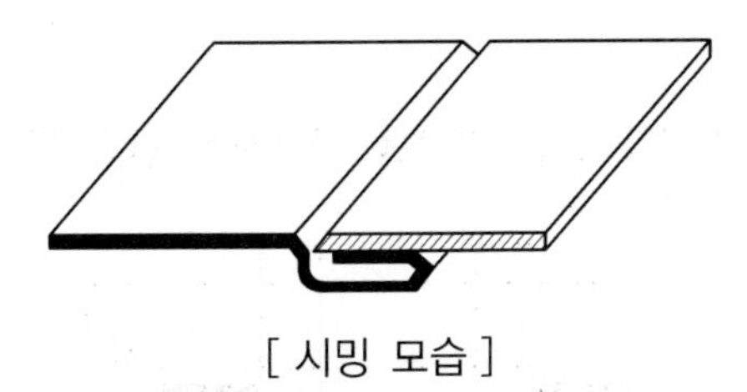

[시밍 모습]

28) 셰이빙(Shaving)

절단면이나 파단면이 경사지거나 고르지 못한 표면을 갖는 것을 수직으로 가공하고 고른 표면을 갖도록 가공

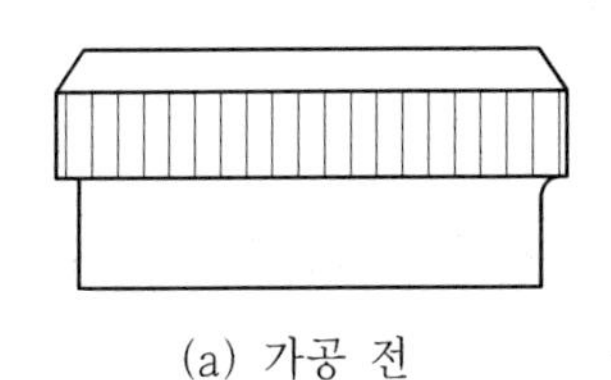

(a) 가공 전

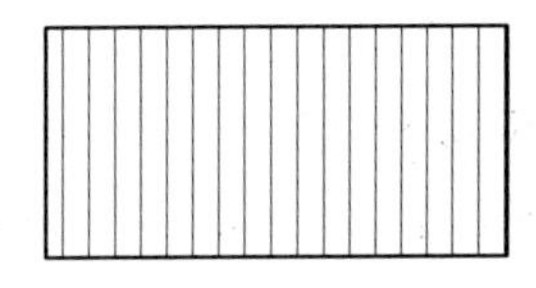

(b) 가공 후

[셰이빙 모습]

29) 시어링(Shearing)

소재를 직선이나 곡선으로 절단하는 가공

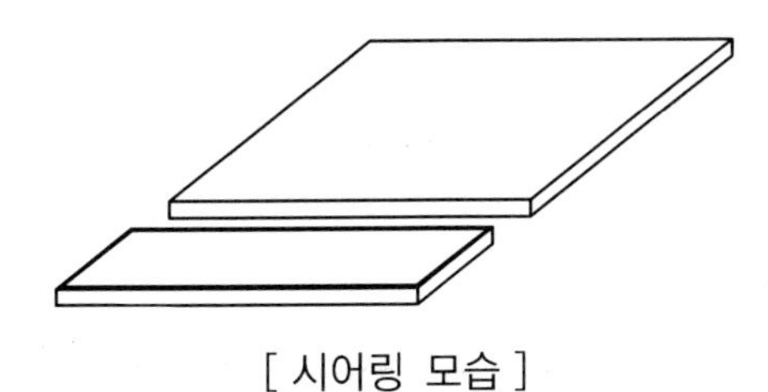

[시어링 모습]

30) 슬릿 포밍(Slit Forming) 또는 랜싱(Lancing)

소재의 일부에 슬릿(Slit)을 내어 성형하는 가공

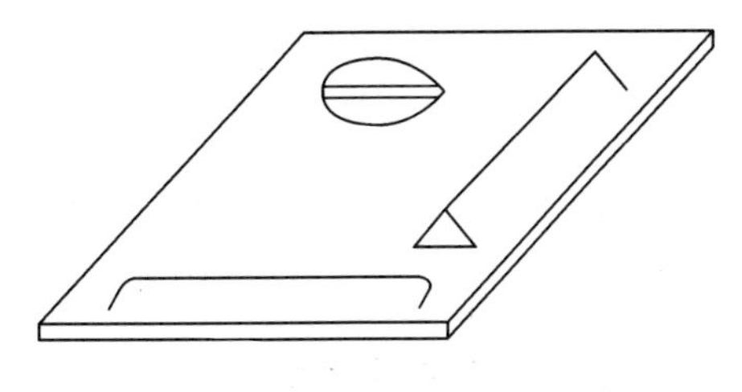

[슬릿포밍 또는 랜싱 모습]

31) 슬리팅(Slitting)

길이가 긴 판으로 된 소재를 둥근 칼날을 회전시켜 연속 절단하는 가공

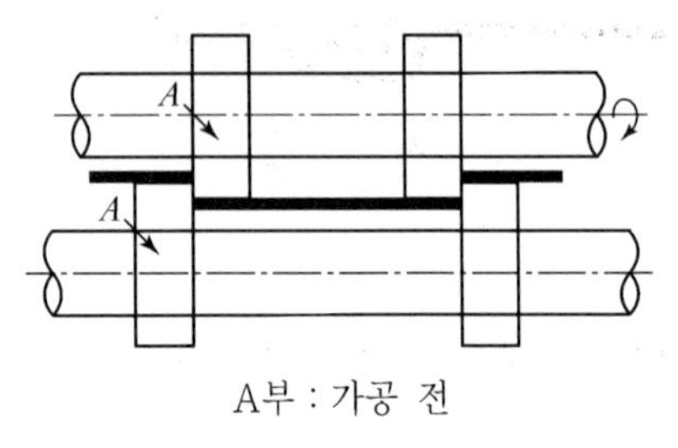

A부 : 가공 전

[슬리팅 모습]

32) 스웨이징(Swaging)

소재를 압축하여 단면적이나 두께를 줄여 주고 길이는 늘려주는 가공

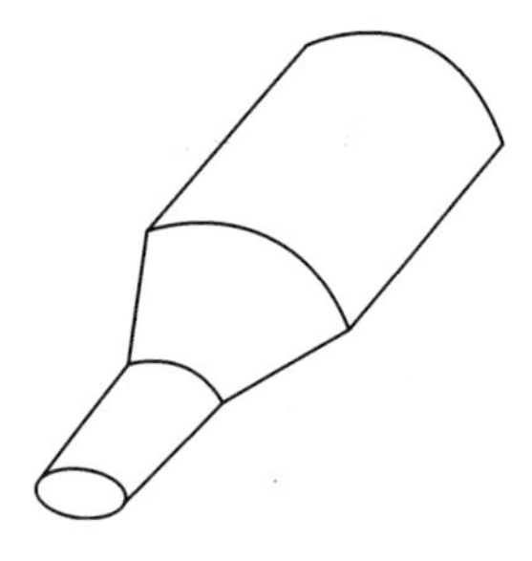

[스웨이징]

33) 트리밍(Trimming)

소재를 드로잉 작업 후 끝단의 불규칙한 부분을 고르게 잘라내는 가공

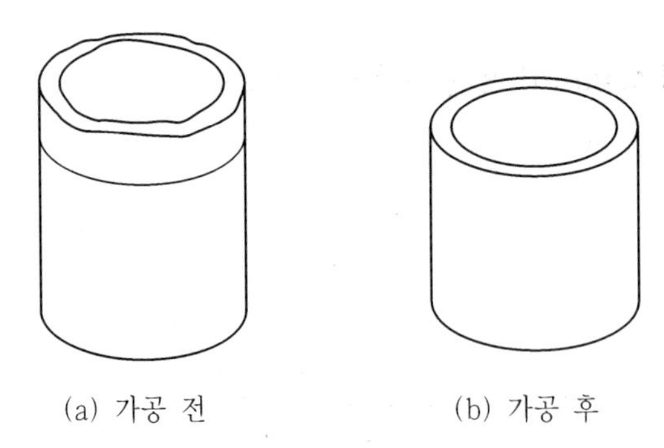

(a) 가공 전 (b) 가공 후

[트리밍 모습]

34) 업세팅(Up setting)

소재를 상하방향으로 눌러(단면적을 눌러) 단면적을 넓게 하고 높이는 낮아지도록 가공

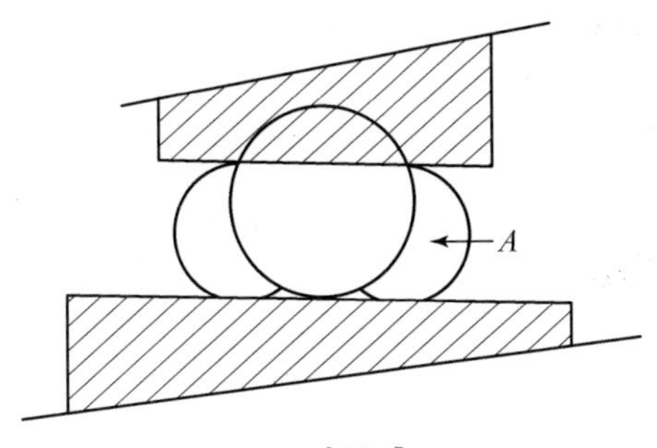

A : 가공 후

[업세팅 모습]

4. 금형설계 제작업무의 진행

(1) 가공 공정의 검토

제작도면, 샘플 확보

(2) 금형사양 검토

보유기계장비와 연계성 검토

(3) 예산 최종 확정

(4) 가공결정 및 금형사양 결정

프레스기계 결정, 사출기계 결정

(5) 피가공재 사양 결정

(6) 제품도면 검토 확정

(7) 레이아웃(lay out) 도면 확정

(8) 금형 각부 사양검토

① 공정분할

(9) 조립도면 및 부품도면 분류

① 구입부품도면

② 제작부품도면

(10) 금형 제작

(11) 금형 조립

(12) 제품검사(성능, 기능)

(13) 금형 완성

5. 금형의 용도별 설계 등급

1) 특급 금형
2) A급 금형
3) B급 금형
4) C급 금형

6. 금형 설계 및 제조 시 비용절감을 위한 방안

1) 재료의 합리화

(1) 재료의 사용률 향상
(2) 금형 등급 조정
(3) 스크랩(Scrap) 활용

2) 생산성 향상

(1) 가동률 향상
(2) 효율증대

3) 금형 재료비 삭감

(1) 공정단축
(2) 저가 금형 적용
(3) 비철재료 금형

7. 사출성형

1) 사출성형기의 기본 구조

호퍼(Hopper)에 사출성형용 소재를 투입한 후 가열하여 사출장치를 통해 금형 취부에 장치한 금형 내부로 소재를 밀어 넣으면 금형형상에 따른 성형품을 생산해 낼 수 있다.

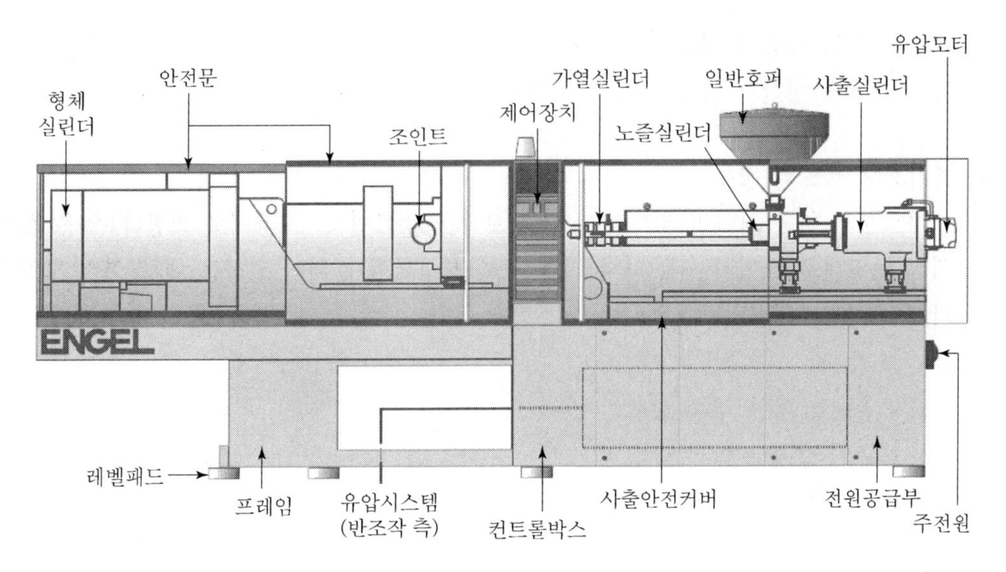

[사출성형기의 기본구조]

8. 사출성형작업 시 문제점

1) 열경화성 재료의 압축성형의 경우

열경화성은 열을 가하면 부드럽게 되고 모양에 따라 마음대로 변형할 수 있다는 점에서는 열가소성과 같다. 한 번 냉각하면 이번에는 열을 가해도 부드럽게 되지 않고, 따라서 또다시 다른 모양으로 변형할 수 없는 성질이다.

(1) 표면의 부풀음
(2) 표면의 주름
(3) 잔주름
(4) 줄무늬의 흐름선 발생
(5) 얼룩, 흐림, 반점의 발생
(6) 광택이 나쁨
(7) 변색 발생
(8) 굴곡 발생
(9) 금형에 부착현상 발생
(10) 균열 발생
(11) 갈라지거나 빠짐 양
(12) 꺼냈을 때 연함 발생
(13) 표면에 이물 발생

(14) 전기적 성질의 저하
(15) 기계적 성질과 화학적 성질의 저하

2) 열가소성 재료의 경우

열가소성은 열을 가하면 부드럽게 되고 모양을 누르면 그 모양대로 찍힌다. 열을 식히면 찍힌 모양대로 굳어지는데, 다시 열을 가하면 부드럽게 되어 원하는 대로 여러 모양으로 바꿀 수 있는 성질이다.

(1) 굴곡
(2) 수축으로 인한 주름 발생
(3) 흐름의 선이나 반점 발생
(4) 무름 발생

3) 사출성형

(1) 오염이나 은색의 줄무늬 발생
(2) 접합선이 약함
(3) 흑색 줄무늬 홈 발생
(4) 우묵 발생
(5) 균열 발생
(6) 기포 발생
(7) 취약성
(8) 사출물이 금형에 밀착현상 발생
(9) 냉류(冷流)
(10) 사출성형품의 뒤틀림 발생
(11) 충진 부족
(12) 플래시(Flash)
(13) 스플의 밀착 발생

9. 프레스 기계

프레스 기계(Press machine)는 프레스 금형을 장착하고, 이 금형을 이용하여 프레스 작업을 실시하는 기계이다.

프레스 기계의 크기는 주로 톤(ton)으로 표현하며 유압력을 이용하여 프레스 동력을 얻는다.

[프레스]

10. 사출성형기계

사출성형기계(Injection Mold Machine)는 사출금형을 장착하고, 이 금형을 이용하여 사출작업을 실시하는 기계이다.

사출성형기계의 크기는 주로 킬로뉴턴(kN)으로 나타내며, 유압력을 이용하여 사출동력을 얻는다.

3 금형설계기술의 요건

금형을 개발하는 기술은 생산활동에서 생산성 향상과 원가절감 차원에서 매우 중요한 부분을 차지한다. 이러한 금형설계기술의 발전과 기술향상을 위해서는 다음과 같은 기술분야의 발전이 필요하다.

1. 프레스 금형 기술분야

1) 생산기술

(1) 생산성 향상기술

(2) 소재 사용료율 향상기술

2) 소성가공기술

(1) 성형가공기술

(2) 소성변형 제어기술

3) 금형기술

(1) 공정설계 기술

(2) 현장계획 기술

2. 사출금형기술 분야

1) 정밀도 향상기술

(1) 가공기술

(2) 제품형상 기술

2) 원가 절감기술

(1) 현장관리기술

(2) 표준화 기술

3. 컴퓨터 응용 설계기술

1) CAD 설계기술

(1) 표준화기술

(2) 조작기술

2) CAM 기술

(1) CNC 프로그램 기술

(2) 설비개tjs기술

제6절 치공구 설계기술

1 치공구설계기술의 정의

치공구설계의 목적은 제품을 가공하거나 제작, 조립 및 검사작업 시 가장 효율적으로 작업하기 위해 보조역할을 하기 위한 보조공구류의 설계를 위한 것이다.
여기서 가장 효율적인 방법이란 생산하고자 하는 제품을 가장 빨리 제작하면서도 품질은 좋게 생산하고 생산원가는 최소화하는 것이다.
따라서 치공구의 적용은 제품의 생산단계인 가공, 제관, 용접, 조립, 검사 등 모든 공정에 유효적절하게 설계·적용하게 된다.
치공구는 크게 지그(Jig)와 치구(Fixture)로 나눌 수 있지만, 지그와 치구는 그 기능이나 역할이 분명하게 구분되는 것은 아니다. 일반적으로 지그와 치구는 생산작업을 할 때, 공작물의 위치를 잡아주거나 공구를 공작물에 안내하는 역할 또는 공작물 투입이나 클램프(Clamp) 기능까지 하며, 이러한 보조기구들을 통칭하여 치공구라 한다.
치공구 설계는 설계자가 제품의 모든 생산공정을 정확히 파악하고 있어야 가능하다. 가공작업 기계류, 제관용 기계류, 용접작업, 조립라인의 조건, 검사방법 등 모든 작업방법을 해당 생산현장을 기준으로 파악하고 기술적인 이해가 되어 있어야 한다. 이를 통해 치공구의 필요성을 도출해내고 필요한 치공구를 창의적으로 설계해낼 수 있는 것이다.

2 치공구 설계기술의 업무

1. 치공구의 역할

치공구는 생산성 향상을 최대의 목표로 한다. 생산성 향상의 결과는 품질(Quality), 비용(Cost) 및 납기(Delivery)로 나타나게 된다. 여기서 품질이란 제품이 균일하게 생산되면서도 제품의 성능을 만족시키는 것이며, 비용이라 함은 생산원가에 해당하는 가공비, 제관비, 용접비, 조립비, 인건비 등의 절감으로 비용을 최소화하는 것이다. 납기란 생산성 향상에 따라 생산 속도가 증가하게 되어 생산소요시간을 단축시키므로, 사용자에게 최대한 빨리 제품을 제공할 수 있게 하는 것이다.
이러한 생산소요시간의 단축은 생산성 향상효과뿐만 아니라 제품 사용자에게 신뢰를 주고 납기가 짧은 주문량도 소화해낼 수 있게 하며, 생산활동을 크게 높일 수 있는 기반이 된다.

2. 치공구의 3요소

치공구의 가장 큰 역할을 분류하면 위치결정면, 위치결정구, 클램프 등 3요소로 대별할 수 있다.

1) 위치결정면

제품의 생산작업시 제작품이 X, Y, Z축 방향으로 이동하지 못하도록 하는 역할이며, 이때 기준면은 주로 밑면을 사용하게 된다.

2) 위치결정구

제품의 생산작업시 제작품이 회전·이동하지 못하도록 한다.

3) 클램프(Clamp)

제품의 생산작업시 공작물을 잡아주는 역할을 한다.

3. 치공구 설계시 고려사항

생산현장에 치공구를 설계하여 적용하기 위해서는 기본적으로 일정수준 이상의 작업량이 확보되는 경우에 한하여야 한다. 생산활동의 효과 측면에서 볼 때, 치공구를 적용한 비용의 회수가 불가능한 생산수량이라면, 이러한 치수공구의 설계적용은 오히려 비효율적이 되기 때문이다.
이때 고려할 사항은 다음과 같다.

1) 치공구 설계 적용 시 고려사항

① 해당 치공구를 이용할 생산량(Production Volume)
② 원재료(Material)
③ 생산기계(Machine)
④ 인력(Man power)
⑤ 관리방법(Method)
⑥ 비용(Cost)

4. 치공구 적용효과

① 설치된 기계장비를 최대한 활용 가능하게 한다.
② 생산량을 증대시킨다.
③ 전용기의 제작을 최소화한다.
④ 가공정밀도를 향상시킨다.
⑤ 제품을 균일하게 하여 호환성이 좋게 한다.
⑥ 불량발생을 최소화시킨다.
⑦ 작업시간을 최소화시킨다.
⑧ 특수작업을 최소화시킨다.
⑨ 범용작업이 되게 하여 초심자의 적응이 쉽게 한다.
⑩ 요구되는 작업의 숙련도를 최소화시킨다.
⑪ 작업이 쉬워진다.
⑫ 작업안전도가 높게 한다.
⑬ 재료의 절약이 가능하게 한다.
⑭ 공구의 파손을 최소화시킨다.

5. 치공구 설계시 유의사항

치공구 설계는 해당 생산현장의 작업인력과 보유기계설비 조건 등에 최적상태가 되도록 설계되어야 한다.

○ 치공구 설계시 유의사항

① 생산품의 수량과 납기를 고려할 것
② 치공구는 최대한 단순화시킬 것
③ 치공구의 공용화를 검토할 것
④ 규격품이 있는 부품의 경우 반드시 규격품을 적용할 것
⑤ 충분한 강도를 가질 것
⑥ 최대한 가볍게 설계할 것
⑦ 치공구의 조작이 쉽고 조작시간이 짧도록 설계할 것
⑧ 가능하면 치공구로 측정도 가능하게 할 것
⑨ 칩이나 절삭유가 쉽게 빠질 수 있게 설계할 것
⑩ 클램핑 압력은 위치결정면에 작용하도록 설계할 것
⑪ 클램핑 위치결정시 기준면에 오차를 줄 수 있는 위치는 피하여 설계할 것
⑫ 치공구 적용 시 다른 공구를 이용하여 설치해야 하는 조건으로 설계되지 않도록 할 것

⑬ 제조원가를 고려할 것
⑭ 재질선정은 강도와 무게, 원가, 구매조건 등을 고려하여 결정할 것
⑮ 정밀도가 요구되는 부분만 가공하도록 설계할 것
⑯ 적절한 공차를 적용하여 치공구의 제작비용을 줄일 것
⑰ 치공구의 도면은 제품개발시 설계도면 작성방법에 준할 것

6. 치공구 설계의 사양(Specification) 결정 시 유의사항

치공구는 현장의 생산활동에 직접 적용되는 제품이다. 따라서 그 사양은 현장작업에 적합하게 설계되어야 한다.

○ 사양 결정 시 유의사항

① 기계가공물의 경우 열처리 후 연삭작업에 대한 여유를 줄 것
② 드릴작업의 경우 리밍작업에 대한 가공 여유를 줄 것
③ 드릴작업의 경우 버니싱 작업에 대한 가공 여유를 줄 것
④ 절삭작업 시 다듬질작업에 대한 가공 여유를 줄 것
⑤ 드로잉 작업 시 드로잉 치수를 고려할 것
⑥ 블랭크 작업 시 블랭크 지름을 고려할 것

7. 치공구의 분류

1) 기계가공용 치공구

밀링기계, 드릴기계, 선반기계, 연삭기계 등과 같이 생산품을 가공하는 기계작업에 사용하는 치공구

2) 조립용 치공구

나사의 결합작업, 프레스 압입작업, 접착작업 등 조립과 관련된 작업에 사용하는 치공구

3) 용접용 치공구

위치결정작업, 자세고정작업, 비틀림 방지작업 등 용접과 관련된 작업에 사용하는 치공구

4) 검사용 치공구

부품검사작업, 부품의 측정작업, 재료시험 등의 검사작업에 사용하는 치공구

8. 치공구용 부품종류 및 재료

1) 치공구의 본체 기둥

사용재료는 SS400, S45C, STC7 등을 사용강도, 원가, 구매조건에 따라 적절히 사용한다.

2) 힌지(Hinge)

사용재료는 S45C를 사용할 수 있다. 이때 설계조건에 따라 열처리가 필요할 수 있다.

3) 아이볼트(Eye bolt)

사용재료는 SS400을 사용할 수 있다.

4) 손잡이(Handle)의 외피부분

사용재료는 주철, 알루미늄, 주물, 구조용강, 비금속재료 등을 사용조건에 따라 선택하여 적용할 수 있다.

5) 손잡이(Handle)의 강도유지부분

사용재료는 S45C를 사용할 수 있다.

6) 쐐기(Wedge)

사용재료는 S45C, STC5 등을 열처리하여 사용할 수 있다.

7) 스프링핀

사용재료는 스프링강, SM45C 등을 적용할 수 있다.

8) 볼트 및 너트(Bolt and nut)

사용재료는 경도 HRC 50 이상의 재질을 사용하지만, 사용강도에 따라 볼트크기를 설계하여 적용할 수 있다.

9) 와셔(Washer)

사용재료는 SS400이나 STC7을 사용할 수 있다. 특히 구면와셔의 경우는 STC7을 사용한다.

10) 받침판(Plate)

사용재료는 STC7을 사용하며 열처리가 필요하다.

11) 위치결정핀(Pin)

사용재료는 S45C, STC5 등을 사용할 수 있다.

12) 지그용 부시(Bushing)

사용재료로 STC5, STC3 등을 사용하면 HRC 60이상의 경도를 적용한다.

13) 캠(Cam)

사용재료는 S45C, SM45C, STC5, STC7 등을 적용할 수 있다.

14) 브이블록(V. Block)

사용재료는 SM45C, STC3, GC200, GC250 등을 적용할 수 있다.

3 치공구설계기술의 발전방향

2000년대 이전까지는 치공구 설계분야가 생산제품의 가공, 용접, 조립, 검사 등의 작업에서 단편적인 생산 보조구로 운용되어 왔다고 볼 수 있다. 반면에 2000년대 이후에는 여러 가지 경영환경의 변화와 기술발전에 따라 치공구 설계 분야가 훨씬 폭넓은 역할을 요구받고 있다.
즉 공장의 자동화시스템의 적용, 공장 무인화, 가격경쟁력의 첨예한 요구환경, 인력의 최소화 등의 경영목표를 달성하기 위해 치공구 기술은 더욱 발전되고 그 역할이 커지게 된 것이다.
이러한 요구에 부응하기 위해서 치공구 설계기술분야는 제품연구 개발기술에 버금가는 독창적이고 창의적인 설계인력이 요구된다. 이러한 치공구 설계분야를 이끌어가기 위한 전문인력의 체계적인 교육과 양성이 생산기술의 발전과 산업경쟁력 향상을 위해 필수 불가결한 요소가 되고 있다.

제7절 작업공정기술

Professional Engineer Machine

1 작업공정기술의 정의

1. 가공작업 공정기술

가공작업 공정은 각종 공구를 이용하여 재료를 가공하는 공정을 말하며, 대표적으로 선반 · 밀링 · 드릴 등의 기계로 가공작업을 실시한다.

2. 제작작업 공정기술

제작작업 공정은 제품을 생산하는 과정에서 절단, 용접, 판금작업 등과 같은 제관작업을 총칭한다.

이 제관작업은 가공기계에 의한 작업과는 달리 작업 소재를 밴딩, 커팅, 접합, 주조, 열처리 등의 다양한 작업방식을 통해 소성 가공하는 것에 의해 제품에 변형을 주어 제작작업을 한다.

3. 조립작업 공정기술

조립작업 공정은 제품 생산단계에서 최종 공정에 해당하는 작업 중의 하나로 외관 작업을 제외한 기계적인 제조작업 단계에서는 사실상 최종공정에 해당한다.

이 조립작업공정은 가공, 제관 등의 각 생산공정에서 제작된 부품들을 조립도면에 의해 정확히 조립하여 완성해야 한다.

조립작업공정은 준비작업, 부분조립작업, 완성조립작업 등으로 나눌 수 있다.

기술의 발달과 여러 가지 사회적 여건변화에 따라 조립작업은 점차 자동화되어 가는 추세에 있다.

작업방법은 조립작업방식에 따라 배치조합(Batch assembly), 단일라인(line) 조립, 다기능 라인조립 등으로 나뉜다. 또한 조립은 공정에 따라 메인조립(main assembly)과 서브조립(Sub assembly)으로 나누어 조립되는 경우도 있다.

조립제품은 조립품질 및 이력관리를 위해 로트(lot)방식으로 조립, 출하되도록 관리한다.

2 작업공정기술의 이론

1. 가공절삭 이론

1) 가공절삭 조건

작업자가 공작기계를 조작하여 쉽게 조절할 수 있고 또한 절삭률, 단위시간당 절삭량에 영향을 끼치는 변수들의 조합을 절삭조건이라고 부른다.
공구재료와 공구형상, 절삭속도, 절삭크기, 절삭유 등이 여기에 포함된다.

(1) 가공절삭 속도

공작물이 단위 시간에 공구의 날 끝을 통과하는 거리로 표시하며, 공작물과 공구와의 재질관계, 절삭유의 사용 여부, 가공정밀도, 절삭깊이, 이송속도, 사용공구의 모양 등에 따라 달라진다.
공작물이나 공구의 지름, 절삭속도, 공작물 또는 공구의 회전수는 서로 다음과 같은 관계를 갖는다.

$$V = \frac{\pi DN}{1,000}$$

여기서, D : 공작물이나 공구의 지름(mm)
V : 절삭속도(m/min)
N : 공작물 또는 공구의 회전수(rpm)

(2) 커터의 절삭방향 특성

① 상향절삭
㉠ 칩이 절삭을 방해하지 않는다.
㉡ 공작물을 확실히 고정해야 한다.
㉢ 커터의 수명이 짧고 동력을 낭비한다.
㉣ 절삭이 순조롭다.
㉤ 절삭면이 곱지 못하다.

② 하향절삭
㉠ 아버가 휘기 쉽다.
㉡ 공작물의 고정이 간단하다.
㉢ 커터날의 마모가 적다.
㉣ 절삭면이 곱고 정밀하다.

㉤ 칩이 끼어 절삭을 방해한다.

㉥ 커터날의 가열이 적다.

(3) 가공절삭 깊이

가공물의 표면과 가공되는 면과의 거리, 즉 공구의 절삭 깊이를 말한다.

(4) 가공절삭 단면적

절삭될 부분의 단면적 즉, 칩의 단면적을 말한다.

$$A = f \times t(mm^2)$$

여기서, A : 절삭 단면적
f : 이송속도
t : 절삭깊이

(5) 이송속도

절삭 중 공구와 공작물 간의 횡방향의 상대운동의 크기, 즉 이송운동의 속도를 말한다.

2. 작업기계의 종류

1) 선반

선반(lathe)은 주축에 고정한 공작물이 회전운동을 하고 공구대에 설치된 절삭공구에는 직선 이송운동을 주어 공작물을 절삭하는 공작기계이다. 선반은 주로 원통가공에 사용되며 바깥지름의 절삭, 측면절삭, 테이퍼절삭, 곡면절삭, 보링작업, 절단, 총형절단, 단면절삭, 구멍뚫기(드릴링), 나사절삭, 홈절삭 등을 가공할 수 있다. 다만, 선반에서는 기어절삭, 키 홈파기, 각 홈파기 할 수 없다.

[보통 선반]

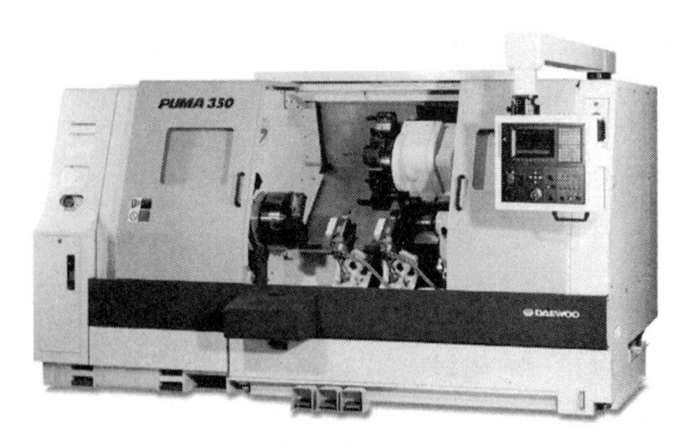

[NC 선반]

(1) 선반의 종류

① 보통 선반

원통의 내·외견 절삭, 나사절삭, 단면절삭 등 가공범위가 넓고 바이트를 주로 절삭 공구로 사용하며 절삭효율(단위시간당의 절삭량)이 크다.

② 터릿선반

여러 개의 공구 및 바이트를 공정순서대로 부착시켜 작업순서에 따라 차례로 이것을 회전시키면서 절삭하는 선반이다.

③ 다인선반

공구대에 여러 개의 바이트를 부착하고 바이트의 전부 또는 일부가 동시에 절삭가공하는 선반이다.

④ 정면선반

짧고 지름이 큰 공작물을 절삭하는 데 쓰이는 선반이다.

⑤ 모방선반

형판 또는 모형에 따라 공구대가 자동으로 이송되어 형판이나 모형과 같은 윤곽을 절삭하는 선반이다.

⑥ 자동선반

캠이나 유압기구를 이용하여 선반의 조작을 자동화한 것으로 대량 생산에 적합한 선반이다.

2) 드릴링머신 및 보링머신

(1) 드릴링머신의 기본작업

① 드릴링(Drilling)

드릴로 구멍을 뚫는다.

② 스폿 페이싱(Spot facing)
너트가 닿는 부분을 절삭하여 자리를 만드는 작업이다.

③ 카운터 보링(Counter Boring)
작은나사, 둥근머리 볼트의 머리를 공작물에 묻히게 하기 위한 턱 있는 구멍 뚫기 가공이다.

④ 카운터 싱킹(Counter sinking)
접시머리볼트의 머리 부분이 묻히도록 원뿔자리 파기 작업이다.

⑤ 보링(Boring)
뚫린 구멍이나 주조한 구멍을 넓히는 작업이다.

⑥ 리밍(Reaming)
뚫린 구멍을 리머로 다듬는 작업이다.

⑦ 태핑(Tapping)
탭을 사용하여 드릴링 머신으로 암나사를 가공하는 작업이다.

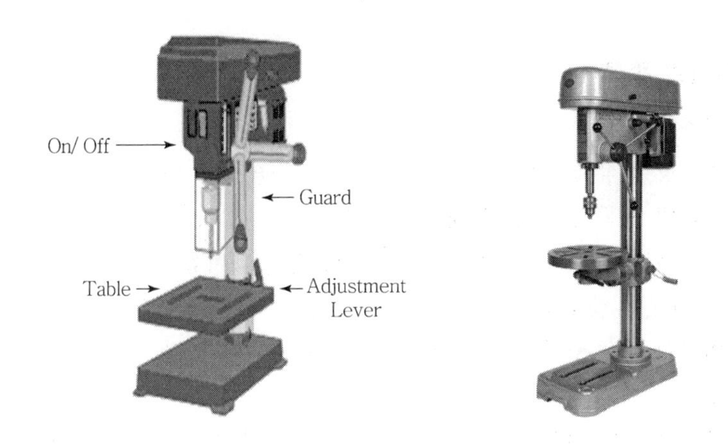

(2) 드릴링 머신의 종류

① 직립드릴링머신(Up right drilling machine)
② 레이디얼드릴링머신(Radial right drilling machine)
③ 탁상드릴링머신(Bench right drilling machine)
④ 다축드릴링머신(Multiple right drilling machine)
⑤ 심공드릴링머신(Deep hole right drilling machine)

3) 연삭

연삭기(Grinder)는 숫돌바퀴를 고속 회전시켜 공작물의 외면, 내면, 평면 등을 정밀 다듬질하는 공작기계이다.

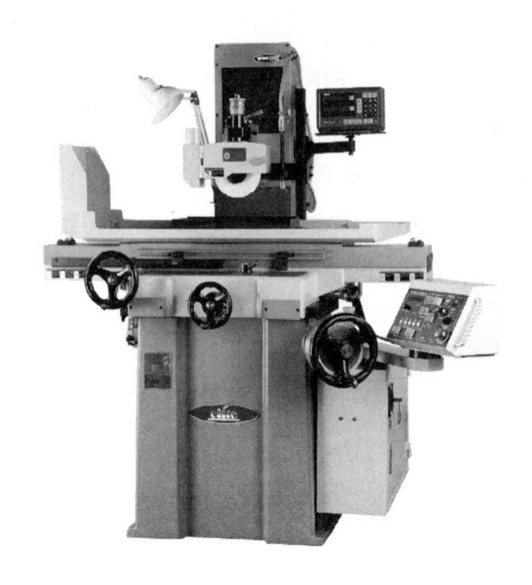

[연삭기]

(1) 연삭기의 종류

① 원통연삭기

원통형 공작물의 바깥면, 테이퍼, 측면 등을 주로 연삭하는 것으로 테이블 왕복형, 숫돌대 왕복형, 플랜지 컷형이 있다.

주로 원통의 내면을 연삭하는 기계로 숫돌의 바깥지름은 일감의 구멍지름보다 작기 때문에 숫돌의 소모가 크고 숫돌축의 회전수를 높여야 하며, 연삭방법에 따라 일감회전형, 일감고정형, 센터리스연삭형 등이 있다.

② 평면 연삭기

테이블이 왕복하거나 회전하면서 일감의 평면을 연삭하는 기계로 수직형, 수평형으로 구분한다.

③ 만능연삭기

중심을 내기 어려운 일감의 외면을 센터나 축을 사용하지 않고 연삭숫돌과 조정숫돌 사이에 삽입하고 지지판으로 지지하면서 연삭하는 기계이다. 원통의 내면연삭 외에 외경, 내경 테이버 연삭도 가능하다.

④ 센터리스 연삭기

작은 지름의 공작물을 다량 생산하는 데 적합하다.

⑤ 공구연삭기

가공용 절삭공구인 바이트, 드릴, 리머, 밀링커터, 호브 등을 주로 연삭하며 특수한 기술이 필요하다.

⑥ 특수 연삭기
나사, 크랭크, 캠 등을 연삭한다.

3. 조립작업 공정기술

1) 라인 조립작업

라인(line) 조립작업 공정은 컨베이어 등을 통해 조립 라인을 일정 속도로 흘러가게 하면서 조립자 또는 로봇이 조립작업을 반복하도록 하는 것이다.
조립작업의 효과는 다음과 같다.

① 단순화, 전용설비화가 가능하여 분업화시킬 수 있다.
② 개인능력에 맞도록 적합한 인력배치가 가능하다.
③ 맨파워(Man power) 및 조립공간의 생산성효과가 크다.
④ 생산기간의 단축이 가능하다.

2) 조립작업용 공구

(1) 조립용 공구의 종류 및 용도

① 스패너(양구스패너, 편구스패너)
볼트를 조이거나 풀 때 사용한다. 크기는 풀림 부분의 치수로 나타낸다.
② 박스렌치
스패터와 같은 목적으로 사용되고, 좁은 곳에서 조이거나 푸는 데 편리하게 사용할 수 있다.
③ 소켓렌치
각종 핸들, 유니버설 조인트 등과 조합되어 있어서 보통 스패터로 작업이 곤란한 곳에 사용한다.
④ 몽키 스패너
조우로 조정되며 용도는 스패너와 같이 볼트를 조이거나 풀 때 사용한다.
⑤ 파이프 렌치
배관작업 등에서 관이나 환봉 등을 돌릴 때 사용한다.
⑥ 드라이버
작은 나사 또는 너트의 조임이나 풀 때 사용한다.
⑦ ±자 드라이버
+, -자 홈이 있는 작은 나사를 조이고 푸는 데 사용한다.

[Question 01] 동시공학에 대하여 설명하시오.

1. 동시공학(Concurrent Engineering)의 정의

동시공학은 제품설계단계에서 제조 및 사후지원업무까지도 함께 통합적으로 감안하여 설계를 하는 시스템적 접근방법이다. 이 방법은 제품개발담당자로 하여금 개발 초기부터, 개념 설계단계에서 해당 제품의 폐기에 이르기까지의 전체 라이프사이클상의 모든 것(품질, 원가, 일정, 고객요구사항 등)을 감안하여 개발하도록 하는 것이다.

- 미국 국방성 IDA(1986년)

Concurrent Engineering is a systematic approach to the integrated, concurrent design of products and their related processes, including manufacture and support. This approach is intended to cause the developers, from the outset, to consider all elements of the product life cycle from concept through disposal, including quality, cost, schedule, and user requirements.

2. 동시공학 추진배경

1980년대에 들어서면서 여러 제조기업들은 그들의 신제품개발업무를 근본적으로 과거와는 다른 방식으로 수행해야 한다는 필요성을 느끼게 되었다. 이러한 배경에는 신제품의 수명이 점점 짧아지는 추세와 함께 각종 기술(제품기술, 생산기술, 관리기술)이 급속히 발전하면서, 각 기업은 조직규모가 거대화되어지고, 글로벌화됨에 따라 새로운 형태의 제품개발업무가 나타나기 시작했기 때문인 것으로 보인다. 이러한 상황에서 1982년 미국국방성 산하의 DARPA(Defense Advanced Research Projects Agency)는 제품개발과정에서의 동시성(Concurrency) 향상을 위한 방법을 모색하기 시작하였으며, 그 후 1986년 미국 IDA(the Institute for Defense Analyses)에 의하여 동시공학(Concurrent Engineering)이라는 단어가 탄생하게 되었다. 동시공학에 대한 여러 정의가 있지만, 흔히 많이 인용되는 IDA의 용어 정의에 의하면 동시공학은 제품설계를 할 때, 제조 및 사후지원 업무까지도 함께 통합적으로 감안하여 설계를 하는 개념이다. 이러한 동시공학 개념의 설계에 의하면 제품개발 담당자는 개발 초기 시점부터 그 후속 공정이라고 할 수 있는 생산·판매·A/S 및 폐기에 이르는 전체 과정을 감안하여 제품개발업무를 수행해야 한다고 하겠다. 흔히 이러한 후속공정에 대한 고려가 사전에 이루어질 수 있기만 하면, 여러 가지 설계대안 중에서 최적의 답을 발견하는 데 큰 도움이 될 수 있다. 즉, 설계 초기단계에서는 개발 담당자가 비교적 다양한 선택대안을 가지고 있지만, 시간이 흐르면서 양산단계로 옮아갈수록 선택의 대안은 점점 줄어들면서, 그와 함께 변경에 따

른 비용도 막대하게 소요된다. 그러므로, 기본적으로 동시공학에서 추구하는 사상은 선택의 폭이 넓은 개발 초기단계에서 제품의 생산성, 품질, 원가 등에 대한 검토과정을 거치도록 함으로써, 가능하면 설계변경이라는 시행착오를 줄이면서 경쟁력 있는 제품을 개발해 보고자 하는 것이다.

3. 동시공학의 성공요인

역사적으로 동시공학 개념이 발전되어 온 과정에서 본 바와 같이, 동시공학 개념이 실제로 구현되는 모습은 시대적 상황에 따라 변하고 있다. 특히, 최근 정보기술의 발달과 함께, 각종 기법들의 개발은 과거의 동시공학 체제에서는 불가능했던 부분에 대해서까지도 지원이 가능한 체제로 가고 있다.

오늘날, 동시공학 개념을 성공적으로 도입하기 위해서는 네 가지 과제가 효과적으로 다루어져야 한다. 그 첫째는, 엔지니어링 프로세스의 혁신으로 이는 최근의 BPR(Business Process Reengineering) 개념을 엔지니어링 프로세스에도 적용시켜야 한다는 것으로, 특히 최근 제품개발기간의 단축이 기업경쟁력의 핵심요인으로 등장함에 따라 이에 대한 많은 시도가 여러 기업에서 진행되고 있다는 것이다.

둘째, 그동안 컴퓨터의 발달과 함께 새로운 기법과 도구(예:CAD)들이 최근 많이 소개되고 있는데, 이러한 기법들과 도구들을 충분히 활용할 수 있어야 한다는 것이다. 이들 기법들과 도구들을 잘 활용하는 경우, 경쟁기업과 비교하여 제품개발 프로세스 측면에서 전략적 우위를 줄 수 있는 신무기 역할을 할 수 있다고 하겠다. 한편, 이들 기법과 도구들이 보다 효과적으로 활용될 수 있기 위해서는 엔지니어링 프로세스 재정립 업무가 선행되는 것이 보다 바람직하다고 하겠다. 이는 마치, 자동차를 사용하여 이동 속도를 높이려고 할 때, 그 전의 구불구불한 상태의 길에서는 자동차의 효과를 충분히 기대할 수 없기 때문에 먼저 가능한 직선으로 새로운 길을 만드는 것이 필요한 것과 같은 이치라고 하겠다. 이러한 기법과 도구들을 선정할 때에도 기업의 환경에 맞는 것을 찾는 것이 필요한데, 이는 마치 자동차를 구입하는 경우에도 그 용도에 따라 다양한 사양이 있어서, 자신의 경제적 능력 내지는 사용목적에 맞추어 선택하는 것과 마찬가지라고 하겠다.

세 번째 동시공학의 성공요인은 동시공학 조직의 구성 및 운영 문제인데, 이는 그동안의 동시공학의 역사를 볼 때 가장 오래 전부터 고려되어 왔던 과제라고 하겠다. 여기서 문제가 되는 것은 제품개발 단계에 어떻게 다른 기능(생산, 판매, A/S등)의 조직들을 조직적으로 참여시키느냐 하는 것으로, 이는 기본적으로 그 강도의 차이는 있겠지만 어떤 형태로든 오늘날 대부분의 기업에서 진행되고 있다고 하겠다. 한 예로, 어느 기업은 제품개발조직과 제조담당조직 간의 원활한 교류(그것이 공식적이건, 비공식적이건)를 위해서 이들 두 조직을 가능한 같은 건물에 위치시키려고도 했으며, 어느 기업은 신제품개발이 완료되어, 양산체제가 되면 그 신제품을 개발하는 데 참여했던 제품개발엔지니어를 공장으로 발령을 내서 해당 신제품의 양산단계에까지 참여시켜, 제품개발 엔지니어들과 생산 담당자들과의 연결고리 역할을 하도록 하는 제도를 운영하기도 하였다. 그동안의 경험으로 보아 『skunk work 패러다임』에서와 같은 복합적인 기능을 갖춘 제품개발팀(multi-disciplinary team)을 운영하는 것이 매우 효과적인 것으로 인정받고 있지만, 이러한 조직체계는 기업환경에 따라 조금씩 다른 모습을 가져야 할 것으로 보인다.

마지막으로 90년대 이후의 동시공학 개념을 운영하는 데 있어서 정보기술의 효과적인 활용 문제는 빼놓을 수 없다고 하겠다. 엄청난 규모의 엔지니어링 데이터를 관련 조직 간에 어떻게 효율적으로 효과적으로 공유하도록 할 것인가 하는 문제가 미국 국방성에 의해 제기된 것이 사실상 오늘날의 CALS 및 동시공학 탄생 배경이었다는 것만 보더라도 이의 중요성을 인정할 수 있다고 하겠다. 특히, 최근 기업들이 세계화전략 및 virtual company 등의 새로운 전략을 도입하기 시작하면서, 엔지니어링 정보를 관련 조직 간에 효율적으로 공유하는 문제는 한층 더 복잡해지고 어려워질 것으로 전망되기 때문에, 이를 지원하는 정보시스템 기반구축은 성공적인 동시공학체제를 위해 더욱 중요한 요소로 인식될 것으로 보인다.

지금까지 소개한 동시공학의 네 가지 성공요인은 모두 유기적 연관관계를 갖고 있기 때문에, 어느 하나만을 갖고서는 원하는 수준의 동시공학체제를 운영하기 어려울 것으로 보인다. 즉, 엔지니어링 업무의 프로세스 혁신을 위해서는 당연히 정보기술의 전략적 활용이 필요하며, 새로운 기법 및 도구들의 사용도 고려되어야 하고 결과적으로 조직 형태에도 변화가 있게 된다는 것이다.

[Question 02] 자재소요계획(MRP)에 대하여 설명하시오.

1. 경영정책과 전략경영

(1) 생산재고 : 생산을 지원하기 위하여 유지되는 재고, 완제품재고와는 매우 다른 특징들을 가짐

(2) 자재소요계획(MRP : material requirement planning)

- 종속적인 수요를 가지는 품목의 재고관리를 위해 1970년대에 개발된 컴퓨터 기반의 생산 및 재고관리를 위한 계획 시스템(MPS, BOM, 재고기록파일)
- 본질적으로, MRP는 구성부품에 대한 소요량을 예측하기 위하여 주일정계획 사용
- 시간단계별 보유재고량 수준 및 계획된 수주(planned order)들과 비교되어져서, 원만하게 롯트가 생산될 수 있도록 적시에 적합한 자재 및 구성부품들이 사용하기 위하여 의사결정을 내려야 하는 운영관리적 단계에서 사용

2. MRP의 정의 및 입력과 출력

(1) MRP의 정의

- 종속적인 수요를 가지는 품목의 재고관리를 위해 1970년대에 개발된 컴퓨터기반의 생산 및 재고관리를 위한 계획 시스템
- 구성부품이나 원재료 등과 같이 다른 완성품 혹은 상위부품의 수요의 크기와 발생시기에 의해 종속적으로 수요의 크기와 발생시기가 결정되는 품목의 재고관리 원칙은 단순명료

  예) 5주 후에 자동차 1,000대 완성품주문이 약속되어 있고, 자동차조립에 소요되는 리드타임(lead time)이 2주 정도라면, 자동차완성품을 조립하기 위해 필요한 엔진은 정확하게 3주 후까지 1,000대의 생산이 완료
- 종속적인 수요를 가지는 품목의 생산시기와 크기를 결정하는 일은 상위품목의 수요시기와 크기 및 리드타임만을 고려하여 간단하게 결정
- 1970년대에 들어서면서 빠른 데이터처리능력을 가진 컴퓨터를 비교적 저렴하게 활용할 수 있게 되면서부터 비로소 종속 수요품목에 대한 생산계획 및 통제가 본격적으로 가능
- MRP는 구성품목(component items)의 수요를 산출하고, 필요한 시기를 추적하며, 품목의 생산 혹은 구매에 소요되는 리드타임을 고려하여 작업주문 혹은 구매주문을 내기 위한 컴퓨터 재고통제시스템으로 개발
- 오늘날에는 단순히 MRP의 수립차원을 넘어서 제조자원계획(MRP-Ⅱ)을 수립

하는 차원으로, 더 나아가서 기업자원 소요계획(ERP: Enterprise Resource Planning)을 수립하는 차원으로 확대발전

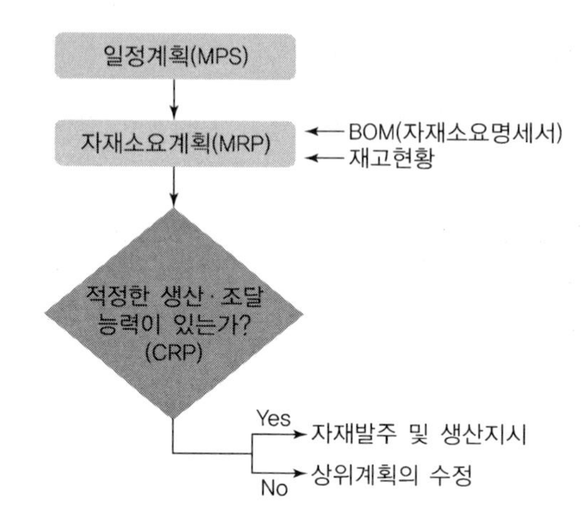

3. MRP의 운용원리

○ MRP 입력자료

- 기준생산계획, 자재명세서, 재고기록 데이터베이스를 이용하여 MRP 시스템은 신규주문, 주문량조정, 지연주문의 독촉 등의 필요한 조치를 파악

(1) 기준생산계획(Master Production Schedule : MPS)

- 기준생산계획은 총괄생산계획을 구체적인 제품별로 생산시기와 생산량을 분해한 것으로 특정한 기간동안에 개별제품의 생산량을 자세히 나타낸 것
- MRP의 가장 중요한 입력자료
- 완성품생산에 필요한 하위부품들의 생산일정을 수립하는 체계
- 언제 얼마만큼의 완성품 혹은 최종품목의 생산이 필요한지에 대한 정보를 가져야 이를 생산하는 데에 필요한 하위조립품, 구성부품들에 대한 생산시기와 요구수량을 결정할 수 있기 때문

(2) 자재명세서(Bill of Materials : BOM)

- 특정한 완제품을 생산하는 데 필요한 부품과 부품사용량을 기록한 것
- 완성품생산을 위해 필요한 구성부품, 하위부품들의 결합체계를 담은 파일 (하위품목의 공급량과 공급시기는 상위품목의 생산일정에 따라 결정되기 때문에 이 파일 필요)
- 제품구조나무(product structure tree)의 형태로 설명
- 제품의 구성부품과 이들간의 결합체계를 나타내는 BOM은 제품설계에 의해서 결정되는 입력정보

- 제품에 대한 설계내용이 바뀔 경우, 신속하게 BOM에 반영시켜야 정확한 부품에 대한 MRP가 작성됨

(3) 재고기록 데이터베이스(Inventory Record Database)

- MPS 와 BOM을 통해서 최종품목의 수요와 부품의 결합배율에 대한 정보를 파악했다 하더라도 최종품목과 각 구성품목들에 대한 재고상태를 정확하게 알지 못하면 수요충족을 위해 얼마만큼의 생산이 필요한지를 정확하게 산출 할 수 없다.
- 자재명세서에서 명시된 부품들의 거래내역, 현재의 재고수준, 납기에 대한 정보를 파악한 재고기록 데이터베이스가 필요
- 재고기록을 정확히 작성하기 위한 기초자료는 재고거래내역이며, 이것은 MRP 시스템의 투입자료인 예정입고량과 보유재고량을 정확히 파악하기 위해 필요

○ **소요량 계산**

- 독립수요품목의 수요가 결정되면 그에 따라 하위 품목의 생산량과 생산시기를 결정하는 과정
- 총소요량 : 독립수요품목의 수요에 맞추기 위해 필요한 수량
- 순소요량 : 총소요량에 현재 보유재고와 예정입고량을 계산에 포함시킨 것
- 순소요량 = 총소요량 - 현재 보유재고량 - 예정입고량

4. MRP Ⅱ와 ERP

(1) 제조자원계획(Manufacturing Resource Planning : MRP Ⅱ)의 개념

- MRP는 재고관리기능을 가지고 있으며, 생산능력계획과 일정계획간의 유기적인 관계
- 생산부문은 다른 기능부문과 유기적으로 관련되어 있기 때문에 생산부문내에서 한정되어 있는 MRP 시스템은 한계점을 가질 수밖에 없음
- 1970년대 이후 기업은 이러한 한계점을 극복하기 위해 생산부문 영역을 넘어서 기업내부의 제품, 자금, 정보를 포함한 기업의 제조자원 전체를 계획하고 관리하기 위한 MRP Ⅱ를 도입
- MRP Ⅱ 시스템은 기본적인 MRP 시스템을 재무 시스템과 결합
  기업의 정보를 모든 부문에서 이용할 수 있게 하여 제조활동을 효율적이고 효과적으로 관리

(2) MRP의 특성

① 상의하달(top - down) 시스템

- 진행과정은 전략사업계획(Strategic Business Plan)의 공식화로서 시작
- 사업계획은 기능전략(functional strategies)과 기능계획으로 구체화

② 공통 데이터베이스
- 기업내에는 단지 하나의 파일 집단만이 있음
- 사용자 모두 대안 정책을 평가하기 위해 공통 데이터베이스 수치들을 이용
- 데이터의 정확성을 유지하고 데이터의 변화를 기록할 수 있는 공식적 절차 존재

③ What-if 능력
- 대안계획 평가를 지원하기 위한 자세한 자원소요를 산출
- 대안계획을 평가하기 위한 완전한 시뮬레이션 능력이 사용

④ 전체적 기업 시스템
- 기능부문들(제조, 회계, 재무, 마케팅)이 공식적이고 주기적으로 상호협력
- 둘 또는 그 이상의 기능부문이 영향을 받는 의사결정이 존재
  예) 주생산계획은 제조와 판매 부문에 공통으로 관련되어 있음

⑤ 시스템의 명백성과 타당성
- 모든 수준의 사용자들이 시스템의 논리와 실제를 이해, 수용
- 사용자들은 공식적 시스템 외에서 활동할 필요가 없다.

(3) MRP의 문제점 및 성공 요건

- MRP 시스템 : 완제품의 생산계획이 주어졌을 때 하위 품목들의 생산계획을 자동적으로 생성하는 시스템
- 완제품의 생산계획이 타당할 때에만 의의를 가짐. 만약 완제품의 생산계획이 잘못되었다면 하위부품들의 생산계획도 모두 잘못될 것 이러한 문제는 완제품의 생산계획이 변경될 때에도 발생
- MRP의 성공적인 운영을 위해서는 수요예측과 생산계획이 정확해야 하며 가능한 한 변화가 크지 않다.
- MRP와 관련한 자료의 정확성이 요구(많은 수의 부품으로 된 제품의 경우 정확성 유지가 어려움)
- 전산시스템의 효율성(MRP는 전산시스템이므로)
- 사용하기 쉬운 MRP 솔루션을 갖추어야 할 필요가 있으며 이에 대한 교육, 훈련 또한 중요

(4) 전사적 자원계획(Enterprise Resource Planning : ERP)

- 1990년대 이후에 정보기술 발전과 더불어 ERP 개념을 도입
- ERP 시스템은 ERP 개념을 실천하고 구체화하기 위해서 이용되는 정보시스템
- 기존에 독립적으로 운영되었던 각각의 시스템을 하나로 통합한 기업내 통합정보시스템
- ERP를 구현하기 위해서는 조직, 문화, 프로세스의 변화가 요구됨

[Question 03] 신속조형기술(RP : Rapid Prototype)에 대해 설명하시오.

1. 신속조형기술의 개념

공학을 기술의 발전 측면에서만 고찰한다면 좋은 기술도 사장될 수 있다. 그러므로 시장 환경의 변화에 민감하지 않으면 기술이 빛을 잃을 수도 있다. 아래에 소개되는 신속조형 기술(Rapid Prototype)은 제품의 다양성에 대한 시장(소비자)의 요구와 이에 따른 life-cycle의 단축에 의해 요구되었다고 볼 수 있다.

기존의 신제품 개발 시간을 단축하고 복잡한 기하학적 형상도 조형이 가능하며 설계자 혹은 디자이너가 실제 모델을 직접 접해 볼 수 있다는 측면이 장점이다. 그러나 40~50만 달러나 하는 고가의 장비(어떤 장비에 필요한 시료는 한 통에 300여만원)와 정확도(제작 후 열변형 등에 의한다)에 있어서 미흡(CNC/DNC 장비에 비해 크게 뒤떨어진다) 등이 문제점이라고 할 수 있다.

RP(Rapid Prototype)는 단어에서도 언급하고 있다시피, Rapid Prototyping System(이하 RP)이란 "제품 개발에 필요한 시제품을 빠르게 제작할 수 있도록 해주는 전체 시스템"을 말한다. 그러나 RP시스템이 소개되었을 시점에서의 상황을 이해하고 다시금 RP 시스템을 좁은 의미로 해석해 본다면, "3차원 CAD 소프트웨어에서 디자인된 데이터를 이용하여 박막 적층기법을 활용함으로써 원하는 시제품을 얻어내는 일관의 장비"라고 할 수 있다. 그러나 활용 가능한 장비 및 수지의 급속한 개발에 따라 더 이상 RP시스템이란 용어에 국한하지 않고 Rapid Tooling이라는 새로운 개념의 기술이 두각을 나타내고 있는 실정이다. 즉, 기존의 제품 양산시기(Production Lead Time)를 줄이기 위한 방안으로써, 시제품 제작을 어떻게 하느냐에 국한 지어졌던 문제를 이제는 개발 초기 단계부터 양산에 이르는 시간을 보다 빠르게 단축할 수 있느냐는 문제로 확대되었음을 알 수 있게 한다.

신속시작기술(迅速試作技術)이라고 흔히 불리는 Rapid Tooling(RT)의 일반적인 의미는 기존의 방법에 비교하여 볼 때 매우 빠른 시간 안에 그리고 효율적으로 완제품과 동일한 재료와 형상을 가진 성형물을 제작해 내는 기술이라고 정의된다. 여기서 tool이란 다이 캐스팅, 인베스트먼트 캐스팅, 플라스틱 사출 금형 등에 사용되는 최종 단계의 성형기구들을 의미한다.

이전에는 일반적인 CNC 및 기타 절삭 가공 기계를 이용한 tool 제작 기술을 주로 의미하거나 investment casting 분야에서 주로 쓰이던 용어이었지만 최근에는 RP(Rapid Prototyping) 기술의 출현에 힘입어 RP 장비를 이용한 tool 제작 기술의 의미로도 많이 쓰이고 있다. 물론 이러한 새로운 tool 제작 기술은 일반적인 절삭기계를 이용한 그것을 대체하기보다는 오히려 기존의 investment casting 기술의 발달을 가속화시켰다고 보는 것이 보다 정확한 지적이라고 하겠다. 즉 기존의 RT 기술이나 RP를 이용한 최근의 RT 기술이나 결국 digital database에 기반을 둔 신속한 가공 기술이라는 점에서는 그 맥락을 같이한다. 단지 후자에 있어서는 RP 기술 자체가 가진 속성, 즉 신속하게 마스터 패턴 혹은 net shape tool을 제공한다는 요인이 RT의 '신속성'이라는 속성을 보다 더 강화시킴으로써 RT라는 분야가 독립된 가공 기술의 하나의 범주로서 인정받기 시작하는 데 중요한 역할을 하였다. 거꾸로 얘기하면 RT 기술분야는 최근 RP 즉, Rapid Prototyping을 생산 가공 기술의 한 분야로 그 의미를 한 단계 격상시킨 주역이라고 할 수 있다. 즉 단순한 조형에서 끝나지 않고 제품의 성형/주형을 고려한 형틀의 제작에까지 그 응용 범위를 확대함으로써 유망한 차세대 생산 가공 기술로서 주목을 받게 되었다고 보는 것이 타당할 것이다.

2. Rapid Prototyping의 발전추이

Rapid Prototyping의 기원은 1970년대부터 개발되기 시작한 컴퓨터를 이용한 기초적인 Geometric Modeling System(혹은 CAD시스템)과 연관이 있다. 즉, 이들 시스템으로부터 만들어진 기하학적 자료로부터 직접 물리적인 모형을 만들려는 욕구에서 오늘날의 신속조형 기술의 태동이 비롯되었다고 보는 것이 타당하다. 이후 1980년대에 이르러서, 보다 정확하게는 1988년에 그러한 시도가 처음으로 결실을 맺게 되는데 미국의 3D System사가 처음으로 상업화에 성공하게 된 'Stereolithography'가 바로 그것이다. 오늘날 우리에게 SLA라는 이름으로 널리 알려진 이 기계장치는 그 이후 1992년까지 약 17개국에 걸쳐 500대 이상이 팔려나가 그야말로 신속조형장비업계를 석권하다시피 하였다. 물론 SLA의 발표를 전후로 하여 세계각지에서 각기 다른 원리의 신속조형장치에 관한 연구개발노력이 여러 곳에서 진행이 되고 있었고 1992년까지는 SLA의 뒤를 잇는 약 12개의 상업화된 신속조형 기계장치기술과 30여 개 관련기계장비 특허가 신청되었다. 이후 가히 춘추전국시대라고 말할 수 있는 오늘날 신속조형장비업계의 상황을 잘 설명해주는 것이 그 관련 용어의 난립이다. 즉 영문명인 'Rapid Prototyping'은 다른 말로는 'Desktop Manufacturing', 'Direct CAD Manufacturing', 'Optical Fabrication', 'Solid Freeform Fabrication(SFF)', 'Solid Freeform Manufacturing(SFM)' 등으로 호칭되었거나 혹은 현재 호칭되고 있다. 한 가지 신기술이 이렇게 제 각기 다른 이름으로 불리고 있는 현재의 상황은 신속조형이라는 기술이 세계각지의 각기 다른 장소에서 서로 다른 방법으로 지금도 그 주도권을 장악하기 위한 연구 개발이 한창 진행중임을 은연중 시사하고 있다고 하겠다. 즉, 각각의 조형장비마다 그 특성상의 우열은 다소 있더라도 신속조형 분야에서 절대적인 우세를 점하고 있는 기계장치기술은 아직 구현되지 않았다고 보아도 무리가 없을 것이다.

구체적인 예를 들면 1988년 최초의 상업화된 신속조형장비인 Stereolithography를 발표한 후 1995년까지 줄곧 조형장비시장을 석권해오다시피 한 3D System사가 1996년 시장점유율 집계결과 드디어 후발 업체인 Stratasys사의 FDM장비에게 1위자리를 물려주고 2위로 내려앉는 일이 발생하였다. 이처럼 최근 조형장비 시장상황이 급격한 변화하고 있는 대표적인 원인은 각 조형장비 및 그 소재들의 뚜렷한 가격차이에 따른 시장경쟁력의 변화와 조형기술 응용분야에 대한 새로운 연구의 출현(예를 들면 앞서 언급한 Rapid Prototyping에서 Rapid Tooling으로의 전이현상)때문이라고 분석된다.

3. Rapid Tooling 기계장치용 자료 교환 표준(SIF : Solid Interchange Format)

대부분의 신속조형장치들은 'STL'이라는 설계정보 교환 표준 체계에 의거하여 운용이 되고 있는데 STL이란 설계된 제품형상의 기하학적 정보를 평면삼각형들의 근사화된 집합으로 표현한 것으로 모델(model)이란 용어로 쓰기에는 부적당하다. STL파일의 기원은 SLA를 처음으로 상업화했던 3D Systems사가 기계장치의 운용 software를 출시하면서 같이 내놓은 표준체계를 신속조형장비의 사용자측에서 그대로 받아 사용하면서 비롯된 것이다. STL의 장점은 자료구조가 매우 간단하고 자료자체를 직접 조형용 2차원 단면자료로 전환시키기가 상대적으로 용이하다는 데에 있으나 일반적인 3차원 CAD모델이 STL파일로 전환되는 단계에서 다음과 같은 심각한 문제점들을 안고 있다.

첫째, 정확도(accuracy) - STL파일은 최초의 설계모델을 평면삼각형들의 기하학적인 집합으로 근사화한 하나의 자료저장 형태에 불과하다.

둘째, 완성도(integrity) - STL파일은 자료를 저장하기 위한 자료구조자체가 수치적인 자료의 결함발생의 위험성에 무방비로 노출되어 있다.

셋째, 중복성(redundency) - STL파일은 자료 구조상 자료 내용이 중복되어 저장되므로 비효율적이다.

이 때문에 현재까지 STL의 이러한 결점들을 극복하고자 하는 연구 결과가 많이 발표되었으나 이러한 연구 결과들은 현재의 형상 모델러와 신속조형 기계장치 사이의 적합성(compatibility)이라는 면에 지나치게 치우쳐 해결방법을 제시하였다. 따라서 제품의 형상 모델링 후에 발생하는 문제점에 대해서만 그때그때 임시적으로 대처한 해결방법으로서 Rapid Prototyping이라는 생산기술의 고유의 장점을 최대한 살릴 수 있는 보다 정확하고 효율적인 자료저장 및 교환표준에 대한 근본적인 해결책이 요구되고 있다.

이제까지 설명한 것을 간단히 요약하면 신속조형 기술은 그 기술상의 현대적인 특성(1.신속성, 2.조형성, 3.경제성 및 청정성)으로 인하여 주목받고 있는 새로운 생산가공기술이다. 그러나 추후 기계장비의 시장 상업성이라는 면에서 그리고 조형기술의 보다 일반적이고 광범위한 보급을 위해서는 몇 가지 태생적인 문제점들(1.조형소재의 제약성, 2.조형 정밀도, 3.가공후 처리)의 보다 획기적인 개선이 필수적으로 요구된다.

4. Rapid Prototyping System 기술의 종류엔 무엇이 있을까?

현재까지 알려진 RP 장비를 이용한 대표적인 Rapid Tooling 기술의 기법에는 다음과 같은 것들이 있다.

- L.O.M. 장비로 paper pattern을 조형 후 이로부터 Lost-Paper 기법으로 주형틀을 제작하는 것
- L.O.M. 장비로 paper mold를 조형 후 이를 injection mold로 직접 사용하는 것
- F.D.M. 장비로 ABS mold를 조형 후 이를 wax injection tool로 사용하는 것
- SLA 장비로 master pattern을 조형 후 이로부터 silicone RTV(room temperature vulcanizing) rubber mold를 제작하고, 다시 Epoxy 제품을 주형 해내는 것
- SLA 장비로 Quick Cast 용 master pattern 을 조형 후 investment shell 을 제작하여 metal casting 용으로 사용한다.
- 3D Printing 장비로 ceramic/metal mold를 조형 후 이를 direct metal casting에 직접 이용함

이밖에도 SLS를 상업화한 DTM사의 Rapid Tool, laser sintering 기법을 개발한 독일의 EOS사의 metal sintering, 그리고 역시 SLA를 출시한 3D Systems사의 inject mold 혹은 thin metal stamping용 Direct AIM(ACES Injection Molding) tooling, Keltool 등 많은 기술들이 현재 이용되고 있다.

5. Investment Casting과 RP

생산공학분야에서 널리 이용되는 investment casting은 고대 중국에서 시작하여 중세 이탈리아에서 형성된 오래된 Rapid Tooling 기술 중의 하나이다. 그 전형적인 단계는 먼저 가공이 용이한 금속, 나무, 플라스틱 등을 이용하여 마스터 패턴, 혹은 마스터 다이를(master pattern or master die) 제작하는 데에서 비롯된다.

통상 금속이나 나무의 경우에는 마스터 패턴없이 직접 재료를 절삭 가공하여 마스터 다이를 만드는 것이 일반적이거니와 경우에 따라서는 마스터 패턴을 먼저 제작하고 이로부터 마스터 다이를 만들기도 한다. 특히 silicon rubber와 같은 재료를 이용하여 마스터 패턴으로부터 마스터 다이를 제작하는 가공방식, 즉 마스터 패턴에 silicon rubber shell를 입혀서 soft tooling 용 shell로 이용하는 성형방식을 별도로 rubber-mold casting이라고 지칭하기도 한다.

일단 마스터 다이가 제작되면 이를 이용하여 제2차 패턴인 wax 패턴을(wax pattern) 제작될 수 있다. 이렇게 제작된 여러 개의 wax 패턴들은 스프루우라고 불리는 여러 개의 통로형 곁가지로 연결되고 이 작업이 완성되면 전체 연결형상 표면에 investment 재료로 켜를 입히기 시작한다. 이 켜 입히기 과정이 반복되어 원하는 두께의 층이 입혀지

면 내부의 wax를 녹여내기에 충분한 열을 가하여 wax 패턴을 제거하고 나면 비로소 제 2차 다이 즉 investment shell이 얻어지게 된다. 이 2차 다이에 주물을 부어 냉각시킨 후 shell을 제거하면 최종적인 주형 형상이 얻어지게 된다.
이와 같은 복잡한 과정에서 soft tooling용 마스터 패턴이나 다이를 CAD 정보로부터 직접 얻어내는 것이 가능하게 된 것이 바로 RP 기술 덕분이다. 최근에는 마스터 패턴은 물론이고 심지어 investment shell조차도 직접 CAD 정보로부터 얻어낼 수 있게 되었으므로 direct investment casting이라는 말까지도 쓰이게 되었다.

6. Soft Tooling과 Hard Tooling

(1) Soft Tooling

그렇다면 soft tooling 혹은 hard tooling이란 무엇을 기준으로 만들어진 용어인가? 최근에 RT 기술의 속성들을 구분하는 별개의 방식으로서 이를 soft tooling 과 hard tooling의 2가지 개념으로 나누는 경향이 대두되고 있다. 경도나 강도가 상대적으로 낮은 재료를 써서 tool을 제작하고 이를 이용하여 최종제품형상을 성형해 낸다는 것이다. soft tooling이란 소량의 제품형상만을 성형해 내는 기술, 좀 더 다른 의미로는 '저가' 혹은 '염가'의 tool 생성기술을 말하기도 한다는 것이다. 이는 소량의 기능 시험용 형상을 제작하는 데에 이용되는 제반 RT 기술도 soft tooling이라고 호칭한다는 의미인데 특히 기존의 절삭 가공 기구를 이용한 대량생산용 tool 제조 방식이 상대적으로 높은 경도를 가진 재료를 대상으로 한다는 점에서도 그 차이점이 확연히 구별된다. 그렇다면 soft tooling 기술의 비중이 최근 증가하기 시작한 이유는 무엇인가? 한 마디로 대답한다면 다종 소량 생산체제로 굳어져 가는 현대 제조업체들의 제조경향에 그 큰 원인이 있다. 즉 다종 소량 생산체제에서는 다양하고도 끊임없는 설계의 변경과 시제품 제작 과정이 요구되고 이 경우 모형 자체의 재질을 제품에 실제로 쓰이는 재질로 만들어 이를 성능 시험하고 평가할 필요성이 매우 빈번하게 요구된다. 즉 soft tooling 자체가 상업용 제품을 완성품을 직접 제공하기는 어려우나 적어도 기능 시험에 필요한 충분한 강도를 제공할 수 있는 실험용 기능형상은 충분히 제공할 수도 있게 되었다. 따라서 고가의 성형 tool을 미리 만들 필요가 없어졌으며 결국 그와 같은 환경을 제공해 줄 수 있는 soft tooling의 중요성이 자연스럽게 부각되게 된 것이다.
최근에 대표적으로 이용되고 있는 soft tooling의 여러 가지 기법들은 다음과 같다.

① Castable Resins

이 방법은 soft tooling에서 가장 간단하고 저렴한 방법이다. 이는 원하는 pattern을 mold box 안에 적당히 위치시키고 분할선(parting line)을 선정한 다음 이 분할선을 따라 한쪽 면을 resin을 부어 채우는 것이다. Resin의 가격이 고가인 경우는 aluminum 분말을 섞어서 가격을 낮추면서 전열성을 증가시키기도 한다.

② **Castable Ceramics**

Ceramic 을 이용한 가장 간단한 soft tooling 방법은 cement/sand 재료를 섞어서 ①에서 서술한 것과 같은 방법으로 pattern의 한쪽 면을 채우는 것이다. 이 경우는 재료가 숙성 후에 수축률을 낮추기 위해 수분함량과 골고루 섞일 수 있도록 하는 것이 중요하다.

③ **Spray Metal Tooling**

Soft tooling에서 통상적으로 가장 많이 쓰이는 방법인데 약 2mm 정도의 두께로 metal spray 방식을 이용 pattern 위에 켜를 씌우는 방법이다. 이때 가장 중요한 것은 고온의 metal spray에 맞서 상대적으로 낮은 용융점을 갖기 십상인 pattern의 온도가 너무 높아지지 않도록 잘 유지하는 것이다.

④ **Electroforming**

이 방법은 상대적으로 그리 널리 알려진 방법은 아니다. 마스터 패턴에 수 mm 정도의 전해법 혹은 그 이외의 방법에 의한 도금을 하는 것인데 마스터 패턴을 제거 후 다시 적절한 재료로 그 마스터 형상을 다시 떠내는 것이다. 이 경우 보통 기본 모델을 wax로 만들고 rubber로 반사형상에 해당하는 마스터 모델을 얻어낸 후 여기에 electroforming 기법을 쓴다. 상당히 복잡한 형상의 신뢰도 높은 tooling에 이용되나 깊이가 깊은 slot 등이 있는 경우에는 제한이 따른다.

⑤ **Silicone Rubber Molds**

Silicone RTV(room temperature vulcanizing) rubber라고 불리는 이 물질은 가격이 다소 고가이기는 하나 마스터 패턴주위로 채워서 cavitiy를 제작하기에 매우 적당한 물질이다. 이 경우는 마스터 패턴을 빈틈없이 먼저 가득 채운 후에 분할선을 정하고 그 선에 따라 rubber을 잘라내면 그야말로 soft tooling cavity가 얻어진다. 때에 따라서는 tool을 회전시킴으로써 원심력에 의해 rubber tool의 조직을 치밀하게 하기도 한다(Spin Casting).

⑥ **The Keltool Process**

많은 사람들이 Keltool이 soft tooling로 간주되는 데 의문을 품고 있기는 하다. 그 이유는 결과물의 재질이 bronze, stellite, A6 tool steel 등이기 때문인데 금속분말과 접착액의 혼합물이 silicone RTV submaster에 부어진 다음 이것이 고화된 후 master가 제거되는 것이다. 이 고화된 물체는(green part) 고온에서 소결(sintering)시켜 접착액 성분을 제거하고 분말상끼리 융착시킨다. 그 다음 저용융점 금속(통상 구리를 사용)을 침강(infiltration)시켜 물체의 표면에 분말상으로 이루어진 표면정도를 개선시키고 전체적인 수축률을 감소시킨다.

물론 RP 장비를 이용한 RT 기술이 soft tooling에만 제한적으로 쓰이고 있다는 것은 아니다. 대부분의 RP 장비들이 soft tooling에 가까운 공정을 채택하고 있음에도 불구하고 최근에 발표되고 있는 RP 장비를 이용한 near-net shape tool의 직접적인 제작방식은 Keltool의 예에서 보았듯이 soft tooling이라기보다는 hard tooling에 가깝다고 볼 수 있기 때문이다. 결론적으로 soft tooling이냐 hard tooling이냐로 구분하기보다는 rapid hard tooling 혹은 rapid soft tooling으로 구분하는 것이 보다 정확한 용어 선택이 아닌가 생각된다.

(2) Hard Tooling

지금까지의 주된 경향은 금속이 주된 성분인 tool 의 각 컴포넌트를 직접 제작하는 것이라기보다는 RP 기술을 이용하여 mold나 die의 패턴(pattern)을 먼저 제작하고 난 후에 이로부터 tool의 net shape 형상을 얻어내는 방식이었다. 그러나 최근에는 분말상의 금속이나 세라믹과 같은 비 금속재를 단독 혹은 상호 혼합하여 near-net shape에서부터 net shape tool 그 자체까지를 마스터 모델없이 직접 RP 공정으로부터 얻어내는 기술도 많이 발표되고 있다. 통상 hard tooling 으로 불리며 현재 세계 각국에서 연구 중인 공정들을 손꼽으라고 한다면 일반적인 Investment Cast Tooling 법은 물론 SLA를 이용하여 wax를 사용하지 않고 investment용 마스터 패턴을 직접 제작해 내는 Quick Cast 기법을 비롯하여, steel metallurgy, spray metal methods, metal vapor deposition process, metal welding 등 다수의 방법이 해당될 수 있을 것이다.

[RP의 실례]

① 선박설계작업

미국 Illinois주의 Waukegan시의 Outboard Marine Corporation(OMC) 사는 세계에서 가장 규모가 큰 선박 엔진 제작회사이며 전미 두 번째의 boat 제작회사이다. 최근에 OMC는 RP 장비를 이용한 설계와 가공작업에 매우 활발히 참여하고 있다. OMC사의 제작공정 전문가인 Rich McArthur는 최근 RP 기술을 design verification, engineering feedback, assembly mockups, tooling development는 물론 marketing에까지 이용하고 있다고 한다. 사실 얼마 전까지만 해도 OMC 사는 회사 자체 내에 RP 장비를 소유하지는 않고 RP 관련 전문 용역회사를 이용하여 모형을 제작해 왔다. 그러나 최근 3년간 RP 관련 지출예산이 눈에 띄게 급증함에 따라 6개월 전부터 이를 감소시키려는 활동이 전개 되었던 것이고 장고 끝에 결국 Stratasys사의 Genisys concept modeler를 구입하기에 이르렀다. OMC사 자체 분석에 따르면 그 동안 OMC에서 외주를 주었던 RP에 의한 모형 제작품의 반 이상이 정밀도나 표면 거칠기가 문제되지 않는 conceptual model이었다는 것이다. 따라서 Stratasys사로부터 구입한 $50,000 정도의 저가 Genisys concept modeler를 사용해도 RP 관련 지출예산은 감소하는 반면 그 이전보다 RP에 의한 모형제작횟수는 오히려 증가시킬 수 있었다고 한다. 구입한 RP 장비의 설치도 매우 용이해서 데이터를 전송받기 위하여 사내의 computer network와 기계장비와의 연결작업정도가 그 전부였다고 하는데 결국 장비를 들여온 지 반시간 만에 첫 번째 시작품을 제작할 수 있었다고 한다. 사실 기계장비를 가동하면서 몇 개의 운영상 결함이 발생하였으나 Genisys concept modeler가 Stratasys사에서 상업용으로 출시한 첫 번째 모델이라는 점을 감안한다면 그리 큰 문제로 생각되지는 않는다고 한다. 한 가지 문제점이 있다면 기계장치의 extrusion head가 재료에 의하여 막히는 경우가 자주 발생하므로 이러한 문제점들을 자체 진단할 수 있는 sensing 기술이 시급하게 느껴졌다고 한다. 이에 따라 최근에는 Stratasys사에서 문제가 되고있는 부분을 개조한 새 기술을 제시하기도 하였다. 현재 이 기계장비는 마치 사무실 한가운데 놓인 공용 프린터처럼 약 50명의 designer의 개인 computer 에 연결되어 있어 이들이 요구하는 모든 모형물 제작자료를 처리 해내고 있다. 물론 이들 각각으로부터의 모형제작물의 주문요구는 중앙시스템 관리자로부터 통제해야 할 필요가 있는데 이는 무분별한 모형제작의 방지와 또한 모형물의 작업대에서의 방향성을 최적화함에 따른 제작장비운용의 효율성을 고려하기 위함이라고 한다.

현재 제작되고 있는 대부분의 모형물들의 재료비용은 $25~$100 정도로 저렴한데 예를 들어 180mm×180mm×75mm 정도의 크기를 가진 조형물의 제작에는 12시간정도가 걸리며 재료가격은 약 $100 정도라고 한다. 1년 전만해도 이 가격에 외주를 준다는 것은 상상하기조차 어려운 일이었는데 지금은 그저 전체 재료비가 너무 급증하지 않기만을 바란다고 한다. 물론 시간적으로도 외주를 주면 3~5일씩 걸리던 작업도 지금은 하루정도에 완성할 수 가 있다는 것이다. 이 하루라는 시간도 Stratsys사에서 조금만 더 기계장비의 운용을 효율화한다면 보다 더 감소할 수 있으리라고 전망하고 있다. 현재 Genisys의 조형 정밀도는 약 0.25mm 정도로 높은 수준은 아니지만 OMC에서 생산하는 대부분의 모형물들은 표면정도를 높게 요구하지 않으므로 0.25mm 수준의 정밀도에서도 만족스러운 조형작업이 가능하다고 한다. 또한 제작된 모형물의 강도도 손으로 만지거나 송달되는 경우에 큰 지장이 없으며 심지어 bolt 로 체결할 경우에도 충분히 견디어 낼 수 있는 것으로 알려져 있다. Genisys를 사용함에 따라 전체 신제품의 개발기간이 평균 5년에서 2년 정도로 급속히 감소하였으며 그 운용의 활용도를 높이면서 앞으로도 이보다 더 단축시킬 수 있을 것으로 전망하고 있다.

② 외과의학

미국 플로리다주에 올란도시에 위치한 Lockheed Martin RP Lab.에 근무하는 Lynda Hurley는 최근, 외과수술용도를 위해 그녀의 14살 난 아들의 두개골모델을 SLA를 통해 제작할 수 있는 회사를 공개적으로 모집하였다(1995 연도 12월호에 Rapid Prototyping Report 에 발표되었음). 사실은 바로 Lockheed사에 그와 같은 작업을 수행할 수 있는 RP 장비가 있음에도 그녀가 이렇게 할 수밖에 없었던 것은 정부연구비로 사들여진 연구장비가 그녀와 같은 고용인의 사적인 이유로 이용될 수 없다는 회사 방침 때문인 것으로 알려졌다. 그녀에 따르면 그녀의 14살 난 아들은 태어날 때부터 이미 가지고 있는 안면기형을 최근 성형수술로 교정할 계획이었다는 것이다. 사실 수술을 담당할 의사들은 이미 이 소년의 수술용 CT(Computer Tomography) 촬영을 오래 전에 끝낸 상태였으나 RP 제작기술에 관한 지식을 가지고 있던 소년의 아버지가 RP 기술을 이용하여 소년의 두개골 모델을 제작하기를 요청한 때문이다. 그는 이 RP에 의한 두 개골 모델이 단순한 CT 영상보다 실제 수술시 보다 효율적인 참고 자료가 될 수 있으리라는 기대 때문에 이러한 결정을 내렸다고 한다. 이러한 요청에 직면한 RP 업계에서는 신속하고도 고무적인 반응을 보였는데, 일주일만에 여러 회사가 CT 자료를 STL 자료로 전환하고 이를 stereolithography로 제작하는 전과정에 해당하는 비용을 무료로 제공하겠다는 의사를 제시해왔다. 우선 Texas주 Austin시의 Scientific Measurement Systems사와 Dallas시의 Cyberform사가 CT 자료의 STL 로의 전환작업을 담당하기로 그리고 Ohio주 Cincinnati시의 Hasbro Toy Group 사와 California주 San Diego시의 ARRK Creative Network사는 그 모델을 제작해 주겠다고 나선 것이다. 최근 이러한 회사들의 의향을 주선했던 Hasbro Toy Group사의 Steve Deak는 벌써 의사들이 두 번에 걸친 수술 전 모임에서 RP에 의해 제작된 소년의 두개골 모델을 검토하고 있는 중이라고 전했다.

제 **10** 장

산업기계설비

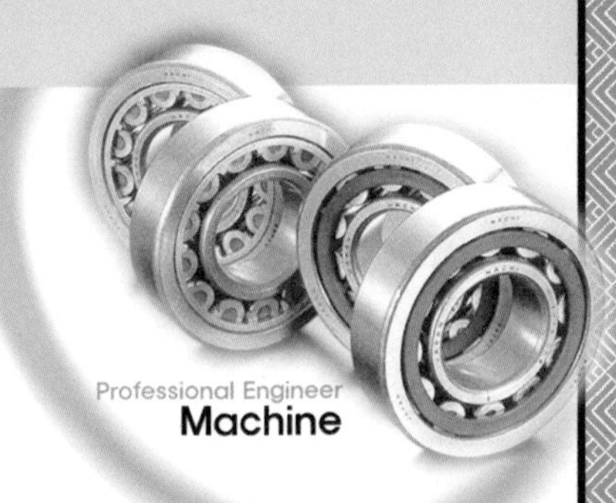

제1절 응력과 변형률

Professional Engineer Machine

1 하중과 응력

1. 하중(Load)

물체가 외부에서 힘의 작용을 받았을 때 그 힘을 외력(External Force)이라 하고, 재료에 가해진 외력을 하중(Load)이라 한다.

1) 하중이 작용하는 방법에 의한 분류

① 인장하중(Tensile Load) : 재료의 축방향으로 늘어나려고 하는 하중
② 압축하중(Compressive Load) : 재료의 축방향으로 밀어 줄어들게 하는 하중
③ 휨하중(Bending Load) : 재료를 구부려 휘어지게 하는 하중
④ 비틀림 하중(Torsional Load) : 재료를 비틀려는 하중
⑤ 전단하중(Shearing Load) : 재료를 가위로 자르려는 것처럼 작용하는 하중

2) 하중이 걸리는 속도에 의한 분류

① 정하중(Static Load) : 시간과 더불어 크기와 방향이 변화하지 않거나, 변화하더라도 무시할 수 있을 정도의 아주 작은 하중
② 동하중(Dynamic Load) : 하중의 크기와 방향이 시간과 더불어 변화하는 하중으로 그 작용하는 방법에 의하여 다시 다음과 같이 나눈다.
   ㉠ 반복하중(Reapeated Load) : 하중의 크기와 방향이 같고 일정한 하중이 되풀이하여 작용하는 하중
   ㉡ 교번하중(Alternative Load) : 하중의 크기와 방향이 음·양으로 반복하면서 변화하는 하중
   ㉢ 충격하중(Impact Load) : 짧은 시간 내에 급격히 변화하는 하중

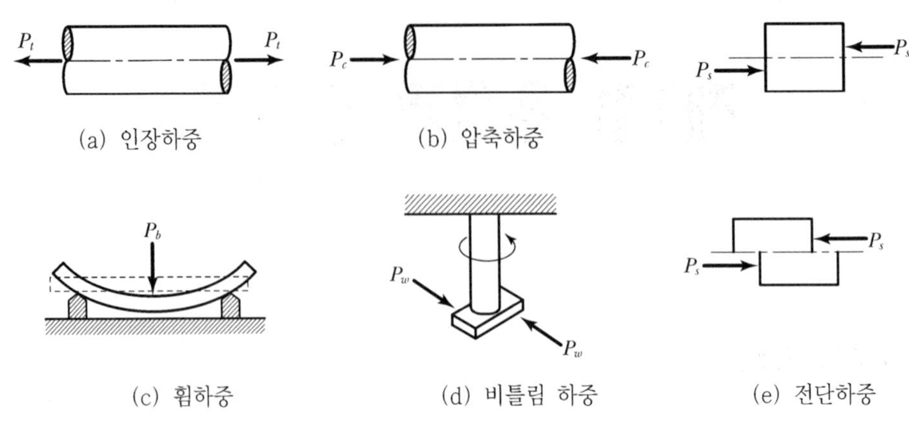

[작용하는 상태에 따른 하중의 분류]

3) 분포상태에 의한 분류

① 집중하중(Concentrated Load)

② 분포하중(Distributed Load)

2. 응력(Stress)

어떤 물체에 하중이 걸리면 그 재료의 내부에는 저항하는 힘이 생겨 균형을 이루는데, 이 저항력을 응력이라고 하며, 단위는 [kg/cm^2]으로 나타낸다.

1) 응력의 종류

① 수직응력(Normal Stress) : 인장응력(Tensile Stress), 압축응력(Compressive Stress)

② 접선응력(Tangential Stress) : 전단응력(Shearing Stress)

2) 인장응력과 압축응력

① 인장응력 : $\sigma_t = \dfrac{P_t}{A_o}$

② 압축응력 : $\sigma_c = \dfrac{P_c}{A_o}$

(P_t : 인장하중, P_c : 압축하중, A_o : 단면적)

3) 전단응력

① 전단응력(Shearing Stress) : $\tau = \dfrac{P_s}{A_o}$ (P_s : 전단하중)

2 변형률과 탄성계수

1. 변형률(Strain)

물체에 외력을 가하면 내부에 응력이 발생하며 형태와 크기가 변하는데, 변형률은 그 변화량과 원래 치수와의 비율, 즉 단위길이에 대한 변형량으로서 변화의 정도를 비교한 것을 말한다.

1) 종변형률(세로변형률 : Longitudinal Strain)

수직(축, 세로)변형률(Axial Strain) : $\varepsilon = \dfrac{l' - l}{l} = \dfrac{\delta_n}{l}$ (δ_n : 수직변형길이)

2) 횡변형률(가로 변형률 : Lateral Strain)

가로변형률 : $\varepsilon' = \dfrac{d' - d}{d} = \dfrac{\lambda'}{d}$ (λ' : 가로변형길이)

3) 전단변형률(Shearing Strain)

전단변형률 : $\gamma = \dfrac{\lambda_s}{l}$ (λ_s : 전단변형길이)

4) 체적변형률(Volumetric Strain)

$\varepsilon_v = \dfrac{\Delta V}{V} = \varepsilon_1 + \varepsilon_2 + \varepsilon_3$, 재료가 등방성인 경우 $\varepsilon_v = 3\varepsilon$

2. 훅(Hooke)의 법칙과 탄성계수

Thomas Young은 재료의 강성(Stiffness)을 측정하는 데 변형률에 대한 응력의 비를 사용할 것을 제안하였다. 이 비를 Young의 계수 혹은 탄성계수라 하고, 그 비는 응력과 변형률선도의 직선부분 기울기이다.

1) 훅(Hooke)의 법칙

비례한도 이내에서 응력과 변형률은 비례한다.

2) 세로탄성계수(종탄성계수)

① $E = \dfrac{\sigma}{\varepsilon} = \dfrac{P/A}{\delta/l} = \dfrac{P \cdot l}{A \cdot \delta}$, $\delta = \dfrac{Pl}{AE}$

② 연강에서 세로탄성계수 $E = 2.1 \times 10^6 [\mathrm{kg/cm^2}]$

3) 가로탄성계수(횡탄성계수)

① $G = \frac{\tau}{\gamma} = \frac{P_s / A}{\lambda / l} = \frac{P_s \cdot l}{A \cdot \lambda}$

② 연강에서 가로탄성계수 $G = 0.81 \times 10^6 [kg/cm^2]$

3. 응력변형률 선도

시험하고자 하는 금속재료를 규정된 시험편의 치수로 가공하여 축방향으로 잡아당겨 끊어질 때까지의 변형과 이에 대응하는 하중과의 관계를 측정함으로써 금속재료의 변형, 저항에 대하여 성질을 구하는 시험법이다.

이 시험편은 주로 주강품, 단강품, 압연강재, 가단주철품, 비철금속 또는 합금의 막대 및 주물의 인장시험에 사용한다. 시험편은 재료의 가장 대표적이라고 생각되는 부분에서 따서 만든다. 시험기기로는 암슬러형 만능재료 시험기를 사용한다. 응력-변형률 선도를 조사함으로써 탄성한도, 항복점, 인장강도, 연신율, 단면수축률 등이 구해진다.

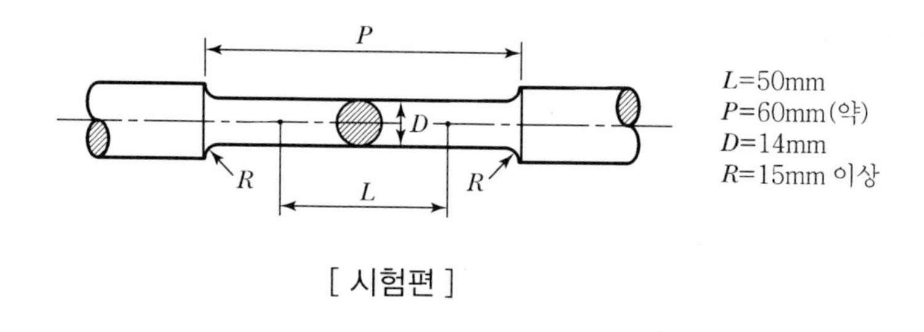

[시험편]

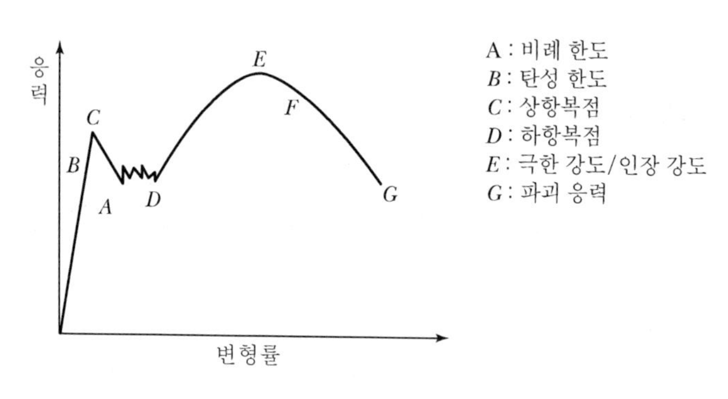

[응력-변형률 선도]

1) A : 비례한도

응력과 변율이 비례적으로 증가하는 최대 응력

2) B : 탄성한도

재료에 가해진 하중을 제거하였을 때 변형이 완전히 없어지는 탄성변형의 최대 응력. B점 이후에서는 소성변형이 일어난다.

3) C : 상항복점

탄성한도를 지나 응력이 점점 감소하여도 변율은 점점 더 커지다가 응력의 증가 없이 급격히 변형이 일어나는 최대 응력

4) D : 하항복점

항복 중 불안정 상태를 계속하고 응력이 최저인 점

5) E : 극한강도

재료의 변형이 끝나는 최대 응력

6) G : 파괴강도

변율이 멈추고 파되되는 응력

7) 진응력과 공칭응력의 관계식

$$\sigma(\text{공칭응력}) = \frac{W}{A(\text{시험편 본래의 단면적})}$$

$$\sigma(\text{진응력}) = \frac{W(\text{순간하중})}{A(\text{순간단면적})}$$

4. 푸아송의 비(Poisson's Ratio)

1) 푸아송의 비

종변형률(세로변형률) ε과 횡변형률(가로변형률) ε'의 비를 푸아송의 비라 하고 ν 또는 $1/m$로 표시한다.

$$\nu = \frac{1}{m} = \frac{\varepsilon'}{\varepsilon} = \frac{\lambda_s/d}{\delta/l} = \frac{l\,\lambda_s}{d\,\delta} \quad (m : \text{푸아송 수 또는 횡축계수})$$

일반적으로 공업용 금속의 ν는 0.27~0.33 정도이다.

$$\varepsilon' = \frac{\varepsilon}{m} = \frac{\sigma}{mE}$$

$$\varepsilon_x = \frac{1}{E}[\sigma_x - \nu(\sigma_y + \sigma_z)], \quad \sigma_x = \frac{E}{1-\nu^2}(\varepsilon_x + \nu\varepsilon_y)$$

2) 탄성계수 사이의 관계

$$G = \frac{E}{2(1+\nu)} = \frac{mE}{2(m+1)}$$

$$K = \frac{GE}{9G-3E} \quad (K : \text{체적탄성계수})$$

3 안전율과 응력집중

1. 안전율

1) 허용응력(Allowable Stress)

기계나 구조물에 사용되는 재료의 최대 응력은 언제나 탄성한도 이하이어야만 하중을 가하고 난 후 제거했을 때 영구변형이 생기지 않는다. 기계의 운전이나 구조물의 작용이 실제적으로 안전한 범위 내에서 작용하고 있는 응력을 사용응력(Working Stress)이라 하고, 재료를 사용하는 데 허용할 수 있는 최대 응력을 허용응력이라 할 때 사용응력은 허용응력보다 작아야 한다.

사용응력 $\le$ 허용응력 $\le$ 탄성한도

2) 안전율(Safety Factor)

안전율은 응력계산 및 재료의 불균질 등에 대한 부정확을 보충하고 각 부분의 불충분한 안전율과 더불어 경제적 치수결정에 대단히 중요한 것으로서 다음과 같이 표시된다.

$$S = \frac{\text{최대응력}(\sigma_u)}{\text{허용응력}(\sigma_a)} = \frac{\text{항복응력}(\sigma_y)}{\text{허용응력}(\sigma_a)}$$

안전율을 크게 잡을수록 설계의 안정성은 증가하나 그로 인해 기계·구조물의 중량이 무거워지고, 재료·공사량 등이 불리해지므로 최적 설계를 위해서 안전율은 안전성이 보장되는 한 가능한 작게 잡아야 한다.

안전율이나 허용응력을 결정하려면 재질, 하중의 성질, 하중과 응력계산의 정확성, 공작방법 및 정밀도, 부품형상 및 사용 장소 등을 고려하여야 한다.

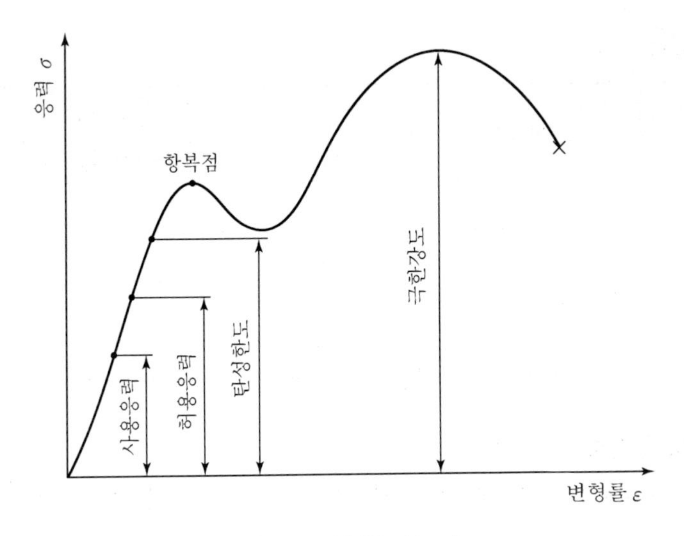

[응력 - 변형률 선도]

3) 사용응력

구조물과 기계 등에 실제로 사용되었을 경우 발생하는 응력이다.

사용응력은 허용응력 및 탄성한도 내에 있어야 하며 설계를 할 때는 충격하중, 반복하중, 압축응력, 인장응력 등 각종 요인을 고려하여 실제로 발생될 응력을 산출한 후 충분히 안전하도록 재료를 선택하고 부재 크기 등을 정해야 한다.

4) 안전율의 선정

① **재질 및 그 균일성에 대한 신뢰도** : 일반적으로 연성 재료는 내부 결함에 대한 영향이 취성재료보다 적다. 또 탄성파손 후에도 곧 파괴가 일어나지 않으므로 취성재료보다 안전율을 작게 한다. 인장굽힘에 대해서는 많이 검토가 되었으나 전단, 비틀림, 진동, 압축 등은 아직 불명확한 점이 안전율을 크게 한다.

② **응력계산의 정확도** : 형상 및 응력작용상태가 단순한 것은 정확도가 괜찮으나 가정이 많을수록 안전율을 크게 한다.

③ **응력의 종류 및 성질** : 응력의 종류 및 성질에 따라 안전율을 다르게 적용한다.

④ **불연속 부분의 존재** : 단단한 축, 키홈 등 불연속 부분에는 응력집중으로 인한 노치효과가 있으므로 안전율을 크게 잡는다.

⑤ 사용 중 예측하기 어려운 변화의 가정 : 마모, 부식, 열응력 등에 다른 안전율을 고려한다.

⑥ **공작 정도** : 기계 수명에 영향을 미치므로 안전율을 고려한다.

5) 경험적 안전율

재료 \ 하중	정하중	동 하 중		
		반복하중	교번하중	충격하중
주 철	4	6	10	15
연 강	3	5	8	12
주 강	3	5	8	15
동	5	6	9	15

6) Cardullo의 안전율

신뢰할만한 안전율을 얻으려면 이에 영향을 주는 각 인자를 상세하게 분석하여 이것으로 합리적인 값을 결정

안전율 S=a×b×c×d가 있다.

여기서, a : 탄성비
b : 하중계수
c : 충격계수
d : 재료의 결함 등을 보완하기 위한 계수

[정하중에 대한 안전율 최소값]

재료	a	b	c	d	S
주 철	2	1	1	2	4
연 강	2	1	1	1.5	3
니켈강	1.5	1	1	1.5	2.25

2. 응력집중(Stress Concentration)과 응력집중계수, 응력확대계수

1) 응력집중과 응력집중계수

균일단면에 축하중이 작용하면 응력은 그 단면에 균일하게 분포하는데, Notch나 Hole 등이 있으면 그 단면에 나타나는 응력분포상태는 불규칙하고 국부적으로 큰 응력이 발생되는 것을 응력집중이라고 한다.

최대응력(σ_{max})과 평균응력(σ_n)의 비를 응력집중계수(Factor of Stress Concentration) 또는 형상계수(Form Factor)라 부르며, 이것을 α_K로 표시하면 다음과 같다.

$$\alpha_K = \frac{\sigma_{\max}}{\sigma_n}$$

(α_K : 응력집중계수(형상계수), $\sigma_{\max}$: 최대응력, σ_n : 평균응력(공칭응력))

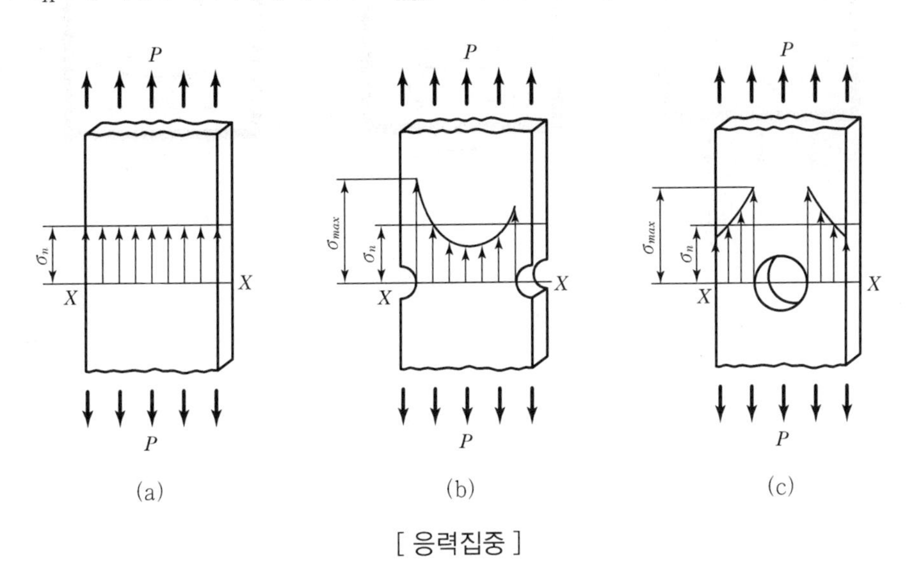

[응력집중]

그림(c)에서 판에 가해지는 응력은 구멍에 가까운 부분에서 최대가 되고 또 구멍에서 떨어진 부분이 최소가 된다. 응력집중계수의 값은 탄성률 계산 또는 응력측정시험(Strain Gauge, 광탄성시험)으로부터 구할 수 있다. 응력집중은 정하중일 때 취성재료 특히 주물에서는 크게 나타나고 반복하중이 계속되는 경우에는 노치에 의한 응력집중으로 피로균열이 많이 발생하고 있다. 그러므로 설계시점부터 재료에 대한 사항을 고려하여야 한다.

2) 응력확대계수 k(Stress Intensify Factor)

선단의 반경이 한없이 작아진 것을 균열이라고 한다.

이 날카로운 균열 선단에서의 탄성응력집중계수는 무한대가 되므로 균열의 거동이나 파괴강도를 논할 때는 응력집중과는 다른 취급을 하여야 한다.

균열선단에는 낮은 응력하에서도 반드시 작은 크기의 소성역이 존재하며 이 소성역의 크기가 길이에 비해 훨씬 작을 때에는 탄성론에 의거해서 균열선단의 응력 및 왜곡(Distortion Warping : 비틀림을 받는 단면의 단면에 대하여 수직방향의 변형)의 분포를 나타내는 3개의 응력확대계수로 나타낼 수 있다.

〈적용〉 저응력 취성파괴, 피로균열, 환경균열의 진전이나 파괴 등에 적용, 소성역이 작다는 조건하에서만 적용

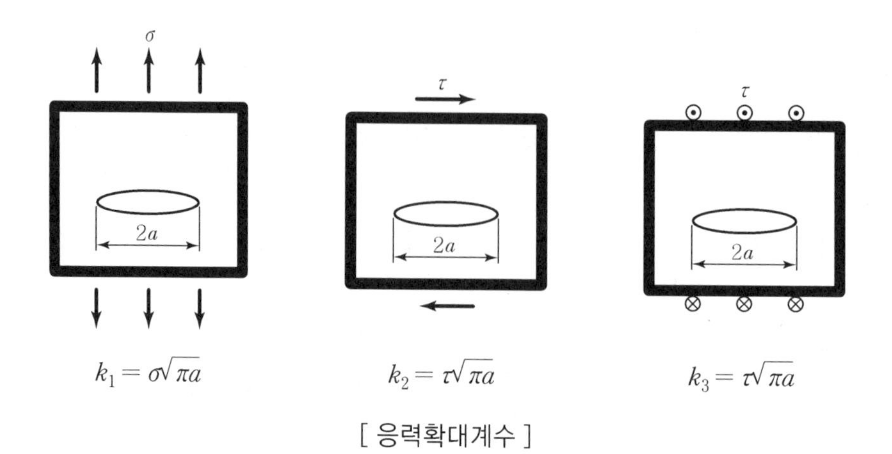

[응력확대계수]

[Question 01] 피로, 피로파괴, 피로강도, 피로수명

1. 피로, 피로파괴

기계나 구조물 중에는 피스톤이나 커넥팅 로드 등과 같이 인장과 압축을 되풀이해서 받는 부분이 있는데, 이러한 경우 그 응력이 인장(또는 압축)강도보다 훨씬 작다 하더라도 이것을 오랜 시간에 걸쳐서 연속적으로 되풀이하여 작용시키면 드디어 파괴되는데, 이 같은 현상을 재료가 "피로"를 일으켰다고 하며 이 파괴현상을 "피로파괴"라 한다.

2. 피로강도(피로한도)

어느 응력에 대하여 되풀이 횟수가 무한대가 되는 한계가 있는데, 이 같은 응력의 최대한을 피로한도(피로강도)라 한다.

3. 피로한도에 영향을 주는 인자

(1) 치수효과 : 부재의 치수가 커지면 피로한도가 낮아진다.

(2) 표면효과 : 부재의 표면 다듬질이 거칠면 피로한도가 낮아진다.

- 표면계수 $= \dfrac{\text{임의의 표면거칠기 시험편의 피로한도}}{\text{Cu 이하의 표면거칠기 시험편의 피로한도}}$

(3) 노치효과 : 단면치수나 형상 등이 갑자기 변하는 것에 응력집중이 되고 피로한도가 급격히 낮아진다.

- 노치계수 $= \dfrac{\text{노치가 없는 경우 피로한도}}{\text{노치가 있는 경우 피로한도}}$

- 응력집중계수 $= \dfrac{\text{피로응력}}{\text{공칭응력}}$

(4) 압입효과 : 강압 끼워 맞춤, 때려박음 등에 의하여 피로한도가 낮아진다.

4. 피로강도를 상승시키는 인자

(1) 고주파 열처리

(2) 침탄, 질화 열처리

(3) Roller 압연

(4) Shot Peening & Sand Blasting

(5) 표층부에 압축잔류응력이 생기는 각종 처리

5. S-N 곡선

진폭응력(S), 반복횟수(N) 곡선을 의미한다. 재료는 응력이 반복해서 작용하면 정응력 경우보다도 훨씬 작은 응력 값에서 파괴를 일으킨다. 이 경우 파괴를 일으킬 때까지의 반복횟수는 반복되는 응력의 진폭에 따라 상당한 영향을 받는다. 이 관계를 표시하기 위하여 응력 진폭의 값 S를 종축에, 그 응력 진폭에서 재료가 파괴될 때까지의 반복횟수 N의 대수를 횡축에 그린 것을 S-N 곡선이라 한다.

일반적으로 강 같은 재료의 S-N 곡선은 그림과 같으며 응력진폭이 작은 쪽의 파괴까지 반복횟수는 증가한다. 그러나 어느 응력치 이하로 어떤 응력을 반복해도 파괴가 생기지 않고 곡선은 평행이 된다. 이와 같이 곡선이 수평이 되기 시작하는 곳의 한계응력을 재료의 피로한도 또는 내구한도라 한다.

이때 반복횟수는 강에서 10^6, 10^7이지만 비철금속은 5×10^8이 되어도 S-N 곡선이 수평이 되지 않는 것이 있다.

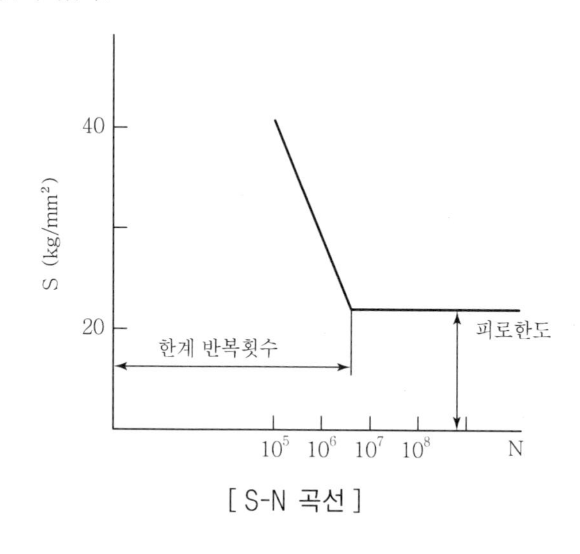

[S-N 곡선]

6. 피로수명

피로시험에서 방향이 일정하고 크기가 어느 범위 사이에 주기적으로 변화하는 응력을 되풀이하든가 혹은 인장과 압축응력을 되풀이하여 파괴에 이르기까지의 횟수를 피로수명이라 한다.

7. 피로강도와 인장강도 비율

(1) 회전 휨 피로강도 : $\sigma_{ab} = 0.25(\sigma_S + \sigma_B) + 5\,[\text{kg/mm}^2]$

(2) 인장과 압축피로강도 : $\sigma_{wz} = (0.7 \sim 0.9)\sigma_{wb}[\text{kg/mm}^2]$

σ_s : 인장항복점[kg/mm²]

σ_B : 인장강도[kg/mm²]

8. 인장강도(σ_t)와 피로한도(δ_f)의 관계

피로한도(δ_f) $= 0.5\,\sigma_t$

[Question 02] 뤼더스 밴드(Lüders Band, Pivot Band)

시험편의 상항복점(C) 같은 큰 힘을 가하면 응력이 집중되기 쉬운 부분에 인장선의 45° 방향으로 선(Band)이 나타나기 시작하여 성장한다. 이것이 소성변형 시작의 의미이다. 상항복점에서 소성변형이 시작되어 시험편 전체로 퍼져 나가면서 곡선이 톱니모양으로 울퉁불퉁해진다. 이것을 뤼더스 밴드라 한다.

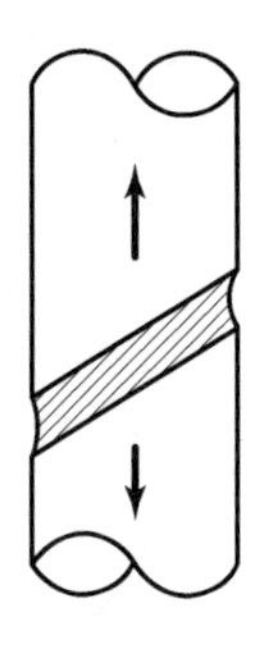

[뤼더스 밴드]

[Question 03] 인성계수

단순 인장력이 0에서 서서히 증가하여 파괴점에 도달할 때 재료의 단위체적에 대한 일을 말한다. 즉 응력-변형률 선도 아래에서(0에서) 파괴점까지의 면적으로 나타낸다. 재료의 인성·소성역에서 에너지를 흡수하는 능력을 나타낸다.(단위 : in-lb/in^3, N-m/m^3)

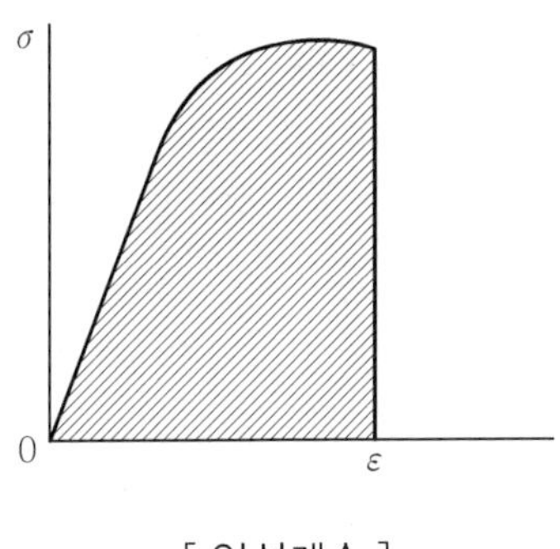

[인성계수]

[Question 04] 연성 · 취성 천이거동에 영향을 미치는 인자에 대하여 기술하시오.

1. 개요

재료가 충분한 연성을 가지면 노치나 균열이 있어도 그 재료의 하중 지탱능력이 큰 영향을 받지 않는다. 즉 공칭응력이 항복응력을 초과하기 전에 노치의 응력확대계수가 임계응력확대계수 값을 초과하지 않으면 취성파괴가 일어나지 않는다. Al이나 Cu 같은 금속의 경우이다. 그러나 저탄소강은 고온에서나 느린 변형속도에서는 연성을 나타내고, 저온이나 빠른 변형속도에서는 취성을 나타내는 경우가 있다. 이러한 천이가 일어나는 온도가 기온범위 내에 있을 수 있기 때문에 천이거동을 이해하는 것이 중요하다.

2. 천이거동

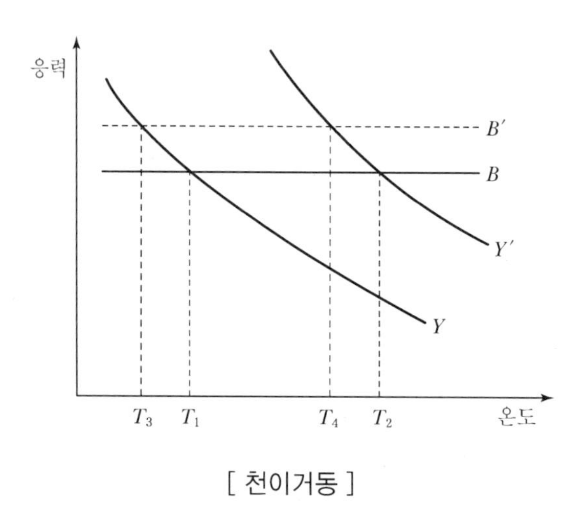

[천이거동]

연성 · 취성 천이를 나타내는 재료의 경우 온도가 낮아질수록 변형응력이 증가한다. 위의 그림에서 취성파괴에 대한 임계응력은 일반적으로 온도에 따라 변화하지 않는다고 가정하여 B로 나타내고 변형응력(Y)을 온도의 함수로 나타내었다. Y와 B선이 교차하는 교차온도가 천이온도가 된다. 이 온도 이하에서는 파괴강도가 항복강도보다 낮기 때문에 항복하기 전에 파괴가 일어날 것이기 때문이다. 곡선 Y는 온도 외에 다른 조건이 일정하다고 가정하고 얻어진다.

천이온도를 측정하기 위한 방법으로 충격시험이 이용된다. 충격시험에서는 진자를 표준 높이까지 올렸다가 자연 낙하시켜 진자가 표준 시편을 때려 시편을 파괴시키도록 한다. 시편의 온도를 바꾸어가면서 파괴에 필요한 에너지를 측정하면 천이온도를 쉽게 확인할 수 있다.

3. 영향을 미치는 인자

(1) 항복응력변화(곡선 Y′)에 영향을 주는 인자

변형속도, 냉간가공에 의한 경화, 불순물, 방사선 조사, 응력상태 등에 따라 변한다. 즉, 변형속도와 냉간가공량이 증가할수록, 방사선 조사를 받을수록 항복응력이 증가하기 때문에 천이온도가 증가한다.

(2) 천이온도 저하

결정립의 크기가 미세할수록 파괴강도가 증가하기 때문에 천이온도가 낮아진다(항복응력도 증가하지만 파괴강도보다 증가율이 작다.). 천이온도가 낮을수록 유리하다.

[Question 05] 저사이클 피로(Low Cycle Fatigue, LCF), 장수명 피로(High Cycle Fatigue, HCF)

1. 장수명 피로(High Cycle Fatigue, HCF)

아래 그림은 장수명 피로(High Cycle Fatigue, HCF)에서 피로강도에 대한 평균응력의 영향을 나타낸 곡선이다. 그림(a)는 10^7회 강의 R=−1 피로강도 σ_f에 대한 σ_a의 비를 종축에 나타내었고, 인장강도에 대한 평균인장응력 σ_m의 비를 횡축에 나타내었다. 그림(b)는 그림 (a)와 같은 무차원량인데 5×10^7 수명기준 알루미늄의 경우이다. 그림에 나타낸 피로강도의 결과는 직선과 곡선으로 표시 가능하도록 자료들이 모여 있다.

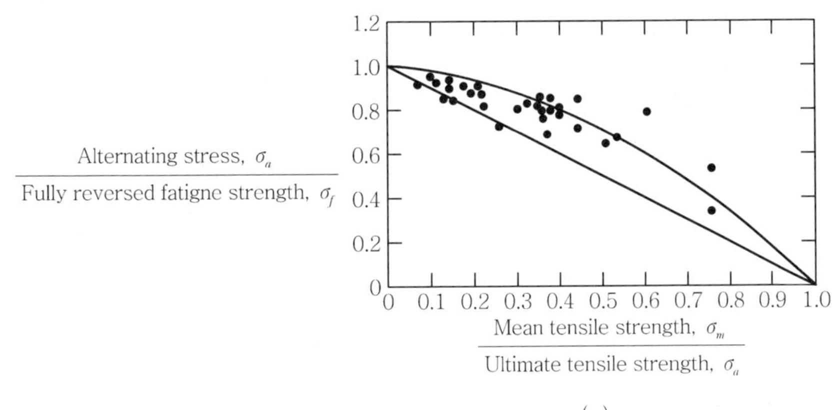

(a)

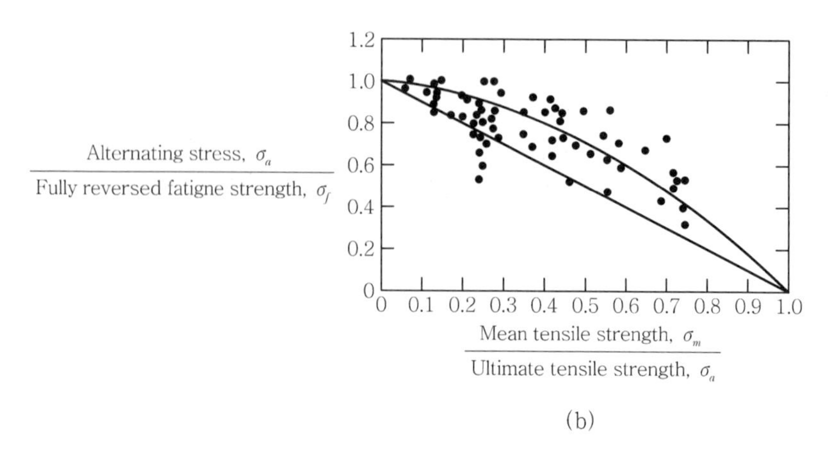

(b)

[장수명에서 피로강도에 대한 평균응력의 효과를 나타낸 곡선]

따라서 노치효과, 크기효과, 표면상태, 환경효과 및 유한수명에 따라 식들을 수정하여 사용하고 있다. 압축평균응력은 피로한도가 상승하는 효과를 나타내고 있다.

2. 저사이클 피로(Low Cycle Fatigue, LCF)

소성피로는 보통 저사이클 피로(Low Cycle Fatigue, LCF)라고 하며, 거시적으로 큰 소성변형(Plastic Deformation)을 동반하는 피로의 총칭이다. 그림은 LCF의 개념도이며, 그림에서 (a)는 노치에서 응력집중이 되어 소규모항복이 잘 생기므로, 그림(b)는 평활시험편에서 그림(a)와 유사한 항복조건이 생기도록 하는 개략도이다. 이와 같은 조건으로 제작된 평활시험편의 소성피로에 속하는 수명(N_f) 및 소성변형률은 $N_f \le 10^4 \sim 10^5$ 사이클 및 $\Delta\varepsilon_p \le 0.2 \sim 0.4 \times 10^{-2}$ 정도이다.

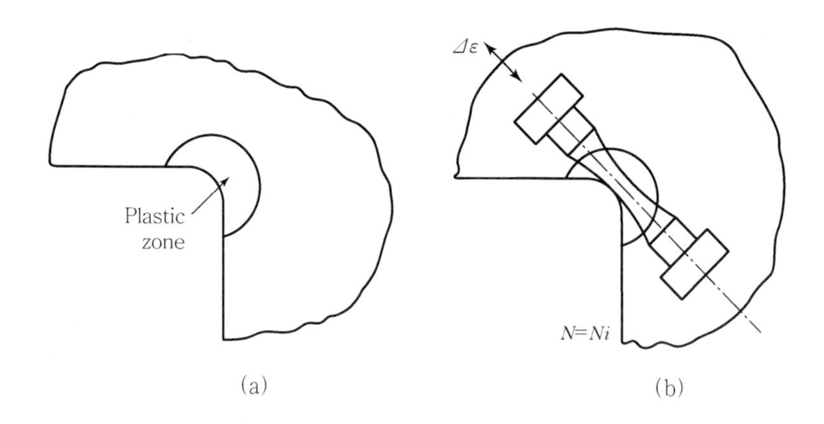

(a) (b)

LCF는 통상 낮은 반복속도에서 실시되며 파단까지의 반복수도 적다. 아래 그림은 LCF 시험에서 얻은 응력-변형률 히스테리시스 루프(Hysteresis Loop)에 관한 제원을 나타내었다. 여기서, $\Delta\varepsilon$: 전체 변형률 범위, $\Delta\varepsilon_p$: 탄성변형률 범위이다. 고사이클 피로(HCF)는 탄성피로범위이며 응력조정(Stress Control)에 의하여 S-N곡선을 얻는다. 저사이클 피로(LCF)는 소성피로이며 스트레인 조정(Strain Control)에 의하여 $\varepsilon-N$곡선을 나타낸다.

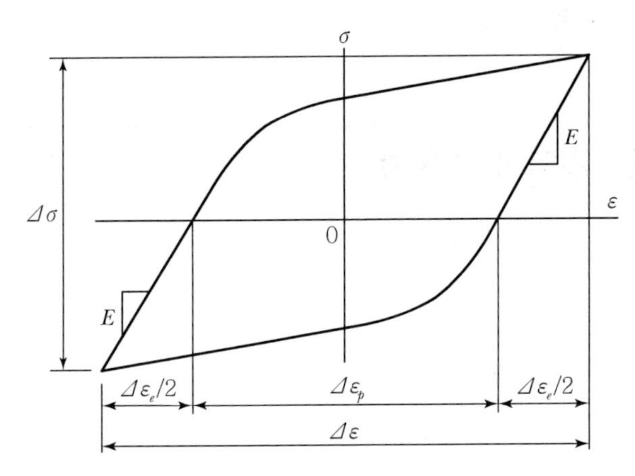

$\Delta\varepsilon_e$: 탄성 스트레인 범위, $\Delta\varepsilon_p$: 소성 스트레인 범위
$\Delta\varepsilon$: 전체 스트레인 범위, E : 탄성계수, $\Delta\sigma$: 응력 범위

[안정된 응력-변형률 히스테리시스 루프의 예와 각 명칭]

[각 피로시험의 종류와 특징]

	LCF(Low Cycle Fatigue)	HCF(High Cycle Fatigue)
곡선	$\varepsilon-N$	$S-N$
통칭	소성피로, 저사이클 피로	탄성피로, 고사이클 피로
수명영역	$10^2\sim10^5$	$10^4\sim10^7$
Control 인자	스트레인	응력
$\Delta\varepsilon_P$	크다.	작다.
$\Delta\varepsilon_t$	크다.	작다.
크랙 수	많다.	적다.
크랙 길이	짧다.	길다.
반복속도	매우 느림(5Hz 이하)	빠름(5Hz 이상)

제2절 재료의 정역학

1 자중에 의한 응력과 변형률

1. 균일 단면의 봉

$$\sigma = \frac{P + \gamma A x}{A}, \quad \sigma_{\max} = \frac{P}{A} + \gamma l$$

2. 균일강도의 봉

1) 하중 W에 의한 전 신장량

$$\delta = \frac{\gamma}{E}\int_0^l x dx = \frac{\gamma}{E}\left[\frac{x^2}{2}\right]_0^l = \frac{\gamma l^2}{2E} = \frac{Wl}{2AE}$$

2) $\delta = \frac{\sigma}{E} l$

2 열응력(Thermal Stress)

물체는 가열하면 팽창하고 냉각하면 수축한다. 이때 물체에 자유로운 팽창 또는 수축이 불가능하게 장치하면 팽창 또는 수축하고자 하는 만큼 인장 또는 압축응력이 발생하는데, 이와 같이 열에 의해서 생기는 응력을 열응력이라 한다.

그림에서 온도 t_1℃에서 길이 l인 것이 온도 t_2℃에서 길이 l'로 변하였다면

- 신장량(δ) $= l' - l = \alpha(t_2 - t_1)l = \alpha \Delta t\ l$ (α : 선팽창계수, $\Delta\ t$: 온도의 변화량)
- 변형률(ε) $= \frac{\delta}{l} = \frac{\alpha(t_2 - t_1)l}{l} = \alpha(t_2 - t_1) = \alpha \Delta t$

• 열응력(σ) $= E\varepsilon = E\alpha(t_2 - t_1) = E\alpha\Delta t$ (E : 세로탄성계수 혹은 종탄성계수)

$\alpha \cdot \Delta t \cdot l = \dfrac{Pl}{AE}$ → 벽에 작용하는 힘(P) $= AE\alpha\Delta t$

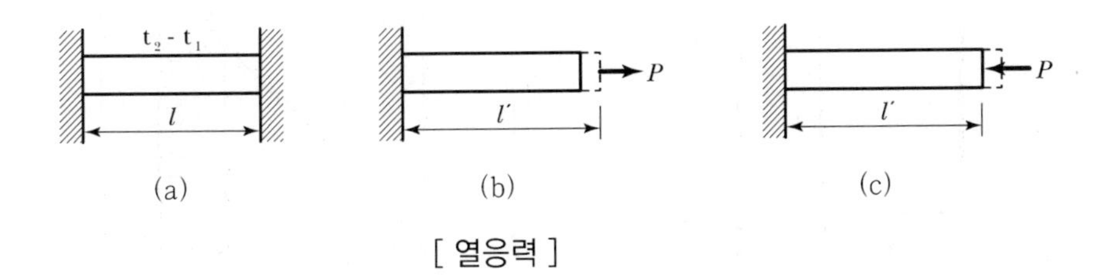

[열응력]

3 탄성에너지(Elastic Strain Energy)

균일한 단면의 봉에 인장 또는 압축하중이 작용하면, 이 하중에 의해서 봉이 신장 또는 수축되어 변형이 일어나므로 하중이 움직이게 되어 일을 하게 된다. 이 일은 정적 에너지로서 일부 또는 전부가 변형의 위치에너지(Potential Energy)로 바뀌어 봉의 내부에 저장하게 되는데, 이 에너지를 변형에너지(Strain Energy) 혹은 탄성에너지라 한다.

1. 수직응력에 의한 탄성에너지

균일한 단면봉의 탄성한도 내에서 하중 P를 작용시키면 봉은 δ만큼 늘어나서 재료에 대한 인장시험선도가 직선이 된다.

즉, 어느 하중의 최대치 P에 대응하는 변형량을 δ라 할 때, 하중이 dP만큼 증가하면 변형량도 $d\delta$만큼 증가하며, 그 일은 빗금친 부분의 면적 a, b, c, d로 표시된다. 따라서 O에서 P에 이르기까지의 과정에서 행하여지는 전일량, 즉 탄성에너지는 다음과 같다.

• 수직응력에 의한 탄성에너지 : $U = \dfrac{1}{2}P\delta = \dfrac{P^2 l}{2AE} = \dfrac{\sigma^2}{2E}Al = \dfrac{E\varepsilon^2}{2}Al$

• 단위체적당 탄성에너지 : $u = \dfrac{U}{V} = \dfrac{\sigma^2 Al}{2E}\dfrac{1}{Al} = \dfrac{\sigma^2}{2E} = \dfrac{E\varepsilon^2}{2}$ ($\mathrm{kg \cdot cm/cm^3}$)

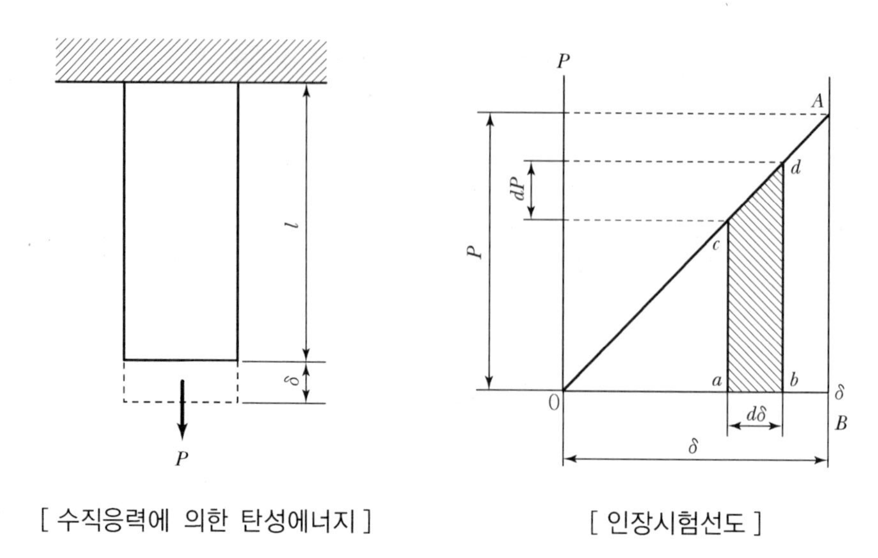

[수직응력에 의한 탄성에너지]　　　　[인장시험선도]

■ 탄성에너지에서 레질리언스 계수(Modulus of Resilience)

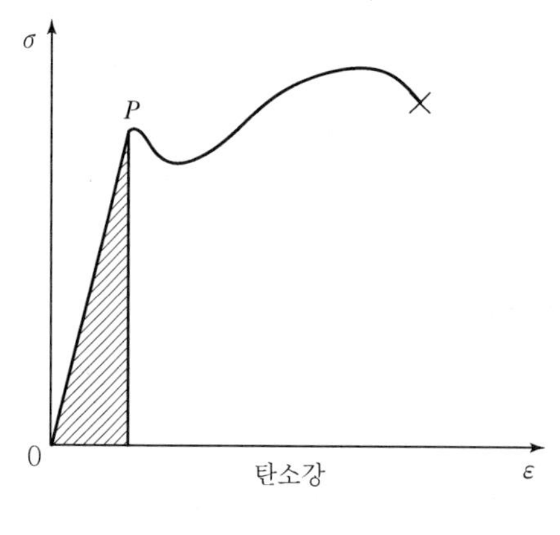

[레질리언스 계수]

레질리언스란 재료가 탄성범위 내에서 에너지를 흡수할 수 있는 능력을 표시한다. 레질리언스 계수는 재료가 비례한도에 해당하는 응력을 받고 있을 때의 단위체적에 대한 변형에너지의 밀도로서, 응력-변형률 선도의 해칭부분 면적과 같다.

- 레질리언스 계수 $u = \dfrac{\sigma^2}{2E}$

2. 전단응력에 의한 탄성에너지

1) 전단응력에 의한 탄성에너지

$$U = \frac{F\delta_s}{2} = \frac{F^2 l}{2AG} = \frac{\tau^2 A l}{2G}$$

2) 최대 탄성에너지

$$u = \frac{U}{V} = \frac{\tau^2 A l}{2GAl} = \frac{G\gamma^2}{2}$$

4 충격응력(Impact Stress)

상단이 고정된 수직봉에서 봉의 길이를 l, 단면적을 A, 세로탄성계수를 E라 하고 충격에 의하여 생기는 최대인장응력을 σ, 최대신장을 δ라 하면 추가 낙하해 하단의 턱(Collar)에 충격을 주면 순간적으로 최대신장을 일으키고, 세로방향으로 진동이 일어난다.

이 진동이 재료의 내부마찰로 인하여 차차 없어지면 정하중 W에 대해 δ만큼 늘어나고 봉은 정지가 되는데, 낙하에 의하여 추 W가 하는 일 즉, 추가 봉에 주는 에너지는 $W(h+\delta)$이므로

$$W(h+\delta) = \frac{\sigma^2}{2E} A l$$

$$\therefore \ \sigma = \sqrt{\frac{2EW(h+\delta)}{Al}} \ (\text{kg/cm}^2)$$

이 식에 $\delta = \frac{\sigma l}{E}$을 대입하여 정리하면,

$$Al\sigma^2 - 2Wl\sigma - 2WhE = 0$$

$$\sigma = \frac{W}{A}\left(1+\sqrt{1+\frac{2AEh}{Wl}}\right)$$

이 식에 정적인 신장량 $\delta_0 = \frac{Wl}{AE}$을 대입하면,

$$\sigma = \frac{W}{A}\left(1+\sqrt{1+\frac{2h}{\delta_0}}\right) = \sigma_0\left(1+\sqrt{1+\frac{2h}{\delta_0}}\right)$$

또한 봉에 생기는 최대 신장량은

$$\delta = \delta_0 + \sqrt{\delta_0^2 + 2h\delta_0} = \delta_0\left(1+\sqrt{1+\frac{2h}{\delta_0}}\right) \fallingdotseq (\delta_0 \ll h) \fallingdotseq \sqrt{2h\delta_0}$$

$\delta_0 = \dfrac{W\,l}{AE}$ (정하중에 의한 처짐)

만일 추를 갑자기 플랜지 위에 작용시켰을 경우, $h=0$이므로 $\sigma = 2\sigma_0$이고, $\delta = 2\delta_0$이다. 즉, 충격응력과 신장은 정응력 및 신장의 2배가 됨을 알 수 있다.

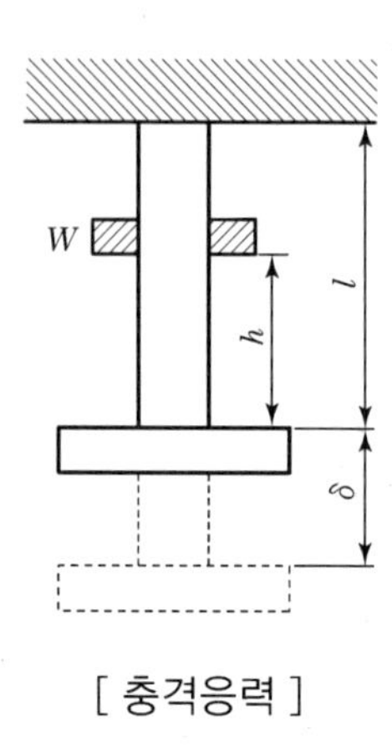

[충격응력]

5 압력을 받는 원통

1. 내압을 받는 얇은 원통

1) 원주방향의 응력(Circumferential Stress)

가로방향응력 : $\sigma_t = \dfrac{P}{A} = \dfrac{pDl}{2tl} = \dfrac{pD}{2t}$ (kg/cm^2)

(원주방향의 내압 $P = pDl$), p : 단위면적당 압력

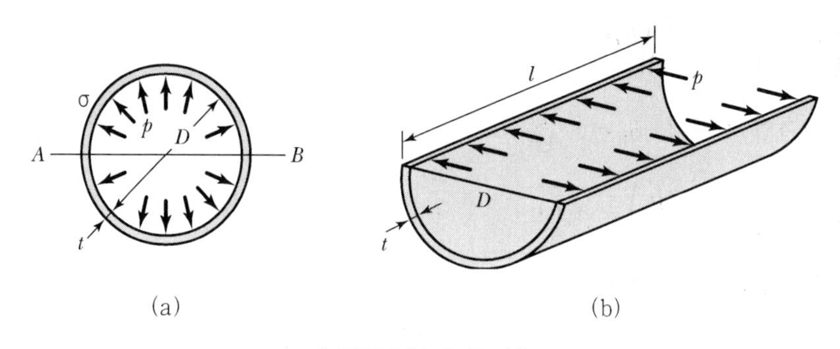

(a) (b)

[원주방향의 응력]

2) 축방향의 응력(Longitudinal Stress)

세로방향응력 : $\sigma_z = \dfrac{\frac{\pi}{4} D^2 p}{\pi D t} = \dfrac{pD}{4t}$ $(\mathrm{kg/cm^2})$ (축방향의 내압 $P = \dfrac{\pi D^2}{4} p$)

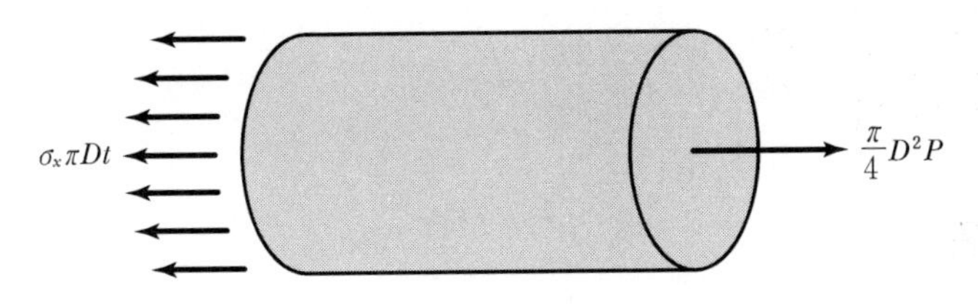

[축방향의 응력]

3) 동판의 두께

$\sigma_t \eta = \dfrac{pd}{2t}$, $t = \dfrac{pd}{2\eta\sigma_t}$ (σ_t : 사용응력, η : 용접효율)

2. 얇은 살두께의 구(球)

$\sigma_t = \dfrac{pD}{4t}$

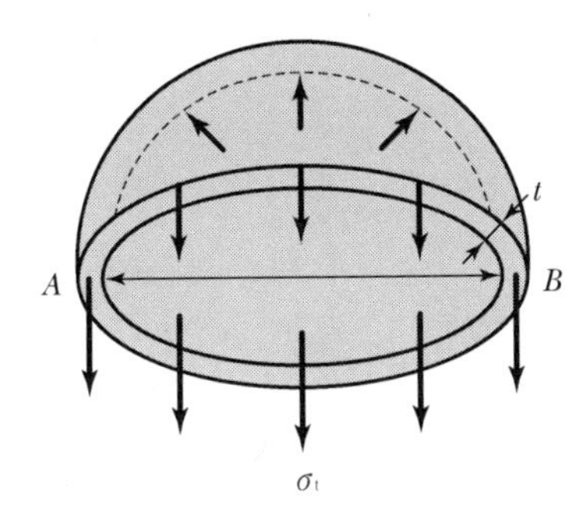

[얇은 살두께의 구]

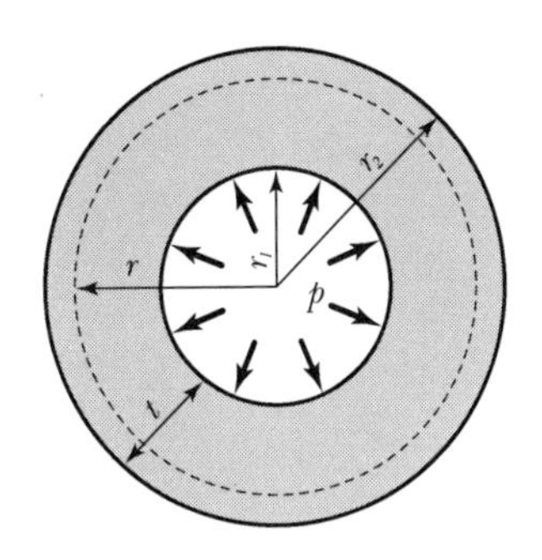

[내압을 받는 두꺼운 원통]

3. 내압을 받는 두꺼운 원통(후프)

1) 응력

$\sigma_t = p\dfrac{{r_1}^2({r_2}^2 + r^2)}{r^2({r_2}^2 - {r_1}^2)}$, $(\sigma_t)_{\max} = (\sigma_t)_{r=r_1} = p\dfrac{{r_2}^2 + r_1^2}{{r_2}^2 - {r_1}^2}$ (P : 내압)

$$\sigma_r = -p\frac{r_1^{\,2}(\,r_2^{\,2} - r^2)}{r^2(\,r_2^{\,2} - r_1^{\,2})}\,(-\,:\,\text{압축}),\ \ \sigma_{\min}(r = r_2) = \frac{2pr_1^{\,2}}{(\,r_2^{\,2} - r_1^{\,2})}$$

(P : 내부압력, $(\sigma_t)_{\max}$: 최대후프응력, $r_2 = \frac{\text{외경}}{2}$, $r_1 = \frac{\text{내경}}{2}$)

2) $\frac{r_2}{r_1} = \sqrt{\frac{(\sigma_t)_{\max} + P}{(\sigma_t)_{\max} - P}}$

4. 회전하는 원환

- 원주방향 응력 : $\sigma_t = \frac{pr}{t} = \frac{\gamma r^2 w^2}{g} = \frac{\gamma \nu^2}{g}$ (단, $\nu = \frac{\pi dN}{60}$, γ는 비중)

제3절 기어전동장치

1 기어

1. 기어의 종류

기어는 회전체의 원둘레에 등간격으로 이를 만들어 이것이 서로 물려서 회전과 토크를 강제적으로 전달하는 기계요소로서 큰 동력을 확실히 전달한다.

기어를 두 축의 상대위치로 분류하면 다음과 같다.

1) 두 축이 평행한 경우에 사용되는 것 : 스퍼 기어, 헬리컬 기어, 랙과 피니언, 인터널 기어

2) 두 축이 교차하는 경우에 사용되는 것 : 베벨 기어, 크라운 기어

3) 두 축이 평행도 교차도 하지 않는 경우에 사용되는 것 : 웜 기어, 나사 기어, 하이포이드 기어

2. 종류 및 용도

1) 평행축 기어

2개의 치차축이 평행인 경우이며 회전운동을 전달한다.

① 평기어(Spur Gear) : 이 끝이 직선이며 축에 평행한 원통기어

② 랙과 피니언 : 원통 기어의 피치 원통의 반지름을 무한대로 한 것

③ 헬리컬 기어(Helical Gear) : 이 끝이 헬리컬 선을 가지는 원통 기어

④ 안기어(Internal Gear) : 원통 또는 원추의 안쪽에 이가 만들어져 있는 기어

2) 2개의 치차축이 어느 각도로 만나는 기어

① 베벨기어(Bevel Gear) : 교차되는 2축 간에 운동을 전달하는 원추형의 기어

② 마이터 기어(Miter Gear) : 선각인 2축 간의 운동을 전달하는 기어

③ 앵귤러 베벨기어(Angular Bevel Gear) : 직각이 아닌 2축 간에 운동을 전달하는 기어

④ 크라운 기어(Crown Gear) : 피치면이 평면인 베벨기어

⑤ 직선 베벨기어(Straight Bevel Gear) : 이 끝이 피치 원추의 모직선과 일치하는 경우의 베벨기어
⑥ 스파이럴 베벨기어(Spiral Bevel Gear) : 기어와 물리는 크라운 기어의 이 끝이 곡선으로 된 베벨기어
⑦ 제롤 베벨기어(Zerol Bevel Gear) : 나선각이 "0"인 한쌍의 스파이럴 베벨기어
⑧ 스큐(Skew) : 기어와 물리는 크라운 기어의 이 끝이 직선이고, 꼭짓점에 향하지 않는 베벨기어

3) 2개의 치차축이 평행하지 않고 만나지도 않는 기어

① 스크루 기어(Screw Gear) : 교차하지 않고 또 평행하지도 않는 2축 간에 운동을 전달하는 기어
② 나사기어(Crossed Helical Gear) : 헬리컬 기어의 한 쌍을 스크루 축 사이의 운동 전달에 이용하는 기어
③ 하이포이드 기어(Hypoid Gear) : 스크루 축 간에 운동을 전달하는 원추형 기어의 한 쌍
④ 페이스 기어(Face Gear) : 스퍼기어 또는 헬리컬 기어와 서로 물리는 원판상 기어의 한쌍, 두 축이 교차하는 것과 스크루하는 것이 있으며 축각이 보통 직각이다.
⑤ 웜기어(Worm Gear) : 웜과 이와 물리는 웜 휠에 의한 기어의 한 쌍, 보통 선 접촉을 하고 두 축이 직각으로 되는 것이 많다.
⑥ 웜(Worm) : 한 줄 또는 그 이상의 줄 수를 가지는 나사모양의 기어
⑦ 웜휠(Worm Wheel) : 웜과 물리는 기어
⑧ 장고형 웜기어장치(Hourglass Worm Gear) : 장고형 웜기어와 웜기어장치

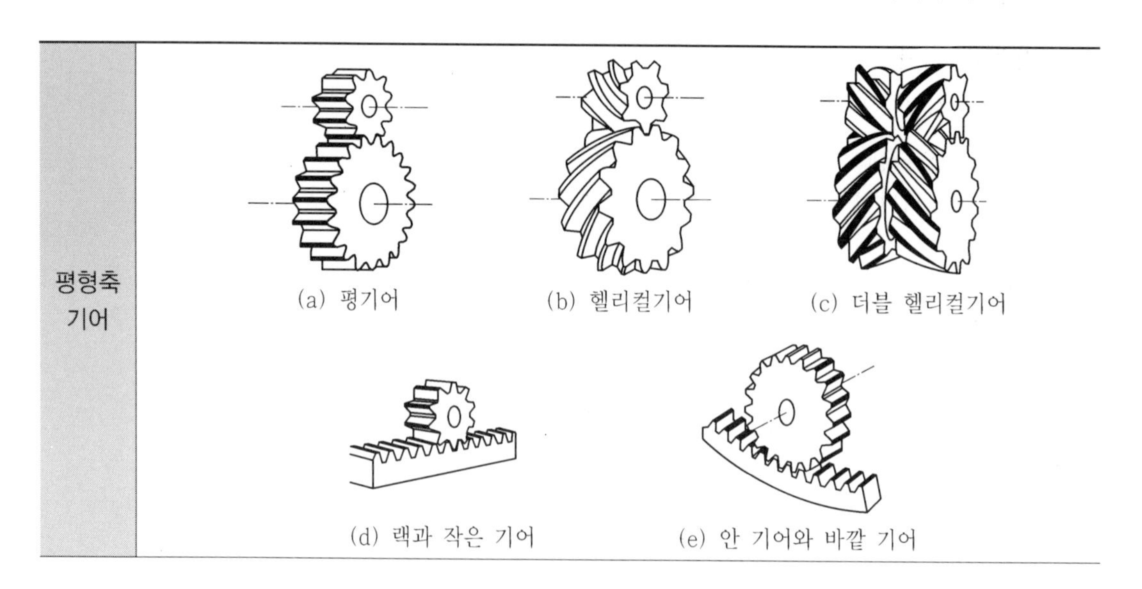

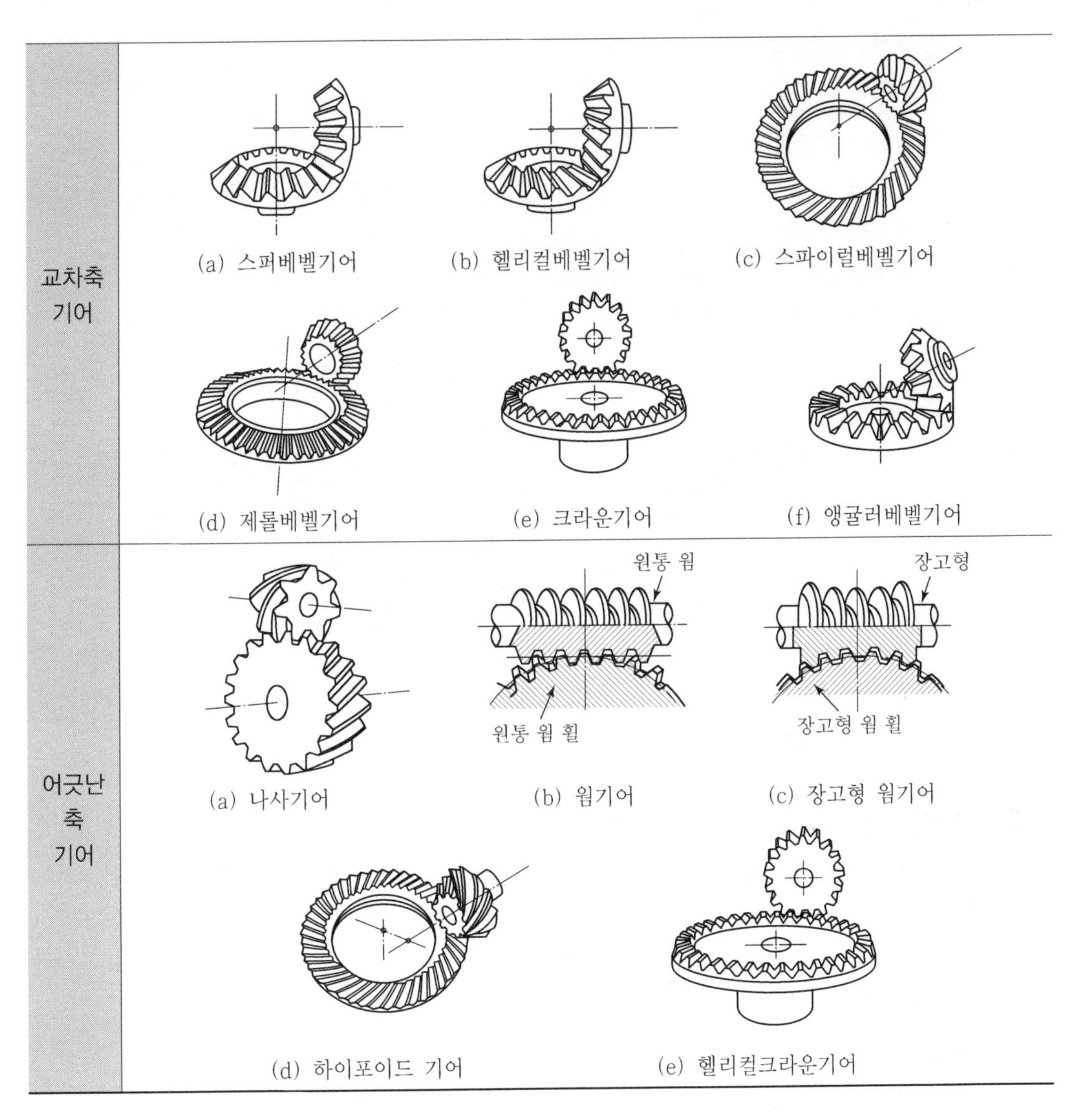

[기어의 종류]

3. 치형곡선

1) 인벌류트 곡선(Involute Curve)

원에 실을 감아 실의 한 끝을 잡아당기면서 풀어나갈 때 실의 한 점이 그리는 궤적을 말하며, 이 원을 기초원이라 한다.

■ 특징(동력전달용)

① 치형의 제작가공이 용이하다.
② 호환성이 우수하다.
③ 물림에서 축간 거리가 다소 변하여도 속도비에 영향이 없다.
④ 이뿌리 부분이 튼튼하다.
⑤ 사이클로이드보다 마멸에 의한 형체 변화가 큰 단점이 있다.
⑥ 압력각이 항상 일정하고 14.5° 또는 20°가 일반적이다.

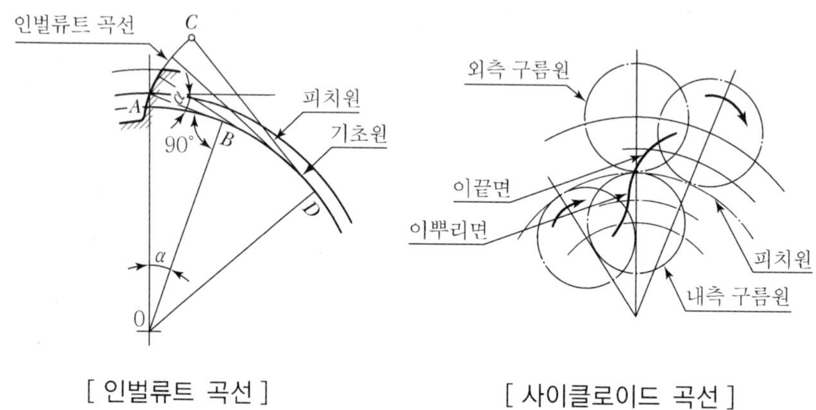

[인벌류트 곡선]　　[사이클로이드 곡선]

2) 사이클로이드 곡선(Cycloid Curve)

원둘레의 외측 또는 내측에 구름원을 놓고 구름원을 굴렸을 때 구름원의 한 점이 그리는 궤적을 말하며, 이 경우 구름원이 구르고 있는 원을 피치원이라 한다. 이 피치원을 경계로 외측에 그려진 곡선을 에피사이클로이드 곡선(Epicycloid Curve), 내측에 그려진 곡선을 하이포사이클로이드 곡선(Hypocycloid Curve)이라 한다.

■ 특징

① 접촉면에 미끄럼이 적어 마멸과 소음이 적다.
② 효율이 높다.
③ 피치점이 완전히 일치하지 않으면 물림이 불량하다.
④ 치형가공이 어렵고 호환성이 적다.
⑤ 압력각이 항상 변동하여 정밀기계용(계기, 시계 등)으로 적합하다.

3) 치형곡선으로서 만족하여야 할 조건

물고 돌아가는 두 개의 기어가 일정 각속비로 회전하려면 접촉점의 공통 법선은 일정점을 통과하여야 한다.

반대로 접촉점의 법선이 일정점을 통과하는 곡선은 치형곡선으로 된다. 이것이 치형곡선이 성립되는 기구학적 필요조건이다. 즉 기어가 미끄럼 접촉을 하면서 일정한 회전속도로 동력을 전달하려면 접촉할 때마다 접촉점에서 2개의 이의 접촉곡선에 세운 공통법선이 두 기어의 중심선 위의 일정한 점인 피치점을 항상 통과하여야 한다.

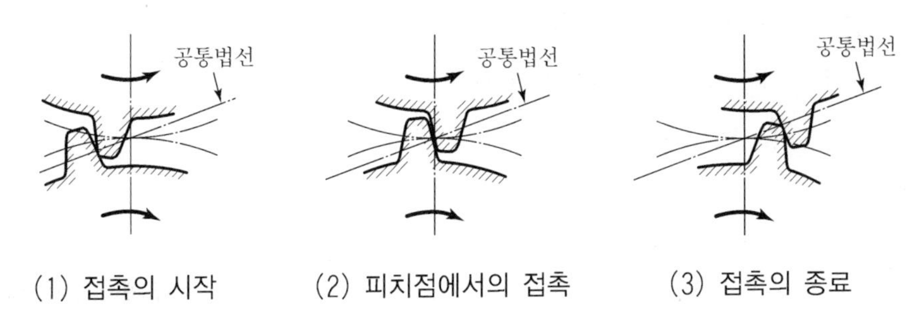

(1) 접촉의 시작　(2) 피치점에서의 접촉　(3) 접촉의 종료

4. 기어의 각부 명칭

1) **피치원(Pitch Circle)** : 기어는 마찰차의 요철을 붙인 것으로 원통 마찰차로 가상할 때 마찰차가 접촉하고 있는 원에 해당하는 것이다.

2) **원주피치(Circular Pitch)** : 피치원 위에서 측정한 이웃하는 이에 해당하는 부분 사이의 거리를 말한다.

3) **기초원(Base Circle)** : 이 모양의 곡선을 만드는 원이다.

4) **이끝원**

5) **이뿌리원**

6) **이끝 높이(Addendum)** : 피치원에서 이끝원까지의 반경길이

7) **이뿌리 높이(Dedendum)** : 이뿌리원에서 피치원까지의 반경길이

8) **총 이 높이**

9) **이 두께** : 피치원에서 측정한 이의 두께

10) **유효 이 높이**

11) **클리어런스**

12) **백래시(Back Lash)** : 한 쌍의 이가 물렸을 때 이의 뒷면에 생기는 간격이다.

① 기어의 Backlash는 다음 사항을 고려하여 물림상태에서 이의 뒷면에 약간의 틈새를 준다.

- 윤활유의 유막두께, 기어치수오차, 중심거리 변동, 열팽창, 부하에 의한 이의 변형
- 즉, Backlash를 허용하지 않으면 원활한 전동을 할 수 없다.

$C = C_n / \cos\alpha$, $C_r = C_n / 2\sin\alpha$

Helical Gear : $C = C_n / \cos\alpha \cdot \cos\beta$

② Back Lash를 주는 방법

- 중심거리를 C_r만큼 크게 하는 방법
- 기어 이 두께를 작게 하는 방법

속도비가 클 때는 기어의 이 두께만 감하고 속도비가 1이면 양쪽 두께를 같이 얇게 한다.

13) 기어와 피니언 : 한쌍의 기어가 서로 물려 있을 때 큰 쪽을 기어라 하고, 작은 쪽을 피니언이라 한다.

14) 압력각 : 한 쌍의 이가 맞물렸을 때 접점이 이동하는 궤적(그림에서 NM)을 작용선이라 한다. 이 작용선과 피치원의 공통접선과 이루는 각을 압력각이라 하며 α로 나타낸다. α는 14.5°, 20°로 규정되어 있다.

15) 법선 피치(Normal Pitch)

- 기초원 지름 : $D_g = D\cos\alpha$ (D : 피치원 지름)
- 법선 피치 : $p_n = \dfrac{\pi D_g}{z} = \dfrac{\pi D\cos\alpha}{z} = p\cos\alpha$

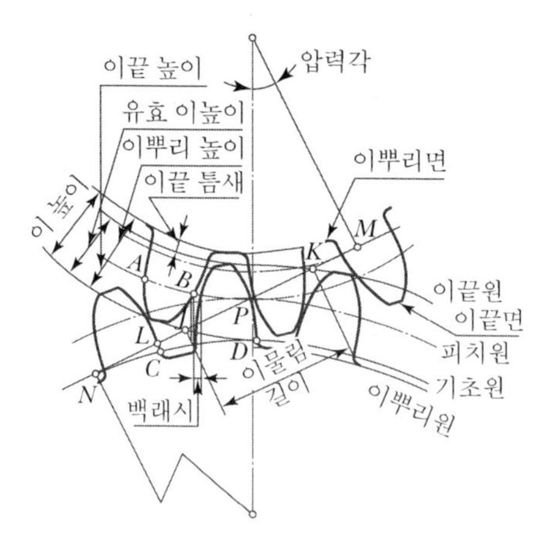

[기어의 각부 명칭]

5. 표준기어의 이의 두께

피치원이 동일하더라도 잇수를 적게 하고 이를 크게 깎아 강도를 크게 할 수 있고 반대로 잇수를 많이 하고 이의 크기를 작게 가공할 수 있다. 이와 같이 이의 크기를 결정하는 세 가지의 종류를 기준으로 하고 있다.

1) 원추피치

피치원 둘레를 잇수로 나눈 값 $p=\frac{\pi D}{z}=\pi m$

2) 모듈(Module)

피치원의 지름을 잇수로 나눈 값 $m=\frac{D}{z}=\frac{p}{\pi}$

3) 지름피치(Diametral Pitch)

$$DP=\frac{z}{D}(in)=\frac{\pi}{p}(in),\quad m=\frac{25.4}{DP}=\frac{1}{m}=\frac{25.4z}{D}=\frac{25.4\pi}{p}$$

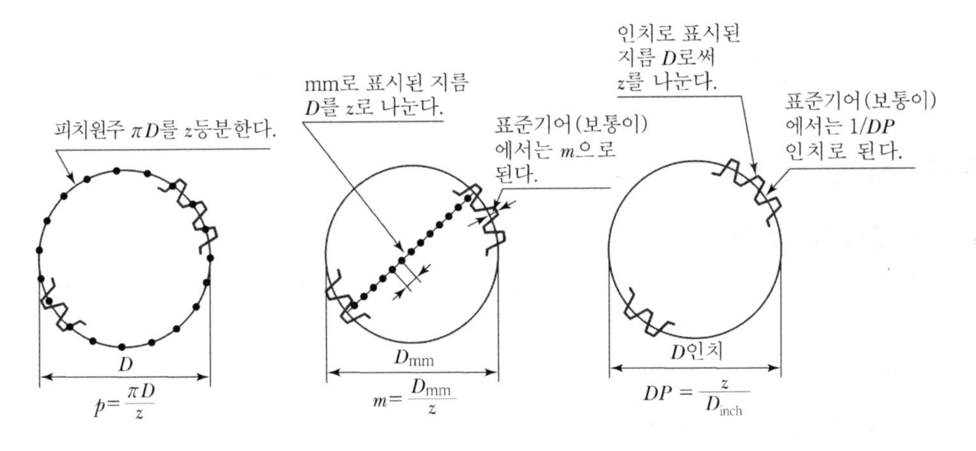

[이의 크기 비교]

6. 인벌류트 함수

$\theta=\tan\alpha-\alpha=inv\ \alpha$, θ를 각 α의 인벌류트 함수라 함

7. 물림률(Contact Ratio)

기어가 미끄럼 없이 회전하기 위해서는 적어도 한쌍의 이가 물림이 끝나기 전에 다음 한쌍의 이가 물리기 시작해야 한다. 그림에서 두 기어의 이끝원이 작용선을 자른 길이 ab를 물림길

이라 한다. 물림길이를 법선피치로 나눈 값을 물림률이라 한다. 물림률이 클수록 1개의 이에 걸리는 부담이 적어지므로 진동과 소음이 적고 강도에 여유가 있으므로 기어의 수명이 길어진다.

기어가 연속적으로 회전하기 위해서 물림률 ε는 $\varepsilon > 1$이어야 한다.

• 물림률 $\varepsilon = \dfrac{\text{접촉호의 길이}}{\text{원주피치}} = \dfrac{\text{물림길이}}{\text{법선피치}} = \dfrac{ab}{p\cos\alpha}$

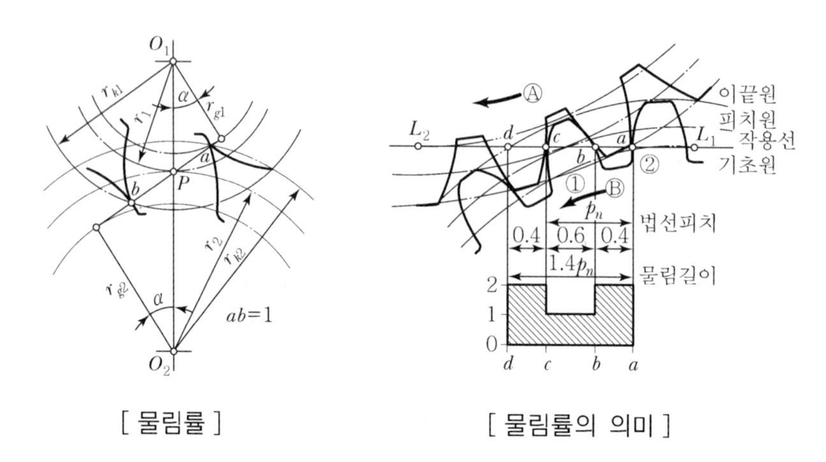

[물림률]　　　[물림률의 의미]

8. 이의 간섭과 언더컷

1) 이의 간섭(Interference of Tooth)

인벌류트 기어에서 두 기어의 잇수비가 현저히 크거나 잇수가 작은 경우에 한쪽 기어의 이끝이 상대편 기어의 이뿌리에 닿아서 회전되지 않는 경우가 있다. 이같은 현상을 이의 간섭이라 한다.

■ 이의 간섭을 막는 방법

① 이의 높이를 줄인다.

② 압력각을 증가시킨다.(20° 이상)

③ 치형의 이끝면을 깎아낸다.

④ 피니언의 반경방향의 이뿌리면을 파낸다.

2) 언더컷(Undercut of Tooth)

랙 공구나 호브로 기어를 절삭하는 경우에 이의 간섭을 일으키면 회전을 저지하게 되어 기어의 이뿌리 부분은 커터의 이끝 부분 때문에 파여져 가늘게 되는데, 이같은 현상을 언더컷이라 한다. 언더컷 현상이 생기면 이뿌리가 가늘어져 약해지고, 그 정도가 크면 치면의 유효부분이 작게 되어 물림길이가 감소되어 원활한 전동이 되지 않는다. 이 때문에 보통 언더컷이 생기지 않는 범위 내에서 사용하여야 한다.
언더컷을 일으키지 않는 한계 잇수는

$$z_g = \frac{2}{\sin^2 \alpha} = \frac{2a}{\sin^2 \alpha m} \; (a : \text{이 높이})$$

이 식에서 계산한 값이 소수점 이하일 때에는 올린 값으로 한다. 즉 이 값이 언더컷을 일으키지 않는 한계 잇수가 된다.

[언더컷을 일으키는 기어]

9. 표준기어와 전위기어

1) 표준기어(Standard Gear)

기준 랙형 공구의 기준피치선과 이것과 물리고 있는 기어의 기준 피치원이 접하면서 미끄럼이 없이 회전하는 기어를 표준기어라 한다. 이 기어에서는 이 두께가 원주 피치의 1/2이다.

2) 전위기어(Shift Gear)

기준 랙형 공구의 기준 피치선과 피치원이 접하지 않도록 설치하여 절삭한 기어를 전위기어라 한다. 이 기어에서 기준피치선과 기준피치원이 접하지 않도록 반경방향으로 기준 랙형 공구를 이동시킨 것을 전위라 한다. 전위방법은 다음과 같다.

- 정전위(正轉位) : 기준피치원에서 바깥쪽으로 옮긴 경우
- 부전위(負轉位) : 기준피치원에서 안쪽으로 옮긴 경우

(1) 전위기어의 사용목적

① 중심거리를 자유로 변경시키려 할 때

② 언더컷을 피하고 싶을 때

③ 이의 강도를 개선하려고 할 때
④ 물림률 증대를 위해

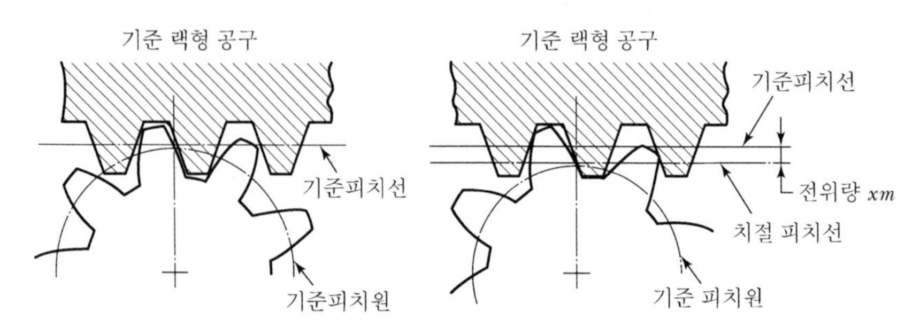

[표준기어와 전위기어]

(2) 전위치차의 장단점

① 장점
㉠ 공구의 종류가 적어도 되고 각종 기어에 응용된다.
㉡ 모듈에 비하여 강한 이가 얻어진다.
㉢ 주어진 중심거리의 기어설계가 용이하다.
㉣ 최소 잇수를 극히 적게 할 수 있다.
㉤ 물림률을 증대시킨다.

② 단점
㉠ 교환성이 없게 된다.
㉡ 베어링 압력을 증대시킨다.
㉢ 계산이 복잡해진다.

3) 전위기어의 설계

(1) 전위기어의 물림방정식(기본설계공식)

α : 공구압력각, α_b : 물림 압력각, z_1, z_2 : 기어의 잇수, x_1, x_2 : 기어의 전위계수, 백래시 B_f로 물고 있을 때의 압력각을 α_b, 기초원상의 밑각을 η_1, η_2라 하면 전위치차의 물림방정식은 다음과 같이 유도된다.

일반 평기어의 물림방정식 $inv\ \alpha_b = \dfrac{1}{z_1+z_2}\left[\pi\left(1+\dfrac{B_f}{P_n}\right)\dfrac{z_1\eta_1+z_2\eta_2}{2}\right]$

위 식에 $\eta_1 = \dfrac{\pi}{z_1}2inv\alpha - \dfrac{4\tan\alpha}{z_1}x_1$, $\eta_2 = \dfrac{\pi}{z_2}2inv\alpha - \dfrac{4\tan\alpha}{z_2}x_2$를 대입하여 풀면

$$inv\ \alpha_b = \frac{1}{z_1+z_2}\left[\pi\left(1+\frac{B_f}{P_n}\right)\right.$$
$$\left.-\left(\frac{\pi}{2} - inv\alpha z_1 - 2\tan\alpha z_1 + \frac{\pi}{2}\ inv\alpha z_2 - 2\tan\alpha x_2\right)\right]$$
$$= 2\tan\alpha\frac{x_1+x_2}{z_1+z_2} + inv\alpha + \frac{\pi B_f}{P_n(z_1+z_2)}$$

법선피치 $P_n = \pi m\cos\alpha$를 대입하면, 전위치차의 물림방정식은

$$inv\alpha_b = 2\tan\alpha\frac{x_1+x_2}{z_1+z_2} + inv\alpha + \frac{B_f}{m\cos\alpha(z_1+z_2)}$$

백래시를 0으로 하면($B_f = 0$)

$$inv\alpha_b = 2\tan\alpha\frac{x_1+x_2}{z_1+z_2} + inv\alpha$$

(2) 중심거리 증가계수

$$y = \frac{z_1+z_2}{2}\left(\frac{\cos\alpha}{\cos\alpha_b} - 1\right)$$

(3) 중심거리

$$C_f = \left(\frac{z_1+z_2}{2} + y\right)m = C + ym$$

(4) 이끝원 지름

$$D_{k1} = [(z_1+2)+2(y-x_2)]m,\quad D_{k2} = [(z_2+2)+2(y-x_1)]m$$

4) 전위계수의 선정

(1) 언더컷 방지를 위한 전위계수

$$x = 1 - \frac{z}{z_g} = 1 - \frac{z}{2}\sin^2\alpha$$

(2) 중심거리를 표준기어와 같게 하는 전위기어

(3) Merrit의 전위계수

2 각 기어의 설계

1. 스퍼기어의 강도설계

스퍼기어에서 한 쌍의 이가 물려 있을 경우, 이에 걸리는 응력은 굽힘응력과 접촉면에서의 면압을 생각할 수가 있다. 굽힘응력은 이가 부러지는 원인이 되며, 면압은 마멸과 피팅(Pitting)의 원인이 된다.

1) 굽힘강도(Lewis의 치형강도 계산식)

(1) 개요

동력전달용 기어의 강도설계에 있어서 이뿌리에 발생하는 굽힘응력에 의한 이의 절손 등을 검토해 기어의 부하능력을 설계하는 데 Lewis의 식이 적용된다.

(2) 치형강도

① 조건

- 맞물림률을 1로 가정하고 전달 Torque에 의한 전하중이 1개의 이에 작용한다.
- 전하중은 이 끝에 작용한다.
- 이의 모양은 이뿌리의 이뿌리 곡선에 내접하는 포물선을 가로 단면으로 하는 균등강도의 Cantilever로 생각한다.

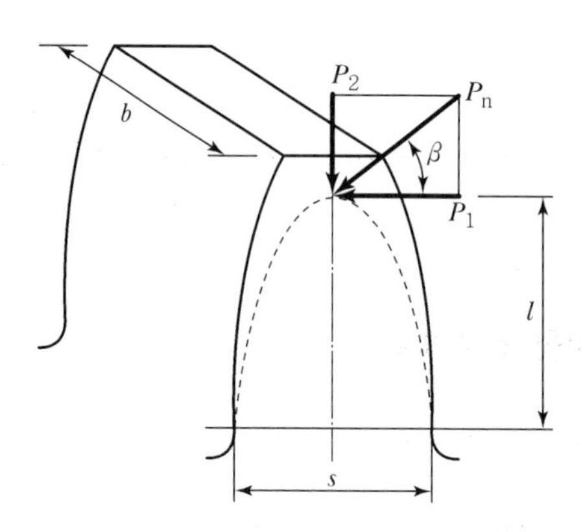

굽힘 Moment $M = P_1 l$ ············ ⓐ

단면계수 $Z = \dfrac{bS^2}{6}$ ············ ⓑ

굽힘응력 $\sigma_b = \dfrac{M}{Z} = \dfrac{P_1 l}{\dfrac{bS^2}{6}} = \dfrac{6P_1 l}{bS^2}$ ············ ⓒ

$$P_n = \frac{P}{\cos\alpha},\quad P_1 = P_n \cos\beta = \frac{P}{\cos\alpha}\cos\beta \cdots\cdots\cdots ⓓ$$

ⓒ식에서 $\sigma_b = \frac{6P_1 l}{bS^2}$ 에 ⓓ식을 대입하면

$$\sigma_b = \frac{6l}{bS^2}\frac{P}{\cos\alpha}\cos\beta,\quad P = \sigma_b \frac{bS^2\cos\alpha}{6l\cos\beta} = \sigma_b b\frac{S^2}{6l}\frac{\cos\alpha}{\cos\beta}$$

② S, l을 단위 Module로 나타내면

$$P = \sigma_a bm \frac{S^2}{6l}\frac{\cos\alpha}{\cos\beta}$$

여기서, $y = \frac{S^2}{6l}\frac{\cos\alpha}{\cos\beta}$ 로 놓으면 $P = \sigma_a bmy$(y : 치형계수)

③ 치형계수(y)는 잇수, 압력각, 이높이 등에 의하여 변한다.

④ 허용응력(σ_a)은 기어의 속도, 재료의 종류, 정밀도 등에 의하여 상관적으로 결정된다. 이는 가하여지는 충격력에 의하여 주로 손상을 입는다. 정밀도가 나쁠수록 충격력을 받는 기회가 많다. 특히 이의 물림속도의 증가에 의하여 아주 증가된다. 이의 선속도는 허용응력을 결정하는 기초적인 요소가 된다.

- 저속도(10m/s 이하), 소홀히 기계 다듬질한 정도 : $\sigma_a = \sigma_0\left(\frac{3.05}{3.05+v}\right)$
- 중속도(5~20m/s), 기계 다듬질한 것 : $\sigma_a = \sigma_0\left(\frac{6.1}{6.1+v}\right)$
- 고속도(20~80m/s), 연마 정도 다듬질할 것 : $\sigma_a = \sigma_0\left(\frac{5.55}{5.55+v}\right)$

Lewis 공식은 기어의 잇수를 이미 알고 있는 경우 P, b, σ_a를 결정하는 데 적용하면 편리하다.

2) 면압강도 : $P = f_v kbm\frac{2z_1 z_2}{z_1+z_2}$ (k : 접촉면 응력계수)

2. 헬리컬기어의 설계

1) 헬리컬기어의 치형

(1) 스퍼기어는 이가 물리기 시작하여 끝날 때까지 선접촉을 하므로 잇면에 걸리는 하중의 변동이 커져서 진동이나 소음이 발생하기 쉽다. 그러나 헬리컬기어(Helical Gear)는 물림이 시작될 때는 점접촉이고, 이어 접촉폭이 점점 증가하여 최대가 되었다가 다시 접촉

폭이 감소되어 점접촉으로 끝난다. 그러므로 탄성변형이 적어 진동이나 소음이 적다. 따라서 고속도 운전에 적합하다.

(2) 비틀림의 곡선 이에서는 1개의 이가 물고 있어도 물림이 잇면을 따라 전후 연속하고 있으므로 직선의 이보다 물림의 길이가 길고 이의 강도에는 유리하며 박용 증기터빈의 기어와 같이 수천 마력에 미치는 동력전달에 사용된다.

(3) 물림이 잇면을 따라 전후 계속되고 있으므로 스퍼기어보다 물림률이 좋고 잇수가 적은 기어에서도 사용할 수 있으므로 큰 회전비를 얻을 수 있으며 한 쌍의 회전비 1/10~1/15 또는 그 이상의 것을 얻을 수 있다.

(4) 실험상 스퍼기어보다 효율이 좋으므로 98~99%까지 얻을 수 있으며 아주 큰 동력과 고속 전동에는 주로 추력이 없는 더블헬리컬기어가 사용된다.

■ 치형방식

헬리컬기어는 스퍼기어와 달리 이가 축에 대하여 경사져 있다. 이 경사각을 비틀림각(Helical Angle) β라 하며, 이의 크기를 나타내는 기준이 된다.

- **축직각 방식** : 축에 직각인 단면의 치형(축직각 치형)으로 표시하는 방법
- **치직각 방식** : 잇줄에 직각인 단면의 치형(치직각 치형)으로 표시하는 방법

$$p_n = p_s \cos\beta, \quad m_n = \frac{p_n}{\pi} = \frac{p_s \cos\beta}{\pi} = m_s \cos\beta$$

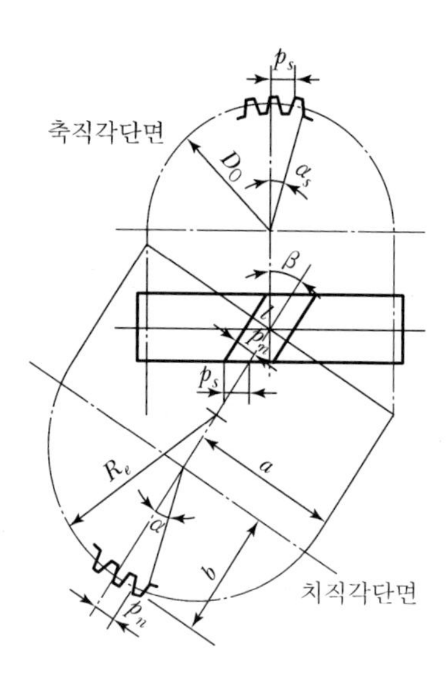

[헬리컬기어의 치형방식]

2) 상당 스퍼기어

헬리컬기어의 축직각 단면에서는 피치원이 진원이 된다. 그러나 치직각 단면에서는 피치원이 타원이 된다. 이 타원에서 짧은 반지름은 진원의 반지름과 같으나 긴 반지름은 다르다. 피치점에서 반지름을 R_e라 하고, 이 반지름을 피치원의 반지름으로 하는 스퍼기어를 생각한다. 이 가상한 스퍼기어를 상당 스퍼기어(Equivalent Spur Gear)라고 한다. 또 이 기어의 잇수를 실제 잇수에 대하여 상당잇수라 한다.

• 치직각 단면의 잇수 : $z_e = \dfrac{D_e}{m} = \dfrac{D_s}{m\cos^2\beta} = \dfrac{z_m}{m\cos^3\beta} = \dfrac{z_s}{\cos^3\beta}$

$$\leftarrow\ D_s = \frac{z_m}{\cos\beta}\ (\ z_s : \text{축직각 단면의 잇수})$$

(1) 피치원 지름 : $D_s = m_s z_s = \dfrac{m_n z_s}{\cos\beta}$

(2) 바깥 지름 : $D_k = D_s + 2m_n = m_n\left(\dfrac{z_s}{\cos\beta} + 2\right)$

(3) 중심거리 : $C = \dfrac{D_{s1} + D_{s2}}{2} = \dfrac{m_n(z_{1s} + z_{2s})}{2\cos\beta}$

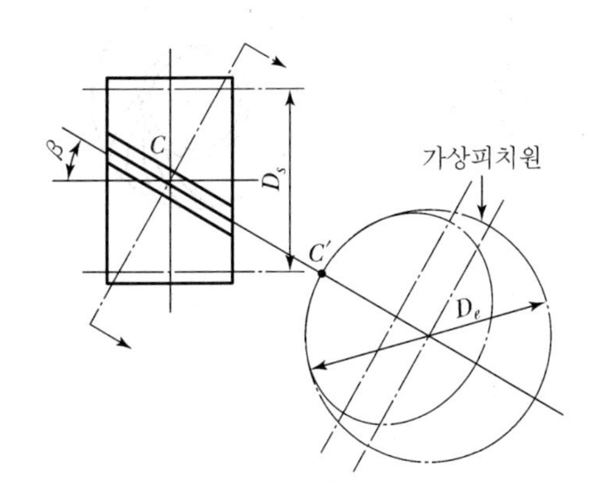

[상당 스퍼기어]

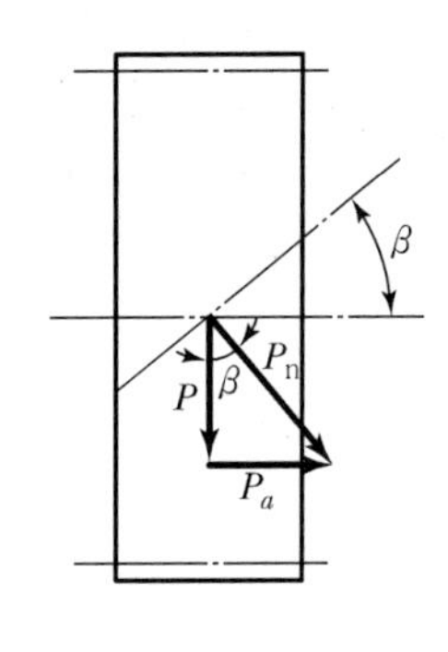

[헬리컬기어에 걸리는 하중]

3) 강도계산

$P_n = \dfrac{P}{\cos\beta}$, 스러스트 : $P_a = P\tan\beta$

(1) 굽힘강도 : $P = f_v \sigma_a b m_n y_e$

(2) 면압강도 : $P = f_v \dfrac{C_w}{\cos^2\beta} kbm_s \dfrac{2z_{s1}z_{s2}}{z_{s1}+z_{s2}}$

3. 베벨기어의 설계

1) 베벨기어(Bevel Gear)의 치형

2축의 중심선이 평행하지 않고 한점에서 만나고 있는 경우와 같이 원추면상에 방사선으로 치를 깎으면 우산꼭지모양의 기어가 되는데, 이것을 베벨기어라 하고 회전을 전달하는 축과 회전을 받는 축이 어느 각도 보통 90°를 갖는 두 축 사이의 동력전달에 사용된다.

(1) 직선 베벨기어 : 잇줄이 원추의 모선과 일치하고 직선으로 되어 있는 것

(2) 헬리컬 베벨기어 : 잇줄이 직선으로 되어 있으나 모선에 대하여 경사되어 있는 것

(3) 스파이럴 베벨기어 : 잇줄이 곡선으로 되어 있고, 모선에 대하여 경사되어 있는 것

(4) 마이터 기어 : 두 축의 교차각이 직각이고, 잇수비가 1 : 1인 것

(5) 제롤베벨기어 : 직선 베벨기어의 잇줄을 곡선으로 한 것

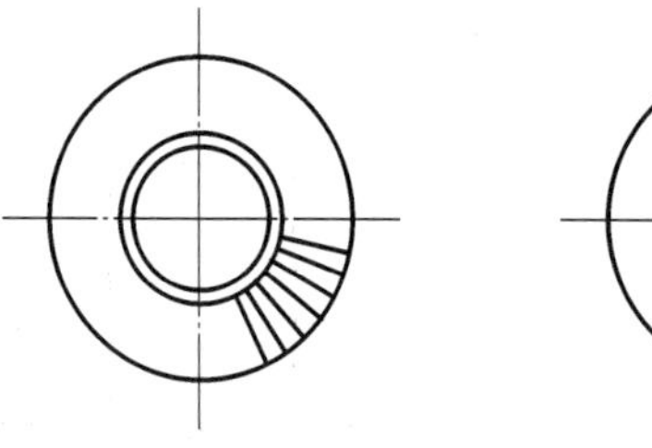

(a) 직선베벨기어

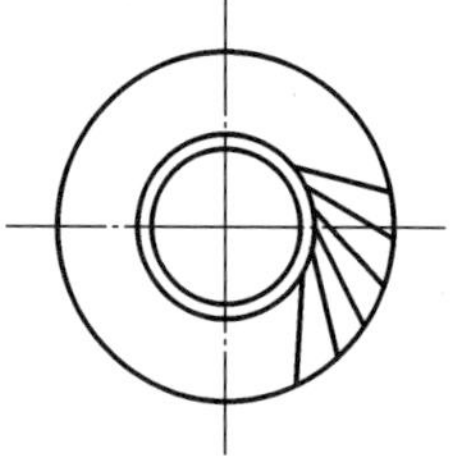

(B) 헬리컬베벨기어

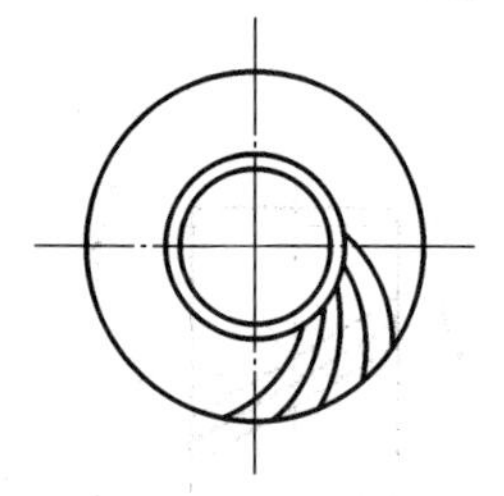

(C) 스파이럴베벨기어

[베벨기어의 종류]

2) 베벨기어의 각부 치수

(1) 속도비 : $i = \dfrac{N_2}{N_1} = \dfrac{D_1}{D_2} = \dfrac{z_1}{z_2} = \dfrac{\sin\delta_1}{\sin\delta_2}$

(2) 피치 원추각 : $\tan\delta_1 = \dfrac{\sin\theta}{\dfrac{1}{i} + \cos\theta}$, $\tan\delta_2 = \dfrac{\sin\theta}{i + \cos\theta}$

$\theta = 90°$이면 $\tan\delta_1 = i$, $\tan\delta_2 = \dfrac{1}{i}$

(3) **원추(모선의)거리 :** $A = \frac{D_1}{2\sin\delta_1} = \frac{D_2}{2\sin\delta_2}$

바깥지름 : $D_{k1} = (Z_1 + 2\cos\delta_1)m$

3) 상당 스퍼기어

잇수 : $z_e = \frac{z}{\cos\delta}$

4) 베벨기어의 강도

(1) **굽힘강도 :** $P = f_v \sigma_b bmY_e \frac{(A-b)}{A}$

(2) **면압강도 :** $P = 1.67\, b\sqrt{D_1} f_m f_s$

4. 웜기어의 설계

1) 웜기어

웜기어는 나사기어의 일종으로 서로 직각이지만 같은 평면 위에 있지 않은 두 축 사이를 전동하는 것이다. 이 경우 작은 쪽은 잇수가 매우 작고 나사모양으로 되어 있어 웜(Worm)이라 하고, 이것과 물리는 기어는 웜휠이라 한다.
웜기어는 작은 용적으로 큰 감속비를 얻을 수 있고, 소음이 적고 역전을 방지할 수 있다.

(1) 단점

① 잇면의 미끄럼이 크고 진입각이 작으면 효율이 낮다.
② 웜휠은 연삭할 수 없다.
③ 인벌류트 원통기어와 같이 교환성이 없다.
④ 잇면의 맞부딪침이 있기 때문에 조정이 필요하다.
⑤ 웜휠의 공작에는 특수공구가 필요하다.
⑥ 웜휠의 정도 측정이 곤란하다.
⑦ 웜휠의 재질의 종류는 그다지 많지 않고 일반적으로 고가이다.
⑧ 웜과 웜휠에 추력하중이 생긴다.

(2) 용도

① 모터, 내연기관 등 고속도 발동기의 감속장치
② 역전방지기구

③ 공작기계 분해기구

- 속도비 : $i=\frac{N_g}{N_w}=\frac{Z_w}{Z_g}=\frac{l}{\pi D_g}$ (Z_w : 웜의 줄 수)
- 리드각 : $\tan\beta=\frac{Z_w p}{\pi D_w}=\frac{l}{\pi D_w}$, $D_w=2p+12.7$

피치원지름 : $D_g=mZ_g$

2) 웜기어의 효율

효율 : $\eta=\frac{z_w p P_2}{2\pi T}=\frac{\tan\beta}{\tan(\beta+\rho')}$

P_2 : 웜휠의 회전력, $\tan\rho'=\frac{\mu}{\cos\alpha}$

3) 강도계산

(1) 굽힘강도 : $P=f_v\sigma_b b p_n y$

(2) 면압강도 : $P=f_v\phi D_g B_e K$

(3) 발열에 의한 강도 : $P=Cb_e p_s$

5. 기어장치

1) 기어열

여러 개의 기어를 조합시켜 순서대로 옆 기어로 회전운동을 전달하도록 구성된 기어를 기어열(Gear Train)이라 한다.

(1) 기어열의 속도비

$$i=\frac{\text{원동기어의 잇수의 곱}}{\text{종동기어의 잇수의 곱}}$$

(2) 유성기어장치

두 기어가 각각 회전하면 동시에 한쪽 기어가 다른 쪽 기어의 축을 중심으로 공전하는 기어장치를 유성기어장치(Planetary Gear)라 하고, 기어 A를 태양기어(Sun Gear), 기어 B를 유성기어(Planet Gear)라 한다.

구 분	A	B	C
전체 고정	+N	+N	+N
암 C 고정	−N	+N(z_a/ z_b)	0
합 계	0	+N(1+ z_a/ z_b)	+N

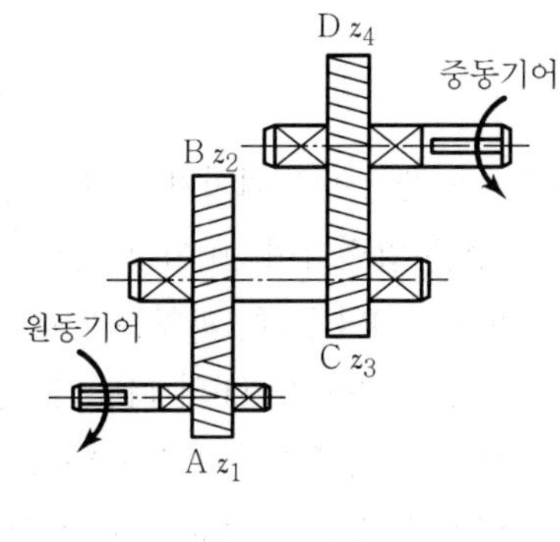

[기어열]

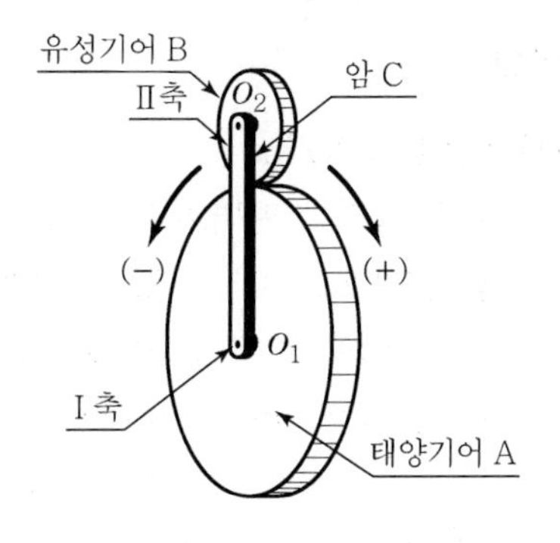

[유성기어장치]

[Question] Involute Spline과 Involute Serration 비교

1. 개요

동력전달을 하는 축과 구멍의 결합을 위해 사용되는 기계요소로 key보다 훨씬 강한 Torque를 전달할 수 있어 동력전달축에 많이 사용되고 있다.

2. 비교

(1) Involute Spline

이의 축직각 단면이 Involute 곡선을 이루는 Spline으로 외치차를 내치차에 끼워 맞춤한 것으로 미국 SAE 규격에서 Spline 치형은 압력각이 30°이고 이의 높이는 표준치 높이의 1/2에 해당하는 저치이며, 잇수는 6~60의 55종, 피치는 2.5/5, 3/6~6/12, 8/16, 10/20, 12/24, 16/32, 20/40, 24/48, 32/64, 40/80, 48/96의 14종이 있다. 2.5/5는 이의 피치가 2.5 지름피치에 해당하고 이의 높이는 5지름피치에 해당하는 저치란 의미이다. 주요특징은 축의 이뿌리강도가 크고 노치홈이 필요없기 때문에 동력전달능력이 우수하고, 치형의 정밀도를 높이기 쉬우므로 회전력을 원활하게 전달할 수 있고 또한 회전력이 작용하면 자동적으로 동심이 된다.

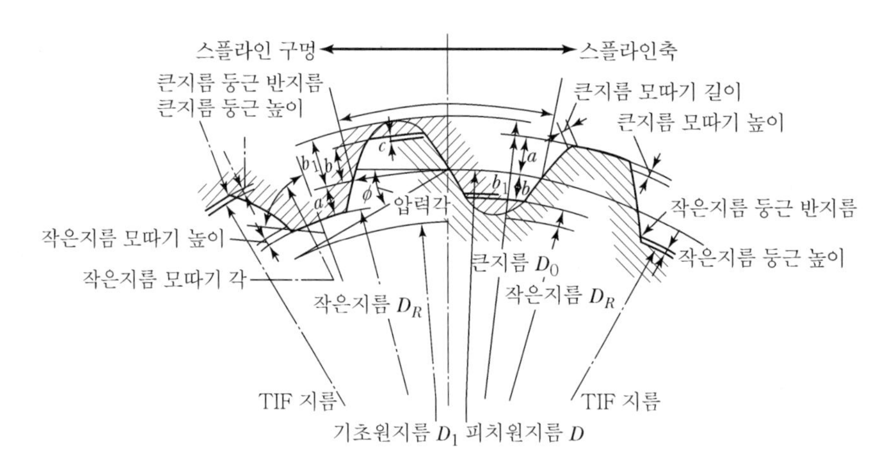

[Involute Spline]

(2) Involute Serration

일반적으로 Spline보다 이가 작고 부분품을 활동시키지 않는 장치인 경우에 사용한다. SAE 규격에서 압력각은 45°, 지름피치는 10/20~128/256의 10종, 10/20~24/48(4종)은 잇수 6~100인 95종 그 외 피치에 대해선 정하지 않고 있다.

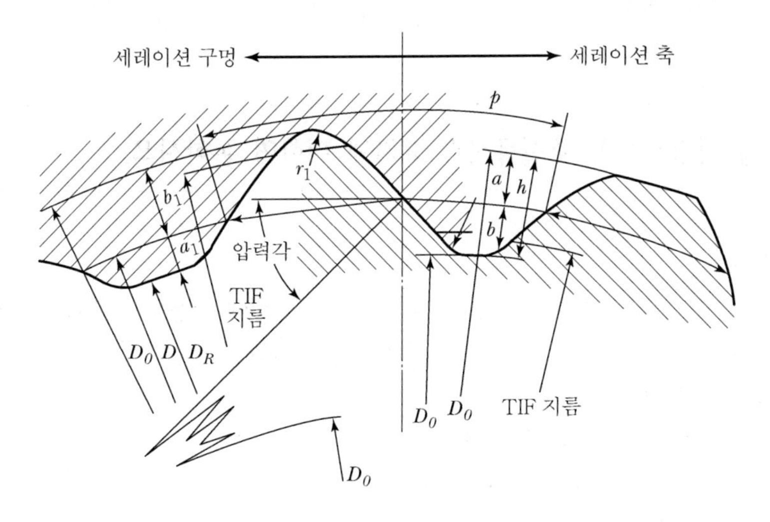

[Involute Serration]

제4절 자동화

Professional Engineer Machine

[Question 01] 공장자동화 추진목적과 효과에 대하여 논하시오.

1. 추진목적

다품종 생산 및 품종변화 시 제품의 Life Cycle 단축에 대응하고 혼류생산과 변동생산의 대응으로 종합생산성 향상을 통한 국제경쟁력 강화

(1) 생산능력 확대

① 작업속도와 정확성 향상

② 제품성능 향상과 안정화, 균일화 실현

③ 설비의 효율적 사용으로 종합효율 향상

(2) 노동생산성 향상

① 숙련도 의존율 감소

② 노동환경, 질 개선

③ 각종 작업실수나 사고 감소로 작업능률 향상

(3) 관리능력 향상

① 수주생산 적응성 강화, 계획생산

② 시장변화와 요구에 신속대응

③ 인원계획, 부하관리효율 극대화

④ 동력, 원료, 재료, 노동력 등의 낭비감소

2. 공장자동화 효과

(1) 성인력 효과 : 가장 직접적인 효과로서 인당 생산량 증가 혹은 절감인원으로 판단

(2) 공급의 납기단축 : 생산속도의 향상으로 시장의 기선을 잡고 기회손실을 줄인다.

(3) 자원절약 : 정확한 작업수행으로 재료의 낭비요소 제거

(4) 신뢰성 · 품질향상 : 자동화로 균일성 있는 제품제조 및 불량발생을 방지

(5) 고부가가치 생산실현 : 통상적으로 실현 곤란한 작업이 자동화로 가능 → 신제품의 실용화 촉진

(6) 작업정밀도 향상 : 고도의 미세, 정밀한 작업가능, 제품의 고도화와 성능개선
(7) 인간성 회복 : 고온, 소음, 먼지 등의 열악한 환경작업에서 작업자 해방
(8) 생산의 System화 : 설계, 생산, 검사와 같은 상기 기능의 통합화로 합리적이고 원활한 종합(Total) 생산활동의 실현에 기여한다.
(9) 관리의 질 향상 : 종래의 분리된 관리를 통합함으로써 관리효율 향상
(10) Cost Down : 위와 같은 효과는 결국 원가절감효과로 나타나며 경영에 기여
(11) 기타 부수적 효과
① FA 도입에 따라 파급되는 부수적 효과가 많다.
② 품질향상에 의한 출하 후 클레임(Claim) 감소, 고객의 이미지 향상.
③ 높은 생산목표에 대한 작업자의 긍지와 도전의식 등 사기 진작

[Question 02] 자동화 설비 개발순서(Flow Chart) 및 고려해야 할 기술적 사항에 대하여 논하라.

1. 개발과 도입목표 결정

도입목적	효과적인 실시항목
품질향상 측면	고품질, 고정밀도로 균일하고 안정적인 품질실현
이익 측면	제조단가, 생산성 향상 측면
성인력	제조 POS 단축
안전대책	작업자의 안전 및 열악한 환경 극복
경영전략대책	재고자산의 감소, 고정자산 조기회수, FA화의 구축

2. 개발, 도입공정의 작업특성 측면을 고려
(1) 큰 효과를 기대할 수 있는 공정, 작업에 초점을 맞춘다.
(2) 전, 후 공정의 통합, 분배를 합리적 · 효과적으로 한다.
(3) 제품의 Life Cycle 단축 가능성에 대비, 효율적 대응이 가능하도록 정한다.

3. 설비의 시방결정
설비의 기능, 성능, 능력 등 제반조건을 종합적으로 배려하여 정한다.
(1) 환경조건, 작업대상의 요목, 특성
(2) 주변설비와의 관련성

(3) 작업내용과 Cycle Time
(4) 개발, 도입기간 운용예정일

4. 자동화 설비의 구체안 작성

(1) 목표가 많을 경우 우선순위를 정한다.
(2) 현재의 실태(공정 · 작업 · 주위환경 · 제약조건)
(3) 대상 설비의 제작비, 설치비 및 관련 공사비를 계산하고 기존 설비의 철거, 개조비 등의 부대 공사비도 가산한다.
(4) 요원의 교육훈련기간, 철거, 설치에 따른 현장 Line의 휴지기간도 명확히 한다.

5. 개발 도입계획의 평가

개발 · 도입 평가용 체크시트를 작성하여 계획을 구상 · 설계하는 데 지침으로 활용한다.

(1) 목표, 시방, 기능과 성능
(2) 가동성, 안전성 투자(호환성, 효과, 이익, 투자금액)
(3) 유지관리(인원, 비용), 경영전략(자동화 System 구축효과)

6. 자동화 계획의 승인, 결정

확인과 필요한 수정을 하여 최종적으로 실시 요강을 결정하고 사내 관계부서의 승인을 얻어 실시한다.

[Question 03] 공장자동화를 위한 주요설비의 종류에 대하여 설명하시오.

공장자동화는 시스템화가 가능한 단위기계 및 단위공정에 설치된 자동화 설비가 주요 내용이며, 그 내용은 다음과 같다.

1. NC 공작기계

NC 공작기계란 동작제어의 프로그램에 의해 자동적으로 작동시키는 공작기계로서 기계의 운반, 가공경로, 가공조건 등이 이산부호(Digital Code)로 지령 테이프에 프로그램되고 이것이 제어장치에 입력되어 자동제어에 의해 생산이 자동화된다.

2. 산업용 로봇

다양한 작업의 수행을 위해 다양하게 프로그램된 행동을 통하여 재료, 부품, 도구 또는 전용장치를 이동시키도록 고안된 프로그램 변경이 가능한 다기능 기기를 말한다.

3. CAD/CAM

컴퓨터를 활용한 설계 및 제작을 말하며 컴퓨터수치제어(CNC), 직접수치제어(DNC) 및 유연제조시스템(FMS) 등에 의하여 생산하는 시스템이다.

4. PLC

Programmable Logic Controller는 순차적인 제어기능을 수행하는 기기로서 마이크로 프로세스를 탑재하여 프로그램을 작성한다는 면에서 마이크로컴퓨터와 같으나, 실제 작업장에 설치되어 일반 시퀀스는 물론 타이머, 카운터기능을 기본적으로 수행함과 아울러 현재는 전송, 교환, 연산, 파일처리 등의 기능을 수행한다.

5. 자동창고

자동창고는 통상 컴퓨터에 의한 제어와 기계화된 보관창고로서 신속하고 정확한 출고 하역작업의 기계화, 정확한 재고파악과 재고관리의 효율화 등을 가능하게 한다.

6. 무인반송차

Automated Guided Vehicle은 중앙제어컴퓨터의 통제하에 바닥에 매립된 유동용 전선, 광센서, 컴퓨터 부선지시 등에 의해 공정과 공정 간, 워크스테이션 간에 재료나 제품을 운반한다.

7. FMS

Flexible Manufacturing System은 인간의 직접적인 개입 없이 유사한 종류의 제품들을 스스로 생산할 수 있는 자동화 설비들의 조합을 말한다.

8. CIM

Computer Integrated Manufacturing(컴퓨터에 의한 통합제조)은 공장 내에 분산, 고립되어 있는 자동화 제조부문, 기술부문 등 공장 전체와 경영시스템을 통합하여 운영하는 새로운 시스템이다.

[Question 04] 자동화의 추진배경, 필요성, 도입에 따른 효과와 문제점 등에 대하여 쓰시오.

1. 자동화의 개념

Factory Automation이란 기계, 전자기술의 복합기술 등을 응용하여 생산성과 유연성을 동시에 달성할 수 있도록 전 생산공정을 시스템화하는 것이다.

2. 자동화의 추진배경과 필요성

(1) 추진배경

① 수요 측면에서는 소득증대에 따른 수요의 개성화, 다양화와 이에 따른 제품, 라이프 사이클의 단축 등이 다품종 소량생산의 필요성에 의해서이다.

② 기업의 공급 측면에서는 노동의 고임금화, 고학력, 여성화, 노령화, 노동시간단축 등으로 생산의 고부가가치화를 피할 수 없게 되었으며, 이를 위하여 노동의 자본장비율을 높이는 자동화 투자가 필수적인 과제로 등장하고 있다.

(2) 필요성

① 생산성 향상을 통한 국제경쟁력 강화

② 생산제품의 품질 불균형 방지(품질의 균일화)

③ 인력수급상의 애로 : 3D 작업기피로 인한 근로의 의욕문제 등

3. 공장자동화의 효과

(1) 생산성 향상

(2) 원가절감

(3) 작업환경의 개선

(4) 제품의 품질개선

4. 자동화 도입의 문제점

(1) 경영자 인식부족

(2) 자금부족

(3) 기업의 준비태세 미흡과 무리한 추진

(4) 생산자동화의 수준결정 미흡과 목적의식 불명확

(5) 기술과 정보부족

(6) 고급기술자의 중소기업 기피와 부서 간 대화부족

(7) 제품생산의 한정화와 제품에 대한 정보부족

(8) 신기술에 대한 위험부담과 협소한 국내시장

(9) 자동화 이후의 유지보수문제
(10) 외부전문업체에 의뢰하는 데 따르는 위험부담

[Question 05] Mechatronics에 대하여 설명하라.

1. Mechatronics란

Mechanism과 Electronics를 합친 말로서 대규모 직접회로나 마이크로프로세스 등 고성능이면서 값싼 전자부품이 보급됨에 따라서 여러 가지 기계의 전자화가 진척되면서 그 기술을 총칭하는 말로 만들어졌다.
메카트로닉스가 비교적 빨리 이루어진 전형적인 예가 카메라이다. 순기계식이던 카메라는 우선 노출계의 도입으로 전자화되기 시작해서 셔터속도, 자동초점화에 따른 렌즈작동 등의 제어도 전자화되어 대부분의 카메라가 전자 없이는 사용할 수 없게 되었다.

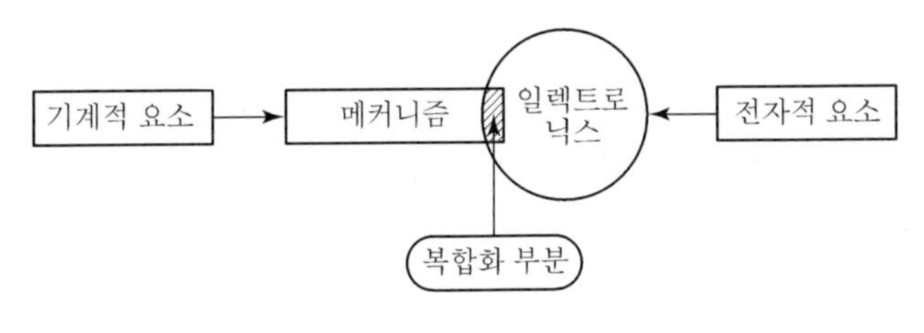

[메카트로닉스]

2. Mechatronics의 구성요소

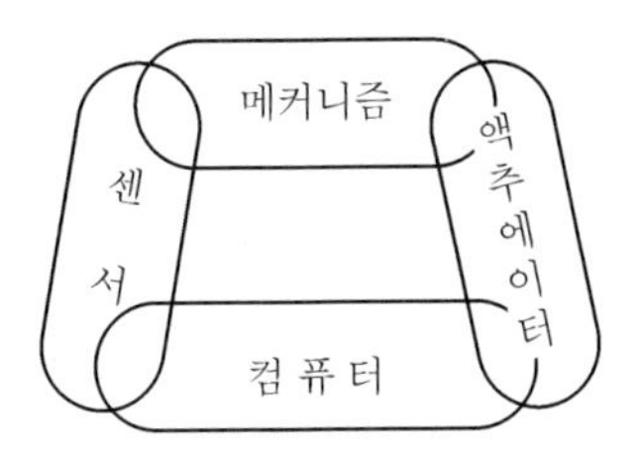

[메카트로닉스의 구성요소]

센서부에서 얻어진 정보는 컴퓨터부에서 처리되어 액추에이터로 보내진다. 액추에이터는 컴퓨터부의 지령에 의해 메커니즘부를 움직인다. 다시 메커니즘부에서 움직인 양을 센서부에서 검출하여 컴퓨터로 보낸다.

3. Mechatronics 설비의 문제점

(1) 돌발고장이 많다.(징후를 알기 어려워 돌발고장 발생)
(2) 순간정지가 많다.(초기결함을 내재한 설비가 많다.)
(3) 품질불량이 많다.(만성불량)
(4) 보전상의 문제가 많다.(고장원인 분석이 어렵다.)
(5) 수리가 어렵다.(보전원의 전자기술 및 기능부족)
(6) 고장요인이 많다.(설비열화, 환경, Soft 결함 등)

4. 메카트로닉스 기술의 응용범위

(1) 생산기계장치

수치제어, PVC, M/C Center, 용접기, 조립기, 로봇 생산기계의 자동프로그래밍, 공작기계의 자동화 등

(2) 기계제어

자동삽입기, 시퀀스제어, 자동계량포장장치, 자동분류반송시스템, 자동포장기제어, 에어컨제어, 크레인제어 등

(3) 프로세스제어

프로세스제어, 원료혼합시스템, 케미컬브랜드제어, 여과지제어, 전기포열처리, PID 제어, 발전소제어시스템 등

(4) 생산관리

가동모니터, 생산관리, 전표처리, 공정자동화

(5) 기타

비상용 전원시스템 등

[Question 06] 공장자동화에 대하여 개념, 방안, 최적 System 구축, 문제점 및 해결책, 향후방안 등에 대하여 설명하시오.

1. 자동화의 개념

CAD/CAM+ROBOT 또는 FMS+무인방송, 무인창고 등의 FMS에서 보다 넓은 범위에서의 공장자동화시스템을 지향하여 사용되고 있다. 공장자동화는 프로세스 산업의 가공, 조립 등 생산시스템 공장에서 무인화를 지향하고 다품종 소량생산, 공장의 성력화, 자동화를 겨냥하는 것으로, FA 중에는 Flexibility도 포함되어 있다고 생각해도 될 것이다.

2. 공장자동화의 방안

(1) 공장자동화를 어떻게 할 것인가는 생산품목, 생산량 또는 자동화 레벨에 따라 접근방식이 다르므로 구체적인 방법을 기술하기에는 어려운 점이 많으나 일반적으로 다음과 같다.

① 상당한 투자가 요구되므로 무엇보다 먼저 제품의 수요예측과 장래동향, 중장기 전망 등을 수립해야 한다.

② 공장자동화공정을 구성하기 위해서는 우선적으로 제품구성에 따라 부품을 그룹화할 것과 공장자동화시스템으로 생산하기에 적합하도록 재설계가 중요하다.

③ 현재 공정의 인원수와 보유 중인 기존 설비 활용방안 등을 단계적으로 활용하는 설비계획을 수집해야 한다.

(2) 공장자동화의 계획수립목표

① 생산능력의 확대

② 노동생산성의 향상

③ 관리체계의 향상

(3) 최적화 System 구축

투자에 비하여 효과가 뚜렷한 것을 최적화 System이라 하며 구성도는 다음과 같다.

① 제품의 수요조사 및 중장기 전망

② 자동화의 적합설계, 부품의 규격화 및 생산

③ 자동화의 레벨범위 고려

④ 유연성, 신뢰성, 보존성 고려, 개발

⑤ 시뮬레이션을 통한 시스템 투자효과 고려

⑥ 최적 System 고려

수요예측 → 제품의 설계/재설계 → 실비계획 → 시스템 설계 → 성능/경제성 평가 → 시스템 구현

3. 공장자동화의 문제점과 해결방안

(1) 자동화 생산공정 또는 도입 중이거나 가동 중에 있는 문제

① 다품종 생산이나 장래동향 불투명
② 생산관리 면에서의 인적 대응
③ 납기단축, 단위시간당 생산량
④ 제품의 정밀도, 제작상의 문제점
⑤ 초기생산량 감소, 고액투자
⑥ 기술요원 양성, 조작성, 무인운전 등

(2) 문제점 및 해결방안

▸ 문제점 : 리스크가 크다.
▸ 해결방안
① 실시 이전에 문제해결, 관련사항을 사전에 충분히 파악한다.
② 무계획성, 무리한 계획을 절대로 피한다.
③ 제작완성 후에도 기술자교육, 자금투자계획
④ 재투자

▸ 문제점 : 무인화 기술이 미숙하다.
▸ 해결방안
① 이상유무진단, 자기진단
② 위치결정 센싱 후 조립
③ 계측, 피드백제어
④ 촉각센서, 미각센서 기타 검지

▸ 문제점 : 정보처리, 조작성이 복잡하다.
▸ 해결방안
① 기계조작, 운전기술자 사전교육
② 정보처리시스템의 책임 명확화
③ 자극적인 유지보수체제 확립

▸ 기타
① 목적과 투자에 맞는 적정 평가와 대상 선정
② 공통요소 일원화 또는 표준화 유사품종 정리
③ 기술자의 계획적 육성
④ 단계적 · 계획적으로 실시

4. 공장자동화의 과제

(1) 전기, 전자, 기계기술의 복합화된 기술인력 양성
(2) 공장 내에 포함되는 일체의 구성멤버, 즉 각종 밸브시스템의 체계적 계층화 방법의 수립
(3) 물체와 정보의 일치화
(4) 공정운영에 대한 데이터베이스 확립과 학습기능 부족확립
(5) 생산활동 진단과 알고리즘 확대
(6) 가공, 조립, 운반, 검사 중의 작업에 고급화 컴퓨터 언어습득

[Question 07] 공장 생산설비 자동화 계획수립에 있어서 고려되어야 할 기술적인 사항을 논하시오.

1. 공장자동화의 방안에 따른 기술적 사항

(1) 자동화에는 상당한 투자가 요구되므로 먼저 생산제품의 수요예측, 장래동향 등의 수립이 필요하다.
(2) 단계적인 설비계획수립 : 자동화의 공정을 가공으로부터 조립에 이르기까지 모든 System을 포함한 것이다.
(3) 공정별 자동화 레벨을 단기능 또는 로봇과 가공장치를 이용한 공장자동화 중 어떤 형태로 할 것인가를 고려한다.

2. 설계요목의 결정

(1) Handling하는 제품의 온도조건을 판단한다.
(2) 제품규격의 통합 분류가 필요하다.
(3) 생산속도(D.P.M) 등을 검토한다.
(4) 설계에 사용되는 Material의 문제사항을 파악한다.

3. 일반적 설비사항

(1) 품질문제

기존의 공정을 자동화함으로써 월등히 향상되는 계기를 삼아야 한다.

(2) 단순화(Simplification)

기존 공정보다 단순하고 간단한 자동화를 구축해야 한다.

(3) 간이성

전체공정 중 단위공정을 자동화하기 위해 전후 공정에 문제를 발생시켜서는 안 된다.

(4) 보전예측자동화

자동화 설계단계에서 보전성을 고려한 설계를 계획하지 않는다면 당장 가시적인 인력의 성력이나 기타 효과는 발생할지 모르나 장기적으로는 더 많은 손실이 발생된다.

(5) F.A 기본기술

① 설계기술 : CAD, CAM, CAE
② 가공기술 : CNC 기계, 특수가공기계, 로봇
③ 조립기술 : 자동공급장치, 조립용 치공구, 조립용 로봇
④ 운송 및 보관기술 : 무인운반자, 자동창고, Conveyor
⑤ 공정제어기기 : 유공압, PLC, Servo, NC
⑥ 시험 및 검사기술 : 자동계측기기, CAT

(6) F.A System 기술

① System 관리기술 : 생산관리, 재고관리, 공정관리
② 생산 System 기술 : FMS, 운용 System, Lay-out Design
③ 정보처리기술 : Networking, Interfacing

[Question 08] PID(Proportional-plus-Integrate-plus-Derivative) 제어란?

1. PID 제어는 제어기 같은 특수한 것이 아니라 제어 알고리즘이다.
개념만 알면 간단하게라도 프로그램을 짜서 PID제어를 사용할 수 있다. 즉 P(비례제어), I(적분제어), D(미분제어)를 합친 것이다. P 비례제어, 즉 제어하기 위한 목표와 현재의 차이(편차)를 산출해내서 그 편차값에 비례하게 제어량을 주는 것으로, 만약 최대용량 12V짜리 모터에 축을 달아놓고 그 축을 정확히 100°만큼 회전시켜야 한다고 가정하면 현재각도가 0°일 때 편차는 100%, 제어기 12V 전체를 모터에 인가, 50°라면 편차는 50%, 즉 6V를 인가, 180°라면 0V를 인가하는(모터를 꺼버리는) 식으로 동작한다. 만약 현재각도가 99°라면 제어기는 모터에 0.12V를 인가해야 한다. 이상적인 모터라면 0.12V만큼의 속도로 돌겠지만 실제로는 모터 자체의 마찰력도 있고 이런저런 이유로 돌지 않기 때문에 그럴 경우에 생기는 1°의 편차를 없애기 위해 I 제어(적분제어)가 쓰인다. 그 1°만큼의 편차를 계속 적분해서 제어량에 더해주는 것이다. 그러다가 모터를 움직일 수 있는 최소전압을 넘게 되면 모터는 움직여서 그 편차를 없애준다.

D 제어는 현재 각도와 바로 전 각도의 기울기에 비례하게 제어값을 주어서 보다 신속하고 유연하게 목표값에 도달할 수 있도록 해주는 것이다.
대충 제어기를 식으로 표현하면 (e=편차 t=시간)

$$\text{제어량}\ \ u = K_p e + K_I \int e\,dt + K_D \frac{de}{dt}$$

PID 제어는 제어 알고리즘이기 때문에 프로그램을 짜서 컨트롤러에 넣는다면 제어기를 구성할 수 있다.

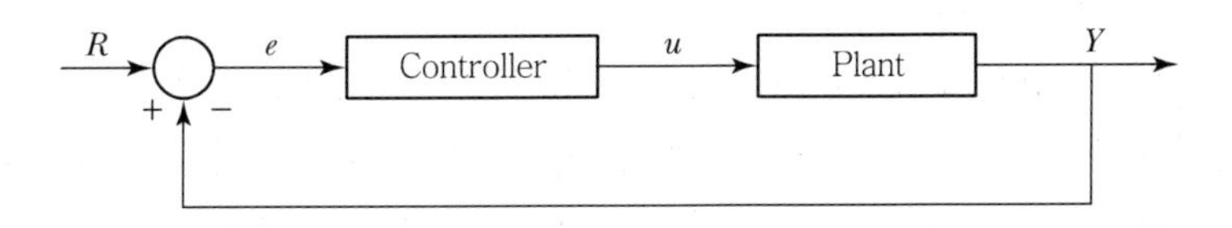

[폐루프 제어 시스템]

2. 어떤 기준값(지령값)이 있고, 센서 등에서 나오는 결과값이 있다고 가정하면 예컨대, 속도를 100이라고 지령하면 어쨌든 출력이 나온다.
   속도가 100이 안 되면 속도를 더 올려야 할 것이고, 100을 넘으면 속도를 줄여야 할 것이다.
   P 제어는 단순히 기준값과 다를 때 어느 정도의 비율로 기준값에 맞춰주는가 하는 것이다.
   P 게인값을 2라고 주면 입력값에 대해 2배씩 증가해서 올리고, 3이라고 주면 3배씩 증가해서 올린다.
   즉 게인값이 클수록 빨리 목표치에 도달하게 되나(반응이 빠름), 관성이 큰 시스템이면 출력값은 마치 물결치듯이 기준값보다 더 컸다가 작았다가 하게 된다.
   그렇다고 게인값을 낮추면 반응이 너무 느려진다.
   그래서 P 게인으로는 한계가 있으므로, 다른 I나 D 제어를 조합해서 최적의 상태로 만들어낸다. 일반적으로 D 제어는 잘 사용하지 않는다.
   외부 잡음에 민감해서 오동작의 우려가 있기 때문에, 대개는 P와 I 제어를 조합해서 하게 된다.

3. PID 제어는 아날로그 컨트롤 방식 중 하나로, 구조가 단순하고 효능도 좋아서 많이 사용한다. 보통 온도제어 같은 데 많이 사용하는데, 어떤 탱크의 물을 데울 때 히터에 보내는 전력량을 조절해야 한다면 전력을 많이 보내면 빨리 데워지는 대신 원하는 온도를 초과할 수 있고 전력을 적게 보내면 온도를 초과하는 일은 없는 대신 데워지는 시간이 길어진다. 이렇게 P, I, D 파라메터를 조절해 온도차가 많을 때는 빨리 데우고, 온도차가 적을 때는 열량을 줄여서 초과하는 것을 막도록 하는 일종의 자동컨트롤방식이 사용되는 것이 바로 PID 제어이다.

[Question 09] 유비쿼터스(Ubiquitous)의 개념을 설명하고, 적용 가능분야 또는 산업기계분야에 적용된 사례를 제시하시오.

1. 유비쿼터스의 개념

'도처에 널려 있다', '언제 어디서나 동시에 존재한다'라는 라틴어에서 유래한 개념으로서 언제, 어디서나, 누구라도 컴퓨터와 네트워크를 손쉽고, 편리하고, 안전하게 이용할 수 있는 환경을 의미한다.

유비쿼터스의 창시자 Mark Weiser가 주창하는 미래사회는 컴퓨터들이 현실공간 전반에 걸쳐 편재되고, 이들 사이는 유무선 통신망을 통해 이음새 없이 연결되어 사용자가 필요로 하는 정보나 서비스를 즉시 제공하는 환경으로, 유비쿼터스 컴퓨팅과 유비쿼터스 네트워크의 결합, 그리고 NT(Nano Technology), BT(Bio Technology)와의 거대융합이 가져다 줄 차세대 IT 혁명으로서의 사회경제 전반에 걸친 총체적인 변혁을 말한다.

2. 적용 가능분야

스마트 타이어란 기존 고무 타이어에 각종 안전센서를 장착해 운전자에게 위험상황을 경고하는 기능까지 수행하는 미래형 타이어로 실제 주행 중인 타이어가 펑크가 나기 전에 타이어 공기압 정보를 운전자에게 알려주거나 노면조건을 감지하고 타이어 외부형태까지 바꾸는 꿈의 자동차 타이어이다.

스마트 타이어의 핵심기술인 타이어 압력 모니터링 시스템(TPMS : Tire Pressure Monitoring System)은 4개의 타이어 내부 링에 장착된 무선 송신기와 압력 · 온도 센서 모듈, 운전석에 설치된 전용수신기로 구성되어 시동을 켤 때마다 모든 타이어의 압력상황이 체크되어 계기판으로 압력정보가 전송되고 위험징후 시 경고알람을 보내며 디스플레이를 통해 위급상황을 무선으로 알려준다.

[Question 10] MEMS(Micro Electro Mechanical Systems)

1. 정의

MEMS란 마이크로시스템, 마이크로머신, 마이크로메카트로닉스 등의 동의어로서 혼용되고 있으며 번역하면 초소형 시스템이나 초소형 기계를 의미한다. 아직까지 정식으로 논의되어 선정된 단어는 없지만 현재 선도 기술사업으로 진행되고 있는 기술개발 과제명은 초소형 정밀기계 기술개발이라 부르고 있다.

현미경에 의하지 않고서는 형체를 알 수 없을 정도로 작은 기계가 공상소설의 영역을 벗어나 이제 현실공학의 새로운 분야로 정착되었다. 한마디로 말해 개미와 같은 마이크로 로봇을 인공적으로 만들어서 미소한 운동이나 작업을 시키려고 하는 것이다. 즉, 개미의 눈이나 촉각에 해당하는 각종 센서, 뇌나 신경에 해당하는 논리회로, 팔과 다리에 대응하는 마이크로 메커니즘, 그것을 움직이게 하는 마이크로 액추에이터를 하나로 하는 시스템을 일컫는다. 크기는 수 mm에서 수 nm까지에 이르며, 수 cm 크기라 해도 마이크로머신이라고 불리는 경우도 있다.

마이크로머신의 아이디어가 제창된 초기에는 혈관 내를 돌아다니면서 환부를 치료할 수 있는 기계에 대한 구상도 있었다. 허나 기존의 기계를 단순히 축소해야 마이크로 머신이 되리라는 생각은 이미 과거의 것이 되었다. MEMS란 마이크로머신이 느끼고 생각하며, 운동하는 시스템을 일컫는다.

비교 항목	반도체 기술	초소형 정밀기계기술(MEMS)
탄생 배경	1960년대 초반 반도체의 회로 집적화로 탄생	반도체 기술에서 파생
특색	좁은 면적에 많은 회로를 얇게 2차원적으로 집적화	3차원적으로 공간을 마련하고 전기선처럼 회로를 배열
제품에서의 역할, 응용	• 인간의 두뇌(기억 및 정보처리)에 상당 • 정보통신 컴퓨터 등에 집중적으로 응용	• 인간의 감각기관(눈, 코, 귀, 피부) 및 손발의 역할 • 자동차, 디스플레이를 포함한 가전 등의 기간산업과 앞으로 다가올 항공, 우주산업, 의료, 생물, 제약산업에까지 응용
산업 및 경제에 미친 영향	80년대 및 90년대 세계적 경쟁의 각축장, 한국의 수출 주력상품	2010년대 경제 및 경쟁력에 파급효과 및 다양한 상품으로 주력산업 가능
현재까지 개발된 상품	메모리 소자, 마이크로프로세서, 비메모리 소자	잉크젯 프린터 헤드, 자동차 에어백용 충돌감지센서, 압력센서 등은 세계적인 상품으로 이미 시장을 형성하고 있다.

2. MEMS의 역사와 MEMS의 정의 변화

1960년대 초 - MEMS는 실리콘 가공기술에서 시작되었으므로 최초의 연구는 실리콘 기판상에서 미세 기계요소 즉 밸브, 모터, 펌프, 기어 등의 부품을 2차원 평면으로 제작한 것이 그 시초였다. 이의 발전은 마이크로센서의 수요 확대에 힘입어 실리콘 기판 위에 압력센서가 속도센서 등과 신호처리용 집적회로, 그리고 센서에 의해서 제어가 가능한 마이크로 액추에이터를 집적화하여 인텔리전트 시스템을 구현하려는 의도가 있었다.
1970년대 - 이방성 에칭을 이용한 여러 가지 Device가 연구되었고 이를 이용한 3차원 구조를 가진 광학 디바이스, 잉크젯, 홀로그래피 등이 연구되었다. 이처럼 반도체 기판 자체를 에칭하여 3차원 구조를 만드는 것을 마이크로머시닝(Micromachining) 혹은 Bulk Machining이라고 한다.
1980년대 이후 - Surface Micro Machining 기술로 기판을 손대지 않고, 기판 위에 증착된 희생 박막을 에칭해서 박막으로 된 3차원 구조물을 만들게 되었다. MEMS에서 말하는 3차원 구조란 반도체에 비해 두께가 훨씬 크다.
현재 LIGA, Laser, 전기방전 등등의 여러 제작기술이 개발되고 있고 이에 따라 계속해서 MEMS의 연구는 발전하고 있다.

3. 설계

(1) 마이크로 세계의 이해

① 스케일의 벽

마이크로 세계에서는 치수의 세제곱에 비례하는 체적의 효과가 상대적으로 약해지고 치수의 제곱에 비례하는 면적의 효과가 탁월하다. 공중에 물체를 놓으면 낙하한다라는 상식은 눈에 안 보일 정도의 작은 먼지에 대해서는 성립하지 않는다. 먼지는 매우 가볍고 표면에 작용하는 공기의 마찰에 의해서 언제까지나 부유한다. 이것 때문에 마이크로 세계에서는 잘 움직이는 기계도 그대로 작게 해서는 잘 움직이지 않거나 매우 효율이 나빠져서 실용화할 수 없다.

② 정보교환의 벽

기계를 제어하는 정보의 검출과 처리를 위하여 센서와 컴퓨터를 접속할 필요가 있을 때 그 배선이 기계 그 자체와 같을 정도로 커져 버리는 문제이다. 특히 다수의 소형기계를 좁은 장소에 집중하여 사용하려 할 때에 이것은 큰 문제가 된다.

③ 단품 조립생산의 벽

기계부가 소형으로 되면 그것을 취급하고 조립하는 것은 어려워진다. 한 개의 소형기계를 만드는 단품생산에서 완성품의 비용은 매우 높아지며 특수한 용도 이외에는 사용할 수 없게 된다. 매우 작은 부품을 만들고 미소의 오차로 조립하는 것은 굉장한 비용이 들며 생산성이 나쁘다. 이것이 단품 조립생산의 벽이다.

④ 반도체 마이크로머신

일반적으로 포토리소그래피(Photo-lithography)라 불리는 IC 제조용 수법은 상대 정도가 일정한 축소가 가능하지만 다음의 문제점을 생각하지 않을 수 없다.

- 재료가 실리콘에 한정되어 있어서는 곤란하다.
- 박막을 가공한 평면적인 구조밖에 얻을 수 없다.
- 마이크로 세계에서 잘 움직이는 마이크로머신 시스템 구조의 이미지가 떠오르지 않는다.
- 힘이나 구조가 너무 작아서 어디에 응용하면 좋을지 모른다.

(2) 마이크로머신의 재료

명칭	용도	반도체 프로세스	특성
폴리이미드	구조재	반도체 프로세스	막 형성이 용이, 유연하다.
텅스텐	구조재	반도체 프로세스	불화수소에 용해되지 않는다. 취약하지 않다.
몰리브덴	구조재	반도체 프로세스	취약하지 않다.
Ni, Cu, Au	구조재	전기도금	LIGA 프로세스로 두꺼운(0.1mm 이상) 구조 제작 가능
수정	액추에이터	이방성 에칭	압전성 있음, 절연물
ZnO	액추에이터	반도체 프로세스	압전성 있음
PZT	액추에이터	후막 프로세스	압전성 큼
TiNi	액추에이터	반도체 프로세스	형상 기억 합금
Si_3N_4	윤활막	반도체 프로세스	
DLC	윤활막	반도체 프로세스	(다이아몬드상 탄소막)

(3) 실용적인 접근에 초점

인체의 혈관 내를 유영하는 초소형 로봇의 개발까지 꿈꾸게 되었지만 지금까지 개발한 초소형 장치들이 실제로 사용될 수 있는 곳은 별로 없다. 환상에서 벗어나 실용적인 관점에서 접근이 필요하며 일상생활에 직접적인 영향을 미칠 수 있는 장치에 산업계의 초점이 맞춰지고 있다.

Example 자동차, 가정, 수술실

(4) 조합형 작동 시스템

현재 마이크로 머시닝 기술을 이용하고 제작되는 마이크로 액추에이터에서는 마찰이 문제가 되고 있다. 마찰 때문에 기어나 링크기구를 조합시키면 효율이 나빠지고 손실이 커지게 된다. 하지만 다수의 마이크로 액추에이터를 직병렬로 조합시켜 구축하면 동작은 단순하더라도 실제로 복잡한 과정을 효율적으로 실행하게 된다.

(5) 마이크로 CAD

MEMS 센서의 설계 및 해석을 위해서는 미소재료의 물성 및 거동 특성, 미소영역에서의 물리적 현상의 이해, 기전 복합시스템의 모델링과 작동 시뮬레이션기법 등이 필요하다. 초기 설계단계에서부터 구조설계, 매스크 및 공정설계, 제작, 시험에 이르기까지 소요되는 인력과 경비를 절감하고 설계주기를 단축시키기 위한 마이크로머신 전용 CAD 시스템의 필요성이 대두되고 있다.

제5절 소음진동

Professional Engineer Machine

[Question 01] 방진, 진동대책에 관하여 설명하시오.

1. 개요

제진(制振)처리는 진동의 감쇠를 촉진하고 공진을 억제하며 기계적인 가진에 의하여 발생하는 진동을 저감시킬 경우에 유효한 수단으로 사용한다.

2. 진동의 대책

(1) 진동발생원의 제거

(2) 가진력의 감소

(3) 불균형의 수정

(4) 재료의 강성, 기초의 중량계산 등

기계가 진동하는 것은 가진력이 존재하기 때문이므로 그 원인과 발생기구를 해명하고 구조물의 강성 및 역학적 문제점을 충분히 해석하여 각 사항에 대한 부족한 부분에 적절한 방법을 선택하는 것이 중요하다.

3. 방진방법

(1) 탄성지지

기계와 기초 사이에 탄력적인 탄성체를 삽입, 탄성지지에 의해 생기는 고유진동수 f_0를 가동진동수 f의 1/2 이하가 되도록 용수철의 강도를 설계하여 진동을 억제한다.

(2) 방진고무

가장 널리 사용되고 있는 비금속 용수철로 금속판에 각종 형상으로 설계된 고무를 접착시킨 구조로 되어 있으며, 사용목적 및 조건에 따라서 적절한 재질을 선택할 필요가 있다.

- 온도의 범위 : 천연고무 −10~70℃, 특수고무 −50~120℃

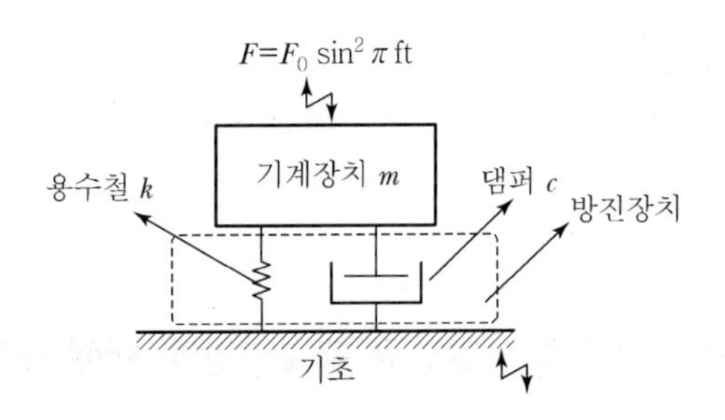

[강제 진동모델]

4. 금속용수철

(1) 겹판 용수철

여러 장의 판스프링을 겹친 것이다. 하중의 방향으로 스프링 효과를 갖는다. 스프링이 휠 때 판 간의 마찰력이 감쇠요소로 작용, 감쇠한다. 효과가 불안정적이고 고주파 진동의 절연성도 좋지 못하다.

(2) 코일 용수철

스프링 재료를 나선형으로 성형한 것이다. 스프링 자체의 고유진동과 가진력의 공진에 의한 서징에 주의한다.

(3) 접시 용수철

중앙에 구멍이 있는 원판을 원뿔꼴로 성형하고 수직방향으로 하중을 가하여 사용하는 스프링이다.

5. 기타 방진

(1) 공기 용수철

타이어 코드에 의한 보강층을 내장하고 고무막에 봉입한 공기의 탄성을 이용하는 스프링이다. 고무막의 모양에 따라 벨로스형과 다이어프램형이 있다.

(2) 고무패드

고무의 탄성을 이용한 것으로서 금속판에 천연고무나 합성고무를 접착한 구조이다. 진동, 절연성은 저하된다.

(3) 토션바

특징은 코일 용수철과 비슷하지만 링크장치가 필요하다.

(4) 펠트

고무패드와 비슷하지만 진동, 절연성은 떨어진다.

(5) 코르크

펠트와 비슷, 고무패드보다 사용온도 범위가 넓다.

(6) 와이어메시 스폰지
부착이 용이하고 내식성 양호, 온도범위가 넓고 감쇠성도 크다.

[Question 02] 산업기계의 진동발생원인과 해결방안에 대해 구체적인 예를 들어 설명하시오.

1. 개요

진동이란 매질의 탄성에 의해 초기에너지가 매질의 다른 부분으로 전달되는 현상으로 질량과 스프링 댐퍼(Damper)로 구성된 단순진동자에 의해 설명할 수 있다. 실제의 기계를 단순진동자로 단순화하기 위해서는 진동발생 Mechanism에 대한 이해가 필요하다.

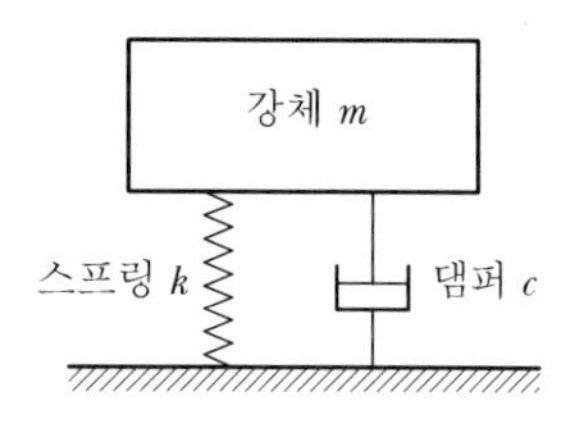

[단순진동자]

2. 진동발생원인

(1) 회전체의 불균형 : 재료와 치수의 불균형으로 대별한다. 이들 불균형은 회전체의 질량중심과 회전체 축과의 상대적 변위를 초래하여 진동이 발생한다.
(2) 구조물의 공간 : 기계의 고유진동수와 외력이 동일한 주파수를 가질 때 공진현상이 발생하여 불균형, 충격, 마찰에 의한 진동이 발생한다.
(3) 충격 : 기계 표면에 가해지는 대기 중의 충격음, 바닥을 통해 전달된 진동이 기계로 전달됨으로 인한 진동이다.
(4) Gear 진동 : 설계 · 제작에 따른 허용공차, 가공방법의 문제로 기인한 치접촉부 사이의 진동이다.
(5) 베어링 : Ball 또는 Roller, 회전체 표면 불균일에 의한 마찰진동이다.
(6) 공기 동역학적 발생 : 추진날개에 의해 발생되는 유체 난류흐름에 기인한 기계진동이다.

3. 기계진동 발생 시 파생문제점

(1) 진동체에 의한 소음

(2) 환경진동 측면 : 인체영향, 구조물 영향

(3) 기계안전가동 문제

(4) 기계가공의 정밀도 문제

(5) 기계수명의 문제

4. 진동방지대책

(1) 진동차단기와 진동 보호받침대를 설치한다.(a)

(2) 질량이 큰 Mass Block을 설치한다.(b)

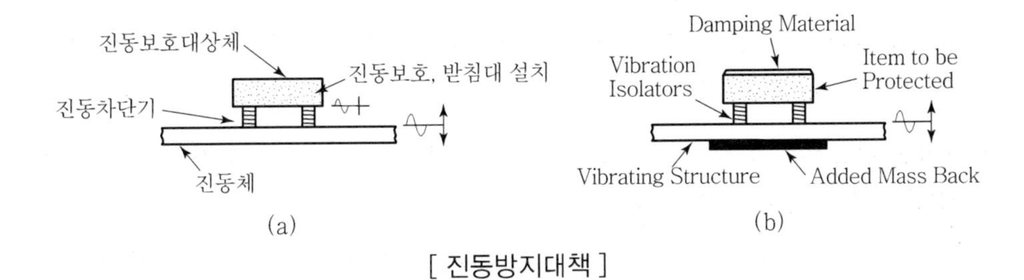

[진동방지대책]

(3) 2단계 차단기 설치, 고주파 진동제어에 큰 효과가 있다.

(4) 진동 보호받침대 자체를 제어, 강철 보강재와 댐핑재료를 함께 사용하고 이때 강철 보강재는 Spring 역할을 한다.

(5) 하중이 큰 경우(정적변위가 5cm 이상) 강철 Spring을 설치한다.

(6) 천연 혹은 합성고무

① 측면으로 미끄러지는 하중에 적합하며 가볍고 저렴하다.

② 강성이 온도, 시간에 따라 계속적으로 변화하는 결점이 있다.

(7) 스펀지 고무

① 액체를 흡수하는 경향이 있으므로 Plastic의 밀폐된 Pad를 사용한다.

② 강성은 고무차단기와 비슷하다.

(8) 댐핑 판 부착

① 구조물 판 두께의 2~4배 정도 댐핑 판을 사용한다.

② 구조체 판에 견고하게 연속적으로 부착 시 좋은 효과를 본다.

5. 결론

산업기계의 진동은 대책강구 목적의 우선순위와 상호영향을 고려해서 체계적으로 접근하여 해결해야 한다. 이를 위해 진동방지에 필요한 비용과 효과(특히 생산성 제고와 주거환경 개선에 기여하는 측면) 및 그렇지 않았을 때의 제반규제법 저촉에 의한 경영상의 손실 등을 다각적으로 고려한다.

[Question 03] 산업기계의 소음방지대책에 대한 설계 시 고려해야 할 사항에 대하여 설명하시오.

1. 기계가 수평, 수직으로 정확하게 설치될 수 있도록 기초공사용 시방을 명확히 설계도면에 표기해야 한다.
2. 기계로부터의 소음은 기계실의 내장을 흡음재로 마무리하거나 문을 방음벽으로 설계하여 방음에 대처해야 한다.
3. 벽체를 관통하는 Duct나 배관의 관통부에 틈새가 있으면 소음이 전달되므로 틈새 메움 시방을 설계시방에 명기한다.
   (1) 일반적으로 틈새에는 모르타르를 사용하는데 진동이 벽을 통해서 전달될 때는 로크롤 등을 사용한다.
   (2) 기계실과 같이 소음이 큰 기계실 방의 벽을 관통할 때는 틈새 메움을 완전히 한다.
4. 냉각탑의 소음 차단 시는 차음벽을 설치하는데, 냉각탑에 너무 접근하게 되면 냉각효율이 떨어지므로 1m 이상 띄어 설치되도록 설계해야 한다.
5. 냉각탑의 소음은 기계로부터의 발생소음과 순환수 탑 내의 낙하음으로, 방음도 이에 대비할 수 있도록 설계해야 한다.
6. 소음을 측정하여 방음대책을 세우기 전에 다음을 조사하여 기계적으로 설계 시 고려되어야 할 항목은 다음과 같다.
   (1) 회전날개의 밸런스가 좋도록 설계되고 제작되었는가?
   (2) 회전축에 무리가 없는가?
   (3) 설계 시 설치시방을 정확히 고려하였는가(기초공사, 방음, 방충, 완충 등)?
   (4) 적정 윤활을 수행하고 있는가?
   (5) 기계작동 부위의 간섭유무가 없는가?
   (6) 기타 기계적 소음 발생요인이 주변에 잠재하고 있지 않는가?
7. 차음재는 면밀도(kg/m^2)가 클수록 차음효과가 좋으므로 설계 시 적정치를 선정한다.

8. 덕트에 접속하고 있는 기계로부터의 발생소음이나 기류, 풍압으로 덕트 내에서 생기는 음이 취출구 등에서 나오는 것을 방지하기 위해서 덕트 내면에 흡음재를 붙이거나 소음기, 소음 체임버(Chamber)를 설치하도록 설계한다.

[Question 04] 아래 그림의 고유진동수를 구하시오.

1.

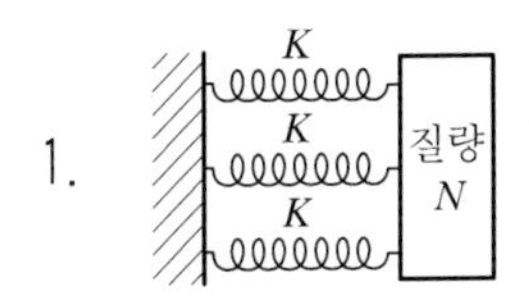

2.

3.

• 고유진동수 $f=\frac{1}{2\pi}\sqrt{\frac{k}{m}}$

1. $f=\frac{1}{2\pi}\sqrt{\frac{3k}{m}}$

2. $f=\frac{1}{2\pi}\sqrt{\frac{k}{3m}}$

3. $f=\frac{1}{2\pi}\sqrt{\frac{k_1+k_2}{m}}$

제6절 설계 및 제도분야

[Question 01] 기하공차(Geometric Dimension & Tolerance)의 종류와 기호에 대하여 논하시오.

1. 기하공차

도면에서 형체의 모양, 자세, 위치 및 흔들림에 대한 공차를 말하며, 제품 생산성, 호환성을 증가시키고 검사방법을 용이하게 한다.

2. 기하공차의 종류 및 기호

(1) 공차와 관련된 도면의 4요소

① 크기(Size)

② 형상(Form)

③ 자세(Orientation)

④ 위치(Location)

(2) 기하공차 사용 시 장점

① 생산원가의 Down

② 최대의 제작공차로 생산성 Up

③ 호환성과 결합보증

④ 효율적인 검사, 측정가능

⑤ 도면의 안정성, 통일성으로 일률적인 해석가능

(3) 공차역의 종류와 그 현상

원 속의 영역, 두 개의 동심원 사이 영역, 두 개의 등간격선 또는 평행한 직선 사이에 끼워진 영역, 구 속의 영역, 원통 속의 영역, 두 개의 동축원통 사이에 끼워진 영역, 두 개의 등간격면 또는 평행한 평면 사이에 끼워진 영역, 직방체 속의 영역

(4) 종류와 그 기호

적용하는 형체	공차의 종류		기호
단독형체	모양공차	진직도공차(Straightness)	⏤
		평면도공차(Flatness)	⏥
		진원도공차(Roundness)	○
		원통도공차(Cylindricity)	⌭
단독형체 또는 관련형체		선의 윤곽도 공차(Profile of Any Line)	⌒
		면의 윤곽도 공차(Profile of Any Surface)	⌓
관련형체	자세공차	평행도 공차(Parallelism)	∥
		직각도 공차(Squareness)	⊥
		경사도 공차(Angularity)	∠
	위치공차	위치도 공차(True Position)	⌖
		동축도 공차 또는 동심도 공차(Concentricity)	◎
		대칭도 공차(Symmetry)	⌯
	흔들림 공차	원주 흔들림 공차	↗
		온 흔들림 공차	⌰

(5) 부가기호

표시하는 내용		기호
공차붙이 형체	직접 표시하는 경우	
	문자기호에 의해 표시하는 경우	A A
데이텀	직접 표시하는 경우	
	문자기호에 의해 표시하는 경우	A A
데이텀 표적(타깃) 기입률		$\frac{\phi 2}{A1}$ $\frac{\phi 2}{A1}$
이론적으로 정확한 치수		50
돌출공차액		P
최대실체 공차방식(최대 재료조건)		M → MMC
최소실체 공차방식(최소 재료조건)		L → LMC
치수와 무관		S

[Question 02] 오일 휩(Oil Whip)의 뜻과 방지법에 대하여 설명하시오.

1. 오일 휩이란

슬라이딩 베어링으로서 받쳐져 있는 회전축을 위험속도 2배 이상의 고속으로 돌리면 유막의 작용에 의하여 폭이 심한 횡진동을 일으키는 수가 있는데, 이 현상을 오일휩이라 한다.

2. 발생원인

축의 회전에 의하여 발생하는 유막압력의 특이성에 의하여 자기 자신으로 일어난다. 즉 오일 휩은 자력진동의 한 종류이다. 오일 휩의 진폭은 위험속도의 진동과 같이 크게 되고 한 번 생긴 진동은 위험속도와는 달리 회전속도를 올려도 중단되지 않는다. 따라서 오일 휩은 터빈 Blower 등 고속회전기계의 장애로 위험속도보다 더 취급하기 곤란한 문제가 발생한다.

3. 오일 휩의 이론

(1) 정성적 이론

유막의 흐름에 대하여 생각해보면 그 유속은 베어링 면에서는 0, 저널 면에서는 어디서나 그 주속도 v와 같다. 따라서 평균유속은 원주상 어느 단면에서도 일정치를 저널 원주속도의 전달 v/2가 되려고 한다.

유막의 두께는 쐐기상으로 변화하는데 기름의 유속은 어디에서도 일정치 v/2가 되려고 하므로 결국 유막은 저널을 저널 회전속도의 1/2 속도로 밀어 흘러와서 선회시키는 이론이다.

(2) 정량적 이론

레이놀즈의 방정식으로서 유막의 동적 특성을 구하고 그 유막으로 받쳐진 축류의 운동방정식을 만들어 그 안정성을 조사하면 된다.

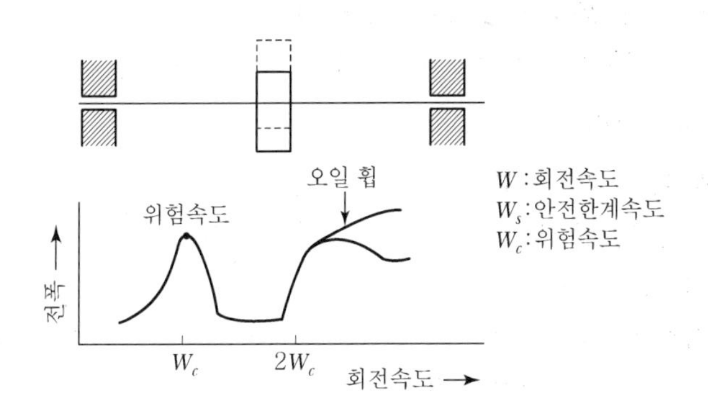

[전형적인 오일 휩]

4. 오일 휩 방지법

(1) $W = W_s$가 되도록 한다. 베어링 면적, 특히 베어링 길이를 감속시키든지 기름의 점성계수를 감소시키고 베어링 틈새를 증가시키든지 하여 편심률 ε를 증가시키는 것이 안전하다. 대체로 $\varepsilon > 0.8$ 정도가 좋다.

(2) $W < 2W_c$로 한다. 위험속도 W_c를 높인다.

(3) 비원형 단면의 베어링을 사용한다.

(4) 부동 Bush Bearing을 사용한다.

5. 용도별 분류

(1) 저속저하중 : 원통 베어링
(2) 고속저하중 : 미첼 베어링
(3) 중간저하중 : 비원형 베어링, 부동 Bush 베어링

[Question 03] K.S에 규정된 치수공차의 개념과 공차표시법에 대하여 설명하시오.

1. 치수공차(Tolerance of Dimension)

끼워맞춤방식에서 규정되어 있는 한계치수, 즉 실제치수에 허용되는 치수범위의 최대치수와 최소치수의 차를 치수공차라 한다. 즉 최대허용치수와 최소허용치수의 차를 말한다.

(1) 최대허용치수(Maximum Limit of Size)
실치수에 대하여 허용되는 최대치수

(2) 최소허용치수(Minimum Limit of Size)
실치수에 대하여 허용되는 최소치수

2. 치수공차 표시방법

(1) 수치에 의한 공차의 표시

① 치수공차를 수치로 표시할 때는 기준치수 다음에 위·아래의 치수허용차를 첨가하여 표시한다.
② 허용한계치수로 표시할 경우에는 최대허용치수를 위쪽에, 최소허용치수는 아래쪽 치수보조선 위에 기입한다.
③ 위·아래 치수허용차가 같은 경우에는 치수허용차의 수치를 하나로 나타낸다.

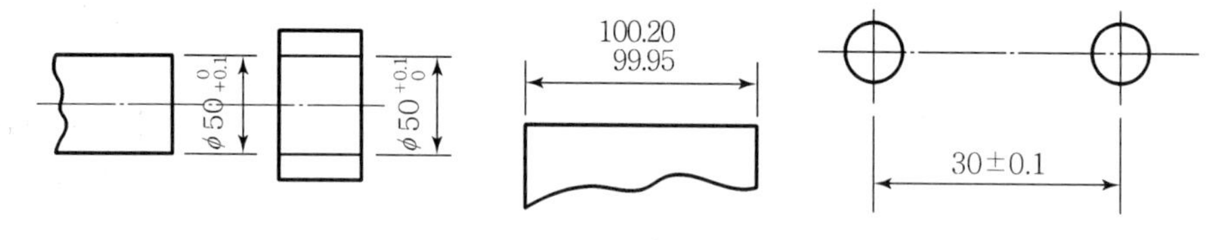

[수치에 의한 공차표시]

(2) 치수공차는 각 치수에 모순이 일어나지 않도록 기입한다. 길이의 수치에 공차를 기입하는 경우에는 각 부의 허용되는 치수에 모순이 일어나지 않게 하기 위하여 중요도가 작은 치수에는 공차를 기입하지 않는 것이 좋다.

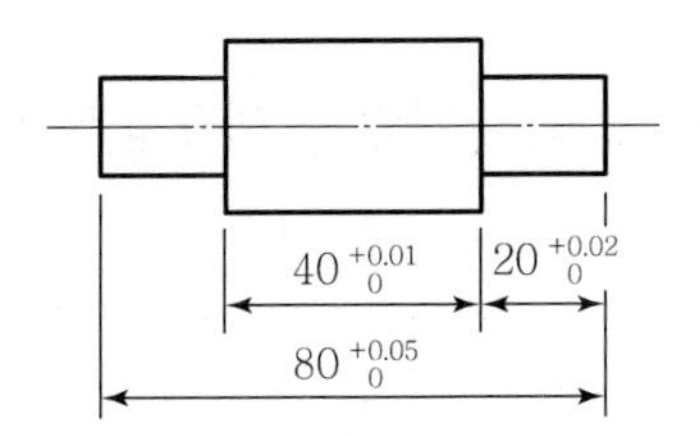

(3) 구멍과 축의 치수허용차를 병기(倂記)하여 표시하는 방법

동일기준 치수에 대하여 구멍 및 축에 대한 위·아래의 치수허용차를 병기한다.

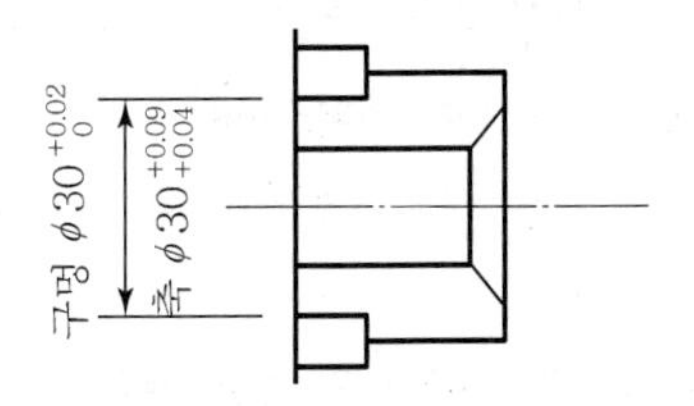

(4) 끼워맞춤 기호에 따른 치수공차의 표시방법

① 끼워맞춤방식에 의한 치수허용차는 기준치수 다음에 치수공차 및 끼워맞춤에 규정되어 있는 끼워맞춤 종류의 기호 및 등급을 기입하여 표시한다.

② 끼워맞춤 종류를 표시하는 기호 및 등급과 위·아래의 치수허용차를 병기한다.

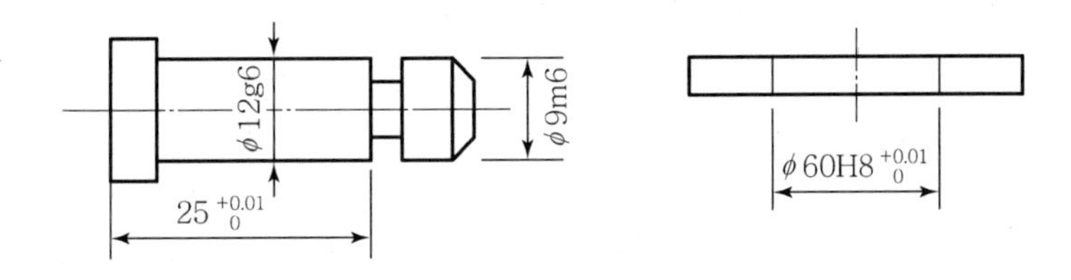

(5) 구멍과 축의 끼워맞춤 기호를 병기하는 표시방법

동일한 기준치수에 대하여 구멍 및 축에 대한 끼워맞춤의 종류, 기호 및 등급을 병기할 때

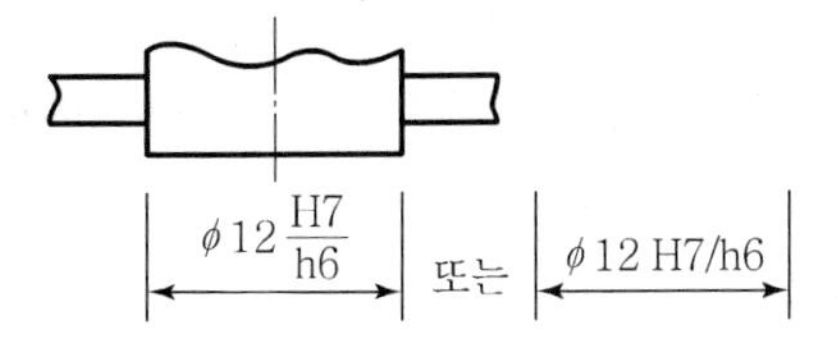

[Question 04] 도면의 종류를 작성 단계별과 내용별로 구분하여 내용을 간단히 논하시오.

1. 작성단계별 분류

(1) 계획용 도면(Preliminary Drawing)

일명 Conceptional Drawing으로 설계자가 제품을 어떻게 만들겠다는 계획과 공정의 기본개념을 피력한 도면으로 주문, 견적서 등에 쓰인다.

(2) 기본설계 승인도(Approval For Planning)

계획용 도면 다음으로 만들어지며 공장의 규모, 원료, 제품규격, 공장설계기준, 조건 등을 규정하여 작성된 도면

(3) 상세설계 승인도(Approval For Construction)

공장건설 공사착수를 승인하는 도면으로 Vendor Print(제작업체 도면)가 반영되었기 때문에 이 단계에서의 도면 수정은 매우 곤란하다.

2. 내용별 분류

(1) 공정계통도(PFD : Process Flow Diagram)

공정계통도는 일명 제조공정도, 작업계통도, 흐름계통도라고 하는데 주요기기 및 원료, 중간제품, 완제품 등의 흐름방향과 물질 및 에너지 수지(收支) 등을 표시함으로써 전공정의 개요, 조작의 순서, 공정에 필요한 기기, 상호 간의 접속관계, 공정의 운전조건 등을 나타내어 이 도면을 근거로 하여 여러 도면의 작성 및 장치의 크기를 결정하는 등 공장건설의 가장 기본이 되는 도면으로 밸브는 표시하지 않는다.

(2) 피 앤 아이디(P&ID : Piping and Instrument Diagram)

P&ID는 일명 Mechanical Flow Diagram이라고도 하는데 공장건설에 필요한 모든 기계장치, 배관, 계장 및 보온의 유무관계 등을 빠짐없이 수록하는 도면으로서 공장의 건설에 소요되는 기계, 장치, 계장의 숫자 등이 파악될 수 있다.

(3) 유틸리티 수지 및 유틸리티 계층통(Utility Balance Diagram & Utility Flow Diagram)

공장 내의 모든 Utility의 수급 및 공급관계를 나타내는 도면을 말한다. 일명 UDD 즉, Utility Distribution Diagram이라고도 한다.

(4) 기계도면

일명 Engineering Drawing이라고도 하며 기계나 장치 등을 도면화한 것

(5) 건축도면

건물과 토목 관련사항 등을 표시한 도면

(6) 전기도면 & Communication

건물의 조명, Control 관련사항, 컴퓨터 및 통신 Network 구성 등을 나타낸 도면

(7) 배관도면

관을 배치하는 도면으로 기기 간 접속 및 연결 방법을 도면화한 도면을 산업현장에서는 2차 배관이라 부른다.

[Question 05] 표면거칠기의 종류 및 삼각기호(다듬질 정도)와 비교 설명하시오.

1. 표면거칠기 측정

(1) 개요

평면을 현미경으로 보면 수많은 요철을 볼 수 있다. 이와 같이 일정한 간격 사이에 나타나는 요철의 빈도와 크기를 조도(거칠기, Roughness)라 하며 이는 정밀도를 정하는 중요한 인자이다. 조도가 작은 것이 정밀도가 좋다고 말할 수 있으며, 그 외에 마찰, 마모 및 내구성과도 밀접한 관계를 가지고 있다.

(2) 표면거칠기의 표시법

① 최대높이(R_{max})

거칠기 곡선의 중앙선에 대해 상부와 하부에 평행선을 그었을 때 두 직선의 간격을 mm로 표시한 것

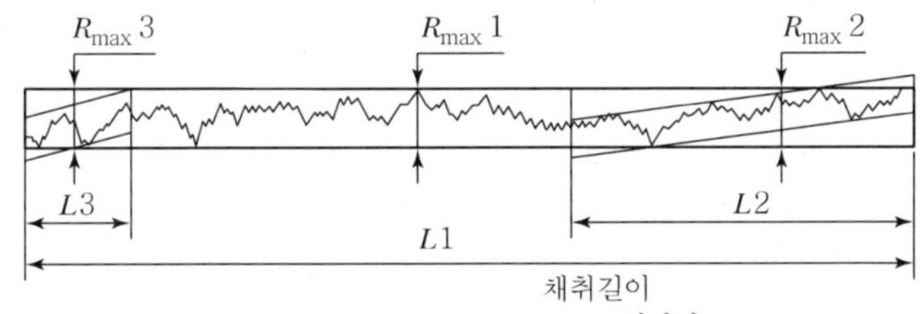

R_{max} 1, R_{max} 2, R_{max} 3 : $L1$, $L2$, $L3$에서의 조도

[최대높이조도]

② 중심선 평균거칠기(R_a)

표면거칠기 곡선의 중심선으로부터 위쪽 산 부분 면적의 합을 S_1, 중심선으로부터 아래쪽 면적의 합을 S_2로 할 때 $S_1 = S_2$가 되도록 그은 선을 중심선으로 하여 측정길이 l에 대한 그 편위의 산술평균을 나타냄

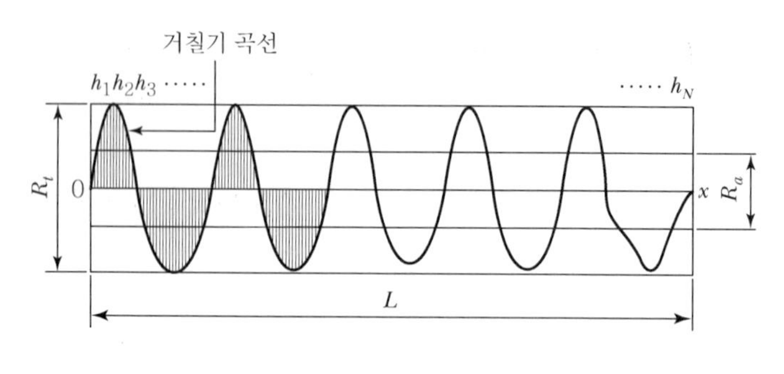

[평균조도]

③ 10점 평균 거칠기(R_z)

채취부분의 기준길이(Cut Off) 내 단면곡선에서 가장 높은 곳에서 3번째 봉우리와 가장 낮은 곳에서 3번째 골을 지나는 것을 중심선에 평행하게 그었을 때 두 직선의 거리로 R_z을 나타냄

2. 삼각기호(다듬질 정도)와 비교

가공형태	다듬질 정도	정의	거칠기 종류			가공 공작기계
			중심선 평균 거칠기(R_a)	최대높이(R_{max})	10점 평균 거칠기(R_z)	
	▽▽▽▽	고운 정밀다듬질	z/ =0.2a= 0.2/	0.8S	0.8Z	래핑
	▽▽▽	고운 다듬질	y/ =1.6a= 1.6/	6.3S	6.3Z	슈퍼피니싱/연삭
	▽▽	보통 다듬질	x/ =6.3a= 6.3/	25S	25Z	선반/밀링
	▽	거친 다듬질	w/ =25a= 25/	100S	100Z	드릴
	~	주조한 그대로		~	~	주조/단조

제7절 Computer 활용 및 Control 분야

Professional Engineer Machine

[Question 01] NC에 대하여 설명하시오.

1. NC의 개요

(1) 개요

수치제어인 NC(Numerical Control)는 수치와 기호로 구성된 수치정보를 매개수단으로 하여 기계의 운전을 자동제어한다는 의미이다.

기계가 운동하는 거리와 운동 특성을 천공테이프나 자기테이프, 디스크 등에 기록하여 지령하면 종래의 수동운전되었던 기계의 조작이 자동화될 뿐 아니라 복잡한 형상이라도 짧은 시간에 높은 정밀도로 가공할 수 있다.

NC 장치 내에 컴퓨터를 내장한 것을 CNC라 하며 1대의 컴퓨터에 의해 여러 대의 CNC 공작기계를 직접 제어하는 것을 DNC라 한다.

(2) NC의 발달과정

① 제1단계 : NC

공작기계 1대를 NC 1대로 단순제어하는 간이 자동화 단계로 NC 기계는 매 제품 가공마다 천공 테이프로 리더기를 통해 명령문과 데이터가 입력된다.

② 제2단계 : CNC

공작기계 1대를 NC 1대로 제어하며 복합기능을 수행하는 단위기계의 완전자동화 단계로서 NC와 프로그램 입력방법은 같으나 CNC에서는 명령문과 데이터가 한 번 입력되면 컴퓨터 기억장치에 저장될 뿐 아니라 입력방법에도 리더기 외에 디스켓이나 컴퓨터 통신 등을 다양하게 사용한다.

㉠ 공작기계가 가공물을 가공하고 있는 중에도 파트 프로그램의 수정이 가능하다.

㉡ 인치 단위의 프로그램을 쉽게 미터 단위로 자동 변환할 수 있다.

㉢ 기존 NC 시스템에 비해 유연성이 높아 새로운 제어기능을 쉽게 추가할 수 있다.

㉣ 가공에 자주 사용되는 파트 프로그램을 사용자가 매크로(Macro) 형태로 짜서 컴퓨터의 기억장치에 저장해 두고 필요할 때 항상 불러 쓸 수 있다.

㉤ 전체 생산 시스템의 CNC는 컴퓨터와 생산공장의 상호 연결이 쉽다.

㉥ 고장 발생 시 자기진단을 할 수 있으며 고장 발생시기와 상황을 파악할 수 있다.

③ 제3단계 : DNC

여러 대의 공작기계를 컴퓨터 1대로 제어하는 생산라인의 자동화 단계로서 천공테이프를 이용하여 각 기계에 입력하여 공작기계를 제어하던 데이터를 컴퓨터의 기억장치에 기억시켜 놓고 통신선을 이용해 1대의 컴퓨터에서 여러 대의 복수 CNC 공작기계를 직접 제어하여 체계적으로 운용한다.

㉠ 천공 테이프를 사용하지 않는다.

㉡ 유연성과 높은 계산능력을 갖고 있다.

㉢ CNC 프로그램들을 컴퓨터 파일로 저장할 수 있다.

㉣ 공장에서 생산성에 관계되는 데이터를 수집하고 일괄 처리할 수 있다.

㉤ 공장자동화의 기반이 된다.

④ 제4단계 : FMS 및 CIM

여러 대의 공작기계를 컴퓨터 1대로 제어하며 생산관리를 수행하는 공장전체의 자동화(생산시스템의 자동화) 단계로서 복수 제품을 생산하는 유연생산체제(FMS)를 이용하는 한편 더 나아가 설계, 제조, 판매 등 기업 전체의 생산 관련 시스템의 통합으로 발전되는 체제(CIM)를 지향하는 단계이다.

2. 수치제어 공작기계의 구성

(1) 프로그램

① 기능 : NC 기계를 운전할 때 부품 가공도면을 수치제어장치가 이해할 수 있는 내용의 언어로 변환시켜 기계가 할 일을 단계적으로 지시하는 명령문의 모임으로서 수치제어장치가 인식할 수 있는 입력매체의 형태로 쓰여진 문자나 숫자의 코드이다.

② 프로그래밍 입력방법

- 손에 의한 입력(MDI ; Manual Data Input)
- 테이프 리더(Tape Reader)에 의한 입력
- 컴퓨터에 연결하여 디스켓이나 단말장치를 사용하여 정보를 입력시키는 방법(DNC : Direct Numerical Control)
- 대화형 또는 메뉴항목을 선택하여 입력하는 방법

(2) 수치제어장치

프로그램의 수치정보를 읽고 기억하며 연산처리하고 이동량과 속도에 해당하는 펄스를 발생하여 서보모터를 제어한다.

(3) PLC(Programmable Logic Control) 장치

미리 정해진 순서로 입력과 출력의 조건에 따라 주변기기를 동작시키는 장치이다.

① 개요 PLC는 제어장치의 일종으로 미리 정해진 순서로 입력과 출력의 조건에 따라 기계를 작동시켜 나가도록 기능을 하는 기기로서 범용컴퓨터와 같은 원리로 작동하며 제품모델 변경에 따른 제어프로그램의 변경이 손쉽고, 대규모 제어가 가능하여 유연성을 가진 산업현장의 각종 기계와 공정을 제어할 수 있어 광범위하게 활용하는 전자장치이다.

② PLC의 특징

㉠ 열악한 환경(먼지, 소음, 진동, 충격, 전자파장애 등)에 잘 견딘다.
㉡ 입출력장치의 교체 및 증설이 용이하도록 모듈장착 구조로 되어 있다.
㉢ 입출력신호(I/O Signal)와 그 접속이 표준화되어 있다.
㉣ 제어내용의 변경이 프로그램 변경만으로 실현된다.
㉤ 고기능, 대규모의 제어를 소형으로 실현한다.
㉥ 무접점으로 고신뢰성, 고속제어가 가능하다.
㉦ 시스템의 확장이 용이하고 보수비용이 적다.

③ PLC의 구성

㉠ CPU(중앙처리부)

PLC의 모든 동작을 관리, 제어하며 메모리의 프로그램을 읽어내어 수행한다. 대개 CPU로는 마이크로프로세서(Micro Processor)를 채택하며 그것의 비트 수나 클럭속도에 따라 PLC의 성능이 결정된다.

㉡ 메모리부

프로그램을 기억해 두는 장소로서 통상 반도체 메모리(직접회로)가 사용되며, 프로그램 보존을 위해 플로피디스크가 많이 사용된다.

㉢ 입출력부

PLC와 가계, 설비장치 간의 인터페이스(Interface)로서 사용자가 외부기기의 개수에 따라 필요한 입출력장치를 결정한다.

구분	사용장소	사무실	공장
소프트	사용자	오퍼레이터, 프로그래머	현장작업자
	프로그램 언어	컴퓨터 언어	시퀀스(Sequence)를 주체로 한 언어

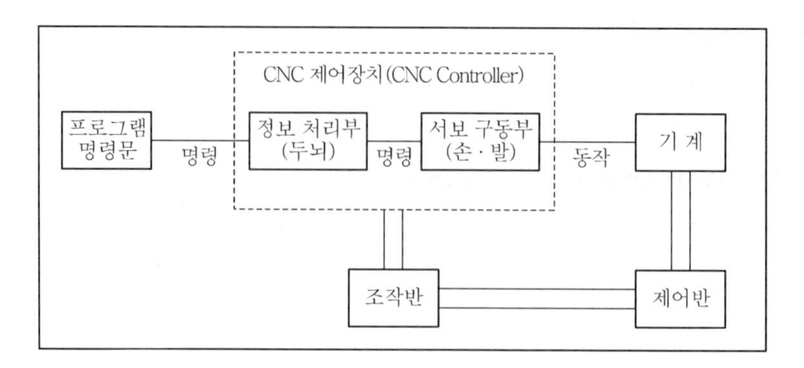

[CNC 기계의 기본구성]

3. CNC의 주요기능

(1) 개요

수치와 부호로 표시된 CNC 정보에 의해 공작기계는 명령에 따라 여러 가지 기능으로 동작하여 가공이 이루어진다. CNC의 주요 기능으로는 준비기능, 보조기능, 이송기능, 주축기능, 공구기능 등이 있다.

(2) 준비기능(Preparatory Function, G)

① 준비기능의 의미

NC 지령 블록의 제어기능을 준비시키기 위한 기능으로 'G' 다음에 2자리 숫자를 붙여 지령한다(G00~G99). 이 명령에 의해 제어장치는 그 기능을 발휘하기 위한 동작을 준비하기 때문에 준비기능이라 한다.

② 준비기능의 예

㉠ 위치결정(G00) : 임의의 위치로 공구 또는 일감을 최대 급속 이동시킬 때 사용하는 기능이며 이동속도는 기계 제작 시 메이커가 결정한다.

㉡ 직선보간(G01) : 일정한 구배 또는 제어축에 평행한 직선운동을 지정한 제어 모드(Mode)로서 주로 직선가공 시 사용되며 지정된 속도로 이동한다.

㉢ 원호보간(G02, G03) : 하나 또는 두 블록 내의 정보에 따라 공구의 운동을 원호에 따르도록 제어하는 윤곽제어 모드이며 가공방향이 시계방향이면 G02, 반시계방향이면 G03을 명령한 후 종점의 좌표값과 반지름값을 명령한다.

㉣ 일시정지(G04) : 홈 가공이나 드릴작업 등에서 간헐 이송에 의해 칩을 절단하거나 홈 가공 시 회전당 이송으로 생기는 단차를 제거하고 표면거칠기를 깨끗이 하기 위해 정해진 시간 동안 정지시킬 때 사용하는 기능이다.

㉤ 좌표값 지정(G90, G91) : 블록 내의 좌표값을 절대좌표값(G90) 또는 증분좌표값(G91)으로 처리하는 지령

(3) 보조기능(Miscellaneous Function, M)

제어장치의 명령에 따라 CNC 공작기계가 여러 가지 동작을 하기 위해서 서보모터를 비롯한 여러 가지 구동모터를 제어(On/Off)하는 기능이며 'M' 다음에 2자리 숫자를 붙여서 사용한다. 보조기능은 각 제작회사마다 특성에 따라 다소 차이가 있다.

(4) 이송기능(Feed Function, F)

이송기능은 CNC 공작기계에서 가공물과 공구의 상대속도를 지정하는 것으로 이송속도라고 부른다. 이송속도의 지령은 어드레스 'F' 뒤에 필요한 이송속도 값을 명령하며 그 방법은 분당 이송(mm/min)과 회전당 이송(mm/rev)이 있다.

(5) 주축기능(Spindle-Speed Function, S)

주축기능은 주축의 회전수를 지령하는 것으로 어드레스 'S' 다음에 2자리나 4자리로 숫자를 지정한다. 종전에는 2자리 코드로 주축 회전수를 지정하는 방식을 사용해 왔으나 최근에는 DC 모터를 사용함으로써 무단회전수를 직접 지령하는 방식이 사용된다.

(6) 공구기능(Tool Function, T)

공구기능은 필요한 공구의 준비와 공구교환 등의 목적으로 사용한다. CNC 선반에서는 어드레스 'T'와 함께 공구선택과 공구보정 번호를 지정하는데, 각 공구의 크기는 기준공구를 기준으로 비교하여 그 차이 값을 공구 보정번호에 입력해 놓는다. CNC 머시닝 센터에서는 지정된 공구를 교환하는 자동공구 교환장치(ATC)에 사용공구를 미리 장착하여 필요시마다 'T'를 사용하여 교환한다.

4. FMS

(1) 개요

FMS(유연생산시스템, Flexible Manufacturing System)은 생산 시스템이 취해야 할 새로운 기계 가공의 자동화 시스템으로서 생산 시스템 구성의 확장이 가능하므로 여러 종류의 가공물을 소량 생산하는 데 융통성 있게 대처할 수 있는 고능률의 고도화된 자동화 시스템이다. FMS의 구성단위는 가공물의 형태나 종류, 가공수량 등의 규모에 따라 다르지만 CNC 선반이나 머시닝 센터의 DNC 공작기계군을 기본으로 하여 자동이동장치, 자동창고 등 전 생산공정을 흐름작업에 의한 시스템으로 연결하고 그것을 중앙 컴퓨터에서 제어하는 대규모의 통합시스템이다.

(2) FMS의 장점

① 생산성 향상
② 새로운 가공물의 가공준비 기간의 단축
③ 재고품의 감소
④ 생산품의 품질향상

⑤ 임금절약
⑥ 생산기술자의 적극적 참여
⑦ 작업 안전도의 향상

(3) FMS의 구성

① 가공기능
㉠ 머시닝 센터 : 자동공구교환장치(ATC), 자동일감교환장치(AWC)
㉡ CNC 선반

② 일감 및 공구의 반송기능
㉠ 컨베이어 : 롤러 컨베이어, 체인 컨베이어
㉡ 궤도대차
㉢ 스태커 크레인(Stacker Crane)
㉣ 모노 레일
㉤ 로봇
㉥ 무인 반송차(AGV ; Automated Guided Vehicle)
㉦ 입출력 스테이션 : 일감준비기능, 버퍼기능(수납기능), 자동이적 및 자세변환기능

③ 자동창고기능
㉠ 신속, 정확한 입·출고
㉡ 하역작업의 기계화
㉢ 정확한 재고파악과 재고관리의 효율화

④ 공구관리실 및 칩처리 시스템

⑤ 제어기능
㉠ 생산제어기능
㉡ 관리정보처리기능
㉢ 기술정보처리기능

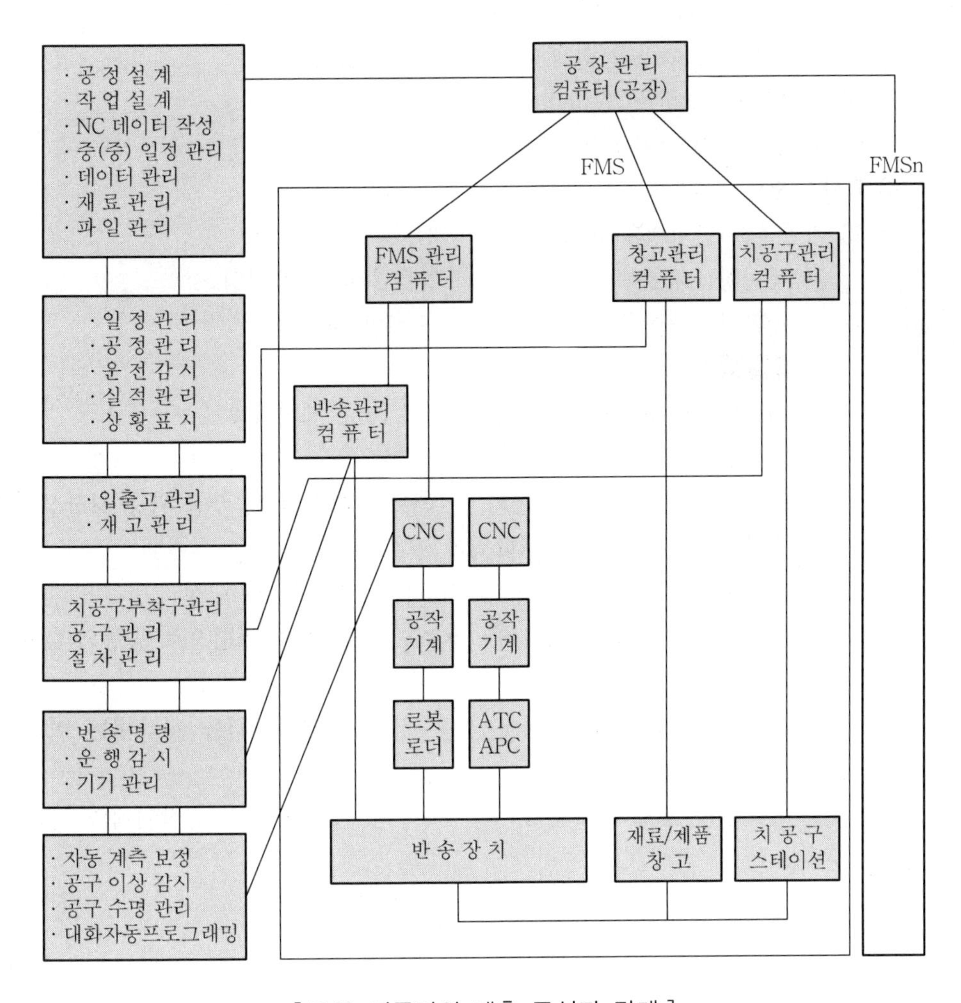

[FMS 컴퓨터의 계층 구성과 단계]

(4) 효과

① 생산성 향상

② 제고품 감소, 임금절약

③ 생산품질 향상

④ 새로운 가공물의 가공준비기간의 단축

⑤ 생산기술자의 적극적 참여

⑥ 작업안전도의 향상

(5) 설계 시 고려사항

① 부품표준화

② FMS에서 가공되어야 할 부품들의 군(群) 형성문제

③ 물자취급 System의 선정

④ 적절한 Computer System의 선정

⑤ 설비배치 및 System의 총합화

(6) F.M.S 분류

① 가공물 운반장비의 이동경로에 따라

㉠ 직선형(Linear Type) : 일직선 경로를 따라 움직임

㉡ 순환형(Loop Type) : 한쪽 방향으로만 움직임

Example Conveyor, 견인차

㉢ 네트워크형(Network Type) : Real Time 제어가능

② N.C 공작기계의 대수와 그 배열에 따라

㉠ 플렉시블 제조모듈(F.M.M) : 팔레트 교환장치 및 부품 완충 저장설비가 한 대의 N.C 공작기계에 결합되어 있는 것

㉡ 플렉시블 제조셀(F.M.C) : 여러 개의 F.M.M으로 구성

㉢ 플렉시블 제조그룹(F.M.G) : F.M.M+F.M.C의 집합으로 공통의 Computer Control System이다.

㉣ 플렉시블 생산 System(F.P.S) : 상이한 제조지역을 나타내는 여러 개의 F.M.G로 구성된 System

㉤ 플렉시블 제조라인(F.M.L) : 특정부품 가공을 위한 공작기계의 집합

5. CIMS

(1) 개요

CIMS(Computer Integrated Manufacturing System)는 컴퓨터에 의한 통합제조라는 의미로 영업, 생산, 구매, 기술 등 공장 전체와 경영 시스템을 통합해 운영하는 새로운 생산 시스템으로서 이를 위해 공장 전체를 일원적인 통신 네트워크하에 종합적으로 관리하며 물자의 흐름을 통합화시키고 제품과 그의 생산과정을 동시에 설계하는 것을 중점으로 한다.

CIMS의 목적은 종래의 생산성 및 품질의 향상에 부가하여 다양화되어 가는 고객의 요구에 따른 제품의 변경에 유연하게 대응할 수 있는 경영기반을 제고하는 것이다.

(2) CIMS의 필요성

① 생산성의 극대화

자동화된 공정과 비자동화된 공정 사이 전공정과 후공정에서 발생하는 물류 또는 정보의 병목현상을 없애기 위해 CIMS가 요구된다.(흐름의 평형)

② 다품종 소량생산 및 품질향상

FMS와 같이 유연 생산이 요구되나 이러한 생산체계가 정확한 통합정보에 의해

통제되지 않으면 큰 혼란이 초래되므로 CIM이 요구된다. 제품의 수정이나 설계 변경도 프로그램의 수정과 변경으로 쉽게 대처할 수 있다.

③ 기업의 국제화 및 거대화

기업이 국제화・거대화되면 정보의 양이 기하급수적으로 증가하고 그에 따른 조직의 비대화가 정보처리속도를 저하시키므로 CIM이 요구된다. 이것은 자재소요계획(MRP), 작업일정계획, 재고관리, 생산관리, 원가관리 등 기업의 의사결정 과정이 컴퓨터에 의해 통합되고 자동화된다는 것을 의미한다.

(3) CIMS의 효과

① 기계의 가동률 증가
② 직・간접 노동력의 감소
③ 제품생산시간 단축
④ 재고 감소
⑤ 일정계획의 유연성

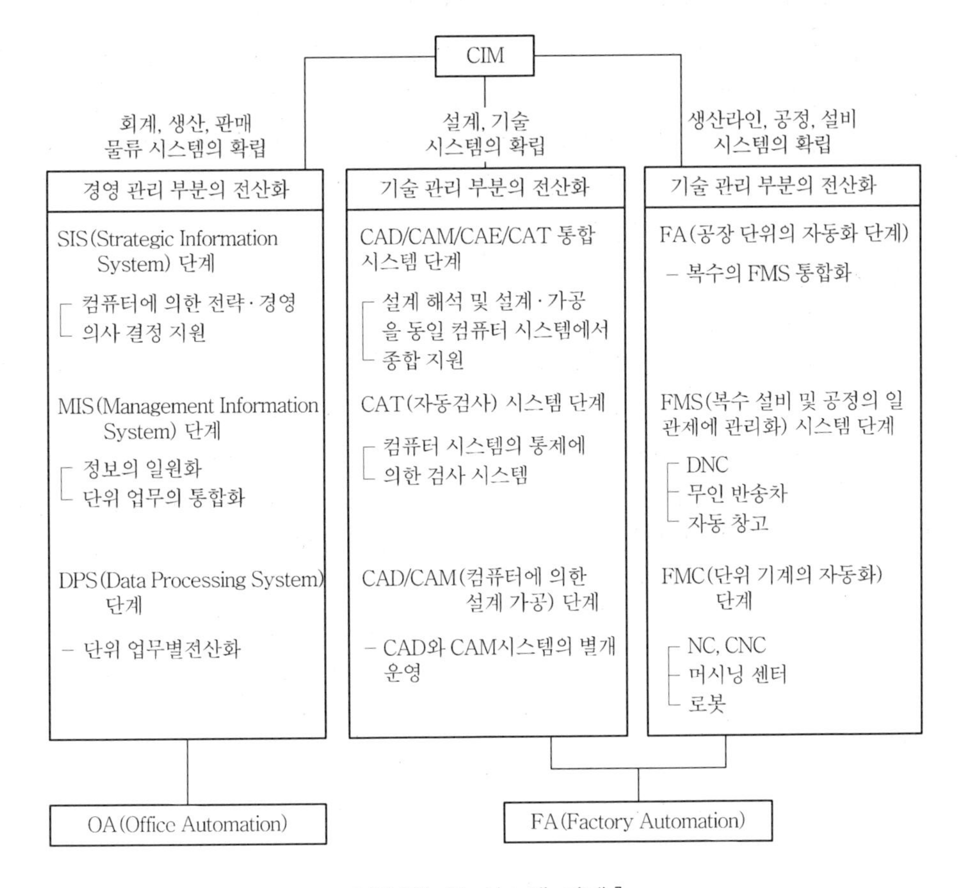

[CIM의 각 시스템 단계]

[Question 02] 수치제어장치와 제어방식에 대하여 설명하시오.

1. 개요

NC 공작기계에서는 범용 공작기계에서 사람의 두뇌가 하던 일을 정보처리회로에서 하며 사람의 손, 발이 하던 일을 서보기구가 수행한다.

수치제어장치는 이와 같이 정보처리부와 서보구동부로 크게 분류할 수 있다. 또한 공작기계에서 작업이 수행되기 위해서는 공구와 가공물이 서로 상대적인 운동이 필요하며 CNC 시스템에서는 가공의 종류에 따라 위치결정, 직선절삭, 윤곽절삭 등의 제어가 수행된다.

2. 수치제어장치

(1) 정보처리부

① 외부에서 프로그램되어 입력된 모든 명령정보를 계산하고 진행순서를 정해 가공도면대로 가공될 수 있도록 처리한다.

② 외부에서 NC로 입력되는 모든 데이터들이 데이터버스(Data Bus)를 통하여 중앙처리장치(CPU ; Central Processing Unit)에 보내지면 CPU에서 정보처리를 한 후 기계의 작동원리 및 순서 등이 저장된 롬(ROM ; Read Only Memory)으로부터 출력할 순서를 받은 다음 어드레스 버스(Address Bus)를 통하여 정보처리된 결과를 출력한다.

(2) 서보구동부

① 기능

㉠ 서보기구는 정보처리회로에서 보내온 신호를 기계의 동작으로 실행시켜 주는 것으로 사람의 손과 발에 해당되며 두뇌에 해당하는 정보처리부의 명령에 따라 수치제어 공작기계의 주축, 테이블 등을 움직이는 역할을 한다.

㉡ 서보구동회로, 서보모터, 검출기 등의 서보구동부는 수치제어 공작기계의 가공속도, 기계정밀도, 안정성, 신뢰성 등을 결정하여 주는 핵심이 되는 부분이다.

② 서보기구의 제어방식

㉠ 개방회로방식(Open Loop System) : 구동 전동기로 펄스 전동기를 이용하며, 제어장치로부터 입력된 펄스 수만큼 움직인다. 즉 검출기가 현재의 위치를 검출하여 비교 제어하는 기능이 없는 방식이며, 구조가 간단하고 펄스 전동기의 회전 정밀도와 볼나사의 정밀도 등에 직접적인 영향을 받으므로 현재 CNC 공작기계에서는 거의 채택하고 있지 않다.

㉡ 반폐쇄회로방식(Semi-closed Loop System) : 서보모터 축이나 볼 스크류의 회전각도, 위치와 속도를 검출하여 볼 스크류의 정밀도 향상과 오차 보정 등

이 가능하여 현재 대부분의 수치제어 공작기계에 채택되어 사용된다.

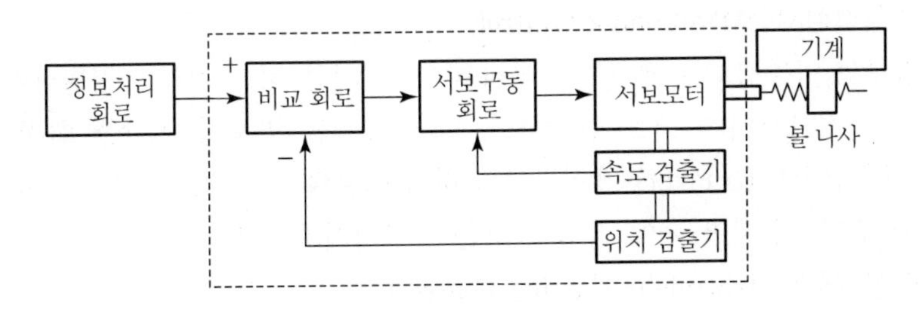

[반폐쇄회로방식]

㉢ 폐쇄회로방식(Closed Loop System) : 검출기를 기계테이블에 직접 부착하여 피드백(Feed Back)을 행하는 고정밀도방식으로 높은 정밀도를 요구하는 공작기계나 대형기계에 많이 이용된다.

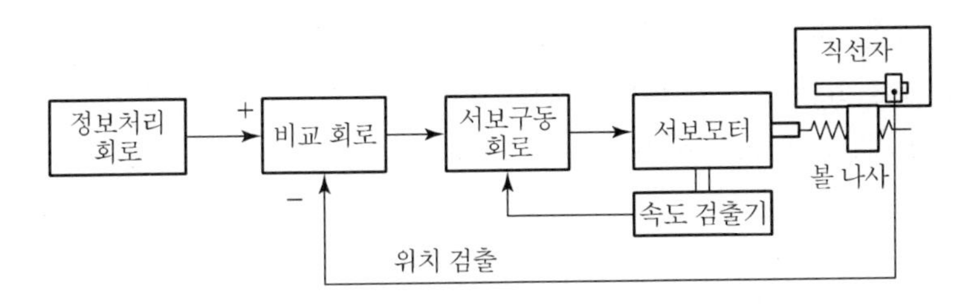

[폐쇄회로방식]

㉣ 하이브리드서보방식(Hybrid Servo System) : 반폐쇄회로방식과 폐쇄회로방식을 합한 것으로 폐쇄회로에서의 피드백과 반폐쇄회로의 피드백을 비교하여 보정하는 시뮬레이터부가 있다. 높은 정밀도가 요구되거나 공작기계의 중량이 커서 기계의 강성을 높이기 어려운 경우나 안정된 제어가 어려운 경우에 많이 이용된다.

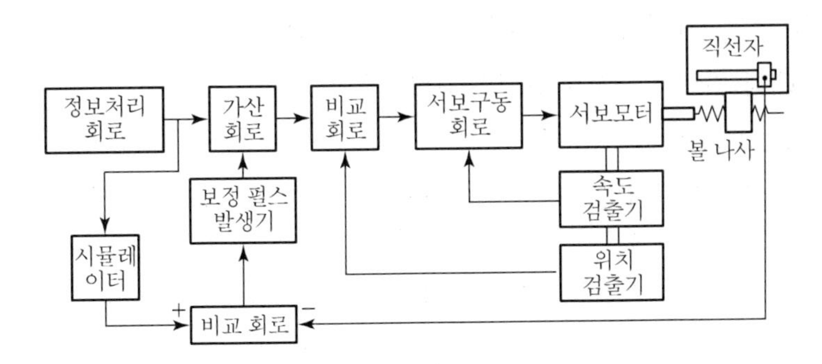

[하이브리드서보방식]

3. 제어방식

(1) 위치결정제어(Positioning Control)

공구의 이동경로를 제어하는 목적이 아니고 도달하는 위치만 정밀하게 제어하는 것으로 정보처리가 매우 간단하다. 이동 중에는 아무런 절삭을 하지 않기 때문에 PTP(Point To Point) 제어라고도 하며 드릴링머신, 보링머신, 스폿용접기 등과 같이 위치결정제어 후에 작업을 하는 공작기계에 이용된다.

(2) 직선절삭제어(Straight Cutting Control)

위치결정제어와 동시에 축의 이동경로를 일정한 이송속도로 제어하여 절삭작업을 하는 제어방식으로 2차원 가공(선반, 밀링머신) 등에 사용된다.

(3) 윤곽제어(Contouring Control)

곡선 등의 복잡한 형상을 가공하기 위해 절삭공구를 이송하려면 항상 X, Y축의 관계위치를 제어할 필요가 있다. 이때 복잡한 곡선을 세분화하여 각 점의 좌표를 구하는 것은 매우 곤란하므로 복잡한 곡선을 직선에 가깝게 절삭하는 직선 보간법(Linear Interpolation)과 원호를 따라 분해회로를 가지게 하는 원호보간법(Arc Interpolation)이 사용된다.

[Question 03] NC 프로그래밍(Programming)에 대하여 설명하시오.

1. 개요

보통 공작기계에서는 작업자에 의해 기계의 조작이 이루어지지만 CNC 공작기계는 자동적으로 움직이기 때문에 CNC 장치가 이해할 수 있는 표현방식으로 공구의 통로를 명령하는 테이프를 만들어야 한다. 이와 같은 작업을 프로그래밍이라 하며 작성방법에 따라 수동 프로그래밍과 자동 프로그래밍으로 구별된다.

2. 프로그래밍 방법 및 프로그래밍 구성

(1) 프로그래밍 방법

① 수동 프로그래밍(Manual Programming) : 프로그래머가 도면을 보고 좌표의 위치를 계산하여 프로그램을 프로세스 시트에 작성하는 것으로 공구의 이동경로를 순차적으로 지정하며 비교적 간단하고 단순한 공정인 경우에 사용한다.

② 자동 프로그래밍(Automatical Programming) : 프로그래머가 컴퓨터의 소프트웨어를 이용하여 복잡한 계산과 테이프 펀칭까지 자동적으로 할 수 있는 방법으

로서 가공하고자 하는 형상(도형)을 미리 정의하고 공구로 하여금 정의한 도형을 따라가도록 지령하는 방식을 채택하며 다음의 장점이 있다.

- NC 테이프 작성까지의 시간절약
- 신뢰도가 높은 NC 테이프 작성
- 복잡한 계산을 컴퓨터가 수행
- 프로그램 검증이 용이

(2) 프로그램의 구성

① 블록(Block) : 지령 단위인 블록은 여러 개의 단어가 순서대로 맞게 배열된 것이며 한 개의 블록은 EOB(End Of Block)로 구별되고 한 블록에서 사용되는 최대 문자 수는 제한이 없다.

② 주소(Address) : 영문자(A~Z) 중 1개로 표시되며 단어의 처음에 위치하여 그 단어의 의미를 나타낸다.

③ 프로그램 번호 : CNC기계의 제어장치는 여러 개의 프로그램을 기억시킬 수 있으므로 프로그램과 프로그램을 구별하기 위해 서로 다른 프로그램 번호를 붙이는데 주소 '0' 다음에 4자리의 숫자로 1~9,999까지 임의로 정할 수 있다.

④ 전개번호(Sequence Number) : 블록의 번호를 지정하는 단어로서 블록의 맨 앞 주소 'N' 다음에 4 자릿수 이내의 숫자로 지정한다. 매명령절마다 붙이지 않아도 되고 없어도 프로그램 수행에는 지장이 없으나 복합 반복주기를 사용하거나 전개번호를 탐색하여 중간에서 프로그램을 실행하는 경우에는 필요하다.

⑤ 좌표어 : 좌표어는 공구의 이동을 명령하는 데 사용되며 이동축을 나타내는 번지와 이동방향 및 이동량을 수치로써 지령한다.

- 절대값 명령 : 운동의 목표를 나타낼 때 공구의 현재 위치와는 관계없이 프로그램 원점을 기준으로 하여 움직일 방향과 좌표값을 명령하는 방식
- 증분값 명령 : 공구의 바로 전 위치를 기준으로 목표위치까지의 이동량을 증분량으로 움직일 방향과 좌표값을 명령하는 방식

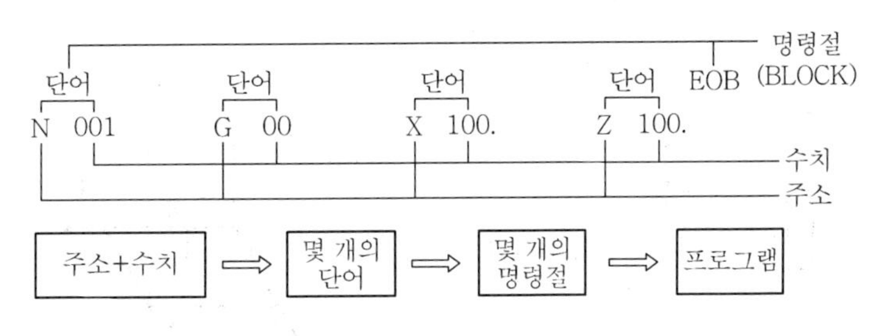

[프로그램의 구성]

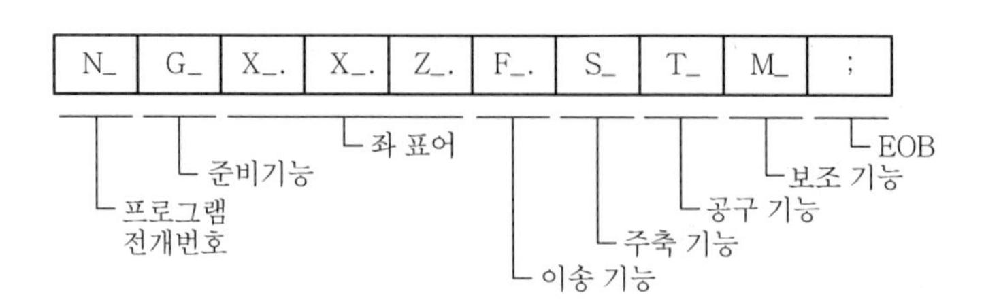

[명령문의 구성순서]

3. 좌표계 및 좌표계 설정

(1) 좌표계

① 기계 좌표계(Machine Coordinate System) : 기계의 기준점(Reference Point)으로서 기계 원점이라고도 하며 기준점 복귀명령에 의해 공구대가 항상 일정한 위치로 복귀하는 고정점이며 일감의 프로그램 원점과 거리를 알려줄 때에 기준이 되는 점이다. 기계 좌표의 원점은 기계 제작 시에 파라미터에 의해 정해지며 사용자가 임의로 변경해서는 안 된다.

② 공작물 좌표계(Work Coordinate System) : 도면을 보고 프로그램을 작성할 때 절대 좌표계의 기준이 되는 점으로서 프로그램 원점 또는 공작물 원점이라고도 한다.

③ 상대 좌표계(Relative Coordinate System) : 일감을 측정하거나 정확한 거리의 이동 또는 공구보정을 할 때 사용하며 현 위치가 좌표계의 중심이 되고 필요에 따라 그 위치를 0점(기준점)으로 지정할 수 있다.

(2) 좌표계 설정

공구가 일감을 가공하기 위해서 기계 원점과 공작물 원점과의 거리를 CNC 장치에 알려주어야 하는데 이러한 작업을 좌표계 설정이라고 한다. 이 값은 가공한 일감을 고정한 후 기계 원점과 공작물 원점의 거리를 측정하여 좌표값을 구한 후 설정한다. 좌표계 설정에서 CNC 선반은 G50X-Z-로, 밀링머신이나 머시닝 센터는 G92X-Y-Z-로 설정한다.

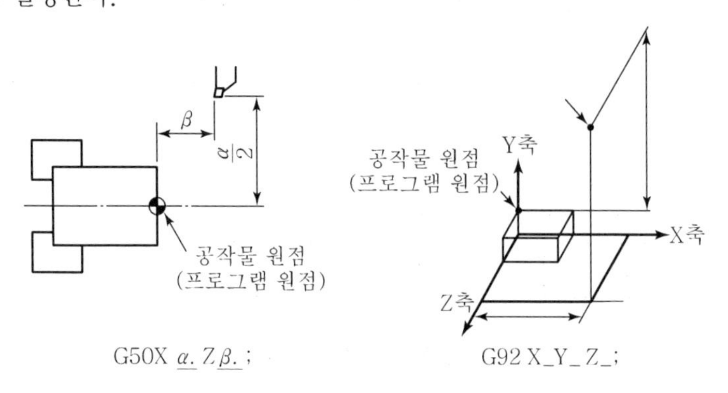

[좌표계 설정]

[Question 04] 머시닝 센터에 대하여 설명하시오.

1. 개요

머시닝 센터는 1회의 고정으로 여러 종류의 공작기계가 처리해야 할 가공의 전체 부분을 여러 종류의 공구를 자동으로 교환해 가면서 순차적으로 효율적인 가공을 한다. 따라서 수치제어 공작명령 정보에 의해 자동으로 운전됨에 따라 공구의 교환, 일감의 자동교환, 칩의 처리 등에 대한 자동화 장치를 필요로 한다.

2. 머시닝 센터의 특징

(1) 일감 및 공구의 탈착시간 절감으로 생산성이 향상된다.
(2) 가공조건의 변환이 신속하여 융통성이 높은 자동화가 가능하다.
(3) 가공정도의 균일화 및 품질향상으로 가공물의 호환성이 증가된다.
(4) 복잡한 형상 및 공정의 가공에 유리하고 높은 숙련도를 요구하지 않는다.
(5) 가공공정 및 소요시간의 관리가 용이하다.

3. 구조 및 기능

(1) 컬럼 및 베드

기계의 형상을 이루는 안내면으로서 기계의 강성을 좌우하는 중요한 요소이다. 일반적으로 상자형의 주물로 되어 있으며 최근에는 강판용접 구조물도 많이 이용된다.

(2) 테이블 및 분할기구

① 분할기능 : 테이블 회전기구는 웜과 웜휠에 의한 회전장치가 많이 사용되며 유압모터, 전동기 등이 구동원으로 사용된다. 분할각도는 5° 분할이 표준이며 프로그램에 의해 지령된다.

② 위치결정기능 : 회전 후의 위치를 결정하는 기능으로서 분할 정도의 향상을 위해 여러 가지 커플링이 사용된다.

(3) 스핀들 헤드

① 변속기구 : 2단 또는 3단의 기어변속기구를 갖는 것으로 유압, 공압 실린더에 의해 시프터(Shifter)를 구동하여 기어를 슬라이드시키는 방법이 일반적이다. 최근에는 고속화, 경절삭화의 경향에 의해 변속기구가 없는 모터 직결형이 점차 많아지고 있다.

② 주축 전동기 : 최적 절삭조건을 위해 DC 모터에 의한 무단변속이 일반적이나 브러쉬 교환 등의 문제로 인해 최근에는 무단변속 AC 모터를 사용하고 있다.

③ 주축 오리엔테이션 기능

(4) 이송구동기구

DC 서보모터와 볼 스크루에 의한 구동이 일반적이며 강력한 서보모터의 개발에 의해 볼 스크루와의 직결구동도 일반화되고 있다.

4. 부속장치

1) 자동공구 교환장치(ATC : Automatic Tool Changer)

(1) 터릿형

① 여러 개의 공구를 공구대에 직접 설치하고 공구대를 회전시킨 후 직선적으로 이동하여 필요한 공구를 작업위치로 이동시키는 방법이다.

② 공구 교환시간이 짧으나 공구의 저장 개수가 제한적이며 공구끼리의 간접 배제를 위해 공구 간 간격이 충분해야 한다.

③ 주로 CNC 선반, CNC 드릴링 머신에서 이용된다.

(2) 저장형

① 주축으로부터 떨어진 위치에 여러 개의 공구를 저장하는 공구 보관 매거진을 두고 공구를 교환위치까지 이동시켜 회전암에 의해 주축에 있는 공구를 교환하는 방식이다.

② 머시닝 센터와 같이 다양한 종류의 부품가공을 하는 CNC 공작기계에 많이 이용된다.

③ 소형 수직 머시닝 센터에서는 ATC 암을 갖지 않고 주축에 장착된 공구를 매거진의 빈 포켓에 되돌리면서 필요한 공구를 매거진이 회전하면서 선택하는 것도 있다.

2) 자동일감 교환장치(APC : Automatic Pallet Changer)

1대의 공작기계로 한 종류 또는 여러 종류의 일감을 대량으로 가공할 때 일감이 교체될 때마다 일감과 공구의 고정 및 위치결정에 소요되는 시간이 많이 걸리게 되어 일감을 고정시킨 고정지그 전체를 운반해 공작기계에 부착하고 제거한다. 팰릿의 교환은 테이블을 파트 1과 2로 구분하여 파트 1 위에 있는 가공물을 가공하고 있는 사이에 파트 2의 테이블 위에 다음 가공물을 장착할 수 있다.

3) 칩 처리장치

CNC 공작기계는 장시간 연속적으로 운전하게 되어 가공 중 칩처리가 제대로 안 될 경우에는 가공물과 일감이 손상되고 가공정도가 저하되는 등 많은 문제점이 있다. 따라서 단위 기계의 칩배출을 위해 필요한 장치를 사용하고 칩 컨베이어나 칩 이송 튜브 등을 사용하여 여러 기계에서 발생된 칩을 한 곳으로 모으는 대책이 요구된다.

4) 성력화 · 무인화를 위한 기능

(1) 열변위 등에 의한 가공정도 영향 방지 및 보정

① 주축 냉각장치

② 작동유, 윤활유 냉각장치

③ 자동계측, 열변위 보정

(2) 절삭상황 감지

① 가공이상 감지

② 공구마모 및 파손 감지

③ 가공시간, 공구수명 감지

(3) 절삭능률 향상

① 적응제어(가공정밀도 보증, 절삭조건의 최적화)

② 비절삭시간 단축

③ 자동고장진단기능

5. 공구길이 보정방법

(1) 주축 끝에서 공구 끝까지의 길이를 보정량으로 하는 방법

(2) 기준 공구와 다른 공구의 길이 차이값을 보정량으로 하는 방법

(3) 공구 절삭날 끝에서부터 공작물 좌표계의 Z축 원점까지의 거리를 보정량으로 하는 방법

[Question 05] 자동화 시스템에 대하여 설명하시오.

1. 개요

공장 자동화(FA ; Factory Automation)는 설계, 제작, 검사, 출하를 온라인으로 결합한 통합생산, 관리 시스템에 의한 유연생산시스템을 지향하는 무인공장화를 말한다. 공장 자동화를 위한 자동화시스템은 소재나 부품을 이동·저장하는 물류장치, 필요한 작업을 수행하는 작업장치, 작업결과를 검사하는 검사장치, 각 장치를 제어하는 제어장치 등으로 구성된다.

2. 자동화시스템의 구성요소

(1) 기능요소별 구성요소

① 치공구

② 일감을 치공구로 이송하는 기구

③ 기구에 운동력을 주는 액추에이터

④ 액추에이터를 필요에 따라 제어하는 제어기

⑤ 제어기에 필요한 신호를 감지하는 감지기

⑥ 단위 시스템 간을 연결·운전할 수 있게 하는 인터페이스

(2) 작업요소별 구성요소

① 호퍼, 메거진 등의 저장장치

② 일감정렬과 분리장치

③ 일감을 작업장치(치공구)에 탈착하는 공급장치

④ 검사장치

⑤ 치공구

⑥ 베이스머신

⑦ 제어장치

3. 공장자동화 구성요소

(1) CAD/CAM System

① 유연생산시스템

② 컴퓨터에 의한 공정설계(Process Planning)

③ 컴퓨터에 의한 계획(Scheduling)

④ 산업용 로봇 이용

(2) 가공시스템

① 수치제어 공작기계

② 자동공구 교환장치(ATC)

③ 일감 탈착용 로봇

④ 자동검사장치

⑤ 자동일감 공급장치

(3) 조립시스템

① 부품공급장치

② 이송장치

③ 치공구

④ 산업용 로봇

(4) 검사시스템

① 측정 및 검사장치

② 이송장치

③ 분리장치 및 로봇

(5) 산업용 로봇

① 물류기능

② 조립기능

③ 가공시스템에서의 부품 착탈(Loading, Unloading)기능

(6) 창고시스템 및 반송시스템

① 저장 및 보관기능

② 무인 운반차(AGV), 컨베이어, 산업용 로봇

4. 기술수준별 자동화시스템

(1) 간이자동화(LCA : Low Cost Automation)

단위 기계나 공정을 자동화의 대상으로 PLC, 유공압 기술 등 초급 기술수준의 자동화 시스템

(2) 유연생산셀(FMC : Flexible Manufacturing Cell)

수치제어 공작기계 로봇 또는 자동일감 교환장치 등을 조합하여 장시간 무인 운전을 할 수 있도록 된 기본 생산공정 단위(Cell)이다. 이와 유사한 것으로 지능생산셀(Intelligent Manufacturing Cell)도 있는데 이것은 유연생산 셀에 자동조절기능, 가공감시시스템(공구 파손감시 기능), 계측시스템 등을 부가하여 생산의 자동화와 유연성을 높여주는 유연생산 셀을 말한다.

(3) 유연생산시스템(FMS : Flexible Manufacturing System)

생산시스템의 확장과 축소가 가능한 다품종의 소량 생산이 가능한 고도화된 자동화 시스템으로 유연생산셀, 지능생산셀, 자동창고 무인운반차 등으로 구성된다.

(4) 컴퓨터 통합생산시스템(CIMS : Computer Integrated Manufacturing System)

구매 및 생산으로부터 제품의 판매 및 A/S에 이르기까지 기업의 전 활동을 유기적으로 통합시켜 컴퓨터에 의해 기업 전체의 업무흐름을 관리하는 생산방식으로 기업 자동화(IA : Industrial Automation)라고도 하며 가장 높은 수준의 자동화 시스템이다.

[기술 수준별 자동화 시스템]

구분	LCA	FMC	FMS	CIMS
대상	단위기계	생산라인	생산공장	전회사
단계	제1단계	제2단계	제3단계	제4단계
효과	인력감소 불량률 감소	제1단계의 요구 기술 이외에 • 생산성 향상 • 경제성 향상이 추가된다.	제2단계의 요구 기술 이외에 • 생산의 유연성 향상 • 가동, 이용률 향상이 추가된다.	제3단계의 요구 기술 이외에 • 기획, 생산관리 등 전반의 신속성, 정확성, 생산성 향상이 추가된다.
요구 기술	• 기계 구조 설계 • 자동화 초급 기술	제1단계 기술에 물류센터, 고급제어 기술이 포함	제2단계 기술에 공정 전반 통신, 신호처리기술이 포함	제3단계 기술에 CAD, CAM, MIS 등 컴퓨터 사용 기술 포함
차원	0(점)	1(선)	2(면)	3(입체)

[Question 06] CAD/CAM System에 대하여 설명하시오.

1. 개요

CAD와 CAM은 각각 독립되어 발달되어 왔으나 독립된 기술을 효과적으로 결합시키는 일이 매우 중요하다. CAD는 컴퓨터를 이용한 제도(Computer Aided Design)의 약어로서 제품을 제작하기 위해 제품의 제도, 해석, 최적설계 등의 작업에서 컴퓨터의 고속연산 능력을 이용하여 효율성을 극대화시키는 것이다. CAM은 컴퓨터를 이용한 생산(Computer Aided Manufacturing)의 약어이며 제품제조단계에 관련된 기술로서, 공정설계, 작업방법결정, 가공, 검사, 조립 등의 전 과정에서 컴퓨터의 지원을 받아 생산성과 정밀도 등을 향상시키고자 하는 것이다.

이와 같이 CAD에서 취급하는 형상정보와 CAM에서 취급하는 가공정보가 보다 효율적으로 연결된 것이 CAD/CAM 시스템이다.

2. CAD/CAM System의 구성

1) 하드웨어의 기본 구성

(1) 입력장치

글자나 숫자 자료를 받아들이는 부분으로서 키보드, 마우스, OMR 카드, NC 테이프, 바코드(Bar Code) 등이 있다.

(2) 처리장치

① 연산장치 : 사람의 두뇌와 같은 역할을 하며 입력된 정보를 판단·분석하여 주어진 명령대로 작동하는 부분으로 마이크로프로세서(C.P.U)라고 불린다.

② 기억장치 : 분석과정 중의 자료를 보관하는 부분이다.

③ 제어장치 : 입력되어온 자료나 소프트웨어 등의 정보를 프로그램을 통해 해석하여 명령대로 실행시키는 부분이다.

(3) 출력장치

자료의 처리결과를 모니터, 프린터 등을 통해 결과를 나타내는 부분이다.

2) 소프트웨어의 기본구성

(1) 시스템 소프트웨어(System Software) : 컴퓨터 시스템에 있어서 하드웨어를 제어하기 위한 프로그램이며 컴퓨터 사용자에게 편리한 환경을 제공해주고 컴퓨터와 사용자 사이에 대화환경(Interface)을 제공해 주는 필수적인 운영체제이다.

(2) 응용 소프트웨어(Application Software) : 응용 프로그램이라 부르며 시스템 소

프트웨어에 대한 기능의 도움을 빌려서 특정한 작업을 컴퓨터에게 시키기 위한 소프트웨어로서 일반적으로 프로그램 언어로 작성된다.

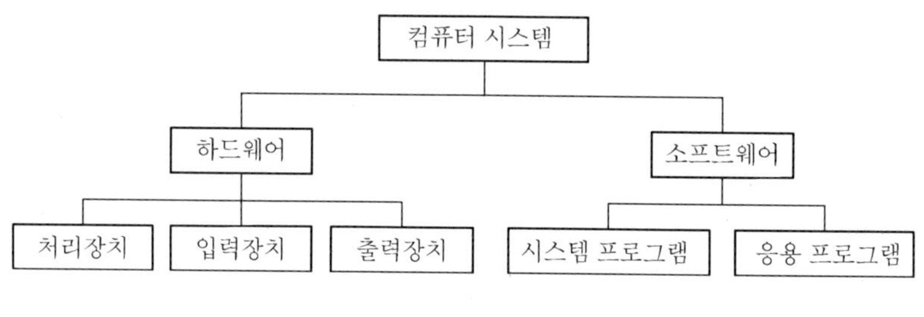

[컴퓨터 시스템]

3. CAD/CAM System의 기능

1) CAD의 기능

(1) 기하학적 기능
(2) 공학적 해석
(3) 설계검사와 평가
(4) 자동제도

2) CAM의 기능

(1) 곡선정의
(2) 곡면정의
(3) 공구경로(Tool Path) 생성
(4) NC코드 생성
(5) NC코드 전송

4. CAD/CAM의 응용과 문제점

1) 응용분야

(1) 전자산업 : 설계가 2차원적이며 반복적으로 복잡한 설계가 이루어지므로 CAD/CAM 시스템의 대규모 수요부문이다.

(2) 항공기 산업 : 신기종의 개발기간 단축, 공정절감, 제품의 최적화라는 측면에서 특히 설계부문의 CAD 기술이 큰 효과를 발휘한다.

(3) 자동차 산업 : 에너지 절감, 자원절감, 수요자의 다양한 요구, 라이프 사이클의 단축화 등에 따라 정확·신속한 대응을 위해 CAD/CAM 기술 적용이 필수적인 요소이다.

(4) 금형산업 : 금형산업의 가공합리화, 설계자동화 및 수요자의 비용절감, 납기단축 등을 위해 CAD/CAM 시스템 도입이 적극적으로 전개되고 있다.

2) CAD/CAM의 문제점

(1) 각 회사의 적용분야에 CAD/CAM 시스템의 개발 도입에는 많은 시간과 경비가 요구된다.

(2) 짧은 라이프 사이클에 맞추기 위한 소프트웨어의 개발이 어렵다.

(3) 부분적인 고장의 영향이 대단히 크다.

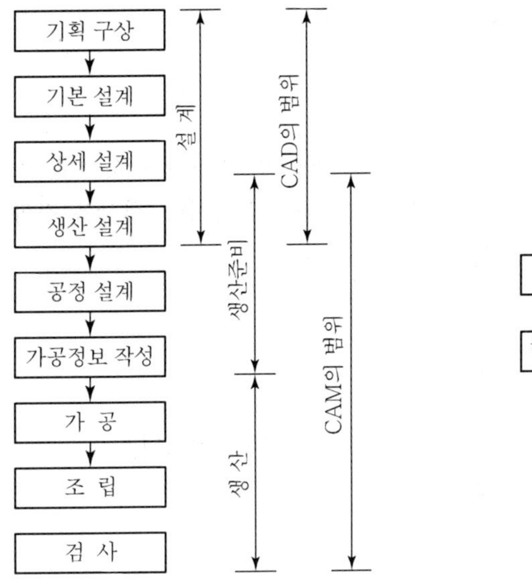

[CAD/CAM 적용범위]

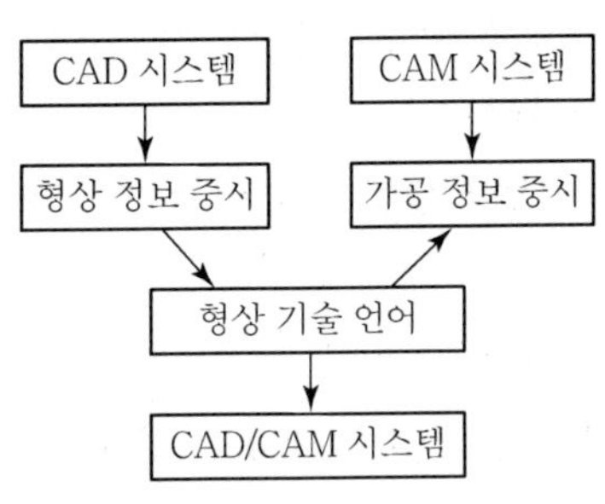

[CAD와 CAM 시스템의 결합]

[Question 07] CAD/CAM 모델링 형태에 대하여 설명하시오.

1. 개요

CAD/CAM을 위한 3차원 모델의 표현방법은 와이어 프레임 모델, 경계면 모델, 솔리드 모델로 구분할 수 있으며 그 특징은 다음과 같다.

2. 와이어 프레임 모델(Wire Frame Model)

(1) 모델링 방법

물체를 면과 면이 만나서 이루어지는 에지(Edge)로 표현하는 것으로 점, 직선 그리고 곡선으로 구성되며 3차원 모델의 기본적인 표현방식이다. 형상을 점과 점을 연결하는 2차 곡선에 의해서만 표시된다.

(2) 특징

① 모델이 간단하고 계산량이 적다.

② 조작이 간편하다.

③ 정밀도가 떨어지고 곡면이나 입체 내부의 식별이 어렵다.

3. 경계면 모델(Boundary Surface Model)

(1) 모델링 방법

에지(Edge) 대신에 면을 사용하므로 은선이 제거되고 면의 구분이 가능하여 와이어 프레임 모델에서 나타나는 시각적인 장애가 극복된다. 면도 평면 이외에 회전체에 의한 면이나 필렛에 의하면 룰드서피스(Ruled Surface)에 의한 면 등을 사용하므로 복잡한 형상을 처리할 수 있다.

(2) 특징

① 가공면을 자동적으로 처리할 수 있어 NC 가공이 수월하다.

② 솔리드 모델과 같은 디스플레이를 할 수 있다.

③ 공학적 해석이 불가능하다.

4. 솔리드 모델(Solid Model)

(1) 모델링 방법

① CSG(Constructive Geometry) : 입체 요소를 사용하여 모델을 만드는 방법으로 그래픽 데이터베이스에 솔리드 모델을 저장하는 형태이며 기하학적 형상을 표현하기 위해 불리안(Booliean) 조작방법을 이용하여 모델링한다.

② B-Rep(Boundary Representation) : 사용자가 CRT 상에 물체를 그려 넣고 원하는 형상을 만들기 위해 여러 가지 변환과 기타 편집작업을 수행하게 되는데, 사

용자가 작업하는 뷰(View)는 정면, 평면, 측면 등의 여러 뷰 간의 상호 연결선에 의해서 형상을 표현하는 방법으로 와이어 프레임과 방법이 비슷하여 데이터의 상호교환이 쉽고, B-Rep 방식은 대칭성 있는 물체를 표현하는 데 적합하다.

(2) 특징

① 공학적인 해석이 가능하다.(Simulation)

② 컴퓨터의 메모리가 크다.

③ 데이터 처리가 과다하다.

[Question 08] 산업용 로봇에 대하여 설명하시오.

1. 개요

산업용 로봇(Industrial Robot)은 사람의 팔과 손의 동작기능을 가지고 있는 기계 또는 인식기능과 감각기능을 가지고 있는 자율적으로 행동하거나 프로그램에 따라 동작하는 기기로서, 자동제어에 의해서 여러 가지 작업을 수행하거나 이동하도록 프로그램 할 수 있는 다목적용 기계이다. 로봇은 작업에 알맞도록 고안된 도구를 팔 끝 부분의 손에 부착하고 제어장치에 내장된 프로그램의 순서대로 작업을 수행한다.

2. 산업용 로봇의 구성 및 운동

(1) 구성

① 제어기 : 감지기를 통해 입력된 신호를 인식하고 판단하며 판단결과의 조작신호를 기계장치로 보내 행동으로 옮겨 미리 정해진 작업을 수행한다.

② 본체(Main Frame) : 팔(Arm)이라 하며 링크(Link)와 관절부(Joint)로 구성되며 주목적은 손목과 손을 작업영역의 특정한 위치로 보내는 일이다.

③ 손목 및 손 : 특정한 생산작업에 알맞도록 팔 끝에 붙어서 여러 가지 일을 수행하는 엔드 이펙터(End-Effector)로서 작업의 종류에 따라 여러 형상이 있다.

(2) 로봇의 운동

① 수직이동(Vertical Traverse) : 팔의 상하운동으로 수평축에 대해 전체 팔을 회전하거나 팔을 수직으로 움직인다.

② 방사이동(Radid Traverse) : 팔의 수축 및 이완운동

③ 회전운동(Rotational Traverse) : 수직축에 대한 회전(로봇팔의 좌우 회전)

④ 손목회전(Wrist Swivel)

⑤ 손목돌림(Wrist Bend)

⑥ 손목요동(Wrist Yaw)

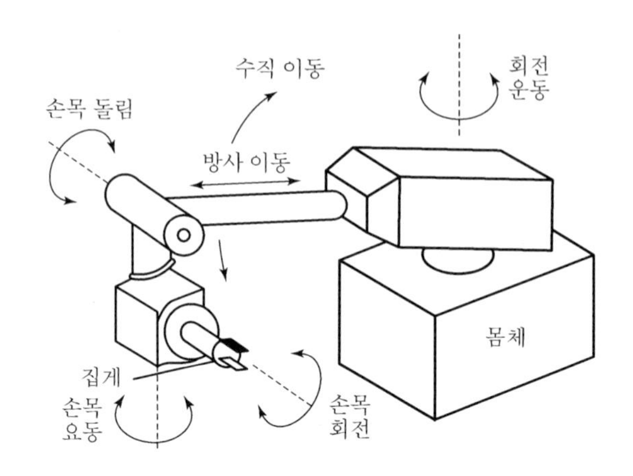

[로봇 운동에서 6개의 자유도]

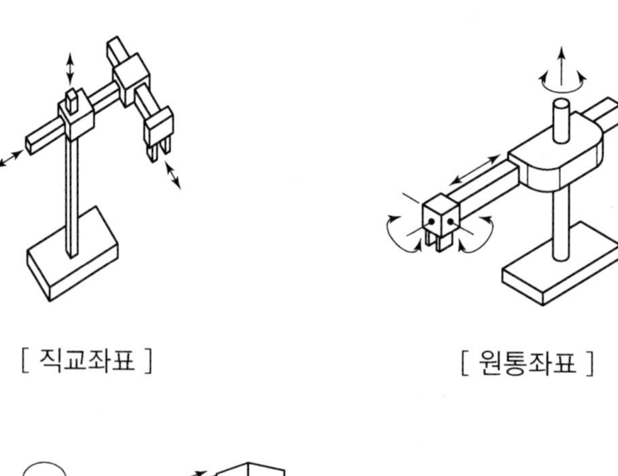

[직교좌표]　　[원통좌표]

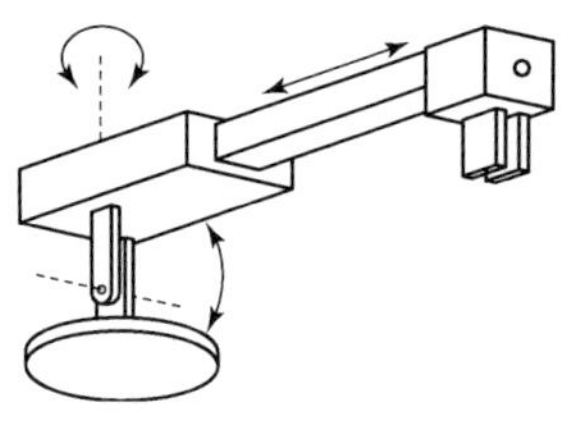

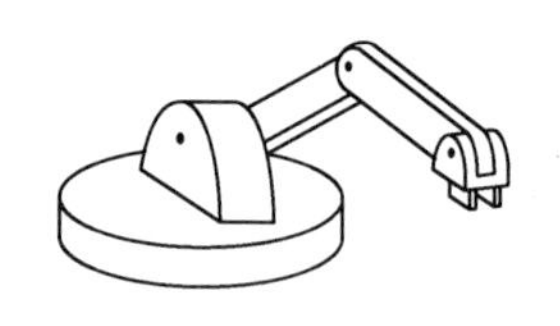

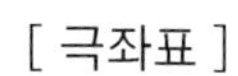

[극좌표]　　[관절좌표]

3. 산업용 로봇의 종류

(1) 기능 수준에 따른 분류

구분	특징
머니퓰레이터형	인간의 팔이나 손의 기능과 유사한 기능을 가지고 대상물을 공간적으로 이동시킬 수 있는 로봇
수동 머니퓰레이터형	사람이 직접 조작하는 머니퓰레이터
시퀀스 로봇	미리 설정된 순서와 조건 및 위치에 따라 동작의 각 단계를 점차 진행해 가는 로봇
플레이백 로봇	미리 사람이 작업의 순서, 위치 등의 정보를 기억시켜 그것을 필요에 따라 읽어내어 작업을 할 수 있는 로봇
NC 로봇	작업의 순서, 위치 등의 정보를 수치제어에 의해 지령된 대로 작업을 할 수 있는 로봇
지능로봇	감상기능 및 인식기능에 의해 행동 결정을 할 수 있는 로봇

(2) 동작형태에 따른 분류

① 직각 좌표구조

② 원통 좌표구조

③ 극좌표구조(구 좌표)

④ 관절형 구조

4. 로봇의 제어

(1) 서보제어(Servo Control)

로봇 각부의 위치, 속도, 가속도, 힘 등의 제어량을 시시각각으로 변하는 목표값에 따라가도록 하는 제어방식으로서 서보기구나 서보모터를 액추에이터로 사용한다.

(2) 동작제어

① PTP 제어(Point To Point Control) : 순차적인 위치결정 제어라고도 하며 작업공간 내의 흩어져 있는 작업점들의 위치를 미리 정해진 순서대로 통과하게 하는 제어방식

② CP 제어(Continuous Path Control) : 작업공간 내의 작업점들을 통과하는 경로가 직선 또는 곡선으로 지정되어 있어서 그 지정된 경로를 따라 연속적으로 위치 및 방향결정을 하면서 작업을 하도록 하는 제어방식

(3) 작업제어

티칭(Teaching)된 내용을 기억하였다가 재생하는 일련의 티칭-기억-재생과정의

제어로서 티칭은 로봇을 원하는 대로 동작시키기 위해 작업내용, 실행순서 등을 로봇에게 가르치는 것을 말한다.

5. 로봇의 응용

(1) 응용분야의 특성

① 위험하거나 불편한 작업환경(열, 방사선, 독가스)

② 반복작업

③ 다루기가 어려운 작업

④ 교대작업

(2) 로봇 응용분야

① 자재의 이동

② 기계로딩(Loading)

③ 용접

④ 스프레이 코팅(Spray Coating)

⑤ 가공작업

⑥ 조립 및 검사

제8절 유압제어밸브

유압계통에 사용하여 흐름의 정지, 방향 절환(切換), 유량조정, 압력조정 등의 기능을 하는 유압기기

- 종류
  ① 압력제어밸브 : 릴리프밸브, 감압밸브, 시퀀스밸브, 카운터밸런스밸브, 언로드밸브, 압력스위치
  ② 방향제어밸브 : 방향변환밸브, 체크밸브, 감속밸브
  ③ 유량제어 : 조리개, 압력보상붙이 유량조절밸브, 온도·압력보상붙이 밸브
  ④ 기타 : 서보밸브(＝비례제어밸브)

1 압력제어밸브

유압회로의 유압을 일정하게 유지하거나 최고 압력을 제한하여 유압기기를 보호하거나 회로의 유압에 의해 유압 작동기의 작동순서를 부여한다. 또한 일정한 배압을 관로에 주는 등 압력에 관한 제어를 하는 밸브이다.

1) 릴리프밸브(Relief Valve)

최고 압력을 한정하는 밸브이며, 그에 접속되어 있는 회로압력을 일정하게 유지하는 역할을 한다.

2) 감압밸브(Pressure Reducing Valve)

유량 또는 입구 측 압력에 관계없이 입구 측 압력을 설정된 최대 출구 측 압력으로까지 감소시키는 밸브

3) 시퀀스밸브(Sequence Valve)

2개 이상의 분기회로를 가진 회로 중에서 그 작동순서를 회로의 압력 또는 유압실린더 등의 운동에 의하여 규제하는 자동밸브를 말한다.

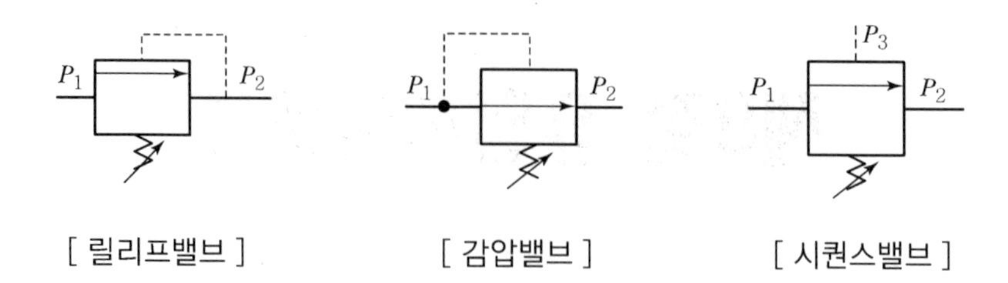

[릴리프밸브] [감압밸브] [시퀀스밸브]

4) 카운터밸런스밸브(Counter Balance Valve)

한방향의 흐름에 대해서는 규제된 저항에 의하여 배압이 주어진 제어흐름이고, 반대방향의 흐름에 대해서는 자유흐름의 밸브를 말한다.

5) 언로드밸브(Unload Pressure Control Valve)

계통의 압력을 일정범위 내로 유지하는 밸브이다. 계통 압력이 일정한 값에 도달하면 이것을 펌프로부터 탱크에 되돌려 보내서(Cut Out) 펌프를 무부하로 하고, 반대로 계통 압력이 어느 정도 이하로 떨어지면 다시 계통에 압력을 공급하는(Cut In) 밸브이다.

6) 압력 스위치

유압회로의 압력이 설정압력에 도달하였을 때 전기회로가 개폐되도록 하는 역할을 하는 일종의 스위치이다.

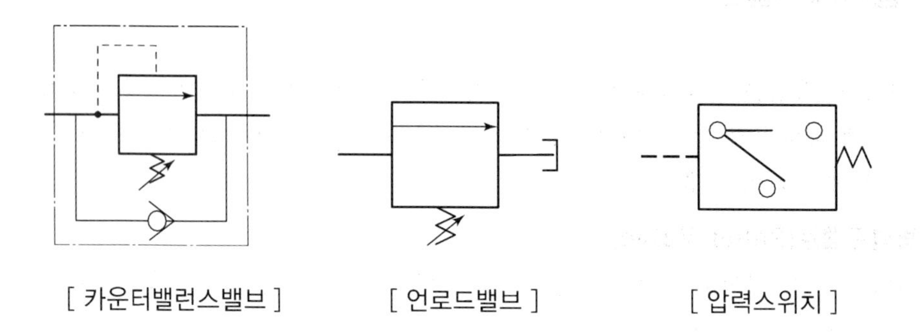

[카운터밸런스밸브] [언로드밸브] [압력스위치]

7) 안전밸브(Safety Valve)

보통 포핏(Poppet)형의 2포트 밸브(Two Port Valve)가 사용되며, 밸브의 설정 개구 압력에 가까운 관로압에 도달하면 2차 측에 압유를 배출하여 관로와 장치를 과도한 압력으로부터 보호하는 밸브이다.

2 유량제어밸브

유압회로 내의 압유의 유량을 조절하여 조작단의 운동속도를 제어하는 밸브이다.

1) 조리개(=교축밸브)

유로의 단면적을 작게 하여 작동유의 흐름에 저항을 주어 통과 유량을 조정하는 밸브로, 밸브 내에 각종 모양의 교축부를 설치한다.

2) 압력보상형 유량조정밸브

조리개, 즉 교축밸브는 입출구의 압력변동에 의해 통과 유량이 변하는 결점이 있다. 이에 대하여 압력보상형 유량조정밸브는 부하의 변동이 있어도 조리개 전후의 압력차를 항상 일정하게 유지하는 압력보상기구를 설치, 일정한 유량을 얻도록 한 밸브를 말한다.

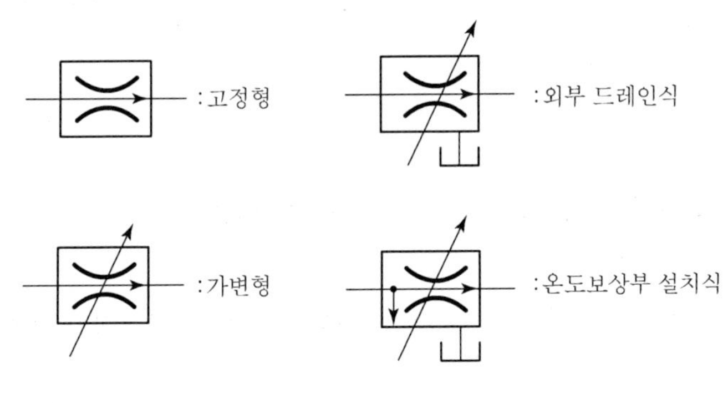

[교축밸브]　　　[압력보상형 유량조정밸브]

3) 온도-압력보상형 유량조정밸브

유온이 변화하면 통과유량이 변한다. 대체로 유압계를 시동하였을 때는 유온이 낮으나, 한참 운전하고 나면 유온이 높아지고 점도가 작아져 유량이 증가한다. 이를 방지하기 위해 교축형상(조리개 형상)에 점도의 영향을 받지 않는 박인(薄刃) 오리피스(길이 뾰족한 선단 오리피스)를 사용한 밸브를 말한다.

4) 분류(分流)밸브

공급된 압유를 비례 배분적으로 분류 또는 집류하는 작용을 하는 밸브이다.

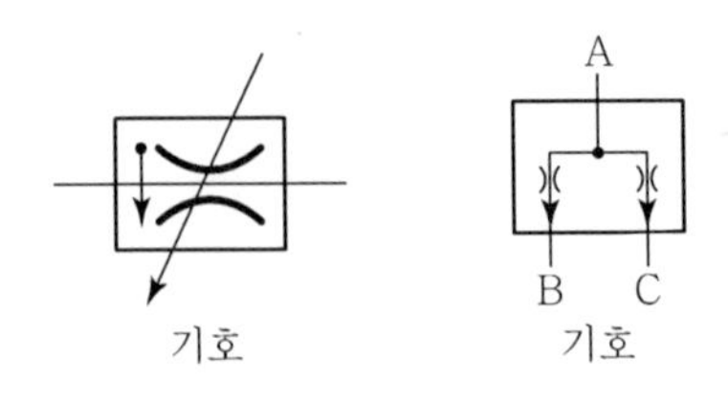

[온도-압력보상형] [분류밸브]

5) 유량제어밸브의 사용회로

(1) 미터인 회로(Meter In Circuit)

유량제어밸브를 실린더의 입구 측에 설치, 유입되는 유량을 조정하여 실린더의 속도를 제어한다.

(2) 미터아웃 회로(Meter Out Circuit)

유량제어밸브를 실린더의 출구 측에 설치하여 복귀유의 유량을 제어함으로써 실린더를 제어한다.

3 방향제어밸브(Direction Control Valve)

유체의 통과방향변환 및 유로의 개폐를 행하고 액추에이터의 시동정지, 방향전환의 가감속 등을 수행한다.

1. 분류

1) 기능상

(1) 방향변환밸브

유압실린더, 유압모터 등의 운전방향을 바꾸거나 정지시키는 밸브

(2) 체크밸브

한 방향으로만 압유를 보내고 반대방향은 정지시키는 밸브

(3) 디셀러레이션 밸브

유압실린더, 유압모터 및 압유의 가속 또는 정지시키는 밸브

2) 구조상

(1) 시트밸브

구(球)나 원추형의 포핏을 밸브 시트에 압부(押附)하여 통로를 폐쇄시키는 밸브

(2) 포트밸브

몇 개의 접속구를 변화시키는 방식의 밸브(로터리 스풀형과 슬라이드 스풀형이 있다.)

2. 방향제어밸브의 특징

1) 방향변환밸브의 분류

(1) 포트 수

외부 관로와 접속되어 작동유가 변환밸브에서 출입하는 출입구의 수

(2) 위치 수

밸브의 변환 수를 나타내며 보통 2위치와 3위치가 많이 사용됨

아래 그림은 포트와 위치 수에 따른 방향변환밸브의 기본표시이고, 정방향 칸막이의 수는 변환위치의 수를 나타내며, 정방형의 상하면 외측에 있는 실선은 접속관로의 수를 표시한 것으로 이 수가 포트 수이다.

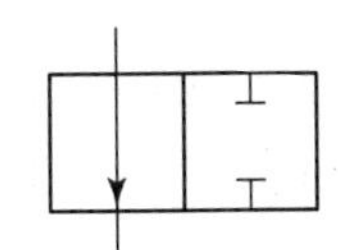

(a) 2포트 2위치 변환밸브

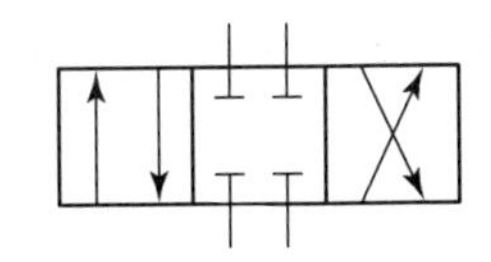

(b) 4포트 3위치 변환밸브

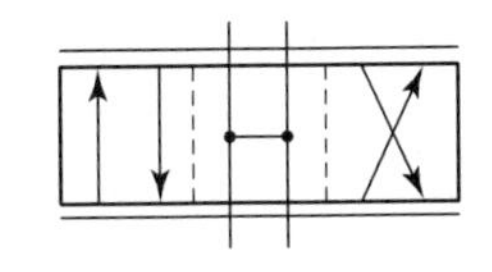

(c) 4포트 교축 변환밸브

[방향변환밸브의 기본표시]

㉠ 포트 및 위치의 수에 따라

㉡ 방향변환밸브의 조작방식에 따라

[조작방식과 기호표시]

조작방법	기호표시
파일럿 방식	 직접형 간접형
인력방식	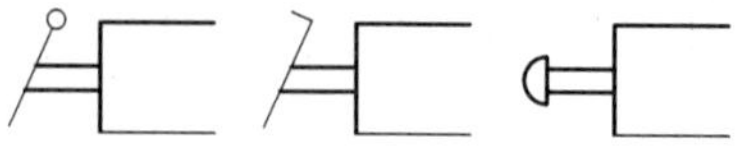 레버방식 페달방식 누름버튼방식
기계방식	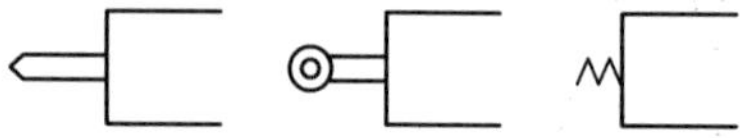 압봉방식 롤러방식 스프링방식
전자방식	단코일형 복코일형

2) 체크밸브(Check Valve)

오일의 흐름방식을 한 방향으로만 한정할 경우와 유압 실린더를 어떤 위치에서 확실히 유지할 때 또는 회로의 압력을 2~10kg/cm^2 정도로 유지하는 경우 등에 사용된다.

3) 디셀러레이션 밸브(감속밸브, Deceleration Valve)

유압모터나 유압사이클의 속도를 가감속시킬 때 사용하는 밸브이다.

4) 서보밸브(Servo Valve)

물체의 위치, 방위, 자세 등을 제어하여 목표치의 임의의 변화에 추종하도록 구성된 제어계를 말한다.

[Question 01] 릴리프밸브와 안전밸브의 차이점

1. 릴리프밸브(Relief Valve)

(1) 액체의 취급 시 사용된다.

(2) 배출된 액체는 저장탱크와 펌프 흡입 측으로 되돌려지며 직접 밖으로 배출되지 않는다.

(3) 밸브 개방은 초과압력의 증가량에 비례한다.

(4) 설정압력에서 개방되며 25% 과압에서 완전개방, 압력이 설정압력으로 복귀되면 닫힌다.

(5) 설정된 압력 바로 밑에서 작동되도록 사용자가 압력을 조정해서 사용

(6) 펌프의 순환배관상에 설치되는 밸브로서 안전밸브의 일종이다.

(7) 펌프의 체절압력 미만의 압력에서 개방, 작동된다.

2. 안전밸브(Safety Valve)

(1) 스팀, 가스, 증기의 취급 시 사용된다.

(2) 설정압력 초과 시 순간적으로 완전개방 및 Pop Action을 한다.

(3) 과압이 제거된 후 밸브는 설정압력보다 4% 낮게 재설정된다. 보통 밸브는 4%의 Blow Down을 지니고 있다.

(4) 배압(Back Pressure)의 영향에 따라 두 가지가 있다.

① Conventional Spring Type

② Balanced Type(Bellows Type, Piston Type)

3. Safety Relief Valve

(1) 액체, 기체 취급 시 사용된다.

(2) 중간 정도의 속도로 개방된다.

[Question 02] 솔레노이드밸브(Solenoid Valve)

1. 솔레노이드밸브

솔레노이드밸브(Solenoid Valve)의 용도는 흐르는 유체의 방향을 결정해 준다.
쉽게 말해 물이 흐른다면 들어오는 것을 막아주거나 내보낼 때에도 어디로 보낼지 그 수로의 방향을 결정해 준다.
이렇듯 왕복하며 공급과 차단을 하는 부품을 스풀(Spool)이라 하는데, 모양이 마치 원형 막대기 역기봉에 역기 몇 개를 끼워넣은 모습과 같다.
그런데 이것이 좌우로 움직이며 어떤 때는 이쪽을 막아주고 어떤 때는 저쪽을 막아주기도 하지만, 가운데 딱 버티고 출구 양쪽 모두를 막히게 할 수도 있는 구조로 되어 있다.

2. 단동식

단동은 좌우로 왕복하는 역기봉 같은 것이 수문을 움직이며, 동력은 전기가 통하면 전자석이 되어 자력을 발생하고, 강으로 된 역기봉이 자력을 발생한 쪽으로 당겨지면 그 반대방향이 열리든지 닫히든지 하는 구조로 되어 있다.
단동은 이렇게 자력을 발생시키는 자기코일이 한쪽만 붙어있는 구조로, 이 경우에는 중립이 없어진다. 일방통행만 된다.
단점은, 일방통행 시간을 얼마로 할 것인가를 결정하는 기능이 모자라는 점이다.
스프링 내장형으로 된 것은 전자석으로 그냥 열었다가 스프링에 의해 바로 복원되기에 자동화 설비에서는 선택 시 주의를 요하는 부분이 많다.

3. 복동식

자력을 발생시키는 코일이 양쪽 모두 있다. 그래서 전기를 어느 방향으로 흘려주느냐에 의해 중립도 되고(양방향 모두 불통으로 되기도 함) 일방통행도 될 수 있으며, 또 다음에는 반대쪽 일방만 유통시킬 수 있는 구조이기도 하다.
예를 들어서 실린더는 입출력 방향만 바뀌면 전진 또는 후퇴를 하는데 전진 측과 연결된 포트를 열어주거나 후퇴 측 포트를 열어줄 수 있다.
전진 측을 열어 주었다가 중립상태로 돌아온 후에 조금만 기다려야 하며 후퇴 측으로 유통을 시켜줄 수 있는 시간 조절이 가능한, 즉 대기기능이 가능한 구조이다.

4. 솔레노이드밸브 그림

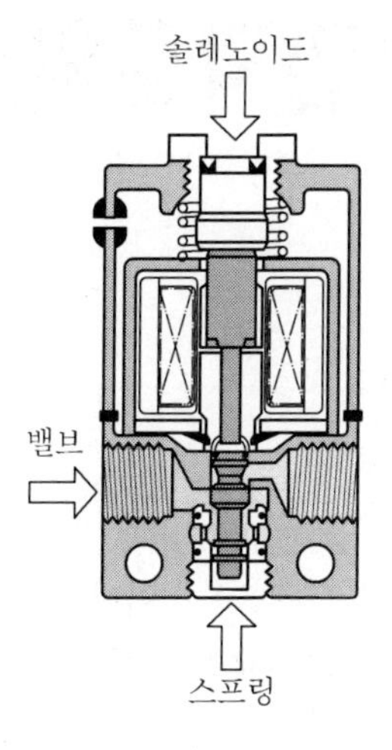

[직동형 솔레노이드밸브]

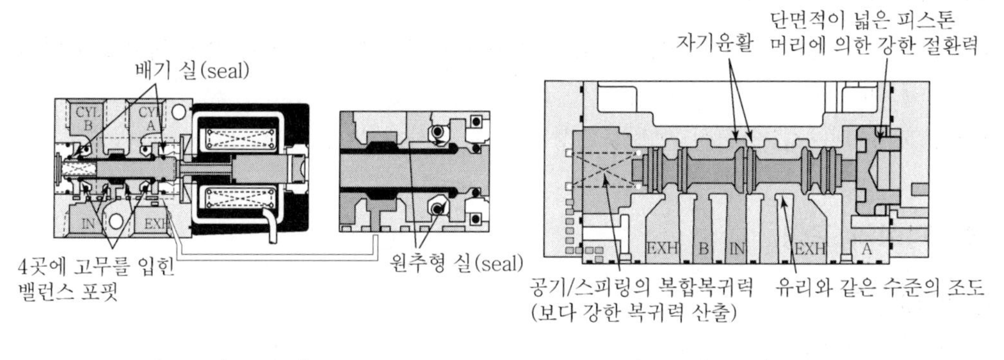

[포핏(Poppet) 구조] [스풀(Spool) 구조]

제9절 유압회로와 그 응용

Professional Engineer Machine

1 유압회로의 개요

유압을 일반 기계장치에 이용하여 기계적 운동이나 일 및 제어를 할 때, 가장 먼저 해결해야 할 문제는 유압기기를 어떻게 조합하여 계획된 목적에 적합한 유압회로를 만들 것인가 하는 것이다.

1. 최적의 회로 선정방법

(1) 회로 중의 에너지 전달과정에 있어서 어떤 회로가 에너지 손실이 가장 적고 효율이 좋은가를 비교해 본다.

(2) 조작성, 내구성, 안전성, 예방보존성 여부를 조사해 본다.

2. 유압회로의 구성

1) 기본회로

① 압력제어회로

② 속도제어회로

③ 방향제어회로

④ 유압모터회로

2) 보조회로

① 쇼크흡수회로

② 발열방지회로

③ 안전화 회로

④ 어큐뮬레이터 및 필터회로

3. 유압장치의 기본구성

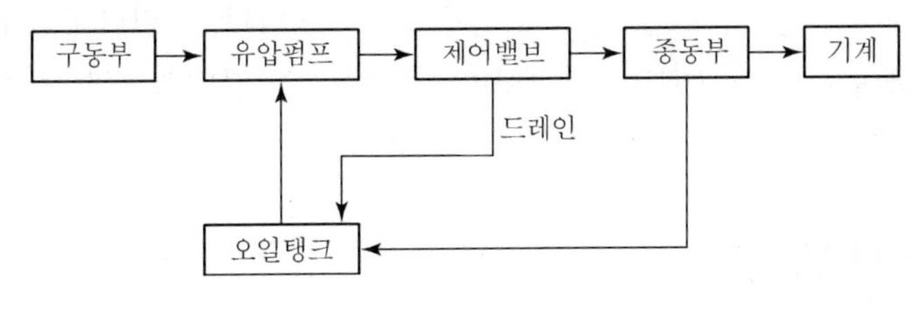

[유압장치의 기본구성]

전동기 · 내연기관(기계적 에너지) → 유압펌프(압력에너지) → 조작단(유압실린더, 유압모터 일명 액추에이터 : 운동 또는 일) → 대상기계(압력에너지를 기계적 에너지로 변환, 이때 소실된 압유와 각종 기기로부터 누유된 압유는 복귀판을 통해 압유 탱크로 보내진다.)

4. 유압회로도

유압회로도에는 단면회로도와 그림식(기호식) 회로도가 있으나 일반적으로는 기호회로도가 가장 널리 사용된다.

2 압력제어회로

1) 조합회로

2) 감압회로

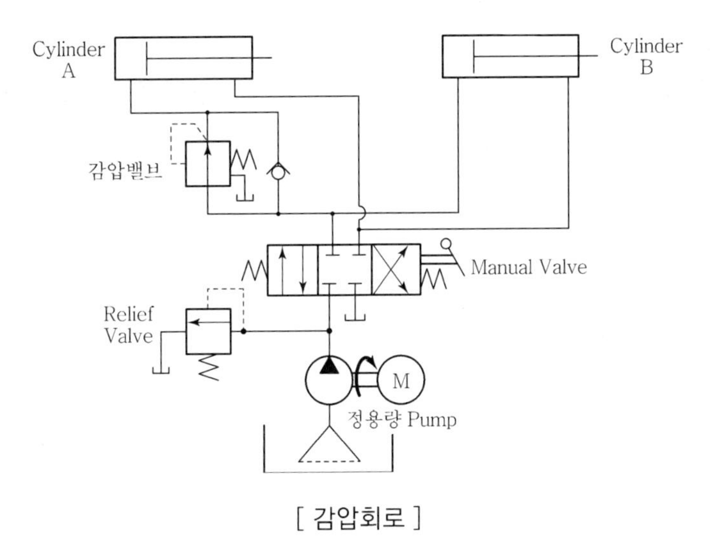

[감압회로]

주조작회로의 압력이 너무 높거나 부하에 의하여 변화하는 경우 감압밸브에 의하여 1차 압력의 변화에 관계없이 그것보다 낮은 2차압을 설정한다. 실린더 B는 Relief Valve의 설정압력에 의하여 Piston력(力)이 결정되며 실린더 A는 감압밸브의 설정압력에 의하여 피스톤력이 결정된다.

3) 무부하회로(=언로드 회로)

(1) 개요

반복 및 연속작업 중에 일을 하지 않는 동안 유압펌프로부터 공급되는 압유를 저장탱크에 저압으로 회수시켜 펌프를 무부하가 되게 하는 회로이다. 펌프의 구동력을 절약하고 장치의 가열을 방지하며 펌프의 수명을 늘린다.

또 압유의 온도 상승을 막아서 압유의 열화를 감소시키고 작동장치의 성능 저하와 손실을 감소시킨다.

(2) 종류

① 절환밸브에 의한 회로

② 단락회로

③ 축압기에 의한 회로

④ Hi-Lo 회로

(3) 특성

① 절환밸브에 의한 회로

유로 방향이 3개인 3 Way 밸브를 사용하여 간단한 조작으로 무부하시키는 회로이며 소유량에서 사용하는 것이 좋다.

② 단락회로

유로에 2 Way 밸브를 설치하여 압력이 전혀 필요하지 않을 때 절환밸브를 사용하여 펌프 송출량의 전량을 저압으로 탱크에 회수한다.

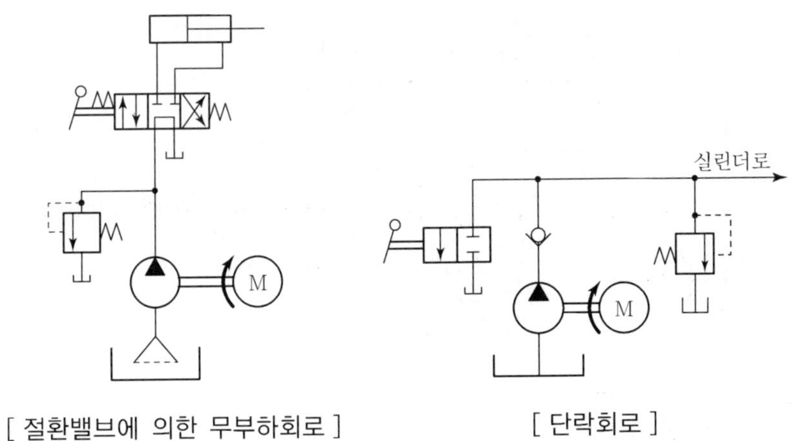

[절환밸브에 의한 무부하회로]　　　　[단락회로]

③ 축압기에 의한 회로

축압기에 축적된 압력에 의하여 무부하로 유동시키는 회로이다.

④ Hi-Lo 회로

급속이송(저압 대용량)을 위한 회로이다.

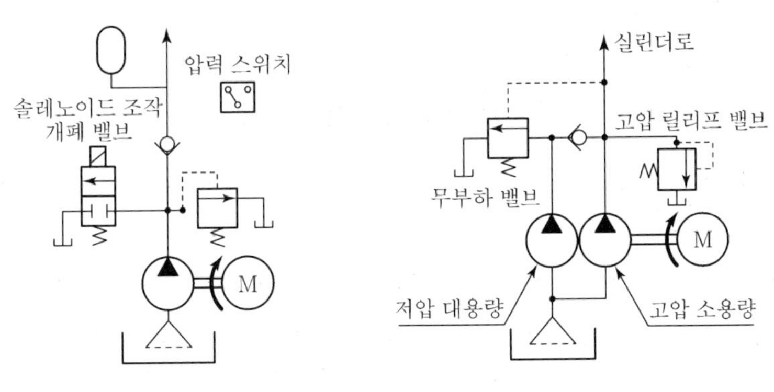

[축압기에 의한 무부하회로]　　　　[Hi-Lo 회로]

4) 시퀀스회로

시퀀스회로(Sequence Circuit)는 동일한 유압원을 이용하여 여러 가지 기계조작을 미리 정해진 순서에 따라 자동적으로 작동시키는 회로로서, 기계장치의 자동화를 도모하는 기본회로이다.

(1) 시퀀스밸브에 의한 회로

체크밸브가 있는 시퀀스밸브를 사용하여 2개의 유압실린더의 순차 작동을 하는 회로를 표시한 것이며, 이 회로는 공작물의 고정, 절삭, 분해 등 비교적 간단한 수차 작동장치에 적합하다.

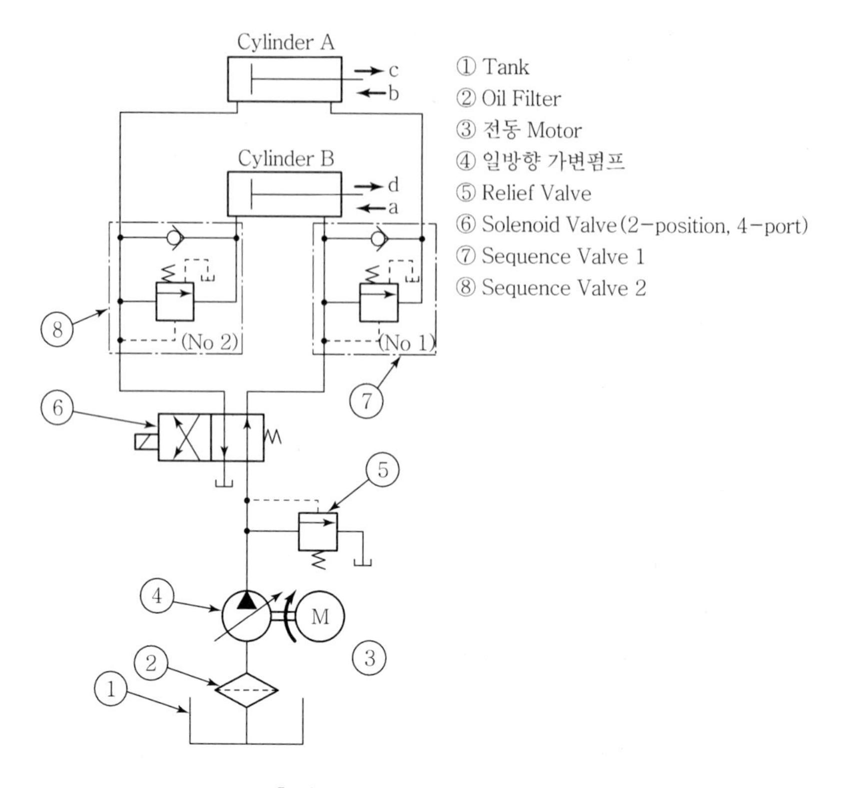

[시퀀스밸브에 의한 회로]

- 작동순서 : 실린더 B(a) → 실린더 A(b) → 솔레노이드밸브 작동 → 실린더 A(c) → 실린더 B(d)

1개의 유압원을 이용하여 2개의 실린더를 일정한 순서로 작동시킬 때 사용한다. 실린더 B가 a방향으로 작동이 완료되면 Sequence Valve(No 1)가 열리면서 순차적으로 Cylinder A가 b방향으로 작동되며, 솔레노이드밸브가 작동되면 c, d 이런 순서로 작동한다.

(2) 시퀀스밸브와 전자변환밸브에 의한 회로

가공물을 클램프 실린더로 클램프하고 가압실린더로 가압시킬 때 사용하는 회로로서, 시퀀스밸브와 두 개의 전자변환밸브를 그림과 같이 접속한다. 이 회로에서 클램프 실린더의 압력은 항상 릴리프밸브의 설정 압력으로 유지되어 있으므로 가압 시에 클램프가 이완될 염려가 있다.

(3) 캠 조작변환밸브에 의한 회로

캠 조작 4포트 2위치 변환밸브를 사용한 시퀀스 회로를 표시한 것이다.

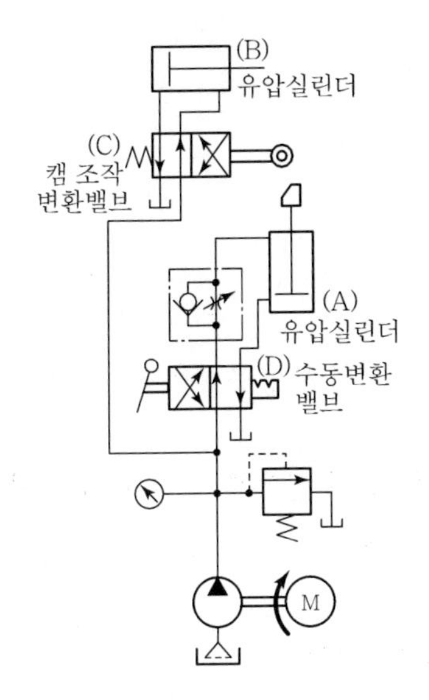

[시퀀스밸브와 전자변환밸브에 의한 회로]

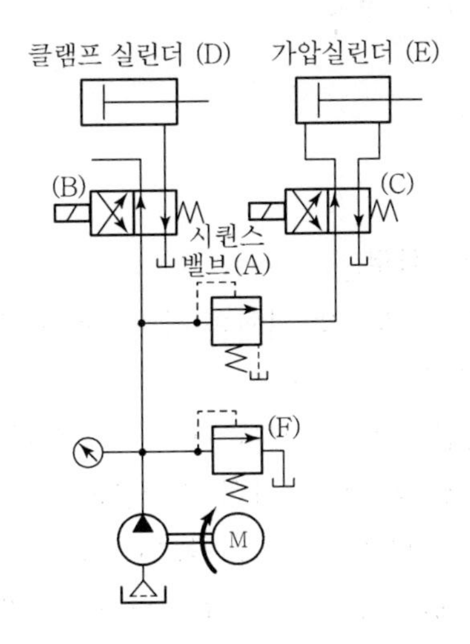

[캠 조작변환밸브에 의한 회로]

5) 카운터 밸런스 회로

6) 어큐뮬레이터 회로

7) 증압회로

3 속도제어회로

1. 개요

유량제어밸브를 이용하여 속도제어를 하며 속도는 액추에이터의 크기, 유량, 부하 등에 의하여 결정된다.

2. 종류

(1) 미터인 회로(Meter in Circuit)
(2) 미터아웃 회로(Meter out Circuit)
(3) 블리드오프 회로(Bleed off Circuit)
(4) 카운터 밸런스 회로(Counter Balance Circuit)
(5) 차동회로

(6) 가변용량형 펌프회로
(7) 감속회로

3. 특성

1) 미터인 회로

유량조정밸브의 위치를 실린더의 입구(헤드) 측에 장치하여 유량을 조정함으로써 실린더의 속도를 제어한다.
유압펌프에서는 제어밸브를 통과해야 하므로 많은 양의 압유를 보내야 하고 남은 유량은 릴리프 밸브를 통하여 드레인되므로 동력손실이 크다.

① 실린더 입구의 흐름을 조절한다.
② 1개의 펌프로 2개의 실린더 제어밸브를 동시에 조작한다.
③ 압력변동이 큰 회로에 사용한다.
④ 회로효율 : $\eta = \dfrac{Q_c P_2}{(Q_R + Q_c)P_1}$

여기서, P_1 : 릴리프밸브 세트압력
P_2 : 부하압력
Q_c : 피스톤 유입량
Q_R : 드레인량

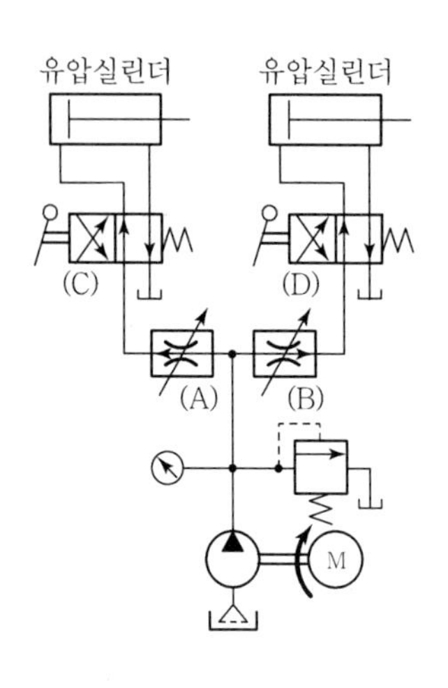

[미터인 회로]

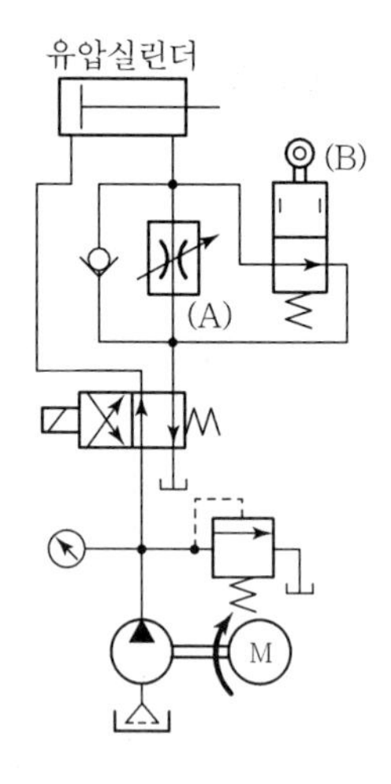

[미터아웃 회로]

2) 미터아웃 회로

유량조정밸브의 위치가 미터인 회로와 반대로 출구 측에 장치하여 유량을 조정함으로써 실린더의 속도를 제어한다. 남은 유량은 릴리프 밸브를 통하여 드레인되므로 동력손실이 크다.

① 유압실린더 복귀회로에 유압조정밸브를 설치한다.
② 유압실린더에서 유출되는 유량을 조정한다.
③ 유압펌프 토출량 변동에 보상이 불가하다.
④ 부하변동이 없는 회로에 적합하다.
⑤ 2개 이상 병렬로 가능하다.
⑥ 회로효율 : $\eta = \dfrac{Q_c(P_1 - P_2)}{(Q_R + Q_c)P_1}$

3) 블리드 오프 회로

실린더 입구 측의 분기회로에 유압조정밸브를 설치하여 실린더 입구 측의 불필요한 압유를 배출시켜 작동효율을 높이는 회로이다.

실린더에 유입되는 유량이 부하의 변동에 따라 변하므로 피스톤 이송을 정확히 조절할 수 없다.

① 회로효율이 양호하다.
② 실린더와 병렬 여유 유량을 제거하고 환유를 한다.
③ 펌프의 용적효율 변동에 영향이 있다.
④ 효율 : $\eta = \dfrac{Q - Q_c}{Q}$

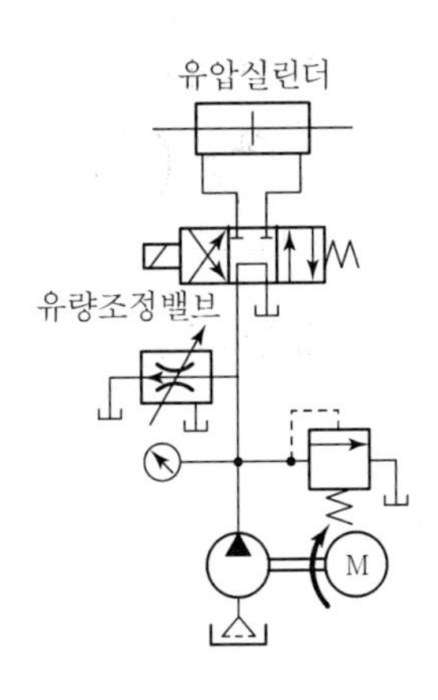

[블리드 오프 회로]

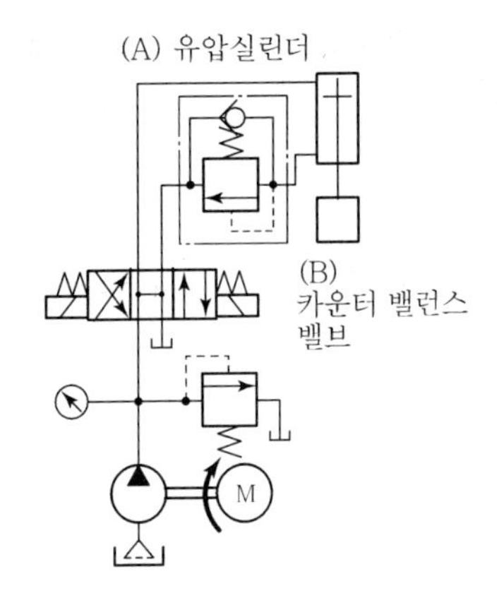

[카운터 밸런스 회로]

4) 카운터 밸런스 회로

실린더 포트에 카운터 밸런스를 직렬로 연결시켜 부하가 급격히 감소되어도 피스톤이 급진하지 않도록 제어하는 회로이다. 일정하게 배압을 유지시켜 기계의 램이 중력에 의하여 자연 낙하하는 것을 방지할 수 있다.

5) 차동회로

편로드형 실린더에서 피스톤이 전진 행정일 때 펌프 토출량과, 로드 측에서 귀환하는 압유를 합류시켜 실린더 입구에 공급하여 속도 증대를 도모하는 회로이다. 이때의 출력은 피스톤 로드의 단면적에 걸리는 것뿐이므로 압력이 약하다.

6) 가변용량형 펌프회로

펌프의 용량을 변화시켜 실린더의 속도를 제어하는 회로이다. 정용량형 펌프로 제어하는 회로보다 고가이나 운전효율을 높일 수 있다.

7) 감속회로

유압실린더의 피스톤이 고속으로 작동하고 있을 때 행정이 끝나는 시점에는 서서히 감속하여 충격 없이 정지시키기 위한 장치에 사용하는 회로이다.

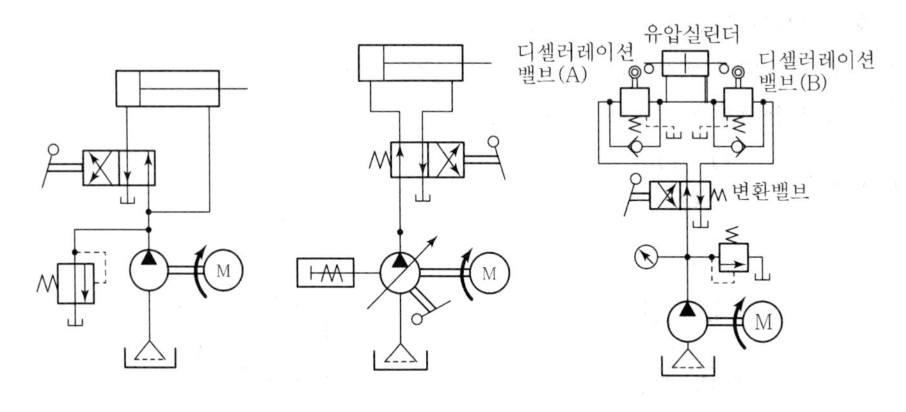

[차동회로] [가변용량형 펌프회로] [감속회로]

4 방향제어회로

압유의 흐름 방향을 제어하여 유압실린더를 임의의 위치에 정지시키거나 또는 파일럿 압력을 변환하여 원격조작이나 자동 사이클 운전으로 운동방향을 제어하기 위한 회로이다.

1. 로킹회로

실린더 행정 중에 임의의 위치에서 실린더를 고정시켜 놓을 필요가 있을 때 부하가 커지면 고정되지 않고 실린더 피스톤이 이동을 하게 되는데 이 피스톤의 이동을 방지하는 회로를 로킹회로라고 한다.

PR 접속형 4포트 변환밸브를 사용한 로킹회로는 큰 부하가 걸리거나 장시간 로킹을 했을 때에는 밸브 구간에서 기름의 누유로 완벽한 로크가 되지 않으므로, 실린더와 변환밸브 사이에 파일럿 체크밸브를 설치한 로킹 회로를 구성함으로써 큰 부하에서도 완벽한 로크를 할 수 있다.

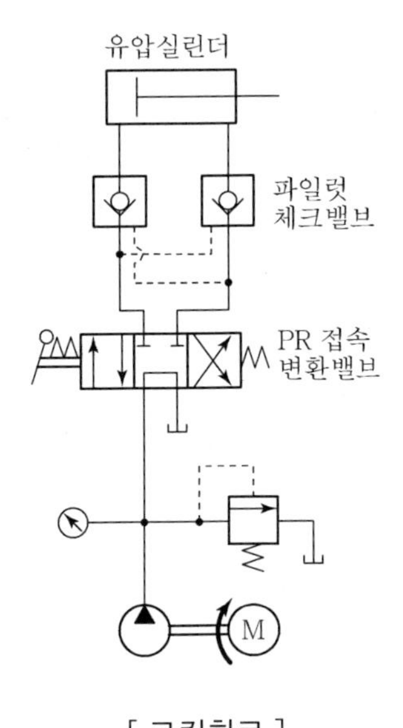

[로킹회로]

2. 자동운전회로

5 유압모터 제어회로

1) 정토크 구동회로

2) 정마력 구동회로

3) 브레이크 회로

유압모터의 급정지나 회전방향을 변환할 때 유압펌프로부터 유압모터에 흐르는 압유는 단속을 받게 되지만 유압모터는 자체의 관성이나 부하의 관성으로 인하여 회전을 계속한다. 이때 유압으로 제동하는 회로를 브레이크 회로라고 한다. 완충작용을 하기 때문에 기계의 흔들림이나 기움 등이 없어 전도의 위험이 적어진다.

브레이크 오일이 부족할 경우에는 정상적인 작동이 불가능하므로 주기적으로 점검하고 부족 시에는 보충을 해야 한다.

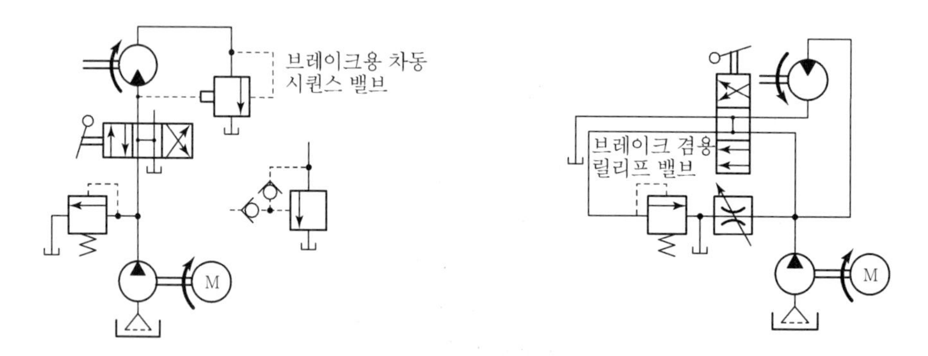

[시퀀스밸브에 의한 모터의 브레이크 회로]   [릴리프밸브에 의한 유압모터의 브레이크 회로]

6 피드백 제어회로

유압실린더의 정밀한 위치결정이나 유압모터의 회전속도를 정밀히 제어하는 등의 고정도 제어를 필요로 할 때에는 거의 반드시 피드백 제어가 요구된다. 이를 위하여 서보밸브를 제어요소로 하는 서보기구가 최근 널리 이용되고 있다.

서보기구에는 유압서보기구와 전기-유압서보기구가 있는데, 이들은 모두 전기, 기타의 입력신호에 의하여 위치, 속도, 압력, 토크, 유량 등을 제어하여 물체의 위치, 방위, 자세, 속도 등을 목표치의 임의의 속도변화에 추종하도록 구성된 제어계가 된다.

[Question 01] 유압장치의 고장발견방법

1. 컨트롤 유닛, 파워 유닛, 액추에이터 유닛, 파이프, 필터 등을 점검한다.

2. 회로의 점검과 분해, 부품을 점검한다.

3. 검사방법(점검사항)

(1) 소리, 음향
(2) 육안법
(3) 펌프, 원동기의 온도 및 작동상태
(4) 오일누설(외기, 내부누설)
(5) 압력
(6) 작동유의 상황(온도, 이물혼입, 공기, 물, 점도, 산화, 열화, 유량)
(7) 각종 밸브의 작동, 조정 변화
(8) 각부의 마모와 파손
(9) 부품의 능력 불량
(10) 기계적 열동 구조사항

[Question 02] 유압 Line 작동유 흐름별 심벌(기호)

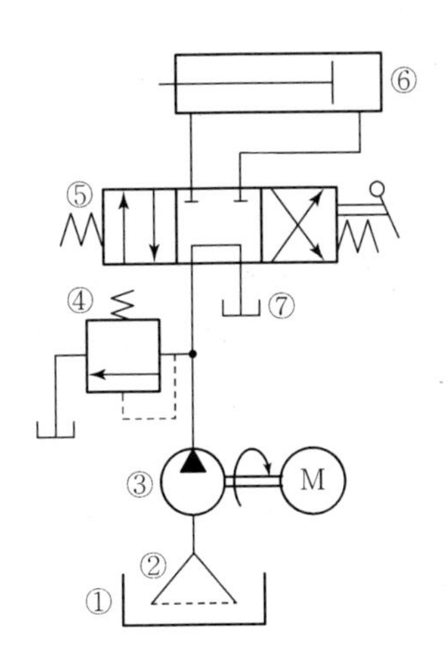

① Tank : 유압저장 Tank
② Filter : 기름 Tank 내에 설치된 Filter 간략기호
③ 유압펌프 : 일정용량형 유압펌프(모터구동)
④ Relief Valve : 회로 내에 압력을 일정상태로 유지
⑤ Manual Valve : 4port 3위치 변환 Valve
⑥ Actuator : 복동형 유압실린더
⑦ Return Line

상기 유압회로는 무부하 회로구성으로 작동 사이클 중 회로에서 유압을 필요치 않는 기간에 정용량형 펌프의 토출압력을 저압으로 탱크에 귀환하여 무부하로 하는 것은 펌프의 구동마력을 절약하여 펌프의 수명을 연장하고 유온 상승을 방지하는 효율적인 회로이다.

[Question 03] 기계의 유압시스템 중에서 개회로(Open System)와 폐회로(Closed System)를 작성하고 설명하시오.

1. 개회로(Open System)

작동유의 흐름에서 본 경우 작동유가 탱크에서 Pump로 흡입되고 Pump에서 제어 Valve(Manual Valve)를 경유하여 작동기에 도달하여 작동기(Actuator)에서 일을 한 후에 재차 Manual Valve를 통하여 Tank로 귀환하는 회로를 개회로라 한다.
Pump의 토출방향은 일정하며 Actuator의 정·역방향은 Manual Valve에서 조작된다.
Actuator에 실린더를 사용할 때는 주로 Open 회로를 사용한다.

2. 폐회로(Closed Circuit)

Pump에서 토출된 Oil이 제어 Valve를 경유하여 Actuator(Hyd. Motor)에 도달하고 재차 Pump에 되돌아오며 Tank로 되돌아가지 않는 것을 Closed 회로라 한다.
Closed 회로에서는 Pump나 Hyd. Motor의 Leak로 인하여 유압유가 부족하게 되므로 이것을 보충하기 위하여 Feed 회로가 있으며, 회로가 가변토출형이면 방향전환 Valve가 필요 없게 된다.
Actuator의 정·역방향은 방향변환 Valve 또는 Pump Control은 유압구동 Rotor나 유압 Crane 일부에서 사용된다.

3. Open Circuit은 펌프에서 제어(방향) Valve와 탱크 사이에 Tank와 Hyd. Pump 간에는 저압이 된다. 기계에는 Open Circuit이 매우 많이 사용된다. Closed 회로는 Open 회로에 비해 회로효율이 좋고 기름 Tank를 작게 할 수 있고, 특히 Brake 회로에서는 동력흡수 효과가 있다.

[Question 04] 최근에 제작되고 있는 기계에서 효율을 향상시키기 위하여 사용되는 부하감응형 유압구동장치에 대해서 기술하시오.

1. 개요

부하에 따른 압력이나 유량을 공급하여 소비하는 에너지를 최소화하는 부하감응형 회로에는 펌프를 제어하는 방식과 제어밸브를 제어하는 방식이 있으며, 일명 동력절약 회로라 불린다.

2. 부하감응형 유압구동장치(제어밸브 제어방식)

정용량형 펌프를 사용하고, 펌프의 토출압력을 부하압력에 따라 추종시켜서 소비동력을 줄이는 방법으로 소요유량 제어는 비례전자식 유량조정밸브①로 행하므로 펌프로부터의 유량의 여분량은 비례 전자식 릴리프밸브②에서 내보낸다.(아래 그림 참조)
이 릴리프밸브가 출구쪽 압력(부하압력)의 차가 일정해(0.5~0.6MPa/5~6kg/cm^2)지도록 작동하므로 펌프 토출압력은 부하압력보다 0.5~0.6MPa 높은 압력으로 제어되며 부하압력의 변동이 큰 경우에 유효하다.
실린더가 전진단에서 정지하고 있을 때에 가압이 필요할 경우에는 일정한 압력으로 릴리프 밸브에서 전량 릴리프시키지 않으면 안 되기 때문에 소비동력은 커질 수밖에 없으므로 어큐뮬레이터(Accumulator)에 의한 압력유지 회로를 병용하여 무부하 회로를 구성하여야 한다.

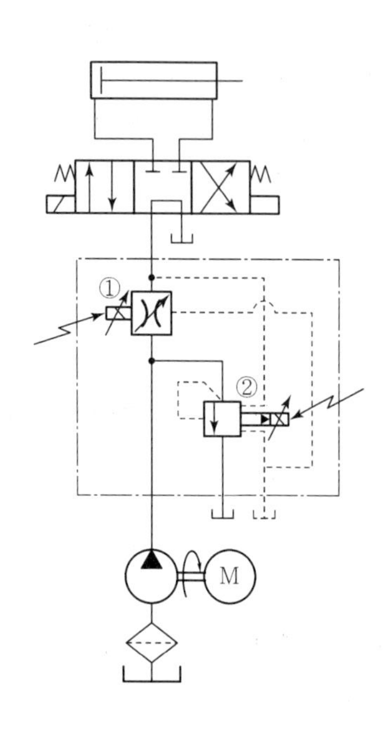

① 비례전자식 유량조정밸브
② 비례전자식 릴리프밸브

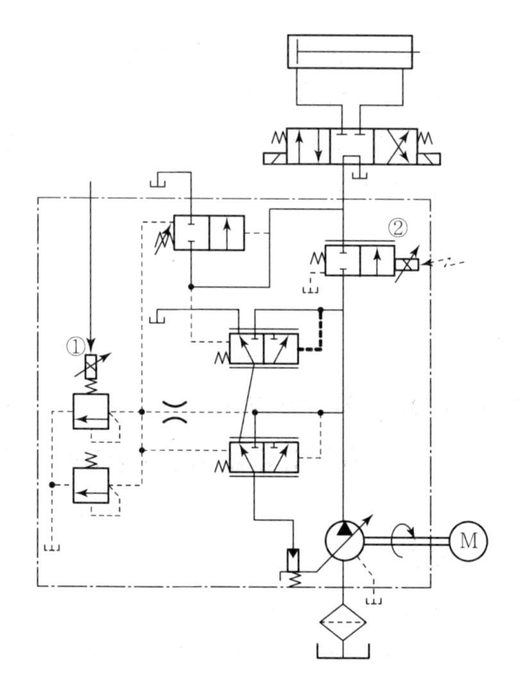

① 비례전자식 압력제어밸브
② 비례전자식 유량조정밸브

3. 가변용량형 Pump 제어방식

가변용량형 펌프의 토출량 및 압력을 부하에 따라 제어하는 것으로, 압력은 비례전자식 압력제어밸브에 의하고, 토출량은 비례전자식 유량조정밸브에 의하여 펌프의 배제 용적 압력(피스톤 펌프의 사판 경사각)을 제어함으로써 이뤄진다.

압력(펌프의 최대 토출압력)과 토출량은 전기적 Controller로 Program된 제어가 이뤄져 도시한 입력전류(Controller로부터의 출력전류)에 대한 압력 또는 토출량(조절유량)이 제어되어 부하에 필요한 압력이나 토출량을 공급한다.

[Question 05] 로프(Rope)의 장력과 속도를 로프가 감긴 드럼의 지름에 상관 없이 항상 일정하게 유지되도록 하는 위치의 구동장치를 유압식으로 구성하려고 한다. 유압회로를 작성하고 간단히 설명하시오.

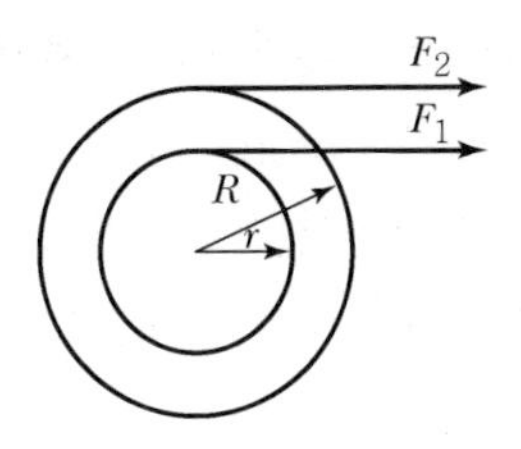

$$H_1 = \frac{F_1 v_1}{753},\ H_2 = \frac{F_2 v_2}{753},\ \text{장력 일정 } F_1 = F_2 = C,\ \text{속도 일정 } v_1 = v_2 = C$$

$$\therefore H_1 = \frac{F_1 v_1}{753} = H_2 = \frac{F_2 v_2}{753} = C$$

$\therefore H_1 = H_2 = H = C$(출력일정회로 구성)

$$v_1 = \frac{\pi(2r)n_1}{60},\quad v_2 = \frac{\pi(2R)n_2}{60},\quad v_1 = v_2,\quad n_1 r = n_2 R \quad \therefore \frac{n_1}{n_2} = \frac{R}{r} = C$$

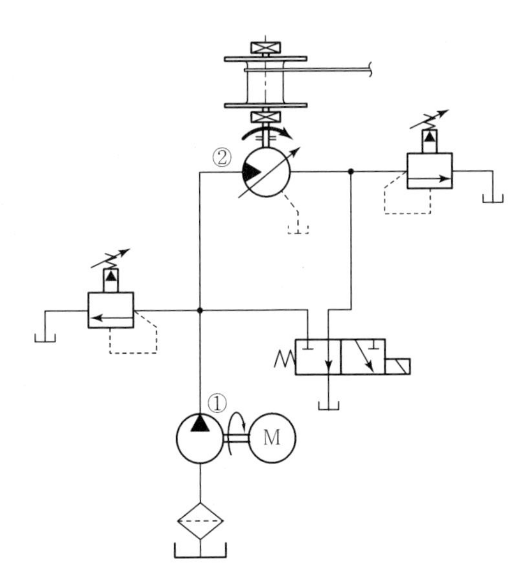

감김이 증가함에 따라 회전수는 감소하면서 속도를 일정하게 유지한다.

정용량 펌프①로부터 가변용량형 유압모터②에 일정한 압력과 유량의 압유를 공급해서 일정한 출력을 내는 회로이다.

[Question 06] 피드백 제어(Feedback Control)와 시퀀스 제어(Sequence Control)를 비교 설명하시오.

1. 시퀀스 제어

미리 정해진 순서에 따라 일련의 제어단계를 순차적으로 진행하는 방식으로 순차제어라고도 한다. 되먹임제어(Feedback Control)와는 달리 보상동작적(補償動作的)인 작용을 가지지 않는 열린 루프계이다. 제어신호는 아날로그가 아니라 디지털 신호이다.

Example 전기밥솥, 세탁기, 자동판매기, 냉장고, 자동전화교환기, 자동선반, 교통신호제어

2. 피드백 제어

제어된 출력신호의 일부를 입력 측으로 되돌려 목표 값 또는 기준 값과 비교하여 그 차이를 제어하기 위한 조작신호를 만들어 내기 위해 이용하는 제어법을 말한다. 이와 같은 신호전송로는 폐루프를 형성하므로 폐루프 제어라고도 한다. 즉 차이점은 루프냐 폐루프냐이다.

부 록

1 기계제작기술사 기출문제 분석

주조			
NO	문제	기출연도	중요도
1	가단주철에 대하여 설명하시오.	94, 99, 05	★
2	각종 파이프의 제조공정에 대하여 상세히 기술하시오.		
3	경화성 주조법의 종류와 주형제작법에 대하여 설명하시오.	93	★
4	냉간주물에 대하여 설명하시오.		
5	다이캐스팅 주물의 형상 설계시 고려할 사항을 쓰시오.		
6	목형 제작 시 고려사항에 대하여 기술하시오.	94, 95, 97	★★
7	샌드블라스팅과 숏피닝을 구분하여 설명하고 효과 및 사용 예를 드시오.	05	★
8	생형용 코어와 건조형 코어의 용도를 설명하시오.		
9	아몰퍼스(Amorphous) 금속의 특성과 응용에 대하여 쓰시오.	98	★
10	오스테나이트 주철의 특성을 설명하시오.		
11	원심주조법으로 만드는 제품의 예를 드시오.	96	★
12	원심주조법의 원리를 쓰시오.	95, 07	★
13	정밀 특수주조의 대표적인 방법 두 가지를 들고 설명하시오.	85	★
14	주물공정에서 냉각-응고-수축의 과정이 주물의 금속조직 및 기계적 성질에 미치는 영향을 설명하시오.	95, 05	★
15	주물 및 용접 구조물에 대한 비파괴 검사법을 열거하고 설명하시오.	95	★
16	주물사 강도와 관련된 인자를 설명하시오.		
17	주물사가 가져야 할 주요한 4가지 성질을 설명하시오.	00, 01	★
18	주물사의 강도시험에 대하여 쓰시오.	96	★
19	주물사의 구비조건과 종류에 관하여 논하시오.	97	★
20	주물사의 모래입자가 거칠 경우와 너무 미세할 경우의 주조에 미치는 영향은?		
21	주물사의 성질을 시험하는 방법에 대하여 쓰시오.	98	★
22	주물의 기포계 결함 중 핀홀을 설명하시오.	98	★
23	주물의 잔류응력 측정방법과 그 제거방법을 설명하시오.	88	★

NO	문제	기출연도	중요도
25	주물제작용 모형설계상 보정할 사항을 열거하고 설명하시오.		
26	주물제품에 기공이 크게 발생했을 때 보수방안과 방지대책을 쓰시오.	95	★
27	주조결함의 종류와 그 대책	92, 95, 00	★★★
28	주조공정의 성력화·자동화를 위한 최근 산업현장에서의 대처방안	94	★
29	주조에서 다음을 논하시오. 1) Chilled Casting 2) Shell Mould 주조법 3) 주입온도	90, 92, 94, 01, 07	★★★
30	주조에서의 Chilled Casting이란?	92	★
31	주철에 영향을 미치는 함유원소에 대하여 논하시오.	04, 06	
32	주형을 제작하는 방법 중 주형상자를 사용하는 방법에 따라 종류를 구분하고 제작과정을 구체적인 예를 들어 설명하시오.	89	★
33	주형 제작 시 용융금속 주입시간(T) 결정방법	97	★
34	특수주조법에 대하여 논하시오.		
35	Al 용해작업 후 발생하는 외관상의 결함 종류를 들고 그 상태를 설명하시오.	98	★
36	Al의 저압 주조법을 설명하고 그 예를 드시오.	96	★
37	Die Casting 방법에 대하여 설명하고 어떤 제품 제작에 가장 적합한 방법인지 예를 들어 설명하시오.	04	
38	인베스트먼트(Investment) 주조법에 관하여 설명하시오.	91, 96, 97, 06	★★★
39	Sand Blasting 표면처리공정을 설명하시오.	01	★
40	Shell Moulding Process에 대하여 논하시오.	88, 94, 01, 02	★★★
41	마그네틱(Magnetic) 주조법에 대하여 설명하시오.	08	★
42	저압주조법의 특징에 대하여 설명하시오.	06, 08	★
43	목재의 인공건조법에 대하여 설명하시오.	03	
44	현도에서의 고려사항에 대하여 설명하시오.	06	
45	연속주조법의 장점과 단점을 설명하시오.	06	
46	담금질균열(Quenching Crack)의 방지대책에 대하여 설명하시오.	06	
47	주조에서 사용되는 전기로의 장단점을 설명하시오.	01, 03	
48	자유단조(Free Forging)와 형단조(Die Forging)를 구분하여 설명하시오.	02	
49	주물사 시험에서 통기도를 설명하시오.	02	

소성가공			
NO	문제	기출연도	중요도
1	각종 프레스의 특성과 용도를 기술하시오.		
2	강선인발 가공에 관하여 논하시오.	87	★
3	고에너지 속도가공에 관해 설명하시오.	95	★
4	굽힘가공 시 최소굽힘 반지름을 설명하시오.	97	★
5	금속박판 성형가공 시 발생하는 스프링백의 성질과 해결방법	95, 05, 07	★★
6	금속판재의 정밀전단방식을 열거하고 항목별로 간단히 설명하시오.	85	★
7	금속판재의 특수 성형법에 대하여 설명하시오.	85, 92, 94	★★★
8	금형설계 및 제작 시 고려사항에 관하여 기술하시오.	98	★
9	금형설계 시 우선 고려해야 할 조건과 절차를 구분하여 설명하시오.	95, 96	★★
10	기계식 단조용 해머와 유압프레스의 최대용량을 수식으로 설명하시오.	86	★
11	기계프레스에 사용되는 안전장치를 열거하시오.	97, 02, 07	★
12	냉간압연 강판의 제조공정도를 그리고 각 공정에 대하여 설명하시오.	93	★
13	다음 용어를 설명하시오. 가. 계단열처리 나. 소성가공		
14	다음 프레스의 용어를 설명하시오. 블랭킹, 노칭, 펀칭, 세이빙, 트리밍, 엠보싱, 스트리퍼, 시밍	06	
15	단조작업 시 일반적으로 적용되는 공차를 구분하고 그 내용을 정리하시오.	98	★
16	단조제품의 결함 및 원인을 설명하시오.	96, 07	★
17	단조형 설계에서 기본적 유의사항	86	★
18	드로잉 가공 시 발생하는 주요 결함을 설명하시오.	96	★
19	딥 드로잉 가공의 개요에 대하여 설명하시오.	94, 95	★★
20	버어 제거방법 및 모서리 가공기술에 관하여 설명하시오.	95	★
21	상온가공 시 재료가 경화되는 이유를 설명하시오.	96	★
22	소성가공(예 : 형단조) 시 소재재료와 형상, 금형재료와 형상, 윤활재, 작업온도 변형속도 및 변형량 등이 공정조건에 미치는 영향을 설명하시오.		
23	소성가공을 가공방식에 따라 분류하고 각각에 관하여 사용하는 기계설비, 성형과정, 응용 등에 관하여 설명하시오.	92, 94, 97	★★★
24	소성가공을 작업온도에 따라 2가지, 작업물의 형태에 따라 2가지로 분류하시오.		

NO	문제	기출연도	중요도
25	소성가공 중 냉간가공과 열간가공을 구분하는 기준에 대하여 쓰시오.	06	
26	압연가공의 원리와 방법 및 제품 예		
27	압연기의 구성과 작동에 대하여 설명하시오.	87, 95	★★
28	압출공정에서 발생하는 주요 결함을 열거하고 그 방지책을 설명하시오.		
29	업세팅 시 고려사항에 대하여 기술하시오.		
30	업세팅(Upsetting)의 3원칙을 설명하시오.	86, 88, 96, 00, 08	★★★
31	연강재료의 응력－변형률 선도를 그리고 다음을 설명하시오. 1) 탄성계수 2) 0.2% 항복강도 3) 인장강도 4) 가공경화 5) 바우싱거 효과 6) 탄성회복 7) 진응력 8) 대수스트레인	93, 94	★★
32	원추형 일반다이스를 그림으로 표시하고 각부의 명칭을 기입하시오.		
33	인발가공에 영향을 주는 제조건을 검토하여 각각의 조건이 가공에 미치는 영향에 관해 설명하시오.	93, 01	★★
34	인발 및 압출제품의 예를 들고 각각의 가공방법을 설명하시오.	95	★
35	절삭가공에 대한 소성가공의 장점에 관하여 기술하시오.	95	★
36	정수압 압출에 대하여 서술하시오.	98	★
37	제관법에 관하여 설명하시오.	94, 95, 01	★★★
38	진변형률과 공칭변형률에 관하여 설명하시오.	95	★
39	파이프 제작공정에 관해 설명하시오.	95, 96	★★
40	압연개시 가능조건에 대해 설명하시오.	05	
41	판재의 성형시험에 관하여 아는 바를 쓰시오.	86	★
42	판재의 압연공정에서 다음 물음에 답하시오. 1) 재료가 자력으로 롤러에 물려 들어갈 조건 2) 중립점(No Slip Point) 3) 다단 압연기가 사용되는 이유		
43	프레스 가공을 4가지로 크게 분류하여 각각 그 특징을 설명하시오.	86, 96	★★
44	프레스 작업 시 전단기구, 전단면 형상에 관하여 기술하시오.	96	★
45	프레스 작업의 종류와 구체적인 작업 예를 들어 설명하시오 .	95, 96	★★
46	플라스틱 성형방법의 종류를 열거하고 설명하시오.	98	★

NO	문제	기출연도	중요도
47	형단조 시 재료의 구비조건	98	★
48	형단조용 치구설계에 관하여 기술하시오.	96	★
49	Al 합금의 압출성형방법과 각 방법의 특징을 비교하시오.	88	★
50	Ausforming의 특징에 대하여 답하시오.		
51	Deep Drawing용 Die 설계 시 고려해야 될 사항에 대하여 설명하시오.		
52	Fine Blanking에 관하여 설명하시오.	96, 01, 02	★
53	Press 가공용 Punching Die와 Blanking Die를 설계하고자 한다. Punch와 Die의 치수를 결정하는 방법과 가공치수 정밀도를 높이는 방법에 대하여 설명하시오.	92	★
54	Press의 종류를 각종 방법으로 분류하고 각종 전단가공의 실례를 다섯 가지 이상 열거하시오.		
55	Spinning 가공법의 장단점을 쓰시오.	03	

용접			
NO	문제	기출연도	중요도
1	가스용접에서 용제를 사용하는 이유를 설명하시오.	96	★
2	가스절단(산소)의 원리를 설명하시오.	97	★
3	강의 아크 용접 시 다음 원소의 영향을 간단히 설명하시오. C, Mn, Cr, Ni, Si, Mo	89, 04	★
4	강재의 용접부위의 검사방법을 상세히 기술하시오.	85, 94	★★
5	고주파 용접에 대해 설명하시오.	96	★
6	금속피복 아크 용접에서 발생한 잔류응력의 경감법에 대하여 설명하시오.		
7	금속피복 아크 용접에서 저수소계 용접봉을 사용하려 할 때 용접봉 건조사항과 용접성을 설명하시오.	95, 01, 07	★★
8	금속피복 아크 용접에서 기공이 발생되었다. 그 원인과 대책을 설명하시오.		
9	다음 용접 명칭을 그림으로 표시하고 적정치수를 기입하시오. 1) Root Gap 2) Root Face	95	★
10	다음 용접 용어를 설명하시오. SMAW, OAW, FCAW, WPS, PWHT	00	★
11	맞대기 용접과 필렛 용접의 형상을 그림으로 표시하고 루트간격, 루트면, 각도를 설명하시오.		
12	비파괴 내부검사방법에 관하여 설명하시오.	95, 97, 01, 02, 04, 06	★★★
13	산소-아세틸렌 가스용접에서 화염의 종류를 설명하시오.	95	★
14	수중용접 및 절단방법을 논하시오.	88	★
15	스터드 용접의 원리에 대하여 설명하시오.	95	★
16	실드 아크 용접법을 분류하고 각각 특징을 말하시오.	86	★
17	아크 용접에 관하여 다음을 설명하시오. 1. 전원 특성 2. 전류변화에 따른 아크 특성 3. 아크 특성이 용접작업에 미치는 영향		
18	아크 용접에 있어 피복재의 종류와 성분을 쓰시오.	94, 96, 04, 05, 06	★★
19	아크 용접에서 아크의 안정성과 극성 효과에 대해 설명하시오.	93	★

NO	문제	기출연도	중요도
20	아크 용접에서 전류, 전압, 용접봉경 및 용접속도가 용착금속 형성에 미치는 영향에 대해서 쓰시오.	95	★
21	아크 용접의 자동화에 대하여 기술하시오.		
22	압력용기를 제작하려 한다.(내부압력 20kg/cm^2, 용접효율 1.0으로 할 때 다음에 대하여 설명하시오. 가. 용접이음설계(head=20t, shell=16t) 나. 강판재질 선정 다. 용접봉 선정 라. 용접시공(용접법 선정) 마. 용접부 검사의 종류		
23	압력용기의 용접부 검사법에 대해 설명하시오.		
24	용접결함에서 구조결함에 대한 검사와 시험방법에 대하여 쓰시오.	98, 07	★
25	용접결함의 종류를 2가지 예를 들어 설명하시오.	95, 01, 06	★
26	용접구조물 또는 용접기계 부품의 한 가지 예를 들고 구체적인 작업방안, (필요하다면)전 · 후 처리법, 적용의 한계성 등에 대하여 설명하시오.	92	★
27	용접부의 시험 중 초음파검사에 대하여 서술하시오.	98	★
28	용접부의 주요결함을 열거하고 그 원인과 방지대책에 대하여 설명하시오.	91, 94	★★
29	용접아크의 용접성(절연회복 특성, 전압회복 특성)과 극성효과에 대하여 기술		
30	용접을 금속학적 관점에서 3가지로 분류하시오.		
31	용접응력의 발생기구와 잔류응력 분포에 대하여 설명하시오.	90, 06, 08	★
32	용접자동화에 관하여 설명하시오.	95	★
33	전격방지기의 원리와 특징을 설명하시오.	97	★
34	전기저항용접의 종류를 들고 설명하시오.	88	★
35	전자빔 용접의 원리를 설명하고 실제 사용예를 열거하시오.	95	★
36	점 용접법의 원리, 방법 및 용도를 설명하고 용접성에 미치는 인자에 관하여 열거하시오.	95	★
37	주물 및 용접 구조물에 대한 비파괴 검사법을 열거하고 설명하시오.	86	★
38	탄산가스 아크용접에서 와이어의 종류별로 용접시공 특성을 설명하시오.(와이어의 사용 지름은 1.6mm로 한다.)		
39	플랜트 배관도면을 점검하려 한다. 점검의 요령을 순서대로 설명하시오.		
40	피복아크 용접 중 용접부위의 온도분포를 그림으로 답하시오.		

NO	문제	기출연도	중요도
41	필렛 용접에 있어서 양호한 비드 형상과 불량한 비드 형상을 그림으로 표시하시오.	94	★
42	CO_2 가스 아크 용접에서 용접 Wire의 종류 및 용접성에 대하여 쓰시오.	97	★
43	Electro Slag Welding에 대하여 상세히 설명하시오.	89	★
44	Thermit 용접에 대하여 논하시오.	90	★
45	TIG 및 MIG 용접의 원리와 작업방법에 대하여 논하시오.	94, 96, 99, 02, 05, 06, 07	★★★★
46	스테인리스강의 경우 금속조직에 따른 용접성에 대하여 설명하시오.	08	

열처리			
NO	문제	기출연도	중요도
1	가단주철의 열처리 공정을 도시하시오.	98	★
2	강의 열처리 변형 원인에 대하여 쓰시오.	89, 95	★★
3	강의 열처리에서 구상화 처리를 설명하시오.	05	
4	강의 열처리에서 서랭조직과 급랭조직의 종류를 열거하고 각 특징을 설명하시오.	95, 05	★
5	강의 열처리에서 소입균열(Quenching Crack)의 발생원인과 방지법에 대해 설명하시오.	94	★
6	강의열처리 변형원인을 설명하고 변형방지법에 관하여 논하시오.		
7	강재기어의 침탄열처리방법과 고주파 열처리방법을 설명하고 특징을 비교하시오.	88, 02	★
8	고급주철 선반베드의 잔류응력 제거 및 경화 처리에 대하여 논하시오.		
9	고속도강의 열처리법에 대하여 설명하시오.	93	★
10	고주파 담금질법	96	★
11	고탄소 크롬 베어링강의 이점		
12	고효율 절삭법에 대해 쓰시오.		
13	금속, 세라믹, 고분자재료의 응력과 변형률 관계를 그리고 탄성계수, 항복강도 연성의 관점에서 비교하시오.		.
14	기계부품에 사용되는 재료 4가지를 분류하고 특징을 설명하시오.		
15	순철에서 910℃ 이하의 철은 어떤 결정을 가지는가 설명하시오.	86	★
16	스테인리스강에 합금원소인 C와 Cr의 영향에 대하여 설명하시오.		
17	압연강판으로 압력용기를 제작한 노 내에서 용접부의 잔류응력을 제거하기 위한 Annealing 열처리법에 대하여 설명하시오.(KS SBB42, C 0.24%, 두께 25mm)"	94	★
18	압연재를 생산하였다. 냉간가공 후에 어니링 효과에 대하여 설명하시오.		
19	열처리 작업에서 구상화 풀림의 작업방법에 대하여 설명하시오.	98, 03, 08	★
20	열처리에서 항온처리 및 그 방법에 대하여 논하시오.	87	★
21	열처리의 경도, 인성을 높이는 방법을 3가지의 예를 들고 설명하시오.	96	★
22	저온풀림에 대해 설명하시오.	94, 97	★★
23	주철에 있어서 탄소의 형태에 따른 기계적 성질의 변화를 설명하고 탄소의 형태를 조절하는 방안에 대하여 설명하시오.	96	★
24	질화법에 대하여 쓰시오.	94, 96, 99	★★★

NO	문제	기출연도	중요도
25	철-탄소 평형상태도(탄소함량 2% 이하 및 온도 1,000℃ 이하 부분)를 간단히 그리고 탄소함량이 0.4%보다 0.8%강이 서서히 냉각할 때의 상변화에 대하여 설명하시오.	91	★★
26	측정용 공구재료의 필요한 성질을 설명하시오.	2007,	
27	침탄 표면경화법에 대하여 쓰시오.	85, 91, 94, 04	★★★
28	침탄강의 Quenching에 대하여 논하시오.		
29	탄소강에 크롬을 넣으면 기계적 성질은 어떻게 변하는지 설명하시오.	96	★
30	탄소강의 청열취성(Blue Shortness)에 대해 설명하시오.	92	★
31	탄소강 중 탄소함량이 증가하면 기계적 성질 중 어떤 변화가 가장 큰지 설명하시오.		
32	탄소량 0.1%의 연강으로 절삭가공한 자동차의 Piston Pin의 침탄열처리에 대하여 논하시오.	87	★
33	템퍼링 열처리 중 저온 템퍼링의 특징에 대하여 쓰시오.		
34	표면경화처리법에 대하여 논하시오.	01	★
35	합금공구강을 사용하여 게이지를 제작하기 위한 열처리 순서와 조건을 설명하시오.	97	★
36	항온열처리에 관해 기술하시오.	95, 01	★★
37	KS SNCM22 강종으로 된 Module4, PCD ϕ120인 Gear를 가스침탄할 때 귀하가 경험한 공정을 온도, 처리시간별로 설명하고 조직의 변화에 대하여 논하시오.	89	★
38	SM45CⓀ의 구조용 탄소강을 860℃부터 노 중, 공기 중, 유 중, 수중과 같이 각기 다른 냉각속도로 실온까지 냉각하였을 때 갖는 조직과 성질에 대하여 설명하시오.	92	★
39	Sub-Zero Treatment의 용도, 방법 및 응용에 대하여 논하시오.	90, 96, 04	★★

절삭이론

NO	문제	기출연도	중요도
1	각종 절삭공구재료에 대하여 논하시오.	91	★
2	경제적인 절삭작업을 위하여 고려하여야 할 제인자를 들고 그 상관관계를 논하시오.	87	★
3	고속절삭(절삭속도 200m/min 이상)에 관해 설명하시오.	88, 94, 96, 99, 08	★★★
4	고온가공(Hot Machining)에 대하여 쓰시오.	98	★
5	고온절삭에 관하여 논하시오.	88, 94	★★
6	고효율 절삭법에 대해 쓰시오.	97	★
7	공구마모 측정방식을 직접측정법과 간접측정법으로 구분하여 그에 적합한 센서들을 열거하고 그 특징에 대하여 설명하시오.	93	★
8	공구수명의 판정법 종류를 간단히 쓰시오.	06	
9	공구의 마모에 따른 공구수명을 설명하시오.	86	★
10	공작기계의 소음발생 원인과 그 감소대책에 대하여 논하시오.	90, 91, 05	★★
11	구성인선(Built Up Edge)에 대하여 논하시오.	94, 96, 04, 05	★★
12	구성인선이 미치는 영향을 설명하시오.	97	★
13	금속 절삭공구의 이상손상을 구분하시오.	98	★
14	금속가공용 공구의 대표적인 것에 대하여 용도별로 분류하고 그 조성, 가공, 열처리, 사용조건, 특성 등에 관하여 설명하시오.		
15	금속을 절삭할 때 재료의 종류에 따라서 Chip의 생성기구에 대하여 논하고, 절삭면에 미치는 영향을 기술하시오.		
16	기계절삭가공 시 발열원과 절삭제의 효과에 대하여 논하시오.	94, 07	★
17	내열강에서 절삭가공의 주의점을 설명하시오.		
18	단인 절삭공구의 3면도를 그리고 각부의 명칭과 실용적인 각도 및 그 영향에 대하여 논하시오.		
19	생산기술에서 정밀가공기술의 중요성에 대하여 논하시오.		
20	선삭가공 시 절삭저항의 3분력을 설명하시오.	00	★
21	소결초경합금 공구의 선정기준을 설명하시오.	85	★
22	에멀션형 절삭유의 특징을 설명하시오.	97	★
23	열단형 Chip에 대해 설명하시오.	97	★

NO	문제	기출연도	중요도
24	절삭가공면 실제의 표면거칠기에 영향을 끼치는 인자들	95	★
25	절삭가공 시 가공변질층과 진원도에 대하여 쓰시오.	85	★
26	절삭가공 시 표면거칠기에 영향을 주는 주요인자를 2가지 이상 쓰시오.		
27	절삭가공에 미치는 주요원인 5가지를 쓰시오.		
28	절삭가공에서 절삭칩의 유형을 분류하고 설명하시오.	05	
29	절삭가공에서 진동 발생 요인과 그 대책에 대하여 기술하고 이에 대하여 귀하가 경험한 사례를 들고 설명하시오.	94	★
30	절삭가공의 경제성을 지배하는 여러 인자에 대하여 설명하고 경제적 절삭속도를 결정하는 방법에 대해 설명하시오.		
31	절삭공구 수명의 판정기준에 대하여 논하시오.	97	★
32	절삭공구가 마멸되는 인자에 대하여 논하시오.	94	★
33	절삭공구의 공구각과 절삭성에 대하여 논하시오.		
34	절삭공구의 대표적인 예를 3가지 이상 들고 각각의 성분, 성능, 적용 등에 관하여 설명하시오.	92	★
35	절삭공구의 마멸현상과 그 측정법에 대하여 쓰시오.	90	★
36	절삭공구의 수명방정식의 결정방법을 기술하시오.	85	★
37	절삭공구의 코팅 종류와 그 사용법에 대하여 설명하시오.	94, 96	★★
38	절삭온도 측정법 4가지를 쓰시오.	97	★
39	절삭용 바이트를 Tip Coating하는 이유를 답하시오.		
40	절삭용 바이트의 결손 종류를 쓰시오.	94	★
41	절삭유제의 극압첨가제 및 계면활성제가 절삭 및 연삭가공에 미치는 영향에 대하여 설명하시오.	94	★
42	절삭조건과 공구수명의 관계를 논하시오.	88, 95, 96	★★★
43	주철 절삭 시 공구재종에 따른 절삭속도의 상관관계를 논하시오.	98	★
44	천연다이아몬드(Single Crystal Diamond)의 방위면에 대하여 설명하고 절삭공구의 응용관계를 논하시오.	90	★
45	초경공구를 사용하여 SM50C의 환봉 피삭재를 절삭깊이 t=2.0mm, 이송 f=0.18mm/rev로 건식 절삭하여 공구수명 T를 60분으로 하기 위한 조건으로 하고자 한다. 절삭속도(v) 및 선반의 추축 회전수 N(rpm)를 결정하시오.(단, Taylor의 수명방정식을 사용하고, 이때 피삭재 직경 ϕ80mm, 점수 C=495, 지수 n=0.21으로 공구수명 시험법 결과를 이용한다.)	90, 04	★

NO	문제	기출연도	중요도
46	초정밀 절삭가공에 대하여 논하시오.	04	
47	칩브레이커의 목적과 이점, 종류와 사용에 대하여 쓰시오.	06	★
48	칩의 기본형태를 열거하시오.		
49	Chip Breaker의 필요성, 제작방법에 관해 설명하시오.	99	★
50	Chip Breaker에 대해 설명하시오.(형상, Chip의 영향 등)	94, 96, 97	★★★
51	Chip의 종류에 따른 절삭조건, 재료 특성을 설명하시오.	93, 94, 95, 96	★★★★

공작기계			
NO	문제	기출연도	중요도
1	지름 100mm 환봉을 선반가공할 때 주축 회전수 60rpm, 주분력 75kg이다. 이때 필요한 절삭동력은 몇 마력인가?		
2	10,000rpm 이상의 고속회전을 하는 공작기계 주축을 설계할 때 고려해야 할 사항에 대하여 논하시오.	91	★
3	공작기계용 유압회로에 대하여 쓰시오.	85	★
4	공작기계의 구조강성 향상대책에 관하여 논하시오.	90	★
5	공작기계의 성능을 파악하기 위한 각종 시험검사법의 체계	89	★
6	공작기계의 왕복운동기구에 대하여 논하시오.		
7	공작기계의 자동 프로그래밍에서 APT에 대하여 쓰시오.	98	★
8	공작기계의 주축 구동에 있어서 기계적 무단변속방식을 논하시오.	86	★
9	공작기계의 진동특성을 향상시켜 되도록 넓은 속도범위에서 안정성 있는 절삭을 수행하기 위하여 설계 시 고려하여야 할 설계변수에 대하여 설명하시오.		
10	공작기계의 회전속도열의 종류		
11	공작기계 중 선반주축대의 기어변속방식	87	★
12	기계가공 시 가공정밀도에 영향을 미치는 인자들을 열거하고 간단히 설명하시오.		
13	기계구조용 탄소강 강재와 합금강재 중에서 기계부품의 재료를 선택할 때 고려하여야 할 점을 설명하시오.	97	★
14	기어전달동력에 의하여 피로에 따른 면압강도에서 피팅의 종류를 들고 설명하시오.		
15	드릴지그의 구성요소를 설명하시오.	98, 05	★
16	머시닝 센터에서 공구 보정에 관하여 설명하시오.		
17	밀링머신의 분할대 구조와 분할원리 및 방법에 관하여 설명하시오.		
18	밀링커터 선정 시 고려사항을 쓰시오.	98, 99	★★
19	밀링에서 각도분할식을 유도하시오.		
20	밀링에서 분할대를 사용하여 어떤 가공을 하는지 설명하시오.		
21	선반용 공기척의 특징을 설명하시오.	01	
22	선반의 효율에 대하여 설명하시오.		
23	선삭가공에서 테이퍼 장치를 하면 어떠한 장점이 있는지 5가지만 나열하시오.	00	★

NO	문제	기출연도	중요도
24	셰이퍼 급속귀환장치의 구조와 원리에 대하여 쓰시오.	88, 96	★
25	연강을 CNC 선반에 의하여 절삭할 때 Chip Breaking에 대하여 설명하시오.		
26	절삭가공용 지그의 종류를 들고 그 특징과 용도를 설명하시오.	02, 08	★
27	절삭가공이 공작기계 채터 특성에 미치는 영향과 채터 진동 억제대책에 대하여 설명하시오.	86, 93	★★
28	지그나 고정구를 설계할 경우 그 작동에 영향을 미치는 중요인자에 대하여 논하시오.	99	★
29	지그를 구성하는 요소 중 공작물의 위치결정기구에 관하여 종류를 들고 설명하시오.	87	★
30	초전도 재료의 기준에 대하여 설명하시오.	96	★
31	회전속도열에 관하여 설명하시오.	96, 01	★★
32	CNC 공작기계(㉥ 머시닝센터)의 몸체를 제작함에 있어서 주물구조와 용접구조로 할 경우 각각의 장단점을 비교하시오.		
33	CNC 공작기계의 기능에 관하여 3가지 이상을 들고 설명하시오.		
34	CNC 선반에서 미소 심공드릴 가공방법에 대하여 쓰시오. (단, 드릴지름=0.3mm, 깊이=3mm가공)	98, 06	★
35	Jig에 공작물을 고정시키기 위한 가압장치에 대하여 설명하시오.		
36	Jig와 Fixture의 차이 및 특징을 설명하시오.	96, 08	★
37	Machining Center의 원리와 작업범위에 대하여 논하시오.		
38	NC 방전가공기의 주요기능 5가지 이상을 예를 들어 설명하시오.	99	★
39	NC 선반에서 적응제어(Adaptive Control)하는 방법에 대하여 설명하시오.		
40	공작기계의 안전성에 대하여 설명하시오.	07	
41	공작기계의 주축 및 이동속도열의 종류와 규격	07	

절삭가공

NO	문제	기출연도	중요도
1	고경도 난삭재를 절삭가공 시 공작기계의 트러블 원인과 대책	98, 99	★★
2	고급주철 선반베드의 잔류응력 제거 및 경화처리에 대하여 논하시오.		
3	공작기계 및 기계공작에 대한 문제점과 해결방안을 사례를 들어 상세히 기술하시오.	85, 93	★★
4	공작기계 중 선반주축대의 기어변속방식에 대하여 논하시오.		
5	기계가공 시 절삭유의 종류와 특징에 대하여 설명하시오.	05	
6	기어가공법의 종류를 답하시오.		
7	단인 절삭공구의 3면도를 그리고 각부의 명칭과 실용적인 각도 및 그 영향에 대하여 논하시오.		
8	드릴링가공의 절삭저항을 수식을 써서 설명하시오.	86	★
9	드릴 각부의 명칭 중 마진의 역할에 대하여 쓰시오.	98	★
10	드릴의 날끝각과 재료의 관계를 설명하시오.	96	★
11	드릴의 치즐(Chisel)부를 시닝(Thinning)하는 이유는 무엇인가?	94	★
12	밀링가공을 할 때 가공정밀도에 영향을 미치는 요인들에 대하여 설명하고, 이를 개선시키기 위한 설계 시 고려사항에 대해 논하시오.	92	★
13	밀링가공 시 하향절삭(Down Cut)을 하는 데 필요한 밀링머신의 이송기구에 대하여 설명하시오.		
14	밀링가공에서 다듬질 절삭하려면 어떤 조건으로 절삭하여야 하는가?	96	★
15	밀링머신의 절삭속도에서 고려할 사항을 쓰시오.	95	★
16	밀링분할법에 대해 쓰고 분할 예를 들어 설명하시오.	95, 96	★
17	밀링커터의 종류, 형상, 용도를 설명하시오.	96, 01	★★
18	베벨기어 절삭방식에 대하여 설명하시오.		
19	브로칭 가공에서 작업방식, 특징 및 작업 한계를 설명하시오.	01	★
20	선반가공 시 심봉(맨드릴)을 사용하는 목적은 무엇인가?	96, 03	★
21	선반에서 백기어를 설치하는 가장 큰 목적은 무엇인가?	96	★
22	선반에서 사용하는 각종 척(Lathe Chuck)에 대하여 특성과 용도를 기술하시오.	00	★
23	선반을 분류하고 각각의 특성과 용도를 쓰시오.		
24	선반 4부분의 기능과 용도를 설명하시오.	96	★
25	선반의 주축구동방식을 분류하고 그 특징을 논하시오.		

NO	문제	기출연도	중요도
26	선삭가공에서 가공 정도에 영향을 미치는 인자를 열거하고 간단히 설명하시오.	89	★
27	선삭 시의 절삭저항과 절삭동력의 관계를 설명하고 각종 효율을 논하시오.	89	★
28	셰이빙커터(Shaving Cutter) 제작방법에 관하여 설명하시오.		
29	심공드릴 머신의 개요 및 작업 시 유의사항에 대하여 설명하시오.	99	★
30	심공드릴방식 중 대표적인 방법을 들고 설명하시오.	85, 92, 96	★★★
31	에멀션형 절삭유의 특징을 설명하시오.		
32	엔드밀 가공에서 공구 선정 시 다음을 기술하시오. 1) 엔드밀 날수에 따른 가공상 특징 2) 엔드밀 비틀림각의 크기에 따른 특징 3) 엔드밀날 결손 발생 원인과 대책		
33	지그와 고정구 설계 시 고려할 사항을 쓰시오.	99	★
34	창성법에 의한 치차절삭법을 논하시오.		
35	총형이나 포신과 같은 심공가공에 적합한 드릴방식에 대하여 설명하시오.		
36	치차의 치형가공방식에 대하여 설명하시오.	86, 94, 00	★★★
37	치형을 구성하는 대표적인 치형곡선과 압력각에 대하여 기술하라.	85, 07	★
38	탭 가공 시 나사의 치수정밀도는 보통 유효직경 오차와 관계되는데 유효직경에 영향을 주는 인자와 방지대책을 쓰시오.		
39	평삭기(Planer) 및 형삭기(Shaper)의 왕복운동기구에 대하여 논하시오.		
40	헬리컬기어의 상당치수 Z_e 식을 유도하시오. (단, Z : 평치차 치수, β : 나선각, d : 피치원의 지름)		
41	호빙머신에서 호브를 치차소재에 대하여 축방향으로 이송할 때 상향절삭과 하향절삭에 대한 특성을 각각 설명하시오.	97	★
42	Gear Shaper에 의한 치형 절삭에 대하여 논하시오.	85	★
43	Hobbing Machine에서 Helical Gear를 가공하고자 한다. 가공에 필요한 정수(Constant)에 대하여 설명하시오.	91	★
44	Jig에 공작물을 고정시키기 위한 가압장치에 대하여 설명하시오.	91	★
45	Milling 가공 시 상향절삭과 하향절삭의 장단점을 비교 · 설명하시오.	91, 00, 01	★★★
46	Milling 가공 시 하향절삭(Down Cut)을 하는 데 필요한 Milling Machine의 이송기구에 대하여 설명하시오.	93	★

NO	문제	기출연도	중요도
47	Milling Machine에서 나사가공법을 설명하시오.	88	★
48	Milling Machine에서 Table 이송나사의 Back-Lash 현상을 도시하고 그 원인과 대책을 논하시오.	90	★
50	치차에 있어서 언더컷 방지용 전위계수에 대해 설명하시오.	07	
51	Taper 절삭방법 3가지를 쓰시오.	02	

연삭가공			
NO	문제	기출연도	중요도
1	래핑의 원리와 용도에 관해 기술하시오.	96, 00	★★
2	샌드블라스팅 표면처리 공정을 설명하시오.	94, 95	★★
3	생산기술에서 정밀가공기술의 중요성에 대하여 논하시오.		
4	센터리스 연삭기의 연삭방법, 용도를 설명하시오.	96, 03, 06	★
5	센터리스 연삭의 가공원리와 이송방법에 관하여 설명하시오.	95, 01	★★
6	센터리스 연삭의 장점 5가지를 설명하시오.	96	★
8	숫돌의 자생작용 현상	96	★
9	습식 래핑과 건식 래핑을 비교·설명하시오.	95	★
10	액체 호닝의 장점	02	
11	연삭가공된 표면의 결함의 원인과 대책	94, 97	★★
12	연삭가공 시 발생하는 이송자국	98	★
13	연삭가공 시 Spark-out Time	94	★
14	연삭버닝 및 연삭균열에 대해 원인 및 현상, 대책에 대해 설명하시오	95, 04	★
15	연삭숫돌의 결합도(Grade)를 측정하는 방법	92	★
16	연삭숫돌의 구성요소	94, 06	★
17	연삭숫돌의 파괴원인과 방지책	93, 00, 08	★★
18	연삭숫돌차의 각종 결합제에 대하여 특성을 논하시오.		
19	연삭 시 Loading, Glazing의 원인, 대책에 관하여 설명하시오.	95, 96, 02, 05	★★
20	연삭에서 숫돌기공 부분이 너무 작으면 어떤 현상이 발생하는가?	96	★
21	연삭입자의 종류와 특성	96	★
22	원통 연삭작업에서 진원도 불량이 발생되는 원인을 5가지 이상 열거하고 그 대책을 기술하시오.		
23	입자에 의한 가공의 종류를 열거하시오.		
24	정밀입자가공의 종류를 분류하고 각각의 특징, 가공방법, 공구, 사용목적 등에 대해 설명하시오.	87, 95	★★
25	초음파 가공의 가공 특성과 그 응용에 대하여 논하시오.	86, 94, 07	★★

NO	문제	기출연도	중요도
26	초음파가공(Ultrasonic Vibration Machining)용 혼(Hone)의 종류, 재료, 설계방법에 대하여 설명하시오.	90, 94	★★
27	초정밀 절삭가공에 대하여 논하시오.		
28	크립 피드 연삭(Creep Feed Grinding)의 지석속도, 공작물속도, 이송속도조건 등을 관용연삭(Conventional Grinding)과 비교하여 설명하시오.		
29	폴리싱과 버핑의 가장 이상적인 절삭속도는?	98	★
30	Honing Machine에서 Honing 교차각과 절삭능률과의 관계	88	★
31	Liquid Honing의 원리 및 가공특성	88, 94, 96	★★★
32	연삭가공 시 숫돌의 수명판정방법에 대하여 설명하시오.	08	★★

특수가공			
NO	문제	기출연도	중요도
1	레이저 가공의 가공원리, 가공변수 및 응용범위에 대하여 설명하시오.	93, 06, 07	★
2	무전해 니켈 재료의 경면(Mirror Surface) 가공법에 대하여 설명하시오.		
3	방전가공에 영향을 미치는 주요사항의 종류를 들고 설명하시오.	96, 03, 05	★
4	방전가공용 전극소모비에 대하여 설명하시오.	97	★
5	방전가공을 결정하는 기본요소를 열거하고 그 내용을 간단히 기재하시오.	98	★
6	분말야금의 작업공정에 대하여 설명하시오.	93, 01, 06	★★
7	알루미늄 합금제의 경면가공에 관하여 설명하시오.	95	★
8	와이어 컷 방전가공의 구성과 가공 특성	86, 07	★
9	전자빔(Electron Beam) 가공의 가공원리, 공정변수와 내용	91, 99	★★
10	전해가공	98	★
11	전해연마의 원리와 특징	00	★
12	전해연삭에서 연삭효율을 높이는 방법을 구체적으로 설명하시오.	97	★
13	정밀 Finishing 방법을 아는 대로 열거하고 간단히 설명하시오.	89	★
14	정밀소형축(Shaft) 가공에 있어서의 기구의 기능, 특성, 가공방법(공정, 원통면가공, 단면가공, Barrel가공 Ultra-Finishing, Roller Finishing)에 대하여 논하시오.	90	★
15	초정밀 절삭가공에 대하여 논하시오.	90, 91	★★
16	Laser 가공의 원리와 가공특성에 대하여 논하시오.	93	★
17	Polygen Mirror(Laser Printer용)의 초정밀 가공에 대하여 그 기본원리, 제작공정, 가공조건(Diamond Bite, 피삭재료, 절삭조건)를 중심으로 논하시오.	90	★
18	에너지를 고속으로 적용시키는 폭발성형(Explosive Forming)에 대하여 설명하시오.	03	

측정			
NO	문제	기출연도	중요도
1	공기 마이크로미터의 구조를 도시하고 설명하시오.		
2	가공된 공작물에 대하여 정밀도 측정에 관한 종류 및 시험방법에 대하여 쓰시오.	98	★
3	공작기계의 정밀도 검사에 대하여 논하고 정밀도와 가공정밀도의 관계를 기술하시오.	89	★
4	공칭변형률과 진변형률의 차이를 설명하시오.		
5	광학기기를 이용한 평면도 검사방법에 대하여 논하시오.		
6	기계가공 시의 In-Process(가공 중) 계측에 관하여 논하시오.	92	★
7	기계가공에서 표면거칠기 측정에 있어 표면거칠기 표시법과 광파간섭에 의한 측정계에 대해 설명하시오.	07	
8	사인바의 원리와 사용방법	97	★
9	측정기의 특성이나 품질을 나타내기 위하여 일반적으로 사용되는 용어설명 1) 정확도 2) 정밀도 3) 배율 4) 감도 5) 해상도 6) 선형성 7) 보정 8) 안정성 9) 10배 규칙	05	
10	측정에서 표면조도(Roughness)와 평면도(Waveness, Flatness)	92	★
11	측정의 자동화 내지 자동제어계측에 관한 최근의 동향과 자동화의 적용에 대해 설명하시오.		
12	표면거칠기 표시 중 중심선 평균 거칠기	98	★
13	표면거칠기에 영향을 주는 조건에 대하여 기술하시오.		
14	한계게이지 방식에서 한계게이지의 치수차, 공차를 정할 때 일반적으로 고려할 사항을 5가지 열거하고, 한계게이지의 최소유효범위 비율을 설명하시오.	95, 01	★
15	한계게이지의 종류와 사용법을 설명하시오.	97, 02, 04	★
16	Abbe Offset에 관하여 설명하시오.	95	★
17	표준게이지의 종류와 특징	07	
18	길이 측정에서 편위법과 영위법에 대해 도시하고 설명하시오.	08	

자동화기계			
NO	문제	기출연도	중요도
1	3차원 Solid 설계의 특징과 사용예	96	★
2	공정의 단축 및 품질 향상을 위한 작업자동화에 필요한 설비의 개선 및 합리화방안에 대해 논하시오.		
3	기계가공 공정의 자동화를 위한 이상진단 시스템 구성에 관하여 논하시오.	89	★
4	다음 2문 중 1문을 택하여 설명하시오. 1) 서보장치(Servo Mechanism) 2) FMS(Flexible Manufacturing System)	93, 05	★
5	다음 2문 중 1문을 택하여 설명하시오. 1) 컴퓨터 통합생산시스템(Computer Integral Manufacturing) 2) 지적 생산 시스템(Intelligence Manufacturing System)	93	★
6	산업용 로봇 시스템을 구분하고 설명하시오.	96, 01	★★
7	생산가공에서 Transfer Line System과 FMS에 관하여 논하시오.	90	★
8	서보기구와 서보회로에서 위치검출법 3가지를 쓰고 상세히 설명하시오.	89	★
9	소품종 다량생산과 다품종 소량생산 시 생산 시스템의 차이점을 설명하고 셀방식과 GT의 중요성을 설명하시오.	97	★
10	수치제어 공작기계에서 일반적으로 사용되는 직선 및 원호보간법에 대하여 설명하시오.		
11	유압실린더와 공압실린더의 특성을 설명하고 주로 사용되는 기계를 열거하시오.	94	★
12	절삭가공을 자동화할 때 Chip 처리에 대하여 논하시오.	91	★
13	CAD/CAM System의 기본구성요소를 나열하고 각각을 간단히 설명하시오.	89	★
14	CAD/CAM에 대하여 간단히 기술하고 이를 시행하는 데 수반하는 제반문제점이 있다고 생각되면 기술하시오.	85	★
15	CNC 공작기계의 기능에 관하여 3가지 이상을 들고 설명하시오.	95	★
16	CNC 공작기계 서보시스템 제어방법 중 개방회로방식과 폐회로방식을 비교하여 설명하시오.	04, 06	★★
17	FA(Factory Automation, 공장자동화)의 구성요소와 그 내용을 기술하시오.	90	★
18	FMS 라인의 공구마멸과 공구파손 검출 시스템을 도입하기 위한 방안에 대하여 설명하시오.		

NO	문제	기출연도	중요도
19	FMS를 설명하시오.	94, 97, 99, 01	★★★
20	NC 가공에서의 Tape Format에 대하여 설명하시오.	86	★
21	NC 공작기계에서 공구 교환방식(ATC)에 대하여 설명하시오.	98, 05	★
22	NC 제어방식에 대하여 쓰시오.	85	★
23	산업용 지능 로봇의 구조에 대하여 설명하시오.	05	

경험사례			
NO	문제	기출연도	중요도
1	공작기계 및 기계공학 분야에서 귀하가 경험한 기술적인 문제점과 그 대책 및 해결방법에 사례를 들어 상술하시오.		
2	귀하가 전공으로 하는 다음 기술분야에서 하나를 택하여 설계, 작업방법, 연구내용, 문제해결방안 등을 기술하시오.(기계공작법, 열처리, 선반, 절삭, 연삭)		
3	귀하가 전문 분야에서 경험한 기술적 문제 중 가장 어려웠던 내용을 기술하고 그 문제의 효과적인 해결방안에 대하여 상술하시오.		
4	귀하가 전문으로 하고 있는 분야에서 경험한 설계, 제작, 가공시험에서 주제를 들고 이론적인 면과 기술적인 면에서의 문제점과 그 해결방안, 그리고 그 결과에 대하여 기술하시오.		
5	귀하가 현재까지 전공분야에서 가장 보람을 느낀 경험에 있어서 다음 3문 중 하나를 택하여 설계, 작업공정, 연구결과, 문제해결 등에 관하여 기술하시오.(기계가공 및 공작기계, 열처리, 치공구)		
6	귀하의 기계공작에 대한 대표적인 기술업적에 관하여 기술하시오.		
7	기계부품 제작에 사용되는 기술을 4가지로 분류하고 특징을 설명하시오.		

2 과년도 출제문제

1. 기계기술사 기출문제

제97회 기계기술사

1교시 다음 문제 중 10문제를 선택하여 설명하시오.(각 10점)

1. 주물공장 작업에서 여러 가지 위험 요소 중 원재료의 잘못된 관리로 인해 폭발사고 등이 종종 발생한다. 용해로(전기로)에 장입하는 재료 중 피해야 할 내용을 5가지 적고 그 사유를 설명하시오.
2. 선반 절삭 가공 시 발생되는 칩의 유형을 들고, 각각을 설명하시오.
3. 스피닝(spinning) 가공법에 대하여 설명하시오.
4. 센터리스 연삭의 주요 6가지 장점과 4가지 단점을 설명하시오.
5. 강의 담금질과 뜨임 공정을 3단계로 구분하여 설명하시오.
6. 생산시스템공학(MSE)의 5가지 측면/접근방법을 들고, 설명하시오.
7. 자재소요계획(MRP)의 장점과 단점을 설명하시오.
8. 비트리파이드(vitrified) 연삭 숫돌의 작업방식에 영향을 미치는 인자 5가지를 설명하시오.
9. 열처리 결함의 종류 5가지를 들고, 그 발생원인 및 대책을 설명하시오.
10. 전해가공의 장점 5가지를 설명하시오.
11. 한계게이지에 대하여 설명하시오.
12. 공정설계를 위하여 제품도를 분석할 때 고려해야 할 항목을 설명하시오.
13. 3차원 측정기를 선정할 때 측정원리에 기초하여 고려해야 할 요소를 설명하시오.

2교시 다음 문제 중 4문제를 선택하여 설명하시오.(각 25점)

1. 절삭공구재료의 특성을 들고 절삭성능을 설명하시오.
2. 고정밀 지능형(IMS) 절삭가공 시스템을 설명하시오.
3. 원심주조법의 특징과 사용되는 재료를 설명하시오.
4. 압연 작업에 영향을 미치는 요소 5가지를 설명하시오.
5. 용접 작업에서의 구조상 결함 5가지를 나열하고 그 원인과 대책을 설명하시오.
6. 전기 용접에서의 재해 유형과 안전대책에 대하여 설명하시오.

3교시 다음 문제 중 4문제를 선택하여 설명하시오.(각 25점)

1. 센서가 구비해야 할 성질을 들고 설명하시오.
2. 소결 카바이드(Sintered carbides) 인서트(Insert) 공구 제작을 위한 분말야금 공정을 설명하시오.
3. 주물 표면의 청정작업 및 그 마무리 방법에 대해서 설명하시오.
4. 공작기계에서 금속 절삭 시 사용하는 절삭유의 목적을 설명하시오.
5. 전자빔용접(Electron beam welding)의 방법과 특징을 설명하시오.
6. 제품설계와 공정설계의 목적을 각각 3가지 설명하시오.

4교시 다음 문제 중 4문제를 선택하여 설명하시오.(각 25점)

1. 주물 설계 시 고려사항과 이를 충족시키기 위한 설계지침을 설명하시오.
2. CNC 공작기계를 연속적으로 장시간 사용 시 주축의 열변위 특성의 향상방안을 설명하시오.
3. 프레스 가공의 특징과 문제점 및 그 대책에 대하여 설명하시오.
4. 대표적인 방전가공법인 형조(形彫)방전가공과 와이어 컷 방전가공을 아래 내용 중에서 5가지 선택하여 비교·설명하시오.
   (전극제작과 소모, 가공형상, 클리어런스 조절, 잔류응력의 개방, 가공면적, 가공액, 가공변질층, 안전성 중에서 선택)
5. 공정 설계 시 공차도표의 목적을 설명하시오.
6. 이온 가공의 종류와 가공방법 및 특징을 설명하시오.

제100회 기계기술사

1교시 다음 문제 중 10문제를 선택하여 설명하시오.(각 10점)

1. 재료의 성질 중 비강도(specific strength)의 중요성을 강(steel)과 알루미늄 합금을 비교하여 설명하시오.
2. 사형주조에서 주형을 제작할 때 통기성을 높일 수 있는 방법을 설명하시오.
3. 2차원 절삭모델을 그림으로 그리고 경사면, 여유면, 전단면을 표시한 후 절삭 메커니즘을 설명하시오.
4. 소성가공에서 열간가공(hot working)과 냉간가공(cold working)의 특징을 비교하여 설명하시오.
5. 플라스틱의 톱질, 드릴링 등 절삭가공 시 고려해야 할 사항을 설명하시오.
6. 숏피닝(shot peening)에 대하여 설명하시오.
7. 아크용접에서 사용하는 용접봉 피복재의 기능을 설명하시오.
8. 동시공학에서 얻어질 수 있는 프런트 로딩(front loading)에 대해서 설명하시오.
9. 공차누적(tolerance stacks)에 대해서 설명하고 공차누적의 종류 2가지를 쓰시오.
10. 제조공정설계를 완전하게 마친 후에 작성되는 결과물 3가지를 쓰시오.
11. QC 공정도를 설명하시오.
12. 제품설계와 제조공정설계의 근본적인 차이점 및 공동의 목표에 대해서 설명하시오.
13. 각종 치공구에서 공작물을 클램핑(clamping)할 때의 주의사항 6가지를 설명하시오.

2교시 다음 문제 중 4문제를 선택하여 설명하시오.(각 25점)

1. 밀링(milling) 작업에서 상향밀링과 하향밀링의 차이점을 그림으로 그려서 설명하고, 각각의 장단점을 비교하시오.
2. 압연공정에서 롤(roll)에 작용하는 압연력 분포도(friction hill)를 그림으로 그리고, 설명하시오.
3. 조립공정 수행의 쉬운 정도를 조립용이성이라고 한다. 조립용이성을 결정하는 요소들을 부품이 갖는 기하학적 특성 및 재질적인 특성에 따라 설명하시오.
4. 신속조형기술(rapid prototyping) 및 첨가가공(additive manufacturing)을 설명하시오.
5. 열처리 코일(coil) 적용 사례 5가지에 대하여 각각 설명하시오.
6. 일반적으로 측정에 사용하고자 하는 게이지의 선정요소 6가지에 대하여 설명하시오.

3교시 다음 문제 중 4문제를 선택하여 설명하시오.(각 25점)

1. 절삭온도를 측정하는 방법 5가지를 설명하시오.
2. 프레스 가공에서 전단가공의 종류에 대하여 설명하시오.
3. 초음파를 이용한 소재제거가공(ultrasonic machining)을 설명하시오.

4. 금속침투 표면처리법에서 크로마이징(chromizing), 칼로라이징(calorizing), 실리콘나이징(siliconizing)을 설명하시오.
5. 생산 가공 현장에서 새로운 설비 도입을 위한 사전 검토사항과 설비견적 사양에 대하여 설명하시오.
6. 공작물의 위치결정 시 풀 프루핑(fool proofing)을 설명하시오.

4교시 다음 문제 중 4문제를 선택하여 설명하시오.(각 25점)

1. 주물에서 발생할 수 있는 결함에 대해서 설명하시오.
2. 형상기억합금의 응용분야를 설명하시오.
3. 물리증착법(PVD ; physical vapor deposition)을 설명하시오.
4. 측정의 기본원리 4가지를 설명하시오.
5. 공차도표의 작성은 한 장에 모두 그리는 것이 유리한 이유를 쓰고, 공차도표 작성순서 6가지를 설명하시오.
6. 동시공학의 4C를 설명하시오.

제103회 기계기술사

1교시 다음 문제 중 10문제를 선택하여 설명하시오.(각 10점)

1. 주조에 사용하는 모형(模型)의 종류 중 매치플레이트(Match plate)에 관하여 설명하시오.
2. 프레스가공에서 다이하이트(Die height)와 다이쿠션(Die cushion)에 대해 설명하시오.
3. 강재를 표면경화시키는 5가지 방법을 쓰고 설명하시오.
4. 마이크로미터 등의 측정기에 적용되는 미소이동량 확대기구장치에 대하여 설명하시오.
5. 전위기어의 정의와 사용목적에 대하여 설명하시오.
6. 절삭가공 시 발생하는 절삭열을 측정하는 방법 중 5가지를 쓰고 설명하시오.
7. 소성가공은 제조공정에 따라 소재를 제조하는 1차 가공과 금속소재를 기계부품 및 기타 제품을 만드는 2차 가공으로 분류를 하는데 2차 가공의 종류 5가지를 들고 설명하시오.
8. 양극산화처리(Anodizing)에 대해서 설명하시오.
9. 1) 절삭공구재료가 구비하여야 할 조건에는 어떤 것들이 있는지 5가지를 설명하고,
   2) 공구재료의 종류를 5가지를 들고 각각의 특성을 설명하시오.
10. 용해로에서 사용되는 고온온도계의 종류 2가지를 들고 설명하시오.
11. 주철에 포함되는 흑연의 역할을 설명하시오.
12. 연삭가공 후 정밀한 표면이나 제품을 얻기위한 미립자가공에 대하여 설명하시오.
13. 아래의 그림과 같이 표기되어 있는 용접기호에 관하여 설명하시오.(KSB0052)

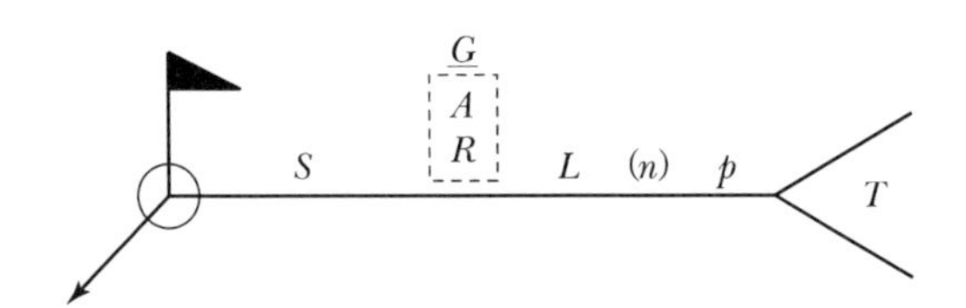

2교시 다음 문제 중 4문제를 선택하여 설명하시오.(각 25점)

1. 주조작업 시 주철이 성장하는 원인과 방지대책에 대하여 설명하시오.
2. 공작기계의 왕복운동을 하는 유압장치 중 개방형 회로, 폐쇄형 회로, 복동 실린더, 단동 실린더 및 유압밸브에 대하여 설명하시오.
3. 프레스 가공 중 압축 및 성형가공의 종류 5가지를 들고 설명하시오.
4. 다이캐스팅 합금에서 규소(Si), 구리(Cu), 마그네슘(Mg), 철(Fe), 망간(Mn)의 영향에 대하여 설명하시오.
5. 사출성형에 쓰이는 플라스틱 재료(樹脂) 중 열경화성과 열가소성 제품에 대하여 각각의 종류를 5가지씩 쓰고 설명하시오.
6. 공작기계의 진동의 종류를 5가지 들고 설명하시오.

3교시 다음 문제 중 4문제를 선택하여 설명하시오.(각 25점)

1. 원판전극을 사용한 방전가공방법 중 방전절단과 방전연마에 대하여 설명하시오.
2. 자동화 기계에 사용되는 PLC(Programmable Logic Controller)에 대하여 설명하시오.
3. 공기마이크로미터(Air micrometer)의 원리, 장단점 및 적용사례에 대해 설명하시오.
4. 프레스기계에 적용되는 안전장치와 작업 시 착용하여야 할 보호구 3가지에 대하여 설명하시오.
5. 공작기계의 3대 기본운동에 대하여 설명하시오.
6. 내면 연삭가공 시 진원도 불량을 초래하는 인자와 방지대책에 대하여 설명하시오.

4교시 다음 문제 중 4문제를 선택하여 설명하시오.(각 25점)

1. 공작기계의 윤활법의 종류를 들고 설명하시오.
2. 고압응고주조법(Squeeze casting)의 기본원리, 특성 및 가압공정에 따라 분류하고 설명하시오.
3. 무단변속기어의 속도변환 방법 중 전기적방법에 대하여 설명하시오.
4. 기능재료로 사용되는 신소재에 대하여 종류를 5가지 들고 설명하시오.
5. 형상 및 위치측정에서 진원도, 진직도, 동심도의 정의 및 측정방법에 대하여 설명하시오.
6. 볼트 제조회사에서 지름 22mm, 길이 5m 단위의 SCM 봉재를 원자재로 사용하여 M 20×60mm (나사부 길이 40mm)의 볼트를 제조하려고 한다. 원재료 투입에서부터 출하까지의 각각의 공정을 분류하여 순서대로 설명하고 필요한 기계, 설비는 공장배치도를 그려서 나타내시오.
   (단, 공장의 평면모양은 세로 : 가로 비율이 1 : 2이며, 적치장은 왼쪽에, 그리고 완제품 출하장은 오른쪽에 배치하는 것으로 한다.)

제106회 기계기술사

1교시 다음 문제 중 10문제를 선택하여 설명하시오.(각 10점)

1. CNC(Computerized Numerical Control) 공작기계의 서보기구(Servo Mechanism)에 대하여 설명하시오.
2. 디프 드로잉(Deep Drawing)을 정의하고 성형할 때 공정에 영향을 미치는 인자 6가지를 나열하고 설명하시오.
3. 볼 베어링(Ball Bearing)과 롤러베어링(Roller Bearing)의 수명에 대해서 설명하시오.
4. 3D 프린팅(3 Dimension Printing) 제조기술의 종류 3가지를 나열하고 설명하시오.
5. CNC 공작기계에서 공구의 제어방법 3가지를 나열하고 설명하시오.
6 스웨이징(Swaging)과 스피닝(Spinning)을 설명하시오.
7. 피복 아크용접에서 용융금속의 이행형식 3가지를 나열하고 설명하시오.
8. 연삭비(Grinding Ratio)에 대하여 설명하시오.
9. 정밀공작의 직접효과와 간접효과에 대하여 설명하시오.
10. 공작물관리(Workpiece Control)에 대해 설명하고 직육연체의 공작물관리의 기본법칙에 대해 설명하시오.
11. 기계구조용 강재의 탄소함유량(%)과 담금질 경도(HRC)와의 관계를 그래프를 그려 설명하시오.
12. STAVAX 재료에 대해 설명하시오.
13. 입계부식(Intergranular Corrosion)의 개념과 방지책에 대해 설명하시오.

2교시 다음 문제 중 4문제를 선택하여 설명하시오.(각 25점)

1. 기계구조물의 설계에서는 외부 환경과 하중의 종류에 따라서 설계의 기준강도가 다르다. 기준강도에 따른 안전율(Safety Factor)의 종류를 나열하고 설명하시오.
2. 전단가공에서 피어싱(Piercing) 가공과 블랭킹(Blanking) 가공을 정의하고 두 가공의 차이점을 비교하여 설명하시오.
3. 복합공정을 분류하고 장단점을 설명하시오.
4. 범용장비와 전용장비의 장점을 설명하시오.
5. 강(Steel)의 화학성분(Chemical Composition) 및 조직(Microstructure)의 변화에 따른 피삭성(Machinability)에 대해 설명하시오.
6. Wire Cut 방전가공기의 원리를 그림을 그려 설명하고 그 용도에 대해 설명하시오.

3교시 다음 문제 중 4문제를 선택하여 설명하시오.(각 25점)

1. 파인 블랭킹(Fine Blanking) 가공기술 및 사용소재의 특성에 대하여 설명하시오.
2. CAM(Computer Aided Manufacturing)의 개념을 정의하고, CAM 시스템의 주요기능 6가지를 설명하시오.
3. 아크용접에서 아크 쏠림(Arc Blow)의 발생원인과 방지대책을 설명하시오.
4. 래핑(Lapping) 작업의 종류와 장점 및 단점에 대해 설명하시오.
5. 초경합금 절삭공구를 분류하고 작업조건 및 특성에 대해 설명하시오.
6. SRA(Stress Relief Annealing)의 방법 및 효과에 대해 설명하시오.

4교시 다음 문제 중 4문제를 선택하여 설명하시오.(각 25점)

1. 신재생에너지(New and Renewable Energy)의 특성과 중요성 및 종류에 대하여 설명하시오.
2. 압출(Extrusion) 가공 시 발생되는 결함의 종류 3가지를 나열하고, 발생원인과 대책에 대하여 설명하시오.
3. 아베의 원리(Abbe's Principle)에 어긋나는 측정기와 적합한 측정기를 각각 2개씩 제시하고 설명하시오.
4. 프레스 작업공정에서 프로그레시브 가공과 트랜스퍼 가공을 비교 설명하시오.
5. 마그네슘합금의 장단점, 사용분야 및 최근 발전과정에 대해 설명하시오.
6. 한계게이지의 종류, 특정, 사용재료의 요건 및 설계방법에 대해서 설명하시오.

제109회 기계기술사

1교시 다음 문제 중 10문제를 선택하여 설명하시오.(각 10점)

1. 항온 열처리 중 오스템퍼(Austemper)의 정의와 특징에 대해 설명하시오.
2. 주조에서 방향성 응고란 무엇이며, 이것이 왜 중요한지 설명하시오.
3. 로터리 스웨이징(Rotary swaging)에 대해 설명하시오.
4. 스피닝(Spinning) 작업에서의 총형이 일반적인 총형보다 저렴한 이유는 무엇인지 설명하시오.
5. 호닝(Honing) 가공의 특성과 용도에 대해 설명하시오.
6. 브로칭(Broaching) 가공의 장점 3가지와 단점 2가지를 설명하시오.
7. 금속 간 화합물의 정의 및 특징 2가지를 설명하시오.
8. 알루미늄과 그 합금의 용접성에 대해 설명하시오.
9. 게이지 부품의 경우 담금질 직후 실시하는 심랭처리에 대해 설명하시오.
10. 합금주철과 구상흑연 주철에 대해 설명하시오.
11. 프레스 가공에서 드로잉 가공과 한계 드로잉비에 대해 설명하시오.
12. 청열취성과 적열취성에 대해 설명하시오.
13. 브리넬 경도시험(H_B)의 시험방법 및 계산값 산출방법에 대해 설명하시오.

2교시 다음 문제 중 4문제를 선택하여 설명하시오.(각 25점)

1. 저압 주조법의 정의와 특징, 작업공정에 대해 설명하시오.
2. 인발 가공에 대해 설명하고 인발 가공에 영향을 주는 요인 5가지를 설명하시오.
3. 아래 그림과 같은 일정한 단면을 가진 알루미늄 제품(길이가 긴)을 제작하는 방법을 그림을 그려 설명하고 이 공정의 특징에 대해 설명하시오.

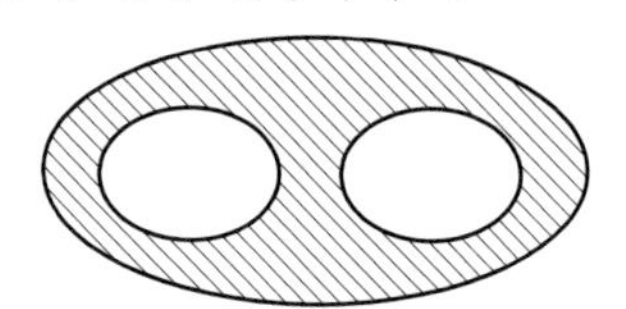

4. 탭 작업 암나사의 유효 직경 불량에 대한 원인 5가지와 그에 대한 대책을 설명하시오.
5. 클러스터 압연기의 개략도를 그리고 이 압연기를 사용하는 이유를 설명하시오.
6. 압접의 종류 중 플래시 버트(Flash butt) 용접법과 고주파 용접법에 대해 설명하시오.

3교시 다음 문제 중 4문제를 선택하여 설명하시오.(각 25점)

1. 용접부 검사에 사용되는 비파괴 검사법 5가지를 설명하시오.
2. 기계식 프레스와 유압프레스의 특징을 설명하고, 기계식 프레스에 사용되는 구동부의 유형 4가지를 설명하시오.
3. 아래 그림과 같이 직육면체에 V홈이 가공되었다. 지름이 다른 2개의 롤러와 비교 측정기(다이얼 게이지 등), 게이지 블록(또는 블록 게이지) 등을 이용하여 V홈의 각도(α)를 측정하고자 한다. 홈에 지름이 D인 롤러를 올려놓고 측정한 높이를 H_2, 지름 d인 롤러를 올려놓고 측정한 높이를 H_1이라 했을 때, V홈의 각도(α)를 측정하기 위한 계산식을 유도하시오.

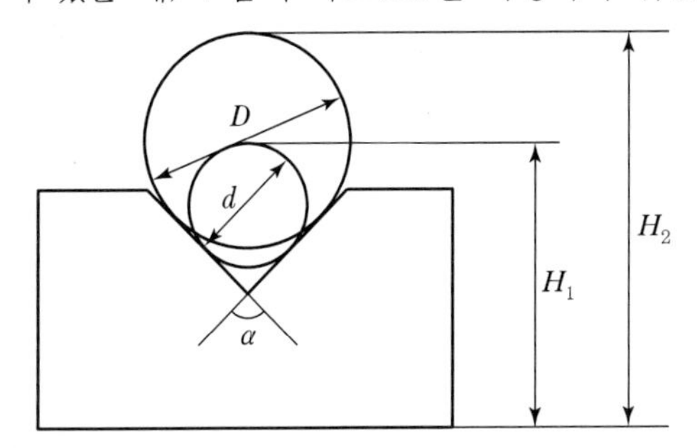

4. 아래 그림은 몇 가지 재료에 대한 단조압력-온도의 관계를 보여준다. To-8Al-1Mo-1V 합금이 1020 강이나 4340 강에 비해 어떤 특징을 갖고 있고, 1020 강이나 4340 강을 성형하는 일반 공정으로 성형하면 어떤 문제가 발생하는지 설명하고 이러한 문제를 해결하는 가공방법과 특징을 설명하시오.

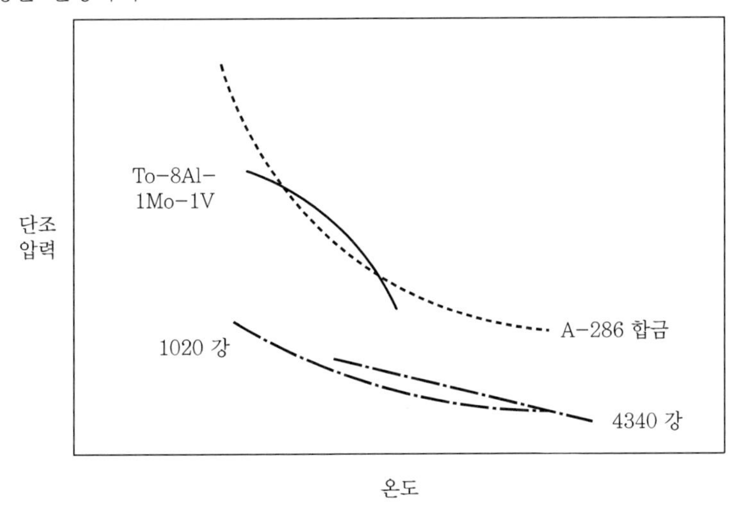

5. 밀링가공에서 엔드밀 선정 시 비틀림각, 날수, 홈깊이에 따른 각각의 선정방법에 대해 설명하시오.
6. 고무로 암다이나 숫다이를 대체하여 판재를 성형하는 궤린(Guerin) 공정에 대해 설명하시오.

4교시 다음 문제 중 4문제를 선택하여 설명하시오.(각 25점)

1. 연삭숫돌의 표기방법을 확인한 결과 A-36-L-5-V이었다. 연삭숫돌의 구성요소 5가지를 설명하고 각 문자 및 숫자가 나타내는 뜻을 설명하시오.
2. 전해연삭에 대해 정의하고 전해연삭의 특징 5가지를 설명하시오.
3. 정수압 압출이 무엇인지 그림을 그려서 설명하고, 일반적인 압출과 비교하여 어떤 특징이 있는지 설명하시오.
4. 기어 연삭방법 3가지를 설명하시오.
5. 고탄소 피아노 강선의 파텐팅(Patenting)의 목적, 처리방법, 효과에 대해 설명하시오.
6. 자동차 외판의 하지도장으로 사용하는 인산염 피막처리에 대하여 설명하시오.

제112회 기계기술사

1교시 다음 문제 중 10문제를 선택하여 설명하시오.(각 10점)

1. 컴퓨터 수치제어가공시스템을 설명하시오.
2. 소성가공 시 발생하는 금속재료의 변형원리인 슬립, 쌍정, 전위 3가지를 설명하시오.
3. 관 정수압 성형 공정을 설명하시오.
4. 소성가공에 이용되는 성질 중 전성을 설명하시오.
5. 각도측정기의 종류 3가지를 설명하시오.
6. 원심주조법의 종류 3가지를 설명하시오.
7. 워터젯 가공기 노즐에 사용되는 재질에 대하여 설명하시오.
8. 부품을 생산하는 데 필요한 시방서에 표기해야 할 사항 5가지를 설명하시오.
9. 기계설계 목적으로 사용되는 3차원 설계 프로그램 5가지를 설명하시오.
10. 비파괴검사법 중 음향방출 검사법의 장점 3가지, 단점 2가지를 설명하시오.
11. 고속절삭의 장점 4가지를 설명하시오.
12. 코팅 카바이드 절삭 공구에 코팅되는 3개 층의 명칭을 쓰고 각각 설명하시오.
13. 선박용 해수파이프로 6 : 4 황동을 사용 시 발생하는 문제점을 설명하시오.

2교시 다음 문제 중 4문제를 선택하여 설명하시오.(각 25점)

1. 밀링 고정구의 설계 시 고려사항 7가지를 설명하시오.
2. 주물의 제조공정에 대하여 설명하시오.
3. 마찰교반용접(FSW ; Friction Stir Welding) 시 용접과정과 툴(Tool)을 각각 그림으로 도시하고, FSW의 원리, 장점 2가지, 단점 2가지를 설명하시오.
4. 공구수명의 판정기준 4가지를 설명하시오.
5. 스퍼기어 전동장치 제작 시 검토하는 물림률(ε)을 설명하고, 기어의 연속회전을 위한 물림률의 조건에 대하여 설명하시오.
6. 제조시스템의 개별공정, 흐름공정, 프로젝트공정, 연속공정을 각각 설명하시오.

3교시 다음 문제 중 4문제를 선택하여 설명하시오.(각 25점)

1. 풀림한 연강을 인장시험하여 얻어진 응력과 변형률 선도를 그리고 설명하시오.
2. 헬리컬기어를 사용하여 동력전달용 기어박스를 제작할 경우 평기어에 비교한 장점 3가지와 단점 2가지를 설명하고, 서로 맞물리는 원동축과 종동축 기어의 비틀림각과 회전방향에 따른 추력방향의 그림을 그리고 설명하시오.
3. 주조 시 고려사항 중 분리선의 위치에 대하여 그림으로 도시하고 설명하시오.
4. 제품가공 공정설계 수행 시 신규 장비를 선정해야 할 이유 3가지와 신규 장비를 선정할 경우 필요한 정보를 얻을 수 있는 방법 6가지를 설명하시오.

5. 공장의 기계배치 시 고려사항과 기계배치 방법을 설명하시오.
6. 방전가공법의 종류 3가지를 설명하시오.

4교시 다음 문제 중 4문제를 선택하여 설명하시오.(각 25점)

1. 기하공차 사용 시 얻어지는 장점 5가지를 설명하시오.
2. 목형재료의 구비조건 3가지와 목재의 건조법 6가지를 설명하시오.
3. 드로잉 시 다이의 곡률반경, 펀치의 곡률반경, 클리어런스, 윤활을 설명하시오.
4. 고정 부시를 사용하는 드릴지그의 설계내용 5가지를 설명하시오.
5. 자동화 설비에 사용되는 유압과 공압에 대하여 각각의 장점 4가지, 단점 4가지를 설명하시오.
6. 이산화탄소 아크 용접봉으로 사용되는 플럭스 코어드 와이어 제조과정을 설명하시오.

제115회 기계기술사

1교시 다음 문제 중 10문제를 선택하여 설명하시오. (각 10점)

1. 센터리스연삭(centerless grinding)의 주요 특징과 연삭방식을 설명하시오.
2. 특수주철의 종류와 제조법에 대하여 설명하시오.
3. CNC 공작기계 서보기구 중 폐쇄회로방식(closed loop system)에 대하여 설명하시오.
4. 조미니시험(Jominy end-quench test)에 대하여 설명하시오.
5. 미립자 가공법 중 래핑에 대하여 설명하시오.
6. 제조와 생산의 차이에 대하여 설명하시오.
7. 옵셋(offset) 항복강도에 대하여 설명하시오.
8. 넓은 응고구간(solidification range)을 가지는 합금으로 주조할 때 발생하는 문제점에 대하여 설명하시오.
9. 탄소강의 취성 4가지에 대하여 설명하시오.
10. 절삭유의 작용 4가지에 대하여 설명하시오.
11. MMC와 LMC에 대하여 설명하시오.
12. 직각좌표 공차방식과 위치도 공차방식에 대하여 설명하시오.
13. 끼워맞춤의 종류 3가지에 대하여 설명하시오.

2교시 다음 문제 중 4문제를 선택하여 설명하시오. (각 25점)

1. 한계게이지에 대하여 설명하시오.
2. 초음파가공에 대하여 설명하시오.
3. 합금강 제조 시 아래 원소들을 강에 첨가하는 이유와 합금강 조직에 미치는 효과에 대하여 설명하시오.

Ni, Mn, Cr, W, Mo, Cu, Si

4. 초경공구에 TiN, Al2O3, TiC 등을 코팅하는 이유와 코팅 방법 2가지에 대하여 설명하시오.
5. 질량효과와 관련된 다음에 대하여 설명하시오.

- 정의
- 질량효과가 적은 금속 3가지
- 질량효과 원인
- 극복하기 위한 강 제조방법

6. 클러스터 압연기의 개략도를 그리고 이 압연기를 사용하는 이유에 대하여 설명하시오.

3교시 다음 문제 중 4문제를 선택하여 설명하시오. (각 25점)

1. 절삭 칩 4가지 유형을 쓰고, 각각의 발생원인과 특징에 대하여 설명하시오.
2. 표면 열처리에서 질화물에 의한 표면경도를 얻는 처리법 5가지만 쓰고 설명하시오.
3. 천공 또는 블랭킹에서 공구에 아래 그림과 같이 시어각(shear angle)을 주면 절삭력과 스트로크(접촉행정, 최대공구진행거리)는 어떻게 변하는지 설명하시오.

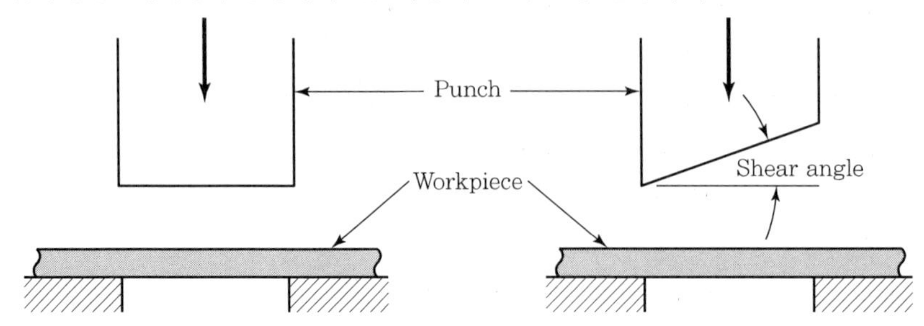

4. 등온성형(isothermal forming)에 대하여 설명하시오.
5. 기계재료 시험에서 크리프 시험(creep test), 크리프 곡선, 크리프 한도에 대하여 설명하시오.
6. 볼트의 나사산을 만드는 방법 중 소성가공법에 대하여 그림을 그려서 설명하고, 이런 방식으로 제작한 볼트가 절삭가공 방식으로 제작한 볼트에 비해 어떤 장점이 있는지 설명하시오.

4교시 다음 문제 중 4문제를 선택하여 설명하시오. (각 25점)

1. 가상공학에 대하여 설명하시오.
2. 압출가공(extrusion)에서 압출력에 영향을 주는 인자에 대하여 설명하시오.
3. 쾌속조형(rapid prototyping)의 종류 2가지만 설명하시오.
4. Electro slag welding의 원리와 특징에 대하여 설명하시오.
5. 치공구의 주요요소를 설명하고, 치공구 사용상 장점에 대하여 설명하시오.
6. 적외선열화상검사(infrared thermography test)원리와 특징에 대하여 설명하시오.

제118회 기계기술사

1교시 다음 문제 중 10문제를 선택하여 설명하시오. (각 10점)

1. 주조 시 용탕의 유동성에 대하여 설명하시오.
2. 시스템의 수명곡선인 욕조곡선(bath-tub curve)을 그리고, DFR, CFR, IFR에 대하여 설명하시오.
3. 불활성 가스 텅스텐 아크 용접의 특징에 대하여 설명하시오.
4. 브로칭(broaching)가공 공정 계획 시 고려할 사항에 대하여 설명하시오.
5. 정확도(accuracy), 정밀도(precision), 측정오차에 대하여 설명하시오.
6. 한계 게이지의 종류 4가지에 대하여 설명하시오.
7. 압출(extrusion)가공에서 압출방법 4가지에 대하여 설명하시오.
8. CNC 공작기계에서 공구의 이동경로와 형상에 따른 제어 방법 3가지에 대하여 설명하시오.
9. 원심주조법의 종류 3가지에 대하여 설명하시오.
10. 연삭가공에서 치수효과(size effect)에 대하여 설명하시오.
11. 제조물책임(product liability)에서 과실 책임, 보증 책임에 대하여 설명하시오.
12. 치공구 설계에서 드릴부시의 설계순서에 대하여 설명하시오.
13. 자동화 설비에 사용되는 유압과 공기압에 대하여 각각 장단점을 설명하시오.

2교시 다음 문제 중 4문제를 선택하여 설명하시오. (각 25점)

1. 가치공학(value engineering)의 정의, 목적을 쓰고, 원가 산정방법 중 가치향상 패턴에 대하여 설명하시오.
2. 선삭공정에서 절삭유의 작용 3가지에 대하여 설명하시오.
3. 셸주조(shell mold casting)법의 원리와 장단점에 대하여 설명하시오.
4. PLC(programmable logic controller)의 특징과 구성요소에 대하여 설명하시오.
5. 효율적인 설계와 제품 형상 및 규격의 표준화에 따른 GT(group technology)의 기본개념, 설계기법을 쓰고, 유사성 추구에 의한 설계에 대하여 설명하시오.
6. 디프드로잉(deep drawing)작업에서 고려할 사항 5가지에 대하여 설명하시오.

3교시 다음 문제 중 4문제를 선택하여 설명하시오. (각 25점)

1. 저항용접의 주요 3요소를 설명하고, 저항용접의 종류를 5가지 쓰시오.
2. 제품 수명 주기의 단계별 특징, 대응 전략에 대하여 설명하시오.
3. 판재성형에서 최소 굽힘 반경과 굽힘성에 영향을 주는 인자에 대하여 설명하시오.
4. 초음파가공의 원리와 특징에 대하여 설명하시오.
5. 치공구의 사용목적을 쓰고, 치공구의 주요 요소를 설명하시오.
6. CNC 공작기계의 정의, 구성, 기계가공의 흐름에 대하여 설명하시오.

4교시 다음 문제 중 4문제를 선택하여 설명하시오. (각 25점)

1. 피복 공구의 특성과 피복방법(PVD, CVD)에 대하여 설명하시오.
2. FMEA(failure mode effect analysis)에 대하여 설명하시오.
3. 선삭 시 발생되는 칩의 형태와 특성에 대하여 설명하시오.
4. CNC 공작기계의 서보기구(servo mechanism) 4가지에 대하여 설명하시오.
5. 금속열처리에서 청화법과 질화법을 비교 설명하시오.
6. 펌웨어(Firmware)에서 통합 모델링 언어(UML: unified modeling language) 프로그래밍 방법 3가지에 대하여 설명하시오.

제121회 기계기술사

1교시 다음 문제 중 10문제를 선택하여 설명하시오. (각 10점)

1. 플라스마 아크용접에서 열적 핀치효과(Thermal Pinch Effect)에 대하여 설명하시오.
2. 인베스트먼트 주조법에 대하여 설명하시오.
3. 다음 소성가공에 대하여 설명하시오.
   가. 압연가공　나. 압출가공　다. 인발가공　라. 프레스가공　마. 단조가공
4. 형 드로잉가공에서 드로잉한계에 대하여 설명하시오.
5. 고주파경화법에 대하여 설명하시오.
6. 절삭유의 기능을 5가지만 설명하시오.
7. 절삭공구의 재료 구비 조건을 5가지만 설명하시오.
8. 형조방전가공에서 가공액의 요구조건을 5가지만 설명하시오.
9. 끼워맞춤에서 틈새와 죔새에 대하여 설명하시오.
10. 3차원 측정기 측정침의 교정방식에 대하여 설명하시오.
11. 최대실체 공차방식 적용에서 실효치수(Virtual Size)에 대하여 설명하시오.
12. 치공구 요소 중 위치결정면, 위치결정구, 클램프에 대하여 설명하시오.
13. 센서(Sensor)에 요구되는 성능을 5가지만 설명하시오.

2교시 다음 문제 중 4문제를 선택하여 설명하시오. (각 25점)

1. 와이어방전가공에서 와이어단선의 원인에 대하여 설명하시오.
2. 연삭에서 다음에 대하여 설명하시오.
   가. 드레싱(Dressing) 나. 트루잉(Truing) 다. 셰딩(Shedding) 라. 글레이징(Alazing)
3. 다음 공작물의 작업공정을 설명하시오.

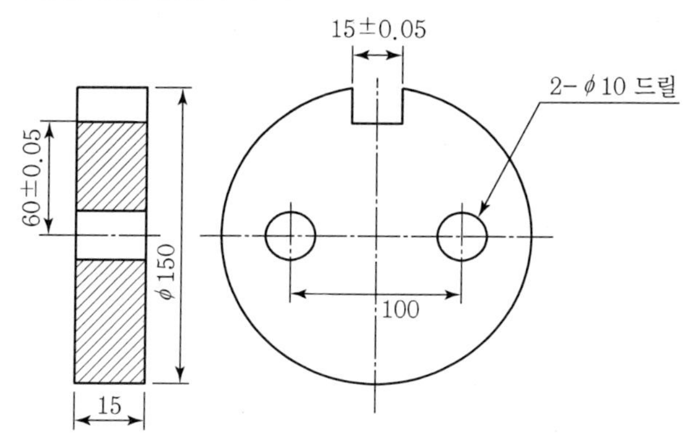

4. 다음 불활성가스 아크용접에 대하여 설명하시오.
   가. TIG
   나. MIG

5. 공작기계의 운전에 필요한 성능시험 5가지에 대하여 설명하시오.
6. 다음 선반가공에 대하여 설명하시오.
   가. 널링가공
   나. 테이퍼절삭가공

3교시 다음 문제 중 4문제를 선택하여 설명하시오. (각 25점)

1. 절삭공구의 수명에 미치는 주요 원인과 수명 판정기준 4가지를 설명하시오.
2. 기계시스템장치에서 유접점시퀀스와 무접점시퀀스방식에 대하여 설명하시오.
3. 전단가공에 대하여 설명하시오.
4. 치공구 그룹화의 목적과 수단에 대하여 설명하시오.
5. 목형용 목재의 건조법과 방부법에 대하여 설명하시오.
6. 측정오차에 대하여 설명하시오.

4교시 다음 문제 중 4문제를 선택하여 설명하시오. (각 25점)

1. 호닝(Honing)의 특징을 연삭과 비교하여 설명하시오.
2. 최대실체치수(Maximum Material Size)를 서술하고, 다음 위치도공차의 차이점에 대하여 설명하시오.

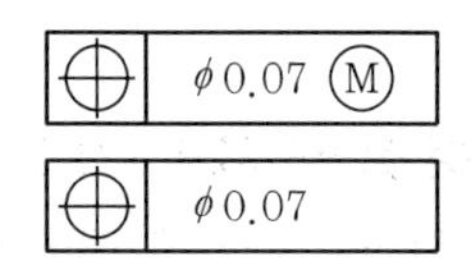

3. 플라스마(Plasma) 자동절단 시 발생하는 문제점의 원인 및 해결방법을 설명하시오.
4. 금속침투법(Metallic Cementation)에 대하여 설명하시오.
5. 효율적 공정관리를 위한 생산계획의 요소에 대하여 설명하시오.
6. 주물의 불량유형과 그 발생원인에 대하여 설명하시오.

제124회 기계기술사

1교시 다음 문제 중 10문제를 선택하여 설명하시오. (각 10점)

1. 주물제품을 제작하기 위한 모형 중 부분목형에 대하여 설명하시오.
2. 소성가공 중 컬링(Curling)가공에 대하여 설명하시오.
3. 육성용접(Surfacing)에 관하여 설명하시오.
4. 다음과 같은 펌프의 사양서에서 VVVF의 의미를 설명하시오.

기기번호	기기이름	형식 및 규격	동력(kW)	수량	비고
M-001	약품이송펌프	일축나사식 정량펌프 0.21~0.63m³/min×20mH	7.5	1	현장조작반 포함 VVVF

5. 제작도면에 표기되는 기하공차의 종류 중 모양공차의 기호를 쓰고 설명하시오.
6. M8×1.25 암나사를 수기가공(Hand Tapping)하기 위한 드릴(Drill)의 직경을 선정하고 가공방법을 간단히 설명하시오.
7. 수치제어 공작기계에서 모달(Modal)기능과 스타트업(Start Up)블록에 대하여 설명하시오.
8. 열처리된 강(H_{Rc}58 이상)에 관통되지 않은 정밀한 사각홈 □$20^{+0.02}_{0}$×깊이 $15^{+0.01}_{0}$을 공작물의 중심에 가공하고자 한다. 가공 가능한 공작기계와 가공방법을 설명하시오.
9. 다이아몬드숫돌 및 CBN숫돌을 드레싱하는 공구와 방법을 설명하시오.
10. 데이텀(Datum)을 정의하고 사용상 이점에 대하여 설명하시오.
11. 호칭치수 $75^{+0.028}_{+0.013}$ 인 축을 검사하기 위한 링 게이지(Ring Gage)를 KS기준에 준해 통과 측, 정지 측 치수를 구하시오. (단, 마모여유 0.005, 게이지공차 0.004)
12. 금속재질 SM45C, GCD400 및 육각볼트머리에 표기된 A2-70, A4-70, 8.8T에 대한 5가지 기호가 의미하는 바를 각각 설명하시오.
13. 공작물관리(Workpiece Control)의 목적 및 3-2-1 위치결정법(3-2-1 Location System)에 대하여 설명하시오.

2교시 다음 문제 중 4문제를 선택하여 설명하시오. (각 25점)

1. 주물작업공정에 대하여 설명하시오.
2. Fe-C상태도를 그리고 철의 변태점을 설명하시오.
3. 머시닝센터(MCT)에서 드릴링사이클(Drilling Cycle) 기능 3가지 예를 들고 설명하시오.
4. 연삭숫돌(WAØ180×t18)의 밸런싱(Balancing)방법에 대하여 설명하시오.
5. 공정설계(Process Engineering)의 기능을 설명하고 공정도(Process Drawing)에 포함되어야 할 사항들에 대하여 설명하시오.
6. 3D프린터 출력방식을 7가지를 제시하고 각각 설명하시오.

3교시 다음 문제 중 4문제를 선택하여 설명하시오. (각 25점)

1. 단조작업 시 발생하는 재료의 중량감소 원인을 설명하시오.
2. 주물제품의 표면처리에 적용되는 쇼트 블라스트(Shot Blasting)에 대하여 설명하고 산업현장에서 사용하는 등급을 구분하고 설명하시오.
3. 방전가공(Electric Discharge Machining)의 장단점과 방전칩 제거방법에 대하여 설명하시오.
4. 칩 제어(Chip Control)의 필요성과 칩의 형상에 대하여 설명하시오.
5. QDM금형의 기능 및 장단점에 대하여 설명하시오.
6. 스마트팩토리(Smart Factory) 의미와 도입효과에 대하여 설명하시오.

4교시 다음 문제 중 4문제를 선택하여 설명하시오. (각 25점)

1. 주물제품의 부식방지를 위하여 도포한 페인트의 밀착시험방법에 대하여 설명하시오.
2. 산업현장에서 사용되고 있는 용접기능공의 자격시험에 적용하는 AWS(미국용접협회)의 용접자세를 Groove Welding, Fillet Welding, Pipe Welding으로 분류하여 도시하고 설명하시오.
3. 고온절삭에 대하여 설명하시오.
4. 절삭공구재료 중 고속도강, WC, Ceramics, CBN, Diamond에 대하여 설명하시오.
5. 다음에 대하여 설명하시오.
   1) 오일피드홀더(Oil Feed Holder)의 사용목적
   2) 삼침법으로 휘트워드(Whitworth)나사 유효지름(d_2)을 구하는 식을 유도하시오.
   (단, M=침을 포함한 외측치수, d=침의 직경, p=나사피치)
6. VE(Value Engineering)의 기능적 형태 4가지를 설명하고 VE단계별 추진내용에 대하여 설명하시오.

제127회 기계기술사

1교시 다음 문제 중 10문제를 선택하여 설명하시오. (각 10점)

1. 고주파용접(High Frequency Welding)의 종류 2가지를 나열하고 이를 각각 설명하시오.
2. 연삭숫돌의 3요소 및 연삭비(Grinding Ratio)에 대하여 간략히 설명하시오.
3. 슈퍼피니싱(Super Finishing)가공의 개요에 대해 설명하고 사용되는 가공액의 역할을 설명하시오.
4. 생산작업에서 사용하는 공작물고정장치의 기능과 역할을 설명하시오.
5. 데이터수집 측면에서 생산자동화(공장자동화)와 스마트팩토리(Smart Factory)의 차이점을 설명하시오.
6. 공작물의 치수관리란 제품도에서 요구하고 있는 치수를 정확하게 가공될 수 있도록 위치결정면(기준면)과 위치결정구(기준홀)의 위치를 선정하는 공작물관리를 말한다. 대표적인 치수관리 5가지를 설명하시오.
7. 이송유니트의 구동 중 볼스크류에서 발생하는 스틱-슬립(Stick-Slip)현상에 대하여 설명하시오.
8. 스마트팩토리의 생산시설 통합소프트웨어 플랫폼인 CPS(Cyber Physics System)에 대하여 설명하시오.
9. 칠드주조(Chilled Casting)에 대하여 설명하시오.
10. 원심주조(Centrifugal Casting)에 대하여 설명하시오.
11. 판재의 소성가공방법 중 하나인 하이드로포밍(Hydro-Forming)공정에 대하여 설명하시오.
12. 자동차 강판의 성형방법 중 열간프레스 성형(Hot Press Forming)공법에 대하여 설명하시오.
13. 금속의 열처리과정 중 발생하는 재결정에 대하여 설명하시오.

2교시 다음 문제 중 4문제를 선택하여 설명하시오. (각 25점)

1. 절삭칩 생성과정을 4단계로 적고, 선삭가공에서 칩의 형태와 특성 및 칩 형태에 영향을 주는 인자에 대하여 설명하시오.
2. 절삭저항을 정의하고, 절삭저항을 변화시키는 요소 및 절삭동력과의 관계를 설명하시오.
3. 부품압입설비의 압입기구로 사용되고 있는 유압프레스와 서보프레스(전자 프레스)에 대하여 ① 주요 구성 요소 및 구동방법 ② 가압력, 압입 깊이 등에 대한 정밀도 ③ 장단점 및 주요특징에 대하여 설명하시오.
4. PFMEA(Process Failure Mode and Effects Analysis)와 관련하여 ① 분석은 언제 실시하며, ② 분석을 하는 이유는 무엇이고, ③ PFMEA를 통해서 얻을 수 있는 것은 무엇인지 설명하시오.
5. 주조공정 시 주물의 결함과 발생 방지방법에 대하여 설명하시오.
6. 강의 열처리방법 중 불림(Normalizing)과 풀림(Annealing)을 비교하여 설명하시오.

3교시 다음 문제 중 4문제를 선택하여 설명하시오. (각 25점)

1. 센터리스(Centerless) 연삭가공에서 공작물의 진원도 불량을 초래하는 인자와 대책을 설명하시오.
2. 생산라인에서 발생되는 각종 로스(Loss)를 최소화할 수 있는 생산라인의 레이아웃(Lay Out) 설계 시 ① 품질 ② 생산성 ③ 물류 ④ 작업자 동선 ⑤ 공간활용 ⑥ 안전 등과 관련하여 각 항목별로 반영해야 할 사항에 대해서 설명하시오.
3. 최근의 공작기계는 고속화, 고정밀화, 복합화에 초점을 맞춰 개발되고 있는 추세이다. 이것을 실현하기 위한 최적설계 입장에서 대두되는 문제점은 무엇이며 이에 대한 대책은 무엇인지를 설명하시오.
4. 압출가공(Extrusion)의 설계 시 고려해야 할 사항에 대하여 설명하시오.
5. 소성가공방법 중 하나인 딥드로잉(Deep Drawing)성형 시 고려할 사항 5가지를 설명하시오.
6. 금속의 주조과정 중 응고 시 발생하는 수지상정의 형성과정을 도식화하여 설명하시오.

4교시 다음 문제 중 4문제를 선택하여 설명하시오. (각 25점)

1. 공구수명 판정기준 4가지 및 절삭조건과 공구수명과의 관계를 설명하시오.
2. 절삭공구재료의 구비조건 및 공구재료의 종류별 특징을 설명하시오.
3. 기업은 신규사업으로 산업용 로봇을 개발하고자 한다. 원가절감과 품질안정을 위해 사업 초기에는 소량다품종으로 생산하고 향후 점진적으로 생산량과 생산품목을 증가시키는 것으로 결정하여 관련 생산라인을 신설하고자 한다. ① 요구조건을 충족시킬 수 있는 생산라인에 필요한 조건, ② 생산기본요건, 설비측면 검토사항, 제품측면 검토사항에 대하여 설명하시오.
4. 공작기계의 동적강성(Dynamic Stiffness)에서 나타나는 진동과 관련된 사항으로 ① 진동 발생원인 ② 발생되는 진동의 종류별 정의(Definition) 및 예시 ③ 진동을 최소화하기 위한 방안 등에 대하여 주축(Spindle)과 공작기계를 구성하고 있는 구조물을 기준으로 설명하시오.
5. 전단가공에서 블랭킹(Blanking)가공과 피어싱(Piercing)가공을 정의하고 두 가공의 차이점을 비교하여 설명하시오.
6. 특수열처리인 서브제로처리(Sub-zero Treatment)의 기능에 대하여 설명하시오.

2. 기계제작기술사 기출문제

제63회 기계제작기술사

1교시 다음 문제 중 10문제를 선택하여 설명하시오.(각 10점)

1. 주조 시 발생하는 결함 중 주형에 기인하는 열간균열(Hot Tearing)이 있다. 이 결함의 원인을 설명하시오.
2. 어떤 파이프(Pipe)의 규격이 25A×3t로 표시되어 있다. 이 규격의 의미를 설명하시오.
3. "ㄷ" 형강과 "C" 형강의 단면 모양을 그림으로 표시하고, 주용도를 비교하여 설명하시오.
4. 용접에서는 다음과 같은 약자들이 사용되고 있다.
   (1) SMAW (2) GMAW (3) FCAW (4) GTAW (5) OAW
   이 약자들의 원래 이름을 영어와 한글로 표시하시오.
5. 고장력강에 사용되는 저수소계 용접봉의 건조온도와 유지시간을 설명하시오.
6. 아크(Arc) 용접에서는 아크의 길이를 적절히 유지하여야 한다. 만일 아크의 길이가 너무 길다면 어떠한 문제가 발생하는가를 설명하시오.
7. 금속공작물의 표면경화에 사용되는 대표적인 방법을 설명하시오.
8. "제작을 위한 설계(Design For Manufacturing)"의 의미를 설명하시오.
9. 금속재료의 경우 경도(Hardness)가 높을수록 항복강도나 인장강도가 크다. 그 이유를 설명하시오.
10. 파인 블랭킹(Fine Blanking)에 대하여 설명하시오.
11. 하향밀링(Down Milling or Climb Cut)이 상향밀링(Up Milling or Climb Cut)보다 파워를 적게 소모하는 이유를 설명하시오.
12. 전기저항 용접에서 두 개의 전극 사이에 존재하는 저항을 결정하는 주요한 세 가지 요인을 설명하시오.
13. EDM(Electric Discharge Machining)에 의하여 생성된 표면의 특징을 설명하시오.

2교시 다음 문제 중 4문제를 선택하여 설명하시오.(각 25점)

1. Sand Blasting에 대하여 설명하고, 이 작업에 의한 표면처리면의 등급을 설명하시오.
2. 아크 용접 시 금속 용접봉의 지름과 표준 아크 길이의 관계에 대하여 설명하시오.
3. 맞대기 용접 이음(Butt Joint Weld)에서 개선형식(Groove Type) 종류별로 모재의 두께와 각부 치수에 대하여 설명하시오.
4. 분말야금 공정 중에는 금속분말을 금형에 넣고 압축하는 과정이 있다. 이렇게 압축된 분말체 내의 밀도분포는 보통 불균일하게 나타난다. 그 이유를 설명하시오.
5. 절삭공구는 작업 중 극심한 온도 상승, 마찰, 그리고 응력을 받는다. 이러한 상황을 대비하여 절삭공구가 가져야 할 물성치를 설명하시오.

6. 일반적으로 부품의 단면에 나타나는 유동선은 사용된 제작방법에 따라 다르게 나타난다. 절삭가공과 소성가공에서 나타나는 유동선을 그림으로 표시하고 이것이 기계적 성질에 미치는 영향을 설명하시오.

3교시 다음 문제 중 4문제를 선택하여 설명하시오.(각 25점)

1. 주조에 사용되는 전기로의 장단점을 설명하시오.
2. 연강판의 아크용접부의 조직변화를 "용접 직후"와 "완전 냉각 후"로 구분하여 설명하시오.
3. 고압용기의 경판을 제작하고자 한다. 2 : 1 타원형 헤드(Elliptical Head) 부분을 그림으로 표시하고, 부위별 프레스(Press) 가공방법을 설명하시오.
4. 압력용 배관에 사용되는 플랜지(Flange)의 종류를 열거하고 설명하시오.
5. 기계가공된 금속소재의 표면이나 내부에 미세 크랙(Micro Crack)의 발생 여부를 검사할 수 있는 방법들을 열거하고 설명하시오.
6. 부품의 체결에 사용되는 키(Key)의 종류에 대하여 설명하시오.

4교시 다음 문제 중 4문제를 선택하여 설명하시오.(각 25점)

1. 분말야금공정을 설명하시오.
2. 특수가공(Nontraditional Machining)의 종류를 열거하고 설명하시오.
3. 두 개의 금속을 이상적인 금속결합(Ideal Metallurgical Bond)의 상태로 용접시키기 위한 네 가지 조건은 무엇인가? 실제로 이러한 조건을 만족시키기 위하여 사용되는 보완방법을 설명하시오.
4. 냉간가공으로 원주형 소재로부터 육각형 헤드 볼트를 제작하고자 한다. 제작과정을 그림으로 표시하고 설명하시오.
5. 고속도강 밀링 커터(High Speed Steel Milling Cutter)에 비하여 텅스텐 카바이드 밀링 커터(Tungsten Carbide Milling Cutter)는 고속으로 가공할 수 있는 장점이 있으므로 대체하고자 한다. 이러한 공구대체를 결정하기 위해서 이외에 검토하여야 할 사항을 설명하시오.
6. FMS(Flexible Manufacturing System)에 대하여 설명하시오.

제65회 기계제작기술사

1교시 다음 문제 중 10문제를 선택하여 설명하시오.(각 10점)

1. 2차원 절삭과 3차원 절삭을 비교 설명하시오.
2. 주물사의 요구조건을 들고 간단히 설명하시오.
3. Air Chuck의 원리와 특징을 설명하시오.
4. 밀링 머신 커터의 종류를 5가지 이상 제시하시오.
5. 연삭 숫돌의 비트리파이드 결합제(Virtrified Bond)에 대해 설명하시오.
6. 스웨이징(Swaging)에 대해 설명하시오.
7. 프레스 방호장치(안전장치)의 종류를 들고 간단히 설명하시오.
8. 강의 열처리 시 나타나는 급랭 조직에 대해서 설명하시오.
9. 워터 젯트 가공(Water Jet Machining)에 대해서 설명하시오.
10. 강의 용접부 조직에 대해 그림을 그리고 설명하시오.
11. 삼침법(三針法, 3 Wire Method)에 대해 설명하시오.
12. 센터리스 연삭(Centerless Grinding)에 대해 설명하시오.
13. CAD, CAM, CAE, CAPP 중에서 CAPP에 대해 설명하시오.

2교시 다음 문제 중 4문제를 선택하여 설명하시오.(각 25점)

1. 인발가공 시 인발조건을 나열하고 영향에 대해 설명하시오.
2. 공작기계의 회전 속도열에 대하여 종류를 나열하고 그중 복합 등비급수 속도열에 대해 상술하시오.
3. 칩 생성기구에 대해 설명하시오.
4. 연삭숫돌의 성능을 결정하는 요소를 나열하고 설명하시오.
5. 항온 열처리 기술에 대하여 서술하시오.
6. 산업용 로봇의 구조, 장점, 특징, 작동기능에 대해 서술하시오.

3교시 다음 문제 중 4문제를 선택하여 설명하시오.(각 25점)

1. 기어가공기계의 종류를 들고 간단히 설명하시오.
2. 용접결함의 종류와 이를 검사할 수 있는 비파괴 검사법에 대하여 설명하시오.
3. 셀 몰딩(Shell Molding) 주물에 대해 설명하시오.
4. 세이퍼의 운전기구 중 크랭크식과 유압식의 속도선도를 비교하여 나타내고 그 특징을 설명하시오.
5. 브로칭 가공의 특징과 날 형상(회전형, 이중절삭, 연속형)에 대해 설명하시오.
6. 한계 게이지의 종류를 들고 설명하시오.

4교시 다음 문제 중 4문제를 선택하여 설명하시오.(각 25점)

1. 프레스 가공 시 전단가공의 종류를 들고 설명하시오.
2. 원판 전극을 사용한 방전 절단법과 방전 연마법에 대해 설명하시오.
3. 선삭 시 최적절삭조건을 찾기 위한 파라미터를 선정하고 간단히 설명하시오.
4. 강관(Steelpipe) 제조방법 중 다음 각각에 대하여 설명하시오.
   1) 이음매 없는 강관제조방법(Seamless Pipe Process)
   2) 이음매 있는 강관제조방법(Seamed Pipe Process)
5. 마찰용접의 원리를 설명하고 장단점을 기술하시오.
6. 저비용 생산을 위해 필요한 시스템으로 전환하기 위한 방법을 나열하시오.

제66회 기계제작기술사

1교시 다음 문제 중 10문제를 선택하여 설명하시오.(각 10점)

1. 주물사 시험에서 통기도를 설명하시오.
2. 탄젠트 바(Tangent Bar)를 설명하시오.
3. 초경합금에 Al_2O_3를 코팅한 절삭공구의 장단점을 쓰시오.
4. 연삭숫돌에서 글레이징(Glazing) 발생으로 인한 연삭상태와 그 방지대책을 설명하시오.
5. 프레스 가공에서 파인블랭킹(Fine Blanking)과 일반블랭킹의 차이점을 쓰시오.
6. 암나사 가공 시 성형 TAP 공구를 사용하는 경우 그 특징을 쓰시오.
7. 플라스틱 성형가공법 5가지를 쓰시오.
8. 선반의 BED에서 영국식과 미국식의 특징을 설명하시오.
9. 가열절삭(고온절삭)의 장점을 쓰시오.
10. Taper 절삭방법 3가지를 쓰시오
11. 맞대기 이음용접에서 "X"형 Groove의 형태를 도시하고 각부 명칭을 쓰시오.
12. 액체호닝의 특징을 쓰시오.
13. 가스질화 처리의 장점을 쓰시오.

2교시 다음 문제 중 4문제를 선택하여 설명하시오.(각 25점)

1. 기계가공된 금속표면의 부식발생 원인과 방지대책을 기술하시오.
2. 주형(Moulding) 건조 시 온도와 시간 관계에 대해 기술하시오.
3. 드릴 가공에서 절삭저항에 영향주는 인자에 대해 설명하시오.
4. 버니어 캘리퍼스(Vernier Calipers)의 3가지 형식을 설명하시오.
5. 평 벨트(Flat Belt)에서 동력전달 손실에 관하여 기술하시오.
6. 아크 용접에서 금속용착 불량상태를 종류별로 도시하고 그 발생원인을 기술하시오.

3교시 다음 문제 중 4문제를 선택하여 설명하시오.(각 25점)

1. 보통주강과 합금주강 주물에 대하여 설명하시오.
2. 머시닝센터에서 나사 절삭 커터(Cutter) 공구를 이용한 나사가공방법을 설명하고 그 특징을 쓰시오.
3. 단조 불량의 종류를 열거하고 결함상태 및 발생원인을 기술하시오.
4. 방전가공용 전극재료인 구리와 그래파이트(흑연) 특징을 설명하고 그래파이트 가공 시 주의할 점을 쓰시오.
5. 기어연삭법 3가지를 설명하시오.
6. 심레스 파이프(Seamless Pipe) 제조공정에서 파이프 압연방법을 설명하시오.

4교시 다음 문제 중 4문제를 선택하여 설명하시오.(각 25점)

1. 공작기계에서 절삭운동, 이송운동에 사용되는 기계적 직선운동 기구에 대해 기술하시오.
2. 강(鋼)의 전해경화법의 원리를 설명하고 그 특징을 쓰시오.
3. 크리프 피드(Creep Feed) 연삭법을 설명하고 장단점 및 문제점을 쓰시오.
4. 한 쌍의 기어가 회전할 때 물림률을 설명하고 물림률 크기와 영향에 대하여 기술하시오.
5. 압출가공에서 압출력에 미치는 인자에 관하여 설명하시오.
6. 금속가공표면에 발생하는 잔류응력에 관하여 발생원인과 상태 및 변질층 깊이 측정방법을 설명하시오.

제68회 기계제작기술사

1교시 다음 문제 중 10문제를 선택하여 설명하시오.(각 10점)

1. 재료가공에 사용되는 성질 3가지를 쓰시오.
2. 다음 연삭숫돌의 규격을 설명하시오. "GC 46-L8R"
3. 자유단조(Free Forging)와 형단조(Die Forging)를 구분하여 설명하시오.
4. TIG 용접에 대하여 설명하시오.
5. 인산염 피막처리에 대하여 간단히 설명하시오.
6. 지그설계 공정을 순서대로 설명하시오.
7. 선반(Engine Lathe)의 규격은 어떻게 나타내는가?
8. 절삭속도를 V라 하고 지름이 D인 드릴의 회전수를 구하는 공식을 쓰시오.
9. 브로칭 가공을 할 수 있는 기계를 3종류 이상 쓰시오.
10. 원통가공을 할 수 있는 연삭기의 종류를 쓰시오.
11. 프레스 안전장치 4종류를 쓰고 설명하시오.
12. 한계게이지의 종류를 5개 이상 들고 설명하시오.
13. 통합생산 시스템(CAM)을 설명하시오.

2교시 다음 문제 중 4문제를 선택하여 설명하시오.(각 25점)

1. 터릿선반의 종류를 들고 설명하시오.
2. 플라스틱의 사출성형, 압축성형, 트랜스퍼 성형에 대해 각각의 특징을 설명하시오.
3. 현재 통상적으로 적용되는 생산자동화의 방법을 5가지 이상 들고 설명하시오.
4. 금속표면의 내식성 향상을 위한 각종 침투법의 종류를 4개 이상 들고 설명하시오.
5. 다음 공구재료를 설명하시오.
   1) 다이아몬드
   2) 세라믹
   3) 탄소공구강
   4) 카바이드
   5) 고속도강
6. 셸 몰드 주조법에 대해 설명하시오.

3교시 다음 문제 중 4문제를 선택하여 설명하시오.(각 25점)

1. 오차의 종류를 들고 설명하시오.(3가지)
2. 비파괴 검사방법을 들고 설명하시오.(5가지 이상)
3. 연삭에 사용되는 다음 용어를 설명하시오.
   1) Loading

2) Glazing
3) Dressing
4) Truing
5) Ringing

4. 지그의 종류를 들고 설명하시오.
5. 공작기계의 등비급수 속도열에 대하여 설명하시오.
6. 2차원 절삭에서 유동형 칩이 발생하면서 구성인선이 생기지 않는 경우의 절삭저항에 대하여 그림과 함께 설명하시오.

4교시 다음 문제 중 4문제를 선택하여 설명하시오.(각 25점)

1. 초경합금 표면코팅 재료의 종류를 들고 설명하시오.
2. 용접방법을 분류하고 설명하시오.
3. 금속표면의 침탄경화법에 대해 설명하시오.
4. 기어절삭기계의 종류를 들고 설명하시오.
5. 공구마멸 측정방법을 3가지 이상 들고 설명하시오.
6. 금속의 결정조직과 이들의 가공상의 특징을 설명하시오.

제69회 기계제작기술사

1교시 다음 문제 중 10문제를 선택하여 설명하시오.(각 10점)

1. 절삭가공에서 절삭액의 사용목적을 설명하시오.
2. 열처리 공정의 하나인 노멀라이징(Normalizing)을 설명하시오.
3. 연삭비용(또는 G 비율)을 설명하시오.
4. 음향 방출(Acoustic Emission)을 비파괴검사에서 어떻게 사용할 수 있는지 설명하시오.
5. 용탕의 주입온도가 너무 높고 유동성이 지나치게 크다면, 사형주조에서 어떠한 결함이 발생하는지 설명하시오.
6. 절삭가공에서 공구에 발생하는 크레이터링(Cratering) 현상을 설명하시오.
7. 피닝(Peening) 작업을 하면 어떤 효과를 얻을 수 있는지 설명하시오.
8. 절삭공구재료에서 온도와 공구경도의 관계를 설명하시오.
9. 아크 용접에서 소모성 전극과 비소모성 전극 간의 차이를 설명하시오.
10. 스피닝(Spinning) 작업에 대해 설명하시오.
11. 저항용접에서 압력의 중요한 2가지 역할을 설명하시오.
12. 냉간성형 제품의 특성을 설명하시오.
13. 액체침투 비파괴검사법에 대해 설명하시오.

2교시 다음 문제 중 4문제를 선택하여 설명하시오.(각 25점)

1. 스티로폼 모형을 사용하는 주조공정의 특징에 대해 설명하시오.
2. 포일(Foil)과 같이 매우 얇은 판을 만드는 압연방법에 대해 설명하시오.
3. 판재를 전단할 때, 전단된 모서리가 일반적으로 매끄럽지 않은 이유를 설명하고, 전단 모서리의 품질을 향상시키기 위하여 어떤 조치를 할 수 있는지 설명하시오.
4. 등온성형(Isothermal Forming)에 대해 설명하시오.
5. 센터리스(Centerless) 연삭의 원리와 장단점을 설명하시오.
6. 압출에서 윤활이 불량하면 어떤 문제가 발생하고, 압출압력에 어떤 영향을 주는지 설명하시오.

3교시 다음 문제 중 4문제를 선택하여 설명하시오.(각 25점)

1. 밀링작업에서 발생하는 결함의 종류를 들고 그 대책에 대하여 기술하시오.
2. 드로잉률 설계 시 검토해야 할 교율, 교비 및 한계효율에 대하여 쓰시오.
3. 금형작업에서 고려해야 할 드래프트 각에 대하여 서술하시오.
4. 인베스트먼트 주조에서 사용되는 납(Wax)의 구비조건을 열거해 보시오.
5. 템퍼링 작업에서 발생하는 취성에 대하여 기재하시오.
6. 산업용 로봇의 종류를 기능별로 분류하고 설명하시오.

4교시 다음 문제 중 4문제를 선택하여 설명하시오.(각 25점)

1. 단조작업에서 단조성과 유동성에 대하여 재질별로 예를 들어 기재하시오.
2. 서보 기구의 목적과 원리 및 구성에 대하여 서술하시오.
3. 세라믹 코어(Core)의 특징을 열거해 보시오.
4. PLC(Program Logic Controller)의 특징과 구성 부문에 대하여 적어보시오.
5. 초음파 용접으로 가능한 작업의 종류를 들고 이 용접의 장점을 기술하시오.
6. 설비의 이상 유무를 확인할 수 있는 진단방법 5가지를 들고 설명하시오.

제71회 기계제작기술사

1교시 다음 문제 중 10문제를 선택하여 설명하시오.(각 10점)

1. 미립자 가공법을 종류별로 설명하시오.
2. 합금주철(Alloy Cast Iron)의 첨가원소에 대한 특성을 설명하시오.
3. Shell mold법의 특징을 열거하시오.
4. 용접이음(양단이 고정된 철판의 맞대기 용접)에 발생되는 잔류응력 분포도를 그림으로 표시하시오.
5. 리머가공(Reaming)에서 작업상의 주의사항을 설명하시오.
6. 용접균열의 발생인자를 금속학적 요인과 역학적 요인으로 설명하시오.
7. 전기로(電氣爐. Electric Furnace)의 장점과 단점을 설명하시오.
8. 방전가공의 특징과 용도를 설명하시오.
9. 난삭재가공의 트러블 원인과 대책을 설명하시오.
10. 재료를 기능적 설계의 규격에 맞도록 가공하기 위한 주 공정의 선정에 영향을 주는 제약조건을 설명하시오.
11. 주물결함의 원인과 대책을 설명하시오.
12. 정면 밀링가공에 있어서 공구에 손상이 되는 마모, 치핑 결손 및 균열을 경감시키는 대책에 대하여 설명하시오.
13. 선삭가공 시 공구, 공작기계 및 외부진동이 가공면 거칠기에 미치는 주요 원인과 영향에 대하여 설명하시오.

2교시 다음 문제 중 4문제를 선택하여 설명하시오.(각 25점)

1. 정밀형상 측정에서 선과 면의 윤곽도 공차에 대하여 설명하시오.
2. 초정밀 가공법인 자기연마법에 대하여 설명하시오.
3. 세라믹 공구의 성분구성과 특성을 설명하시오.
4. 공작기계 주축(Main Shaft)의 앵귤러 볼 베어링(Angular Contact Ball Bearing) 결합방법에 대하여 설명하시오.
5. 백심가단주철과 흑심가단주철의 어닐링(Annealing) 방법을 각각 설명하시오.
6. 목형용 목재(木材)의 인공건조법(人工乾燥法)을 종류별로 설명하시오.

3교시 다음 문제 중 4문제를 선택하여 설명하시오.(각 25점)

1. 연삭용 다이아몬드휠의 구조와 특성에 대하여 설명하시오.
2. 초내열 합금의 피삭성에 대하여 설명하시오.
3. 소성가공 시 가공경화 현상에 대하여 설명하시오.
4. 스테인리스 강(Stainless Steel)에서 합금원소의 영향에 대하여 설명하시오.

5. 용접부 결함 종류별에 대한 보수판정기준에 대하여 설명하시오.
6. 선반작업에 사용되는 심봉(心棒, Mandrel)의 종류를 열거하고 설명하시오.

4교시 다음 문제 중 4문제를 선택하여 설명하시오.(각 25점)

1. 드릴가공 시 나타나는 현상 및 문제점과 대책을 설명하시오.
2. 이음 없는 관(Seamless Pipe)의 제작방법 중 맨드릴을 요하는 가공법을 설명하시오.
3. 표면설치 기술(SMT ; Surface Mounting Technology)에 대하여 설명하시오.
4. 최저의 가공비로 저렴한 가격에서 최상의 제품을 공급할 수 있는 품질 시스템과 공정 개선에 대하여 설명하시오.
5. 에너지를 고속으로 적용시키는 폭발성형(Explosive Forming)에 대하여 설명하시오.
6. 전기주조의 장단점을 설명하시오.

제72회 기계제작기술사

1교시 다음 문제 중 10문제를 선택하여 설명하시오.(각 10점)

1. 네이벌 황동(Naval Brass)
2. 주조 시 사용되는 주형에서 탕도계, 라이저, 분할면을 그림으로 설명하시오.
3. 테일러(Taylor)의 공구수명식
4. 딥드로잉에서 한계 오무리기비(Limiting Drawing Ratio)
5. 서브제로 처리(Subzero Treatment, 심랭처리)
6. 전조가공의 특징
7. 강철(Steel)의 A_1 변태에서 생기는 변화
8. 구성인선 방지대책
9. 절삭온도 측정방법 5가지를 열거하시오.
10. 공작기계의 직선운동기구 5가지를 쓰시오.
11. 비파괴검사인 자기탐상법
12. 공작기계에서 회전속도열의 종류 5가지를 쓰시오.
13. 포신 내경 다듬질에 전형적으로 사용되는 방법에 대해 설명하시오.

2교시 다음 문제 중 4문제를 선택하여 설명하시오.(각 25점)

1. 전조가공의 원리를 설명하고 장단점을 열거하시오.
2. 드릴가공에서 드릴지름과 같이 정밀하게 구멍을 뚫으려면 주의할 사항에 대하여 설명하시오.
3. 오일리스 베어링(Oilless Bearing)의 제조방법, 종류, 사용특성에 대하여 설명하시오.
4. 피복초경합금의 개념을 설명하고, 그 특성과 종류에 대하여 설명하시오.
5. 금속을 기계가공할 때 가공면에서 변질층의 두께에 영향을 주는 인자에 대하여 설명하시오.
6. 주물의 결함에서 수축공동(Shrinkage Cavity) 발생원인과 그 대책을 설명하시오.

3교시 다음 문제 중 4문제를 선택하여 설명하시오.(각 25점)

1. 인발작업에서 인발다이(Die)의 형상을 그리고 명칭을 쓰고, 인발에 사용되는 윤활에 관하여 설명하시오.
2. 기계가공면의 거칠기 표시방법 3가지를 설명하고, 선반가공에서 바이트를 사용할 경우 표면 거칠기를 향상시키려면 바이트 형상을 어떻게 하면 되는가를 설명하시오.
3. 방전가공에서 요동가공법을 설명하고 요동형상과 요동가공의 특징을 쓰시오.
4. 분말야금에서 가압성형방법을 열거하고 설명하시오.
5. 두 개의 금속이 접촉하여 상대운동할 때 발생하는 금속마멸현상을 4가지 열거하고 설명하시오.
6. 가스아크 절단법 중 수중절단법의 작업방법에 대하여 설명하시오.

4교시 다음 문제 중 4문제를 선택하여 설명하시오.(각 25점)

1. 템퍼링 작업의 목적과 작업방법 및 작업 시 발생하는 취성에 대하여 설명하시오.
2. 버니싱 가공의 개요와 특징에 대하여 설명하시오.
3. 회전기계에서 일반적으로 발생하는 진동의 원인과 그 현상에 대하여 설명하시오.
4. 프레스 가공에서 스템핑 작업을 정의하고 그 종류를 열거하고 설명하시오.
5. 산업용 로봇에 사용되는 기구의 개요를 설명하시오.
6. 물리증착법(Physical Deposition)의 종류를 들고 그 원리와 특징을 설명하시오.

제74회 기계제작기술사

1교시 다음 문제 중 10문제를 선택하여 설명하시오.(각 10점)

1. H_RC 경도치를 결정하기 위한 다음 내용을 기술하시오.
   ① 압입자 재질 및 형상
   ② 압입하중
   ③ 경도치식
2. 탄성계수를 공식으로 나타내고 설명하시오.
3. 용접부의 구조상 결함을 5가지 쓰시오.
4. 강의 절삭 시 다이아몬드 공구가 부적당한 이유를 기술하시오.
5. 용접부의 비파괴검사방법을 열거하시오.
6. 강을 담금질(Quenching)한 후 템퍼링할 경우 조직의 변화단계를 간단히 쓰시오.
7. WA36L5V를 설명하시오.
8. 주철의 5대 성분을 쓰시오.
9. 재료의 인장시험에서 단면감소율(Reduction of Area)을 간단히 설명하고 공식으로 표시하시오.
10. 절삭가공 시 미변형 칩 두께(Undeformed Chip Thickness)에 따라 비절삭 에너지는 어떠한 변화를 하고, 또 이 현상을 무엇이라고 하는가?
11. 스테인리스강의 성분에 따른 계열을 쓰고 설명하시오.
12. 감속장치에 사용하는 웜기어의 단점을 5가지만 쓰시오.
13. Jominy End-quench Test에 대해 간략히 설명하시오.

2교시 다음 문제 중 4문제를 선택하여 설명하시오.(각 25점)

1. 한계게이지에 대해 설명하고 형상에 따라 대별
2. 축의 설계 시 고려해야 할 사항
3. 강의 연삭가공 시 발생하는 열적 손상(Thermal Damage)
4. 합금주철에 대하여 설명하고, 첨가원소에 따른 특성
5. 용접변형의 발생원인과 방지대책
6. 석출경화 열처리

3교시 다음 문제 중 4문제를 선택하여 설명하시오.(각 25점)

1. 외경선삭가공 시의 이론표면거칠기를 정의하고 실제 표면거칠기와 이론표면거칠기가 차이를 나타내는 원인
2. 성형작업(소성가공)에서 발생하는 스프링 백(Spring Back)을 보정하는 기술
3. 주물결함의 종류와 방지대책
4. 절삭공구 재료에 요구되는 성질

5. 치차의 측정항목
6. 탄소강 모재 위에 오스테나이트계 스테인리스강을 살붙임 용접하는 경우에 요구되는 주의사항

4교시 다음 문제 중 4문제를 선택하여 설명하시오.(각 25점)

1. 아크용접 피복제의 역할 및 종류별 주요기능
2. CNC 공작기계 서보 시스템 제어방법 중 개방회로방식과 폐회로방식을 비교하고 설명
3. 강의 표면경화법
4. 다이캐스팅의 장단점 및 다이 설계 시의 주의사항
5. 칩제어(Chip Control)의 필요성과 그 구체적인 방법
6. 용접작업에서의 안전과 위생

제75회 기계제작기술사

1교시 다음 문제 중 10문제를 선택하여 설명하시오.(각 10점)

1. 부분목형, 골격목형, 회전목형, 코어목형에 대해 설명하시오.
2. 특수주철의 종류 및 특징에 대해 설명하시오.
3. 밀링작업의 상향절삭과 하향절삭의 특징에 대해 설명하시오.
4. 연삭 숫돌의 고정법에 대해 설명하시오.
5. 금속과 금속의 접촉을 최소화하기 위한 유체윤활, 경계윤활, 고체막윤활에 대해 설명하시오.
6. 수치제어 공작기계 도입으로 인한 장점에 대해 설명하시오.
7. 컴퓨터응용 공정계획(Computer-aided Process Planning) 시스템의 장점을 설명하시오.
8. 직접압출, 간접압출, 충격압출을 설명하시오.
9. CAD, CAM, DSS, MAP, MRP 기술에 대한 용어를 설명하시오.
10. 사인바(Sine Bar)를 이용한 테이퍼(Taper) 각도 측정법에 대해 설명하시오.
11. 전조가공의 특징을 설명하시오.
12. 프레스 가공에서 타발(Blanking)과 타공(Punching)을 설명하시오.
13. 강철의 조직 중 페라이트와 펄라이트에 대해 설명하시오.

2교시 다음 문제 중 4문제를 선택하여 설명하시오.(각 25점)

1. 구성인선(Built-up Edge)의 억제법을 설명하시오.
2. 전기저항 용접법 중 프로젝션 용접법과 특징에 대해 설명하시오.
3. 탄소강을 소성가공할 때 고려해야 할 사항 중 적열취성, 청열취성, 상온취성에 대해 설명하시오.
4. 업셋단조의 3원칙에 대해 설명하시오.
5. 분말야금의 장단점에 대해 설명하시오.
6. 수압가공(물제트가공, Water-Jet Machining) 공정의 개략도를 도시하고 원리를 설명하시오.

3교시 다음 문제 중 4문제를 선택하여 설명하시오.(각 25점)

1. 주철주물의 결함과 발생원인에 대해 설명하시오.
2. 주철의 성분 중 Si, Mn, P, S가 주철에 미치는 영향을 기술하시오.
3. 연삭 숫돌의 결합도 선정기준을 설명하시오.
4. 정수압 압출 원리에 대해 설명하시오.
5. 비파괴검사와 파괴검사의 장단점을 설명하시오.
6. 냉온절삭가공(Cold Temperature Machining)에 대해 설명하시오.

4교시 다음 문제 중 4문제를 선택하여 설명하시오.(각 25점)

1. Fe-C 상태도에 대해 그림을 그리고 설명하시오.
2. 절삭공구 재료 중 Ceramics, Cermet, Diamond, CBN에 대해 사용목적, 특징 및 장단점을 설명하시오.
3. 압접(Pressure Welding)의 종류 중 다음 3가지에 대해 간단히 설명하시오.
   가. 고주파용접　나. 초음파용접　다. 업셋용접
4. 전해연마(Electrolytic Polishing)의 가공원리 및 특징에 대해 설명하시오.
5. 비정질 금속판을 만드는 Melt Spinning 공정의 원리를 도시하고 설명하시오.
6. 그룹 테크놀로지(GT ; Group Technology)에 대해 설명하시오.

제77회 기계제작기술사

1교시 다음 문제 중 10문제를 선택하여 설명하시오.(각 10점)

1. 가단주철에 대해 설명하시오.
2. 아크용접봉의 피복재 역할에 대해 설명하시오.
3. 자동공구 교환장치에 대해 설명하시오.
4. 적시생산방식(JIT)의 특징에 대해 설명하시오.
5. 판재의 굽힘가공에서 스프링백에 대해 설명하시오.
6. 드레싱과 트루잉의 차이점에 대해 설명하시오.
7. 절삭유의 종류와 특징에 대해 설명하시오.
8. 측정 시 정확도와 정밀도에 대해 설명하시오.
9. 강의 구상화 열처리에 대해서 설명하시오.
10. 연삭숫돌 D 100 N 150 B의 문자 및 숫자의 의미에 대해서 설명하시오.
11. 구성인선의 발생 시 절삭가공표면의 거칠기 값이 커지는 현상에 대해 설명하시오.
12. $\sigma = K\varepsilon^n$에서 K와 n의 의미에 대해서 설명하시오.
13. 주조가공 시 용융금속 상태로부터 상온의 고체상태의 주물로 되는 과정에서 발생하는 수축에 대해 설명하시오.

2교시 다음 문제 중 4문제를 선택하여 설명하시오.(각 25점)

1. FMS의 구성요소 및 특징에 대해 설명하시오.
2. 불활성 아크용접봉에 대하여 설명하고 작업 시 발생할 수 있는 구조상 결함에 대하여 설명하시오.
3. 바렐 연마의 특징과 장비에 대해 설명하시오.
4. 금형 제작 시 고려해야 할 드래프트 각에 대하여 설명하시오.
5. 단조품에 발생하는 결함을 열거하고 발생원인에 대하여 설명하시오.
6. 절삭가공과 비교한 연삭가공의 특성적 차이를 설명하시오.

3교시 다음 문제 중 4문제를 선택하여 설명하시오.(각 25점)

1. 공작기계에서 발생하는 진동에 대해 설명하시오.
2. 담금질 시 질량효과와 이를 극복하기 위한 방안에 대해 설명하시오.
3. 산업용 지능 로봇의 구조에 대하여 설명하시오.
4. 금속재료의 강화방법을 나열하고 간략히 설명하시오.
5. 압연개시 가능조건에 대해 설명하시오.
6. 방전가공의 원리와 용도에 대해 설명하시오.

4교시 다음 문제 중 4문제를 선택하여 설명하시오.(각 25점)

1. 강의 열처리에서 나타나는 서랭조직과 급랭조직에 대해 설명하시오.
2. 샌드블라스트와 쇼트피닝에 대해 설명하시오.
3. 드릴지그와 고정구에 대해 설명하시오.
4. 인발가공 시 인발조건을 나열하고 이들의 영향에 대해 설명하시오.
5. 공작기계 베어링에서 발생되는 손상의 종류를 들고 원인에 대하여 설명하시오.
6. 절삭 시 칩 생성과정에 대해서 설명하시오.

제78회 기계제작기술사

1교시 다음 문제 중 10문제를 선택하여 설명하시오.(각 10점)

1. 연속주조법의 장단점을 설명하시오.
2. 불활성가스 아크용접법의 장점을 설명하시오.
3. 쇼트피닝(Shot Peening)의 필요성과 방법에 대해 설명하시오.
4. 담금질균열(Quenching Crack)의 방지대책에 대하여 설명하시오.
5. 센터리스연삭(Centerless Grinding)의 주요 장단점을 설명하시오.
6. 열간가공(Hot Working)과 비교하여 냉간가공(Cold Working)의 장점과 단점을 설명하시오.
7. 분말야금의 장점과 주요 단점을 설명하시오.
8. 공작기계에서 칩(Chip)이 공구, 공작물, 안내면 주위에 부착되는 것을 방지하는 주요방법을 설명하시오.
9. 사형주물의 모형(Pattern) 제작 시 모형의 치수를 결정하는 데 고려하여야 할 사항을 설명하시오.
10. 절삭공구의 플랭크마모(Flank Wear)를 정의하고 공구수명을 판정하는 기준을 설명하시오.
11. 공작기계에서 발생하는 강제진동(Forced Vibration)을 예를 들어 설명하시오.
12. 코이닝(Coining) 및 엠보싱(Embossing) 가공에 의한 제품의 예를 들고 두 가공법의 차이를 설명하시오.
13. 브리넬경도시험(Brinel Hardness Test)의 한계를 설명하시오.

2교시 다음 문제 중 4문제를 선택하여 설명하시오.(각 25점)

1. 압출가공(Extrusion)에서 압출력에 미치는 인자를 들고 그 영향을 설명하시오.
2. 저압주조에 대한 개요, 주조기의 개략도 및 장단점을 설명하시오.
3. 대량생산에서 광범위하게 이용될 수 있는 저항용접의 장점과 한계를 설명하시오.
4. 공학적인 설계를 위해 사용되는 폴리 아라미드(Kevlar) 섬유의 장단점을 설명하시오.
5. 기계재료에 사용되는 철에 함유된 탄소의 존재형태(유리탄소, 고용탄소, 화합탄소)에 따른 철의 조직 및 특성에 대하여 설명하시오.
6. 연삭숫돌의 구성요소를 들고 초경부품을 연삭할 경우 연삭숫돌을 선택하는 방법을 설명하시오.

3교시 다음 문제 중 4문제를 선택하여 설명하시오.(각 25점)

1. 용접부의 잔류응력의 정의와 발생원인, 잔류응력의 분포 및 특성에 대하여 설명하시오.
2. 열간단조금형의 구성요소를 들고 제작 시 고려하여야 할 사항을 설명하시오.
3. 연마제 유동가공(AFM ; Abrasive Flow Machining)에 대하여 설명하시오.
4. NC 공작기계 주축대의 램(Ram) 지지부에 발생되는 탄성변형의 보상장치에 대하여 설명하시오.
5. 인베스트먼트(Lost Wax) 주조법에 의해 제조된 제품을 예를 들어 주조과정을 설명하시오.
6. 심공드릴가공(Deep Hole Drilling)을 정의하고 심공드릴작업에 따른 문제점과 대책을 설명하시오.

4교시 다음 문제 중 4문제를 선택하여 설명하시오.(각 25점)

1. 육안으로 검사할 수 있는 용접부의 결함에 대한 발생원인 및 방지대책에 대해 설명하시오.
2. 강의 합금에 사용되는 아래 원소들에 대한 효과를 설명하시오.
   Ni, Mn, Cr, W, Mo, V, Cu, Si
3. 레이저 빔 절단(Laser Beam Cutting)에 대하여 설명하시오.
4. 파괴시험법과 비파괴시험법의 장점과 한계를 설명하시오.
5. 수치제어 선반에 사용되는 1축 제어 폐회로 제어 시스템(Closed-loop Control System)의 구성요소를 들고 제어과정을 설명하시오.
6. 기계부품의 가공원가를 절감할 수 있는 기계부품 설계방안을 설명하시오.

제81회 기계제작기술사

1교시 다음 문제 중 10문제를 선택하여 설명하시오.(각 10점)

1. 특수주조법인 셸 몰딩(Shell Moulding)법에 대하여 간단히 설명하시오.
2. 공구재료의 구비조건을 나열하시오.
3. 와이어컷 방전가공기계의 용도를 나열하시오.
4. 절삭제의 종류를 나열하시오.
5. 불활성 아크용접법(TIG, MIG)에 대해 간단히 쓰시오.
6. 가스발생식 용접봉의 주요한 특징을 쓰시오.
7. 단조의 종류에 대해 쓰시오.
8. 치차에 있어서 언더컷(Under Cut) 방지용 전위계수를 간단히 쓰시오.
9. 기계제작공장에서 사용되는 표준게이지의 종류를 들고 간단히 설명하시오.
10. 금속의 표면경화법 중 시멘테이션에 대해 종류를 나열하시오.
11. 기계가공의 표면거칠기 표시법을 쓰시오.
12. 원심주조법의 종류를 나열하시오.
13. 공작기계의 안전성에 대하여 간략히 설명하시오.

2교시 다음 문제 중 4문제를 선택하여 설명하시오.(각 25점)

1. 공작기계에 사용되는 전위치차의 이론계산법과 실제 적용하는 방안을 백래시(Back Lash) 처리법을 포함하여 설명하시오.
2. 공작기계에 사용되는 치차의 치형곡선의 성질과 특징에 대하여 설명하시오.
3. 생산현장에서 사용되는 레이저 가공기의 특징을 요약하고 사용되는 레이저와 가공장치에 대해 설명하시오.
4. 공작기계의 주축 및 이송속도열의 종류와 규격에 대하여 설명하시오.
5. 용접결함과 용접부 검사방법에 대하여 설명하시오.
6. 탄소강의 열처리 종류, 변태 및 조직에 대하여 설명하시오.

3교시 다음 문제 중 4문제를 선택하여 설명하시오.(각 25점)

1. 플라스마 가공에 대하여 설명하시오.
2. 물리증착법에 대하여 설명하시오.
3. 절삭용 공작기계에 요구되는 3대 특성에 대하여 설명하시오.
4. 머시닝센터와 그 주변기기에 대하여 설명하시오.
5. 소성가공 시 스프링백(Spring Back)에 대하여 설명하시오.
6. 래핑가공에 대하여 설명하시오.

4교시 다음 문제 중 4문제를 선택하여 설명하시오.(각 25점)

1. 초음파가공에 대하여 설명하시오.
2. 금속의 용사법에 대하여 설명하시오.
3. 재료나 구조물에서의 파괴양식에 대하여 설명하시오.
4. 소성가공에 이용되는 성질, 저온에서 고온까지의 성질변화 및 냉간가공과 열간가공에 대하여 설명하시오.
5. 마그네슘의 절삭 특징에 대하여 설명하시오.
6. 프레스 안전장치에 대하여 설명하시오.

제84회 기계제작기술사

1교시 다음 문제 중 10문제를 선택하여 설명하시오.(각 10점)

1. 절삭성(Cuttingability)에 대한 용어를 구체적으로 설명하시오.
2. 연삭숫돌의 파괴원인에 대하여 설명하시오.
3. 저탄소강의 탄소함량에 대해 설명하시오.
4. 업셋 단조의 3원칙에 대하여 설명하시오.
5. 용접에 있어서 열영향부(HAZ) 구성에 대해 설명하시오.
6. 순철의 A_2 변태점의 온도와 주요 특성 변화에 대해 설명하시오.
7. 자동화에서 고정구(Fixture)를 이용하여 공작물을 고정하는 방법을 도식화하여 설명하시오.
8. 드릴의 파손현상과 그 원인을 설명하시오.
9. 밀링가공 시 떨림(Chattering) 원인과 대책에 대하여 설명하시오.
10. 프레스를 이용한 드로잉 제품의 외관 불량현상에 관하여 설명하시오.
11. 길이 측정에서 편위법과 영위법에 대해 도시하고 설명하시오.
12. 완성제품의 수명주기가 무엇인지 모형을 그리고 설명하시오.
13. 자동화를 위하여 일반적으로 센서 선정 시 검토할 사항과 기능을 충분히 발휘하기 위하여 센서가 갖추어야 할 성능에 대하여 설명하시오.

2교시 다음 문제 중 4문제를 선택하여 설명하시오.(각 25점)

1. 300m/min 이상의 고속절삭가공 시 나타나는 절삭 특성에 관하여 설명하시오.
2. 연삭가공 시 숫돌의 수명판정방법에 대하여 설명하시오.
3. 마그네틱(Magnetic) 주조법에 대하여 설명하시오.
4. 유한요소법을 이용하여 단조공정을 예측하는 소성변형에 대하여 설명하시오.
5. 용접잔류응력의 영향과 대책에 대하여 설명하시오.
6. 온도에 따른 강의 열처리 방법과 효과에 대하여 설명하시오.

3교시 다음 문제 중 4문제를 선택하여 설명하시오.(각 25점)

1. 초정밀 절삭공작기계 시스템 제작에 따른 필수 구성요소의 예를 들고 설명하시오.
2. 지그의 종류와 용도에 대하여 설명하시오.
3. 기계가공 시 발생되는 3가지 진동유형과 각각에 대하여 설명하시오.
4. 트위스트 드릴의 각도에 대하여 설명하시오.
5. 공작기계의 고속화로 공구고정방법에 따라 정밀도에 영향을 미치고 있다. 10,000rpm 이상의 고속 머시닝센터에서 툴링(Tooling)에 대하여 설명하시오.
6. 연삭작업 시 여러 조건에 따라서 제품의 정밀도에 영향을 미친다. 연삭가공된 표면 형성에 영향을 미치는 주요 인자와 각각에 대하여 설명하시오.

4교시 다음 문제 중 4문제를 선택하여 설명하시오.(각 25점)

1. 저압주조법의 특징에 대하여 설명하시오.
2. 홀 소자의 원리와 장점에 대하여 설명하시오.
3. 기계재료에서 마멸현상의 예를 들고 이를 설명하시오.
4. 정밀공작기계에서 유체를 이용한 회전 주축과 기체를 이용한 회전 주축에 대하여 설명하시오.
5. NC 공작기계에서 유의하지 않으면 안 되는 강성, 안내면 특성, 열변위 특성에 대하여 설명하시오.
6. 스테인리스강의 경우 금속조직에 따른 용접성에 대하여 설명하시오.

제87회 기계제작기술사

1교시 다음 문제 중 10문제를 선택하여 설명하시오.(각 10점)

1. 주철의 주요성분 5가지를 설명하시오.
2. 상향절삭가공(Up-milling)과 하향절삭가공(Down-milling)의 개념 및 각각의 장단점을 비교 설명하시오.
3. FMS(Flexible Manufacturing System)에 대해서 설명하시오.
4. 불활성 가스 아크 용접법의 종류와 간단한 특성을 설명하시오.
5. 강의 구비조건과 서랭 및 급랭에 따른 조직의 종류를 나열하시오.
6. 구성인선(Built-up Edge)의 의미와 방지법을 설명하시오.
7. 특수주조법에 대해 종류와 특징을 간략하게 설명하시오.
8. 절삭유의 종류에 대해 설명하시오.
9. 터릿(Turret) 선반 작업의 종류를 설명하시오.
10. 표면거칠기(Surface Roughness)의 표시방식의 종류를 설명하시오.
11. 지그(Jig)와 고정구(Fixture)를 설명하시오.
12. 한계게이지(Limit Gauge)에서 테일러의 원리(Taylor's Principle)를 설명하시오.
13. 제품 생산 시 제품 설계가 완료되면 공정설계(Process Design)를 한다. 이때, 공정설계(Process Design)의 기능을 설명하시오.

2교시 다음 문제 중 4문제를 선택하여 설명하시오.(각 25점)

1. 파인블랭킹(Fine Blanking)기술 및 파인블랭킹 재료의 특성에 대해 설명하시오.
2. 비파괴검사의 종류를 들고 설명하시오.
3. 형상 및 위치 정도 측정에서 평면도(Flatness)와 진직도(Straightness)의 정의 및 측정방법을 설명하시오.
4. 밀링머신(Milling Machine)의 구조에 대해 설명하시오.
5. 공구재료에 대해 종류와 한계 온도를 설명하시오.
6. 연삭숫돌의 5대 특징에 대해 설명하시오.

3교시 다음 문제 중 4문제를 선택하여 설명하시오.(각 25점)

1. 금속의 소성가공 중 가공온도에 따라 냉간가공(Cold Working)과 열간가공(Hot Working)에 대해 설명하시오.
2. 드릴지그(Drill Jig)를 설명하고, 부시(Bush)에 의해 구멍을 가공하지만 오차가 발생하는 여러 가지 원인에 대해 설명하시오.
3. 디프드로잉(Deep Drawing) 가공에서 성형에 미치는 공정인자를 나열하고 설명하시오.

4. CAM(Computer Aided Manufacturing) 시스템의 개념 및 필요한 기능적 구비조건에 대해서 설명하시오.
5. 일반적으로 사용되는 치차의 치형곡선의 조건, 종류 및 압력각의 관계에 대해 설명하시오.
6. 무단변속의 종류와 특징에 대해 설명하시오.

4교시 다음 문제 중 4문제를 선택하여 설명하시오.(각 25점)

1. CNC 공작기계의 서보기구(Servo Mechanism)에 대해서 설명하시오.
2. CNC 공작기계를 절삭기능에 따라 제어방식을 분류하고 설명하시오.
3. 선반작업의 바이트 공구각에 대하여 설명하시오.
4. 선반의 구성요소 중에서 중요한 것 5가지를 설명하시오.
5. 강(Steel)의 표면처리에서 청화법(Cyaniding)과 질화법(Nitriding)을 설명하시오.
6. 화학적 특수가공에서 화학연마(Chemical Polishing)에 가공되고 있는 금속별로 처리용액 등 처리방법을 설명하시오.

제90회 기계제작기술사

1교시 다음 문제 중 10문제를 선택하여 설명하시오.(각 10점)

1. 다결정CBN과 다결정다이아몬드 절삭공구의 사용상 차이점을 설명하시오.
2. 연삭숫돌의 표기법에서 B100N150B의 내용을 설명하시오.
3. 주조 시 발생하는 금속의 응고수축에 대하여 설명하시오.
4. 형단조와 자유단조의 특징과 방법을 설명하시오.
5. 일렉트로 슬래그(Electro Slag) 용접의 원리와 기구에 대하여 설명하시오.
6. 강의 구상화(Spheroidizing) 열처리에 대하여 설명하시오.
7. 절삭유의 사용목적에 대하여 설명하시오.
8. 드릴지그 설계를 위한 특수장치와 부속품에 대하여 설명하시오.
9. 빌트업에지(Built-up Edge)를 방지할 수 있는 방법에 대하여 설명하시오.
10. 레이디얼 드릴링 머신(Radial Drilling Machine)에 대하여 설명하시오.
11. 밀링에서 이송나사의 백래시(Backlash)와 제거장치에 대하여 설명하시오.
12. 3차원 측정기의 기능과 특징에 대하여 설명하시오.
13. 머시닝센터(Machining Center)의 장점에 대하여 설명하시오.

2교시 다음 문제 중 4문제를 선택하여 설명하시오.(각 25점)

1. 금속재료의 피절삭성(Machinability)의 평가인자를 나열하고 각각에 대하여 설명하시오.
2. 강의 경화능(Gardenability)과 경화능 측정방법에 대하여 설명하시오.
3. 선반(Lathe)에서의 테이퍼 절삭방법에 대하여 설명하시오.
4. 밀링 절삭방식에는 상향절삭과 하향절삭이 있다. 이들의 특징에 대하여 설명하시오.
5. 드로잉(Drawing) 가공의 결함과 대책에 대하여 설명하시오.
6. 수소저장 합금의 저장원리와 구비조건에 대하여 설명하시오.

3교시 다음 문제 중 4문제를 선택하여 설명하시오.(각 25점)

1. 강의 표면경화법 중 길화법(Nitriding)에 대하여 설명하시오.
2. 열간단조에서 소재 가열 시 주의사항을 나열하고 각각에 대해 설명하시오.
3. 강과 비교한 알루미늄합금의 용접성에 대해 설명하시오.
4. 절삭온도의 측정방법과 특징에 대하여 설명하시오.
5. 연마제 유동가공(AFM ; Abrasive Flow Maching)에 대하여 설명하시오.
6. 4M(Man, Machine, Material, Method)의 편차에 의해 좌우되는 기계가공에 대하여 설명하시오.

4교시 다음 문제 중 4문제를 선택하여 설명하시오.(각 25점)

1. 초연마재(Superabrasive) 숫돌의 교정방법에 대해 설명하시오.
2. 사형주조과정을 그림을 첨부하여 설명하시오.
3. 지그 보링 머신(Jig Boring Machine)에 대하여 설명하시오.
4. 전해연삭용 숫돌에 대하여 설명하시오.
5. 프레스 가공에서 비딩(Beading), 컬링(Curling), 시밍(Seaming)에 대하여 설명하시오.
6. 절삭가공 시 진동의 원인과 대책에 대하여 설명하시오.

제93회 기계제작기술사

1교시 다음 문제 중 10문제를 선택하여 설명하시오.(각 10점)

1. 연삭숫돌의 파괴 원인을 5가지 이상 설명하시오.
2. 기계장비류의 위험성 평가 순서를 설명하시오.
3. 산업안전보건법상 안전검사대상 유해·위험기계를 설명하시오.
4. 용접작업에서의 안전보건대책을 설명하시오.
5. 절삭가공에서 유동형 칩(Flow Type Chip)을 설명하시오.
6. 숏피닝(Shot Peening)을 설명하시오.
7. 공작물의 위치결정과 지지방법을 설명하시오.
8. 제품생명주기(Production Life Cycle)를 설명하시오.
9. 마이크로미터(Micrometer)에서 구조상 오차를 설명하시오.
10. 초음파세척에 대해 설명하시오.
11. 기공이 없는 주조공정(Pore-Free Process)에 대해 설명하시오.
12. 심공드릴링(Deep-Hole Drilling)에 대해 설명하시오.
13. 연삭가공 시 연삭비에 대해 설명하시오.

2교시 다음 문제 중 4문제를 선택하여 설명하시오.(각 25점)

1. 측정에서 검사장비 선정 시 고려해야 할 사항에 대해 설명하시오.
2. 비파괴검사법 중 초음파검사법에 대해 설명하시오.
3. 공작기계에서 위험점의 종류를 5가지 이상 쓰고 적용되는 사례를 설명하시오.
4. 공작기계에서의 동력을 전달하는 축을 설계할 때 고려하여야 할 사항을 2가지 쓰고 설명하시오.
5. 절삭가공에서 칩(Chip) 형태에 영향을 주는 인자를 2가지 이상 쓰고 설명하시오.
6. 레이저 가공(Laser Machining)에 대해 설명하시오.

3교시 다음 문제 중 4문제를 선택하여 설명하시오.(각 25점)

1. 소성가공에 대해 설명하시오.
2. 고온가공의 장단점 및 공작물의 가열방법에 대해 설명하시오.
3. 드릴(Drill)가공의 종류를 4가지 이상 쓰고 설명하시오.
4. 표면경화법에서 물리적 증착법(Physical Vapor Disposition)을 설명하시오.
5. 플라스마 아크 절단에 대해 설명하시오.
6. 가공 시 버(Burr)의 생성과 방지법에 대해 설명하시오.

4교시 다음 문제 중 4문제를 선택하여 설명하시오.(각 25점)

1. 제품 제조 시스템에서 저비용생산기술에 대해 설명하시오.
2. 포토리소그래피(Photo-Lithography) 방법에 의한 가공법에 대해 설명하시오.
3. 절삭가공에서 공구의 수명에 대해 설명하시오.
4. 스테인리스강의 용접방법에 대해 설명하시오.
5. 밀링머신(Milling Machine)에서 가공하는 방법을 설명하시오.
6. 치공구를 정의하고 지그(Jig) 및 고정구(Fixture)를 설명하시오.

3. 기계공정설계기술사 기출문제

제65회 기계공정설계기술사

1교시 다음 문제 중 10문제를 선택하여 설명하시오.(각 10점)

1. 현장에서 사용되는 한계게이지(Limit Gauge)의 종류를 열거하시오.
2. 공차누적을 설명하시오.
3. 공정도에 사용되는 기호 중 다음 기호의 의미를 기술하시오.

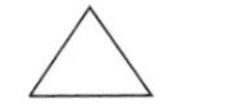 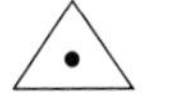 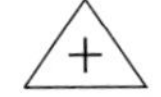  

4. 선반과 밀링장비에서 공작물과 공구의 운동방향을 비교 설명하시오.
5. 절삭온도와 공구수명의 관계를 설명하시오.
6. 표면조도의 표시법을 열거하시오.
7. 공구재료의 구비조건을 설명하시오.
8. 진위치도(True Position)를 설명하시오
9. RP(Rapid Prototype) 성형법의 절차를 기술하시오.
10. 삽입공구(Inserted Tools)의 정의를 기술하시오.
11. 지그(JIG)와 고정구(Flxture)의 차이점에 대하여 비교 설명하시오.
12. 품질관리에서 사용하는 관리도의 종류를 열거하시오.
13. LOB(Line of Balance)의 정의에 대하여 기술하시오.

2교시 다음 문제 중 4문제를 선택하여 설명하시오.(각 25점)

1. 제품 생산의 주공정을 열거하고 각 공정에서 사용되고 있는 방법을 5개 이상 열거하시오.
2. 수평밀링머신에서 공구의 회전방향이 공작물에 미치는 영향을 고찰하고, 위치 결정구의 위치 설정에 어떤 차이가 있는지 설명하시오.
3. 끼워맞춤에서 공차의 결정방법을 설명하시오.
4. 검사 지그(Jig)에 사용되는 재료의 종류 및 특성을 기술하시오.
5. 귀하가 경험한 프로세스 혁신 사례를 구체적으로 서술하시오.
6. 내피로 특성을 향상시키기 위한 금속의 표면처리 방법을 열거하고 약술하시오.

3교시 다음 문제 중 4문제를 선택하여 설명하시오.(각 25점)

1. 절삭공정에서 사용되는 방법을 5가지 이상 열거하고 각 방법의 특징을 약술하시오.
2. 각 면을 A, B, C면이라 정하면 그 크기가 A > B > C 관계인 직육면체 형상을 가공할 때, 가장 좋은 위치 결정구의 배열을 도시하고 그 타당성을 약술하시오.

3. 공차도표의 목적을 7가지 이상 기술하시오.
4. 다이얼 게이지(Dial Gauge)의 정밀도 검사방법을 기술하시오.
5. Drill Jig와 Milling Fixture의 설계절차를 기술하시오.
6. 공정의 자동화 시 고려사항을 서술하시오.

4교시 다음 문제 중 4문제를 선택하여 설명하시오.(각 25점)

1. 공정설계를 올바르게 진행하기 위한 공정의 선택 및 계획 절차를 서술하시오.
2. 공작물의 다듬질 방법을 5개 이상 열거하고 그 목적을 약술하시오.
3. 선삭공정에서 수익체감 분석을 통하여 가장 경제적인 절삭속도를 결정하는 과정을 설명하시오.
4. 정밀가공을 통하여 다음과 같은 제품을 획득하기 위한 공정설계를 서술하시오.

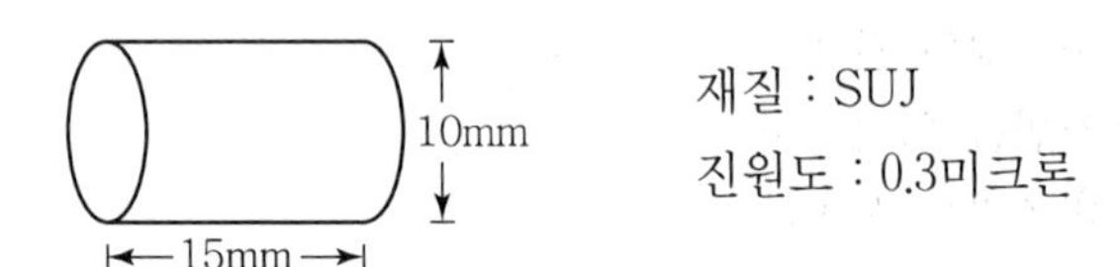

5. 호닝, 래핑, 슈퍼피니싱, 초음파 가공의 방법과 특성을 서술하시오.
6. 테르밋, 스터드, 전자빔, 고주파 용접의 특성을 서술하시오.

제66회 기계공정설계기술사

1교시 다음 문제 중 10문제를 선택하여 설명하시오.(각 10점)

1. 공작물 홀더의 종류를 열거하시오.
2. 다음 용접 보조기호(KSB0052)의 의미를 설명하시오.
   ① ●　　② ○　　③ ⊙　　④ C　　⑤ M
3. 표면기호에서 가공방법의 약호를 답하시오.
   ① 선반가공　　② 드릴가공　　③ 보오링가공
   ④ 밀링가공　　⑤ 리이머가공　　⑥ 연삭가공
4. 철강압연가공에 영향을 미치는 요소를 열거하시오.
5. 고에너지 고속도 가공의 종류를 열거하시오.
6. 용접에 의한 잔류응력의 발생에 영향을 미치는 요소를 기술하시오.
7. 폴리싱과 버핑의 차이점을 설명하시오.
8. 지원공정과 보조공정을 구별하는 방법을 설명하시오.
9. 가압몰딩(Pressure Molding) 공정의 종류를 열거하시오.
10. 강의 열처리 공정에서 강의 질량효과와 담금질성에 대하여 약술하시오.
11. 마이크로미터의 종합오차는 ±5㎛, 마이크로미터 기준봉의 허용치수는 ±3㎛일 때 이 기준봉을 사용하여 영점조정을 한 경우, 발생되는 최대오차를 구하시오.
12. 공작물 절삭에 영향을 미치는 요인을 열거하시오.
13. 다음 절삭가공(25±0.1, 20±0.1)을 위한 적절한 위치 결정방법을 도면을 그리고 표기하시오. (척도는 NS임)

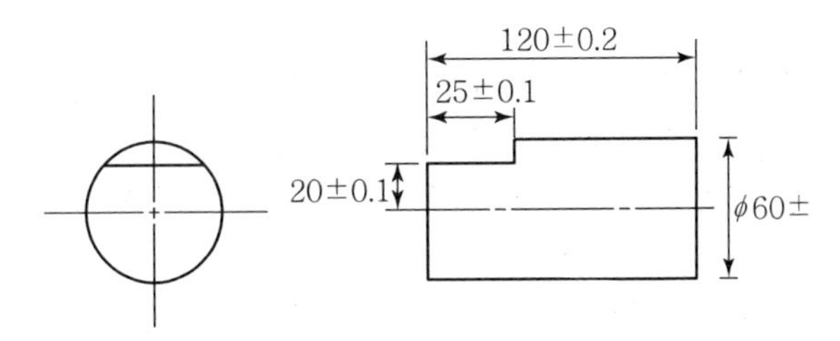

2교시 다음 문제 중 4문제를 선택하여 설명하시오.(각 25점)

1. 치공구를 표준화함으로써 얻을 수 있는 기대효과를 기술해 보시오.
2. 열처리 공정에서 뜨임 시 발생되는 결함의 원인과 대책에 대하여 설명하시오.
3. 스트레치 드로 포밍 가공방법과 이점에 대하여 설명하시오.
4. 공작물 급송 장치의 종류를 들고 각각의 용도를 기술하시오.
5. 기계공장에서 적용할 수 있는 표면거칠기 측정방법의 종류를 들고 설명하시오.
6. 플라스틱 사출금형의 GATE 종류와 방법을 도면화하여 설명하시오.

3교시 다음 문제 중 4문제를 선택하여 설명하시오.(각 25점)

1. 용접구조물과 리벳 및 구조구조물을 비교하여 장단점을 설명하시오.
2. 강의 열처리 시 발생된 잔류응력의 제거방법에 대하여 기술하시오.
3. 플라스틱 사출금형의 제작공정을 수순에 의해 설명하시오.
4. 특수공구류의 특징과 공구류를 복합시켜 사용할 경우 복합의 우선순위에 대하여 설명하시오.
5. 에어리점(Airy Point)과 베셀점(Bessel Point)에 대하여 설명하고 적용되는 계측기를 예시하시오.
6. 아래 도면의 공차 표기방법을 위치도 공차방식으로 변경하고 직교좌표 공차역과 위치도 공차역을 비교 설명하시오.(단, 이 부품은 구멍이 상대 부품과 결합되는 형태임)

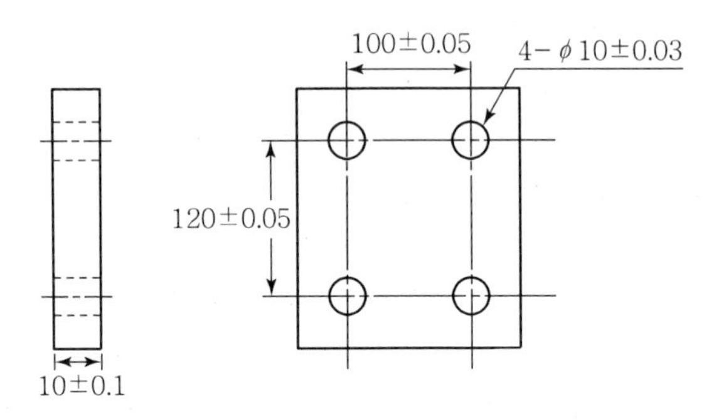

4교시 다음 문제 중 4문제를 선택하여 설명하시오.(각 25점)

1. 프레스공정에서 프로그래시브 가공과 트랜스퍼 가공을 비교 설명하시오.
2. 유도가열기(Induction coil)를 이용하여 가공할 수 있는 작업의 종류를 들고, 각 작업의 개요와 특징을 설명하시오.
3. 공차표의 목적과 유용성에 대하여 기술하여 보시오.
4. 기계 선정의 기본요소에 대하여 상세하게 기술하시오.
5. 하나의 제품을 개발할 때 소요되는 주 비용 중 개발비와 제품비의 주요 구성 내용을 기술하시오.
6. 열가소성 수지와 열경화성 수지의 차이점과 특징을 설명하고 각각에 대한 대표적인 수지를 아는 대로 예를 들어 보시오.

제69회 기계공정설계기술사

1교시 다음 문제 중 10문제를 선택하여 설명하시오.(각 10점)

1. 다음 부품의 끼워맞춤에 적합한 IT 공차의 등급을 답하시오.
   ① 피스톤 핀 구멍
   ② 일반부시, 베어링
2. 용접 결함을 검사하는 방법 중 비파괴검사 방법의 종류를 나열하시오.
3. 측정 시 주위환경에 따라 발생하는 오차를 무엇이라 하는지 답하시오.
4. 측정에 있어서 표준자와 피측정물은 같은 축선상에 있어야 한다는 원리는 무슨 원리에 대한 설명인가?
5. 한계 게이지에 있어서 통과 측에는 모든 치수 또는 결정량이 동시에 검사되고 정지 측에는 각각의 치수를 개개로 검사하지 않으면 안 된다고 하는 원리는 무엇인지 설명하시오.
6. $\phi 30 \pm 0.05$인 구멍의 직각도가 0.05일 때 이 구멍을 검사하는 기능게이지의 기본치수를 구하시오.
7. $\phi 30\ ^{+0.1}_{\ \ 0}$인 구멍과 $\phi 30\ ^{-0.05}_{-0.10}$인 축의 끼워맞춤에 필요한 구멍과 축의 위치도는 얼마인지 구하시오.
8. 도면에서 정밀도의 대상이 되는 형체 중 공차에 관련되는 4가지 요소에 대해 답하시오.
9. 구멍과 축의 실효치수를 구하는 방법을 설명하시오.
10. 공작물의 기능표면에서 가공부위를 결정하기 위해 제품도에서 확인해야 하는 세 가지 사항에 대해 답하시오.
11. 각각의 치수에 대한 허용공차가 제품치수 관계에서 허용될 수 없는 허용치수가 얻어질 때 발생하는 공차누적을 두 가지로 답하시오.
12. 90° V-블록에 의해 원통형 공작물을 위치결정할 때 공작물의 중심 변위량은 얼마만큼 생기는지 답하시오.
13. 고정체결방식에서 축의 직경이 $\phi 30\ ^{\ \ 0}_{-0.05}$이고 위치도가 0.05라면 이에 결합되는 구멍의 최대실체치수(MMS)는 얼마인가 답하시오.

2교시 다음 문제 중 4문제를 선택하여 설명하시오.(각 25점)

1. 공정설계기사가 전용장비를 설치하기 위한 필요조건에 대해 설명하시오.
2. 공정도에 나타나는 공정치수는 무엇이며 어느 경우에 필요한지 설명하시오.
3. 공정설계 기사의 임무에 대해 설명하시오.
4. 공작물 관리에 대해 크게 세 가지로 구분하여 기술하시오.
5. 공작물의 중심위치 결정장치(centralizer)에 대한 특성을 종류별로 설명하시오.
6. 센서(sensor)의 동특성을 나타내는 용어를 기술하시오.

3교시 다음 문제 중 4문제를 선택하여 설명하십시오.(각 25점)

1. 공정을 줄이기 위한 복합공정의 두 가지 방법에 대한 특성과 장단점에 대해 설명하시오.
2. 기계선택시 고려되는 고유정밀도와 생산정밀도의 차이에 대해 설명하시오.
3. 원형 공작물의 위치결정에 많이 사용되는 V-블록 중 60°, 90°, 120°의 홈각에 대해 각각 특징을 설명하시오.
4. 공정도가 공정이 진행되는 동안 제공되는 이점에 대해 설명하시오.
5. 3-2-1 위치결정 방법과 4-2-1 위치결정 방법에 대해 구분하여 설명하시오.
6. 방전가공의 원리와 장.단점을 설명하시오.

4교시 다음 문제 중 4문제를 선택하여 설명하십시오.(각 25점)

1. 공작물을 고정하는 각종 클램프(clamp)에 대한 특성을 설명하시오.
2. 공작물의 편차(치수변위) 원인에 대해 기술하시오.
3. 기계공정설계 분야에서 경험한 생산성 혁신 사례의 대표적인 것을 체계적으로 기술하시오.
4. 센서의 성능을 정의하기 위한 용어를 기술하시오.
5. 생산계획의 방법으로 수요예측을 하는 기법을 기술하시오.
6. 다음의 두 가지 도면을 분석한 후 규제형체에 허용되는 최대위치도 공차와 실효치수를 구하고 각각의 기능게이지를 설계하시오.(단, 게이지 제작공차는 제품공차의 10%로 한다.)

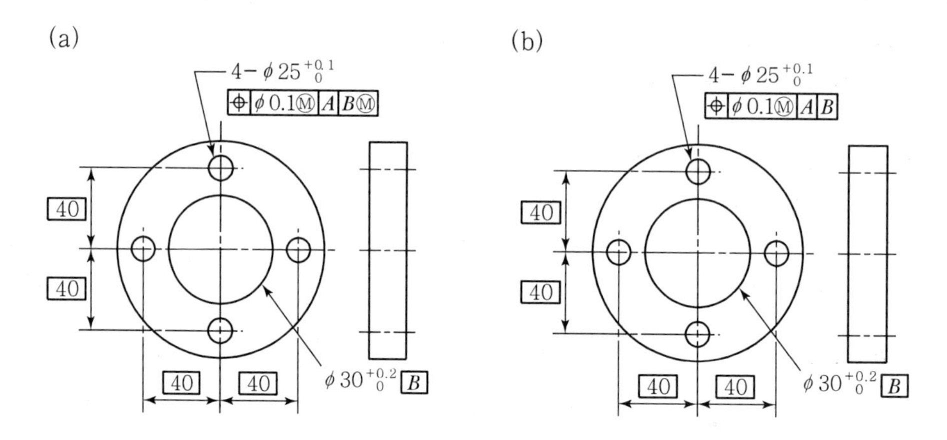

제72회 기계공정설계기술사

1교시 다음 문제 중 10문제를 선택하여 설명하시오.(각 10점)

1. 기하편차의 종류 중 자세편차와 위치편차의 종류를 각각 3가지씩 들고 간단하게 설명하시오.
2. 절삭공구의 구비조건과 재질별로 사용 가능 온도한계를 기술하시오.
3. 자동화용 치공구가 구비하여야 할 조건을 기술하시오.
4. 공구류의 일반적인 형태를 기술하시오.
5. 경제적인 공정을 얻기 위하여 공구를 복합시킬 경우 복합의 우선순위를 기술하시오.
6. 산업용 강재를 선정할 때 고려하여야 할 기계적 성질을 모두 열거하고 설명하시오.
7. MCG(Machine Control Gage)의 종류를 열거하고 간단히 설명하시오.
8. 절삭가공에서 피삭성의 평가기준을 열거하시오.
9. 공작물에 대한 양호한 기계적 관리를 얻기 위하여 고려하여야 할 내용을 기술하시오.
10. 공정도에 포함되어야 할 내용을 기술하시오.
11. 공작물 가공 시 치수변화의 원인을 기술하시오.
12. 전기마이크로 미터와 공기마아크로 미터를 다음 항목별로 비교 설명하시오.
    ① 측정범위　　② 측정능률　　③ 연산측정
    ④ 에너지원　　⑤ 다원측정(여러 개를 동시에 측정)
13. 콜릿을 공구 홀더로 사용할 때 이점과 제한 사항을 기술하시오.

2교시 다음 문제 중 4문제를 선택하여 설명하십시오.(각 25점)

1. 기계제작 도면에 명기되어야 할 내용들을 기술하시오.
2. 대표적인 비절삭 금속가공방법으로는 주조, 용접, 소성가공 등을 들 수 있다. 각 경우에 대한 가공기술의 특징과 가공기술의 종류를 설명하시오.
3. 강의 표면경화법의 종류와 방법 및 특징을 기술하시오.
4. 대표적인 CNC 공작기계를 5종류 열거하고, CNC 공작기계의 작동방법 및 수작업 기계에 비해 월등히 향상되는 가공방법 등을 설명하시오.
5. 측정오차의 종류와 측정의 종류를 설명하시오.
6. 원가절감을 위해 귀하가 경험한 가공공정의 개선 사례를 구체적으로 기술하시오.

3교시 다음 문제 중 4문제를 선택하여 설명하십시오.(각 25점)

1. 다음 공정에서 발생되는 burr의 발생부위와 제거방법을 기술하시오.(주조, 용접, 단조, 소결, 프라스틱 성형, 도금, 프레스)
2. 전해가공과 방전가공의 특성을 비교 설명하시오.
3. 복합공정의 수행방법과 장단점을 기술하시오.

4. 스트레스 피닝에 대하여 용도와 효과를 기술하시오.
5. 공정순서를 결정하는 요인 중 공정의 제한 사항에 대하여 기술하시오.
6. 초음파 가공에서 가공원리, 가공특성에 대하여 기술하시오.(일반직인 구멍가공 조건임)

4교시 다음 문제 중 4문제를 선택하여 설명하시오.(각 25점)

1. 공구설계가 제품에 미치는 영향을 기술하시오.
2. 개발단계에서 공정설계가 담당하여야 할 내용을 순차적으로 표 또는 서술적으로 기술하시오.
3. 공정의 정의와 유효성평가의 목적을 기술하시오. (개발단계에서)
4. 공업제품에 내재하는 Danger의 주요 종류를 열거하고, 설명하시오.
5. 지원공정과 보조공정에 대하여 기술하시오.
6. 다음의 도면을 보고 위치도 검사를 위한 기능게이지의 형상을 스케치하고 치수를 결정하시오.

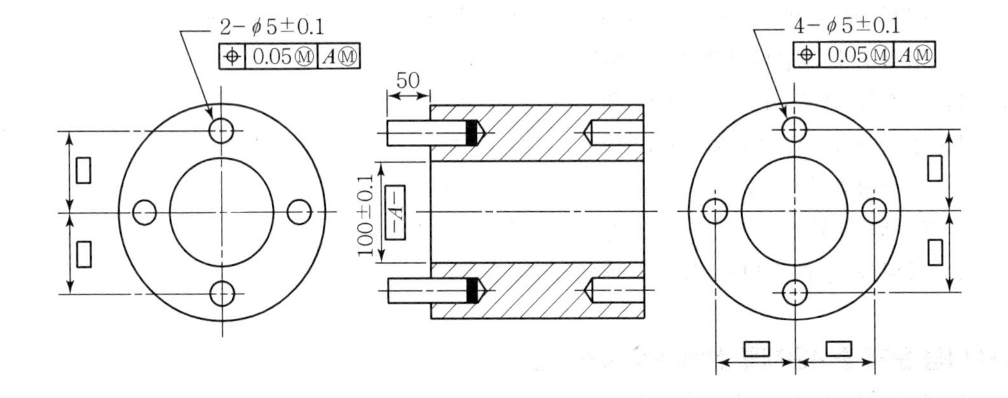

제78회 기계공정설계기술사

1교시 다음 문제 중 10문제를 선택하여 설명하시오.(각 10점)

1. 도면에 표시하는 데이텀(Datum)의 정의와 평행도와 관련된 예를 설명하시오.
2. 드릴가공공정에서 발생하는 보행현상에 대하여 설명하고 발생되는 대표적인 문제점을 기술하시오.
3. 측정의 불확도를 구하는 방법에 대하여 기술하시오.
4. 기계의 선택에 있어 고려해야 할 기계의 주정밀도 및 생산정밀도에 대하여 기술하시오.
5. 선택조립이 필요한 경우와 끼워맞춤의 종류에 대하여 설명하시오.
6. 프레스 작업공정의 종류를 상세하게 분류하시오.
7. 온간단조가 냉간단조나 열간단조에 비하여 유리한 점을 열거하시오.
8. 경제적인 공정을 얻기 위하여 공구류를 복합시켜 사용할 경우 복합의 우선 순위를 열거하시오.
9. 공구를 고정하는 척의 장단점을 기술하시오.
10. 가공물의 표면을 정밀하게 다듬질하려면 어떤 이점이 있는지에 대하여 기술하시오.
11. 기계부품을 가공하는 데 있어서 가장 이상적인 공작기계의 구비조건을 설명하시오.
12. 공정능력(Process Capability)은 기계가공에서 무엇을 의미하는지 설명하시오.
13. 금속을 절삭하는 데는 여러 가지 방법이 있다. 그중 진동절삭이란 어떠한 가공법을 말하는지 설명하시오.

2교시 다음 문제 중 4문제를 선택하여 설명하시오.(각 25점)

1. 블랭킹 공정에서 발생하는 파과현상(Break through behavior)에 대하여 기술하고, 이때 일어나는 현상과 공통적인 대책을 기술하시오.
2. 난절삭재료를 열거하고, 난절삭재료의 기준을 설명하시오.
3. 기계선택의 기본요소 중 가격요소와 설계요소에 대하여 설명하시오.
4. 용접부의 검사공정에 적용할 수 있는 비파괴검사법을 7가지 이상 나열하고 검사방법 및 특징에 대하여 기술하시오.
5. 금형을 이용한 전단작업 중 다이커팅(Die Cutting)은 다른 부품과 조립되는 판재부품으로 많이 사용된다. 이러한 공정으로 만들어지는 다이커팅의 예를 들어 보시오.
6. 높은 연성과 비교적 낮은 강도를 갖는 초소성 합금에 있어서 가공상의 잇점을 기술하시오.

3교시 다음 문제 중 4문제를 선택하여 설명하시오.(각 25점)

1. 게이지의 열처리 공정에는 템퍼링 공정과 에이징(Aging) 공정이 있다. 이 공정의 내용을 비교하고 설명하시오.

2. 복합공정의 장점(이점)에 대하여 내용을 기술하시오.
3. 설계공차 누적과 공정공차 누적의 발생원인을 설명하고 설계공차 누적에 대한 공정설계기사의 대응방법에 대하여 기술하시오.
4. 크랭크 프레스 선택 시 고려하여야 할 압력능력, 토크능력, 일능력에 대하여 기술하시오.
5. 최근 산업현장에서는 머시닝센터(Machining Center)가 널리 사용되고 있다. 이에 대한 기능과 특징에 대하여 설명하시오.
6. 가공경화에 있어서 재결정의 현상을 설명하시오.

4교시 다음 문제 중 4문제를 선택하여 설명하시오.(각 25점)

1. MEMS(Micro-Electro-Mechanical-System)를 이용한 산업계의 동향, 즉 영향을 미치는 산업은 무엇인지를 기술하시오.
2. 공작물의 기능 표면에 대하여 설명하시오.
3. 원가절감을 위한 관리기술의 기법과 주요 내용을 간략하게 기술하고 재료비의 절감을 위한 설계자 및 개발자가 추구하여야 할 목표를 제시하시오.
4. 동시공학(Concurrent Engineering)의 기법이 가져다 주는 이점에는 여러 가지가 있다. 5가지 이상을 열거하여 설명하시오.
5. 절삭공구의 수명에 영향을 주는 중요 인자 5가지 이상을 열거하여 설명하시오.
6. 공작물 관리를 유지하는 데 필요한 이론 및 기법에 대하여 설명하시오.

제82회 기계공정설계기술사

1교시 다음 문제 중 10문제를 선택하여 설명하시오.(각 10점)

1. 다음 각 치수공차는 제품도면에 주어진 치수공차들이다. 이들을 이용하여 공정치수를 부여하고자 한다. 이들 각 치수공차들을 등가양측공차로 변환하시오.

   (1) $12.5 {}^{\;0}_{-0.5}$　　(2) $25.1 {}^{+0.2}_{-0.5}$

   (3) $50 {}^{+0.07}_{+0.01}$　　(4) $32.3 {}^{-0.08}_{-0.2}$

2. 금속가공분야에서 제조순서를 결정하기 위한 제품제조공정을 분류하고 간단히 설명하시오.
3. 수나사 제조방법을 5가지 이상 열거하시오.
4. 공정설계에 있어서 공정 전개에 이용되는 기준면의 결정에 대하여 설명하시오.
5. 절삭공구 중 엔드밀을 선정하는 데 중요한 인자가 되는 사항을 4개 이상 쓰시오.
6. 다이아몬드를 이용한 강의 절삭이 유용하지 않은 이유에 대해 간략히 설명하시오.
7. 공작기계용 주철베드 대신 레진 콘크리트 베드로 대체하였을 경우 어떤 장점이 있는지 간단히 설명하시오.
8. 절삭공구와 피삭재는 서로 상대운동의 관계를 유지하며 절삭에 영향을 미치게 된다. 이들에 대해 독립변수와 종속변수로 구분하여 각 하위변수를 나열하시오.(단, 여기서 말하는 독립변수는 원인이 되는 input 사항을 의미하고, 종속변수는 결과가 되는 output 사항을 의미함)
9. 기존 제품에서 재질을 대체하게 되는 이유를 간단하게 5가지 이상 나열하시오.
10. 프레스의 피어싱, 블랭킹 공정에서 재료의 경제적인 사용방안에 대하여 예를 들어 간단하게 기술하시오.
11. 적시생산시스템(JIT ; Just-in-time)에 대한 아래의 질문에 답하시오.
    1) JIT를 최초 개발하여 적용한 업체와 이를 이용한 생산시스템을 각각 쓰시오.
    2) 이 생산시스템의 특징을 대표하는 것을 4가지 이상 나열하시오.(단, JIT, 린(Lean) 생산시스템의 표현은 답에서 제외한다.)
12. 리팩토리(Refactory)는 기업을 진단하고 공장을 바꾸며, 경영을 혁신하는 것으로 현장에서 평가하고 현장에서 고치는 현장 프로그램이다. 이를 시행하여 공장을 바꾸는 과정은 보통 10단계로 진행이 되는데, 매우 중요하게 시행되는 첫 단계는 무엇에 관한 것인가?
13. 표준시간의 시간 구성요소를 4가지 나열하시오.

2교시 다음 문제 중 4문제를 선택하여 설명하시오.(각 25점)

1. 공작물관리에서 기하학적 관리와 제품도면에 표시된 데이텀과의 관계를 상세히 설명하시오.
2. 고정도 정반(Surface plate) 평면을 만드는 방법으로 휘트워스(Whitworth)가 고안한 3면 피팅(Fitting)법에 대하여 서술하시오.

3. 고속가공의 장점 및 적용분야와 고속가공기의 요소기술에 대해 구체적으로 설명하시오.
4. 최적 가공을 위한 프레스 선정 기준에 대해 기술하시오.
5. 제조업에서 요구되는 레이저 가공기술의 응용에 대해서 기술하시오.
6. 공정설계는 여러 가지 의사결정의 상황에서 수행된다. A자동차사는 2007년 신차개발 프로젝트의 일환으로 엔진 주요부품 중의 하나인 커넥팅 로드(Connecting Rod) 생산라인을 구성하고자 한다. 공정설계가 주요한 맥락으로 진행되는 이러한 프로젝트의 주요성과 중, 품질 성과지표와 관련된 아래의 각 질문에 답하시오.
   1) 라인의 설비들을 설치하고 시운전하는 동안에 시험 가공되는 커넥팅 로드의 시험가공품을 측정하기 위한 시료의 수량에 대하여 품질측정담당 기사는 연속으로 40개 정도를 시험 가공하여 최초의 5개와 최후의 5개를 제외한 30개의 수량을 측정하여 공정능력을 평가하려고 하는데, 왜 그렇게 하고자 하는 것인지(시료를 전후 각 가공품 5개 제외 및 중간의 30개 선택)에 대해 납득할 만한 사유를 간단히 기술하시오.
   2) 상기의 30개의 시료를 측정하여 공정능력을 평가하고자 한다. 이때 사용되는 지표인 공정능력지수(Process Capability Index)는 Cp와 Cpk가 있는데, 각각의 공식을 쓴 후 이들의 대소를 수학적 기호(예를 들면, =, <, >, ≤, ≥ 등)를 사용하여 표시하고, Cp와 Cpk의 차이점을 신뢰성과 타당성의 관점과 연관하여 상호 비교 설명하시오.
   3) A자동차사는 현재 Six Sigma(6시그마) 운동을 전개하고 있으므로 양산 초기부터 6시그마 수준을 유지하여야 성공한 프로젝트로 평가하고 있는 상황이다. 여기서 언급되고 있는 6시그마 수준은 생산된 제품의 불량률이 거의 제로(0)인 수준을 말한다. 이 6시그마 수준에서 요구되는 공정능력의 값은 계산에 의한 값보다도 더 높은 값이 요구되고 있는데, 여기서 요구되는 값은 얼마이며, 왜 그렇게 더 높은 값이 요구되는지에 대한 이유를 간단히 기술하라.

3교시 다음 문제 중 4문제를 선택하여 설명하시오.(각 25점)

1. 자동조립생산을 위한 제품설계에서는 부품이 균일하고 고품질이며, 수동 조립된 부품들보다 엄격한 기하학적 허용오차를 가지도록 요구하는 등 자동조립을 위한 제품설계지침이 몇 가지 있는데, 그 설계지침을 설명하시오.
2. 작업의 결합, 즉 복합공정이 요즈음 많이 진행되고 있다. 이러한 작업의 장단점에 대하여 설명하시오.
3. 절삭가공 공정에서 작업을 수행하는 속도는 생산성과 성능의 경제성에 지대한 영향을 준다. 이에 대하여 아래의 각 항목에 대하여 절삭속도를 중심으로 하여 각각 설명하시오.
   1) 성능과 경제성에 대한 작업 속도의 영향
   2) 경제성 평가를 위한 2가지 분석방법
      ① 최소비용분석방법
      ② 수익체감분석방법

4. 고주파 열처리와 침탄 열처리의 목적 및 적합한 경우를 설명하시오.
5. 요즈음에는 공장자동화의 진전이 눈부시게 발전하고 있다. 공장의 자동화용 치공구가 구비해야 할 요건에 대하여 설명하시오.
6. MRP(Material Requirement Planning) 시스템 대(對) JIT(Just-in-time) 시스템에 관한 아래 질문에 답하시오.
   1) 생산방식 중 자재 공급에 대한 개념인 Push 방식과 Pul l방식에 대해 간단히 정의하고, 각 시스템에 대하여 어느 시스템이 Push 방식이고 어느 것이 Pull 방식인지를 구별하시오. 또한 Push 방식과 Pull 방식 중에서 하나만을 선택하여야 하는지, 아니면 어떻게 하는 것이 바람직한지를 간단하게 설명하시오.
   2) 자재 흐름이 복잡하고 수요가 변동적인 개별 작업장 환경에서는 상기의 두 시스템 중 어느 시스템을 선택하는 것이 더 유리한지를 쓰고 그 이유를 간단히 설명하시오.
   3) "JIT의 기본철학은 이 2가지를 제로(0)화하고자 하는 것이다."에서 이 2가지는 무엇을 말하는 것인지 쓰시오.

4교시 다음 문제 중 4문제를 선택하여 설명하시오.(각 25점)

1. 위치결정면의 선택이 공정상의 공차누적(Process Tolerance Stack)을 피할 수 있는 최적의 치수관리의 예를 들어 기술하시오.
2. 제조공정을 선정하고 설계함에 있어서, 여러 가지의 요인을 고려하고 결정을 해야 한다. 이러한 설계의 규칙에 관하여 서술하시오.
3. 한계게이지(Limit Gauge)에 대해 설명하고 $\phi 32 \begin{smallmatrix} +0.002 \\ -0.012 \end{smallmatrix}$ 구멍을 검사하기 위한 플러그 게이지를 KS방식으로 설계하여라.(호칭치수 32, 마멸여유 0.003, 게이지 공차 0.002)
4. 절삭공구의 수명판정 기준과 피삭성지수 계산법에 관하여 설명하시오.
5. 사출금형 공정에서 성형품 불량현상과 그 원인 및 방지법을 설명하시오.
6. 작업장의 작업조건 및 환경을 개선하여 낭비요인을 제거하고 종업원이 쾌적한 작업환경에서 성실한 업무수행을 가능케 하는 3정 5S 활동에 대하여 논하시오.

제85회 기계공정설계기술사

1교시 다음 문제 중 10문제를 선택하여 설명하시오.(각 10점)

1. 공정계획(Process planning)에 있어서 포함되어야 할 요건에 관하여 5가지를 설명하시오.
2. 부품 동질성의 특성을 활용하기 위하여 바르게 구축된 분류와 코딩 시스템(Coding system)을 간단하게 설명하시오.
3. 공정설계자가 자동화를 고려한 생산시스템을 구축할 때 고려해야 할 주요 항목에 대하여 설명하시오.
4. 맞대기용접 이음으로 제작되는 부품의 재질이 연강판에서 고장력강판으로 대체되었다. 고장력강판 용접 시 열영향부에 발생되는 경도변화에 대하여 설명하시오.
5. 치공구 설계의 10가지 기본원칙에 대하여 설명하시오.
6. 일반적인 부품의 크기와 형상이 제작 공정에 미치는 영향에 대하여 설명하시오.
7. 절삭공구의 수명 판단기준과 절삭공구의 마모로 인하여 공작물에 발생되는 현상에 대하여 설명하시오.
8. 프레스 주변장치에 이용되는 레벨러(leveler), 롤피더(roll feeder), 릴스텐드(reel stand), 다이쿠션(die cushion), QDC 시스템의 용도를 설명하시오.
9. 미세 심공 가공에 대한 trouble shooting에서 구멍의 표면거칠기가 나쁠 경우 해결방법에 대하여 4가지를 설명하시오.
10. 황삭가공 시 생산효율을 향상시키기 위하여 절삭속도와 이송량 중 어느 것을 높이는 것이 바람직한지 그 이유를 설명하시오.
11. 입자제트 가공(Abrasive-jet Machining)의 특징을 설명하시오.
12. 자재소요계획(MRP ; Material Requirements Planning)에 있어서 독립 수요와 종속 수요에 관하여 간단한 예를 들어 설명하시오.
13. 라인밸런스를 잡기위한 기본대책을 예를 들어 설명하시오.

2교시 다음 문제 중 4문제를 선택하여 설명하시오.(각 25점)

1. 중심선 평균거칠기(Ra), 최대 높이거칠기(Rmax), 10점 평균거칠기(Rz)에 대하여 설명하시오.
2. ISO 끼워맞춤 시스템에서 편차와 공차, 끼워맞춤의 종류, 기본공차인 45H8e9에 대하여 설명하시오.
3. 제품설계자와 공정설계자의 기능과 상호관계를 설명하시오.
4. 툴링의 형태별 종류를 들고 장단점을 설명하시오.
5. 레이저(LASER) 가공의 원리와 특징에 대하여 설명하시오.
6. 최신 공작기계 중 다축가공기(Multi-axis machine tools)에 대하여 설명하시오.

3교시 다음 문제 중 4문제를 선택하여 설명하시오.(각 25점)

1. 기계 절삭가공 시 나타나는 버(Burr)의 문제점과 디버링(Deburring)용 공구 및 기계 선정에 대하여 설명하시오.
2. 최적 공정설계의 개념과 공정설계 내용을 전산화할 때 필요한 구성요소를 설명하시오.
3. 전용기의 종류와 특징에 대하여 설명하시오.
4. 인베스트먼트(Investment Process) 주형 제작공정에 대하여 설명하시오.
5. 고속가공기에서 위치 결정용 5축 가공과 연속 5축 가공의 장점에 대하여 설명하시오.
6. 컴퓨터 응용 공정계획(Computer Aided Process Planning)과 자재소요량계획(Material Requirement Planning)에서 수행하는 내용과 장점을 설명하시오.

4교시 다음 문제 중 4문제를 선택하여 설명하시오.(각 25점)

1. 공정설계의 기능을 항목별로 설명하시오.
2. 환경친화형 생산가공기술과 관련하여 공작기계에서 사용되는 절삭유에 대한 대책에 대하여 설명하시오.
3. 치공구 장비화의 문제점과 해결방안을 설명하시오.
4. 동시공학의 필요성에 대하여 설명하시오.
5. 난삭재(難削材)의 절삭가공기술에 있어서 피삭재의 특성, 절삭현상과 문제점을 설명하시오.
6. MEMS의 의미와 기술발전 동향 및 적용분야에 대하여 설명하시오.

제88회 기계공정설계기술사

1교시 다음 문제 중 10문제를 선택하여 설명하시오.(각10점)

1. 공정설계자가 수행할 제품도의 분석에 대하여 설명하시오.
2. 베어링의 선정 시 고려해야 할 사항을 설명하시오.
3. 센서(Sensor)의 감도(Sensitivity)에 대한 정의를 쓰고 이에 대한 예를 들어 설명하시오.
4. CAD 설계의 장점과 단점을 각각 5항목 이상 설명하시오.
5. 치공구의 특징과 사용 목적을 설명하시오.
6. 주철로 제작된 것은 내부 잔류 응력에 의하여 시간의 경과에 따라 변형이 발생하므로 기계의 정밀도를 저하시킬 수 있다. 이러한 내부응력을 제거하기 위한 방법을 설명하시오.
7. 공구와 공작물의 접촉에 의한 기계가공 시 절삭공정의 조건에 의하여 발생하는 오차는 어떠한 것이 있는지 설명하시오.
8. 기계재료를 절삭할 때 공구는 공작물로부터 큰 저항을 받게 되는데 이것을 절삭저항이라 한다. 공구에 작용하는 서로 직각인 절삭저항의 세 분력을 크기에 따라 나타내고자 한다. 이때 각 분력의 이름을 쓰고, 그 크기를 부등호로 나타내시오.
9. 전조나사(Rolling Thread)의 원리와 그 특징을 설명하시오.
10. 공구수명에 관련된 마모의 기본적인 형태에 대하여 설명하시오.
11. V-Block(60도, 90도, 120도)의 제약점에 대하여 설명하시오.
12. 연삭숫돌의 구성 3요소에 대하여 설명하시오.
13. 열처리 담금질(Quenching) 균열의 원인 및 방지대책을 설명하시오.

2교시 다음 문제 중 4문제를 선택하여 설명하시오.(각 25점)

1. 강의 용접 중에서 모재에 발생하는 온도 분포에 대하여 설명하시오.
2. 레이저(Laser) 광원과 광 다이오드(Diode)를 이용하여 진직도 오차를 측정하는 방법을 설명하시오.
3. 생산 공정 중에 금형이 파손되는 경우는 몇 가지 이유가 복합적으로 작용하기 때문이다. 그 이유를 설명하시오.
4. CIM(Computer Integrated Manufacturing)의 시스템구조에 대하여 기계장치, 관리, 경영시스템의 관점에서 설명하시오.
5. 설계공정에서 각각의 재료에 대한 고려사항은 각 단계에서 어떻게 다른지 비교 설명하시오.
6. 협동 기술(Concurrent Engineering)의 일반적인 단계에 대하여 설명하시오.

3교시 다음 문제 중 4문제를 선택하여 설명하시오.(각 25점)

1. 자동화 공작기계의 구동 방법으로 많이 이용되고 있는 자동화 장치 중 유압기구는 매우 우수한 기능을 가지고 있다. 이들의 장점을 설명하시오.

2. 공작기계의 설치는 성능상 참으로 중요한 영향을 미친다. 이에 대한 설치의 원칙에 대하여 설명하시오.
3. NC 공작기계 등에 사용되는 LM 가이드(Guide)의 레일(Rail)부에 대한 제조 공정을 설명하시오.
4. 레이저 간섭계의 원리를 설명하고, 길이 측정에 응용하는 방법을 설명하시오.
5. 오차의 불확실성(Uncertainty)의 개념을 설명하시오.
6. 설비 Lay-out의 기본개념에 대하여 설명하시오.

4교시 다음 문제 중 4문제를 선택하여 설명하시오.(각 25점)

1. 최근 와이어 컷 방전 가공(WEDM)이 산업 현장에서는 널리 이용되고 있다. 이 기계는 주로 어떤 용도로 많이 이용되는지에 대하여 설명하시오.
2. 생산성 향상을 위한 공작법에는 제품의 생산 목적에 따라 만족할 수 있는 목표가 필요하다. 이에 대한 목표를 어떻게 만족할 수 있어야 하는지에 대하여 설명하시오.
3. 에칭(Etching)에 의한 미세 구조체 가공인 정전모터 제작과정을 반도체 프로세스를 응용하여 설명하시오.
4. 측정용 머신 비전(Vision)의 구성 및 각 요소의 역할을 설명하시오.
5. 플러그게이지의 제작치수를 계산하고 등가양측공차로 게이지 제작치수를 구하시오.
   - 적용단위(mm)
   - 제품치수 : ϕ10 H7 (+0.015)　　하한치수 : L　　상한치수 : U
   - 게이지 제작공차(H) : 0.002　　마모여유(Z) : 0.0025　　마모한도(Y) : 0.0015

구분	호칭치수	게이지 제작치수
정지 측		
통과 측		

6. 프레스 금형의 스트립레이아웃(Strip Lay-out)에 관하여 설명하시오.

제91회 기계공정설계기술사

1교시 다음 문제 중 10문제를 선택하여 설명하시오.(각 10점)

1. 절삭가공에서 절삭성(Machinability)과 절삭성 지수(Machinability Index)를 설명하시오.
2. 공정의 전개 시 공정도에 포함되어야 할 내용을 설명하시오.
3. 지그에서 공작물의 위치 결정 시 주의사항을 설명하시오.
4. 구멍용 한계게이지와 축용 한계게이지의 종류를 쓰시오.
5. 공정도에서 사용하는 다음 기호의 의미를 설명하시오.

(1)	(2)	(3)	(4)	(5)
△	△ (점)	△ (+)	←	←○
(6)	(7)	(8)	(9)	(10)
◁←	F	A	(빗금 사각형)	(빗금 사각형)

6. 공구류(시판공구, 규격공구, 특수공구)를 복합시켜 사용할 경우 경제적인 측면에서 복합의 우선순위를 쓰시오.
7. 공정설계기사가 공정총괄표를 작성한 후 공구류 획득을 위하여 공구 주문서를 작성할 때 공구 주문서에 기록되어야 할 내용을 쓰시오.
8. 공정설계 시 사용하는 다음 용어에 대하여 설명하시오.
   (1) 공정작업(Operation)
   (2) 공차(Tolerance)
   (3) 공정총괄(Routing)
9. 제품설계 시 고려하여야 할 재료의 특성(성질, 물성 등)을 10가지 이상 쓰시오.
10. 회전된 각도변화를 전기신호로 바꾸어 보내는 원리를 이용하는 계측기를 2가지 쓰시오.
11. TRIP(Transformation Induced Plasticity) 강에 대하여 설명하시오.
12. 절삭가공 시 바이트(Bite)에 작용하는 3가지 종류의 절삭저항력을 쓰시오.
13. 하이드로포밍(Hydroforming) 가공법에 대하여 설명하시오.

2교시 다음 문제 중 4문제를 선택하여 설명하시오.(각 25점)

1. 치공구 설계의 기본원칙을 설명하시오.
2. 자동화 치공구에서 사용하는 클램프에 적용되는 기구(Mechanism)를 설명하시오.
3. 다음 도면과 같은 제품을 검사하기 위한 기능게이지를 설계하시오.(단, 기준치수만 기록하고 제조공차는 생략한다.)

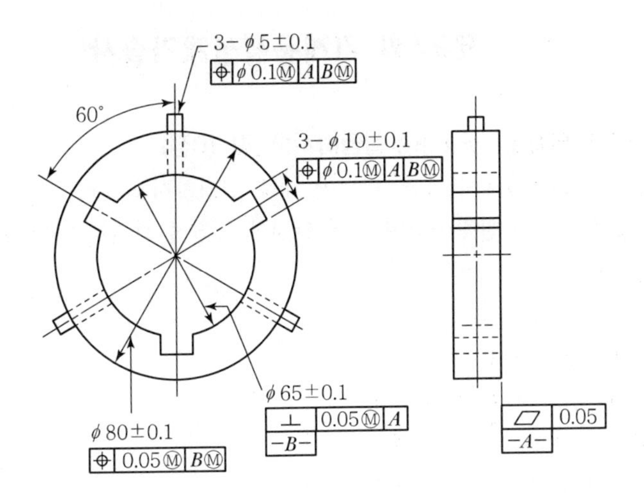

4. 복합공정의 장점과 단점을 설명하고, 프레스 작업에서 복합공정의 사례를 설명하시오.
5. 승용차체 도어(Door)의 제작에 있어서 TWB(Tailor Welded Blanks) 공정을 적용하여 얻을 수 있는 장점에 대하여 설명하시오.
6. 컴퓨터응용 공정설계(CAPP : Computer Aided Process Planning)에 있어서, CAD(Computer Aided Design), CAM(Computer Aided Manufacturing) 및 CIM(Computer Integrated Manufacturing)의 관계를 설명하시오.

3교시 다음 문제 중 4문제를 선택하여 설명하시오.(각 25점)

1. 환경을 고려한 제품을 설계하기 위한 지침을 설명하시오.
2. 드릴지그 작업에서 발생될 수 있는 가공오차의 원인을 설명하시오.
3. 공정전개시 순서상 제한사항에 대하여 설명하시오.
4. 전용기계의 장점에 대하여 설명하시오.
5. 전사적 자원관리(ERP : Enterprise Resource Planning)과 자재소요계획(MRP : Material Requirement Planning)에 대하여 비교 설명하시오.
6. 제품제작 시 점용접(Spot welding)에 비해 레이저용접(Laser welding)을 하면 제품을 경량화 할 수 있는 이유를 예를 들어 설명하시오.

4교시 다음 문제 중 4문제를 선택하여 설명하시오.(각 25점)

1. 한계게이지의 치수차, 공차를 결정할 경우 고려해야 할 사항을 설명하시오.
2. 환경을 고려한 제조에서 친환경적 제품설계를 위한 아이디어를 설명하시오.
3. 기하학적 치수공차 방식에서 사용되는 MMC, LMC, RFS에 대하여 그림을 그려 설명하시오.
4. 단조기계 선택 시 고려하여야 할 내용과 단조기계의 종류를 쓰고 특징을 설명하시오.
5. 기계선택에 있어서 기본적으로 고려해야 할 사항에 대하여 설명하시오.
6. 고속성형법(High velocity forming process)의 대표적인 방법 4가지를 설명하시오.

제94회 기계공정설계기술사

1교시 다음 문제 중 10문제를 선택하여 설명하시오.(각 10점)

1. 끼워 맞춤의 종류를 나열하고, 각각에 대해 설명하시오.
2. 아래의 형상을 지닌 공작물들에 대해 안정한 공작물 관리를 하기 위한 최소의 위치 결정구수를 기입하시오.
   A) 원기둥 ( )개
   B) 피라미드형 ( )개
   C) 일반 파이프(링 형상) ( )개
   D) 직육면체(내부 1개 홀 있음) ( )개
   E) 직육면체(내부 2개 홀 있음) ( )개
3. 위치결정 원리에서의 자유도(自由度)와 구속도(拘束度)에 대해 설명하시오.
4. 원형 위치 결정구에 있어서 공작물 구멍에 원형축을 끼울 때 턱에 걸려 들어가지 않는 현상을 무엇이라고 하며, 그 원인에 대해 설명하시오.
5. 공작물 관리에서의 공작물 변위 발생요소에 대해 설명하시오.
6. 강(Steel)의 선삭가공에서 발생되는 칩(Chip)은 컬링(Curling) 형태로 생성되는데, 칩의 내면은 주름지게 되나 외면은 매끈하게 되는 이유를 설명하시오.
7. 연삭숫돌에서 발생할 수 있는 눈메움(Loading) 현상과 글레이징(Grazing) 현상에 대해 설명하시오.
8. 수직 머시닝센터와 수평 CNC 선반의 좌표축과 회전축의 방향에 대해 설명하시오.
9. 열간단조와 냉간단조의 구분방법에 대해 설명하시오.
10. 마이크로 폴리싱(Micro Polishing)의 종류에 대해 설명하시오.
11. 단조, 압연 등 재료의 소성을 이용한 가공과 비교하여 절삭가공으로 형상을 만들 때의 장단점을 설명하시오.
12. 레이저(Laser)를 이용한 길이 측정법의 종류를 나열하고 각각에 대해 설명하시오.
13. 스테핑 모터(Stepping Motor)의 위상에 대해 설명하시오.

2교시 다음 문제 중 4문제를 선택하여 설명하시오.(각 25점)

1. 수용성 절삭유의 오염인자 3가지 및 제거방법을 설명하시오.
2. 선삭용 절삭공구의 형상은 6개의 공구각과 1개의 인선반경(Nose R)으로 이루어져 있다. 이에 대해 설명하시오.
3. 지그(Jig) 변형의 원인과 방지대책에 대해 설명하시오.
4. 초음파 가공의 방법을 설명하고, 숫돌입자의 재질 및 입도, 진동파의 진동수를 설명하시오.
5. 프레스 가공의 종류에는 전단가공, 성형가공, 압축가공이 있다. 이들에 대해 사례를 들어 구체적으로 설명하시오.

6. 신속조형기술(Rapid Prototyping)을 정의하고, 다음의 용어를 설명하시오.
   1) 스테레오리소그래피(STL : Stereolithography)
   2) 레이저 선별 소결(SLS : Selective Laser Sintering)

3교시 다음 문제 중 4문제를 선택하여 설명하시오.(각 25점)

1. 치공구 본체의 설계 유형에는 조립형, 용접형, 주조형 등의 3가지가 있다. 이들의 상대적인 장단점에 대해 비교하여 설명하시오.
2. 제품 주요 부위(Product Critical Area)와 공정 주요 부위(Process Critical Area)를 정의하고 작업 순서와 연관하여 설명하시오.
3. 다음 부피성형 가공 중에서 하나를 선택하여 필요한 가공력의 분포도를 그리고 가공력의 영향인자 및 감소방법을 설명하시오.
   1) 평판에 대한 자유단조력
   2) 롤(Roll) 접촉 길이에 대한 압연력
   3) 램(Ram) 운동 길이에 대한 압출력
4. 래핑가공(Lapping)에서 사용되는 랩제 및 래핑속도와 압력에 대해 설명하시오.
5. 경도시험법을 열거하고 사용되는 압입자의 종류에 대해 설명하시오.
6. 제품의 비파괴검사법에 대한 다음의 질문에 답하시오.
   1) 파괴검사와 비교하여 비파괴검사법의 장단점을 설명하시오.
   2) 초음파검사법과 자기탐상법의 원리, 장단점을 설명하시오.

4교시 다음 문제 중 4문제를 선택하여 설명하시오.(각 25점)

1. 치공구 설계에서 중심 결정구(Centralizers)와 평형 고정구(Equalizers)를 비교 설명하시오.
2. 연삭숫돌의 결합도에 대한 다음의 질문에 답하시오.
   1) 결합도에 대해 설명하시오.
   2) 결합도 기호(A부터 Z까지)에 따른 호칭
   3) 결합도 선정 기준
3. 조립자동화가 실현되기 위해서 고려되어야 할 사항에 대해 설명하시오.
4. 산업용 로봇(Industrial Robot)에 대한 다음의 질문에 답하시오.
   1) 산업용 로봇의 기본적인 구성 요소를 설명하시오.
   2) 운동방식에 따른 산업용 로봇의 종류를 나열하고, 각각에 대해 설명하시오.
5. 회전 스웨이징(Rotary Swaging)에 대해 설명하시오.
6. 광조형법에 의한 형상가공방법에 대해 설명하시오.

3 면접문제

1. 주요 경력사항을 말하시오.
2. 프로그레시브 금형에서 스트립레이아웃 설계 시 요점을 말하시오.
3. 프레스금형 제작 시 다이구멍은 무엇을 이용하여 가공하는지 답하시오.
4. 다이 가공 시 구멍 간 위치공차를 작게 하기 위하여 어떤 공작기계를 사용하는지 답하시오.
5. 한계드로잉률에 대하여 말하시오.
6. 한계드로잉률이 존재하는 이유와 극복방안은?
7. 가공경화가 발생하는 이유와 일반적인 공식은?
9. 모터 및 감속기를 이용하여 기계를 운전, 제어할 때 어떤 방식으로 위치를 제어할 수 있는가?
10. 피삭재의 표면조도를 좋게 하는 방법을 말하시오.
11. 기계제작 시 원가를 절감할 수 있는 방법을 말하시오.
12. 좋은 기계를 만들기 위한 방법은?
13. 기계제작기술사 취득목적과 향후 활용계획을 말하시오.

---

1. 고속가공기와 초고속가공기를 정의하시오.
2. 표면거칠기를 정의하고, 종류를 나열하시오.
3. 주요경력사항을 제시하시오.
4. 사용한 측정기기에 대해 말하시오.
5. 블록게이지의 용도를 설명하시오.
6. 연마숫돌의 종류를 설명하시오.
7. 드릴가공 시 구멍 불량의 원인을 설명하시오.

1. 틀니를 만다는 방법에 대해 설명하시오.
2. 로스트왁스법에 대해 설명하시오.
2. 초음파시험에 대한 개요를 설명하시오.
3. PT는 내부결함까지 검사가 가능한가?
4. 마그네틱은 내부검사를 할 수 있는가?
5. 차륜은 왜 초음파검사를 해야 하는가?
6. 공구 중에 서멧은 무엇인가?
7. 다이아몬드하고 CBN을 비교해서 설명하시오.
8. 선반에서 원통형단을 면가공할 때 아무리 센터를 잘 맞추어도 가운데로 가면 무한대점으로 돌기부분이 생긴다. 구멍에 0.5mm 구멍을 뚫을 때는 돌기 때문에 드릴이 부러진다. 어떻게 해야 하는가?
9. 비절삭분야에서 주조, 압연, 용접, 단조 등 자신있는 분야를 설명하시오.
10. 휴대폰 볼륨버튼을 플라스틱도금하는 방법을 설명하시오.
11. 지금까지 한 일 중에서 남들에게 자랑스럽게 이야기할 수 있었던 업무나, 성과에 대해서 설명하시오.

---

1. 기계기술자로서 살아온 경력에 대해 설명하시오.
2. 선반과 밀링의 차이는?
3. 밀링에서 상향절삭과 하향절삭이 있는데 현장에서는 하향절삭을 잘 하지 않는다. 이유가 무엇인가?
4. 드릴의 표준날끝각은?
5. 드릴척에 사용하는 드릴의 최대 큰지름은 얼마인가?
6. 알루미늄포일처럼 얇은 판을 레이저 등이 아닌 일반드릴로 뚫을 때 진원이 나오도록 하기 위한 방법은?
7. 주철의 주입온도는?
8. 선반의 공차는?
9. 공석변태란?
10. 빌트업에지의 정의와 방지대책은?

11. 기어의 치형곡선의 종류는?
12. 방전가공 시에는 전극이 빨리 소모되는데, 그 대책은?
13. 공작기계의 오차가 많이 나오는 이유는?

---

1. 고속가공기와 초고속가공기의 정의하시오.
2. 표면거칠기를 정의하고, 종류를 나열하시오.
3. 주요경력사항을 제시하시오.
4. 사용한 측정기기에 대해 말하시오.
5. 블록게이지의 용도를 설명하시오.
6. 연마숫돌의 종류를 설명하시오.
7. 드릴가공 시 구멍 불량의 원인을 설명하시오.

---

1. End-mill(직경 10)로 머시닝센터 작업에서 치수공차 0.02 정밀가공을 수행할 수 있는 가공계획을 수립하시오.
2. 밀링머신에서 직육면체를 가공하고자 할 때 육면체를 가공하는 순서와 방법을 설명하시오.
3. 보통선반에서 정밀절삭 절입량 0.01 이내를 절입하여 가공하는 방법을 설명하시오.
4. 선반에서 긴 공작물을 가공할 경우 끝단의 치수가 중앙부와 차이가 있는데 왜 그러한 치수차가 발생하게 되는지 설명하시오.
5. 베어링의 구성요소를 설명하시오.
6. 볼 베어링의 구성요소 중 리테이너가 없다고 가정할 때 어떠한 현상이 발생하는가?
7. NC 공작기계 작업에서 G42 가공은 어떠한 절삭이며 그 특징은 무엇인가?
8. 머시닝센터 작업에서 0.01 이내의 정밀작업을 수행할 경우 가공계획과 방법에 대하여 설명하시오.
9. 심랭처리(서브제로)를 실시하는 이유를 설명하시오.
10. 공작기계 베드부의 열처리 종류에 대하여 열거하고 각각의 특징을 설명하시오.
11. 공작기계 베드부의 인장강도는 어느 정도가 적정하며 인장강도란 무엇인가?
12. 시효경화에 대하여 설명하시오

13. 금속의 A_1 변태에 대하여 설명하고 열처리와 연관하여 A_1 변태점의 중요성은 무엇인지 설명하시오.
14. 기술사의 직무와 역할은 무엇이라고 생각하는가?
15. 기어 치형 곡선의 종류와 각각의 특징에 대하여 설명하시오.
16. 기어 압력각의 정의와 압력각을 주는 이유는 무엇인지 설명하시오.
17. 전위기어란 무엇이며 전위기어를 선택하는 이유에 대하여 설명하시오.
18. 연삭숫돌의 5대 요소에 대하여 설명하시오.
19. 서브머지드 용접에 대하여 설명하고, 서브머지드 용접을 선택하는 이유와 사례를 들어보시오.
20. 마그네틱 분석과 적용에 대하여 설명하시오.
21. 공작기계에 진동이 발생하는 원인을 설명하시오.
22. 초정밀 나노 가공을 실현하기 위한 공작기계를 구성하시오.
23. 공작기계의 제조에서부터 판매 과정에 대한 경영 측면을 설명하시오.
24. 공작기계의 정적 정밀도를 해석하는 방법에 대하여 설명하시오.
25. 끼워맞춤 방식에 대하여 설명하시오.
26. 구멍기준식 H7 공차로 끼워 맞춤을 해야 할 경우 본인은 어떠한 방법으로 끼워 맞춤을 하겠는가?
27. 방전가공에 대하여 설명하시오.
28. 방전가공에서 전극재료의 종류와 특징을 설명하시오.
29. 지름 40의 공작물을 가공할 경우 본인은 어느 정도의 공차로 설계를 하겠는가?
30. 설계한 공차에 대하여 코스트(가공비와 가공수량) 측면에서 설명하시오.
31. 스크레이퍼 작업에 대하여 설명하시오.
32. 본인이 경영자라면 스크레이퍼 작업자의 현장경력은 몇 년 이상이 되어야 한다고 생각하는가?
33. 제시된 도면의 구멍(Hole)을 기준으로 가공을 수행한다면 가공방법과 순서를 설계하고 설명하시오.
34. 학계와 산업현장을 어떻게 접목시키면 좋을지 본인의 현장경험 사례를 들어서 설명하시오.
35. 구조물의 소성변형의 제거방법에 대하여 설명하시오.
36. 응력의 계산식에 대하여 설명하시오.
37. 초경합금의 구성요소를 말하고, 성분의 특징에 대하여 설명하시오.
38. 수치제어 공작기계의 제어방식에 대하여 설명하시오.
39. 자동제어에서 제어방식의 종류를 나열하고 제어방식에 대하여 설명하시오.
40. 주조 시 주물의 주조온도 범위를 말하시오.
41. 합금주철을 제조하는 이유와 합금의 성분에 대하여 설명하시오.
42. 공작기계의 속도열에 대한 종류를 나열하고 설명하시오.
43. 플라스틱 제조방법의 종류와 특징에 대하여 설명하시오.
44. 유한요소해석법에 대하여 설명하시오.

참고문헌

Professional Engineer Machine

1. 「건설기계기술사」, 송요풍, 구민사(2003)
2. 「공정관리 및 설계」, 임상헌, 보성각(2012)
3. 「금속가공기술」, 강길구, 골드(2006)
4. 「금속재료핸드북」, 테크노공학기술연구소, 엔지니어북스(2013)
5. 「기계공작법」, 김동원, 청문각(1998)
6. 「기계공정설계」, 이주성, 한티미디어(2012)
7. 「기계제작기술사」, 강성두, 예문사(2012)
8. 「기계제작기술사해설」, 고병두, 예문사(2001)
9. 「비파괴검사개론」, 박은수, 골드(2005)
10. 「산업기계설비기술사」, 강성두, 예문사(2008)
11. 「소성가공학」, 원상백, 형설출판사(1996)
12. 「표준공작기계」, 서남섭, 동명사(1993)

저자약력

Professional Engineer Machine

▶ 저자

에듀인컴

E-mail eduincom@eduincom.co.kr

▶ 감수

서창희

| 약력 |

- 공학박사
- 건설기계기사, 소방설비기사
- 국내외 학술지 게재 논문 다수, 특허 출원 및 등록 다수
- 현)대구기계부품연구원

| 저서 |

- 기계안전기술사

기계기술사

발행일 | 2014년 9월 30일 초판 발행
2016년 1월 15일 1차 개정
2018년 1월 15일 2차 개정
2020년 3월 30일 3차 개정
2022년 7월 30일 4차 개정

저자협의
인지생략

저 자 | 에듀인컴
발행인 | 정용수
발행처 | 예문사

주 소 | 경기도 파주시 직지길 460(출판도시) 도서출판 예문사
TEL | 031) 955－0550
FAX | 031) 955－0660
등록번호 | 11－76호

• 이 책의 어느 부분도 저작권자나 발행인의 승인 없이 무단 복제하여 이용할 수 없습니다.
• 파본 및 낙장은 구입하신 서점에서 교환하여 드립니다.
• 예문사 홈페이지 http : //www.yeamoonsa.com

정가 : 75,000원

ISBN 978-89-274-4768-9 13550